新疆兵团地质勘察实践与探索70载

XINJIANG BINGTUAN DIZHI KANCHA SHIJIAN YU TANSUO 70 ZAI

于为　王传宝　李新峰　主编

内容提要

地质作为基础学科,涉及行业领域广阔,与社会发展和工程建设联系极为密切,地质勘察在经济社会发展过程中发挥着至关重要的作用。本书以兵团社会经济发展70年积累的地质勘察实践成果为基础,梳理出水文地质、工程地质、环境地质、岩土工程设计与施工、岩土试验检测与监测、地质信息化6个专业板块和18个专业子项,共计58个代表性工程项目。汇集几代兵团地质人的智慧,以兵团地质勘察的发展历程和现状为背景,以地质勘察在新时代发展中存在的问题为导向,探索地质勘察发展方向,寻找专业转型升级的突破口,对如何提升专业价值、增加专业自信、实现地质信息化建设进行了思考和展望。

本书可供水利、水电、岩土、交通、环境、土壤、矿山等领域的科研、勘察、设计人员参考使用。

图书在版编目(CIP)数据

新疆兵团地质勘察实践与探索70载/于为,王传宝,李新峰主编. —武汉:中国地质大学出版社,2024.10. —ISBN 978-7-5625-6096-8

Ⅰ.P642

中国国家版本馆CIP数据核字第20242W1B39号

新疆兵团地质勘察实践与探索70载　　　　　　　　　　　　　于　为　王传宝　李新峰　**主编**

| 责任编辑:舒立霞 | 选题策划:江广长　段　勇 | 责任校对:何澍语 |

出版发行:中国地质大学出版社(武汉市洪山区鲁磨路388号)　　　　　　　　　　　邮编:430074
电　　话:(027)67883511　　　传　　真:(027)67883580　　　E-mail:cbb@cug.edu.cn
经　　销:全国新华书店　　　　　　　　　　　　　　　　　　　　http://cugp.cug.edu.cn

开本:880mm×1230mm　1/16　　　　　　字数:1129千字　印张:34.5　图版:14　插页:1
版次:2024年10月第1版　　　　　　　　　印次:2024年10月第1次印刷
印刷:湖北新华印务有限公司

ISBN 978-7-5625-6096-8　　　　　　　　　　　　　　　　　　　　　　　　　　定价:268.00元

如有印装质量问题请与印刷厂联系调换

典型工程项目勘察与实践照片选

1. 肯斯瓦特水利枢纽工程

俯瞰肯斯瓦特水利枢纽工程

大坝施工填筑中

右岸古河槽料场开挖

完工蓄水后的大坝上游（右侧为古河槽段副坝）

坝基断层 f15 开挖处理

联合进水口边坡"楔形体滑塌"

2. 第二师 38 团石门水库工程

蓄水后的石门水库

深厚覆盖层中的防渗墙施工

大坝填筑施工中

3. 奎屯河引水工程

封顶后的将军庙水库大坝

淘金洞及其内部勘察

淘金洞灌浆处理

大坝施工填筑中

抗震格栅铺设

右岸古河槽段防渗墙

隧洞开挖中塌落的辉橄岩

新龙口电站高边坡

西域砾岩勘探平硐中液压枕法试验

4. 乌苏四棵树河吉尔格勒德水库

俯瞰封顶后的大坝（镜头向下游）

爆破料碾压试验

坝基覆盖层强夯

防渗墙施工现场

大坝填筑施工中

5. 和田地区民丰县尼雅水库

蓄水后的大坝与联合进水塔

联合闸井边坡开挖

左岸边坡

右岸边坡开挖与卸荷岩体

大坝填筑施工中

6. 云南永胜县小米田水库

封顶后的大坝后坡远景

大坝施工填筑

沥青心墙施工

堆石料场及滑坡

7. 云南耿马县团结水库

即将封顶的团结水库大坝

大坝心墙轴线

大坝防渗心墙碾压

溢洪道开挖边坡滑坡

8. 云南耿马县芒枕水库

大坝前坡全景

大坝填筑施工中

9. 第十三师巴木墩水库

蓄水后的水库库盘

左岸基槽开挖

河床段帷幕灌浆

大坝填筑与沥青心墙施工

10. 第六师甘河子水库

蓄水后的甘河子水库（大坝上游）

完工后的大坝后坡及溢洪道

免爆破开挖的导流洞

11. 第九师别里其水库

水库大坝心墙防渗土料填筑

大坝填筑施工中　　　　　　　　竖井开挖

12. 玛河一级水电站

水电站枢纽区　　　　　　　　水电站前池

水电站压力管坡及厂房尾水渠　　　　　　砂砾石与西域砾岩中的引水隧洞

13. 叶尔羌河中游渠首

叶尔羌河中游渠首工程全貌

渠首工作桥与右岸上游侧

14. 伊犁大吉尔尕朗河乌尔库泽克水电站

引水渠线黄土强夯施工现场

压力管道与厂房施工现场

15. 西安引蓝济李引水工程

建设中的引水枢纽（图为成功试通水）

左上图为蚀变花岗岩塌方洞段，右图为环状剥落洞段

隧洞进口洞脸边坡

16. 乌鲁木齐西山公路隧洞工程

通车运行中的西山隧道

地表出露火烧岩　　　　　　　　　　钻探揭露火烧岩

《新疆兵团地质勘察实践与探索 70 载》编委会

主　　任：于　为　　张敬东

副 主 任：王传宝　　李新峰　　赵忠贤　　王云智　　栾志刚
　　　　　丁国梁　　陈厚军　　熊向前　　田泽鑫　　张　婷

委　　员：王　东　　周金玲　　李　宏　　黄淑波　　杨鸿鹏
　　　　　王立民　　李　利　　杨　鹏　　李　辉　　陈朝红
　　　　　罗从玉　　马　龙　　张　新　　王秋丽　　彭　涛
　　　　　龚志明　　王云飞　　付文帅　　王小军　　韩　勇
　　　　　张国明　　孙领辉　　马仲民　　高世丽　　吕恒阳
　　　　　刘玉疆　　周临校　　刘永明　　赵　曾　　王　璇
　　　　　刘亚军　　闫建玲　　韩胜利　　火　凡　　王振山
　　　　　胡成燕　　王建勇　　朱旭东　　高　星　　刘博锐

（编委排序按典型项目在篇章中的顺序依次排列）

主　　编：于　为　　王传宝　　李新峰

副 主 编：丁国梁　　陈厚军　　熊向前　　田泽鑫　　张　婷

各篇章编写及统稿人员

篇　序	编写人	统稿人
绪　论	于　为　张敬东	于　为
第一篇 水文地质	赵忠贤　王云智　王　东　周金玲　黄淑波 丁国梁　杨鸿鹏　王立民　李　利　杨　鹏	丁国梁
第二篇 工程地质	李新峰　于　为　李　辉　王传宝　陈朝红 罗从玉　马　龙　熊向前　张　新　王秋丽 陈厚军　彭　涛　龚志明　王云飞　吴　彬 付文帅　王小军　韩　勇　张国明　孙领辉	王传宝
第三篇 环境地质	栾志刚　熊向前　马仲民　高世丽　吕恒阳 刘玉疆　王立民　周临校　陈厚军　李　辉 张　婷　刘永明	熊向前
第四篇 岩土工程设计与施工	王　东　赵　曾　王　璇　刘亚军	陈厚军
第五篇 岩土试验检测与监测	闫建玲　韩胜利　白德岭　火　凡　牛彦红 王振山　胡成燕	田泽鑫
第六篇 地质信息化	张　婷　高世丽　王建勇　朱旭东　高　星 刘博锐　王云飞	张　婷
插图制作	李　利　朱旭东　马林涛　高　星　王云飞 罗从玉　王小军　林　静　王　伟　邓恩松	李新峰
参考文献	详见引用文献目录	李新峰

注：各篇章人员排序系按稿件编排及典型项目的收稿顺序，依次排列审核人、供稿人，同一篇内多个项目供稿人相同时，仅在靠前顺序排列一次。

序 一

新疆生产建设兵团(简称兵团)地质专业伴随兵团成立70年逐渐发展壮大,与共和国经济发展息息相关,是兵团屯垦戍边事业的重要组成部分。在兵团成立70周年之际,首先祝贺《新疆兵团地质勘察实践与探索70载》一书的问世。该书编者精心收录历年所完成的水文地质、工程地质、环境地质、岩土工程设计与施工、岩土试验检测与监测、地质信息化等6个专业板块58个代表性工程项目,全面展示了兵团地质专业历史发展过程,及其在农业、水利、建筑、交通及矿山工程等各个领域中所发挥的重要作用和卓有成效的贡献。

书中收录的各类项目具有突出的技术难点和时代特征,如水文地质方面,在新疆和兵团建设初期的工农业及城镇选址、地下水资源合理利用中,科学评价了水资源空间分布特征及资源量,解决了当时"缺水"的突出问题;在"西部大开发"期间,承担的塔克拉玛干沙漠地区地下水开发利用,极大程度解决了塔里木油田供水矛盾。工程地质方面,攻克了复杂地质环境、特殊岩土体等条件下工程建设的地质论证难题,建成了肯斯瓦特水利枢纽软类岩高地震烈度区(Ⅷ度区)高面板坝、石门水库深厚覆盖层沥青心墙高坝、尼雅水库国内屈指可数的沥青心墙高坝,以及国家172项重大水利工程之一的奎屯河引水工程高地震烈度区(Ⅷ度区)高坝与深埋长隧洞和西域砾岩地质条件下水电站超深竖井等,上述工程项目关键技术的突破,均凝聚着兵团地质人的智慧结晶。环境地质方面,针对地质灾害调查与评价、地下水保护及超采区治理、土壤调查及修复等问题,取得了多项有新疆地域特色的方法创新与技术突破。

全书内容丰富、翔实、实用,图文并茂,以工程案例的形式全面展示了地质相关各专业板块技术特点。其中传统水文地质、工程地质和岩土工程设计与施工项目的工程实践和经验,对于今后从事相关领域的专业人员具有重要的参考价值和借鉴意义。环境地质、岩土试验检测与监测和地质信息化等地质专业扩展板块,也丰富了传统地质专业的内涵,顺应新时代发展的需要。地质信息化篇章中三维建模(BIM)技术应用等作为新质生产力发展的产物,为兵团相关行业提供了智慧化技术支撑,也将极大推动传统地质产业迭代升级。

新疆是国家西部发展战略及"一带一路"倡议实施的核心区,兵团地质工作专业特色鲜明,任务艰巨,使命光荣。祝愿兵团地质工作者不忘初心,继续前行。

是以为序!

中国岩石力学与工程学会理事长
中国科学院院士

2024年10月

序 二

新疆兵团勘测设计院集团股份有限公司(简称兵团设计院)地质勘察队伍作为屯垦戍边及各项事业发展的开路先锋,在兵团发展建设史上发挥着重要的基础性作用。从兵团成立初期粗放型的大规模开发利用水资源;到后来为提高水资源利用水平而实施的高效节能节水;再到如今发展新质生产力理念的提出,统筹经济发展与生态保护相协调,传统专业与新技术相结合。每一个发展阶段都浸透着地质工作者的印记和汗水。

兵团设计院建院 70 年以来,先后完成国内外勘测设计项目 2 万余项,其中百万亩以上大型垦区规划近 50 项、大型灌区 20 余项、水库和电站工程 150 多座、大型输水干渠 50 余项,获得省部级以上优秀勘测设计奖和科技进步奖 500 余项。水文地质和工程地质专业人员,作为勘测设计工作的先行者,为之进行了不懈的努力和探索。新时期的环境地质和地质信息化,则为地质专业新质生产力的发展赋予了强劲的动力,使传统地质专业在新时代焕发新的生命力。

近 20 年来,兵团地质专业发展迅猛,在诸多技术领域均有所创新和突破。水文地质方面:相继完成兵团地下水调查与评价、国家地下水资源第三次普查(兵团辖区)、喀什地区地下水资源利用保护规划、兵团辖区及石河子市地下水超采区划定与评价、国控点(兵团)地下水监测运维、兵团各师(市)及自治区各地(州、县、市)的地下水保护规划工作,以及各类水环境综合治理、盐碱地治理、土壤修复相关水土环境地质基础工作。工程地质方面:玛纳斯河肯斯瓦特水利枢纽工程在高地震烈度区复杂地质条件下,突破了多期次古河槽勘察、软岩坝基修建 130m 级高坝、全断面砂砾石面板坝建坝等多项关键技术;第二师 38 团石门水库坝基深厚覆盖层达 125m,为当时国内屈指可数;民丰县尼雅水库沥青心墙坝高度达到 135m,创造了国内同类坝型坝高之最;国家重大水利工程之一的奎屯河引水工程,兼具高地震烈度、高坝、深埋长隧洞特点,包括西域砾岩中建设 300m 水头压力洞,创造了同类地层中的建设工程之最。环境地质方面:完成兵团辖区地质灾害调查(数据库建设)及防治规划、图木舒克-阿拉尔-昆玉市城市综合地质调查、兵团辖区矿山地质调查及防治规划等,获得西安地质调查中心、中国煤炭地质总局等单位专家好评。地质信息化方面:开发建设了"兵团设计院智慧地质信息系统",利用现代互联网、云计算系统技术,建立了集数据采集、数据管理、数据应用于一体的地质数据库,为数万项目的历史地质资料形成了海量地质数据"底座"和数据应用的"驾驶舱",提供了高效分析利用和挖掘整理的必要条件,也为实现地质模型三维轻量化创造了便利,极大程度提高了地质专业的服务水平和成果质量。

在兵团成立 70 周年之际,兵团设计院地质专业团队历经 7 年,梳理了兵团地质专业的发展历程和现状,分析了专业发展的机遇和挑战,进行了专业发展的思考和展望。同时,精心编写了包含水文地质、工程地质、环境地质、岩土工程设计与施工、岩土试验检测与监测、地质信息化 6 个专业板块,共计 58 个代表性工程项目的工程技术总结,旨在为年轻地质专业和设计相关专业人员,提供可以借鉴参考的工程实录和经验,该专著的出版,对兵团设计院具有深远的实践意义和重要的纪念意义。

新疆兵团勘测设计院集团股份有限公司总经理

2024 年 10 月

编者序

新疆生产建设兵团承担着国家赋予的屯垦戍边职责,实行党政军企高度统一的特殊管理体制,是国家实行计划单列的特殊社会组织,所属师、团场及企事业单位分布在新疆维吾尔自治区各行政区内。新中国成立初期,新疆经济是以农牧业为主体的自然经济,生产力水平低,生产方式落后,驻守新疆的中国人民解放军将主要力量投入到新疆的生产建设之中。1954年10月,党中央命令驻守新疆的大部分部队,集体就地转业,组建"新疆生产建设兵团",由此开启了兵团建设崭新的发展时期。

担负屯垦戍边使命的兵团,早期主要承担农田水利及部分国土资源勘查,但随着国务院原各工业部的成立,在兵团体系内没有形成专门的省级各行业主管单位或行业系统,在兵团体系内从事地质工作的地勘专业队伍仅有新疆兵团勘测设计院集团股份有限公司,以及各师(市)设计院。这些设计院,承担农垦建设任务的同时,也涉及工业民用建筑、交通等其他行业的勘察设计工作。21世纪初,国家的西部大开发政策让兵团和自治区的经济社会建设迎来了新的机遇,兵团体系内的地勘队伍有了新的发展契机。特别是兵团设计院的地勘队伍,陆续完成了兵团和自治区各行业的大中型重点工程的建设任务,成为兵团经济社会发展建设的重要力量。某种程度上说,兵团设计院的地勘队伍,就是兵团地质工作的践行者,其发展历程就是兵团地质工作的缩影,可以代表兵团地质专业地质勘察工作者的实践过程。兵团向前发展的每一步都浸透着地质工作者不断探索实践的汗水和印记。

自兵团成立以来,地质工作在兵团及自治区的经济社会发展过程中,一直发挥着基础和支撑作用。在兵团辖区内主要完成了农牧业建设初期的荒地调查、土壤调查等工作;在经济社会发展的水资源开发利用方面,完成了3次兵团辖区全域内的水资源调查评价,完成了玛纳斯河、奎屯河、塔里木河、阿克苏河等新疆主要河流的早期流域规划的水资源调查评价及地质勘察工作;在兵团各师市团场建设方面,完成了城市(镇)规划水文地质和工程地质评估工作;在兵团各行业基础设施建设方面,完成了工业及民用建筑工程、水利工程、交通工程地质勘察工作;在自然资源勘查评估治理方面,完成了兵团辖区内地质灾害调查、矿山地质环境调查工作,以及兵团南疆主要城市的综合地质调查工作,兵团重点项目的地质灾害、矿产压覆评估工作;在生态环境保护与修复方面,完成了兵团辖全域内的地下水超采区划定及治理工作、兵团各师(市)及自治区各地(州、县、市)的地下水保护规划工作,以及各类水环境综合治理、盐碱地治理、土壤修复相关水土环境地质基础工作。

大量的地质基础工作,留下了宝贵的地质资料,更是培养造就了兵团一代又一代的地质工作者。感慨和欣慰之余,本书编者也清醒地认识到,如何继承和发扬这些宝贵经验、知识财富,如何在新时代下,实现兵团地质专业的可持续、高质量发展,是摆在兵团地质工作者面前迫在眉睫的任务。编写此书,编者希望通过总结过去、摸清现状、展望未来,促进专业发展、技术交流。本书收纳的工程项目历史沿革长,涉及专业领域广泛,编写历时7年,收集整理前人相关资料和文献,潜心著述,力求真实再现工程项目的勘察成果。但由于编者知识水平有限,难免有缺失疏漏,恳请业内人士批评指正。

本书的主要内容包括绪论和典型勘察实践项目成果两部分。绪论部分以兵团经济社会发展时期为背景,以兵团地勘队伍的发展现状为主线,对地质专业在兵团经济社会发展中,参与的工程建设情况进行了较为系统全面的总结,并对兵团地质专业在新时代存在的机遇和挑战,如何进行可持续及高质量发展进行了思考和展望。典型勘察实践项目成果根据兵团地质专业的发展现状,梳理出水文地质、工程地质、环境地质、岩土工程设计与施工、岩土试验检测与监测、地质信息化6个专业板块和18个专业子项,并在每个专业子项中,选取对兵团国民经济和社会建设有重大影响的工程项目的勘察成果,进行技术总结分析,提炼项目的地质经验供同行参考。

总之,地质作为基础学科,涉及行业领域广阔,与经济社会发展联系极为密切,在兵团的建设和发展过程中,也同样发挥着至关重要的作用。当前正值百年未有之大变局,是实现伟大梦想的关键时期,也是兵团落实国家"一带一路"合作倡议、"3060 目标"等重要举措,践行"两山理论"的关键时期。探索兵团地质专业发展方向,寻找转型升级的突破口,以提升专业价值并增加专业自信,以及如何继续发扬热爱祖国、无私奉献、艰苦创业、开拓进取的兵团精神,是编者探索思考的关键问题。

全书编写过程中,得到兵团设计院及各师(市)设计院相关人员的大力支持,为本书成稿奠定了良好的基础。感谢兵团老一代地质工作前辈给我们留下的宝贵知识财富,以及在资料收集整理过程中给予我们的帮助。感谢兵团及疆内外勘察设计行业各位专家的悉心指导,感谢各工程建设单位为编者提供的鼎力支持。

本书编纂之际,正值新疆生产建设兵团成立 70 周年。回顾兵团地质勘察 70 年一路历程,正可谓:
沧桑勘察路,风雨地质人!
70 年,兵团三代地质人,历经风雨沧桑,勇毅前行在勘察路上;
70 年,时光荏苒,白驹过隙,有艰辛与硕果相伴;
70 年,辉煌如斯,空前盛世,有风雨和凯歌合奏;
70 年,历史与文化在此积淀,理想与信念在此凝聚,青春与未来在此共鸣,耕耘与收获在此交融。
谨以此书向新疆生产建设兵团成立 70 年献礼!

编者
2024 年 10 月于乌鲁木齐

目 录

绪 论 (1)
  一、引言 (1)
  二、兵团地质勘察发展历程 (3)
  三、兵团地质勘察发展现状 (6)
  四、兵团地质勘察发展的机遇和挑战 (14)
  五、兵团地质勘察发展的思考和展望 (19)

第一篇 水文地质

第一章 供水水文地质勘察 (24)
  一、兵团第五师东部团场水文地质勘察 (24)
  二、兵团第十四师224团(皮墨垦区)盐碱地改良水文地质勘察 (32)
  三、塔河油田淡水水源地水文地质勘察 (35)
  四、新疆库车县兵团大化肥项目供水水文地质详查 (42)
  五、中国新疆塔里木盆地灌溉与环保(二期)工程伽师县下不土里农用水源地水文地质勘察 (48)
  六、新疆玛纳斯河流域规划平原区水文地质勘察 (53)

第二章 地下水资源评价 (61)
  一、兵团地下水资源调查评价(三调成果) (61)
  二、兵团第八师地下水资源及超采评价 (73)

第三章 水资源论证及保护与利用规划 (83)
  一、新疆天业年产40万t聚氯乙烯联合化工二期综合配套建设项目水资源论证 (83)
  二、兵团霍尔果斯口岸工业园区B区规划水资源论证 (91)
  三、新疆喀什地区地下水资源利用保护规划 (101)

第二篇 工程地质

第四章 水利水电工程 (120)
  第一节 大中型水利水电工程 (120)
    一、玛纳斯河肯斯瓦特水利枢纽工程 (120)
    二、第二师38团石门水库 (134)
    三、奎屯河引水工程 (147)
    四、乌苏市四棵树河吉尔格勒德水利枢纽工程 (161)
    五、和田地区民丰县尼雅水利枢纽工程 (170)
    六、云南省丽江市永胜县小米田水库工程 (181)

七、云南省临沧市耿马县团结水库工程 …………………………………………………………… (192)

第二节　小型水利水电工程 …………………………………………………………………………… (202)
　　一、乌鲁木齐县板房沟照壁山水库 ………………………………………………………………… (202)
　　二、第六师甘河子水库工程 ………………………………………………………………………… (207)
　　三、第九师别里其水库 ……………………………………………………………………………… (214)
　　四、第十三师巴木墩水库工程 ……………………………………………………………………… (222)
　　五、托里县柳树沟水库工程 ………………………………………………………………………… (230)
　　六、云南省临沧市耿马县芒枕水库工程 …………………………………………………………… (237)

第三节　引调水工程 …………………………………………………………………………………… (245)
　　一、叶尔羌河中游渠首工程 ………………………………………………………………………… (245)
　　二、西安市引蓝济李引水工程 ……………………………………………………………………… (253)

第四节　除险加固工程 ………………………………………………………………………………… (263)
　　伽师县西克尔水库除险加固工程 …………………………………………………………………… (263)

第五节　水电站工程 …………………………………………………………………………………… (270)
　　一、玛纳斯河一级水电站工程 ……………………………………………………………………… (270)
　　二、大吉尔格朗河库尔乌泽克水电站工程 ………………………………………………………… (279)

第六节　待建水利水电工程 …………………………………………………………………………… (287)
　　一、云南省永德县马鞍桥水库工程 ………………………………………………………………… (287)
　　二、西藏自治区日喀则地区拉孜县仁多水库工程 ………………………………………………… (298)

第五章　交通运输类（含公路、桥梁、机场等） ……………………………………………………… (307)
　　一、第十二师西山-乌鲁木齐国家级开发区公路隧道工程 ……………………………………… (307)
　　二、塔里木河三桥工程 ……………………………………………………………………………… (314)
　　三、京新高速(G7)巴里坤至木垒公路建设项目 BMSJ-4 合同段建设项目工程 ……………… (321)
　　四、石河子飞机场岩土工程 ………………………………………………………………………… (330)

第六章　岩土工程勘察 ………………………………………………………………………………… (337)
　　一、克拉玛依石化厂 100 万 t/a 稠油悬浮床加氢和制氢装置岩土工程 ………………………… (337)
　　二、HY 项目初步可行性研究阶段岩土工程 ……………………………………………………… (344)

第三篇　环境地质

第七章　地质灾害调查及评价 ………………………………………………………………………… (354)
　　一、兵团辖区地质灾害调查（数据库建设）及防治规划 ………………………………………… (354)
　　二、新疆奎屯河引水工程地质灾害危险性评估报告 …………………………………………… (360)

第八章　综合地质调查 ………………………………………………………………………………… (370)
　　一、阿-图-昆综合地质调查（图木舒克麻扎湖江幅） …………………………………………… (370)
　　二、第九师 170 团莫合台富锶水土环境调查评价 ……………………………………………… (394)

第九章　环境综合整治 ………………………………………………………………………………… (406)
　　一、兵团矿山地质环境及采煤沉陷区调查及数据库建设 ……………………………………… (406)
　　二、云南省通海县杞麓湖湿地公园建设项目环境综合整治 …………………………………… (425)

第十章　土壤调查及修复 ……………………………………………………………………………… (435)
　　新疆兵团第十四师拟建 225 团土壤调查 ………………………………………………………… (435)

第四篇　岩土工程设计与施工

第十一章　岩土设计 (446)
一、新疆天富能源股份有限公司天河热电联产项目配套废水零排放工程施工临时降水工程 (446)
二、广东东莞市黎贝岭山体公园景观提升护坡安全工程 (453)

第十二章　岩土施工 (458)
额尔齐斯河(第十师)防洪工程(城市段桩号 0+100~2+600)混凝土重力防冲墙施工 (458)

第五篇　岩土试验检测与监测

第十三章　岩土试验 (466)
一、奎屯河引水工程岩土试验 (466)
二、兵团地下水调查评价——水化学分析 (473)

第十四章　建设项目施工质量检测 (484)
图市机场改扩建项目跑道砂石桩地基处理施工工艺及质量检测控制 (484)

第十五章　环境及水土保持监测 (490)
一、兵团国控点地下水监测运维项目 (490)
二、第三师图木舒克市—第十四师昆玉市公路工程环水保监测、验收项目 (493)

第六篇　地质信息化

第十六章　地质大数据应用 (498)
兵团设计院智慧地质信息系统 (498)

第十七章　地质勘察软件应用 (504)
一、工程地质问题评价"易评价"系统 (504)
二、青格达湖水源地地下水资源量数值模型 (507)

第十八章　地质三维建模(BIM 应用) (517)
一、奎屯河引水工程将军庙水库三维地质建模 (517)
二、第九师 170 团莫合台富锶水土环境调查评价项目三维地质建模 (522)
三、通古孜布隆水库三维地质建模 (528)

参考文献 (534)

绪 论

一、引言

地质学属于自然科学的基础学科(2),其本质是研究地球的物质组成、内部构造、外部特征及其相互作用的一门科学,也有人把地质学理解为一门探讨地球如何演化的自然哲学。它起源于人类对煤炭、金属、石油等各类矿产资源的需求,矿产资源正是人类社会生存与发展的物质源泉,催生了地质矿产勘查的研究和发展。现代工业化的发展,促进西方国家逐渐开展了区域地质调查工作,并逐渐将地质研究方向从区域地质向全球地质构造发展,也因此推动了地质学理论及各分支学科的建立。随着工业革命和经济社会的发展,大型城市的建设,对资源(特别是水资源)的开发利用及对物质生活的追求,人类在揭示自然规律、优化资源配置、改善居住环境的过程中,水文地质学和工程地质学陆续形成独立的学科。随着社会生产力的进一步发展,人类活动对地球的影响越来越显著,地质环境对人类经济社会发展的制约作用也越来越大,地质学研究领域进一步拓展到人类与地球之间的命运共同体关系、环境因素对可持续发展的影响等方面,环境地质学逐渐凸显,并得到持续关注和快速发展。

目前,我国高等教育的各地质类专业院校,按学科分类及代码(1)划分,与地质直接相关的学科有"自然科学类"中"地球科学"的"地质学","工程与技术科学类"中"工程与技术学科基础学科"的"工程地质学""矿山地质学""勘查技术"4个。开设的专业主要有地质工程设计、资源勘查工程、勘查技术与工程、地下水科学与工程、环境地质学、灾害地质学、矿物岩石学、构造地质学、第四纪地质与地貌学、工程物探化探、工程力学、土力学、岩石力学等。从专业设置的内容可以看出,地质涉及各行各业,与我们日常的生产生活息息相关,对经济社会发展起到基础保障和支撑作用。

众所周知,经济社会发展与地理位置、自然资源、社会人口数量、经济产业结构等因素相关,其中,地理位置和自然资源均可归属于地学范畴,而地质专业作为地学的重要组成部分,其在兵团经济社会发展过程中,涉及行业领域十分广阔,例如:兵团农牧业初期的荒地及土壤调查、工农业发展过程中的水资源配置、城市(镇)规划、建筑交通水利等基础设施建设、自然资源勘查评估治理、生态环境保护与修复等。因此,地质专业可以说与兵团经济社会发展联系极为密切,特别是对经济社会的可持续发展发挥着至关重要的作用。

自兵团成立以来,地质工作在兵团及自治区的经济社会发展过程中,一直发挥着基础和支撑作用。在兵团辖区内主要完成了(各涉及行业领域完成的工作等级和数量)农牧业建设初期的荒地调查约 1.5 万 km^2、土壤调查 1.35 万 km^2、土壤改良 0.7 万 km^2、造林 800 km^2 等工作;在工农业发展(经济社会发展)过程中的水资源开发利用方面,完成了 3 次兵团辖区全域内的水资源调查评价,完成了玛纳斯河、奎屯河、塔里木河、阿克苏河等新疆主要河流的早期流域规划的水资源调查评价及地质勘察工作,规划评价区面积约 8 万 km^2,在地下水开发利用上,完成各类供水水源地水文地质勘察 150 项(其中大中型以上 120 项);在兵团各师市团场建设方面,完成城市(镇)规划水文地质和工程地质评估工作,规划建设面积约 3500 km^2;在兵团各行业基础设施建设方面,工业及民用建筑工程上,完成岩土勘察项目 1772 项、市政地下管网岩土勘察线路长度 3500km,水利工程上,完成各类水库枢纽的工程地质勘察 217 座(其中大中型以上26座)、引调水线路工程地质勘察长度1600km；交通工程上,完成各等级公路的工程地质勘察路线长度26 000km(其中二级以上公路6000km)、等外公路12 000km,公路总里程39 000km,公路桥梁地质勘察长度160km,民用机场地质勘察2座；在自然资源勘查评估治理方面,完成兵团辖区内地质灾害调查、矿山地质环境调查工作,调查区面积7.35万km^2,完成兵团南疆4座主要城市的综合地质调查工作及兵团重点项目的地质灾害、矿产压覆评估工作40余项；在生态环境保护与修复方面,完成兵团辖全域内的地下水超采区划定及治理工作、兵团各师(市)及自治区各地州县市的地下水保护规划工作,规划面积39万km^2,完成水环境综合治理、盐碱地治理、土壤修复相关水土环境基础研究工作。除此之外,兵团的地质工作者还在新疆内外的农业工程、水利工程、建筑市政工程建设中发挥着积极作用,特别是近10年,在疆外的云南、四川、重庆、陕西、山西、西藏等省(区、市),陆续承担完成了36座(其中中型以上8座)中小型水库枢纽、260km引调水线路的工程地质勘察工作。

从20世纪50年代初起,国务院有关部门渐次设立了自成系统的地质事业和管理机构,至20世纪80年代末,从事矿产资源地质勘查和管理的有冶金工业部、石油工业部、煤炭工业部、核工业部、电力工业部、化学工业部、国家建材局、轻工业部和有色金属总公司等,这些部门还设有不同层次的专业地质研究机构。20世纪末,国务院进行部门体制改革,将原各工业部分别归属于国务院下设各部(委或局)管理,其所属的地质勘察单位,根据实际情况改组或改企。21世纪至今,从事地质工作的专业队伍主要有中国地质调查局,国务院各部(委或局)管理的下设部门的地勘单位,各省、自治区、直辖市自然资源主管部门归口管理的各地勘单位,各省、自治区、直辖市的各行业设计院的地勘单位,各大学、科研院校从事地质专业的教育研究的队伍。

兵团党政军企统一特殊体制,使得兵团体系内地质勘察专业的发展也具有其独特的路径。兵团的主要职责是屯垦戍边,早期虽然承担了一些国土资源勘查,包括固体资源勘查的任务,但随着国务院机构改革的逐渐完善,特别是在自然资源方面的分类行政管理,使得兵团的政府职能没有得到加强,其结果是在兵团体系内没有形成专门的省级行业主管单位或行业系统,也没有形成省级行业学会或协会。在兵团体系内的石河子大学、塔里木大学、农垦科学院这些院校内,也是围绕农垦建设为主,设立了涵盖地质基础知识的农田水利、土木工程等专业。因此,在兵团体系内从事地勘工作的专业队伍仅有新疆兵团勘测设计院集团股份有限公司,即原"新疆生产建设兵团勘测规划设计研究院",以及各师(市)设计院。这些设计院,主要承担农垦建设任务,同时也涉及工业民用建筑、交通等其他行业的勘察设计工作,因此,逐渐形成了跨行业的综合勘察设计能力,尤其在兵团和自治区早期建设迫切需要的地下水开发利用中,逐渐打造出一支专业的水文地质勘察队伍,为兵团早期建设打下了坚实基础。20世纪八九十年代,受大的经济环境影响,加之勘察设计行业市场化的摸索,一定时期内,兵团体系内工程建设任务较少,建设规模较小,地质专业发展受限,设计院的地勘队伍人员萎缩,有些师(市)设计院甚至没有了地勘人员。

21世纪初,国家西部大开发战略让兵团和自治区的经济社会建设迎来了新的机遇,兵团体系内的地勘队伍有了新的发展契机。特别是兵团设计院的地勘队伍,充分发挥了兵团党政军企合一特殊体制的组织优势,在市场开拓、人才引进、财务核算等方面解放思想,大胆尝试,建立完善现代企业管理制度,促进了企业发展,同时也带来了地勘队伍的大发展。这期间,兵团设计院的地勘队伍,陆续完成了兵团和自治区各行业的大中型重点工程的建设任务,成为兵团经济社会发展建设的重要力量。某种程度上说,兵团设计院的地勘队伍,就是兵团地质工作的践行者,其发展历程就是兵团地质工作的浓缩,可以代表兵团地质专业实践过程。

兵团设计院是在兵团特殊体制下成长起来的一家综合性勘测设计单位,性质上属全资国有企业,涉及农林、水利、电力、建筑、市政、交通、自然资源、生态环境等多行业,主要从事工程设计、工程勘察、工程测绘、水文水资源、工程咨询、工程总承包、城市规划、环境影响评价、水土保持、经济评价等多业务领域。兵团地质专业人员是兵团设计院的重要组成部分,伴随着兵团的建设和发展,随着时代背景的变迁,发展战略的布局、产业结构的调整,也一直在成长和发展。从初期单一为工农业建设服务,到如今为水利水电、建筑、交通、国土、环保等多行业服务,地质勘察专业已初步形成了以水文地质、工程地质为主线,地质相关专业为分支,多专业发展的现状,呈现出地质的基础性、综合性和多样性,并正逐渐形成各专业协同发展的总体格局。

总之,地质作为基础学科,涉及行业领域广阔,与经济社会发展联系极为密切,地质专业在兵团的建设和发展过程中,也同样发挥着至关重要的作用。兵团的深化改革以及内地各省(市)援疆工作的开展,使得兵团和自治区以外的单位,逐渐参与到兵团的经济社会发展建设中来,也给兵团地勘行业带来了先进理念、先进技术和方法,有效促进了兵团地勘行业的发展。国家"十四五"发展规划是实现两个一百年奋斗目标的开始,也是兵团落实国家"一带一路"合作倡议、"3060目标"等重要举措,践行"两山理论"的关键时期,探索兵团地质专业发展方向,寻找转型升级的突破口,走专业化发展道路,提升专业价值,增加专业自信,是兵团地质专业发展迫在眉睫的任务。本书以兵团经济社会发展时期为背景,以兵团设计院地勘队伍的专业发展现状为主线,对其完成的地质专业相关具体勘察项目实践成果进行专业技术总结和提炼,提出兵团地质勘察专业的机遇和挑战,并进行思考和展望,从而推动兵团地质专业的可持续、高质量发展。

二、兵团地质勘察发展历程

兵团地质勘察工作者伴随着兵团的发展而成长,历来是兵团建设的先行者。根据中华人民共和国成立以来的历史时代背景、兵团发展背景、兵团地勘机构设置的变迁、地质专业的发展演化,将兵团地质勘察的发展历程分为兵团建设初期(1949—1965年)、兵团撤销恢复时期(1966—1981年)、社会主义市场经济建立时期(1982—1999年)、西部大开发建设时期(2000—2012年)、新时代"一带一路"建设时期(2013—2024年)5个历史时期。

1. 兵团建设初期(1949—1965年)

20世纪50年代建国初期,国家开始了全面的经济建设。1954年新疆生产建设兵团正式成立,由人民解放军第一兵团二、六军大部,民族军改编的五军大部和新疆起义部队改编的人民解放军二十二兵团全部组成,成立之初下辖10个农业建设师,2个生产管理处,1个建筑工程师,1个建筑工程处及一些直属单位,总人口17.5万人,官兵10.55万人,以屯垦戍边为根本任务,在新疆开始社会主义经济建设。兵团成立初期,新疆农业生产有了大的发展,同时工业生产也有了蓬勃发展。

承担兵团地质勘察工作的机构最早可以追溯到1952年成立的新疆军区司令部工程测量科,即现在兵团设计院的前身。1958年1月,作为正式建制的勘测设计单位,兵团勘测设计大队成立;1965年底,成立师级建制的兵团设计院。这个时期内,兵团设计院的行政系统里,与地质专业相关的行政机构有地质钻探大队,主要在工农业、水利水电、建筑及地矿行业开展相关的地质勘察工作,涉及相关专业包括水文探采井的凿井施工、工程钻探、水文地质、工程地质、土工试验、固体矿产勘查,这支队伍后来逐渐发展成为兵团体系内较为独立的地质勘察分院。1955年成立的新疆荒地勘测设计局是兵团农垦勘测设计大队的前身,其下设机构土壤分析室,主要开展土壤的化学成分分析测试,后来并入兵团设计院,并逐渐发展为兵团设计院的测试中心。

在这个时期里,围绕着兵团农垦建设这一主要任务,在农场规划建设、土地勘测、农业土壤调查、灌区基础水利设施建设、地下水开发等方面,兵团的第一代地质工作者,开展新疆土地资源调查、新疆塔里木河流域规划、叶尔羌河流域规划、农牧团场灌区规划、水利工程勘测设计,这期间,还完成了包括新建六道湾露天煤矿、乌拉泊水电站、新疆水泥厂、七一棉纺厂、八一钢铁厂、十月汽车修配厂(现十月拖拉机厂）、新疆机械厂、八一面粉厂等一大批工业场地的工程地质勘察重要工作，兵团第一代地质工作者在新疆和兵团这片热土上，奉献了自己的青春和人生，也因此，地质专业在这个时期有了较好的发展。

2. 兵团撤消恢复时期（1966—1983 年）

在这个特殊的历史阶段，受"文化大革命"的影响，兵团在这个时期也经历了从撤销到恢复建制的过程。1981 年 12 月 3 日，中共中央、国务院、中央军委联合作出了《关于恢复新疆生产建设兵团的决议》（中发〔1981〕45 号文件），决议指出：新疆生产建设兵团屯垦戍边，发展农垦事业，对自治区各民族的经济、文化建设，防御霸权主义侵略，保卫祖国边疆都有十分重要的意义。

在这个时期内，新疆兵团对所属师、团、营、连等单位，实行垂直领导，统一指挥。1969 年兵团设计院缩编为团级单位；因为兵团撤销，1975 年 3 月，兵团设计院更名为自治区农垦总局设计院，划归自治区农垦总局管理；1981 年 12 月，农垦总局设计院改名为兵团设计院，隶属兵团司令部。兵团地质相关专业处于维持状态。20 世纪 70 年代中后期，主要参与了兵团农垦灌区的场内外水利工程勘测设计，农场改建规划，新疆玛纳斯河二、三级水电站勘测设计，玛纳斯河肯斯瓦特水库、哈熊沟水电站规划选点等各项工作，水文地质、工程地质、地质钻探、试验各专业发展基本停滞。

3. 社会主义市场经济建立时期（1984—1999 年）

迎着改革开放的春风，中国经济开启高速发展的模式，社会主义现代化经济建设的步伐越走越快，大规模的基础设施建设在建筑、水利、交通领域如火如荼地开展。兵团恢复建制后，对兵团原有的管理体制和经济体制进行了改革，加强团场建设，搞活兵团经济，促进了兵团事业的发展。这个时期内，兵团的党、政、军、企四套领导机构与四项职能合为一体。兵团全面融入新疆社会，所属师、团场及企事业单位分布于新疆维吾尔自治区各地（州）、市、县（市）行政区内，由兵团自上而下地实行统一领导和垂直管理。

1984 年 12 月，兵团设计院、兵团勘测设计大队、兵团水文地质大队和农八师勘测设计队合并组成兵团勘测规划设计研究院。这个时期内，兵团设计院的行政系统里，与地质专业相关的行政机构有地质勘察分院。因为地矿系统行业管理逐渐规范以及资质限制，兵团设计院已不再涉及固体矿产勘查、基础性地质调查工作，业务范围主要在农业、水利水电和建筑行业开展相关的地质勘察工作。地质专业发展逐渐形成了水文地质、工程地质、凿井与工程钻探、土工试验与化学分析试验 4 类。

水文地质专业方面：随着经济社会的不断发展，农业、工业及城镇生活用水需求增加迅猛，对地下水的开发利用增长很快，这个时期承接了大量水源地建设项目，开展的供水水文地质勘察、地下水资源论证等相关工作，增加了专业积累，并培养出了专业技术人才梯队，专业发展状况较好，逐渐建立了一定的专业优势。工程地质专业方面：虽然完成了玛纳斯河流域规划、阿克苏河流域规划、西藏"一江两河"农业综合规划等重要工作，但同时，水利工程建设的规划阶段、前期立项阶段，对工程地质勘察的需求和重视度不足，不能展现专业价值；而其他工程地质勘察任务主要是承接兵团内部业务，工程规模普遍较小，而兵团辖区多集中在平原区，客观上工程所处的地质环境、地质条件相对简单，受工程地质问题的制约性较小，工程地质条件对工程设计方案影响较小，专业技术人员缺少专业自信，甚至质量意识淡漠，专业发展平平。试验专业方面：受水文地质、工程地质专业发展影响，在土化学分析上试验能力较强，而土工试验能力较弱，岩石试验没有开展，粗粒土试验项目较少，细粒土试验相对完整，不能满足对工程地质专业的支撑，专业发展缓慢。凿井钻探专业方面：受体制和制度影响，成本消耗较大、安全风险大、专业门槛低的问题逐渐凸显，人员有"混日子"的现象，专业发展日渐衰落。计算机应用方面：这个时期里，计算机逐渐普及，但仅在成果资料整理阶段的文字处理和工程制图中有所应用。

4. 西部大开发建设时期（2000—2012 年）

进入 21 世纪，随着国家综合国力日渐增强，基础设施建设持续投入，工程建设进入大发展时期，全国各行业的勘测设计单位都发展迅猛。西部大开发战略的实施，给新疆和兵团的勘测设计市场也带来了发展机遇，兵团充分发挥党政军企合一特殊体制的组织优势，在市场开拓、人才引进、财务核算等方面解放思想，大胆尝试，建立完善现代企业管理制度，促进了企业发展。

在这个时期里，兵团设计院积极进行管理创新，新增了多个与地质专业相关的行政机构。2001 年，兵团设计院在乌鲁木齐成立工程勘察所，主要业务包括工业民用建筑、小型水利工程、公路工程勘察工作；2002 年，地质勘察分院进行钻探劳务剥离，实现主辅分离，改造后主要业务包括供水水文地质、地下水调查评价、建设项目地下水资源论证、工业民用建筑、中小型水利工程、公路工程地质勘察工作；2003 年，地质勘察分院集中引进人才，在乌鲁木齐成立乌市勘察所，侧重承接山区水利枢纽的工程地质勘察工作；2007 年，控股新疆天疆金鑫矿业公司，主要业务包括矿产资源勘查、开发工作；2008 年，成立石河子天盛岩土工程公司，主要业务包括水利工程、建筑工程及地质灾害防治的岩土施工、勘察、岩土设计工作；2009 年，成立工程勘察分院，主要业务包括大中型水利水电和兵团重点公路的工程地质勘察工作；2012 年，成立矿产资源勘探中心，主要业务包括矿产资源勘查、建设项目的地质灾害及矿产压覆评估工作。上述这些机构，业务范围涉及农业、水利、电力、建筑、市政、交通、自然资源、环境多个行业，逐步形成了以地质勘察为主业，以岩土施工、岩土试验、国土地质评估为辅助的专业格局。

水文地质方面：兵团农业建设的快速发展，使地下水的开发利用规模达到新的历史高度，伽师县下不土里农用水源地、农七师 130 团农业供水等大型水源地的水文地质勘察支撑水文地质专业得以持续发展，专业稳定发展。工程地质方面：兵团大中型水利水电工程建设项目明显增多，且项目多处于山区，地质环境、地质条件复杂，工程地质问题突出，工程设计受工程地质问题制约性较大。例如：玛纳斯河一级水电站引水隧洞西域砾岩围岩分类及洞室稳定性评价，肯斯瓦特水利枢纽坝址坝型比选，软岩坝基建高坝的工程地质评价，高边坡稳定分析，38 团石门水库 120m 深厚覆盖层的工程地质特性评价等问题，都对工程设计方案具有决定性作用。因此，工程地质专业得以迅速发展，培养出一批高水平技术人才，并成为地质专业发展的核心。岩土施工方面：在地下连续墙、高压旋喷、帷幕固结灌浆的基础处理类型都有尝试，但因没有获得施工资质，专业发展受到较大的局限。岩土试验方面：由于管理思路僵化，缺少开拓创新意识，仪器设备老化，没有进行必要的更新投入，人员老龄化，缺少专业人员补充，截至 2012 年，兵团设计院测试中心仅有 6 人，专业长期处于发展停滞状态，丧失了这个很好的发展时期。国土地质评估方面：由于资质等级较低，只承接了一些建设项目地质灾害和矿产压覆评估工作，在基础地质调查方面极少涉及。计算机应用方面：随着计算机应用的推广，地质勘察软件的应用使工作效率得到了一定的改善，但勘察软件应用还仅限于平面设计，无法表达复杂、抽象的地质条件。

5. 新时代"一带一路"建设时期（2013—2024 年）

党的十八大明确提出"五位一体"的发展战略布局，将生态文明建设提高到前所未有的高度，制定出最严格的红线考核指标，大力开展生态环境综合治理。同期，中国提出共建"一带一路"合作倡议，新疆扎实推进"一带一路"核心区建设，发展区域特色，兵团聚焦主业，积极推进兵团在南疆发展。

在这个时期里，兵团设计院提出了致力于推进农业全球化的发展布局，坚持实施"走出去"战略。2013 年，更名为新疆兵团勘测设计院（集团）有限责任公司，完成了事业单位向企业的转变。2014 年 2 月，兵团设计院布局"大岩土"，将院内所有与地质专业相关的二级机构，原地质勘察分院、原工程勘察分院、原矿产资源勘探中心、原天盛岩土公司，进行了专业整合，成立工程勘察院。整合后，形成专业合力，促进了专业交流，建立了专业协同发展的平台，并逐渐打造出一支以地质学为背景，多专业并存的技术服务团队。

水文地质方面：由于前一时期地下水无节制地开采，引发地面沉降、土壤盐渍化、地下水水质恶化、自然湿地退化等一系列生态环境问题，生态环境的治理十分迫切，地下水作为资源由开发转向保护。根据这一变化，依托前期建立的水文地质专业优势，水文地质专业向地下水超采区划定及治理、地下水保护、水环境治理方向延伸。工程地质方面："走出去"战略初见成效，先后在全国 9 个省市参与水利工程建设，特别是在云南承接了 20 余座水库工程，云南小米田水库软岩筑坝材料利用评价，团结水库"软岩-硬土"坝基工程特性评价，马鞍桥水库、天生桥水库、纸厂水库的岩溶渗漏分析评价等，均是工程地质勘察的创新和挑战，也因此积累了丰富的工程经验，并以此为依托，积极参与云南的水环境综合治理、河湖底泥疏浚项目，实行了专业的延伸。随着兵团南疆新建团（镇）的任务增多，积极尝试水工环综合地质勘察方式，建立了各专业互补、技术人员共享的工作模式，实现缩短外业工期、降低项目成本、提高工作效率目的，打造出覆盖新建市（镇）的水工环地质评价、地质灾害及矿产压覆评估、场内外水利工程勘察、灌区土壤调查、新建团（镇）部场地岩土勘察全专业、全阶段的技术服务体系。国土基础地质调查方面：以中国地质调查局对兵团建设的关注为契机，先后承接了阿拉尔-图木舒克-昆玉 1∶5 万综合地质调查为代表的 12 项国土地质相关项目，特别是承接的兵团辖区地质灾害调查及防治规划、矿山地质环境调查这两个省级规划，为专业发展打下了坚实基础。岩土设计与施工方面：岩土施工基本维持上个时期的专业状况，以工程地质优势专业为依托，积极向岩土设计方向进行延伸。岩土试验方面：工程地质的大发展，有效促进了岩土试验专业的发展，积极承担工程地质勘察的试验任务，开展岩石试验、建材类试验、现场试验，提升试验检测能力，培养专业技术人员，努力拓展水利工程质量检测，岩土试验专业实现了一定发展。计算机应用方面：从平面设计到三维设计是趋势，随着计算机软硬件的不断升级，在地质体的三维可视化建设、三维地质模型的建立、实现协同设计等方面都在积极推广和应用，随着互联网、大数据、云计算等信息化技术的发展，兵团地质工作也进入了以大数据驱动的地质信息化建设时代，地质信息的数据化、地质数据的模板化、信息化地质数据的模型化成为兵团地质专业发展的趋势和方向。

三、兵团地质勘察发展现状

地质学的学科划分多，专业涉及面广，从兵团经济社会发展中地质勘察行业所涉及的业务范围考虑，可以将地质专业简单归纳为水文地质、工程地质、环境地质三大类，也就是通俗说的"水工环"地质。其中水文地质主要涉及城乡及工农业供水、地下水资源的调查评价、水资源论证、地下水利用保护等方面的业务工作；工程地质主要在水利、建筑、道路交通、市政等行业的基础设施建设上发挥作用；环境地质可以涉及的领域较广，业务范围也比较杂，在自然资源部门基础性的综合地质调查、地质灾害及矿产压覆的评估，在其他行业与环境工程相关的水土环境治理及修复、土壤调查、盐碱地改良等方面均可覆盖。

参照地质学科划分及专业分类，综合考虑兵团勘察行业市场情况，地质勘察所涉及的业务范围，以及兵团地质勘察发展历程中形成的专业特点，根据具体工程建设项目的勘察设计过程中面临的行业主管、审批方式的差异，兵团地质专业未来拓展和延伸的方向，通过近年来兵团地质勘察行业的探索和发展，梳理出兵团地质勘察发展现状涉及水文地质、工程地质、环境地质、岩土设计及施工、岩土试验检测及监测、地质信息化六大专业板块，并进一步细分出各专业板块的专业子项如下：

水文地质——供水水文地质勘察、地下水资源调查评价、水资源（地下水）论证 3 个专业子项。

工程地质——岩土工程、水利水电工程、公路工程地质勘察 3 个专业子项。

环境地质——地质灾害调查及评价、综合地质调查、地下水保护及超采区治理、水环境综合治理、土壤调查修复（含盐碱地治理）5 个专业子项。

岩土设计与施工——岩土工程设计、岩土施工 2 个专业子项。

岩土试验与检测——岩土试验、施工质量检验、工程监测3个专业子项。

地质信息化——地质数据库、地质大数据平台2个专业子项。

共计18个专业子项，专业划分详见表0-1。

表0-1　兵团地质勘察专业划分表

专业板块分类	各专业二级子项分类	涉及行业领域及工程分类
水文地质	供水水文地质勘察	涉及工业、农业、水利，含城乡供水、饮用水水源地水文地质勘察
	地下水资源调查评价	流域、区域水资源调查评价
	水资源论证	涉及各行业，含建设工程取水、用水水资源论证
工程地质	水利水电工程地质勘察	涉及水利、电力，含枢纽工程、引调水、除险加固工程等
	交通工程地质勘察	涉及公路、铁路、航空，含各等级公路、桥梁及隧道、机场
	岩土工程勘察	涉及工业民用建筑、市政
环境地质	地质灾害调查及评价	各行业建设项目评估（含地质灾害的勘查、设计、施工）
	综合地质调查	基础地质调查、矿产资源规划、新建市（镇）水工环综合地质评价
	地下水保护及超采区治理	涉及水利及生态环境，含地下水保护、地下水超采区治理、地下水污染防治等
	环境综合整治	涉及水利、市政、生态环境，含水环境综合治理、底泥疏浚、地下水动态评估
	土壤调查及修复	涉及农业农村、生态环境，含土壤调查、污染评价、盐碱地改良
岩土设计与施工	岩土工程设计	建筑地基灌浆、基坑降水、基坑支护、边坡处理的设计
	岩土施工	特殊岩土体的处理、防渗墙、灌浆、深搅等、边坡加固施工
岩土试验检测与监测	岩土试验	涉及各行业建设工程岩土试验
	施工质量检验检测	涉及各行业，含建设工程施工质量检验检测
	监测	涉及各行业工程监测、安全监测、环境监测
地质信息化	地质数据库	涉及地质，含基础数据库和各行业专项应用数据库
	地质大数据平台	涉及各行业

（一）水文地质

水文地质是运用地质学理论，研究地下水的数量和质量随空间与时间变化规律的地质专业分支，主要是为查明地下水分布、运动、成因及其物理化学性质，采用水文地质测绘及调查、勘探及试验等方法，对一定区域范围内的地下水资源作出评价，提出合理开发和利用的地质意见及方案，并对工程建设的不利影响及其防治给出地质建议。

兵团水文地质专业承担业务范围、工作内容及典型代表项目如下。

1. 供水水文地质勘察

供水水文地质勘察具体可在农业、工业、城市、交通及生活饮用水等各类地下水源地建设中，开展相关工作。主要工作内容是围绕供水目的，进行水文地质条件、地下水形成条件、分布及埋藏规律、水质及水量相关方面的评价,提出水源地合理开发利用的建设方案。新疆的水资源时空分布不均,一定时期内缺少可调节的控制性水利枢纽工程,工农业用水矛盾突出,导致自治区和兵团对地下水的开发利用依赖性较高,各类特大型、大中型水源地建设项目也较多,兵团地勘单位完成的代表性项目有新疆塔里木盆地灌溉与环保(二期)工程伽师县下不土里农用水源地水文地质勘察、库车县兵团大化肥项目水源地勘探、农七师130团水文地质勘察、塔里木河油田淡水水源地水文地质勘察等。这些项目不但很好地解决了供水需求,而且还对水源地建设项目具有一定的示范意义,也锻炼出一批专业技术人才,并且均荣获了省部级优秀勘察项目奖项。

2. 地下水资源调查评价

地下水资源调查评价针对某流域或某指定区域开展水资源调查评价。主要工作内容包括对地下水时空分布规律的研究,计算地下水补给量、储存资源量、允许开采量,预报地下水动态,分析地下水开采潜力和开发利用前景,评价其对环境和经济社会产生的影响。兵团地勘单位完成的代表性项目有兵团水资源调查评价、兵团地下水开发利用总体规划、玛纳斯河流域规划平原区水文地质勘察、焉耆盆地地下水开发利用勘察及规划、奎屯河流域平原区地下水资源评价。地下水资源是工农业发展布局、国土空间规划及城市建设规划的制约条件,此类项目也是国民经济建设有力保证和支撑,随着国民经济的发展,此类规划工作还会周期性地开展,是专业建设不可或缺的部分。

3. 水资源论证

水资源论证针对新建、改建、扩建的建设项目,进行取水、用水、退水的合理性、合规性及可行性论证。主要工作内容是根据国家相关政策、法规以及当地发展规划、水功能区管理要求,采用水文比拟法对已有的数据进行径流计算,对建设项目取用水的可行性及其他取水户的影响进行分析评价。兵团地勘单位完成的代表性项目有新疆天富南热电建设项目水资源论证、新疆天业120万t PVC联合化工项目水资源论证等。与水文地质其他专业相比,此类项目具有数量较多、合同额低、资金回款率较高的特点。

从以上现状分析,兵团的水文地质专业从20世纪50年代开始的农垦建设到21世纪初地下水的开发利用,再到现今的最严格水资源管理一直在发挥着重要作用。从全国范围各行业该专业发展和建设的情况看,在地矿部门的区调队或水文地质调查大队专业保留较好,但其主要侧重于水资源调查评价;与自治区以及全国勘察设计单位相比较,兵团系统内积累了大量优秀水文地质勘察项目的工程经验,培养了几代水文地质专业人才,具备一定的专业优势。当然,也存在专业人才老龄化、勘探设备落后,勘察的新技术新方法应用不够,水文地质数据库建设滞后等问题。如何将丰富的工程经验、大量的成果资料转化为数据资源,将抽象的地质条件转变为可视化的地质模型,通过数字化模型、地质遥感监测等手段,实现水文地质精准量化的动态评价体系,是该专业发展的重要方向。

(二)工程地质

工程地质是地质学理论应用于工程实践的产物。通过研究工程活动与地质环境之间的相互作用,采用工程地质测绘及调查、勘探及岩土试验等方法,查明地形地貌、地层岩性、地质构造、水文地质、物理地质现象、岩土体物理力学性质和建筑材料分布等工程地质条件,并根据建筑物的结构和运行特点,分析建筑物与地质环境相互作用可能出现的工程地质问题,预测其发生的方式和规模,为确保工程建设期及运行期工程安全,提出具体工程措施及地质建议,最终目的是要作出正确合理的工程地质评价,为工程设计提供基础依据。

兵团的工程地质专业承担业务范围、工作内容及典型代表项目如下。

1. 水利水电工程地质勘察

水利水电工程地质勘察具体在水利、电力行业的各类工程建设中开展相关地质勘察工作。主要的工作内容是在查明水工建筑物工程地质条件的基础上，重点考虑在水的作用下，分析因为地质缺陷而产生的工程地质问题，进而对其危害范围、程度作出工程地质评价，并提出工程地质处理意见和建议。兵团地勘单位完成的代表性项目有新疆玛纳斯河肯斯瓦特水利枢纽工程地质勘察、兵团新建38团水利工程（一期）石门水库工程地质勘察、叶尔羌河中游枢纽工程地质勘察、云南省丽江市永胜县小米田水库工程地质勘察、民丰县尼雅水利枢纽工程地质勘察、新疆奎屯河引水工程地质勘察、伽师县西克尔水库除险加固工程地质勘察等。水利水电工程是重要的基础设施，根据水工建筑物的类型和特点，为设计提供准确的地质基础资料，是该专业上的重点和难点。近10年来，兵团地勘单位先后承担了国家及兵团的重大水利工程建设任务，并在兵团设计院"走出去"战略的指引下，先后在云南、西藏、山西、安徽、青海、四川、广东、贵州、重庆、陕西多地承接了多项水利工程建设任务，在软岩坝基建坝、深厚覆盖层筑坝、深埋长引水隧洞勘察技术、特殊岩土体工程特性评价、岩溶喀斯特环境工程选址等方面取得了丰富的工程地质经验。

2. 交通工程地质勘察

交通工程地质勘察具体承担各等级公路，包括桥梁隧道及机场工程建设中勘察任务，也在为兵团铁路工程建设提供技术服务。主要工作内容是查明建筑物地基的工程地质条件，确定岩土体承载变形参数，分析沿线不良地质的类型及规模，划分线路的工程地质分段，调查沿线筑路建筑材料的分布，作出工程地质评价并提出地质建议。兵团地勘单位完成的代表性项目有乌奎高速公路（沿线建筑物）、京新高速（G7）巴里坤至木垒段公路（明水至哈密段）、G219国道改扩建工程昆仑山国防公路、兵团十二师西山—乌鲁木齐国家级开发区公路隧道（含引桥）工程、下坂地水库移民公路及跨库大桥、石河子飞机场岩土工程勘察等。多年以来兵团地勘单位主要承担了兵团内等级低、里程短的项目，地质条件相对简单，而随着近年来承接高速公路、高等级路、长里程公路的逐渐增多，线路要跨越多个地质单元，地质条件复杂，不良地质发育，制约工程建设、影响工程投资的地质因素逐渐凸显。随着项目规模和等级的提升，也给地质专业的发展带来更多的机遇。

3. 岩土工程勘察

岩土工程勘察具体在工业民用建筑、市政行业工程建设过程中开展工程地质勘察工作。主要的工作内容是确定建筑物地基岩土体物理力学参数及其特性，提出地基的承载变形能力，判定水土腐蚀性，对建筑场地稳定性和适宜性进行评价，提供基础设计、地基加固所需的基础资料，并给出地质意见和建议。兵团地勘单位完成的代表性项目有克拉玛依石油化工厂场地岩土工程勘察、兵团机关大楼岩土工程勘察、塔里木大学文科实验楼岩土工程地质勘察、HY项目黑山厂址岩土工程勘察等。岩土工程勘察是我国实行注册工程师执业资格制度较早的专业，岩土工程地质勘察规范是强制性条文规定最明确的规范，也是同行业竞争最激烈的专业，其专业发展和工作的重心已经不局限于勘察工作本身，而是向岩土设计转移，这是兵团地勘单位该专业发展的短板。

从以上现状分析，兵团的工程地质专业在兵团的基础设施建设过程中扮演了重要角色，特别是2000年以来，随着兵团大中型水利水电工程、山区枢纽工程的建设、疆外市场的开拓，工程地质已经在勘察主营业务中占据了主导地位。国家对基础设施建设的投入，对勘测设计市场影响较大，近年来投资方向和渠道有较大变化，因此，兵团地勘单位积极调整了工作思路和专业布局，通过积累的工程地质成果和工程经验，运用创新性思维，利用BIM、信息化技术，积极开展地质大数据的应用和建设，以促进生产管理，提高生产效率，夯实发展基础，促进专业升级，提升了服务能力和水平，工程地质正走在专业化发展道路之上。

(三)环境地质

随着社会生产力的发展,人类活动与地质环境相互作用,成为地质学研究领域重点关注的方向。水土环境保护与治理是兵团地勘单位近年来从水文地质、工程地质延伸出来,逐渐形成的一个特色专业。其覆盖的领域较广,涉及自然资源部门的地质灾害预防和治理、矿产调查及地质勘查,矿产资源管理及开发、矿山环境保护及治理,水利、市政部门的水环境综合治理、地下水的保护、地下水超采区划定,农业部门的土壤环境调查、土壤质量评价,生态环境部门的水土污染类型评价及防治等,可为各行业管理部门的政府职责提供技术支撑和服务。

兵团的环境地质专业承担业务范围、工作内容及典型代表项目如下。

1. 地质灾害调查及评价

地质灾害矿产压覆评估及治理可以针对某流域、行政区域、具体工程建设项目开展相关工作。具体项目的地质灾害和矿产压覆评估,是工程建设可行性研究阶段报批的必要工作,兵团地勘单位承接过的代表性项目有兵团辖区地质灾害调查(数据库建设)及防治规划、奎屯河引水工程地质灾害危险性评估、第五师84团保尔德水库工程地质灾害危险性评估、第十四师一牧场—G315线(策勒县天津工业园区)公路项目地质灾害危险性评估。这类工作基本被自治区水文局、地矿部门等勘察单位所垄断,兵团地勘单位因为资质等级问题,仅开展过工程规模较小项目的评估工作、勘查和设计工作。随着国家对地质环境因素的重视,今后该专业工作的方向是实现和岩土设计与施工专业的协同发展。

2. 综合地质调查

综合地质调查工作内容主要是评价一定空间范围内资源环境承载能力和国土空间开发适宜性之间的关系,具体工作包括城镇基础地质调查、城市地质。

基础地质调查主要工作内容是查明某行政区划和某区域范围的水工环地质情况,获取基础地质数据,为当地经济建设和社会发展需求提供地质支撑。该项工作兵团地勘单位在2014年开始拓展,承担的代表性项目有新疆阿拉尔-图木舒克-昆玉1:5万综合地质调查、新疆阿拉尔市1:25万土地质量地球化学调查、第九师170团莫合台富锶水土环境调查评价。基础地质调查具有基础性、公益性、超前性的特征,兵团在这方面的工作虽起步较晚,但同时也存在填补空缺的契机。随着兵团的深化改革,在矿产资源行政管理将会得到更多的行政授权,还可在矿产资源规划、固体矿产勘查等方面进行专业拓展。

城市地质主要工作内容是通过查明城市所在地的基础地质环境,研究在城市规划建设、运行、空间利用中面临的各种地质环境问题,建立地质信息管理系统,为城市建设和运行提供精准、可持续的地质评价体系。兵团地勘单位目前只承接过新建市(镇)规划的水工环综合地质评价(勘察)工作,真正意义的城市地质工作尚未开展过,代表性项目有五师拟设市(双河市)城市规划总体规划阶段的工程地质勘察、第二师拟设铁门关市城市规划的工程地质勘察、第十三师新星市城市规划工程地质水文地质评估、芳新建市规划区综合地质评价。城市地质工作贯穿于城市建设发展的全过程,是城市规划建设和经济社会发展的重要基础支撑,是地质专业发展的重要方向。

3. 地下水保护及超采区治理

地下水保护及超采区治理主要的工作内容是对某区域进行地下水超采区划定评价、地下水功能区划分、编制地下水利用保护规划、地下水超采治理规划,为该区域的地下水合理利用有效保护提供技术支撑。兵团地勘单位完成的代表性项目有兵团第八师石河子市地下水超采区划定及治理规划、喀什地区地下水利用保护规划、五家渠青格达湖城市集中饮用水水源地水环境保护规划等。随着最严格水资

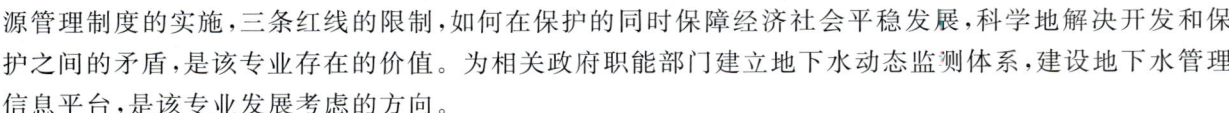

绪 论

源管理制度的实施,三条红线的限制,如何在保护的同时保障经济社会平稳发展,科学地解决开发和保护之间的矛盾,是该专业存在的价值。为相关政府职能部门建立地下水动态监测体系,建设地下水管理信息平台,是该专业发展考虑的方向。

4. 环境综合整治

环境综合整治是一个系统性工程,研究城乡发展、工程建设运营、矿产资源开发等与生态环境相互之间的联系,评价人类活动对水、土、大气基本环境因素的影响,从而对其进行科学有效的整治。它涉及行业广,参与专业多,地质专业主要在地质环境的改变及其演化演变机理等方向开展相关工作,兵团地勘单位参与的具体工作包括水环境综合治理、矿山环境治理两大类。

水环境综合治理主要的工作内容是通过研究直接或间接影响人类生产生活的水体污染情况,进行污染物减排和水环境修复的治理活动,包括湖泊、河流、水库水环境综合治理、底泥疏浚、河道水环境整治。兵团地勘单位完成的代表性项目有云南省个旧市大屯海水生态系统保护与修复工程、云南省杞麓湖国家湿地公园建设项目水环境综合治理、云南省杞麓湖南部底泥疏挖工程、云南省文山壮族苗族自治州砚山县回龙水库集中式饮用水源地污染治理。水污染是在一个长期过程中,因为人类水环境保护意识淡漠、水行政管理体制不健全、产业布局不合理等综合因素作用而产生的,水环境治理应有持续性投入,因此该专业的发展和建设特别值得关注。

矿山环境治理主要工作内容是通过研究矿产资源在开采、冶炼、加工过程中所造成对自然环境的影响因素,所产生"三废"对生态环境的污染情况,进行环境生态的修复、土地合理化利用的治理活动,包括矿山边坡治理、矿山人居环境整治、土地复垦。兵团地勘单位完成的代表性项目有兵团辖区矿山环境调查(数据库建设)及防治规划、第四师各团场采砂坑综合治理。矿产资源是国民经济发展的基础,开发过程给生态环境造成损害,引起各类环境问题,需要尊重自然规律、利用科学技术、制定政策法规,来达到人与自然和谐相处,我国正在建立一套完整的科学治理体系,该专业的发展意义重大。

5. 土壤调查及修复

土壤调查及修复主要工作内容包括土壤普查、土壤调查、盐碱地改良、土壤污染评价及修复。土壤学本属于农业科学类里的农学范畴,兵团的土壤专业源于兵团深厚的农垦建设基因,专业发展过程起起落落。鉴于土壤研究的工作性质、方法、评价体系与土体物理化学性质评价相近,我们将土壤调查专业纳入地质专业拓展范畴。兵团地勘单位完成的代表性项目有兵团第二次土壤普查(本书编写过程中,正在开展兵团第三次土壤普查)、阿图什市盐碱地改良利用规划土壤调查、兵团第十四师新建225团土壤调查、兵团第二师37团土壤调查、宁夏红寺堡区盐碱地重点危害区综合治理。土壤调查修复在兵团初期主要以确定土壤类型,优化种植结构为目的,近年随着兵团南疆新建团场的建设,土壤调查得以继续发展,尤其是特色农业发展对富含稀有元素的土壤调查、耕地质量评定及土壤质量评价等工作陆续开始。工业化和城市化的加速发展,废水、废气和城镇生活垃圾的排放,造成土壤污染越来越严重,影响食品安全,危害人身健康。开展新一轮的土壤普查、土壤调查,分析评价污染类型,开展土壤修复是迫在眉睫的工作,也是专业发展的大好契机。

从以上现状分析,兵团的环境地质专业是落实生态文明建设和绿色发展理念的具体实践,兵团地勘单位是进行地质专业整合,积极进行专业拓展,向环境地质、基础地质调查转型,由传统的水文地质、工程地质专业转型拓展而逐渐发展起来的。此类工作由原国土系统延续下来,实行项目申报审批预算制度,项目不以营利为目的,利润率较低,突出公益性,但项目经费属政府专项资金,回款保障率较高。近年来兵团国土部门的基础性调查工作日益增多,项目申报的类型也逐渐展开,特别是在兵团辖区内的矿产资源调查、地质灾害防治、矿山地质环境治理方面有较好的发展空间,还可以向国土空间规划、矿产资源规划、固体矿产勘查等方面继续拓展。两山理论的提出,让地质专业工作者在绿水青山的保护方面大

11

有作为。水土环境保护与治理,涉及领域广阔,在水利、市政、环保、农业等多行业均有极大的发展空间,可以努力解决水土污染控制与治理的重大技术瓶颈,研发水土污染防治技术及设备产品,促进技术升级和产业发展,提供水土污染防治工程建设的科学示范,参与编制兵团水土污染防治规划,为政府职能部门提升行政管理能力提供技术支撑和服务,为实现可持续绿色发展提供专业力量。

(四)岩土设计与施工

岩土设计与施工通常是在工程勘察完成后,为建筑地基、工程边坡等有关地基处理提供工程设计方案,并开展岩土工程施工。从广义的地质专业来说,该专业与工程建设相关的所有行业均有涉及,而兵团地勘单位现阶段在工业民用建筑行业的岩土设计与施工参与较多,在水利、国土行业的岩土施工则有待加强。

兵团的岩土设计与施工专业承担业务范围、工作内容及典型代表项目如下。

1. 岩土工程设计

岩土工程设计内容包括桩基工程选型与布置、地基工程处理技术方案设计、边坡工程稳定分析与支护防护设计、基坑工程(地下工程)稳定性分析与地下水控制等。兵团地勘单位完成的代表性项目有新疆石河子化工新材料产业园天富发电厂一期2×600MW级工程项目场地降水设计、第十师北屯垦区城镇引水工程首部围堰防渗施工固结灌浆设计、兵团四建二四连家属区西侧素混凝土挡土墙支挡加固设计、第七师柳沟水库除险加固工程坝体坝基防渗施工高压喷射注浆试验设计、第十师北屯平顶山北缘矿区地质环境治理项目地质灾害防治设计。岩土工程设计不应局限于工业民用建筑行业,依托兵团优势、兵团地勘单位专业优势,要向水工建筑物地基处理、工程边坡加固支护设计方面拓展,从现状的配合或参与,逐渐向主导和独立承担方面发展;基坑降水方面,要向场地降水(区域性降水)方面发展,形成特色专业,建立专业优势;依托自然资源地质调查、评价和评估专业的拓展,与地质灾害防治设计专业实现协同发展。

2. 岩土施工

岩土施工主要工作内容包括针对建筑物地基、特殊岩土体存在地质缺陷的类型,选择适宜的地基处理技术方案,并付诸具体实施。目前兵团地勘单位已完成的代表性项目有新疆EH防洪工程(城市段桩号0+100~2+600)施工2标、石河子化工新材料产业园天富发电厂一期2×600MW级工程项目施工降排水工程、兵团第四师76团阿西里水库建设项目基础处理施工、托里县浪古特水库扩建工程(施工标)灌浆施工。多年来兵团地勘单位的岩土施工,主要采用与其他单位合作形式承接岩土施工项目。

从以上现状分析,岩土设计与施工可以涉及的行业领域广阔,要发挥兵团地勘单位在水利、建筑、公路、国土行业参与前期设计工作的有利条件,积极承接相关项目,要挖掘培养相关技术人才,健全相关管理制度,积极进行业务拓展和专业发展,努力实现与其他地质专业的协同发展。

(五)岩土试验检测与监测

岩土试验检测与监测是由岩土试验、施工质量检验检测、监测3个专业子项组成。岩土试验泛指对岩、土、水进行的各类试验,是地质工作定量分析的常规手段。施工质量检验检测是在工程建设的施工过程中,评价建筑材料、施工质量是否达到工程设计标准的一种检验手段。监测涉及领域十分广泛,包括工程监测、环境监测、安全监测等,是一种环境因素观测手段。岩土试验检测与监测作为一种测试手段,在所有行业领域均有涉及,兵团地勘单位目前通过计量认证包括水质、土工试验、骨料(集料)、水泥、钢材(钢筋、焊接及连接件)、水泥混凝土、砂浆、混凝土外加剂、混凝土掺合料、土工合成材料、岩石、现场检测、水和废水、土壤及沉积物、空气和废气、噪声十六大类。

岩土试验检测与监测专业承担业务范围、工作内容及典型代表项目如下。

1. 岩土试验

岩土试验主要工作内容是获取各行业建设工程、国土基础地质、环境影响评价所需的,岩石(体)、土体及环境水的物理性、力学性、化学性试验检测参数。兵团地勘单位完成的代表性项目有兵团水资源调查评价、塔里木河油田淡水水源地等项目的水土化学分析试验,肯斯瓦特水利枢纽工程、奎屯河引水工程、京新高速巴里坤至木垒段公路等项目的岩土试验,兵团土壤普查、新疆阿拉尔市1:25万土地质量地球化学调查、第九师170团莫合台富锶水土环境调查评价、西域砾岩抗力系数原位测试等项目的专项专题试验。岩土试验专业是兵团最早的专业之一,在之后的发展中,受兵团业务范围的局限,一段时期内仅开展土工试验和土化学分析,能获取的参数类别和数量较少。近年来随着业务范围的不断扩大,以地质专业为依托,加强检测能力的建设,逐渐明确了专业发展方向。

2. 施工质量检验检测

施工质量检验检测主要工作内容是在工程建设过程中,运用各类试验检测方法,获取所需的建筑材料、单位工程施工质量的相关参数,评价其是否能达到工程设计标准。兵团地勘单位完成的代表性项目有第八师2020年水利工程施工质量检测,第十三师八大石水库施工质量检测、头道白杨沟水库施工质量检测,第九师2021年公路建设项目的施工质量检测。随着兵团各行业工程建设项目的开展,该专业近年来在水利、公路、机场、建筑市政等行业的工程质量检测混凝土类、岩土类检测发展空间较大,处于专业的成长期。

3. 监测

监测包括工程监测、环境监测、安全监测等,工程监测是对建筑物基坑、边坡、地下隐蔽在建设期和运行期内,包括对工程质量、工程安全、环境影响评价、水土保持方案等方面的观测,环境监测和安全监测是对人居生存环境有直接影响的水、土、大气、噪声等环境因素的观测。兵团地勘单位完成的代表性项目有兵团国控点地下水监测、兵团图昆公路环水保监测、第十三师八大石水库渗流监测。监测涉及领域十分广泛,新技术发展迅猛,围绕水安全、粮食安全、可持续发展等关键问题,其观测数据与地质评价工作有密切联系,专业发展空间巨大。

从以上现状分析,岩土试验检测与监测专业可涉及的业务工作范围十分广阔,但由于专业发展的定位和方向不明确,专业竞争大及经济环境差,能力建设和人才培养欠缺,造成专业发展缓慢。摆脱困境的前提是要明确专业定位,借助兵团基础设施建设的背景,实现在施工质量检测业务、水环境监测、工程安全监测业务专业的拓展和延伸;要利用互联网技术,进行检测数据的信息化管理,提升技术服务水平。岩土试验检测与监测专业发展空间极大,发展前景乐观,可以打造出一支集试验、检测、监测、科研为一体,涉及农业、水利、环境、国土、交通、建筑各行业的综合性试验检测技术服务队伍。

(六)地质信息化

信息化是以现代通信、网络、数据库技术为基础,将研究对象各要素转化为数据并形成数据库的一种技术,信息化技术可以极大提高工作效率,降低成本,是生产方式的革命。随着信息技术的发展与应用,地质信息化已涉及所有人类社会活动,地质数据是地质信息化的载体,地质数据已成为新时期经济社会可持续发展的基础,地质信息化的发展也驱动着地质工作的技术创新。地质信息化包括各类地质勘察计算机应用和地质大数据应用。

1. 地质勘察软件应用

地质勘察软件应用开展较早，初期主要是各类地质成果的图形及文字资料处理，以提高出版质量、效率及实现标准化为目的，主要涉及 Office、Autodesk CAD 等基础工具软件的应用。随着计算机技术的快速发展，地质勘察软件逐渐向多元化发展，通过集成软件，分析各类地质信息、地质问题产生的原因，进行地质勘察数据信息处理和分析，提高地质数据的处理效率以及计算能力，主要涉及基于地质勘察相关软件的二次开发、三维地质建模、数学数字模型建立及计算、地质问题评价系统等，主要涉及 Modflow、Gocad、理正、EVS、ARCGIS、MAPGIS、迈达斯等。信息时代的到来，各行业的数字化建设发展迅猛，地质专业数据生产方式落后、数据查询-统计-更新能力不足、数据类型多-抽象-时空变化，数据分析计算难度大等问题突出，面临地质数字化建设存在的问题，兵团地质数字化建设主要涉及地质数据库建设、地质数据分析和挖掘、地质大数据应用。

2. 地质大数据应用

地质大数据应用是以地质数据库建设为基础。地质数据库的数据资源包括地质工作中的基础调查测绘资料，钻探、物探、化探、试验勘探资料及室内外试验资料，航卫片及地质遥感的解译资料，涵盖原始资料、电子档案、纸介质档案及影音多媒体等多种形式，对各类资料整理、分类、编码和数字化，建立统一的、标准化的数据资源管理平台是其本职工作，可分为地质基础数据库和地质应用数据库两大类。地质数据库在基础地质调查、自然资源管理、智慧化建设、地质遥感、地质资料数字化管理与信息化建设、地质资料数据库及管理服务信息系统建设等各方面有着很好的发展前景。兵团地勘单位完成的代表性项目有兵团辖区地质灾害调查及防治规划数据库、兵团辖区矿山地质环境及采煤沉陷区调查项目数据库、兵团综合地质基础数据库。

地质大数据平台建设是根据当前地质资料管理服务现状与信息化建设需求，研究地质大数据的特点及关键技术，并对基于大数据的地质资料信息化与标准化存在的若干问题进行分析，提出加强数据组织、数据挖掘、数据服务标准制定，建立地质大数据共享平台，是推进地质信息化进程的重要前提和技术保障。兵团地勘单位已开发完成兵团地质大数据平台1.0版、地质数据采集系统，正在开发地下水智慧管控系统、工程地质智能服务咨询系统、地质灾害动态感知预警系统等系统，致力于实现水资源、土地资源、矿产资源的科学利用，助力兵团智慧农业、智慧水利、智慧城市、智慧矿山等的建设和运营管理。

从以上现状分析，兵团地质信息化正面临着我国信息技术快速发展的时代，"数据即资源"的理念已经充分渗入其中，地质信息化技术的革命必将引领地质工作生产方式的彻底革命，并由此产生地质专业发展、市场格局和人才培养的重新布局。目前兵团地质信息化已经在为兵团建筑市政、水利、自然资源、生态环境、农业农村等各部门提供技术服务和科学管理的支撑，在政府决策、科学研究、企业管理等领域起到了一定的示范作用。地质信息化时代存在各种机遇和挑战，建立适应时代特征、兵团特点的地质信息管理平台十分必要，可以实现从资料到数据、从数据到数字、从数字到信息、从信息到应用的地质大数据产业链，进而实现由"数字地质"向"智慧地质"的转变及发展趋势。

四、兵团地质勘察发展的机遇和挑战

（一）宏观环境下地质工作发展趋势

党的十八大提出"五位一体"总体布局，把生态文明建设摆在改革发展和现代化建设全局位置，就两山理论展开了全方位的实践活动。党的十九大明确提出"美丽中国"建设目标，并将这一目标载入国家根本法。党的二十大提出要把碳达峰、碳中和纳入生态文明建设整体布局,如期实现2030年前碳达峰、2060年前碳中和目标。这一系列的布局、理论及目标,是习近平生态文明思想核心要义的具体体现,也是对地质专业、地勘行业在新时期下提出了新发展的需求。

新时期是我国进入21世纪的第一个关键20年,在此期间,我国地质工作取得了一系列重大事件和重大成果,例如:以页岩气和页岩油为代表的非常规能源勘查开发、南海海域天然气水合物勘查试采取得重大突破、深海油气勘查取得一批新发现、地球深部探测取得重大进展、推出关键矿产清单、二氧化碳捕获和存储取得新成效、地球系统科学发展形成新概念新思路、信息技术推动建立地质工作新模式等。通过这些重大事件和重大成果不难看出,战略性矿产资源,尤其是清洁能源和关键金属矿产,仍然是地质工作的重点;海洋地质工作一定程度解决了战略性矿产资源的匮乏,是新的地质研究方向;地球系统科学成为当代地质科学主题,地质多样性、人类世、临界要素等成为地质工作前沿领域;地质科技创新成为地质工作转型的主要动力,信息技术将对地质工作转型产生了重大影响。

我国地质工作面临战略性结构调整,但仍然是人类经济社会活动的基础,是经济社会发展的根本依托。聚焦人类与地球生态环境之间的相互作用,采用从"调查、评价、监测"到"三维建模定量模拟",建立多方位、多圈层、海陆空一体化的观测和监测体系的工作方法,以解决地质"预测、预报、预警",开发环境影响模拟平台,提升地质资料数据的认知能力为根本工作任务,不断增强管理地质数据和信息的互动性与易用性,促进地质认知的开发和基础研究的突破,最终达到地质专业对经济社会发展的保障和支撑作用,逐渐成为新时期下地质工作的总体指导思想。

(二)新时期兵团经济社会发展背景对地质工作的需要

兵团70年的经济社会建设,总体实现了社会大局稳定、经济持续增长、人民生活持续改善的根本任务。近10年新的时期下,呈现出经济运行总体平稳,现代产业体系逐步形成,农业现代化水平不断提升,工业进入转型升级阶段,服务业发展势头良好,供给侧结构性改革深入推进的良好局面。围绕新时期下,保持社会稳定和长治久安的新疆工作总目标,兵团聚焦提升维稳戍边能力,更好地发挥安边固疆稳定器功能;推动经济高质量发展,加快建设先进生产力的示范区;构筑各民族共有的精神家园、打造先进文化示范区和凝聚各族群众大熔炉三大作用,需要完成诸多重要工作任务。

1. 保障和改善民生,扎实推进共同富裕

资源是经济社会发展的基石,要开展自然资源综合调查,进行基础地质调查、水资源调查、生态地质调查等专项调查,分析自然资源禀赋条件、结构特征、功能和空间分布规律以及开发利用状况,开展自然资源综合评价,揭示各类自然资源之间的相互关系,研究自然资源开发利用状况和未来可能的变化趋势,为兵团的自然资源区划提供依据。特别是兵团的水资源调查方面,要加强水资源、水循环和水生态研究,实现地表水和地下水统测,建立兵团水环境评价的地质基础数据库。各业的基础设施状况是经济社会发展、保障改善民生的体现,要在重点区域、重点地区开展更大规模、更高等级的基础设施建设,包括重大水利工程建设、高等级公路及兵团路网、铁路专线、通用机场的建设等一系列基础设施都有一定的规划和布局。

2. 建设美丽兵团,自觉当好生态卫士

兵团所辖区域在新疆的地理环境中,多属于"风头水尾",是重要的生态屏障和生态敏感脆弱区域,生态环境保护是兵团工作的要点,准确把握"山水林田湖草沙生命共同体"的理念,需要开展地上地下环境一体化生态地质状况调查监测与分析工作,研究自然演化规律、典型生态系统,以及人类活动与生态系统之间的相互作用、环境和生态问题的影响，研判生态系统未来的发展变化趋势，来保护修复生态环境。围绕水安全、粮食安全是人类生存和可持续发展的关键问题，其与地质工作也有着密切联系，需要开展水污染、土壤污染、大气污染的现状调查及评价，建立水、土、气质量监测体系，研究水安全、食品安全基础保障的地质安全风险，这将成为未来中长期地质工作的重要方向。

3. 推进深化改革，塑造兵团体制机制新优势

充分利用兵团党政军企的特殊体制机制优势，开展兵团国土空间规划，地质工作可以为国土空间治理体系和治理能力现代化提供地质依据，可以探索不同空间条件下资源环境承载能力和国土空间开发适宜性之间的关系，可以为各类建设开发"红线"控制提供依据和支撑。兵团要实现新型城镇化快速建设，实施乡村振兴战略，积极推进兵团重要城镇的规划、建设和发展，需要分析兵团城镇所在区域的特点和地质环境，研究解决城镇特色发展、可持续发展及基础设施重复建设等突出问题，更加合理利用和开发地下空间，这个过程中，可以建立地下三维数字城镇地质模型，使地下空间实现"透明"。

4. 聚焦新疆工作总目标，坚持在南疆发展

新疆是国家提出的"一带一路"倡议实施的关键点核心区，新疆南部地区（南疆）受地域及历史因素影响，有区域面积大、交通不便、人口多、人均耕地少，宗教氛围浓厚，基础设施落后（每万人拥有的铁路、公路和高速公路里程数远远低于全国平均水平），经济发展慢等特点，阻碍着核心区经济建设和社会发展。兵团是新疆的重要组成部分，兵团在南疆发展以农牧业建设为基础，大力发展二、三产业，以产业发展、融合发展带动就业和集聚人口，增强经济综合实力，促进社会进步和民族团结，确保新疆经济社会发展，是党中央在新时期下交给兵团的又一重要历史使命。要完成这一职责和使命，需要在水资源水安全战略布局、自然资源合理开发利用、各行各业的基础设施建设、生态环境保护修复、新城镇建设等领域开展全方位的工作，这些工作都需要地质工作先行并打下坚实基础。

综上所述，新时期下兵团地勘行业的地质工作者们将要面临新的历史机遇和挑战。现如今，国际环境正处于百年未有之大变局，国内将迎来党的二十大召开后的新发展时期，新疆和兵团这一对在同一片热土上成长起来的兄弟，必将共同面对全球政治、经济格局的调整与重构，资源格局的调整与重塑，在科技创新竞争日趋激烈，新冠疫情深远影响的环境下，在绿色低碳发展、能源转型、国土空间优化、产业结构升级等领域，发挥地质工作的重要作用。

（三）兵团地质专业及地勘行业发展面临的困境

兵团与新疆相比存在经济社会体量占比较小，经济发展动力不足，履行维稳戍边使命任务艰巨，资源环境刚性约束性大，集聚人口和民生改善难度大等问题。由此产生的兵团地质专业及地勘行业存在如下突出问题。

1. 基础研究深度不够，专业作用没有充分发挥

在兵团的历史发展轨迹以及兵团特殊体制等因素的共同作用下，兵团地质专业已初步形成了涉及行业领域多、专业范围广的格局，但在兵团体系内，地质勘察行业的从业人员较少，多集中在兵团设计院及各师（市）设计院，在兵团内没有从事地质专业基础性研究的专业院校和科研单位，仅在石河子大学、塔里木大学、农垦科学院的农田水利、土木工程等部分学科下，设有地质专业的基础课程，只有部分教职员工从事教学及相关科研工作。在国家层面的战略实施、体制改革、基础设施投资方向发生变化时，往往会引起勘察设计市场较大的变化，多而广的专业格局虽有抵御变化的风险，但也缺少了自身地质专业的特色，专业技术优势不突出，专业核心价值没有充分体现。仅仅依靠兵团建设初期的水文地质勘察、工程地质勘察维持着专业发展,专业范围局限在为工程设计提供技术服务,兵团重要城市的综合地质调查的范围有限、研究深度不够。这些不足,与地质专业丰富的研究背景、兵团深厚的历史底蕴、地质勘察市场广阔的服务领域很不匹配,地质专业的基础性、作用没有充分发挥。

2. 发展方向不明确,专业特点不突出

地质专业在兵团发展的历史舞台中,一直扮演着重要角色,几代地质工作者不畏险阻、艰苦奋斗的付出才铸就地质专业如今的成绩。时代的变迁,地质专业发展也要与时俱进,地质专业现状拓展力度不足、转型速度缓慢,地质工作缺少专业性、长期性、可操作性的总体发展规划作指导,地质相关专业的发展方向、目标不明确,专业发展不平衡,没有形成合力,各专业之间的协作支撑欠缺。发展较早、存在一定优势的水文地质、工程地质专业缺少工程总结和深入研究分析,拓展延伸不够,岩土施工在地勘行业内推动缓慢;传统的岩土试验与检测专业受行业资质管理的制约缺少开展工作的合法身份,从事相关工作的专业技术人员老化、专业能力建设不足;地质专业拓展的资源勘查专业具体项目少,配合自然资源管理部门策划项目的专业技术能力不足。地质专业属于经验性的验证科学,需要利用地质学理论,通过地表的地质现象,推测地下的地质结构,并利用各种勘探手段的验证,证明对地质体的研判,从而确定地质体内在的真实规律。兵团的地勘行业内,受历史原因影响,钻探、洞探、坑槽探等各种劳务队伍已剥离不存在,物探现有设备单一且老化严重,化探、岩土物理力学试验的仪器设备投入少,试验能力弱,地质专业延伸的水土环境保护与治理、岩土设计与施工专业技术人才欠缺,相关专业队伍的建设和培养缺少实践工作,专业特点不突出。

3. 科技创新意识不足,缺少专业发展的原动力

科学技术就是生产力,技术发展是专业发展的基础,对于兵团的地质专业和地勘行业发展技术创新显得尤为重要。受到诸多因素的影响,兵团地质专业的创新意识不足,各级领导干部对地质专业创新的关注度不够,从事相关工作的专业技术人员创新意识淡漠。日常生产及科研工作中,对新技术、新方法的应用较少,劳动效率及产品质量不能满足日新月异的发展需求,地质专业发展的前沿资讯了解甚少,缺少科研工作的必要投入,科研成果极度欠缺,科研成果的转化及实际应用更是少之又少。现代信息化、数字化技术在地质专业上的应用不够,特别是各自然资源、农业、水利、建筑市政、生态环境等行业建设积累了大量的地质数据,但这些行业之间各自为战,相关地质数据交换和共享存在行业壁垒,不能充分发挥地质专业的基础性支撑作用,地质专业发展的内生动力、原动力十分不足。

4. 人才资源建设乏力,没有形成专业培养体系

任何专业和行业的发展都离不开人才队伍的建设,地质工作存在其抽象性、复杂性、不确定性的专业特点,建设和培养优质的人才资源是专业生存发展的必备条件,人才培养应放在重要位置。兵团地质专业技术人才现状是人员年龄结构不合理、技术思维陈旧、缺乏专业自信,缺少专业权威或领军人物,专业价值不能充分体现。依托兵团厚重的历史底蕴,兵团"走出去"战略建立了广阔的专业施展空间,兵团地质专业初步具备树立"兵团地勘"品牌价值的背景,但"兵团勘察"的专业品牌建设的意识淡漠,投入力度不足,品牌价值挖掘不够,品牌影响力的宣传力度欠缺,全国知名的兵团地质专家的培养仍需加强。受专业人才培养渠道的局限,兵团地质专业人才培养体系尚未形成,人才培养制度还不健全,专业可持续发展缺少人才支撑,没有形成人才储备及人才梯队的专业培养体系。

(四)兵团地质勘察转型的必要性

宏观环境下,在两山理论的指引下,生态文明建设已经摆在我国现代化建设的重要位置,美丽中国、碳达峰碳中和的建设目标，也已载入国家根本大法，地质专业、地勘行业在新时期下有了新的发展方向，围绕保障和改善民生，扎实推进共同富裕；建设美丽兵团，自觉当好生态卫士；推进深化改革，塑造兵团体制机制新优势；聚焦新疆工作总目标，坚持在南疆发展兵团的重要工作任务，兵团地质专业的转型发展势在必行。

从地质专业发展的宏观环境看，当前兵团的经济环境还处于中高速增长的时代，兵团内部的地勘产业规模和地勘队伍仍处于逐渐扩大趋势，兵团地勘行业的经济效益发展有良好保障。但从实际情况看，兵团地勘行业仍以传统的、低效的、粗放式发展模式为主，导致地勘行业内部的生产方式、生产效率、技术水平与当前兵团经济社会的高质量发展的实际工作需求不相适应。地勘行业必须要适应外部环境的变化，解决行业发展的问题，突破地勘行业面临的困境，按照兵团高质量发展理念及工作部署，在保障兵团发展的能源资源安全的同时，为生态文明建设工作提供良好支撑。兵团的地勘行业从业单位要围绕高质量发展理念，确保地质工作的专业水平、服务质量、生产效率、研究能力得以全面提升，实现兵团经济社会发展的绿色、协调、可持续的格局。

从地质专业本质属性看，突破新时期下地质工作面临的困境，面对污染防治的攻坚战、蓝天绿水净土的保卫战，兵团地质工作可以在土地资源、水资源、矿产资源的科学利用，地下水土壤环境的污染防治，基础设施建设和地下空间开发的风险防控等多领域广泛发挥基础性、公益性、综合性作用，还可以在兵团的智慧农业、智慧水利、智慧城市的建设和运营管理上，保持兵团在科技领域的先进性和示范性，对兵团的经济社会发展会产生较大的催化作用，对兵团的科技产业带来较大的促进作用。地质专业在水文地质、工程地质、环境地质、矿产地质、灾害地质、城市地质、旅游地质等具体工作中，可以开展大量的地质调查、勘查，以及相应的地质科学研究，在能源、矿产的开发利用和环境、地灾的监测、防治，以及各类天地一体的地质遥感观测活动中，发挥巨大作用，为兵团经济社会发展起到强有力的支撑作用。

（五）兵团地质勘察高质量发展的意义

高质量发展作为推动我国经济社会可持续发展的重要理念，在一定程度上可以视为实现我国经济效益、社会效益和生态效益目标的重要理念形式。在这个理念的推动和引导下，国民经济社会发展的各领域均从原本强调数量逐渐向注重质量上转变，经济效益、社会效益和生态效益逐渐呈现出同步提升态势，可以从本质上解决人民日益增长的美好生活需要和不平衡不充分的发展之间的这一社会主要矛盾，是可持续发展理念的内在驱动力。

从外部环境发展看，新时期下兵团的深化改革在强化政府职能方面，给予兵团的财政、水利、自然资源、生态环境等各管理部门一定范围内新的行政授权，这种体制改革的一系列变化给地勘行业带来了机遇与挑战。特别是在兵团自然资源管理方面，可以说迈入了全新阶段，在兵团从业的相关地勘单位开始面临兵团体系内自然资源领域的统一管理，自主开展国土空间规划、矿产规划、自然灾害防治规划等诸多工作。在这些机遇和挑战的引导下，兵团地勘行业必须要建立转型升级、创新驱动的体制，以此契机全面推动地勘行业的发展，对于地勘行业高质量发展工作而言，这种创新体制，为地勘行业的可持续发展提供良好的环境。兵团的地勘行业长期处于兵团和自治区相关行政主管部门的双重管理状态，存在项目行政审批职责不清、程序烦琐，多重行业监管的问题。客观上看，这种体制不仅制约了地勘行业发展进程，同时也会影响地勘单位经济效益。结合当前外部环境的变化，兵团地勘行业在积极响应国家高质量发展理念，对外部机制改变和内部结构设置进行统筹推进与合理部署，促进科研院校在地质学科上的专业建设，推动地勘单位向市场化与规模化方向发展，引导地勘行业的相关从业人员充分理解高质量发展的内涵，统一思想、统一行动。同时，兵团地勘行业可以加强与自治区各行业主管部门的有效联系，进行融合发展，对自治区地勘行业发展过程中出现的问题和弊端进行有效的规避，及时采取各类应对措施加以预防。

从内部条件情况看,兵团地勘行业通过外部机制的改变,可以构建高质量发展体系,并在很大程度上可以有效促进内部资源的整合和优化。在地质专业人才队伍组成结构以及建设方面,在高质量发展理念的驱动作用下,地勘行业内部会更加注重对专业人才队伍的发展,行业内部会更加注重人才梯队培育与地勘实际工作需求相匹配的地勘队伍建设,以此提高人才培养的顶层设计水平,提升兵团内部人才培养资源的合理配置。同时,可以促进地勘行业从业的相关单位健全与完善各类规章制度内容,利用激励机制以及考核制度提高综合管理效能,确保其内部实现制度化与规范化管理目标,以此提高地勘单位的从业资质等级、专业能力水平,打造高水平专业人才从业队伍。同时,会激发地勘行业高度重视科技创新工作,促进科技成果转化,努力提升自身的核心竞争力,在地勘行业内形成科技创新激励机制以及相关管理制度,提高对地勘装备等资源设施的重视程度,有利于勘探设备的更新升级以及技术改造,彻底改变兵团地勘行业与外界之间的科技交流状态,利于产学研合作,有效促进地勘行业的科技创新水平。

五、兵团地质勘察发展的思考和展望

(一)围绕国家战略坚持为兵团经济社会建设服务,建立专业发展体系

兵团地质勘察通过70年的努力,形成了跨行业,多资质的专业格局,初步建立了以水文地质、工程地质为主,向地质相关专业辐射延伸的专业体系。新时代背景下,智慧化管理中地质基础数据资源的应用、基于环境保护和资源科学利用的工程建设、地下水土壤环境的污染防治、复杂环境下地下空间开发建设风险防控、工程建设管理过程中地质专业数据的利用等方面,都将会让地质专业面临新挑战、新机遇,走向新征程,实现新发展。兵团地质专业应立足于地质学本身,坚持多行业发展战略,有针对性提出专业发展的思路,明确各专业的发展目标,保证在专业延伸拓展后,相互促进、相互支持,增强专业能力、增加市场份额,建立一个具备地质学深厚背景的专业技术团队,打造一支可以为全行业、全过程提供优质技术服务的专业化团队,依托兵团的特殊作用,充分利用积累的大量勘测设计成果资料,努力成为兵团在南疆发展的排头兵、环境治理的先锋队、科研工作理论结合实践的示范岗。

要制定兵团地质专业的发展规划,要围绕专业发展方向、市场营销开拓、专业人才培养、科研工作推广、企业制度建设等方面开展建立专业发展体系。一是在优势的水文地质、工程地质专业应加强工程总结,明确向其他专业拓展延伸的方向,积极推进施工总承包业务的开展;应建立地质信息数据库,建设地质大数据平台,提高工作效率、提升质量水平,将抽象的地质条件转化为可视化的地质数据,扩大专业影响,实现专业价值;应谋求向水利、公路、环境、自然资源等各行业主管部门提供基础地质数据,以实现政府管理体系、治理能力建设的需求。二是在传统的岩土试验与检测专业应努力实现专业拓展,实现全行业岩土试验任务完全承担的目标,拓展水利和公路施工质量检测,向生态环境监测和工程安全监测业务延伸;应加快质量检测资质建设,摆脱受资质影响的发展困境;应加大试验检测能力建设的投入,增加仪器设备的购置及更新、加强专业技术人员培养、调整人员年龄结构,突破专业发展的瓶颈。三是在拓展的自然资源勘查专业应加快专业能力和专业水平的建设,走出去与自治区及疆外相关单位进行专业交流和合作,并积极协助兵团自然资源部门策划基础地质调查类项目,提升项目运作的能力;应提高地质灾害防治勘查、设计、施工、评估的资质等级;应利用现有的项目,实战演练、以战带练,促进地质人员的快速转型升级,建立起专业技术团队,培养出专业技术带头人。四是在延伸的水土环境保护与治理、岩土设计与施工专业应重点加强专业技术人才队伍的建设和培训,对项目经理、施工组织设计和概预算的专业人才重点关注与培养;应提高施工总承包资质等级,依托兵团在水利、公路、建筑市政等行业开展的总承包业务,进行专业施工队伍的建设。

(二)立足地质学本身坚持科技创新,为政府科学决策提供支撑

根据兵团经济社会发展、兵团地勘市场需求及地质专业自身发展需要,兵团科技局应促进开展立足地质学本身的科技创新活动,要取得有助于解决重大经济社会发展问题的科技创新成果,并实现科技成果转移转化,力争取得显著的经济社会效益。围绕兵团产业的转型升级发展需求,在推进兵团产业转型升级和供给侧结构性改革中发挥积极作用。聚焦兵团的重大战略任务和重点产业发展的科技需求,围绕兵团科技创新"十四五"规划提出的十大科技创新工程,拓展合作领域、深化合作,提升科技创新合作质量,在地质专业领域突出引进吸收新技术新成果,提升科技创新能力。与兵团外单位自治区和疆外单位,围绕丝绸之路经济带核心区建设、兵团融合、在南疆发展等方面,开展全方位、多领域的科技创新合作,推动联合研民、技术转移、学术交流。

以"科学技术是第一生产力"重要论述为指导,在兵团体系内对地质学专业技术研发工作应常态化开展。一是在科技攻关方面:近年来水文地质专业延伸出的地下水保护规划、治理规划等项目优势已经凸显,可以深入开展地下水演化运移规律、评价标准等基础性研究;工程地质专业在软岩坝基评价、软岩筑坝材料研究、西域砾岩工程特性研究、花岗岩风化壳工程特性研究等方面均具备开展科研工作的条件。如何将这些研究内容形成技术优势,转化为核心竞争力,是兵团地质工作者科技创新工作的重要方向。二是在勘察软件应用方面:地质工作中各类计算机软件的应用是大趋势,GIS系统、地质三维、BIM技术的应用是地质专业发展的必然道路,要引导专业技术人员主动运用勘察软件的意识,找到适合专业发展所需的软件类型,并积极推广应用。三是在勘察手段和方法建设方面:充分利用数字地形及卫星影像资料,开展遥感地质解译工作,提高地质测绘的精准率及工作效率,大力推广地质三维技术应用,提高地质成果的可视化率,更新勘察外业工作的仪器及设备,以达到效率转化为效益的目的。四是在对外技术交流方面:积极参与全国各行业的地质专业年会,充分了解各行业地质专业发展的前沿动态,要从以往的"参加听会",逐渐改变为"交流发声",有计划地推出有特点的项目进行技术研讨交流,增强专业自信、品牌价值。

(三)做好地质专业发展顶层设计的政策和制度保障

专业发展是一项复杂的系统工程,其时间跨度大、涉及面广,具有很强的专业性和综合性。围绕兵团地质发展的方向、目标、重点任务等方面,要根据国家、新疆和兵团的时代背景与政策体系,主动适应勘察专业发展的新常态,制定适合兵团自身地质专业特色的发展路线图;要加强各部门对地勘行业的管理制度的研究和制定,构建保障地质专业发展的制度支撑体系;要关注各项规章制度之间的衔接和协调,形成制度体系合力,提高专业发展的实施效果。

2018年3月,中共中央印发《深化党和国家机构改革方案》,同期,兵团进行深化改革强化政府职能,在一定范围内给予自然资源、水利、生态环境等管理部门进行了新的行政授权,由兵团相关管理部门在兵团内部统一行使全民所有自然资源资产所有者职责,统一行使所有国土空间用途管制和生态保护修复职责,实现山水林田湖草沙整体保护、系统修复、综合治理。兵团相关管理部门应根据中央和自治区出台的文件精神,积极进行地质专业的顶层设计,建立以地质专业优势和地质科技优势为基础的生产、生活、生态相协调的兵团城镇空间格局、产业发展格局、健康宜居格局,构建地质调查支撑服务兵团乡村振兴工作体系。应坚持问题导向,统筹推进地质工作与生态文明建设的同步发展,深化地勘行业改革,地勘单位应聚焦兵团重点任务,立足地质工作本身提升能力和水平,指明发展方向和目标。应根据地质调查支撑服务新时代经济社会发展和生态文明建设的实施意见,明确推进地质调查的服务方向、指导理论和发展动力,支撑生态文明建设和自然资源管理,在服务兵团生态文明建设、保障能源资源安全和地质灾害防治工作中发挥重要作用。

绪 论

(四)坚持地质专业定位,实现合理转型发展

宏观经济环境和行业发展预期是影响地勘行业发展的主要因素,未来10年是我国全面推进新型工业化、新型城镇化和农业现代化同步发展的关键时期,地质工作格局的调整和地质工作专业的定位十分关键。兵团地质专业要以国家和区域发展战略为引领,聚焦经济社会发展需求,坚持绿色发展模式,持续优化产业结构、切实保护生态环境、全面服务于兵团的自然资源管理部门。要构建自然资源综合地质调查体系,围绕国土空间规划、国土空间用途管制、国土空间生态修复和保护,以生态系统为对象,建立地质调查与评价、探测和监测、模拟与预测的技术体系,对生态系统的现状作出评价,对未来演化趋势作出预测,进而实现对生态系统调节与管控。加快构建地质智能技术体系,实现大数据-智能地质-地质云"三位一体",提升地质成果服务水平。

地勘行业属于知识和技术密集型行业,技术研究方向要随着兵团发展的需求变化,地质服务范围不断拓展,将地勘技术和其他领域的现代科技有机融合与应用,服务于自然资源管理全周期,提高地质专业化服务能力。要重视基础地球科学理论研究与技术创新,以地球科学为基础,将研究成果广泛应用于生产生活的各个方面,地勘单位和行业管理部门应重视基础地球科学理论与专业技术研究,加强对基础科研与技术创新的资金投入和政策支持,以理论研究为基础,创新地勘信息化技术的应用和推广,促进地质科技成果的转化和产业化。地勘单位要以打造学习型团队为始终坚持追求的目标,传统专业的潜力挖掘、新延伸专业的开拓,都需要一支具有工匠精神的技术团队来实现。因此,要将人才的培养列为专业发展的首要任务,要以提升专业技术水平、专业归属感、荣誉感和专业自信作为重点来落实,大力引进新技术新方法,开展地质信息化的普及和推广,鼓励从业人员进行专利及软件著作权申报,促进高质量论文的发表,积极申报省部级、国家级优秀勘察项目,提高获奖级别和等级,开展兵团体系内评优申报的体系化和制度化建设。

总而言之,兵团地质专业的定位和转型可以聚焦在大中小河流的流域规划,地下水资源调查评价、地下水保护规划、地下水污染防治规划,地下水超采区划定,自然灾害风险普查,三壤普查等一系列国家行业政策法规明确要周期性开展的地质勘察(勘查)类工作;地震危险性评价,地质灾害、矿产压覆风险性评估等地质评估类工作;工程建设期和运行期的各类工程质量、工程安全及环水保监测,地质灾害、地震、水旱等自然灾害监测,水环境、土壤质量、大气环境监测等需要长效性开展的地质监测类工作这三大类工作,不难看出,这些工作与兵团经济社会发展存在着密不可分的联系。

(五)抓关键期重点建设项目,持续开展全方位人才培养体系建设

未来10年,兵团将以高质量发展为主题,以深化改革为动力,以兵地融合发展为途径,以兵团精神为信念,以治理体系和治理能力现代化为保障,加快推进兵团现代化建设。这10年也必将成为兵团地质工作再创辉煌的10年,地质工作要紧紧围绕关键问题、重点建设项目开展专业建设和人才培养。

1. 兵团水环境监测

要积极推进兵团水环境监测工作,为切实落实兵团最严格水资源管理制度和全面推进兵团河长制工作,进一步梳理兵团水资源短缺、地下水超采状况、水环境污染等新老问题,全面摸清近年来兵团水资源状况变化,推进兵团新一轮水资源调查评价工作。而水环境监测正是准确合理评价水资源的基础性工作,可以为水资源的统一管理、优化配置、合理利用、地质灾害防治及生态环境保护等提供有力的技术支持。完善的水环境监测体系,可以确保监测成果的科学及时性、客观公正性、系统持续性,为兵团水环境管理信息平台及监测数据库建设奠定良好的基础。

2. 兵团城镇综合地质调查

要完成兵团主要城市的综合地质调查工作，基本查明工作区内地质环境条件和地质资源、岩土体类型以及工程地质特征，厘定区域工程地质层序，进行工程地质结构分区，评价工程建设适宜性；调查与人类工程、经济活动有关的环境地质问题和地质灾害，基本查明地下水补径排条件及其变化规律、地下水开发利用现状、地下水水化学特征及其污染现状，编制工作区内水文地质、工程地质、环境地质图系，建设基础地质数据库，开展重点区土壤盐渍化、水资源优化配置等专题研究，分析工作区内重大环境地质问题的诱发因素、活动规律并提出相应的防护和整治措施，为城镇规划、发展建设提供地质资料和科学依据，从而加快兵团城镇工业化和城镇化、统筹城乡一体化步伐，促进兵团城市地质、旅游地质的发展，有利于经济社会的可持续发展和基础建设的大规模展开。

3. 兵团耕地质量评定及土壤质量评价

国家粮食安全、农产品质量安全及生态安全是保障社会经济可持续发展的基础，要进行兵团的耕地质量评定及土壤质量评价工作，掌握兵团不同区域、不同利用方式下，耕地质量的变化特征与规律，进行耕地质量的长期监测、评价与预警，这是一项基础性、长期性的工作，对于摸清兵团耕地质量底数和变化趋势具有重要作用。这项工作将促进耕地质量调查监测与评价数据的管理，保障数据的完整性、真实性和准确性，促进耕地质量研究，同时，可以提出耕地质量保护和提升的对策与措施，切实推动兵团耕地质量管理与保护取得的成效，推动"藏粮于地、藏粮于技"战略的实施。

4. 兵团在南疆发展

落实党中央关于兵团在南疆发展的决策部署，是聚焦兵团职责使命，不断取得新突破和新进展的关键工作，要全力开展在南疆的水利、建筑市政、交通等行业领域的重点项目，完成重点工程的建设任务。要在水资源水安全战略布局、自然资源合理开发利用、基础设施建设、生态环境保护修复、新城镇建设等领域开展全方位的工作，而地质工作是上述工作的基础、是先行者。

5. 兵团地质大数据建设

现代科技进步不断推动地质工作革新与发展。在第四次工业革命推动下，互联网、大数据、云计算将深刻影响未来地质工作模式，地质工作正在进入以大数据驱动的科学时代。地质信息的数据化，地质数据的模板化，信息化地质数据的模型化是地质专业发展的趋势和方向。利用地质大数据平台，对地质数据进行获取和保存、挖掘和分析、三维建模和可视化等有效管理，从中挖掘出有价值的核心信息和关键数据，形成浓缩的数字知识，解决地质勘察工作中的认知、发现和评价等理论和实际问题，具有十分迫切的专业需求。以问题为导向，聚焦兵团地质专业落后的档案管理方式，陈旧的生产方式，依赖人为经验的评价方式，利用兵团70年取得的海量地质资料为支撑，研究建立数据采集、数据管理、数据应用为一体的地质数据库；开发地质数据模型化交互技术，实现数据交互；进而研究地质模型三维可视化、数据挖掘、数据交换为一体的地质大数据平台建设关键技术是当务之急。

上述重点建设内容，必须有一支能力强水平高敢打硬仗的地质专业队伍以及充分的专业人才储备才能实现。因此，要加强兵团内科研院校的学科建设，并促进科研院校与企业开展产学研一体的纵向联系，要给予地质专业基础研究的科研专项研究经费的倾斜和支持，要扩大在地勘行业领先的自治区及疆外科研院校的科研合作，努力造就一批符合兵团经济社会发展需要、可以引领带动行业或领域科技发展、具有专业影响力的科技创新领军人才及创新团队。改善兵团地质基础研究现状、提升能力建设，打造兵团地质专业致力于地质基础性研究相关的兵团重点实验室，逐步形成专业性强、有影响力、可持续发展的创新联合体，促进产学研深度融合。培养出兵团在地质专业领域工作业绩突出、业内能承担研发核心工作、影响力大的优秀领军人才，为兵团的经济社会腾飞提供坚实有力的支撑和保障。

70载

第一篇

水文地质

第一章　供水水文地质勘察

一、兵团第五师东部团场水文地质勘察

(一)工程概况

第五师"东五团"位于新疆博尔塔拉蒙古自治州境内(现双河市),地处阿拉套山山前冲洪积平原、博尔塔拉河(简称博河)冲洪积平原与大河沿子河冲洪积平原。北部以阿拉套山山脊为界与哈萨克斯坦共和国接壤;西部以保尔德河—博乐市—312国道公路一线为界;南部与达勒特镇、大河沿子乡、阿其克农场、贝林乡交错相邻;东部至艾比湖湖畔。"东五团"行政区总面积2 200.77km²,占全师土地总面积的56%。农灌区主要分三片:博河北岸86团北区、89团、81团和90团,博河南岸五台地区的86团南区以及保尔德河冲洪积平原的84团灌区。

地下水资源作为垦区经济社会发展的主要保障,"东五团"地下水开发利用程度较高。据调查统计至2006年底,"东五团"有地下水开采机井855眼,总提水量约2.59亿m³/a,灌区在地下水开发利用过程中仍存在诸多问题:①缺乏系统的地下水资源开发利用规划,机井工程的布局、施工和配套缺少技术依据;②地下水资源量不清,开发利用前景及可能产生的问题和影响程度不明;③机井施工及地下水开采管理力度不够;④机井老化破损问题突出,更新改造工作滞后。

本次勘察工作主要目的是研究东部垦区水文地质条件和地下水资源的变化趋势对经济发展的影响,提出科学合理的地下水资源开发利用方案及机井更新方案,为第五师"东五团"科学制定社会经济发展规划提供地下水资源保障方面的技术依据。

(二)地形地貌及水文

博河流域的西南部是北天山西段,走向北西-南东,自西向东依次有别珍套山、察汗乌逊山、科古琴山、婆罗科努山和汗孜尕山。西部、北部是天山山系的最北分支阿拉套山。这些山脉的最高山脊线基本为流域与外界的山区分水岭。流域内海拔在3500m以上的山体顶峰终年积雪,现代冰川较发育;2400～3500m为高山草甸植被或亚高山草甸植被;1200～2400m为中山带,基本为牧区草场。

博河流域上、中、下游地形地貌特征和水文地质特征有明显的差异。

温泉县以西为博河流域的上游,为博河流域的主要产汇流区,水资源来源于山区降水及冰雪融水汇流补给,其中降水是本区域水资源的主要来源。山区在经历了岩浆的侵入、断裂活动、新构造运动与外营力的强烈作用后,岩石破碎,节理裂隙发育。降水的一大部分汇入河谷形成地表径流,另一小部分渗入地下形成基岩裂隙水。丰富的降水为山区地表水(河沟流水)与地下水(基岩裂隙水)提供了充沛的补给源,致使山区形成了较为丰富的地表水与基岩裂隙水,并逐渐汇流形成博河。在温泉站实测的博河径流量3.113亿m³/a。由于山区基岩裂隙水循环交替作用强烈,无论是地表水(河沟水)还是地下水(基岩裂隙水)水质均较好,水质矿化度一般小于0.20g/L。

在温泉县至博乐市为博河中游冲洪积形成的谷地平原。谷地平原的西、北、南三面环山，向东逐渐增宽，自西向东呈条带状展布，博乐市到 84 团一带为最宽，谷地平原自西向东在南北方向呈现逐渐增宽的趋势。谷地内发育的第四纪晚更新世—全新世冲洪积堆积（Q_{3-4}^{apl}）卵砾石、砂砾石，其孔隙发育。由于谷地内基岩面起伏较大，第四系潜水含水层厚薄不一，在含水层厚度较大的地方，地表水渗入地下以地下水潜流的方式径流，地表径流量变小，甚至呈断流状态。在含水层厚度较薄的河段，地下水溢出地表，以地表水的方式径流，径流量较大。因此，博河在该段的地表径流量变化较大，极不稳定。

谷地两侧阶地发育，形成多级高阶地，阶地呈条带状沿东西向展布，阶面平缓，中、低地阶面为农耕地，高阶地为黄土丘陵覆盖。高阶地后缘为低山丘陵区，基岩裸露，洪沟发育，洪水季节，大量的洪水汇入河道。此外，谷地内还发育有数条常年性小河流，较大的有发源于谷地南岸别珍套山的乌尔达克塞河，年径流量 1.43 亿 m^3/a，为博河最大的支流。博河在自西向东流经谷地时不断接受两侧基岩裂隙水、山区降水及支流河水的汇流补给，在流至博乐站时的径流量达 4.71 亿 m^3/a。在该段无论是地下水还是地表水水质仍然良好，在博乐市附近地下水水质矿化度为 0.28g/L。

博乐市以东至艾比湖为博河流域下游，为博河冲洪积作用形成的三角洲型冲洪积平原，平原呈喇叭状分布，西部博乐市"喇叭口"附近南北向宽度约 5km，东部 81 团一带"喇叭尾部"南北向宽度可达 20 多千米。流域水文地质单元划分见表 1-1。

表 1-1 流域水文地质单元划分表

流域	分区	流域地段		水文地质特征
博河流域	Ⅰ	流域上游		位于温泉县以西。主要为博河流域的产、汇流区，地下水以基岩裂隙水为主，基岩裂隙水溢出汇合后形成地表径流
	Ⅱ	流域中游		温泉县至博乐市为流域中游。主要为径流区，地下水以基岩裂隙水、孔隙潜水为主，潜水与地表水关系密切，互相转化，造成地表径流不稳定的假象
	Ⅲ-1	流域下游	保尔德河冲洪积平原	新布哈干渠以南为单一结构的潜水，以北为上部潜水、下部多层承压水的多层结构，富水性较好
	Ⅲ-2		博河冲洪积平原	博乐市以东至 89 团一带为单一结构的潜水，89 团至艾比湖（包含 81 团、90 团）一带为上部潜水、下部多层承压水的多层结构，富水性较好
	Ⅲ-3		五台谷地冲洪积平原	位于 86 团五台地区西侧，主要为别珍套山和科古琴山两山东侧形成的小型冲洪积扇，扇缘与大河沿子河冲洪积平原交汇。地下水以多层结构的承压水为主，洪积扇的水文地质条件主要受洪积作用控制，富水性较好
	Ⅲ-4		大河沿子河冲洪积平原	大河沿子乡、阿其克农场一带，含水层结构以多层结构的上部潜水、下部承压水为主，富水性较好

（三）水文地质条件

根据水文地质分区，对与本次工作有关的分区水文地质条件阐述如下：

保尔德河冲洪积平原第四系松散岩类孔隙水区（Ⅲ-1）：保尔德河发源于博乐市北部的阿拉套山南麓，河源海拔 3380m，河流主要接受冰雪融水、基岩裂隙水和大气降水的补给，在保尔德河出山口以上的河段基岩裂隙发育,大气降水入渗补给基岩裂隙,并沿裂隙在河沟底部汇流流入保尔德河。保尔德河出山口以下为冲洪积倾斜平原,地形平缓。地层岩性为第四纪中—晚更新世冲洪积堆积砂砾石、粉土、粉砂等。在平原区北部(新布哈干渠以北)为单一结构的卵砾石、砂砾石层,孔隙发育,含水层类型也以潜水含水层为主。地下水埋深一般大于50m,单井出水量大于3000m³/d。保尔德河在此带径流不远即全部下渗。

保尔德河冲洪积平原区在潜水区南部(大致在新布哈干渠以南)的地层结构由单一结构的砂砾石层演化为砂砾石、粉砂、粉质黏土、黏土的多层或互层结构,含水层类型也由单一的潜水含水层结构演化为上部潜水、下部多层承压水的多层含水层结构,水文地质条件变得复杂。承压水区的含水层结构大致为:30m 以上为潜水含水层,含水介质为砂砾石、中粗砂;30m 以下至200m 深度内分布有5～10层(甚至更多)承压含水层,含水层单层厚度5～10m,含水层岩性为砂砾石、中粗砂、粉细砂等,富水性较好,隔水层岩性为粉质黏土或黏土。承压含水层在100m 深度内为负水头,100m 以下为正水头。

保尔德河冲洪积平原区地下水主要接受河流入渗补给、田间灌溉水入渗补给、渠系水渗漏补给;排泄方式主要有机井开采、泉水溢出和地下水向下游的径流排泄。由于地下水埋深较大,受蒸发浓缩作用影响较小且循环交替作用强烈,地下水无论是潜水还是承压水其水质均较好,矿化度一般小于1.0g/L。

博河冲洪积平原第四系松散岩类孔隙水区(Ⅲ-2):自博乐市以东至艾比湖的博河平原为一喇叭状形态,博乐市"喇叭口"头部附近南北向宽度5km左右,在东部81团一带"喇叭口"尾部的南北向宽度可达20多千米。

博乐市以东、89团以西的地层为晚更新世—全新世冲洪积堆积层(Q_{3-4}^{apl}),地层岩性表层一般为厚度0.5m左右的含砾粉土,是灌区较好的耕作土,下部即为细砂、粗砂、砂砾石甚至卵砾石。含水层为单一结构的潜水含水层,富水性较好,含水层在86团北区一带厚度较小,一般小于50m,下伏不透水的石炭纪砂岩、粉砂岩等;在89团一带含水层厚度较大,大于150m。89团以东至艾比湖一带的地层结构为砂砾石、含砾粉土、粉质黏土、黏土的多层或互层结构,水文地质条件也变得极为复杂,含水层结构为上部潜水、下部多层(5～10层)承压水的多层结构。承压水含水层岩性为砂砾石、含砾细砂,承压水富水性较好。隔水层岩性为黏土、粉质黏土,隔水层单层厚度一般5～20m。

地下水埋深在近博河一带一般10～20m,在博乐—阿拉山口公路一带埋深一般大于30m。在81团、90团东潜水埋深变浅,一般5～10m。埋深规律大致为自西向东、自南向北由深变浅。但由于区域地下水开发利用程度较高,地下水埋深一般大于5m。承压水头因承压层位不一,水头高度差别较大。

本区域的地下水主要接受河流上游的侧向流入补给、河道水渗漏补给、田间水渗漏补给、渠系水渗漏补给等;排泄方式主要为人工开采,且现状年开采量较大,地下水水位出现下降现象。地下水循环交替作用强烈,水质矿化度一般小于1.0g/L,水质良好。

大河沿子河冲洪积平原第四系松散岩类孔隙水区(Ⅲ-3):主要位于博河南部、达勒特乡以南,包括大河沿子乡、阿其克农场及五台等地区。平原区地层岩性在乌伊公路以南为砂砾石,颗粒粗大,渗透性强,是大河沿子河水的强渗漏带,含水层结构为单一结构的潜水含水层。在乌伊公路以北的地层岩性为砂砾石、粉砂、粉土、粉质黏土等多层结构,地表岩性一般为细颗粒的粉土,大部分地区已被开垦为农田;含水层结构也变得复杂,地下水类型为多层结构的承压水。

五台谷地冲洪积平原区(Ⅲ-4):大河沿子河下游西侧、86团南区5连、6连一带的水文地质条件主要受别珍套山与科古琴山之间的洪积扇控制(Ⅲ-3)。受洪积扇影响,洪积扇扇缘与大河沿子河冲积扇交汇处河道由北西走向折为北东走向,由南西向北东径流后汇入博河。洪积扇在86团南区5连西侧、南侧,地层岩性为单一结构的砂砾石,向东逐渐演变为多层结构。含水层结构由单一结构的潜水含水层演化为上部潜水、下部多层承压水的多层结构。洪积扇一带的地下水主要接受西侧侧向流入补给和田间灌溉水入渗补给;排泄方式主要为人工开采。

地下水埋深一般大于5m,呈自西向东由深变浅的趋势。地下水水质较好,矿化度小于1.0g/L。水文地质剖面图见图1-1,平面图见图1-2。

第一章 供水水文地质勘察

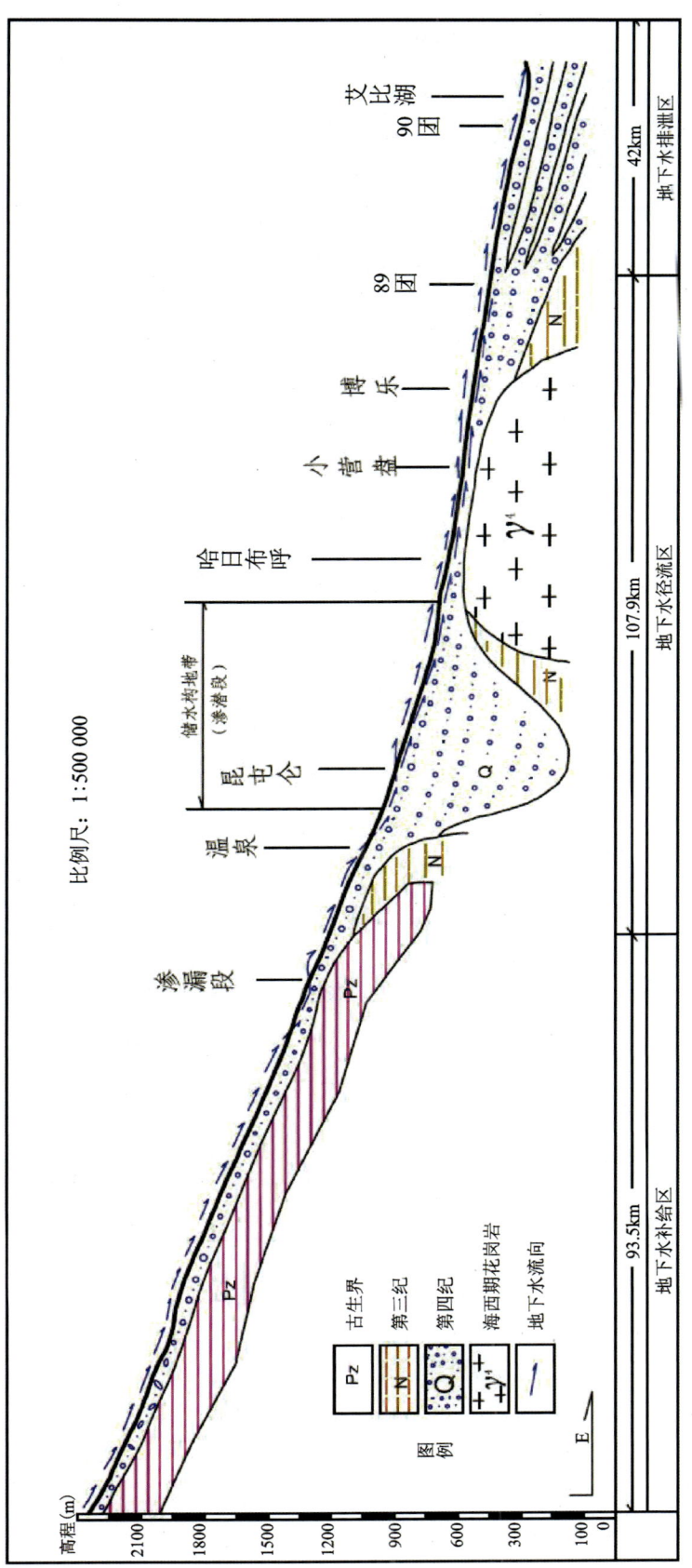

图 1-1 水文地质剖面图

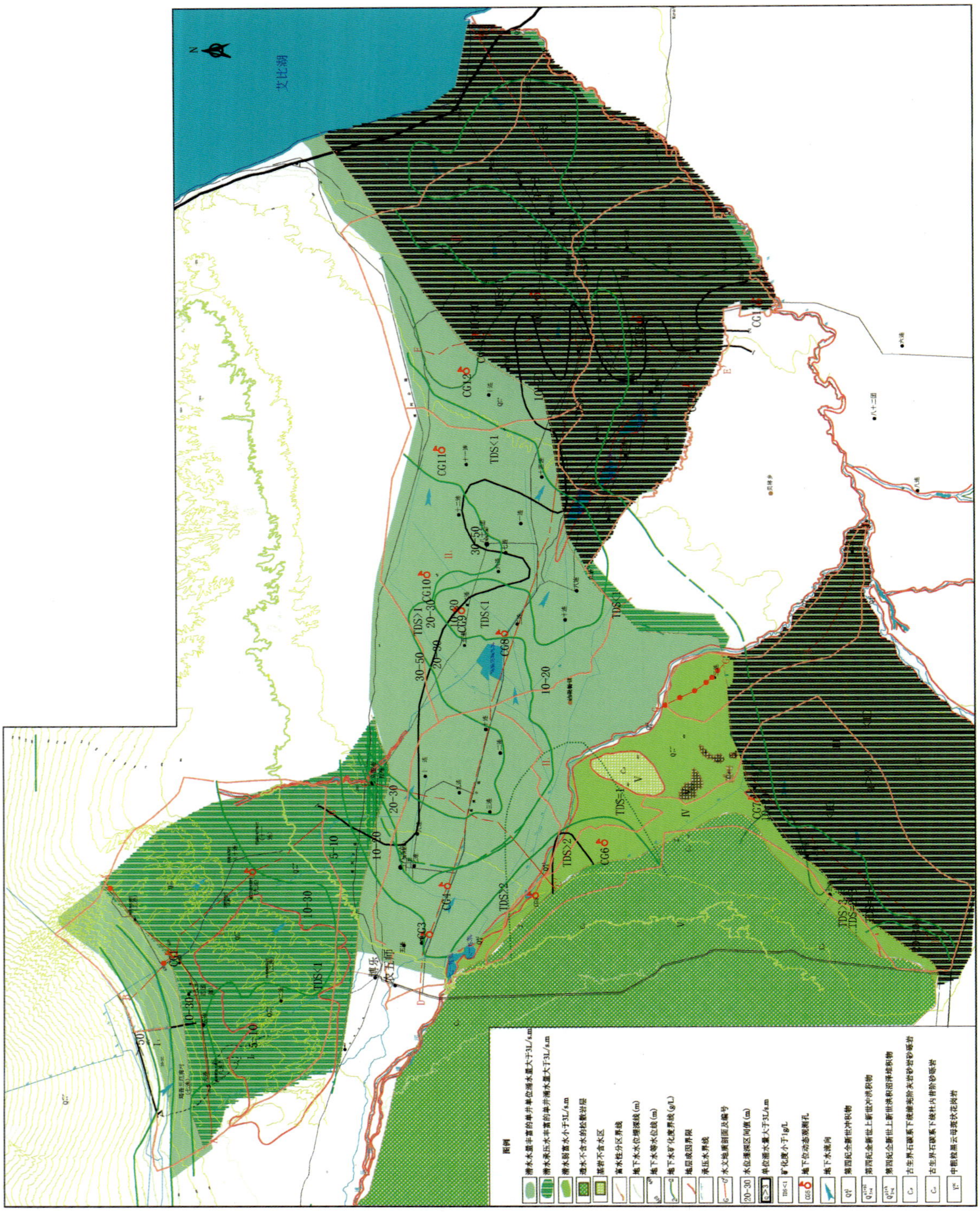

图1-2 综合水文地质图

(四)地下水资源评价

为准确计算评价区的地下水资源量,根据"东五团"所处区域的地形地貌、地层岩性及水文地质单元的不同,将评价区划分为3个一级评价区:保尔德河冲洪积平原区(Ⅰ区)、博河冲洪积平原区(Ⅱ区)和五台谷地冲洪积平原区(Ⅲ区)。根据次级地形地貌、地下水类型将博河冲洪积平原区(Ⅱ区)再划分为两个二级水文地质单元,86团—89团潜水区(Ⅱ-1)和81团-90团潜水-承压水区(Ⅱ-2),共计4个水文地质计算分区。其中,保尔德河冲洪积平原区(Ⅰ区)计算面积约240km²,86团北区-89团潜水区(Ⅱ-1)面积约246.5km²,81团-90团承压水区(Ⅱ-2)面积约311.4km²,科古琴山山前冲洪积平原区(Ⅲ)面积约155km²。计算分区面积合计953.5km²。计算评价深度为200m以内的松散岩类孔隙水(表1-2)。

表1-2 地下水资源计算分区及说明表

一级区	分区代号	面积(km²)	二级区	行政单位	水文地质特征
保尔德河冲洪积平原区	Ⅰ区	240	84团	84团	含水层为单一潜水及上部潜水、下部多层承压水多层结构,含水层岩性为砂砾石,具强富水性
博河冲洪积平原	Ⅱ-1区	246.5	86团北区-89团潜水区	86团北区、89团	含水层类型为单一结构的潜水含水层,岩性为砂砾石,具强富水性
博河冲洪积平原	Ⅱ-2区	311.4	81团-90团潜水、承压水区	81团、90团	含水层类型为上部潜水、下部多层承压水的多层结构,岩性为砂砾石、粗砂等,具强富水性
五台谷地冲洪积平原区	Ⅲ区	155.6	86团南区潜水、承压水区	86团南区	含水层类型为上部潜水、下部多层承压水的多层结构,含水层岩性为砂砾石、粗砂等,具强富水性
合计		953.5			

现状水平年及规划水平年开采资源量计算见表1-3。

表1-3 现状水平年及规划水平年开采资源量计算表

团场	水平年	地表水	地下水开采量	侧向补给量	渠系渗漏量	田间水渗漏补给量	水库入渗	河道入渗	侧向排泄	泉井水排泄	蒸发蒸腾量	地下水资源量	允许开采量
						万 m³/a							
84团	2006	6909	2786	5413	639	726	0	0	2420	1566	0	6500	2793
	2015	6909	4359	5413	463	1026	0	0	2420	1566	0	6466	2917
	2020	6909	4359	5413	463	1026	0	0	2420	1566	0	6466	2917
86团北区	2006	1756	3441	9488	372	448	0	0	8412	0	0	9964	1896
	2015	1756	2752	8095	324	417	0	0	7466	0	0	8561	1370
	2020	1756	2752	8095	324	417	0	0	7466	0	0	8561	1370

续表 1-3

团场	水平年	地表水	地下水开采量	侧向补给量	渠系渗漏量	田间水渗漏补给量	水库入渗	河道入渗	侧向排泄	泉井水排泄	蒸发蒸腾量	地下水资源量	允许开采量
		万 m³/a											
86团南区	2006	975	2493	4364	0	126	0	0	1842	0	0	4240	2786
	2015	975	2786	4364	0	357	0	0	1842	0	0	4443	3018
	2020	975	2786	4364	0	357	0	0	1842	0	0	4443	3018
89团	2006	1300	6434	12 788	155	1106	77	0	9151	0	0	13 404	4974
	2015	1300	4974	11 930	92	904	77	0	8602	0	0	12 429	4401
	2020	1300	4974	11 930	92	904	77	0	8602	0	0	12 429	4401
81团	2006	1300	5159	5472	362	474	44	767	2429	385	0	6603	4306
	2015	2300	4306	4985	450	616	44	767	2162	385	0	6432	4316
	2020	2300	4306	4985	450	616	44	767	2162	385	0	6432	4316
90团	2006	0	5933	6834	0	593	0	833	1590	2582	297	7667	3792
	2015	0	3588	5961	0	359	0	833	1398	2582	297	6794	2876
	2020	0	3588	5961	0	359	0	833	1398	2582	297	6794	2876
合计	2006	12 240	26 247	44 358	1528	3473	121	1600	25 843	4533	297	48 378	20 547
	2015	13 240	22 764	40 748	1329	3679	121	1600	23 889	4533	297	45 125	18 898
	2020	13 240	22 764	40 748	1329	3679	121	1600	23 889	4533	297	45 125	18 898

据现状年地下水均衡计算和地下水水位长观资料分析,"东五团"的86团北区、89团灌区、81团、90团灌区地下水均已超采,整体超采系数0.28,年超采量5700万 m³,同时地下水水位呈逐年下降趋势,地下水资源呈衰竭趋势;84团、86团南区虽暂未超采,但已濒于超采,对现状机井的开采也应逐步加以限制,即压减超采量,规划年地下水开采量不得超过1.89亿 m³(其中84团灌区2917万 m³、86团北区1370万 m³、86团南区3018万 m³、89团灌区4401万 m³、81团灌区4316万 m³、90团灌区2876万 m³),以使地下水水位降幅减小,直至稳定,因此今后各灌区不宜再增加新井。故"东五团"地下水开发利用规划主要是在维持现有开采量的同时,对灌区老化机井进行更新改造。"东五团"水资源可持续利用的重点应放在节水灌溉上。

(五)地下水资源开发利用方案预报

方案一:维持现状开采量(25 916万 m³/a)不变,在维持现状补给量不变的情况下,预报规划年地下水补排量变化和水位变化。

方案二:为进一步说明增加开采量后,对"东五团"地下水超采的影响程度,模拟增加5000万 m³/a开采量,预测规划年地下水资源量和地下水水位的变化。根据东五团地下水开采现状,84团增加开采1500万 m³/a,86团北部增加开采1000万 m³/a,86团南部增加开采1000万 m³/a,89团增加开采1000万 m³/a,81团增加开采500万 m³/a,90团由于富水性相对较差,不再增加开采量。

方案三:实施节水工程,规划水平年2015年、2020年的地下水开采量必须小于或等于允许开采量。84团和86团南部适当增加地下水开采量,86团北部、89团、81团和90团必须减少地下水开采量。也即规划水平年 84 团地下水开采量 2917 万 m³/a,86 团北部开采量 1370 万 m³/a,86 团南部开采量 3018 万 m³/a,89 团开采量 4401 万 m³/a,81 团开采量 4316 万 m³/a,90 团开采量 2876 万 m³/a。

3 种开采方案下,规划年地下水流场的基本趋势没有发生大的变化,主要径流方向由北西向南东或南,地下水水位下降,整体水力坡降变化不明显。在边界附近或局部初始流场不均匀的地区,地下水流场变化较大。

方案一近期规划年(2015 年)地下水水位最大降幅可达 12.96m,平均每年下降大于 1m(降幅大于 9m)的严重超采区面积为 200.28km²(为中型严重超采区)占模型模拟区面积的 13.02%,主要分布在 86 团、89 团和 90 团北部边界地区;平均每年下降大于 0.5m(降幅大于 6.0m)的面积为 571.2km²,占模拟区的 37.12%。

方案一远期规划年(2020 年)地下水水位降幅最大可达 18.7m,平均每年下降大于 1m(降幅大于 14m)的严重超采区面积为 130.12km²(为中型严重超采区),占模拟区面积的 3.46%,主要分布在 86 团、89 团和 90 团北部边界地区;平均每年下降大于 0.5m(降幅大于 6.0m)的面积为 789.8km²,占模拟区的 51.33%,在各团农业水源地范围内都有分布。

方案二近期规划年地下水水位最大降幅可达 13.98m,平均每年下降大于 1m(降幅大于 9m)的严重超采区面积为 402.4km²,占模拟区面积的 26.15%,主要分布在 86 团、89 团和 90 团北部边界地区;平均每年下降 0.5m(降幅大于 6.0m)的面积为 760.88km²,占模拟区的 49.45%,在模拟区各团均有分布。

方案二远期规划年地下水水位降幅最大可达 19.12m,平均每年下降大于 1m(降幅大于 14m)的严重超采区面积为 288.76km²,占模拟区面积的 18.77%,主要分布在 86 团、89 团和 90 团北部边界地区;平均每年下降 0.5m(降幅大于 6.0m)的面积为 940.4km²,占模拟区面积的 61.12%,在模拟区各团均有分布。

方案三近期规划年地下水水位最大降幅可达 13.9m,平均每年下降大于 1m(降幅大于 9m)的严重超采区面积为 166.6km²,占模拟区面积的 10.82%,主要分布在 86 团、89 团和 90 团北部边界地区;平均每年下降 0.5m(降幅大于 6.0m)的面积为 527.92km²,占模拟区面积的 43.31%,在模拟区各团均有分布。

方案三远期规划年地下水水位较现状年恢复 1.5~2.0m,水位变化相对稳定,严重超采区面积减少,主要分布在 86 团、89 团和 90 团北部边界地区。

从方案一和方案二来看,随地下水开采量的增加,严重超采区和一般超采区的面积将进一步扩大;方案三,由于节水灌溉的实施,地下水开采量的减少,超采区面积将减少,水位有所恢复。

"东五团"大部分地区地下水开发处于超采状态,不宜再扩大开发规模,地下水开发利用以维持现状逐步向完善水利工程、申请外调水、节水灌溉、减少地下水开采量为原则。

(六) 结 论

(1) 勘察成果划分了北部阿拉套山山前冲洪积平原,中东部博河冲洪积平原和南部大河沿子河冲洪积平原 3 个第四系松散层孔隙水水文地质单元,采用水文地质物探结合实际钻孔全面摸清了区域第四系孔隙含水层分布赋存规律。通过丰、平、枯期不同单元边界的泉水流量和博河入艾比湖断面水质水量监测以及区内机井水位统测,详细查明了区域地表水和地下水的转化关系及地下水流场。

(2) 对勘察区 5 个团场全部机井进行了调查,编制了分团场机井分布图,采用井口流量实测和水电比计算方法首次基本查明勘察区地下水实际开采量,结合水位动态法第一次划定了地下水超采区。

(3) 采用地下水均衡法、数值模拟计算评价勘察区地下水资源量为 48 378 万 m³/a,允许开采量 20 547 万 m³/a。预测了不同开采方案下地下水水位动态变化趋势,推荐了合理的地下水开采方案。

(4) 通过本次勘察查清了东五团水资源利用现状及存在的问题,为第五师水资源合理利用及优化配置提供了水文地质技术依据。

二、兵团第十四师224团（皮墨垦区）盐碱地改良水文地质勘察

（一）项目概况

第十四师224团（即皮墨垦区）位于新疆和田地区皮山县与墨玉县交界处的阿克兰干地区，于1998年开始勘测规划设计工作，2001年11月一期工程基本建成。项目由皮亚勒玛引水干渠、沉沙调节池、灌区自压输水管网和田间配套设施四大部分组成。

垦区陆续开展了规划选址和灌区配套设施设计阶段的水文地质勘察工作，为灌区的规划设计和灌区的良好运行提供了水文地质技术支撑。随着各水利工程陆续投入运行，在输水及灌溉影响下，垦区地下水水位上升，局部低洼地区土壤盐渍化程度加重。在此背景环境下，垦区又于2015年开展了盐碱地改良水文地质勘察工作。

勘察工作的目的，规划设计阶段为基本查明垦区地形地貌、地层岩性与结构、地下水分布赋存规律、补径排条件、含水层岩性与结构、富水性及水质特征。盐碱地改良阶段为查明灌区包气带水盐运移特征，对地下水补给量和排泄量进行计算评价，对地下水水位动态变化进行预测，为土壤盐渍化治理方案的制定提供水文地质技术依据。

（二）地形地貌与构造

1. 地形地貌

224团位于昆仑山中段北麓、塔里木盆地南缘，按成因分为两个地貌类型，即山前冲洪积平原、风积平原。山前冲洪积平原又分为山前砾质平原和冲洪积细土平原，其主要特征有：

山前砾质平原主要分布在玉山镇至山前带，地势相对平坦，地面坡降3‰～4‰，海拔1400～1500m，地表多为砾石土，植被不发育。

冲洪积细土平原主要分布在杜瓦河两侧摆动带，地面坡降1.5‰～3‰，海拔1300～1400m，地表多为砂土，植被略发育。

风积沙丘在场区广泛分布，从2000年开发至今，224团辖区范围内的风积沙丘大部分已经被平整为耕地，仅在九次干以北仍有固定—半固定沙丘分布，高差5～10m，地形起伏较大，植被不发育。

2. 地质构造

224团处于昆仑山褶皱带以北，塔里木坳陷南部边缘。区域构造以西南—东西向和田隐伏断裂为特征，南部构造主要有米梯子复向斜、皮亚曼背斜。

皮亚曼背斜展布于杜瓦河以东、皮墨垦区的南侧，走向大致呈SE110°，轴向微向南倾，长度60km，两翼基本对称，局部发育有小型背斜、向斜，并伴有小型断裂，节理裂隙不发育。

昆仑山山前主干断裂（F1）东起同古孜洛克，西段为北西-南东向，中段近东西向。和田隐伏深大断裂（F2）近东西向横贯垦区，大致位于和田市—阿克兰干—皮亚曼村一线，推测为高角度逆断层，断距400m左右，具有继承性、连续性活动的特点，皮亚勒玛干渠走向与断层走向基本一致。

（三）水文地质条件

1. 地下水的存储与分布规律

224团在200m深度内广泛分布第四纪冲洪积和风积堆积物，地下水含水层类型为第四系单一结构

的孔隙潜水含水层组,含水介质由含砾粉砂、含土砂砾石、粉砂及粉细砂组成,全区未见连续分布的黏性土隔水层。

依据平原区松散岩类孔隙水富水性划分标准(单位涌水量),将垦区划分为中等、弱两个富水性分区。

(1)中等富水性区主要分布在垦区一次干以南,该区潜水含水层岩性以砂砾石、粗砂含砾、中细砂含砾为主,含水层厚度110~170m,单位涌水量3.28~3.3L/(s·m),渗透系数5.30~6.97m/d。

(2)弱富水性区主要分布在224团中、北部耕作区,潜水含水层组岩性主要以粉砂为主,含水层厚度160~180m,渗透系数1.44~2.54m/d,单位涌水量为0.73~1.15L/(s·m)。

垦区建成前地下水水位埋深多大于5m,仅东北部墨玉县英阿瓦提村一带部分在1~3m之间。垦区运行后地下水水位逐步抬升,绝大部分地区0~3m,占比64.2%。其中,八连、六连和五连以及西北部靠近杜瓦河一带部分地带水位埋深小于1m,占比14.8%。地下水浅埋区土壤盐渍化逐渐加重。

2. 地下水的补给、径流、排泄条件

1)地下水补给条件

垦区地下水的补给方式主要有侧向径流补给、次级管道渗漏补给、田间灌溉水渗漏补给,降水量小,对地下水入渗补给量可忽略不计。

从地下水流场图分析,地下水由垦区南部边界以侧向径流方式补给垦区含水层,流向大致自西南向北东方向,水力坡度3.0‰~4.0‰;中西部受杜瓦河下泄水影响,对垦区也存在侧向径流补给,水力坡度为2.0‰~3.0‰。

垦区建成后,进入垦区的灌溉水量每年超过7000万 m^3,由于灌溉定额偏大,田灌水入渗成为垦区地下水主要补给来源。

2)地下水径流条件

垦区地下水流向总体自西南至北东。进入224团灌区中北部后地形渐缓,含水层岩性颗粒变细,水力坡度为1.5‰~2.5‰,地下水径流速度较为滞缓。

3)地下水排泄条件

垦区建成前,地下水的排泄主要以含水层向北东方向的径流流出为主。建成后受灌溉水渗漏及径流不畅等因素影响,区内地下水埋深明显变浅,潜水蒸发与植被蒸腾成为地下水排泄的主要方式。2008年后,垦区陆续在地下水上升较快、土壤盐渍化程度较严重的区域,布设了竖井排水与暗管排水设施,修建了一期工程排水干渠。据224团水管部门统计资料,正常运行的排水机井总数143眼,井深一般为60m,管径377mm,单井出水量20~70m^3/h,2016年排水总量914万 m^3,人工排水已成为垦区地下水排泄的重要方式。

3. 地下水水化学特征

从水质检测结果看,垦区地下水化学类型可分为两大类:①硫酸盐氯化物型水,主要分布在中部和南部,占总面积的61.06%;②氯化物硫酸盐型水,占总面积的38.94%,主要分布在北部。

2006年以来的潜水水质化验数据反映出,垦区潜水矿化度小于2g/L的占比为65.45%;3~5g/L的占比为9.19%,主要集中一连、二连和五连一带,东北角也有分布;大于5g/L的占比为2.89%,主要集中在一连和二连一带。

4. 地下水动态

垦区地下水水位动态变化主要受农业灌溉影响呈周期性变化,4—8月为低水位期,4—5月水位最低;9月—次年3月为高水位期,9—10月水位最高,潜水水位的变化通常略滞后于灌溉周期的变化。地下水水位年内变幅一般在0.28~0.56m之间。

垦区建成前地下水水位埋深多大于5m,建成后至2008年,地下水水位普遍上升,水位埋深小于3m的区域占比超过60%。据2010—2016年224团水利年报统计,为控制地下水水位,地下水排水量逐年增加,此后地下水水位年际变化相对稳定。

2016年垦区地下水水质状况较2012年相比明显改善,矿化度小于3g/L的面积大幅增加,从占全区面积的13%增加到88%,可见,排水系统的完善对改善地下水水质成效显著。

(四)地下水资源评价

地下水资源量采用均衡法计算。首先研究分析评价区地下水的补径排条件与地下水流场,然后从均衡要素入手,建立地下水均衡方程,对评价区地下水补排量进行计算。在地下水补排量计算的基础上,将地表水、地下水视为一个系统,建立水均衡方程,对评价区地下水补排量进行分析校核,最终确定地下水补排量及地下水可开采量。

地下水均衡方程为

$$\sum Q_{补} - \sum Q_{排} = \Delta W$$

$$\Delta W = \pm \mu \Delta H \, F / \Delta t$$

式中:$\sum Q_{补}$——评价区内地下水补给量(万 m³);

$\sum Q_{排}$——评价区内地下水排泄量(万 m³);

ΔW——均衡期(年)区内地下水储存量的变化量(万 m³)。

水均衡方程为:

$$\sum Q_{蒸} = (\sum Q_{进} - \sum Q_{出}) + \Delta W$$

式中:$Q_{进}$——从地表进入均衡区的地表水量和从地下侧向流入的地下水量(万 m³);

$Q_{出}$——从地表流出均衡区的地表水量和从地下侧向流出的地下水量(万 m³);

$Q_{蒸}$——在本区内消耗于大气中的蒸发蒸腾水量(万 m³);

ΔW——地下水储存量的变化量(万 m³)。

本次地下水补排量计算、评价深度确定为60m,地下水类型为第四系孔隙潜水,含水层岩性以粉细砂为主,计算面积为209.1km²,计算基准年为2010年。地下水均衡结果见表1-4。

表1-4 地下水均衡要素计算结果表

补给项		排泄项	
补给项目	补给量(10⁴m³/a)	排泄项目	排泄量(10⁴m³/a)
地下水侧向补给量	306.94	地下水侧向流出量	148.28
管道渗漏补给量	531.02	潜水蒸发蒸腾	2 101.82
田间灌溉入渗补给量	2 048.69	机井排泄	417.17
小计	2 886.65	小计	2 667.26
均衡差	219.39	均衡误差	7.60%

由上述地下水均衡结果可以看出:地下水补给量为2 886.65万 m³/a,地下水排泄量为2 667.26万 m³/a,均衡差为219.39万 m³/a,地下水补给模数为13.80万 m³/(a·km²)。

(五)排水规模及方案

224团从2001年起,水利工程陆续投入运行。由于垦区地形起伏不平、弱透水的地层结构以及过度的灌溉,致使垦区地下水水位持续上升,局部地势低洼处地面长期积水,土壤盐渍化程度逐渐加重,严重影响了垦区生产及经济效益,急需通过调控地下水水位等措施,达到治理土壤盐渍化的目的。

鉴于垦区已形成了较完善的自压管道灌溉体系,以及田间路网系统,加之特殊的风沙环境,使得排水明渠的布设难以实现,故垦区先后试验研究了竖井排水和暗管排水方案,并逐渐扩大了排水工程规模,将地下水水位埋深小于3m的区域作为实施降排水工程的重点范围。排水方式采取了群井汇流、管道输水方式,将排泄水量排至西干排水管与东干排水渠。

经计算,垦区地下水浅埋区(0~3m)水位降至临界深度3m时,需排出水量约为655万m^3/a。

竖井排水方案主要技术参数为,单井井深60m,管径377mm,滤水管采用钻眼缠丝钢管,缠丝间距0.75mm,孔隙率25%,滤料粒径1~4mm,单井设计出水量50m^3/h,井间距300~500m。

该治理方案实施后,垦区地下水水位得到了有效控制,水质状况也较2012年相比有明显改善,排水效果显著。

三、塔河油田淡水水源地水文地质勘察

(一)序言

中国新星石油集团公司西北石油局塔河油田区位于塔克拉玛干沙漠北缘的新疆库车县境内,南距塔里木河10km,北东离轮台县最近点约80km,是20世纪80年代发现和开发的国家石油接替区之一,地理位置见图1-3。塔河油田的稳定高效发展是国家西部大开发及西气东输的具体体现和保证。

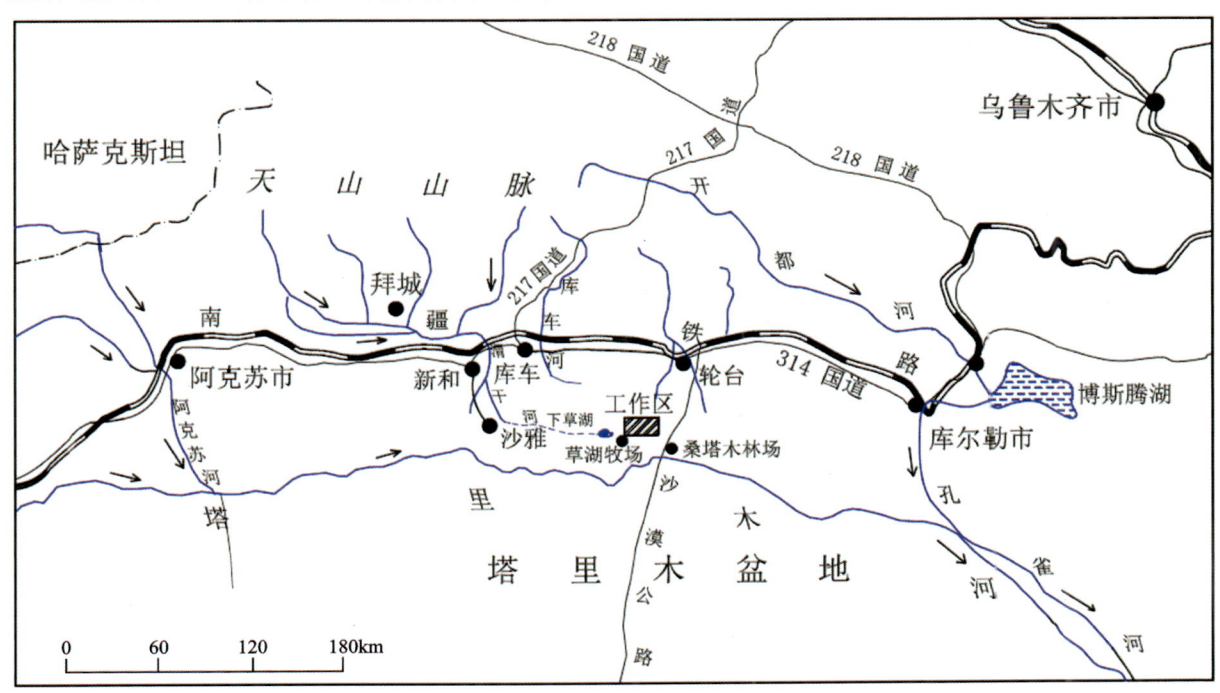

图1-3 塔河油田地理位置图

塔河油田区处于渭干河库车灌区最末端,受区域水文地质条件所限,浅层地下水矿化度高,不能用于油田生活饮用及锅炉用水,供水问题已严重地困扰着油田的发展。为此,开展塔河油田区水文地质勘察工作,研究油田区水文地质条件和含水层的地电性特征,经地下水矿化度与地电性特征值相关分析,对寻找、圈定地下水淡水水源地发挥了重要的作用。

(二)自然地理及地质概况

1. 地形地貌

塔河油田处于塔里木盆地北缘中段,由于受北部天山构造隆起及塔里木河泛堆积作用影响,使塔河油田区形成了一个近东西走向的低槽地带。塔河油田区地貌类型以冲积细土平原为主,局部受塔克拉玛干沙漠的侵袭呈现风积荒漠地貌景观。地势西高东低、北高南低,总体地势向东、东南缓倾,海拔在 928～950m 之间,坡降 0.2‰ 左右。

2. 地质概况

1)构造

塔里木盆地是天山和昆仑山两个强烈褶皱带之间的大型盆地,盆地中央分布有古近纪和新近纪背斜断褶隆起带(即中央隆起带),并将盆地分割成构造形式上接近对称未完全封闭的大型单向断褶盆地。塔河油田构造上处于塔北断裂隆起带边缘部位,隆起带内次一级断裂和局部构造较为发育,其南紧邻塔中凹陷带,深部构造条件较为复杂。

2)地层

据西北石油局提供资料和本次工作勘探孔地层资料显示,塔河油田区第四纪沉积物厚度变化较大,由西北部至南部,第四纪覆盖层厚度由大于 200m 降至 20m 左右,其下沉积了巨厚的新近纪地层。

(三)水文地质条件

1. 区域水文地质条件

测区处于渭干河冲积平原下游。渭干河发源于天山南坡,天山中高山区丰富的冰雪融水和大气降水为山区河流提供了充沛的补给来源,构成了山区十分发育的水系网。受拜城盆地和库车坳陷的控制,山区河流在山间洼地不断汇流,至却勒塔格山山口形成了年均流量达 22.14 亿 m^3/a 的渭干河。山前冲洪积倾斜砾质平原,主要以冲洪积砂卵砾石层组成,具有良好的渗透性及径流条件,为渭干河出山口后在此入渗创造了优越的地质环境,从而使渭干河河水入渗构成了平原区地下水的主要补给源,成为地下水入渗径流区。

测区南距塔里木河 10 余千米,在漫长的地史时期,塔里木河频繁泛滥改道,洪水四溢,对该区地下水的入渗补给产生了一定影响。但是受水文地质条件和地质构造的影响,再加上渭干河距测区更近,故测区的沉积环境和水文地质条件更多地是受渭干河的影响。

在渭干河冲洪积平原的中下部,由于沉积颗粒的变细,地下水水平径流条件变差,该区地下水补给来源除了接受上游的侧向补给外,渠系水和灌溉水以及水库水的渗漏等垂向补给成为该区地下水的主要补给源项。大气降水极其微弱,对地表水及地下水的补给无实际意义。随着地形坡度的变缓,地下水水力坡度逐渐变小,地下水水位埋深变浅。除部分潜水以冲沟、低洼处溢出排泄和排水渠方式排泄外,大部分以潜水蒸发方式排泄,少部分则以侧向径流补给下游区。所以在渭干河平原中下部,垂向入渗和排泄成为地下水运移的主要形态。

在平原区下游,第四纪松散沉积物主要由细砂、粉细砂组成,并伴有薄层粉土、粉质黏土、黏土夹层发育,含水层颗粒细小,且地形十分平坦,因此地下水水平径流微弱。潜水排泄除部分管井开采利用外,主要通过大气蒸发和植物蒸腾垂向排泄。

2. 测区水文地质条件

1) 地下水的赋存及含水层分布规律

测区地处渭干河冲积平原的最下游,属渭干河末梢支流木日河流域。在区域构造上受天山褶皱的控制,处于塔北断裂隆起带内,其南为塔中坳陷带。据西北石油局资料,第四纪地层沉积厚度一般为50～80m,且由南向北、由东向西逐渐变厚,第四纪松散层堆积情况详见图1-4,根据本次物探及钻探资料分析,在测区西北角第四系厚度在250m左右。

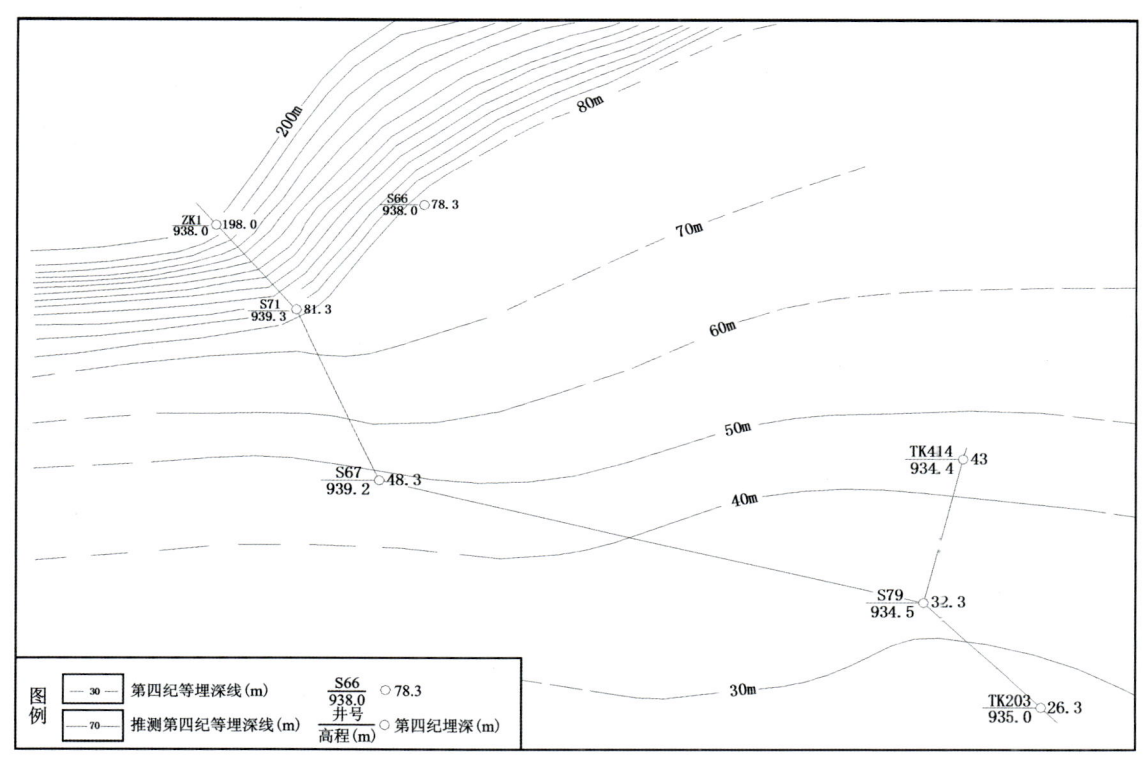

图1-4 第四纪松散层堆积厚度图

区内第四纪松散冲积层岩性主要以粉细砂为主,中砂呈薄层的透镜状分布,并伴有薄层黏性土出现,在垂向上呈互层结构,未形成区域性的隔水层,因此测区含水层类型以单一的孔隙潜水为主,局部分布有微承压水。

第四系下伏的新近纪上新世砂岩,赋存有较丰富的孔隙水,但其水化学特征与上部第四系孔隙潜水有较明显差异,水质矿化度较高。

渭干河从下草湖起称木日河,由渭干河至木日河途间有两个水库:一个是渭干河的调洪水库——克孜尔水库;另一个是渭干河的天然排洪渠道——英达里亚河的漫溢、滞洪形成的天然湖——下草湖。木日河的主河道木吉河从测区南部自西向东流过,河水的大量入渗,使测区第四系中赋存了较为丰富的孔隙水。根据本次水文地质测绘成果,木吉河河道两侧水位埋深在1.8～2.7m之间,离河道较远处,埋深则多在3～5m之间。测区除东北部的荒漠地区潜水水位埋深大于5m以外,大部分地区埋深小于5m,并且随着微地形的起伏存在着一定差异。而水位小于1m的浅埋深区又多集中在木日河北岸岔流——木吉河两侧的低洼地,局部形成了面积不大的呈片状分布的沼泽、水塘。

测区第四系含水介质主要由粉细砂组成,在百米深度内主要为第四系单一孔隙潜水含水层组。据物探成果分析,在水平方向上,测区含水介质由西向东岩性逐渐变细,从而测区东部的富水性相对西部来说要弱。在垂向上,地层岩性变化频繁,且有黏性土出现。总体来看,测区第四系颗粒较细,使得含水层的富水性相对较弱。测区地下水水质在水平方向上西部好于东部;在垂向上西部中深层水质好于浅层水质,也是测区水质最优的分布区;中部40m以内的浅层水水质好于深层水质;东部从浅到深皆为咸水。井孔单位涌水量 2.5~3.0L/(s·m),整个测区均属于中等富水区。

2) 地下水的补给、径流、排泄条件

测区地下水的补给,主要来自木吉河的垂向入渗以及上游含水层的侧向径流流入。受构造影响,塔里木河河床海拔略高于测区(塔里木河海拔938m,而测区平均海拔934m),但因相距超过10km,水力坡度极缓,故塔里木河对测区的侧向补给极少。

地下水的径流条件主要受地形条件和含水层介质所控制。测区地形平坦,地势由西南向东北略倾斜,地形坡度 0.2‰~0.8‰。含水层介质在测区以粉细砂、细砂为主,偶夹黏土。测区地下水主流向为由西南向东北,虽然在局部受垂向上木吉河以及人工开采的影响,使得局部地段地下水流场表现得较为复杂。但总体来讲,整个测区地下水流场较为简单。在测区中西部,地下水水力坡度极小,地下水运移速度相对缓慢,中部地区形成小片沼泽湿地或水塘,成为测区地下水垂向排泄场所。

测区含水层颗粒细,地形坡度缓,地下水径流条件较差,其排泄方式以潜水蒸发、植物蒸腾和洼地地下水溢出排泄为主,人工开采和向下游区的侧向径流排泄为辅。

测区内气候干旱,蒸发作用十分强烈,多年平均蒸发量达1954mm/a(E_{601})以上。除测区东北部荒漠地带潜水埋深大于5m外,其他地区潜水埋深均小于5m。水位埋深大于5m的面积约81.90km^2,占测区总面积的44.18%。总体来看,区内植被较为发育,胡杨林、红柳以及芦苇杂草发育较好,蒸腾作用较强,因此浅层潜水在垂向上的蒸发、蒸腾是测区地下水最主要的排泄方式。

测区地下水由西南向东北径流,在东北部流出测区,水力坡度在边界处极小,地下水向下游荒漠区的侧向排泄量较小。

测区分布有20余眼油田施工用水井,其开采量约为18万 m^3/a。可以看出,测区地下水的补给、径流、排泄条件,受地表水、微地貌影响,具有以下特点:

(1) 地下水主要由地表水入渗和侧向径流流入形成。

(2) 地下水流向由西南向东北方向径流,水力坡度小。

(3) 地下水的排泄方式以蒸发、植物蒸腾为主,侧向径流流出和人工开采量较小。

3) 地下水水化学特征

测区地下水水化学特征具有明显的水平和垂向分布规律。

从区域上来看,随着渭干河流程的增加,河水水质矿化度逐渐增大,水质变差。尤其到了下游区,蒸发浓缩更趋强烈,到了木日河流域,枯水期河水全盐量高达16.7g/L(2000年3月31日自治区水环境监测中心报告)。中南石油局中扬地质工程勘察院2000年1月3日的报告显示,木日河河道两侧探坑中地下水矿化度在 1.28~7.16g/L 之间。

测区深层地下水径流缓慢,由西部至东部水质渐差,东部地区基本为高矿化度水,分析原因为地下水在径流过程溶滤浓缩而致,但也不排除深部构造与地层含盐量变化影响所致。

浅表层潜水水质总体较差,但在洪水期近河道地段,洪水对潜水有一定的淡化作用,最大淡化深度为70m,所以浅层地下水中存在局部潜水淡化带。

(1) 浅层地下水平面水化学特征。

测区西北部及中部部分地区,水质矿化度在1~5g/L 之间,水化学类型为 Cl·SO$_4$ 型。其余地区矿化度在 5~50g/L 之间,其中沿TK419、沙47和沙78井一线以东,除沙78井和采油三队东南角为 Cl 型水外，水化学类型均为 Cl·SO₄ 型；过沙 66 井、T416、TK408、沙 47 和 TK419 井一线以南均为 Cl 型水。

（2）地下水垂向变化特征。

在测区西北角沙 81 井一带浅层潜水矿化度多为 1～3g/L，水化学类型以 Cl·SO₄ 型为主。中深层地下水由物探解译成果来看，较浅层潜水水质好，顶板埋深 30m，底板埋深在 350m 左右，矿化度多在 1～2g/L 之间，单从矿化度这一指标来看，可以满足农村生活饮用水 Ⅱ 级水质标准。相对深层淡水区沿沙 81 井向东北、东南方向存在一定范围的过渡区。但测区中部和东部，除了 TK423 井周围浅层潜水矿化度为 1～3g/L，为相对淡水，水化学类型为 Cl·SO₄ 型外，其他浅层潜水均为咸水。中深层潜水由物探解译成果分析，均为巨厚层咸水或盐水。

（四）物探工作成果

（1）通过对物探成果资料的分析，推断测区西部，沙 81 井南部，即电测 S40 号点一带为中深层相对淡水分布区。该淡水区相对淡水体的顶板埋深为 30 余米，底板埋深为 350m 左右，地层电阻率在 19～25Ω·m 之间，根据地电特性与含水层矿化度相关方程式推算，该地段地下水矿化度预测中心值在 1.09～1.45g/L 之间，单从矿化度这一指标来看，基本满足农村生活饮用水 Ⅱ 级水质标准。另从相对淡水区与沙 81 井井旁测深曲线的对比分析来看，二者曲线类型基本相同，特征点相似，前者 ρ_s 还呈略高的优势，而沙 81 井旁水井取样分析水质矿化度为 1.3g/L，因此，推断相对淡水区矿化度小于 1.5g/L 尚有比较可靠的依据。为此建议施工勘探井加以验证，勘探井位于物探 S75～S40 点之间。

（2）测区西部推测相对淡水区有向西部延伸的趋势，但限于本次工作区范围较小，工作量有限，未能对其进行追索。由相对淡水区向东北、东南方向存在一定范围的过渡区（即由淡水区到咸水区是一个渐变的过程，而非突变过程），但到测区中部及东部，除局部地段存在浅层相对淡水体外，均为巨厚的咸水分布，不具开采价值。

1. 电测曲线类型及地电参数

测区电测深曲线类型较多，但若忽略地形及浅部不均匀地质体的影响，曲线类型基本可归结为三大类，即 KH、KHK 和 K 型。测区各电性层参数见表 1-5。

表 1-5　测区各电性层的电性参数表

序号	岩性	电阻率值 ρ(Ω·m)	矿化度 M(g/L)
1	细砂、粉细砂	<10	>3
2	细砂、粉细砂	10～15	2～3
3	细砂、粉细砂	20～30	1～1.5
4	细砂、粉细砂	>30	<1
5	砂泥岩	9～11	/

2. 地层电阻率与地下水矿化度的相关分析

根据理论及大量的实验分析，地层电阻率（ρ）与地下水矿化度（M）存在幂函数相关关系，即

$$M = a\rho^b \tag{4-1}$$

式中：M——地下水矿化度；

ρ——地层电阻率；

a、b——常数。

为对本区地层电阻率与地下水矿化度相关关系作出定量分析,工作中布置了11个水样点旁测深点,由此建立回归分析数据表(表1-6)。

表1-6 地层电阻率与地下水矿化度数据统计表

序号	水样点编号	电测点编号	矿化度(g/L)	电阻率(Ω·m)
1	CH7	S5	2.397	11
2	CH8	S11	11.114	2.1
3	CH4	S21	23.601	1
4	CH6	S23	23.688	1
5	CH12	S17	23.785	1.1
6	CH9	S1	29.166	1.55
7	CH15	S3	2.556	11
8	CH1	I3	26.734	1.4
9	CH17	S49	1.334	20
10	CH11	S43	6.988	1.8
11	CH16	S35	3.801	8.8

对表1-6数据依据式(4-1)进行线性回归分析,回归分析结果如下:

常数 $a=29.556$,$b=-1.024$,相关系数 $r=-0.954$,剩余方差 $dt=0.156$,故本区地层电阻率与地下水矿化度的相关关系为

$$M = 29.556\rho^{-1.024}$$

根据式(4-2),即可对本区已知 ρ 值区的地下水矿化度作出预测,对某一给定的 ρ 值,M 值的预测区间为:$[14.362\rho^{-1.024}, 60.823\rho^{-1.024}]$。

(五)地下水资源初步评价

1. 地下水资源初步评价的范围

本次地下水资源初步评价主要根据下列具体因素进行工作。

(1)《地下水资源分类分级标准》(GB 15218—94)中将地下水资源分为两类:能利用的地下水资源和尚难利用的地下水资源。能利用的地下水资源即允许开采资源是具有现实经济意义的地下水资源,是目前重点评价的地下水资源。

(2)中南石油局新疆工作部要求本次水文地质勘察的主要目的为:开采水量 $30\sim50m^3/d$,开采水质达到全国爱卫会颁发的"农村实施《生活饮用水卫生标准》准则"二级(允许值)标准,目标含水层主要为埋深在150m以下的具长期开采意义的地下水含水层组。

(3)为使本次勘察既经济又能达到最终目的,故将勘察工作分期进行,第一期投入的主要工作量为水文地质测绘及物探工作,在此基础上圈定出宜井区域,为第二期探采结合井施工及试验工作布置提供技术依据。

初步评价区东西长2.5km,南北宽2.5km,面积约6.25km²。地下水评价深度由本次物探资料分析确定为400m。

2. 地下水资源评价方法的选择和评价参数的确定

测区位于塔里木盆地北缘,渭干河下游木日河冲积平原区,水文地质研究程度很低,同时考虑研究区内及附近周边区无钻探及相应的试验工作。故仅对选定的地下水资源初步评价范围内的地下水的补给量与储存量进行计算。

地下水补给量与储存量计算所需的水文地质参数主要有水力坡度(I)、含水层渗透系数(k)、含水层给水度(μ)等。其中水力坡度在本次勘察所作的测区地下水水位等值线图上量取,而含水层渗透系数(k)及给水度(μ)则根据调查的地层岩性,通过类比同类地区给出。

1)含水层渗透系数(k)

根据《中华人民共和国区域水文地质普查报告拜城盆地幅》(1∶200 000)中于盆地内各不同的地貌构造部位新近纪上新世细砂岩、中砂岩、含砾中砂岩含水层抽水试验结果,渗透系数变化较大,一般在 0.035~11.723m/d 之间,至山前平原区 S43 号孔新近纪上新世砂岩、砂砾岩与第四纪晚更新世砂砾石混合抽水试验结果,含水层渗透系数为 8.03m/d。另据我院《新疆塔中 4#油田供水水文地质初步勘察报告》(1∶50 000)中两眼探采结合井(井深 400m 左右)试验结果,含水层岩性均以粉细砂为主,渗透系数为 0.8~1.1m/d。综合考虑后认为,对计算区含水层在垂向上分段选取渗透系数值。其中:潜水面以下至 100m 深度内渗透系数取 5m/d;100~400m 段渗透系数取 1m/d。

2)含水层给水度(μ)

测区含水层岩性 100m 深度内以粉砂、细砂为主,并夹有不连续的粉土、粉质黏土及黏土薄层;而 100m 深度以下主要是粉砂(岩)、细砂(岩),地下水可能具有一定的承压性,但由于其承压水头无法确定,故均视为潜水层考虑。给水度值根据《工程地质手册》(第三版)对 100m 深度以内段取 0.1;而对 100m 以下取 0.02。

3. 地下水资源评价

1)水量评价

在对选定的区域地下水资源概算过程中,所引用的水文地质参数都是经过多项类比后,并综合分析筛选而定的。这些参数在同类干旱地区地下水资源计算中已广泛使用,且实践证明是基本可靠的。因此,在现状区域水文地质研究程度及现阶段所运用的勘察手段条件下,认为本次概算基本取得了符合评价区实际的资源计算结果。

经过计算,计算区推测可利用的地下水资源量组成中,侧向补给资源量为 17 万 m^3/a,完全来源于上游区地下水向评价区的侧向径流流入。地下水容积储存量为 5000 万 m^3。

2)水质评价

(1)地表水水质评价。

本次勘察工作于测区内取了两组地表水样,其中 CH3 为洼地内 2000 年度洪水期残留的余水,通过测试分析其矿化度为 10.94g/L,表明洼地水面已降至地下水水位以下,受地下水侧向溢出补给,水质极差。CH18 为勘察外业工作至尾声时,由下草湖通过木日河放下来的用于浇灌草场的生态水,其进测区时矿化度已达 6.23g/L,水质也极差。因此分析在年度内,除洪水期可能有较好水质的地表水进入测区外,其余季节水质均较差。

(2)浅层地下水水质评价。

测区内共取浅层(80m 以内)水样 17 组(其中一组为平行样),由水质评价结果可以看出,除了 CH17 样水质矿化度为 1.3g/L,氯化物为 421.2mg/L,硫酸盐为 331.5mg/L,符合"农村实施《生活饮用水卫生标准》三级水质外,其余水样皆为严重超标,不可饮用。

（3）深层地下水水质评价。

根据物探资料分析，圈定了可为油田实施供水的"靶区"，并对"靶区"的地下水水质进行了科学的预测，推测淡水区水质小于 1.45g/L。后期在"靶区"实施的探采结合井（井深 300m）取样分析结果，地下水矿化度为 0.8g/L，其他化学指标、毒理学指标和细菌指标达到了《生活饮用水卫生标准》（GB 5749—95）相关水质指标要求。

（六）项目总结

（1）通过水文地质勘察，初步查明了塔河油田 234km² 范围内地质、地貌特征；利用电测深法探测工作区 400m 深度内地层结构、地下水水质的变化特征，查清了地下水形成的自然地理条件及其与地表水的联系，初步查明了咸、淡水埋藏与分布规律，圈定了宜井区的位置及范围，达到了工作目的。

（2）物探工作应用具有国内先进水平的仪器采集数据，根据回归分析及统计方法理论对大量水质分析资料进行研究，较为准确地确定了项目区地层电阻率与地下水矿化度之间的相关关系，圈定了可为油田实施供水的"靶区"，并在后期实施的探采试验孔中得到了验证，试验孔水质达到了《生活饮用水卫生标准》（GB 5749—85）相关水质指标要求。

（3）计算评价了地下水资源，选定的"靶区"（面积 6.25km²）矿化度小于 1g/L，地下水资源补给量为 17.03 万 m³/a，储存量为 5000 万 m³/a。

（4）该项工作为沙漠区寻找淡水资源提供了宝贵的水文地质经验，为同类地区开展类似工作起到了引领示范作用。

（5）建议加强地下水开发利用后的动态监测（重点为水质）。

四、新疆库车县兵团大化肥项目供水水文地质详查

（一）概述

为建设兵团库车大化肥厂，新疆生产建设兵团石油天然气矿业开发总公司委托兵团勘测设计院，在库车县城东，库车河冲洪积扇一带进行供水水源地水文地质勘察工作。详查区所在的天山南麓库车坳陷中部，位于库车县城与牙哈乡之间的库车河山前冲洪积扇区，为一相对独立的水文地质单元，面积约 450km²。区内具大陆性干旱气候，多年平均气温 11.4℃，降水量 119.0mm，蒸发量 2 592.7mm。

库车河多年平均径流量为 3.466 5 亿 m³，详查区西侧的盐水沟为一条季节性洪水沟，多年平均径流量为 160 万 m³。

区内出露地层均为新生界，北部中低山区由新近系上新统构成，牙肯背斜东部及工作区北部山前丘陵区由西域砾岩系（N_2—Q_1）构成，广大的山前洪积平原区则由巨厚的第四纪松散堆积物组成。

（二）水文地质条件

1. 地下水赋存及分布

工作区分布广泛、厚度巨大的第四纪松散堆积物，为区内地下水的贮存、运移提供了良好的空间，库车河地表水的大量渗漏产生的丰富地下水补给，使其赋存着丰富的孔隙潜水和承压水，并具有干旱区山前冲洪积扇的一般水文地质规律，由扇顶向扇缘，具明显的水文地质分带性。由于中部牙肯背斜的阻隔，造成其两侧地下水的分布有一定的差异。

牙肯背斜以北，位于冲洪积平原中上部，构造上为一向斜洼地。受新构造运动影响，北部山区强烈上升褶皱，而广大山前相对缓慢沉降，接受了巨厚的第四纪松散堆积物。据物探资料，第四纪松散堆积物厚度在400m以上，其沉降中心偏于南侧，厚度可达800余米。地层岩性主要为单一结构的卵砾石，颗粒粗大，分布均匀，赋存着丰富的孔隙潜水，饱水带厚度在北山龙库至托努格那阿斯段可达350～700m，平均厚度亦可达500m左右。由扇顶向下游，潜水埋深逐渐减小，由大于100m变至小于40m。

牙肯背斜及其以南地区，为双层结构的上层潜水-承压水含水层，第四纪松散堆积物颗粒明显变细，地层岩性为互层结构的砂砾石、中粗砂与粉土、粉质黏土，单层厚度一般5～20m，水位埋深由北向南逐渐变浅，园艺场一带为30～40m，南部细土平原区为10～35m，见图1-5。

2. 含水层结构及富水特征

受第四纪地质、构造、地貌及水文等条件的影响，本区含水层结构及富水性存在显著的地带性差异。

含水层富水性的划分采用换算单井涌水量，管径换算为0.203m，降深采用设计动水位（即5m），以便于供水方案的设计。对于降深过小的抽水试验资料，根据多孔抽水试验数据进行修正。

牙肯背斜北侧为单一结构的第四系孔隙潜水区，含水层厚度350～700m，含水层岩性多为晚更新世冲洪积卵砾石，磨圆度较好，砾石多呈次圆状，平均粒径为25mm，最大粒径可达200～300mm。其富水性好，单井涌水量一般大于5000m³/d，渗透系数60～150m/d。

牙肯背斜以南上部潜水含水层由北向南随地层颗粒变细，水动力条件减弱，其富水性亦明显减弱，水平分带性显著。含水层岩性为砂砾石和含砾中粗砂，至工作区南部则过渡为粉细砂，含水层厚度为20～50m。含水层富水性亦相应由北部的单井涌水量大于5000m³/d，向南减弱为3000～5000m³/d。渗透系数亦由北向南明显减小，为15～50m/d。

下部承压水含水层为砂砾石、中粗砂、中细砂或粉细砂层，含水层厚度10～50m，具多层结构，单层厚度一般7～15m，顶板埋深变化较大，为60～100m。其富水性变化较大，牙肯背斜区最小，单井涌水量小于1000m³/d，南部富水性较好，单井涌水量大于3000m³/d，渗透系数14～60m/d。

3. 地下水补给、径流、排泄条件

自北部山区到平原区存在明显的水份和热量分布的垂直分带性，即山区寒冷而潮湿，平原区干燥而热量充沛，区内这种水热分布特点，决定了地下水补、径、排的地带性分布规律。

工作区地下水补给、径流、排泄条件的基本特征可以归纳如下：

(1)区内地下水的补给主要来自河流、渠道渗入补给，其次为暴雨洪流、河道潜流及田间灌溉水的渗漏补给，潜水与浅层承压水均为同一补给源，上、下水力联系密切，基本无降水与山区侧向径流补给。

(2)区内地下水流向基本与地表水一致，自山口呈放射状向南径流，地下水径流条件在牙肯背斜两侧变化较大，北侧含水层颗粒粗，孔隙大，渗透性好，渗透系数60～150m/d，水力坡度1.4‰，水交替活动强烈，径流条件好；自牙肯背斜向南，因含水层颗粒变细，渗透性降低，水交替活动明显减弱，渗透系数多为14～60m/d，水力坡度由牙肯背斜区8.5‰，向南逐渐减小至2.0‰～3.5‰，径流条件相应变差。

(3)区内地下水的排泄以向东部、南部边界方向径流排泄为主，其次为人工开采、植被蒸腾、泉水溢出等方式排泄。

4. 地下水动态及水化学特征

1) 地下水动态特征

工作区地下水水位的历年变化从总体上来讲呈逐年下降趋势，制约本区地下水动态变化规律的决定性因素为水文条件，同时在南部绿洲带因人工开采的逐年增加，人为因素的影响也逐步增大。所以，就整个工作区而言，其北部砾质平原区的地下水动态属水文型动态；南部细土平原区则呈水文-开采型动态。

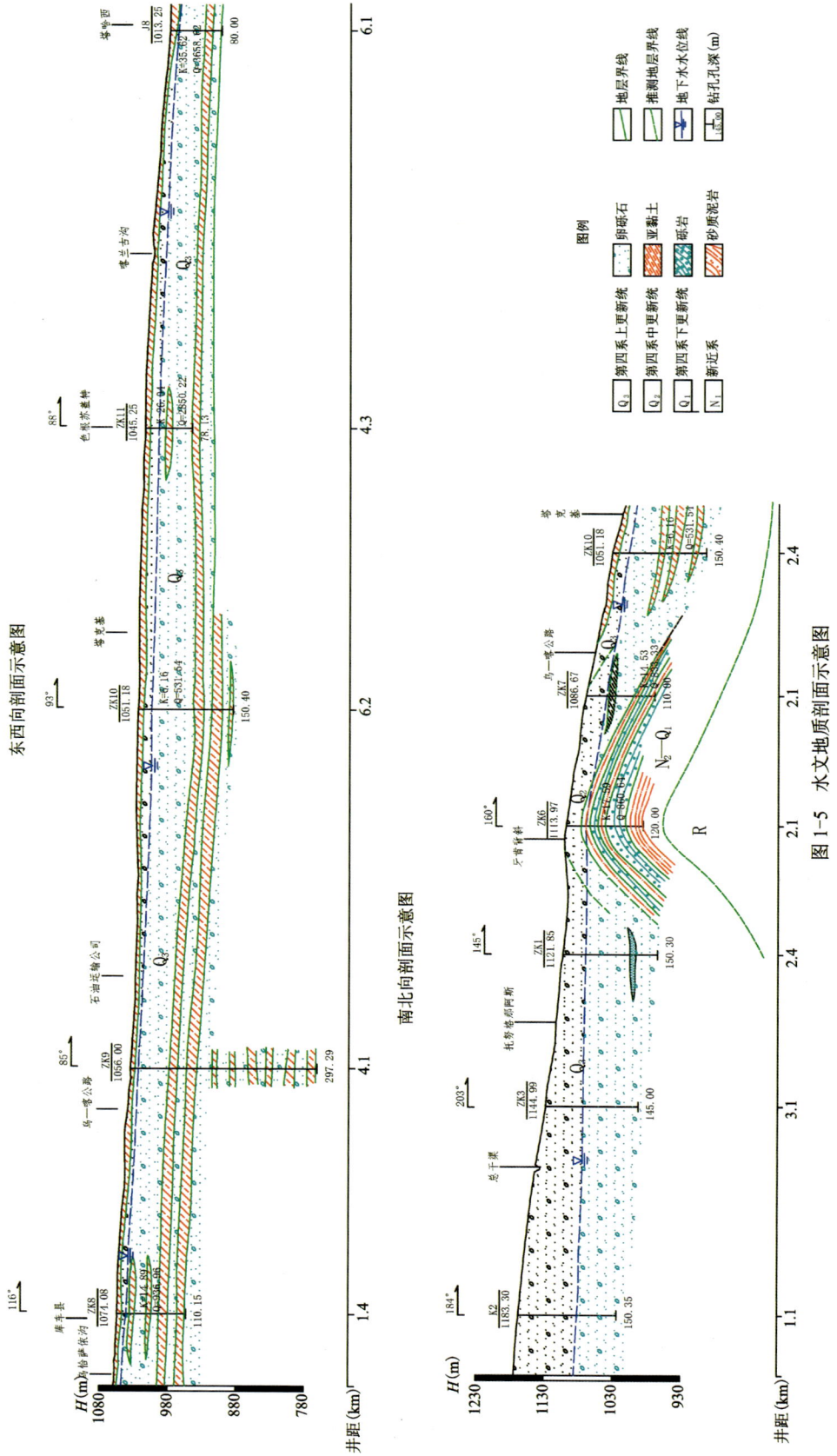

图 1-5 水文地质剖面示意图

2) 地下水水化学特征

区内地下水水化学特征与进入平原区的地表水紧密相关,随着地貌岩相带和径流、排泄条件的变化,由山前砾质带到南部细土带,地下水的矿化作用不断加强,地下水由北向南、由上至下,水化学类型具有较明显的水平和垂直分带规律。

牙肯背斜北部:潜水矿化度 $0.2 \sim 0.5 \mathrm{g/L}$,$\mathrm{Cl}^-$ 含量 $50 \sim 90 \mathrm{mg/L}$,水化学类型为 $\mathrm{HCO_3 \cdot Cl\text{-}Na \cdot Ca}$ 型或 $\mathrm{HCO_3 \cdot Cl \cdot SO_4\text{-}Ca \cdot Na \cdot Mg}$ 型水。

牙肯背斜区:潜水矿化度 $0.3 \sim 0.5 \mathrm{g/L}$,$\mathrm{Cl}^-$ 含量 $70 \sim 100 \mathrm{mg/L}$,水化学类型为 $\mathrm{Cl \cdot HCO_3 \cdot SO_4\text{-}Ca \cdot Na}$ 型水,承压水同北部潜水一致。

牙肯背斜南部:混合水矿化度由北向南呈增高之势,由 $0.2 \sim 0.5 \mathrm{g/L}$ 到 $0.7 \sim 1.6 \mathrm{g/L}$,$\mathrm{Cl}^-$ 含量 $70 \sim 450 \mathrm{mg/L}$,水化学类型由 $\mathrm{HCO_3 \cdot Cl \cdot SO_4\text{-}Ca \cdot Na}$ 型渐变为 $\mathrm{Cl \cdot SO_4\text{-}Na \cdot Ca}$ 型水。

地下水水化学特征随季节有所变化,据北部 ZK3 和 ZK4 孔实测资料,1996 年 5 月地下水矿化度为 $0.45 \mathrm{g/L}$ 和 $0.44 \mathrm{g/L}$,氯离子含量为 $79.3 \mathrm{mg/L}$ 和 $90.63 \mathrm{mg/L}$,而 1996 年 8 月矿化度即变为 $0.35 \mathrm{g/L}$ 和 $0.47 \mathrm{g/L}$,氯离子含量为 $85.1 \mathrm{mg/L}$ 和 $75.2 \mathrm{mg/L}$。

(三) 地下水资源评价

1. 评价原则

(1)系统性原则:本区位于库车河洪积平原中上部,具有独立的补、径、排条件,北部山前(除山口外)、西部边界均为隔水边界,南部及东部为侧向流出边界,为一完整的地下水系统,因此水资源评价应注重地下水的系统性。

(2)充分利用储存量做到以丰补歉原则:地下水资源是流动资源,具有可恢复性和调节性特点,加之本区地下水动态年际水位变幅较大,所以要充分重视地下水储量在地下水补、径、排及开采过程中的调节作用。

(3)地表水与地下水综合评价原则:本区地下水补给组分中,大部分来自地表水的各种渗入补给,所以在评价过程中要注意地表水与地下水的相互有机联系,应把地表水和地下水视为一个统一整体进行综合评价。

(4)补、径、排统一考虑及综合环境效益原则:地下水的集中大量开采可能造成地下水流场的较大改变,以及对下游的环境水文地质产生影响。所以,评价中应妥善考虑开采补给量增量及可能产生的环境水文地质影响。

2. 评价方法

(1)采用系统的地下水资源分类方法,评价中采用地下水补给资源量、储存资源量(或储存量)及调节储量、允许开采量的概念。

(2)区域采用水均衡法评价地下水资源;以开采系数法计算允许开采量;以参数获取的方法及评价公式(或方法)选择的合理性和系统补给的保证程度评述水资源评价的精度。

(3)水源地地下水 C 级允许开采量采用开采系数法确定,开采量根据干扰井群或非干扰井群的布局及总出水能力和开采条件下的相应补给量,并结合设计要求的动水位或降深,反复试算和调整后确定。利用开采后的补给量大小及水位变化论证其保证程度。

(4)根据《地下水质量标准》(GB/T 14848—93)进行地下水质量分类,并按《生活饮用水卫生标准》(GB 5749—85)及工业用水标准进行评价。

3. 地下水均衡结果

该区地下水总补给量为 1.710 亿 m³/a,总排泄量为 2.084 亿 m³/a,该区呈负均衡,均衡差为 0.374 亿 m³/a。地下水均衡结果见表 1-7。

表 1-7 地下水均衡结果一览表

地下水均衡结果					
	补给项	补给量(万 m³/a)		排泄项	排泄量(万 m³/a)
1	河谷潜流补给量	857	1	南部边界径流流出量	18 051.08
2	暴雨洪流渗入补给量	385	2	东部边界径流流出量	1 840.49
3	河道渗入补给量	4403	3	地下水开采量	950
4	渠道渗入补给量	10 899			
5	田间灌溉渗入补给量	559			
	合计	17 103		合计	20 841.57
均衡差:-3 738.57 万 m³/a					

4. 地下水质量

北部潜水区的地下水质量较好,各单项组分的含量均小于Ⅲ类水质标准,地下水综合质量评价结果为良好级,为适用于集中式生活饮用水水源和工业、农业用水。

南部承压区地下水质量较差,亚硝酸盐含量值达Ⅳ类水质标准,地下水综合质量评价结果为较差级,除适用于农业和部分工业用水外,适当处理后可作为生活饮用水。

5. 地下水资源评述

(1)据水资源均衡计算,全区地表水资源量为 3.47 亿 m³/a;地下水补给资源量为 1.71 亿 m³/a。

(2)本区地下水动态变幅较大,地下水调节储量巨大,尤以北部戈壁潜水区,据计算地下水调节储量可达 1.13 亿 m³,比地下水年补给总量略低。

(3)用开采系数法估算(据《1∶20 万区域水文地质报告》,开采系数按经验确定为 0.65),本区地下水可开采资源量为 1.11 亿 m³/a,根据多年地表水径流资料分析,该量是有充分保证的。

(四)拟选水源地

1. 水源地的圈定条件及拟选成果

(1)应满足需水量要求并有充分的补给保证,并考虑远景 5 万 m³/d 供水的可能性。
(2)应符合有关水质要求。
(3)在开采过程中不会产生环境水文地质问题和工程地质病害。
(4)应避开各类污染源,以便建立卫生防护带。
(5)应靠近规划区,交通便利,便于管理。
(6)地面标高应略高于规划区,以利于直接供水。
(7)水位埋深适宜,地层的可钻性较好,以利于降低成井费用和提水成本。

第一章 供水水文地质勘察

因此,根据库车大化肥项目供水水源地需水要求,在本区内拟选取两处水源地:

北区水源地(Ⅰ):西起恰克萨依,东到总干渠一带;北自北山龙库南,南至沃尔曼堆-托努格那阿斯。地理坐标为东经 82°59′03″—83°05′35″,北纬 41°45′42″—41°47′46″。呈矩形东西向展布,东西长约 9km,南北宽约 3.8km,面积约 36.2km²。位于库车县工业规划区北 5km,距大化肥厂厂址区为 8km。

南区水源地(Ⅱ):西起库车县种子公司脱绒厂,东到苏由列克、喀兰古西;北自吾宗道班、水管站北,南至塔克基、色根苏盖特北。呈矩形北东东向展布,长约 15km,宽约 4km,面积约 60km²,位于库车县工业规划区东部,距大化肥厂厂址区平均为 6km。

2. 水源地选择

北区水源地具有面积小、位置优越、地形平坦、无人为影响、补给充沛、单位出水量大、水位埋藏深度适宜、卫生防护处理简便、管线和附属建筑施工简便,适宜大口径、近距离井群集中开采,水量满足 3 万 m³/d 的需水要求,基本满足远景 5 万 m³/d 的需水要求,水质符合化工用水标准,因而可作为大化肥厂供水水源地首选方案。

南区水源地范围大,布井地段有少量生产井,地形差异大,地形高程略低于厂址区,下游接近农业区,卫生防护和水文地质环境问题处置难度大。且单井出水量小、承压水含水层埋藏深度大、成井深度大、成井数量多、井距大、管理输水困难;水质基本满足要求,但亚硝酸盐含量较高(地下水质量标准Ⅳ级),可能是受到上游工业废水排放污染所致。水量仅能基本满足近期 3 万 m³/d 的需水要求,无扩大供水的可能性,因此不宜作为大化肥厂集中供水水源地,但可零星布井解决少量供水,水源地布置方案(表 1-8)。

表 1-8 水源地方案对照一览表

拟选水源地	地形条件	与厂区高差(m)	人类活动影响	补给情况	动态情况	单井涌水量(m³/d)	水位埋深(m)	水质类型	Cl⁻(mg/L)	开采井深(m)	对农业区影响	远景扩大供水的可能性
北区水源地	起伏小	63	无	补给充沛径流强烈	变幅大	5000	45～75	HCO₃·Cl	50～90	150～200	小	有
南区水源地	起伏大	0	上游园艺场、工业废水排放	补给较弱径流较差	变幅小	3000～5000	20～35	HCO₃·Cl	50～80	300	很大	无

(五)水源地保护

(1)协调城镇供水与石油供水的关系,做到地下水资源的统筹规划、合理开发、综合利用、开源节流、兴利除害,以发挥水资源最大综合经济效益。

(2)为加强水源保护,防止水土污染,依据《中华人民共和国环境保护法》《中华人民共和国水污染防治法》,在圈定水源地范围外的方圆 3～5km 内建立水源地保护区。

(3)该区地下水开发利用程度较低,地下水动态监测工作仅在局部地区进行了不连续观测,随着该区地下水资源开发利用程度的不断提高,环境水文地质问题将不断出现并日益严重,如区域水位下降、水源地相互干扰、地下水污染、区域降落漏斗、开采井掉泵、开采成本增加等。所以为加强地下水保护与管理,地下水水位及水质动态监测工作应提到重要的议事日程上来,在流域范围内根据地下水动态影响因素,布设动态监测网,正式开展地下水动态长期监测。

(4)在水源地井群影响范围内,不得从事开挖浅层土层的活动,如建砂石料场、铺设污水渠道等,逐步清理已有的人工建筑、开采井等。

(5)对勘察阶段施工的钻孔要进行必要的止水、封孔工作,已有的混合开采层要进行回填或清理,防止新的地下水污染。

(六)水源地开采方案

(1)根据多种布井法计算,考虑合适的井径、单井涌水量和设计降深、优选井距或影响半径,经对比分析选用直线井排非干扰布井,井距570m,井数5眼,单井出水量6161m^3/d,井群出水量3.08万m^3/d,水源地中心最大干扰降深6.63m,水源地运行4~7年后水位及影响范围趋于稳定,开采资源有长期的补给保证,在水源地使用期内不会对库车县城及南部农灌区产生环境影响。

(2)设计井深150~200m,孔径650~700mm,直缝或螺旋卷管φ426×8mm,滤水管长度45~50m,砾料规格5~15mm,滤水管缠丝间距1.5~2mm,孔隙率大于25%。采用潜水泵300QJ320-84,单井出水量限制在300~330m^3/h,井斜小于1.5°。

五、中国新疆塔里木盆地灌溉与环保(二期)工程伽师县下不土里农用水源地水文地质勘察

(一)项目概况

伽师县地处中国最大的内陆盆地——塔里木盆地西缘、喀什噶尔河流域克孜勒河下游冲积细土平原区,县城位于喀什市东70余千米,西接疏勒县,南与岳普湖县相邻。工程项目区位于伽师县城西11km,行政区划隶属伽师县下不土里乡,农业区划属克孜勒河南岸灌区,土地资源丰富,农田灌溉全部引用地表水,但由于克孜勒河上游疏附、疏勒、喀什、乌恰等地区对克孜勒河的分流引水,导致流往下游伽师县境内的地表水非常有限。

伽师县土地资源丰富,是重要的粮棉产区。多年来水资源紧缺和土壤盐渍化一直困扰该县的发展。

(二)勘察工作

1997年喀什地区"世行办"选定伽师县为世界银行贷款"塔里木农业二期"水土开发工程项目示范区。项目可研阶段的普查成果初步分析论证了项目区克孜勒河至县城一带的水文地质条件,圈定了下不土里乡西北部约80km^2范围的优选水源地区。随后为详细查明拟定优选区的水文地质条件,评价水源地地下水可开采量和开采方案,按世行项目前期工作要求,进行优选水源地的"初步设计"阶段的详查工作。工作过程中利用物探方法,在优选水源地区进行电测深,划分地下水咸淡水界面,锁定宜采区块,为勘探、生产井的设计提供依据。在此基础上完成4眼总进尺570m的探采结合井及其相应的多孔抽水试验,选取16个已有井点开展了半个水文年的地下水水位动态观测工作。

作为世界银行塔里木河Ⅱ期项目的子项目,该项目属大型地下水农业供水项目。为确保勘察成果质量,资料分析整理中,项目采用数值模拟方法,对拟采区建立地下水系统数值模型,针对不同时期不同

的用水方案,对地下水水位变化情况进行预测,根据预测结果科学合理制定地下水开采方案,进行机井布局,既保证了伽师县下不土里乡的地下水开发利用,又确保了周围及下游生态区不受影响。有效解决了伽师县下不土里乡农业用水矛盾。

(三)水文地质条件

项目区地处喀什噶尔河流域克孜勒河冲积平原下游,克孜勒河在出山口处多年平均径流量19.8亿m^3,受上游疏附、疏勒、喀什、乌恰等地区对其的分流引水,到下游伽师县境内的夏合曼水文站时多年统计的地表水量为8.05亿m^3。且由于本区地处冲积平原下游,河水汇集了较多上游排渠水,呈现出高矿化度、高硫酸盐、高硬度的特点。

据区域地质及本次物探资料,区内第四纪松散堆积物厚度大于400m,岩性以细砂、粉细砂为主,夹粉土、粉质黏土薄层,由浅到深呈现出交互沉积的互层结构,从而形成了本区第四纪松散层孔隙潜水和微承压水、承压水共同赋存的特征。同时,上游区地下水的侧向径流以及区内渠系水、农灌水的大量垂向入渗,为测区松散含水层提供了稳定、丰富的水量来源。本次钻探170m揭露深度内,含水层为多层结构并存的第四纪松散孔隙水,其累计厚度大于100m,岩性以中砂、细砂为主,单井涌水量均大于2000m^3/d(管径325mm,降深20m时),富水性中等。测区地下水水位埋深较小,多小于3m,地下水流向自西南向东北,见图1-6。

由于测区地层颗粒细,岩性较为单一,地下水矿化度有较大的变化。本次工作利用物探电测深法有效划分地下咸淡水的分布规律,同时结合地下水的补、径、排条件及含水层的富水性,确定适宜的取水地段。

物探工作在测区布置了7个十字测深点,通过十字测深曲线成果图对比,东西向和南北向布极,所测曲线歧变较小,表明不同布极方向对实测曲线的影响不大,同时也说明测区地层的各向异性并不显著。

在上述理论的基础上结合实地工作,根据井旁测深及电测井资料,测区的电性层可分为3层,各层的电性特征见表1-9。

表1-9 测区地层的电性特征统计表

序号	岩性	矿化度 M(g/L)	电阻率 ρ(Ω·m)
1	粉细砂	≥2.5	0.6~10.0
2	粉细砂	2.0左右	11.0~18.0
3	粉细砂	<1.5	20.0~40.0

此次测区工作中共取简分析水样35个,其中在12个水样点附近布置有电测深工作,根据水样的取样深度,对电测深曲线进行定量解释,确定出相应深度段地层的电阻率值,在近似地以矿化度是影响电阻率的唯一因素前提下,用一元回归分析的方法对地层电阻率与地下水矿化度进行相关分析,通过回归分析,得出本测区地层电阻率 ρ 与地下水矿化度 M 的相关关系式为

$$M = 23.812\rho^{-0.956}$$

根据取得的回归方程在本地区已知地层的电阻率值,估算出地下水矿化度的近似值,水源地水化学类型见图1-7。

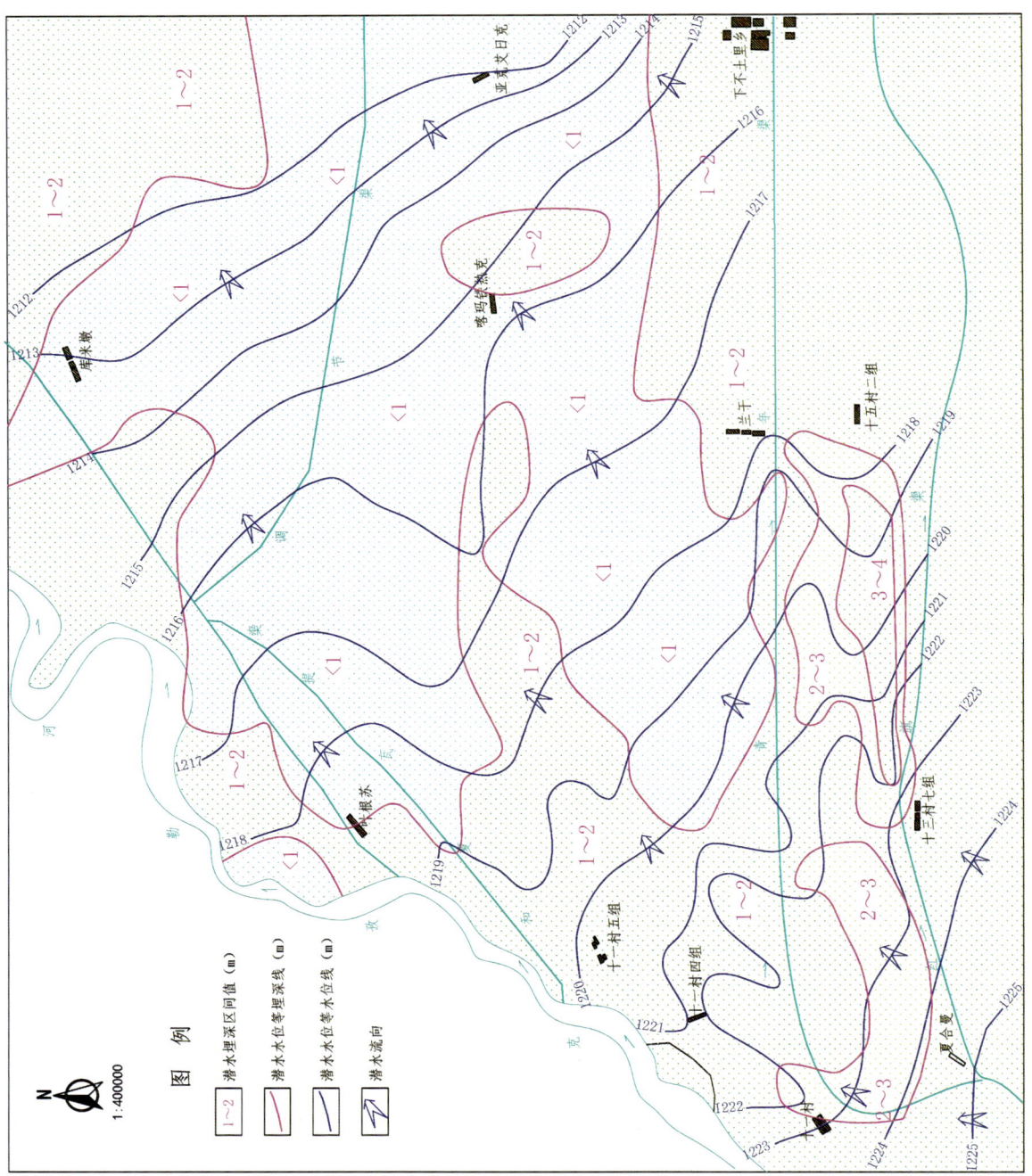

图 1-6 潜水埋深与等值线图

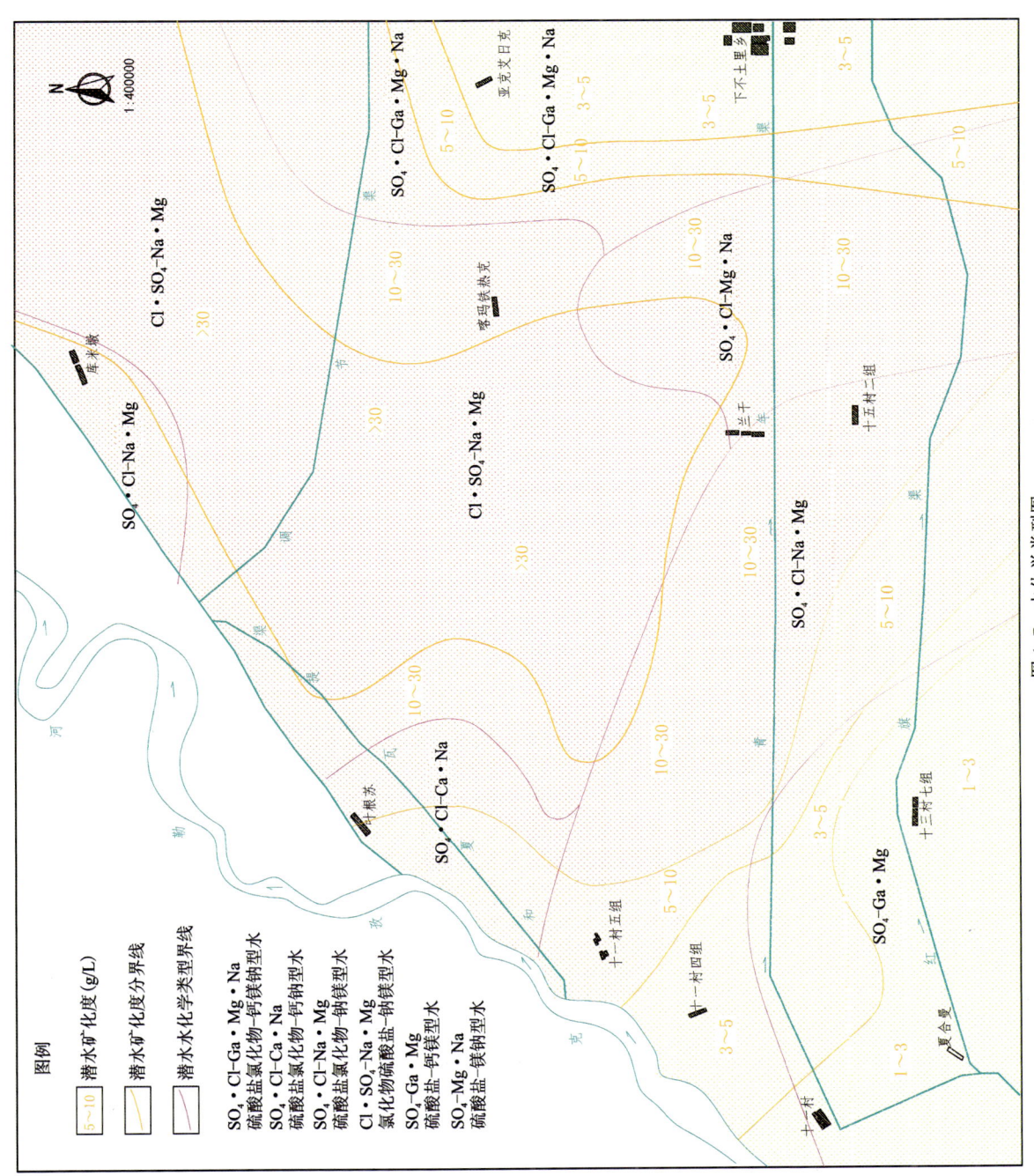

图 1-7 水化学类型图

(四)地下水资源计算评价

通过本次工作,基本查明了测区地下水的补给、径流和排泄条件,取得了测区含水层的岩性、结构、厚度分布规律及相关的含水层水文地质参数,收集到了较为齐全的气象及水文资料,为选用水均衡法对测区地下水的各补给和排泄项进行分析计算和资源评价提供条件,同时依据水源地水文地质条件,建立水文地质概念模型,预报拟定开采方案下水位降深,分析评价水源地地下水可开采资源量。测区地下水补给量主要由上游含水层的侧向径流量及测区的各级渠道渗入量、田间灌溉渗入量组成,降雨渗入量较小,在此未计入。其均衡计算结果见表1-10。

表1-10 测区地下水均衡计算结果表

补给项目	补给量($10^4 m^3/a$)	排泄项目	排泄量($10^4 m^3/a$)
侧向流入	481.8	侧向流出	289.08
渠系水渗入	2 894.9	潜水蒸发蒸腾	3 460.5
田间灌溉渗入	521.4		
合计	3 898.1	合计	3 749.58
均衡差 $148.52×10^4 m^3/a$			

根据数值法对不同开采方案结果进行预测:2000万m^3/a开采规模5年后地下水位趋于稳定,各开采井6月最大干扰水位降为9.18m;1500万m^3/a开采规模5年后地下水位趋于稳定,水源地中心最大干扰水位降为6.66m。经综合分析,为充分保证水源地的安全运行,确定本区地下水适宜开采量为1500万m^3/a。

工作区内埋深小于30m潜水硫酸根离子含量均大于400mg/L,总硬度大于700mg/L,测区内潜水没有符合"农村实施《生活饮用水卫生标准》(GB 5749—85)准则"中的一级、二级水质标准,均为不可饮用水。工作区30m以下承压水西北部夏赫牙一带的承压水为缺水时尚可饮用或可勉强饮用的三级水,其余地带的承压水均为不宜饮用与不可饮用水。区内潜水完全适合灌溉用的好水,主要分布在青年渠以南沙克拉克以东地带,水质矿化度1~2g/L,灌溉系数$K_a=18~23.1$。适合灌溉的中等水主要分布于下不土里乡以东青年渠两岸2~4km宽度带内及克孜勒河东南岸叶根苏一带。区内承压水距克孜勒河距离越近灌溉用水水质越好。作为农田灌溉用水水质中等,适合农业灌溉。

(五)供水规模及方案

(1)拟建下不土里农用水源地区域为多层结构并存的第四纪松散孔隙水含水层,含水层岩性为中细砂、细砂、粉砂。单井涌水量均大于2000m^3/d(管径325mm,降深20m时),富水性中等。

(2)水源地沿克孜勒河带状区域的目标取水层埋深在50~120m之间,沿青年渠及其北部地区的目标取水层埋深在70~150m之间,为第四系孔隙微承压、承压水含水层,水质矿化度小于2g/L,符合农田灌溉用水水质要求。

(3)水源地地下水补给主要为渠系水、田间水渗入补给和上游区的侧向径流流入,水源地补给量为3914万m^3/a。通过数值法计算,设计开采量为1500万m^3/a是合理可行的。

(4)结合项目区农田水利规划,经比选水源地设计开采方案为:布井4排,每排井数在9~15眼不等,井距500m,排距1000m,共计60眼。井深80~120m,管径325mm,开、终孔孔径不小于680mm。施工要求第一层隔水顶板以上必须严格止水。项目实施后,地下水与地表水联合调度,可满足3.495万亩(1亩≈666.67m^2)新开荒地的灌溉需水。

第一章 供水水文地质勘察

（六）结论

本次工作针对工作区具体水文地质条件,采用了相应的方法和手段,确定了农业供水水源地及开采方案。项目于2000年实施后,通过地下水与地表水联合调度,满足了3.495万亩新开荒地的灌溉需水,达到本次工作的预期目的。

(1)在制定勘察思路和工作方案时,注重水文地质物探技术方法的运用,发挥我院长期积累的在干旱地区利用水文地质物探寻找淡水资源的理论和经验,通过对数字物探勘查及水文地质钻探试验所采集的大量数据统计分析,建立了地层电性特征值与地下水含盐量之间的数学模型,该模型有效地指导了工作区咸淡水界线的划分及水源地开采范围的确定。在水源地建设中经过验证,该成果资料准确查明了当地的水文地质条件,为伽师县乃至南疆类似地区开发利用地下水提供了宝贵的经验。

(2)在水文地质调查与测绘的同时,注重地表水水源和水利工程及土壤盐渍化的调查、观测及试验研究工作,查明了"两水"转化关系及干旱地区大面积引地表水灌溉而产生的不良后果,为后期科学进行地下水资源开发利用规划提供了重要的依据。

(3)查明了测区地下水的补给、径流和排泄条件,本次评价选用地下水均衡法分析计算,同时采用数值模拟方法,建立了地下水数值模型,针对不同用水方案,对地下水水位变化情况进行了预测,根据预测结果科学合理确定了地下水开采方案,既保证了伽师县下不土里乡的地下水开发利用,又确保了周围及下游生态区不受影响。

(4)项目勘察过程中采集和收集了大量的水质分析资料,利用物探电测深电阻率法,通过采集地层电阻率,根据其高低来分析地下淡水的分布规律,准确划分了地下水咸淡水的界线。同时结合地下水的补、径、排条件及含水层富水性和适宜的取水段,确定农业供水水源地的范围。2000年水源地实施运行后其水量、水质均满足设计要求,有效解决了伽师县下不土里乡农业用水矛盾。

总之,该项目成果在我国北方地区特别是西北干旱、半干旱地区,具一定的先进性和代表性。成果质量完全满足业主需求,并顺利通过世界银行塔里木河Ⅱ期项目检查团的验收。该项目经自治区推荐,曾于2002年荣获中华人民共和国水利部铜质奖。

六、新疆玛纳斯河流域规划平原区水文地质勘察

（一）项目概况

新疆玛纳斯河流域(简称玛河流域)位于新疆天山北坡经济带的核心区域,地处天山北麓、准噶尔盆地南缘,东起塔西河,西至宁家河,南靠依连哈比尔尕山与和静县相连,北接古尔班通古特沙漠,与和布克赛尔县和克拉玛依接壤。流域总面积2.29万 km²。玛河流域是新疆农垦系统开发较早、发展较快的大型灌区之一,是新疆重要的粮棉基地。水利灌溉促进了农业生产的不断发展,绿洲不断扩大,与此同时,流域内还不同程度地存在着春旱、盐碱、洪水等自然灾害,水资源利用不尽合理,灌区中下游地区存在土壤次生盐渍化现象,给农业生产带来不利影响。

20世纪90年代,在新疆维吾尔自治区流域规划委员会统筹安排下,根据农八师《玛纳斯河流域规划任务书》(师发〔1992〕26号文),自治区流域规划办公室下达的《对玛纳斯河流域规划任务书的批复》(新水规〔1992〕003号文),对玛纳斯河流域现状及存在的问题进行综合治理、全面规划。1997年由新疆生产建设兵团勘测设计院编制完成了《新疆玛纳斯河流域规划总报告》(1997版)。该规划的编制对流域内国民经济、社会发展、水利水电工程建设、水土资源开发利用等发挥了积极作用。

随着玛河流域内社会经济的快速发展,特别是近十年来,国家对西部尤其是新疆的扶持、援建等招商引资优惠政策的进一步落实,玛河流域内城镇化和工业化迅速发展,各行业格局发生了较大的变化。到2010年,玛纳斯河流域干流区人口已达到79.75万人,灌溉面积416.6万亩,工业总产值281.72亿元。干流区各行业的发展和产业结构都与《新疆玛纳斯河流域规划总报告》(1997版)的各项指标有了明显的变化,原规划对流域水资源综合利用的指导作用已显滞后,如规划的社会经济指标略显偏低,个别指标已提前完成,个别问题研究深度不够、体系不全等。同时玛纳斯河流域干流区综合治理工程的陆续建设,玛河流域上下游之间,左右岸之间,水资源综合利用各功能之间等一系列关系发生了较大的变化,拦、引、蓄、调等功能得到了增强,改变了河流原有的自然状态下的水资源管理关系。因此,为适应流域社会经济发展、水资源的高效利用、水利枢纽工程建设等变化以及中央"一号文件"精神的实施,2014年再次启动对玛河流域干流区规划的修编,同期开展干流平原区水文地质调查评价工作。

(二)勘察工作

1993年3月,我院以9301号文下达1993年度玛纳斯河流域规划任务书及勘察大纲;地质人员于1994年4月下旬,开展水文综合调查、勘探试验、工程测量、物探等工作,同年11月完成大纲要求的野外勘察工作;1994年7月至1995年5月,开展内业整理和报告编写,并通过水利厅流域办公室组织的专家评审。本次工作基本摸清流域地下水与地表水的转化关系,评价地下水资源量及可开采量。为挖掘流域水资源潜力,合理开发利用地下水资源,发展农田井灌,保证人民生活用水、城市供水及工业用水,以及旱碱综合治理等流域规划任务提供水文地质依据,同时进行流域内地下水的开发利用规划。

2014年8月初,我院和新疆维吾尔自治区玛纳斯河流域管理处关于玛纳斯河流域规划(修编)地下水资源调查与评价部分工作达成工作意向后,2014年11月15日,按照工作大纲设计要求,在业主单位的相关协调下,开展流域干流区外业补充调查和基础资料收集整编工作。本次工作是在原玛河流域规划水文地质勘察工作的基础上,充分利用近年来玛河流域各单位已有的水文地质工作成果,结合全国水利普查数据(2011年),对流域干流区地下水资源开发利用现状进行复核性调查,在此基础上重新复核评价流域干流区地下水资源量。

(三)水文地质条件

玛河流域平原中上游区分布着巨厚的第四纪松散沉积物,含水层结构自南向北由单一结构的潜水含水层向多层结构的潜水、承压含水层过渡(图1-8、图1-9)。潜水埋深自冲洪积扇扇顶部位的150m左右,向北至国道G312线以北逐渐变浅,在冲洪积平原边缘430m地形等高线附近出现潜水溢出带。由于山前为断层接触,在山口处的红山嘴到四级电站3.4km的水平距离内,存在一个落差约130m的地下跌水,潜水以地下瀑布的形式补给扇区下游含水层。往北到国道G312线玛纳斯大桥、石河子市南石河子镇、143团南灌区、玛纳斯县,即乌伊公路(国道G312线)沿线潜水埋深30~60m。由乌伊公路向北平移2~8km的区间内,即到玛纳斯县的兰州湾、石河子北工业园区、石总场北泉镇、143团北灌区、沙湾县乌兰乌苏镇一线,潜水水位埋深在5~50m之间,原为平原区潜水溢出带上部,但由于近几十年来地下水开采强度较大,泉水溢出范围明显向大泉沟水库沿线地带偏移,其北部下游现还存有季节性泉沟或湿地,在白土坑水库、新户坪水库、跃进水库、夹河子水库、大泉沟水库、蘑菇湖水库上下2~8km的区间内潜水水位埋深大多在0~3m之间,局部地区受地形地貌影响的自然沟间地带水位埋深在3~5m之间。在潜水溢出带以北人工绿洲区,潜水位埋深基本在2~5m之间,在北部荒漠区,潜水位埋深基本大于5m,沙漠边缘如莫索湾和下野地灌区、新湖一场周边水位埋深在10m左右。

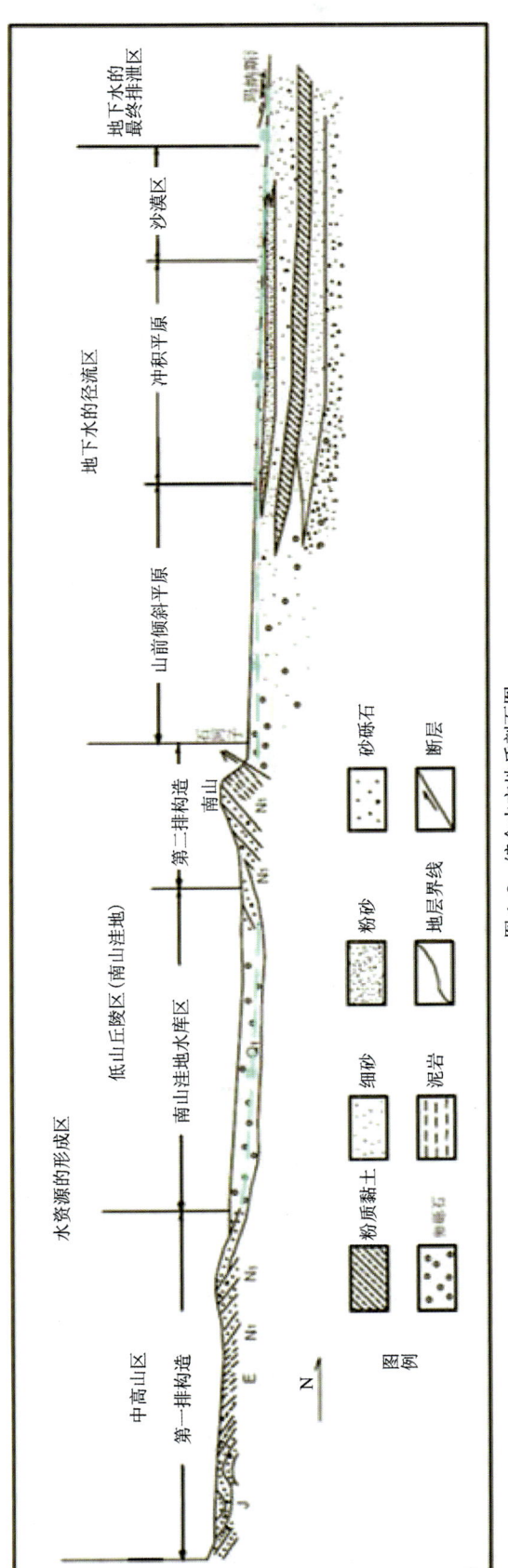

图 1-8 综合水文地质剖面图

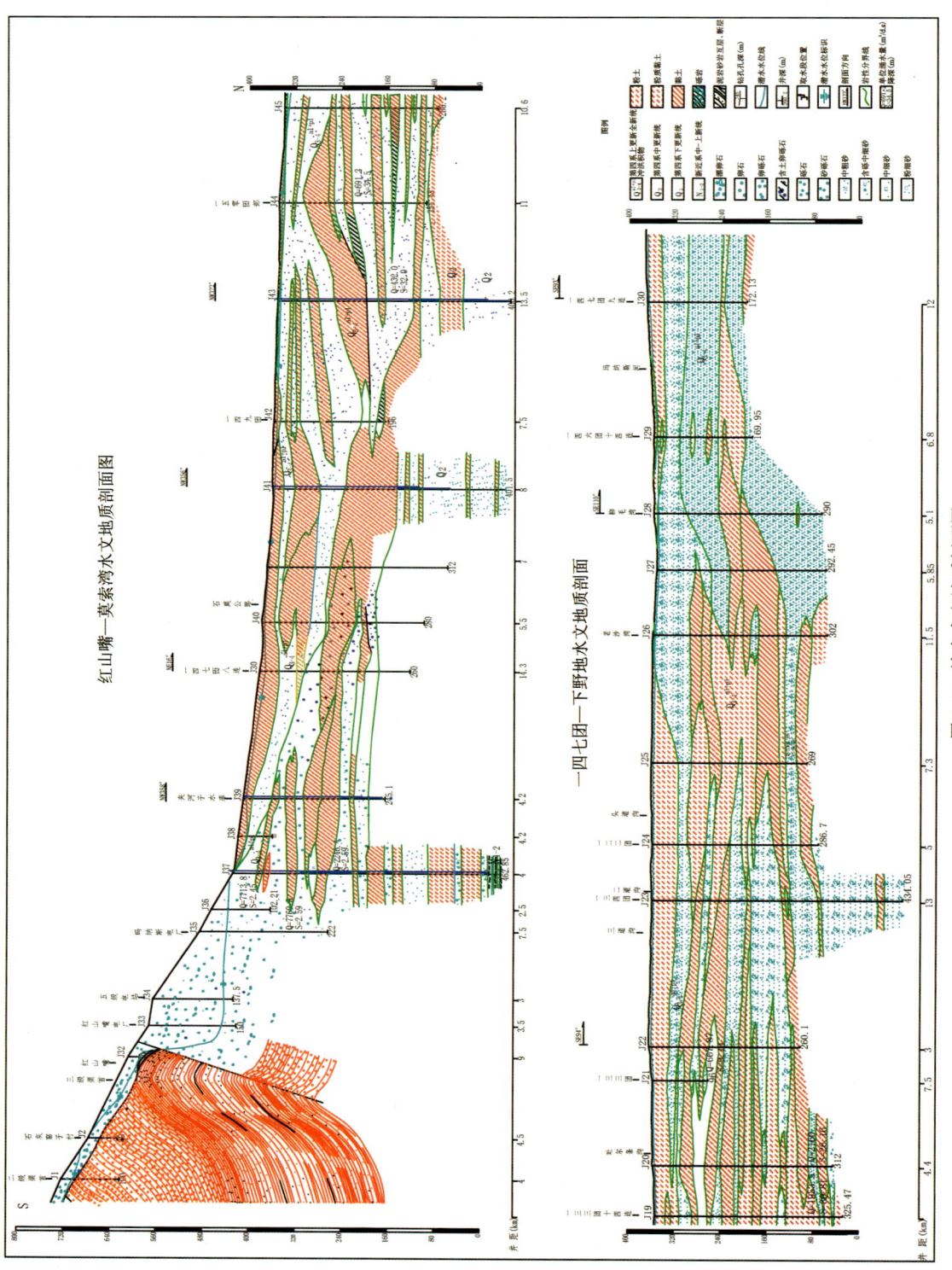

图 1-9 综合水文地质剖面图

承压含水层分布在潜水溢出带及其北部地区,承压含水层顶板埋深 30~50m,承压自流含水层基本分布在 120m 以下,承压水头随揭露承压含水层层位的不同而变化,最高可达 10m 左右。由于近年来对中深部承压水含水层的开采,区内 200~350m 深度内的承压水难以得到有效补给,目前区内已有的自流井数量明显减少,在下野地灌区、莫索湾灌区、玛纳斯东灌区下游、新湖灌区 200~350m 的深井水已不自流,自流井的自流量明显减小。据有关资料记载,20 世纪 80 年代初,玛河流域内有自流井 400 多眼,多数自流井单井流量大于 10L/s,石总场区内自流井的自流量最大可达 60L/s,但现仅有石总场及玛纳斯县在冬季地下水非开采期内还有少量机井自流,且自流量小于 10L/s。

流域最北部的古尔班通古特沙漠,地表由固定和半固定沙丘或沙垄组成,高度多在 15~50m 之间。其下为冲积—湖积相沉积物,岩性一般为细砂、粉砂夹黏性土。潜水埋深变化较大,一般在沙垄或沙丘的低洼地区潜水位埋深在 10~30m 之间,其下赋存的承压含水层顶板埋深一般在 60~100m 之间。据调查,目前沙漠边缘 200~300m 深的机井内承压水混合水位一般在 50~80m 之间。

(四)地下水资源计算评价

玛河流域干流平原区地下水资源计算边界如下:南界为玛河平原区与山区的分界线;北界为莫索湾灌区、老沙湾灌区、下野地灌区及克拉玛依小拐灌区等绿洲区的北边界;东界为玛纳斯县至塔西河西岸玛河流域各乡和新湖总场(除六分场外)行政边界;西界从 143 团至海子湾水库,沿 144 团边界向西至 132 团西界,再转向北沿 134 团与 136 团西界至小拐以北,总面积约 7 968.99km²。

地下水资源计算深度根据近年来勘察、地下水开采等现状,结合区内水文地质条件,确定以 300m 深度内的含水层组为本次地下水资源计算评价的目的层。上游石河子灌区和玛纳斯县灌区现状机井开采深度一般小于 200m,评价深度按 200m 考虑,下游下野地灌区、莫索湾灌区和新湖灌区现状机井开采深度多在 300m,评价深度为 300m。计算基准年为 2013 年。

玛河流域干流平原区地下水资源量计算采用水均衡法。首先对二级灌区的地下水均衡要素进行计算,再依据用水户基本管理单位(单位、灌区)分布位置、土地面积、水文地质条件等按地下水资源模数把地下水资源量分摊到三级计算区,最终用地表水和地下水均衡进行校核。

根据玛河流域地下水的补给、径流和排泄条件,玛河流域干流平原区地下水补给项主要有上游含水层地下水侧向径流补给、渠系水渗入补给、河谷潜流补给、山前暴雨洪流入渗补给、田间灌溉水渗入补给、水库水渗入补给、河水渗入补给、井灌回归渗入补给等 8 项。地下水的排泄项主要有下游含水层地下水侧向径流排泄、泉水溢出排泄、潜水蒸发蒸腾排泄、地下水人工开采等 4 项,依据水均衡原理及以上确定的各项均衡要素,建立地下水均衡方程:

$$Q_{补} - Q_{排} = \Delta W$$

其中:$Q_{补} = Q_{侧入} + Q_{河潜} + Q_{暴渗} + Q_{渠渗} + Q_{田渗} + Q_{库渗} + Q_{河渗} + Q_{井归}$

$$Q_{排} = Q_{侧出} + Q_{泉排} + Q_{蒸发} + Q_{开采}$$

$$\Delta W = \mu F \Delta h / \Delta t$$

本次地下水资源计算中常用参数有水文和水文地质参数,水文参数主要指潜水蒸发系数 C、田灌入渗系数 β、渠系入渗系数 m、降水入渗系数 α、水库入渗系数等;水文地质参数主要有渗透系数 k、潜水含水层给水度 μ、含水层厚度 H、影响半径 R 等。其中水文地质参数利用已有成果及本次抽水试验资料计算取得,其他参数参照前人资料及《新疆地下水资源》(董新光和邓铭江,2005)中基本数据,经对比、筛选、优化后确定。

根据 2013 年玛河流域干流地下水均衡分析,评价区地下水补给量 67 768 万 m³/a,其中天然补给量 12 988 万 m³/a,占总补给量的 19.17%;通过渠道渗漏、田间入渗、河道渗漏及水库渗漏的转化补给量 45 795 万 m³/a,占总补给量的 67.58%;地下水回归转化补给量 8984 万 m³/a,占总补给量的 13.26%。2013 年评价区地下水排泄量 115296 万 m³/a,其中地下水开采量 75 973 万 m³/a,占总排泄量的 65.89%。根据地下水均衡结果,评价区地下水均衡差-47 528万 m³/a,呈负均衡状态,说明计算范围地下水补排关系严重失衡,与流域现状开采地下水达75 973万 m³/a的状况基本相符,地下水开采量已大于补给量。

通过对玛河干流平原区1990年与2013年的地下水均衡计算结果进行分析,地下水补给量、地下水资源量相比明显减少。从地下水补给项来看,1990年到2013年玛河流域干流地下水天然补给量减少4150万 m³/a,减少约24.22%;河道渗漏、渠系渗漏、田间水入渗等补给量变化较大,与1990年相比减少35 745万 m³/a,减少约47.84%。其原因主要为:

(1)河道渗漏,由于河道来水利用率的逐步提高,红山嘴-夹河子水库段河道水入渗系数取值有所变化,由1990年的0.40调整为2013年的0.26,故河道入渗量减少。

(2)渠系渗漏补给,随着玛河流域干流各灌区水利工程的建设实施,渠系防渗改造,渠系水有效利用系数提高到2013年的0.68~0.78(仅克拉玛依小拐为0.56),渠系水渗漏补给减少。

(3)田间水入渗补给,2000年以来,玛河流域干流各灌区节水灌溉面积大幅度增加,节水灌溉面积达90%以上,田间水有效利用系数提高,减少了对地下水的补给。根据玛河多年径流特点及分水情况,历年从玛河引用地表水量进入各灌区的水量无显著变化,因此可以看出2013年玛河各灌区转化量明显减少是合理的,也是造成玛河流域地下水资源量减少的主要因素。

地下水均衡排泄项中地下水开采量急剧增大,由1990年的34 020万 m³/a增加至2013年的75 973万 m³/a,增幅约123.26%,地下水的开采量已大于地下水允许开采量,处于超采状态。

按照《水资源评价导则》(SL/T 238—1999)要求,玛河流域干流地下水资源量应扣除地下水的回归入渗量后方为地下水资源量。根据地下水均衡计算结果,2013年玛河流域干流地下水资源量为58 783万 m³/a,与1990年玛河干流平原区地下水均衡结果相比,地下水资源量减少28 609万 m³/a,约减少32.74%。

根据地下水均衡分析结果,以地下水的天然补给量、无效蒸发排泄量和泉水溢出量总和的75%为允许开采量,结合评价区内各灌区的综合水文地质条件,赋予各灌区不同的地下水利用系数,分析计算评价地下水可开采资源量。计算区天然补给量12 988万 m³/a,侧向径流排泄量1566万 m³/a,蒸发蒸腾排泄量26 992万 m³/a,泉水排泄量10 765万 m³/a,其总和为52 311万 m³/a,即评价允许开采资源量为39 219万 m³/a。结合评价区内各灌区的综合水文地质条件,确定玛河流域平均开采系数约为0.66,与新疆同类地区地下水利用的经验值0.4~0.79类比,其开采系数的选择合理可行,由此按照地下水开采系数计算出玛河流域干流区地下水允许开采量为39 200万 m³/a。

(五)供水规模及方案(开发利用条件分析)

玛河干流平原区分布第四系孔隙潜水及承压水,含水层饱水带厚度大,地下水资源57 742万 m³/a,该区为新疆天山北坡经济带重要的经济活动及农业开发区,水资源开发利用程度较高。按地貌和水文地质条件分段概述地下水利用特征。

1. 玛河冲洪积扇上部

为潜水分布区,地下水水位埋深大于50m,扇顶部潜水位埋深150m左右,含水层岩性为卵砾石。该区水利设施齐全,单井出水量一般在1000~2000m³/d之间。

该区地下水埋深普遍较大,提水成本高,较适宜生活饮用水开采利用。

2. 冲洪积扇中、下部

地下水水位埋深10~90m,地下水类型以潜水为主。石河子市、玛纳斯县城即位于该区,是最主要的工业经济活动区,同时也是地下水的最重要开采区。地下水开采条件好,主要用于工业、城市生活及农业灌溉。区内渠网配套较为完善,地表水部分用于区内农灌和绿化,大部分引向下游灌区,用于农业灌溉。

143团北灌区、沙湾县乌拉乌苏灌区和玛纳斯河东灌区的部分位于该区。潜水位埋深15~60m,单井出水量 2000~3000m³/d，北部承压水区，水位埋深 5~15m，单井出水量 900~1000m³/d。

石河子市市区地下水主要用于工业和生活，为区内地下水开采强度最大地段。由于长期大量开采地下水，石河子市区地下水位持续下降，已经形成近 90km² 的地下水降落漏斗。该区潜水位埋深 30~90m，单井出水量 3000~7600m³/d。

3. 冲积平原区

位于扇缘溢出带以北广大的冲积平原区，地下水位埋深小于 5m 或为 5~15m，区内水资源开发利用程度高，干、支、斗、农渠网配套，构成较完整的引、蓄、灌系统。地下水类型为潜水及多层结构承压水，以开采承压水为主。

下野地灌区、老沙湾灌区、莫索湾灌区、新湖灌区以及克拉玛依小拐灌区分布于该区，区内地下水径流条件较差，含水层富水性多为中等程度。

区内玛纳斯河东西两岸，地表为厚 3~5m 的粉土、粉质黏土覆盖层。潜水含水层底板多在 50m 以内，其下为多层承压含水层。第一个含水层顶板埋深 50~70m，含水层厚 20~40m；第二承压含水层顶板埋深 130~160m，含水层厚 50m 左右。150m 以内含水层混合抽水，单井出水量 4400~8000m³/d。

西岸大渠沿线的老沙湾、134 团一带，在 300m 深度内主要有四层承压含水层，混合开采单井出水量 600~2000m³/d。本区主要开采中深层承压水。

下野地灌区、老沙湾灌区等其他北部地区，200m 深度内可见三层承压水含水层，混合开采单井出水量 1400~2000m³/d，本区宜井深度 150~200m。

新湖灌区和玛纳斯东灌区的六户地及 147 团一带，300m 深度内可见六层承压水含水层，混合开采单井出水量 2000~2500m³/d。新湖灌区一带，在 220m 深度内有三层主要含水层，混合开采单井出水量 1440~1900m³/d。本区宜井深度 150~200m。

莫索湾灌区主要含水层埋藏在 60m 以下，60m 以上含水层水量较小、水质较差。在 300m 深度内可见五层含水层，混合开采单井出水量 800~1200m³/d。宜井深度 200~250m。

（六）项目总结

1. 结论

（1）新疆玛纳斯河流域地处天山北麓准噶尔盆地南缘，从南部中高山区到北部平原区，呈现阶梯状。南部前山带呈三排东西向展布、雁行状排列的背斜构造和其间的向斜洼地。北部平原区广泛分布着巨厚的第四纪地层，形成地下水良好的赋存空间。

（2）玛纳斯河干流平原区含水层结构自南向北由单一结构的潜水含水层向多层结构的潜水、承压含水层过渡，潜水埋深自冲洪积扇顶部的 150m 左右，向北逐渐变浅。冲洪积扇缘的潜水溢出带及其北部下游冲洪积细土平原区均赋存有承压水，在 300m 评价深度内，一般有 3~4 层承压含水层。流域最北部的古尔班通古特沙漠，地表由固定和半固定沙丘或沙垄组成，高度多在 15~50m 之间。其下为冲积-湖积相沉积物，岩性一般为细砂、粉砂夹黏性土。潜水埋深变化较大，一般在沙垄或沙丘的低洼地区潜水位埋深在 10~30m 之间。

（3）玛河干流平原区地下水主要补给源为河流及渠道的渗漏，其次为田间灌溉水入渗、春融水入渗、平原水库入渗。

在乌伊公路以南，地下水含水层颗粒粗大，透水性强，径流条件好，在山前带地下水径流方向大致由南向北，水力坡度为 3‰~5‰。乌伊公路以北径流方向由东南往西北偏转，随着含水层颗粒变细，透水性减弱，地下水的径流条件从东南向西北由强变弱，水力坡度从南向北由 5‰ 渐变为 1‰ 左右。

玛河干流平原区地下水排泄方式由过去的潜水蒸腾、泉水溢出和平原河道排泄及侧向流出的方式逐渐转变为以人工开采为主，泉水溢出和侧向流出为辅，平原河道仅有季节性洪水可到达下游尾闾。

(4)玛河干流平原区潜水的水化学类型具有明显的南北分带性,即由南向北,矿化度逐渐增高,形成平原区下游高矿化度潜水,其分带情况如下:

山前平原地带,沿乌伊公路的玛纳斯县-石河子-沙湾一带,潜水矿化度普遍较低,一般小于 1g/L,为 HCO_3-Ca,$HCO_3·SO_4$-Ca 型水。

北部冲洪积平原区,地下水径流滞缓,埋藏深度变浅,潜水以垂直交替循环为主,在淋滤、蒸发作用下,水质矿化度呈明显升高的趋势,普遍大于 3g/L。

承压水广泛分布在北部冲洪积平原区,由于机井取水深度各不相同,混合后的水质矿化度大部分为 0.3～3g/L。而生活供水井多开采中深层承压水,水质矿化度基本为 0.3～0.5g/L,总硬度小于 100mg/L,为 $HCO_3·SO_4$-Ca 型水、$HCO_3·SO_4$-Ca·Na 型水,含氟量多小于 1mg/L,但在远离河道的细土平原区含氟量多为 1～2mg/L,部分区域更高。

(5)玛河干流山丘区其排泄量主要由泉水溢出量、出山口河道潜流量和人工开采量组成,用排泄量法概算低山丘陵灌区地下水资源量为 14 538 万 m^3/a,地下水允许开采量为 11 630 万 m^3/a。

玛河干流平原区采用水均衡法计算,地下水补给量为 67 767.52 万 m^3/a,地下水资源量为 58 783.05 万 m^3/a,地下水允许开采量为 39 219.18 万 m^3/a。

从地下水补给项来看,1990 年到 2013 年玛河流域地下水天然补给量减少约 24.22%;河道入渗、渠系入渗、田间水入渗补给量减少约 47.84%。地下水排泄项中地下水开采量急剧增大,1990 年到 2013 年增幅约 123.26%。

(6)玛河干流平原区地下水位年际变化均呈下降状态。地下水一般超采区有石总场(不含北泉镇)、新湖总场;严重超采区为石河子市,玛纳斯县玛纳斯镇、兰州湾镇、第八师 147 团、148 团、149 团、150 团、121 团、134 团、136 团,沙湾县商户地镇、柳毛湾镇、老沙湾镇、四道河子镇和沙北开发区,克拉玛依市小拐乡。

(7)玛河干流平原区地下水质量及水化学特征变化较大,整体来看南部地下水水质优于北部,北部中下部承压水水质优于浅层地下水。

玛河上游河谷地下水水质多为Ⅰ类和Ⅱ类,水质优良,完全符合生活、工农业用水要求。但在十户窑村及以北接近新近系泥岩地带,受地层母质的影响,地下水水质较差,不符合生活饮用水卫生标准。

玛河干流平原区南部地下水深埋区潜水水质多为Ⅰ类和Ⅱ类,仅部分指标为Ⅲ类,地下水水质优良,符合生活、工农业用水要求。北部平原浅埋区地下水多为Ⅳ类和Ⅴ类,地下水水质极差,不符合生活、工农业用水要求。

北部平原区中深层承压水各项指标多优于Ⅲ类水,水质较好,但在远离河道的细土平原区,如下野地灌区 122 团、134 团、133 团、老沙湾灌区的老沙湾镇、四道河子镇、柳毛湾镇等玛河冲积平原下游地区,出现 pH 值、铁、氟化物等指标偏高现象,地下水水质属较差或极差。上述地区中深部承压水不宜作为长期生活饮用水,只可作为应急临时用水、日常生活卫生或农业灌溉等其他行业用水。作为工业用水时,需根据工业用水要求进行专门的化学处理后方可使用。

2. 建议

(1)玛河干流各灌区地下水均存在不同程度的超采状况,建议流域管理部门编制《玛纳斯河流域平原区地下水动态监测规划报告》,并尽快组织实施,进一步完善流域地下水监测工作。

(2)中深层承压水资源应为储备调节资源,玛河干流冲洪积平原溢出带以下及冲积平原地下水开采层位主要为承压水含水层,该区域农业灌溉开采承压水机井深度应加以限制,严禁开采 300m 以下深层承压水。

(3)建议开展玛河干流地下水涵养与保护工作。开展洪水回灌、回渗方法与政策研究、源流保护区和沙漠边缘生态脆弱区水源涵养与保护,以及重点水源地涵养与保护、地下水人工调蓄和地下水库工程建设研究等工作。

(4)玛河干流应强化最严格水资源管理制度的实施,坚持"以水定城、以水定地、以水定人、以水定产",加强计划用水和定额管理,清退计划外私自开垦耕地,确保"三条红线"总量控制指标不被突破。

第二章 地下水资源评价

一、兵团地下水资源调查评价(三调成果)

(一)概述

1. 工作背景及概况

全国性区域地下水资源评价工作始于 20 世纪 70 年代,至 1984 年全国水利系统基本完成了第一轮地下水资源评价。2002 年水利部门完成了第二次全国水资源调查评价工作。其后 20 多年来,我国的水循环条件已发生了很大的变化。为反映当前地下水资源的实际状况,2017 年水利部再次组织各省(自治区、直辖市)水利部门开展了第三次全国水资源调查评价工作。

兵团三次水资源评价工作,在对辖区水文地质条件和地下水系统的循环转化认识逐步提高,经历了从单纯开发利用到保护与利用并重的认识过程。总结近 40 年来兵团辖区地下水资源及开发利用状况,有两个方面的变化:一方面因为近 20 年的水文地质工作取得了新的进展,基础资料更加丰富和扎实,研究程度和精度进一步提高,评价方法与手段更趋先进合理;另一方面因为地下水的补给、径流、排泄条件发生了变化,即水循环条件发生了变化,引起地下水资源数量和质量有所变化。

新一轮评价成果充分利用了 20 世纪 80 年代以来,70 多个团场、县市的水文地质勘察、地下水资源评价、试验、物探、专题研究等方面的成果和资料,同时对十三个师进行两次水位统测,共获取水位数据 6365 组,水样采集和检测数据 1481 组,现场抽水试验 619 组,流量施测 60 组,包气带岩性鉴别样 364 组,土壤含盐量鉴别样 293 组,并在计算评价中运用了 GIS 平台,结合国内最新的地下水资源理论和管理政策,使得计算成果精度有了较大的提高。

2. 评价要素

1)评价范围

兵团辖区面积约 70 534 km^2,评价范围为新疆除古尔班通古特沙漠区、塔克拉玛干沙漠区、库木塔格沙漠区外的兵团团场平原区,面积约 44 257.69 km^2,并对兵团 9 个已经列入全国地级行政管理名录的城市辖区单独评价其地下水资源。地下水资源量以平原区 200m 深度内浅层地下水为计算和评价目标。

2)水平年及资料系列

以 2016 年为现状年,以 2001 年以来水文、水管、气象、水土资源开发利用资料为基础,进行 2001—2016 年多年平均地下水资源量及地下水可开采量计算与评价。

3)基本评价单元

评价工作水资源分区按照全国统一的分区进行,做到流域与行政辖区相结合,保持行政区和流域分区的统分性、组合性,并充分考虑水资源管理的要求,以平原区 178 个团场为基本评价单元,连片团场合并计算,最终将各团场成果汇总至师级及全兵团。

4) 评价精度

外业调查精度按 1∶10 万控制,成图精度为 1∶25 万。

3. 基本情况

新疆生产建设兵团(简称兵团)是在特殊的地理、历史背景下成立的。兵团机关驻乌鲁木齐市,分支机构遍及新疆全境,主要靠近"两周一线",即"两大沙漠"(塔克拉玛干沙漠、古尔班通古特沙漠)周围和中国西北边境线,现管理 9 个县级市。

据统计,1966 年底兵团总人口为 48.54 万人,拥有农牧团场 158 个。2016 年底,兵团下辖 14 个师,178 个团,9 个兵团管理的师(市)合一的自治区直辖县级市,生产总值 2 134.33 亿元。分布地域与蒙古国、哈萨克斯坦、吉尔吉斯斯坦 3 国接壤,辖区国境线超过 2000km,辖区面积 705.34 万 hm^2,占新疆总面积的 4.25%。耕地 125.442 万 hm^2,总人口 283.41 万人,占新疆总人口的 11.59%,是全国农垦最大的垦区之一。70 年来,兵团为推动新疆发展、增进民族团结、维护社会稳定、巩固国家边防作出了不可磨灭的贡献。

1) 气候特征

1956—2016 年,新疆年平均降水量 157.7mm。其中,北疆(第四师~第十二师)、天山山区(四师、八师、二师、六师、十二师、十三师部分团场)、南疆(一师、二师、三师、十四师)分别为 196.5mm、344.4mm、59.2mm。降水主要集中在夏季,南疆和天山山区夏季降水量超过全年的一半。春季和秋季降水量基本相当,冬季降水量最少,天山山区和南疆的冬季降水量不足全年的 10%。降水量的多年变化用 Cv 值与最大年与最小年来表征,新疆各地区差异很大,Cv 值一般多在 0.2~0.4 之间,最大年与最小年倍比北疆地区一般为 2~5 倍,山地与平原间差异不大。南疆地区山地为 2~7 倍,塔里木盆地、哈密盆地为 10~30 倍,吐鲁番差异最大。实测年降水量比值最小的是巴音布鲁克气象站和天山气象站,分别为 2.1 倍和 2.2 倍,比值最大的是托克逊气象站,为 51.4 倍,其次是和田气象站,为 32.9 倍,各地区最大、最小年出现的时间不一致,最大年大部分出现年份在 2000 年以后,最小年出现年份基本在 2000 年以前,说明 2000 年以后降水有所增加。

1961 年以来新疆年平均气温为 7.9℃,时间序列变化趋势显示,北疆、南疆、东疆年平均气温变化趋势都以 0.03℃/a 速率递增,比全球变暖速率高 0.02℃/a。

全疆年平均气温在 1970—1976 年期间为温度较低期,之后年平均气温逐渐升高,1990—1991 年发生了由冷到暖的突变。从突变年开始,气温明显升高并得以持续,时间区域为 1991—2014 年,突变后的年平均气温比突变前升高了 0.9℃。

除了降水量和气温,蒸发量是影响地区水资源及环境变化的重要因素。根据新疆 29 处国家水文、气象站点 φ20cm 水面蒸发观测资料分析,除个别站外新疆蒸发量大体是呈下降的趋势,其平均下降幅度为 8.8mm/a,其中北疆为 5.7mm/a,南疆为 13.4mm/a。

对蒸发均呈下降的同一地区来说,平原区的下降幅度相对山区要大,如喀什地区的喀什站和卡拉贝利站分别为 −12.8mm/a 和 −10.7mm/a;昌吉地区的奇台站和开肯站分别为 −17.7mm/a 和 −4.3mm/a。

伊犁河流域 20 世纪 80 年代以来,流域平均水面蒸发量总体上呈减少的趋势,20 世纪 90 年代和 21 世纪初的水面蒸发量较 1957—2006 年 50 年均值减少 6%~7%,较 1957—1986 年 30 年均值减少 10%~11%。

以上气象要素的变化表明,新疆近几十年来气候特征逐渐向暖湿变化,这种变化对新疆水资源的影响比较明显。如以 1957—2005 年塔里木河的阿克苏河、叶尔羌河、和田河三源流的年径流系列分析,塔里木河上游三源流的年径流序列变化趋势与气温、降水变化态势十分吻合。阿克苏河和叶尔羌河的年径流量显示出增加趋势,其中,阿克苏河表现出明显的单调增加趋势,尤其是 20 世纪 90 年代以来,阿克苏河的径流量呈明显增加的趋势,较过去30年平均径流量增加10.9%,叶尔羌河增加5%左右,和田河年径流量变化趋势不明显。北疆的玛纳斯河自1955年以来,尤其是1996年以后流域降水量的增加性突变,对径流量增加的贡献率达到59.6%。

2) 河流水系

兵团在新疆主要河流都有引用水,兵团参与开发、利用、保护和管理的河流有115条,其中由兵团或以兵团为主开发、利用、保护和管理的河流56条。115条河流中年径流量大于10亿 m^3 以上的河流共18条,均与兵团有供用水关系;年径流量在1亿 m^3 以上的河流49条;1亿 m^3 以下的河流48条。

3) 水资源利用及存在的问题

据历史资料,1985年兵团用水总量为89.92亿 m^3,1995年兵团用水总量为98.19亿 m^3,2001年兵团用水总量为117.44亿 m^3,1985—2001年,总用水量呈持续增长。自2001年以后,根据历年各师上报2001—2016年水资源利用数据(2016年为调查数据,主要针对地下水开采量进行了修正),总用水量变化不大,有小幅增加趋势,在2012年达到最高峰125.48亿 m^3/a,2012年以后,随着最严格水资源管理制度的实施,兵团用水总量呈现出波动的趋势。2001年以来,兵团总用水量基本维持在113.32亿~125.48亿 m^3/a,多年平均总用水量118.83亿 m^3/a。兵团1985—2016年水资源开发利用总量变化见图2-1。

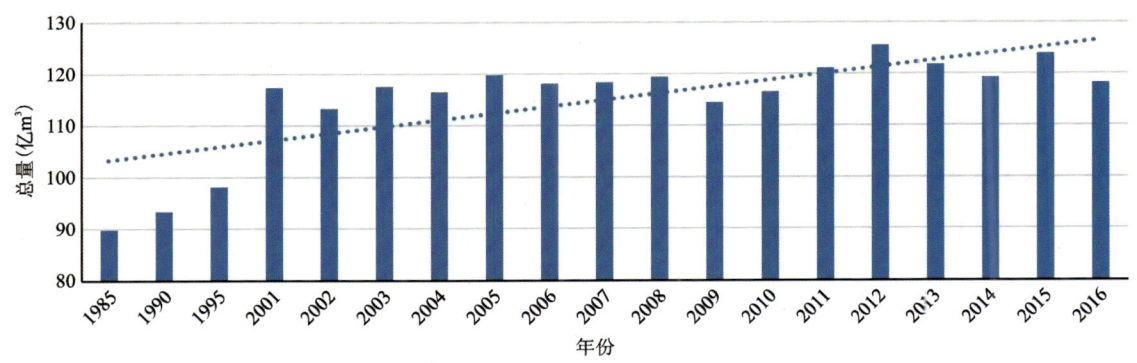

图2-1 兵团2001—2016年水资源开发利用总量变化态势图

(1) 地下水用水结构需优化。由于产业化布局等原因引起地下水在开采使用上存在明显的比例失调,农业开采地下水量比重过大。现状年兵团农业、工业、农村生活和城镇生活饮用地下水开采量分别占地下水开采总量的90.4%、4.0%、5.5%。这种产业化布局引起的用水比例不合理,造成供需矛盾演化为超量开采地下水进行灌溉,继而产生水位下降等水环境问题。

(2) 部分师团地下水资源开采布局不尽合理,有的机电井利用效率不高。

(3) 地下水管理工作需加强。由于行政管辖权属原因,大部分师还没有地下水管理权限,尚未实行地下水许可制度。部分师团没有实行一井、一表、一证管理,加上地下水实际开采量统计不准,难以做到对地下水开采的严格管理。

(4) 地下水超深度开采。据调查部分师(如六师、八师)个别团场机井深度过深,个别团场机井深度超过400m。

(5) 地下水超量开采。根据本次各师实际调查,现状年地下水开采量为29.77亿 m^3,其中二师、三师、四师、八师等超出控制开采量较多。

(6) 地下水动态监测网不健全,缺乏系统、长系列监测资料。兵团至2017年才建立起兵团级水利部门地下水动态监测站网,共有70眼国家级地下水动态监测井。目前,第八师等个别师建立了师级地下水动态监测站网,但大部分师尚未开展地下水动态监测工作。

（7）水资源调查评价工作基础尚薄弱，如至今没有进行过系统的兵团辖区地表水资源调查评价工作，缺乏充分的水文数据依据。

（二）地质与水文地质条件

1. 区域地质

1）古地质环境演化

第四纪更新世时期，新疆继承了新近纪山区强烈上升，盆地相对下沉的古地理环境，气候变冷，三大山系曾有多次山岳冰川作用。山区剥蚀，盆地沉积，塔里木盆地沉降幅度大于准噶尔盆地，两个盆地南缘沉降幅度大于北缘。同时，新疆在中新世也经历了一个由冷变暖的气候波动周期。全新世山区仍发育有山岳冰川，属寒冷草甸、草原环境。

塔里木盆地中生代侏罗纪时期（182Ma前）已进入大陆盆地发展阶段。中生代尽管有反复海侵的历史，渐新世晚期，海水最后从盆地西南部退出，至此盆地完全封闭，形成宽阔的塔里木内陆盆地。

准噶尔地区在中生代早侏罗世普林斯巴期海水退出盆地，隆升为陆地接受陆相沉积，天山北麓山前坳陷带第四系十分发育，沉积厚度大。

2）地形地貌

新疆东西长约1900km，南北宽约1600km，地形总特征是盆地地势低，盆地周围的山系地势高，高山环抱的地形形态对干旱环境的形成产生着深刻的影响。阿尔泰山地、准噶尔盆地及其西部山地、天山山地、塔里木盆地、昆仑山系五大地貌单元受大地构造控制，根据成因类型由山区向平原区一般可分为侵蚀高中山地形、剥蚀低山丘陵地形、山前堆积地形和风积地形。

（1）侵蚀-剥蚀高中山地形，天山、阿尔泰山和昆仑山系海拔2500～8600m地带，山势高耸，走向近东西，河流侵蚀切割作用强烈，多发育"V"形河谷，河床下切几十米至上百米，植物生长极少。在3500m以上分布有终年积雪和现代冰川，融冰雪水对本区地下水补给具有重要作用。

（2）剥蚀-侵蚀低山丘陵地形，分布在中高山区与河流出山口之间的前山带，主要由中新生代地层组成，海拔1500～2500m，由于褶皱构造的因素多形成剥蚀单斜低山，山坡陡峭，山顶尖凸，呈半环形展布，山势总体向平原方向倾斜并降低。

（3）山前堆积地形，分布于三大山地与古尔班通古特、塔克拉玛干沙漠之间，地表较平坦，由第四系卵、砾石及砂等组成，海拔1000～1500m，地形呈扇、裙形，沿山麓呈陇岗状分布。

（4）风积地形，主要分布在各流域下游的广大地区，由全新统风积细、粉砂组成，地表形态多表现为蜂窝状固定或半固定沙丘，其次为活动性链丘和新月形沙丘。沙丘边缘及河谷附近生长着野生胡杨、梭梭、红柳等植物，对沙丘起到了固定作用。

3）地质构造

新疆大地构造归属我国纬向构造体系，分布有两条巨型复杂的纬向构造带，即阴山-天山构造带（位于北纬40°～43°之间）和秦岭-昆仑构造带（位于北纬32.5°～35°之间）。中-新生代以来沿康西瓦、昆中线发育的康西瓦板块缝合线（塔里木、青藏板块的分界线），将新疆分割为南北在构造上具有明显差异的地区。北部属古亚洲构造域（古生代形成统一大陆，属基底上发育的内陆坳陷或断陷盆地沉积和逆冲推覆构造），南部为特提斯构造域（特提斯海的发展与消亡过程中的构造形态）。

第四纪更新世受印度板块持续向北俯冲，使山体迅速抬升，向盆地推覆，从而最终形成新疆独特的三山两盆五大构造单元，即准噶尔地块、塔里木地块及围绕这两个地块的3个褶皱带，即阿尔泰山褶皱带、天山褶皱带和昆仑山褶皱带。地块和褶皱带之间由深大断裂所控制，构成新疆大地构造基本轮廓。

4）地层岩性

新疆的五大地质单元，虽然构造复杂多样，但其出露的地层岩性可以大体归为两大类，即盆地区广泛分布的松散堆积物和褶皱带广泛分布的沉积岩、岩浆岩和变质岩。

褶皱带地层岩性主要为砂砾岩、石英砂岩、变质凝灰岩、角页岩、碳酸盐岩等，也有零星侵入岩分布。新近系、白垩系、侏罗系、三叠系、二叠系、石炭系、泥盆系等地层均有出露。

新生代地层在盆地广为分布，第四纪沉积厚度达到200m～800m，甚至更大。成因有冰碛、冰水、冲积洪积、风积，岩性为泥砾、砂砾、巨砾、松散砂、粉土及粉质黏土等。

2. 水文地质特征

新疆位于欧亚大陆腹地，地形封闭，远离海洋，水汽难以进入，降水稀少，蒸发强烈，温差大，风力强，致使新疆盆地平原区成为典型的大陆性干旱和半干旱的环境区，在气候、水文、地质构造及地貌条件制约下，其地下水形成、埋藏、分布和运动规律亦具其独有的特征。

1）地下水赋存特征

兵团各团场自然条件和地质条件不同，地下水的赋存条件与分布规律亦不尽相同。兵团地下水开采的目的层大多为第四系含水层，因此，本节也主要针对兵团团场分布区域典型第四系地下水含水层进行论述。

（1）准噶尔盆地区。

天山北麓山前平原区：天山北麓受深大断裂的影响，山前形成了一个巨大的坳陷，坳陷带东可达奇台，西至乌苏，兵团第六师、第七师、第八师、第十二师部分即分布于此。坳陷带内沉积了较厚的第四系松散沉积物，给地下水的赋存提供了巨大的空间，也是河水的主要散失区。

按水文地质分带，天山北坡山前平原由南向北依次为：山前洪积裙—冲、洪积扇—冲、洪积平原—潜水溢出带—冲积平原—沙漠区，含水层颗粒主要由卵砾石、砂砾石、砂组成，隔水层由粉土、粉质黏土、黏土层组成，平原区地下水以潜水和承压水形式广泛分布。

山前冲洪积平原，潜水埋深3～150m，含水层岩性为砂、砂砾石和卵石，单位涌水量一般大于10L/(s·m)，渗透系数达3～80m/d，含水层厚度100～300m。矿化度0.3～3.0g/L。潜水溢出带以北，均有承压含水层分布，厚度40～100m，含水层岩性以中粗砂和中细砂为主。

阿尔泰山前平原：阿尔泰山前平原主要含水层系为额尔齐斯河水系和乌伦古河的冲洪积层，第四纪沉积物厚度小，最大厚度不到40m，第四纪地层中没有承压含水层分布。

受河渠水及大气降水补给，本区地下水水质良好，矿化度为0.3～1.0g/L，属HCO_3-Ca型水。

准噶尔盆地沙漠区面积近5万km^2，目前对沙漠区地下水的了解还很少，零星调查资料尚不能阐明沙丘中的水文地质条件。据调查资料，在小拐—莫索湾附近的沙丘中发现有淡水透镜体分布。

（2）塔里木盆地。

昆仑山北麓山前平原以潜水为主；喀什噶尔平原除分布有潜水外，局部有承压水分布；天山南麓山前平原以潜水为主，也有承压水埋藏。

塔里木盆地地下水赋存与分布特征：昆仑山北麓、天山南麓山前戈壁砾石带是单一潜水分布区。昆仑山前隐伏断裂以北、天山南麓隐伏断裂以南沉积了厚度较大的第四系松散沉积物，由孔隙发育较好的中、上更新统砂卵砾石组成含水层。此带含水层厚度大，补给、径流条件好，富水性强，渗透系数达30～70m/d，单井出水量3000～5000m^3/d。因地形坡度大，地下水埋深在山前带一般为50～100m，向下游一般变浅，地下水埋深10～50m。地下水矿化度多小于1g/L。但在盆地的东部及南部少数小河流域，因出山口河水水质较差，地下水矿化度为1～3g/L。溢出带及其下游的冲洪积平原，为砾质平原以北的广阔绿洲灌区。受构造的影响，拗陷区第四系松散堆积物骤然加厚。据物探资料，其最大厚度在1000m以上。

和田河流域钻孔揭露第一层承压水隔水顶板埋藏深度大于227m,叶尔羌流域冲洪积平原第一层承压水隔水顶板埋藏深度大于100m。承压含水层富水性好于上部潜水,矿化度多小于1g/L。在向下游径流过程中,矿化度没有增高,较深部的承压水甚至深入沙漠腹地100km以上。

塔克拉玛干沙漠受水文地质勘探程度的限制,地下水资料研究程度不高。据前人研究,塔里木干流形成的冲洪积平原,地下水主要受古塔里木河水系和天山山前平原地下水补给,多期古河道中一般赋存有带状淡水体。发源于昆仑山北坡的诸多水系形成的冲湖积细土平原区,250m深度以上为相对单一的松散孔隙潜水,之下在粉细砂与薄层黏土、粉质黏土互层中埋藏有弱承压含水层,水头略高于上部潜水,富水性偏弱。

塔里木盆地地下水运动特征十分明显,即地下水径流方向与地形坡度基本一致。在周缘的冲洪积倾斜平原区,地下水流向呈向心特征;在广大沙漠区,地下水径流方向为南西向北东;在塔里木河冲积平原区地下水流向与塔里木河走向基本一致。

(3)哈密盆地。

作为天山褶皱带内的一个中、新生代拗陷盆地,盆地地形比较封闭,气候极端干燥,年降水量仅30多毫米,故盆地地表径流相当贫乏,盆地周边发育的小河多为间歇性河流,流量小,流程短,除渠系在河流出水口处引走部分河水外,大多渗漏于戈壁滩中,成为哈密盆地地下水的主要补给源。

盆地中段的北部冲积扇带,第四纪沉积主要是砾石层,其含水层透水性强,径流条件好,富水性较强,单井出水量可达$3000m^3/d$以上。但潜水位埋深大,冲积扇的上部埋深达数十米,在中下部约十几米,至冲积扇外缘,含水层颗粒变细,渗透性减弱,埋深变浅,常接近地表,不少地段有泉水出露或呈现沼泽。向南至三角洲平原区,含水层岩性进一步变细,透水性降低,富水性变弱,单井出水量一般为$500\sim1000m^3/d$。

2)地下水的补、径、排特征

新疆气候干旱,除塔里木、准噶尔盆地四周中高山区降水相对充沛、海拔4000m以上高山有积雪和冰川外,盆地内绿洲区多年平均年降水量,天山北麓不到300mm,塔里木盆地绿洲区不足100mm,新疆东部及沙漠腹地年降水量不到10mm,而多年平均年蒸发量多在2000mm左右,因此,地处山前平原区的兵团各团场地下水主要靠地表水出山口后的大量渗漏补给。可以归纳为:

(1)山区是兵团所有团场水资源的主要形成区。地下水的主要补给途径是河流水出山口后的渗漏和山区基岩裂隙水的侧渗补给。

(2)平原区地下水流向一般垂直于山脉走向,向盆地中心径流。在径流过程中,补给、埋藏、径流条件根据水文地质分带呈有规律的变化。

(3)平原区第四系松散沉积物分布广泛,沉积厚度较大,尤其是在山前冲洪积平原区,地层岩性结构较单一,为地下水的形成和径流提供了良好的空间条件。河流下游的团场区域,含水层岩性复杂多变,颗粒细小,地下水富水性明显小于上游区域。

3)地下水水化学特征

以舒卡列夫分类法,将采集的1481组水质检测成果分类,有1201组属于A类水,即矿化度$M\leqslant 1.5g/L$,占水样总数的81.09%;B类水276组,即$1.5<M\leqslant 10g/L$,占水样总数的21.43%;C类水只有4组,即$10<M\leqslant 40g/L$,占水样总数的0.31%。说明兵团辖区地下水水质总体较好,且北疆团场地下水水质普遍优于南疆师团。B类水中,第一师51组,占B类水样总数的18.48%;第二师19组,占6.88%,第三师90组,占32.61%;第十三师26组,占9.42%;南疆四个师团B类水占总数的67.39%。

以水化学类型分析,1区-A有117组,即碳酸类矿化度$<2g/L$的水,是兵团地下水水质最好的地域,主要分布在第二、四、五、六、八、九、十、十三师部分上游或河谷处的团场。2区-A有55组,主要分布在第五、六、七、八、十三师。

4)地下水水位动态

依据收集的资料统计,兵团辖区现有国家级监测站 70 处,有水位监测资料 1 年。各师自设的地级监测井 312 处(其中专用监测井 115 处),主要分布在第五、六、八师,目前没有地级水质监测专用站。

(1)塔里木盆地各师。

根据国家级监测站数据,塔里木片区兵团辖区地下水水位,年内动态大部分呈现单谷开采型形态,部分因冬灌表现为双谷型,见图 2-2。

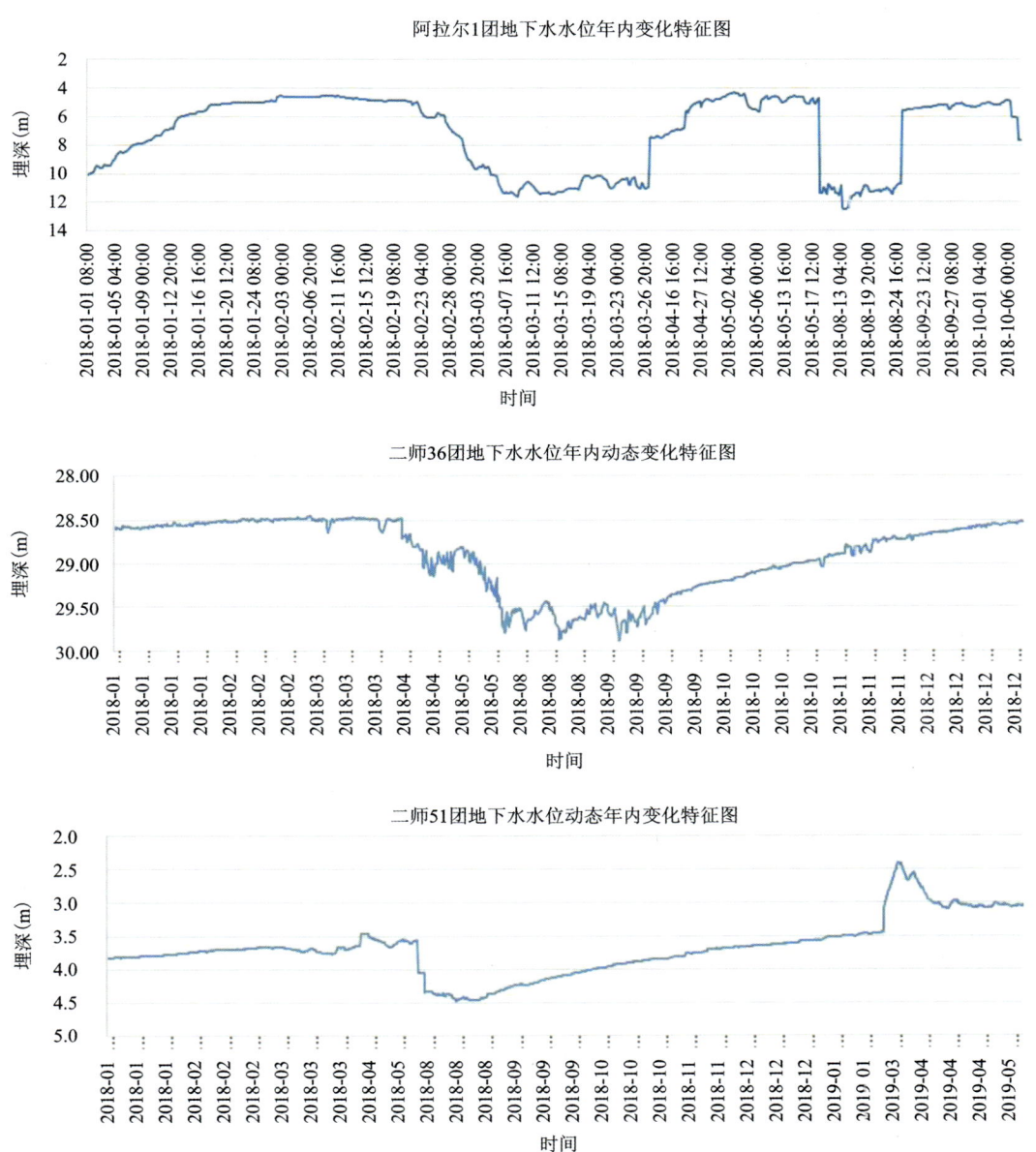

图 2-2 塔里木盆地片区各师地下水位年内动态变化图

(2)准噶尔盆地各师。

本区的第五、六、七、八师年内高水位期大多在 3—4 月,由于大多有平原水库调节,因此上述师在春灌时开采量较少,开采期集中在 6—10 月,低水位大多数也出现在夏秋季。水位年变幅多在 12~30m 之间,其中第六、七、八师水位年变幅较大,第五师变幅较小,见图 2-3。

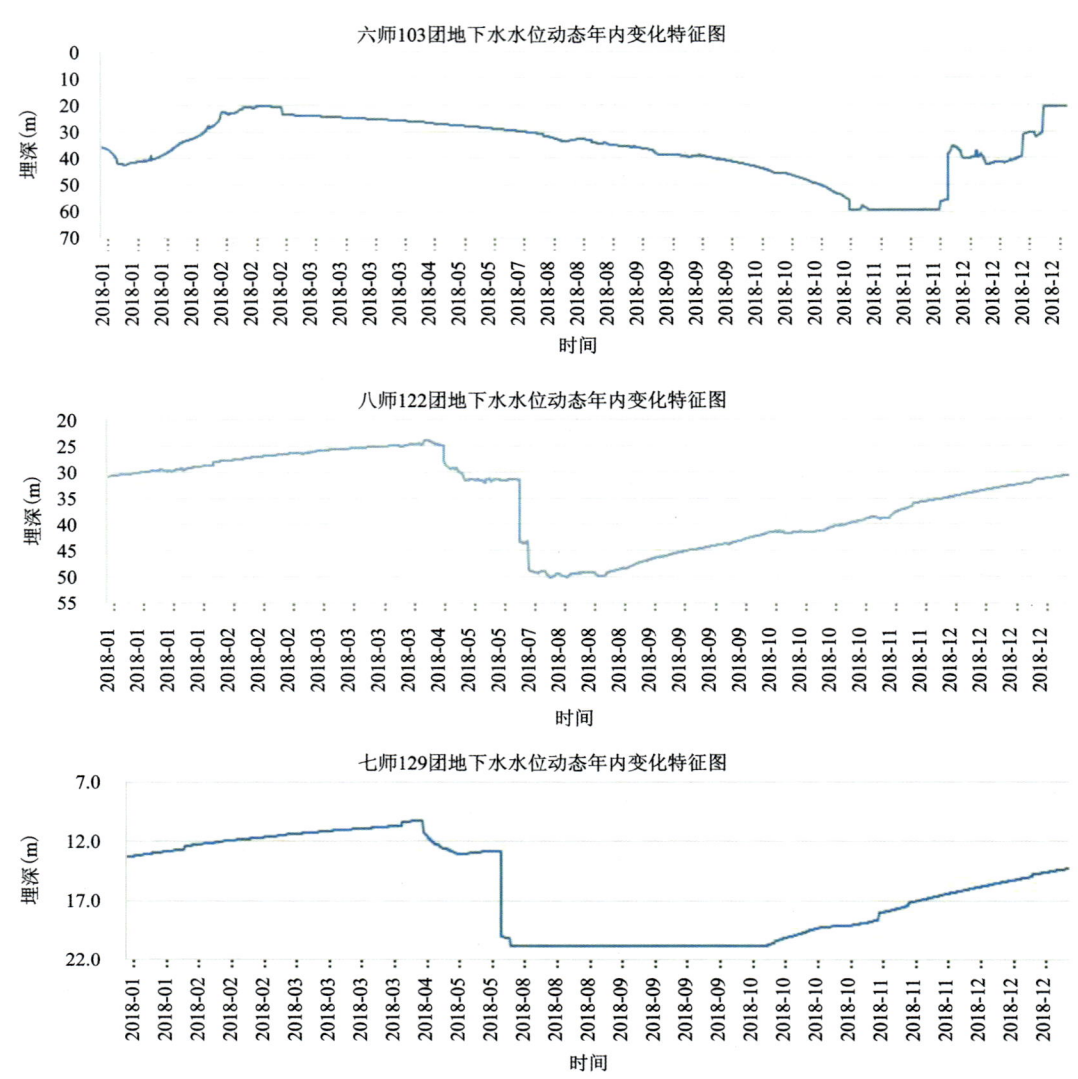

图 2-3 准噶尔盆地片区各师地下水位年内动态变化图

(3) 阿尔泰山前平原各师。

第九、十师地下水位变化特征较为复杂。九师团结农场监测站水位年内变幅可以达到 30m，十师 184 团变幅只有 1m 左右，185 团水位年变幅在 1.5m 左右，而高水位期，3 个监测站分别在 4 月、1 月、5 月，低水位期则在 8 月、5 月。第九师、十师地下水位动态年内变化特征见图 2-4。第五师部分监测井地下水位多年动态变化特征见图 2-5。

根据兵团辖区部分长系列监测数据，北疆大部分师形成了水位持续下降的趋势，部分团场下降幅度较大，需控制开采强度。

5) 开采量动态分析

兵团地下水的开采主要分为水源地集中开采，汇入水库调节；分散开采，就地灌溉；沿干渠布井，汇入渠系 3 种方式。这些方法因地制宜选配得当，可发挥其最佳灌溉效益。

至今，兵团国民经济建设的各个方面离开地下水资源已无法持续性发展，而地下水开采量亦由 2001 年的 12.82 亿 m^3 增加到 2016 年的 28.09 亿 m^3，年均增加 0.9544 亿 m^3，见图 2-6。

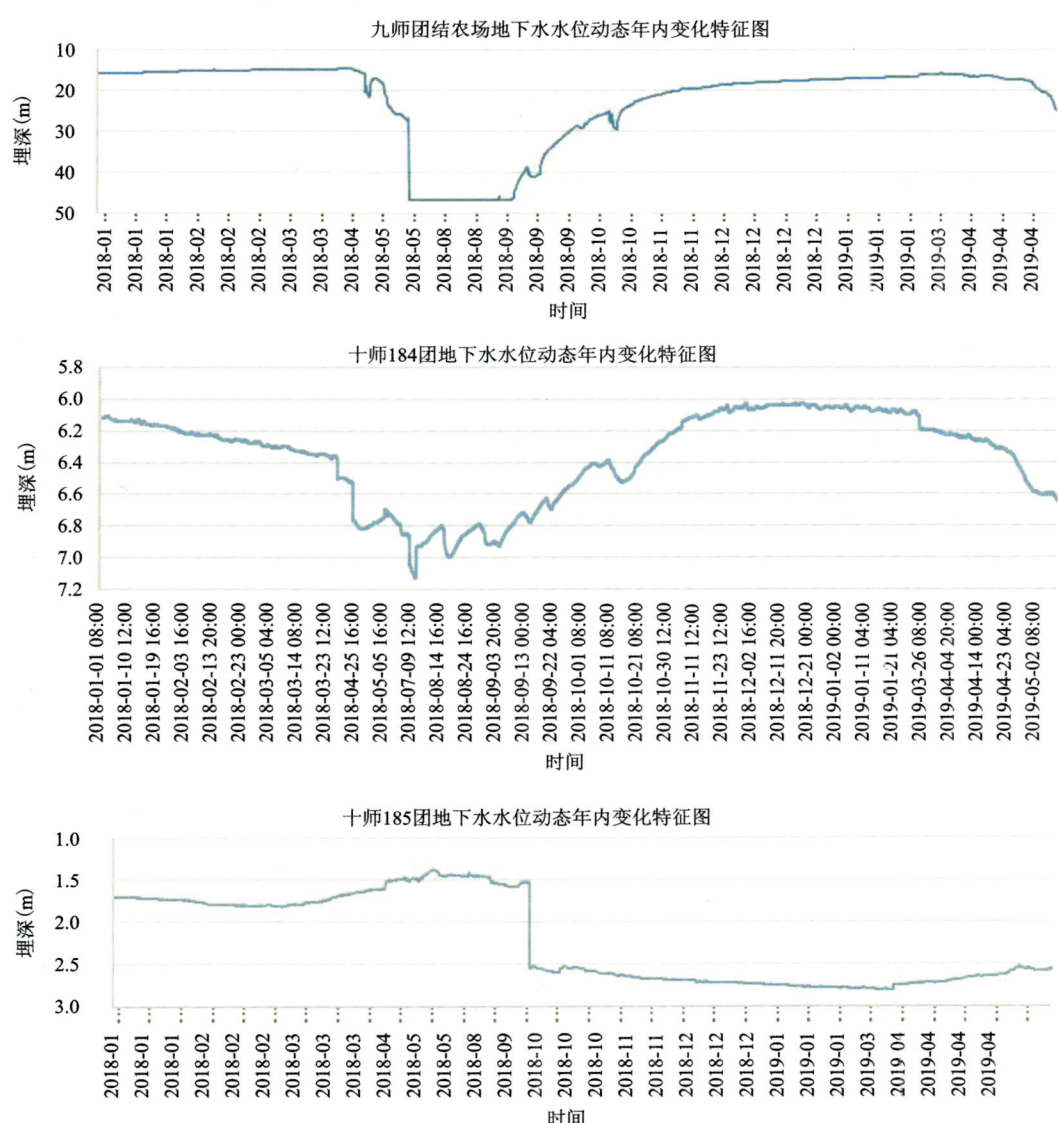

图 2-4　阿尔泰山前平原各师地下水位年内动态变化图

(三) 地下水资源计算评价

1. 计算原则与思路

(1) 按照兵团各师(团)分片进行评价,评价范围为平原区。
(2) 结合水文地质及水资源开发利用条件的变化进行评价。
(3) 按照地下水系统分区,采用均衡法进行地下水资源量的计算。
(4) 按照现行《地下水质量标准》(GB/T 14848—93)、《生活饮用水卫生标准》(GB 5749—85)进行地下水质量及地下水水质适用性评价。
(5) 水文地质参数的选择是在分析利用前人资料的基础上,重点运用外业中进行抽水试验求解的参数及近年来已完成项目各类试验求解的参数,同时参考前人工作成果最终经对比、筛选、优化后确定。

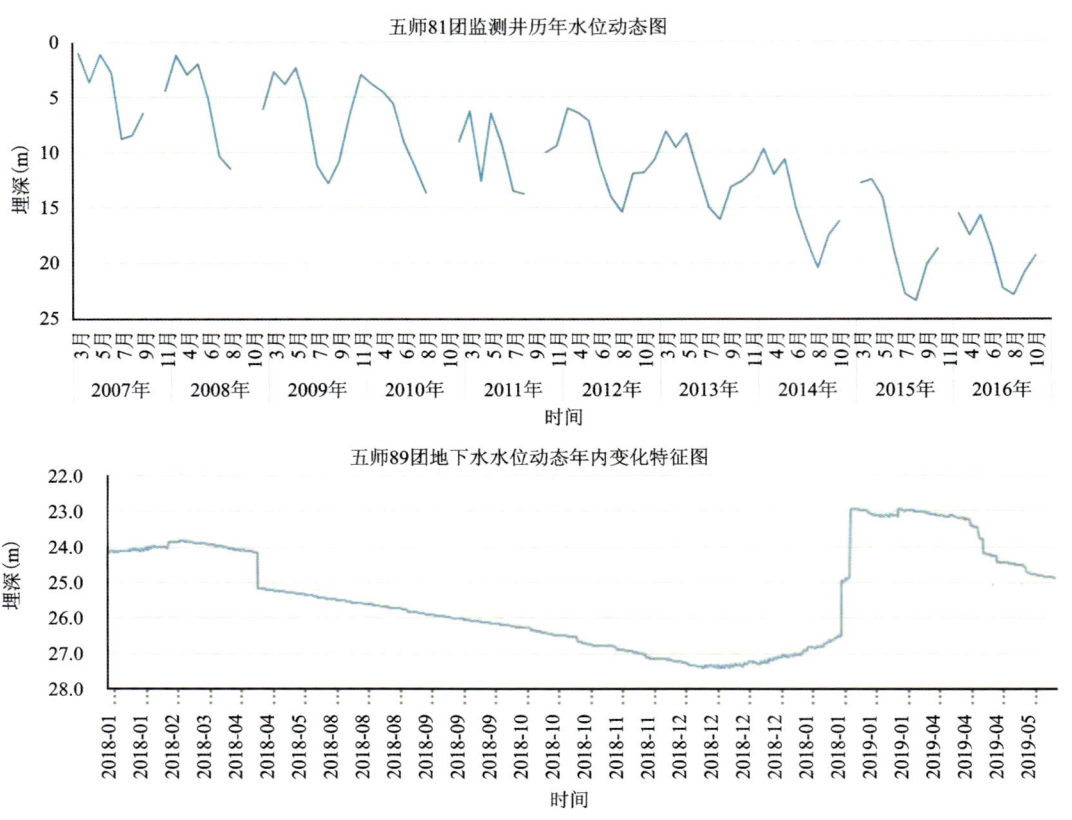

图 2-5 五师部分监测井水位多年动态变化图

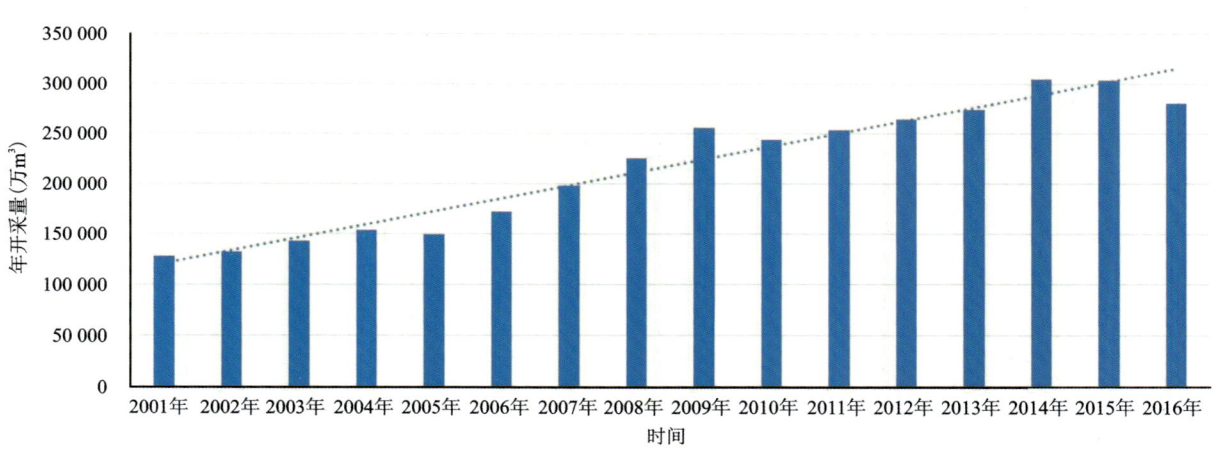

图 2-6 新疆兵团 2001—2016 年地下水开采量动态变化图

在评价工作中,应用 GIS、OFFICE、SURFER、CAD 表格管理与处理功能以及其内嵌的 VBA 编程功能编制自动计算程序进行运算。按照上述评价思路和计算流程,统一计算兵团各师、各团场地下水资源量和可开采量评价等,技术路线见图 2-7。

2. 计算评价方法

地下水均衡计算,分别计算各单元计算期下垫面条件下的各项补给量、排泄量以及地下水蓄变量,并将计算成果分配到各计算分区中(即水资源三级区套师(团)级行政区,下同)。

第二章 地下水资源评价

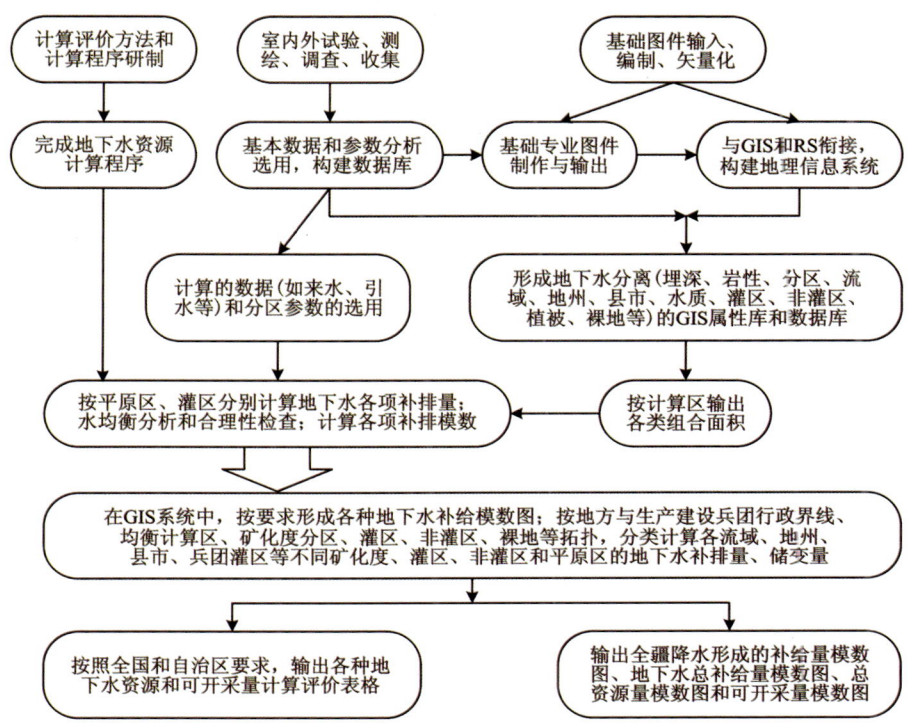

图 2-7 地下水资源评价技术路线图

可开采量评价,从保护植被、防治土地沙化、维护地下水环境良好等角度,结合以往有关研究成果,确定浅埋区地下水合理埋深 4~6m。生态脆弱区地下水可开采量采用式(2-1)确定,适用于北疆沙漠边缘团场、东疆(不含红山农场)团场及南疆(不含博湖灌区、4团、5团)团场,其他评价单元按式(2-2)确定:

$$W_{可开采量} = \text{Min}[W_{总补给量} - W_{不允许袭夺排泄量}, 0.5 \cdot W_{总补给量}] \tag{2-1}$$

$$W_{可开采量} = \text{Min}(W_{总补给量} - \Omega \cdot W_{不允许袭夺排泄量}, 0.90 \cdot W_{总补给量}) \tag{2-2}$$

式中:$W_{总补给量} = W_{降水入渗补给量} + W_{山前侧向补给量} + W_{地表水体补给量} + W_{井灌回归补给量} + W_{其他补给量}$;

$W_{不允许袭夺排泄量} = W_{潜水蒸发量} + W_{河道排泄量} + W_{侧向流出量} + W_{湖库排泄量} + W_{其他排泄量}$;

Ω——不允许袭夺系数,见表 2-1。

表 2-1 不允许袭夺系数 Ω 参数取值范围

现状开采情况	地下水埋深	现状开采条件	Ω 取值范围
$W_{实际开采量} \leqslant W_{总补给量}$	$Z_{埋深} \leqslant 6m$	开采条件较好,含水层分布均匀	0.3~0.5
		开采条件一般,含水层较不均匀	0.4~0.6
		开采条件较差,含水层不均匀	0.5~0.7
	$Z_{埋深} > 6m$	开采条件较好,含水层分布均匀	0.6~0.8
		开采条件一般,含水层较不均匀	0.7~0.9
		开采条件较差,含水层不均匀	0.8~1.0
$W_{实际开采量} > W_{总补给量}$	—	—	1.0~1.2

(四)主要成果

2001—2016 年系列计算结果表明,兵团地下水补给量为 52.88 亿 m^3,扣除井灌回归量的补给量为 51.23 亿 m^3,按三调评价要求,矿化度小于 2g/L 的地下水资源量为 41.09 亿 m^3。

采用不同方法评价的兵团地下水可利用量为 27.02 亿 m^3,矿化度小于 2g/L 地下水资源可开采量为 23.15 亿 m^3,见表 2-2。

表 2-2 兵团地下水资源计算与评价结果表

师	行政区面积(km^2)	评价区（亿 m^3）	总补给量（亿 m^3）	补给量<2g/L（亿 m^3）	资源量<2g/L（亿 m^3）	可开采量（亿 m^3）	可开采量<2g/L（亿 m^3）	实际开采量（亿 m^3）
第一师	7 006.52	6 939.7	9.058	9.007	6.846	3.584	2.724	0.415
第二师	7 126.02	5 099.9	4.500	4.449	2.770	1.520	0.947	1.042
第三师	8 115.59	5 887.7	6.122	5.997	1.072	2.325	0.416	1.995
第四师	6 193.59	2 561.6	5.205	5.149	5.149	2.607	2.607	0.759
第五师	2 983.81	1 396.7	3.708	3.410	3.410	2.938	2.938	2.575
第六师	7 425.8	7 866.9	6.077	5.862	5.862	4.072	4.072	4.97
第七师	4 683.46	3 181.0	3.069	2.815	2.815	2.064	2.064	2.159
第八师	5 992.32	5 157.5	5.066	4.738	4.468	3.596	3.391	5.755
第九师	4 771.73	1 145.2	1.941	1.876	1.876	0.906	0.906	1.002
第十师	3 913.2	2 252.2	3.271	3.255	2.622	1.058	0.852	0.167
第十二师	3 004.84	659.4	0.891	0.875	0.875	0.494	0.494	0.306
第十三师	7 591.73	1 277.6	2.644	2.456	2.456	1.500	1.500	2.104
第十四师	1 744.29	832.4	1.330	1.325	0.870	0.358	0.235	0.077
合计	70 552.9	44 257.7	52.883	51.213	41.091	27.024	23.148	23.326

以采取的水样检测、评价兵团地下水水质,评价结果显示兵团辖区大部分地域地下水水质较好。1288 组水质检测成果,按舒卡列夫法分类法分类后,有 1008 组属于 A 类水,即矿化度小于 1.5g/L,占水样总数的 78.26%。

以《地下水质量标准》(GB/T 14848—2017)评价,南疆师团大部分地下水不符合饮用水水质标准,超标项目主要为总硬度、硫酸盐、氯化物、矿化度、氟化物。北疆大部分师团水质可以达到饮用水水质标准,不符合标准的团场水质超标项目主要为硫酸盐、氯化物、矿化度、pH 值、氟化物,见表 2-3。

表 2-3 兵团地下水生活饮用水水质标准评价结果

师	水质评价结果	超标项目
第一师	不能饮用	总硬度、硫酸盐、氯化物、矿化度、氟化物超标
第二师	可以饮用的水样仅占 27%,主要分布在 21、22、24 团	镉、硫酸盐、总硬度、矿化度、氯化物、铅、铬(六价)及氟化物超标
第三师	叶城牧场地下水质量类别Ⅲ类,其他团场为Ⅳ类以上	总硬度、矿化度、硫酸盐、氯化物、钠超标

续表 2-3

师	水质评价结果	超标项目
第四师	61团-63团、65团、68团、70团、71团、74团-77团、79团水质达标，其他团部分超标	锰、总硬度、矿化度、硫酸盐超标
第五师	全部达标	
第六师	106团、芳草湖二分场、103团团部、六运湖超标，其他团达标	硫酸盐、氯化物、矿化度、pH值、氟化物超标
第七师	127团、128团、130团部分超标	矿化度、铅、砷、硫酸盐、氯化物
第八师	141团、144团、下野地灌区除136团、莫索湾灌区除147团外均超标	钠、硫酸盐、氯化物、矿化度、氟化物、镉、铅超标
第九师	162团、167团、168团、170团部分井超标	硫酸盐、总硬度、亚硝酸盐氮、铁超标
第十师	大部分水样水质超标	矿化度、硫酸盐、微生物、铁、铝超标
第十二师	221团水质超标	221团氟化物、铁超标
第十三师	红星四场超标	红星四场总硬度、硫酸盐、氯化物、矿化度、铅超标
第十四师	10组水质检测结果均不符合生活饮用水卫生标准	总硬度、铁、氯化物、硫酸盐、钠、矿化度、镉、铅、氟化物超标

二、兵团第八师地下水资源及超采评价

（一）项目概况

1. 工作背景

兵团第八师辖区面积6007km²，经过70多年的经济建设，第八师石河子市成为兵团乃至新疆经济较发达地区之一。由于人口增加、工业经济发展、灌溉面积极度扩张，对水资源的需求越来越大，使得处于河流下游、沙漠边缘团场的地下水开采强度越来越高，辖区地下水位持续下降，部分地区水位下降速率已超过1m/a，出现严重超采现象。

近年来，为合理利用和有效保护地下水这一战略资源，改善和保护生态环境，实现地下水资源的可持续利用，遏制地下水超采现象，兵团第八师水利局遵照自治区和兵团关于认真查清地下水超采状况，全面掌握超采区现状和发展趋势，科学制定地下水超采区治理措施，落实用水总量控制目标，促进第八师地下水资源可持续利用的要求，组织开展新一轮的地下水超采区评价工作，查清现状地下水超采状况，强化地下水的管理与保护，落实最严格水资源管理制度。

2. 评价要素

1）评价范围

第八师辖区平原区面积5 118.9km²为本次超采评价范围，共含14个团场及石河子市城区，主要分布在石河子市、昌吉州玛纳斯县及塔城地区沙湾县，另外在克拉玛依市小拐乡有136团。各单位所在水资源三级区及所在地级行政区见表2-4。

表 2-4　八师石河子市地下水资源及超采区评价范围表

水资源分区			地级行政区			
一级区	二级区	三级区	名称及编码	总面积（km²）	平原区面积（km²）	所含单位
西北诸河（K000000）	天山北麓诸河（K090000）	天山北麓中段（K090200）	石河子市(659000)	457.1	386.2	石河子市
			昌吉回族自治州玛纳斯县(652324)	1 645.4	1 645.4	石总场4、6分场、147团、148团、149团、150团
			塔城地区沙湾县(654223)	3 710.8	2 893.3	121团、133团、134团、141团、142团、143团、144团、巴管处
		艾比湖水系（K090300）	克拉玛依市(650200)	194.1	194.1	136团
八师平原区小计				6 007.3	5119	

2）水平年及资料系列

评价现状水平年为 2016 年。

根据《全国地下水超采区评价大纲》中评价期为近 10 年的规定，确定本次评价工作采用资料系列为 2007—2016 年。可开采量评价结果为 2007—2016 年多年平均可开采量。

根据新疆地下水资源评价工作规定，地下水资源计算和评价深度为 200m 深度内浅层地下水。

3）评价精度

团场区域评价精度为 1∶50 000，重点区域（石河子市城区）评价精度为 1∶10 000。

3. 基本情况

2016 年末第八师总人口 64.53 万人，全年实现生产总值 470.70 亿元，全年灌溉面积 444 万亩。

第八师石河子市（简称评价区）多年平均气温 6.2～10.9℃。现状年石河子市降水量 295.8mm，沙漠边缘的莫索湾降水量 219.5mm，下野地灌区的炮台站降水量 219.3mm，金安灌区的新安站降水量 319.4mm。各代表站多年蒸发量 1000～2100mm（E_{601}），其中位于沙漠边缘的莫索湾站、炮台站蒸发量最大，而位于山前冲洪积扇缘地带的石河子站蒸发量较小。

评价区分布的河流自东向西依次为玛纳斯河、宁家河、金沟河、巴音沟河等 4 条河流。其中，玛纳斯河年径流量最大，河道最长；宁家河、金沟河、巴音沟河年径流量较小，流程短，各河流特征统计见表 2-5，玛纳斯河年径流量变化过程见图 2-8。

表 2-5　八师各河流特征统计表

河名（站名）	全长（km）	集水面积（km²）	多年平均		多年最大		多年最小	
			流量（m³/s）	径流量（10⁸m³）	流量（m³/s）	径流量（10⁸m³）	流量（m³/s）	径流量（10⁸m³）
玛纳斯河(红山嘴)	504	5156	42.6	13.44	62.2	19.67	33.4	10.55
宁家河(渠首)	60	388	2.32	0.72	\	0.86	2	0.51
金沟河(红山头)	124	1273	9.62	3.035	12.18	3.841	7.85	2.474

续表 2-5

河名 （站名）	全长 （km）	集水 面积 （km²）	多年平均		多年最大		多年最小	
			流量 （m³/s）	径流量 （10⁸ m³）	流量 （m³/s）	径流量 （10⁸ m³）	流量 （m³/s）	径流量 （10⁸ m³）
巴音沟河（黑山头）	160	1579	9.82	3.095	13.73	4.33	7.1	2.25
合计	668	8396	64.35	20.205	88.11	28.701	50.35	15.784

注：玛河采用 1954—2016 年红山嘴观测资料，宁家河采用 1995—2008 年渠首站观测资料，金沟河采用红山头站 1954—2016 年观测资料，巴音沟河采用黑山头站 1959—2016 年观测资料。

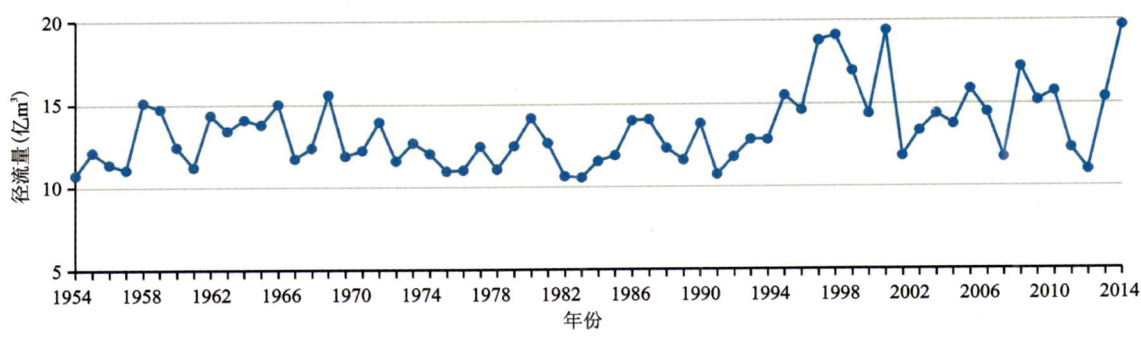

图 2-8 玛纳斯河多年径流量变化过程线图

1）地下水资源利用及监测工作

2007—2016 年评价范围除生态保护区外的可开采量为 3.74 亿 m³。"三条红线"用水总量控制指标中地下水控制开采量 2020 年为 2.579 1 亿 m³、2025 年为 2.312 0 亿 m³、2030 年为 1.991 8 亿 m³。

地下水利用情况，泉水、自流井水溢出量为 0.285 6 亿 m³/a。2017 年 7866 眼机电井开采量为 8.490 亿 m³，多年平均开采量为 7.592 亿 m³，显然已大幅超过可开采量。

截至 2016 年末评价区共有浅层地下水水位监测孔 77 眼（其中有 6 眼于 2014 年改建为国家级地下水监控点），实现了师市浅层地下水动态监测平原区基本覆盖，全部采用无人值守自动化监测，基本满足中等-强开采区浅层地下水水位基本监测站布设密度要求。

2）水资源利用存在的问题

（1）部分地区地下水资源开采布局不合理。

（2）地下水用水结构需优化，如下野地灌区 99% 机电井为农业灌溉。

（3）没有全面施行取水许可制度，没有全面施行一井一表计量，地下水实际开采量的统计不准确，难以做到对地下水资源开发利用的严格管理。生态井缺乏有效监管，本为防护林用水而设计的生态用机井，大多演变为"一户人，一口井，一群羊，一片地"的私人农场，其年地下水开采量明显高于防护林体系用水。

（4）地下水超深度开采。据调查现有农用机井深度普遍偏深，部分团场（如 134 团）的机井深度大多在 300m 以上。

（二）地下水资源计算与评价

1. 计算分区

以水资源分区为基础，以各灌区为基本地下水均衡计算分区，相对独立的 143 团、136 团单独计算。划分为 7 个地下水均衡区进行计算，见表 2-6。

表 2-6　八师石河子市地下水均衡计算分区及面积

灌区	计算分区	分区面积(km²)	所含单位		均衡计算面积(km²)
石河子灌区	Ⅰ区	386.2	石河子市	城区	72.0
				石河子乡	118.4
				一五二团	34.6
				石总场(北泉镇)	161.3
	Ⅱ区	457.5		石总场(泉水地)	198.9
				玛管处	29.1
				147团	229.7
莫索湾灌区	Ⅲ区	1096.9		148团	301.9
				149团	344.2
				150团	450.7
金安灌区	Ⅵ区	228.5		143团	228.5
	Ⅴ区	1 026.9		141团	200.0
				142团	441.9
				144团	315.8
				巴管处	69.1
下野地灌区	Ⅳ区	1 637.9		121团	584.5
				133团	575.9
				134团	477.4
	Ⅶ区	285.0		136团	194.1
				小拐乡	90.9
合计(八师含小拐乡部分)		5 118.9	/		5 118.9

2. 地下水资源量

计算和评价结果显示,扣除地下水的回归入渗量,评价区地下水资源量为5.687 8亿 m³/a(表2-7)。

表 2-7　分区地下水资源量汇总表　　　　　　　　　　　　　　　　　单位:万 m³

分区	Ⅰ区	Ⅱ区	Ⅲ区	Ⅳ区	Ⅴ区	Ⅵ区	Ⅶ区	合计
包含单位	石河子市	泉水地、147团	148团、149团、150团	143团	141团、142团、144团	121团、133团、134团	136团、小拐	评价区合计
侧向补给量	4402	1731	517	1242	4369	1342	414	14 017
越流补给	0	423	805	0	809	1128	96	3261
降水入渗	153	149	186	57	464	292	36	1337
河道渗漏	6075	2310	0	0	1591	2590	251	12 817
渠系渗漏	4792	2496	1293	1173	2116	4764	406	17 041
水库入渗	0	1135	65	69	1458	0	0	2727
鱼塘渗漏	127	210	0	0	0	0	0	337

续表 2-7

分区	Ⅰ区	Ⅱ区	Ⅲ区	Ⅳ区	Ⅴ区	Ⅵ区	Ⅶ区	合计
田间入渗	851	425	1247	112	1446	1453	145	5679
井灌回归	646	1012	1089	47	1094	1382	440	5710
补给项合计	17 045	9890	5202	2700	13 347	12 951	1790	62 925
地下水开采	13 670	12 613	12 713	2492	13 184	18 014	5579	78 265
井泉自流	2856	600	0	0	0	0	0	3456
侧向流出		369	126	1451	755	259	367	3327
潜水蒸发	904	109	968	0	2972	578	0	5531
排泄项合计	17 429	13 691	13 807	3943	16 911	18 851	5946	90 578
均衡差	-3832	-3801	-8605	-1243	-3564	-5900	-4157	-31 101
资源量	16 272	8668	4113	2653	12 253	11 569	1349	56 878
资源量模数	42.1	15.8	3.7	11.6	11.9	7.1	4.7	42.1

3. 地下水质量

根据《地下水质量标准》(GB/T 14848—2017),金安灌区、下野地灌区、莫索湾灌区浅层潜水基本为Ⅳ~Ⅴ类水,超标指标主要为 pH 值、氯化物、硫酸盐、矿化度、总硬度等。

石河子灌区单一潜水和其他团场的大部分承压水水质均为Ⅲ类水,符合生活饮用水卫生标准,部分团场,包括莫索湾灌区浅层地下水水质较差,不符合生活饮用水卫生标准。

4. 地下水可开采量

采用典型流域可开采量计算模型法、水均衡法、开采系数法 3 种方法,分析评价了八师平原区地下水可开采量。

三种方法评价得出各分区地下水可开采量见表 2-8,从评价区地下水开采现状、计算结果的科学性及评价区水文地质条件、含水层富水性综合考虑,确定八师平原区地下水可开采量为 3.758 6 亿 m³/a。

表 2-8 分区地下水可开采量评价结果表 单位:万 m³

分区	Ⅰ区	Ⅱ区	Ⅲ区	Ⅳ区	Ⅴ区	Ⅵ区	Ⅶ区	合计
包含单位	石河子市	4、6分场、147团	148团、149团、150团	143团	141团、142团、144团	121团、133团、134团	136团、小拐	评价区合计
地下水资源量	16 272	8668	4113	2653	12 253	11 569	1349	56 877
典型流域法1	8912	4629	2382	1778	7867	5927	829	32 326
典型流域法2	11 933	3063	4267	2583	8494	7258	949	38 547
均衡法	13 286	8813	4108	1249	9620	12 114	1423	50 611
可开采系数	0.7	0.65	0.6	0.7	0.65	0.6	0.6	0.64
可开采量	11 391	5634	2468	1857	7965	6941	810	37 065
推荐可开采量	11 000	5132	3306	1950	8486	6709	1003	37 586
可开采模数	28.5	9.4	3.0	8.5	8.3	4.1	3.5	7.3

(三)超采区评价

1. 超采区评价结果

以《地下水超采区评价导则》(GB/T 34968—2017)为依据,采用开采系数法、水位动态法、引发生态环境问题法三种方法划分,最终进行边界调整与修正。第八师平原区共有超采区14个(图2-9),均为中型孔隙浅层地下水超采区,超采区总面积4 700.28km²,其中一般超采区面积747.88km²,严重超采区面积3 952.40km²。一般超采区主要分布在石总场4分场、149团北部、150团北部、143团、141团等地；严重超采区在各团大范围分布。石河子市超采区面积133.81km²,其中一般超采区面积50.57km²,严重超采区面积83.24km²。

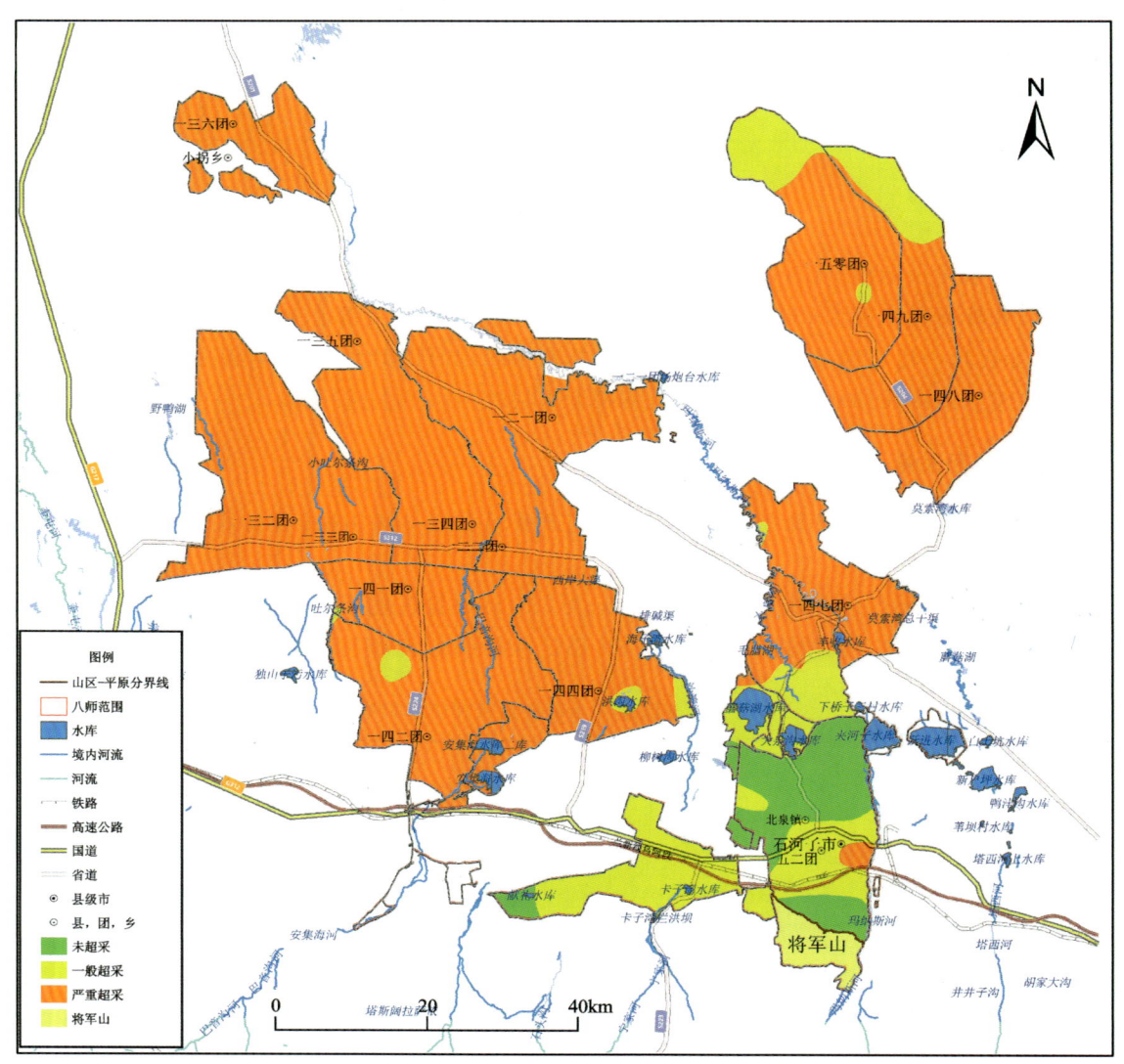

图 2-9　超采区初步分区图

2. 禁采区与限采区划分

以《地下水超采区评价导则》(GB/T 34968—2017)为准则,超采区除禁采区以外的区域,全部划为地下水限采区。

石河子市超采区中的老街城区、新城城区、向阳城区、红山城区处在城市建成区,供水管网均已覆盖,可满足各类供水要求,因此将以上4个超采区划定为禁采区,禁采区面积19.83km²。石河子市禁采区划分成果见表2-9。

表2-9 石河子市禁采区划分成果　　　　　　　　　　　　　　　　　　　　　单位:km²

序号	所在地	禁采区名称	面积	位置	划分依据
1	石河子市	新城城区禁采区	5.49	新城城区	严重超采,且城市供水管网已覆盖
2	石河子市	向阳城区禁采区	4.76	向阳城区	一般超采,但城市供水管网已覆盖
3	石河子市	红山城区禁采区	3.65	红山城区	一般超采,但城市供水管网已覆盖
4	石河子市	老街城区禁采区	5.93	老街城区	严重超采,且城市供水管网已覆盖
禁采区面积合计:19.83km²					

第八师地处干旱区,现状无其他替代水源可以利用,因此不宜大范围划定禁采区。

根据规范,石河子市划定限采区共计12个,总面积113.98km²。为严格落实水资源总量控制目标,将八师其他13个团场除禁采区外的所有区域均划定为限采区,限采区面积4 433.61km²,与石河子市合计后,八师限采区总面积4 547.59km²。

(四)超采区治理方案

1. 治理的基本原则

(1)确保地下水开采的合理性和可持续性,同时必须严格执行八师水资源总量控制方案目标,确保地下水超采治理的可靠、可行性。

(2)明确地下水超采治理的目标和任务,即根据"三条红线"地下水用水指标分别控制规划水平年开采指标。

(3)实行用水总量控制,优化配置地表水。

(4)综合运用行政、经济、法律等手段,保障超采区治理目标实现。

2. 开采量治理目标

结合第八师具体情况,提出"近期2020年严格控制、中期2025年基本治理、远期2030年完全达标"阶段性治理目标,见表2-10。

表2-10 第八师超采区水量控制方案　　　　　　　　　　　　　　　　　　　　单位:万m³

水量控制方案		2020年	2025年	2030年
方案1	"红线"控制开采量	25791	23120	19918
	需压采量	59116	2671	3202
方案2	控制开采量	48599	30000	19918
	需压采量	36308	18599	10082

3. 水位控制指标

根据超采区治理目标,至2020年要求严重超采区全部变为一般超采区,即所有监测井地下水位下降速率均不得超过 1.0m/a。

至 2025 年,所有地下水监测孔地下水位停止下降,至 2030 年,开采漏斗全部得以修复,完成自治区下达的地下水量控制指标。

代表性监测井地下水埋深下限控制指标,以本次统测的水位埋深值作为埋深控制指标。所制定的监测井地下水埋深下限控制指标,可作为平水年的控制指标,丰水年可在此基础上按上升 0.5m 控制,枯水年可按下降 0.5m 控制,见表 2-11。

表 2-11　规划水平年地下水埋深下限控制指标汇总

地点	2017 年末统测地下水平均埋深(m)	2020 年	2025 年	2030 年
		控制年末地下水埋深下限(m)		
石河子市石河子乡五道湾村南	140.54	138.50	138.50	138.50
石河子市石河子乡民族二队	63.18	61.18	61.18	61.18
石河子市 152 团 2 连	176.43	174.43	174.43	174.43
石河子市大庙村	20.37	18.37	18.37	18.37
石河子市铁路林场	103.00	101.00	101.00	101.00
121 团平均埋深	57.97	62.93	64.43	64.43
133 团平均埋深	55.94	61.66	63.16	63.16
134 团平均埋深	58.21	63.07	64.57	64.57
136 团平均埋深	28.72	32.74	34.24	34.24
141 团平均埋深	35.31	39.76	41.26	41.26
142 团平均埋深	32.15	35.91	37.41	37.41
143 团平均埋深	86.69	87.73	88.18	88.18
144 团平均埋深	41.06	45.70	47.20	47.20
石总场 4、6 分场平均埋深	9.48	11.24	11.99	11.99
147 团平均埋深	39.54	43.18	44.68	44.68
148 团平均埋深	53.72	58.53	60.03	60.03
149 团平均埋深	35.94	39.56	41.06	41.06
150 团平均埋深	27.37	30.75	32.25	32.25

4. 超采区治理措施

1)机电井封停

封停井的筛选原则:

(1)对地表水源、再生水可满足绿化用水要求的自备井实施关停。

(2)供水管网已到达的工业园区区域,保留一定数量应急供水井,平时禁采,只在紧急情况下经水行政主管部门批准后开采。

(3)以下均为选择性封停机电井的筛选范围:①无证机电井;②位于禁采区内的机电井;③相邻机电井的井间距过近;④单元机电井密度过大;⑤机电井深度超过 300m 的灌溉井;⑥使用寿命即将到期的机电井。

(4)封停机电井的处理。

①对成井条件好、出水量大、配套设施完好的开采井,只进行断电、提泵、封井处理,作为在极端干旱或特殊时期启用的备用水源井。

②对于具备建立地下水动态监测井条件的拟封停井改造为地下水动态监测井。

③对已报废或接近报废年限或成井质量差的进行填埋。

根据以上原则,共筛选出 1021 眼符合条件的机电井。其中禁采区内 107 眼全部予以封停(其中石河子市禁采区 57 眼),限采区内共选择出 914 眼进行封停。

2)退地减水工程

按照自治区下达的退地计划,评价区至 2020 年累计可减地下水超采量 0.923 5 亿 m^3,2021 年至 2030 年可减地下水超采量 0.703 7 亿 m^3。

3)地表水供水扩建工程

八师现状年地表水用水量 8.136 5 亿 m^3,2020 年"三条红线"控制地表水用水量 10.46 亿 m^3,二者相减可得出 2020 年地表水可利用潜力 2.339 3 亿 m^3。

(1)为保证供水工程的效益最大化,应优先选择地表水供水潜力较大的区域,如石河子市、133 团、144 团、121 团、150 团等。

(2)应考虑地下水的超采情况,宜布置在超采严重的区域。如下野地灌区、莫索湾灌区。

4)人工回补地下水

地下水回灌,主要为利用地表水水源,如汛期引洪,或在非灌溉季节引地表水专门进行地下水回灌。据资料统计,玛河河道近 10 年自夹河子水库下泄生态水及洪水量均值 2.960 亿 m^3/a,除保证正常的河道生态流量外,其余水量可引入超采区通过自然沟、渠加大其径流路程,或修建专门地下水回补工程,以达到补给地下水的目的。

5)工业节水措施

(1)强化高耗水化工、造纸、印染等行业节水,实施节水技术改造。

(2)大力推进水资源循环利用和废水处理回用。鼓励有条件的企业实现废水"零"排放,树立一批行业"零"排放示范典型。

(3)切实加强重点行业取水定额管理。

(4)推行水价改革,推行超采区各行业用水阶梯水价。

6)实施"井电双控"与管理系统建设

除拟封停 1021 眼机电井外,其余机电井均安装"井电双控"远程监控管理设备。中心监控管理平台拟在各团级单位配备一套,共计 20 套。(截至 2020 年评价区已完成"井电双控"系统建设,实施了阶梯水价制度,封停机电井上千眼。)

7)非工程措施

主要包括:

(1)提高水资源管理机制程序的透明度和公平度。

(2)加强制度执行细则的合理化和科学化。

(3)提高公众的参与度。

(4)建立地下水智慧管理系统,根据动态监测数据,每年进行一次地下水超采区信息更新,适时、及时调整配水方案和地下水开采强度。

(5)完善法规、强化执法力度、加强节水宣传。

(6)在水资源管理中合理、适度运用经济杠杆的调节作用。

(7)严格执行地下水禁采区、限采区管理规定。

（五）建议

（1）切实贯彻落实地下水管理条例。

加强地下水调查评价工作，科学制定并实施地下水取水总量和地下水水位"双控"指标，加强地下水取水定额管理，调整地下水水资源收费标准，在超采区内，加价征收水资源费，并探索试行资源水价，促进超采区治理。

（2）每五年进行一次地下水管控指标调整、确定工作，每两年复核一次超采区评价工作，目的是根据河流水文情势、地下水保护管理工作进展，适时调整地下水用水指标，避免因地下水位回升过快引起部分地区产生新的地下水环境灾害，或超采治理不到位引发伴生生态环境地质问题。

（4）开展超采区地下水回补专项研究工作。

（5）尽快研究外调水进区的前期工作，进一步摸清超采区超采量、合理控制水位，以及受水区水资源的合理需求等。

第三章 水资源论证及保护与利用规划

一、新疆天业年产40万t聚氯乙烯联合化工二期综合配套建设项目水资源论证

(一)项目基本情况

新疆天业年产40万t聚氯乙烯联合化工二期综合配套建设项目,位于新疆石河子市开发区北工业园天业化工园区,南距G312国道约5km。该建设项目的水资源论证工作的目的是对项目可行性研究报告中提出的地下水供水水源,论证其水源选择合理性、供水可行性,并通过分析项目区所在区域的水文地质条件和水资源状况,评价其供水能力和水质符合性,为水源地建设、取水方案的确定和为建设项目取得取水许可提供依据。

建设项目主要产品为年产40万吨聚氯乙烯、离子膜法烧碱、水泥。生产工艺为:以煤、焦炭和石灰为原料,生产电石;电石加水制乙炔;乙炔与氯化氢合成氯乙烯;氯乙烯单体聚合得到成品聚氯乙烯。

以原盐为原料电解得到氯气、氢气和液碱。大部分氯气和全部氢气合成氯化氢气供合成氯乙烯用及供生产高纯盐酸用(离子膜电解生产自用);电解得到的氢氧化钠液体,除本项目自用的碱液外全部经蒸发、提浓制备成固碱成品。电石渣、电石灰、粉煤灰变废为宝,与石灰粉、风积砂、硫酸渣配料,综合利用,生产水泥。

项目可行性研究报告中提出的取水方案为:聚氯乙烯厂水源为地下水,地下水开采范围是石河子市开发区北工业园天业化工园区内。自备电厂和电石厂等取用地表水,地表水选定为北工业园区市政水厂供水。可研提出取新水量为1 632.4万m^2/a。

根据建设项目位置、八师行政区划分、建设项目的水资源开发利用现状,将石河子市石总场一分场和二分场作为建设项目水资源论证范围,根据退水口所在位置、退水方案和退水量,将一分场退水口以北至蘑菇湖水库地域,作为其退水影响分析范围。

1. 项目涉及区域水资源条件分析

拟建项目区处于玛纳斯河西岸冲洪积扇缘的泉水溢出带上部,行政隶属兵团第八师石河子市管辖,该区域内地表水、地下水开发利用程度相对较高。

2. 气象

建设项目所在区域降水时空分布不均,在地理分布上,由南向北递减,高山区降水量约700mm,低山丘陵区300~400mm,位于山前倾斜平原的石河子市区为198.8mm,沙漠边缘的莫索湾、小拐115mm左右。蒸发自南向北递增,玛河肯斯瓦特站年蒸发量1 439.9mm,石河子市1 514.9mm;莫索湾1 942.1mm。平原区由北至南,年平均气温在6~6.9℃之间,年最高气温出现在7月,最低气温出现在

1月,冬夏昼夜温差大,夏季极端最高气温43.1℃,冬季极端最低气温-42.8℃。光热资源极为丰富,全年日照时数2750～2840h左右。

3. 河流水系

项目区位于玛纳斯河西岸冲洪积扇下部,东距玛纳斯河河床约2km。

玛纳斯河(简称"玛河")发源于和静县境内海拔5000m以上的永久冰川地带,河道全长324km,流域面积1.98万km^2。据玛河红山嘴水文站资料,多年平均年径流量13.16亿m^3,7—8月水量占全年的67.06%,而枯水期(11月至翌年4月)水量只占全年的14.16%。

4. 水资源及利用情况

据玛河红山嘴水文站资料,项目区东界的玛河地表水多年平均径流量13.16亿m^3,渠首年引水量约71.39%,渠首以下河床内年径流量约3.2亿m^3。

项目区以南152团、石河子乡及市区等上游灌区河道外用水量多年平均为6963万m^3,2004年引水8372万m^3;项目区所在的石河子总场一分场、二分场2004现状年用水量为5612万m^3,其中引地表水2749万m^3,泉水663万m^3,开采地下水2200万m^3。

2004现状年一分场有机井50眼,农灌开采量1192万m^3,生活饮用水开采量150万m^3;二分场现有机井40眼,农灌开采量708万m^3,生活饮用水开采量150万m^3;石总场一、二分场地下水现状年合计开采总量为2200万m^3。地下水开发利用程度中等。

5. 水资源质量

玛河源头保护区在枯水期水质基本上没有受到人为污染,水质良好,大部分监测因子指标可达《地表水环境质量标准》(GB 3838—2002)中Ⅰ、Ⅱ类水质标准。

八师石河子市辖区内地下水中大部分水质因子符合《地下水质量标准》(GB/T 14848—93)中Ⅰ类水质标准,个别指标如氰化物在枯水期为Ⅱ类水质标准,而在丰水期为Ⅰ类水质标准。地下水在溢出带以南,潜水水质与下游承压水水质大多一致,其水质为Ⅰ类和Ⅱ类。承压水由于其补给源主要是山前冲洪积扇区地表径流的渗入,其化学类型和矿化度变化不大,主要是HCO_3型和$SO_4 \cdot HCO_3$型水,pH值在7.5左右,矿化度在0.3～0.5g/L之间,水质为Ⅰ类。

6. 水资源开发利用存在的主要问题

近几年以来,由于石河子市南郊第一水源地的扩建,加之经济技术开发区的不断扩大,部分工业园区建设了自备的水源,致使石河子市南马家坪村一带形成地下水降落漏斗。前人对石河子市进行了超采区的划定工作,确定中心漏斗区水位平均下降速率为1m/a左右,漏斗北侧至G312国道以南水位下降速率减小,在距天业化工园区以南约3km处水位下降速率小于0.3m。本次供水水源井距超采区漏斗中心点直线距离约8km,超采区对本项目供水影响较小。

(二)取用水合理性分析

1. 建设项目提出的取水方案

项目可行性研究报告中提出的取水方案为:聚氯乙烯厂取水水源为地下水,取水量344万m^3/a,取水口位于开发区北工业园天业化工园区内。自备电厂和电石厂等取水水源为地表水,地表水取水口选定为北工业园区市政水厂出水口,取水量1288.4万m^3/a。

2. 建设项目用水过程分析

本项目总需水量(含电站装置)正常为 2 040.5m³/h,最大为 2 117.5m³/h,供水压力为 0.45MPa,年运行时间为 8000h,年需增新鲜水量正常为 1 632.4 万 m³;其中地表水量为 1 288.4 万 m³/a;地下水量为 344.0 万 m³/a。

建设项目主要用水系统为:①厂区新鲜水给水系统;②循环水系统;③消防水系统。其中循环水系统中分为烧碱/PVC/VCM 装置的循环水系统、电石装置循环冷却水系统和乙炔装置循环水系统。循环水补充水用量正常为 581m³/h,最大为 645m³/h,用于电石装置、烧碱/PVC/VCM 装置、乙炔装置、水泥装置的生产生活水量为 430m³/h。

本项目各装置新鲜水用水量统计见表 3-1。

表 3-1 各装置新鲜水用水量统计表   单位:m³/h

序号	装置名称	生产给水 正常	生产给水 最大	生活给水 正常	生活给水 最大
1	VCM 装置	9	9		
2	乙炔装置	40	40		
3	烧碱装置	55	55		
4	水泥装置	20	20		
5	脱盐水装置	276	276		
6	地面冲洗水	10	10		
7	全厂生活用水			10	10
8	乙炔装置循环水补充水	19	22		
9	烧碱/PVC/VCM 装置循环水补充水	396	440		
10	电石装置软循环水补充水	142	155		
11	电石装置普通循环水补充水	24	28		
12	电站装置	1 029.5	1 042.5		
13	未预见水量	10	10		
14	合计	2 030.5	2 107.5	10	10

1)生活用水系统

生活给水量为 10m³/h。主要供分析化验及车间的洗眼器用水。水质应符合国家生活饮用水标准,采用管道输送,枝状供水,埋地铺设。压力不低于 0.4MPa。

2)生产用水系统

生产用水主要供电石装置、乙炔装置、水泥装置、VCM 装置、PVC 装置、烧碱装置、脱盐水装置、循环水补充水及其他,总用水量(不含电站装置)正常为 1011m³/h,最大为 1075m³/h。

3)消防水系统

(1)低压消防用水量为 40L/s,火灾延续时间按 2h 计。在生产、消防管道上按规范要求设置消火栓及切换阀门,生产、消防水主管道为环状管网,干管管径≥DN250。根据消防规范的要求,本项目装置区设独立的消防给水系统,保证该系统有足够的水压和水量,装置区消防管网呈环形布置,配置室内外消火栓。

（2）稳高压消防水系统：工厂化工装置生产区、储罐区采用稳高压消防给水系统，消防用水流量为202L/s。

3. 用水工艺及节水措施分析

烧碱采用先进的离子膜电解法工艺路线，其冷却循环水的消耗定额只有隔膜电解法生产烧碱的27%，电解的淡盐水、树脂塔的再生废水、盐泥压滤和氯氢处理的废水全都返回用于化盐，使每吨烧碱的水耗下降达国内外先进水平。

氢气洗涤采用填料塔工艺，大部分循环液经过循环液泵送到循环液冷却器冷却后，进入洗涤塔循环洗涤，小部分循环液由泵送去化盐。比常规的空塔喷淋洗涤工艺节水。

乙炔装置采用干法乙炔工艺，大大减少了工业水的用量；废次氯酸钠溶液用来洗涤发生器出来的乙炔气，洗涤后的废次氯酸钠废水经压滤机压滤后，30%送入乙炔发生器，70%用于配制次氯酸钠溶液。

聚氯乙烯装置采用密闭聚合技术，可连续操作300釜不打开釜盖，减少了冲洗用水的同时也减少了VCM对环境的污染，而且减少了原料损失；离心母液经离心母液处理系统处理后，达到工业水标准全部送循环水系统作为循环水的补充水。

电石装置电炉冷却水采用全密闭循环系统，不外排，达到节约用水的目的。

循环水站、脱盐水站以及热电站锅炉产生的清净下水送废水处理站处理后回用作为循环水上水。

配套热电厂主要产品为电能和热能，用水工艺采用自然通风冷却塔二次循环冷却供水方式，锅炉排污水、含煤废水处理后复用。

生活污水及其他工业废水集中处理达标后作为干灰调湿用水及厂区的绿化用水等。

其他节水措施还有工艺冷却充分利用循环水；蒸气凝液尽可能回收。另外，低位热能的利用，如用热水-溴化锂制冷等技术也能降低蒸气用量和冷却水的用量，也节约了用水。

在节水管理方面：通过定期检查、调整和维修计量仪表，定期清除管道及设备内沉积的灰尘、水垢和其他附着物，杜绝设备和管道的跑、冒、滴、漏，保证其良好的传热性能。在生产前对设备进行维护、检查，使之保持良好的状态。做好各部门用水、用电、用气的记录，以提高设备的使用效率。设置兼职负责节水工作人员，加强水务管理和节水的宣传力度，提高全厂人员的节水意识，制定切实可行的规章制度、节能措施并监督检查，将水务管理作为全厂运行考核的一项重要指标，使节水措施最终得以落实，最大限度地发挥水资源的利用程度。

综上所述，本项目节水在技术工艺方面已达先进水平。

4. 用水水平分析

1）生活用水定额与用水水平分析

项目生活用水主要为工作人员淋浴用水和职工食堂用水，依据可行性研究报告，项目劳动定员为2099人，实行四班三运转，设计生活用水量为10m³/h，年用水量为8.76万m³，由此计算得人均日用水量为41.73L/d。根据工业企业职工生活用水量和淋浴用水量标准，生活用水量为35L/(人·班)，淋浴用水量60L/(人·班)来衡量，可见设计值低于标准值。

2）电站水耗指标分析

依据国标《取水定额：火力发电》(GB/T 1891.1—2002)装机取水定额指标：机组采用循环冷却供水系统，单机容量≥300MW，耗水定额≤0.8m³/(s·GW)。

本期工程循环水系统的补充水源自北工业园区市政水厂，通过电厂各系统用水量优化、采取节水措施以后，电厂本期工程2×300MW机组的设计耗水量见表3-2。

表 3-2　2×300MW 电站机组耗水指标表

耗水指标	夏季	年平均
小时耗水量(m^3/h)	1586(1406)	1351
耗水量(m^3/s)	0.44(0.39)	0.38
百万千瓦耗水量($m^3/s \cdot GW$)	0.67(0.59)	0.57
年耗水量($10^4 m^3/a$)		705.7

由上表可知,本期电站工程百万千瓦耗水量明显低于国标要求。据全国水资源综合规划专题研究课题"二、三产业用水与节水指标研究",目前,发达国家单机容量 20 万 kW 及以上机组,采用循环冷却供水系统的凝汽式发电厂,每百万千瓦机组容量取水量为 $0.7 \sim 1 m^3/(s \cdot GW)$,与本期设计耗水量相对照,本期电站耗水处于国际先进水平。

3)工业万元增加值取水分析

新疆天业 120 万 t/a 聚氯乙烯联合化工二期工程 40 万 t/a 聚氯乙烯及综合配套建设项目总用水量(不含电站装置)正常为 $1011 m^3/h$,全年用水量 808.8 万 m^3。由本项目可研报告中财务分析一章可知,本期工程工业万元增加值为 103 096 万元,故得工业万元增加值取水量为 $78.45 m^3$。2005 年 12 月 5 日,国家发改委、水利部、国家统计局联合公布了 2005 年各地区万元工业增加值用水指标,全国平均水平为 $169 m^3/$万元,新疆为 $83 m^3/$万元,由此可见本期工程万元工业增加值用水指标明显低于全国平均值,略低于新疆平均值。说明本项目用水水平处于疆内先进水平。

5. 取水量核定

由前节用水水平可知,本项目用水工艺先进,节水措施到位,用水水平较高,用水指标均低于国家及行业相关标准规范。本次论证认为,建设项目提出的取用水量较为合理,同意建设项目提出 1 632.4 万 m^3/a 的新增取水量。

(三)取水水源论证

1. 地表水源论证

1)可供水量

建设项目提出,自备电厂和电石厂等取水水源为地表水,地表水拟通过拟建的北工业园区供水工程供水。

北工业园区供水工程由玛河西岸的西调渠取水,西调渠 1996 年竣工后一直运行至今,设计流量 $30 m^3/s$,加大流量 $35 m^3/s$,全长(包括过河涵洞)14.52km。水厂取水口设置在西调渠西侧,位于西调渠桩号 5+200 处的位置,距离拟建水厂 170m。在西调渠桩号 5+200 处设置节制分水间,依靠重力将渠水自西调渠引入沉砂池,经预处理后通过提升泵提升至净水厂进一步处理,处理达标后通过配水泵房向北工业园区的管网供水。

据玛河红山嘴水文站资料,多年平均年径流量 13.16 亿 m^3,玛河渠首年引水率约 71.39%,渠首以下河床内年径流量约 3.2 亿 m^3。西调渠一年中基本都有水运行,按照《玛河章程》规定,西调渠的供水保证率为 96%。

拟建北工业园区市政水厂位于石河子市东九路以东、外环路以西、北十路以北、北十二路以南的石河子乡山丹湖村至原通航机场之间的位置,总用地面积12.21万 m^2（370m×330m）。近期的规模为15万 m^3/d（6250m^3/h）,加水厂自用水量5%,近期的水处理规模为15.75万 m^3/d,日变化系数1.3,近期北工业园区的可供水量为4500万 m^3/a。

2）地表水利用现状

天业化工园区（含本次项目工程区）位于石河子市石总场一分场和二分场的南部,在征用土地前为农业灌区。石总场一分场灌溉面积约5.68万亩,二分场灌溉面积约2.3万亩,灌溉用水主要来自开采地下水、蘑引渠水及泉水。

地表水按流域管理机构统筹分配水量供水,项目区所在的石河子总场一分场、二分场现状年引地表水2749万 m^3。

北工业园区市政水厂还未建成,正在筹划中,建成后一期规模可供水量可达4500万 m^3/a。

3）可行性及可靠性分析

本项目自备电厂拟用水源源自玛河地表水,由北工业园区市政水厂调入石河子市开发区北工业园区各生产单位使用,经净化沉淀、消毒后再由本项目管网引入厂区。

玛河河水在山区的肯斯瓦特水利枢纽处,除化学需氧量（COD）、总磷和总氮超标外,其余各项检测指标均未超过《地表水环境质量标准》（GB 3838—2002）中的Ⅱ类水水质标准,基本符合水源水质标准。对玛河水进行一般锅炉用水水质评价,玛河地表水为半起泡（起泡系数 $F=86.1$）、具有软沉淀物（硬垢系数 $K_n=0.18$）、锅垢很多的水。因此,玛河水作为项目锅炉用水需进行沉淀和化学处理。

热电厂和电石厂等装置所需水量取自北工业园区市政水厂,需补充水量为1 029.5m^3/h,电石装置和乙炔装置等生产需补充水量为581m^3/h,年运行时间设计为8000h,则年总用水量为1 288.4 万 m^3。拟建北工业园区市政水厂近期的规模为15万 m^3/d（6250m^3/h）,完全能够满足本项目用水需要,且农八师、石河子市水管行政部门已批准调配该项目所需的水量。

综上所述,取用地表水具有可行性和可靠性。

2. 地下水源论证

本项目聚氯乙烯厂及厂区生活用水拟采用地下水源,取水方案为利用天业化工园区内水源井供水,核定年取水量344万 m^3。

1）水文地质条件

项目区位于玛河冲洪积扇溢出带上部,其第四纪沉积厚度在400m以上,岩性以中细砂、砂砾石及卵石为主。天业化工园区在150m深度内,地层岩性变化不大,赋存有第四系松散岩类孔隙潜水-承压水,地下水位埋深一般在3～8m之间,地下水的补给方式主要为侧向径流补给、河道渠系渗入补给等,地下水径流方向NW35°,水力坡度在2‰～3.5‰之间,地下水的排泄主要有侧向径流排泄及人工开采排泄。各含水层特征具体如下。

（1）潜水含水层特征：潜水含水层埋藏深度多在5m以下,含水介质为卵石、砂砾石及砂,含水层厚度一般在50m左右,距离玛河越近其厚度越大,潜水含水层渗透系数60～90m/d,单位涌水量大于15L/（s·m）,降深5m时的涌水量大于5000m^3/d,故富水性为极强富水,矿化度小于0.5g/L。

（2）承压水含水层特征：根据收集钻孔资料显示,150m深度内可分为两层承压水含水层,第一层承压含水层埋深在70m左右,厚度30～40m,含水层岩性以卵砾石和粗砂为主,渗透系数30～75m/d,单井涌水量大于5000m^3/d,矿化度小于0.5g/L；第二层承压水含水层埋深110m左右,厚度大于30m,含水层岩性以砂砾石和中细砂为主,渗透系数10～37m/d,单井涌水量小于5000m^3/d,矿化度小于0.5g/L。

2）地下水可供水量

（1）地下水资源量及可开采量。

项目厂区位于石河子市开发区北工业园天业化工园区,地域在石总场一分场、二分场内。经过地下水均衡计算，石总场一分场、二分场地下水总补给量 7821 万 m^3/a，补给模数 65.17 万 $m^3/(a \cdot km^2)$。

可开采量采用开采系数法，开采系数的选取主要考虑含水层的富水性、地下水埋深及经济技术条件等取值 0.65，经计算，地下水可开采量为 5084 万 m^3/a，可开采模数 42.36 万 $m^3/(a \cdot km^2)$。

（2）地下水现状开采量。

现状年石总场一、二分场合计开采量为 2200 万 m^3/a；天业化工园（已建 20 万 t 与一期 40 万 t 合计）1 305.2 万 m^3/a；自备电厂 400.5 万 m^3/a；总计开采量为 3 905.7 万 m^3/a，开采模数为 32.5 万 $m^3/(a \cdot km^2)$。

（3）可供水量。

石总场一、二分场可开采量为 5084 万 m^3/a，现状实际开采量合计 3906 万 m^3/a，剩余开采潜力为 1177 万 m^3/a。

3）可行性及可靠性分析

本项目需开采地下水量为 430.0 m^3/h，年工作时间为 8000h，则年提取地下水 344 万 m^3。

项目区所在的石总场一、二分场含水层富水性好，单井涌水量 200～260 m^3/h，地下水可开采资源量 5084 万 m^3/a，现状开采量 3906 万 m^3/a，剩余开采潜力为 1177 万 m^3/a，完全能够满足本项目用水需求，取水水源具有可行性及可靠性。

据项目区内已有机井水质分析结果，项目区地下水水质除挥发酚类指标达Ⅱ类外，其余指标均为Ⅰ、Ⅱ类地下水，各项指标均符合生活饮用水卫生标准，适宜饮用，同时满足聚氯乙烯厂和电石厂的生产对水质的要求。但是，项目区地下水作为一般锅炉用水评价结果为锅垢多、具中等沉淀物、半起泡的非腐蚀性水，需进行化学处理方可使用。综上，项目区地下水水质符合本项目对水质的要求，取水水源具有可行性。

本项目自备电站与化工园区内已建的自备电厂相邻，已建的自备电厂通过自备水源井抽取地下水作为供水水源，多年平均开采量 400.55 万 m^3/a。根据规划，北工业园区市政水厂建成后，天业已建的目前运行的自备电厂均将原开采地下水水源改为北工业园区市政水厂水源，已有的自备水源井改供本项目使用。

根据项目区水文地质条件和项目需水量要求，单井涌水量按低值 200m^3/h 计算，本项目工程需 3 眼机井可满足正常运行要求，年开采量 344 万 m^3。考虑到本项目投产之时，北工业园区市政水厂已建成，自备电厂用水水源已转换，故采用天业已建的自备电厂自备水源井供本项目用水，具有可行性及可靠性。

因此，建设项目取用地下水用于生产、生活等用途，保证性较高。

（四）取退水的影响分析

1. 取水对水资源量和水文情势的影响

规划项目若建成运行，取用水量为 1 632.4 万 m^3/a，其中取用地表水 1 288.4 万 m^3/a；取用地下水 344.0 万 m^3/a。

本期工程取用的地表水由农八师、石河子市水行政主管部门进行整体布局调配，通过北工业园区市政水厂供给，供水量 1 288.4 万 m^3/a，因此对区域地表水资源影响较小。

项目年提取地下水 344 万 m^3，使得该区总计年地下水开采量达到 3 699.71 万 m^3/a，为可开采量的 72.8%，对区域水资源状况会产生一定的影响，主要反映为地下水水位的下降，由地下水位下降改变地下水流场现状，进而建立地下水资源新的平衡状态。

2. 取水对水环境及水功能区纳污能力的改变和影响

规划项目取用地表水后，玛河河道泄水量将会减少，取水口以下的河段纳污能力将有所降低，进而会对区域水环境现状产生改变。根据估算,取用地下水后,会造成论证区地下水水位下降,对区域地下水环境产生一定影响。

3. 取水对第三方用水户的影响

项目区周围农灌井为季节性抽水,井深较小,取水层位与项目区设计取水层位有差异,加之地下水源主要来自上游侧向径流补给,其补给量稳定。根据规划,北工业园区市政水厂建成后,天业已建的目前运行的自备电厂均将原开采地下水水源改为北工业园区市政水厂水源,已有的自备水源井改供本项目使用。原自备电厂多年平均开采量400.6万 m^3/a,改供本项目后,预计开采量344万 m^3/a,总体上未增加开采量,所用地下水资源为一期自备电站退出和征用土地随带资源,因此,建设项目开发利用地下水资源对其他用水户基本无影响。

本项目用地表水量1 288.4万 m^3/a,从拟建的北工业园区市政水厂取水,该水厂取水水源为玛河水,因此本项目取水将影响石河子市的供水计划,可能会影响其他用水户的用水。灌区灌溉水减少所带来的问题由政府和水行政主管部门协商解决,建议下游灌区通过增加节水灌溉和开发利用地下水进行调配。

4. 退水影响分析

本项目生产污水主要来源于工艺装置排出的生产污水、冲洗设备和地面的排水以及绿化水等,生产污水经管道系统收集后,经污水站处理符合《烧碱、聚氯乙烯工业水污染物排放标准》(GB 15581—95)的二级标准,直接排入界区外至工业园区污水厂进行处理,经混合均质生化处理达到国标《农田灌溉水质标准》(GB 5084—2005)排放标准后,排入石河子市北开发区市政排水通道。

本项目拟新建综合污水处理站一座,污水处理站规模为40 m^3/h。本项目需处理的外排污水量约35 m^3/h(不含初期污雨水)。新建污水处理站能够满足本项目污水处理需求。

项目正常运行后产生的废污水在各自车间处理后合并至新建的废污水处理系统一同处理,达标后回收利用,剩余少量的生产污水排入石河子市北开发区市政排水管道,对附近河段地表水环境和当地地下水环境无影响。

5. 水资源保护与节约

1) 水量保护措施

(1) 节约用水,提高水资源的重复利用率,降低生产产品的单位耗水量等措施,以达到开源节流的目的,最大限度地用好每一滴水。

(2) 项目区内增设地下水动态监测点,重点加强对地下水水位、水质的监测,及时掌握地下水动态特征,采取相应的调配方案,避免地下水资源的开发利用造成不良后果。

(3) 对地表水引水渠道和管网定期检查,杜绝跑、冒、漏事故的发生。

2) 水质保护措施

(1) 该厂产品为化学品,须严格控制浓度指标,原料及成品在生产及保存运输过程中,应注意安全,不得散落抛洒。生产期定时停机,对设备内外及周围环境进行清扫、冲洗。废料废渣集中堆放及时清理,以免进入地下水污染水源。

(2) 总体布置严格按防火规范要求,划分功能区域并加强绿化。

3) 生态环境保护措施

(1) 工业废水、生活污水要经过污水处理厂处理达到排放标准后经批准的排泄渠道排泄,严禁污废水随意排放,以保护周边生活和生态环境。

(2) 加强对地下水水源井在长期开采条件下的动态监测工作,掌握地下水水位与水质的变化及对周边生态环境的影响。

二、兵团霍尔果斯口岸工业园区 B 区规划水资源论证

(一) 项目基本情况

兵团霍尔果斯口岸工业园区 B 区位于兵团第四师可克达拉市。具体位于第四师 63 团、64 团辖区内，总占地面积 44.59km²，主导产业为煤电、煤化工、金属、非金属冶炼，支柱产业为农副产品精深加工、机械组装、新材料等，基础和配套产业为高新科技产业以及仓储物流业。

园区分为 4 个分区，规划文本提出总需水量为 5094 万 m³/a，提出生产用水就近通过 H 河、Y 河干流取水，生活用水采用 Y 河水和当地地下水的取水方案；提出在分区建设工业水厂，水源经沉淀、过滤后，为工业企业提供原水，各企业根据生产工艺需要进一步处理为生产所需水质，生产供水管道与消防管道合建，环状布置的用水方案。

规划水资源论证现状年为 2012 年，规划水平年为 2030 年。

考虑规划项目涉及的水资源开发利用现状，将 H 河流域东岸部分、KG 河灌区、二道河和三道河子河灌区兵团 64 团部分，作为规划项目水资源条件分析范围，面积 2974km²。

考虑本规划项目地表水、地下水取水水源的水力联系，H 河来水和用水现状、流域现有工程和供水情况、水文站网等情况，确定地表水取水论证范围为 ZH 联合分水闸以下的 H 河灌区范围，面积 927km²。包括 62 团、64 团、63 团全部，61 团、莫乎尔牧场引用 H 河水源灌溉部分。

根据园区所在的水文地质单元，确定地下水取水的论证范围为 H 河山前平原区潜水溢出带以南地域，范围为 G312 以南，北至 Y 河右岸，西至 H 河分界线，东以 64 团二道河为界，面积 722km²。

根据工业园分区位置，地下水取水用途及规模，确定取水影响范围为 63 团、64 团地域，面积 647km²。

根据规划拟定的退水口所在位置、退水方案和退水量，其退水可能产生的影响，将一分区退水口以南至 H 河右岸地域，作为其退水影响分析范围，面积 520km²。

(二) 规划涉及区域水资源条件分析

1. 规划区基本情况

分析范围涉及四师 61 团、62 团、63 团、64 团四个团场，以及霍城县莫乎尔牧场辖区，面积 2974km²。区域人口 69 031 人，国内生产总值 113 918 万元，耕地面积 45.51 万亩。

分析范围地处欧亚大陆腹地，远离海洋，但由于独特的地形、地势，形成了温和、湿润、降水丰富的亚湿润大陆性温带气候特征，是新疆降水量最多的地区之一。其主要气候特点是：温和湿润，昼夜温差大；夏热少酷暑，冬冷少严寒，春季气温回升快但不稳定，秋季气温下降迅速；降水相对丰沛，但地域差异较大。

分析范围多年平均气温为 9.0℃，1 月最冷，7 月最热，气温的年较差 35.8℃，极端最高气温 40.2℃，极端最低气温 -42.8℃。多年平均降水量为 217.2mm，变化趋势平稳；年内降水量最大月为 7 月，9 月降水量最少，平均每年有 3.5 次（次降水量≥10mm）；多年平均水面蒸发量为 1637mm（E_{20}），6 月为蒸发量最大月（蒸发量数据来源于 63 团气象站）。

2. 河流水系

分析范围北部分布有 H 河、KG 河、二道河和三道河子河，南部有 Y 河流经。

H 河为 Y 河右岸支流,河流全长 148km,流域面积 1660km²(Z 方),多年平均实测径流量 53 085 万 m³。

KG 河为 Y 河右岸支流,多年平均实测径流量 7368 万 m³。河流出山口以下分为东西两支岔流:东支过 61 团引水枢纽及电站后引入东岸莫乎尔牧场格干管理区、第四师 61 团牧场和灌区,尾水入三道河子河;西支下游入塔克尔穆库沙漠,以地下水方式补给 Y 河。

三道河子河,为 Y 河中游右岸支流,流经兵团农四师 64 团场场部—可克达拉镇,在下游 64 团 19 连处汇入 Y 河。据 64 团夹干龙口观测资料,三道河子河进入 64 团的多年平均径流量为 5958 万 m³,退入 Y 河干流水量为 2 850.6 万 m³。

二道河又称小西沟河,为 Y 河右岸支流,流向由东北向西南,出山口龙口站多年平均实测径流量 6378 万 m³。二道河多年平均进入 64 团水量 1344 万 m³,河流流经阿克图拜沙漠西部边缘,在兰干乡五一牧场西南汇入 Y 河,多年平均汇入水量约 400 万 m³。

Y 河属内陆河,流域面积 62374km²,国内河长 476km。在中下游段 64 团范围内河长约 6.8km。

3. 水资源量

受降水的影响,分析范围地表水资源主要形成于北部山区,耗散于平原绿洲。据《Y 河流域地表水资源评价报告》,H 河、KG 河、切德克河、Y 河 63 团、64 团段范围,分区多年平均地表水资源量为 84 522 万 m³。地下水论证区多年平均地下水补给量为 13 654 万 m³,可开采量 7994 万 m³。

4. 水资源质量

H 河、KG 河、Y 河干流水质良好,达到地表水水质Ⅱ类或Ⅲ类标准。三道河子河高锰酸盐指数超标,达到Ⅳ类标准,其他检测的指标则优于Ⅲ类水质标准。

区域地下水水质良好,多达到地下水水质Ⅱ类标准,仅 64 团 16 连局部因矿化度、总硬度超标,为Ⅳ类水。河流水质现状综合评价见表 3-3。

表 3-3 分析范围主要河流水质现状综合评价表

河名	断面名称	水质类别		
		丰水期	枯水期	年平均
H 河	KKDL 渠首	Ⅱ		
KG 沟	QDK	Ⅱ	Ⅱ	Ⅱ
三道河子	沙干渠首	Ⅳ		
Y 河	YMD	Ⅲ	Ⅱ	Ⅱ
	MCC	Ⅱ	Ⅲ	Ⅲ
	三道河子	Ⅲ	Ⅲ	Ⅲ

5. 水功能区

依据新疆水文水资源局编制的《新疆地表水功能区划》划分成果,H 河、KG 河、切德克河的河源至今尚未受到人类活动影响的河段划为源头水保护区,禁止人类的开发利用活动。

H 河、KG 河、切德克河出山口以下,农业取水量较大、取水口较集中,并有一定工矿企业和生活用水的河段划为开发利用区,一级区划下分为以下二级区:农业用水区、工业用水区、渔业用水区、景观用水区。

6. 水资源利用情况

据 H 河流域管理处和 61 团水管站统计资料,分析范围内各用水户多年平均地表水引水量为 24 224 万 m^3。其中 H 河年均引水量 13 311 万 m^3,KG 河年均引水量 3611 万 m^3,三道河子河年均引水量 5958 万 m^3,二道河年均引水量 1344 万 m^3。根据统计数据,灌区引水量呈逐步增长趋势,2008 年达到最大(29 251 万 m^3),之后有所降低。各单位多年灌溉引水量统计见图 3-1。KG 河、三道河子河多年引水量统计见图 3-2、图 3-3。

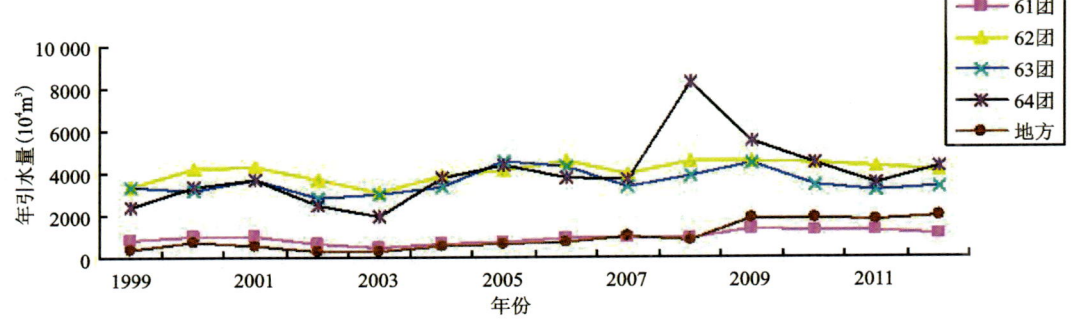

图 3-1 各单位多年灌溉引水量统计图

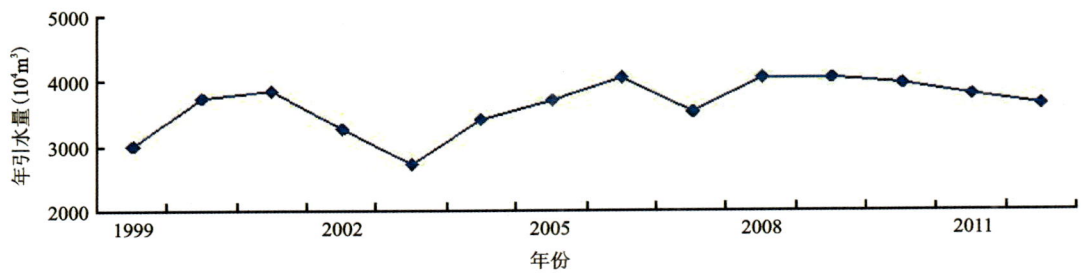

图 3-2 KG 河多年引水量统计图

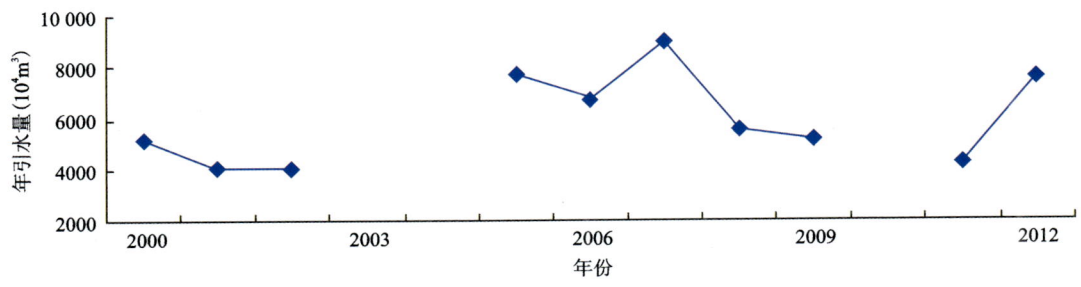

图 3-3 三道河子河多年引水量统计图

地表水引水量中,除灌溉利用外,尚有部分水量退入 Y 河干流,据调查统计资料,2012—2013 年,三道河子、二道河年均退入 Y 河水量 3251 万 m^3。

1)地下水利用现状

据各团统计和地方调查数据,2012 年,分析范围地下水开采量 5711 万 m^3,确定的地下水论证范围开采量 5424 万 m^3。2000—2012 年多年平均开采量分别为 3984 万 m^3、3735 万 m^3。2000—2012 年地下水开采量统计见图 3-4。

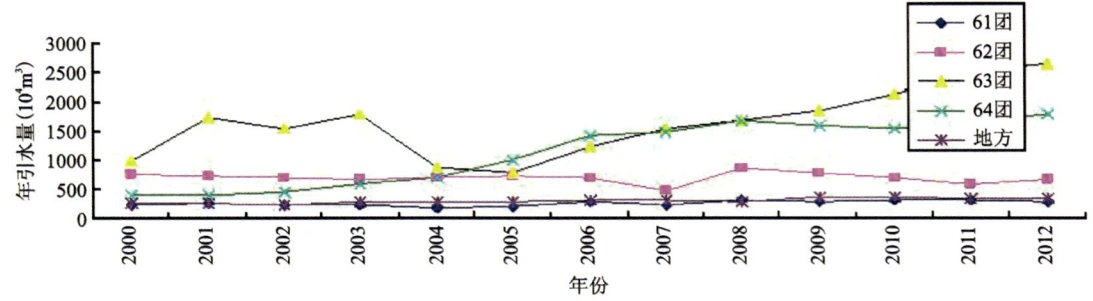

图 3-4 区域 2000—2012 年地下水开采量统计图

2）泉水利用现状

本区冲洪积平原中部为泉水溢出带,大的泉水沟有 3 条,即德吾尔泉、莫合泉、黑水沟泉,历史调查资料显示多年平均径流量为 800 万 m^3,灌溉季节 4—9 月径流量为 450 万 m^3。

区域内现状泉水分布较多且散,泉水流量大小不一。出山口一带基岩裂隙水出露形成的泉水,多为牧民利用供牲畜饮用。平原区泉水流量一般 20~40L/s,目前泉眼处无引水工程建设,泉水呈自由流状态。

3）中水利用现状

目前分析范围内仅 64 团有一座污水处理厂,设计处理能力为 2000m^3/d,主要接纳 64 团居民及部分企业排水。由于该污水厂处理方式为简单的氧化塘处理,没有中水收集设施,因此目前也没有中水利用量。

7. 用水效率及潜力分析

1）用水效率分析

2012 年分析范围人均用水量为 4771m^3,远大于全国人均用水量 454m^3;万元国内生产总值(当年价)用水量为 2891m^3,远大于全国平均值 129m^3;农田实际灌溉亩均用水量为 805m^3,农田灌溉水有效利用系数为 0.47,亩均用水量大于全国平均值 415m^3 近一倍,灌溉水利用系数大幅低于全国均值。

2）现状年水资源供需分析

根据现状用水水平、需水量、可供水量进行现状年水资源供需分析得出:现状年地表水各频率来水量时,区域水资源供需均能达到平衡,而且在预留河道生态用水量后,河道内还有弃水。从需水过程分析,由于年内地表水来水量不均和灌溉期比较集中,4—9 月多会形成用水高峰期,而地下水的开采也集中在这几个月。从供需水结构分析,现状用水集中在农业灌溉,生活、工业用水量占比很小;从用水量分析,各频率来水量情况下,地表水尚有一定开发利用潜力,但在 95% 保证率时,为缓解地表水来水量不均造成的缺水,地下水开采量增幅较大,但仍有部分开采潜力。现状年水资源供需分析结果见表 3-4。

8. 水资源开发利用存在的主要问题

一是资源性、工程性、管理性缺水并存,受河流径流特性影响,区内河流径流量年内分配不均,常常由于地表水来水量的不足而形成春旱,对农业灌溉影响很大。如 75% 保证率时,H 河 1—4 月的径流量只占全年径流量的 10%,而 4 月春灌开始时,河流径流量非常小,占全年的 3%;二是水资源利用效率较低,输水渠道的防渗率仅为 33%,灌溉水的利用效率较低,现状地表水灌溉利用系数只有 0.44;三是灌区内现有水利工程设施简陋,不能有效利用水资源。

表 3-4 现状年水资源供需分析成果表 (95%)

分类	项目	1月	2月	3月	4月	5月	6月	7月	8月	9月	10月	11月	12月	全年
地表水量	河道来水	1388	1156	1483	1546	2375	5372	6932	6563	2410	1735	1556	1404	33 920
	河道生态预留后	1282	1063	1351	1417	2164	5108	6633	6340	2263	1606	1442	1292	31 961
	河道可利用量	1282	1063	1351	1417	2164	5108	6633	6340	2263	1606	1442	1292	31 961
	渠系可供水	1282	1063	1351	1417	2164	5108	6633	6340	2263	1606	1442	1292	31 961
	水库可供水				1 875.0	1 875.0								3 750.0
需水量	生活	28.2	25.4	28.2	27.2	28.2	27.2	28.2	28.2	27.2	28.2	27.2	28.2	331.5
	建筑、三产	2.252	2.034	2.252	2.180	3.932	3.805	3.932	3.932	3.805	2.252	2.180	2.252	34.8
	工业	18.82	10.34	22.89	22.15	22.89	22.15	22.89	22.89	22.15	22.89	22.15	11.44	243.6
	灌溉	0.0	0.0	0.0	4324	6012	6222	7899	6218	2478	519	0.0	0.0	33 672
	小计	49.2	37.8	53.3	4376	6067	6275	7954	6273	2531	571.9	51.6	41.9	34 282
地表水供水	农业供水				3292	4039	5108	6633	6218	2263	518.7			28 072
	可开采量						7 994.0	7 994.0						7 994.0
地下水供水	生活	28.2	25.4	28.2	27.2	28.2	27.2	28.2	28.2	27.2	28.2	27.2	28.2	331.5
	建筑、三产	2.3	2.0	2.3	2.2	3.9	3.8	3.9	3.9	3.8	2.3	2.2	2.3	34.8
	工业	18.8	10.3	22.9	22.1	22.9	22.1	22.9	22.9	22.1	22.9	22.1	11.4	243.6
	灌溉供水	0.0	0.0	0.0	1032	1973	1114	1266	0.0	215.1	0.0	0.0	0.0	5 599.5
	小计	49.2	37.8	53.3	1083	2028	1167	1321	55.0	268.3	53.3	51.6	41.9	6 209.4
	灌溉折地表	0.0	0.0	0.0	1032	1973	1114	1266	0.0	215.1	0.0	0.0	0.0	5 599.5
汇总	需水	49.2	37.8	53.3	4376	6067	6275	7954	6273	2531	571.9	51.6	41.9	34 282
	地表供水	0.0	0.0	0.0	3292	4039	5108	6633	6218	2263	518.7	0.0	0.0	28 072
	地下供水	49.2	37.8	53.3	1083	2028	1167	1321	55.0	268.3	53.3	51.6	41.9	6209
	折合毛供水	49.2	37.8	53.3	4376	6067	6275	7954	6273	2531	571.9	51.6	41.9	34 282
	供需平衡	0.0	0.0	0.0	0.0	0.0	0.0	0.0	0.0	0.0	0.0	0.0	0.0	0.0
	水库余水								121.4					0.0
	河流弃水	1282	1063	1351							1087	1442	1292	7638

(三)取用水合理性分析

1. 规划提出的需水量

工业区分为四个区,规划文本依据《城市给水工程规划规范》(GB 50282—98)中城市单位建设用地综合用水量指标,对园区用水进行了分析预测,得到规划提出的总需水量5094万 m^3/a,见表3-5。

表3-5　规划文本预测总用水量表

序号	用水区域	人口(人)	日用水量(m^3/d)	年用水量(万 m^3/a)
1	一区	4000	9254	241
2	二区	28 000	133 558	3482
3	三区	5000	25 916	676
4	四区	10 000	26 664	695
5	合计	47 000	195 392	5094

注:规划取供水日变化系数1.4。

2. 规划提出的需水量合理性分析

规划中居民综合生活用水定额取170L/(人·d)。其他各不同用地性质的用水量指标选用,其中:一类工业用地取1.2万 $m^3/(km^2·d)$,二类工业用地取2.0万 $m^3/(km^2·d)$,三类工业用地取3.0万 $m^3/(km^2·d)$,仓储用地取0.2$m^3/(km^2·d)$,市政公用设施用地取0.25$m^3/(km^2·d)$,绿化用地取0.3$m^3/(km^2·d)$,道路用地取0.3$m^3/(km^2·d)$。本书提出工业水重复利用率取80%,绿化和道路浇洒用水考虑50%采用地表水。消防用水量标准均按同一时间发生火灾两次,一次灭火用水量为35L/s,火灾延续时间按2小时计。

规划文本虽然采用《城市给水工程规划规范》(GB 50282—98)中的相关指标,对规划园区的需水量进行了预测,但本次工作在分析其预测过程时,分析其需水量预测结果是按一定比例折算后计算的。规划文本对需水量预测依据不足,提出的需水量合理性不足,需要重新核定。

3. 规划提出的取水方案合理性分析

规划文本提出总需水量为5094万 m^3/a,提出生产用水就近通过H河、Y河干流取水,生活用水采用Y河水和当地地下水的取水方案。

我国水法规定保障居民生活用水,合理保障工农业生产和其他用水需求,工业生产供水以中水为主、合理利用地表水、不得开采地下水为顺序,对工业用水户采取限制性用水规定。项目建设范围现状无可利用的中水,规划项目生产用水采用上游地表水源,生活用水采用地下水源,符合国家对工业取水的管理规定。规划项目取水,其取水用途为满足正常的工业生产用水、绿化、消防用水,以及生活用水需求,没有不符合国家规定的取水用途。

规划项目地处河流下游,远离河流源头水保护区,属于地表水功能区的开发利用区,其二级水功能区划为农业用水区、工业用水区、渔业用水区,因此规划项目取水符合水功能区划的要求。

据本次工作调查,H河流域多年平均地表水引水量为13 311万 m^3,占河流多年平均径流量的24.8%,没有突破H河流域水量分配方案。因此规划取用H河地表水水源,与H河流域水量分配方案相适应。

根据四师相关规划,项目区域各团场将通过加大水利基础设施建设,提高水资源利用效率和灌溉水利用系数,降低农业灌溉用水量。因此,随着灌区农业节水水平的进一步提高,农业用水量会进一步下降,H河用水量也会减少。因此,将节约出的水量,用于工业生产,提高单位用水生产效率,符合H河高效、合理利用流域水资源的要求。

《新疆地下水开发利用总体规划》(2007年)提出,地下水开发利用在新疆水资源利用中具有重要的地位与作用,Y河和ER河流域地表水资源丰富,以充分利用地表水为主,地下水开采为辅,适当增加地下水开采量。项目规划建设范围地下水水位普遍较高,为防止土壤盐渍化、保证绿洲内天然植被耗水、有效地利用地下水资源,以保证生活、服务、消防等用水需求,规划项目取用地下水,亦具有一定的合理性。

规划项目区位于H河灌区,由于Y河流域规划中,现阶段没有对H河灌区供水的水资源配置方案,故规划项目取用Y河干流水源的方案不合理,与现阶段Y河干流水资源开发利用配置不符。因此,其地表水取水方案应调整,使项目取水具有可行性、合理性。

规划提出生产供水水源为地表水,一区生活供水水源为论证区地下水,二、三、四区生活水源为地表水。

根据《农四师水中长期供求规划》提出的"合理调整用水需求结构和供水水源,……","河流供水水质不达标,不符合《生活饮用水卫生标准》(GB 5749—2006)指标要求,不宜作为长期生活饮用水,……"论证工作认为,生产供水水源采用地表水水源,符合国家和H河对水资源配置的要求。但若规划的生活供水水源采用地表水水源,主要是存在水质不达标的问题,其次是供水安全性保障程度没有地下水高。鉴于地下水取水条件分析结果,论证区地下水开采潜力完全满足规划的生活需水量,建议规划将生活供水水源调整为当地地下水。

4. 取水量核定

1)用水指标确定

(1)工业单位用地用水量指标。

以新疆现有建成的重化工业园区用水统计和规划园区将入驻企业的用水预测,参考内地部分地区已制定的单位工业用地用水量指标,确定本规划项目的工业用水预测指标,见表3-6。

表3-6 工业单位用地用水量预测指标

用地性质	单位用水量(万$m^3/km^2 \cdot d$)	取值依据
一类工业区	0.15	1. 现有重化工园区平均指标为0.1217;
二类工业区	0.20	2. 现有入驻意愿企业审查后指标0.21~0.37;
三类工业区	0.30	3. SL 366—2006规范中,项目区指标为天津的0.74倍,宁波的0.57倍;
仓储	0.15	4. SL 366—2006规范中,项目区推荐指标0.233~0.356

(2)配套服务项目用水指标。

依据《新疆维吾尔自治区工业和生活用水定额》(新政办发〔2007〕105号),办公及写字间的用水量标准20~25L/(人·d),餐饮业以新疆风味餐饮40L/(人·餐)为用水标准。无住宿学前教育的用水量按25L/(人·d)控制。消防用水按照《消防给水及消火栓系统技术规范》,每次火灾时间按2h,用水量30L/s计。

(3)景观环境用水指标。

景观环境需水包括生产区、配套服务区和生活居住区的景观环境用水,主要包括规划绿地需水、人工湿地需水、交通绿化带需水和交通路面洒水需水。《新疆维吾尔自治区工业和生活用水定额》对景观环境用水的控制指标,北疆伊阿塔区园林绿化业为 300~400m³/(亩·a),考虑项目区降水量相对于新疆其他地区较大,在此园林绿化取值 300m³/(亩·a),道路浇洒取值 100m³/(亩·a)。

(4)生活居住用水指标。

城镇居民生活用水,按新疆定额中北疆伊阿塔区有上下水设施、有淋浴设备楼房 80~100L/(人·d)标准,取值 100L/(人·d)。

2)取水量核定

由以上确定的用水量指标,根据项目规划成果,预测分区各项需水量为 4109 万 m³/a。在园区全部消化自己产生的中水前提下,预测规划项目取新水量 2971 万 m³/a。

(四)取水水源论证

1. 地表水源

1)可供水量

通过规划年水资源供需分析,在全部引用 KG 河、二道河、三道河子河可供水量灌溉,75%保证率时,H 河未利用水量为 8663 万 m³。

2)可行性及可靠性分析

本项目取新水量远远小于未利用量,从 H 河取水可行。从地表水水质来看,H 河地表水水质综合类别为Ⅱ类,满足规划生产用水的水质要求。因此,从水量、水质角度分析,工业用水自 H 河取水的可靠性较高。

论证范围分布有地表水水源地一处,即 62 团水厂。62 团水厂建设在 H 河二渠首下游 420m,取水水源为河水,供水对象为 62 团城镇居民及服务业、一般工业用水户。其取水口接于上游电站尾水渠,在电站进水渠上游建设有 600 万 m³ 调节库。水厂通过引水管道将河水引入水厂 3000m³ 蓄水池,水厂现状设计取水能力 2.5 万 m³/d(912.5 万 m³/a),现状实际供水量不足 0.4 万 m³/d,相关规划提出水厂 2030 年供水能力达到 15 万 m³/d(5475 万 m³/a)。

从供水工程建设角度分析,推荐的 62 团已建水厂已初具规模,利用现有供水工程可避免重复建设,且水厂范围海拔 970m 左右,园区建设地最高海拔 645m,有利于供水管网建设。从供水管网建设规模分析,现有水厂至距离最远的工业园二区 55km,途中还经过四区、三区,因此供水管网建设规模不大。从供水管理角度分析,自己有水厂取水,可减少管理人员数量,有利于供水统一管理,可提高供水的保证率。

2. 地下水源

1)水文地质条件

规划项目位于 H 河山前平原区,潜水溢出带以南地域。地下水的补给主要源于山区融雪水、融冰水及大气降水形成的地表径流对地下水的转化补给,区域地下水补给和径流量、排泄条件较好。

连霍高速以北约 3km 至出山口,为大厚度的潜水含水层,岩性以卵砾石为主,颗粒粗大;沿霍都路两侧至 H 河东岸,多分布有潜水含水层,含水层颗粒由河岸一侧的卵砾石、砂砾石向东逐渐变细为粗砂、中砂(图 3-5)。64 团、莫乎尔牧场平原地域,多分布有微承压至承压含水层组,夏季水头多 1~3m,冬季多自流。H 河、KG 河山前冲洪积平原区,出山口一带,地下水埋深大于 100m,向南至 61 团团部、62 团七连连部,地下水埋深 50~100m,62 团七连连部、61 团七连以南至连霍高速附近,埋深变为 20~50m,连霍高速两侧约 6km 宽地带,地下水埋深 15~10m,并在公路以南有潜水出露成泉。以南 63 团、64 团地域,埋深大部分小于 5m。

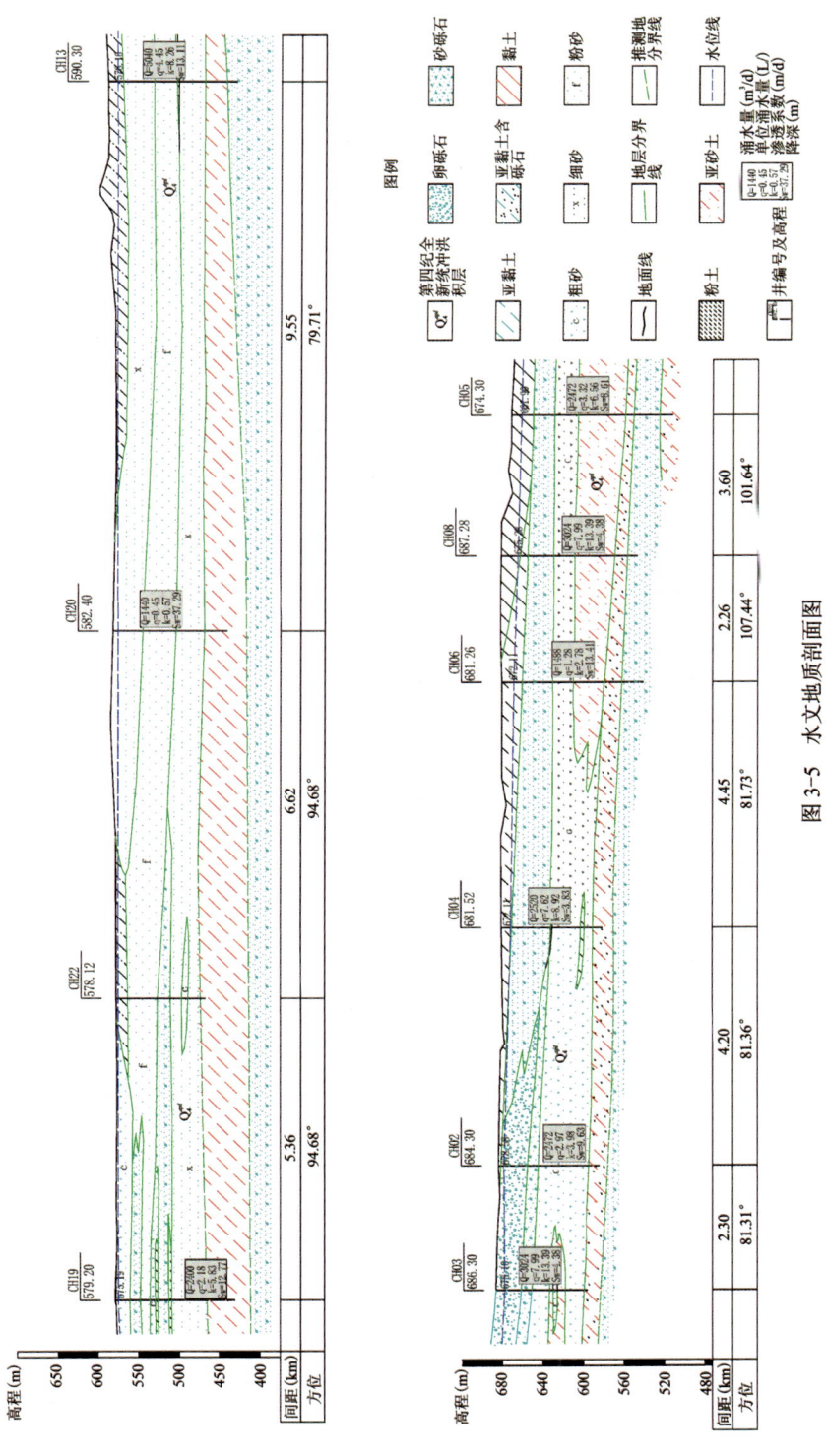

图 3-5 水文地质剖面图

水质检测资料表明,本区绝大部分地方地下水矿化度小于1g/L,仅64团16连局部地方达到1.45g/L。地下水的硬度介于0.1~0.6g/L之间,水化学类型以$HCO_3 \cdot SO_4\text{-}Ca \cdot Mg$型为主,pH值一般为7.4~8.4。

2)地下水可供水量

论证区地下水补给量为13 654万m^3/a,排泄量为12 796万m^3/a,均衡差为858万m^3/a,现状地下水采补基本平衡。论证区地下水均衡分析见表3-7。

表3-7 论证区地下水均衡分析表

序号	补给项	补给量(万m^3/a)	占比(%)	序号	排泄项	排泄量(万m^3/a)	占比(%)
1	侧向流入	4087	29.9	1	侧向排泄	2568	20.1
2	河道渗漏	1939	14.2	2	泉水出露	1129	8.8
3	渠系渗漏	3634	26.6	3	河道排泄	2939	23.0
4	田间灌溉渗漏	2380	17.4	4	潜水蒸发	2425	19.0
5	水库渗漏	1 073.5	7.9	5	开采量	3735	29.2
6	降水入渗	211	1.5				
7	井灌回归	330	2.4				
	小计	13 654	100.0		小计	12 796	100.0

采用可开采系数法及均衡法对可开采量进行评价,考虑保证一定的潜水蒸发、河道排泄量,论证区地下水可开采量为7994万m^3/a。

3)可行性及可靠性分析

规划提出利用地下水水源作为生活、服务业等用水,符合《新疆地下水开发利用总体规划》中"Y河和ER河流域地表水资源丰富,以充分地表水利用为主,地下水开采为辅,适当增加地下水开采量"的总体规划。

从地下水取水工程建设分析,论证区含水层富水性较好,有利于取水井的建设,而且各连队均有生活用水供水井,将连队供水井与工业园生活供水结合起来,也易于实现,具有可行性。

预测规划项目至2030年,用于生活、教育、服务等类别的地下水开采量为576.2万m^3/a,其中一区49.1万m^3/a,二区343.2万m^3/a,三区61.3万m^3/a,四区122.5万m^3/a。评价得到的论证区可开采量7994万m^3/a,现状年开采量5424万m^3/a,多年平均开采量3735万m^3/a,与现状年比,尚有地下水开采潜力2570万m^3/a。规划年,论证区通过农业灌溉高效节水建设,95%保证率时,地下水开采潜力仍有3246万m^3/a。从水量角度分析,规划项目地下水取水的可行性及可靠性高。

地下水水质评价结果显示,论证范围内水质取样点的参评指标大部分可达到Ⅱ类或Ⅲ类标准,少量Ⅳ、Ⅴ类水质是因细菌类、氨氮超标引起的,可能是由成井工艺或灌溉引起,适当处理后也可作生活饮用水。取水具有可行性。

因此,规划项目取用地下水用于生活等用途,具有水量、水质、工程建设的可靠性和可行性。

(五)取退水的影响分析

1.取水对水资源量和水文情势的影响

规划项目若建成运行,年需取用地表水量2347万m^3/a,需取用地下水量576万m^3/a。通过此项目的建设,河道泄水量将会有所减少,95%保证率时减少1258万m^3/a。但考虑河道生态用水时,仍有

6380万 m³/a 的地表水河道泄水量，规划取水量相对于区域地表水资源可利用量而言，仅占95%保证率时地表水可利用量的11.3%，因此，新增水量不会对区域地表水资源的开发利用产生大的影响。

规划项目取用的地下水量，占论证区可开采量的7.2%，相对影响不大，但考虑现状年实际开采量时，其取用地下水量占到论证区可开采潜力的近20.9%，这将对未来潜在的地下水用水户影响较大。

2. 取水对水环境及水功能区纳污能力的改变和影响

规划项目取用地表水后，H河河道泄水量将会减少，取水口以下的河段纳污能力将有所降低，进而会对区域水环境现状产生改变。根据估算，取用地下水后，会造成论证区地下水水位下降，进而会影响泉水溢出量，对区域地下水环境产生不良影响。

3. 取水对第三方用水户的影响

现有农业用水户在春、秋季节存在一定的灌溉用水缺口，而规划项目的实施，会加剧农业用水户的水资源供需矛盾。今后农业生产需加大田间节水灌溉力度，提高用水效率，避免缺水。

规划项目取用地表水，农业灌溉将会增加新的灌溉井以维持作物生长和田间节水。

规划项目中水量回用后，还有部分未能收集的废水产生，规划项目必须高效利用水资源，充分利用中水量。必须完善废水处理设施的设计和建设，高标准严要求做好废水处理和排放工作，并制定有偿利用中水制度，鼓励工业用水时新水与园区的达标中水混合利用，做到中水零排放。

4. 水资源保护与节约

(1)规划、设计、建设污水处理厂，要满足当前并适当考虑未来需求。污水处理厂的废水处理工艺，要根据排水组成和特点，以及区域水环境生态综合选取，经处理达到排放标准后的中水必须尽可能就地利用，不再进行排放。

(2)建立地下水动态监测井网。加强地下水动态专用监测井以及水质监测专用井的建设。

(3)进行中小河流监测能力建设，完善河流水质、水量监测工作。

(4)推行生活、服务业、公共服务业等用水户使用节水型器具。

(5)工业企业应严格控制其用水量，加大工业用水的重复利用率，生产水源鼓励采用中水，建设节水型工业。

(6)绿化及农业灌溉大力普及采用微、滴灌的节水灌溉方式。

(7)工业企业采用先进设备和工艺，做好水平衡测算工作，提高用水效率，节约水资源。

三、新疆喀什地区地下水资源利用保护规划

(一)工作背景

喀什地区地处祖国西北边陲、自治区西南部，塔克拉玛干沙漠西部边缘，是我国对外开放的重要门户，也是全国最大的地区级优质商品棉基地、全国最大的干坚果基地和著名的优质牛羊肉和奶源基地。近20年来，喀什地区农业经济快速发展，耕地面积大幅增加，人民生活水平日益提高，社会经济发展对水资源的需求与日俱增，其中地下水资源强有力地支撑着喀什地区灌区农业生产发展。

喀什地区地处塔克拉玛干沙漠西部边缘，环境容量有限，生态环境比较脆弱，地下水作为支撑地区社会经济可持续发展的重要战略资源，也是其维持良好生态环境系统最重要的要素之一。由于灌区的扩大，喀什地区农业生产对水资源的需求也不断增长，现有地表水供水格局已不能满足现状农业生产对

供水的需要。为保证农业生产正常用水和应急抗旱,灌溉机井数量及地下水开采量自 2008 年以来增加较快,特别是大部分新近开垦的农田,几乎完全依赖开采地下水灌溉,现状管井数量已达到 33 893 眼,地下水开采量 36.59 亿 m^3/a,造成部分地域地下水过量开采、地下水位下降、发生超采现象。

党的十九大报告指出,建设生态文明是中华民族持续发展的千年大计,功在当代,利在千秋,深刻揭示了推进生态文明建设的重大意义。习近平总书记在黄河流域生态保护和高质量发展座谈会上强调,要把水资源作为最大的刚性约束,坚持以水定城、以水定地、以水定人、以水定产,合理规划人口、城市和产业发展,坚定走绿色、可持续的高质量发展之路。

为此,喀什地区为遏制过量开采地下水资源的现象,保障供水安全、生态安全、社会健康发展,合理利用与保护地下水,保持区域生态平衡、维护好天然绿洲和人工绿洲,阻止环境条件恶化(沙漠化、盐渍化)。2018 年 1 月,喀什地区水利局部署了《喀什地区地下水资源利用保护规划》任务。

(二)地下水资源计算评价

1. 评价要素

1)评价范围

喀什地区辖 12 个县市,辖区境内还分布有兵团第三师图木舒克市和 14 个团场,国土面积 11.37 万 km^2,其中平原面积约为 6.30 万 km^2,山地面积约为 5.07 万 km^2。评价范围为扣除风积平原外的喀什地区(包括兵团第三师图木舒克市及农牧团场)所辖的喀什噶尔河流域和叶尔羌河流域的平原绿洲区,面积为 43 670 km^2。

2)水平年

评价的现状水平年为 2017 年,近期水平年为 2025 年,远期水平年为 2030 年。

3)评价期及精度

计算和评价采用的数据系列为 2015—2017 年,工作精度 1:10 万。

2. 评价结果

根据《全国水资源调查评价技术细则》,地下水资源量计算时,仅对矿化度 $M \leqslant 2g/L$ 的区域进行地下水资源量计算,对于矿化度 2g/L 以上的区域仅进行地下水补给量的计算,不作为地下水资源量。

计算结果,多年平均情况下,喀什地区绿洲平原区,地下水资源量($M \leqslant 2g/L$)为 38.15 亿 m^3/a,地下水补给量($M > 2g/L$)为 16.11 亿 m^3/a。其中喀什噶尔河流域平原区 5.030 亿 m^3/a,叶尔羌河流域平原区 11.09 亿 m^3/a。各行政分区地下水资源量及地下水补给量计算见表 3-8,规划区分流域地下水资源量及地下水补给量计算见表 3-9。

表 3-8 各行政分区地下水资源量($M \leqslant 2g/L$)及地下水补给量($M > 2g/L$)计算表

序号	行政区	面积 (km²)	补给项合计 (亿 m³/a)	扣除井灌回归的补给模数 [万 m³/(km²·a)]	地下水资源量(亿 m³/a)		地下水补给量(亿 m³/a)	
					$M \leqslant 2g/L$	$2g/L < M \leqslant 3g/L$	$3g/L < M \leqslant 5g/L$	$M > 5g/L$
1	疏附县	1 958.20	3.884	19.09	3.490	0	0	0.249
2	喀什市	890.96	2.739	28.70	1.596	0.542	0.25	0.169
3	疏勒县	2 160.88	4.390	18.88	2.626	0.704	0.379	0.371
4	英吉沙县	3 249.67	3.825	10.96	2.330	0.377	0.528	0.328

续表 3-8

序号	行政区	面积（km²）	补给项合计（亿 m³/a）	扣除井灌回归的补给模数[万 m³/(km²·a)]	地下水资源量（亿 m³/a） M≤2g/L	地下水补给量（亿 m³/a） 2g/L<M≤3g/L	3g/L<M≤5g/L	M>5g/L
5	岳普湖县	3 127.81	3.181	9.343	1.973	0.216	0.495	0.238
6	伽师县	6 079.99	5.699	8.417	2.980	0.635	0.893	0.610
7	叶城县	4 200.14	7.303	16.17	4.973	0.618	0.552	0.650
8	泽普县	1 005.83	2.316	21.35	1.880	0	0.063	0.205
9	莎车县	5 792.89	10.92	18.06	6.915	1.488	1.372	0.685
10	麦盖提县	3 258.28	6.091	16.79	2.520	0.871	1.238	0.840
11	巴楚县	10 042.37	11.95	10.70	5.962	2.003	1.497	1.278
12	图木舒克市	1 902.65	2.882	13.99	0.901	0.511	0.881	0.370
	规划区合计	43 669.66	65.18	13.80	38.15	7.96	8.149	6.001

表 3-9　规划区分流域地下水资源量（M≤2g/L）及地下水补给量（M>2g/L）计算表

水资源三级区	水资源四级区	面积（km²）	补给项合计（亿 m³/a）	地下水资源量（亿 m³/a） M≤2g/L	地下水补给量（亿 m³/a） 2g/L<M≤3g/L	3g/L<M≤5g/L	M>5g/L
喀什噶尔河流域平原区	克孜勒苏河（含恰克马克河卡浪沟吕克河）	8 397.8	11.22	6.780	1.42	1.06	1.06
	盖孜河（含乌鲁阿特小河区）	4 790.3	8.37	5.600	0.61	0.96	0.72
	库山河（含艾格孜牙河）	4 279.4	4.32	2.610	0.44	0.54	0.38
	合计	17 467.5	23.81	14.99	2.47	2.55	2.06
叶尔羌河流域	叶尔羌河（含提孜那甫河、乌鲁克河、柯克亚河）	26 202.2	41.58	23.15	5.49	5.60	4.16
喀什地区平原区合计		43 669.7	65.18	38.15	7.96	8.15	6.00

按三调评价工作定义，地下水可开采量为矿化度 $M \leq 2g/L$ 的浅层地下水可供利用的水量。鉴于喀什地区实际，尽管部分机电井所处位置地下水矿化度（M）2~3g/L，当地通过抽取地下水汇入渠道与渠水混合后能够进行灌溉，这些区域地下水仍有一定的利用价值。为此，为保护好、利用好地下水资源，还计算了地下水矿化度（M）2~3g/L 情况下的地下水可利用量。规划区各市、县地下水资源可开采量计算见表 3-10。

《全国水资源调查评价技术细则》中附件《平原区地下水可开采量计算方法》（试行）给出了可开采量计算的具体方法。喀什地区所在水资源三级区不在西北生态脆弱区参考名录内，故可开采量计算采用非生态脆弱区地下水可开采量的计算公式：

$$W_{可开采量} = \text{Min}(W_{总补给量} - \Omega \cdot W_{不允许袭夺排泄量}, 0.90 \cdot W_{总补给量})$$

$$W_{总补给量} = W_{降水入渗补给量} + W_{山前侧向补给量} + W_{地表水体补给量} + W_{井灌回归补给量} + W_{其他补给量}$$

$$W_{不允许袭夺排泄量} = W_{潜水蒸发量} + W_{河道排泄量} + W_{侧向流出量} + W_{湖库排泄量} + W_{其他排泄量}$$

式中：Ω——不允许袭夺系数。

表 3-10 规划区各市、县地下水资源可开采量($M \leqslant 2g/L$)计算表

序号	行政区	面积(km^2)	总补给量（亿 m^3/a）	总补给量模数[万 m^3/($km^2 \cdot a$)]	$W_{总补给量}$（亿 m^3/a）	$W_{可开采量}$（亿 m^3/a）	计算方法
1	疏附县	1 958.2	3.884	19.83	3.49	2.112	实际开采量调查法
2	喀什市	890.96	2.739	30.74	1.596	1.029	实际开采量调查法
3	疏勒县	2 160.88	4.390	20.32	2.626	2.230	实际开采量调查法
4	英吉沙县	3 249.67	3.825	11.77	2.33	1.434	实际开采量调查法
5	岳普湖县	3 127.81	3.181	10.17	1.973	1.396	实际开采量调查法
6	伽师县	6 079.99	5.699	9.373	2.98	2.277	实际开采量调查法
7	叶城县	4 200.14	7.303	17.39	4.973	2.371	实际开采量调查法
8	泽普县	1 005.83	2.316	23.03	1.88	1.335	实际开采量调查法
9	莎车县	5 792.89	10.92	18.85	6.915	5.011	实际开采量调查法
10	麦盖提县	3 258.28	6.091	18.69	2.52	2.540	实际开采量调查法
11	巴楚县	10 042.37	11.95	11.90	5.962	3.057	实际开采量调查法
12	图木舒克市	1 902.65	2.882	15.15	0.901	0.904	实际开采量调查法
规划区合计		43 669.66	65.18	14.13	38.15	25.69	实际开采量调查法

（三）超采区划定

按《地下水超采区评价导则》(GB/T 34968—2017)，可采用水位动态法、开采系数法、生态地质环境问题法 3 种方法进行超采区判定，其中符合以下条件之一的区域，应划为超采区：①因地下水开采造成地下水位呈持续下降趋势（水位动态法）；②年均地下水开采系数大于 1.0（开采系数法）；③因地下水开采引发了一定的生态地质环境问题（生态地质环境问题法）。

因此，地下水超采区的划定，应利用完善的地下水水位监测系统，准确的地下水实际开采量，以及确凿的因地下水开发利用造成生态环境地质问题证据，圈定出超采区的初步范围，最后再考虑多种因素进行边界调整和修正，确定超采区边界。

1. 超采评价结果

喀什地区各县市 2005 年前地下水开采量不大，据喀什水文水资源勘测局 2008 年编制的《喀什地区地下水资源开发利用规划报告》，2006 年喀什地区平原灌区地下水开采量只有 6.2 亿 m^3/a，远远小于地下水可开采量，地下水水位变化受人工开采的影响比较弱；2005 年后地下水开采量逐步增大，地下水水位变化受人工开采的影响增强，地下水超采区逐步形成。

2018 年在进行全疆地下水超采评价时，喀什地区平原区并未划为地下水超采区，分析其原因是开采量统计不全造成。本次工作采用多种方法计算、统计了地区地下水开采量，根据水位资料情况，以 2005 年水位数据为基础，以 2006—2017 年为评价期，对其超采与否、超采程度进行了细致分析、评价。

为弥补水位动态法数据不全，在本次工作中采用了 3 种数据来源：一是收集到的各县监测井数据的均值，作为区域水位变化趋势的判断；二是将前人水文地质勘察成果的水位实测值与本次统测水位的值进行对比，并逐点计算地下水位年均变化速率；三是国土部门的个别县市监测数据，可直接反映监测站所在县市地下水动态变化趋势和幅度。我们把"2005 年以前资料所反映的地下水水位"视为"2005 年的

地下水水位"即评价期初地下水位,期末值采用2018年6—7月实测的地下水水位。

为确定准确的开采系数,本次地下水可开采量采用了多种方法计算,并与前人成果对比分析后,确定最终地下水可开采量。现状地下水开采量利用公报数据核查法、现场调查法、水电比法、水土平衡法等多种方法对地下水实际开采量进行了复核,最终确定了较为符合实际的开采量数据。地下水实际开采量采用2015—2017年的平均值。以上地下水可开采量与实际开采量的核定,为开采系数法划定超采区提供了真实准确的基础数据。

生态地质环境问题也可对现状地下水总体超采程度进行判断,是对地下水位动态、地下水开采系数划定地下水超采区结果的检验和复核。为掌握喀什地区生态环境现状和了解生态环境演化过程,工作中对喀什地区1970年、2000年、2010年、2017年的4期遥感影像进行了解译,全面掌握了生态环境现状和生态环境演化过程,为超采区划定提供了数据支持。

通过地下水长观监测资料、历史水位对比资料、开采系数、遥感解译生态环境变化等多种方法,综合判断了喀什地区各县市地下水超采范围,此外考虑因地下水位较高导致的土壤盐渍化状况,治理将水位埋深小于6m的范围剔除,同时在ARCGIS软件中叠加遥感解译的绿洲变化、盐渍化程度、植被覆盖等因素,最终勾画出超采区准确范围。

喀什地区平原区地下水超采区划定结果:喀什地区平原区共存在8个地下水超采区(表3-11,图3-6),均属一般超采区,超采区总面积为10 567.80km²(其中喀什地区各县9 325.21 km²,兵团第三师1 242.59 km²),占喀什地区平原区面积的25.8%。其中岳普湖县-伽师县-疏勒县超采范围较大,占超采区面积的72.5%,其他区域则为局部超采,超采区级别为中、小型一般超采区。

表3-11　喀什地区平原区地下水超采区(2006—2017年)评价表

超采区编号	超采区分级	超采区面积(km²)	超采区分布范围
65314101	小型一般	48.75	疏附县
65311102	特大型一般	7 660.66	岳普湖、伽师、疏勒、英吉沙县、喀什市、第三师
65314103	小型一般	99.60	英吉沙县
65313104	中型一般	673.10	叶城县、泽普县
65313105	中型一般	954.95	莎车县、第三师
65313106	中型一般	136.77	莎车县
65314107	小型一般	148.87	巴楚县、第三师
65313108	中型一般	845.10	第三师图木舒克市
地下水超采区面积合计		10 567.80	其中地方各县9 325.21,第三师1 242.59

2. 限采区、禁采区划分

根据喀什地区实际,虽然没有划定严重超采区,但辖区沙漠边缘与绿洲过渡带地下水环境,对保护喀什绿洲和阻止沙漠区扩大具有重要的意义。因此为防止塔克拉玛干沙漠西移,阻止托克拉克沙漠、布吉拉库沙漠范围扩大,为合理利用和有效保护地下水资源,维护喀什地区生态环境,将上述沙漠区边缘与绿洲区过渡带1~1.5km范围划分为地下水禁采区。

喀什地区共划定地下水禁采区面积2257km²,分布在喀什地区8个县、42个乡、镇、团场。依据《全国地下水超采区评价技术大纲》(水利部,2012)第六章,"在地下水超采区内,除禁采区外的区域,应全部划为地下水限采区。"故喀什地区限采区范围为超采区中除禁采区外的部分。喀什地区地下水禁采区、限采区分布情况见图3-7。

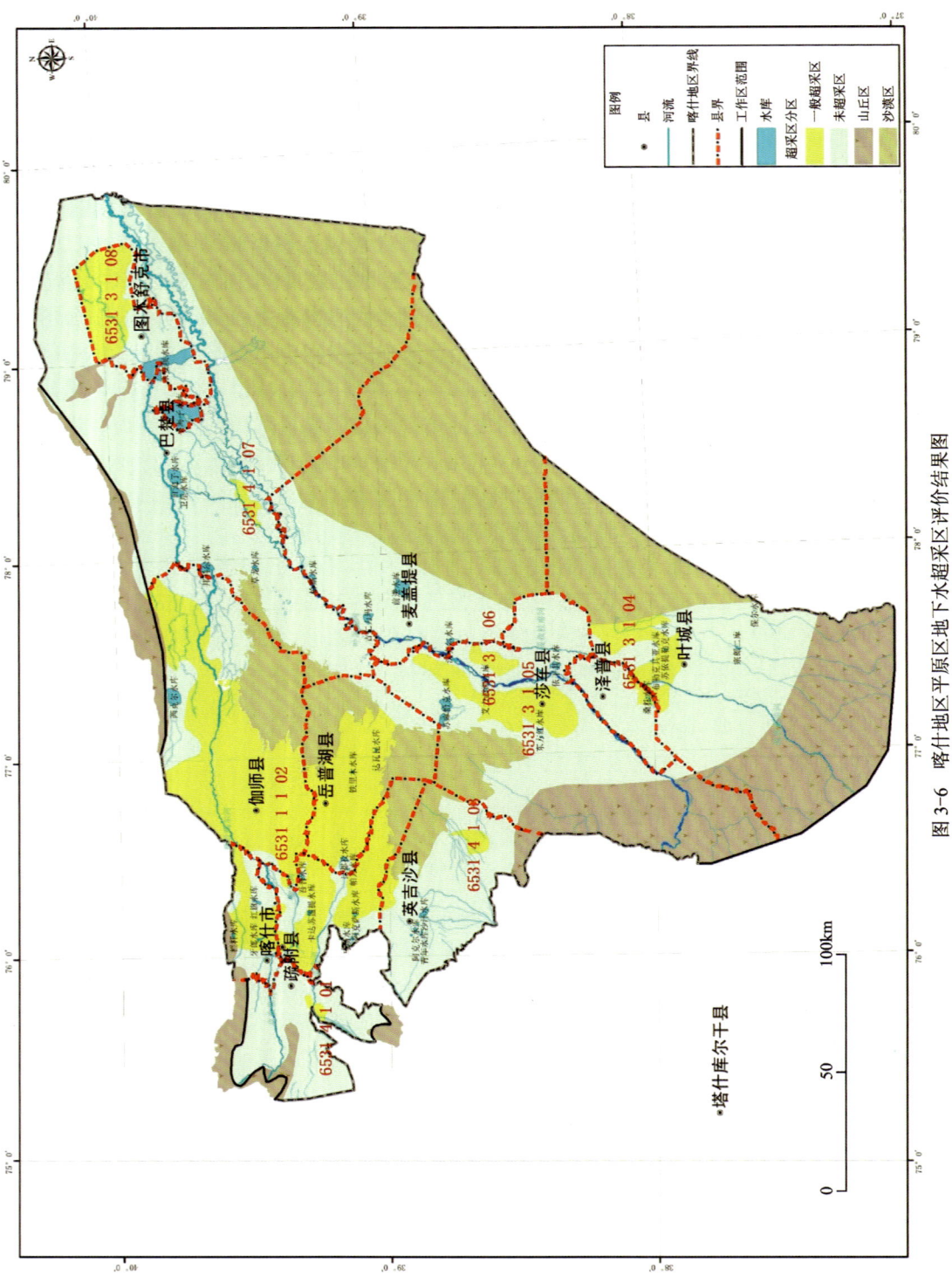

图3-6 喀什地区平原区地下水超采区评价结果图

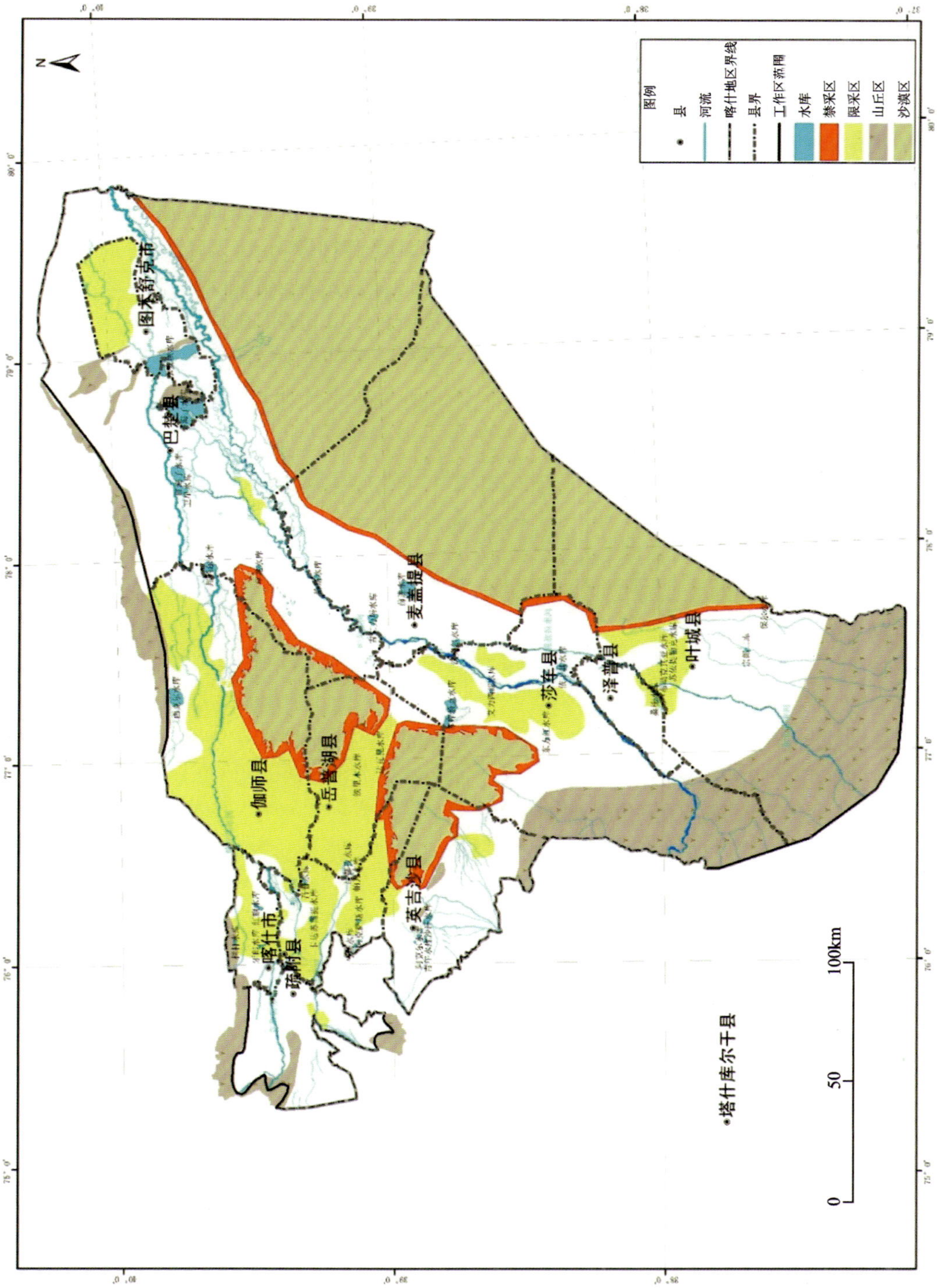

第三章 水资源论证及保护与利用规划

图 3-7 喀什地区地下水禁采区、限采区分布图

(四)地下水资源保护

按地下水资源的属性,地下水资源的保护包括水量保护、水位保护和水质保护三大部分。按地下水资源的主导功能,又划分为不同的功能区;按地下水开采利用状况,又划分为限采区、禁采区;另外还存在一些特殊重点区域(如与生态有关的湿地保护区、与饮水安全有关的饮用水水源区)。这些按照不同目的划分的区域均对地下水的水量、水位和水质有不同的要求。地下水资源保护从这些不同的定位出发,结合区域对地下水资源的要求,对水量、水位和水质提出保护目标和措施。

1. 地下水功能区划分及保护目标确定

以地下水功能区为基本单元,制定目标以使各功能区在规划期内能正常发挥其各项供水和生态环境功能时,应达到的要求。保护指标包括地下水开采量、地下水水位和地下水水质三类。地下水功能区划分及保护目标见图3-8。

1)水量保护总体目标

为保证各功能区地下水资源数量稳定,结合喀什地区现行水资源管理政策,地下水开采量指标以"三条红线"控制指标为总指标,向下分解到各功能区。由于"三条红线"控制指标量较地下水可开采量小(2030年控制指标仅13.36亿m^3,远远小于可开采量25.69亿m^3),若按此控制指标开采,部分地区地下水排泄量减少,地下水水位将会迅速抬升。对于超采地区,地下水水位将会得到恢复,但是对于地下水浅埋区,地下水水位的上升将会可能造成次生盐渍化的环境问题。因此,为避免产生新的问题,成果建议结合地下水水位动态适时调整地下水开采量指标,即当水位恢复超过限值时,可以加大开采地下水,以降低水位防止出现次生灾害,但是总开采量不应超过各区可开采量。

2)水位保护总体目标

根据中国科学院等单位长期观测研究,如若保持地区自然植被良好生存状态,乔木需要的潜水埋深3~6m,灌木2.5~6m,草地小于4m。新疆地下水资源评价成果提出,潜水埋深在5m左右时,既可以维持植被生长,也能够大幅降低因潜水无效蒸发引起的土壤盐渍化程度。综合以上研究成果,喀什地区潜水埋深控制上限目标确定为4~6m。

因此,非灌区地下水位的上限宜保持在4~6m,灌区水位突破上限6m以内时,各县市应启动地下水开采量调控工作,加大地下水开采量,确保地下水水位保持在合理范围,避免因地下水位过高对各业生产造成不利影响。喀什地区地下水超采区治理及地下水压采措施任务见表3-12。

3)水质保护总体目标

各县市分散式开发利用区(Q)、水源涵养区(T),现状水质优于Ⅲ类水时,应以现状水质类别作为保护目标;工业供水功能的区域,现状水质优于Ⅳ类水时,以现状水质作为保护目标;地下水仅作为农田灌溉的区域,现状水质或经治理后的水质要符合农田灌溉有关水质标准,现状水质优于Ⅴ类水时,以现状水质作为保护目标。

2. 湿地保护

喀什地区平原区内有湿地公园7处,湿地往往承担着重要的生态功能。因此,一般情况下,湿地区应禁止开采地下水,设置湿地保护区地下水开采量指标为0。喀什地区现状部分湿地保护区内有零星地下水开采,主要用途为保护区内绿化及人饮。建议远期通过水利工程配套,逐步取消地下水开采量。

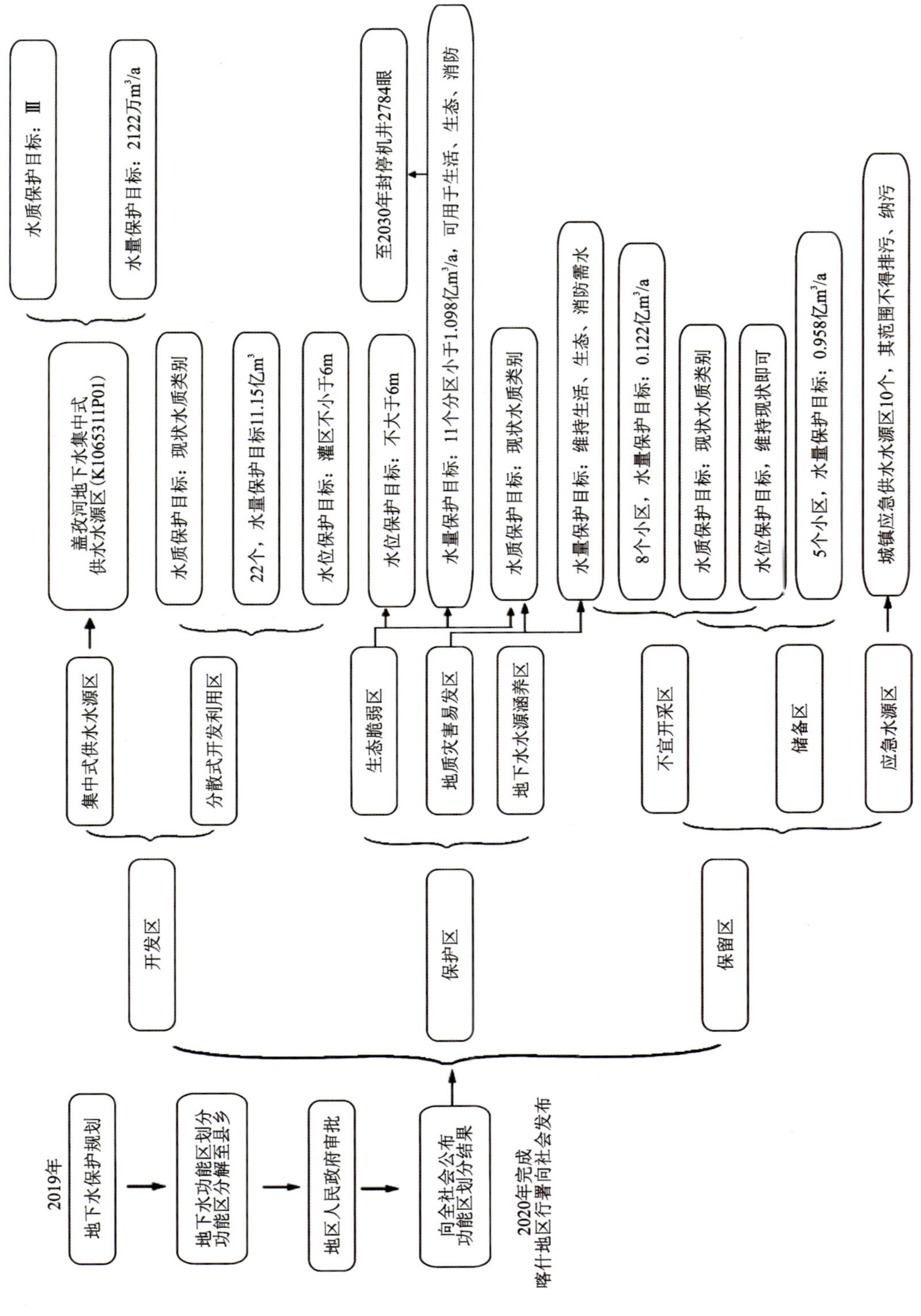

图 3-8 喀什地区地下水功能区划分及保护目标一览

开发区
- 集中式供水水源区 → 盖孜河地下水集中式供水水源区（K106511P01）
  - 水质保护目标：Ⅲ
  - 水量保护目标：2122万m³/a
- 分散式开发利用区
  - 水质保护目标：现状水质类别
  - 水量保护目标：22个，水量保护目标11.15亿m³
  - 水位保护目标：灌区不小于6m

保护区
- 生态脆弱区
- 地质灾害易发区
- 地下水源涵养区
  - 水位保护目标：不大于6m
  - 水量保护目标：11个分区小于1.098亿m³/a，可用于生活、生态、消防；至2030年封停机井2784眼
  - 水质保护目标：现状水质类别
  - 水量保护目标：维持生活、生态、消防需水

保留区
- 不宜开采区
  - 8个小区，水量保护目标：0.122亿m³/a
  - 水质保护目标：现状水质类别
- 储备区
  - 水位保护目标：维持现状即可
  - 5个小区，水量保护目标：0.958亿m³/a
- 应急水源区
  - 城镇应急供水水源区10个，其范围不得排污、纳污

2019年 地下水保护规划 → 地下水功能区划分解至县乡 → 地区人民政府审批 → 向全社会公布功能区划分结果

2020年完成 喀什地区行署向社会发布

表 3-12 喀什地区地下水超采区治理——地下水压采措施任务表

超采区	可开采量(M≤2g/L)(万 m³)	可利用量(M≤3g/L)(万 m³)	实际开采量(万 m³)	超采量(万 m³)	压采指标(万 m³)	2025年开采上限(万 m³)	实施《喀什地区用水总量控制方案》中部分任务									实施休耕轮作			合计		
							高效节水灌溉			调整结构		减少配水面积			水源置换								
							面积(万亩)	水量(万 m³)	面积(万亩)	水量(万 m³)	面积(万亩)	水量(万 m³)	关停井数(眼)	地表引水量(万 m³)	灌溉水利用系数提高百分比	可节约(置换)地表(下)水量(万 m³)	面积(万亩)	水量(万 m³)	关停井数(眼)	面积(万亩)	水量(万 m³)	关停井数(眼)
喀什市	10 290	13 210	19 076	5866	5866	13 210	11.40	1710	0	0	4.30	2365	0	38 698	5%	1791	0	0	0	15.70	5866	0
疏勒县	22 300	26 110	36 204	10 094	10 094	26 110	26.30	3945	0	0	8.00	4400	0	61 591	3%	1749	0	0	0	34.30	10 094	0
英吉沙县	14 340	16 370	16 503	133	133	16 370	0.89	133	0	0	0.00	0	0	44 414	0%	0	0	0	0	0.89	133	0
岳普湖县	13 960	15 140	35 979	20 839	20 839	15 140	12.68	1902	0	0	5.00	2750	0		8%	3651	22.79	12 536	0	40.47	20 839	0
伽师县	22 770	26 350	55 476	29 126	29 126	26 350	43.12	6468	0	0	8.50	4675	0	95 231	12%	11 409	11.95	6574	548	63.57	29 126	0
麦盖提县	25 400	30 340	30 480	140	140	30 340	0.93	140	0	0	0.00	0	0		0%	0	0	0	0	0.93	140	0
巴楚县	30 570	41 870	61 062	19 192	19 192	41 870	39.70	5955	0	0	12.26	6743	0	110 730	13%	0	11.81	6494	541	63.77	19 192	0
图木舒克市	9040	11 830	21 012	9182	9182	11 830	17.06	2559	0	0	6.70	3685	0	76 191	4%		5.34	2938	245	29.10	9182	0
小计	148 670	181 220	275 792	94 572	94 572	181 220	152.08	22 812	0	0	44.76	24 618	0	426 855	—	18 599	51.90	28 542	1334	248.74	94 572	0

注：优先通过发展高效节水灌溉来退减水量，当执行《用水总量控制方案》中的发展节水灌溉面积任务仍不能完成退减时，采用减少配水灌溉面积任务后仍不能完成退减时，采用实施土地休耕轮作制度；仍不能完成退减时，建议实施土地休耕轮作制度，以减少地下水开采，直至退减目标达成。退减时，采用提高灌溉水利用系数所节约出来的地表水量置换地下水量进行退减；仍不能完成退减时，采用减少配水面积来退减；当执行减少配水面积任务后仍不能完成

同时,通过依法管理流域水资源、实施天然湿地保护工程、实施水源涵养林保护工程等为湿地公园提供水资源保证。

湿地区地下水的一般埋深小于4m,故设置湿地区地下水位的保护目标为4m。当水位下降至4m以下时,应采取措施,防止继续下降。

以湿地现状地下水水质类别为保护目标,当湿地有地表水体进入时,应对地表水体的水质进行监测,禁止劣于地下水水质类别的其他水体进入湿地。除此之外,还应加强湿地保护区周边农村环境综合治理,加强湿地保护和水质改善,因地制宜开展农村污水、垃圾污染、农村土地污染治理。

3. 地下水超采区治理

超采区治理的总体目标是达到地下水采补平衡,实现地下水资源的可持续利用。结合国家、自治区对超采区治理的要求,提出到2025年实现采补平衡,控制开采量在可开采量以内,地下水位不再继续下降并全面稳定,地下水超采得到有效治理。

喀什地区超采区可利用量18.12亿 m^3,实际开采量27.58亿 m^3,超采量9.457亿 m^3。故2025年超采区压采目标为9.457亿 m^3。

超采区压采主要通过发展高效节水灌溉面积、调整种植结构、退减灌溉面积、水源置换、农田轮耕休耕等措施,减少超采区地下水开采量,逐步达到压采指标,实现地下水采补平衡。

超采区地下水位控制目标为:地下水位下降速率为0,即超采区地下水监测站网的所有监测井的地下水位在消除自然变幅后不允许有降幅。

同时,为防止继续超采导致严重的生态环境问题,喀什地区共划定地下水禁采区面积2 256.60 km^2,地方各县2 153.74 km^2,兵团第三师102.86 km^2。划定的禁采区应在2025年前封停所有生产取用地下水设施。

4. 地下水集中式供水水源地保护

根据法律法规及《饮用水水源地保护区划分技术规范》中对饮用地下水水源地保护的要求,进行饮用水地下水水源地保护区划分,并按照工程建设基本要求实施各级保护区防护工程,通过工程措施、非工程措施的实施,将饮用水水源地保护落到实处,加强饮用水地下水水源地的环境管理,确保饮用水安全。

地下水水源地水量保护目标为地下水可开采量,水源地设计开采量不得超过可开采量。当设计需水量大于水源地可开采量时,应开展水源地扩建工作,进行水源地扩建水资源论证及取水许可审批。

地下水水源地水位保护目标为地下水位不持续下降,当地下水水位持续下降时,应减小开采量,或扩大水源地范围。

地下水型饮用水水源保护区水质各项指标应不低于《地下水质量标准》(GB/T 14848—2017)中的Ⅲ类标准。当补给源为地表水体时,该地表水体水质不应低于《地表水环境质量标准》(GB 3838—2002)中的Ⅲ类标准。

5. 宜采区地下水利用

根据《新疆地下水资源管理条例》第二十五条规定,在地下水宜采区,县级以上水行政主管部门应当按照批准的用水总量控制方案,合理开发利用地下水。

对于喀什地区,对照各乡镇、兵团超采区划分结果,未超采的地方即为尚有开采潜力区,即宜采区。但宜采区开采量上限即为评价的各乡镇、团场可开采量,地下水位保护目标为维持现状,不得下降。

(五)地下水资源利用

1. 分区利用量规划

根据《喀什地区用水总量控制方案》,喀什地区(含兵团第三师)2025年地下水利用总量控制在15.28亿 m^3/a,2030年控制在13.36亿 m^3/a。

喀什地区地下水现状利用量36.59亿 m^3,考虑地区地下水可开采量、生态环境保护,以及本地区社会经济发展规划,若地下水开采量控制在13.36亿 m^3/a,地区城镇区域水位上升过高可能会威胁城市安全,同时灌区土壤盐渍化将会加重。因此从喀什地区地下水环境角度出发,以地下水功能区分区保护目标为基础,制定地下水利用规划,见表3-13。

表3-13 喀什地区地下水利用规划指标

一级功能区	二级功能区	面积(km^2)	地下水实际开采量(亿 m^3/a)	地下水利用规划(亿 m^3/a)	
				2025年	2030年
开发区	集中式供水水源区小计	163.2	1526	1800~2122	2122
	分散式开发利用区小计	19 845.92	324 899	126 654~169 215	114 394~160 754
	开发区小计	20 009.1	326 425	128 454~171 337	116 515~162 876
保护区	生态脆弱区、地质灾害易发区、地下水水源涵养区	63 656.6	33 541	17 582	11 850
保留区	不宜开采区、储备区、应急水源区	29 587.7	6648	6782	5235
合计		113 253.4	366 614	152 815~195 698	133 600~179 961

注:表中开采量包括山区乡镇。

2. 超采区地下水利用规划

超采区地下水压采主要通过发展高效节水灌溉面积、提高灌溉水有效利用系数、中水回用、调整种植结构、退减灌溉面积、水源置换、农田轮耕休耕等措施,减少地下水开采量,逐步达到压采指标。

由于调整种植结构涉及方面广,还需进一步深入做调研,故本次暂不作具体任务安排,各超采区可根据各地特点、市场行情和农民意愿,按照规模化、区域性、多品种、高效益发展方向,自行制定调整计划,压减地下水超采量。另外,据了解,喀什地区近期无外调水计划,故无外调水源置换任务。本次仅从高效节水灌溉面积、退减灌溉面积、水源置换(通过提高灌溉水利用系数而节约出来的地表水量置换地下水开采量)、土地休耕轮作等方面制定任务。其中任务优先执行《喀什地区用水总量控制方案》中规定的任务,当执行规定的任务不能完成压采时,为保证压采目标的实现,建议实施土地休耕轮作制度,以减少地下水开采,直至压采目标达成。喀什地区各县市地下水利用总量控制指标及压减措施任务见表3-14,兵团第三师地下水利用总量控制指标及压减措施任务见表3-15。

3. 地下水动态监测系统建设

喀什地区现有地下水监测井134眼,可正常观测的监测井为125眼,分布在12个市县的平原灌区,监测井布设密度除喀什市基本符合地下水监测规范要求外,其余县市监测井数量均不符合现状地下水开采强度下对监测站布设密度的要求,且现有监测井平面布置不均。按《地下水监测规范》(SL 183—2005),需增设地下水监测井204眼,实施后喀什地区共有水位监测井329眼,见表3-16,可基本满足地下水超采区对监测站布设密度的要求。

第三章 水资源论证及保护与利用规划

表 3-14 喀什地区各县市地下水利用总量控制指标及压减措施任务表

喀什地区各县	水平年	现状实际开采量（万 m³）	用水指标		实施《喀什地区用水总量控制方案》中部分任务													合计			
			地下水用水指标（万 m³）	退减目标水量（万 m³）	农业节水		调整结构		减少配水面积			水源置换				实施休耕轮作						
					面积（万亩）	水量（万 m³）	面积（万亩）	水量（万 m³）	面积（万亩）	水量（万 m³）	关停井数（眼）	地表引水量	灌溉水利用系数提高百分比	可节约（置换）地表(下)水量（万 m³）	面积（万亩）	水量（万 m³）	关停井数（眼）	面积（万亩）	退减水量（万 m³）	关停井数（眼）
喀什市	2025 年	19 076	10 020	9056	11.40	1710	0	0	4.30	2365	148	38 698	10%	3754	2.23	1227	0	17.93	9056	148
	2030 年		3860	6160	7.40	1110	0	0	2.30	1219	50	34 318	1%	343	6.58	3488	0	16.28	6160	50
疏附县	2025 年	7307	20 850	0	0.00	0	0	0	0.00	0	0				0.00	0	0	0.00	0	0
	2030 年		4890	15 960	19.90	2985	0	0	2.60	1378	0	43 108	11%	4613	13.18	6984	0	35.68	15 960	0
疏勒县	2025 年	35 155	14 972	20 183	26.00	3900	0	0	7.40	4070	38	57 677	14%	8011	7.64	4202	0	41.04	20 183	38
	2030 年		7101	7871	16.00	2400	0	0	4.20	2226	13	51 398	1%	514	5.15	2731	0	25.35	7871	13
英吉沙县	2025 年	16 033	16 567	0	0.00	0	0	0	0.00	0	150				0.00	0	0	0.00	0	150
	2030 年		4341	12 226	29.00	4350	0	0	3.30	1749	50	46 746	11%	5006	2.11	1121	0	34.41	12 226	50
岳普湖县	2025 年	35 398	10 922	24 476	11.00	1650	0	0	4.40	2420	95	36 995	8%	3041	31.57	17 365	0	46.97	24 476	95
	2030 年		9592	1330	7.00	1050	0	0	0.53	280	35				0.00	0	0	7.53	1330	35
塔县阿巴提镇	2025 年	105	0	105	0.70	105	0	0	0.00	0	10				0.00	0	0	0.70	105	10
	2030 年		0	0	0.00	0	0	0	0.00	0	0				0.00	0	0	0.00	0	0
伽师县	2025 年	54 063	18 231	35 832	37.00	5550	0	0	7.80	4290	169	85 831	12%	10 283	28.56	15 709	0	73.36	35 832	169
	2030 年		7021	11 210	0.00	0	0	0	4.40	2332	56	76 097	1%	761	15.32	8117	0	19.72	11 210	56
叶城县	2025 年	26 239	17 440	8799	40.50	6075	0	0	4.95	2724	112				0.00	0	0	45.45	8799	112
	2030 年		11 481	5959	38.50	5775	0	0	0.35	184	37				0.00	0	0	38.85	5959	37

续表 3-14

喀什地区各县	水平年	用水指标		实施《喀什地区用水总量控制方案》中部分任务												实施休耕轮作			合计		
		现状实际开采量（万m³）	地下水用水指标（万m³）	退减目标水量（万m³）	农业节水		调整结构		减少配水面积			水源置换				面积（万亩）	水量（万m³）	关停井数（眼）	面积（万亩）	退减水量（万m³）	关停井数（眼）
					面积（万亩）	水量（万m³）	面积（万亩）	水量（万m³）	面积（万亩）	水量（万m³）	关停井数（眼）	地表引水量	灌溉水利用系数提高百分比	可节约（置换）地表（下）水量（万m³）							
泽普县	2025年	12 838	9490	3348	22.32	3348	0	0	0.00	0	2				0.00	0	0	22.32	3348	2
	2030年		8010	1480	9.87	1480	0	0	0.00	0	1				0.00	0	0	9.87	1480	1
莎车县	2025年	43 704	41 515	2189	14.59	2189	0	0	0.00	0	153				0.00	0	0	14.59	2189	153
	2030年		28 670	12 845	29.40	4410	0	0	7.60	4028	51	124 576	4%	4407	0.00	0	0	37.00	12 845	51
麦盖提县	2025年	23 870	26 906	0	0.00	0	0	0	0.00	0	112				0.00	0	0	0.00	0	112
	2030年		23 051	3855	20.80	3120	0	0	1.39	735	37				0.00	0	0	22.19	3855	37
巴楚县	2025年	55 765	45 981	9784	39.70	5955	0	0	6.96	3829	1099				0.00	0	0	46.66	9784	1099
	2030年		16 057	29 924	19.70	2955	0	0	6.00	3180	366	106 207	14%	14 540	17.45	9249	0	43.15	29 924	366
喀什地区各县市	2025年	329 553	232 894	113 772	203.21	30 482	0	0	35.81	19 698	2088	—	—	25 089	70.01	38 503	0	309.03	113 772	2088
	2030年		124 074	108 820	197.57	29 635	0	0	32.66	17 311	696	—	—	30 184	59.79	31 690	0	290.02	108 820	696

注：优先通过发展高效节水灌溉来退减水量，当执行《用水总量控制方案》中的发展节水灌溉面积完成退减任务后仍不能完成退减时，采用提高灌溉水利用系数所节约出来的地表水量置换地下水量来进行退减；仍不能完成退减时，采用减少配水面积来退减；当执行减少配水面积完成退减任务后仍不能完成退减时，建议实施土地休耕轮作制度，以减少地下水开采，直至退减目标达成。

第三章 水资源论证及保护与利用规划

表3-15 兵团第三师地下水利用总量控制指标及压减措施任务表

兵团第三师	水平年	现状 实际开采量(万m³)	用水指标 地下水用水指标(万m³)	用水指标 退减目标水量(万m³)	实施《喀什地区用水总量控制方案》中部分任务 农业节水 面积(万亩)	实施《喀什地区用水总量控制方案》中部分任务 农业节水 水量(万m³)	调整结构 面积(万亩)	调整结构 水量(万m³)	减少配水面积 面积(万亩)	减少配水面积 水量(万m³)	减少配水面积 关停井数(眼)	水源置换 地表引水量(万m³)	水源置换 灌溉水利用系数提高百分比	水源置换 可节约(置换)地表(下)水量(万m³)	实施休耕轮作 面积(万亩)	实施休耕轮作 水量(万m³)	实施休耕轮作 关停井数(眼)	合计 面积(万亩)	合计 退减水量(万m³)	合计 关停井数(眼)
41团	2025年	1049	1508	0	0.00	0	0	0	0.00	0	0				0.00	0	0	0.00	0	0
41团	2030年		740	768	0.30	45	0	0	0.40	212	0	3704	5%	185	0.61	326	0	1.31	768	0
东风农场	2025年	470	393	77	0.51	77	0	0	0.00	0	0				0.00	0	0	0.51	77	0
东风农场	2030年		146	247	0.50	75	0	0	0.32	172	0				0.00	0	0	0.82	247	0
42团	2025年	476	588	0	0.00	0	0	0	0.00	0	0				0.00	0	0	0.00	0	0
42团	2030年		433	155	0.00	0	0	0	0.20	106	0	4372	1%	49	0.00	0	0	0.20	155	0
伽师总场	2025年	1413	889	524	3.49	524	0	0	0.00	0	0				0.00	0	0	3.49	524	0
伽师总场	2030年		215	674	0.00	0	0	0	0.50	265	0	8730	5%	409	0.00	0	0	0.50	674	0
54团	2025年	66	195	0	0.00	0	0	0	0.00	0	0				0.00	0	0	0.00	0	0
54团	2030年		63	132	0.34	51	0	0	0.00	0	0	645	5%	32	0.09	49	0	0.43	132	0
46团	2025年	1517	1240	277	0.00	0	0	0	0.50	275	0	3842	0%	2	0.00	0	0	0.50	277	0
46团	2030年		366	874	0.00	0	0	0	0.30	159	0	3724	5%	186	1.00	529	0	1.30	874	0
前进灌区	2025年	10387	5453	4934	5.21	782	0	0	2.40	1320	0	27318	4%	1093	3.16	1740	0	10.77	4934	0
前进灌区	2030年		3358	2095	0.99	149	0	0	1.60	848	0	26565	4%	1098	0.00	0	0	2.59	2095	0
小海子灌区	2025年	21012	13270	7742	17.06	2559	0	0	6.70	3685	167	76191	2%	1498	0.00	0	0	23.76	7742	167
小海子灌区	2030年		4205	9065	7.15	1073	0	0	4.30	2279	56	73522	3%	2206	6.62	3508	0	18.07	9065	56

续表 3-15

	现状		用水指标		实施《喀什地区用水总量控制方案》中部分任务										实施休耕轮作			合计		
					农业节水		调整结构		减少配水面积			水源置换								
	水平年	实际开采量(万m³)	地下水用水指标(万m³)	退减目标水量(万m³)	面积(万亩)	水量(万m³)	面积(万亩)	水量(万m³)	面积(万亩)	水量(万m³)	关停井数(眼)	地表引水量	灌溉水利用系数提高百分比	可节约(置换)地表(下)水量(万m³)	面积(万亩)	水量(万m³)	关停井数(眼)	面积(万亩)	退减水量(万m³)	关停井数(眼)
兵团第三师	2025年	36 390	23 536	13 554	26.28	3942	0	0	9.60	5280	167	—	—	2593	3.16	1740	0	39.04	13 554	167
兵团第三师小计	2030年		9526	14 010	9.28	1392	0	0	7.62	4041	56	—	—	4166	8.32	4411	0	25.23	14 010	56
喀什地区合计	2025年	365 943	256 430	127 326	229.49	34 424	0	0	45.41	24 978	2255	—	—	27 681	73.17	40 243	0	348.07	127 326	2255
(地方+兵团)	2030年		133 600	122 830	206.85	31 027	0	0	40.29	21 352	752	—	—	34 350	68.12	36 101	0	315.25	122 830	752

注：优先通过发展高效节水灌溉来退减水量，当执行《用水总量控制方案》中的发展节水灌溉面积来退减，采用减少配水面积完成退减时，采用减少配水面积来退减；当执行减少配水面积任务后仍不能完成退减时，采用地表水量来置换地下水量进行退减；仍不能完成退减时，建议实施土地休耕轮作制度，以减少地下水开采，直至压减目标达成。

第三章 水资源论证及保护与利用规划

表 3-16 喀什地区地下水监测井规划数量(包括现有监测井)表

市县	现状机井数量(眼)	机井密度(眼/km²)	现有监测井数量(眼)	规划监测井(眼)					合计(眼)	建成后密度(眼/10³km²)
				超采区	强采区	中等开采区	弱采区	小计		
喀什市	1116	1.11	11	3				3	14	14.0
疏附县	602	0.33	3			8		8	11	4.1
疏勒县	3116	1.44	11	9				9	20	9.3
英吉沙县	1405	0.43	13			10		10	23	7.1
伽师县	5599	0.92	14	36				36	50	8.2
岳普湖县	3086	0.99	9	17				17	26	8.3
叶城县	970	0.23	9			16		16	25	6.0
泽普县	1683	1.67	8	3				3	11	10.9
莎车县	4179	0.72	18	27				27	45	7.8
麦盖提县	2732	0.84	9	27				27	36	11.0
巴楚县	8875	0.88	18			30		30	48	4.8
图木舒克市	2022	1.06	2	18				18	20	10.4
合计	33893	0.81	125	140		64		204	329	8.5

地下水开采量监测,通过安装智能计量、监控设施,建立以县为主、地区监控的信息系统平台,实现对地下水资源的依法管理、总量控制、定额管理、以水定电、以电控水、节约奖励、超用限量、保护生态环境的目标。同时为农业水权水价改革奠定基础。

通过井电双控系统,各县市制定本辖区地下水开采量计划,将地下水年度开采指标分配到每眼井,未安装"井电双控"设施的机井严禁开采地下水。

(六)结语

近 20 年来喀什地区农业经济快速发展,耕地面积大幅增加,开采地下水资源强有力地支撑着喀什地区灌区农业生产发展。由于无序过量开采地下水,喀什地区平原灌区出现了地下水水位普遍下降的现象,部分地域形成超采区。

本项目水文地质测绘面积 4.3 万 km²,包含 13 个县市,历时 16 个月完成。通过本次工作,查清了喀什地区的水、土资源的利用、生态环境现状、超采情况,对地下水资源量、可开采量、地下水功能区、地下水超采状况进行了评价、划分,提出了地下水超采治理的措施、地下水利用及管理的建议,为喀什地区水行政主管部门科学管理地下水资源提供技术支撑。规划工作取得了以下关键成果:

(1)查明水资源利用状况特别是地下水的实际开采情况是本次调查工作的重点,也是编制好规划报告的重要基础。为查清地下水实际开采量,项目组采用多种手段,对代表性灌区进行实地调查访问并反复核实机井数量、机井用电量、河流引水量、灌溉水利用系数、灌溉面积、灌溉定额等数据资料,整理分析了巨量的数据,通过机井用电量核算、供需水平衡分析计算结合实地调查,客观评价了喀什地区地下水开采状况。

(2)统筹考虑水资源和地下水资源利用状况,按地下水自然资源属性、生态与环境属性、经济社会属性和规划期水资源配置对地下水开发利用的需求,并结合生态环境保护目标要求划分了喀什地区地下水功能区。本规划之前,喀什地区平原区未系统进行过地下水超采区划分工作。

由于地下水动态监测数据欠缺和历史时期资料的完整程度、精度、系列、统计口径等存在差异性,造成超采区划定和分级比较困难。项目组通过整理大量的历史资料,采用多因子比对综合分析判断,划分了喀什地区地下水超采区。本报告调查分析得出的地下水开采量、划分的地下水功能区、划分的地下水超采区得到了新疆水利厅、喀什地区水利局和专家的认可,在此基础上进一步提出了地下水资源利用保护措施。规划成果给喀什地区地下水资源管理、超采区治理、地下水资源保护指明了方向和目标。

(3)通过遥感解译,揭示了喀什地区近50年来城镇、灌区的发展变化,水域和湿地的变化,天然绿洲的演化,荒漠的演化,灌区盐渍化发育程度的变化,植被发育程度的变化等,为喀什地区研究经济社会发展、水资源利用与环境之间的关系提供了大量的数据。

(4)结合地下水功能区初步划分了地下水限采、禁采的范围,明确了规划水平年各县市的地下水开采量控制指标,为喀什地区地下水利用、保护、治理与管理提供了科学依据。

70载

第二篇

工程地质

第四章 水利水电工程

第一节 大中型水利水电工程

一、玛纳斯河肯斯瓦特水利枢纽工程

(一)工程概况

肯斯瓦特水利枢纽工程位于新疆玛纳斯县和沙湾县交界处(以玛纳斯河为界),是一座具防洪、灌溉、生态保护和发电等综合利用的水利枢纽工程。玛纳斯河发源于天山北坡,是北天山最大内陆河流,枢纽区处于玛纳斯河中游河段,距石河子市约50km。该枢纽由拦河大坝、溢洪道、泄洪洞、发电引水系统及电站厂房组成,其中拦河大坝为1级建筑物,泄洪洞、溢洪道及发电洞进水口为2级建筑物,发电引水隧洞及电站厂房为3级建筑物,临时建筑物为4级。水库正常蓄水位990.0m,库容1.88亿m^3,大坝为混凝土面板砂砾石坝,最大坝高129.4m,电站装机100MW,属大(2)型Ⅱ等工程。

肯斯瓦特枢纽工程于2009年底开工建设,2010年10月底截流,2014年12月底下闸蓄水,2015年12月底首台机组正式并网发电,截至目前工程运行状况良好。

(二)勘察工作概述

肯斯瓦特水利枢纽工程是天山北坡经济带规模最大、地质情况复杂的山区水利工程,玛纳斯河流域勘测工作始于20世纪60年代,相继完成了玛纳斯河二级、三级、四级和五级引水电站的开发建设。1977—1986年间,曾经进行过肯斯瓦特水电站和哈熊沟水电站勘测设计工作,此后的1993年进行的玛纳斯河流域规划,推荐肯斯瓦特水利枢纽工程为近期开发工程。1994—1996年,再次对肯斯瓦特水利枢纽工程进行勘测工作;1999—2005年,完成项目建议书阶段地质勘察工作,并于2006年1月在水利部水利水电规划设计总院(以下简称"水规总院")通过了技术审查;2009年3—10月完成初步设计阶段勘察工作,于2009年12月通过水规总院成果审查。至此,正式掀开工程建设的序幕。

据流域规划,在玛纳斯河与清水河汇合口至下游3km之间河段进行选址,项目建议书和可行性研究阶段对上、中、下3个坝址进行比选,最终确定上坝址作为工程的推荐坝址。坝址区工程地质图见图4-1,坝轴线工程地质剖面图与古河槽工程地质剖面图见图4-2、图4-3。

第四章 水利水电工程

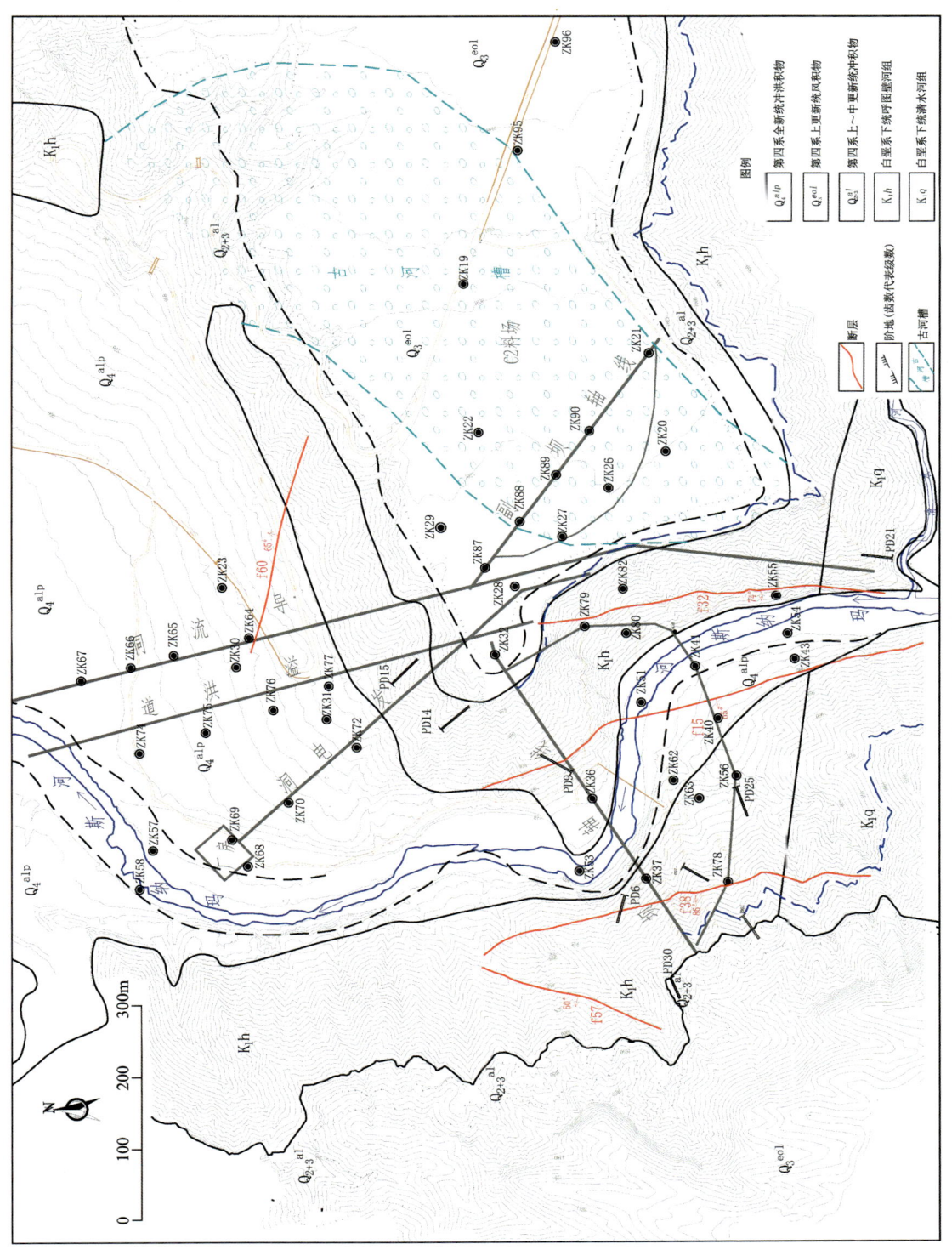

图 4-1 肯斯瓦特水利枢纽坝址区工程地质图

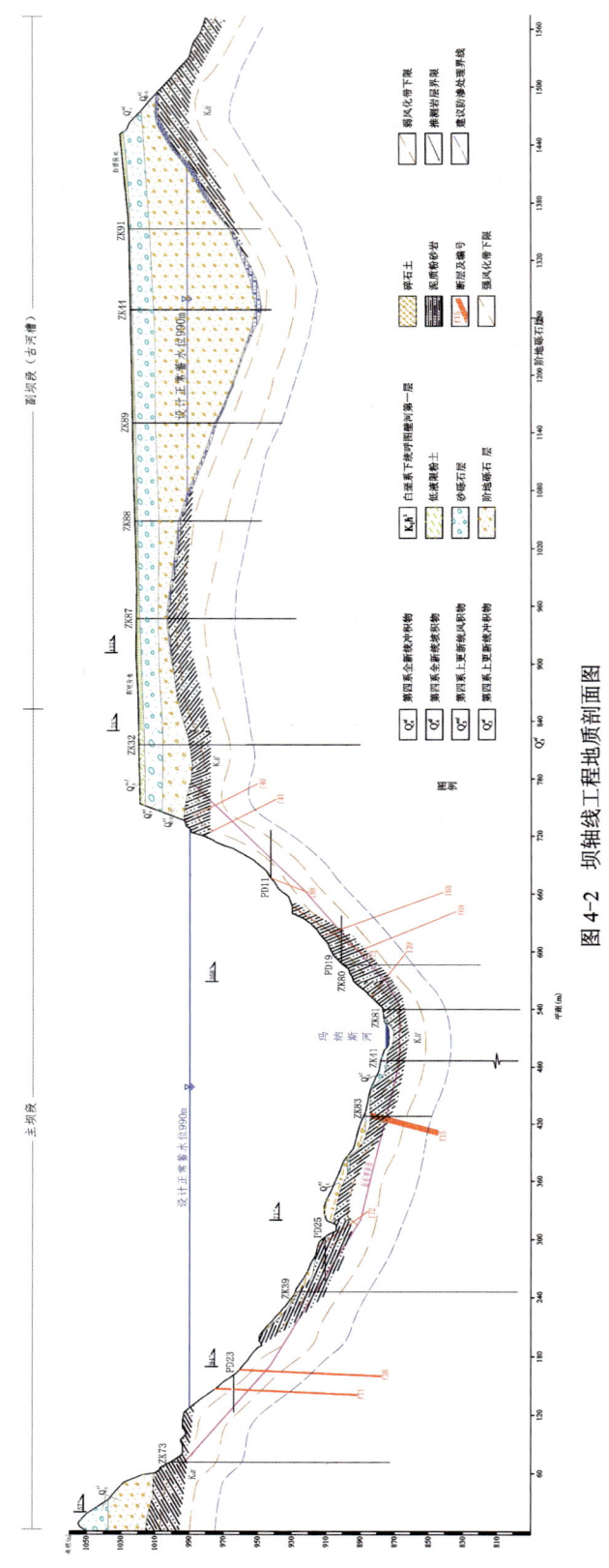

图 4-2 坝轴线工程地质剖面图

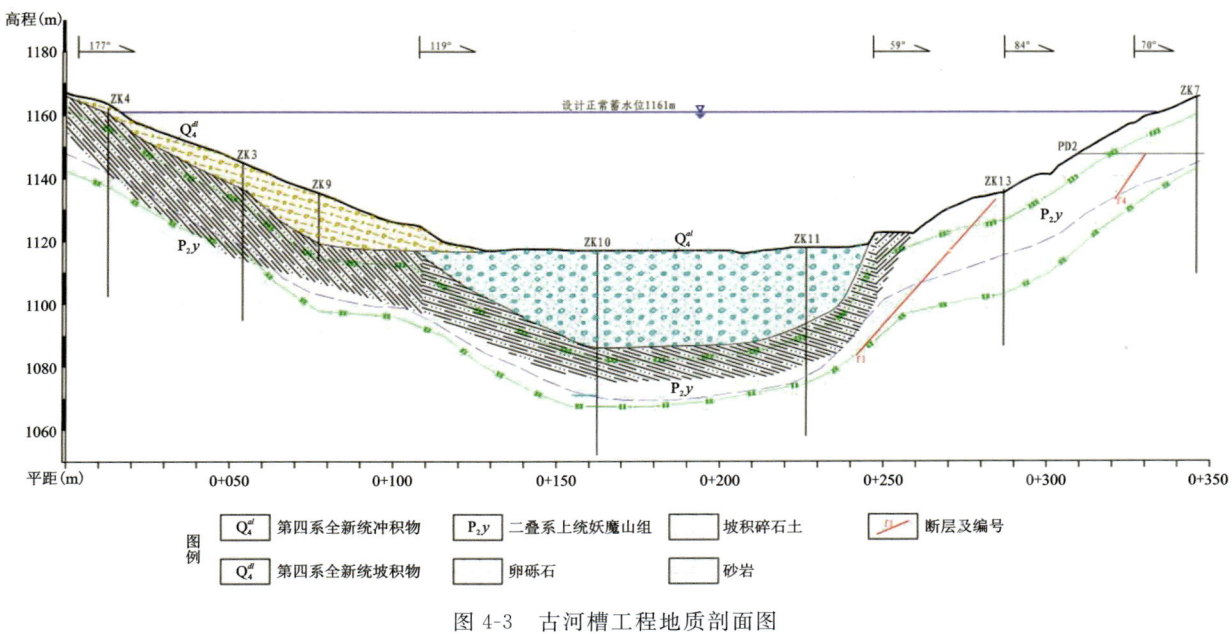

图 4-3 古河槽工程地质剖面图

(三) 工程地质条件与评价

1. 区域地质

工程区位于北天山褶皱带乌鲁木齐山前坳陷内,主要发育有清水河子断裂和玛纳斯断裂,为区域性活动断裂,分别距枢纽区 12km 和 25km,构造活动向坳陷北部推移,控制着区内地形地貌、地层岩性和地震活动,是北天山地震带中的发震构造,属区域构造稳定性较差区域。据本工程地震安评报告,50 年超越概率 10%、2% 对应的基岩峰值加速度为 250.9gal、393.5gal,100 年超越概率 2% 对应的基岩峰值加速度为 471.2gal,相应地震基本烈度为Ⅷ度。

2. 库坝区工程地质条件

水库区位于玛纳斯河中游低中山峡谷区地貌单元内,河段蜿蜒曲直,河流最窄处仅 20m,下切深度达 100~150m。坝址区处于汇合口及其下游的峡谷河段上,河谷呈"V"字形,比高 280~320m。两岸坡度 35°~50°,基岩裸露,山顶高程 1200~1800m。两岸阶地发育,右岸Ⅳ级阶地分布有古河槽,左岸山势陡峻,以棕色泥质粉砂岩为主,与灰绿色泥质粉砂岩互层,呈条带状。

水库区地层为侏罗系、白垩系泥岩、泥质粉砂岩等,为相对不透水层。库岸为封闭的山体基岩环绕,不存在永久性渗漏问题。库区河水水质较好,对普通水泥无腐蚀性;基岩裂隙水矿化度较高,对普通水泥具硫酸盐型强腐蚀性,对混凝土中钢筋具弱—中等腐蚀。

库区处于红沟背斜的北翼,岩层呈单一向北倾斜的单斜构造,走向近东西,与区域构造线方向一致,倾向北或北东,倾角 45°~65°。库区构造形迹不明显。受坳陷带南北边界断裂控制,形成东西向以及近南北向两组次级构造。

坝址区为横向河谷,主要发育 NNW 向 (330°~350°) 和 NNE 向 (5°~20°) 低序次断层。NNW 向和 NNE 向断层为一组共轭走滑断层,属平移断层。其中,NNW 向断层与河流走向交角较小,规模较大的断层为 f_{15},自坝线上游左岸河边出露并斜穿河床,延伸至下游右岸坡被第四系覆盖;NNE 向断层产状

$10°\sim30°SE\angle50°\sim60°$，延伸长度一般小于百米，多被NNW断层错断或与其交会。

左岸趾板岩性为泥质粉砂岩，全风化层厚$0.2\sim0.4m$，强风化层厚$4.4\sim7.8m$，弱风化层厚$14\sim17m$。主要发育三组结构面，坝肩无大的不稳定岩体。趾板960m高程发育有一小断层，产状$345°SW\angle86°$，宽$1.2\sim1.5m$，破碎带以灰绿色碎裂岩为主，倾向岸内。岸坡坝顶以上高阶地胶结卵砾石边坡处于水库正常高水位以上，整体稳定，岸坡前缘陡坎有卸荷裂隙发育，边坡可能出现崩塌或掉块现象，建议开挖坡比1∶0.5；上部松散漂卵砾石自然边坡处于稳定状态，在胶结卵砾石顶部设置宽马道，防止松散漂卵砾石边坡坡面的掉块。根据坝肩岩体透水性和工程地质条件，建议趾板防渗帷幕（<1Lu）处理深度为$40\sim45m$。

河床段趾板处于河床和Ⅰ、Ⅱ级阶地上，河床及左岸阶地堆积第四系冲积卵砾石层，厚度$1\sim4m$，上部被坡积碎石土层覆盖，最大厚度约6m。断层F_{15}在趾板线$0+450\sim0+470$处发育，产状$345°SW\angle60°\sim70°$，宽$4.5\sim5m$，破碎带以灰绿色碎裂岩为主，局部充填断层泥，该断层沿河床段顺河向延伸，可形成集中渗漏通道，对防渗处理不利。趾板基岩强风化层厚$4\sim4.5m$，弱风化层厚$13\sim15m$，建议趾板基础置于弱风化岩体上并对该断层进行处理。据岩体透水性和工程地质条件，建议坝基防渗帷幕（<1Lu）处理深度$35\sim40m$。

右岸趾板岩性为泥质粉砂岩，岩体强风化层厚$5.5\sim7.5m$，弱风化层厚$17\sim20m$。岸坡上发育一组陡倾小断层，断面多波状起伏，由泥质充填，破碎带宽$0.3\sim0.6m$。岩体受构造切割，加之风化破碎，易发生滑塌或掉块，面板周边岩体应进行削坡锚固处理，以保证面板不受其危害。建议坝基防渗帷幕（<1Lu）处理深度$40\sim50m$，并向岸内延伸与古河槽防渗线相连。

勘察建议将趾板基础置于弱风化岩体上，由于岩体具崩解性，在清基时应考虑预留保护层，开挖至建基面后及时采用混凝土进行喷护封闭，面板周边基岩临时坡比1∶0.3，永久边坡1∶0.55~1∶0.75，并局部设系统锚杆，保证边坡稳定。阶地下部弱胶结漂卵砾石，临时开挖坡比采用1∶0.5，永久边坡1∶1；阶地上部松散漂卵砾石，临时坡比采用1∶1，永久边坡1∶1.5，应设马道分层开挖。

经大坝施工开挖，F_{15}断层（属Ⅱ~Ⅲ级结构面）为跨越趾板基础最大结构面，大致顺河向延伸长度400m，直至发电厂房尾水渠转弯处，工程处理方法是挖除破碎带中的夹泥碎裂岩，开挖至两侧较完整坚硬岩石，开口宽度约为2倍断层宽度，采用混凝土塞处理长度130m，处理深度约为1.5倍断层宽度（趾板以外为0.5倍断层宽度）。除F_{15}断层规模较大，坝基其他断层规模较小，大坝趾板基础基本处于弱风化泥质粉砂岩上，岩体大部分较完整，以中厚层状块裂结构为主，局部为互层状板裂结构，岩体嵌合良好。F_{15}断层附近及河床段，岩体基岩裂隙水发育，其余大部分趾板建基面岩石处于干燥状态。

3. 岩土体工程特性

岩体完整程度和风化程度有较明显对应关系，强风化岩体较破碎—完整性差，弱风化岩体较完整，微风化到新鲜岩体完整性好。对2006年可研阶段的勘探平硐进行复测表明，所有平硐硐口都被崩解岩体封堵掩埋，洞顶及洞壁普遍崩落，崩落厚度在$20\sim60cm$之间。初步设计阶段勘探平硐观测表明，勘探平硐在完工后15天左右岩体开始出现掉块现象，洞壁岩体开始出现裂纹，逐渐张开，最终形成裂隙发生掉块。

据现场对泥质粉砂岩试验观察研究表明：岩石在保持一定温度和湿度条件的封闭环境下，崩解缓慢；在受暴晒、干湿交替和温度变化等作用下，则会迅速崩解。

岩石（体）单轴饱和抗压强度、岩体的变形模量、弹性模量和抗剪强度等物理力学性质指标，地质建议值见表4-1、表4-2。

弱风化岩体承载力按弱风化岩石的单轴饱和抗压强度1/12进行折减，确定其地质建议值，强风化岩体按结构发育情况提出地质建议值。

第四章 水利水电工程

表4-1 坝址区岩石物理力学性质地质建议值

岩性	风化程度	比重	密度 (g/cm³)		抗压强度 (MPa)		弹性模量 (GPa)		变形模量 (GPa)		泊松比
			天然	干	天然	饱和	天然	饱和	天然	饱和	
泥质粉砂岩	强风化	2.68	2.51	2.47	40.9	19.6					0.30
	弱风化	2.68	2.53	2.48	44.6	25.3	26.2	20.5	22.5	16.6	0.27
	微风化—新鲜	2.68	2.55	2.51	61.1	37.2	27.7	23.4	24.3	20.8	0.24

表4-2 坝址区岩体物理力学性质地质建议值

岩性	风化程度	弹性模量 GPa	变形模量 GPa	岩体/岩体			岩体/混凝土			纵波波速 m/s	承载力 kPa
				抗剪断强度(岩体)		抗剪强度(岩体)	抗剪断强度(岩体)		抗剪强度(岩体)		
				C' MPa	f'	f	C' MPa	f'	F		
泥质粉砂岩	强风化									1600～2700	600
	弱风化	2.36	1.49	1.0	0.82	0.55	0.72	0.80	0.50	2300～3800	2000
	微风化—新鲜	4.42	3.16							3000～4800	3000

坝址区岩体分类见表4-3。

表4-3 坝基岩体工程地质分类表

风化程度	饱和单轴抗压强度(MPa)	纵波波速(m/s)	RQD(%)	岩体完整性系数 K_v	岩体特征及工程特性评价	坝基岩体类别
强风化	19.6	1600～2700	32～45	0.29～0.42	岩体呈镶嵌或碎裂结构,结构面中等发育—很发育,贯通性结构面由碎块夹泥组成,岩体较破碎—完整性差,岩石强度低	C_{IV}
弱风化	25.3	2300～3800	55～90	0.56～0.75	岩体呈厚层状或镶嵌结构,结构面不—中等发育,结构面延伸较短,多闭合,贯通性控制性结构面对坝基岩体强度有部分影响	C_{III}
微风化—新鲜	37.2	3000～4800	82～95	0.68～0.86	岩体呈厚层或巨厚层状结构,结构面轻度或中等发育,结构面延伸较短,多闭合,局部发育小断层,但不存在影响坝基稳定的控制性结构面	$B_{III 1}$

枢纽区有导流泄洪冲砂洞和发电洞等水工隧洞,围岩为泥质粉砂岩、粉砂质泥岩夹少量砂质页岩,围岩分类评分参见表4-4。

表 4-4　地下洞室围岩分类参考评分表

桩号	岩石强度		岩体完整程度		结构面状态		地下水		主要结构面产状				总分	类别
	R_b	分数	类别	分数	类别	分数	类别	分数	类别		分数			
强风化岩体（进出口段）	21～30MPa	8～10	较破碎	9	微张	15	干燥到渗水	-6	夹角小于30°	倾角45°～70°	洞顶	-5	18～22	V
											边墙	-10		
弱风化岩体（洞身段）	32～45MPa	11～16	较完整	25	闭合或微张	24～27	干燥到渗水	-4	夹角小于30°	倾角45°～70°	洞顶	-10	40～50	Ⅲ或Ⅳ
											边墙	-12		
微风化至新鲜（洞身段）	48～60MPa	17～20	完整	30	闭合	27	干燥到渗水	-3	夹角小于30°	倾角45°～70°	洞顶	-10	59～65	Ⅲ
											边墙	-12		
断层通过处（洞身段）	20～30MPa	8～10	完整差	12	闭合	15	干燥到渗水	-3	夹角小于30°	倾角70°	洞顶	-5	22～26	Ⅳ或V
											边墙	-10		

4. 岩质边坡评价

通过边坡的稳定分析计算,判定岩体类别主要为Ⅲ～Ⅳ类,边坡岩体质量中等—差,由此判断边坡岩体为整体稳定局部不稳定。各建筑物工程边坡 CSMR 体系进行岩体分类评价,见表 4-5。

表 4-5　工程区边坡 CSMR 体系岩体分类评价表

参数	左岸	右岸	导流洞		泄洪洞		发电洞		溢洪道	趾板线
			进口	出口	进口	出口	进口	出口		
ξ	0.85	0.91	1	1	0.9	1	0.9	1	1	1
RMR	54	45	37	54	43	54	43	54	54	54
λ	0.8	1	0.8	0.8	1	0.8	1	0.8	0.8	0.8
F1	0.15	0.7	0.15	0.15	0.7	0.15	0.7	0.15	0.15	0.7
F2	1	1	1	1	1	1	1	1	1	1
F3	5	5	5	25	5	25	5	25	0	5
F4	0	0	0	0	0	0	0	0	0	0
CSMR	45.3	37.45	36.4	51	35.2	51	35.2	51	54	51.2
类别	Ⅲ	Ⅳ	Ⅳ	Ⅲ	Ⅳ	Ⅲ	Ⅳ	Ⅲ	Ⅲ	Ⅲ
岩体质量	中等	差	差	中等	差	中等	差	中等	中等	中等
稳定性	整体稳定局部不稳定	不稳定	不稳定	整体稳定局部不稳定	不稳定	整体稳定局部不稳定	不稳定	整体稳定局部不稳定	整体稳定局部不稳定	局部稳定局部稳定

5. 天然建筑材料

在可研和初步设计阶段,选定 T5 土料场和 C2、C3 两个砂砾石料场,分阶段按详查精度进行勘察。为研究 T5 防渗土料场的分散性问题,曾经取样送交中国水利水电科学研究院等多家有相关经验的实验室进行针孔试验等专项研究,对天山北坡黄土类土料的分散性进行研究分析,取得必要的成果积累；C2、C3(砂砾石料场)各类质量技术指标基本满足砂砾石面板坝填筑料以及混凝土粗细骨料的要求。因选定坝型为混凝土面板砂砾石坝,在此着重介绍砂砾石料场。

根据施工阶段对肯斯瓦特水利枢纽料场复查的成果,以及现场施工碾压试验和大坝施工过程中的逐级检测结果,该料场作为大坝填筑料符合质量技术要求,人工加工筛选的排水体料、垫层料、特殊垫层料以及混凝土粗细骨料均符合质量技术要求。

施工主要采用 C2 砂砾石料场,位于右岸Ⅳ阶地上,与河床相对高差 140m。开采运输条件较好,距离坝址 2km,无地下水干扰。上部卵砾石层含泥量低,机械容易开采取用;下部古河槽卵砾石层具胶结性,需要先预裂爆破松动后,才能进行机械开采。

该料场作为混凝土骨料,具有潜在危害性反应的活性骨料,需掺加粉煤灰来抑制混凝土碱骨料反应。对于古河槽砂砾石层,施工开采前,与 C2 料场类似,进行各类设计所需垫层料的相关试验,结果可以满足设计要求和规范要求。

施工期混凝土粗、细骨料主要取自下游一级电站砂砾石专业料场,总计使用粗、细骨料 35 万 m^3。为消除碱活性带来的隐患,混凝土加工过程中均按照有关要求掺配粉煤灰,各项质量指标满足工程技术要求。

(四)工程地质问题分析与评价

1. 区域地质与地震烈度问题

工程区处于北天山纬向构造带上,属地震基本烈度Ⅷ度区,距离 1906 年玛纳斯 7.7 级地震极震区所处的清水河子断裂(F_3)约 12km,初步设计阶段针对该断裂的活动性对枢纽的影响进行了专题研究,证明清水河子断裂全新世以来在牛圈子及其以西段活动明显,向东至宁家河及玛纳斯河,其活动性已明显减弱,由此可见该活动断裂对肯斯瓦特水库坝址影响不大。工程区为构造稳定性较差区域,50 年超越概率 2% 基岩峰值加速度 393.5gal;50 年超越概率 10% 基岩峰值加速度 250.2gal。

通过可研和初设阶段专题论证复核,在工程区内断层未发现明显的第四系活动证据。但该水库大坝作为百米级高土石坝,应在基本烈度基础上提高 1 度,按Ⅸ度作为地震设计烈度。

2. 坝址、坝型比选问题

由于中、下坝址库盘条件优越,可研之前的勘察工作主要集中于中、下坝址。2005 年开展项目建议书补充勘察以来,研究发现中、下坝址以软岩、极软岩为主,且江南庙断裂从下坝址通过,库坝区两岸存在倾倒体,左岸存在大规模滑坡群等问题,工程地质条件差。上坝址库区库岸稳定条件优于中、下坝址,但存在沿古河槽渗漏问题,需进行工程处理。综合各种因素分析,最终确定上坝址为推荐坝址。

初设阶段比选坝型包括心墙坝和面板坝,虽然都具备修建条件,但综合各方面因素考虑,心墙坝防渗土料存在分散性风险,缺乏可供借鉴的工程经验,因而面板坝更为适宜;沥青心墙坝对于坝高超过 120m,又处于Ⅷ度地震烈度区来说,当时在国内尚无先例,存在一定技术风险。而面板坝当时疆内已经有了乌鲁瓦提水库、吉林台水库等百米级高坝的成功先例。基于此考量,最终选择了面板坝这一坝型方案,目前从环境影响角度来看,此选择也是具有前瞻性的。

3. 软岩及其崩解性问题

工程区泥质粉砂岩在最初研究阶段,由于对其崩解特性认识不足,大部分岩石样品疏于保护,以及试验送达不及时等原因,导致岩石抗压强度总体试验结果偏低,多数单轴饱和抗压强度在 10MPa 以下。中后期随着对推荐的上坝址投入大量勘探试验工作,对该岩石特性的认识也随之不断加深,在注重样品保护和试验及时性方面加以改进后,强度指标有明显提高。如初设勘察阶段强风化-弱风化泥质粉砂岩单轴饱和抗压强度达到了 19.6~25.3MPa，微风化-新鲜状态下为 37.2MPa，属于软岩向中硬岩过渡，岩体的风化崩解特性对其强度影响较大，通过对崩解性研究，在封闭状态下（或有围压状态）岩体的长期耐久性强度是有保证的。

通过试验样品专门的保护措施，确保参数的真实可靠，按不同风化层对岩石强度、岩体变形、抗剪、动参数指标统计分析，并针对岩体的风化特性、崩解性、渗透性等进行研究，获取了大量的地质基础数据，对工程设计具有一定的指导意义。

4. 高陡复合边坡对建筑物影响问题

枢纽区左坝肩主要存在复合高陡边坡，由 Q_2 胶结砂砾石层及风积黄土构成的第四系土质边坡，坡高约 150m。该边坡在施工期和工程运行期的稳定性评价，是项目技术难点之一。根据前期勘察预测分析，对该边坡失稳形式、机理进行判定，提出了边坡稳定条件及处理措施，以确保大坝施工及运行期间的安全。

针对左岸高边坡的巨厚胶结砂砾石悬坡，采取地面测绘、平硐开挖、取样试验等勘探方法，查明边坡的地层岩性、地质成因和工程特性，通过观测分析和稳定性计算，得出结论：左岸高边坡整体稳定，表层局部存在风化、卸荷、掉块，对大坝面板构成一定的不利影响，建议对坡面进行喷护和加强排水措施。在施工过程中，该边坡经历了数以千次的爆破震动，未出现大块掉落和崩塌现象。说明左岸高陡边坡"整体处于稳定状态"的分析结论与实际工况相符。

大坝右岸原为高陡复合边坡，前缘存在卸荷裂隙、散体塌落及松散体掉落，是该边坡的主要问题。后来由于施工料场开采将Ⅳ级阶地上部砂砾石挖除，变为工程岩质边坡。联合进水口段岩质边坡在施工开挖阶段曾出现两处失稳破坏，首先是隧洞进口右侧边坡，由于开挖锚固不及时，引起上部马道形成拉裂缝，顺一组倾岸外优势结构面出现平面滑动破坏；其次是引渠转弯段，由于两组结构面相交至坡面内部，锚索方向无法有效控制两组结构面，导致向下开挖后形成楔形滑动破坏，最终对该段边坡开挖方案进行了设计变更。实践证明，对于类似工程地质条件和岩性复杂的边坡，"轻开挖"、"重支挡"是完全必要的。

5. 右岸古河槽问题

古河槽的勘察历来是水利工程的一大难点，通过地质测绘、物探、钻探和硐探等勘探手段，查明清玛汇合口右岸Ⅳ级阶地分布有清水河和玛河古河槽。清水河古河槽岸边出露形式为宽浅式，进口底板高程高于正常蓄水位约 4m；玛纳斯河古河槽岸边出露形式为深槽式，进口底板高程低于水库正常蓄水位约 38m，且古河槽卵砾石层属中等—强透水层，形成连通库外的渗透通道，需要对该古河槽进行防渗处理。

古河槽适用的防渗型式有垂直防渗和贴坡面板防渗，本工程结合 C2 填筑料场的开采，采取副坝坝前坡贴坡面板防渗型式。该防渗型式直观可控（相比防渗墙方案），开挖料可用于大坝填筑，并适当增加有效库容及坝前水域面积。经过多年运行实践证明，该型式防渗效果良好。

（五）勘察成果工程设计应用

1. 高地震烈度区大坝抗震结构设计

工程区为区域构造稳定性较差地段，地震动峰值加速度处于较高水平，地震基本烈度为Ⅷ度，属于抗震不利地段。根据《水工建筑物抗震设计规范》"对工程抗震设防类别甲类的水工建筑物，可根据其遭受强震影响的危害程度，在基本烈度基础上提高 1 度作为设计烈度"，即地震设计烈度为Ⅸ度。

为增强大坝抗震性能,采用"土工格栅+钢筋混凝土网格配浆砌石护坡"方案,从下游坝坡自坝顶以下2级马道间采用伸入坝体土工格栅,伸入坝体长度为25m和10m隔层布置,每层同向布设,竖向层距为1.2m。坝顶以下2级马道间钢筋混凝土网格尺寸为4.80m×4.80m,网格梁的断面尺寸为40cm×40cm,网格内砌筑40cm厚的浆砌石。其余坝后坡均砌筑40cm厚的浆砌石。使坝后坡的整体性更好,以此实现坝后坡满足抗震要求。除此以外,大坝抗震措施还包括:设置足够的抗震超高(1.2m)、适当增加坝顶宽度(10m)、适当放缓上下游坝坡(上游坝坡1∶1.7,下游综合1∶2.0)、加强分缝止水的变形适应性、适当提高填筑料压实度(≥0.85),以及增设排水设施等配套措施。

2. 软岩趾板基础建基面的选择

1)初设勘察结论及设计方案

考虑到百米级高坝坐落在较软岩之上,地质建议趾板基础置于弱风化岩体上,清基时应预留保护层,开挖后及时采用混凝土进行喷护封闭,面板周边基岩临时坡比1∶0.3,永久坡比1∶0.55~1∶0.75,局部设系统锚杆,保证边坡稳定。

2)技施阶段实施方案

技施阶段按照初设的设计方案实施,由现场地质设代人员对每一块趾板及其上下游边坡的开挖进行细致的地质编录、建基面确认与验收。现场开挖验收不能满足要求的建基面采取加强固结灌浆和锚筋桩的处理措施。

3)工程地质评价

枢纽区强—弱风化岩体属软岩类,具有开挖后易风化崩解的特性。岩石未暴露工况下,可以长久保持新鲜状态。通过合理的开挖保护措施,各项物理力学指标可以满足硐室围岩和坝基持力层的设计要求。

3. 坝基灌浆的渗控设计

1)初设勘察结论及设计方案

左岸趾板坝基防渗帷幕处理深度40~65m;河床段趾板坝基防渗帷幕处理深度30~40m;右岸趾板坝基防渗帷幕处理深度40~50m。

2)技施阶段实施方案

技施阶段按设计方案进行大坝趾板坝基的固结灌浆和帷幕灌浆工作,坝基帷幕防渗深度按小于1Lu和1/3坝高控制。帷幕灌浆从左坝肩灌浆平洞、趾板基础、右坝肩溢洪道控制段至古河槽趾板帷幕形成封闭的防渗体系。对趾板坝基开挖的f_{15}断层破碎带采用混凝土填塞处理,并加密加深固结灌浆至15m,该段增设一排帷幕灌浆,设置于原灌浆帷幕上游,孔、排距均为2m。

左坝肩设城门洞型灌浆平洞,洞高3.1m,拱顶高1.5m,洞长20m,帷幕灌浆设置1排,孔距2m,平均孔深21m;右坝肩帷幕灌浆与溢洪道控制段结合,右岸C2-1料场开挖后,以基岩顶板高程997.0m为边界点进行灌浆处理,在桩号0+109.3处与古河槽趾板帷幕灌浆结合,最后形成封闭的防渗体系。

3)工程地质评价

通过固结灌浆、帷幕灌浆结合前期勘察成果,与施工实施的差异性分析。对于偏软质岩类坝基,加强固结灌浆对提高坝基强度和稳定性尤为重要。通过灌浆前后纵波波速检测试验资料对比,帷幕灌浆后纵波波速达到2500~4000m/s,平均纵波波速3932m/s,整体提高了9.98%;大坝趾板固结灌浆单孔声波测试平均纵波波速3925m/s,提高了15.98%,跨孔声波测试平均纵波波速3839m/s,提高了10.2%,固结灌浆后纵波波速有显著提高。帷幕灌浆完成后,通过多年运行,坝后渗流始终保持在较低水平,说明灌浆效果显著。

4. 联合进水口边坡设计

1)初设勘察结论及设计方案

据初设勘察:"右岸岩质边坡为层状斜向结构,为联合进水口处边坡,以泥质粉砂岩为主,具有特殊的崩解性,岸坡小规模断层较发育,受岩层产状和发育节理裂隙以及断层控制,岩体较破碎。通过赤平投影对边坡稳定性进行初判,在开挖过程中可能会产生倾倒或者小型楔体塌落。对于单一结构面,走向330°～350°一组陡倾的结构面容易顺结构面发生滑动破坏,因此对顺结构面的滑动破坏及局部倾倒破坏进行处理,建议使用系统锚杆对其进行锚固,坡面喷护混凝土,防止小型楔体或局部破碎岩体塌落。对该边坡进行施工开挖时,临时坡比为1:0.3,永久坡比为1:0.5。在开挖过程中,建议使用破坏影响较小的爆破方式,如光面爆破或预裂爆破,减少岩体出现棱角,人为增加风化崩解速度。"

2)技施阶段实施方案

坝址右岸联合进水口上方岩质边坡为层状斜向结构,部分开挖坡面处于断层和裂隙较发育部位,尤其泄洪洞进口上方的右侧坡面与NNW结构面倾向接近,按设计坡比1:0.3～1:0.6开挖时,岩块易沿结构面顺坡滑塌。技施阶段联合进水口边坡因内部地质构造加之开挖处理不适配等多种因素影响,因而进行一般性设计变更。如引渠弧形转弯段发育两组断层结构面相互切割坡面时,容易产生楔形体的滑塌。虽然采取锚索加固(但张拉方向与边坡内部结构面难以适配),终因重力作用及施工爆破震动影响,在引渠的0.020～0.069段边坡出现楔形体失稳破坏。之后对原方案进行设计变更,主要内容为:将原泄洪洞开挖底高程由原来的920m提高至930m(洞底高程提高10m);开挖坡比改为1:1,小于两组结构面交线倾角,并进行喷锚支护和锚索加固。运行至今边坡处于稳定状态。

(3)工程地质评价

据勘察成果,联合进水口段岩质边坡通过稳定分析计算,判定边坡岩体类别为Ⅲ～Ⅳ类,岩体质量中等—差。据工程边坡CSMR体系评价,泄洪洞和发电洞进口边坡为不稳定边坡。由此提出相应的地质建议,即在施工过程中,对开挖的坡面及时进行喷锚支护。而岸坡岩体内部不良结构面及其组合在边坡开挖过程中诱发了失稳破坏,是最终导致设计变更的主要原因。

对于中软岩类岩质边坡,如何预防和避免施工开挖过程中边坡失稳破坏,需要勘察、设计和施工各方根据前期成果,结合现场实际情况,共同研究分析,并及时采取有效措施,以确保施工安全。

5. 左岸高边坡的处理及优化设计

1)初设勘察结论及设计方案

通过对左岸复合高陡边坡安全稳定性的分析计算,判定该边坡在自然状态条件下整体处于稳定状态,表层局部存在风化、卸荷、掉块,对大坝建筑物可能造成破坏,建议清除该边坡前缘卸荷裂隙,并对其进行相应的削坡处理,并采取一定的防护措施。

2)技施阶段实施方案

技施阶段未按设计要求进行削坡处理。由于地形条件复杂,施工单位曾经多次采用包括巷道爆破等各种方法进行施工,但始终不能如愿,说明左岸复合高陡边坡具备整体稳定性。施工期间边坡未对施工产生不利影响,边坡处理仅对近坝段进行局部喷护,并加强运行期的边坡监测工作。

3)工程地质评价

左岸高边坡整体稳定,表层局部存在风化、卸荷、掉块,对大坝面板构成一定的不利影响,应对坡面进行喷护和加强排水措施。

(六)工程地质勘察总结

(1)肯斯瓦特水利枢纽工程是天山北坡已建最大的水利枢纽工程,在兵团水利水电工程建设历史上,具有里程碑意义。作为国家重大水利水电工程项目,也是兵团第一座百米级大型山区水库。面对复杂的地形地质条件,两代勘测设计人历经千辛万苦,从流域规划阶段的"选点",到项目建议书/可行性研究阶段的"选址",再到初步设计阶段的"选线",最终进入到技施阶段的"定方案",期间克服了各种艰难险阻,分步骤分阶段地完成大量的技术攻关,经历了漫长曲折的分析论证过程。如前期设计方案、设计思路不明确,工程规模的论证不够,对地质条件客观复杂性认识不足。勘察中后期,针对软质岩类崩解性特征研究以及古河槽勘察等关键技术方面展开卓有成效的探索,思路逐渐清晰和明朗,从而取得技术性突破。目前看来各阶段研究符合基本程序,工作布置总体是合理的,并实现了把控地质风险的根本目的。蓄水后的肯斯瓦特水利枢纽,犹如璀璨的"玛河明珠",她不会忘记为此付出心血的两代兵团地质人,在肯斯瓦特这片土地上留下的深深的印记!

(2)肯斯瓦特水利枢纽工程勘测设计经过多个阶段的不懈努力,最终形成一系列工程勘察成果:1个主报告、1个天然建筑材料勘察报告、3个附件(工程勘察报告附图、物探成果报告、岩土试验报告)、5个专题报告(近场区区域构造分析专题报告、工程区边坡稳定分析专题报告、砂砾石水平渗流研究专题报告、防渗土料分散性研究专题报告、混凝土骨料碱活性分析专题报告)、2个施工道路及大桥勘察报告等成果。

(3)针对肯斯瓦特水利枢纽工程微风化-新鲜岩以上存在的软质岩类问题,勘察过程中曾进行大量现场试验和持续的野外观察分析,找出前期试验强度参数偏低的问题症结,也总结出一套反映软岩石(体)工程特性真实性、可靠性的工作思路和测试方法,为今后类似工程提供借鉴和指导。例如云南临沧地区特殊风化花岗岩(或蚀变岩)、奎屯河特殊辉橄岩等岩石力学特性研究,也在一定程度上借鉴了本工程现场分析试验的思路方法。此外对于特殊性软岩定性评价要有足够的试验数量支撑,对岩石样品现场采取到试验检测实行全过程控制,避免试验结果产生偏差。

(4)肯斯瓦特水利枢纽工程具有中软岩上修建高面板坝、隧洞开挖稳定性、枢纽区高边坡处理、古河槽处理、胶结卵砾石层开挖及上坝碾压控制、右坝肩渗控方案实施等诸多技术问题和难点,地质工程师应根据地层岩性特征、构造发育特征、水文地质及水工建筑物的渗控要求,合理确定坝基渗控方案,对重点及薄弱地段要区别对待。防渗帷幕方案的确定,前期勘察判别往往与施工实际情况存在一定的差异性,现场地质设代人员要有清晰的认识和判别能力。勘察阶段坚持不懈地进行技术攻关和分析论证,为后续的施工提供了明确的方向和技术遵循。而在施工期,强化施工地质的现场服务、现场管理的工作,从导流洞施工开始到最后一个坝基基础的开挖编录和验收完成,根据现场开挖后发现的地质问题,合理确定坝基渗控方案(积极参与固结灌浆、帷幕灌浆检查孔的布置确定)等。

(5)对左右岸岩土混合类高陡边坡稳定性评价,采用了定性及定量分析两种方法。边坡成因一定程度上受到地质构造发育特征的控制和影响。对于上部巨厚风积黄土和阶地堆积物,下部基岩的高陡混合边坡,客观上受到地形条件限制而欠缺控制性勘探,如何对这种混合类高边坡稳定性做出客观性评价,勘察人员通过采取合理的勘探方法布置加以巧妙解决,例如在坝顶边坡的基岩与砂砾石结合部位布置勘探平硐,既查明上部砂砾石物理力学性质,同时又直观判断岸坡基岩顶面的起伏倾斜特征,由此确定岩质高边坡上部砂砾石不存在沿基岩面失稳可能,然后再对两种岩性高边坡分别进行稳定性分析计算,提出合理的地质意见及建议。此外,右岸联合进水口处岩质高边坡,开挖线以里较远部位存在两组控制性构造,常规勘探深度无法揭露,因此对其发育特征研究不够。虽然报告提出了该边坡存在稳定性问题,缺少具体的地质建议措施。这也是今后工作中需要吸取的经验教训。

(6)古河槽的勘察、防渗处理意见、结合近坝段边坡稳定性及作为坝壳填筑料的开挖利用,是本工程勘察的一大亮点。对于古河槽处理疆内外不乏失败的教训,因此也是水利工程界的难题之一。肯斯瓦特水利枢纽工程从项目建议书阶段就开始关注并研究其成因,通过地面测绘以及针对性大量勘探工作布置,查明古河槽形态特征,为水库防渗设计提供了有力的地质依据。技施阶段原考虑采用混凝土防渗墙进行防渗处理,但在后来开挖古河槽砂砾石进行大坝填筑过程中,揭露出底部基岩面,具备浇筑混凝土趾板的地质条件,同时判定古河槽砂砾石结构密实(甚至优于人工碾压填筑),于是改用工序简洁的贴坡面板防渗方案,并将古河槽趾板及防渗帷幕与右坝肩顶部灌浆帷幕连接成整体,形成右岸副坝,此举不但节省了工期与投资,且效果良好。

(7)通过肯斯瓦特水利枢纽工程勘察总结,启示我们今后进行类似项目的勘察工作时,选择与项目区工程地质条件相适应的勘察方法非常重要。后期施工地质在充分认识岩土特性基础上,有针对性地指导施工和开展现场工作(如软岩开挖后及时喷护,对地质编录的及时性、准确性有较高要求,应有数字影像辅助)。各阶段地质人员所具备野外辨识能力、工作态度以及责任心,都对勘察成果质量起着决定性作用。

该工程自下闸蓄水运行至今已近十年,与国内外同类项目相比,本工程各项指标处于领先水平,见表4-6～表4-8。

表4-6 国内外部分已建混凝土面板堆石坝渗流量统计表

工程名称	坝高(m)	坝基岩性	稳定渗流量(L/s)	最大渗流量(L/s)
肯斯瓦特(中国)	130	泥质粉砂岩	15	34.7
吉林台一级(中国)	157	凝灰岩	302	400
卡拉贝利(中国)	91	砂岩、泥岩	12～18	18
天生桥一级(中国)	178	砂岩泥岩、灰岩	70	180
那兰(中国)	108	砂岩泥岩(留冲积层)	70	117
阿里亚(巴西)	160	玄武岩	60	236
赛格雷多(巴西)	145	玄武岩	45	390
辛戈(巴西)	150	花岗岩		200
洪家渡(中国)	170.5	石灰岩	7～20	59
三板溪(中国)	185.5	砂岩、板岩	15～21	
紫坪铺(中国)	156	砂岩、页岩	50	
巴拉格兰德(巴西)	185	玄武岩		1280
爱泼斯诺沃斯(巴西)	202	玄武岩		1300

表4-7 国内已建面板堆石坝竣工期及蓄水期最大沉降量对照表

工程名称	坝高(m)	竣工期(坝体填筑完毕)		蓄水期	
		沉降量(m)	与坝高比(%)	沉降量(m)	与坝高比(%)
肯斯瓦特	130	0.61	0.59	0.30	0.233
阿尔塔什	164.8	1.00	0.95	0.56/0.78	0.34/0.47
洮河	102.0	0.82	0.75	0.64	0.63
鲤鱼塘	105.0	1.80	1.20	1.10	1.05
鱼跳	110.0	0.72	0.46	0.85	0.77
董菁	150.0	0.83	0.53	2.07	1.37
巴山	155.0	1.32	0.74	0.82	0.53
紫坪铺	156.0	2.23	0.96	0.86	0.55
洪家渡	179.5			1.36	0.76
水布垭	233.0			2.61	1.12

表 4-8　国内外已建大坝竣工蓄水期最大沉降量

工程名称	坝高(m)	主堆石材料	压缩模量(MPa)	最大沉降量(m)	最大沉降与坝高比(%)
肯斯瓦特	130	阶地砂砾石	约20	0.30	0.233
天生桥一级	178	石灰岩	约45	3.52	1.98
阿里亚(巴西)	160	玄武岩	32	3.58	2.24
卡拉贝利	92.5	阶地砂砾石		0.20	0.20
赛格雷多(巴西)	145	玄武岩	45	2.23	1.53
辛戈(巴西)	150	花岗岩	32	2.0	2.07
考兰	130	—	—	1.2	0.92
塞沙那(澳大利亚)	110	石灰岩	145	0.45	0.40
白溪	124.4	凝灰岩	79.5	0.78	0.63
那兰	108	砂砾石	50~60	0.165	0.15
芹山	120.0	凝灰岩		0.83	0.69
街面	126.0	砂岩		0.84	0.67
引子渡	129.5	—		0.76	0.64
珊溪	132.5	灰岩和砂砾石		—	—
龙首二级	148.0	—		1.51	1.03
洪家渡	179.5	—	147.6	1.36	0.76
三板溪	185.5	—	111.7	1.75	0.94
巴贡(马来西亚)	205.0	砂岩页岩	96.4	2.27	1.13
水布垭	233.0	灰岩	122.6	2.61	1.12

根据大坝监测成果：自2015年初开始监测，截至2020年，除了蓄水初期坝后渗流量曾经从13.2L/s增加到34.7L/s，之后始终保持在20L/s之内(最小渗流量仅5.5L/s)，且渗流保持清澈，表明大坝防渗体系状态优良；坝体内部变形监测也十分优异，截至2018年8月，坝轴线最大沉降量仅300mm(上下游侧最大沉降量分别为389mm和270mm)，大坝面板运行多年，基本无裂缝发展迹象，面板脱空监测显示，脱空量在−0.2~1.2mm之间，远小于设计的15mm标准，说明砂砾石坝体后期变形小，大坝填筑质量可靠。大坝运行至今，已经历多次中强震考验，其中震级较大的呼图壁2016年12月8日的6.2级地震距离坝区50km，近库坝区岸坡未出现崩塌或滑坡，各类水工建筑物均未出现损坏，渗流平稳，水面平稳，抗震能力表现良好。

(8)肯斯瓦特水利枢纽工程建成后，有效解决天山北坡重要经济带玛纳斯河下游灌区防洪、灌溉及水能利用等问题，如2016年8月玛纳斯河遭遇自1999年以来特大罕见洪水，入库洪峰流量近617m³/s，肯斯瓦特水利枢纽根据上级防洪指挥部指示，有效消减和拦截50%的洪峰流量，为下游沿线石河子市和沙湾、玛纳斯两县的防洪部署工作赢得了宝贵时间，发挥巨大作用，可谓功不可没。截至2020年，该工程已累计调节供水量3.16亿m³，累计发电量14.3亿kW·h。工程效益显著。

该项目工程地质勘察成果于2000年荣获新疆优秀勘察设计行业奖工程勘察一等奖；同时，以本项目作为研究对象的"复杂条件下高混凝土面板砂砾石坝建设关键技术及应用"课题于2022年获得"新疆生产建设兵团科学技术进步奖一等奖"。

肯斯瓦特水利枢纽工程是兵团历史上规模最大的山区水利枢纽工程,自上世纪60年代起第一代兵团水利人绘就了宏伟的蓝图,历经了40年风雨,终于变成现实中的高峡平湖!在此谨向刘允敬、王英得、于庆菊、张大用等老一辈专家表示敬意!

二、第二师38团石门水库

(一)工程概况

石门水库工程位于莫勒切河山区河段中游,是一座以灌溉为主兼顾发电的水利枢纽工程。莫勒切河地处新疆巴音郭楞蒙古自治州且末县境内,发源于昆仑山区,年径流量约2.62亿m^3。工作区内有沥青道路与G315国道相连,东距且末县城约230km,西距民丰县城250km,交通便利。心墙坝方案最大坝高79.8m,坝顶高程2396.8m,坝顶长度530.6m,水库正常蓄水位2394m,对应总库容$6671×10^4 m^3$。主要由拦河大坝、上游围堰、导流洞、溢洪道、发电洞和地面厂房组成。根据《水利水电枢纽工程等级划分及设计标准》,石门水库工程等别为Ⅲ等,工程规模为中型,工程挡水大坝建筑物等级2级,次要建筑物3级,临时建筑物为4级。

石门水库于2012年底开工建设,2014年5月1日实现截流,2014年12月完成混凝土防渗墙施工,2015年3月正式开始大坝地面以上坝体填筑工作,2016年9月大坝填筑至坝顶高程。于2017年底开始蓄水,目前已正常运行近7年。

(二)勘察工作概述

莫勒切河在2004年和2005年分别开展了《新疆莫勒切河和喀拉米兰河两河流域规划》及《新疆生产建设兵团南疆新建团场38团-且末垦区苏塘灌区水利工程(一期)项目建议书》的工作,并且分别在2005年3月和2006年4月通过水利部水利水电规划设计总院(以下简称"水规总院")的审查,针对审查意见于2006年4—10月中旬完成了项目建议书的修编工作,同期展开了可研阶段的工作。项目建议书阶段勘察成果修编工作完成后,于2010年8月底通过水规总院的审查。2011年3月~2011年8月针对项目建议书阶段审查意见,开展了可研阶段补充勘察工作,于2012年4月通过了水规总院与中国国际工程咨询公司共同进行的《可行性研究报告》评审,基本同意了该《可行性研究报告》的主要结论。初步设计阶段工程地质勘察工作外业自2011年9月至2012年5月完成,并于2013年3月底通过水规总院审查。坝址区工程地质图见图4-4,坝轴线工程地质剖面图见图4-5。

(三)工程地质条件评价

1. 区域地质

工程区位于昆仑山北坡,塔里木盆地南缘,区域地貌形态受阿尔金断裂和江尕勒萨依断裂控制,以阿尔金断裂分界,阿尔金断裂以南为中高山区,阿尔金断裂以北为低中山区。石门水库位于低中山区的莫勒切河中游河段,海拔2312~3500m,河谷切割180~200m,呈"U"形,冲沟较发育,河床宽度150~280m,不连续分布Ⅱ~Ⅴ级阶地。

区内主要出露古生界、中生界、新生界、第四系、华力西晚期侵入岩地层。库坝区以古生界石炭系地

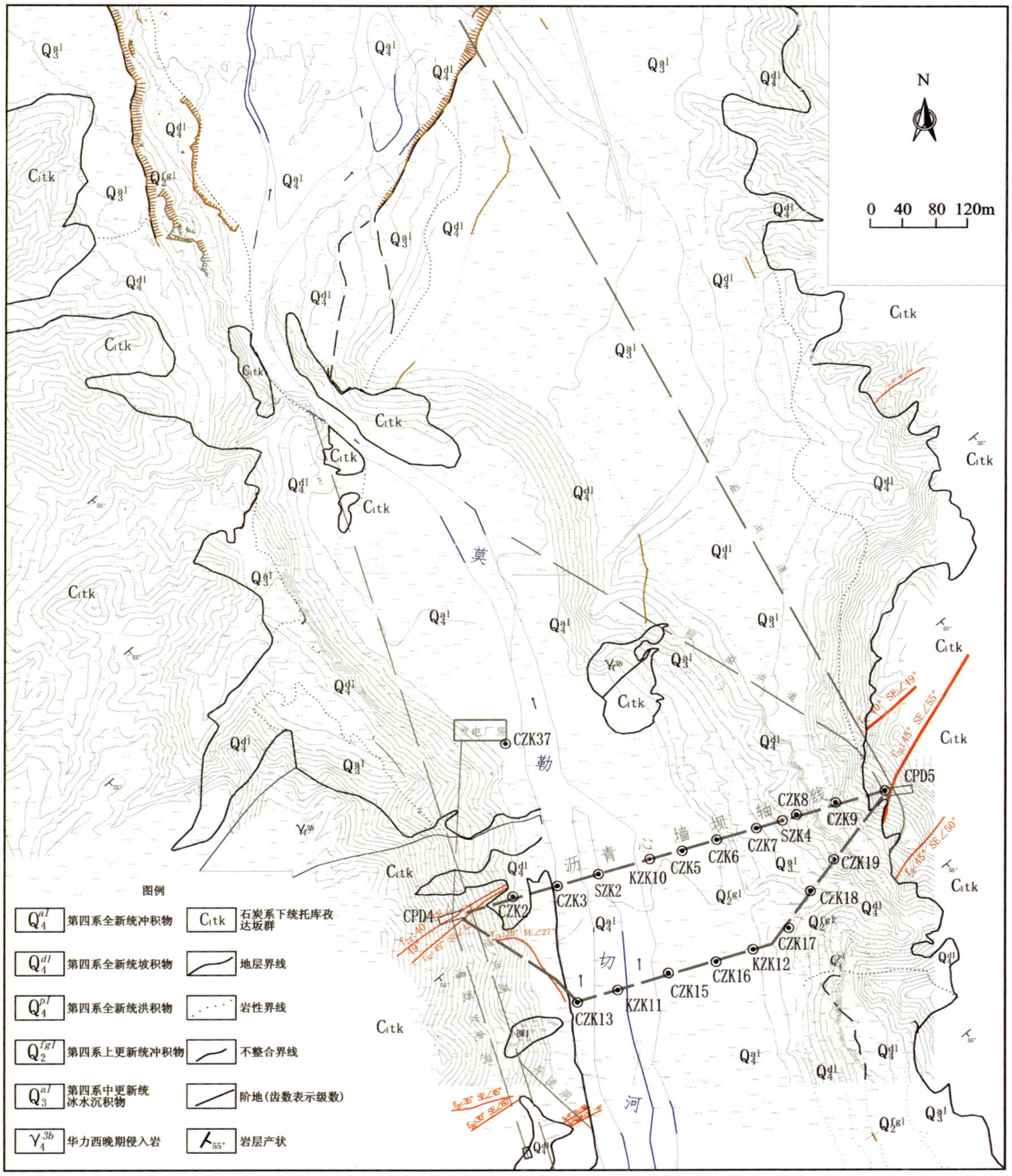

图 4-4　石门水库枢纽区工程地质简图

层和第四系松散堆积物为主。

工程区地处塔里木地台与东昆仑褶皱系两个一级构造单元的接合部位，位于塔里木台坳（二级）东南断阶（三级）的且末-若羌断陷（IX_5^{5-2}）南缘。北部平原区地质构造简单，南部山区地质构造复杂，主要为北东向的阿尔金构造体系。

（1）阿尔金断裂（F_3）：总体呈北东方向延伸，全长 1600km，在平面上呈舒缓波状，为压性左行走滑断裂，断层面倾角平均 70°以上，距石门坝址约 17km，是全新世活动断裂，据地震资料，1924 年 7 月民丰东南，该断裂带上发生过两次 7.3 级地震。

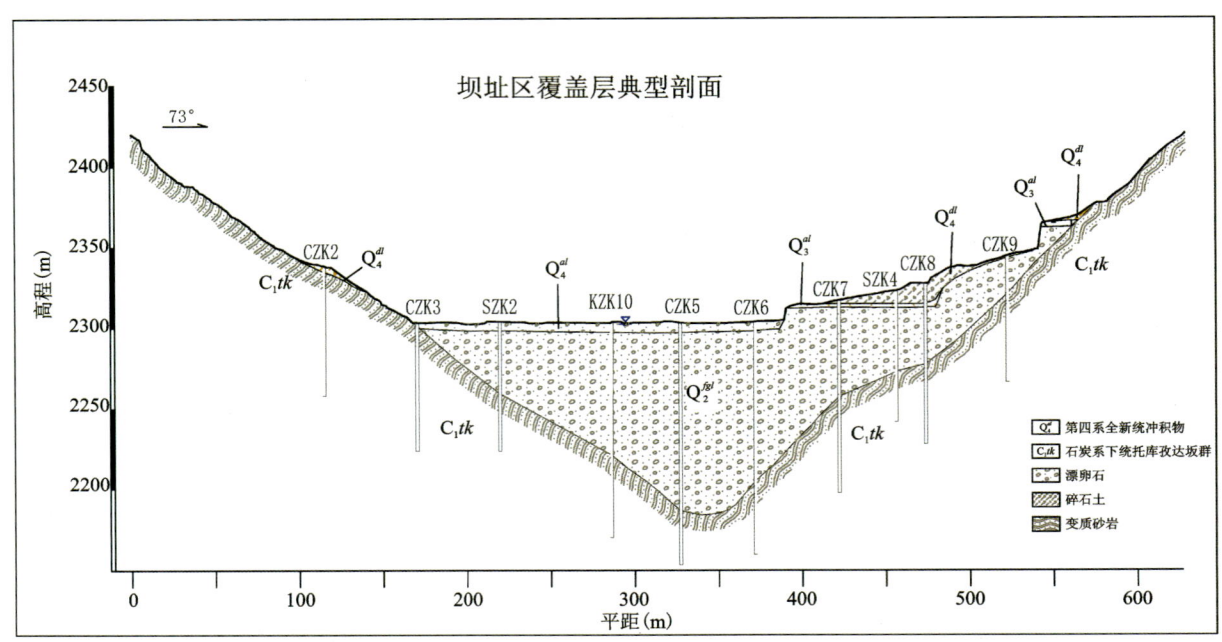

图 4-5　石门水库坝轴线工程地质剖面图

（2）脑齐-喀帕断裂（F_6）：自莫勒切河上游脑齐北侧通过，走向北东 70°～75°，南倾，倾角 70°延伸长度 35km。该断裂所经过的河谷两岸阶地，上更新统卵砾石层连续分布，没有明显的落差变动，说明晚更新世以来没有活动。距石门坝址 8.5km。

工程区地处阿尔金地震带的中段，据石门水库地震危险性分析，近场区 30km 范围内，最大破坏性地震为 1924 年 7 月民丰东南满达里克附近两次 7.25 级地震，距场区 25～26km。石门水库位于 8.0 级潜在震源区。说明场区地震活动较强。属区域构造稳定性差的区域。坝区 50 年超越概率 10%、5% 及 100 年超越概率 2% 的基岩及覆盖层地震动峰值加速度见表 4-9，相应基本烈度（50 年超越概率 10%）Ⅷ度。

表 4-9　场地地震动峰值加速度计算结果

超越概率水平	$(P_{50})63\%$	$(P_{50})10\%$	$(P_{50})5\%$	$(P_{50})2\%$	$(P_{100})2\%$
基岩加速度（g）	0.063 4	0.211 4	0.297 6	0.437 4	0.547 9
覆盖层加速度（g）	0.072	0.249	0.354	0.491	0.649

2. 水库区工程地质条件

库区位于莫勒切河中游，河谷呈"U"形，左岸基岩裸露，右岸基岩高程 2390～2420m 以上，坡度 35°～50°，下部为陡立的砂砾石岸坡。河床高程 2322～2396m，宽 200～350m，河床纵坡 1.2%。河谷右岸发育五级侵蚀-堆积阶地，Ⅰ、Ⅱ、Ⅲ级阶地不发育，Ⅳ级阶地最为发育，阶面宽 100～290m，主要为中更新统冰水沉积砾石层，前缘多被河流深切呈直立分布，阶面与河床高差 50m 左右。Ⅴ级阶地偶有残留，宽度 100m，与Ⅳ级阶地比高 10m 左右。

库区内出露有石炭系下统、华力西中期侵入岩和第四系地层。石炭系下统托库孜达坂群（C_1tk）深灰色—灰黑色变质砂岩，中厚层—厚层状，产状 55°SE∠65°～80°，强风化 5～8m，弱风化 15～18m，为库区的主要地层；华力西晚期侵入岩主要为二长花岗岩、花岗闪长岩、黑云母花岗岩，在库区两岸呈岩脉产出，厚度 0.5～10m 不等。第四系主要有：①中更新统冰水沉积砾石层，结构密实，局部呈弱泥质胶结，最大厚度150m，主要分布于河谷两岸阶地及河床的下部；②上更新统冲积卵砾石层，分布于河谷两岸Ⅱ～Ⅳ级阶地顶部，层厚3～5m，结构松散—稍密；③全新统冲积漂卵砾石层，分布在现代河床、河漫滩和Ⅰ级阶地上；④全新统洪积物，为含土卵砾石层、夹杂碎块石砂土层，分布在各冲沟沟口，形成洪积扇裙地貌，构成水库淤积物来源物质；其他还分布有全新统坡积碎石土和风积含细粒土砂。

库区没有区域性构造通过，层理较为发育，节理及断层不发育。

水库区两岸主要为宽厚的基岩山体，水库封闭性较好，无延伸至邻谷的断裂分布，不存在永久渗漏问题。

库区右岸阶地主要为中更新统卵砾石层组成，结构密实，现状岸坡近直立，水库蓄水后，将会引起局部范围的库岸再造。

水库淹没损失小。蓄水后不存在水库浸没问题。库岸再造产生坍塌物，以及河水泥沙，导致水库存在少量淤积。

综合分析，水库不具备诱发强震的条件，水库诱发地震的震级小于枢纽区设防烈度，水库诱发地震对库坝区安全影响较小。

3. 坝址区工程地质条件

坝址左岸基岩裸露，坡度35°～45°，仅在坝轴线下游30m发育一条冲沟。右岸坡度40°，高程2388m以上为基岩岸坡，以下分布Ⅱ级和Ⅴ级阶地，地层为中更新统冰水沉积砂砾石层，厚度巨大，右岸在趾板线上游40m处发育冲沟，沟两侧岸坡近直立。

坝址区地层为石炭系变质砂岩，板理较为发育，产状45°～55°SE∠60°。

第四系地层主要有：①中更新统冰水沉积卵砾石层，岩性单一，结构密实，河床最大揭露厚度118.7m，右岸阶地为60m。②上更新统漂卵砾石层，厚度2～3m。③全新统冲积漂卵砾石层，厚度8～10m，结构松散-稍密。

坝址区无活动性断裂分布，主要为低序次断层和剪节理。坝址区主要发育NE向（40°～60°）和NNW向（320°～350°）断层，其中规模较大的为右坝肩f_{25}：产状30°～60°SE∠45°～60°，宽度0.3～1m碎裂岩，夹2～10cm厚的断层泥，延伸100～200m。发育二组节理，①产状320°～340°NE∠70°～85°；②产状275°～295°NE∠45°～50°。

坝址区物理地质现象主要为岩体的卸荷、崩塌以及岩体风化。

坝址区地下水为河床冲积砂砾石层中的孔隙潜水和基岩裂隙水，潜水埋深1～2m。地表水中SO_4^{2-}的含量119.9～179.8mg/L，对混凝土结构无腐蚀性；孔隙潜水及基岩裂隙水对混凝土结构均具弱腐蚀性；地表水、孔隙潜水和基岩裂隙水对钢筋混凝土结构中钢筋均具弱腐蚀性。

4. 岩（石）体工程地质条件及评价

1）覆盖层工程地质特性及评价

根据全级配颗粒分析试验，中更新统冰水沉积卵砾石层：巨粒（>200mm）含量31.2%；粗粒组（2～60mm）含量50.7%；粗粒组（0.075～2mm）含量15.9%；细粒组（<0.075mm）含量2.2%，定名卵石混合土。不均匀系数（Cu）29.5～168.6，曲率系数（Cc）0.7～5.2，以级配不良为主，局部级配良好；上更新统冲积卵砾石层，室内定名卵石混合土；全新统冲积卵砾石层，室内定名混合土卵石。

中更新统冰水沉积（Q_2^{fgl}）卵砾石层：天然密度2.36～2.43g/cm³，含水率7.3%～9.3%，干密度2.16～2.26g/cm³，孔隙率16.0%～17.3%。依据试验成果结合分层取样，综合统计计算分析，获得该卵砾石层相对密度（Sr）和密实程度指标，最大干密度2.31g/cm³，相对密度0.71～0.93，多呈密实状态。

通过超重型动探试验成果进行统计分析，右岸阶地及河床下部中更新统冰水沉积卵砾石层动探击数为10～25击，整体结构密实，仅局部呈中密状态，承载力特征值1000kPa，变形模量62MPa；选择河床

4个钻孔进行旁压试验,试验段间距2m,最大试验深度82m。旁压试验成果统计分析结果为:中更新统冰水沉积卵砾石层旁压模量83～153.2MPa,变形模量221.7～339.8MPa,承载力特征值1814～2706kPa;在坝址右岸砂砾石平洞进行了2组载荷试验、6组变、弹模试验,试验成果为,阶地中更新统卵砾石层变形模量257.7～373.2MPa,弹性模量581.3～852.5MPa,承载力特征值800kPa。

据钻孔及平洞地震波速测试结果,河床中更新统冰水沉积卵砾石层纵波波速(V_p)929～2383m/s,横波波速(V_s)409～1231m/s,呈密实状态,土的类型属坚硬土;右岸阶地中更新统冰水沉积卵砾石层纵波波速1111～1666m/s,横波波速505～779m/s,为密实状态,土的类型为坚硬土。

根据钻孔内植物胶采取原状岩芯进行室内渗透试验,现代河床以下冰水沉积卵砾石层渗透系数9×10^{-3}～1.0×10^{-2}cm/s,具中等—强透水性;此外,根据大口径水文井抽水试验成果,0～30m渗透系数为9.37×10^{-2}cm/s;30～60m渗透系数为7.59×10^{-2}cm/s;60～90m渗透系数为3.82×10^{-2}cm/s。覆盖层透水性在$n\times10^{-2}$范围内,均具强透水性,总体上具有由上到下变小的规律。

坝址区不同成因覆盖层的主要物理力学性质参数建议值见表4-10。

表4-10 覆盖层主要物理力学性质参数建议值表

岩性	比重	干密度ρ_d(g/cm³)	孔隙率(%)	变形模量 饱和(MPa)	抗剪强度		渗透系数K(cm/s)	允许渗透比降J_r	允许承载力f_K(kPa)	
					C 饱和(kPa)	φ 饱和(°)			干	饱和
中更新统冰水沉积卵砾石层	2.7	2.10～2.26	14～16	129	0	35	7.6×10^{-2}	0.11	800	600
上更新统冲积漂卵砾石层	2.7	2.24～2.28	15～17	40	0	32	3.0×10^{-1}～8.0×10^{-2}	0.1	500	400
全新统冲积漂卵砾石层	2.7	2.18～2.24	17～19	35	0	30	4×10^{-1}～8×10^{-1}	0.1	350	300

2)岩石(体)物理力学性质

(1)岩块物理力学性质指标。

坝址区变质砂岩(岩块)物理力学性质指标统计见表4-11、表4-12。

表4-11 坝址区岩块物理性质试验成果表

地层岩性	风化带		比重(g/cm³)	密度(g/cm³)		自然吸水率(%)	饱和吸水率(%)	孔隙率(%)
				干	饱和			
变质砂岩	弱风化	最大值	2.78	2.76	2.77	0.23	0.27	0.74
		最小值	2.70	2.69	2.71	0.07	0.09	0.36
		组数	13	13	13	13	13	13
		平均值	2.74	2.72	2.73	0.13	0.16	0.53
	微风化	最大值	2.81	2.78	2.79	0.32	0.34	1.07
		最小值	2.70	2.69	2.70	0.01	0.06	0.36
		组数	18	18	18	18	18	16
		平均值	2.74	2.73	2.74	0.10	0.13	0.40

续表 4-11

地层岩性	风化带		比重(g/cm³)	密度(g/cm³)		自然吸水率(%)	饱和吸水率(%)	孔隙率(%)
				干	饱和			
花岗岩	微风化	最大值	2.69	2.66	2.68	0.24	0.29	0.75
		最小值	2.68	2.66	2.67	0.21	0.24	0.74
		组数	3	3	3	3	3	3
		平均值	2.68	2.66	2.67	0.22	0.26	0.75

表 4-12　坝址区岩块力学性质试验成果表

勘察阶段	地层岩性	风化带		抗压强度(MPa)		软化系数	抗剪强度				静弹模量(GPa)				泊松比
							干燥		饱和		变模		弹模		
				干燥	饱和		c(MPa)	φ(°)	c(MPa)	φ(°)	干燥	饱和	干燥	饱和	
				55.5	43.7	0.79	2.2	45.5	2.0	43.5	54.0	43.0	59.1	45.7	0.22
统计分析	变质砂岩	弱风化	最大值	87.1	54.6	0.81	2.8	48.5	2.2	45.5	75.4	63	89.5	64.6	0.22
			最小值	36.7	21.9	0.4	1.2	43.5	1	42	43.7	35	48.6	41.2	0.2
			组数	16	17	16	15	15	16	16	10	10	10	10	9
			平均值	56.2	35.3	0.6	2.1	45.5	1.6	43.3	66.2	52.0	70.1	55.1	0.22
		微风化	最大值	92	66.8	0.82	3	49	2.6	46.5	83.6	64.9	85.2	66.5	0.23
			最小值	31.4	22.7	0.47	1.6	43.5	1.2	42.5	32	15	35	17.2	0.2
			组数	22	22	22	21	21	21	21	20	20	20	20	18
			平均值	61.0	40.2	0.7	2.3	46.2	1.8	44.0	63.0	47.0	65.5	50.5	0.21
	花岗岩	微风化	最大值	93.3	85.3	0.79	2.4	48.0	2.2	45.0	68.8	43.0	5.63	4.81	0.22
			最小值	55.5	43.7	0.64	2.0	45.5	1.5	43.5	5.0	4.5	59.1	45.7	0.22
			组数	3	4	3	3	3	3	3	2	2	2	2	2
			平均值	72.5	60.2	0.71	2.2	46.8	1.9	44.3	42.6	23.8	32.4	25.3	0.22

(2)岩体力学性质。

本次初设阶段勘察结合工程布置,分别进行弱风化层混凝土/岩体的原位剪切试验以及弱、微风化层岩体变形试验,成果参见表 4-13、表 4-14。

表 4-13　现场剪力试验成果汇总表

风化程度	试点位置		试验类型	抗剪(断)强度										
				图解法								最小二乘法			
				比例极限		屈服强度		抗剪断强度		抗剪强度		抗剪断强度		抗剪强度	
				C	$\tan\varphi$	C	$\tan\varphi$	C	$\tan\varphi$	C	$\tan\varphi$	C	$\tan\varphi$	C	$\tan\varphi$
弱风化	CPD2	8.0～15.5m	混凝土/岩抗剪(断)	0.1	0.6	0.3	0.87	0.95	1.11	0.8	0.96	1.22	0.98	0.88	0.88
	CPD4	13.0～18.0m		0.5	0.78	0.78	1.07	0.95	1.23	0.8	1.15	1.14	1.25	0.77	1.20
	SPD6	8.5～17.5m		0.65	0.65	0.85	0.93	1.0	1.19	0.8	1.07	1.37	1.06	1.22	0.93
	平均值			0.42	0.68	0.64	0.96	0.97	1.18	0.80	1.06	1.21	1.1	0.96	1.01

表 4-14 岩体的变形试验成果统计表

试验项目			试验应力（MPa）				
			0.72	1.44	2.16	2.88	3.60
弱风化	变形模量 E_o(GPa)	平均值	17.17	16.01	15.76	15.29	14.94
	弹性模量 E_e(GPa)	平均值	24.63	23.77	23.94	23.32	23.25
微-新	变形模量 E_o(GPa)	平均值	21.49	20.81	20.54	20.32	19.57
	弹性模量 E_e(GPa)	平均值	32.52	31.36	32.23	32.70	31.87

（3）岩石（体）动力参数性质。

综合平硐及钻孔内波速测试成果（表 4-15），岩体动力参数为：强风化岩体纵波波速（V_p）2000～2873m/s，横波波速（V_s）1069～1588 m/s，动弹性模量 12.7GPa，动泊松比 0.29；弱风化岩体纵波波速 2700～4100m/s，横波波速 1492～2278m/s，动弹性模量 22.7GPa，动泊松比 0.27；微风化至新鲜岩体纵波波速 3500～5200m/s，横波波速 1993～3041m/s，动弹性模量 41.2GPa，动泊松比 0.25。

表 4-15 岩石（体）动力学参数汇总表

测试位置	风化程度	岩石		岩体							
		岩块纵波波速(m/s)		纵波波速(m/s)		横波波速（m/s）		动弹模(GPa)		动泊松比	
		区间	平均	区间	平均	区间	平均	区间	平均	区间	平均
钻孔	强风化	/	/	2000～3000	2540	1069～1658	1383	7.96～18.9	13.7	0.28～0.30	0.29
	弱风化	4440～4830	4640	2700～4100	3227	1492～2335	1780	15.3～36.8	22.7	0.26～0.28	0.27
	微-新鲜	4520～4910	4710	3000～5200	4239	1658～3041	2448	18.9～61.5	41.2	0.24～0.26	0.25
平硐	强风化	/	/	2000～2873	2559	1069～1588	1395	7.96～17.3	12.7	0.28～0.30	0.29
	弱风化	4790～4888	4835	2700～4000	3338	1492～2278	1875	9.6～35.0	22.7	0.26～0.28	0.27
	微-新鲜	4885～4950	4897	3500～5208	4613	1993～3041	2691	26.8～61.5	45.9	0.24～0.26	0.25

3）岩体完整性及风化

通过钻孔岩芯获得率（RQD）指标及波速测试取得完整性系数（Kv），对岩体完整性进行评价。岩体完整性随风化程度的不同有所差异，风化程度越弱岩体完整性相对越好；另外受原生结构面位置及构造结构面发育程度控制，完整性好的岩体与差的岩体交替呈层分布，强风化层岩体完整性差；弱风化整体完整性较差，局部分布完整性较好；微风化-新鲜岩体整体完整性较好。

左岸岩体强风化层厚 6.0～9.0m，弱风化层厚 13.8～22.0m；河床及阶地以下岩体强风化层厚 3.8～7.1m，弱风化层厚 8.0～17.2m，强、弱风化层最薄处位于河谷底部；右岸岩体强风化层厚 7.0～10.5m，弱风化层厚 12～16.0m。

4）岩体透水性

根据压水试验统计，左岸岩体透水率小于 5Lu 基岩埋藏深度 35～55m，小于 3lu 基岩埋藏深度 60m，小于 1lu 基岩埋藏深度 70m；河床及右岸阶地岩体透水率小于 5Lu 基岩埋藏深度 5～10m，小于 3lu 基岩埋藏深度 15m，小于 1lu 基岩埋藏深度 25m；右坝肩岩体透水率小于 5Lu 基岩埋藏深度 45～60m，未揭露透水率小于 3lu、1lu 界限埋深。

5）岩石（体）物理力学参数确定

坝址区岩石、岩体的物理力学地质建议值见表 4-16、表 4-17。

表 4-16 坝址区岩石物理力学性指标地质建议值

岩性	风化程度	比重	密度 (g/cm³)		抗压强度 (MPa)		抗剪强度				变形模量 (GPa)		弹性模量 (GPa)		泊松比	纵波波速 (m/s)
							干燥		饱和							
			干燥	饱和	干燥	饱和	C(MPa)	φ(°)	C(MPa)	φ(°)	干燥	饱和	干燥	饱和		
变质砂岩	弱风化	2.74	2.72	2.73	56.2	35.3	2.1	45.5	1.6	43.3	66.2	52.0	70.1	55.1	0.22	2700~4000
变质砂岩	微风化-新鲜	2.74	2.73	2.74	61.0	40.2	2.3	46.2	1.8	44.0	63.0	47.0	65.5	50.5	0.21	3500~5208
花岗岩	微风化-新鲜	2.68	2.66	2.67	72.5	60.2	2.2	46.8	1.9	44.3	72.00	58.70	41.42	40.71	0.22	/

表 4-17 坝址区岩体物理力学性指标地质建议值

岩性	风化程度	弹性模量 (GPa)	变形模量 (GPa)	泊松比	岩体/岩体			岩体/混凝土			纵波波速 (m/s)	承载力 (kPa)
					抗剪断强度(岩体)		抗剪强度(岩体)	抗剪断强度(岩体)		抗剪强度(岩体)		
					C'(MPa)	f'	f	C'(MPa)	f'	F		
变质砂岩	弱风化	12	16	0.26~0.28	0.75	0.85	0.6	0.97	1.18	1.01	2700~4100	2000
变质砂岩	微风化-新鲜	19	25	0.24~0.26	1.0	0.95	0.65	1.0	1.2	1.05	3500~5200	3000

6)岩体工程地质分类

(1)坝基岩体分类。

坝基岩性为石炭系变质砂岩,坝基岩体进行工程地质分类见表 4-18。

表 4-18 坝基岩体工程地质分类表

风化程度	岩体结构类型	饱和单轴抗压强度(MPa)	纵波波速 V_P	岩体完整性系数 K_V	RQD (%)	岩体特征及工程特性评价	坝基类别
强风化	碎裂结构	/	2000~2873	0.17~0.42	3.2~16	结构面中等发育-很发育,贯通性结构面由碎块夹泥组成,岩体完整性差,岩石强度低	B_{IV1}
弱风化	碎裂结构为主	35.3	2700~4000	0.32~0.59	6.9~22	岩体以碎裂结构为主,局部呈厚层状,结构面不-中等发育,结构面延伸较短,多闭合,贯通性控制性结构面对坝基岩体强度有部分影响	B_{III2}
微风化	碎裂结构与厚层状结构交替分布	40.2	3500~5208	0.67~1.00	13.3~27.2	岩体呈厚层状与碎裂结构交替发育,结构面不—中等发育,结构面延伸较短,多闭合,贯通性控制性结构面对坝基岩体强度有部分影响	B_{III1}

（2）隧洞围岩岩体分类。

拟建泄洪洞和发电洞两条引水隧洞，隧洞围岩分类评分及强度应力比计算参见表4-19、表4-20。

表7-19 地下洞室围岩分类参考评分表

桩号	岩石强度		岩体完整程度		结构面状态		地下水		主要结构面产状				总分	类别
	R_b	分数	类别	分数	类别	分数	类别	分数	类别		分数			
强风化岩体（进出口段）	30MPa	10	较破碎	7	微张平直粗糙	21	干燥	0	夹角30°~60°	倾角40°~85°	洞顶	−10	28~36	Ⅳ
											边墙	−2		
弱风化岩体（洞身段）	35MPa	12	完整性差	20	闭合至微张平直粗糙	23	干燥到潮湿	0	夹角30°~60°	倾角40°~85°	洞顶	−10	43~48	Ⅲ或Ⅳ
											边墙	−5		
微风化至新鲜（洞身段）	40MPa	14	较完整	28	闭合平直粗糙	27	干燥到潮湿	0	夹角30°~60°	倾角40°~85°	洞顶	−5	59~64	Ⅲ
											边墙	−5		
断层通过处（洞身段）	20~30MPa	8~10	较破碎	10	闭合平直粗糙	15	干燥到潮湿	0	夹角30°~60°	倾角40°~55°	洞顶	−5	23~30	Ⅳ或Ⅴ
											边墙	−10		

表4-20 围岩强度应力比计算表

分段	S	围岩强度应力比	取值	计算公式	计算结果
强风化岩体（进出口段）	R_b	岩石饱和抗压强度（MPa）	30		19
	K_v	岩体完整性系数	0.17		
	σ_m	围岩最大主应力（MPa）	0.27		
弱风化岩体（洞身段）	R_b	岩石饱和抗压强度（MPa）	35	$S = R_b \cdot K_v / \sigma_m$	13.8
	K_v	岩体完整性系数	0.32		
	σ_m	取上覆岩体自重应力（MPa）	0.81		
微风化至新鲜（洞身段）	R_b	岩石饱和抗压强度（MPa）	40		16.5
	K_v	岩体完整性系数	0.67		
	σ_m	取上覆岩体自重应力（MPa）	1.62		

5. 天然建筑材料

根据当地天然建筑材料分布情况，在坝址区周边20km的范围，选择了3个砂砾石料场（C1、C2、C4）及一个灰岩料场。

C1砂砾料场：位于坝址上游右岸Ⅳ级阶地，岩性为卵石混合土，上层砂砾石储量76.75×10⁴m³，天然密度2.22g/cm³，天然含水率0.8%，最大干密度2.35g/cm³，最小干密度1.98g/cm³。渗透系数1.0×10⁻²cm/s，自然休止角29.5°；下层砂砾石储量230.25×10⁴m³。天然密度2.26g/cm³，天然含水率0.59%。最大干密度2.27g/cm³，最小干密度1.91g/cm³，渗透系数1.7×10⁻²cm/s，自然休止角30.3°。

料场上层砾石含量79.0%，以0.85相对密度作为控制指标，干燥状态内摩擦角39.5°~41.0°，饱和状态为38.5°~40.0°，渗透系数为7.6×10⁻²~2.5×10⁻¹cm/s，临界比降0.16~0.27；下层砾石含量77.2%，以0.85相对度作为控制指标，干燥状态内摩擦角38.0°~40.0°，饱和状态下为37.0°~39.0°，渗透系数1.2×10⁻²~8.1×10⁻²cm/s，临界比降0.20~0.34。

该料场地形较平坦开阔,无地下水影响,距坝址平均运距 2.2km,有简易道路。下层为冰水沉积砂砾石,储量丰富,局部具有泥质钙质弱胶结,开采难度大,施工期需选择适宜的开采方式;该料场上下层砂砾石均符合坝壳料质量要求。

施工期 C1 料场实际总开采量约 $400×10^4 m^3$,下层冰水沉积砂砾石具有泥质弱胶结,局部有钙质弱胶结,呈团块状,分布不均,对开挖影响不大。

C2 砂砾料场:位于坝址下游 1km 右岸Ⅳ级阶地,岩性为卵石混合土,上层储量 $231.5×10^4 m^3$,下层储量 $808.3×10^4 m^3$。上层砂砾石天然密度 $2.26 \sim 2.27 g/cm^3$,含水率 $1.9 \sim 2.1\%$,干密度 $2.22 \sim 2.23 g/cm^3$。

以 0.85 相对密度作为控制指标,垫层料、反滤料、排水料和过渡料试验结果为:垫层料(<80mm)最小干密度 $1.92 \sim 1.95 g/cm^3$,最大干密度 $2.31 \sim 2.33 g/cm^3$。渗透系数 $2.8×10^{-3} \sim 6.0×10^{-3} cm/s$,临界比降 $0.38 \sim 0.50$;反滤料(<40mm)最小干密度 $1.89 \sim 1.92 g/cm^3$,最大干密度 $2.25 \sim 2.28 g/cm^3$,渗透系数 $9.1×10^{-4} \sim 2.5×10^{-3} cm/s$,临界比降 $0.44 \sim 0.70$,干燥状态下内摩擦角 $37.0° \sim 38.5°$,饱和状态 $35.5° \sim 36.0°$,含泥量 $5.8\% \sim 9.6\%$;反滤料(80~5mm)最小干密度 $1.72 \sim 1.74 g/cm^3$,最大干密度 $2.01 \sim 2.05 g/cm^3$,渗透系数 $4.3×10^{-1} \sim 7.3×10^{-1} cm/s$,干燥状态下内摩擦角 $33.0° \sim 35.5°$,饱和状态 $33.0° \sim 34.5°$;过渡料(<80mm)最小干密度 $1.93 \sim 1.99 g/cm^3$,最大干密度 $2.31 \sim 2.35 g/cm^3$,渗透系数 $5.2×10^{-3} \sim 2.6×10^{-2} m/s$,临界比降 $0.26 \sim 0.50$。

该料场储量丰富,各质量技术指标满足规范要求;上层作为粗骨料,质量满足规范要求,作为细骨料除含泥量、硫酸盐及硫化物(SO_3)含量洗前超标,其他试验指标能满足混凝土骨料的质量技术要求;骨料为潜在碱-硅酸反应危害活性骨料,使用时需采用低碱水泥或掺配粉煤灰抑制其碱活性;该料场上层可作为反滤料、垫层料、过渡料的主料场、混凝土骨料的备用料场,料场下层可作为坝壳填料的主料场。

施工期 C2 料场实际总开采量约 $70×10^4 m^3$,下层冰水沉积砂砾石具有泥质弱胶结,局部有钙质弱胶结,呈团块状,分布不均,对开挖影响不大。

C4 砂砾料场:位于现代河床,均为漂卵石层,水上 $76.0×10^4 m^3$,水下 $152.0×10^4 m^3$。据颗粒分析,大于 150mm 颗粒含量占 26.6%,砾石含量为 58.1%大于 50%,含砂率为 14.2%。作为坝壳料砾石含量为 79.6%,最小干密度 $1.94 g/cm^3$,最大干密度 $2.33 g/cm^3$。坝壳料以 0.85 相对密度作为控制指标,能够满足技术质量要求。直剪试验干燥状态内摩擦角 $39.0° \sim 41.0°$,饱和状态为 $38.0° \sim 40.0°$,渗透系数 $8.4×10^{-2} \sim 3.8×10^{-1} cm/s$,临界比降 $0.11 \sim 0.20$。该料场开采条件好,运距短,储量丰富,作为坝壳料及混凝土粗骨料,各项试验指标均能满足工程要求;作为细骨料除含泥量超标,其他各项试验指标能满足质量技术要求;骨料为具有潜在碱-硅酸反应危害的活性骨料,需采用抑制措施。C4 料场实际总开采量约 $60×10^4 m^3$。

碱性骨料(灰岩料):沥青心墙所需碱性骨料用量为 $12×10^4 m^3$,灰岩加工而成,可到周边 3 处水泥厂购买,运距 310~800km,料源丰富。施工实际采用若羌县水泥厂(运距约 530km)和洛浦县水泥厂(运距约 510km)2 个水泥厂外购用料。

通过对各料场施工复查、现场碾压试验以及大坝施工过程中的逐级检测,原勘察料场作为大坝填筑料以及排水体料、垫层料、特殊垫层料,或者混凝土粗、细骨料均符合质量技术要求。料场储量也与勘察结果相近,满足本工程要求。

(四)主要工程地质问题分析与评价

1. 深厚覆盖层工程地质评价

(1)成因分析:受区域南北向挤压应力作用,早更新世地壳整体剧烈抬升,在冰川作用下形成深度

200m 的侵蚀沟谷,中更新世以来阿尔金断裂以北上升趋缓,河谷堆积巨厚的中更新统卵砾石层(厚度达 180m);河流在中更新统砂砾石层上进行侵蚀-堆积,在Ⅱ～Ⅳ级阶地顶部均堆积有上更新统砾石层,中晚更新世河流下切深度 70m 左右;现代河床堆积的全新统卵砾石层厚度 8～10m。

(2)岩性特征:坝址区覆盖层主要为中更新统冰水沉积卵砾石层,通过 SM 胶钻孔原状岩芯及平洞断面观察,该层颗粒组成较为均一,主要由卵石、砾石组成,级配连续,中粗砂充填程度好,无架空。在基岩面以上 5～10m 范围巨粒相对密集,最大粒径 1200mm。骨架颗粒间具有一定的内聚力,属弱泥质胶结。

(3)密实程度评价:通过采用 SM 胶取芯,以及相对密度、波速测试、旁压试验、超重型动力触探等试验成果评价结论(表 4-21),综合判定该层整体结构密实。

表 4-21 (Q_2^{fgl})卵砾石层密实程度评价汇总表

编号	评价方法	评价结论
1	SM 胶岩芯	岩芯多呈柱状,充填好,无架空,判断呈密实状态
2	相对密度	S_r 在 0.71～0.93 之间,呈密实状态
3	波速测试	横波波速(V_s)505～779m/s,为密实状态,土的类型为坚硬土
4	旁压试验	变形模量 221.7～339.8MPa,呈密实状态
5	超重型动力触探	超重型动探(N_{120})击数 10～25 击,试验段深度内整体结构密实,局部层位呈中密状态
6	钻进过程	钻孔孔壁完整,少有塌孔、掉块现象
7	平洞开挖	平洞内洞壁洞顶可长时间保持稳定状态,无垮塌现象,少有掉块

(4)坝基渗漏与渗透稳定性评价:中更新统冰水沉积按单一透水层考虑,覆盖层上部 60m 渗透系数取 7.6×10^{-2}cm/s,下部渗透系数取 3.82×10^{-2}cm/s。采用卡明斯基公式,分别计算不同防渗深度的坝基渗漏量,得到防渗处理深度 20m、40m、60m、80m、100m 工况下总渗漏量按一年蓄水 200 天计算,分别占莫勒且河多年平均径流量(2.62 亿 m³)的百分比分别为 15.1%、11.97%、4.2%、2.8%、0.79%。坝基须进行防渗处理。

河床覆盖层卵石混合土发生渗透破坏的形式为管涌型,据计算可知,坝基卵砾石层发生管涌型渗透破坏的允许水力比降建议采用 0.11。

(5)覆盖层处理措施建议:不同成因覆盖层处理措施建议如下:①全新统冲积卵砾石层作为坝壳地基,建议清除表层 0～3m 厚度,然后对下部卵砾石进行压实。②全新统坡积碎石土层,结构松散,工程地质条件差,建议全部清除。③上更新统冲积卵砾石作为坝壳地基,建议进行压实。④中更新统冰水沉积卵砾石,结构密实,无连续不良夹层分布,工程地质条件较好,可满足趾板、心墙及坝壳地基的要求。但应做防渗处理,以满足渗透稳定要求。

2. 库岸再造

库区右岸发育Ⅳ级阶地,后缘与基岩山体相连,其边坡类型为砾质边坡,长度 4.5km。砾质边坡主要为中更新统卵砾石层组成,结构密实,现状岸坡近直立。水库蓄水后,将会引起库岸再造。简要分析及预测如下:

(1)天然状态:砾质岸坡近直立高度 50m 左右,破坏形式为局部卸荷崩塌和风化掉块,该砾质岸坡天然状态稳定性较好。

(2)水库蓄水后边坡稳定性分析:库水位以下的冰水沉积砾石层遇水软化,伴随水库的蓄水过程,水位以下冰水沉积砾石层在承受浮力或动水压力、孔隙水压力作用下,在库水波浪及其他外动力作用下产生滑塌。参照已建工程预测库岸砾石层饱和状态下(库岸再造后)自然休止角24°。

(3)水库塌岸规模分析预测:库区右岸Ⅳ级阶地分布在库中至库尾段,Ⅴ级阶地分布在近坝区,砾质岸坡处于阶地前缘陡坎(均质库岸)。通过对正常蓄水位与砾质岸坡的关系分析,预测出对水库存在影响的若干库岸再造区域。然后分别采用类比图解法及计算图解法(卡丘金预测法、两段法),对各分区选择不同的方法针对代表剖面进行计算。采用计算图解法(卡丘金预测法)得出正常蓄水位以上库岸再造塌方量为 $227.54 \times 10^4 m^3$,塌岸宽度 $47.6 \sim 53.6m$;采用二段法得出正常蓄水位以上库岸再造塌方量为 $110.1 \times 10^4 m^3$,塌岸宽度 $13.8 \sim 53.3m$;采用类比图解法得出水库库岸再造其正常蓄水位以上塌方量为 $196.4 \times 10^4 m^3$,塌岸宽度 $13.8 \sim 140m$。综上分析:计算图解法(卡丘金预测法)得出的塌岸宽度明显与库水位以上岸坡高度及岸坡的坡度呈正相关关系。而两段法确定的水下稳定坡脚明显较前两者偏大,计算结果安全系数小。类比图解法的预测结果更贴近实际可能发生的塌岸形式,即拟建水库库岸再造其水上塌方量为 $196.4 \times 10^4 m^3$,水位以上库岸再造塌方量占死库容的百分比为 8.3%。

(五)勘察成果的设计应用

1. 深厚覆盖层及坝基渗控设计处理

据勘察成果,坝址区覆盖层中现代河床堆积的全新统卵砾石层厚度仅 $8 \sim 10m$,下部为中更新统冰水沉积卵砾石层,颗粒组成较为均一,无架空,结构密实,具有强透水性,深厚覆盖层达120m,为国内罕见。

初步设计阶段处理方案:大坝防渗采用"上墙下幕"的防渗处理措施,混凝土防渗墙处理范围为河床段 $0+137 \sim 0+512$,总长375m,共分为61个槽段,槽孔最大墙深120m,最小墙深3.5m,总截水面 $20\,951 m^2$。防渗墙上设C35混凝土基座,河床段基座混凝土设计为:基座底宽为5.8m,基座厚度为1.5m,并在防渗墙顶部及基座混凝土顶部增设1道铜片止水。凹槽内与槽孔混凝土防渗墙相接,基座混凝土上设沥青混凝土心墙。槽孔混凝土防渗墙采用C35,抗压强度不小于35MPa、W12混凝土,墙厚100cm,嵌入基岩以下1m,防渗墙上部15m设有钢筋笼,预留灌浆管。

墙下基岩采用普通硅酸盐水泥自上而下分段进行帷幕灌浆,并采用全孔灌浆法封孔。帷幕灌浆基岩透水率应小于5Lu,检查孔数量不低于灌浆孔总数10%。

除了河床段深厚覆盖层采用"上墙下幕"的防渗处理措施,河床两岸坡及坝肩主要采取帷幕灌浆措施,与河床段防渗连接成为完整的防渗体系。

在河床段以外的两岸坝坡,设置固结灌浆4排,排距1.5m,孔距3m,灌浆深度为5m,坝基帷幕防渗深度按小于5Lu控制。河床段防渗墙墙下帷幕灌浆设置1排,孔距为2m,平均深度为21m。

根据勘察提出的左、右岸坝肩岩体的防渗界限深度,大坝岸坡段防渗设计按照5Lu标准进行防渗处理,左右坝肩设城门洞型灌浆平洞,洞高3.1m,拱顶高1.5m,左坝肩洞长15.9m,帷幕灌浆设置1排,孔距2m,平均孔深21m;右坝肩洞长93m,帷幕灌浆设置1排,孔距2m,平均孔深21m。

2. 高地震烈度区大坝抗震设计

大坝地震设防标准:大坝为沥青混凝土心墙坝,最大坝高79.8m,工程枢纽区地震基本烈度为Ⅷ度,根据《水工建筑物抗震设计规范》的规定,2级壅水建筑物的工程抗震设防类别为乙类,采用基本烈度Ⅷ度作为设防烈度。

坝体抗震措施:①坝顶超高:地震涌浪高度选用1.5m,地震附加沉陷采用1.0m;②坝顶宽度:坝顶宽度采用10m;③上下游坝坡:适当放缓上、下游坝坡,上游坝坡 $1:2.5 \sim 1:2.25$,下游坝坡 $1:2.0$;

④坝体上下游护坡：上下游护坡自坝顶以下2级马道间（20m深度）采用混凝土网格加伸入坝体的土工格栅20m间隔布置，格栅层距2.5m；⑤压实标准：填筑料的相对密度≥0.85。

为增强大坝抗震性能，大坝下游护坡采用"钢筋混凝土网格配浆砌石护坡"。即坝顶以下2级马道间钢筋混凝土网格尺寸为4.80m×4.80m，网格梁的断面尺寸为30cm×30cm，网格内砌筑40cm厚的浆砌石。其余坝后坡均砌筑40cm厚的浆砌石。使下游护坡的整体性更好，以此实现坝后坡满足抗震要求。

大坝填筑料碾压试验基本情况：根据现场碾压试验，使用C1、C2料场砂砾石，采用进占法卸料，填筑铺料厚度80cm，采用22t自行式振动碾碾压，行驶速度2km/h，碾压遍数为强振8遍，可满足设计要求相对密度（≥0.85）控制指标。

3. 高阶地砂砾石边坡及库岸稳定问题

根据勘察成果建议，中更新统冰水沉积卵砾石层开挖临时坡比1∶0.75，永久坡比1∶1。全新统冲积卵砾石层开挖临时坡比1∶1.25，永久坡比1∶1.5；岩质边坡开挖临时坡比1∶0.3，永久坡比1∶0.5。

设计方案中对两岸坡首先清除危岩，左岸岩质边坡采取锚固措施，永久坡比1∶0.5，边坡开挖时每隔10m设一级2m宽马道，锚固措施为：坡面设锚杆＋锚筋桩、挂网喷混凝土防护。锚杆规格为$L=4m$，$\varphi 25$，孔距4m，排距2m，喷护混凝土采用C20F300，厚10cm。锚筋桩规格为$L=9m$，孔距4m，排距2m与锚杆间隔布置，具体根据现场开挖情况进行调整。蓄水后，库岸岩质高边坡无稳定性问题；库区右岸Ⅳ级～Ⅴ级阶地砾质边坡稳定，无库岸再造现象。水库运行状态良好。

（六）勘察工作与实践总结

（1）石门水库处于新疆塔里木盆地南缘昆仑山北麓中山区的莫勒切河中游，河床覆盖层主要为厚度达120m的冰水沉积物，岩性为结构密实的砂卵砾石，局部呈泥质弱胶结，偶含漂石。砂卵砾石类粗粒土作为散体结构地层，其勘探、取样和试验历来是水利水电工程勘察的难点，而在深厚的粗粒土中取得较准确的物理力学性质指标，其困难程度不言而喻，作为高达80m的土石坝大坝地基，为设计提供准确可靠的工程地质参数是本工程关键技术所在。此类深厚覆盖层当时在疆内甚至国内尚无先例及经验可借鉴，需要克服各种困难，从试验论证方面获得可靠的数据支撑。

（2）深厚覆盖层粗粒土勘探、试验难度大，用传统勘探方法不易获得较为准确、可靠的物理力学参数。本工程通过采用多种技术创新手段，克服勘探试验中诸多困难，采用SM植物胶钻探工艺和金刚石钻进工艺方法，得到较高质量的旁压试验预钻孔和完整的勘探岩芯，查明深厚覆盖层的地层结构、岩性颗粒组成及物理力学指标。以旁压试验为主，其他相关试验及原位测试相结合方法，得到大坝设计所需的变形模量和承载力等大量地质参数。并对取得的测试成果进行充分的统计计算分析和对比验证，为设计提供科学合理的岩土物理力学性质指标。

（3）石门水库施工于2014年5月1日实现截流，2014年12月完成混凝土防渗墙施工，2015年3月正式开始大坝地面以上坝体填筑工作，2016年9月大坝填筑至坝顶高程。水库于2017年底开始蓄水，目前大坝渗流、变形等各项监测指标正常。工程建设蓝图得以实施，实现了老一辈兵团战士"引昆仑雪水，灌沙漠良田"的美好夙愿。该项目工程地质勘察成果于2022年荣获新疆优秀勘察设计行业奖工程勘察一等奖；同时，以本项目作为研究对象的"深厚覆盖层探测技术及工程特性研究在地下连续墙优化设计中的应用"课题于2022年获得"新疆生产建设兵团科学技术进步奖三等奖"。

三、奎屯河引水工程

(一)项目概况

新疆奎屯河引水工程位于天山北坡中部的奎屯河将军庙水文站至下游老龙口之间的河段上,该工程由将军庙水利枢纽、山区引水发电系统、出山口引水系统和团结干渠改建及沿线建筑物四部分组成:其中,将军庙水利枢纽总库容 $8108\times10^4\mathrm{m}^3$,最大坝高 133m;山区引水系统包括长引水隧洞和新龙口水电站两部分,引水隧洞长 11.5km,设计流量 $48.5\mathrm{m}^3/\mathrm{s}$;新龙口水电站位于出山口右岸,主要建筑物有前池、压力管道、泄水陡坡和厂房等,电站总装机 140MW;出山口引水系统由长约 11km 砂砾石隧洞和水电站组成;团结干渠改建段 8.836km 以及 9.075km 防洪堤。工程规模按灌溉面积确定为大(1)型,工程等别为Ⅰ等,主要建筑物为 2 级。该工程于 2020 年 10 月正式开工建设,2023 年 11 月完成大坝填筑,2024 年 5 月长引水隧洞贯通,目前工程建设正在有序进行中。

(二)勘察工作概述

1. 勘察过程

我院自 2000 年以来曾在奎屯河流域进行过多次前期勘察工作。2001 年 4 月,完成"奎屯河流域规划"勘测设计工作,其中将军庙水利枢纽工程作为推荐的近期开发工程之一;2006 年完成"奎屯河应急引水工程"项目建议书阶段勘察工作,并通过水利部水规总院初审;2012 年 5—10 月,完成"奎屯河引水工程"项目建议书阶段的勘察工作,2013 年 10 月水规总院专家对项目建议书勘察成果进行咨询。2013 年 9 月,我院开展了"奎屯河新龙口水电站"可行性研究阶段(电力行业)勘察工作,同年 12 月,华能集团组织西北院专家对可研阶段勘察成果进行评审,并通过了审查;2014 年 3 月和 9 月,水规总院分别在乌鲁木齐和北京对"奎屯河引水工程"项目建议书进行了初审和复审,并顺利通过了审查。2014 年 4—10 月,我院开展了奎屯河引水工程可行性研究阶段的勘察工作。2015 年 5 月,国家投资项目评审中心对项目建议书进行了评估并出具意见书,同年 10 月国家发改委批复新疆"奎屯河引水工程"项目建议书(发改农经〔2015〕2288 号)。2015 年 12 月,水规总院在北京对奎屯河引水工程可行性研究阶段成果进行审查,并于 2016 年 4 月在乌鲁木齐完成该可研报告的复审;2017 年 9 月,水利部部长办公会通过《奎屯河引水工程可行性研究》(水规计〔2017〕321 号);2019 年 5 月国家发展和改革委员会正式批复《新疆奎屯河引水工程可行性研究》(发改农经〔2019〕884 号)。2020 年 1 月,水规总院在奎屯市对《新疆奎屯河引水工程初步设计报告》进行了审查,基本同意该《初设报告》。2020 年 4 月水利部出具《新疆奎屯河引水工程初步设计报告准予行政许可决定书》(水许可决〔2020〕17 号);2020 年 10 月水规总院在北京进行了初步设计成果报告的评审,并于当年通过最终审查。枢纽区工程地质平面图见图 4-6,坝轴线工程地质剖面图见图 4-7。

2. 工程特点及勘察难点

(1)工程区山体陡峻,河谷深切,地形地貌复杂多样;工程布置跨度大,沿河长达 30km,地质条件极其复杂;为高地震烈度区,构造发育,其中清水河子活动断裂从隧洞出口处穿过。

(2)库区阶地内发育有古河道,形成连通库外的渗漏通道。古河道内分布有大量的古淘金洞,对坝基的稳定性影响较大。坝址区右岸Ⅱ、Ⅲ级阶地分布数十条淘金洞,纵横交错,有部分垮塌或被掩埋,延伸最长达 520m,查明淘金洞分布是勘察工作另一难点。

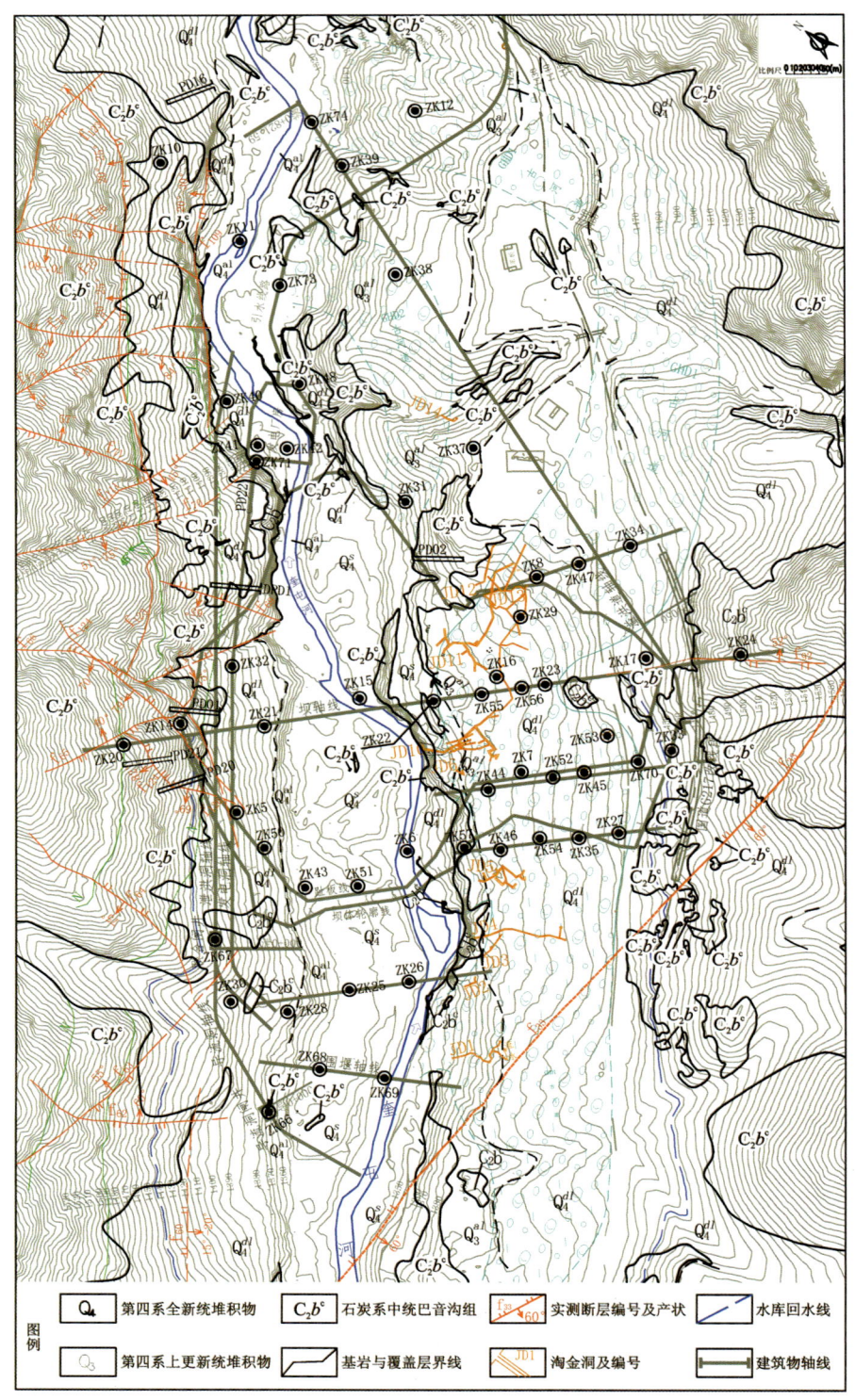

图 4-6 将军庙枢纽区工程地质平面图

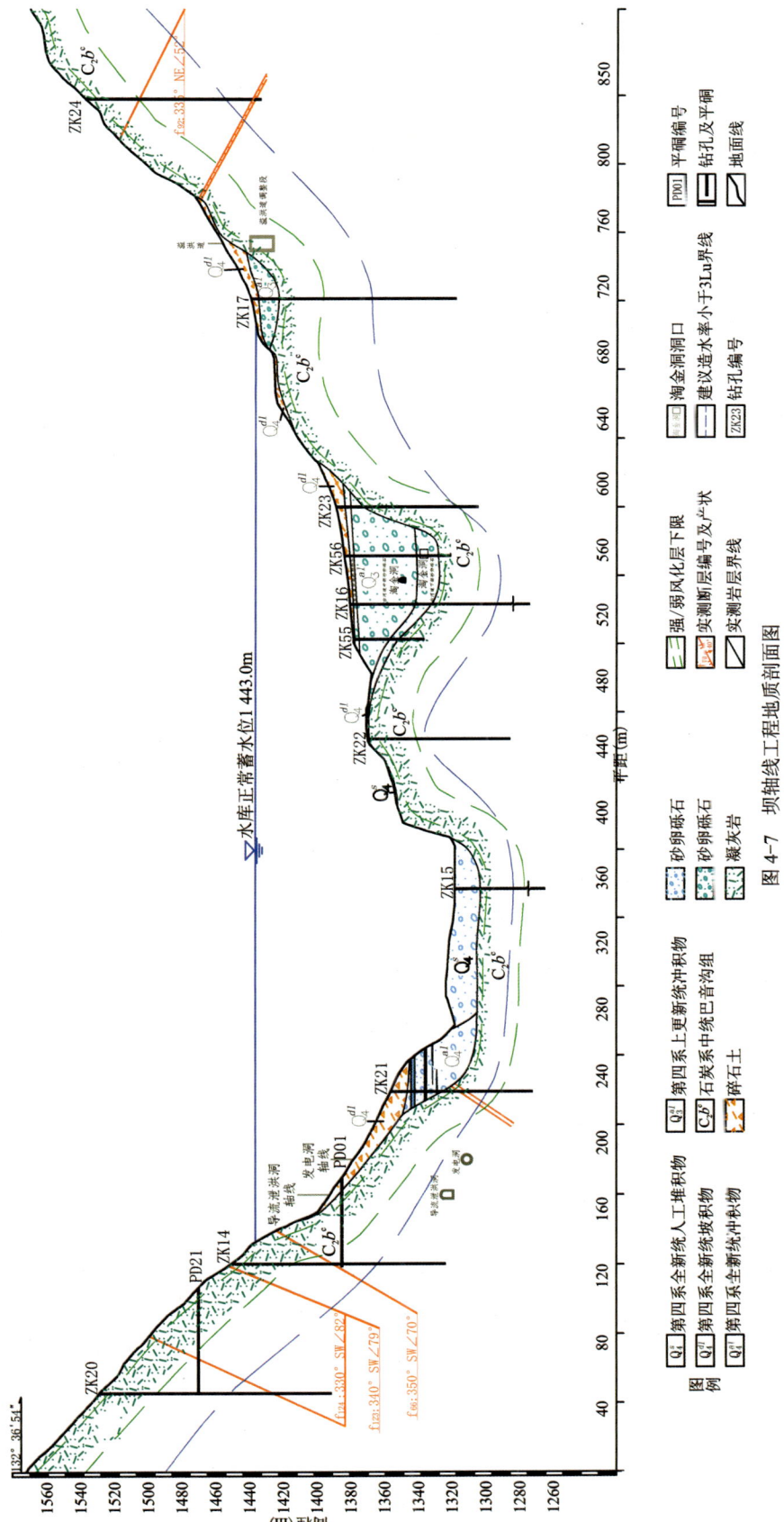

图 4-7 坝轴线工程地质剖面图

（3）坝址区凝灰岩微、隐节理极发育，难以获得合格试验样品。

（4）引水隧洞沿线分布众多辉橄岩脉，多呈灰白色散体土状，局部存在球状风化岩块，围岩极不稳定，成洞条件差；沿线构造发育，对隧洞围岩影响大；可能存在涌水、突泥、岩爆、放射性及有毒有害气体等地质问题，对勘察与施工地质预报提出更高要求。

（5）新龙口水电站厂址区位于中山区与山间洼地交界处，岸坡陡立，沟壑密集。厂房位于右岸阶地坡脚，边坡高度约250m。

（6）西域砾岩为新龙口水电站建筑物地基主要地层。具有弱胶结性，呈半岩半土的性质，其干燥状态下坚硬如岩，遇水则易软化崩解，抗冲刷能力差。物理力学参数获取困难，为本次勘察工作难点之一。

（7）奎屯河引水工程勘察期间进行了大量地质测绘、钻探、物探、现场原位测试、室内试验等勘探测试工作。尤其是2012年以来对深埋隧洞段地应力测试、西域砾岩进行原位直接法抗力系数试验和原位真三轴抗剪试验等更是填补了国内工程勘察在该领域的空白。

（三）工程地质条件与评价

1. 区域地质

工程区位于北天山依连哈比尔尕山北坡，地势南高北低，依次为：高山—中山区、低山区、山间洼地、低山丘陵区四个地貌单元。出露古生界、中生界、新生界，在古生界中分布有华力西期侵入岩，地层多呈东西向条带形展布。

工程区处于准噶尔-北天山褶皱系（Ⅱ）内的北天山优地槽褶皱带（Ⅱ₃），跨越两个三级构造单元，以区域性活动断裂清水河子断裂为界，断裂以南为依连哈比尔尕复背斜（Ⅱ₃⁴），以北为乌鲁木齐山前坳陷（Ⅱ₃⁶）。主要发育的褶皱有兰能果尔向斜、沙大王背斜、独山子背斜；主要的断层有博罗霍洛断裂、精河-阿什里断裂、清水河子断裂、独山子-安集海断裂。其中清水河子断裂从山区引水隧洞出口处穿过，且为活动性断裂。工程区地震动峰值加速度0.3g，相应的地震基本烈度为Ⅷ度。属区域构造稳定性较差区域。用概率分析方法求得将军庙水库和新龙口电站工程场区50年超越概率63%、10%、5%、2%及100年超越概率2%对应的地震烈度和基岩峰值加速度见表4-22和表4-23。

表4-22　将军庙水库工程场区超越不同概率地震烈度与峰值加速度表

场地	概率水平/年	63%/50	10%/50	5%/50	2%/50	2%/100
坝址	基岩峰值加速度(g)		0.259	0.361	0.499	0.621
	覆盖层峰值加速度(g)		0.313	0.441	0.587	0.737
厂房	基岩峰值加速度(g)	0.077	0.259	0.361	0.499	
	覆盖层峰值加速度(g)	0.098	0.324	0.464	0.587	

表4-23　新龙口水电站工程场区超越不同概率地震烈度与峰值加速度表

场地	概率水平/年	63%/50	10%/50	5%/50	2%/50	2%/100
引水隧洞	基岩峰值加速度(g)		0.259	0.361	0.499	0.622
厂址区	覆盖层动峰值加速度(g)	0.101	0.344	0.510	0.657	
	基岩峰值加速度(g)	0.076	0.259	0.361	0.499	

2. 库坝区工程地质条件

库区位于中山峡谷区奎屯河中上游河段,两岸山体浑厚、陡峻,基岩裸露,主要出露石炭系凝灰质砂岩、凝灰岩等。主要的物理地质现象有泥石流、崩塌、浅表部溶蚀和古淘金洞等。

坝址区河谷相对开阔,呈不对称的"U-V"复合型,河道纵坡2.0%。河床覆盖层多被翻挖扰动,杂乱堆积。右岸发育Ⅲ~Ⅳ级基座阶地,呈断续分布,并分布大量的淘金洞;阶地内发育两条古河道顺河向延伸到库外。

库坝区主要出露的基岩岩性为凝灰岩,碎屑结构,块状构造,岩体节理裂隙、微隐节理发育(多充填方解石岩脉),呈碎裂或镶嵌结构。

库坝区处于依连哈比尔尕复背斜北部,无区域性活动断裂或与其相连的分支断裂通过,主要构造形迹为低序次断层、节理和裂隙。发育北北西向、北西西向和北东东向3组断层,北北西向最为发育,多为压扭性断层,其余两组属压性断层。断层级别Ⅲ~Ⅳ级,规模较小,仅f_{33}断层规模较大,为Ⅱ级。

3. 山区引水系统工程地质条件

引水隧洞布置于奎屯河右岸,起点接将军庙水库坝后电站尾水节制退水闸,终点位于奎屯河出山口,处于断褶隆起的中山区,沿线山势陡峻,发育有较大冲沟14条,隧洞侧向距河床岸坡300~1700m。沿线主要出露石炭系凝灰岩、凝灰质砂岩和辉橄岩超基性岩脉,辉橄岩伴随断层呈串珠状或条带状产出,共有8条,一般宽30~100m,最宽达200m,总宽度813m,多为浅灰绿色散体土状,局部夹球状风化岩块。

沿线构造发育,以近东西向为主,与区域构造线方向基本一致,其构造形迹为低序次断层和节理。发育的断裂有北西西和北东东向两组,以北西西向断裂为主,与洞轴线多呈大角度相交,规模较大的Ⅱ级断层有17条。

引水线路主要的物理地质现象有岩体风化、卸荷崩塌以及滑坡等。临河和临沟处的陡立直坡,由于构造、重力和卸荷等原因,形成长而深的拉张裂缝,在外营力作用下易发生崩塌。沿线共发育崩塌6处,为中型和大型崩塌。

隧洞沿线主要发育HP1、HP2两处滑坡,其中HP1滑坡体方量$1100×10^4 m^3$,位于桩号1+272~1+480段,为特大型土质滑坡,底滑面埋深21~57m,目前处于蠕滑状态;HP2滑坡位于引水隧洞桩号1+667~1+967段,滑坡体方量$800×10^4 m^3$,为深层大型岩质滑坡,底滑面埋深75m,目前处于蠕滑状态;引水隧洞位于HP2底滑面以下,滑坡形成与辉橄岩和构造有关,受滑坡影响,该处洞段围岩主要以Ⅴ类为主。

新龙口水电站厂址区位于新龙口渠首下游出山口右岸的中山区与山间洼地交界处,主要出露西域组($Q_1 x$)砾岩和上更新统冲积(Q_3^{al})地层。西域砾岩一般粒径10~50mm,上层呈青灰色、灰白色,泥质弱胶结,厚度30~123m;下层呈土黄色,泥钙质胶结,厚度大于100m,该层为Ⅲ、Ⅳ级阶地基座,为厂址区各建筑物主要地层。

4. 岩土体物理力学性质

工程区主要岩土物理力学性质见表4-24~表4-28。

表 4-24　坝址区岩块物理力学性质参数建议值表

风化程度	相对密度	密度（g/cm³）		点荷载 $I_{s(50)}$（MPa）	抗压强度（MPa）		变形模量（GPa）		弹性模量（GPa）		泊松比
		干燥	饱和	饱和	干燥	饱和	干燥	饱和	干燥	饱和	
强风化	2.70	2.65	2.66								
弱风化	2.70	2.66	2.68	2.0	57.0	37.0	50.8	40.6	52.4	45.4	0.22
微风化-新鲜	2.73	2.68	2.70	2.5	66.0	48.0	57.2	44.2	61.8	47.0	0.21

表 4-25　坝址区岩体物理力学性质参数建议值表

风化程度	承载力（MPa）	变形模量（GPa）	岩体/岩体			岩体/混凝土			纵波波速（m/s）	泊松比	单位弹性抗力系数 k_0（MPa/cm）	
			抗剪断强度		抗剪强度	抗剪断强度		抗剪强度			有压	无压
			C'（MPa）	f'	f	C'（MPa）	f'	f				
强风化	0.8								1600～2200			
弱风化	1.8	4.0	0.5	0.7	0.5	0.5	0.8	0.45	2500～3300	0.29	10～12	2～4
微风化-新鲜	2.5	7.0	1.1	1.0	0.6	0.9	1.0	0.55	3400～4800	0.26	24～26	6～8

表 4-26　第四系漂卵砾石物理力学性质参数建议值表

地层	岩性	天然密度 ρ（g/cm³）	干密度 ρ_d（g/cm³）	比重 G_s	抗剪强度（饱和）		渗透系数 K（cm/s）	允许比降 J_r	允许承载力 f_k（kPa）	变形模量 E_0（MPa）
					C（kPa）	φ（°）				
Q_4^{al}	漂卵砾石	2.22	2.15	2.69	0	31	5.0×10⁻²	0.1	300	35
Q_3^{al}	阶地砂卵砾石	2.22	2.18	2.68	0	33	3.4×10⁻²	0.1	350	40
Q_3^{al}（古河道）	上部密实砂卵砾石	2.25	2.20	2.68	0	33	6.5×10⁻²	0.1	400	100
	下部胶结砂卵砾石	2.30	2.23	2.68	0	36	5.5×10⁻³	0.1	600	130

表 4-27　下更新统西域砾岩物理力学性质地质参数建议值表

地层岩性	天然密度 ρ（g/cm³）	干密度 ρ_d（g/cm³）	比重 G_s	抗剪断强度（饱和）		渗透系数 K（cm/s）	承载力 f_k（kPa）	变形模量 E_0（MPa）	弹性模量 E（MPa）	泊松比 μ	单位弹性抗力系数 k（MPa/cm）
				c（kPa）	φ（°）						
上层西域砾岩	2.33	2.26	2.70	150	39	2.1×10⁻³	700	500	800	0.35	8.0
下层西域砾岩	2.41	2.31	2.71	250	44	5.1×10⁻⁴	1000	700	1000	0.32	12.5

表 4-28   第四系砂卵砾石物理力学性质参数建议值表

地层岩性	天然密度 $\rho(g/cm^3)$	干密度 $\rho_d(g/cm^3)$	比重 G_s	抗剪强度（饱和） $c(kPa)$	$\varphi(°)$	渗透系数 $K(cm/s)$	承载力建议值 $f_k(kPa)$	变形模量 $E_0(MPa)$
上更新统冲积砂卵砾石	2.21	2.17	2.70	0	34	$6.1×10^{-2}$	400	45
全新统洪坡积碎石	2.14	2.09	2.68	0	31	$3.8×10^{-3}$	280	30
第四系全新统坡积砂卵砾石	2.15	2.09	2.70	0	31	$3.2×10^{-2}$	280	30

通过引水隧洞围岩岩石物理力学性质，综合考虑试样代表性、实际工作条件与试验条件的差别等，提出围岩岩体物理力学性质地质建议值见表 4-29。

表 4-29   引水隧洞各类岩块（体）主要物理力学性质参数建议值表

地层	岩性	风化程度	比重	饱和抗压强度 R_b(MPa)	内摩擦角 $\varphi(°)$	黏聚力 C(MPa)	弹性模量 E_e(GPa)	变形模量 E_0(GPa)	泊松比 μ	单位弹性抗力系数 k_0(MPa/cm) 有压洞	无压洞
C_2b^a	凝灰质砂岩	弱风化	2.61	65	47.0	2.2	8.0	5.0	0.29	16～20	3～5
		微-新鲜	2.63	90	51.4	2.8	11.0	8.0	0.26	35～40	12～15
C_2b^b	凝灰质砂岩	弱风化	2.67	62	45.0	2.1	7.0	4.0	0.30	15～18	2～5
		微-新鲜	2.69	85	50.5	2.8	10.0	7.0	0.27	34～38	10～12
C_2b^c	凝灰岩	弱风化	2.70	34	43.5	1.6	5.0	3.0	0.32	10～12	2～4
		微-新鲜	2.74	55	45.9	2.1	7.0	6.0	0.30	24～26	6～8
C_3s	凝灰质砂岩	弱风化	2.62	35	43.5	1.2	5.0	3.0	0.32	10～12	2～4
		微-新鲜	2.64	50	45.0	1.9	7.0	6.0	0.29	22～25	5～7
Σ_4^{3a}	辉橄岩	微-新鲜	2.58	14.5	44.3	1.1	3.2	1.0	0.36		

5. 天然建筑材料

根据各建筑物分布位置及其对天然建筑材料的需求，在可行性研究阶段选定料场的基础上进行详查。选定了 6 个砂砾石料场（C2 料场、C3 料场、C5 料场、C6 料场、C7 料场、C8 料场）和 1 个土料场（T2 料场）。本工程主要使用 C2、C3 料场作为大坝填筑料的主要开采区，C5 料场为混凝土粗细骨料、过渡料、排水体及反滤料的主要供料料场。C2 料场开采完毕后，作为大坝坝坡清理弃渣的回填区域。

C2 料场位于左岸Ⅲ级阶地上，岩性为冲积砂卵砾石，储量 $126.1×10^4 m^3$，无地下水影响，距坝址 1.4km，需搭建施工桥梁跨越奎屯河，并修建施工道路。其作为坝壳填筑料及混凝土粗骨料均满足质量要求；其作为混凝土细骨料除含泥量偏高和平均粒径偏大外，其余各项指标均满足质量要求。该料场施工期实际开采使用 $140×10^4 m^3$。

C3 料场位于左岸Ⅳ级阶地上，岩性为冲积砂卵砾石，储量约 $527.1×10^4 m^3$，无地下水干扰，至坝址直线距离 4.8km，无通行道路，需修建施工桥梁跨越奎屯河，并修建临时施工道路。作为坝壳填筑料及混凝土粗骨料均满足质量要求；其作为混凝土细骨料除含泥量偏大外，其余指标均满足质量要求。该料场施工期实际开采量约 $500×10^4 m^3$。

C5料场位于奎屯河右岸Ⅳ级阶地上,岩性为冲积砂卵砾石,储量 $1058.8\times10^4m^3$,无地下水干扰,至坝址距离12km,需修建施工临时道路。作为坝壳填筑料及混凝土粗骨料均满足质量要求;其作为混凝土细骨料除堆积密度偏小、含泥量偏大、细度模数偏大、平均粒径偏大外,其余指标满足质量要求。

以上各料场作为混凝土粗、细骨料均存在潜在碱活性危害,建议使用低碱水泥或掺加20%以上的粉煤灰抑制混凝土产生碱-骨料反应。

(四)工程地质问题分析与评价

1. 区域地质与地震烈度问题

工程区处于北天山纬向构造带上,属地震基本烈度Ⅷ度区,工程区为构造稳定性较差区域,50年超越概率2%基岩地震动峰值加速度0.499g;50年超越概率10%基岩地震动峰值加速度0.259g。通过可研和初设阶段专题论证复核,该工程规模为大(1)型,工程等别为Ⅰ等,大坝为百米级高土石坝,应在基本烈度基础上提高1度,按Ⅸ度作为地震设计烈度。

2. 坝址区凝灰岩物理力学性质的确定及洞室围岩的划分

受构造和岩体本身的特点影响,岩体微节理和隐节理发育,钻孔岩芯虽采取率较好,但岩芯RQD值却很低,难以取得满足试验要求的样品。在平硐内进行原位测试,重点在不同风化程度岩体开展了原位变形试验、原位剪切试验及点荷载试验等,获得了大量岩体力学测试数据。结合波速测试、岩体在自然状态下所表现出的实际性状以及工程类比和经验,进行综合分析确定了岩石(体)的物理力学参数。

依据岩体的物理力学参数及相关规范进行综合评价,确定强风化岩体围岩类别为Ⅴ类,弱风化岩体围岩类别为Ⅳ类,微风化-新鲜岩体围岩类别为Ⅲ类,断层、影响带和节理密集带按Ⅳ~Ⅴ类围岩考虑。

枢纽区主要隧洞工程有导流洞、泄洪冲砂洞和发电洞。其中导流洞875.7m,Ⅲ类围岩699.7m,占80.0%,Ⅳ类围岩176.0m,占20.0%;泄洪冲砂洞641.6m,其中488.6m与导流洞重合(Ⅲ类围岩353.8m,Ⅳ类围岩134.8m),153.0m未重合段均为Ⅲ类围岩。Ⅲ类围岩506.8m,占79.0%,Ⅳ类围岩134.8m,占21.0%;发电洞593.0m,其中Ⅲ类围岩401.0m,占67.6%,Ⅳ类围岩192.0m,占32.4%。

3. 古河道及淘金洞问题

古河道主要分布在坝址右岸Ⅱ、Ⅲ级阶地上,成因复杂,不同阶地属不同期次形成。其中Ⅱ级阶地上形成的古河道,切割最深,延伸最长,河床底部为深宽的"U"形谷,局部为深槽"V"形,宽度150~200m,下切深度50~60m,顺河向延伸,通过坝线,连通库外。古河道基岩顶板高程约1340m,水库正常高蓄水位1443m,基岩顶板低于水库正常高蓄水位约103m。古河道内砂卵砾石具中等—强透水性,将形成渗漏通道。

据调查统计,右岸古河道发现有13条淘金洞,长度15~424m不等,各条淘金洞由主洞、支洞和竖井构成,多呈方形或拱形,洞宽1~2m,高度1~2.5m,局部地段连片淘空,洞内多有垮塌,支洞垮塌严重。坝基轮廓线范围内淘金洞对坝基沉降变形和渗流稳定均有影响,建议采取清除或回填、灌浆加固等处理措施。对于未发现的淘金洞,应结合施工进一步查明,并进行处理。

4. 山区长引水隧洞工程地质问题

引水隧洞布置于奎屯河右岸,起点接将军庙水库坝后电站尾水节制退水闸,终点位于奎屯河出山口右岸,处于断褶隆起的中山区。隧洞沿线冲沟发育,规模较大且与洞线相交冲沟共14条。埋深最深达400m,侧向距河床岸坡300~1700m。主要问题有涌水、突泥、塌方及有毒有害气体等地质问题。重点对隧洞进出口、浅埋段、最大埋深段、辉橄岩条带采用了地质测绘、钻探、物探(天地电磁法和地震法等)、硐探等工作,并进行了地应力、有毒有害气体、地温等检测试验,对隧洞围岩进行了详细分类。

引水隧洞长 11 500m,Ⅲ类围岩 4948m,占 43.0%;Ⅳ类围岩 4158m,占 36.2%;Ⅴ类围岩(含土洞) 2394m,占 20.8%。建议适当考虑Ⅲ类围岩中局部还可能存在小断层和节理密集带,小断层和节理密集带应按Ⅳ类围岩加强临时支护措施。

涌水:隧洞沿线均有地下水分布,地下水的突涌及涌水量主要受岩体透水性(断层和贯通性裂隙)和补给源(汇水面积)控制。采用水均衡法(降水入渗系数法)和地下水动力学法(初期最大涌水量、长期稳定涌水量)进行分析计算。其中,前者采用隧洞全线分区评价,而后者只选取其中有较大汇水面积(补给源)且隧洞浅埋段、过沟段等洞室可能发生涌水的重点洞段进行分析计算。

采用降水入渗系数法计算,引水隧洞可能涌水段平均稳定涌水量 Q_{cp} 为 94.58~461.59 m³/d,最大可达 3 945.21m³/d(沙大王河处)。

经地下水动力学法估算,隧洞可能涌水段初期最大涌水量 Q 为 170.80~1 070.56 m³/d,最大可达 1 245.18m³/d(2♯滑坡段);隧洞可能涌水段长期(稳定)涌水量 Q 为 45.3~463.1m³/d,最大可达 574.9m³/d(2♯滑坡段)。

突泥:隧洞沿线构造发育,且有地下水分布,穿越断层及辉橄岩段组成物质多为断层泥、糜棱岩、碎裂岩,为发生突泥提供了物质来源,经统计可能发生突泥的洞段 12 段,总长约 1090m。

有害气体:通过对 5 个钻孔和一个平硐进行了有害气体测试,洞室围岩除辉橄岩段 H_2S 气体超标外,其余未出现有害气体超标现象。建议在隧洞穿过辉橄岩段施工过程中加强通风处理,并做好气体浓度实时监测。

活动断裂:清水河子活动断裂呈折线状从引水隧洞末端通过,产状 62°~87°SE∠60°,断层破碎带宽 50~200m,规模Ⅰ级。该断裂为区域性活动断裂,以压性为主兼扭性(右旋),具长期活动的特点,断层平均活动速率 0.2~0.3mm/a。

针对断层性质及工程特性,从方案布置、建筑物抗震、震后破坏影响及后期管理维护等方面综合考虑,提出如下地质建议:

(1)采用引水暗渠穿过断裂,较隧洞方案易修复和后期的管理维护。方案布置可利用东侧冲沟排水,可消除渠水外泄对其他建筑物的影响。

(2)现设计方案引水隧洞出口距断裂破碎带较近,岩体破碎,围岩以Ⅴ类为主,变形破坏严重,隧洞宜尽早出洞,减小断裂对隧洞洞室稳定的影响。

(3)前池距断裂仅 40m,断层活动对前池影响较大,建议采取加强建筑物上部结构的强度、刚度以及挡、排水措施。

5.新龙口电站厂房系统高边坡问题

针对厂址区西域砾岩,现场开展了大量的试验工作。基本的物理性质如天然密度、含水率、颗粒组成及胶结物的成分等,力学性质有现场的变形、直剪以及直接法测定西域砾岩的变形和弹性抗力系数等测试,取得了大量的基础数据。具体针对新龙口发电厂址超深竖井(深 240m)西域砾岩围岩性质,则专门采用隧洞径向液压枕法和原位真三轴抗剪试验等多种现场试验方法获得了该类围岩弹性抗力系数和强度参数,开创了国内研究西域砾岩首次原位大型试验的先例,为在西域砾岩中超深竖井设计施工奠定了基础。

超高边坡问题:发电厂房压力管道及泄水建筑物均从右岸岸坡斜穿而下,坡高约 230m,为超高边坡。岩性为西域砾岩,下部堆积有坡积物,整个边坡为土质边坡,根据建筑布置方案,电站后边坡以自然边坡为主,局部为人工边坡。本工程厂房建筑物级别为 2 级,边坡类别为 A 类,级别Ⅱ级,边坡设计安全系数不低于 1.10~1.05(非常运用条件),边坡的破坏性质以崩塌为主。

自然边坡定性分析:自然边坡呈沟壑密集的冲蚀地貌,整体为凸形坡,坡度40°~55°,岩性为西域砾岩,弱胶结-胶结状态,岸坡未发现大的不稳定体,前缘陡立处局部发育卸荷裂隙,规模不大,整体处于稳定状态。选取岸坡典型断面,采用简化毕肖普法计算,自然边坡安全系数为1.52,大于抗滑稳定安全系数标准1.25~1.15(正常运用条件),边坡整体稳定。

工程边坡稳定性分析:压力管道及泄水陡坡施工后将形成工程边坡,分别计算1:0.5、1:0.75、1:1.0三种坡比情况下边坡稳定系数,见表4-30,当开挖坡比为1:0.5时,安全系数小于1.15,边坡会失稳;坡比为1:0.75和1:1.0时,为稳定状态。

表4-30 边坡稳定性计算表

边坡高度	坡比	土重度(kN/m³)	凝聚力(kPa)	内摩擦角(°)	稳定系数 k
250m	1:0.5	22.6	160	39	1.05
	1:0.75	22.6	160	39	1.15
	1:1.0	22.6	160	39	1.52

综合分析评价:根据简化毕肖普法计算结果,开挖坡比1:0.75时,边坡稳定系数为1.15,处于抗滑稳定安全系数标准(1.25~1.15)的下限。按边坡高度与坡角关系曲线确定开挖坡比为1:0.75,该坡比为极限值,采用该值偏不利。根据边坡调查、计算,结合类似工程经验,建议开挖综合坡比永久1:1.0,临时1:0.75,在满足综合坡比情况下,可采用宽马道陡边坡开挖,每层坡高10m。

(五)勘察成果工程设计应用

1. 古河道淘金洞处理

(1)设计方案。

淘金洞处理步骤:①先对坝体轮廓内已探明的古河道淘金洞采用C15混凝土回填处理;②再对地质勘察过程中发现的淘金洞(出现掉钻的孔位)逐一采用跟管灌浆法充填处理;③最后再对坝体轮廓范围内,含趾板防渗墙前10m的古河道坝基进行探灌结合的铺盖式充填灌浆处理;探灌孔采用正方形布置,第一遍孔间距6m×6m布置;第二遍孔在第一遍孔中心插点布置,间距6m×6m;两遍孔最终形成3m×3m间距梅花形布置,见图4-8。

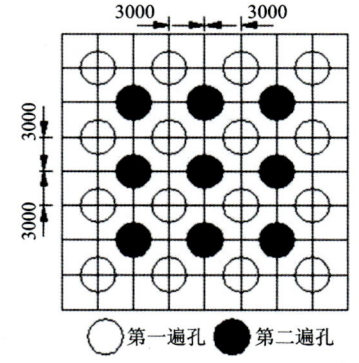

图4-8 古河槽淘金洞处理钻孔布置图

(2)技施阶段的实施方案。

①在施工过程中经过多次现场论证,已探明的淘金洞内采用C15混凝土分段封堵无法实现,因此对已探明的淘金洞回填方案进行优化,采取洞内定位测量,对淘金洞洞身段以开天窗式施工方法钻孔,孔间距为10m,成孔孔径146mm、127mm,注浆管直径100mm。灌注C15细石混凝土发现其流动性差,后改用0.5:1的水泥粉煤灰浆液自流充填灌浆。

②对坝体轮廓范围内,含趾板防渗墙前10m的古河道坝基采用探查填充法对探查范围内未发现的淘金洞、掉钻区域及在已回填区域未填满的空腔进行水泥粉煤灰浆填充处理,并按探灌结合的铺盖式充填灌浆处理。

在完成两遍注浆后,在第三遍灌浆时,采用带压注浆,初始压力0.3MPa,在施工过程中最高压力0.7MPa,持续灌注时间30min,停止注浆(发现有空洞的加压灌浆)。

(3)工程地质评价。

淘金洞处理完成后,采用微动检测手段进行检查,后检查出局部注浆效果欠佳的区域进行补灌,最终达到设计要求。

2. 坝基防渗设计

1)基岩段

(1)设计方案。

趾板基础位于弱风化上部,趾板地基采用固结灌浆,防渗帷幕采用单排1.5m间距进行帷幕灌浆,防渗深度按3Lu线以下5m进行控制,对灌浆水泥采用普通C425硅酸盐水泥。

(2)技施阶段的实施方案。

根据设计方案,施工前开展了灌浆试验,试验结果满足设计要求,按试验段确定的参数实施河床段帷幕灌浆,灌浆完成后的检查孔出现涌水冒泡现象,经专家咨询讨论认为,基岩裂隙连通性差,灌浆效果不好,决定再增加一排帷幕,河床段灌完第二排帷幕后,检查孔涌水量改变不大。经各方研究讨论后决定用化学灌浆的方法解决,化学灌浆后检查孔内已不再涌水,说明化学灌浆效果较好。

(3)工程地质评价。

坝基岩体微隐节理发育,除规模较大的裂隙外,其他裂隙连通性差,岩体透水率相对较小,3Lu透水率线在基岩面以下30~50m。根据帷幕灌浆施工验证,岩体处理深度线基本与勘察结果吻合。

2)古河道段

(1)设计方案。

①古河道防渗采用"上墙下幕"的防渗处理措施,防渗墙长度254m,墙厚1m,分为42个槽段,每个槽段长5~7m,槽段深度16.9~43.3m。防渗墙施工采用两钻一抓法施工,槽孔混凝凝土防渗墙入岩深度不少于3m。

②防渗墙两端设置连接墙,1#连接墙(左岸)高15.93m,2#连接墙(右岸)高3m,连接墙基础位于弱风化层。防渗墙嵌入1#连接墙1m,嵌入2#连接墙17m,防渗墙端部与连接墙接触1m范围设置止水条和止水铜片。

③防渗墙与面板采用连接板连接,连接板与防渗墙之间、连接板与趾板之间设置铜止水。

④墙下基岩自上而下分段进行帷幕灌浆,防渗帷幕采用单排1.5m间距进行帷幕灌浆,防渗深度按3Lu线以下5m进行控制,对灌浆水泥采用普通C425硅酸盐水泥。

(2)施工情况。

施工阶段,按施工组织设计采用两钻一抓法施工,部分槽段覆盖层采用旋挖钻机成孔。覆盖层下部约10m厚度范围砂砾石有胶结,局部含漂石或孤石,液压抓斗与旋挖钻机抓取土困难,采用冲击钻成孔。加强两岸坡接触段以及槽孔连接段的质量控制。最终经过第三方检测,防渗墙施工质量满足设计要求。

(3)工程地质评价。

大坝右岸古河道段砂砾石埋藏厚度较大,具有中等-强透水性,存在较严重的坝基渗漏问题,地质建议结合坝肩及河床防渗方案采取必要的防渗处理措施。技施阶段采用防渗墙形式是合适的。根据施工期对防渗墙入岩情况现场鉴定,基岩面埋藏深度与原勘察设计结果基本一致。

3. 引水枢纽隧洞围岩施工开挖情况

1)导流泄洪洞

(1)设计方案。

泄洪洞布置在左岸,与导流洞采用"龙抬头"结合,为无压泄洪洞,洞段为城门洞型,开挖断面为5.6×

7.10m，总长869.77m，由引渠段、进水塔、龙抬头、洞身结合段、洞内消能段、出口明渠段组成。设计根据初设勘察结果，围岩类别调整为：Ⅲ类围岩长度522.52m，占比60.0%；Ⅳ类围岩长度347.25m，占比40.0%。各类围岩开挖支护方式如下：

①导流洞进出口部位和洞内消力池围岩的部位采用B型钢筋格栅拱架支撑，顶拱和侧墙挂网喷护；其他洞段Ⅳ类围岩部位采用A型钢筋格栅拱架支撑，顶拱和侧墙挂网喷护；Ⅲ类围岩部位采用顶拱设置系统锚杆，顶拱、侧墙挂网喷护；全线洞室均可根据实际围岩情况按照地质工程师的建议设置随机锚杆。消力池段断面较大，开挖高度24.43m，跨度11m，施工时考虑到岩体的特殊性质对此洞段提高了一衬加固标准。

②洞身段A型、B型格栅拱架支撑间距为1.0m，相邻两个钢架间需用$\varphi14@500$钢筋相连，允许根据地质情况适当调整间距。

③钢筋格栅拱架立柱埋入地坪深度为30cm，并采用C25混凝土回填。

④导流洞喷护混凝土采用C25，水泥采用普通硅酸盐水泥；喷射混凝土1d龄期的抗压强度不应低于5MPa。Ⅲ类围岩顶拱系统锚杆采用砂浆锚杆，锚杆长2m，$\varphi25$钢筋制作，随机锚杆规格根据地质工程师建议设置。

⑤隧洞开挖若遇围岩特别破碎，影响施工安全，经地质工程师现场确认后采用Ⅰ16型钢拱架，间距初定0.5m。

(2)技施阶段的实施方案。

施工期围岩类别最终统计情况为：Ⅲ类围岩长度685.5m(比原设计增加163m)，占比78.8%；Ⅳ类围岩长度177.77m(比原设计减少169.5m)，占比20.4%；Ⅴ类围岩长度6.5m(比原设计增加6.5m)，占比0.8%。总体围岩类别比原设计预计略好。

技施阶段主要进行二段调整：①0+022～0+028.5段调整为Ⅴ类围岩，采用型钢拱架支护，间距0.5m，拱架顶部网片增设$\varphi25$螺纹钢，间距0.5m；②0+732.52～0+843.39段(洞内消能段)，锚筋桩加密，增设了锁边梁。

(3)工程地质评价。

隧洞围岩为凝灰岩，其微隐节理发育的特点，爆破时易受到扰动，所以对爆破工艺的要求较高，爆破开挖初期由于孔间距大0.75m，装药量大，对围岩扰动破坏较大，导致围岩类别降低。经过调整爆破方案，采用减少循环进尺，加密孔间距，减少装药量等措施，爆破后的半孔率、围岩的稳定性有了大的提升。该隧洞发育的地质构造对围岩类别影响比原勘察预计小，经施工完成后的围岩类别占比统计，总体与勘察期基本一致。

2)发电洞

(1)设计方案。

发电洞引水流量54.5m³/s，总长585.0m。由进口引渠段、闸井段、上平硐段、斜井段、下平硐段和岔管段组成。不同围岩开挖支护方式如下：

Ⅲ类围岩采用锚杆+挂网喷护；隧洞进出口及Ⅳ类围岩采用锚杆+挂网喷护+格栅拱架支护；断层处及节理密集带等Ⅴ类围岩采用锚杆+挂网喷护+型钢拱架支护。各种拱架间距允许根据地质情况适当调整。Ⅳ类、Ⅴ类围岩上部270°范围内打锚杆挂网，喷10cm厚C25混凝土，钢筋格栅拱架(或型钢拱架)支护。底部90°范围内喷C25混凝土厚10cm。拱架间距暂定1.0m；锚杆采用$\varphi25$mm，长4.5m，间排距2.0m，沿钢筋格栅拱架(或型钢拱架)布置，与拱架焊接。

(2)施工调整情况。

初设勘察围岩类别：Ⅲ类围岩长度404.8m，占比69.2%；Ⅳ类围岩长度180.2m，占比30.8%。施工图阶段根据现场开挖实际情况，将0+333～0+338段由原Ⅳ类围岩调整为Ⅴ类，采用型钢拱架支护，间距0.5m，拱架顶部网片增设$\varphi25$螺纹钢，间距0.5m。

(3)工程地质评价。

施工期围岩类别最终统计情况为:Ⅲ类围岩长度493m(比原设计增加88.2m),占比84.0%;Ⅳ类围岩长度87m(比原设计减少93.2m),占比15.0%;Ⅴ类围岩长度5m(比原设计增加5m),占比1.0%。与初设阶段围岩分类相比,增加了5m的Ⅴ类围岩和88.2m的Ⅲ类围岩,减少了Ⅳ类围岩长度87m,对施工进度及投资未造成影响。

4. 山区引水隧洞

1)设计方案不同围岩类别采取的支护方式

引水隧洞原设计围岩类别:Ⅲ类围岩长度4951m,占比43.1%;Ⅳ类围岩长度4155m,占比36.1%;Ⅴ类围岩长度2394m,占比20.8%。

各类不同围岩类别的支护方式如下:

洞身主要为Ⅲ～Ⅳ类围岩,断层通过处及节理密集带围岩类别为Ⅴ类。Ⅲ类围岩采用系统锚杆+挂网喷护;Ⅳ类围岩采用锚杆+挂网喷护+格栅拱架支护,拱架间距0.8m;Ⅴ类围岩采用锚杆+挂网喷护+型钢拱架支护+超前小导管灌浆,拱架间距0.8m。各种拱架间距允许根据地质情况适当调整间距。

Ⅴ类、Ⅳ类围岩段塌方预防措施:①爆破开挖后应及时完成开挖轮廓面的初喷工作。②对围岩中的节理密集带、小断层带根据现场地质条件进行加强支护。③在围岩交界处应特别注意加强软硬交界段超前支护。④应严格控制爆破装药量,必须考虑振动对围岩中局部节理带或软弱带的影响。

建议对突泥段应多打眼、打浅眼,并控制药量,采用超前支护法施工。如充填物为极松散的砾、块石堆积或有水时,可于开挖前采取预注浆加固;对于洞内突水段施工,必须采取可行性的防、排水措施,并有针对性地采取超前帷幕注浆堵水、引排水等方案。

2)技施阶段的实施方案

技施阶段隧洞开挖过程中,存在辉橄岩的7+610～7+625段为涌水段,局部发生突泥(6+720～6+709)。施工采用小导管(未注浆)超前支护后开挖,部分地段采用半洞分部开挖,拱架间距加密为0.5m。考虑到隧洞辉橄岩条带段局部存在有害气体,主要是采用超前探测排放、通风、防护、注浆闭气等综合治理方法,确保洞内施工安全和人体健康。对于6+720处突泥塌方段,采取常规支护措施效果不佳,且反复发生塌方和突泥现象并形成空腔,最终采取搭设管棚(长10m)方式穿越该空腔段,其他塌方段多采用打小导管(未注浆)、埋设注浆管(往空腔喷射一定量混凝土),超前支护完成后再进行开挖。

3)围岩变化

原地质报告围岩类别:Ⅲ类围岩长度4948m,占比43.0%;Ⅳ类围岩长度4158m,占比36.2%;Ⅴ类围岩长度2394m,占比20.8%。

施工期围岩类别:Ⅲ类围岩长度5324m,占比46.3%;Ⅳ类围岩长度3761m,占比32.7%;Ⅴ类围岩长度2415m,占比21.0%。

4)地质评价

通过施工开挖验证,隧洞Ⅲ类围岩和Ⅴ类围岩长度比原勘察略有增加,Ⅳ类围岩长度略有减少,总体工程地质条件与前期勘察结论基本一致。各类围岩类别占比与勘察判定基本相近,各类工程地质问题预测与施工开挖基本相符。

5. 新龙口电站

1)穿越清水河子断裂设计方案和施工处理措施

山区引水隧洞末端穿过清水河子活断层,根据初设勘察的结论,建议将引水线路线调至东侧,采用隧洞形式穿越断层。为此,技施阶段设计对暗渠方案和隧洞方案进行比选,最终确定采用暗渠结构形式穿越活断层作为推荐方案。设计暗渠在11+615～11+706处穿越清水河子断裂,活断层段暗渠长约108m,暗渠断面采用U型槽+混凝土盖板的结构形式,暗渠断面为5×4.96m。引水暗渠紧贴山体沿等高线布置,暗渠末端与前池相连。

该方案采用分段分缝,增加暗渠段的分缝数量,以适应断层对渠道的变形量,在适应变形方面优于隧洞方案,后期运行易于维修和管理。但考虑到发生地震或其他意外情况下,使渠道遭遇错断垮塌泄流等不利工况,在前池坡地上布置两道防洪堤,既可防止坡面洪水,又可以防止渠道垮塌泄流对下游建筑物的破坏。

暗渠地基原设计采用固结灌浆(孔排距2m,深度10m,梅花形布置)方法加固。施工阶段由于该地层吃浆困难,难以实施,之后调整为"换填C15混凝土"措施(清除上部2～7m松散破碎部分,将基础置于下部坚硬密实的基岩上)加以处理。

2)西域砾岩洞室开挖情况和支护情况

新龙口电站压力管道位于奎屯河右岸Ⅳ级阶地前缘及Ⅲ级阶地后缘斜坡下部,采用竖井深埋隧洞形式。压力管道桩号0+000～0+710为回填管型式,0+710～1+223.50段为隧洞段。其中竖井深216.0m,下平洞长513.5m、纵坡6%,开挖断面直径6.6m,岩性均为西域砾岩。隧洞段管道内径4.1m,采用内钢衬。竖井段自管道向外结构依次为:钢管+70cm厚C25回填钢筋砼+45cm厚C30钢筋砼一次衬砌+型钢拱架支护(挂网+10cm厚C30砼喷护),竖井底部转弯段外包钢筋混凝土厚3.0m,同时对基础进行灌浆加固处理。斜井段衬砌结构形式同竖井。隧洞段布设锚杆,间距取2.0m,排距取2.0m,锚杆采用$\varphi 25\times 5$型中空锚杆,锚杆长度4m,伸入围岩3.70m,入射角度45°,锚杆兼作固结灌浆孔。固结灌浆孔伸入围岩3.70m,间距取2.0m,排距取2.0m。竖井段均采用$\varphi 25\times 5$型中空锚杆作为初期支护兼固结灌浆孔。下段回填灌浆和接触灌浆均采用$\varphi 50$可重复灌浆管进行灌浆,以避免在钢管上开孔。回填灌浆范围为洞顶120°,灌浆孔径$\varphi 50mm$。

竖井段一次衬砌采用"倒挂井"施工方式,一次衬砌初定每3m设置一道施工缝,具体根据实际地质情况进行调整,施工缝设紫铜止水片止水。埋管段外包钢筋砼、斜井段一次衬砌钢筋砼10m设一道施工缝,采用紫铜止水片+BW密封胶条止水,缝宽2cm。

施工期间,局部出现青灰色松散砂砾石层,掉块严重,一衬采用"钢支撑支护+素喷混凝土(钢衬间距1～1.5m)"措施进行处理,效果良好。

3)出口高边坡

(1)不同设计方案的支护方式。

据勘察,厂区边坡主要由弱胶结状态的西域组砾岩和坡积砂卵砾石两种岩性组成。西域组砾岩岸坡的上部为悬坡,多呈直立状,坡度70～82°,边坡总高度180m,边坡级别为2级,属超高边坡,横向展布长度80～120m,整体稳定,局部有崩塌现象,偶见卸荷裂隙,边坡破坏形式主要为掉块;坡积砂卵石边坡为土质边坡,表层为坡积砂卵砾石、松散-稍密,可见斜层理,局部有架空,厚度一般5～25m,边坡破坏形式主要为表层坡积物的滑动。

根据边坡有限元计算分析,开挖、降雨和地震工况下,坡脚开挖处局部边坡稳定性不满足规范稳定要求,西域组砾岩岸坡局部有崩塌现象,边坡破坏形式主要为掉块。设计建议边坡防护措施:①对掉块部位进行削坡处理,消除掉块威胁;②对坡面进行喷护,做好排水设施,防止雨水渗入导致坡面失稳。③坡积砂卵石边坡为土质边坡,边坡破坏形式主要为表层坡积物的滑动,在坡脚150m范围内设置灌注桩,桩径1.2m,深度15m,桩头采用钢筋混凝土连接,开挖前对坡积物进行固结灌浆,灌浆后进行开挖,开挖后对基础尽快进行回填并碾压密实。

西域砾岩开挖边坡临时1:0.5,永久1:0.75,边坡高度超过10m时需设马道和加固措施。锚固措施为:西域砾岩永久边坡采用打锚杆挂网喷护处理,锚杆规格为L=4.5m,$\varphi 25$,孔排距2m×2m,喷护 C25 混凝土,厚度 10cm。坡脚设挡墙及坡面设置主动防护网的措施,防止砂石滚落,保护厂区设备及人员安全。

(2)施工阶段的实施方案。

工程建设过程中,边坡整体稳定,对施工影响不大。施工阶段由于地形条件十分复杂,削坡具体实施难度极大,施工单位根据现场实际情况,重点针对厂房区附近边坡,进行挂网喷锚支护。

(3)地质评价。

新龙口厂房高边坡整体稳定,局部表层存在小规模的崩塌、卸荷、掉块,对厂房构成一定的不利影响,通过对坡面进行喷护和加强排水措施,可最大限度消除隐患。

(六)工程地质总结

(1)奎屯河引水工程是兵团唯一列入国家 172 项重大水利工程的项目,也是迄今为止兵团水利工程史上投资规模最大的大(Ⅰ)型水利工程。

(2)工程区位于北天山强震带,为高地震烈度区,其地形、地质条件复杂,构造发育,工程场区沿奎屯河自上而下延绵 30 余千米,涉及山区水库、深埋长引水隧洞、高达 340m 水头的引水式电站,砂砾石隧洞、配套灌溉渠道及防洪堤等诸多类型建筑物,跨越不同地貌单元,伴有多种特殊复杂的地质问题。

(3)将军庙水利枢纽右岸发育有不同时期复合型古河道,通过地质测绘、钻探、物探、坑探等多种勘探方法及大地电磁和地震法,BIM 三维建模等新技术方法的应用,查明了坝体轮廓线内的古河道的分布、走向、基岩埋深、地层结构、物质组成及其物理力学性质,获得了可靠的试验数据,为水工建筑物的布置及地基处理方式提供了指导思路和依据。

(4)淘金洞纵横密布于右岸阶地内,对坝基稳定性形成隐患。勘察期通过大量细致的勘探、测绘、洞穴探查及测量定位工作,准确查明淘金洞的分布、延伸、规模,为设计和施工处理提供了可靠的地质依据。

(5)针对长引水隧洞采用多种方法进行围岩类别划分,经过施工开挖验证,隧洞各类围岩类别占比与前期勘察基本吻合。勘察期间进行了有毒气体、放射性、地温、地应力测试,并对隧洞涌水量进行了预测,为隧洞施工顺利进行提供了有力支持。

(6)通过与长江科学院、三峡院的合作,对西域砾岩的研究取得了一系列的测试成果,对发电、泄水建筑物采用竖井洞室方案的工程设计提供了科学合理的依据。特别是发电洞 240m 深的竖井开挖,在国内类似地层中尚无先例,本工程积累了宝贵的经验,为今后类似地层的工程勘察提供有益借鉴。

四、乌苏市四棵树河吉尔格勒德水利枢纽工程

(一)工程概况

乌苏市四棵树河吉尔格勒德水利枢纽工程位于天山北坡经济带的西端"金三角城市经济圈"的乌苏市境内,距乌鲁木齐市 310km,距乌苏市城区约 60.0km。枢纽工程地处新疆乌苏市境内的四棵树河上游山区河段内,是一座以灌溉、工业供水为主,兼顾防洪、发电等综合利用效益的水利枢纽工程。拟建建筑物主要由拦河大坝、导流洞、泄洪洞、溢洪道、发电洞和地面厂房等组成。水库总库容 $6156 \times 10^4 \mathrm{m}^3$,最大坝高约 102.5m,坝顶高程 1511m,正常高蓄水位 1506m,发电总装机容量 13.5MW,工程规模为中型Ⅲ等工程,建筑物等级大坝为 2 级,泄水建筑物及发电洞 3 级,厂房 4 级,临时建筑物 5 级。

吉尔格勒德水利枢纽工程于2015年10月12日正式开工建设,大坝填筑完成日期为2021年7月1日,2022年12月底完成了下闸蓄水验收。

(二)勘察工作概述

1999—2002年,我院完成并编制了《奎屯河流域规划报告》,将四棵树河吉尔格勒德水利枢纽列入近期开发建设项目。2004年完成了四棵树河吉尔格勒德水利枢纽工程项目建议书阶段工程地质勘察工作,2008年9月该项目建议书阶段报告通过自治区水利厅规设局审查;2009年4月完成了该项目可行性研究阶段的工程地质勘察工作,2009年8月自治区水利厅规设局有关专家对该项目可行性研究阶段的报告进行了技术咨询,补充勘察后,于2010年3月通过自治区水利厅审查;2010年10月—2011年6月完成了初步设计阶段的工程地质勘察工作,2013年8月通过自治区水利厅审查。

枢纽区工程地质平面图见图4-9,坝轴线工程地质剖面图见图4-10。

(三)工程地质条件与评价

1. 区域地质

工程区位于准噶尔-北天山褶皱系(Ⅱ)—北天山优地槽褶皱带(Ⅱ₃)—依连哈比尔尕复背斜(Ⅱ₃⁴)三级构造单元中。枢纽区位于清水河子断裂(F_1)和精河-阿什里断裂(F_2)两条活动断裂之间。工程区属北天山地震带,枢纽区15km范围内没有中强地震震中分布,库坝区主要受外围强震影响。枢纽区50年超越概率10%的基岩地震动峰值加速度为0.253g,相应的地震基本烈度为Ⅷ度,区域构造稳定性较差。

2. 库坝区工程地质条件

1)水库区工程地质条件

拟建吉尔格勒德水利枢纽工程库区位于四棵树河上游峡谷河段,库盘为中山区峡谷地形,河谷呈"V"形,呈狭长形条带状,河谷两岸为雄厚山体,岸坡坡度35°~50°,局部陡崖,山顶海拔1700~2600m,相对高差400~600m。

河谷底宽一般300~400m,现代河床宽50~140m。两岸断续分布有Ⅰ~Ⅴ级阶地,其中:Ⅰ~Ⅱ级阶地为堆积阶地,断续分布,Ⅲ~Ⅴ级阶地为基座阶地,零星分布。

水库区出露的地层为石炭系中统和华力西晚期第二侵入次角闪花岗岩及第四系地层:古生界石炭系细砂岩、粉砂岩,分布在枢纽区上游2.2km至库尾段。华力西晚期第二侵入次角闪花岗岩(γ_4^{3b}),呈灰色或肉红色,中—细粒结构,块状构造,分布在枢纽区至上游2.2km的范围内;第四系地层以全新统冲积物(Q_4^{al})为主,分布于现代河床,最大厚度达42.5m;全新统崩坡积物(Q_4^{dl+col})岩性为碎块石土,主要分布于河谷两岸岸坡。

库区断层构造为依连哈比尔尕褶皱隆起产生的次级构造,主要有三组,为Ⅲ~Ⅳ级构造,断层破碎带宽度0.1~0.3m。

库区两岸分水岭宽厚,地形封闭,水库不存在永久渗漏问题。

库尾段局部岸坡由崩坡积碎块石堆积,蓄水后会产生一定的库岸再造,计算塌岸宽度约18m,估算方量约$20×10^4 m^3$。

水库淹没损失小,不存在浸没问题,综合分析,水库诱发地震的可能性较小。

图 4-9 枢纽区工程地质平面图

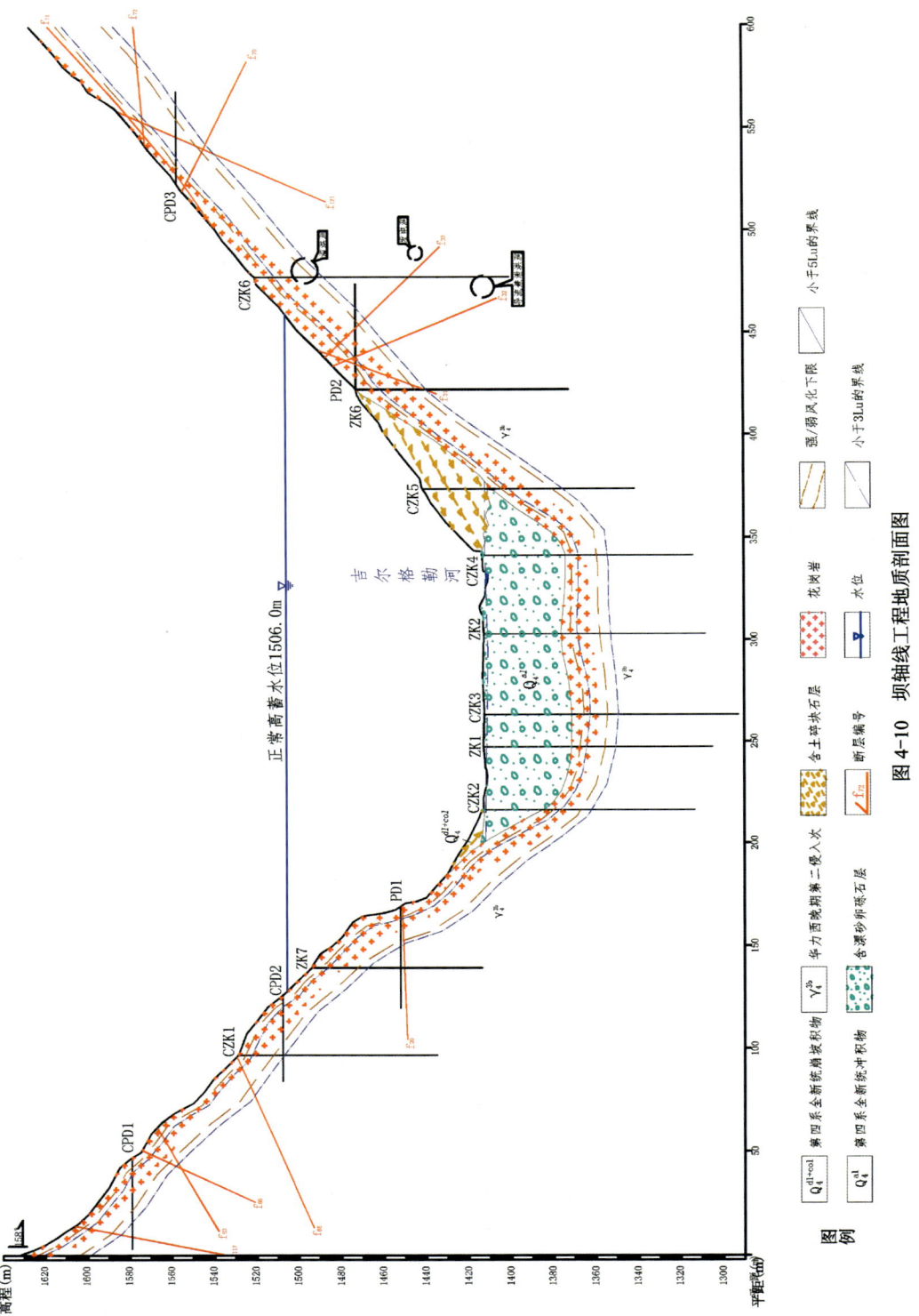

图 4-10 坝轴线工程地质剖面图

2) 枢纽区工程地质条件

枢纽区河谷呈"V"形。左岸下部近直立,坡度60°～70°,上部较平缓,岸坡30°～40°,右岸边坡坡度30°～40°。河床纵坡1.5‰,现代河床宽165m。基岩岩性为华力西晚期第二侵入次(γ_4^{3b})灰白色、肉红色中-细粒花岗岩。两岸分布第四系中上更新统冰碛、崩坡积、洪积和冲积等成因的松散堆积物。

枢纽区发育压扭性低序次的断层,主要有NWW向、NW向、NNW向三组,破碎带宽度0.02～0.4m,充填压碎岩、糜棱岩。节理裂隙以中倾角的裂隙为主,钙质充填,主要发育NWW向、NNW向、NEE向3组节理。

坝址区两岸地下水为基岩裂隙水,河床覆盖层为孔隙潜水。地下水和地表水均属HCO_3-Ca型水,地表水和地下水对混凝土结构、钢筋混凝土中的钢筋无腐蚀性,对钢结构具弱腐蚀性。

枢纽区的物理地质现象主要为岩体的风化、卸荷与崩塌。岩体卸荷作用主要在右岸,发生在浅表部,卸荷水平深度10～12m,在局部形成崩塌体,其块体大小不等。

坝址区河床覆盖层岩性为砂卵砾石,最大厚度42.5m,属深厚覆盖层。根据钻孔岩芯的状态、天然密度、波速测试和超重型动探、渗透性,并结合其冲刷深度,对覆盖层的密实程度综合划分:8.0m以上动探击数为3～7击,天然密度2.04～2.20g/cm³,相对密度0.30～0.64,松散—稍密状态,剪切波速313～493m/s,渗透系数4.0×10^{-2}～5.36×10^{-2}cm/s,具强透水性;深度8.0m以下动探击数大于10击,天然密度2.15～2.25g/cm³,相对密度0.60～0.88,中密—密实状态,剪切波速551～727m/s,渗透系数1.84×10^{-2}～6.90×10^{-2}cm/s,具强透水性。

覆盖层卵石混合土渗透破坏型式为管涌型,允许水力比降建议采用0.10。为防止坝基渗透破坏,建议采取防渗措施。

该段河床原为砂石料场,表层0～3.0m范围内受到人为扰动后,留下深度2～3m的深坑,表层杂乱堆积,分选性差,结构松散,工程性质差,需进行坝基处理。

3. 岩土体工程特性

坝址区基岩强风化厚0～5m,平均3.0m,弱风化层厚12～18m,平均15m。

枢纽区岩块的物理力学性质指标建议值见表4-31、岩体的物理力学性质指标建议值见表4-32。

表4-31 枢纽区岩块的物理力学指标建议值

风化程度	密度(g/cm³)		抗压强度(MPa)		变形模量(GPa)		弹性模量(GPa)		泊松比
	干	湿	烘干	饱和	烘干	饱和	烘干	饱和	
弱风化	2.66	2.67	98.3	64	23.4	21.8	27.5	23.7	0.24
微风化至新鲜	2.70	2.70	114.8	83	28.2	25.7	33.2	28.1	0.22

表4-32 枢纽区岩体物理力学指标建议值表

风化程度	承载力(MPa)	弹性模量E_e(GPa)	变形模量E_0(GPa)	岩/混凝土			岩/岩			泊松比
			试验压力0.72MPa	抗剪断强度		抗剪强度	抗剪断强度		抗剪强度	
				C'(MPa)	f'	f	C'(MPa)	f'	f	
弱风化	3.2	20.4	14.4	0.95	1.05	0.57	1.49	1.16	0.67	0.25
微风化至新鲜	4.2	26.5	19.3	1.21	1.27	0.72	1.59	1.29	0.78	0.22

坝基的岩体工程地质分类划分结果为坝基强风化岩体的类别为A_{IV1},弱风化岩体的类别为A_{III1},微风化至新鲜岩体的类别为A_{II},岩体的工程地质分类见表4-33。

表 4-33　坝基岩体工程地质分类表

岩性	风化程度	岩体主要特征值				岩体结构类型	岩体完整程度	类别
		饱和单轴抗压强度 R_b(MPa)	岩体的纵波波速 V_p(m/s)	获得率RQD值(%)	岩体的完整性系数 K_v			
花岗岩	强风化		2500~3000	0~15	0.19~0.47	碎裂结构	完整性差	$A_{Ⅳ1}$
	弱风化	64.0	3571~4746	5~35	0.6~0.72	块状、次块状	较完整	$A_{Ⅲ1}$
	微风化至新鲜	82.9	4700~5882	15~75	0.8~0.86	整体状、块状	完整	$A_Ⅱ$

地下洞室围岩分类见表 4-34。

表 4-34　围岩工程地质分类表

建筑物类别	分段	岩石强度(MPa)		岩体完整程度		结构面状态		地下水		主要结构面产状				总分	围岩强度应力比	围岩类别
		R_b	分数	类别	分数	类别	分数	类别	分数	类别		分数				
导流洞	强风化岩体（进出口段）	64	22	完整性差	20	微张	17	干燥到渗水	−2	夹角30°~60°	倾角65°~80°	洞顶	−2	50	2.65~3.53	Ⅲ
												边墙	−5			
	弱风化岩体（洞身段）	64	22	较完整	25	微张至闭合	21	干燥到渗水	−2	夹角30°~60°	倾角65°~80°	洞顶	−2	59		Ⅲ
												边墙	−5			
	微风化至新鲜（洞身段）	83	28	完整	33	闭合	21	线状流水	−6	夹角30°~60°	倾角65°~80°	洞顶	−2	69	28.64	Ⅱ
												边墙	−5			
发电洞	强风化岩体（进出口段）	64	22	完整性差	20	微张	17	干燥到渗水	0	夹角20°~107°	倾角65°~80°	洞顶	−5	42	2.12~2.94	Ⅲ
												边墙	−10			
	弱风化岩体（洞身段）	64	22	较完整	25	微张至闭合	21	干燥到渗水	−2	夹角20°~107°	倾角65°~80°	洞顶	−5	51		Ⅲ
												边墙	−10			
	微风化至新鲜（洞身段）	83	28	完整	30	闭合	21	干燥到渗水	−2	夹角20°~107°	倾角65°~80°	洞顶	−2	70	23.5	Ⅱ
												边墙	−5			
溢洪洞	强风化岩体（进出口段）	64	22	完整性差	20	微张	17	干燥	0	夹角30°~40°	倾角65°~80°	洞顶	−5	44	2.94~3.31	Ⅲ
												边墙	−10			
	弱风化岩体（洞身段）	64	22	较完整	25	微张至闭合	21	干燥	0	夹角30°~40°	倾角40°~80°	洞顶	−5	53		Ⅲ
												边墙	−10			
	微风化至新鲜（洞身段）	83	28	完整	30	闭合	21	干燥	0	夹角30°~40°	倾角40°~80°	洞顶	−5	64	28.2	Ⅱ
												边墙	−10			

4. 岩质边坡评价

枢纽区边坡整体处于稳定状态，局部存在的破坏形式主要有崩塌和掉块。建议开挖坡比临时1∶0.2，永久1∶0.3，并采取锚固和挂网措施，坡高15m分层设置马道。发电洞、导流洞出口砾质边坡建议坡高10m设置马道，建议开挖边坡临时坡比1∶1.0，永久1∶1.75，并采取护坡措施。

5. 天然建筑材料

吉尔格勒德水利枢纽工程初步设计阶段选定坝型为沥青混凝土心墙堆石坝,设计所需天然建筑材料坝壳料约 $285\times10^4\text{m}^3$,沥青混凝土骨料 $2.26\times10^4\text{m}^3$。对枢纽区周边 15km 范围进行勘查,选取了一个土料场、三个砂砾石料场、一个爆破料场。C1、C3 料场距枢纽区较近,主要作为混凝土骨料使用;P1 爆破料场质量好,储量丰富,运距近,可作为坝壳料主料场,并在施工前进行爆破试验;C4 料场运距较远,可作为备用料场。沥青混凝土骨料需外运,建议选取沙湾县水泥厂柳树沟灰岩矿进行购买,运距约 185km。

开工初期施工单位对 C4 料场进行了复查,岩性为砂卵砾石,天然密度 $2.22\sim 2.35\text{g/cm}^3$,天然含水量 $0.4\%\sim 0.6\%$,干密度 $2.21\sim 2.34\text{g/cm}^3$,可作为上坝料料源。现场采用后退法卸料,铺料厚度 80cm,采用 22t 自行式振动碾碾压,行驶速度 2km/h,碾压遍数为强振 8 遍,可满足设计孔隙率控制指标。

P1 爆破料场位于坝轴线下游左岸约 0.5km 的冲沟左侧,岩性为华力西晚期第二侵入次中-细粒角闪花岗岩,是一套岩石强度较为坚硬的岩石,距坝址平均运距为 1.1km。储量 $978.1\times10^4\text{m}^3$,爆破料的质量评价指标及试验值见表 4-35。

表 4-35　P1 石料质量指标及试验值表

序号	项目	质量指标	试验指标
1	饱和抗压强(MPa)	应按地域、设计要求与使用目的确定	79.1
2	软化系数		0.72
3	干密度(g/m³)	>2.4	2.69

P1 爆破料场根据爆破试验调整适宜的爆破参数,满足碾压试验所需的坝体填筑质量要求。根据碾压试验数据,铺料 80cm 及 100cm 时碾压 8 遍均能够满足设计孔隙率控制指标,最后施工采用进占法卸料,坝体爆破料填筑铺料厚度 100cm,采用 26t 自行式振动碾碾压,行驶速度 2km/h,碾压遍数为强振 8 遍。

(四)工程地质问题分析与评价

1. 河床深厚覆盖层

河床覆盖层最大厚度 42.5m,勘察采用先进的 SM 胶护壁和 SD 钻具(半合管)回转钻进,双管单动钻探的工艺,大幅提高岩芯采取率,并获得高质量的岩芯,为查明覆盖层地层结构、颗粒组成及物理力学性质创造了必要条件。覆盖层的主要物理力学性质参数建议值见表 4-36。

表 4-36　覆盖层主要物理力学性质参数建议值表

岩性	深度 (m)	天然密度 ρ(g/cm³)	干密度 ρ_d(g/cm³)	变形模量 (MPa)	压缩模量 (MPa)	抗剪强度 C(MPa)	抗剪强度 φ(°)	渗透系数 K(cm/s)	允许渗透比降 Jr	允许承载力 f_K(kPa)
砂卵砾石	0~8.0	2.05~2.15	2.10	35	38	0	30	8.2×10^{-2}	0.10	300~350
	8.0~33.0	2.15~2.20	2.20	45	55	0	34	6.90×10^{-2}		400~500
	33m 以下	2.20~2.25	2.25	55	65	0	38	1.84×10^{-2}		500~600

根据勘察成果,对心墙坝方案建议心墙基础置于埋深 6.0m 以下砂卵砾石层中,并对基底采取碾压或强夯处理,防止基础不均匀沉降。覆盖层岩性为砂卵砾石,具强透水性,建议采取防渗处理措施。

2. 崩坡积物的工程地质问题

枢纽区崩坡积物较为发育，主要分布在枢纽区左右两岸岸坡，厚度 10～30m 不等。崩坡积体主要由块石、碎石组成，充填角砾、粉土，碎块石多呈片状、块状，颗粒组成不均匀，粒径大小混杂，分选性较差。枢纽区分布的崩坡积体松散，架空现象明显，且具强透水性，不宜作为天然坝基，建议对坝基范围内分布的崩坡积体予以清除处理。左岸岸坡近坝段前坡分布的崩坡积体，高度约 10m，约 300m³，对坝体构成不利影响，施工期采取了削坡放缓处理。

此外，库尾段局部岸坡由崩坡积碎块石堆积形成，蓄水后会产生一定的库岸再造，计算塌岸宽度约 18m，估算方量约 $20 \times 10^4 m^3$。

（五）勘察成果工程设计应用

1. 坝基深厚覆盖层的处理

1）坝基强夯

（1）设计处理方案。

坝基河床段表层砂卵砾石层结构松散，为减小不均匀沉降，技施设计对坝基采用翻压处理，因地下水位高，翻压施工难度大，故将翻压段调整为强夯处理，强夯范围为心墙两侧坝上下游底宽 1/3 范围。

根据现场强夯试验，参考已建深厚覆盖层上坝基处理措施，确定强夯 4 遍后，采用 25t 振动碾碾压 8 遍。其中第 1、2 遍夯击能 6000kN·m，第 3、4 遍夯击能 4000kN·m，强夯处理后使 7m 以上覆盖层相对密度、干密度、孔隙率等物理力学参数达到设计要求值。

（2）坝基密实度检测。

坝基检测采用灌砂法，检测干密度为 2.28～2.30g/cm³，相对密度为 0.86～0.87，相对密度、干密度、孔隙率均达到设计标准。

2）防渗墙的设计

（1）设计方案。

初步设计阶段设计方案为"上墙下幕"，混凝土防渗墙处理范围为河床段 0+244.46～0+076.46，总长度 168m，共划分为 28 个槽段，槽孔最大墙深 48.3m，最小墙深 14m，总截水面积 4 644.01m²。顶高程为 1 403.9m，防渗墙上设 C20 混凝土基座，河床段基座混凝土设计为：基座底宽为 4.0m，基座厚度为 1.0m，并在防渗墙顶部及基座混凝土顶部增设 1 道铜片止水。凹槽内与槽孔混凝土防渗墙相接，基座混凝土上设沥青混凝土心墙。槽孔混凝土防渗墙采用 C30，抗压强度不小于 30MPa、W10 混凝土，墙厚度 1m，入岩深度 2～3m，混凝土标号 C30、W10、F300。防渗墙下基岩灌浆采用普通硅酸盐水泥浆（标号不低于 42.5）自上而下分段进行帷幕灌浆。基岩帷幕灌浆透水率应小于 3Lu，检查孔数量不低于灌浆孔总数 10%。

坝基设计处理见图 4-11。

（2）防渗墙效果评价。

经质量检测和后期对地下水位的监测，防渗墙质量满足设计要求，防渗效果好。

2. 坝基的帷幕灌浆设计

1）设计方案

沥青心墙坝岸坡段在基座范围内进行固结灌浆，设置 2 排，初定排距 1.5m，孔距 2m，灌浆深度为 5m。帷幕灌浆防渗深度根据勘察查明的岩体渗透特性确定：左岸基岩透水率 $q \leqslant 3Lu$ 界线埋深在基岩

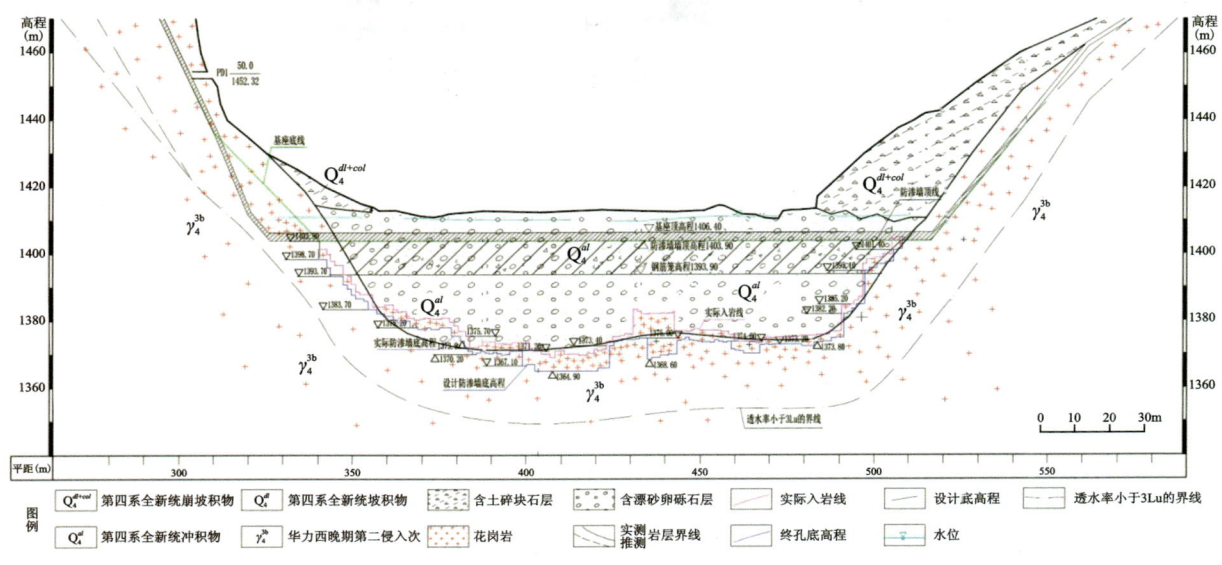

图 4-11 坝基设计处理剖面图

面以下 25m;河床 q≤3Lu 的界线在基岩面以下 25m;右岸基岩透水率 q≤3Lu 的界线埋深在基岩面以下 30m。帷幕灌浆从左坝肩灌浆平洞、河床段防渗墙下帷幕、至右坝肩灌浆平洞形成封闭的防渗体系。

岸坡心墙帷幕灌浆采用单排布置,孔距 1.5m,灌浆深度 22～34.0m;河床段帷幕灌浆在防渗墙内预埋灌浆管内进行,单排布置,孔距 1.5m,灌浆深度 20～22m。左岸灌浆平洞长 44.29m,右岸灌浆平洞长 62.25m,单排布置,孔距 1.5m。

2) 效果评价

根据检查孔及坝基渗流观测,坝后渗流较稳定,帷幕灌浆的效果好。

3. 边坡处理的设计应用

为防止坝肩坡积物及陡坎垮塌影响坝体安全,清除堆积崩坡积碎块石土,左、右岸坝肩做削坡处理,设计基岩最小开挖边坡 1:0.35,每 10m 设置一级马道,马道宽 2m。

坝肩边坡:对清理后的岸坡进行锚杆+锚索+挂网喷护支护措施。岩石边坡设置锚杆,L=4.5m,Φ25mm,排距 2.0m,孔距 3.0m;锚索布置根据开挖情况确定,锚索级别采用 1000kN,长 20m,间排距 5.0～10m;挂网喷护挂 Φ6@200 钢筋网喷 10cm 厚 C20 混凝土。

联合进水口边坡:采用锚杆+锚筋桩+锚索+挂网喷护构成;锚杆与锚筋桩间隔布置,锚杆长 5m,孔、排距 2.5m,采用 M30 水泥砂浆灌实;锚筋桩长 9m(3@25 构成),孔、排距 5m,采用 M30 水泥砂浆灌实;锚索布置根据开挖情况确定,锚索级别采用 1000kN,长 20m;挂网喷护挂 Φ6@200 钢筋网喷 10cm 厚 C20 混凝土。

为防止水库水位骤降时,基岩渗水压力对高边坡稳定的影响,在死水位以上设置排水孔,排水孔深 1m,孔径 5cm,孔、排距 5m。

泄洪洞出口及溢洪道边坡处理方法与联合进水口类似。

4. 花岗岩作为堆石料的应用

近库坝区广泛分布角闪花岗岩,中-细粒结构,块状构造,属坚硬岩,作为爆破料,满足堆石料的质量要求。其形成年代、物质组成及其质量与坝址区岩体基本一致,用作大坝堆石料主料场,在施工开采前应进行严格的爆破试验,调整出适宜的爆破工艺及参数,并与现场碾压试验相结合。

根据现场碾压试验,在铺料 80cm 及 100cm 时碾压 8 遍时均为合格的,孔隙率(14.8%～20.3%)均可满足设计要求(≤21%),从经济合理的角度采用进占法卸料,坝体爆破料填筑铺料厚度100cm,采用26t自行式振动碾碾压,行驶速度2km/h,碾压遍数为强振8遍(单层碾压沉降量4~5cm)。

5. 高地震烈度区建坝

工程区位于北天山强震构造带中,受北天山地块抬升的影响,区内晚更新世以来新构造运动强烈,地震活动频繁。工程区50年超越概率10%的基岩地震动峰值加速度为0.253g,相应的地震基本烈度为Ⅷ度,地震动反应谱特征周期0.4s。

大坝为沥青混凝土心墙坝,最大坝高为102.5m,坝高超过90m,大坝等级为2级。根据《水工建筑物抗震设计规范》的规定,2级壅水建筑物的工程抗震设防类别为乙类,一般采用基本烈度作为设计烈度。

坝体抗震措施:

(1)坝顶超高:地震涌浪高度选用1.5m,地震附加沉陷采用1.0m。

(2)坝顶宽度:坝顶宽度采用10m。

(3)上下游坝坡:适当放缓上、下游坝坡,上游坝坡1∶2.0~1∶2.25,下游坝坡1∶1.8~1∶1.7。

(4)坝体下游护坡:下游护坡自坝顶以下2级马道间采用混凝土网格。下游坝体设置伸入坝体内的土工格栅15m间隔布置,格栅层距1.6m。

(5)压实标准:堆石料的孔隙率不大于21%。

(六)工程地质勘察总结

(1)吉尔格勒德水利枢纽工程,作为疆内坝高100m以上的沥青混凝土心墙坝,是当时该坝型国内之最高坝,位于天山北坡地震带内,且存在河床深厚覆盖层,工程地质条件复杂,勘察工作难度大。

(2)为查明坝址区深厚覆盖层的成因类型,分布厚度,密实程度等,引进了新的钻探工艺技术,采用SM胶护壁和SD钻具(半合管)回转钻进,双管单动钻探的工艺,保证了覆盖层岩芯的完整性,获取了可靠的物理力学性质参数,为设计提供科学合理的地质依据。

(3)右岸坡崩坡积松散堆积体厚度10~30m,通过勘探及试验查明,该层具有架空结构、均一性和密实度均差的特点,并提出处理的地质建议。

(4)采用花岗岩爆破料作为大坝填筑料,在筑坝料的利用上是一种新的尝试,花岗岩为坚硬岩,本工程大坝填筑料的使用,具有就地取材、节省投资等优势。

(5)吉尔格勒德水利枢纽工程具有高地震烈度区、深厚覆盖层建造百米级沥青心墙坝,以及花岗岩作为堆石料的建坝等特点。工程从流域规划阶段的选址、到各阶段的勘察设计,通过坝址比选论证、地震安全评价、坝料的选择以及深厚覆盖层等方面进行了大量的专题研究工作,直到项目的建成,历经了23年。目前水库已进行蓄水验收,坝体、坝基的沉降、渗流监测数据正常稳定。

五、和田地区民丰县尼雅水利枢纽工程

(一)工程概况

尼雅水利枢纽工程位于昆仑山北坡,地处发源于南部山区的尼雅河中上游河段,北距民丰县80km。主要建筑物有拦河大坝、溢洪洞、泄洪冲砂洞、灌溉发电引水洞、导流洞和发电厂房等。是一座以灌溉、防洪为主,兼顾发电等多功能的综合利用水利工程,水库正常蓄水位2 663.0m,坝顶高程2 672.8m,坝

顶宽10.0m,最大坝高134.0m,坝型为沥青混凝土心墙坝,库容为$4069.0\times10^4\text{m}^3$,电站总装机6.0MW。灌溉面积10万亩,属Ⅲ等中型工程,其中拦河大坝为2级建筑物,溢洪洞、泄洪冲砂洞及灌溉发电引水洞为3级建筑物,电站厂房及临时建筑物为4级建筑物。

工程自2017年8月开工建设,至2020年8月底截流,2022年11月完成大坝封顶,2023年11月通过下闸蓄水安全鉴定。

(二)勘察工作概述

尼雅水利枢纽工程初期流域规划阶段勘测设计工作于2000年开展,确定为流域水利工程规划重点及近期可能开发的水利工程,至2010年开展可研代项目建议书阶段工作内容,初步设计阶段成果于2017年10月通过自治区水利厅技术审查,自治区发改委于2018年12月下达同意立项建设的批复意见。根据可研代项目建议书阶段报告,在尼雅河煤矿上游6km至下游1.2km范围内初选了上、下两个坝址,经研究论证比选,最终确定上坝址作为推荐坝址。从规划阶段到初设阶段,尼雅水利枢纽工程均进行了大量的勘察工作。

枢纽区工程地质平面图见图4-12,坝轴线工程地质剖面图见图4-13。

(三)工程地质条件与评价

1. 区域地质

工程区构造单元位于塔里木台坳(Ⅸ)区三级构造单元且末-若羌断陷($Ⅸ_5^{5-2}$)西,于田凹陷($Ⅸ_5^{4-6}$)东,南部为东昆仑褶皱系(Ⅳ)过渡带。处于昆仑山纬向构造体系内,区内形成以近东西向构造为主的构造行迹。自南向北主要区域性断裂有阿尔金南缘断裂(F1)和亚门-柳什断裂(F2)。阿尔金南缘断裂(F1)位于工程区以南80km,为全新世活动断裂,该断裂构成塔里木地台与东昆仑褶皱系构造单元的分界线。亚门-柳什断裂(F2)位于工程区以北,距坝址约6km,为晚更新世以来活动断裂。

尼雅水利枢纽位于阿尔金断裂西南端,处于7.5级潜在震源区,区域构造稳定性较差。枢纽区50年超越概率10%、5%及100年超越概率2%对应的基岩地震动峰值加速度分别为139.6gal、193.3gal、279.7gal,相应的地震基本烈度为Ⅶ度。

2. 库坝区工程地质条件

水库区位于尼雅河中上游中山峡谷河段,河谷呈"V"形,现代河床宽10~60m,两岸基岩大部分裸露,岸坡陡峻,坡度55°~75°,局部近直立,河流下切作用强烈,下切深度200~300m,两岸冲沟发育。

库区出露地层为库尾的蓟县系(Jx)千枚岩、变质砂岩和凝灰角砾岩、库坝区的泥盆系(D)变质混合岩、变质砂岩及第四系堆积物。

库区无区域性断裂通过,发育低序次的断层和结构面主要以北东东向、北西西向最为发育,规模较大,延伸最长。

库区两岸山体宽厚,地下水分水岭远高于水库正常蓄水位,不存在永久性渗漏问题。水库右岸坡第四系松散堆积物存在库岸再造问题,估算塌岸总方量约$100\times10^4\text{m}^3$。

坝址区内主要构造形迹为低序次断层、裂隙和节理,发育近东西向、北西向、北东向三组断层,其中近东西向最发育,断层规模一般较小。规模较大f_{23}:283°SW∠70°破碎带宽1.0~3.0m,由碎裂岩、断层泥组成,为压性断层;对岸坡影响较大的断层f_{34}、f_{35}、f_{36}等,产状290°~310°NE∠30°~40°,破碎带宽1.0~1.5m,由断层碎裂岩、糜棱岩和少量断层泥组成,为压性断层。坝址区两岸主要发育NEE向、NWW向、NNW向及NNE向四组结构面,多张开,少量泥质或岩屑充填。

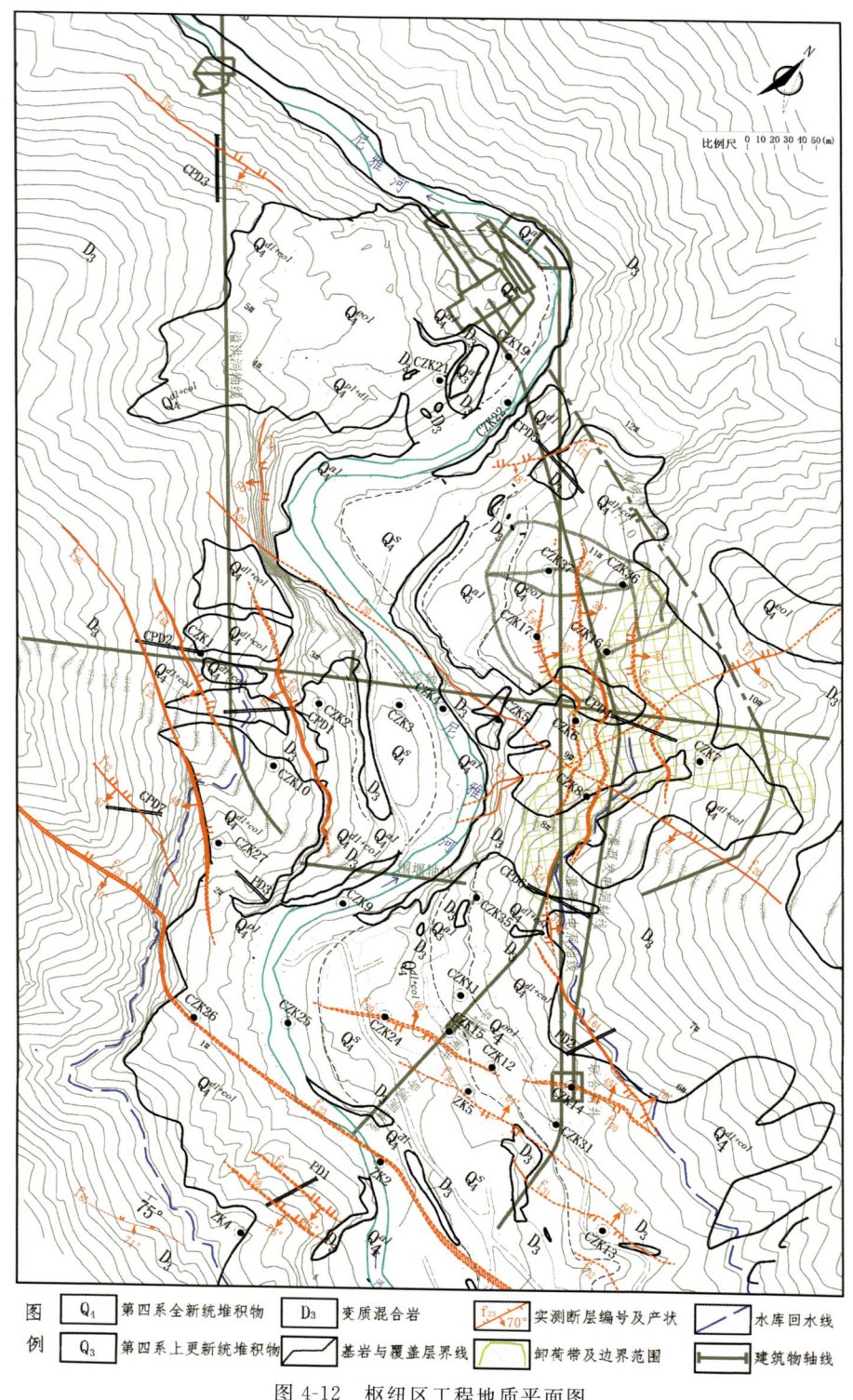

图 4-12 枢纽区工程地质平面图

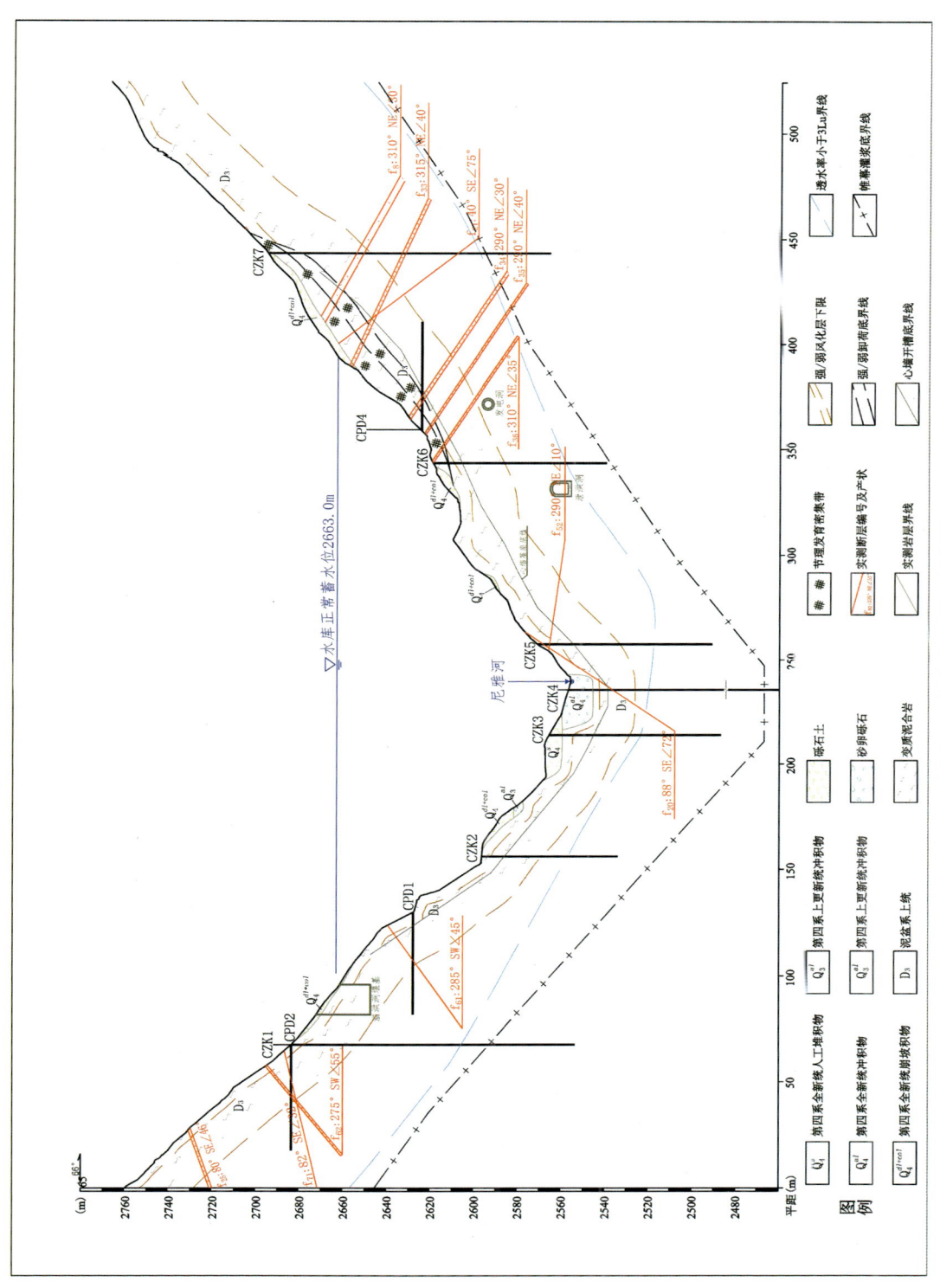

图 4-13 坝轴线工程地质剖面图

左岸心墙基岩裸露，岩性为变质混合岩，局部堆积崩坡积碎块石层，厚度 3.0~6.0m；岸坡坡脚发育Ⅱ级阶地，堆积冲积卵砾石层，厚度 4.5~5.0m。岩体强风化层厚度 3.0~4.0m，弱风化层厚度 15.0~20.0m。心墙基础置于弱风化层中上部，主要发育断层 f_{61}，产状 280°~290°SW∠35°~50°，与岸坡倾向相反，断层带宽 0.3~0.5m，构造岩以碎裂岩、断层泥为主；断层走向与坝轴线交角较小，对心墙基槽开挖边坡有一定影响；坝肩主要发育两组节理裂隙，坝肩无大的不稳定岩体。心墙基础开挖时岩体临时边坡坡比1:0.5，左坝肩水平方向灌浆平洞长 101.0m，灌浆平洞内防渗帷幕深度 10.0~87.2m，坝肩固结灌浆入岩深度 8.0m，防渗帷幕处理深度为建基面以下 72.0~83.0m。

河床心墙部位堆积全新统冲洪积卵砾石层，厚度 8.0~11.0m；下伏基岩岩性为变质混合岩，岩体强风化层一般厚度 2.0~3.0m，弱风化层厚度 15.0~18.0m。心墙基础置于弱风化层中上部，开挖后基槽底板平整度较好，较平直，无不良地质作用及不良地质现象；基岩上下游开挖临时边坡坡比1:0.5，卵砾石层上下游开挖临时边坡坡比1:0.75~1:1.0，固结灌浆入岩深度 8.0m，防渗帷幕处理深度为建基面以下 73.0~79.0m。

右岸心墙上游侧大部分基岩裸露，岩性为变质混合岩，下游侧基本被崩坡积碎块石层全部覆盖，厚度一般 10.0~25.0m，最厚近 30.0m；右坝肩发育Ⅱ、Ⅲ级阶地，阶地堆积上更新统冲积卵砾石层，厚度 2.0~6.0m。地质构造以断层为主，局部发育节理裂隙，右坝肩岩体主要发育 NW 向、NWW 向、NEE 向、NE 向四组断层，其中 NE 向断层主要发育有 f_{95}、f_{96}，产状 20°~61°SE(NW)∠78°~80°，NW 向断层主要发育 f_{33}、f_{34}、f_{35} 等多条断层，产状 300°~310°SW∠30°~40°，断层带宽 1.0~1.5m，构造岩以碎裂岩、断层泥为主，该组断层走向与岸坡走向基本一致，倾向岸内，延伸较长，平行发育于右坝肩，与 NWW 向、NE 向、NEE 向构造相互切割，造成右坝肩岩体完整性差，形成较大范围的松弛卸荷带，控制着右坝肩岩体的边坡稳定性，对心墙基槽开挖边坡有较大影响。高程 2600~2750m 之间为岩体卸荷带，卸荷发育深度 14.0~34.0m，其中强卸带厚度 5.0~24.0m；弱卸荷带厚度 9.0~12.0m。右坝肩岩体强风化层厚度 5.0~6.0m，卸荷发育地段厚度 6.0~7.0m，断层通过处或节理密集带，局部岸坡陡立段，强风化厚度达 8.0~9.0m；弱风化层厚度 20.0~22.0m，卸荷带地段厚度 25.0~40.0m。强风化岩体、强、弱卸荷岩体均不宜作为心墙基础，施工开挖时全部清除，心墙基础置于弱风化岩体上部，开挖后基槽底板断层发育，对蚀变石英岩脉及断层采取混凝土塞处理措施。

右坝肩岩体完整性差，NWW 向与 NE 向断层组合，NW 向与 NE 向结构面组合，加之缓倾结构面切割控制，在心墙基槽的上、下游侧形成不利结构面组合，心墙基槽边坡存在失稳现象，建议临时边坡开挖坡比：强卸荷带1:1.0，强风化层、弱卸荷带1:0.75，弱风化层临时边坡坡比1:0.5。

右坝肩水平方向灌浆平洞长 112.0m，灌浆平洞内防渗帷幕深度 10.0~78.1m。坝肩固结灌浆入岩深度 8.0m，防渗帷幕处理深度为建基面以下 61.2~99.5m。

3.岩土体工程地质特性

左岸岩体强风化层厚 3.0~4.0m，弱风化层厚 15.0~20.0m；河床坝基强风化层厚 2.0~3.0m，弱风化层厚度 15.0~18.0m；右岸岩体强风化层厚 5.0~6.0m，弱风化层厚度 20.0~22.0m。坝址区变质混合岩、变质砂岩，属深变质岩系，岩石（体）的物理力学指标地质建议值见表4-37和表4-38，坝基岩体工程地质分类见表4-39，隧洞围岩详细分类见表4-40。

表 4-37　坝址区岩块物理力学性质指标建议值表

岩性	风化程度	比重	密度(g/cm³)		抗压强度(MPa)		弹模(GPa)		变模(GPa)		泊松比
			烘干	饱和	烘干	饱和	烘干	饱和	烘干	饱和	
变质混合岩	强风化	2.70	2.68	2.69							0.25
	弱风化	2.71	2.69	2.70	75.0	46.0	33.0	28.5	33.6	28.4	0.24
	微—新鲜	2.74	2.72	2.73	82.5	62.0	36.5	29.6	37.2	30.8	0.23

表 4-38 坝址区岩体力学性质指标地质建议值表

岩性	风化程度	变形模量(GPa)	岩体/岩体		岩体/岩体	岩体/混凝土		岩体/混凝土	纵波波速(m/s)	泊松比	承载力(MPa)
			抗剪断强度		抗剪强度	抗剪断强度		抗剪强度			
			f'	C'(MPa)	f	f'	C'(MPa)	f			
变质混合岩	强风化								1700~2600	0.30	1.0
	弱风化	3.0	0.65	0.45	0.5	0.7	0.45	0.45	2200~3900	0.28	2.3
	微—新鲜	6.0	0.8	0.7	0.6	0.9	0.7	0.55	3300~5400	0.26	3.0

表 4-39 坝基岩体工程地质分类表

风化程度	饱和单轴抗压强度(MPa)	纵波波速(m/s)	RQD(%)	岩体完整性系数 K_v	岩体特征及工程特性评价	坝基岩体类别
强风化		1700~2600	15	0.33	岩体呈镶嵌或碎裂结构,结构面很发育,且多张开或夹泥,岩体破碎—较破碎,不能作为高混凝土坝地基	B_V
弱风化	46	2200~3900	23	0.53	岩体呈次块状,结构面中等发育,多闭合,岩块间嵌合力较好,贯穿性结构面不多见,岩体完整性差—较完整,抗滑、抗变形性能受结构面和岩石强度控制	B_{IV1}
微—新鲜	62	3300~5400	25	0.65	岩体呈块状或次块状,结构面中等发育,多闭合,岩体较完整,局部完整性差,强度较高,抗滑、抗变形性能在一定程度上受结构面控制	A_{III1}

表 4-40 隧洞围岩类别综合判定表

建筑物	位置	里程桩号	风化程度	国标详细分类	BQ法	RMR分类	综合评价
溢洪洞	洞身	10~100、170~230、310~410	弱风化	IV	IV	IV	IV
		100~170、230~310	微—新鲜	III	III	III	III
泄洪冲砂洞	洞身	0~40、400~470	弱风化	IV	V	IV	IV
		40~400	微—新鲜	III	III	III	III
灌溉发电引水洞	洞身	0~30、190~310、360~510	弱风化	IV	IV	IV	IV
		30~190、310~360	微—新鲜	III	III	III	III
导流洞	洞身	90~140、490~570	弱风化	IV	V	IV	IV
		140~490	微—新鲜	III	III	III	III

4. 岩质边坡评价

左岸坝顶以上岩质边坡自然状态下整体稳定,局部因岩体风化、卸荷等作用,形成规模不大的危岩体,这些危岩体在爆破震动、地震荷载、开挖扰动等不利工况作用下,存在失稳的可能性,局部可能存在崩塌、掉块。

根据勘察期间右岸岩质边坡平硐勘探,存在较深的岩体卸荷带,卸荷影响范围广,卸荷岩体发育规模大。该边坡在自然条件下整体稳定,但施工开挖对其稳定性影响较大。建议对卸荷岩体开挖后的边坡采取系统锚固、挂网喷护、支挡等坡面防护措施,并在坡顶设置坡面排水措施,对边坡稳定加强监测。

对于心墙基槽临时边坡,地质建议右岸卸荷岩体边坡开挖坡比1∶1.0,并采取必要随机锚固、挂网喷护等防护措施,施工期间加强该部位的监测。

溢洪洞进、出口岩质边坡自然条件下整体稳定,局部存在崩塌、掉块现象。建议对边坡进行系统锚杆、挂网喷护、支挡及排水等处理措施。

右岸联合进水口洞脸边坡基本稳定,局部可能产生小规模的崩塌、掉块;右侧工程边坡开挖判定局部不稳定,可能产生楔形体滑动。建议对联合进水口右侧约150m的工程开挖边坡采取预应力锚索、系统锚杆、挂网喷护及坡脚排水等处理措施,在适当部位设置碎落台。

发电厂房左侧开挖边坡对厂房的安全影响大,建议采取系统锚杆、挂网喷护等处理措施,并在坡顶面周边设置支挡、排水等坡面防护措施。

5. 天然建筑材料

勘察选定了2个砂砾石料场(C1、C2)、1个堆石料场(P1)和碱性骨料料场(L1和L2)。研究了砂砾石骨料和酸性骨料作为沥青心墙骨料的可行性。施工期采用C2砂砾石料场B区作为坝壳填筑料、过渡料和混凝土骨料场,采用P1堆石料场作为坝壳填筑料场,采用L2灰岩作为沥青混凝土碱性骨料料场。

通过对料场复查成果、现场施工碾压试验以及大坝施工过程中的逐级检测结果,各料场作为坝壳填筑料、混凝土骨料、过渡料、沥青混凝土骨料等天然材料,均符合技术质量要求。

大坝填筑使用的心墙填筑料、风化岩料、堆石料等填筑料总计 $433.24 \times 10^4 m^3$,料场储量与勘察结果相近,储量满足本工程要求。

C2砂砾石料场B区位于左岸Ⅳ级阶地上,开采运输条件较好,平均运距约9.1km。岩性为卵石混合土,机械易开采,可作为混凝土骨料使用;根据试验结果研究分析,作为砂砾石填筑料和过渡料,各项指标均符合技术质量要求;作为混凝土粗骨料,弱胶结层软弱颗粒含量部分超标;作为混凝土细骨料,局部含泥量较高,需进行水洗。作为混凝土粗、细骨料存在潜在碱活性,施工过程掺配粉煤灰可有效抑制碱活性危害,其余各项质量指标满足工程技术要求。

P1堆石料场位于坝址下游河道左岸冲沟西侧,岩性为泥盆系变质混合岩,开采运输条件较好,平均运距约1.0km。根据试验结果研究分析,P1料场作为爆破堆石料,各项指标均满足规范要求(表4-41),需注意爆破工艺,控制岩体的块度,满足堆石料的填筑要求。

表4-41 P1堆石料原岩质量指标评价表

序号	项目	质量指标		试验指标	评价
1	饱和抗压强度(MPa)	按地域、设计要求与使用目的确定	>30	70~92	合格
2	软化系数		>0.75	0.72~0.84	合格
3	冻融损失率(%)		<1	0.05~0.2	合格
4	干密度(g/cm³)		>2.4	2.64~2.82	合格

碱性骨料场选择了两处：一处为阿羌乡上游河道9.5km右岸基岩山体的L_1，另一处为于田县开发区南约50km，阿羌乡东南约10km的山区的L_2，岩性均为灰岩。

技施阶段我院联合新疆农业大学水利水电设计研究所，对灰岩骨料、天然砂砾石骨料、破碎砾石骨料和基岩爆破骨料作为沥青心墙混凝土骨料的可行性进行了专门研究，编制完成《新疆和田地区民丰县尼雅水利枢纽工程沥青混凝土原材料试验研究报告》，根据该成果报告，以上各类骨料均可作为沥青心墙混凝土骨料。

（四）工程地质问题分析与评价

1. 边坡稳定问题

勘察采用地质测绘、钻探、平硐和现场原位测试等手段，查明边坡的成因类型、地层结构、岩性特征、稳定状态等，对边坡进行级别划分、稳定性分析，对可能存在的破坏模式进行了预判。

左岸岩质边坡自然状态下整体稳定，局部存在崩塌、掉块现象；右岸为高陡边坡，上部坡面覆盖风积粉土，中部覆盖6~15m的崩坡积含土碎块石，属岩土混合边坡。岸坡面冲沟发育，起伏不平。冲沟间岩体受构造影响，卸荷作用强烈，产生大范围的卸荷裂隙。岩体卸荷发育深度达30m，其中强卸荷带宽度10~15m，弱卸荷带宽度8~10m。右岸边坡发育四组结构面，结构面相互切割，易形成不稳定块体。右岸自然边坡整体基本稳定，局部陡立处产生崩塌、掉块和小规模滑塌。

在施工削坡过程中，右岸土质边坡、卸荷带及岩体不利结构面对开挖后的工程边坡稳定性影响较大。建议对卸荷岩体采用开挖坡比1∶1.0，对开挖后的边坡采取系统锚固、挂网喷护、支挡等坡面防护措施，并在坡顶设置坡面排水措施，同时应加强施工期边坡稳定的监测。

2. 环境水腐蚀性问题

坝址区环境水为河水、孔隙潜水、泉水和基岩裂隙水，针对不同类型、不同时期环境水分别取样进行水质简分析。3月地表水SO_4^{2-}含量在501.7~1 429.7mg/L之间，6月地表水SO_4^{2-}含量在274.3~325.9mg/L之间；3月地下水中SO_4^{2-}的含量在607.5~6 829.1mg/L之间，6月地下水中SO_4^{2-}含量在606.3~3 092.6mg/L之间；SO_4^{2-}含量总体偏高。地表水中Cl^-含量在104.0~766.8mg/L之间，地下水中Cl^-含量在390.3~5 083.4mg/L之间，根据腐蚀性界限指标（>5000mg/L），Cl^-含量总体偏高。尼雅河工程区河段环境水矿化度总体偏高，水质较差，尤其枯水期恶化明显。

地表水对混凝土具强腐蚀性，对钢筋混凝土结构中的钢筋具中等腐蚀性，对钢结构具中等腐蚀性；地下水对混凝土具强腐蚀性，对钢筋混凝土结构中的钢筋具强腐蚀性，对钢结构具中等腐蚀性。建议采用抗硫酸盐或磷铝酸盐水泥，并对钢筋及钢结构采取防腐措施。

（五）勘察成果工程设计应用

1. 大坝抗震设计

技施阶段为保证工程安全，对主要建筑物进行抗震设计，地震动峰值加速度按50年超越概率5%地震动峰值加速度进行复核，采用地表地震动峰值加速度0.193 3g。坝体的抗震措施结合坝体结构、坝料设计统一考虑，参考国内外已建工程类似工程经验，考虑以下几个方面：①考虑足够的地震涌浪高度。按规范要求，地震涌浪高度一般采用0.5~1.5m，按地震烈度大小和坝前水深选用1.0m；②适当加宽坝顶，降低坝顶地震力作用，并防止因坝顶堆石体塌滑而造成上游面板破坏，坝顶宽度采用10m；③加强坝体各分区与坝基和岸坡的连接，防止坝体，特别是两岸边坡因地震而出现裂缝。

2. 大坝灌浆处理

1）初设勘察结论及设计方案

左岸心墙基础防渗帷幕处理深度为基岩面以下 40.0～65.0m；河床心墙基础防渗帷幕处理深度为基岩面以下 35.0～45.0m；右岸心墙基础防渗帷幕处理深度为基岩面以下 60.0～70.0m。

2）技施阶段实施方案

技施阶段基本按照地质建议进行心墙基础的固结灌浆和帷幕灌浆工作，固结灌浆设置 4 排孔，排距 1.5m，孔距 2.0m，孔深 8.0m；帷幕灌浆与固结灌浆孔中间两排结合，排距 1.5m，孔距 2.0m，防渗帷幕处理深度为建基面以下 72.0～83.0m。帷幕灌浆底界与初设阶段部分不同，深度大于初步设计阶段。帷幕灌浆施工过程中，心墙 0+349.14～0+361.05 段漏浆严重，针对质量检查孔结果，结合工程地质及施工过程资料进行综合分析，对该段上游排进行补强灌浆，共计 6 个孔，合计帷幕灌浆进尺 482.15m。

3）工程地质评价

固结灌浆后岩体波速都有了一定幅度的提高，岩体的均一性、完整性得到改善。灌前和灌后平均波速分别为 4205m/s 和 4594m/s，提高率 9.25%；波速≤4000m/s 的点数频率，灌前和灌后分别为 33.47% 和 3.27%，降低了 90.23%。经过固结灌浆后，低波速段岩体波速提高率较高，而高波速段岩体波速提高率较低。最低波速灌前和灌后分别为 3030m/s 和 3922m/s，提高率 29.44%；最高波速灌前和灌后分别为 5128m/s 和 5556m/s，提高率 8.35%，低于低波速提高率。综合来看，固结灌浆效果显著。

帷幕灌浆采用高抗硫水泥-膨润土浆液及硅溶胶浆液；下游排均采用高抗硫水泥-膨润土浆液；上游排Ⅰ序孔采用高抗硫水泥-膨润土浆液，Ⅱ序孔、Ⅲ序孔采用硅溶胶浆液。帷幕灌浆灌前各次序孔透水率平均值为 3.86～7.49Lu，灌后检查孔各次序孔透水率平均值为 1.63～4.21Lu，但透水率大于 3Lu 段数仅占 1.99%，表明帷幕施工工艺方法适宜，灌浆效果明显。

3. 大坝右岸边坡处理

1）初设勘察结论及设计方案

初步设计阶段综合判定坝顶以上岩质边坡在自然条件下整体稳定，心墙基槽开挖、灌浆平硐开挖及岩体卸荷带的开挖对右岸坝顶以上的边坡稳定性影响较大。建议卸荷岩体的开挖坡比 1∶1.0，对开挖后边坡采取系统锚固、挂网喷护、支挡等坡面防护措施，并在坡顶设置坡面排水措施，建议加强支护，同时施工期对边坡稳定加强监测。

初步设计阶段综合判定坝后崩坡积含土碎块石边坡自然条件下整体稳定，受坝体轮廓线清基开挖影响，含土碎块石边坡前缘在降水、冰雪融水等坡面冲刷下会有一部分滑塌体进入坡脚排水沟内，建议对坡脚排水沟以上的含土碎块石边坡进行削坡处理，建议开挖坡比 1∶1.75～1∶1.5，并进行支挡、喷护或植草等坡面防护措施。

2）技施阶段实施方案

施工期右岸坝顶以上高程 2673～2710m 之间工程边坡及环境边坡采取锚筋桩、挂钢丝网、喷混凝土支护措施；在高程 2690m 上、下游环境边坡设置一道被动防护网，支护宽度 85m，高程 2671～2747m 之间环境边坡采取被动防护网措施，高程 2747～2820m 之间环境边坡采取削坡处理措施，开挖坡比 1∶0.77，坡顶及岸坡中部共设置两级马道，马道宽度 1.0～2.0m。

施工期右岸坝壳基础开挖工作历时 14 个月，且坝后坝体轮廓线以外环境边坡未采取相关措施。由于岩土体结构差异性较大，加之边坡清基开挖后引起岩体应力释放，对环境边坡的稳定性都有着不同程度的影响。后期大坝右岸心墙下游侧工程边坡及环境边坡发生大面积滑塌破坏，滑塌体大部分下滑至高程 2597～2604m 的施工道路平台处，距离下一级岸坡边缘 1～4m 距离，实测滑塌体方量 1.9 万 m³。

处理措施为：由坡顶向下部开挖，处理范围为右岸心墙基槽下游侧，高程 2640～2790m，心墙 0+

280以上。开挖坡比1:1.0,高度每12.0m设一级马道,宽度3.5m,坡面设置挂网喷护、系统锚杆、锚筋桩和混凝土框格梁。大坝与岸坡连接处设置排水沟,排水沟以上边坡设置2排预应力锚索,锚索规格为600kN,长度25.0m,锚固段长度8.0m,间排距5.0m。

3)工程地质评价

右岸自然边坡整体基本稳定,局部陡立处产生崩塌、掉块和小规模滑塌。岸坡岩体为变质混合岩,节理裂隙发育,岩体破碎,分布石英岩脉,蚀变为高岭土、蒙脱石等次生矿物,强度降低,施工过程中,边坡开挖工作自下而上进行,形成陡于自然边坡的临空面,稳定的平衡状态被破坏。在施工震动干扰及降水影响下,增加了边坡整体破坏的潜在风险,最终导致了边坡变形失稳。

施工期右岸边坡采取削坡和支护措施,处理后未发现异常,处于稳定状态,说明边坡处理措施是适宜的。

4. 联合进水口边坡处理

1)初设勘察结论及设计方案

初步设计阶段综合判定右岸联合进水口洞脸边坡基本稳定,局部可能产生小规模的崩塌、掉块;右侧边坡自然条件下整体稳定,局部存在崩塌、掉块现象。施工开挖工程边坡不稳定,在库水冲刷、水位变幅、地震荷载等不同工况下,可能产生楔形体滑动破坏。建议清除建基面以上岩土体,覆盖层临时开挖坡比1:1.5,永久1:1.75;强风化岩体临时开挖坡比1:0.75,永久1:1.0;弱风化岩体临时坡比1:0.5,永久1:0.75。

建议对联合进水口右侧约150m范围工程开挖边坡采取预应力锚索、系统锚杆、挂网喷护及坡脚排水等处理措施,并对高度100m以外的坡面以及洞脸边坡采取先清除不稳定体,后设随机锚杆的措施;联合进水口边坡外缘增设坡面支挡和排水等措施,在适当部位设置碎落台。

2)技施阶段实施方案

施工期边坡开挖历时1年半多,由于岩体构造发育、施工支护措施不及时、开挖坡比控制较差等因素影响,边坡出现4次垮塌。垮塌后联合闸井洞脸及右侧边坡采取预应力锚索、锚筋桩、系统锚杆、挂网喷护措施。锚索规格1000kN,锚固段长度8.5m,张拉段长度为16.5m,间排距5.0m,在永久边坡每级马道布置两排,锚索方向与坡面垂直,锚索与格构梁连接。后期根据边坡实际情况,增加了预应力锚索支护范围、支护密度。

3)工程地质评价

施工边坡开挖后,勘察地质结论及预判得到了验证。施工采取支护措施后,边坡未出现垮塌、掉块、坡面裂缝等现象,边坡整体稳定,满足设计要求,说明联合进水口的支护措施是适宜的。边坡施工应采取由上及下、边开挖边支护的开挖方式,避免由于开挖后支护延误,对边坡稳定性产生不利影响。

5. 联合闸井地基处理

1)勘察结论

联合闸井基础发育断层f_{70},断层及影响带宽约10m,以糜棱岩及少量断层泥为主,影响带为碎裂岩,岩体破碎,完整性差。建议闸井基础置于弱-微风化岩体,弱风化岩体承载力建议值2.3MPa,变形模量4.0GPa。技施阶段,根据联合闸井载荷试验结果,提出断层影响带以外地基承载力特征值为1400kPa,变形模量为110MPa;断层影响带以内地基承载力特征值为450kPa,变形模量为21MPa。建议对地基中的断层破碎带及影响带采取挖除并设置混凝土塞,处理深度为断层宽度的1.5倍。对整体地基岩体进行固结灌浆并设置锚筋桩,固结深度12.0~15.0m,提高地基承载力和强度指标。固结灌浆后的波速提高率不低于25%或波速不小于2500m/s。

2）技施阶段实施方案

施工期按照地质建议进行地基处理,地基周边孔位固结灌浆间距为1.0m,深度12.0m,其他孔位间距2.0m,深度5.0m;固结灌浆压力为0.8MPa;将基础右侧及上游底板尺寸宽度各增加2.0m,左侧底板宽度增加3.0m。闸井底板边墙基础设置两排锚杆,间距2m,入岩深度5.5m,底板钢筋与锚杆须焊接连接。

3）工程地质评价

灌浆前断层破碎带波速在1610～2450m/s之间,灌浆以后破碎带波速在2700～3950m/s之间,灌浆后破碎带波速值显著提高,强度增大,灌浆处理效果良好,达到了地质专业提出的固结灌浆后的波速不小于2500m/s的要求。联合闸井高度92.3m,施工期按照地基处理方案施工,联合闸井浇筑完成后,未出现不均沉降或拉裂变形现象,联合闸井处于稳定状态,满足设计要求,说明地质参数和处理措施是适宜的。

6. 泄洪洞塌方段处理

1）勘察结论

泄洪冲砂洞龙抬头斜井段发育断层f_{70},断层及影响带宽约10m,断层以糜棱岩及少量断层泥为主,影响带为碎裂岩,岩体破碎,完整性差。断层通过处及节理密集带,围岩类别按Ⅴ类。应采取喷混凝土、系统锚杆加钢筋网支护,并浇筑混凝土衬砌,必要时可采取钢拱架或超前支护措施。洞室部分位于地下水位线以下,考虑采取排水措施并对断层处进行混凝土塞处理。

2）技施阶段实施方案

断层f_{70}处于饱水状态,爆破开挖施工后,地下水由断层破碎带溢出,产生突泥现象,隧洞拱顶垮塌,边墙及顶部出现持续多次垮塌、掉块后,形成高19m,宽14m,长度13m的空腔体,方量约2000m³。施工时隧洞采取管棚、钢拱架（I20,间距50cm/榀）、挂钢筋网、喷混凝土支护措施,拱顶范围采用厚度10mm的Q235B钢板形成管棚,隧洞完成全断面衬砌后,采用自密实混凝土回填。

3）工程地质评价

空腔体处理完成后,目前处于稳定状态,根据监测,无变形现象,说明处理措施及建议是适宜的。产生空腔体主要原因是断层构造、及地下水影响,围岩条件差,施工开挖循环进尺偏大,爆破控制不当,导致洞顶围岩失稳垮塌。针对此类围岩,进行超前地质预报、爆破工艺控制、及时加强支护,显得尤其重要。

7. 抗腐蚀性设计

1）初设勘察结论

工程区环境水水质较差,地表水对混凝土结构具强腐蚀性,对钢筋混凝土结构中的钢筋具中等腐蚀性,对钢结构具中等腐蚀性;地下水对混凝土结构具强腐蚀性,对钢筋混凝土结构中的钢筋具强腐蚀性,对钢结构具中等腐蚀性。建议采取防腐措施。

2）技施阶段实施方案

本工程水工建筑物侵蚀程度为严重,所处的侵蚀环境类别为五类。根据环境类别的级别,本工程钢筋混凝土构件表面最大裂缝宽度为0.15mm,临水面配筋混凝土最低强度等级为C35,采用高抗硫水泥,临水面及接触空气构件的抗冻等级为F300。泄洪冲砂洞洞身段底板和表孔溢洪洞洞身段底板为提高抗磨性能,分别采用30cm厚的C40W8混凝土（抗冲磨抗侵蚀高性能混凝土）,其余部分采用C35W8混凝土（抗侵蚀高性能混凝土）。沥青混凝土心墙坝基座采用C35W12混凝土（抗侵蚀高性能混凝土）,主、副厂房及各洞室、尾水渠地面以下混凝土结构采用高抗混凝土C35W8,地面以上混凝土结构不作抗渗要求。

3)工程地质评价

按勘察要求,工程区在不同勘察阶段和不同时期,采取大量水样,获得翔实的水质分析数据,为工程混凝土结构耐久性设计提供了可靠的依据,降低了工程风险。

(六)工程地质勘察总结

(1)尼雅水利枢纽工程在建设期为国内沥青心墙坝中第一高坝。从2000年开始流域规划阶段工作,到2009年完成项目建议书/可行性研究阶段工作,从2017年完成初步设计阶段工作,到2018年完成技施阶段工作,直至2022年大坝封顶。其间每个阶段都经历了反复研究论证分析,目前来看,工程从研究论证到具体实施,基本程序和工作布置总体是合理的,并实现了把控地质风险的根本目的。积累了宝贵的工程经验。

(2)尼雅水库地处昆仑山区,地形地质条件极其复杂,工程地质问题复杂多样,对工程的勘测设计及建设影响巨大。如右岸高边坡稳定问题、卸荷带和石英蚀变带能否作为大坝地基问题、泄洪洞断层塌方突泥处理问题、强卸荷带帷幕灌浆问题、闸井地基断层处理问题、环境水腐蚀性问题,在勘察和施工中逐一得到解决,使工程顺利进行,保证了工程质量和安全,丰富了工程经验,为今后工程建设提供有益的借鉴。

(3)初设阶段勘察对灰岩骨料、天然砂砾石骨料、破碎砾石骨料和基岩爆破骨料作为沥青混凝土心墙骨料的可行性进行了专门研究,与相关的科研院校合作完成了《新疆和田地区民丰县尼雅水利枢纽工程沥青混凝土原材料试验研究报告》,研究表明以上各类骨料均可作为沥青心墙混凝土骨料。

(4)技施阶段根据施工开挖揭露的工程地质问题,采取的处理措施及优化设计,主要包括对大坝右岸心墙基础断层及蚀变石英岩脉处理,心墙基础纵坡优化设计及灌浆处理,大坝石岸心墙下右侧滑塌体及边坡处理,联合进水口洞脸高边坡及闸井基础处理,泄洪冲砂洞龙抬头空洞体段处理,灌溉发电引水洞进口段围岩失稳处理,坝后发电厂房尾水渠左侧边坡优化设计,场内道路高边坡处理等。各类优化设计和处理措施为工程建设提供了合理、可靠、科学的地质依据。

(5)回顾尼雅水利枢纽工程勘测设计过程,前期的勘察成果得到了施工验证,但是也存在一些不足,例如对坝顶以上环境高边坡研究不够、泄洪洞断层通过处可能产生的危害估计不足、地质专业对施工过程的指导需要进一步加强,现场设代人员解决问题的能力和专业素养有待提高。

(6)工程建成后,可实现地表水资源的合理配置和高效利用,解决灌区用水的供需矛盾,有效调节年内水量、提高灌溉供水保证率,减轻洪水灾害,保护下游生态环境,对促进当地经济发展具有十分重要的意义,工程效益显著。

六、云南省丽江市永胜县小米田水库工程

(一)工程概况

小米田水利枢纽工程位于金沙江水系马过河流域上游的楚依河上,工程区位于云南省丽江市永胜县六德乡小米田村,距永胜县城58km,距离丽江市161km。该工程为兼具居民及农村人畜饮水、农业灌溉和工业供水功能的水利枢纽工程。包括枢纽工程和灌渠工程。枢纽工程主要建筑物包括大坝、溢洪道、泄洪洞以及输水洞。水库正常蓄水位2328.00m,相应库容为$2253\times10^4m^3$,最大坝高为81.35m,坝顶宽度为10m,坝长300m。工程规模为中型Ⅲ等工程,大坝建筑物等级为2级;溢洪道、泄洪洞为3级建筑物;次要建筑物4级;临时建筑物5级。

小米田水库工程于2014年1月10日正式开工建设,2019年8月底,大坝填筑封顶,其他主体工程已基本完工。自2022年8月下闸蓄水,目前大坝运行正常,各项指标满足设计要求。

(二)勘察工作概述

2010年12月—2011年5月我院完成了云南省丽江市永胜县小米田水库工程可研代项目建议书阶段工程地质勘察工作,2011年8月项目建议书阶段成果通过了云南省水利水电工程技术评审中心审查,同年12月通过了长江水利委员会审查;2012年8月可行性研究阶段成果通过了云南省水利水电工程技术评审中心技术审查,2012年9月14日通过了云南省发改委技术审查。2011年9月—2012年3月完成了小米田水库初步设计阶段工程地质勘察工作,2012年8—10月进行了补充勘察工作。2012年12月完成了初步设计阶段的勘察成果,2013年初通过了云南省水利水电工程技术评审中心技术审查。2013年8月云南省水利厅、发改委下发《永胜县小米田水库工程初步设计报告的批复》(云水规计〔2013〕107号)。

枢纽区工程地质平面图见图4-14,坝轴线工程地质剖面图见图4-15。

(三)工程地质条件与评价

1. 区域地质

工程区位于三级构造单元滇中台陷(I_1^1)西缘,新构造运动强烈,地震活动强度大,频率高。历史地震主要沿西部区域性深大断裂分布,库坝区距最近的活动构造——程海—宾川断裂约18km。工程区位于地震活跃区以东,枢纽区8km范围内无活动断层通过,库坝区无大于5级历史地震震中分布,主要受外围中强震的影响,工程区属构造稳定性较差地区。场区50年超越概率10%的地震动峰值加速度为0.287g,相应的地震基本烈度为Ⅷ度。

2. 库坝区工程地质条件

库区位于楚依河中游河段,为侵蚀构造中山区河谷地貌,左岸陡峻,右岸相对较缓,河谷呈不对称的"U"型;两岸山顶海拔2403~2643m,相对高差120~350m。库区出露中生界三叠系上统舍资组(T_3s)砂岩、泥岩及第四系堆积物。库区左岸700m处发育有拉古得断裂,延伸65.2km,总体走向北东东,倾向南东,倾角一般在70°,破碎带宽100~200m。上盘为泥盆系灰岩,下盘为三叠系舍资组砂岩,破碎带多为角砾岩,碎裂岩,接触带均为灰白色变质灰岩,断层两侧岩体破碎。该断裂晚更新世之后未发现活动。

库区两岸山体宽厚,水库不存在邻谷渗漏和永久渗漏;库区岸坡整体稳定,不存在大的岸坡稳定问题;水库淹没小米田村部分居民点、道路、林地及耕地;无矿产压覆问题;不存在较大规模的浸没问题;水库存在一定的淤积问题;水库诱发地震可能性较小。

坝址位于中山峡谷河段,现代河床宽8~12m,纵坡4%,覆盖层最大深度14m。左岸坡度30°~60°,表层分布坡积、崩塌堆积物,厚度4.0~5.5m;右岸坡度25°~50°。坝址区出露三叠系舍资组砂岩与泥岩互层及第四系松散堆积地层。坝址区主要构造为低序次断层、裂隙和节理,左岸发育北东、北西及顺层结构面,右岸发育一组倾向岸外的节理裂隙。

坝址区内地下水主要为潜水,两岸地下水位略高于河水。地下水水化学类型以重碳酸钙型水为主。

坝址区物理地质现象以岩体风化为主,零星发育崩塌堆积体,其他不良物理地质现象不发育。

图 4-14 枢纽区工程地质平面图

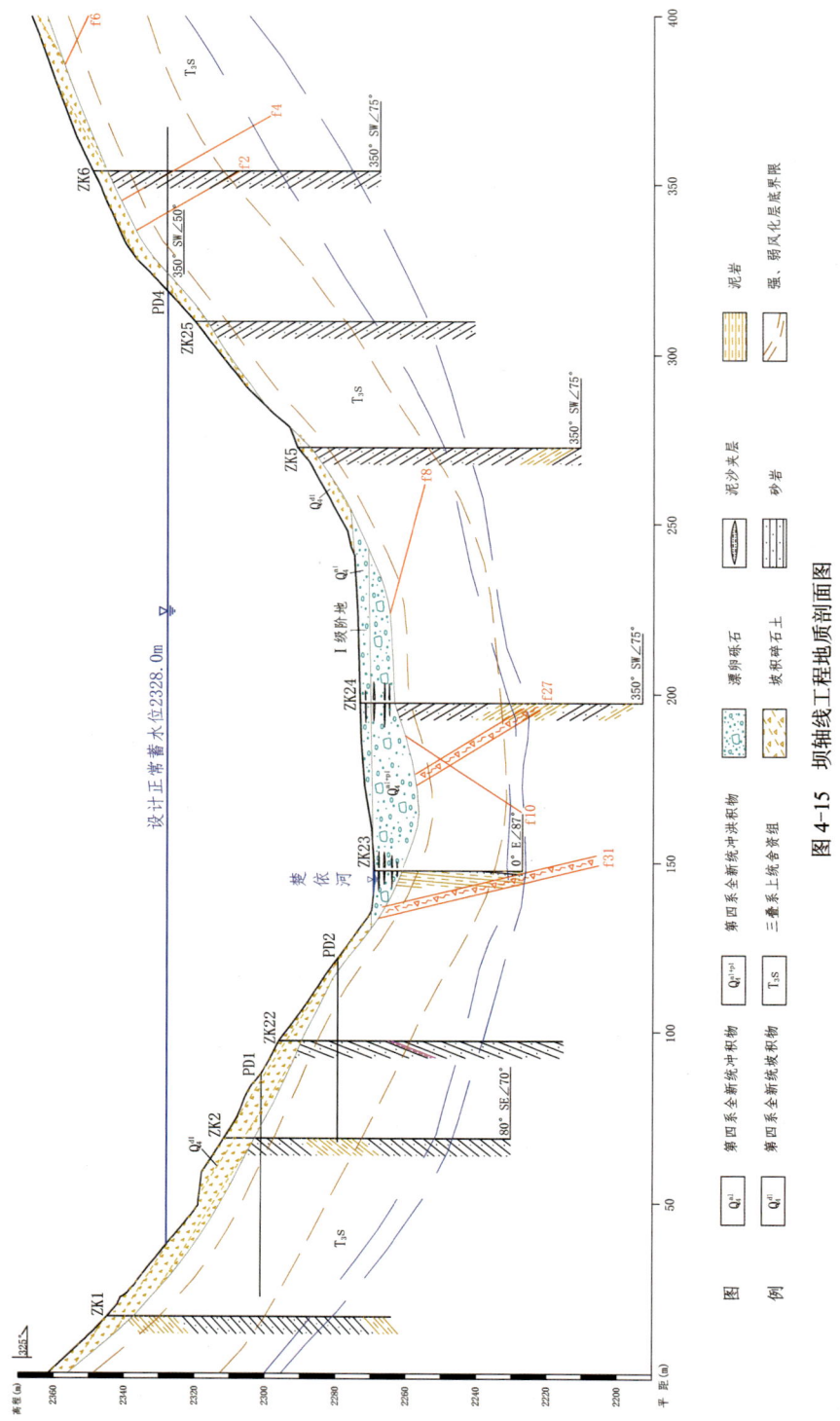

图 4-15 坝轴线工程地质剖面图

3. 岩土体工程特性

坝址区岩体的物理力学指标地质建议值见表 4-42。

表 4-42 坝址区岩体物理力学指标建议值

岩性	风化程度	饱和抗压（MPa）	变形模量（GPa）	泊松比	岩体/岩体			岩体/混凝土			承载力（MPa）
					抗剪断强度（岩体）		抗剪强度（岩体）	抗剪断强度（岩体）		抗剪强度（岩体）	
					f'	C' (MPa)	f	f'	C' (MPa)	f	
砂岩	弱	40	1.5～2.5	0.30	0.90	0.70	0.55	0.85	0.65	0.55	3.0
	微—新	55	3.0～5.0	0.26	1.10	1.0	0.65	1.00	0.90	0.60	3.6
泥岩	弱	8	0.5～1.0	0.31	0.45	0.2	0.35	0.35	0.15	0.30	0.8
	微—新	12	1.5～2.5	0.27	0.70	0.55	0.55	0.60	0.50	0.45	1.2

坝基岩体工程地质分类见表 4-43、表 4-44。

表 4-43 坝基岩体（砂岩）工程地质分类表

风化程度	饱和抗压强度（MPa）	纵波波速（m/s）	RQD（%）	岩体完整性系数 K_v	岩体特征及工程特性评价	岩体类别
弱	40	1600～2400	20～30	0.35～0.35	岩体呈厚层、巨厚层状，较破碎，层面发育，结构面较发育，存在不利于坝基或坝肩稳定的软弱结构面，岩体完整性差，抗滑、抗变形性能受结构面控制	$B_{Ⅳ1}$
微—新	55	3200～4000	25～35	0.45～0.55	岩体呈厚层、巨厚层状结构，完整性差，层面发育，结构面较发育，局部完整性差，抗滑、抗变形性能受结构面和岩石强度控制	$B_{Ⅲ1}$

表 4-44 坝基岩体（泥岩）工程地质分类表

风化程度	饱和抗压强度（MPa）	纵波波速（m/s）	RQD（%）	岩体完整性系数 K_v	岩体特征及工程性质评价	岩体类别
弱	8	1200～1800	15～30	0.35～0.40	岩体呈层状、厚层状结构，较破碎，强度低，抗变形能力差，遇水泥化，失水崩解，开挖时需及时进行喷护封闭	C_V
微—新	12	2000～2800	35～55	0.45～0.50	岩体呈厚层、巨厚层状结构，层面发育，较完整，强度低，遇水泥化，失水崩解，抗滑、抗变形性能受岩石强度控制	$C_{Ⅳ}$

围岩分类评分计算见表 4-45、表 4-46。

表 4-45　导流泄洪洞围岩分类参考评价表。

桩号	岩性	岩石强度		岩体完整程度		结构面状态		地下水		主要结构面产状				总分	类别
		R_b(MPa)	分数	类别	分数	类别	分数	类别	分数	类别		分数			
−100～−80（进口）	砂岩	30	7	较破碎	10	张开	17	渗水	−8	90°～60°	倾角45°～70°	洞顶	−2	21～24	V
												边墙	−5		
−80～−20（洞身）	砂岩泥岩互层	8～40	8～18	较破碎	8～12	微张	21	渗水	−6	90°～60°	倾角45°～70°	洞顶	−2	21～40	IV
												边墙	−5		
−20～0（闸井）	砂岩	55	18	完整性较差	20	闭合	21	滴水	−4	90°～60°	倾角45°～70°	洞顶	−2	50～57	III
												边墙	−5		
0～290（洞身）	砂岩泥岩互层	12～55	8～18	完整性较差	8～12	微张	21	滴水	−4	60°～30°	倾角45°～70°	洞顶	−5	23～32	III～IV
												边墙	−10		
290～315（出口）	砂岩	30	7	较破碎	10	张开	17	渗水	−8	90°～60°	倾角45°～70°	洞顶	−2	21～24	V
												边墙	−5		

表 4-46　放水洞围岩分类参考评价表

桩号	岩性	岩石强度		岩体完整程度		结构面状态		地下水		主要结构面产状				总分	类别
		R_b(MPa)	分数	类别	分数	类别	分数	类别	分数	类别		分数			
−100～−80（进口）	砂岩	30	7	较破碎	8	张开	17	渗水	−6	60°～30°	倾角45°～70°	洞顶	−5	19～24	V
												边墙	−10		
−80～−5（洞身）	砂岩	40	18	较破碎	10	微张	21	滴水	−4	60°～30°	倾角45°～70°	洞顶	−5	35～40	IV
												边墙	−10		
−5～0（闸井）	泥岩	12	7	完整性差	10	闭合	21	渗水	−6	60°～30°	倾角45°～70°	洞顶	−5	22～27	IV
												边墙	−10		
0～180（洞身）	砂岩泥岩互层	12～55	7～18	完整性差	20	微张	21	渗水	0	60°～30°	倾角45°～70°	洞顶	−5	4～38	III
												边墙	−10		
180～198（出口）	砂岩	30	7	较破碎	8	张开	17	渗水	−6	夹角小于30°	倾角45°～70°	洞顶	−5	17～19	V
												边墙	−10		

4. 边坡工程地质条件评价

边坡类型的划分：针对各建筑物岩质、土质边坡，开挖形成的临时、永久边坡等各类边坡概况及特性分类见表 4-47。

表 4-47　工程区边坡分类特性表

序号	分布位置		组成物质	坡体结构	与建筑物关系	边坡高度（m）	边坡概况
1	河床、围堰洞室前后明渠		土质	散体结构	基础或边坡	10～15	施工边坡，位于两侧，分布高程不等，边坡开挖过程中形成不同性质边坡，高度10～15m不等
2	左岸岸坡		岩质	层状斜向	心墙左岸	80～90	位于河床左岸，自然边坡坡度35°～45°，岩性以三叠系舍资组砂岩泥岩互层为主，表层分布坡积碎石土层，强风化5～7m，弱风化层厚23～25m
3	右岸岸坡		岩质	层状斜向	心墙右岸	80～90	位于河床右岸，自然边坡坡度35°～40°，岩性以三叠系舍资组砂岩泥岩互层为主，表层分布坡积碎石土层，强风化5～7m，弱风化层厚23～25m
4	洞室	导流洞 输水洞 溢洪道	岩质	层状斜向	进出口洞脸	20～40	分布于各洞室进出口处，岩性以三叠系舍资组砂岩泥岩互层为主，表层分布坡积碎石土层，各洞室进、出口处边坡属单斜结构

工程区边坡进行级别划分及失稳方式初判见表4-48。

表 4-48　工程区边坡级别划分及失稳模式特性表

序号	分布位置		当前稳定状态	边坡类型	存在时间	边坡级别	影响稳定的因素	可能失稳的模式
1	河床、围堰洞室前段		局部稳定	土质	临时	V	1. 颗粒含量分布特征；2. 外力作用	1. 滑坡；2. 塌滑、边坡难以成形
2	左岸岸坡		局部不稳定	岩质	永久	Ⅱ	1. 岩层产状及走向；2. 节理裂隙发育情况；3. 断层发育情况	1. 易形成层面与节理组成的楔形体滑动或崩塌；2. 节理或节理组形成楔形体滑动；3. 层面与坡面走向夹角越小，滑动的可能性越大
3	右岸岸坡		整体稳定	岩质	永久	Ⅱ		
4	洞室	导流洞	整体稳定，局部存在崩塌掉块	岩质	临时	Ⅳ	1. 岩层产状；2. 节理裂隙发育情况；3. 断层发育情况；4. 岩体风化程度；5. 岩体物理力学性质；6. 外力作用；7. 干湿变化；8. 边坡与结构面关系	1. 岩层较陡或存在有陡倾结构面时易产生倾倒弯曲；2. 坡脚有软层时，上部易拉裂或局部坍塌、滑落；3. 节理或节理组易形成楔形体滑动；4. 稳定性受坡角与岩层倾角组合、岩层厚度、层间结合能力及反倾结构面发育与否所控制
				岩质	永久	Ⅲ		
		输水洞		岩质	永久	Ⅲ		1. 层面或软弱夹层易形成滑动面；2. 倾角较陡时易产生溃屈或倾倒；3. 节理或节理组易形成楔形体滑动；4. 稳定性受坡角与岩层倾角组合、岩层厚度、顺坡向软弱结构面的发育程度及抗剪强度所控制
		溢洪道		岩质				

续表 4-48

序号	分布位置	当前稳定状态	边坡类型	存在时间	边坡级别	影响稳定的因素	可能失稳的模式
5	心墙基础边坡	整体稳定，局部存在崩塌掉块	岩质	临时	V	1. 断层裂隙发育情况； 2. 岩体的风化程度； 3. 外力作用	1. 易形成层面与节理组成的楔形体滑动或崩塌； 2. 节理或节理组形成楔形体滑动； 3. 层面与坡面走向夹角越小，滑动的可能性越大

边坡处理措施：通过以上对各类工程边坡稳定性的分析，可知在边坡开挖过程中存在不同程度的边坡问题，边坡处理措施见表 4-49。

表 4-49　工程边坡处理措施建议表

位置	边坡类型	边坡走向	边坡坡度	结构面产状	可能的失稳模式	边坡处理措施
导流泄洪洞进口	岩质	300°	20°～25°	①：270°～290°SW∠45°～70° ②：30°～40°NW∠20°～30° ③：340°～350°SW∠70°～80°	1. 软硬岩体相间时，上部易拉裂或局部坍塌、滑落； 2. 节理或节理组易形成楔形体滑动； 3. 稳定性受坡角与岩层厚度、层间结合能力及反倾结构面发育与否所控制； 4. 稳定性受坡角与结构面组合、岩层厚度、顺坡向软弱结构面的发育程度及抗剪强度所控制	进口处为反向坡，挂网喷护
导流泄洪洞出口	岩质	340°	30°～50°	①：270°～290°SW∠45°～70° ②：30°～40°NW∠20°～30° ③：340°～350°SW∠70°～80°		出口处边坡斜向顺层，开挖时按坡比开挖，采取锚固措施

5. 天然建筑材料

水库大坝结合上游围堰布置，填筑料总需求量 $154.37×10^4 m^3$，初步设计阶段选定了一个土料场（T1）和两个爆破块石料场（P1、P2），按详查精度进行了勘察。施工期选择 P1 料场作为主堆石料场，P2 料场满足反滤、过渡、排水体料及混凝土骨料的建设需求，T1 土料场可以作为围堰心墙、截流戗堤设计用料。

施工复核 T1 料场存在居民搬迁问题导致料源不足，后选用 T2 黏性土自备料场，通过取样分析，其质量、储量可以满足围堰心墙的需要。T2 自备料场可以作为 T1 土料场储量不足的补充使用，土料质量、储量满足了围堰填筑。

P1 块石料场处于拟建水库淹没区内，如采用该料场，可减少占地和移民，并能增加一定的库容。根据岩块试验，砂岩饱和状态下单轴抗压强度为 44.0～62.0MPa，泥岩饱和状态下单轴抗压强度为 0.48～12.4MPa，泥岩物理力学性质不满足规范要求。该料场为泥岩砂岩互层结构，施工存在剥离困难，为满足用料技术质量要求，进行了泥岩和砂岩不同比例混合料作为坝壳填料的相关物理力学性质试验。泥岩与砂岩混合样堆石料（泥岩和砂岩 3 种比例：10∶90，20∶80，30∶70）进行相对密度、最优含水量、三轴剪切、固结排水剪（CD、CU）、渗透及渗透变形、压缩（干燥、饱和）、膨胀性等试验，主要试验指标均满足坝壳填筑料要求。

P2料场开采点位于坝址区下游拉古得村东南侧1km的低中山区,料场距坝址3.9km,,运输条件差。因施工对居民干扰大,对混凝土骨料P2料场开采点调整到拉古得村下游冲沟左岸,岩性为含磷质泥—粉晶白云岩。该料场位于区域性断裂拉古得断层带附近,受断层影响,料场内岩体完整性较差,根据施工单位复核评价,可以满足混凝土骨料的技术指标的要求。

(四)工程地质问题分析与评价

1. 河床覆盖层工程特性及评价

坝址河床段覆盖层厚9~14m,岩性为第四系冲积漂卵砾石层,松散-稍密,粒径大小混杂,最大粒径可达2.5m,结构不均一,局部存在架空现象,存在中细砂夹层和泥质细粒透镜体,作为天然坝基,会产生不均匀沉陷,属强透水层,不宜作为天然坝基,建议清除处理。

2. 绕坝渗漏与坝基渗漏问题

大坝左坝段岩体受构造影响,完整性较差,地下水位埋深较大,透水率小于5Lu的防渗界线埋深(自基岩顶板算起)为45~55m,小于3Lu的防渗界线埋深为60~65m;河床段顺河向断层较为发育,岩体完整性相对较差,坝基透水率小于5Lu的防渗界线埋深为25~30m,小于3Lu的防渗界线埋深为32~37m;右坝肩岩体完整性相对较好,层面及节理裂隙较为发育,地下水位埋深较大,透水率小于5Lu的防渗界线埋深为40~45m,小于3Lu的防渗界线埋深为55~60m。

坝址区左岸坝肩岩性为中厚层—巨厚层状的砂岩和泥岩互层;右岸岩性为巨厚层砂岩,局部夹中厚-巨厚层的泥岩或泥岩与砂岩互层。两坝肩正常高蓄水位均高于坝肩小于5Lu的防渗界限,水库蓄水后会产生绕坝渗漏。经估算,在正常高蓄水位运行下,左坝肩渗漏量为$47.6 \times 10^4 m^3/a$,右坝肩渗漏量$9.3 \times 10^4 m^3/a$,建议对两坝肩采取防渗处理措施。

3. 泄洪洞边坡工程地质问题

导流泄洪洞进口下游至闸井上游范围内,岸坡为岩土混合边坡,基岩面与边坡同向,倾角35°~38°;施工期间开挖过程中,受降雨影响,上部碎石土沿基岩面滑动。滑坡体外围及底部岩体稳定,发育面积7778m²,滑坡体滑动碎石土厚度4~8m,约40 000m³。建议处理措施如下。

(1)清理滑坡体:清除滑塌范围内死水位以上滑塌松散体,以基岩裸露为准;对周围坡度陡于1:0.75的部位进行削坡处理。

(2)对清基后边坡采用挂网喷混凝土支护型式进行表层防护,砂浆锚杆锚固,为了保证支护边坡的稳定性,砂浆锚杆伸入边坡岩石强风化中下部,锚杆采用长L=4.0m,直径φ25,间排距2m×2m,喷C20混凝土并挂网(φ6@200),并增加排水孔,孔间排距3m×3m,深度4.0m,φ75mm的PVC管。对于渡槽支墩部位陡峭山体局部增加锚筋桩,间排距2m×2m,根据现场实际情况调整,长度9m,入岩深度8m。

(3)对已建营山大沟渠道被滑坡体破坏段,根据滑坡体清除后的地形,将该段渠道重新按渡槽的形式恢复。

4. 大坝填筑料(P1)料场问题

P1块石料场位于坝址上游,为两河切割而成的独立山体,大致以山脊为界,西区以巨厚层砂岩为主夹薄层-中厚层的泥岩;东区为中厚层-巨厚层的泥岩和砂岩互层,泥岩含量较高。泥岩原岩饱和单轴抗压强度偏小,不满足填筑料质量要求,建议选择开采西区,勘察面积$24.0 \times 10^4 m^2$,砂岩储量约$276 \times 10^4 m^3$,泥岩储量$185 \times 10^4 m^3$,表层剥离层体积$56 \times 10^4 m^3$。开采时需剥离所夹泥岩,施工难度大。

目前,国内外沥青心墙坝尚缺乏利用软岩作为填筑料的工程实例,为此联合西南工业大学进行软岩筑坝的专题研究,掺配10%～30%的泥岩,可以满足该土石坝设计质量要求。而实际施工开采存在剥离困难、掺配比例难以控制等问题,为确保大坝填筑质量,决定只使用砂岩进行填筑。施工期间,由于无用层剥离量偏大,砂岩开采困难,加之开采过程出现滑坡影响,施工担心储量不足。应建设单位要求,先后对块石料储量进行3次复核,确认砂岩储量均满足设计用量。但开采应进行合理规划,加大开采深度以提高剥采比。

(五)勘察成果工程设计应用

1. 高烈度区工程抗震措施

库坝区距最近的活动断裂构造——程海-宾川断裂约18km,是对库坝区影响较大的断裂构造。场区50年超越概率10%的地震动峰值加速度为0.287g,相应的地震基本烈度为Ⅷ度,属区域稳定性较差区。根据水工建筑物抗震设计规范,大坝作为2级壅水建筑物,大坝地震设计烈度为Ⅷ度。

技施阶段大坝设计采用堆石料作为坝壳填筑料,上游坝坡为1:1.8,下游设两级马道,2311.35m高程以上采用1:1.8,2311.35m高程以下采用1:1.7,综合坝坡1:1.81。在上游坝体高程2308.20m以上设土工格栅,层距1.6m,伸入坝体25m,增设土工格栅后经复核计算,正常蓄水位+设计地震工况下,上游坝坡抗滑稳定安全系数为1.227,大于规范允许值1.15,满足规范要求。

为增强大坝抗震性能,大坝后坡采用"钢筋混凝土网格配浆砌石护坡。"即坝顶以下2级马道间钢筋混凝土网格尺寸为4.80×4.80(m),网格梁的断面尺寸为40×40(cm),网格内砌筑40cm厚的浆砌石。其余坝后坡均砌筑40cm厚的浆砌石。使坝后坡的整体性更好,以此实现坝后坡满足抗震要求。

2. 坝基覆盖层的处理

1)设计处理方案

坝址区河床覆盖层厚度9～14m,岩性为漂卵石层,具强透水性,作为天然坝基,存在不均匀沉降问题及渗漏问题。施工图阶段设计方案是对心墙基槽河床漂卵石层予以清除;强夯Ⅰ区位于心墙基槽下游清基线至坝体下游填筑线间,强夯Ⅱ区位于心墙基槽上游清基线至围堰下游开挖线间。强夯区首先清除表层超粒径的漂石、孤石,然后再进行强夯处理。设计及批复中强夯技术参数:初拟强夯单击夯能为6000kN·m,夯点击数为8击,处理深度最大9.4m,采用40t夯锤,落距15m。强夯夯能及夯点击数由施工期现场试验确定。

2)施工期的处理

施工中强夯机具仅为25t夯锤,无法满足处理深度9m的要求,之后调整为:清除上部2m覆盖层,采用25t夯锤,落距16m,夯击能4000kN·m,处理深度可达7m,满足坝基处理要求。强夯Ⅰ区施工前经复核,覆盖层厚度均小于5.1m,满足4000kN·m夯击能的处理深度要求。施工完成后经检测,2264.5m平台下挖1.0m实测相对密度为0.87,下挖3.0m实测相对密度为0.79;2262.5m平台下挖1.0m实测相对密度为0.90,下挖3.0m实测相对密度为0.81。均满足设计要求。

强夯Ⅱ区试验完成后,经检测,距地表2.0～3.0m相对密度为0.90;4.0～5.0m深度相对密度为0.81;6.0～7.0m深度相对密度为0.76。均能达到设计要求值(相对密度不小于0.75)。

3. 软硬相间堆石材料筑坝的应用

水库工程大坝填筑主要开采P1块石料场西区,岩性主要以砂岩为主,含中厚层泥岩夹煤线,设计若采用纯砂岩作为堆石料,则需要剥离剔除上部强风化料及中间的泥岩夹层料,而泥岩不易剥离,导致料场开采较为困难,投资较大。坝体填筑分区从上游至下游分为上游围堰、上游堆石Ⅰ区、上下游过渡层、沥青混凝土心墙、下游堆石Ⅰ区、下游堆石Ⅱ区和贴坡排水区。本工程设计根据料场实际情况,合理确定坝料分区,选用砂岩作为堆石Ⅰ区填料,砂岩、泥岩混合料(泥岩夹层含量小于10%)用在堆石Ⅱ区。

通过现场碾压试验,碾压遍数12遍时,三次试验平均孔隙率23.45%,平均干密度$2.0g/cm^3$。最终设计将大坝堆石体部位孔隙率控制指标调整为$n<23.5\%$,最大干密度不小于$2.0g/cm^3$。

目前,水库蓄水已一年,大坝填筑区无明显沉降变形。

4. 大坝绕坝渗漏与坝基渗控设计

考虑到断层裂隙发育,岩体完整性较差等因素,大坝渗漏问题主要采取固结灌浆和帷幕灌浆措施对坝肩和坝基进行防渗处理,两岸灌浆平洞(左岸长166.88m,右岸长100m,防渗深度20～65m)进行帷幕灌浆与大坝帷幕构成完整的防渗体系,主要解决绕坝渗漏问题。帷幕灌浆深度达到5Lu后向下延伸5m作为防渗界限,处理深度与坝基相同。

根据施工阶段左岸大坝心墙灌浆先导孔压水试验参数分析:岩体透水率小于5Lu界线埋深45.0～59.2m,最深达83.24m,呈现自建基面以下逐步降低的规律性,受断层发育的影响,局部异常,小于5Lu界线以下岩体为微风化,透水率试验参数稳定。

根据河床段心墙灌浆先导孔压水试验参数分析:岩体透水率小于5Lu界线埋深30.0～52.5m,最深达59.74m,岩体透水率自建基面以下逐步降低,呈现较强的规律性,在勘探揭露深度内,泥岩岩体透水率小于砂岩岩体透水率。

根据右坝肩大坝心墙灌浆先导孔压水试验参数分析:岩体透水率大于5Lu界线埋深40.0～53.8m,最深达80.15m。

经过坝基与坝肩帷幕灌浆防渗处理,水库蓄水后,坝后渗流量很小,防渗效果良好。

5. 导流泄洪洞塌方冒顶的处理

导流泄洪洞围岩为泥质砂岩、泥岩、细粒长石石英砂岩、黑色炭质页岩及煤线。穿过6条断层,断层走向与洞轴线斜交,断层发育规模不大,破碎带宽度一般为0.4～2.0m,断层影响带范围较小;0+196.0～0+213.0洞段,断层宽度15.0m,破碎带岩体多呈碎块状、糜棱状,少数呈泥状,两侧岩体受断层影响,岩体的完整性差,自稳能力降低,施工过程中该段隧洞围岩局部洞段顶部出现冒顶、塌落现象,洞壁围岩存在坍塌现象。

处理方案:为确保施工安全,对塌方段进行如下加固方案:①临时支护由钢筋格栅拱架变更为I16的工字钢加工成型为钢支撑支护,钢支撑间距根据围岩稳定情况分别为50～100cm一榀。②由于严重冒顶已形成的空腔,要求掌子面用砂袋回填至拱架顶部,然后在有裂缝的拱架位置打开几个天窗,采用C15泵送混凝土回填。对于塌穿洞顶段(0+190～0+213段)进行如下加固方案:①对冒顶段山体进行地表注浆处理,地表注浆采用φ110mm钢花管垂直地表坡面打入山体,并压注水泥浆液,水泥浆液向周围土体扩散,达到加固和板结土体的目的。钢花管梅花型布置,间距为150cm,加固范围为塌方地段沿洞轴线纵向方向前后10m,横向方向左9.5m,右5.5m范围布置。②已支护好的导流泄洪洞洞身段掌子面采用φ90mm管棚注浆,内套φ25mm钢筋3根,管棚长度为10m,管棚前端扎孔布置,打孔长度为8m,孔间距为30cm梅花型布置;管棚沿拱顶间距30cm布置,然后从管棚内注水泥浆液。有裂缝的部位采用6m φ50mm超前导管注浆的方法进行加固注浆。

(六)工程地质勘察总结

(1)云南省地处我国西南地区的横断山脉,区域地质构造环境复杂,与新疆的纬向构造带差异明显,而且受到气候特征影响,风化类型和风化层程度远高于西北。小米田水库距离程海-宾川活动性区域断裂约18km,距离区域性拉古得断裂仅0.7km,决定了库坝区地层岩性与地质构造条件的复杂性。茂密的植被覆盖,给地质勘察工作带来诸多不便。我院在缺乏本地经验和资料的前提下,通过大量细致的地面测绘和勘探工作,以及后期与云南省水利行业地质专家不断沟通和交流,逐步探索和积累出适合该地区工作的一套经验方法,尤其在经历施工期开挖验证后,对该地区地质环境条件有了更加清晰的认识,对指导今后云南省陆续开展水利水电工程勘察项目,具有里程碑意义。小米田水库是我院设计的云南第一座沥青心墙中高坝的中型水库,在云南省水库工程中具有开拓先锋的作用,解决了困扰当地修建黏土心墙坝缺乏防渗土料(存在破坏耕地或水土环境等)的一大难题。

(2)坝基覆盖层成分混杂,颗粒粒径悬殊,结构松散且存在架空结构,不满足坝基抗变形要求,通过采取分区处理措施,对大坝心墙基础覆盖层彻底清理,对心墙以外的坝基进行强夯处理,方法适宜,效果显著。

(3)对于泥岩砂岩互层状地层中的隧洞,泥岩具有遇水软化、泥化,失水崩解的特性,大多属于Ⅳ~Ⅴ类围岩,在地下水影响的情况下,泥岩段洞身自稳时间短,要求隧洞开挖做好超前预报和及时支护防范措施。在导流洞开挖的过程中曾出现塌方和冒顶的现象,施工采取了超前注浆和钢拱架支护等工程措施最终得以解决;对此类围岩支护的及时性提出更高要求,为今后类似工程提供了经验和借鉴。

(4)P1填筑料场,具有就近取料、增加库容等特点,坝料满足填筑料的质量要求。但其中所夹的泥岩不满足填筑料的质量要求,无用层剥采比偏高,勘察工作难度大。实际开采过程中,难以按照设计要求控制。该类料场对工程质量控制存在不确定性,今后工程勘察宜慎重选择。

(5)小米田水库工程作为我院在云南省乃至西南地区勘察设计的首座中型水库工程,其间历经种种波折,在工程经验的积累上,实现了从实践—认识—再实践—再认识的不断提高的完整过程,通过该项目实施完成,使我院一大批专业技术人员得到锻炼,为今后西南地区承接类似勘察项目培养和储备了技术人才。

小米田水库自2022年8月开始下闸,目前大坝蓄水接近正常高蓄水位,渗流量较小,大坝沉降量较小,运行正常,各项指标满足设计要求。

七、云南省临沧市耿马县团结水库工程

(一)工程概况

团结水库位于云南省耿马傣族佤族自治县(以下简称"耿马县")耿马镇南木老河出山口下游约2.0km处,是南木老河上一座以灌溉为主兼水产养殖的控制性水利工程。南木老河发源于耿马大山,全长约22km,坝址控制径流面积32.1km^2,坝址处多年平均径流量为2627×10^{4}m^3。工程区位于耿马县东北部10km。团结水库是一座拦河加引水注入式水库,水库工程由引水工程、枢纽工程、灌区工程三部分组成。主要建筑物有拦河大坝、导流输水放空隧洞、溢洪道。拦河大坝坝顶长度915m,最大坝高54.5m,总库容2179.3×10^{4}m^3。工程规模为中型,工程等别为Ⅲ等。大坝、溢洪道、导流输水放空隧洞为3级;导流输水放空隧洞的尾水渠为4级;引水工程、灌区渠系工程、泵站和临时建筑物为5级。2017年12月开工建设,目前团结水库正在施工建设中。

(二)勘察工作概述

团结水库于2013年11月—2014年5月完成了可行性研究阶段的工程地质勘察工作并提交了成果

报告,于2016年11月通过了云南省水利水电工程技术评审中心的审查,于2017年1月通过了云南省发改委的审查。2016年9月至2017年5月开展初步设计阶段工程地质勘察并提交成果报告。2018年3—5月又对P1料场补充勘察,同时对外购骨料料场进行补充试验。2019年5月初步设计报告通过了云南省水利水电工程技术评审中心的审查。

枢纽区工程地质平面图见图4-16,坝轴线工程地质剖面图见图4-17。

(三)工程地质条件与评价

1. 区域地质

工程区位于横断山系南段耿马盆地北缘,区内总体地势东北高、西南低,山脉、水系走向多顺构造线北北东—北东向发育,山脉间分布小沟谷河流,走向多与构造线近垂直。受构造影响,大山之间形成断陷盆地,邦马大山与耿马大山间夹耿马盆地,团结水库位于耿马盆地内。

工程区地处一级构造单元冈底斯-念青唐古拉褶皱系(V)中的二级构造单元昌宁-孟连褶皱带(V_3)中的三级构造单元勐省-东回褶皱束(V_3^2)的中段耿马弧形褶皱束中勐撒-耿马断陷盆地构造带的中部,构造相对发育,且在工程区25km范围内存在发震断裂。南汀河断裂、大寨-云阳断裂、汗姆坝断裂为全新世活动断裂,分别距坝址区20km、13km、20km,具有发生7.0级左右的地震构造条件;三尖山断裂(距坝址区2.5km)为晚更新世断裂,具备发生6.5级左右的地震构造条件;据统计,耿马盆地内已建的中型水库有弄巴水库(距坝址区6km)、允楞水库(距坝址区3km)两座,在坝址区25km范围内分布水库15座,1988年11月7.2级大地震对耿马盆地内中小型水库产生一定的破环,多为坝体产生裂缝和建筑物损坏。根据《中国地震动参数区划图》(GB 18306—2015),工程区地震动峰值加速度为0.3g,反应谱特征周期0.45s,相应的地震基本烈度为Ⅷ度。工程区区域构造稳定性较差。

2. 库坝区工程地质条件

1)库区工程地质条件

水库区地处三尖山南侧的耿马盆地北部,属侵蚀构造低中山区,河流整体流向为南南东向,河谷在库尾处呈"V"形,库区中段及近坝段河谷为宽浅谷。库区内地形起伏,岸坡坡顶高程1200~1310m,相对高差50~200m。区内河谷宽1000~2400m,现代河床及河漫滩宽50~150m,河床纵坡1.2%~4.8%。

库区主要出露中生界侏罗系(J)、新近系(N)及第四系(Q)地层,分别是:中侏罗统税房街组(J_2s)砾岩夹砂岩,中侏罗统芦子箐组(J_2lz)粉砂质黏土岩、石英砂岩夹灰色生物介壳灰岩,新近系中新统(N_1)灰色黏土岩,第四系全新统残坡积(Q_4^{dl})含砂高液限黏土,第四系全新统冲积(Q_4^{al})砂土及砂卵砾石。

库区地下水类型有孔隙潜水和基岩裂隙水。孔隙潜水主要赋存于河床砂砾石、两岸残坡积中。受大气降雨、灌溉水补给或上游来水的补给,以线状或泉的形式向河床排泄。

库区内覆盖层为残坡积含砾高液限黏土,下伏新近系砂质泥岩、泥岩,属微透水层,库尾少部分地层为侏罗系中统税房街组砾岩,为相对隔水层,不存在水库永久渗漏。水库两岸天然岸坡基本稳定,正常蓄水后两岸覆盖层会产生小规模浅层滑塌。水库蓄水后,库区内耕地将被淹没。水库存在浸没问题,浸没面积约167亩。水库蓄水后诱发地震可能性较小。

2)坝址区工程地质条件

坝址区位于南木老河中下游,地势东北高西南低,海拔1093~1161m。现代河床平缓,紧靠左岸,宽5~10m,纵坡1.0%。漫滩高出河道约0.5m,宽40~130m。左、右两岸山体呈缓坡状,整体坡度8°左右。坝址区主要地层为第四系全新统残坡积物、冲积物及下伏新近系(N_1)地层。

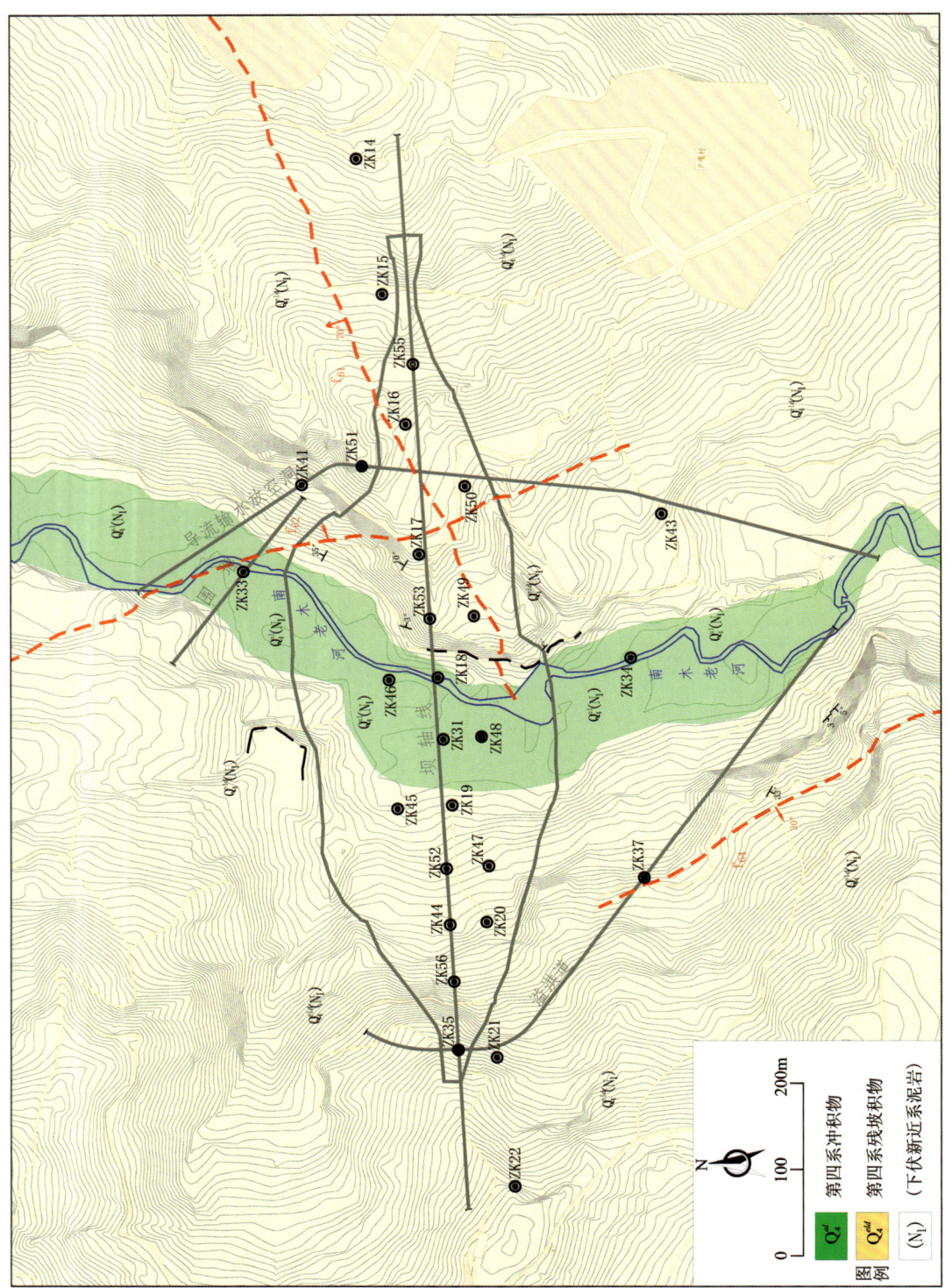

图 4-16 枢纽区工程地质平面图

第四章 水利水电工程

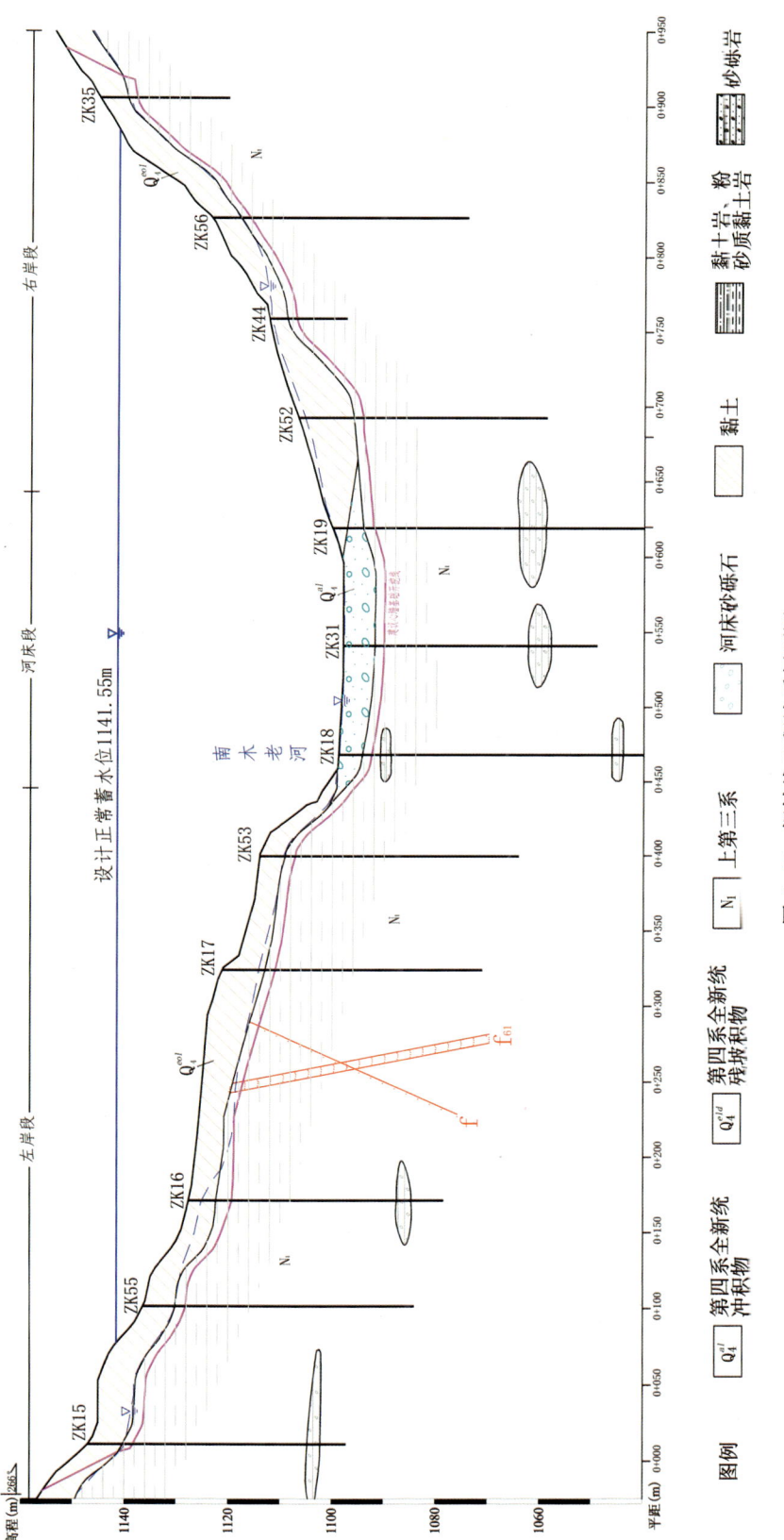

图 4-17 坝轴线工程地质剖面图

坝址区无区域性大断裂通过，仅发育 3 条次级断裂：① f_{61}：52°NE∠70°，位于坝址区左岸，穿越坝体 0+239 处和导流洞 0+145 处，呈压性，破碎带由断层泥组成，破碎带及影响带宽度约 5.0m，长约 1.5km；② f_{62}：340°NE∠35°，位于坝址区左岸，穿越坝体 0+300 处和导流洞 0+288 处，破碎带由构造岩组成，影响带宽约 2m，长约 1km；③ f_{64}：330°SW∠30°～35°，位于坝址区右岸，穿越溢洪道 0+407 处，断层主要由构造岩组成，破碎带及影响带宽约 5m，长约 1km。

左、右两岸覆盖残坡积黏土厚 2.0～11.0m，残坡积黏土具有高压缩性、弱膨胀性、岩性成分及厚度分布不均一特点，工程地质条件差，不宜作为天然坝基，建议清除处理；下伏新近系泥岩，产状：30°～35°NW∠1°～5°。

现代河床及河漫滩岩性为冲积薄层黏性土及下部卵石混合土组成，厚 1.1～6.1m。下层为新近系泥岩。建议清除上部黏土后，对下部卵石混合土进行碾压后作为坝基。

下伏泥岩为典型的软岩-硬土，是具有吸湿性、失水崩解性、不均一性的微透水层，上部 5m 及 5m 下饱和状态承载力建议值分别为 260kPa、330kPa。建议心墙基础置于基岩面下 2～3m，坝壳基础置于基岩上。对断层 f_{61}、f_{62} 进行换填处理，换填深度 1m、宽度为断层破碎带及影响带宽度的 1.5 倍。开挖时做好排水、防水及支护措施、预留保护层。

坝址区岩体透水率大部分小于 1.0Lu，个别孔段透水率在 1.0～5.0Lu，且不连续分布，与坝基泥岩微弱透水特性相符，无须采取防渗处理措施。

3. 岩土体工程地质特性及评价

全新统冲积物岩性为上部薄层黏性土和下部卵石混合土。卵石混合土结构松散—稍密，漂石含量占 0.8%，卵石含量 17.8%，砾石含量 55.3%，砂粒含量 24.9%，粉黏粒含量 1.2%。天然密度 2.00～2.04g/cm³，天然含水量 0.8%～2.9%，干密度 1.94～1.99g/cm³，渗透系数 5.8×10^{-2}～6.2×10^{-2}cm/s，属强透水层，承载力 240kPa，变形模量 30MPa。碾压处理后可作为土石坝坝基。

坝址区泥岩，岩块天然状态无侧限单轴抗压强度平均值 2.1MPa，小值平均值 1.2MPa，属极软岩，岩体强度低。为典型的软岩-硬土过渡型地层。

浸水状态下（饱和）压缩系数 0.206MPa^{-1}，压缩模量 9.4MPa，中等压缩性，抗剪切强度 $c=16.7$kPa、$\varphi=16.4°$。

根据标贯试验统计分析，坝址区左岸、河床和右岸泥岩上部 5m 承载力分别为 591kPa、554kPa、316kPa，5m 以下承载力分别为 699kPa、673kPa、431kPa；根据静力触探试验，新近系地层上部 5m 左、右岸地基承载力基本值分别为 449kPa、312kPa；根据现场载荷试验，天然状态下及浸水饱和后变形模量分别为 11.14MPa、11.42MPa，压缩模量分别为 11.42MPa、15.82MPa。根据载荷试验、标贯、静力触探和室内试验成果，综合确定该层的天然状态下承载力建议值 330kPa、饱和状态下承载力建议值 260kPa。

原位剪切试验成果，天然状态下、饱和状态后抗剪断强度平均值分别为 $f'=0.291$、0.229，$C'=19.7$kPa、18.0kPa，抗剪强度分别为 $\varphi=15.0°$、11.1°，$C=15.7$kPa、16.0kPa。多沿层面剪切破坏。

坝址区左右岸及河床在不同深度内呈现不同的波速特征，0～20m 深度纵波波速在 1500～1600m/s，泊松比 0.31～0.32，岩体完整性较差；20m 以下深度纵波波速在 1700～1800m/s，泊松比 0.30～0.31，岩体较完整。

坝址区泥岩自由膨胀率 4.9%～47.1%，判定新近系泥岩为弱膨胀土（岩）。

坝址区岩土体的物理力学性质建议值见表 4-50、表 4-51。

表 4-50 残坡积黏土、河床卵石混合土物理力学性质建议值表

| 岩性 | 时代 | 天然状态 | | | 渗透系数 | 试验状态 | 固结 | | 直剪 | | 承载力 kPa | 备注 |
| | | 密度 | 比重 | 孔隙比 | | | 压缩系数 | 压缩模量 | 内摩擦角 | 黏聚力 | | |
		ρ (g/cm^3)	G_s	e	K_{20} (cm/s)		a_v (MPa^{-1})	E_s (MPa)	φ (°)	C (kPa)		
黏土	Q_4^{eld}	1.74	2.69	0.96	7.83×10^{-6}	天然	0.40	5.3	12.4	21.2	120	0~2m
						饱和	0.52	4.3	12.1	18.9	80	
卵石混合土	Q_4^{al}	2.02	2.67		6.2×10^{-2}	\	\	\	27.0	0	160	2m 以下
											240	

表 4-51 新近系泥岩物理力学性质建议值表

| 分层 | 状态 | 密度 ρ(g/cm^3) | 比重 G_s | 孔隙比 e | 压缩模量 (MPa) | 层面抗剪强度 | | | 非层面抗剪强度 | | | 承载力 (kPa) | 泊松比 |
						f	φ(°)	C(MPa)	f	φ(°)	C(MPa)		
①	天然	2.07	2.71	0.500	14.0	0.21	12.0	0.019	0.31	17.2	0.025	330	0.30
	浸水后（饱和）	2.11	\	\	12.5	0.19	10.8	0.012	0.27	15.1	0.016	260	0.31
②	天然	2.07	2.71	0.500	25.0	0.26	14.6	0.023	0.32	17.7	0.032	380	0.30
	浸水后（饱和）	2.11	\	\	19.0	0.24	13.5	0.020	0.29	16.0	0.019	330	0.31

备注：表中①层为进入新近系地层5m内,②为新近系地层5m下。

4. 天然建筑材料

对工程区40km范围内所选T1、T2土料场、C1砂砾岩风化料场、P1石料场进行详查。调查4个成品料场：2个河沙料场、2个灰岩石料场和1个水泥厂。施工期实际开采使用T2和P1料场。

T2土料场位于坝址区右岸上游，面积8.0万m^2，运距0.8km。料场总储量79.0×10^{4}m^3，残坡积储量23.1×10^{4}m^3，新近系泥岩储量55.9×10^{4}m^3，剥采比0.05；料场上层残坡积粘土作为防渗土料，除天然含水量偏大，其余各项指标均满足规范要求；下伏泥岩作为防渗料，最大干密度偏小，其余各项指标均满足规范要求。

P1料场位于华侨农场至石灰窑村的石灰窑公路旁，将其分成2个区域P1-1和P1-2。P1-1距坝址区运距4.0km，储量为129.6×10^{4}m^3，剥采比0.19；P1-2距坝址区运距8.5km，储量为200.9×10^{4}m^3，剥采比0.22。合计储量330.5×10^{4}m^3；石料场弱风化岩体和微风化岩体作为堆石料、砌石料、各类粗细骨料、过渡料、反滤料使用，除软化系数略偏低，其余各项指标符合设计要求。料场地形起伏较大、地势较陡，开采后易形成高边坡，建议设马道分级开挖，分级高度10m，建议临时开挖坡比1∶0.5～1∶0.75。

混凝土粗细骨料，采用复兴社芒娥料场和四排山石门坎料场，料场储量丰富。料场至坝址区运距均为27km。

（四）工程地质问题分析与评价

1. 软岩—硬土研究

坝址区新近系极软岩具有水平层理，其地基承载能力、抗剪强度、岩体的膨胀性对工程建设产生较多制约性影响。为研究岩土体的工程特性，采用综合手段确定地基承载力、透水性、抗剪强度等关键参数，为坝基处理和设计施工提供可靠的地质依据。根据室内试验成果，天然状态单轴抗压强度多小于2MPa，属于极软岩，但其无法按岩石块体进行剪切试验，相关特性类的土具有吸湿性、失水崩解后呈散体状，性状与坚硬黏性土相近，因此定性为软岩—硬土。

该特性岩（土）物理性质见表 4-52，力学性质见表 4-53，岩块浸水后（饱和）压缩、剪切试验成果汇总表 4-54。

表 4-52　各类泥岩物理性质（按土工试验）汇总表

土工试验定名	样品编号	天然状态					界限含水率			
		密度 $\rho(g/cm^3)$	含水率 $\omega(\%)$	比重 G_s	孔隙比 e	饱和度 $S_r(\%)$	液限 $W_L(\%)$	塑限 $W_P(\%)$	塑性指数 I_P	液性指数 I_L
低液限黏土	组数	10								
	最大值	2.12	24.2	2.77	0.670	100.0	64.6	30.9	33.7	0.16
	最小值	1.98	17.9	2.71	0.529	80.0	36.1	18.2	16.2	−0.62
	平均值	2.06	19.5	2.74	0.592	90.2	48.2	26.1	22.1	−0.20
含砂低液限黏土	组数	5								
	最大值	2.16	19.3	2.76	0.582	93.7	48.4	32.2	23.5	0.16
	最小值	2.02	13.7	2.64	0.434	82.7	30.7	16.0	9.0	−1.09
	平均值	2.09	15.8	2.70	0.491	86.6	38.2	23.3	14.9	−0.35
高液限粉土	组数	2								
	平均值	2.06	20.8	2.72	0.591	95.4	55.8	33.3	22.5	−0.61

表 4-53　各类泥岩力学性质（按土工试验）汇总表

土工试验定名	样品编号	饱和度	压缩试验（非浸水）		剪切试验（非浸水）	
		$S_r(\%)$	压缩系数 $a_v(MPa^{-1})$	压缩模量 $E_s(MPa)$	内摩擦角 $\varphi(°)$	黏聚力 $C(kPa)$
低液限黏土	组数	10			4	
	最大值	95.6	0.19	30.7	24.4	89.7
	最小值	78.0	0.05	8.8	16.7	17.0
	平均值	88.5	0.11	17.8	20.5	45.1
	标准值	88.5	0.11	17.8	17.8	30.2

续表 4-53

土工试验定名	样品编号	饱和度 Sr(%)	压缩试验(非浸水)		剪切试验(非浸水)	
			压缩系数 a_v(MPa^{-1})	压缩模量 E_S(MPa)	内摩擦角 φ(°)	黏聚力 C(kPa)
含砂低液限黏土	组数	5			3	
	最大值	93.7	0.15	51.5	28.1	99.7
	最小值	85.4	0.03	10.4	21.6	56.7
	平均值	87.5	0.08	25.6	24.4	73.9
	标准值	87.5	0.12	19.1	22.5	61.0
高液限粉土	组数	2				
	平均值	94.2	0.08	21.5	16.8	52.2

表 4-54 各类泥岩饱和压缩、剪切试验(按土工试验)成果汇总表

试验编号	试验条件		压缩试验(饱和)(0.1~0.2MPa)		直剪试验(饱和固结快剪)	
	干密度 ρ_d(g/cm^3)	含水率 W_{op}(%)	压缩系数 a_V(MPa^{-1})	压缩模量 E_S(MPa)	凝聚力 C(kPa)	内摩擦角 φ(°)
最大值	1.85	29.7	0.287	18.9	100	30.4
最小值	1.43	15.0	0.086	6.2	12	15.5
平均值	1.68	21.1	0.206	9.4	34.0	19.5
标准值	1.71	20.4	0.230	7.5	16.7	16.4

载荷试验天然状态与浸水饱和后的极限载荷平均值、比例界线平均值基本一致,即天然状态与饱和后承载力相差不大。根据载荷试验、标贯、静力触探和室内试验成果,综合确定该层的天然状态下承载力建议值 330kPa、饱和状态下承载力建议值 260kPa。强风化层压缩模量天然状态下 14.0MPa、浸水饱和后 12.5MPa,为中压缩性土。

原位剪切试验天然状态下、饱和状态后抗剪断强度平均值分别为 $f'=0.291$、0.229,$C'=19.7$kPa、18.0kPa,抗剪强度分别为 $\varphi=15.0°$、$11.1°$,$c=15.7$kPa、16.0kPa,多沿层面剪切破坏。据室内试验及原位剪切试验综合确定,坝址泥岩 5m 以内的层面抗剪强度建议值:天然状态下抗剪断强度 $f'=0.29$,$C'=20$kPa,抗剪强度 $f=0.21$,$\varphi=12.0°$,$c=19$kPa;浸水饱和后抗剪断强度 $f'=0.20$,$C'=14$kPa,抗剪强度 $f=0.19$,$\varphi=10.8°$,$c=12.0$kPa。

坝址泥岩特点总结:①该地层成岩时间短,胶结程度差,为岩石和土的过渡型特殊岩土体,岩、土性质并存。②岩性岩相变化较大,为河湖相沉积,成因复杂,其岩性、强度及胶结程度等在垂向及水平方向相变都较大。③强度低,具吸湿性、失水崩解后呈散体状、性质与坚硬黏性土相近,且差异性较大。④自由膨胀率变化值较大,总体属弱膨胀性岩土。

2. 边坡稳定问题

由于两岸现状岸坡很缓且岩层面近水平,自然状态整体稳定。施工开挖中需注意土体卸荷垮塌、新近系黏土沿软弱夹层的滑动,应及时做好支护措施。蓄水后局部地形较陡地段上部覆盖层会在库水的影响下发生蠕滑或滑塌。建议残坡积黏土层开挖边坡临时坡比 1:1.5、永久 1:1.75,建议冲积砂砾石开挖边坡临时坡比 1:1.5、永久 1:1.75,新近系泥岩开挖边坡临时坡比 1:0.75、永久 1:1.0。建议坡高 10m 设置一级马道。边坡开挖时应加强支护措施,并做好排水、防水,预留保护层。

3. 抗滑稳定问题

现场采用锤敲击方式与岩石(岩体)试验均反映出受力后多沿层面破坏,各向异性特性明显,反映在垂直层面抗剪强度较高,而平行层面抗剪强度很低,鉴于层面产状近水平且延伸长,构成坝基水平软弱面,大坝在承受库水及地震荷载时存在沿层面滑移失稳可能,汲取当地同类坝基(未加固处理)发生过下游坝坡滑坡的教训,本工程坝基抗滑稳定计算必须考虑沿层面滑移模式。

根据抗滑稳定计算(表 4-55),在以下 4 种工况条件下,存在滑动破坏问题:

(1)施工期大坝上游侧最危险滑弧(安全系数:1.00,深度:11.4m)。
(2)施工期大坝下游侧最危险滑弧(安全系数:1.05,深度:19.4m)。
(3)稳定渗流期大坝上游侧最危险滑弧(安全系数:1.04,深度:8.3m)。
(4)稳定渗流期大坝下游侧最危险滑弧(安全系数:1.09,深度:18.9m)。

表 4-55 坝基抗滑稳定计算表

工况	位置	安全系数	滑弧深度/m	规范标准
1	上游	1.00	11.4	1.20
1	下游	1.05	19.4	1.20
2	上游	1.04	8.3	1.30
2	下游	1.09	18.9	1.30
3	上游	0.95	11.2	1.20
3	下游	1.08	21.0	1.20
4	上游	0.74	9.3	1.15
4	下游	0.83	21.3	1.15

*稳定分析安全系数结果(未采取加固工况)

4. 坝基不均匀沉降

坝基土的压缩引起的竖向坝基沉降,从地层岩性对坝基沉降分析如下:

(1)全新统冲积卵石混合土为主,厚1.1~6.1m。0~2m 松散—稍密;2m 以下稍密。该层土颗粒组成、厚度分布不均,局部含砂层透镜体。

(2)全新统残坡积高液限黏土为主,局部含砂高液限黏土及低液限黏土,厚度 1.0~11.0m,整体强度差异较大,饱和状态下压缩系数 $0.520MPa^{-1}$,压缩模量 4.3MPa,为高压缩性土。

(3)新近系泥岩具有软岩-硬土特点,上部 5m 天然状态下压缩模量 14MPa,饱和状态下压缩模量 12.5MPa,为中压缩性土,5m 以下压缩模量天然状态下 25.0MPa、浸水饱和后 19.0MPa,为低压缩性土。

沉降分析:坝体附加应力致使坝基土体压缩沉降,不同坝高段因附加应力的大小不同,引起的坝基沉降量变化不一,从而产生不均匀沉降,沉降量曲线随应力分布曲线呈倒梯形分布,河床段沉降量大于两岸沉降量,坝轴线处沉降量大于前后坝坡沉降量;由于坝基土全新统残坡积黏土层为高压缩性土,建议清除该层,将坝基置于冲积卵石混合土和新近系泥岩上,减小不均匀沉降量。

(五)勘察成果设计应用

1. 坝基软岩的处理

坝基属软岩-硬土地基,强度低,抗剪及变形等指标均低于一般软岩坝基,坝基软弱面(岩层面)对抗滑稳定起控制作用。为提高坝基抗滑稳定性,采用地下混凝土框格梁加固,可有效解决软岩层间滑动失稳问题。经计算该加固方案满足设计要求。

首先清除大坝轮廓线范围内全部残坡积层至新近系泥岩,基础置于新近系泥岩;全新统冲积堆积卵石混合土需进行压实处理。

地下混凝土框格梁以心墙轴线为基线,上游 35m 范围内布置 2 排,与心墙轴线间距分别为 15m 和 35m;下游 60m 范围内布置二排,与心墙轴线间距分别为 30m 和 60m;顺水流向排距为河床段 20m,其余为 40m。钢筋混凝土框格梁厚度为 1.0m,平均深度为 7.0m。地下混凝土框格梁顺水流向和垂直水流向相交处的混凝土连接方式分别为:顺水流向上游与垂直水流向混凝土为固结,顺水流向下游与垂直水流向下游混凝土为铰接。

2. 料场问题处理

T2 黏土心墙料场全新统残坡积含砂高液限黏土试验指标,最大干密度 $1.55g/cm^3$,最优含水率 22.1%,压缩系数 $0.21MPa^{-1}$,黏聚力 19.4kPa,内摩擦角 $19.1°$,渗透系数 $1.79×10^{-6}cm/s$。除天然含水量偏大,其余各项指标均满足规范要求;下伏新近系泥岩,最大干密度 $1.68g/cm^3$,最优含水率 18.1%,渗透系数 $6.4×10^{-8}cm/s$,压缩模量 12.0MPa,压缩系数 $0.195MPa^{-1}$,黏聚力 23.6kPa,内摩擦角 $21.0°$。

施工期间,T2 料场储量及部分质量指标问题,对料场进行了多次的现场处置和复核工作,最终通过施工方、第三方组织进行碾压试验等复核,综合确定最大干密度 $1.55g/cm^3$,最优含水率 22.1%,其控制指标与初设勘察成果是相符的。

扩大开采区的复核情况:击实后最大干密度 $1.53\sim1.60g/cm^3$,平均值 $1.56g/cm^3$,最优含水率 $24.7\%\sim25.5\%$,平均值 25.2%,其控制指标与初设勘察成果相吻合。

3. 导流洞、溢洪道边坡

1)导流洞进出口边坡

2018 年 4 月 27 日导流洞尾水渠段左侧排水、导水沟被冲断,形成高 $2\sim5m$ 直立陡坎,产生垮塌,方量 $1000m^3$。其主要原因是:雨季地下水位雍高、排水不力,岩土体遇水软化、强度降低;加之雨水将坡面冲蚀呈直立陡坎,改变边坡自稳能力,造成边坡失稳。施工处理措施:左侧边坡放缓削坡,两侧边坡坡顶设置截水沟,左侧边坡铺设土工膜。经过处理后边坡稳定,再未出现垮塌,效果明显。

2019 年 7 月 11 日、12 日导流洞进口左侧洞脸和洞脸后边坡垮塌,方量分别为 $150m^3$、$200m^3$。其原因也是由于雨季地下水排水不利,岩土体软化后强度降低,造成边坡失稳。建议清理垮塌部位,及时增设支护和排水措施,同时对边坡加强监测。对该边坡采取浆砌石护坡并采取导、排水措施后,未发现涌水点,岸边稳定,处理效果良好。

2)溢洪道边坡

溢洪道在施工过程中右侧边坡多次出现边坡失稳、滑塌,反复进行支护加固处理。2023 年 11 月 8 日该段边坡再次失稳,进口处挡墙倾倒并滑动;溢洪道 0+019~0+029 段右侧开挖边坡深 10m,抗滑桩已开裂和侧倾(最大变形 21cm,一根抗滑桩断裂);管理房墙体开裂;220kV 电力塔基周边及中部出现拉张裂缝,宽 $3\sim10cm$,且形成错台,高差约 10cm。因此建议建设方尽快进行抢险加固处理,避免险情进一步扩大,保证溢洪道边坡及外围建筑物安全稳定,并进行变形监测。对于软岩-硬土特殊岩土体,应重视现场试验和原位测试成果,采用多种手段相互验证成果参数的合理性,力学参数宜选取小值平均值,综合计算结果采取相应的坡比和加固措施,以保证工程安全。对于类似层面或软弱结构面发育的软弱岩土体,应加强专门性研究。

（六）工程地质勘察总结

（1）团结水库是我院在云南临沧市勘察并正式开工建设的第一座中型水库，该水库特点为坝基处于极软岩—俗称"软岩硬土"之上。为此开展了大量针对该类土的工程特性研究，按照"岩石类"和"土类"标准进行各项物理力学性质试验，采用现场原位测试和室内试验获得大量地质参数，综合统计分析后，为设计提供科学合理的建议指标。

（2）工程区新近系泥岩天然状态单轴抗压强度多小于 2MPa，属于极软岩，但其无法按岩石块体进行剪切试验，相关特性类的土具有吸湿性、失水崩解后呈散体状，性状与坚硬黏性土相近。作为中高坝坝基，通过抗滑稳定计算，大坝在承受库水及地震荷载时存在沿层面滑移失稳可能，需要进行坝基加固补强处理，设计采取了坝基混凝土框格梁方法提高坝基抗剪断强度以及坝基抗滑稳定性能力。

（3）自 2017 年开工建设以来，多数工程边坡，在开挖过程都出现过蠕变、开裂变形，甚至滑塌现象，这与该特殊性岩土的工程性质以及当地气候环境（雨季降水量大）有密切关系。

（4）云南地区天然建筑材料料场条件复杂，一般开采难度较大，对勘察要求较高。对料场的复杂性和施工开采方法的适宜性认识不足，存在技术交底与沟通协调的偏差。如多次对防渗土料的质量和储量进行复核，也是今后需要进行总结和改进的方面。

（5）团结水库的勘察工作，面对西南地区全新的地质、自然环境，遇到了软岩筑坝、软岩边坡稳定性、天然建材开采条件复杂等诸多工程地质问题的挑战。在勘察及施工地质工作过程中，不畏困难、积极探索，勇于创新，逐一解决各类技术难题，积累了宝贵经验，为今后此类工程的建设提供了有益借鉴。

第二节　小型水利水电工程

一、乌鲁木齐县板房沟照壁山水库

（一）工程概况

新疆乌鲁木齐县板房沟照壁山水库位于天山北麓准噶尔盆地南缘，地处板房沟流域梯匋沟中游照壁山河段，北距首府乌鲁木齐市 40km，有公路相通，交通较为便利。水库正常高水位 1 897.82m，坝顶高程 1902m，最大坝高 71m，库容 $775×10^4 m^3$，属Ⅳ等小（1）型水库，主要建筑有拦河大坝、溢洪道以及导流泄洪冲砂兼灌溉放水洞。主要建筑物为 3 级，次要建筑物为 4 级。导流洞及溢洪道均布置于左岸。

该工程于 2004 年底开工建设，2006 年 10 月下闸蓄水，2007 年 5 月通过蓄水验收，水库各项指标基本达到设计要求，目前已经正常运行 18 年。

（二）勘察过程简介

我院于 2003 年 3 月展开初设阶段勘察工作，2003 年 5 月完成了初设阶段工程地质报告。根据水利厅规设局 2003 年 4 月 30 日《乌鲁木齐县板房沟河流域照壁山水库工程可行性研究报告》的审查意见，最终坝址为可研阶段推荐的下坝址。照壁山水库于 2004 年 5 月通过了初设阶段成果审查。水库坝轴线工程地质剖面图见图 4-18。

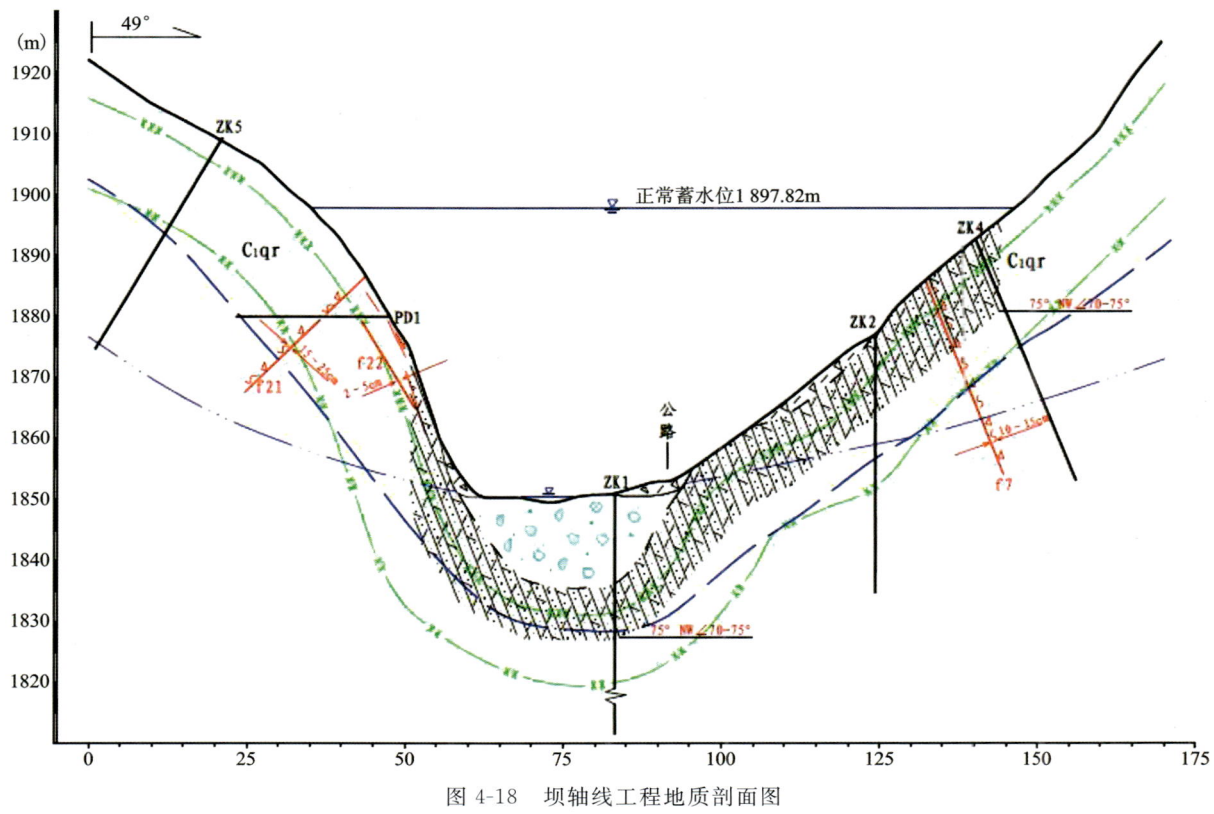

图 4-18 坝轴线工程地质剖面图

(三) 工程地质条件与评价

1. 区域地质概况

工程区位于天山山系的依连哈比尔尕山北坡,地貌单元由南部山区和北部山前冲洪积倾斜平原构成。工程处于南部中山区,沟谷较深,多呈"V"字形,切割深度数百米。沟谷流向由南向北,谷底宽45~120m,坡度为13.3‰。阴坡有茂密松林覆盖。

区域内出露的地层主要有:下石炭统奇尔古斯套组、中侏罗统西山窑组及第四系冰水沉积、冲积及洪积砂砾石层。

板房沟流域横跨准噶尔-北天山褶皱系(Ⅱ)中的依连哈比尔尕复背斜($Ⅱ_4^3$)和柴窝堡中新生代凹陷($Ⅱ_3^6$)两个三级构造单元,主要断裂构造为南山山前隐伏断裂,走向近东西,位于板房沟沟口以北2km处,距工程区3km,为一条山前隐伏逆断层,是划分伊连哈比尔尕复背斜和柴窝堡中新生代坳陷两级构造单元的分界断裂。为全新世活动断裂。其他还有炭厂断层、八家户断层等次级断裂构造,均为非活动性断裂。

工程区处于北天山地震活动带,根据《中国地震动参数区划图》(GB 18306—2001),工作区地震动峰值加速度为0.15g,地震基本烈度为Ⅶ度。工程区区域构造稳定性较差。

2. 水库区工程地质条件

库区河谷呈"V"形,河流下切深度100多米,谷底宽100m左右,库岸较陡,两岸岸坡40°。库区内发育有Ⅰ、Ⅱ级阶地,Ⅰ级阶地为堆积阶地,Ⅱ级阶地为基座阶地,多分布在河谷右岸。库区内发育小规模崩塌体。

库区出露的地层主要为石炭系下统其尔古斯套组和第四系上更新统至全新统。

石炭系下统其尔古斯套组灰绿—灰黑色凝灰岩、层状凝灰质粉砂岩、泥岩夹砾岩、硬砂岩。凝灰岩在库区广泛出露,构成库区的主要地层。

第四系上更新统冲积砂砾石,主要分布在河谷Ⅱ级阶地上,母岩成分以凝灰岩为主,分选较好,磨圆度一般;全新统坡洪积碎石土,成分复杂,主要分布于冲沟沟口处;全新统冲积砂卵砾石,分布于现代河床及河漫滩。

八家户断层和大坂沟逆断层分别从坝址下游1km和0.5km处通过,八家户断层产状:280°SW∠70°,破碎带宽15～17m;大坂沟断层产状:50°～55°NW∠70°～80°,破碎带较宽,这两条断层均未见错断晚更新世地层,此外还发育有低序次压性小断层,破碎带宽10～15cm,延伸长一般为100～150m,对水库区影响不大。

库区内地下水系统以第四系松散层孔隙潜水和基岩裂隙水两种方式存在,第四系松散层孔隙水与地表径流有较强的水力联系,地表水与地下水之间相互转换。基岩裂隙侵蚀基准面为现代河床,常以泉点的形式排泄于峡谷中。

水库正常蓄水位低于两侧山体分水岭,也低于板房沟西侧的大坂沟,水库两岸山体宽厚,也无构造破碎带通向库外,不存在水库渗漏问题。

水库淹没区无居民点、矿产及古遗迹,淹没部分树林和草地。水库无浸没问题。

近坝库岸岸坡陡立,有小规模崩塌现象,总体库岸稳定性较好。水库蓄水后,现有的山体表层崩塌体及坡积物在库水的作用下,将产生库岸再造,但影响不大。

洪水期携带泥沙、库岸松散堆积以及冲沟形成小型泥石流,将产生少量淤积。

根据水库坝高、库容、岩性、地质构造、渗漏条件、应力状态及区域地震活动背景分析,水库诱发地震的可能性不大。

3. 坝址区工程地质条件

坝址区位于梯匐沟河原渠首上游约500m处,河流走向近南北向,现代河床宽约30m。左岸山体坡度65°～70°,局部近直立;右岸山体坡度35°～45°,局部被坡积碎石土覆盖。右岸有少量Ⅰ级阶地残留。坝线上游右岸发育一冲沟,宽30～45m,上覆坡洪积含土碎石层。

坝址两岸出露地层为其尔古斯套组凝灰岩、凝灰质粉砂岩组成,厚层-巨厚层状,产状为70°～75°NW∠75°,节理裂隙较为发育。第四纪地层主要有崩坡积含土碎石层、坡洪积含土碎石层、冲积砂卵砾石层;全新统崩坡积含土碎石层分布于右岸,厚度一般为2～4m;全新统坡洪积含土碎石层分布于右岸冲沟内,碎石粒径1～3cm,最厚达12m左右;全新统冲积砂砾石层主要分布于河床及Ⅰ级阶地,河床砾石层最厚达15.3m。

坝址区内无大的断层通过,发育的小断层主要为北西或北东走向,陡倾60°～80°,延伸30～70m,破碎带宽度0.10～0.20m,以碎裂岩为主,局部夹构造透镜体或断层泥。坝址区发育三组裂隙,其中两组相互切割,使局部岩体稳定性变差,但规模较小。

坝址出露岩性为凝灰岩、凝灰质粉砂岩,厚层-巨厚层状,属中硬岩,岩体抗风化能力较强。岩体强风化层3～6m,纵波波速为1600～2100m/s,弱风化层厚度12～16m,纵波波速为2500～3800m/s,微风化-新鲜岩体纵波波速为4000～4500m/s。

坝址左岸岸坡陡峭,局部产生卸荷裂隙,走向约350°,与河流方向近平行,倾角较陡。卸荷带宽1.0～1.5m,张开1.0～3.0cm,局部有少量碎石土充填;右岸边坡较陡,局部产生卸荷裂隙,走向300°～330°,倾角较陡,该卸荷裂隙与一组340°～350°SW∠40°～45°(延伸5～15m)的节理切割组合,形成不稳定体,规模不大,为500～700m³,因处于右坝肩上部,对坝体危害较大,建议清除处理。

坝址区地下水主要为河床孔隙潜水,其次为基岩裂隙水。透水性总趋势随深度增加而减小。左岸

$q\leqslant 5Lu$ 界线埋深在基岩面以下 15～20m;河床基岩透水率 $q\leqslant 5Lu$ 界线埋深在基岩面以下 8～12m;右岸 $q\leqslant 5Lu$ 的界线埋深在基岩面以下 18～22m。

据地表水和地下水水质分析资料,水质较好,对混凝土结构均不具腐蚀性。

4. 坝址区岩体工程地质特性

坝址区岩性为凝灰岩、凝灰质粉砂岩,厚层—巨厚层状结构,层理不明显,岩体较完整—完整。岩块、岩体的物理力学性质建议值见表4-56。

表4-56 坝址区岩石(体)物理力学建议值表

岩性	风化带	岩块								岩体(凝灰岩、凝灰质粉砂岩互层)						
		相对密度	密度		吸水率	饱水率	孔隙率	抗压强度		软化系数	弹模	变模	泊松比	抗剪强度			
			干	湿				干	饱和					干		浸水	
														C	f	C	f
			(g/cm³)		(%)			(MPa)			(GPa)			(MPa)		(MPa)	
凝灰岩与凝灰质砂岩	弱	2.69	2.64	2.66	0.76	0.81	2.04	71～105	55～61	0.58～0.77	11.2～14.3	6.2～8.1	0.18～0.24	6.5～12.7	1.0～1.11	6.5～11.0	0.97～1.11

5. 比选坝型的工程地质条件

1)心墙坝的工程地质条件

左坝肩:岸坡基岩裸露,坡度65°～70°,局部近直立,强风化厚度3～5m,纵波波速:强风化岩体1600～2100m/s;弱风化厚度12～16m,纵波波速2500～3800m/s;微风化—新鲜岩体4000～4500m/s。弱风化岩体可满足心墙坝基础的要求。在35m处发育一条断层,破碎带宽20～25cm,倾向岸里,对左坝肩影响不大。由于边坡较陡,岩体在重力作用下产生卸荷,卸荷带宽1.0～1.5m。建议在施工中将卸荷岩体和强风化岩体清除处理。岩体透水率小于5Lu防渗界限位于基岩面以下15～20m。

河床坝基(55～95m段):上覆砂卵砾石层12～16m,结构较紧密,未见有砂层透镜体和淤泥层等软弱夹层。强风化3～6m,弱风化12～16m,节理裂隙不发育。岩体小于5Lu的防渗界限位于基岩面以下8～12m。

右坝肩(95～170m段):岸坡坡度35°～45°,局部有少量坡积含土碎石层覆盖,碎石土厚2～5m,需清除。基岩强风化3～6m,弱风化14～18m(物理力学性质同前)。弱风化岩体可满足心墙坝基础的要求,建议清除强风化岩体。在120m处发育一断层,破碎带宽10～15cm,对右坝肩稳定性影响不大。岩体小于5Lu防渗界限位于基岩面以下18～22m。由于发育一组裂隙,在右坝肩的上部局部形成少量不稳定岩体,方量不大,建议清除处理。

2)面板坝(比选坝型)的工程地质条件

左岸趾板(0～120m):该段趾板线与岸坡交角20°～45°,左岸山体陡峭,地形起伏较大,基岩多裸露,在62～72m处覆盖厚约2～4m坡积含土碎石层。基岩为凝灰岩,岩体层理不明显,层间咬合力较好。走向与趾板线交角30°～45°,岩层倾向下游。强风化3～6m,纵波波速1000～1500m/s;弱风化12～16m,纵波波速1800～2500m/s。建议趾板基础置于弱风化岩体上,透水率$q\leqslant 5Lu$界线埋深在基岩面以下15～20m。该段主要是由于岩体在重力作用下产生卸荷,卸荷带宽1.0～1.5m,建议清除处理。由于该段岸坡较陡,局部近直立,因此削坡工作量较大,开挖边坡高度一般为10～15m,最大为

25m，开挖边坡：基岩1∶0.3～1∶0.5（不可陡于岩层倾角）；覆盖层1∶1.5～1∶2.0。局部需进行挂网喷混凝土支护。

河床段（120～131m）：冲积砂砾卵石层厚12～16m，无淤泥及连续砂层分布，天然密度$\rho=1.90$～$1.95g/cm^3$，渗透系数1.48×10^{-2}～$5.5\times10^{-2}cm/s$，钻孔抽水试验渗透系数2.83×10^{-2}～$3.47\times10^{-2}cm/s$。表层砂砾石结构较松散，需清除。下伏基岩及风化特征同心墙坝，裂隙不发育。建议挖除砂卵砾石及强风化岩体，趾板基础置于弱风化岩体上，开挖边坡：基岩1∶0.2～1∶0.3；覆盖层1∶1.5～2.0。透水率$q<5Lu$界线埋深在基岩面以下8～12m。

右岸趾板（131～270m）：该段趾板线与岸坡走向交角3°～28°，趾板斜穿右岸冲沟，地形起伏不大，在135～182m段表层覆盖3～8m洪坡积含土碎石层，结构松散，具架空结构，需清除处理。凝灰岩走向与趾板线交角近于正交。基岩强风化4～6m，弱风化12～16m，建议清除强风化岩体，趾板基础置于弱风化岩体上，透水率$q<5Lu$界线埋深在基岩面以下18～22m。趾板及坝顶以上边坡存在四处卸荷裂隙与不利结构面组合形成的不稳定岩体，方量约700m³，建议消除处理。在135～182m段表层覆盖3～8m厚的洪、坡积含土碎石层，方量约$0.8\times10^4m^3$，建议开挖边坡坡比1∶1.75～1∶2.0。

心墙坝坝轴线与混凝土面板坝坝轴线一致，主要工程地质问题比较如下：

（1）坝址区地震效应属强震活动区及外围强震活动的波及区，心墙坝及面板坝均具良好的抗震性能。

（2）左岸山体高陡，趾板基础及边坡开挖量大。心墙坝削坡工程量可大幅减少。

（3）趾板对边坡稳定要求高，左岸面板以上边坡高陡，卸荷裂隙发育，存在崩塌、掉块，危及面板安全，右岸面板以上由于存在四处不稳定岩体，需进行处理。

（4）趾板横穿右岸坝轴线上游70m处的冲沟，沟内覆盖层清除方量较大。

（5）大坝趾板基础开挖量比心墙坝开挖量略大。

（6）心墙料、坝壳堆石料及混凝土骨料储量丰富、质量满足设计要求。

综上所述，心墙坝方案优于混凝土面板堆石坝。

6．天然建筑材料

勘察主要对C1、C2、C3、C4、C5砂砾石料场，T1、T2土料场进行了详查，并对乌拉泊成品骨料进行了调查和试验工作。因最终采用沥青心墙坝，在此仅介绍砂砾石料场。

C1料场位于八家户村东侧大坂沟河床内，距坝址3km，岩性为级配良好砾，地下水埋深3.2m。储量$10.85\times10^4m^3$。料场交通便利，开采条件好，可作为垫层料和过渡料。

C2料场位于库区河床内，距坝址1.5～2.0km，岩性为卵石混合土，地下水埋深为1.5～1.8m。水上储量为$10.2\times10^4m^3$，水下为$17\times10^4m^3$，该料场作为坝壳料质量均满足规范要求。

C3料场位于水库下游河床内，距坝址2.0～3.0km，岩性为卵石混合土，地下水埋深1.8～2.0m。水上储量为$32.4\times10^4m^3$，水下$39.6\times10^4m^3$，作为坝壳料质量均满足规范要求。

C4料场位于板房沟乡东侧1km的板房沟河床内，距坝址约10km，岩性为卵石混合土，地下水埋藏较深，交通便利。储量$21.7\times10^4m^3$，其中净砾石储量$16.4\times10^4m^3$，净砂储量$5.3\times10^4m^3$。作为混凝土细骨料质量均能满足规范要求，粗骨料除软弱颗粒略微偏高外，其他指标均满足规范要求。

C5料场位于八家户村东侧500m的板房沟左岸，距坝址2km，岩性为级配良好砾，储量$42\times10^4m^3$。料场开采条件较好，作为坝壳料各项试验指标均满足规范要求。

沥青混凝土心墙用料所需的石灰岩岩粉及石灰石骨料，在乌鲁木齐天山水泥厂均可购买到，质量和用量均满足要求，运距为46km。

第四章 水利水电工程

(四)主要工程地质问题分析与评价

(1)工程区距离区域构造单元分界断裂——南山山前隐伏断裂仅3km,地质条件较复杂,库坝区断裂构造发育,查明不同序次断裂构造活动性,对水库工程地质条件影响和坝址选择至关重要。库坝区构造是否具有活动性,也是水库工程成立与否的关键。

(2)坝址左岸岸坡陡峭,局部产生卸荷裂隙,走向与河流方向近平行,倾角较陡。卸荷带宽1.0~1.5m,张开1.0~3.0cm,局部有少量碎石土充填;因处于坝肩上部,对坝体危害较大,需进行处理。

(3)右坝肩高程在1910m以上,由于边坡变陡,部分岩体在重力作用下产生卸荷,其中一组节理长达15m,与其他节理组合切割,形成规模约500m^3的不稳定体,该不稳定体处于右坝肩上部,对坝体有一定威胁,建议进行处理;此外,右岸坝轴线下游在高程1870~1875m以下,多被屑坡积含土块碎石层所覆盖,块径最大达2.2m,具有架空结构,厚度3.0~8.0m,建议将其清除处理。

(4)蓄水后,左岸导流泄洪冲砂兼灌溉洞下部埋设的供水管封堵部位开裂,导致管内有压水流渗入隧洞左侧边墙,并从隧洞与岸坡接缝处涌出,地质建议采取增强补充灌浆措施加以处理,最终予以解决。

(五)勘察成果的设计应用

(1)在搜集分析前人资料并完成地质测绘和初步勘探的基础上,通过成果资料综合分析,并邀请自治区水利厅地质和水工方面专家进行现场咨询和指导,最终判定水库坝址区属于不稳定区中相对稳定的地段,为水库项目的成立,提供了可靠的地质依据。

地质勘察成果对设计坝址、坝线和坝型的比选具有重要意义。在坝型比选方面,根据地形地质条件,岩土工程条件以及处理措施建议等方面,均提出详细的评价分析,为设计人员最终确定方案布置,提供了地质支持,勘察获得的丰富的地质参数,也为水工建筑物的设计创造了必要条件。

(2)初步设计阶段,根据地质建议,对右岸环境边坡以及工程边坡的危岩体进行清除,并采取喷锚加固措施,保证了该边坡在施工和运行期间的稳定性,目前效果良好。

(六)工程地质勘察总结

(1)照壁山水库是乌鲁木齐县板房沟流域梯甸沟河上控制性工程,最大坝高71m,于2006年10月下闸蓄水,2007年5月通过蓄水验收。是当时新疆已建最大高度的沥青混凝土心墙坝,在国内沥青混凝土心墙坝领域具有里程碑意义。

(2)通过勘察工作论证,对沥青心墙坝和混凝土面板坝进行综合比选,最终推荐沥青心墙坝,是兵团设计院水利工程勘测设计史上一次大胆的尝试和有益创新。工程建成对乌鲁木齐市经济发展,发挥了较大的作用,取得了良好的社会效益。以此工程为起点,兵团设计院在水利工程专业技术领域,取得了一系列丰硕的成果。

(3)水库各项指标基本达到设计要求,目前已经正常运行18年。

二、第六师甘河子水库工程

(一)工程概述

甘河子水库位于阜康市甘河子镇境内,西距阜康市30km,北距吐-乌-大高等级公路7km。水库处于甘河子河中游河段,甘河子河发源于天山山脉北麓中段的博格达山脉,流域面积1176km²,河道全长32km,河流补给主要以冰雪融水为主,河道多年平均径流量$3200×10^4m^3$。水库承担下游农业灌溉、工业用水的调节任务,同时兼有防洪功能。甘河子水库工程由拦河大坝、坝身溢洪道和右岸导流泄洪灌溉洞组成。水库总库容$658×10^4m^3$,正常蓄水位1161.00m,最大坝高53.7m,工程规模属Ⅳ等小(1)型,主要建筑物级别为4级,次要建筑物级别为5级。

工程自2011年8月开工建设,2015年11月工程基本完工,2016年2月下闸蓄水阶段验收。2017年9月完成竣工验收。已正常运行7年。

(二)勘察工作概述

2006年3—7月,完成了甘河子水库的可研阶段地质勘察工作,并于2009年7月通过了可研阶段的审查;2010年4—7月,完成了甘河子水库的初步设计阶段地质勘察工作,2010年12月通过初设阶段的审查。

枢纽区工程地质平面图见图4-19,坝轴线工程地质剖面图见图4-20。

(三)工程地质条件与评价

1. 区域地质概况

工程区位于北天山之博格达山北坡。区域地貌可分三个地貌单元:侵蚀构造中高山区、侵蚀构造低山丘陵区和山前冲洪积倾斜平原区。工程区处于侵蚀构造中山区地貌单元内。

区域内出露有古生界石炭系、二叠系,中生界侏罗系及新生界第三系、第四系地层。地层呈东西向展布,由南向北具明显分带性。

工程区处于准噶尔-北天山褶皱系(Ⅱ)一级构造单元,跨越该褶皱系的北天山优地槽褶皱带($Ⅱ_3$)的博格达复背斜($Ⅱ_3^2$)和乌鲁木齐山前坳陷($Ⅱ_3^6$)两个三级构造单元,以博格达深大断裂(F_1)分界,以南为博格达复背斜,以北为乌鲁木齐山前坳陷,枢纽区处于博格达复背斜三级构造单元最北部。根据《中国地震动参数区划图》,坝址区地震动峰值加速度为0.15g,地震动反应谱特征周期为0.40s,其相应的地震基本烈度为Ⅶ度。

2. 水库区工程地质条件

水库位于甘河子出山口上游3km处,两岸坡度35°~50°,局部陡立,岸坡基岩裸露。河谷为"V"形,河谷形态为横向河谷。两岸阶地不发育,有零星的Ⅱ、Ⅲ级阶地残留。库区出露二叠系上统妖魔山组(P_2y)砂岩局部夹泥岩和第四系上更新—全新统的冲积、洪积、坡积及风积等各种成因的地层。库区位于F_1上盘,坝址距博格达断裂(F_1)1.6km。无其他区域性及大的次级构造通过,局部地段岩层有小规模的褶皱和微弱的挠曲现象。

库区两岸基岩完整封闭,没有连通库外的渗漏通道,基岩形成相对隔水层,水库无永久性渗漏问题;库岸主要是基岩边坡,无大规模的崩塌,库岸基本稳定;库区为山地和草地,无大的淹没问题;库岸为基岩和粗粒土,无浸没问题;水库存在少量淤积;库区虽处于北天山地震带中,区域地质环境较为复杂,但库区内没有大的区域性活动断裂通过,水库不具备诱发中强地震的条件。

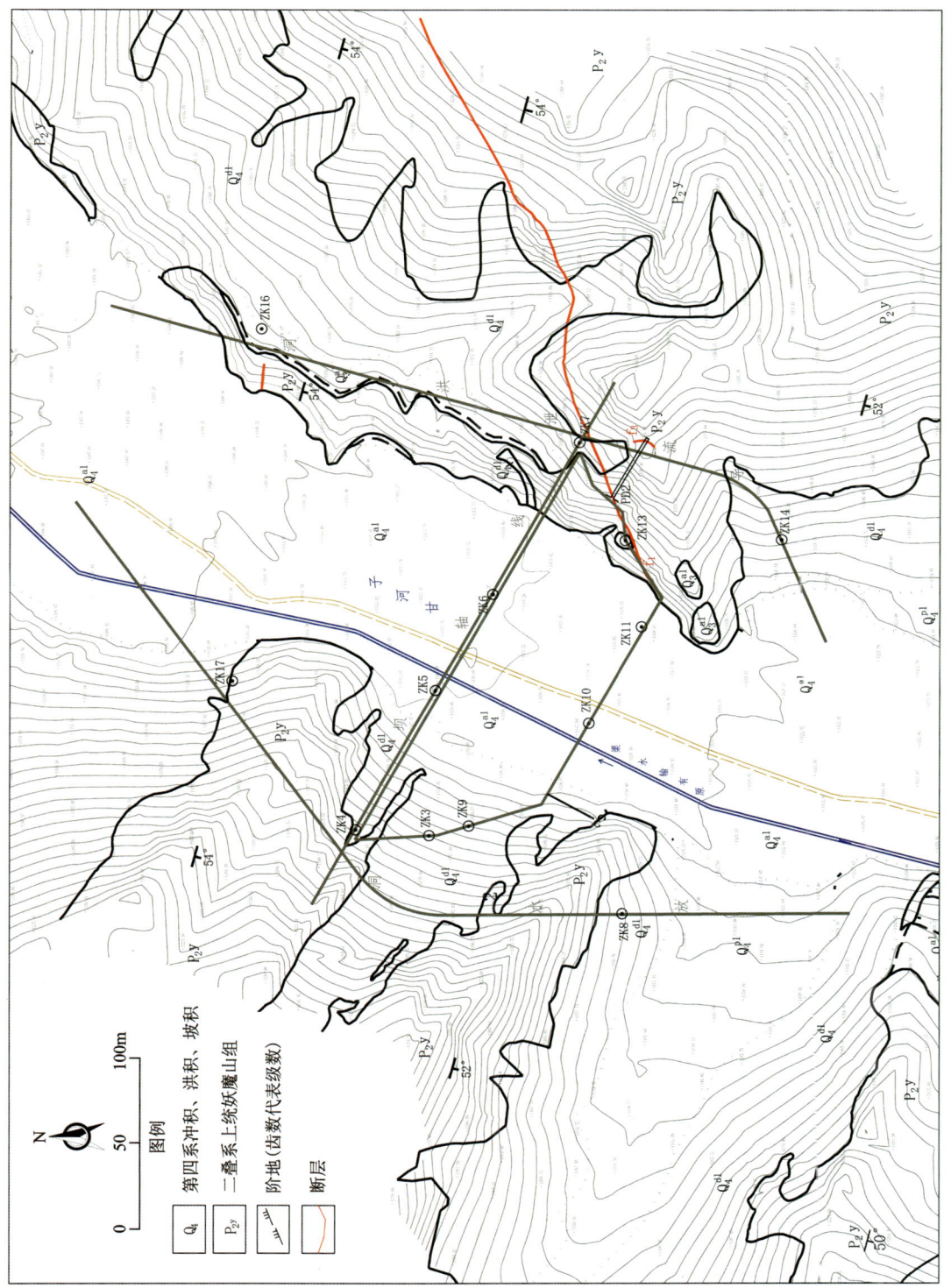

图 4-19 枢纽区工程地质平面图

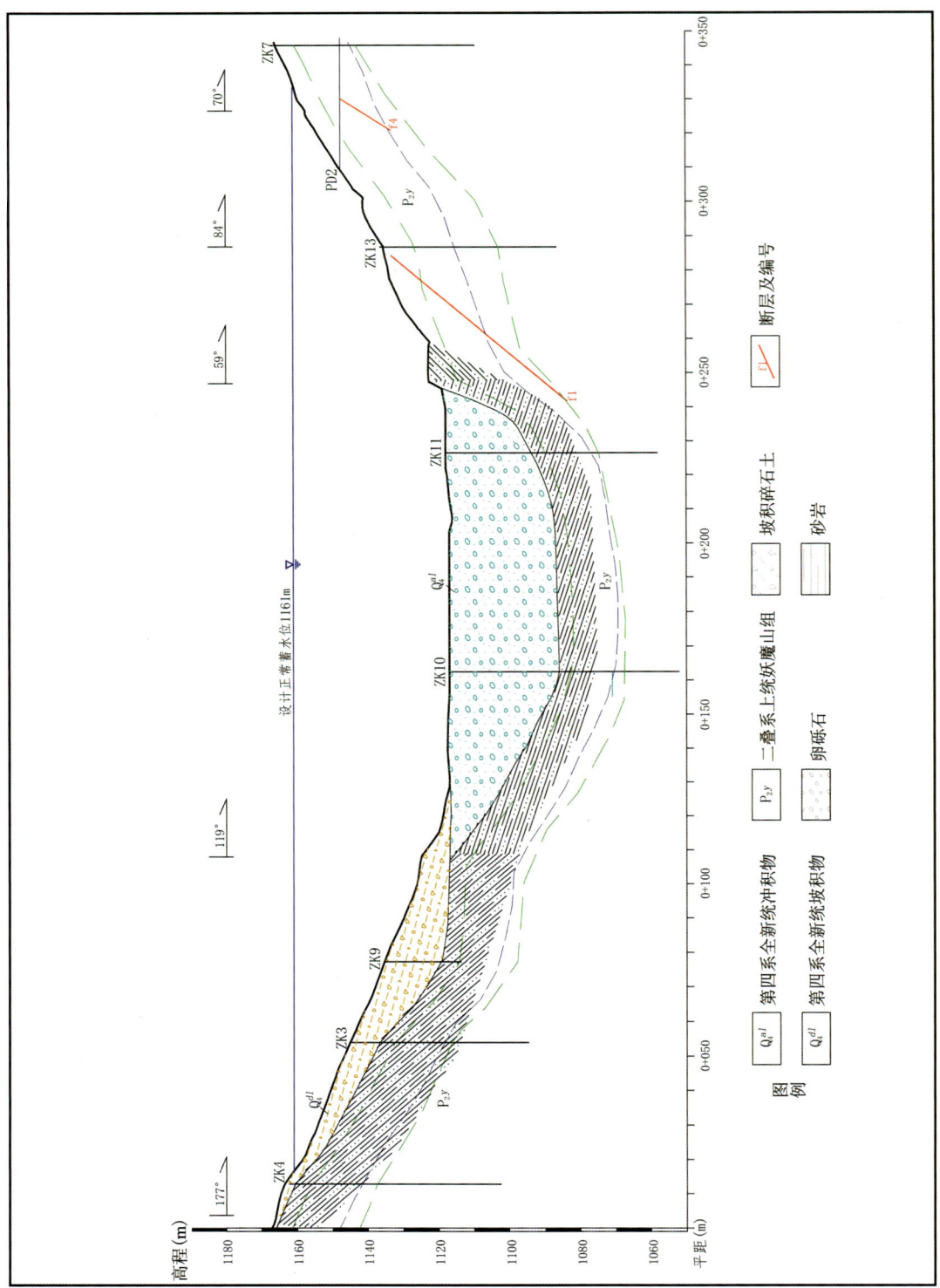

图 4-20 坝轴线工程地质剖面图

3. 坝址区工程地质条件

坝址区河谷呈"V"形，河流流向近南北，河床纵坡为3.0‰，现代河床宽度150m。两岸山体基岩裸露，地形不对称。左岸坡度35°，上覆坡积碎块石层，厚1.0～18m；右岸坡度43°，基岩裸露，局部分布残留阶地。

坝址区主要出露二叠系上统妖魔山组（P_2y）。坝址区第四系地层岩性主要有：全新统坡积（Q_4^{dl}）碎石土层、全新统洪积（Q_4^{pl}）碎石土层、全新统冲积（Q_4^{al}）漂卵石层、上更新统冲积（Q_3^{al}）卵砾石层。

左、右岸岩性为单一灰白色、灰黑色、灰绿色砂岩，无软弱夹层。岩体呈南西倾斜的单斜构造，倾角50°～55°，层序稳定。河床覆盖层岩性为混合土卵石层，最大厚度42.4m。

坝址区内主要构造形迹为低序次断层、裂隙和节理，沿层面呈近东西向。坝址区右岸趾板线岸坡发育有三组低序次断层。坝址区普遍发育四组节理裂隙。

坝址区左、右岸自然边坡整体稳定，边坡基岩节理裂隙较发育，施工期开挖过程中，应进行必要的支护处理措施。基岩开挖坡比临时坡1∶0.3，永久边坡1∶0.5，河床上部松散层开挖临时坡比1∶1.5。

左岸岩体强风化层厚4.2～6.4m，弱风化层厚16.6～20.0m；河床坝基强风化层厚3.5～5.0m，弱风化层厚15.0～18.6m；右岸岩体强风化层厚5.0～7.0m，弱风化层厚17.3～23.0m。左岸岩体透水率小于5Lu基岩埋藏深度18～20m；河床坝基岩体透水率小于5Lu基岩埋藏深度15～19m；右岸岩体透水率小于5Lu基岩埋藏深度20～23m。

坝址区地下水主要为河床孔隙潜水，其次为基岩裂隙水。根据坝址区河水和地下水水质分析，河水对普通水泥无腐蚀性；地下水对普通水泥具硫酸盐型强腐蚀性；对钢筋混凝土结构中钢筋具弱腐蚀。

4. 岩土体工程地质特性

岩、土体物理力学性质汇总表及地质建议值见表4-57～表4-59。

表4-57 坝址区各土层试验成果汇总表

地层岩性		物理性质指标						力学性质指标			
		天然状态下					渗透系数(cm/s)	压缩		剪切	
		比重	含水量(%)	湿密度(g/cm³)	干密度(g/cm³)	孔隙比	相对密度		压缩系数(MPa^{-1})	压缩模量(MPa)	咬合力(kPa)	内摩擦角(°)
坡积碎石土层（Q_4^{dl}）	最大	2.69	1.2	2.20	2.17	0.35		2.4×10^{-2}				
	最小	2.68	0.6	1.99	1.97	0.23		6.3×10^{-3}				
	平均	2.68	0.9	2.10	2.07	0.29		1.5×10^{-2}				
河床漂卵石层（Q_4^{al}）	最大	2.74	2.4	2.35	2.29	0.35	0.98	6.8×10^{-2}	0.005	243.9	0	39
	最小	2.74	2.2	2.07	2.02	0.19	0.70	1.1×10^{-2}	0.003	121.9	0	37
	平均	2.74	2.3	2.15	2.10	0.28	0.88	5.8×10^{-2}	0.004	142.2	0	38
阶地卵砾石层（Q_3^{al}）	最大	2.70	1.1	2.35	2.32	0.18		8.9×10^{-2}				
	最小	2.69	0.5	2.28	2.27	0.16		7.2×10^{-2}				
	平均	2.70	0.8	2.30	2.29	0.17		8.0×10^{-2}				

表 4-58　坝址区岩石物理力学性质指标地质建议值

岩性	风化程度	比重	密度		抗压强度		弹模	变模
			干	饱和	天然	饱和	饱和	
			(g/cm³)		(MPa)		(GPa)	
砂岩	弱风化	2.64	2.59	2.60	110	66	36.2	33.3
	微风化—新鲜	2.64	2.60	2.60	140	85	40	35.4

表 4-59　坝址区岩体物理力学性质指标地质建议值

风化程度	弹性模量	变形模量	泊松比	岩体/岩体			岩体/混凝土			纵波波速	承载力
				抗剪断强度（岩体）		抗剪强度（岩体）	抗剪断强度（岩体）		抗剪强度（岩体）		
				C'	f'	f	C'	f'	f		
	GPa	GPa		MPa	/	/	MPa	/	/	m/s	kPa
弱风化	9.2	7.8	0.28	1.1	1.0	0.65	1.0	0.9	0.60	2400—3200	2000
微风化—新鲜	15	12	0.27	1.2	1.1	0.70	1.1	1.0	0.65	3500—4500	3000

5. 建筑物工程地质条件

导流泄洪灌溉洞位于右岸山体内，全长 415.05m，为无压洞，洞身段采用城门洞型，洞径尺寸为 3×3.57m。勘察导流洞各段围岩分类参见表 4-60；施工开挖后，围岩分类参见表 4-61。

表 4-60　开挖前导流洞洞室围岩分类统计表

围岩类别	分布桩号	长度(m)	占洞线百分比(%)	坚固性系数 f_k	单位弹性抗力系数 K_o(MPa/m)(无压)
Ⅱ	K0+077.2～K0+091、K0+111～K0+149.5	52.3	14.5	5.0～6.0	1500～2000
Ⅲ	K0+011～K0+077.2、K0+149.5～K0+330	246.7	68.3	4.0～5.0	800～1500
Ⅳ	K0−007.4～K0+010、K0+091～K0+111、K0+330～K0+355	62.4	17.3	2.0～3.0	200～500

表 4-61　开挖后导流洞洞室围岩分类统计表

围岩类别	分布桩号	长度(m)	占洞线百分比(%)	坚固性系数 f_k
Ⅱ	K0+060～K0+100、K0+125～K0+150	65	20.1	5.0～6.0
Ⅲ	K0+030～K0+060、K0+100～K0+125、K0+150～K0+200、K0+212～K0+225、K0+235～K0+300、	183	56.5	4.0～5.0
Ⅳ	K0+014.8～K0+030、K0+200～K0+212、K0+225～K0+235、K0+300～K0+338.8	76	23.4	2.0～3.0

该工程采用坝身开敞式溢洪道,长 199.86m。由控制段、泄槽段、出口消力池及海漫段、溢流堰段组成。

控制段位于大坝左侧堆石体上,光面泄槽段基础坐落在填筑密实的坝体上,台阶泄槽段基础坐落左岸弱风化砂岩上。出口消力池段开挖建基面为砂岩和冲积混合土卵石层,该段以挖方为主,挖除表层松散层,将基础置于密实的混合土卵石层上。海漫段及溢流堰段均位于河床漫滩上,基础宜置于稍密-密实的混合土卵石层上,该层承载力为 300kPa,混合土卵石层永久边坡采用 1∶1.0。

6. 天然建筑材料

甘河子水库工程所使用的天然建筑材料包括砂砾料和成品料场。对坝址区周边选取 C1 和 C2 两个天然砂砾石料场进行了详查,调查了方舟成品料场。

C1 料场位于甘河子水库坝址区现代河床内、河漫滩及一级阶地上,岩性为漂卵砾石,勘察期间属丰水期,地下水埋深较浅为 2.0m,距坝线运距为 0.4~2.0km,储量为 $256.0 \times 10^4 m^3$(水上 $128 \times 10^4 m^3$,水下 $128 \times 10^4 m^3$)。作为坝壳填筑用料,各项指标均满足规范质量技术要求。作为混凝土骨料,砂、砾储量分别为 $43.72 \times 10^4 m^3$、$143.62 \times 10^4 m^3$;用于混凝土骨料细骨料含泥量超标,其他指标满足质量技术要求。

施工期最终选用 C1 料场为主采区。通过对料场复查成果、无论是作为大坝填筑料、坝壳料等天然材料,还是按照要求进行人工加工筛选后垫层料、特殊垫层料,均符合质量技术要求。混凝土粗、细骨料取自砂砾石专业料场,粗、细骨料各项指标满足质量技术要求。

(四)工程地质问题分析与评价

(1)对河床覆盖层的埋藏特征、地层岩性和物理力学性质进行分析研究。河床覆盖层最厚达 42.4m,为深厚覆盖层,岩性为混合土卵石,颗粒组成较为均一,无砂层及其他软弱夹层分布;表层 0~5m 结构松散-稍密,5~8m 结构为稍密,8~10m 以下为中密-密实。渗透破坏形式为管涌型。

覆盖层混合土卵石为强透水层,且厚度大,作为坝基,应做防渗处理,并应满足渗透稳定要求。0~5.0m 松散至稍密,工程地质条件差,作为坝壳地基时,建议对表层上部 2m 进行清除,2~5m 进行压实处理;作为面板坝趾板基础,对上部 5m 进行清除,5m 以下采用防渗墙形式进行防渗处理,处理至相对隔水层,覆盖层底部基岩进行帷幕灌浆处理。

(2)坝址左、右岸边坡自然状态整体稳定。在施工期,趾板边坡以及各洞室进出口边坡将形成工程边坡。通过赤平投影对边坡稳定进行分析,左岸洞室进出口、右岸出口边坡有不利结构面组合,局部存在滑塌和掉块;右岸趾板边坡发育一组走向 24~30°结构面与断层 f_1 组合,可能出现倾倒破坏或顺单一结构面滑动破坏,建议使用随机锚杆对不稳定倾倒体或顺结构面滑动体进行锚固处理,坡面喷护混凝土,防止小型楔体滑块或局部破碎岩体塌落。

(3)通过坝址区河水和地下水水质分析,地表河水水质和河床孔隙潜水水质较好,对普通水泥无腐蚀性;基岩裂隙水水质差,对普通水泥具硫酸盐型强腐蚀性;对钢筋混凝土结构中钢筋具弱腐蚀。

河床中孔隙潜水 SO_4^{2-} 的含量 52.1~162.2mg/L,对普通水泥无硫酸盐型腐蚀。其余坝肩基岩裂隙水 SO_4^{2-} 的含量 576.6~1248mg/L,对普通水泥具硫酸盐型强腐蚀。

地表水中 Cl^- 的含量 3.4~52.6mg/L,而地下水中 Cl^- 的含量 3.4~147.7mg/L,可判定地表水对钢筋混凝土结构中的钢筋无腐蚀性,而地下水对钢筋混凝土结构中的钢筋具弱腐蚀性。坝肩孔基岩裂隙水中 Cl^- 离子含量一般大于 100mg/L,在干湿交替的环境下对钢筋混凝土中钢筋具弱腐蚀,需对深入基岩的各建筑物隧洞、趾板、闸基、堰基等考虑防腐措施。

(五)工程地质勘察总结

(1)甘河子水库位于博格达断裂和阜康断裂两大边界活动断裂南部地段,区域构造稳定性较差,库坝区工程地质条件复杂。具有深厚覆盖层、工程边坡不稳定以及环境水的腐蚀性等问题。

(2)针对河床深厚覆盖层的工程问题,进行了大量的勘探、现场原位测试和试验研究工作。采用了先进的SM植物胶钻探工艺,全孔连续取芯对深厚覆盖层的地层结构、颗粒组成、密实状态进行判别,通过动力触探试验、颗分试验、天然密度含水量测试等获取大量试验数据,各类现场试验相互分析验证,查明了河床覆盖层的物理力学性质,为工程设计提供了真实、可靠的地质参数。

(3)经过施工开挖验证,勘察成果准确可靠,地质建议措施合理可行,为工程建设顺利实施奠定了基础。该工程于2017年9月通过竣工验收,目前已运行7年,状态良好。

三、第九师别里其水库

(一)工程概况

别里其水库位于额敏县东北部别里其河出山口上游约0.5km处,是该河上唯一控制性工程,距离167团团部10km,距额敏县直线距离43km。别里其河发源于塔尔巴哈台山脉,全长约20km,多年年均径流量为$1120\times10^4 m^3$。别里其水库是一座具防洪、灌溉、供水功能的水利工程,主要建筑物包括拦河大坝、左岸溢洪道、左岸导流泄水洞。水库正常蓄水位1 057.8m,最大坝高47m,总库容$472\times10^4 m^3$,控制灌溉面积2.35万亩。工程规模为小(1)型Ⅳ等工程,挡水建筑物级别为4级;溢洪道及灌溉放水洞进水口级别为4级;灌溉放水洞、溢洪道的建筑物级别为5级;其他次要及临时建筑物级别为5级。

别里其水库于2014年5月开工建设,2016年6月30日完工运行,至今已正常运行了7年多。

(二)勘察工作概述

2003年7月进行可行性研究阶段工程地质勘察工作,2010年12月完成可行性研究阶段工程地质勘察报告并通过评审;2013年2—6月底完成初步设计阶段的勘测设计工作,2014年3月通过初步设计阶段审查。

工程区区域地质剖面见图4-21,枢纽区工程地质平面图见图4-22,坝轴线工程地质剖面图见图4-23。

(三)工程地质条件与评价

1. 区域地质

工程区位于准噶尔盆地西北缘的塔尔巴哈台山脉南坡,地势北高南低,北部为构造剥蚀中低山区,地势陡峻,河谷深切,大部分基岩裸露;南部为塔额盆地北缘,为向南倾斜的山前冲洪积平原。

地层主要为上泥盆统塔尔巴哈台组下亚组($D_3 ta$),岩性以钙质细砂岩为主,以及新生界第四系松散堆积物。侵入岩为华力西中期第一侵入次($\beta\mu_4^{2a}$)辉绿岩,主要分布于坝址区。简述如下:

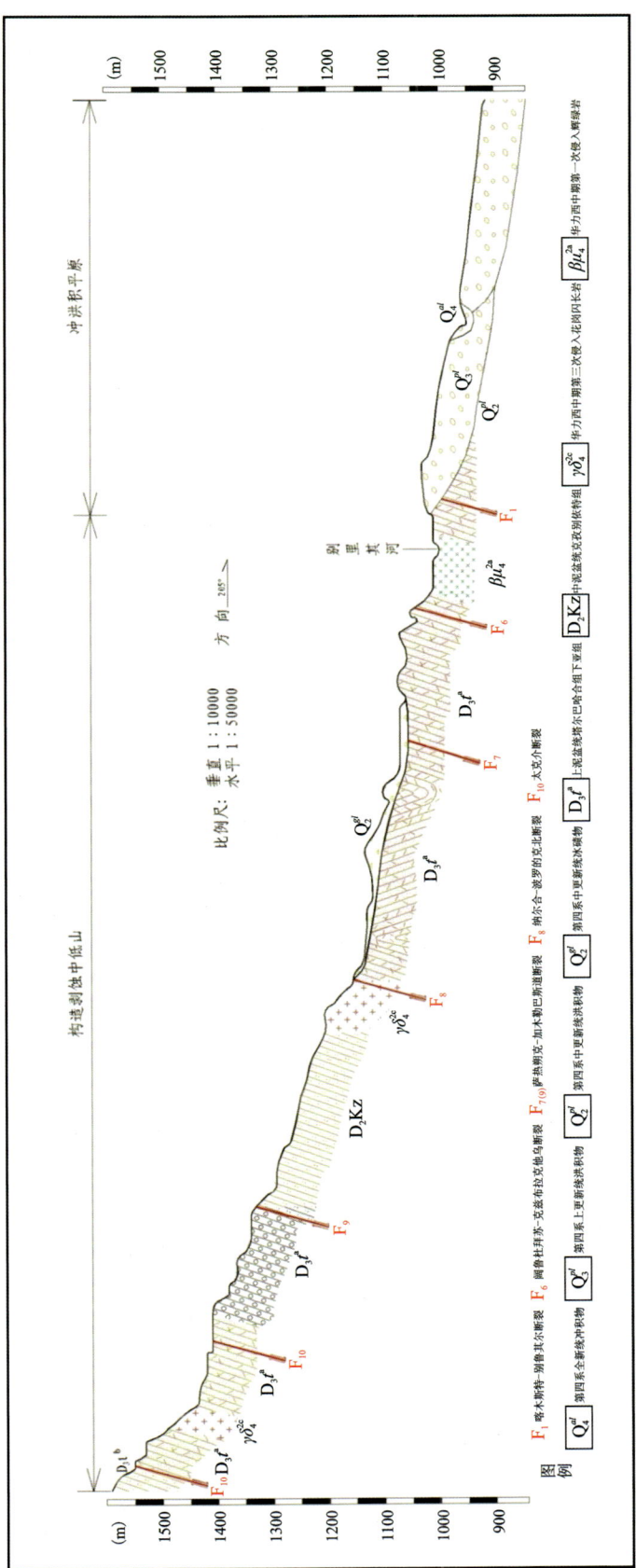

图 4-21 区域地形地貌图

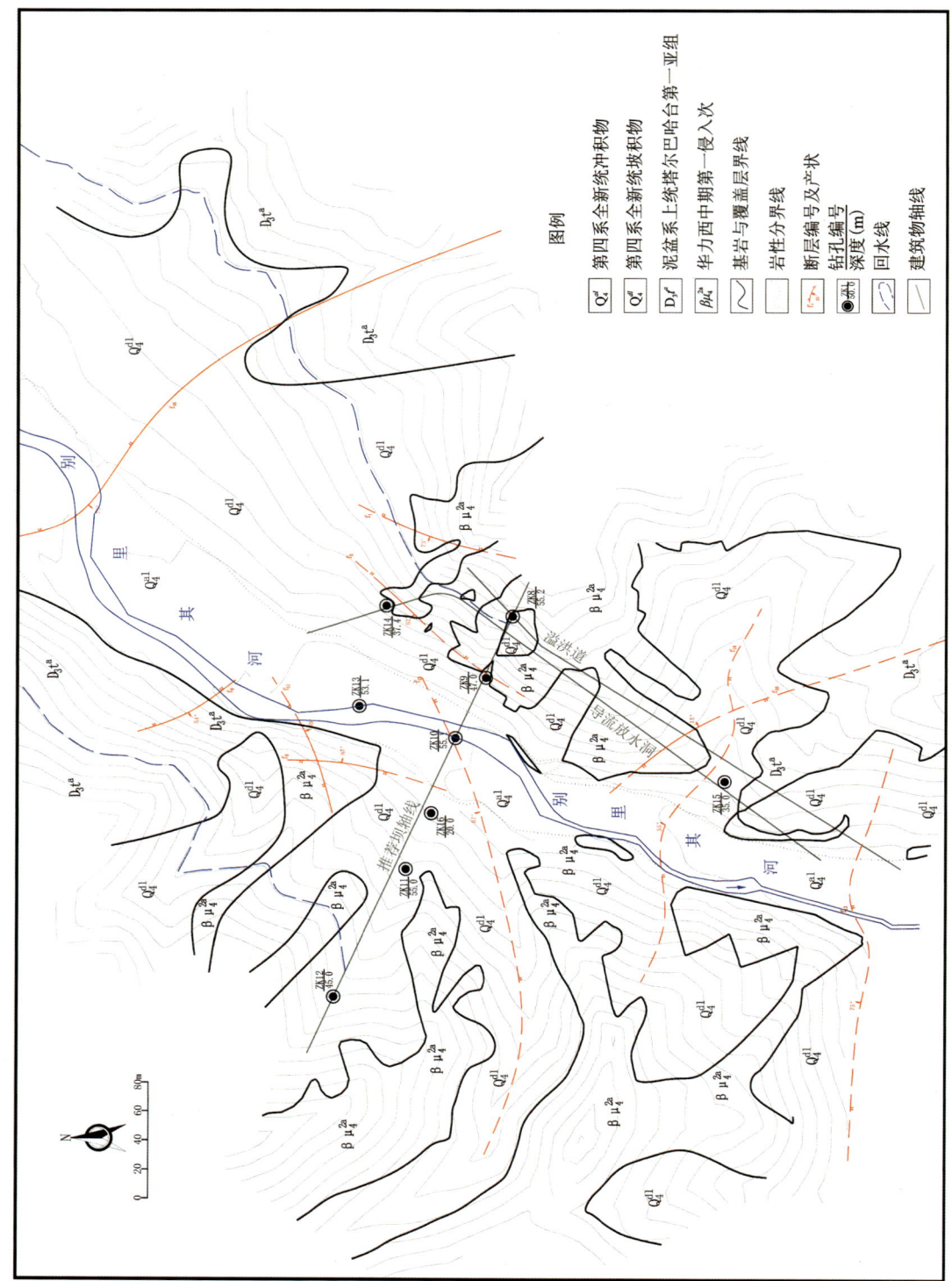

图 4-22 枢纽区工程地质平面图

第四章 水利水电工程

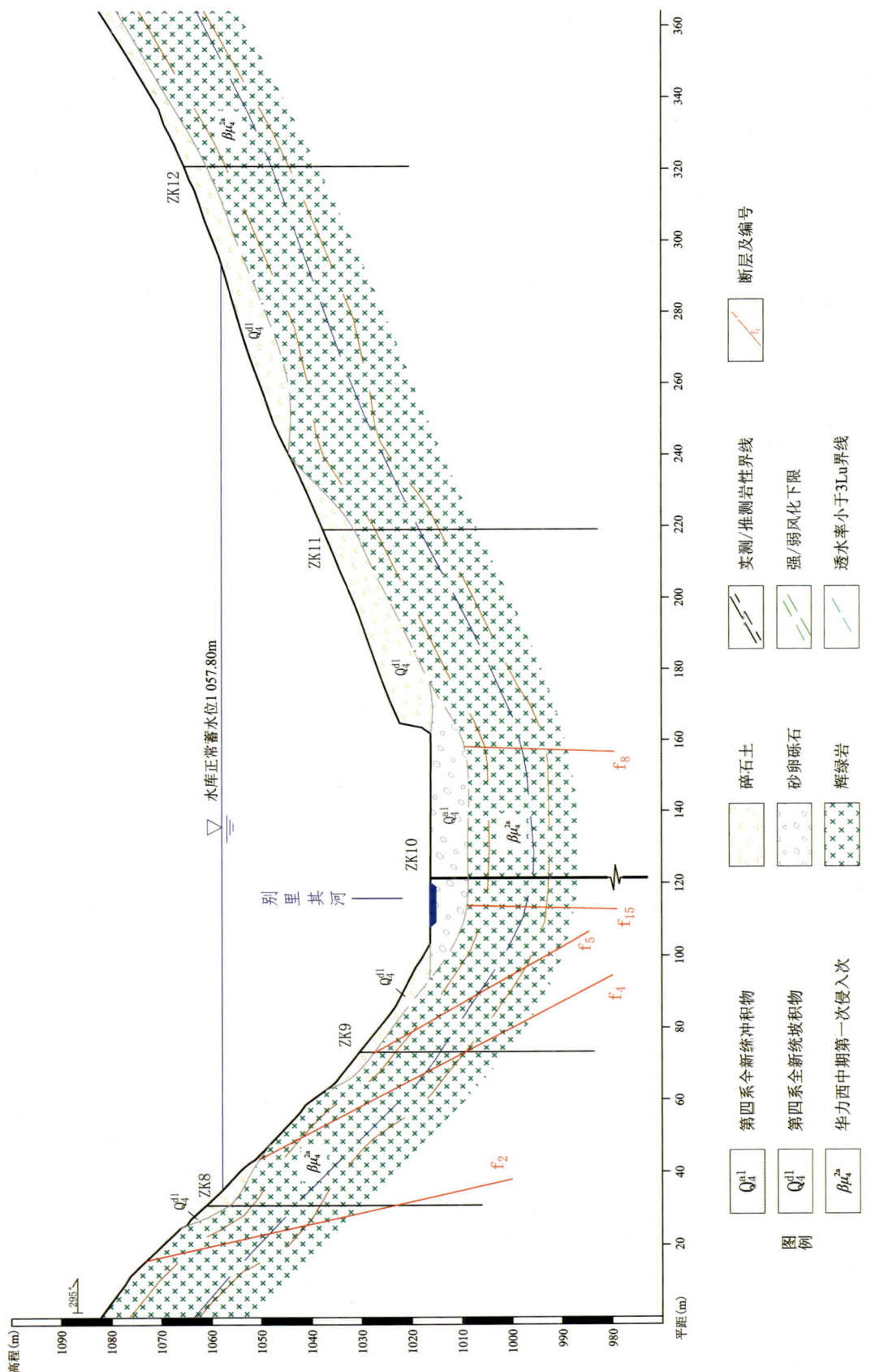

图 4-23 坝轴线工程地质剖面图

(1)上泥盆统塔尔巴哈台组下亚组（D_3ta）：岩性为灰色、灰黑色粗-细粒长石岩屑砂岩、砂砾岩、砾岩、粉砂岩、凝灰质砂岩、沉钙质细砂岩，呈层状构造，属海陆交互相沉积，厚度1966m。主要分布于库区，呈连续片状分布，坝址区少量分布。

(2)上更新统冲积物（Q_3^{al}）：岩性为含漂石的砂卵砾石层，砾石成分以钙质细砂岩、凝灰质砂岩、花岗岩、砾岩等为主，卵砾石磨圆较好，多呈圆状或亚圆状，分选一般，主要分布于Ⅱ、Ⅲ级阶地上。

(3)全新统坡积物（Q_4^{dl}）：岩性为碎块石土，碎块石呈棱角状，结构松散，局部具架空结构，主要分布在沟谷两岸斜坡上和阶地坡脚。

(4)全新统冲积物（Q_4^{al}）：岩性为砂卵砾石层，砾石成分以钙质细砂岩、凝灰质砂岩、花岗岩、砾岩等，卵砾石磨圆较好，多呈圆状或亚圆状，分选一般，主要分布河床、河漫滩及Ⅰ级阶地。

工程区位于准噶尔-北天山褶皱系（Ⅱ）准噶尔优地槽褶皱带（Ⅱ$_1$）塔尔巴哈台-荒草坡亚带（Ⅱ$_{1-2}$）中的三级构造单元塔尔巴哈台复背斜（Ⅱ$_{1-2}^1$）南缘，南侧以喀木斯特-别里其断裂（F_1）为界紧邻塔城山间坳陷（Ⅱ$_{1-2}^6$）。

(1)喀木斯特-别里其断裂（F_1）：位于坝址区南侧，是山区与平原区的分界断裂，呈北西—南东向延伸，舒缓波状展布，长约80km，走向280°，倾向NE，倾角65°～70°，破碎带宽30～200m，为断层角砾岩、断层泥，断裂南距坝址区约0.4km，晚更新世以来未有活动。

(2)阔鲁杜拜苏-克兹布拉克他乌断裂（F_6）：位于坝址区北部，呈北西—南东向延伸45km，走向305°，倾向NE，倾角60°～80°，为断层角砾岩、糜棱岩。为非活动性断裂，距坝址区北侧约0.5km。

(3)萨热朔克-加木勒巴斯道断裂（F_7）：位于坝址区北部，北西—南东向延伸80km，破碎带宽10～100m，最近距坝址区约1.8km；为非活动性断裂。

(4)纳尔台-波罗的克北断裂（F_8）：位于坝址区北部，呈北西—南东向延伸70km，破碎带宽度达10～200m，距坝址区北侧约3.8km，为非活动性断裂。

根据《中国地震动参数区划图》，水库区地震动峰值加速度0.05g，反应谱特征周期0.35s，地震基本烈度Ⅵ度，其周围无强发震断裂。区域构造稳定较好。

地下水类型主要为基岩裂隙水、松散层孔隙水。

2. 库坝区工程地质条件及工程地质问题

库区位于别里其河下游河段，河谷呈"U"形，两岸山体雄厚，岸坡坡度15°～35°，局部陡峻，相对高差100～500m。谷底宽50～150m，现代河床宽20～50m。河谷两岸断续分布有Ⅱ～Ⅲ级阶地，两岸冲沟较发育。

库坝区出露有泥盆系、第四系地层及华力西中期侵入岩，现由老至新简述如下：

(1)上泥盆统钙质细砂岩，呈薄—中厚层状，产状300°～330°NE∠50°～60°，为库坝区上下游主要地层。

(2)第四系上更新统冲积物分布于河床两岸Ⅱ、Ⅲ级阶地上，岩性为含漂石的砂卵砾石层，厚度一般2～9m；全新统冲积物分布于现代河床，岩性为含漂石的砂卵砾石层，厚度4～8m；全新统坡积物分布于两岸冲沟及坡脚，岩性为碎块石土，厚度一般1～11m。

(3)海西中期第一侵入次辉绿岩，块状构造，是构成坝址区主要地层。

库坝区内主要发育构造形迹为低序次断层，规模为Ⅲ～Ⅳ级。主要为四组断层构造：NW向（305°～330°）、NNE或SN（0～10°）顺河向、NE（50°～70°）斜切河向和NEE或EW（70°～90°）顺左岸小冲沟向，其中以NW向断层为主，延伸长度15～200m，断层以压性为主，破碎带宽度0.1～1.0m，充填碎裂岩、糜棱岩及断层泥。

水库区物理地质现象以岩体风化为主，卸荷、崩塌少量发育，其他不良物理地质现象不发育。库区因受构造影响，裂隙较为发育，强风化层厚4～8m。

库区右岸山体较为宽厚，不产生邻谷渗漏；左岸山体相对单薄，低矮垭口处会产生邻谷渗漏，年渗漏量约33 580m³，占总库的0.7%，其渗漏影响较小。库区压性断层为弱透水构造，不会产生永久渗漏。

库区呈峡谷长条形展布，岩层走向多与岸坡走向呈大角度相交，库区内无大的不稳定岩体，水库蓄水后不产生掉块和崩塌，对水库大坝基本无影响，水下岸坡相对稳定，库岸稳定性总体较好。

水库淹没少量居民点及草地。水库区近库岸为基岩和粗粒土覆盖层，不会产生水库浸没。

暴雨洪水携带泥沙进入库区，会产生一定的淤积。

坝址左岸岩体强风化层厚3.0~5.0m，弱风化层厚10~12m；河床坝基强风化层厚2.0~4.0m，弱风化层厚10~14m；右岸岩体强风化层厚3.0~6.0m，弱风化层厚12~14m。强风化岩体纵波波速2400m/s左右，风化系数0.48；弱风化岩体纵波波速3600m/s左右，风化系数为0.72；微风化-新鲜岩体纵波波速4000~5000m/s，风化系数为0.8~1.0。

坝址区强风化岩体属弱-中等透水层，透水率一般大于5Lu；弱风化和微风化-新鲜岩体属弱透水-微透水层，弱风化岩体透水率一般在1~5Lu之间。坝址区辉绿岩透水率从大于5Lu直接进入小于3Lu范围，基岩透水率≤3Lu界线基岩面以下埋藏深度见表4-62。综合确定大坝防渗处理深度为13~15m，考虑岩体结构的影响，建议处理深度15~20m。

表4-62　坝址区岩体透水率统计表

位置	透水率≤3Lu界线基岩面以下埋藏深度（m）	备注（覆盖层厚度（m））
左岸	5.4~13.4	3.2~4.4
河床	13.0	7.5
右岸	3.0~8.0	4.5~9.8

坝址区隧洞布置在左岸，为导流放水洞，围岩岩性为华力西中期辉绿岩，节理裂隙较发育—发育，岩体完整性较差，洞室围岩类别为Ⅲ~Ⅳ类，隧洞进出口及断层处围岩类别为Ⅴ类。

3. 岩土（体）工程地质特性

全新统冲积卵石混合土主要分布于坝址区现代河床、河漫滩及左岸Ⅰ级阶地上，厚度4.5~8.5m，最大粒径可达800mm，磨圆较好，分选较差。该层天然密度1.92~2.17g/cm³，天然含水量0.8%~1.8%，干密度1.89~2.14g/cm³，孔隙率20.3%~29.6%，渗透系数$4.7×10^{-3}$~$1.6×10^{-2}$cm/s，建议地基承载力容许值500kPa。河床冲积卵石混合土层较均一，具较高承载力，压缩性低。建议防渗体基础置于弱风化岩体上，卵石混合土可作为坝壳地基，建议对表层1~2m松散层进行碾压处理。

坝址区辉绿岩岩体物理力学性质指标地质建议值见表4-63，钙质细砂岩岩体物理力学性质指标地质建议值见表4-64。

表4-63　辉绿岩物理力学性质指标地质建议值

风化程度	抗压强度		弹性模量	变形模量	泊松比	岩体/岩体			岩体/混凝土			纵波波速	承载力
	天然	饱和				抗剪断强度（岩体）		抗剪强度（岩体）	抗剪断强度（岩体）		抗剪强变（岩体）		
	MPa		GPa	GPa		C'	f'	f	C'	f'	f	m/s	MPa
						MPa	/	/	MPa	/	/		
弱风化	73.4	45.0	4.7	3.3	0.29	0.9	0.8	0.60	0.8	0.9	0.55	3600	2.9
微风化	90.0	50.0	7.0	5.4	0.25	1.1	1.0	0.65	0.9	1.0	0.60	4500	3.1

表 4-64 钙质细砂岩物理力学性质指标地质建议值

风化程度	抗压强度		弹性模量	变形模量	泊松比	岩体/岩体				岩体/混凝土				纵波波速	承载力
						抗剪断强度（岩体）		抗剪强度（岩体）		抗剪断强度（岩体）		抗剪强度（岩体）			
	天然	饱和				C'	f'		f	C'	f'		f		
	MPa	MPa	GPa	GPa		MPa	/		/	MPa	/		/	m/s	MPa
弱风化	65.0	40.0	2.8	1.6	0.30	0.14	0.25		0.20	0.14	0.18		0.18	1800	1.0
微风化	72.0	45.0	3.6	2.4	0.29	0.24	0.36		0.30	0.24	0.45		0.27	2300	1.8

4. 天然建筑材料

勘察选定了 2 个砂砾石料场（C1、C2 料场）、2 个土料场（T1、T2），1 个石灰石料场，各类天然建筑材料设计用量见表 4-65，各料场概况见表 4-66。

表 4-65 别里其水库天然建材设计用量表

天然建筑材料	砂砾料	混凝土骨料	过渡料	土料	反滤料	沥青混凝土骨料
用量（$10^4 m^3$）	40	1.5	4.0	12.5	3.15	0.5

表 4-66 各天然建筑材料储量统计表

料场编号		料场面积	无用层体积	有用层储量	距坝址平均距离
		$10^4 m^2$	$10^4 m^3$	$10^4 m^3$	km
C1 砂砾石料场	C1-A	7.8	0	23.4	0.8
	C1-B	8.4	0	25.2	0.8
	C1-C	16	0	48.0	3.5
C2 砂砾石料场		5.0	9.0	50.0	2.5
T1 土料场		8.0	6.4	24.0	1.0
T2 土料场		4.0	3.2	16.0	0.8
石灰石矿				丰富	46

C1 料场位于现状河道内，岩性为级配连续的卵石混合土，有用层厚度 3.0m，储量丰富，地下水埋深浅，需水下开采。料场可分 A、B、C 三区，作为坝壳填筑料质量满足技术要求；作为混凝土粗骨料质量满足技术要求；作为混凝土细骨料含泥量偏高；作为反滤料和过渡料质量满足技术要求。

C2 料场位于出山口以南约 2km 处洪积倾斜平原上，岩性为卵石混合土层，储量丰富，可开采厚度大。粒径＞150mm 颗粒含量 6.3％，粒径 150～5mm 颗粒含量 66.2％，粒径 5～0.075mm 颗粒含量 23.8％，＜0.075 颗粒含量 6.7％。作为坝壳料和混凝土粗骨料质量满足技术要求；作为混凝土细骨料含泥量偏高；作为反滤料和过渡料质量满足技术要求。

T1 土料场岩性为低液限黏土，储量丰富，可开采厚度大，料场土随深度加大，黏粒含量有所减小，含水率有所增大，天然含水率多小于最优含水率，因此施工时需加水处理。料场土质量总体满足防渗土料质量要求，见表 4-67。

表 4-67 T1 土料场防渗土料质量综合评价表

序号	项目	评价指标	试验值	质量评价
1	黏粒含量	15～40	19.6%	合格
2	塑性指数	10～20	13.0	合格
3	渗透系数	$<1\times10^{-5}$ cm/s	碾压后 2.3×10^{-7} cm/s	合格
4	有机质含量	<2	0.29%～0.34%	合格
5	水溶盐含量	<3	0.1%～0.7%	合格
6	天然含水率(%)	接近最优含水量	9.1%（最优含水率14.7)	偏小
7	pH 值	8.9	8.40～9.80	合格
8	紧密密度	宜大于天然密度	1.84g/cm³，大于天然密度	合格
9	烧失量	>2	7.8～10.7	合格

该土料砂粒含量 5.1%，粉粒含量 75.3%，黏粒含量 19.6%，最大干密度 1.84g/cm³，最优含水量 14.7%，渗透系数 7.29×10^{-7} cm/s。

T2 土料场位于别里其河出山口右岸洪积平原区，岩性为低液限黏土，厚度 3～10m，由西向东厚度逐渐变大。有用层厚度 4.0m，储量 16×10^4 m³。满足防渗土料质量要求。

（四）主要工程地质问题

1. 边坡工程地质特性及评价

库坝区现状两岸自然边坡无规模较大的不稳定体。在近坝段存在 6 处卸荷裂隙与不利结构面组成的小规模不稳定岩体，方量小，多小于 100m³。

洞室进、出口洞脸及左、右岸边坡，岩体节理裂隙发育，通过赤平投影对边坡稳定进行分析，依据结构面与坡面的关系，按单一结构面以及结构面组合综合判定，边坡可能存在楔形体失稳。建议开挖坡比：临时 1∶0.3，永久 1∶0.75，并对边坡采用喷锚措施，并设系统锚杆进行加固，对于岩体破碎处可采用挂网喷浆处理。

坝址区边坡类型较简单，施工过程中应结合施工地质的现场巡视，对可能出现的边坡失稳地段进行及时预测预报。开挖过程中使用对岩体完整性破坏影响较小的爆破方式，减小人为因素产生的边坡破坏。

2. 坝型工程地质条件比选

可研阶段推荐混凝土面板堆石坝、黏土心墙坝和沥青混凝土心墙坝三种坝型进行比选。根据坝址区水工布置，各坝型坝轴线相同，受地形条件的限制，坝轴线的布置调整余地较小，本阶段在设计选定的坝轴线上对各坝型从地质方面进行比选：

（1）坝址区位于塔尔巴哈台复背斜构造单元中，地震动峰值加速度 0.05g（相应地震基本烈度为Ⅵ度）。根据坝址区次级断层分布及活动性分析，心墙坝及面板坝均为适宜的坝型。

（2）坝址区两岸地形不对称，左岸岸坡较陡，采用面板坝时，趾板开挖会存在高边坡处理问题，岸坡发育断层及不稳定体，危及面板安全，须进行工程处理。右岸岸坡坡度较缓，冲沟发育，且风化强烈，趾板基础开挖及边坡处理工程量大于心墙地基开挖。心墙坝优于面板坝。

（3）趾板开挖清基线和防渗线较心墙坝长，清基和防渗处理工程量相对较大。

(4)从天然建筑材料看,防渗土料储量丰富,质量满足技术要求。

根据心墙坝和面板坝两种坝型比选,从地形条件、边坡稳定条件及天然建筑材料方面综合考虑。地质建议黏土心墙坝作为推荐坝型。

(五)勘察成果的设计应用

(1)勘察土料场岩性为低液限黏土,储量丰富,可开采厚度大,天然含水率多小于最优含水率,施工时需加水处理,满足防渗土料质量要求。

大坝设计采取的措施:①适当放缓防渗心墙的坡度,采用1∶0.3坡比,加宽心墙厚度,顶部宽度为3m;②加强上下游的反滤层设计,设置反滤2层,第一层厚度1m,最大粒径20mm;第二层厚度2m,最大粒径80mm,防止心墙土料的渗透破坏。③提高心墙土料的施工碾压密实度,控制压实度不小于0.97,针对土料天然含水量偏低的特点,严格控制施工碾压过程中分层洒水,保证心墙土料含水量接近最优含水率(偏差不得超过2%)。

(2)由于坝址区构造裂隙发育的不均匀性,大坝防渗帷幕施工阶段根据先导孔压水试验复核情况,为确保坝基防渗安全,帷幕灌浆适当加深至基岩面以下35m深度进行控制。

(六)工程地质勘察总结

(1)别里其水库是我院承担塔城地区诸多水库之一,也是我院建成的第一座采用黄土作为防渗土料的粘土心墙坝。据北疆地区大量水利工程实践,天山北坡及盆地周围的河谷阶地风积黄土分散性分析评价均为过渡型,其实际性状与理论意义上的真正分散性土具有本质区别。类比已建工程中使用该类土料的恰普其海及大西沟水库等工程多年运行状况,恰甫其海水库已正常运行近20年,大西沟水库已正常运行近11年,别里其水库已正常运行7年。说明采用北天山风积黄土作为黏土心墙防渗土料筑坝的工程实践是成功的。

(2)左岸邻谷与别里其河河谷相距0.5~1.5km,坝址区上游300m处发育一低矮垭口,山体相对单薄,厚度350~500m,邻谷谷底均低于水库正常高水位,水库蓄水后,可能沿此垭口产生渗漏问题,经计算年渗漏量约33 580m³,占总库的0.7%,其渗漏影响较小,无须采取处理措施。

(3)别里其水库在工程实施阶段,通过施工开挖得到了验证,表明前期勘察成果与实际情况基本吻合。自2016年完工至今已运行了七年多,状态良好。

四、第十三师巴木墩水库工程

(一)工程概况

巴木墩水库位于天山山脉东段南坡山麓的巴木墩河中下游出山口河段,南距第十三师红星四场33km,西距哈密市80km。巴木墩河全长约38.0km,多年平均径流量2960×10⁴m³。水库承担城镇供水、农业灌溉兼顾防洪等功能。主要建筑物包括拦河大坝、左岸深孔灌溉放水洞(与导流洞二洞合一)、左岸溢洪道、分水闸四部分。最大坝高116.35m,库容962.96×10⁴m³。工程规模为Ⅳ等小(1)型工程,大坝级别为3级,其他主要建筑物级别为4级;次要建筑物为4级;临时建筑物为5级。

工程于2013年开工,2018年大坝封顶,2021年开始试验性蓄水,2022年正式下闸蓄水。

(二)勘察过程概述

2010年10月至2011年6月完成可研阶段勘察工作,2011年11月通过兵团水利局审查;2012年3月至5月完成初步设计阶段勘察,2012年11月底通过兵团水利局组织的初步设计审查。

枢纽区工程地质平面图见图4-24,坝轴线工程地质剖面图见图4-25。

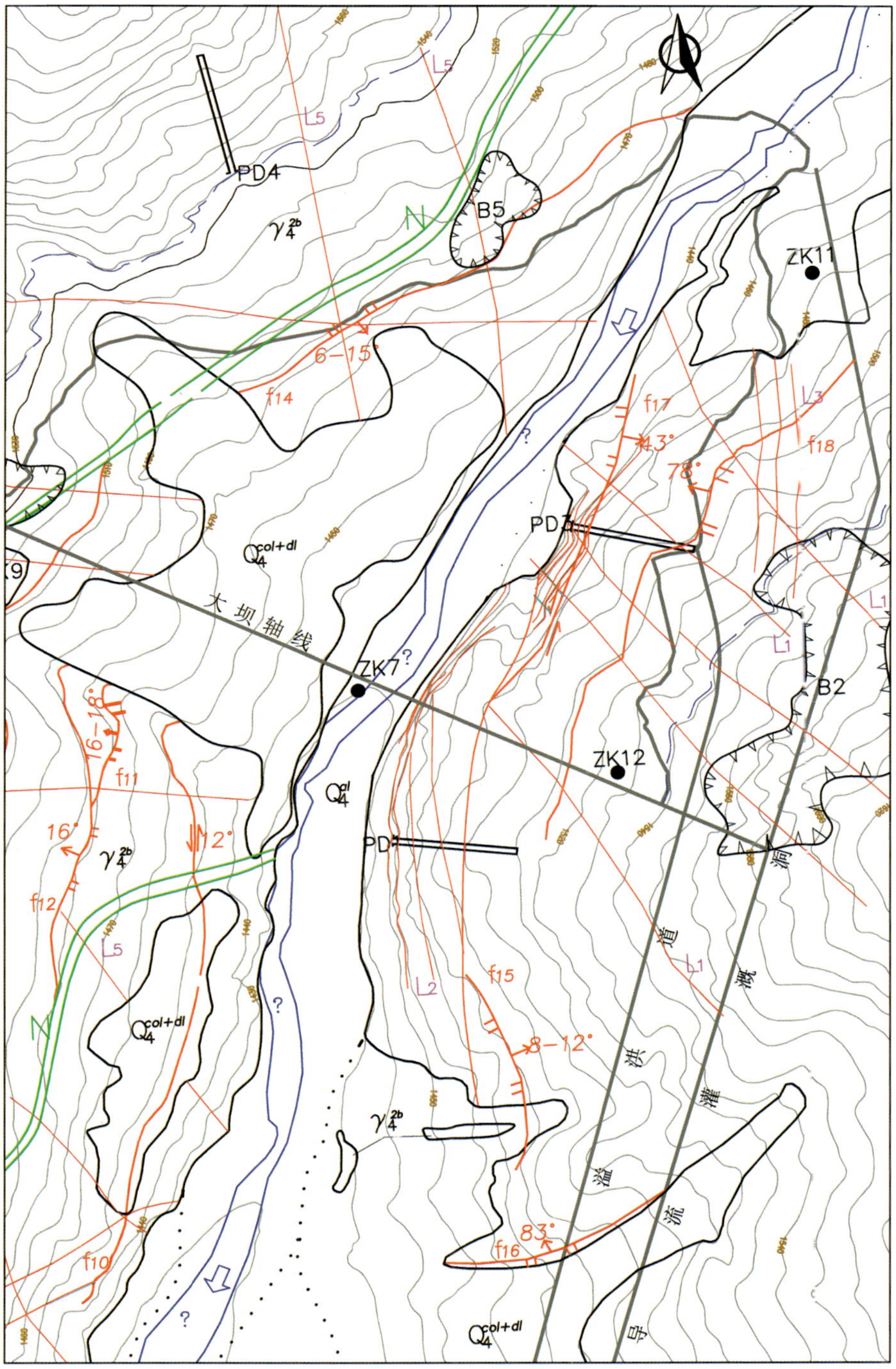

图4-24 枢纽区工程地质平面图

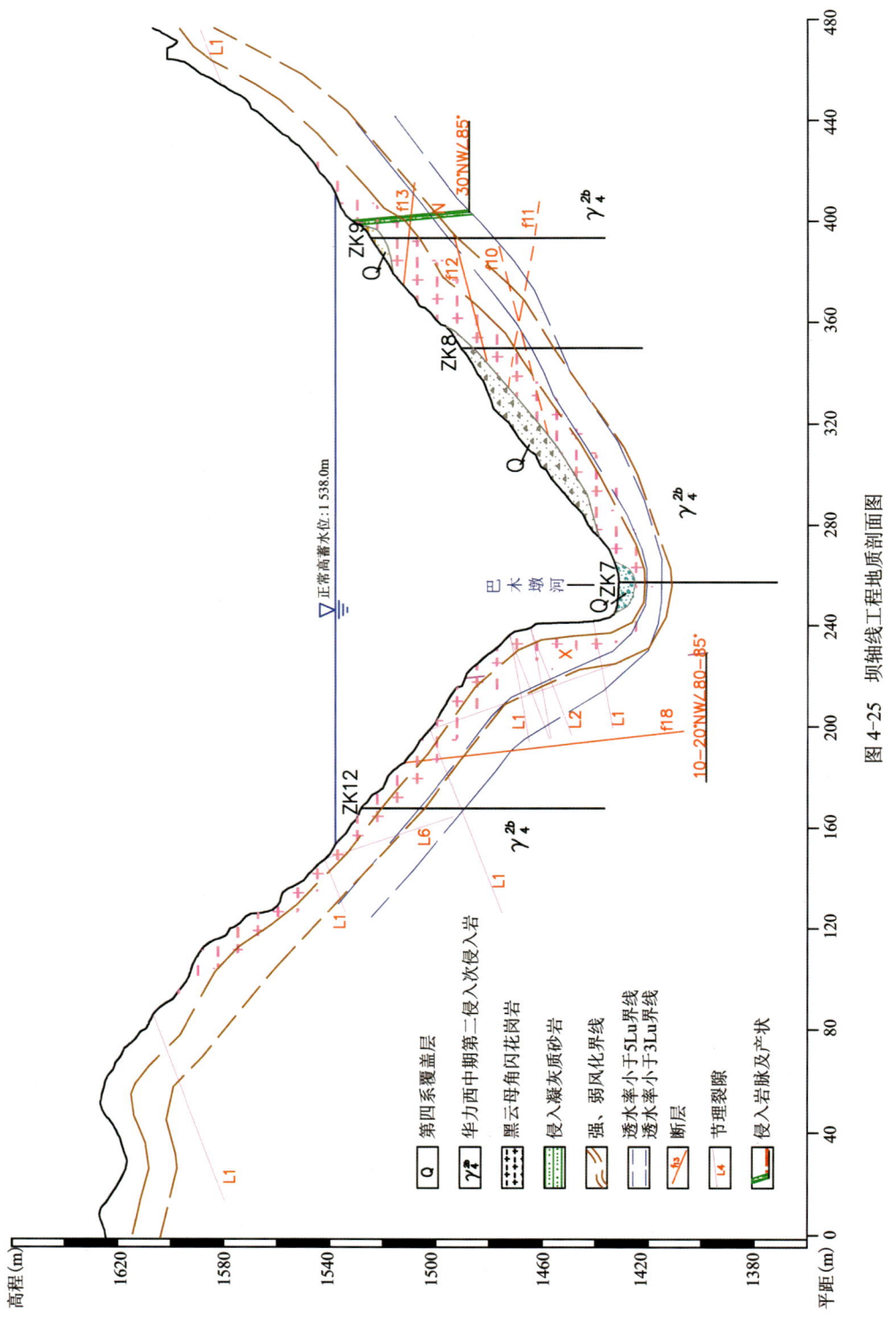

图 4-25 坝轴线工程地质剖面图

(三)工程地质条件与评价

1. 区域地质

工程区位于天山山脉东段哈尔里克山,南部为哈密盆地东部边缘及其戈壁荒漠,总体地势北高南低。工程区处于中低山区,山体雄厚陡峻,基岩裸露,河谷呈"V"形。

区内地层有古生界和新生界,并广泛分布侵入岩体。古生界为泥盆系、石炭系海相火山碎屑岩,出露于北部中高山区。工程区地层为第四系和华力西期侵入岩。

工程区位于准噶尔-北天山褶皱系(Ⅱ)北天山优地槽褶皱带(Ⅱ$_3$)的哈尔里克复背斜(Ⅱ$_3^3$)三级构造单元内的南部边缘。南部为吐鲁番-哈密山间坳陷,主要构造形迹为一系列近东西向展布的褶皱和断裂。

(1)喀拉麦里断裂(F_1):是哈尔里克复背斜北界控制性断裂,呈北西-南东向延伸约662km,向南西陡倾,倾角约75°,右旋逆断层,破碎带宽500m。形成于早古生代,为晚更新世活动断层。南距坝址约30km。

(2)洛包泉断裂(F_2):断裂带横贯哈尔里克山脊,全长200km,分割了博格达山与巴里坤山,走向北东东,倾角70°左右,破碎带宽45~700m,主要由碎裂岩组成,走滑(左旋)为主兼压性。1842年及1914年在巴里坤断裂带附近发生了2次7.5级地震,断裂南距坝址约20km。

(3)哈密盆地北缘断裂(F_4):为哈尔里克复背斜与吐鲁番-哈密山间坳陷的分界断裂,东西走向,长250km。为高角度北倾逆断裂,属晚更新世活动断裂。断裂从工程区南部通过,距坝址约2km。

工程区处于北天山地震带东段。区内主要发育东西向断裂,区域构造稳定性较差。坝址区50年超越概率10%基岩场地地震动峰值加速度为0.122g,反应谱特征周期0.40s(相立地震基本烈度为Ⅶ度)。

2. 水库区工程地质条件

水库区位于巴木墩河的中下游河流出山口峡谷段,河谷呈"V"形,基岩裸露,山势陡峻。岸坡坡度40°~70°,河床宽20~100m,北东向延伸,纵坡6.5%~7.5%,切割深度200~500m。两岸局部残留不连续Ⅰ级阶地。

库区基岩主要为岩浆岩,并广泛分布第四系。基岩为华力西中期第二侵入次黑云母花岗岩,捕虏体较为发育;第四系主要有上更新统—全新统冲洪积物、全新统冲积物及全新统崩坡积堆积物。

库区地下水为基岩裂隙水和第四系松散堆积孔隙潜水。

库区两岸山高坡陡,山体厚实。不存在邻谷渗漏问题;库区内无深大断裂通过,不存在水库永久渗漏问题;库区两岸岩体节理裂隙较发育,崩塌、掉块分布较多,规模不大,岸坡无大的不稳定岩体,局部存在库岸再造,库岸整体稳定性较好;水库不存在大的淹没问题;无水库浸没问题;洪水期携带泥沙,会产生一定的水库淤积;水库诱发地震的可能性小。

3. 坝址区工程地质条件

坝址段现代河床宽10~30m,纵坡5.2%~7.5%,两岸坡整体呈陡倾或直立,左岸坡发育近直立卸荷岩体,高出河床约30m,上部岸坡35°~45°,坝肩以上局部发育近直立、陡倾的卸荷危岩体。右岸坡度35°~40°,坝肩及上游岸坡呈凹形斜坡,坡脚堆积有崩坡积物。

坝址区基岩岩性以黑云母花岗岩为主,全新统冲积堆积物分布于河床及河漫滩,岩性为蛮石、漂卵砾石，松散-中密，厚度 6.0～8.0m；全新统崩坡积、坡洪积堆积物分布于河床边缘、岸坡坡脚、冲沟及两岸斜坡部位，岩性为块石、碎石土，粒径 300～800mm，最大为 3000mm，有架空现象。

坝址主要发育 NW 向、NE 向的压扭性逆冲低序次断裂构造，规模为 Ⅳ 级。破碎带宽度 0.01～0.50m。左岸发育三组断层：①产状 345°NE∠8°～12°，破碎带宽 0.3～0.5m，延伸 80m，倾向岸里，碎裂岩及糜棱岩充填。②产状 20°SE∠43°破碎带宽 0.1～0.3m，延伸 150m，碎裂岩充填。③产状 15°～20°NW∠75°～80°，破碎带宽 0.02～0.2m，延伸 240m，糜棱岩及断层泥充填；右岸断层发育，产状 40°～70°SE∠10°～16°，破碎带宽 0.10～0.15m，倾向岸外，为逆断层，充填碎裂岩及糜棱岩。

主要发育三组裂隙：①290°～295°NE∠70°～75°；②20°～45°SE∠5°～15°；③10°～20°SE∠85°。延伸 50～100m，间距 3～20m，微张-张开，平直粗糙。各节理相互切割形成大小不等的块体，在两岸坝肩构成危岩体及小的崩塌体，顺河陡倾节理在岸坡一定范围内则易形成卸荷拉裂岩体。

坝址区花岗岩属块状构造坚硬岩，岩体的风化程度与节理发育有关，强风化层厚 3.0～5.0m，纵波波速 2500～3000m/s，岩体破碎或完整性较差；弱风化层厚 12.0～15.0m，纵波波速 3000～4000m/s；微风化-新鲜岩体纵波波速 4000～5800m/s。

左岸岩体透水率小于 5Lu 基岩埋深 15～25m，透水率小于 3Lu 基岩埋深 35～45m；河床岩体透水率均小于 5Lu，透水率小于 3Lu 基岩埋深 10～15m；右岸岩体透水率小于 5Lu 基岩埋深 20～30m，透水率小于 3Lu 基岩埋深 35～40m。受坝址区断层、裂隙等贯通性结构面间隔发育的影响，两坝肩埋深 60m 范围内，透水性随深度变化规律不明显，局部有跳跃性突然增大的特点，深部则透水性相对微弱且稳定。

各建筑物洞室进出口围岩类别为 Ⅳ 类，洞身段围岩为 Ⅱ～Ⅲ 类，断层影响段和节理密集带围岩类别为 Ⅳ～Ⅴ 类。

坝址区两岸地下水为基岩裂隙水，河床覆盖层为孔隙潜水，基岩裂隙水补给河水，地表水与孔隙潜水联系密切，据水质简分析，地表水为 HCO_3-Ca 型水，矿化度小于 0.3g/L。孔隙潜水属 SO_4·HCO_3-Na·Ca 型水，矿化度为 0.33～0.76g/L。

4. 岩(土)体工程地质特性及评价

1）土体物理力学性质及评价

河床覆盖层岩性为混合土卵石，稍湿-饱和，稍密-中密。据颗粒分析，漂卵砾石粒径一般为 300～500mm，最大 3000mm。其中粒径＞200mm 漂石含量 26.5%，粒径 60～200mm 卵石含量 42.6%，粒径 2～60mm 砾石含量 16.2%，粒径 0.075～2mm 砂含量 14.4%，＜0.075 细粒含量 0.3%。覆盖层物理力学性质参数建议值见表 4-68。

表 4-68　河床覆盖层物理力学性质参数建议值表

岩性	天然密度 ρ (g/cm³)	干密度 ρ_d (g/cm³)	变型模量 E_s (MPa)	抗剪强度(饱和)		渗透系数 k (m/s)	允许水力比降 J_r	允许承载力 f (kPa)
				c (MPa)	φ (°)			
混合土卵石	2.15～2.35	2.05～2.30	40～45		35	5.12×10⁻²	0.10	350

坝址区覆盖层漂石、混合土卵石渗透破坏的型式为过渡型和管涌型。临界水力比降为 0.20，允许水力比降为 0.10。

2）岩体物理力学性质及评价

坝址区岩石、岩体的物理力学地质建议值，见表 4-69、表 4-70。

表 4-69 坝址区岩石物理力学性质指标地质建议值

岩性	风化程度	密度 g/cm³		抗压强度 MPa		弹性模量 GPa		变形模量 GPa		泊松比
		干燥	饱和	干燥	饱和	干燥	饱和	干燥	饱和	
黑云母花岗岩	弱风化	2.68	2.70	81.1	63.1	43.3	36.3	39.5	32.5	0.22
	微风化—新鲜	2.68	2.69	100.5	75.1	45.0	40.7	41.8	37.9	0.22

表 4-70 坝址区岩体物理力学性质指标地质建议值

岩性		饱和抗压强度 MPa	承载力 MPa	动弹模量 GPa	变形模量 GPa	抗剪强度						泊松比
						岩体/混凝土			岩体/岩体			
						c' MPa	f'	f	c' MPa	f'	f	
黑云母花岗岩	弱风化	63.1	3.2	22.8	16.0	0.9	1.0	0.65	1.2	1.0	0.65	0.22
	新鲜	75.1	3.7	39.7	24.0	1.1	1.2	0.75	1.5	1.2	0.75	0.22

坝基岩体按岩石抗压强度、岩体纵波波速、岩体完整性系数、RQD 值等对坝基岩体进行工程地质分类,见表 4-71。

表 4-71 坝基岩体工程地质分类表

风化程度	饱和抗压强度(MPa)	纵波波速(m/s)	RQD(%)	岩体完整性系数 K_v	岩体特征及工程特性评价	坝基岩体类别
强风化	27.4	2000~3000	20~55	0.13~0.68	岩体呈块状,镶嵌结构,贯通性结构面中等较发育—发育,岩体完整性差,岩石强度低	A_{IV1}
弱风化	75.0	3000~4000	55~83	0.50~0.89	岩体呈次块状结构,结构面中等发育,岩体中分布有缓倾角或陡倾角结构面,岩石完整性较好,局部受结构面影响岩体完整性较差	A_{III1}
微风化	82.0	4000~5800	83~95	0.79~1.0	岩体呈块状、次块状结构,结构面轻度或中等发育,结构面延伸较短,多闭合,不存在影响坝基稳定的控制性结构面	A_{II}

5. 天然建筑材料

坝址区 20km 范围内,块石料、砂卵砾石料储量较为丰富,防渗土料、沥青混凝土骨料等缺乏。

C1 砂砾石料场位于坝址下游出山口右侧 1.5~3.0km,岩性为卵石混合土,表层 2m 漂卵石风化强烈,多呈片状,为无用层。有用层储量为 $560×10^4 m^3$。最大干密度 $2.20g/cm^3$,最小干密度 $1.88g/cm^3$。该料场储量与质量满足填筑料要求,质量评价见表 4-72。

表 4-72　C1 料场填筑料质量评价表

试验项目	质量指标	试验指标	评价
砾石含量	5mm 至相当于 3/4 填筑层厚度的颗粒在 20%～80% 范围内	54.19	合格
紧密密度（g/cm³）	>2	2.20	合格
含泥量（%）	≤8%	7.78	合格
内摩擦角（°）	>30°	43.0	合格
渗透系数	辗压后 >1×10^{-3}cm/s	1.4×10^{-1}cm/s	合格

C2 砂砾石料场位于坝址下游右侧 9km 处，储量为 $144\times10^4 m^3$。用作混凝土骨料 >200mm 漂石含量 5.6%，200～60mm 卵石含量 30.1%，60～2mm 砾石含量 32.7%，2～0.075mm 砂含量 31.2%，<0.075mm 细粒含量 0.4%。岩性为卵石混合土。该料场储量与质量满足填筑料要求，质量评价见表 4-73。

表 4-73　C2 料场填筑料质量评价表

试验项目	质量指标	试验指标	评价
砾石含量	5mm 至相当于 3/4 填筑层厚度的颗粒在 20%～80% 范围内	68.34	合格
紧密密度（g/cm³）	>2	2.20	合格
含泥量（%）	≤8%	3.7	合格
内摩擦角（°）	>30°	44.3	合格
渗透系数	辗压后 >1×10^{-3}cm/s	1.6×10^{-2}cm/s	合格

该料场作为混凝土细骨料，含泥量超标，作为粗骨料满足质量技术要求。用作混凝土骨料具碱活性，需掺加粉煤灰来抑制混凝土碱骨料反应。

灰岩矿位于工程区西邻的八大石河中上游，可作为工程所需的沥青混凝土骨料，运距 120km。此外，红星一场南岗水泥厂可买到工程所需的灰岩料，质量和用量均可满足要求，运距为 80km。

（四）工程地质问题分析及评价

1.坝址区边坡稳定性问题

坝址区两岸为块状结构岩质高陡边坡，破坏形式以风化剥落、构造切割失稳及卸荷崩塌掉块为主。高边坡在自然状态下属于基本稳定状态，局部存在架空危岩块石，在扰动情况下，可能会发生掉块、塌落等。左侧坝肩以上岸坡及其上游边坡分布有五处不稳定岩体，方量 1500～9000m³ 不等，总计约 $1.8\times10^4 m^3$。建议予以清除。

左坝肩至河床间岸坡为陡崖峻坡，走向 355°～20°，坡度 70°～80°，岸里 20～30m 发育近南北向卸荷裂隙，从而形成该处深大卸荷岩体，南北长约 90m，宽 30m，高 40m。该卸荷裂隙产状 20°～30°SE∠80°～85°，节理密集分布于 2m 范围内形成卸荷裂隙带，切割深度 30～40m，最大延伸 150m，裂隙波状起伏，裂面粗糙，裂隙带宽度 0.5～2.0m，其间岩石破碎，局部充填砂土等。左岸岩体整体稳定，但部分结构面组成的交线均倾向岸外，倾角 17°～55°，有沿结构面交线产生楔形岩体、岩块滑塌破坏的可能性。建议对岸坡进行削坡处理，临时开挖坡比小于 55°，每 15m 增设马道，同时对表层松动岩石，不稳定体进行清除，并采取挂网、喷护等防护措施,对局部潜在失稳岩块、岩体进行锚固处理。经估算岸坡处理长度50m,削坡处理方量约为17 000m³。

左岸环境高边坡自然状态下整体稳定,局部破坏形式以崩塌、掉块为主,建议清除不稳定体及表层松动块体,在缓坡段设置平台和拦网,保证上部山体掉块和崩塌不影响坝体安全。右岸环境高边坡倾坡外结构面发育,存在不利结构面组合,稳定性较差,建议清除表层危岩不稳定体并进行削坡处理,局部设置缓台及拦网措施。为防止二次卸荷的发生,建议针对潜在失稳岩体采取锚固措施,并设置排水孔及排水沟。

各洞线进出口洞脸岩质边坡基本稳定,裂隙切割下会产生小块不稳定,建议开挖坡比临时1:0.3,永久1:0.5,并采取喷混凝土、挂网措施,针对局部楔形不稳定体和可能失稳滑动岩体采取锚固措施,坡高15m分层设置马道。

2. 坝基岩体渗漏问题

据勘察,左岸岩体透水率小于3Lu基岩埋深35～45m,河床岩体小于3Lu基岩埋深10～15m;右岸岩体透水率小于3Lu基岩埋深35～40m。受坝址区断层裂隙等贯通性结构面间隔发育的影响,两坝肩埋深60m范围内,透水性随深度变化规律不明显,局部有跳跃性突然增大的特点,深部透水性相对微弱且稳定。

为防止左岸深大卸荷裂隙形成渗漏通道,宜在卸荷裂隙集中部位及影响带,结合坝基防渗加强充填、固结灌浆及帷幕灌浆处理,灌浆范围为坝轴线上下游各50m,灌浆深度大于河床基准侵蚀面。

(五)勘察成果的设计应用

1. 左岸高边坡处理

根据勘察成果对岸坡评价的结论建议,设计方案中对两岸坡首先清除危岩,并对左岸坝肩以上50m边坡表层进行削坡处理(按照坡比1:0.75进行削坡,上部为1:1.0),降低整体失稳的风险,边坡开挖后,针对潜在失稳结构面采取锚固措施,永久坡比1:0.75,边坡开挖时每隔10m设一级2m宽马道,岩质边坡锚固措施为:坡面设锚杆+锚索、挂网喷混凝土支护。锚杆规格为$L=4.5m,\varphi 25$,孔排$2m\times 2m$,喷护混凝土采用C25F300,厚10cm;锚索采用1000kN预应力锚索,间排距5m,$L=25m$与锚杆间隔布置,锚索布置可根据开挖情况进行调整。

实际施工开挖过程中,左岸坝肩以上50m范围内边坡,受卸荷裂隙发育和花岗岩风化不均匀特点的影响,按照1:0.75坡比开挖,上部出现拉裂变形迹象,后将永久边坡开挖综合坡比调整为1:1.0,相应的支护锚固措施不变。

施工完成后,目前边坡监测资料显示正常。

2. 大坝渗控处理措施

根据勘察提出的河床坝基不同标准的防渗界限深度,本工程按照3Lu标准进行防渗处理,坝基河床段布置固结灌浆6排,帷幕灌浆按照2～4排布置,孔排距分别为2.0m和1.0m,河床段以及左岸50m高度和右岸30m高度,设4排帷幕灌浆,左、右岸上部按双排帷幕设计。

根据构造裂隙发育的不均匀性,结合施工阶段先导孔压水试验复核情况,为确保坝基防渗安全,对帷幕灌浆适当加深。大坝岸坡段防渗设计按照3Lu标准进行防渗处理,左、右岸岩体灌浆平洞长度25m,帷幕灌浆深度50～80m,河床段帷幕灌浆深度40～50m。

完工后，左、右岸均存在绕坝渗漏问题，尤其右岸最大渗流量160L/s，目前正在采取补充加强灌浆的措施。根据检查孔显示，两岸坝肩透水率在10～20Lu，个别试验段无回水，表明灌浆效果未达到设计预期。主要原因是坝址区构造裂隙发育不均匀，切割深度大，延伸范围广，形成网状渗漏通道，防渗处理难度大。

（六）勘察工作总结

（1）巴木墩水库位于天山东脉中山峡谷区，两岸山体高大，河谷深切，库区狭长，为典型的"高坝小库"。区域构造稳定性较差，处于大规模花岗岩侵入岩区，地形地质条件复杂。具有构造节理、卸荷裂隙发育的特点，工程地质问题突出。

（2）环境高边坡及工程边坡稳定问题，对勘察设计与施工提出较高的要求。受卸荷裂隙发育及风化作用影响，施工开挖难度大，频繁出现拉裂变形迹象，最终通过对永久边坡开挖方案的优化调整，确保边坡的安全稳定。

（3）蓄水后产生绕坝渗漏问题与构造裂隙发育特点关系密切，构造裂隙发育不均匀，切割深度大，延伸范围广，形成网状渗漏通道，防渗处理难度大。岸坡及深部岩体出现间隔式的裂隙，致使岩体透水性出现局部跳跃式突然增大，导致帷幕灌浆防渗未能完全封闭，需采取针对性防渗处理措施。

（4）巴木墩水库沥青混凝土心墙坝高达116m，在国内及新疆尚不多见。工程于2013年开工，大坝于2018年封顶，2022年正式蓄水，2023年右岸出现较明显的渗漏问题，后经过检查孔复核，决定采取补充灌浆处理（目前正在实施中）。

（5）巴木墩水库工程处于构造裂隙很发育的花岗岩地区，其岩质边坡稳定性和岩体透水性的不均匀性特征，作为经验教训，也是今后类似工程需要引起高度重视的关键环节。

五、托里县柳树沟水库工程

（一）工程概况

柳树沟水库位于新疆托里县柳树沟河中下游，距托里县城120km，距克拉玛依市75km。水库选定坝址为上坝址，推荐坝型为堆石混凝土重力坝（由非溢流坝段和溢流坝段组成），主要水工建筑物为大坝、放水洞和副坝三部分组成。总库容$360×10^4 m^3$，最大坝高45.5m，主坝坝顶长度95m，副坝混凝土防渗墙长度96.35m，正常蓄水位887.50m。水库工程属Ⅳ等小（1）型，主要建筑物级别为4级，临时建筑物级别为5级。

该工程于2023年3月开工建设，计划2025年完工。

（二）勘察工作概述

2013年7月至12月完成项目建议书阶段地质勘察工作，2015年3月通过塔城地区水利局评审；2021年7月至10月完成可行性研究阶段勘测工作，2021年12月通过自治区水利厅评审；2022年4月至7月，完成初步设计阶段勘测设计工作，于2022年9月通过自治区水利厅评审。

枢纽区工程地质平面图见图4-26，坝轴线工程地质剖面图见图4-27。

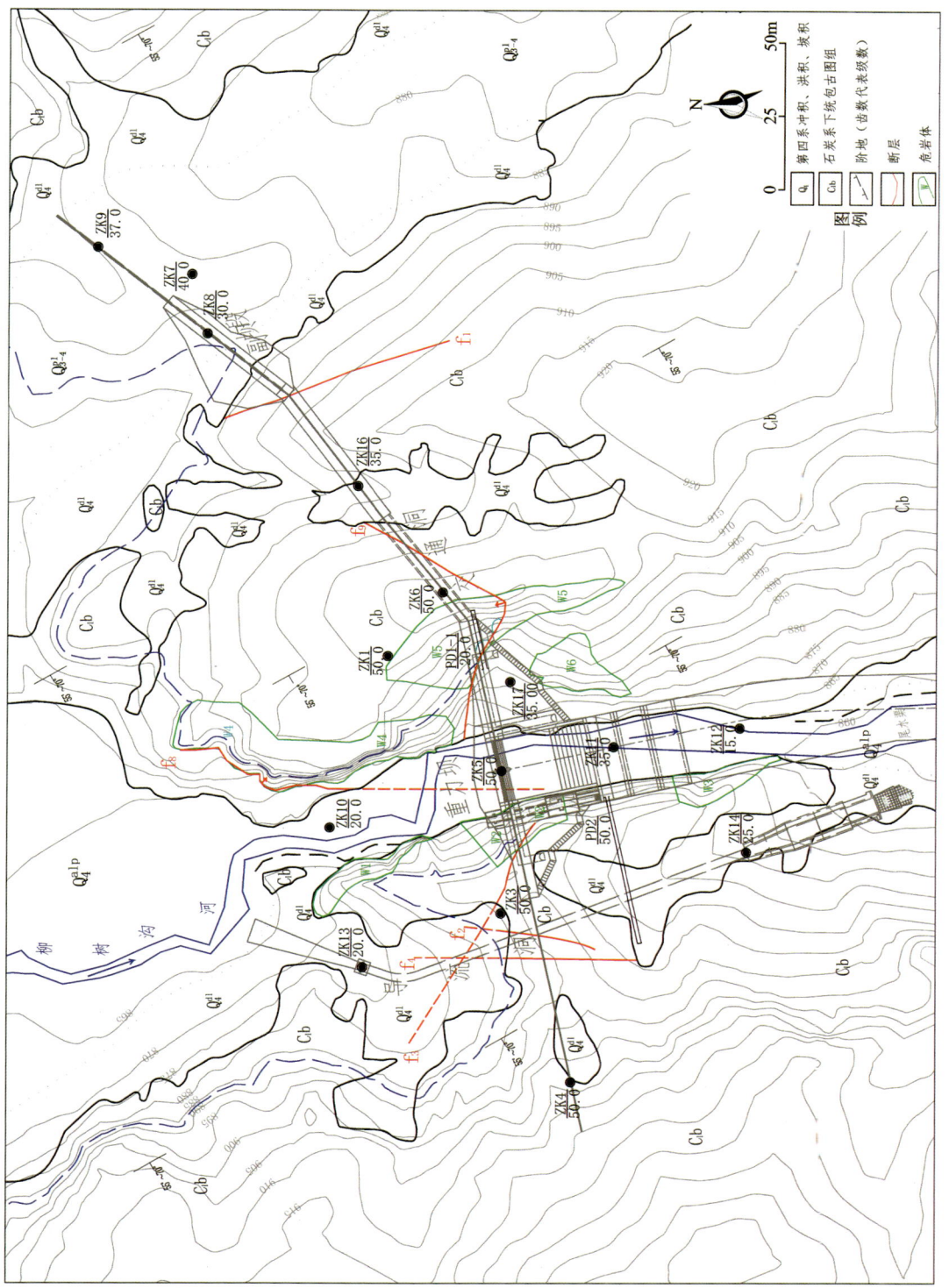

图 4-26 枢纽区工程地质平面图

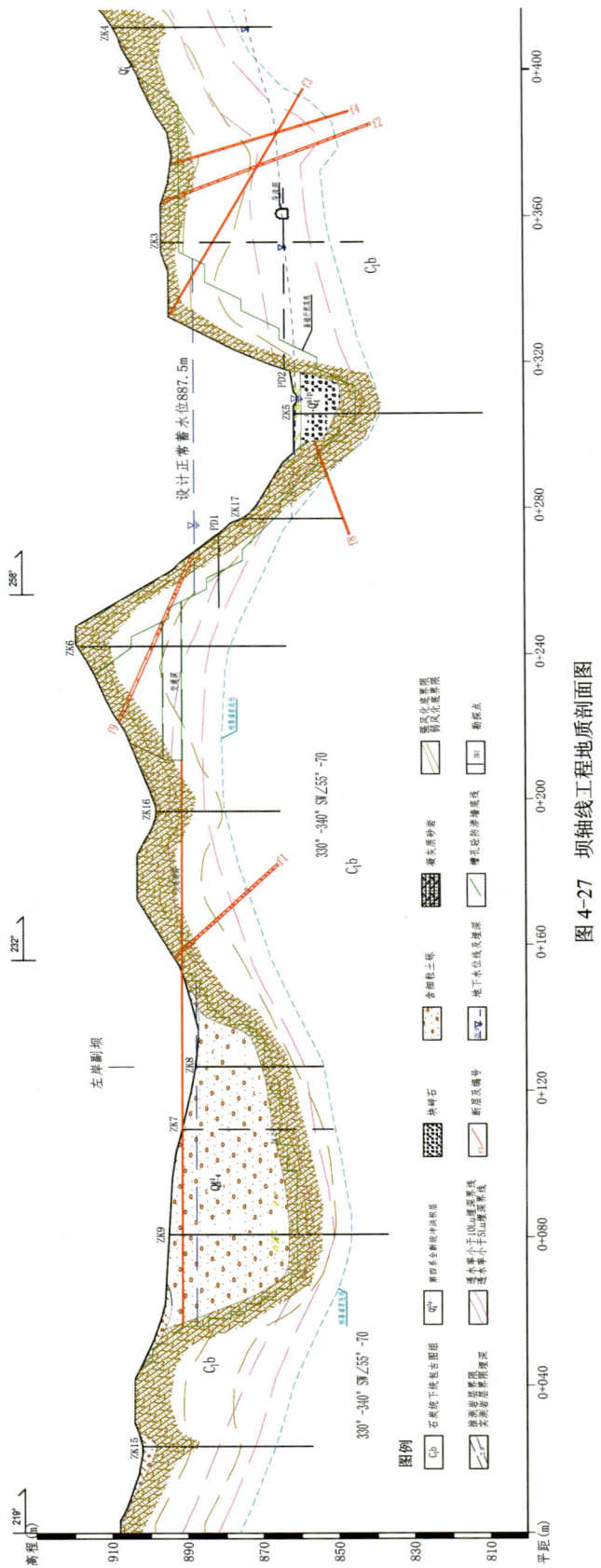

图 4-27 坝轴线工程地质剖面图

(三)工程地质条件与评价

1. 区域地质

柳树沟水库位于西准噶尔界山东南缘,准噶尔盆地西缘的交接地带,属玛依勒-加依尔复向斜三级构造单元。达尔布特断裂为活动性断裂,距水库北约14.3km,中段以左旋逆走滑活动为主,全新世活动强烈。水库位于希贝库拉斯背斜西南翼,背斜受达尔布特断裂影响,其西南翼有较大的华力西中期花岗岩侵入体。50年超越概率为10%、2%对应的基岩地震动峰值加速度为136.8gal、184.8gal,100年超越概率为2%对应的基岩地震动峰值加速度为323.6gal,相应地震基本烈度为Ⅶ度,区域构造稳定较好区。

2. 库坝区工程地质条件

水库区位于柳树沟河中下游低山丘陵区峡谷地貌单元内,河谷两岸冲沟发育,河流最窄处仅25m,下切深度达20~150m。坝址区处于现状引水渠首上游约1.2km处。河谷呈"U"形,比高50~80m。两岸岸坡陡峻,坡度70°~80°,多为悬坡,局部为峻坡,基岩裸露。河床局部残存Ⅰ级阶地,比高0.5~1.0m。

库区出露石炭系和第四系地层。坝址区主要出露有石炭系下统包古图组灰黑色薄-中厚层状凝灰质粉砂岩和第四系松散堆积物。两岸基岩裸露,库盆封闭条件好,不存在永久性渗漏问题,但左岸坝前存在古河道渗漏问题。库区岸坡稳定条件较好,库区不存在大的库岸稳定问题。库尾存在轻微浸没问题。

库区位于希贝库拉斯复背斜的西翼南段,岩层呈单一向西南或东北倾斜的单斜构造,走向北西向,与复背斜的轴向一致,倾向南西或北东,倾角55°~70°,受构造影响靠近背斜轴部地层稍缓,与断层接触部位岩层较陡。节理裂隙及断层较发育,多以北东—北东东向和南北向为主。

坝址区节理裂隙发育,左岸以北西西向、南北向和北东东向为主;右岸以北北东向和北东东向为主。

主坝左坝肩岸坡为悬坡,坡度75°~80°,岩体节理裂隙发育,主要发育一条产状20°NW∠60°断层,与节理裂隙及岸坡构成不利结构面,可见二处危岩体,岸坡存在失稳的可能性。坝肩基岩强风化层厚2.1~4.2m,弱风化层厚4.8~19.4m。建议坝肩防渗处理(<5Lu)深度13.0~40m。

主坝河床段位于现代河床、漫滩以及Ⅰ级阶地上,表层为黏土,厚1.4~4.2m,中部为砾石,厚1.8~5.6m,下部为块碎石,厚6.2~8.5m。基岩为石炭系下统包古图组凝灰质粉砂岩,强风化层厚2.0~3.2m,弱风化层厚3.5~4.5m。有一断层斜穿河谷,倾向东南,倾角25°~30°,破碎带宽0.1~0.3m,断面波状起伏,带内可见碎裂岩,石英岩脉充填,断层两侧基岩较为破碎。该断层规模Ⅳ级,为抗滑不利结构面,需进行大坝抗滑稳定验算。建议防渗处理(<5Lu)深度为12~13m。

主坝右坝肩岸坡走向340°,坡度70°~80°,存在低矮垭口,发育3条断层,节理裂隙与岸坡构成不利结构面,存在失稳的可能性。基岩裸露,岩性为石炭系下统包古图组凝灰质粉砂岩,强风化层厚6.0~6.2m,弱风化层厚10.5~12.3m。防渗处理(<5Lu)深度32~45m。

建议清除左、右坝肩及河床段的第四系松散堆积物、卸荷岩体、危岩体、松动体、断层破碎带及影响带内不稳定体,将坝基置于弱风化层中下部,对左、右坝肩需削坡处理,并对边坡采取锚固、挂网喷护、支挡及排水等措施,以保证坝肩岸坡稳定。建议边坡坡比:基岩强风化层不陡于1∶0.75;弱风化层不陡于1∶0.5。

副坝左坝肩岸坡走向340°,坡度15°~20°。表层为坡积碎石土,不宜作为基础持力层,需清除处理。

下伏基岩为凝灰质粉砂岩,属中硬岩,强风化层厚9.0m,弱风化层厚13.0m。坝基帷幕灌浆处理(<5Lu)深度在基岩面以下31m。

副坝古河道详见图4-28。上部为坡积碎石土,需清除处理;下部为冲洪积含细粒土砾,厚18.3～31.9m,3.5m以上呈松散-稍密状,3.5m以下中密-密实状,渗透系数$1.82×10^{-4}$～$3.75×10^{-1}$cm/s,渗透破坏形式为管涌型,允许水力比降0.11。下伏基岩为石炭系下统包古图组凝灰质粉砂岩,强风化层厚2.8～4.6m,弱风化层厚5.6～9.6m。经估算,古河道渗漏量高达$900×10^4 m^3$,占河流年均径流量的60%以上,必须进行防渗处理,建议处理深度(<5Lu)基岩面以下16～17m。

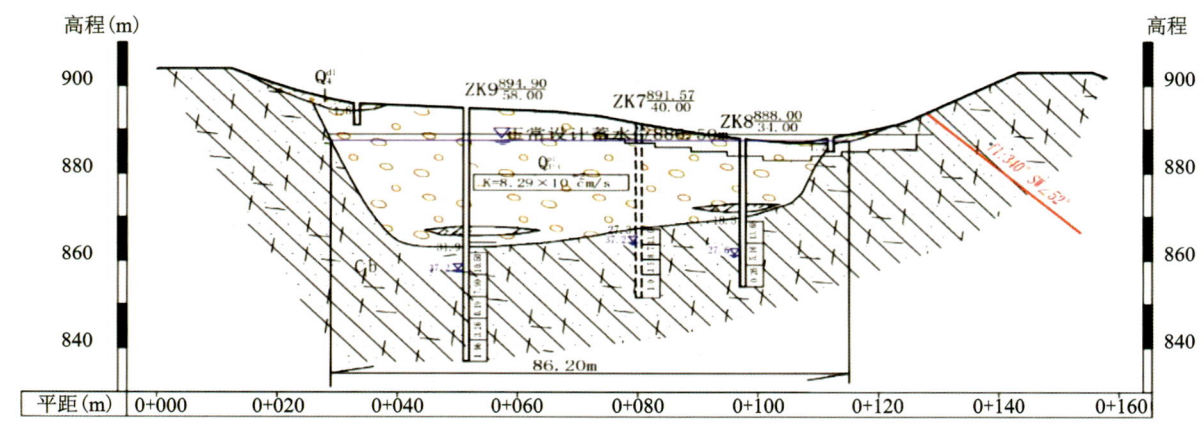

图4-28 古河道进口形态示意图

建议边坡开挖坡比:碎石土临时坡比1∶1.25,永久1∶1.75;基岩强风化层不陡于1∶0.75,含细粒土砾临时坡比1∶0.75,永久1∶1.50。

枢纽区布置有导流洞和交通洞,导流洞进口围岩分类为Ⅴ类,出口段为Ⅳ类,洞身段为Ⅲ～Ⅳ类;交通洞围岩分类为Ⅳ～Ⅴ类。

3. 岩土体工程特性

1)土体

坝址区所揭露的土体有第四系全新统坡积碎石土,全新统冲洪积含砂低液限黏土、含细粒土砾和碎块石,上更新统—全新统冲洪积含细粒土砾。

现代河床全新统冲洪积含细粒土砾,分布在河床及漫滩的下部,厚1.8～8.5m,局部夹砂或黏土透镜体,超重型动力触探锤击数3.3～6.8击,大部分呈稍密状,局部中密状,不宜作为坝基,建议清除。

现代河床全新统冲洪积碎块石,分布于河床及漫滩底部,呈透镜体状展布,厚6.0～8.5m,局部夹砂或黏土透镜体,重型动力触探锤击数10.3～40击,超重型动力触探锤击数4.4～30击,大部分呈中密状,局部稍密状,不宜作为坝基,建议清除。

古河道上更新统—全新统冲洪积含细粒土砾,厚18.3～31.9m。其中,3.5m以上重型动力触探锤击数3.2～7.2击,剪切波速V_s=250～350m/s,呈松散—稍密状;3.5m以下重型动探击数10.1～37.5击,剪切波速V_s=350～650m/s,中密-密实状,局部含砂低液限黏土透镜体及泥砂质团块状弱胶结体薄层,稍密-中密;建议坝壳和溢洪道基础置于3.5m以下或对3.5m以上进行碾压处理。

2)岩体

坝基岩体分类见表4-74。

坝址区岩体物理力学性质参数地质建议值见表4-75。

表 4-74 坝基岩体工程地质分类表

岩体风化程度	单轴饱和抗压强度(MPa)	纵波波速(m/s)	RQD(%)	岩体完整性系数(K_v)	岩体工程地质评价	坝基岩体类别
强风化	24	1860~3500	0.9~26	0.03~0.35/0.17	岩体完整性差,强度低,抗滑、抗变形能力差,不宜作为高混凝土坝地基,当坝基局部存在该类岩体时需专门处理	C_{IV}
弱风化	43.3	3500~4800	10.3~48	0.30~0.60/0.51	岩体较完整,局部完整性差,抗滑、抗变形性能明显受结构面和岩石强度控制	B_{III2}
微风化—新鲜	47.5	4800~5400	43.7~61.3	0.59~0.86/0.75	岩体较完整,有一定强度,抗滑、抗变形性能一定程度上受结构面控制,影响岩体变形和稳定的结构面应做局部专门处理	B_{III1}

表 4-75 坝址区岩体物理力学参数建议值

风化程度		强风化	弱风化	微风化—新鲜
纵波波速	V_p(m/s)	1800~3500	3500~4800	4800~5400
完整性系数	K_v	0.22~0.35	0.38~0.61	0.67~0.83
饱和抗压	R_b(MPa)	20	40	51
变形模量	E_0(GPa)	1.21	2.57	5.21
泊松比	μ	0.34	0.28	0.25
岩体抗剪	摩擦系数 f	/	0.5	0.60
	凝聚力 C(MPa)	/	0	0
岩/混抗剪	摩擦系数 f	/	0.45	0.55
	凝聚力 C(MPa)	/	0	0
岩体抗剪断	摩擦系数 f'	/	0.65	1.0
	凝聚力 C'(MPa)	/	0.55	1.0
岩/混抗剪断	摩擦系数 f'	/	0.80	0.95
	凝聚力 C'(MPa)	/	0.50	0.90
软弱结构面抗剪强度	摩擦系数 f	/	0.35	0.45
	凝聚力 c(MPa)	/	0	0
软弱结构面抗剪断强度	摩擦系数 f'	/	0.40	0.50
	凝聚力 c'(MPa)	/	0.05	0.08
承载力值	[R]MPa	1.0	2.5	5.0

4. 天然建筑材料

勘察阶段对选定 T1 土料场、C1 砂砾石料场、K2 石料场和 K3 石料场进行了详查,并对 K1 石料场进行了复核工作。主要对混凝土骨料和块石料简述如下:

C1 砂砾石料场位于柳树沟河出山口河床和河漫滩上,岩性为级配良好砾,地下水埋深 2.1m,储量 $23.47\times10^4m^3$,开采运输条件便利,运距 27km。作为普通混凝土用细骨料,细度模数稍偏大、含泥量偏大,其他各项指标满足质量技术要求;作为高自密实性能混凝土用细骨料除细度模数稍超标和含泥量偏大,其他各项指标满足质量技术要求;作为普通混凝土用粗骨料,满足质量技术要求;作为高自密实性能混凝土用粗骨料含泥量、针片状含量稍超标,其他各项指标满足质量技术要求,宜选择小石子(D_{20})作为粗骨料。作为混凝土用粗细骨料存在潜在碱活性危害,建议工程应使用低碱水泥(含碱量小于 0.60%)或掺加 20% 以上的粉煤灰有效抑制混凝土产生碱-骨料反应。

K1 石料场岩性为石炭系凝灰质粉砂岩,微风化-新鲜岩体的饱和抗压强度 39MPa,不满足设计要求(堆石坝饱和抗压强度>50MPa),因此 K1 石料场及坝址区开挖料不能作为堆石混凝土坝堆石用料。

K3 石料场位于 49km 道班西南约 5.4km 的乃比克斯套,岩性为华力西中期第二侵入次花岗闪长岩,微风化-新鲜岩体饱和抗压强度 73MPa,满足设计要求(堆石坝饱和抗压强度>50MPa)。主爆破孔孔径 Φ100mm,孔距 3.5m、排距 3.0m、堵塞 2.5m,前排抵抗线小于 3m,乳化炸药不耦合装药,爆破粒径大于 30cm 的约占 56%,成品率较高。

(四)工程地质问题分析与评价

1. 坝址坝型比选问题

坝址区具备修建沥青混凝土心墙堆石坝、混凝土面板堆石坝和堆石混凝土重力坝的建坝条件,根据坝址区地形条件、坝基的基本地质条件及所需块石料料场条件,能满足堆石混凝土重力坝的建坝条件;同时坝址区处于暴雨中心地带,短时暴雨频次高,雨量大,区域性强。基于地形条件和泄洪安全考虑,综合论证分析采用重力坝更为适合。

2. 古河道渗漏问题

坝址左岸垭口处发育有古河道,其岩性为冲洪积含细粒土砾,厚度最大 31.9m,渗透系数 $1.18\times10^{-4}\sim3.57\times10^{-1}$cm/s,属中等-强透水层。下伏石炭系凝灰质粉砂岩为弱透水层,远低于水库正常蓄水位,存在沿古河道严重渗漏问题,建议采取防渗处理措施。

(五)勘察成果工程设计应用

1. 重力坝基础建基面的选择

坝址弱风化岩体饱和抗压强度 35.6~56.6MPa,纵波波速 3220~4580m/s,天然状态下现场直剪试验抗剪断强度峰值平均值:摩擦系数 1.2,凝聚力 1.05MPa。左坝肩弱风化层以上透水性 20~5Lu,河床弱风化层以上透水性 10~5Lu,右坝肩弱风化层以上透水性 30~15Lu。地质建议混凝土坝基础与基岩间抗剪断强度取值为:摩擦系数 0.8,凝聚力 0.5MPa;设计取用值:摩擦系数 0.7,凝聚力 0.6MPa。

根据抗滑稳定计算,挡水坝段在规范要求工况下抗滑稳定安全系数均大于规范允许安全系数,坝踵、坝趾均处于受压状态,均满足规范要求。

综合比选,坝址区弱风化岩体作为重力坝建基面满足建坝设计要求。

2. 坝基渗控设计

水库坝体为 4 级建筑物,坝高 45.50m,属中坝。坝基固结灌浆布设满堂式,孔排距均为 3m,孔深 5m,按梅花形布置;主坝帷幕灌浆设置 1 排,孔距 2m,孔深以先导孔 5Lu 线以下至少 5m 控制,最大孔深 42.2m,左坝肩帷幕线外延 10m,右坝肩帷幕线外延 102.5m。堆石混凝凝土大坝设置廊道,纵向廊道设置 1 层,底高程 851.1m,横向廊道的上游侧距坝轴线 1.5m,廊道断面为城门洞型(3m×2.5m)。坝基排水孔设置在廊道和灌浆平洞内,帷幕下游侧设置坝基排水孔,排水孔倾向下游设置,孔距 3m,孔深为帷幕深度 0.4~0.6 倍,最大孔深 10m,孔径 90mm。目前项目正在施工开挖中。

3. 古河道渗控设计

根据古河道的形态特征和渗透性,采用"上墙下幕"防渗形式。古河道设计采用槽孔混凝土防渗墙进行防渗形成副坝,坝长 50m,最大坝高 6.4m,上游坝坡 1∶2.0,坝坡采用 15cm 厚的 C25 混凝土;下游坝坡 1∶2.0,设 C25 混凝土网格梁。防渗墙入岩深度 1m。墙下及两岸进行帷幕灌浆,墙下设置 1 排,孔距 2.0m,灌浆深度按岩石透水率 $q \leqslant 5Lu$ 控制,最大灌浆深度 26m。左岸延长 84.0m,右岸延长 92.5m。

(六)工程地质勘察总结

(1)作为我院第一座自密实混凝土重力坝,在勘察过程中通过物探、钻探、硐探以及现场原位试验等手段,查明坝址区工程地质特性,综合判定具备修建重力坝的条件,通过抗滑稳定计算,确定坝基置于弱风化的中下部,可以满足设计要求。

(2)为获得满足工程特殊要求的爆破参数,联合长江科学院对自密实混凝土重力坝所需块石料进行现场爆破开采试验,为施工组织设计提供翔实的开采爆破参数(爆破台阶、炮孔孔径、孔排距等)。为工程建设创造必要条件。

(3)勘察成果由 1 个主报告,3 个附件(工程勘察报告附图、物探成果报告、岩土试验报告),3 个专题报告(坝基抗剪稳定性分析专题报告、坝料开采爆破试验成果专题报告、混凝土骨料碱活性分析专题报告)等勘察成果构成,为设计施工提供了一套内容翔实、完整可靠的勘察成果。本工程于 2023 年 3 月开工建设,计划 2025 年完工。

六、云南省临沧市耿马县芒枕水库工程

(一)工程概况

芒枕水库位于云南省耿马县勐撒镇东部的拉马欧河上,属拉马欧河上唯一的控制性工程,是一座具农田灌溉和人畜饮水功能的水利枢纽工程。拉马欧河发源于勐撒盆地东侧的大忠山,由东向西汇入芒枕河,工程区处于拉马欧河中下游河段,距勐撒镇 12.0km。水库枢纽工程主要建筑物包括拦河大坝、溢洪洞(道)、导流输水隧洞。水库为黏土心墙坝,库容 $272.0 \times 10^4 m^3$,坝顶长度 255.0m,最大坝高 68.0m,工程规模为小(1)型Ⅳ等工程。拦河大坝、溢洪洞(道)及导流输水泄洪隧洞进水口级别为 4 级;其他次要及临时建筑物级别为 5 级。

工程自 2015 年 12 月开工建设，2018 年 4 月完成大坝封顶，2021 年 12 月开始蓄水，目前工程运行状况良好。

（二）勘察工作概述

芒枕水库初期勘测设计工作于 2011 年 12 月—2014 年 6 月，由云南省大理白族自治州水利水电勘测设计研究院完成可行性研究阶段工作内容，2014 年 7 月通过临沧市发改委技术审查，并于 11 月下达同意立项建设的批复意见；同年 11 月底至 2015 年 6 月由我院完成初步设计代可行性研究阶段的勘测设计工作，7 月通过云南省水利厅技术审查，并于 8 月由临沧市发改委、水务局联合出具同意立项建设的批复意见。

枢纽区工程地质平面图见图 4-29，坝轴线工程地质剖面图见图 4-30。

（三）工程区地质条件与评价

1. 区域地质

工程区地处滇西经向构造带（亦即三江经向构造带），位于澜沧江断裂以西"保山-孟连沉降带"的中段，邦马大雪山-巴哈向斜褶皱构造带与勐勇-大芒光房断裂褶皱带复合带。隶属于冈底斯-念青唐古拉褶皱系（Ⅴ）中的昌宁-孟连褶皱带（V_3），位于勐省-东回褶皱束（V_3^2）西南部。受一系列深、大断裂共同作用的控制，工程区主压应力方向为北东向。南汀河断裂为全新世活动断裂，距库坝区西 22.0km，属发震断裂，具有发生 7.0 级地震构造条件，区域构造稳定性较差。

根据《中国地震动参数区划图》（GB 18306—2015），工程区Ⅱ类场地地震动峰值加速度为 0.3g，地震动反应谱特征周期为 0.45s，相应的地震基本烈度为Ⅷ度。

2. 库坝区工程地质条件

库区位于拉马欧河中上游河段中山峡谷区，地形相对开阔，两岸凹凸弯曲较大，冲沟较发育。河谷呈近对称"U"形，谷底宽 10～80m，比高 50～100m。左岸坡度 20°～45°，局部大于 50°；右岸坡度 30°～50°，局部大于 50°。河流流向总体呈北东向，平均纵坡约 3.5%，主河道宽 5～15m，河道两侧分布少量河漫滩和Ⅰ级阶地。

库坝区内主要出露泥盆系及第四系全新统地层，泥盆系中—上统（D_{2-3}）岩性为灰色、灰白色片理化变质石英砂岩和砂质板岩，左岸岩层产状 30°～55°SE∠32°～85°，右岸岩层产状 320°～350°NE∠22°～45°，岩层厚 0.5～20cm，变余砂状结构，极薄-薄层片理化构造；第四系全新统地层主要包括残坡积（Qh^{edl}）含砾低液限黏土、冲洪积（Qh^{alp}）含碎石黏土及混合土卵石、坡洪积（Qh^{dpl}）砾、砂、碎石夹黏土。

库区处于邦马大雪山-巴哈向斜中段西翼近轴部，无区域性活动断裂或与其相连的分支断裂通过，次级断层较发育，多形成冲沟，冲沟切割较深。库区两岸岩层产状不同，岩体节理裂隙发育，岩体破碎、风化强烈，库区发育的次级构造主要有 NWW 向、NNW 向及 NE 向断层，均为压性非活动断层。

库区两岸分水岭山体宽厚，地下水分水岭远高于水库正常蓄水位，不存在永久性渗漏问题；水库蓄水不会产生大的库岸再造，会淹没少量林地，无浸没问题，会产生较小的淤积问题。

库坝区河水及地下水对混凝土结构具弱-中等腐蚀性；对钢筋混凝土结构中的钢筋具微腐蚀性；对钢结构均具弱腐蚀性。

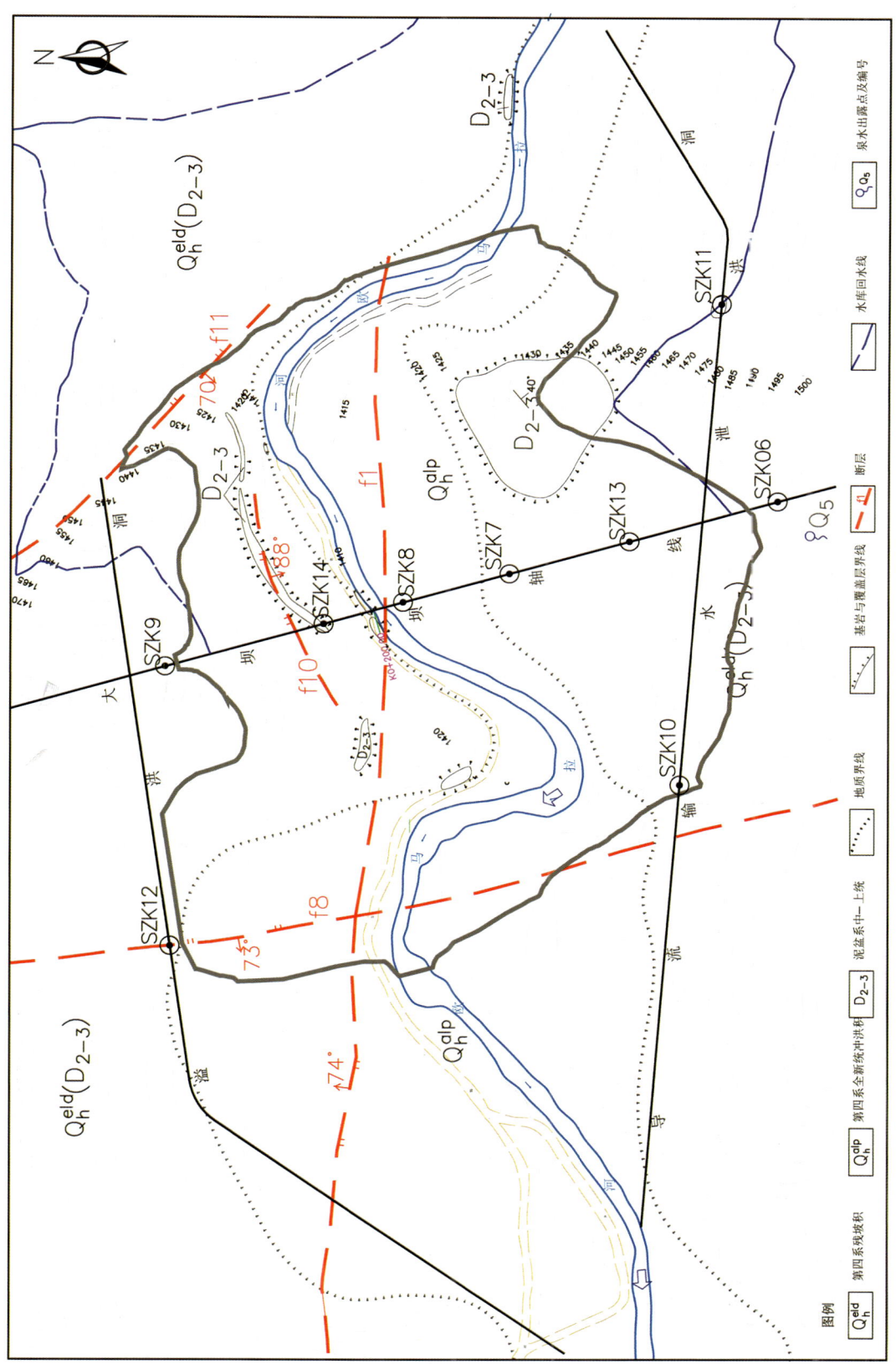

图 4-29 枢纽区工程地质平面图

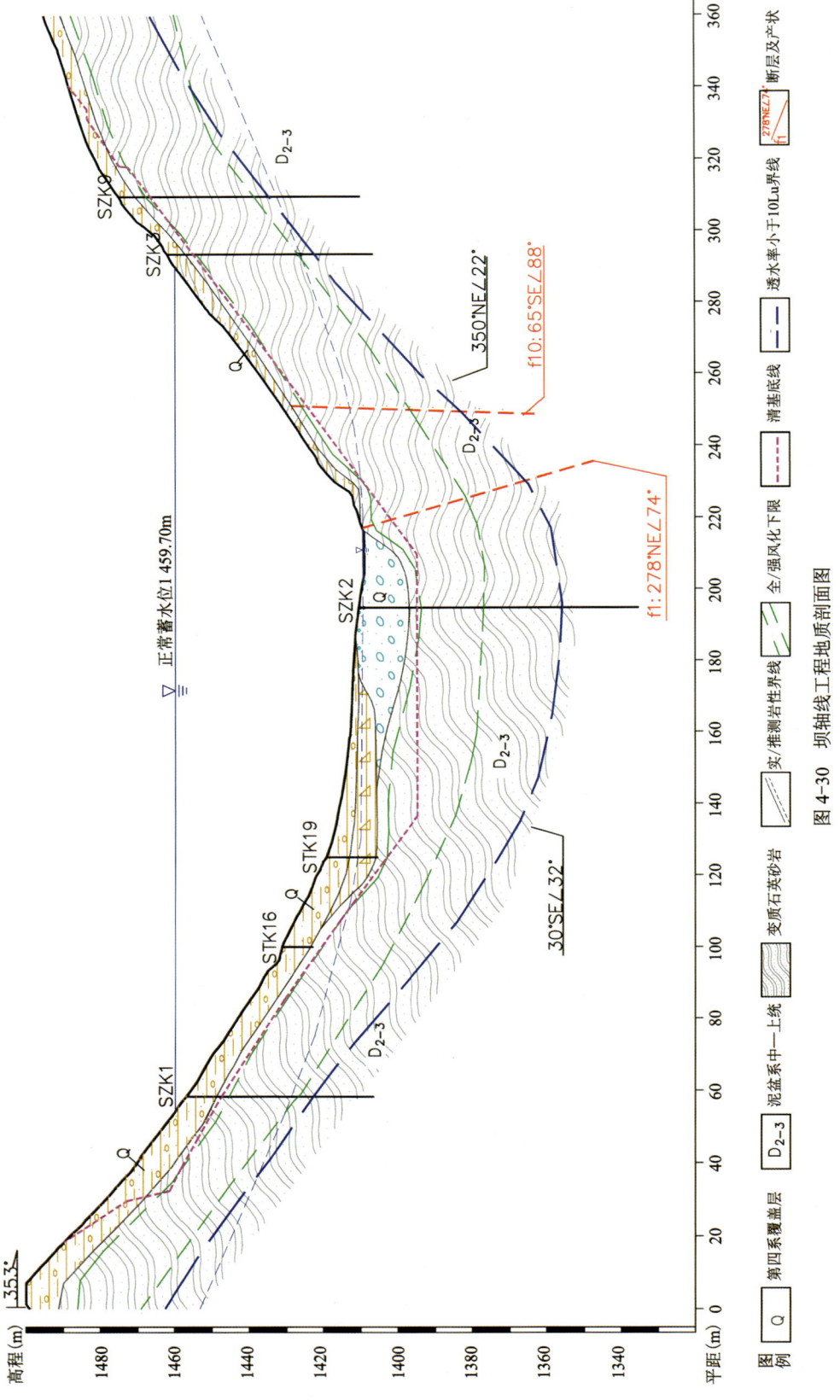

图 4-30 坝轴线工程地质剖面图

坝址区主要为低序次断层、裂隙和节理，断层多为压扭性和张性，主要发育 NNW、NNE、EW 向 3 组断裂；NNW 向断层，近垂直河流向或与河流走向交角较大，产状 345°～350°SW∠70°～75°，破碎带宽 3～5m，以糜棱岩、断层泥充填为主，局部夹角砾，断层位于坝线下游，沿左岸冲沟底出露，斜穿河床延伸至右岸冲沟，长度 590m；NNE 向断层，产状 10°～28°NW∠65°～75°，破碎带宽 2.4～3.0m，以断层泥为主，局部夹角砾，属压扭性，延伸长度小于 100m，多被 EW 断层错断，与坝轴线大角度相交；近 EW 向断层，产状 270°～280°NE∠70°～75°，破碎带宽 3.0～5.5m，以糜棱岩、断层泥充填为主，局部夹角砾，属压扭性，延伸长度 1000m，近顺河向沿坝址河床上下游延伸。节理多为微张-闭合，主要发育 NNE、NE、NWW、NW 向 4 组节理，其中 NW 向、NE 向两组为优势结构面，与河流近垂直相交，其他与河流流向近平行。

左岸被残坡积含砾低液限黏土覆盖，厚度 3.2～13.0m，下部为泥盆系变质石英砂岩夹砂质板岩，属软岩-极软岩，岩层产状 16°SE∠53°，全风化层厚 2～3m，强风化层厚 21～29m，弱风化层未揭穿。心墙基础置于强风化层，岩体中以砂岩为主，岩体破碎，完整性差，具遇水软化的特性。建议心墙建基面预留保护层厚度 0.5～1.0m。强风化层承载力建议值 250kPa。左岸帷幕灌浆从坝肩向山体内延伸 66.4m，帷幕灌浆顶界为水库正常蓄水位高程，灌浆底界为伸入到坝基相对隔水层（$q≤10Lu$）内 5.0m，左岸帷幕灌浆平均深度为清基底界线以下 39.0m。

河床心墙上部为含碎石黏土，厚度 0.8～5.0，下部为混合土卵石，厚度 6.0～13.6m，局部夹含砂黏土透镜体；下伏基岩为变质石英砂岩夹砂质板岩，属软岩-极软岩。产状 11°～16°SE∠70°～72°，岩体全风化 2～3m，强风化层厚 19～26m，弱风化层未揭穿。心墙基础置于强风化层，节理裂隙密集发育，以顺岩层向为主，另发育其他方向节理 3 组。具遇水软化的特性，建议心墙建基面预留保护层厚度 0.5～1.0m。心墙建基面发育一条规模较大断层，宽度 2.4～3.0m，顺河向延伸，夹断层泥。强风化层承载力建议值 250kPa。建议对断层采取 C20 混凝土塞处理，处理深度为断层宽度的 1.0 倍，河床坝壳建基面为全新统冲洪积混合土卵石层，清除表层 2.0～4.0m，采取分层碾压措施后进行填筑；坝壳基础开挖边坡稳定性差。河床坝基帷幕灌浆平均深度为清基底界线以下 24.0m。

右岸心墙表层大部分被全新统残坡积含砾低液限黏土覆盖，厚度 1.9～5.0m，下部为变质石英砂岩夹砂质板岩，属软岩-极软岩。岩层产状 27°SE∠55°，全风化层厚 2～3m，强风化层厚 27～35m，弱风化层未揭穿。建议基础置于强风化层，节理裂隙密集发育，以顺岩层向为主，另发育其他方向节理 3 组，具遇水软化的特性，心墙建基面预留保护层厚度 0.5～1.0m。强风化层承载力建议值 250kPa。

右岸帷幕灌浆顶界为水库正常蓄水位，底界为伸入到坝基相对隔水层（$q≤10Lu$）内 5.0m，右岸平均深度为清基底界线以下 39.0m。

3. 岩土体工程地质特性

坝址区岩石（体）物理力学性质地质建议值见表 4-76、表 4-77 和表 4-78。

表 4-76　岩块物理性质指标建议值表

岩性	风化程度	比重	块体密度（g/cm³）		自然吸水率（%）	饱和吸水率（%）	饱水系数	开型孔隙率（%）
			干	饱和				
变质石英砂岩	强风化	2.60	2.55	2.58	1.2	1.56	0.76	1.8
	弱风化	2.66	2.57	2.6	1.1	1.62	0.68	1.5

表 4-77 岩块力学性质指标建议值表

岩性	风化程度	抗压强度		软化系数	抗剪强度参数		弹性模量	泊松比
					湿			
		干	湿		C	φ	$\times 10^4$	μ
		(MPa)		—	MPa	°	MPa	—
变质石英砂岩	强风化	8.0	4.0	0.65	0.1	20.0	1.0	0.24
	弱风化	10.0	6.0	0.70	0.2	23.0	1.10	0.22

表 4-78 坝址区岩体力学性质指标地质建议值表

岩性	风化程度	承载力	静弹模量	变形模量	泊松比	岩体/混凝土			岩体/岩体		
						抗剪断强度		抗剪强度	抗剪断强度		抗剪强度
		kPa	GPa	GPa		C'(MPa)	f'	f	C'(MPa)	f'	f
变质石英砂岩	强风化	250	13	10	0.27	0.15	0.38	0.28	0.1	0.36	0.33
	弱风化	600	15	12	0.25	0.33	0.55	0.36	0.3	0.5	0.4

导流输水隧洞洞室围岩分类,隧洞进出口为Ⅴ类,洞身段为Ⅳ类。

4. 岩质边坡评价

坝址区两岸边坡现状稳定,无不稳定体分布,预测水库蓄水后,局部地段会产生小的滑塌、失稳现象,但整体基本稳定。根据结构面和开挖边坡、自然边坡的组合,判定导流洞、溢洪洞进出口边坡以及心墙基槽两侧边坡均可能失稳。

建议左右岸开挖边坡比,覆盖层1∶1.0,全风化岩体1∶1.0,强风化岩体1∶0.5～1∶0.75。河床覆盖层开挖临时坡比1∶1.5,永久坡比1∶1.75,全风化岩体临时坡比1∶0.75,永久坡比1∶1.0,强风化岩体临时坡比1∶0.5,永久坡比1∶1.0;高度每5m设一级马道,马道宽度2.0m。对坝体范围内形成的局部不稳定段或小规模楔形体进行喷锚处理,对坝顶以上边坡采取喷锚措施。

5. 天然建筑材料

前期勘察选定 FH(风化岩料场)、P(堆石料场)、T1(土料场)、T2(土料场)、T3(土料场)、C1(商品混凝土骨料场、过渡料、反滤料)和C2(砂砾石料场)按详查精度进行勘察;技施阶段对 P2 料场进行了补充勘察。FH 料场、P2 料场、T3 料场和 C1 料场技术质量基本满足要求。根据选定的坝型为黏土心墙堆石坝,对采用的 FH、P2 及 T3 料场进行简述。

施工期采用的 FH 风化岩料场,与河床相对高差 45～95m,地下水位埋深 24.5～37.5m。开采运输条件较好,运距约 350m,不受地下水干扰。作为坝壳填筑料,风化料紧密密度、含泥量、内摩擦角、渗透系数等指标不符合坝壳填筑料质量技术要求,只宜作为分区坝料和围堰填筑料。

施工期使用的 T3 土料场,开采运输条件较好,运距约 23.0km,开采不受地下水影响。据试验资料,黏粒含量占 11.9%,塑性指数 28.3,天然含水率 34.4%,最大干密度 1.45g/cm³,最优含水率 31.0%,渗透系数小于 1.0×10^{-5}cm/s。T3 料场作为心墙防渗土料黏粒含量偏低、含水率略为超标、塑性指数偏高,其他各项指标基本满足防渗料要求。考虑 T3 料场岩性为红黏土,属特殊土,参照本地工程经验,可作为心墙填筑料使用。

大坝填筑材料堆石料位于坝址区下游约1.5km右岸山坡上,距上坝址最大运距1.75km,岩性为灰岩夹白云质灰岩,储量$200×10^4 m^3$,满足填筑料质量技术要求。

通过施工阶段对料场复查成果、现场施工碾压试验以及大坝施工过程中的逐级检测结果,各料场作为坝壳填筑料、心墙填筑料、混凝土骨料、过渡料、反滤料等天然材料,均符合技术质量要求。

(四)工程地质问题分析与评价

1. 坝址比选问题

芒枕水库由于地质条件复杂,前期不同阶段对上、下两个坝址比选存在反复争议,最终经过综合分析和充分论证,选择上坝址作为推荐坝址。

上下坝址库区均存在两处浅表层老滑坡体。其中,上坝址滑坡对工程布置不存在影响,对水库淤积影响甚微;而下坝址滑坡体方量$8×10^4 \sim 20×10^4 m^3$,分布高程高于正常蓄水位,对大坝安全稳定及水库淤积存在一定影响。

下坝址库区范围内冲沟较上坝址发育,产生的水库淤积量也大于上坝址;上、下坝址库区范围均存在淹没损失;下坝址河床覆盖层厚度大于上坝址,相应坝基防渗处理深度也较大。

经综合分析比较,上坝址具有一定优势。

2. 岩体风化问题

工程区地质条件复杂,岩体风化强烈,风化层普遍厚度较大,强风化层一般大于20m,弱风化层岩体完整性差,呈碎块状或泥块状;岩体强、弱风化层单轴饱和抗压强度<15MPa,属于软岩,在干湿交替的作用下,加剧泥化现象发生。基础开挖需预留保护层,无保护措施的情况下具有加速风化的特征,岩体的风化对洞室开挖、边坡开挖等,均有不同程度的影响。隧洞开挖过程中,隧洞自稳时间短,需采取超前支护措施,否则出现大面积垮塌现象;边坡开挖过程中,需保证边坡坡比控制到位、支护措施及时跟进,否则出现岩质边坡的滑塌、垮塌现象。施工期开挖后,未及时采取措施的工程部位,往往出现垮塌、滑塌等物理地质现象。

3. 料场主要问题

(1)土料场:红黏土是在温热气候条件下的风化产物,我国南方分布较多。在成土过程中,二氧化硅、碱和碱土金属不断淋滤,使铁铝相对富集,形成以高岭石为主,含有大量铁铝氧化物的红色或棕色黏土。T3料场作为心墙防渗土料,其技术质量指标中黏粒含量普遍偏低,含水率略为超标,塑性指数普遍偏高,三项指标均不满足防渗土料的要求。但考虑T3料场岩性为特殊土红黏土,在"碾压土石坝设计规范"中对高塑性红黏土,尚没有严格的定义。但红黏土作为黏土心墙坝防渗土料,在西南地区尤其在云南省使用较为普遍,有较多工程使用的成功先例。根据目前已建水库实践证明,红黏土具有较高的抗剪强度和抗冲刷能力,用红黏土填筑的土坝已运行多年,情况良好。技施阶段根据本地工程经验,选择T3土料场作为防渗土料。

(2)坝壳填筑料:采用的P2堆石料场,位于坝址区下游5.0km右岸山坡上,地形较陡,山体斜坡表面被崩坡积块石、碎石、砾石覆盖,岩性为灰岩,岩体坚硬,强度高。为避免爆破对料场周围居民安全造成影响,开采时采用非爆破方式。采用崩坡积块石、碎石、砾石及岸坡免爆开采料作为填筑料使用,地下水位总体埋深较大,对料场开采影响小。

目前大坝沉降变形监测满足设计要求,说明崩坡积及上部灰岩作为坝体填筑料使用是适宜的,这为今后同类型水库填筑料的使用提供了一定借鉴。

(五)勘察成果工程设计应用

1. 心墙基础建基面的选择

1)勘察结论及设计方案

考虑到强风化层较厚(21~29m),坝基弱风化层岩体属软岩-极软岩;强风化层岩体破碎,上部节理裂隙发育,孔隙大,泥质充填较多,遇水后会存在一定的压缩变形问题,抗剪强度迅速降低,抗滑稳定性差;强风化层下部岩体质量相对较好,满足承载力及变形要求,抗剪强度高,满足抗滑稳定性要求,不会产生滑动破坏。地质建议心墙基座嵌入强风化层4~5m,对工程边坡采取相应的加固措施,心墙基础上下游全风化岩体开挖边坡坡比临时1:0.75,永久1:1.0,强风化岩体边坡坡比临时1:0.5,永久1:1.0,高度每10m设一级马道。

2)技施阶段实施方案

技施阶段按照初设勘察地质建议,根据实际开挖情况,心墙基座嵌入强风化层4~5m,心墙以外坝基河床段置于卵石混合土上,岸坡坝基清除表层松散残坡积土及全风化层,置于强风化层上。心墙建基面及坝基基底预留保护层厚度0.5~1.0m。对河床心墙建基面开挖揭露的断层破碎带,采用混凝土塞处理。

3)工程地质评价

坝址区岩体属软岩-极软岩,开挖后具有加速风化、遇水泥化、软化的特性。建基面在预留保护层的工况下,可降低风化程度,保证地基强度,控制岩体质量保持相对较好状态。施工开挖揭露地质条件与勘察结果相符,建基面满足设计要求。

2. 大坝灌浆处理

左岸心墙基础防渗帷幕处理深度34~44m;河床心墙基础防渗帷幕处理深度28~36m;右岸心墙基础防渗帷幕处理深度40~45m。

技施阶段固结灌浆设置双排孔,孔、排距均为2.0m,孔深8.0m;帷幕灌浆设置单排孔,孔距1.5m,孔深28~45m。心墙基础断层破碎带段,在原帷幕灌浆上游1.5m处,增设一排帷幕灌浆孔,灌浆孔数为4个,孔距1.5m。技施阶段两岸坡帷幕灌浆施工方式进行了调整,由灌浆平硐方式改为地表钻孔灌浆方式。

帷幕灌浆完成后,水库已运行一年多,坝后渗流量较小,表明防渗处理与勘察建议相符,满足设计要求。

3. 建筑物地基及边坡

设计方案根据勘察结论对覆盖层临时开挖坡比1:0.75,永久坡比1:1.0,永久边坡采用浆砌石护坡;岩石开挖临时坡比1:0.75,永久坡比1:1.0,边坡采用挂网喷护;进出口及消能段覆盖层永久坡比1:1.5,边坡采用浆砌石护坡;岩石开挖永久坡比1:1.5,采用挂网喷护。

施工期边坡处理采用原设计方案,在施工过程中,导流输水隧洞出口部分段基底揭露含砾低液限黏土,挖除该层至砂砾石或基岩面,采用砂砾石换填至设计底板高程,分层碾压,控制相对密度不小于0.85。

对该段底板及两侧边墙外2.5m范围采用固结灌浆,灌浆深度按伸入基岩0.5m控制。底板孔间距为2.0m、3.0m两种,纵向排距3.0m。

施工期边坡处理采用原设计方案,仅强风化层开挖坡比缓于建议坡比,其他边坡均采用地质建议开挖坡比,保证了施工质量。

(六)工程地质勘察总结

(1)芒枕水库被列入《全国抗旱规划实施方案(2014—2016年)》规划中的项目,属云南省57座抗旱应急水源工程之一。库坝区工程地质条件复杂,坝基处于软岩地基上,全、强风化层厚度大,各类工程边坡稳定性差,坝壳料及防渗土料物理力学性质复杂等问题。水库的建成积累了特定环境及地质条件下的勘测设计经验。

(2)工程区天然建筑材料分布、储量、质量复杂多样,工程性质差异较大,对勘察要求极高。本工程黏土防渗料和大坝填筑料调查过程几经周折,除去材料本身技术质量因素之外,其他客观因素如征占土地等也影响较大,给勘察工作造成较大困扰。通过大量补充工作,最终得以解决,其中的经验教训值得吸取和借鉴。

(3)回顾芒枕水库工程勘测设计思路、方案,存在对地质条件认识不足,需要认真总结,通过工程实践和认识的提升,不断丰富和拓宽对西南地区水利水电工程勘察的经验和认知维度。从目前水库运行来看,状况良好,满足设计要求。

第三节 引调水工程

一、叶尔羌河中游渠首工程

(一)工程概况

叶尔羌河中游渠首(简称"叶河中游渠首")工程位于新疆莎车县境内的大寨渠口处,左岸为艾力西湖镇,右岸为阿瓦提镇,属叶尔羌河中游河段,是叶尔羌河流域规划中的第四级引水枢纽工程。距莎车县城约26km。该渠首工程规模为大(2)型Ⅱ等水利工程,控制麦盖提、巴楚县及农三师前进垦区122.45万亩灌溉面积,最大引水流量为175m³/s。叶尔羌河中游渠首闸址为大寨渠口闸址,枢纽建筑物布置由右岸前海进水闸、麦盖提进水闸、泄洪冲砂闸、分流墙和上、下游导流堤、左岸进水闸、溢流堰兼西岸输水涵洞等组成。枢纽工程布置为闸堰结合方案,泄洪冲砂闸、进水闸和溢流堰采用"一"字形布置。主要建筑物等级为2级,次要建筑物为3级,临时建筑物为4级。

该工程于2007年9月正式开工建设,2008年5月31日主体工程基本完成,并通过自治区水利厅组织的通水前阶段验收。目前该渠首已正常运行约16年。

(二)勘察过程简述

叶河中游渠首工程曾多次开展前期勘测设计工作,1996年及2000年由喀什地区水利水电勘测设计院先后完成可行性研究和初步设计阶段成果报告。2002年9月至11月由新疆水利水电勘测设计研究院和喀什地区水利水电勘测设计研究院在历年工作的基础上重新编制可行性研究报告,2002年12月水利部水利水电规划设计总院对可行性研究报告修改本进行审查,基本同意可研报告。我院于2003年5月至2004年3月开展初步设计阶段工程地质勘察工作,2005年11月21日通过自治区水利厅审查;2006年8月16日自治区发改委和兵团发改委对该工程初步设计进行批复。枢纽区工程地质平面图见图4-31,枢纽区工程地质剖面图见图4-32。

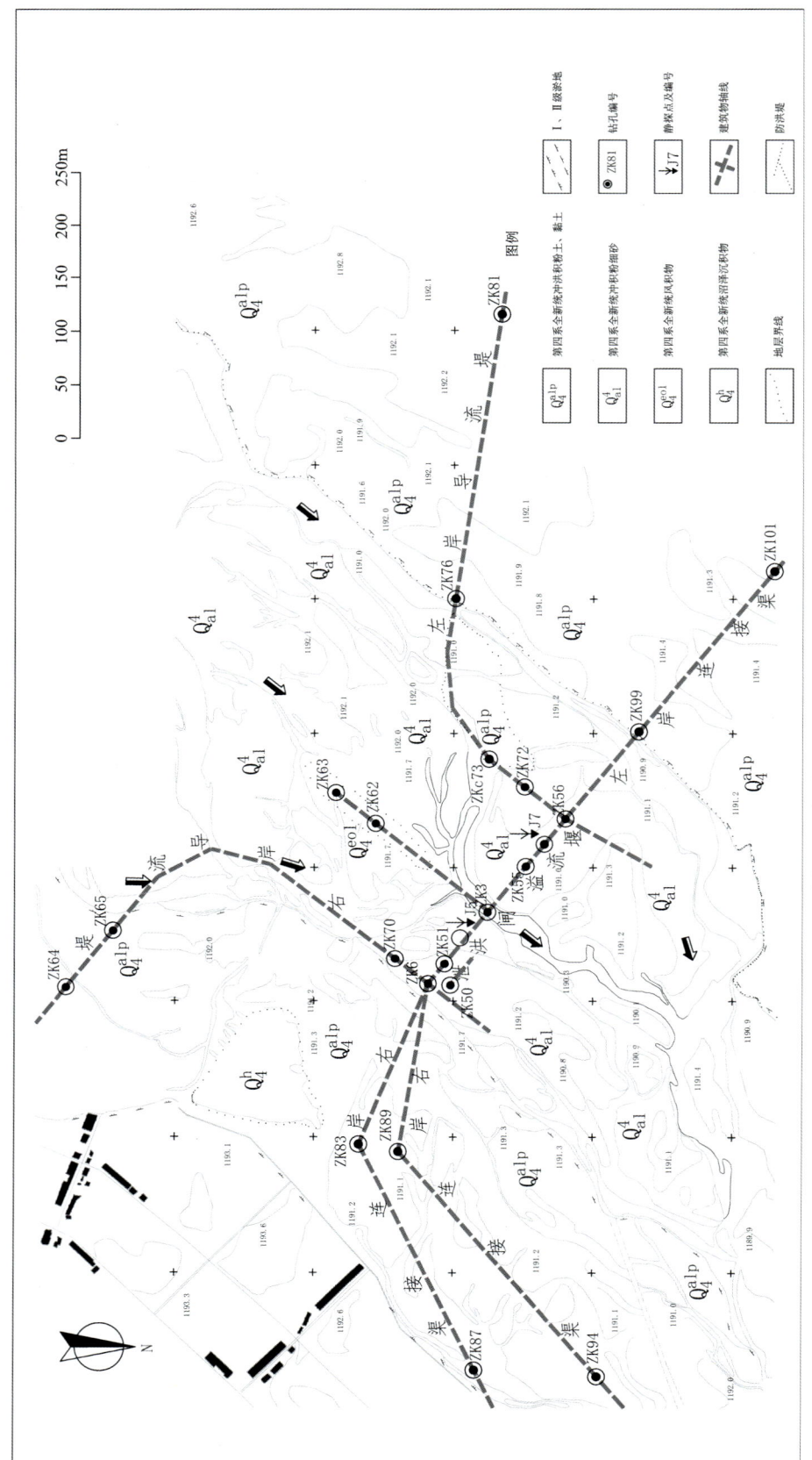

图 4-31 枢纽区工程地质平面图

第四章 水利水电工程

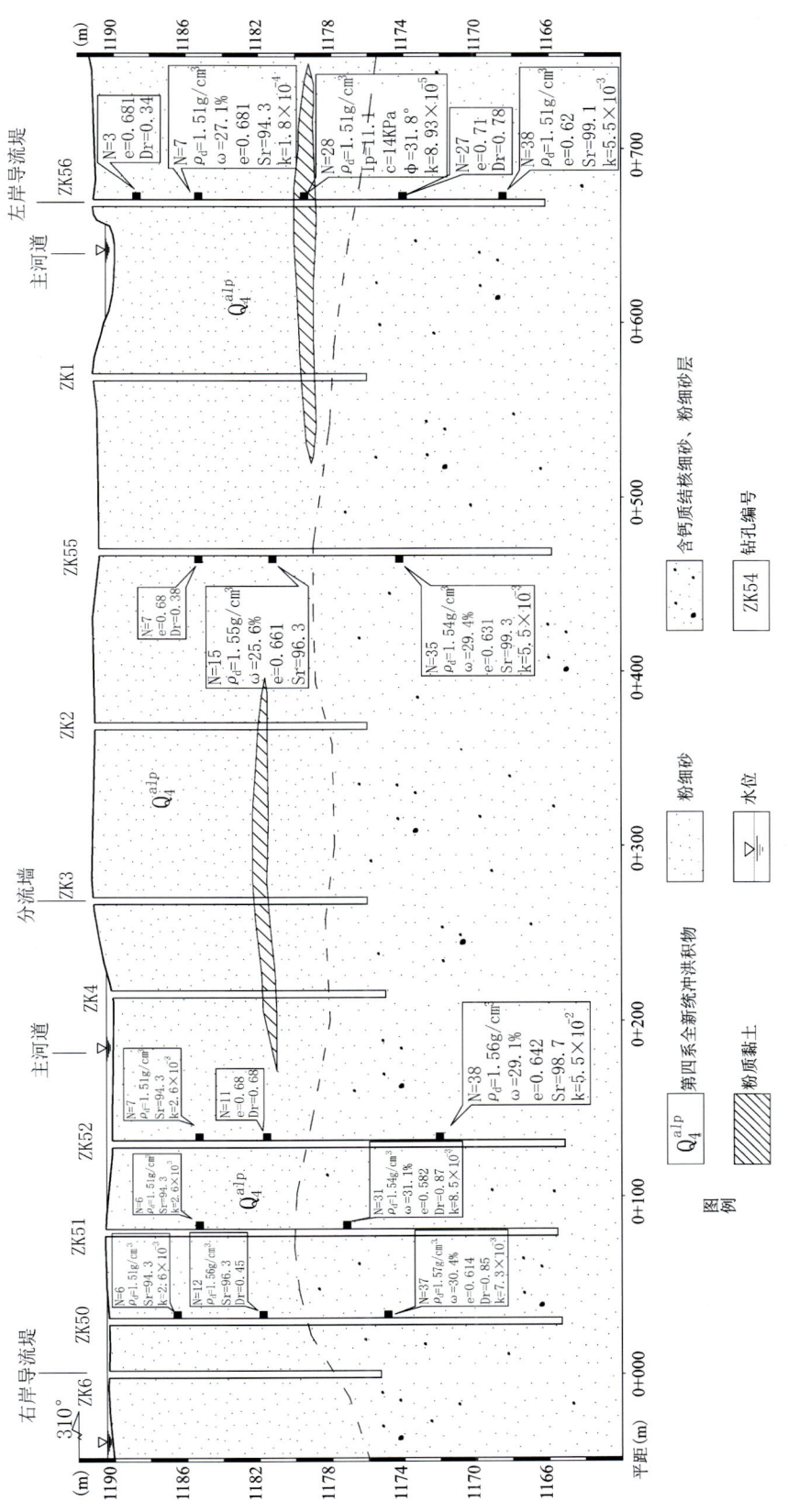

图 4-32 枢纽区工程地质剖面图

（三）工程地质条件与评价

1. 区域地质概况

工程区位于塔里木盆地西南部边缘，西南为隆起的昆仑山区，地势总体为西南高北东低，从南至北依次为昆仑山高山区、中山区、中低山区、冲洪积倾斜平原区和冲洪积细土平原区。高山区河流下切剧烈，呈"V"形；中山区河流大体以东西向为主，河谷基本呈"U"形；中低山区海拔低于2500m，河流走向以NE向为主，河谷宽阔，两岸发育有四级阶地。枢纽区位于冲洪积倾斜平原向细土平原过渡区域，地势由西南向北东缓倾，该段河流流向由南向北，河床地势平缓宽阔。

区内出露的地层由老到新为石炭系、侏罗系、白垩系、第三系、第四系。石炭系、侏罗系、白垩系地层，分布于昆仑山中山及中低山区，第三系分布在昆仑山北麓前山带及山前带，大部分被第四系地层覆盖。第四系地层分布广泛，简述如下：

(1) 下更新统冰水沉积（Q_1^{fgl}）分布于昆仑山山前带，离工程区较远；

(2) 中更新统冲积层（Q_2^{al}）分布于河谷两侧、高阶地及冲积平原区上；

(3) 上更新统冲积层（Q_3^{al}）分布于中上游河谷Ⅱ级阶地上游；

(4) 全新统冲洪积层（Q_4^{al+pl}）分布于现代河床、河漫滩及Ⅰ级阶地，岩性上部为粉土、黏土及粉细砂，下部为中粗砂、砂砾石；

(5) 全新统沼泽沉积层（Qh）分布于冲积平原河流两侧的湿地、沼泽地上；

(6) 全新统风积层（Qh^{eol}）在东部塔克拉玛干沙漠广泛分布。

工程区构造单元为塔里木地台塔里木台坳，西南坳陷的麦盖提斜坡（$Ⅸ_5^{4-1}$）与莎车凸起（$Ⅸ_5^{4-3}$）两个四级构造单元的边缘接触部位。距工程区较近的构造形迹有：依干其-苏库恰克隐伏断裂和克拉克沙背斜。依干其-苏库恰克隐伏断裂在闸址上游32km从依干其渡口河流转弯处通过，该断裂走向近东西。克拉克沙背斜位于泽普县东南，走向近东西，背斜轴部距闸址约50km。

工程区北部及北西，为新疆地震活动强烈的区域之一。据历史地震记载资料分析，地震活动主要在工程区北西100km外乌什至柯坪地震带上，处于外围地震活动影响波及区。据《中国地震动参数区划图》（GB 18306—2001），本区地震动峰值加速度0.10g，地震动反应谱特征周期0.45s，对应地震基本烈度Ⅶ度。工程区区域构造稳定性较差。

工程区的地下水主要是贮存在第四系松散地层中的孔隙潜水，含水层为粉细砂层，属地下水径流区，地表河水与地下水水力联系密切。地表水与地下水在本区发生回归循环，互有径流补给，洪水期河水补给地下水，枯水期地下水又补给河水。

叶尔羌河流经上游粗颗粒地层，河床有大量渗漏，且矿化度较低。地下水在径流过程中，不断接受平原区地下水的渗漏补给，其矿化度逐渐增高，由卡群渠首附近的0.28g/L到中游渠首枢纽一带增加为1g/L。

2. 枢纽区工程地质条件

1）基本地质概况

工程区河段河床宽浅，总宽约2.4km，河床内河心滩较为发育，常年流水河道纵横交错，河叉多，主流不稳定，主河道水深2.0m左右，河床纵坡约0.50‰。两岸Ⅰ、Ⅱ级阶地发育，阶地面平坦开阔，宽度均在1km以上，Ⅰ级阶地比高1m，阶地生长茂密的红柳、芦苇；Ⅱ级阶地比高2~4m，阶地面为居民点及农田。

枢纽区出露地层为第四系全新统松散堆积物，岩性有：冲洪积粉土、黏土层、冲洪积粉细砂层、细砂层。

①冲洪积黏土层（Q_4^{apl}）：主要分布于河两岸Ⅰ级阶地上，或在粉细砂层中形成夹层，厚度 0.4～1.5m。左右岸连接渠、导流堤大部分穿过该层。

②冲洪积粉细砂层（Q_4^{apl}）：广泛分布于河床两岸阶地下部、河床、河漫滩上，厚度约 45m。偶夹薄层状粉土或黏土透镜体。下部含钙质结核物，结核粒径一般为 5mm，最大为 2cm，含量约 10%。

地下水类型为第四系孔隙潜水，含水层为粉细砂层，埋藏深度 1m，属地下水的径流区。地表水化学类型主要为 $SO_4^{2+} \cdot HCO_3^- - Ca^{2+} \cdot Na^+$ 型水，矿化度为 0.36～0.55g/L，水质较好。地表河水对混凝土结构无腐蚀性。地下水化学类型为 $HCO_3^- \cdot SO_4^{2-} - Ca^{2+} \cdot Mg^{2+}$ 型、$SO_4^{2-} \cdot HCO_3^- - Ca^{2+} \cdot Na^+$ 型水，地下水矿化度在 0.4～5.2g/L 之间。河床段及靠近河床段地下水水质较好，对混凝土结构无腐蚀性。仅在远离河床的村庄附近地下水水质差，对普通水泥具结晶类硫酸盐型强腐蚀性。

2）岩土物理力学性质

枢纽区分布的地层为第四系全新统冲洪积地层，按地层岩性可分为冲洪积（Q_4^{apl}）低液限黏土和冲洪积的（Q_4^{apl}）粉细砂层。枢纽区岩土的颗粒级配见表 4-79，物理力学试验成果见表 4-80、表 4-81。

表 4-79 枢纽区各层土颗粒级配汇总表

地层岩性	颗粒级配（%）				平均粒径 d_{50}（mm）	不均匀系数 C_u	曲率系数 C_c
	>0.5	0.5～0.25	0.25～0.075	<0.075			
低液限黏土			12.9	87.1		8.25	1.79
粉细砂	$\frac{0.3～2.5}{1.6}92$	$\frac{4.0～54.7}{23.1}92$	$\frac{9.2～79.0}{62.8}92$	$\frac{4.6～35.2}{12.5}92$	$\frac{0.08～0.21}{0.16}92$	$\frac{1.39～6.69}{3.06}92$	$\frac{0.79～6.35}{1.66}92$
含结核粉细砂	$\frac{0.5～4.9}{3.7}78$	$\frac{3.6～34.3}{27.4}78$	$\frac{12.1～76.4}{58.4}78$	$\frac{0.3～34.8}{10.5}78$	$\frac{0.14～0.27}{0.19}78$	$\frac{1.21～7.80}{3.14}78$	$\frac{0.30～4.53}{1.27}78$

注：表中数值形式为 $\frac{最小值～最大值}{平均值}$ 组数，并结合了部分可研阶段试验资料统计而成。

表 4-80 低液限黏土物理力学性质试验成果汇总表

试验项目	物理性质指标								力学性质指标				
	比重	天然状态下					孔隙比	渗透系数	压缩		剪切		标准贯入锤击数
		含水量	湿密度	干密度	液限	塑限			压缩系数	压缩模量	粘聚力	内摩擦角	
		%	g/cm³	g/cm³	%	%		cm/s	MPa⁻¹	MPa	kPa	(°)	
最大值	2.73	31.0	1.93	1.52	37.1	21.5	0.931	6.18×10⁻⁴	0.41	19.5	30	32.5	6
最小值	2.70	25.6	1.81	1.41	30.9	20.1	0.777	3.27×10⁻⁵	0.09	4.75	10	25.3	3
平均值	2.71	28.2	1.88	1.47	33.4	20.9	0.848	3.25×10⁻⁴	0.20	11.9	18	30.3	5

表 4-81　粉细砂物理力学性质试验成果汇总表

地层岩性	物理性质指标						
	天然状态			饱和度（%）	比重	孔隙比	渗透系数(cm/s)
	含水量（%）	湿密度(g/cm³)	干密度(g/cm³)				
粉细砂	$\frac{20.2\sim30.0}{24}126$	$\frac{1.86\sim1.93}{1.90}126$	$\frac{1.40\sim1.58}{1.46}126$	$\frac{93\sim100}{98}126$	$\frac{2.65\sim2.72}{2.68}126$	$\frac{0.59\sim0.72}{0.62}126$	3.2×10^{-4}
含结核粉细砂	$\frac{18.7\sim28.5}{22.8}98$	$\frac{1.90\sim2.00}{1.96}98$	$\frac{1.50\sim1.65}{1.57}98$	$\frac{98\sim100}{99}98$	$\frac{2.66\sim2.72}{2.68}98$	$\frac{0.42\sim0.67}{0.47}126$	5.5×10^{-3}

地层岩性	力学性质指标						
	室内试验		标准贯入试验			静力触探试验		休止角
	压缩模量（MPa）	承载力(kPa)	实测击数	校正击数	承载力标准值(kPa)	锥尖阻力（MPa）	承载力标准值(kPa)	
粉细砂	$\frac{6\sim10}{8}51$	150	$\frac{3\sim8}{4}196$	$\frac{2\sim5}{3}196$	110	$\frac{0.1\sim2.3}{1.08}24$	120	25°～28°
含结核粉细砂	$\frac{8\sim12}{10}40$	210	$\frac{12\sim45}{24}178$	$\frac{14\sim28}{21}178$	220	$\frac{9.8\sim12}{11}18$	250	27°～31°

注：表中数值形式为 $\frac{最小值—最大值}{平均值}$ 组数，并结合可研阶段试验资料统计而成。

3）枢纽区主要工程地质问题

（1）渗透稳定。

枢纽区闸址地基土主要是第四系冲洪积粉细砂层，颗粒均匀，透水性较好，松散结构。闸基土粉细砂层以粉粒和细粒为主，粒径<1mm 的占 98%～100%，不均匀系数 C_u<3.5，根据《水利水电工程地质勘察规范》判别，闸址区地基土在渗流作用下破坏形式为流土。结合工程区周边（南疆）已建成的水利工程实例，参考南疆地区粉细砂已发生渗流破坏的实测渗流比降，建议枢纽区粉细砂层产生渗透变形的允许水力比降为 0.10。

（2）地震液化。

枢纽区闸址及其他建筑物均布置在河床内，地基土岩性为全新统冲洪积粉细砂层，黏粒含量少于 3%，且处于河水位以下，呈饱和状态。可行性研究阶段对该粉细砂的地震液化进行了较为详细的判别，初步判定该区粉细砂在设防烈度Ⅶ度（地震动峰值加速度 0.1g）区，可能存在地震液化。复判以标准贯入试验为主，并结合静力触探试验结果进行综合判别。主要判别如下：

根据标准贯入试验，对枢纽区河床及两岸粉细砂层不同深度标准贯入结果进行统计、分析和计算，其地震液化深度 9～12m。闸址钻孔标准贯入试验液化判别见表 4-82。

表 4-82　标贯试验液化深度判别表

钻孔编号	Zk50	Zk51	Zk52	Zk55	Zk56	Zk57	Zk62	Zk63	Zk65	Zk70
液化深度(m)	9.0	9.0	15.0	9.0	9.0	11.0	7.0	11.0	10.0	12.0
钻孔位置	河床									

钻孔编号	Zk72	Zk73	Zk74	Zk75	Zk76	Zk77	Zk78	Zk79	Zk80	Zk81
液化深度(m)	9.0	8.0	8.0	9.0	8.0	9.0	11.0	13.0	11.0	12.0
钻孔位置	河床			左岸Ⅰ级阶地						

依据《岩土工程勘察规范》静力触探对液化判别标准：当实测计算比贯入阻力 p_s 或实测锥尖阻力 q_c 小于液化比贯入阻力临界值 p_{scr} 或液化锥尖阻力临界值 q_{ccr} 时，应判别为液化土。经判别闸址区饱和粉细砂层存在地震液化，液化深度 8.2～11m。静力触探试验液化判别结果见表 4-83。

表 4-83 静力触探液化深度判别表

钻孔编号	J3	J4	J5	J6	J7	J11	J12
液化深度(m)	6.0	9.0	10.3	9.0	11.0	8.2	10.3

通过以上两种方法综合分析，闸基粉细砂液化深度在 9.0～11.0m 之间，平均值为 9.89m。考虑上部粉细砂层分布厚度不均一性，以及枢纽区距乌恰、伽师强震区较近，建议闸基及溢流堰拦河建筑物地基液化处理深度为 12m。

通过对闸基饱和砂土液化指数分析，闸基饱和粉细砂液化等级 0～4m 内为严重液化，4～8m 内为中等液化；7～12m 内为轻微液化；13m 以下饱和砂土在地震烈度Ⅷ度时，为不液化土。

（3）冲刷问题。

渠首枢纽位于山前冲洪积倾斜平原前缘向细土平原过渡段，河床纵坡急剧变缓，河床宽展，水流流速较缓，为主要堆积区，水流对河床的侵蚀以侧蚀为主。该段岩性为粉细砂层，结构松散，抗冲刷能力很差。据钻孔揭露，局部河床段的下切冲刷深度较大，在孔深 4～5m 塌孔严重，难取样，下切最大深度可达 6m。

3. 枢纽建筑物工程地质条件评价

1）闸址及溢流堰

泄洪冲砂闸、进水闸和溢流堰（兼西岸输水涵洞）采用"一"字形布置。泄洪冲砂闸及进水闸布置靠右岸，总宽 268.8m，闸底板高程 1190m，闸基高程 1 182.0m；溢流堰布置靠左岸，溢流堰长 400m，堰顶高程 1 191.85m，涵洞底纵坡 1/1000。

闸基土上部为（Q_4^{apl}）粉细砂层，厚约 8m，呈松散结构，饱水状态。渗透系数 5.5×10^{-3}～3.2×10^{-4} cm/s，属弱-中等透水层。建议该层内摩擦角为 24°，地基承载力 120kPa。

闸基土下部为含结核粉细砂，厚度大于 15m，稍密—中密，饱和。渗透系数 5.5×10^{-3}～8.9×10^{-3} cm/s，属中等透水层。建议该层土内摩擦角为 27°，地基承载力 180kPa。

饱水粉细砂建议基坑开挖临时边坡坡比 1：2.0，同时采取边坡支护及基坑排水措施。

2）分流墙

分流墙长 761m，上部结构为钢筋混凝土墙体，下部结构为连续井柱支撑防冲；分流墙位于泄洪冲砂闸与溢流堰之间的上游河床内，直线布置，通过主河道、河心滩，洪水期完全被水淹没。

分流墙地基土为粉细砂层，建议液化处理深度 10m，粉细砂内摩擦角取 25°，允许地基承载力 120kPa。粉细砂抗冲刷能力很差，应进行防冲处理。

3）左、右岸导流堤

左岸导流堤上游长 2171m，下游长 300m，右岸导流堤上游长 1871m，下游长 200m，堤顶高程 1 193.15m，堤高 4.5m，堤顶宽 6m。左、右导流堤分别由闸堰两端向河上游延伸，直至河两岸Ⅰ级阶地后缘。分段评价如下：

两岸Ⅰ级阶地段：表层为冲洪积低液限黏土层，厚度 0.4～1.5m，可塑-软塑状态，属中压缩性土，渗透系数 3.43×10^{-5}～2.46×10^{-6} cm/s，为微透水层。建议抗剪强度指标：内摩擦角 21°，凝聚力 2.75kPa；地基允许承载力 100kPa。下部为粉细砂层，地基允许承载力 120kPa。

弧形转弯段与河床平直段：地基岩性为粉细砂层，抗冲刷能力差，需进行防冲处理，建议粉细砂层液化处理深度10m,地基土0～8m允许承载力120kPa,8m以下允许承载力180kPa。堤基粉细砂层的渗透破坏形式为流土型,渗透变形的允许水力比降为0.10。

导流堤所填筑的土料,利用Ⅰ级阶地表层低液限黏土,具冻胀性,对导流堤护坡产生冻胀破坏,建议在护坡与填筑土料间做好防冻措施。

4) 左、右岸连接渠

左、右岸连接渠位于两岸Ⅰ级阶地上,地形平坦开阔,Ⅰ级阶地表层为(Qh^{apl})冲洪积低液限黏土层,该层厚度0.4～1.5m,下部为(Q_4^{apl})冲洪积粉细砂层。连接渠渠身基本处于细砂层之中。连接渠上部的低液限黏土层对渠道护坡存在冻胀破坏,应做好相应防护措施。建议连接渠的边坡开挖坡比1:2.0,同时采取支护措施和防冲措施。建议粉细砂允许承载力120kPa。

4. 天然建筑材料

根据勘测任务书要求,按闸堰结合方案考虑,需填筑土料$51.38\times10^4 m^3$、混凝土粗骨料$14.13\times10^4 m^3$、混凝土细骨料$7.23\times10^4 m^3$、浆砌卵石$0.2\times10^4 m^3$。在可研阶段的基础上,对所需天然建材进行了详查,初步选择了二个土料场和一个砂砾石料场。

T1土料场位于两岸Ⅰ级阶地上,岩性为低液限粉土,有用层储量$16\times10^4 m^3$,运距0.1～3km。可作为导流堤填筑土料,除天然含水量偏高(需翻晒后使用),其他各项指标均可满足规范要求。

T2土料场位于右岸Ⅱ级阶地上,岩性分为两层:低液限粉土厚度3～5m;低液限黏土,厚度2～3m。有用层储量$60\times10^4 m^3$,运距9.1～12.0km。该料场除天然含水量与最优含水量有较大差别外,其他各项指标基本满足规范要求。

依干其砂砾石料场位于依干其渡口上游至依干其公社七、八大队之间的河漫滩上,距中游渠首枢纽30～33km,岩性为全新统冲积砂卵砾石,卵砾石磨圆较好,分选较差,厚度大于10m,地下水位0.8～1.5m。料场岩性单一,其中水上1.0m,水下1.0m,有用层储量$40\times10^4 m^3$。该料场作为混凝土粗骨料质量满足设计要求,作为细骨料除含泥量略偏高外,其他各项指标基本满足规范要求。

(四)工程地质问题分析与评价

本工程渠首枢纽处于叶尔羌河冲洪积平原的现代河床中,地层岩性主要为巨厚的粉细砂,呈松散-中密状态,工程性质较差,对地基处理和建筑物结构设计要求高。

本区为地震基本烈度Ⅷ度区,枢纽各建筑物地基的饱和砂土液化是最主要的工程地质问题。为准确评价闸址区砂土液化问题,勘察过程中采用钻孔标准贯入方法和静力触探两种试验方法,获得了地基土砂土液化丰富翔实的地质参数,综合确定出砂土液化需要处理的深度范围、液化程度和液化等级,为设计优化提供了可靠的地质依据。

(五)勘察成果的设计应用

水工设计人员根据地质提供的参数及建议,如"建议基础液化处理深度12m,摩擦角24°,承载力120kPa","由于粉细砂抗冲刷能力很差,应进行防冲处理",以及"各建筑物基坑开挖有流砂产生,需采取一定的基础开挖支护措施以及防冲处理措施"等具体结论建议。

针对地质建议,各类水工建筑物设计中,制定了具有针对性的方案措施。例如应对地基砂土液化问题的设计方案中提出的处理措施主要有:右岸导流堤基础采用槽孔混凝土连续墙上部混凝土护坡;其他所有进水闸、泄洪闸基础均采用槽孔混凝土连续墙和振冲挤密碎石桩措施;分流墙则采用混凝土井柱桩的方案。

(六)勘察工程总结

(1)叶尔羌河中游渠首枢纽位于塔里木盆地南缘的冲洪积平原区上。该枢纽是叶尔羌河流域规划中的第四级引水枢纽工程,最大引水流量175m³/s,控制麦盖提县、巴楚县及农三师前进垦区122.45万亩灌溉面积,是一座工程规模为大(2)型的重要控制性水利枢纽工程,建成后为向塔里木河干流多年平均输送3.3亿m³生态水的目标提供有力保障,工程建设意义重大。

(2)闸址处河床总宽约2.4km,河床内河心滩较发育,常年流水河道纵横交错,河汊多,主流不稳定,主要建筑物均位于河床内,钻探施工基本为水上施工,勘察难度极大。勘察工作中期恰遇叶尔羌河春汛期,河床中所搭浮桥、水上钻井平台多次被春洪冲毁,对项目组的施工组织能力和临时应变能力提出了很大挑战。项目组人员沉着应对,积极处置所面临的各类问题,最终圆满完成勘察任务。

(3)对枢纽区主要工程地质问题,分阶段有针对性地布置勘探试验工作。①针对专家提出的"粉细砂与混凝土的摩擦角按28°~31°考虑略显偏大,下阶段应进行复核"的问题,在勘察中采用取样进行室内试验及原位测试多种手段相结合的方法进行复核,综合确定粉细砂层的摩擦角为25°~28°;②勘察采用标准贯入试验和静力触探等多种手段进行液化深度综合论证,建议闸基及溢流堰拦河建筑物地基液化处理深度为12m,为抗液化设计提供地质依据;③针对专家提出的"建议下阶段对地下水分层取样,以进一步了解具有弱腐蚀性地下水分布高程(或深度)。"的问题,在勘察中采用水泥封堵等多种手段对不同地段、不同深度的地下水取样进行室内试验,较客观地评价了不同地段和不同深度的地下水对混凝土结构的腐蚀性。

(4)叶尔羌河中游渠首枢纽勘察成果,凝结着兵团地质工作者的辛勤劳动与智慧,为今后进行类似的大型枢纽工程勘察积累了宝贵的经验。该工程于2007年9月正式开工建设,2008年5月31日主体工程基本完成,并通过自治区水利厅组织的通水前阶段验收。该工程的建设提高了下游灌区引水保证率和可靠性,为促进南疆地区农业稳产高产奠定了基础,同时向塔河下游生态供水提供了有力保障。为南疆地区农民脱贫致富作出了重要贡献!

该工程经过16年通水运行,历经多次洪水及地震的考验,运行状态良好。

二、西安市引蓝济李引水工程

(一)工程概况

西安市引蓝济李引水工程地处蓝田县境内的秦岭山区,通过引水闸拦蓄蓝桥河水,以隧洞形式跨流域调至辋川河支流黄沙沟内,最终汇入李家河水库,经调节后向西安市供水,以保障和改善西安市供水条件。工程区距西安市约56km,距蓝田县约18km,交通较为便利。该工程由拦河引水枢纽和引水隧洞组成,引水枢纽为闸坝结合方式,呈"L"形布置,由引水闸、泄洪冲沙闸及溢流堰组成,引水闸布置在蓝桥河左岸,泄洪冲沙闸及溢流堰拦河布置,总长40.6m,溢流堰高3.0m。引水隧洞长7.246km,断面形式为城门洞形,宽2.9m,高3.1m,引水流量10m³/s。本工程规模为中型,等别为Ⅲ等,主要建筑物等级为3级,次要建筑物等级为4级,临时建筑物等级为5级。

(二)前期勘察工作简介

根据"西安市'十二五'水务发展规划",引蓝济李引水工程作为近期开发工程。2020年5月,西安市水务集团公司委托我院完成了西安市引蓝济李引水工程的项目建议书阶段和可行性研究阶段的勘测设计工作。同年9月28日,该工程可行性研究阶段的成果通过西安水务(集团)组织相关专家的技术审查;2020年10—11月我院完成了引蓝济李引水工程初步设计阶段的地质勘察工作,并于2020年12月通过西安水务(集团)组织相关专家的技术审查。该工程于2021年3月正式开工,目前正在施工建设中。引水工程地质平面图见图4-33,引水工程地质剖面图见图4-34,引水枢纽工程地质剖面图见图4-35。

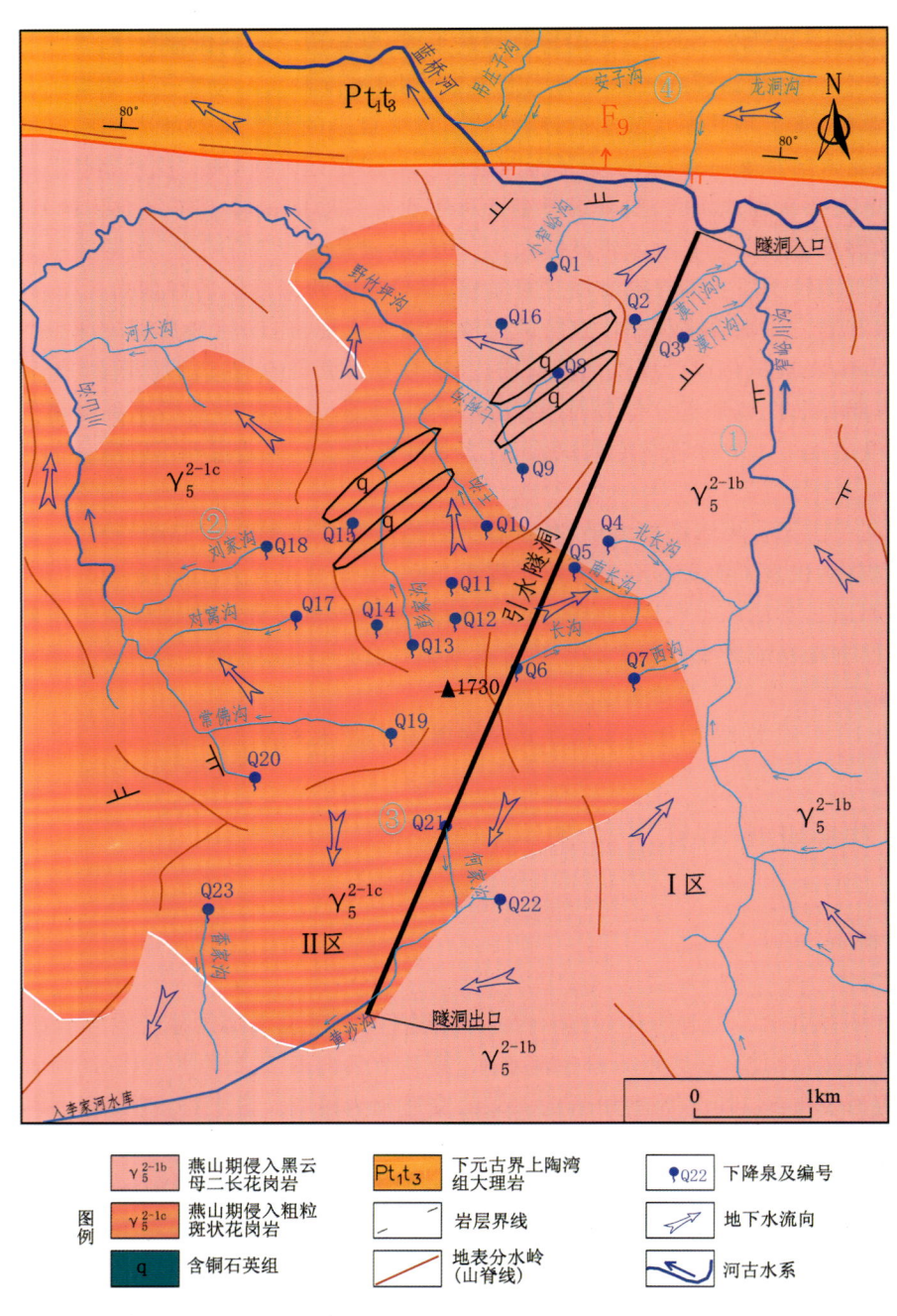

图4-33 引水工程地质平面图

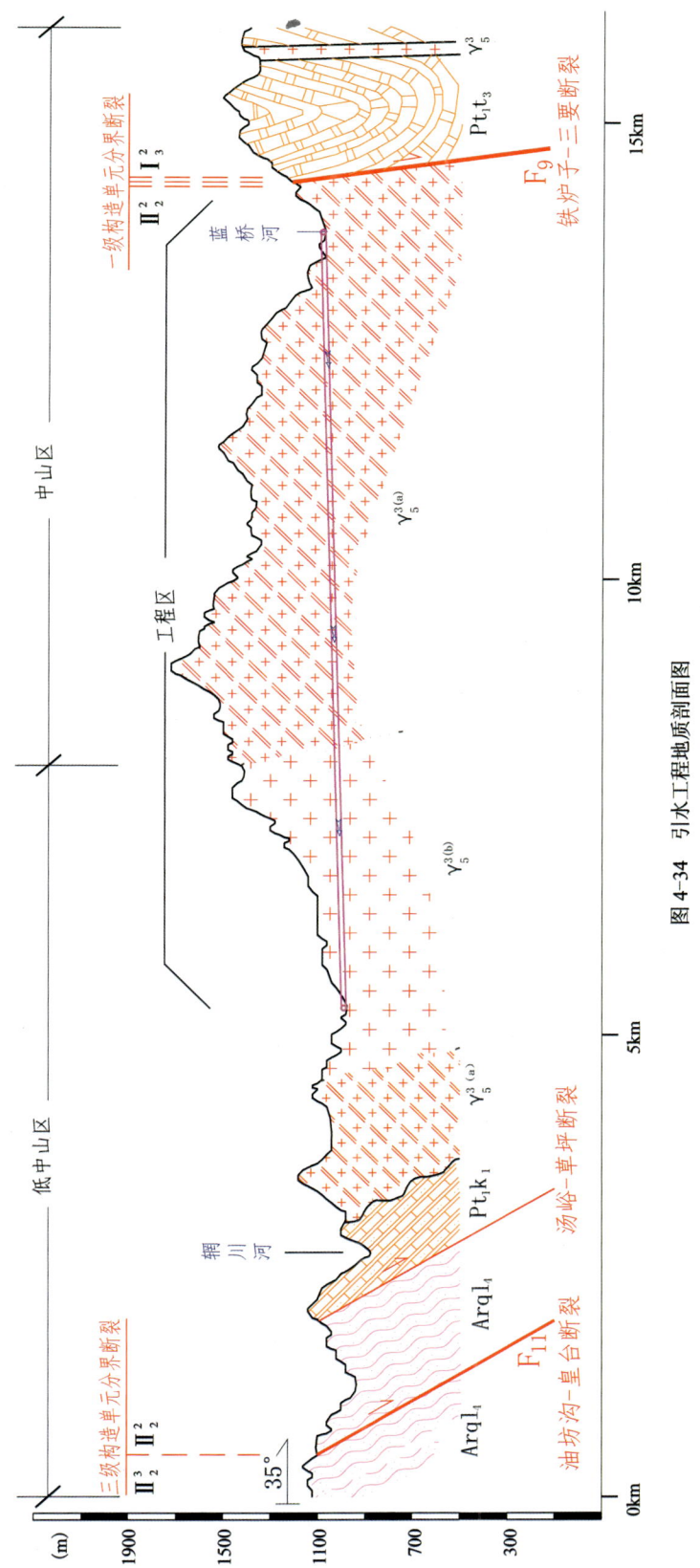

图 4-34 引水工程地质剖面图

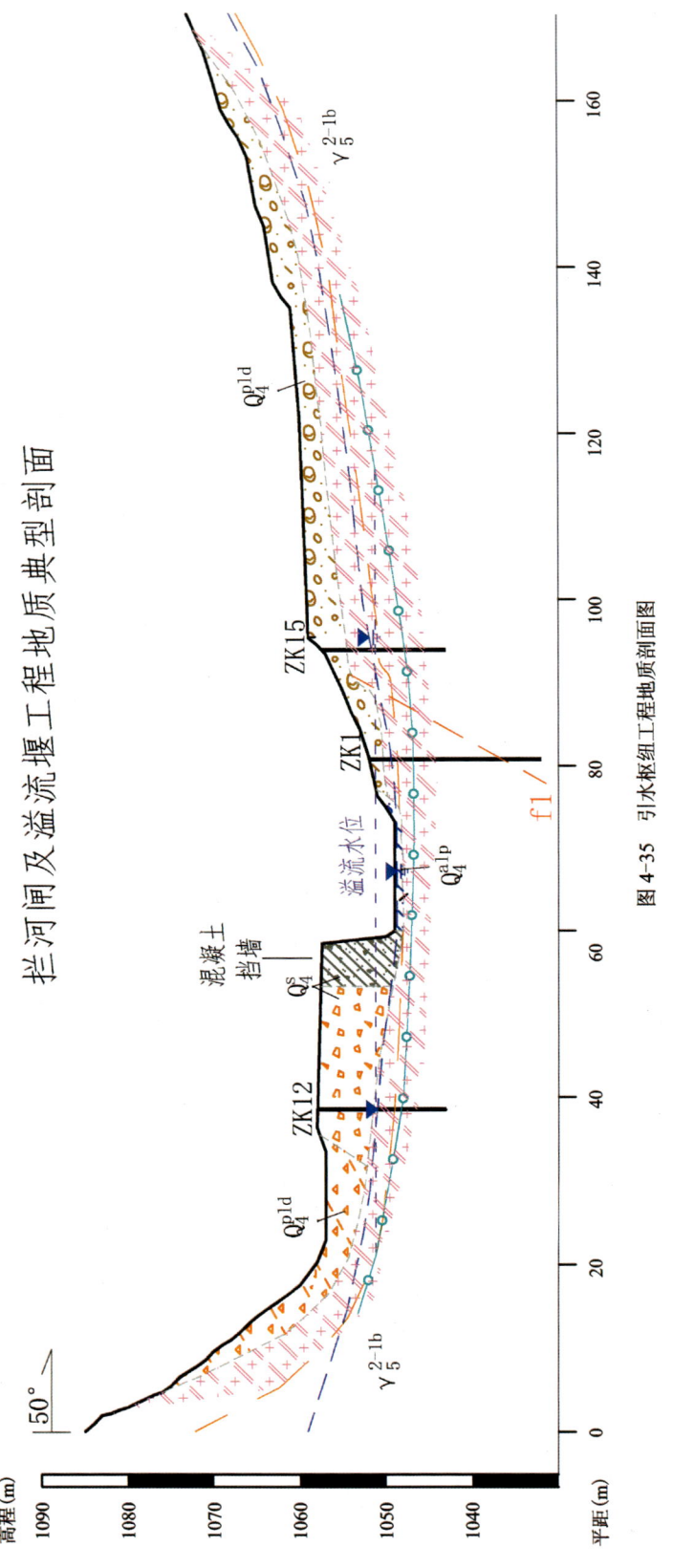

图 4-35 引水枢纽工程地质剖面图

(三)工程地质条件与评价

1. 基本地质条件

工程区位于秦岭北麓的低中山区及中山区,处于秦岭褶皱系(Ⅱ)(一级构造单元)北缘的北秦岭加里东褶皱带(Ⅱ₂)(二级构造单元)中纸房-永丰褶皱束($Ⅱ_2^2$)(三级构造单元)内。区内构造运动较强烈,形成一系列纬向褶皱及断裂构造。地震动峰值加速度0.15g,地震动反应谱特征周期0.40s,地震基本烈度Ⅶ度。近场区发育多条活动断裂,其中铁炉子断裂距引水渠首300m,属区域构造稳定性较差区域。

对工程区有影响的主要断裂简述如下:

(1)秦岭山前断裂带(F_6):为高耸的秦岭山区与低凹的渭河盆地的分界断裂,全长约300km,由紧密平行排列的台阶状断裂组成,断面总体北倾,倾角50°~80°,为正断层。距离工程区最近约8km。

(2)户县-铁炉子-三要断裂带(F_9):为华北地台和秦岭褶皱系分界断裂,全长450km,走向270°~275°,倾向北,倾角60°~85°,为压扭-右行压扭-张性断裂,破碎带宽30~500m。断裂东段北距引水渠首300m,最新的活动时代为晚更新世,活动性较弱。

(3)商县-丹凤断裂带(F_{10}):是北秦岭构造带与南秦岭构造带的分界断裂,走向北西西,倾向北东,倾角60°~80°,为压扭-张扭-压扭性断裂,宽40~200m,有超基性岩体侵入,延伸长度大于20km。最新活动时代是中更新世晚期,左旋走滑为主。该断裂距离引调水线路出口黄沙沟约3km。

(4)油坊沟-皇台断裂带(F_{11}):为三级构造单元的分界断裂,长380km,近东西向分布,北倾,倾角60°~80°,断裂带北距引水线路出口约4km。

工程区总体地势南高北低,地势险峻,具有北坡陡南坡缓的特点。河谷呈"V"形,谷底宽度小于60m,由于河流深切,河曲发育,仅一级阶地发育。主要地层有太古界、元古界、古生界、新生界和加里东期、燕山期侵入岩。燕山期第一阶段第二侵入次(γ_5^{2-1b}):黑云母二长花岗岩,近NE50°展布,呈岩基状产出,引水线路前段主要为该期次侵入的过渡相及边缘相;燕山期第一阶段第三侵入次(γ_5^{2-1c}):粗粒斑状花岗岩,以岩株状分布于第二侵入次岩体中,构成引调水工程线路后段的主要岩体,以中粗粒状结构和斑状结构为主,块状构造,球状、槽状、带状风化显著。

工程区地表水、地下水总体流向由东南向西北,地下水类型主要为基岩裂隙水、岩溶水和孔隙潜水。大气降水沿构造裂隙向下游运移,以下降泉的形式出露,排泄于沟谷河床中。孔隙潜水主要分布于现代河床漂卵砾石层中,由河水及大气降水补给,以潜流形式沿河道向下游排泄,地下水埋深0.5~3m,随河水位变化明显。

区内风化、卸荷、崩塌、滑坡和泥石流等物理地质现象发育。粗粒花岗岩体全强风化厚度10~20m,最大厚度达40m,弱风化带埋深多在30m以下。二长花岗岩类强风化厚度为10~18m,弱风化带埋深20m以下。花岗岩体整体存在风化不均一的现象。

崩塌、卸荷分布于峡谷岸坡及公路沿线;滑坡主要分布于河谷、冲沟、公路沿线一带,多属中浅层滑坡;泥石流分布于蓝桥河、辋川河及河两岸冲沟内。

2. 渠首枢纽(闸址区)工程地质条件

渠首段河流流向自东向西,河床宽10~20m,左岸山体高大,已建G312国道路面高于河床9m,发育较大冲沟;右岸坡度较缓,发育Ⅰ级基座阶地。地层为燕山期侵入花岗岩和第四系松散堆积层:黑云母二长花岗岩抗风化能力较强;第四系全新统人工堆积层,为路基填方土,多为蛮石、块石及混凝土弃渣;坡洪积层以漂卵砾石夹砂土为主;冲洪积层为漂石、卵石、砂和表层粉质黏土。

渠首受F_9断裂影响,低序次断层和"X"型节理发育。断层f_1产状305°SW∠60°,延伸长度0.5km,

破碎带宽度0.2m,主要由碎裂岩、断层泥组成。主要裂隙产状:70°~85°NW∠65°~70°,延伸长度大于10m,间距0.4~0.8m,裂面微起伏,粗糙,多微张,泥钙质岩屑充填。

3.引水隧洞工程地质条件

隧洞进口段位于蓝桥河左岸,山体陡立,发育小规模冲沟;洞身段为中山峡谷区,一般埋深200~350m,最大埋深650m。沿线冲沟发育,多为北东东走向,与隧洞呈大角度相交;隧洞出口段位于低山区,洞轴线两侧发育与之平行的冲沟,沟底出露全—强风基岩。

引水隧洞的前段出露黑云母二长花岗岩以灰白色为主,中细粒结构,块状构造,其抗风化能力较强;引水隧洞后段及施工支洞出露粗粒斑状花岗岩,以肉红色为主,其抗风化能力相对较弱。

工程区受F_9、F_{11}两条深大断裂控制,近东西向的次级断裂较发育,中生代以来多受秦岭山前断裂带(NEE)控制,发育了"X"型低序次断层和节理。隧洞沿线主要断层详见表4-84。

表4-84 隧洞沿线主要断层统计表(摘要)

断层编号	断层穿越轴线地表位置	产状	延伸长度(km)	破碎带宽度(m)	物质组成	断层性质	构造分级
f_3	隧洞K0+100	81°NW∠45°	1.2	1~3	以碎裂岩为主	压性	Ⅱ
f_8	隧洞K2+000	70°NW∠55°	3.2	8	以糜棱岩为主,少量碎裂岩	压性	Ⅱ
f_{19}	施工支洞	80°NW∠85°	0.5	0.6~1	以碎裂岩为主,少量断层泥	压性	Ⅲ
f_{22}	隧洞K3+620	85°NW∠70°	1	0.8~1	碎裂岩夹断层泥	压性	Ⅲ
f_{29}	隧洞K5+800	40°SE∠60°	3.8	8~10	以碎裂岩为主,少量断层泥	压性	Ⅱ
f_{36}	隧洞K6+700	80°SE∠60°	0.3	0.2	以碎裂岩为主	压性	Ⅳ

主要发育3组节理:①L1:45°SE∠39°~48°;②L2:45°NW∠68°~79°;③L3:355°NE∠65°~75°。各节理延伸5~30m,间距0.3~1.0m,多微张,岩屑充填。

地下水主要为基岩裂隙水,以下降泉形式汇入蓝桥河和辋川河,并向下游排泄。下降泉出露高程均高于引水隧洞设计高程。泉水流量一般在0.5~1.0L/min之间,最大可达4.5~5.0L/min(隧洞中段)。

引水隧洞沿线物理地质现象以风化、卸荷、崩塌、泥石流现象为主。卸荷、崩塌主要在工程区前段。隧洞黑云母二长花岗岩全风化层0~3m,强风化厚15~25m,弱风化厚10~20m;粗粒斑状花岗岩,风化差异明显,全风化层15~45m,强风化厚0~10m,弱风化厚10~20m。受地质构造、蚀变等因素的影响,局地段有囊状、槽状风化现象,可沿构造向岩体深部延伸,使洞室岩体完整性降低,渗透性增大等影响洞室稳定。

引水隧洞长7246m,Ⅱ类围岩洞线长约2812m,占洞线总长的38.8%;Ⅲ类围岩洞线长约2465m,占洞线总长的34.1%;Ⅳ类围岩洞线长约1334m,占洞线总长的18.4%;Ⅴ类围岩洞线长约635m,占洞线总长的8.7%。考虑Ⅱ、Ⅲ类围岩中局部存在小断层和节理密集带,引起的围岩类别降低,建议适当加强临时支护措施。

(1)黑云母二长花岗岩段(K0+000~K2+876):抗风化能力较强,但受F9影响,局部岩体较破碎,以Ⅱ类为主,Ⅲ类、Ⅳ类及Ⅴ类次之。其中,Ⅱ类围岩岩体较完整,裂隙不发育,深埋段易产生轻微岩爆,外水压力折减系数0.2,岩体坚固性系数14,单位弹性抗力系数为16~18MPa/cm,变形模量15.0GPa,建议开挖临时支护采取随机锚杆并进行喷护处理措施;Ⅲ类围岩局部稳定性差,可能产生塌方或变形破坏,外水压力折减系数为0.3,岩体坚固性系数为7.6,单位弹性抗力系数为13~17MPa/cm,变形模量9.0GPa,建议临时支护采用喷混凝土、系统锚杆加钢筋网;Ⅳ类围岩呈碎块结构,完整性和稳定性较差,自稳时间短,外水压力折减系数为0.5,岩体坚固性系数为4.8,单位弹性抗力系数3~7MPa/cm,变形模量8.0GPa,建议施工采取短进尺、弱爆破,开挖后需及时钢支撑支护,喷锚挂网,全断面采用钢筋混凝土衬砌;Ⅴ类围岩主要在进口段,岩体破碎,稳定性极差,围岩坚固性系数为1.2,单位弹性抗力系数为2~4MPa/cm,变形模量0.9GPa。对Ⅳ、Ⅴ类围岩中富水性较高洞段,可能易产生涌水、突泥现象,施工时应注意排水及做好防护措施。

(2)粗粒斑状花岗岩段(K2+876~K7+220):抗风化能力较弱,全风化厚度大,下伏弱-微风化围岩以Ⅱ类为主,Ⅳ类次之,出洞口处为Ⅴ类。其中,Ⅱ类围岩岩体较完整,外水压力折减系数为0.2,岩体坚固性系数为15.0,单位弹性抗力系数为17~19MPa/cm,变形模量16.0GPa,整体基本稳定,局部产生小规模掉块,建议局部锚杆或喷射薄层混凝土;Ⅲ类围岩完整性较差,局部稳定性差,可能产生塌方或变形破坏,外水压力折减系数为0.3,坚固性系数为8.8,单位弹性抗力系数为13~16MPa/cm,变形模量9.0GPa。围岩局部稳定性差,可能产生塌方或变形破坏。建议临时支护采用喷混凝土、系统锚杆加钢筋网,全断面采用钢筋混凝土衬砌;Ⅳ类围岩局部呈碎裂结构,完整性差,外水压力折减系数为0.8,岩体坚固性系数为5.1,单位弹性抗力系数为4~8MPa/cm,变形模量4.0GPa。建议采取短进尺、弱爆破,局部需超前支护,支护采用钢支撑支护和喷锚挂网,全断面采取钢筋混凝土衬砌。对易涌水、突泥段,应做好排水及防护措施;Ⅴ类围岩岩体破碎,外水压力折减系数0.8,岩体坚固性系数为1.0,单位弹性抗力系数为1~3MPa/cm,变形模量0.8GPa,该围岩不能自稳,变形破坏严重,建议采取短进尺、弱爆破,开挖需超前支护,支护采用钢支撑支护和喷锚挂网,全断面采取钢筋混凝土衬砌。

(3)出口暗渠段(K7+220~K7+246)。上覆坡洪积物4~6m,建议基础置于下伏花岗岩弱风化层。建议覆盖层开挖坡比1:1.25,下伏基岩为1:0.5。

4.岩(土)体工程地质特性

1)岩(土)体物理力学性质及评价

(1)土体物理力学性质。

引水渠首全新统冲洪积漂卵砾石主要物理力学性质见表4-85。

表4-85 引水渠首漂卵砾石物理力学性质建议值表

密度 ρ	比重 ds	渗透系数	黏聚力 c	内摩擦角 φ	变形模量 E_0	承载力
(g/cm³)		cm/s	kPa	(°)	MPa	kPa
2.2	2.69	1.5×10^{-2}	0	33	35	300

(2)岩(石)体物理力学性质。

引水渠首黑云母二长花岗岩岩体分类及评价,详见表4-86。

表4-86 引水渠首岩体工程地质分类

岩土体	类别	岩土体主要特征值	岩土体工程地质评价
强风化岩体	$B_{Ⅱ1}$	$V_p=2.4~4.8$km/s;$R_b=28$MPa;$K_v=0.35$	岩体局部破碎,抗滑、抗变形能力受结构面和岩石强度控制,可作为闸址地基
弱风化岩体	$A_{Ⅲ1}$	$V_p=3.6~5.6$km/s;$R_b=80$MPa;RQD=24%;$K_v=0.45$	岩体较完整,抗滑、抗变形性能明显受结构面控制。可作为低坝和闸址地基

黑云母二长花岗岩和粗粒斑状花岗岩岩块物理力学试验成果详见表4-87、表4-88。

表 4-87　黑云母二长花岗岩岩块物理力学试验成果统计表

统计值	颗粒密度	密度		自然吸水率	饱和吸水率	孔隙率	抗压强度		软化系数	抗剪强度（饱和）		压缩（饱和）		泊松比
		烘干	饱和				烘干	饱和		C	φ	弹性模量	变形模量	
	g/cm³			%			MPa			MPa	(°)	GPa		
组数	8	8	8	8	8	8	8	8	8	7	7	3	4	7
平均值	2.66	2.59	2.61	0.42	0.59	2.46	96.9	73.9	0.75	2.83	46.9	46.1	43.3	0.23
最大值	2.6	2.56	2.57	0.24	0.3	0.79	61.8	44.7	0.56	0.9	31.9	30.5	35.6	0.16
最小值	2.72	2.62	2.65	0.62	0.82	5.17	136.7	102.0	0.95	4.8	55	54.9	53.3	0.29

表 4-88　粗粒斑状花岗岩岩块物理力学试验成果统计表

统计值	颗粒密度	密度		自然吸水率	饱和吸水率	孔隙率	抗压强度		软化系数	抗剪强度（饱和）		压缩（饱和）		泊松比
		烘干	饱和				烘干	饱和		C	φ	弹性模量	变形模量	
	g/cm³			%			MPa			MPa	(°)	GPa		
组数	6	6	6	6	6	6	6	6	6	6	6	3	3	6
平均值	2.66	2.62	2.64	0.45	0.54	1.45	110.01	92.19	0.85	2.47	50.9	23.66	21.7	0.19
最大值	2.72	2.66	2.67	0.53	0.68	2.21	151.17	121.80	0.98	3.60	56.3	52.99	49.7	0.21
最小值	2.60	2.57	2.58	0.30	0.43	1.13	78.23	62.28	0.69	1.30	45.6	41.67	28.0	0.16

2）岩石（体）物理力学参数建议值

引水渠首黑云母二长花岗岩，物理力学参数建议值，详见表 4-89。

表 4-89　引水渠首岩石（体）物理力学性质参数建议值表

风化特征	岩石饱和抗压强度	岩体力学参数建议值							
		变形模量	泊松比	岩体			岩体/混凝土		
				抗剪断		抗剪	抗剪断		抗剪
	R_c(MPa)	E_0(GPa)	μ	f'	c'(MPa)	f	f'	c'(MPa)	f
强风化	28	3	0.35	0.45	0.20	0.35	0.45	0.20	0.30
弱风化	80	8	0.23	0.70	0.60	0.55	0.80	0.60	0.50

3）隧洞围岩物理力学性质指标

引水隧洞围岩的物理力学性质参数建议值，详见表 4-90。

表 4-90　引水隧洞围岩物理力学性质参数建议值表

岩性	围岩类别	比重	单轴饱和抗压强度(R_c)	凝聚力 C	内摩擦角 φ	变形模量 E_0	泊松比 μ	岩体力学参数建议值	
								弹性抗力系数 K_0	坚固系数 f
		/	(MPa)	(MPa)	(°)	(GPa)	\	(MPa/cm)	
黑云母二长花岗岩	Ⅴ	2.64	18	0.2	26	0.9	0.38	2~4	1.2
	Ⅳ	2.68	60	0.4	35	4.5	0.25	3~7	4.8
	Ⅲ	2.69	82	1.7	45	9.0	0.22	13~17	7.6
	Ⅱ	2.71	123	3.2	52	15.0	0.20	16~18	14.0

续表 4-90

岩性	围岩类别	比重 /	单轴饱和抗压强度(Rc) (MPa)	凝聚力 C (MPa)	内摩擦角 φ (°)	变形模量 E_0 (GPa)	泊松比 μ \	岩体力学参数建议值 弹性抗力系数 K_0 (MPa/cm)	坚固系数 f
粗粒斑状花岗岩	V	2.58	15	0.2	24	0.8	0.40	1~3	1.0
	IV	2.67	75	0.3	33	4.0	0.30	4~8	5.1
	III	2.69	92	1.8	42	9.0	0.25	13~16	8.8
	II	2.70	126	3.5	53	16.0	0.20	17~19	15.0

5. 建筑材料

本工程所需的建筑材料主要为砂砾石垫层料、混凝土骨料、砌石料等,设计用量分别为 0.1 万 m^3、6.15 万 m^3、1.0 万 m^3。本次选取 3 个成品混凝土站及 3 个成品石料场和一个土料场,各料场基本情况见表 4-91。

表 4-91 料场基本情况统计表

料场名称	位置	日产量或储量(m^3)	运行状态	平均运距(km)
勇强商混凝土	蓝田县普化镇楸树庙村	4000	正常运行	32
昊丰商混凝土	蓝田县安村镇安村四村	3000	正常运行	38
聚辉商混凝土	蓝田县小寨镇关庙村	3500	正常运行	36
汇金成品石料场	商州区板桥镇韩村	储量丰富	正常开采	68
平安成品石料场	商州区杨峪河镇哑口村	储量丰富	正常开采	63
兴达石料场	商州区杨峪河镇杨峪河村	储量丰富	正常开采	68

引水隧洞开挖料,主要岩性为黑云母二长花岗岩或粗粒斑状花岗岩,多为弱-微风化,岩质坚硬,块状结构,作为混凝土骨料及砌石料可满足原岩质量技术指标,需破碎加工,筛洗后使用。

(四)工程地质问题分析与评价

1. 花岗岩的工程特性评价

西安引蓝济李引水工程花岗岩大部分岩体较完整,为坚硬岩,主要发育有三组结构面:①L1:320°~325°SW∠55°~65°;②L2:355°NE∠65°~75°;③L3:10°NE∠40°~50°。延伸长度 5~30m,间距 0.3~5.0m,平直粗糙,多微张,对边坡和隧洞影响较大。受到区域断裂构造影响,部分洞段节理裂隙很发育,岩体较破碎或完整性差,个别段出现蚀变现象和轻微岩爆现象。

隧洞进口岩体发育有 L2 结构面,边坡处于临界状态,一旦受到地震、暴雨洪水以及施工开挖爆破影响,易产生崩塌滑落现象。此外,在引水枢纽施工过程中,蓝桥河右岸坡开挖常见到 L1 结构面,临时导流管左侧溢流堰基础开挖,曾经受到 L1 结构面的影响,开挖边坡处于不稳定状态。引水隧洞开挖过程中,则受到多组结构面切割影响,在边墙产生较多平移和楔形滑面,这与花岗岩次生结构面发育以及施工爆破工艺水平有关。因此,对围岩或洞室勘察建议应充分考虑各种不利条件影响,虽然花岗岩强度高,但贯通性好、延伸长的裂隙发育较密集,对钻爆开挖工艺要求较高,否则隧洞爆破后轮廓形状较差,由此产生的超挖现象较普遍,局部对隧洞洞室稳定性存在不利影响。

2. 隧洞进口施工道路（深路堑）边坡

引水隧洞进口施工道路与 G312 国道平行布置，为一条 60m 长的下坡开挖的路堑，最大深度达到 10m。该施工道路左侧为国道回填碎块石及建筑垃圾等，厚度 5~8m，右侧为山体强风化花岗岩。道路两侧边坡不具备放坡条件，需近垂直开挖，存在岩性差异大、稳定性较差的问题。

3. 引水隧洞进口边坡问题

隧洞进口边坡坡脚距国道 15m，边坡高度 50m，坡度 56°，岩体破碎-较破碎。岩体强卸荷带深度 10~20m，卸荷规模不大，现状基本稳定，但在引水隧洞施工爆破影响下，危岩体易产生倾倒；洞脸岩质边坡受到倾向坡外的 L2 结构面影响，稳定性较差。建议对隧洞进口危岩体及洞脸边坡进行处理。

4. 地应力特征及岩爆问题

工程区现代构造应力场主压应力方向为北北东向或近东西向，现代构造应力场的性质是北东-南西向的挤压。根据现场钻孔 ZK13（300m）地应力测试成果：最大水平主应力值 S_H 为 9.80MPa，最大水平主应力优势方向为 N44°E 左右。隧洞最大埋深达到 650m，埋深 $H>480m$ 时，$\sigma_m \geq 20MPa$、$R_b/\sigma_m<4$，则属于高地应力。水平应力场绝对量值不高，但侧压力系数偏高，隧洞可能产生轻微-中等岩爆，对于轻微岩爆宜加强临时支护，对于中等岩爆段，应采取刻槽或钻孔进行应力释放，并加强支护措施。

（五）勘察成果工程设计应用

（1）原初步设计为破路开挖连接闸址与隧洞，后因国道管理要求无法实施。施工采用路下箱涵顶管方式连接。技施阶段针对引水隧洞进口下坡进洞施工道路存在的边坡稳定性问题，设计对左侧岩土混合边坡采用直径 80cm 联排灌注桩（嵌岩深度不小于 5m）支护，桩两侧间距 6m，桩顶设置横向钢结构连接梁；对右侧岩质边坡采用挂网喷锚支护措施。并在路堑靠近洞口段上部设置型钢支撑，以保证进隧洞施工安全。

（2）考虑到施工运行期间隧洞进口危岩体及洞脸边坡稳定性，设计采取"坡面锚杆挂网喷护＋预应力锚索＋主动防护网"支护措施，以保证洞脸边坡的安全稳定。锚杆长度 3m，间排距 2m，挂网喷护 10cmC25 混凝土，锚索采用 1000kN 预应力锚索，长度 20m，间排距 7.5m，梅花状布置 3 排，各锚索与锚杆间隔布置，形成稳固的支护体系。

（3）进口穿越国道段的暗渠，原设计采用大开挖方式，但由于暗渠上部为 G312 国道，为了不影响国道正常通行使用，后改为以顶管箱涵形式穿越（在山区水利工程尚不多见），目前已实施完成，效果良好。

（4）引水工程枢纽区岩土指标满足引水闸、泄洪冲沙闸及溢流堰等各类水工建筑物设计要求；引水隧洞进出口边坡所提供的地质建议，均得到设计和施工的响应，如隧洞进洞道路边坡采用嵌岩排桩支护，进口洞脸边坡锚索处理，消除边坡稳定性影响后，各类防护措施确保了后续施工及运行的安全。

（5）施工围岩类别与勘察围岩分类评价基本符合，设计所采取的支护衬砌措施，基本满足工程施工和运行的要求。在施工过程中，涌水、突泥、有毒有害气体及放射性等问题与原勘察预测相符，岩爆问题尚不突出（仅局部出现蚀变花岗岩和应力集中导致的环状剥落），总体未对施工造成影响。

（六）工程地质勘察总结

（1）引蓝济李引水工程处于秦岭北麓山区，地质构造复杂，施工开挖过程中，易引发不同程度山体边坡以及洞室围岩稳定性问题。本次勘察成果资料内容丰富，各类工程地质问题评价细致，给设计、施工提供了有力的地质依据。

（2）作为跨流域的山区引调水工程，引水隧洞工程勘察至今仍属于行业难题，虽然国内对此有一些课题研究，如雅砻江锦屏二级隧洞、引汉济渭以及新疆天山隧洞等国家重点项目，均进行了大量的课题研究。但对于西北地质构造复杂地区，地层岩性、地质构造、地应力环境及水文地质条件千差万别，深埋地质体具有显著的各向异性特征。本工程投入大量细致的地质测绘、勘探和试验工作，通过施工开挖验证，大部分洞段为Ⅱ、Ⅲ类围岩，与前期工程勘察对隧洞围岩工程地质评价基本相符，整体具有较高的准确性和对应性。为西北地区中小型引调水工程，更加精准地进行深埋长隧洞勘察提供了借鉴。

（3）对于深埋长隧洞类的开挖工程，均存在诸多不确定的因素和风险，此类工程实例不胜枚举，勘察围岩类别划分应该充分考虑隧洞不良地质条件和施工环境的复杂性，而不仅仅依据简单的类别指标确定。考虑到国家对工程项目安全要求的不断提高，类似深埋长隧洞等风险等级较高的工程，根据工程区地质条件的复杂程度，适度考虑不可预见风险因素影响，留出必要的安全裕度，不失为科学合理的选择。

（4）隧洞围岩地质分类具有诸多复杂的影响因素，施工地质过程中，对于因地质构造等影响导致围岩类别变化较大的部位，需要及时与设计人员沟通，调整支护衬砌的结构形式，避免给后期施工和运行安全带来隐患。

（5）引蓝济李引水工程于2021年3月正式开工，2023年9月隧洞开挖实现全线贯通，2024年5月进行试通水运行。勘察成果评价经施工开挖验证，基本符合实际地质情况，保证了工程顺利实施。

第四节 除险加固工程

伽师县西克尔水库除险加固工程

（一）工程概况

西克尔水库位于伽师县东北西克尔镇，距喀什市150km。G314国道从库区北侧通过，交通便利。该水库为一座以灌溉、养殖为主，兼顾防洪的平原区注入式水库。水库由东、东南、西南围堵形成25km²库盘水面，最大水深5.25m，库容$1.0×10^8$m³，为均质土坝，坝长13.8km，最大坝高8m，控制灌溉面积40万亩（1亩≈666.67m²），目前实际灌溉面积13万亩。水库主要由主坝、副坝、放水闸、引水渠、泄洪闸、泄洪渠、放水渠等建筑物组成。水库规模为大（Ⅱ）型。

水库于1958年初开始勘测设计，同年4月开工建设，1959年建成并投入使用。由于工程区地质条件复杂及地震多发，运行至今曾多次进行除险加固，目前运行正常。

（二）勘察过程简述

前人曾经对西克尔水库进行多次勘察设计工作，1996年3月19日，阿图什6.9级地震，大坝出现了裂缝、滑坡等震害现象，由新疆水利水电勘测设计研究院对水库主坝进行了抗震加固勘察设计；2002年3月，水库副坝因渗透破坏发生决口，出现库水沿93排碱干渠（以下简称"93排干"）流向下游的险情，喀什地区水电设计院对副坝进行了应急加固设计；2002年4月，喀什地区水电设计院进行了西克尔水库除险加固工程可行性研究阶段的勘察设计工作；2003年8月，受喀什地区水利局委托，我院承担西克尔水库除险加固工程初步设计阶段的勘察工作，成果报告于2003年底通过自治区水利厅审查。枢纽区工程地质平面图见图4-36，坝轴线工程地质剖面图见图4-37。

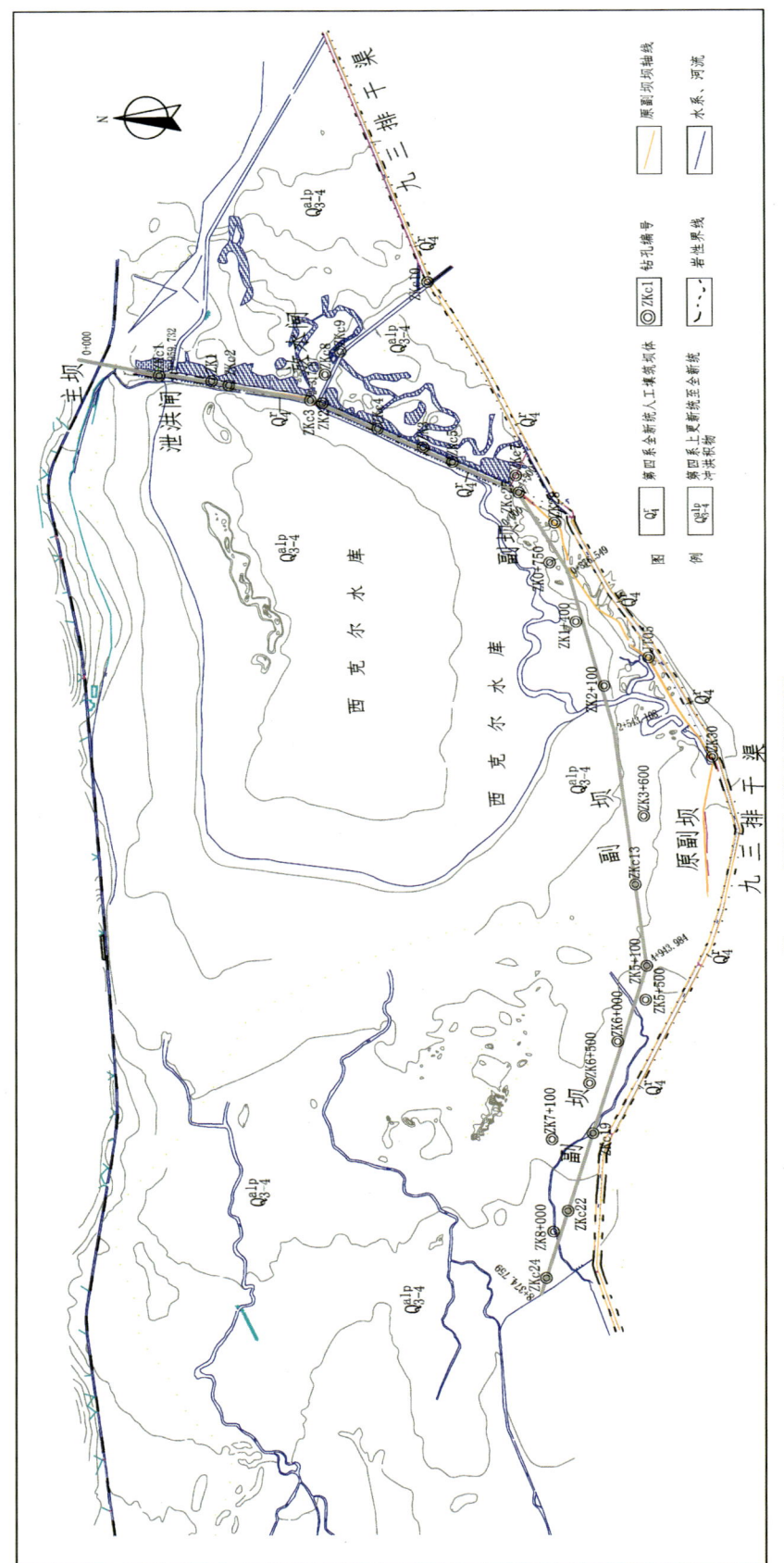

图 4-36 枢纽区工程地质平面图

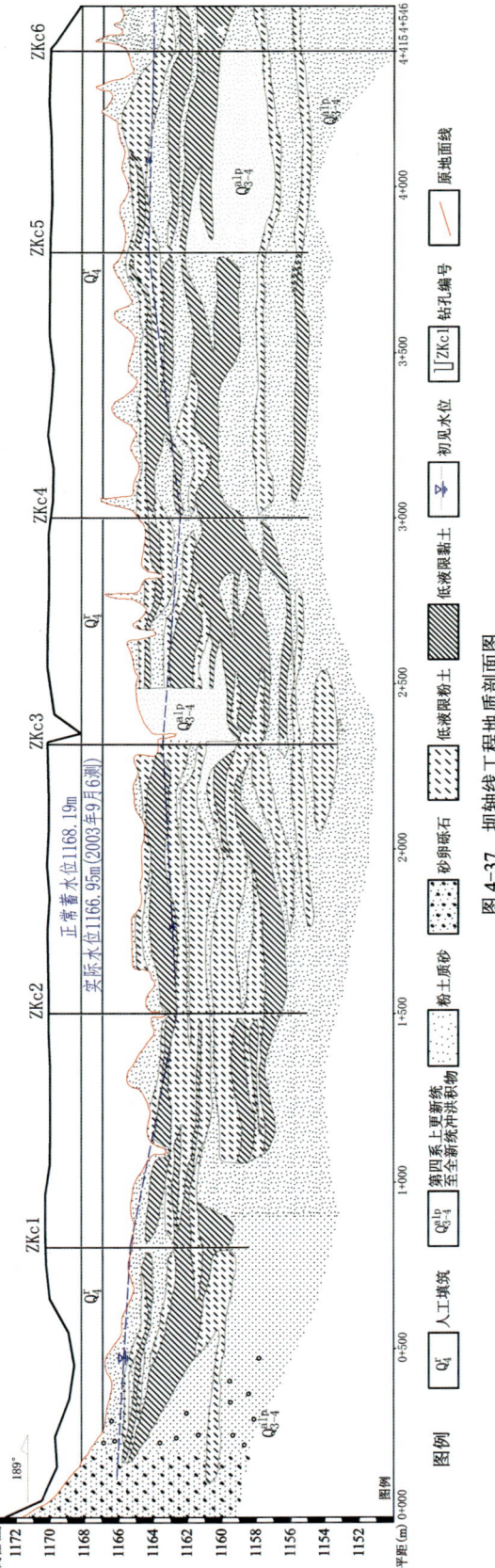

图 4-37 坝轴线工程地质剖面图

(三) 工程地质条件

1. 区域地质

工程区位于塔里木地台的二级构造单元柯坪断块隆起和塔里木坳陷接壤处。距柯坪山 1~3km。地形由北向南呈阶梯状降低,可分为:①北部柯坪山脉,山势高耸,山体雄厚,不同高度形成一些台地或负地形;②中部低山丘陵或残丘,为柯坪断裂活动形成,局部山顶残留夷平面;③山前新老洪积扇叠置形成洪积扇裙,工程区内较大规模洪积扇有 5 个,其轴部长 2~3km,坡度 55‰;④喀什噶尔河冲积平原,地形平坦开阔。库盘处于恰克马克河、布谷孜河及克孜河古河道汇流而成的洼地内,除东面和东南面外,其余三面基本封闭,为该区较为理想的平原区水库地形。

工程区出露下志留统(S_1)、中泥盆统(D_2)及第四系,库坝区以第四系为主。分布有上更新统洪积物(Q_3^{pl})、上更新统—全新统洪积物(Q_{3-4}^{pl})、上更新统—全新统冲洪积物(Q_{3-4}^{al+pl})及全新统风积物(Q_4^{eol})等。①上更新统洪积物分布在Ⅱ~Ⅳ级洪积阶地上,岩性为碎块石、砂土,厚度 3m 左右;②上更新统—全新统洪积物分布在山前洪积扇和库坝区北部,岩性为蛮石、块碎石、砂土,结构较密实;③上更新统—全新统冲洪积物分布在水库区及南部,岩性为粉细砂、粉土、黏土等;④全新统风积粉细砂分布在库区局部洼地内,矿物成分以长石、石英为主。

区内主要断裂为柯坪活动断裂(F1)、普昌断裂和 F2 断层。其中,柯坪活动断裂(F1)在柯坪山前通过,为一条近东西向弧形断裂,长 300km,该断裂距水库最近 1.5km。该断裂自上更新世以来活动强烈;在库坝区东侧约 20km 发育 NNW 向的普昌活动断裂,它横切柯坪断裂带,错断了新近系—中更新统地层,断裂长度 100km;F2 断层位于 F1 断裂北部 0.2~1km 处,距水库 2.0~3.0km,破碎带宽 30~50m,由断层角砾岩、糜棱岩及断层泥组成。库坝区附近断层上盘由隆起的志留系灰岩背斜组成,断层下盘为泥盆系砂泥岩,在工程区以东与柯坪断裂相交。

工程区处于帕米尔弧形构造的东北侧,受到印度洋板块和亚欧板块的挤压,易积累产生大地震的能量,是大陆内部主要的强震活动区。震中集中于柯坪断裂带与普昌断裂交会处,自 1958 年建库以来已遭受了 14 次大于 6 级地震。根据《中国地震动参数区划图》(GB 18306—2015),库坝区 50 年超越概率 10% 的地震动峰值加速度 0.20g,地震动反应谱特征周期 0.45s,相应地震基本烈度Ⅷ度,属区域构造不稳定区。

2. 工程区地质条件及评价

1) 库坝区工程地质条件

库坝区位于柯坪山前冲洪积扇裙和喀什噶尔河冲洪积平原接壤处的古河道的洼地上,坝北、西、南三面基本封闭,整体地形平坦,起伏不大。水库北面靠近南疆铁路,路基高出地面 2~3m;水库南面为 93 排干,两侧堆土高出地面 4~5m;主坝后分布一些取土坑及残留洼地,由于坝基渗漏积水,形成沼泽地及盐碱地。其中,古河道从主坝桩号 2+340~2+520 段通过,深 4.50~5.00m。

水库区分布第四系上更新统—全新统冲洪积物及全新统风积砂,洪积物主要分布在库区北岸,岩性为块石、碎石及砂土,左副坝 0+300m 以北基本为碎石、砂土,结构密实。冲洪积物主要分布在库盘及库区南岸,岩性为粉土、黏土及粉细砂互层或透镜状,一般厚 0.40~1.00m。风积粉细砂、粉砂主要分布在库盘表层,厚 0.20~4.00m,结构松散,透水性相对较好。工程区地下水埋深 0.50~5.70m,一般埋深 1.80~4.00m。目前库坝区地下水主要是库水渗漏补给,库区地下水水位受库水位影响较大,埋深 0~2.57m,比建库前上升 1~2.00m。

据水质分析,地表水和地下水化学类型均为 SO_4^{2-}-Ca^{2+} 型水。其中,地表水对普通水泥具硫酸盐型强腐蚀,对抗硫酸盐型水泥无腐蚀性;地下水对普通水泥和抗硫酸盐型水泥均具有强腐蚀性。地表水和地下水对钢结构具中等腐蚀。建议对混凝土建筑物和钢结构采取防腐蚀措施。

自水库运行后,水文地质条件发生改变,库水通过坝体、坝基渗漏补给地下水,一度造成水库东南、西南坝后沼泽化、盐碱化,但93排干的修建,使沼泽化、盐碱化范围得到控制。

2)主坝坝体质量及坝基地质条件

(1)坝体质量。

坝体由红褐色低液限黏土、土黄色低液限粉土填筑而成,局部夹粉土质砂及黏土团块。坝体土的物理力学性质见表4-92。坝体土标贯击数,纵波波速,干密度值较低,透水性适中,坝体填筑质量一般。

坝前护坡边坡为1∶12,以斜三角形紧贴均质土坝前坡,主要由粉细砂、粉土及碎石组成,结构松散,天然容重1.50~1.55g/cm³。坝前护坡树木及植被较发育。坝前防浪缓坡饱和松散粉细砂土地震时易液化。

表4-92 主坝坝体土物理力学性质统计表

岩性		物理性质指标									渗透系数	土的压缩性		抗剪强度	
		含水量	天然密度	干密度	比重	孔隙比	液限	塑性指数	液性指数	黏粒含量		压缩系数	压缩模量	黏聚力	内摩擦角
		(%)	(g/cm³)	(g/cm³)			(%)			(%)	(cm/s)	(MPa⁻¹)	(MPa)	(kPa)	(°)
低液限黏土	最大值	29.9	2.02	1.65	2.74	0.863	42.4	19.0	0.83	48.6	4.94×10^{-5}	0.81	10.1	63.0	30.7
	最小值	20.8	1.78	1.42	2.71	0.650	27.0	13.1	0.24	22.3	1.39×10^{-7}	0.16	3.99	13.0	24.9
	平均值	24.2	1.92	1.54	2.73	0.752	32.0	15.2	0.46	36.6	9.8×10^{-7}	0.41	6.30	28.0	28.2
低液限粉土		23.8	1.84	1.48	2.70	0.82	30.2		0.13			0.42		15	26
粉细砂		16.0	1.67	1.44	2.68	0.87									28

坝后护坡坡比1∶2,宽2m,高3m左右。坝后坡坡脚由粉细砂、碎石土组成,结构松散,干燥—稍湿,形态完整。坝后盖重宽20m,桩号0+000~3+000段厚2.0m,3+000~4+546段厚1.0m,由碎石土组成,干燥完整。

(2)坝基地质条件。

坝基岩性为粉土质砂、低液限粉土、低液限黏土,坝基土的物理力学性质见表4-93。

表4-93 主坝坝基土物理力学性质统计表

岩性		物理性质指标										渗透系数	土的压缩性		抗剪强度	
		含水量	天然密度	干密度	比重	孔隙比	液限	塑限	塑性指数	液性指数	黏粒含量		压缩系数	压缩模量	黏聚力	内摩擦角
		(%)	(g/cm³)	(g/cm³)			(%)	(%)			(%)	(cm/s)	(MPa⁻¹)	(MPa)	(kPa)	(°)
低液限黏土	最大值	29.9	2	1.61	2.74	0.863	42.4	23.4	19	0.83	48.6	4.94×10^{-5}	0.36	7.89	63	30.7
	最小值	23.3	1.91	1.47	2.72	0.694	27	13.6	13.4	0.34	22.3	2.35×10^{-7}	0.21	4.97	18	24.9
	平均值	26.09	1.95	1.54	2.73	0.77	34.11	17.81	16.30	0.52	39.43	1.28×10^{-5}	0.29	6.12	28.40	27.78
低液限粉土		23.8	1.84	1.48	2.70	0.82	30.2	22.84		0.13					15	26
粉细砂		15.97	1.67	1.44	2.68	0.87										28

坝基土中的粉土质砂、低液限粉土,结构松散,为中等透水层,是坝基的主要渗漏通道;坝基低液限黏土为可塑状态,属中等压缩性土,为相对隔水层。

3)新选副坝地质条件

新选副坝长 8.374km,从溢洪道向东延伸,由原副坝向库内平移 300m 左右。以此消除 93 排干及坝前冲沟对水库的影响。据勘察成果,坝基主要岩性为粉土质砂、低液限粉土、低液限黏土。各土层物理力学性质详见表 4-94。

表 4-94 新选副坝坝基土物理力学性质统计表

岩性统计		物理性质指标									渗透系数	土的压缩性		抗剪强度	
		含水量	天然密度	干密度	比重	孔隙比	液限	塑限	塑性指数	液性指数	黏粒含量		压缩系数	压缩模量	黏聚力	内擦角
		(%)	(g/cm³)	(g/cm³)			(%)	(%)			(%)	(cm/s)	(MPa⁻¹)	(MPa)	(kPa)	(°)
低液限黏土	最大值	30.4	2.02	1.61	2.74	0.819	34.7	19.7	17.6	0.88	46.8	4.08×10^{-6}	0.37	10.1	40.0	30.8
	最小值	23.6	1.88	1.51	2.71	0.678	26.8	13.2	12.6	0.40	21.5	7.46×10^{-8}	0.16	4.19	15.0	20.6
	平均值	26.5	1.96	1.55	2.73	0.786	32.3	16.6	15.7	0.64	35.2	5.32×10^{-7}	0.27	6.65	26.1	26.8
低液限粉土			1.84	1.48	2.70	0.82			7.36	0.13		1.78×10^{-4}			20	25
粉土质砂			2.02	1.591	2.68	0.68						9.60×10^{-4}				

其中,粉土质砂、低液限粉土,结构松散,为中等透水层,是坝基的主要渗漏通道。坝基低液限黏土为可塑状态,属中等压缩性土,为相对隔水层。建议大坝防渗体置于该层低液限黏土内。

3. 天然建筑材料

西克尔水库除险加固工程需坝体填筑土料 98.36 万 m³、坝前坝后护坡料 3.17 万 m³、混凝土用粗骨料 5.97 万 m³、细骨料 0.50 万 m³,块石料 2.60 万 m³。除了护坡料仍用前阶段所选定的 3 个砂砾石料场,本次调查重新选取了 2 个砂砾石料场、2 个土料场和 1 个块石料场,简述如下。

(1)护坡料及反滤料(C4 料场):储量 30 万 m³,平均运距 10km。距西克尔水库副坝桩号 0+000 处 6.0km,岩性为碎块石、碎石土层,开采运输方便。该料场作为坝前护坡及坝顶垫层料质量满足要求。

(2)混凝土骨料场:格达良砂砾石料场(成品料场),储量丰富,所生产混凝土用粗、细骨料质量基本满足规范技术要求。该料场距水库主坝桩号 0+000 处 61km,交通便利。

(3)土料:T1 土料场位于库盘内,为新选土料场,T2 土料场为 93 排干挖渠的堆料。T1 土料场位于库盘内副坝 4+900~6+700 段坝前 300~600m 范围内,开采运输方便。储量 108 万 m³,除黏粒含量稍偏高,天然含水量偏高外,其他各项指标满足规范要求;T2 土料场距副坝 0.25~1.0km,平均运距 2km,开采运输方便。储量 24.75 万 m³。除含水量稍偏低外,其他各项指标满足规范要求。

(4)块石料:西克尔水库附近块石料储量丰富,质量满足规范技术要求,运距 3km,开采运输条件较好。

(四)主要工程地质问题

1. 历次地震对库坝区的影响

西克尔水库位于强地震区,地震灾害为水库主要工程地质问题。自建库以来,在该区域内共发生震级大于 6 级地震 14 次,最大震级 6.9 级,影响到库坝区的最大烈度为Ⅷ度。历次地震对水库大坝及坝基造成不同程度的破坏。主要表现为坝体多处裂缝、局部坝段滑塌，坝前防浪缓坡纵向裂缝和滑坡、坝后裂缝和涌水喷砂等现象，主要集中在主坝段。

从水库已遭受的历次地震情况来看，1961年和1996年影响烈度为Ⅷ度，地震对水库造成了很大的破坏，尤其是同一时期内接连不断的群发地震对水库的破坏性更大。被地震学家称为"伽师强震群区"，而西克尔水库即位于本区。水库库坝区以细粒土为主，其中的饱和砂土及粉土在频繁地震影响下，出现地震液化的可能性较大，其危害程度不容忽视。

2. 工程地质问题

1) 坝基渗漏

水库坝基渗漏较严重，坝后低洼处形成沼泽地及盐碱地，主要分布在主坝段，渗漏通道主要为坝基上部一层粉土质砂层，该层属中等透水层。低液限粉土属微透水层；坝基7m以上有两层较连续的低液限黏土，属极微透水层，为相对隔水层。

古河道部位粉土质砂层厚4.50~5.00m，宽180m，为透水比较严重地段，建坝时基本未做处理，该坝段库水深4.25m，水力坡度$I=0.063$，粗略估算古河道渗漏量74.3万m^3/a，约占总库容的8‰。

2) 渗透稳定

坝基岩性主要为低液限黏土、低液限粉土及粉土质砂层。水库的粉质黏土在渗流作用下不易发生渗透破坏。黏土与粉土及粉砂呈互层状分布，经判定，低液限黏土、低液限粉土及粉土质砂层的渗透破坏类型均为流土型。经过计算，对流土型渗透变形安全系数取2.0，则坝基低液限黏土的允许水力比降为0.54；低液限粉土的允许水力比降为0.52；粉土质砂的允许水力比降为0.49。

水库建成后，主坝分别于1959年2月21日和2002年3月在地震诱发下，发生了类似管涌的渗透破坏。类比同类水库实测，这种不均匀地层产生管涌渗透破坏的实际水力比降为0.07左右。

3) 地震液化

水库区地震基本烈度为Ⅷ度，坝基饱和无黏性土呈稍密—中密状态，地震液化问题是该水库存在的一个主要问题。采用标准贯入法和相对密度法判定，主坝坝基0~7.0m饱和粉细砂土可能发生地震液化。液化等级为轻微—中等。

1996年抗震加固后，坝基易液化砂土在上覆土层盖重较厚部位，封闭条件较好，抵抗液化的能力强，极少产生液化；对于上覆土层盖重较薄部位，在历次地震时，多产生喷砂冒水现象。

2003年2月24日，巴楚、伽师6.8级地震，影响到库坝区地震烈度为Ⅵ度，经过加固后的主坝坝基大部分地段完好，没有发生地震液化破坏，仅放水闸前八字墙及放水渠两侧产生了裂缝。放水闸处上覆土层较薄，封闭条件差，在地震时产生了裂缝。

4) 冻胀分析

西克尔水库位于季节性冻土区，标准冻深为0.63m。据颗分资料，坝体、坝基土中粒径小于0.05mm的土粒含量为60%~80%，属冻胀性土，冻胀级别为Ⅲ级。可能产生冻胀破坏影响。

(五) 勘察成果的设计应用

由于古河道部位存在厚层粉土质砂层，为严重渗漏地段，根据地质建议，设计采取黏土防渗墙深入至下部低液限黏土层0.5~1.5m深度，并在水库主坝后设置了7个水位观测点。据2003年4月10日至9月5日的观测资料，库水位增加（或降低）30~50cm（库容变化100万m^3），坝后观测点水位增加（或降低）0.1~4cm。因各观测点岩土不同，透水性存在差异，但在同一库水位时，变化趋势是一致的。

针对坝基0~7.0m存在轻微—中等地震液化的饱和粉土质砂，坝前护坡边坡为1:12，以斜三角形紧贴均质土坝前坡;坝后护坡边坡1∶2,宽2m,高3m左右,坝后碎石土盖重宽20m,桩号0+000~3+000段厚2.0m,3+000~4+546段厚1.0m。以防坝基形成喷砂涌水的通道。

(六)工程地质勘察总结

(1)西克尔水库位于柯坪断块隆起和塔里木坳陷交会部位,对应地震基本烈度Ⅷ度,属于区域构造不稳定的地震活跃区。该水库是国内唯一建于"伽师强震群区"的大(Ⅱ)型平原注入式水库。潘家铮院士曾经指出:"西克尔水库多次经历Ⅷ度地震的考验,毁而复建,在国际上也是少见的。"可见该水库所处位置处于区域活动断裂附近,强震反复发生,使得大坝局部出现险情,在水库的运行过程中进行了多次除险加固工作。

(2)地震灾害频发所引起的地震液化为水库主要工程地质问题,在除险加固勘察阶段,重点查明了库坝区地层岩性分布情况、坝体填筑质量、坝基渗漏部位和程度,以及地震对大坝破坏的影响情况,判定低液限黏土为相对隔水层。查明主坝坝基7.0m深度范围内饱和砂土存在地震液化现象。

(3)西克尔水库完成除险加固后,曾经历过多次中强震的考验,大坝尚未发现不良隐患现象,至今已正常运行20年。

第五节 水电站工程

一、玛纳斯河一级水电站工程

(一)工程概况

玛纳斯河一级水电站(以下简称一级电站)工程位于玛纳斯河中游河段,北距石河子市约30km。是玛纳斯河流域规划梯级中上游引水式水电站,规模为小(1)型。引水枢纽为拦河闸坝型式,主要由挡水坝、引水闸、冲沙泄洪闸、排漂排污闸和排漂泄洪闸组成,最大坝高约26m,坝顶长987m,总库容$162×10^4 m^3$;引水线路总长约11.72km(含隧洞长3.955km),主要包括引水渠道、引水隧洞、输水渡槽、节制闸及排洪桥、涵等建筑物,设计引水流量$62 m^3/s$;厂址区由压力前池、压力管道、地面式厂房、尾水渠和泄水陡坡等建筑物组成,电站总装机容量50MW。

一级水电站工程于2005年2月20日正式开工建设,2006年6月1日土建工程完工,2006年11月21日,首台机组正式投产发电。至2007年6月16日,四台机组全部并网运行,至今已正常运行17年,成为兵团当时建设完成规模最大的引水式电站工程。

(二)勘察工作概述

2004年2月至2004年5月,我院相继完成一级水电站工程项目建议书以及可行性研究阶段勘测设计工作,并分别通过兵团水利局审查。2004年7月初至2004年10月,完成初步设计阶段工程地质勘察工作,同年10月底通过兵团水利局审查。

枢纽区工程地质平面图见图4-38,坝轴线工程地质剖面图见图4-39。

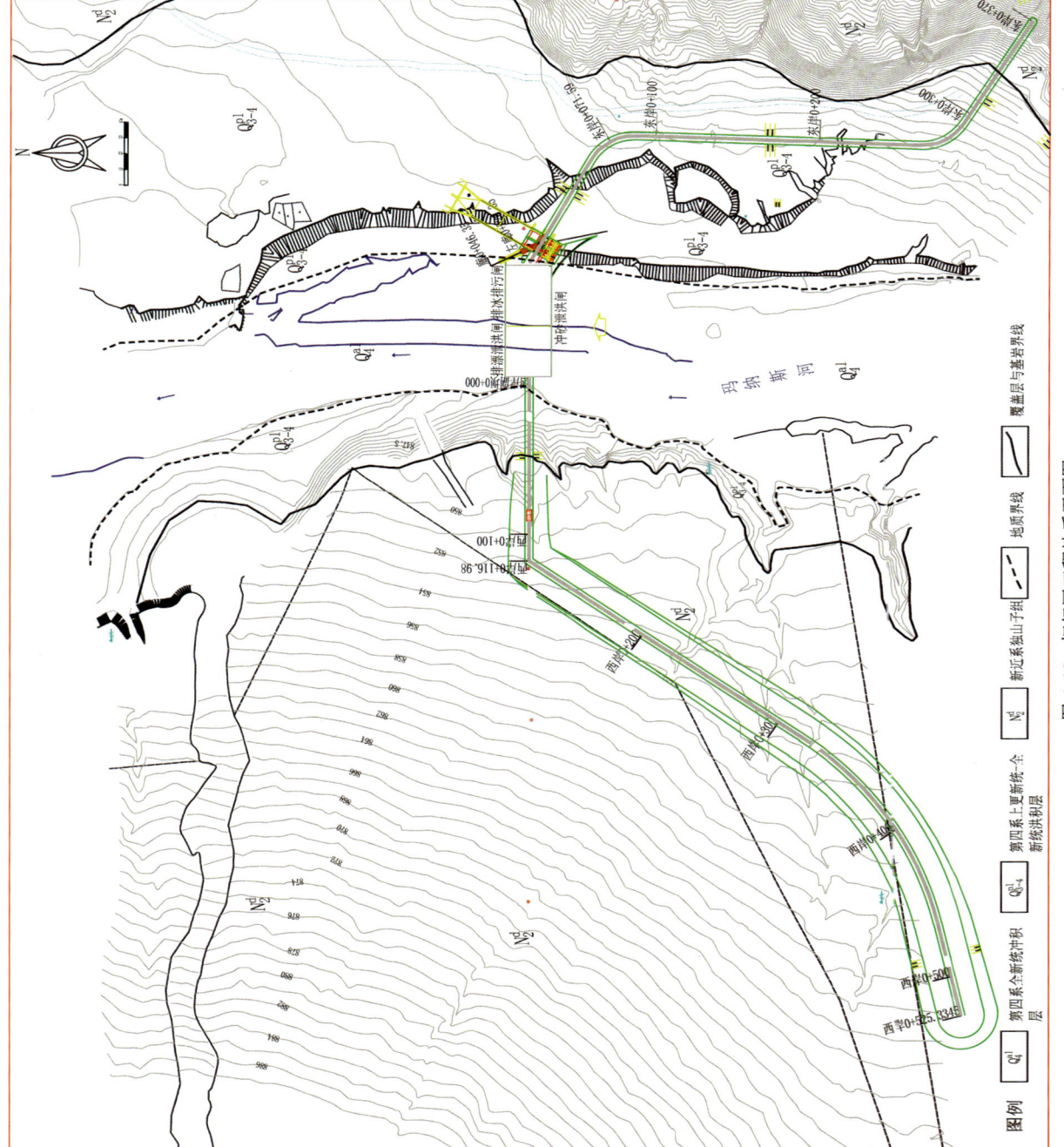

图 4-38 枢纽区工程地质平面图

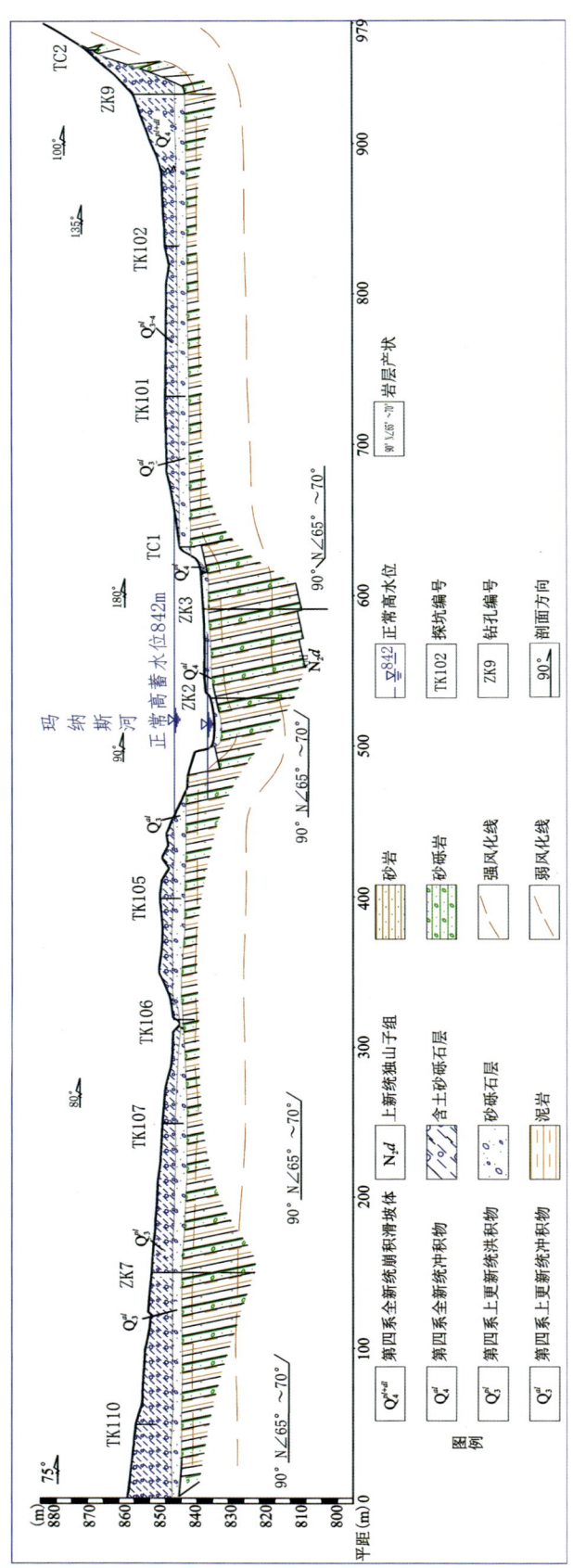

图 4-39 坝轴线工程地质剖面图

(三)工程地质条件

1. 区域地质

工程区处于准噶尔-北天山褶皱系（Ⅱ）的北天山优地槽褶皱带（Ⅱ₃）的乌鲁木齐山前坳陷带（$Ⅱ_3^6$）。根据工程区所处区域构造背景,主要构造形迹为一系列近东西向展布的褶皱和断裂。

清水河子断裂和玛纳斯断裂为两条东西向断裂,分别距枢纽区17km和20km,属区域性活动断裂和发震构造,枢纽区位于两大活动断裂的中间地带,区域构造稳定性相对较差,库坝区次级构造晚更新世以来活动减弱,构造活动向坳陷北部推移,库坝区处于相对稳定区域。据《中国地震动参数区划图》（GB 18306—2015）,50年超越概率10%的地震动峰值加速度为$0.20g$,相应地震基本烈度为Ⅷ度。

2. 工程区地质条件

1）库坝区基本地质条件

库坝区处于玛纳斯河中低山区向低山丘陵区的过渡部位,河谷宽阔,宽度500~600m,现代河床宽40~100m,两岸部分为直立基岩陡坎,发育有Ⅰ、Ⅱ、Ⅲ级基座阶地。Ⅰ级阶地零星分布,比高1.8m,阶面宽30~70m。Ⅱ级阶地比高7m左右,阶面宽60~150m。Ⅲ级阶地比高3~5m,阶面宽70~110m。左岸阶地面被冲洪积扇覆盖,地形向河谷倾斜,坡度2°~6°;右岸阶面狭窄,冲沟较发育。

库坝区地层主要为新近系独山子组（N_2d）泥岩、砂岩、砂砾岩互层,强风化厚约5m,弱风化厚约15m,岩体较完整,强度低,具有弱膨胀性,抗滑、抗变形性能差;第四系上更新统—全新统洪积堆积,岩性以砂砾石层为主,砂砾石层渗透变形类型为管涌,允许水力比降0.07。

水库区河谷深切,库区内无大的断裂通过,不存在永久渗漏问题。库岸总体基本稳定,蓄水后局部有小规模崩塌及坍岸。

枢纽区处于新近系泥岩地层中,该河段为横向河谷,地层呈单斜构造,发育层间挤压及层间错动,产状90°N∠65°~70°,与河岸阶地前缘卸荷裂隙形成不利组合,产生局部的塌滑现象。右岸岩体陡立,顶部形成的卸荷裂隙与层面及顺层的挤压错动面形成不利组合,产生塌滑及崩塌。

地下水主要是孔隙潜水,一是两岸阶地受降雨和灌溉水入渗补给,沿下伏基岩面以下降泉形式溢出,补给河水;二是河床砾石层受河水补给,以潜流向下游排泄。据水质分析,枢纽区河水水化学类型为$HCO_3^- \cdot SO_4^{2-}-Ca^{2+} \cdot Mg^{2+}$型,矿化度0.3g/L,pH值8.3,具弱碱性,河水对混凝土无腐蚀性;泉水水化学类型为$SO_4^{2-} \cdot Cl^- -Na^+$型,矿化度5.5g/L,pH值7.6,泉水对普通水泥具结晶类硫酸盐型强腐蚀,对抗硫酸盐水泥无腐蚀性。

河床岩体透水率$q \leqslant 3Lu$埋深在基岩面以下5~15m,$q \leqslant 1Lu$埋深在基岩面20m以下。卵砾石层渗透系数$3.2 \times 10^{-2} \sim 8.5 \times 10^{-2}$cm/s,为强透水层。

2）引水线路基本地质条件

引水线路总长11.72km,布置于右岸阶地、洪积扇及扇缘地带、低山丘陵段。岸边堆积有第四系冲积、坡积、洪积物,两岸有冲沟发育,一般间隔400~700m,呈梳状或树枝状垂直河流分布于两岸。

引水线路沿线地层岩性主要由第四系不同成因的松散堆积组成。地下水水位绝大部分低于渠底高程。主要地层简述如下:

（1）下更新统西域组砾岩（Q_1x）:分布在引水隧洞段及部分渠线段,以及渠道基础和边坡。具斜交层理,局部夹薄层状或透镜体状砂层,主要为泥砂质、钙质胶结或半胶结,层理明显,结构密实。

（2）中更新统砂砾石层（Q_2^{al}）:分布在部分渠段岸坡和渠基,含漂卵石,结构稍密。

（3）上更新统洪积砂砾石、细砂及粉土层（Q_3^{al}）:为引水线路主要地层,砂砾石层厚度变化较大,分布在洪积扇上部,含泥量较高,密实;粉土层、细砂层为透镜体状,粉土层厚度 1.2~1.8m,稍密—中密,稍湿,具高压缩性和湿陷性。

(4)全新统冲积(Q_4^{al})、坡积砂砾石层(Q_4^{dl})等:主要在渠线靠近陡立岸坡的下部及阶地前缘斜坡上分布,砾石上部松散,局部有架空现象,层理倾斜 10°~15°。

3)发电厂房厂址区基本地质条件

发电厂房为基坑形式,开挖深度约 26m,设计水头 104m。地面厂房位于河道右岸Ⅱ级阶地后缘,地形较平坦开阔。压力前池布置在玛河右岸Ⅷ级阶地上,为箱形布置,长约 56m,宽约 17m,深约 9.27m,阶面宽 180~200m,总体地势南高北低,地形向北缓倾,坡度 2°~5°。为侵蚀基座阶地,岩性为下更新统西域砾岩,阶地堆积物为中更新统冲积含漂石砂卵砾石层,表层为上更新统风积黄土。分述如下:

(1)黄土层(低液限粉土),稍密,为中压缩性土,具中等湿陷性。不宜作为压力前池基础,建议清除。

(2)混合土卵石,稍密,承载能力和抗变形能力强,工程地质条件好,建议作为压力前池基础持力层,属中等透水层。

(3)西域砾岩具水平层理,浸水后具有崩解特性,工程地质条件较好。

3. 岩土物理力学性质

工程区出露上更新统—全新统冲洪积堆积,以及新近系独山子组泥岩、砂岩、砂砾岩互层。坝基覆盖层各层颗粒级配分析见表 4-95。坝基岩土物理力学性质见表 4-96。

表 4-95 坝基覆盖层各层颗粒级配分析汇总表

岩性	颗粒名称及粒径(mm)											不均匀系数	曲率系数
	漂石	漂石	卵石	砾			砂			粉粒	黏粒		
				粗	中	细	粗	中	细				
	>400	400~200	200~60	60~20	20~5	5~2.0	2.0~0.5	0.5~0.25	0.25~0.075	0.075~0.005	<0.005		
	含量(%)											C_u	C_c
卵石混合土		6.2	9.4	28.1	17.1	12.2	8.2	4.5	3.4	10.2		344.1	4.68
低液限黏土					0.2	2.8	2.0	33.3	40.5	21.2		233.3	0.06
卵石	28.0	13.0	25.7	9.3	7.5	3.2	6.1	3.2	2.1	1.9		234.4	2.31

表 4-96 坝基岩土物理力学性质试验成果汇总表

地层岩性	物理性质指标								渗透系数	力学性质指标			
	天然状态下						孔隙比	相对密度		压缩		剪切	
	比重	含水量	湿密度	干密度	液限	塑限				压缩系数	压缩模量	黏聚力	内摩擦角
		%	g/cm³	g/cm³	%	%			cm/s	MPa⁻¹	MPa	kPa	(°)
卵石混合土	2.70	4.6	2.08	1.99			0.82	0.45	$4.18×10^{-3}$				
低液限黏土	2.68	12.8	2.05	1.82	26.1	13.4	0.44		$7.5×10^{-7}$	0.12	9.54	12.5	29.8
卵石	2.72	3.2	2.20	2.12			0.58	0.25	$3.6×10^{-2}$				

新近系独山子组：主要为泥岩、砂岩、砂砾岩互层，中厚层状。泥岩、砂岩岩芯获得率达90%以上，完整性较好；泥岩、砂砾岩易软化崩解，砂岩、砂砾岩强度较高，抗风化能力强，泥岩抗风化能力较弱。泥岩自由膨胀率为41%～67%，具有弱膨胀性。枢纽区岩体动力参数、岩块物理力学性质试验指标见表4-97、表4-98。

表4-97　坝址区岩体动力参数成果表

岩性	风化程度	纵波速度 m/s	横波速度 m/s	动泊松比	动弹性模量 GPa
砂岩	强风化	1950～2600	1000～1400	0.16～0.25	0.76～2.85
砂岩	弱风化	2600～3400	1500～2050		
泥岩	强风化	1600～2400	900～1300		
泥岩	弱风化	2300～2800	1200～1600	0.28～0.35	20～38

表4-98　坝址区岩块物理力学性质试验成果表

岩性	风化程度	相对密度	湿容重 g/cm³	吸水率 %	饱水率 %	孔隙率 %	软化系数	抗压强度 干 MPa	抗压强度 湿 MPa	弹性模量 GPa	变形模量 GPa	抗剪 干 C MPa	抗剪 干 φ (°)	抗剪 湿 C MPa	抗剪 湿 φ (°)
砂岩	强	2.71	2.65	1.06	1.19	3.32	0.08	13～18							
砂岩	弱	2.71	2.66	1.06	1.16	2.84	0.10	20～28	8～15	9～26	7～21	9.6	43	6.5	40
泥岩	强	2.69	2.53	5.43	5.62	10.8	0.10	5～12							
泥岩	弱	2.72	2.56	3.37	3.42	8.5	0.15	13～22	2～10	4～8	3～7	5.4	39	3.0	38

引水线路隧洞西域组砾岩岩体变弹模试验成果见表4-99。

表4-99　西域砾岩（Q_1）岩体原位变弹模试验成果表

试点编号	试点深度 (m)	应力（E_0） 0.6MPa 变模	0.6MPa 弹模	1.2MPa 变模	1.2MPa 弹模	1.8MPa 变模	1.8MPa 弹模	2.4MPa 变模	2.4MPa 弹模	3.0MPa 变模	3.0MPa 弹模
		GPa									
DM_1	19.0	0.340	0.480	0.296	0.615	0.309	0.716	0.334	0.643	0.351	0.706
DM_2	26.2	0.542	0.806	0.353	0.685	0.353	0.917	0.346	0.724	0.364	0.873
DM_3	29.5	0.685	1.524	0.590	1.114	0.547	1.049	0.562	1.109	0.589	1.202
DM_4	37.0	0.509	0.932	0.545	1.108	0.581	1.164	0.626	1.326	0.652	1.233
DM_5	27.5	0.757	1.770	0.751	1.934	0.809	1.610	0.853	2.712	0.922	1.888

引水线路各土层颗粒级配成果见表4-100，物理力学性质试验成果见表4-101。

表 4-100　引水线路各土层颗粒级配分析汇总表

岩性	颗粒名称及粒径(mm)											不均匀系数	曲率系数
	漂石	漂石	卵石	砾			砂			粉粒	黏粒		
				粗	中	细	粗	中	细				
	>400	400~200	200~60	60~20	20~5	5~2.0	2.0~0.5	0.5~0.25	0.25~0.075	0.075~0.005	<0.005		
	含量(%)											C_u	C_c
西域砾岩		10	22.6	35.6	12.4	6.9	6.0	3.8	2.1	0.6		99.17	1.56
Q_2漂卵砾石	28.0	13.0	25.7	9.3	7.5	3.2	6.1	3.2	2.1	1.9		234.4	2.31
Q_{3-4}^{pl}卵石		6.2	9.4	28.1	17.1	12.9	8.2	4.5	3.4	10.2		344.1	4.68
Q_{3-4}^{pl}细砂							2.3	13.1	73.3	11.3		2.59	1.65
Q_{3-4}^{pl}粉土						0.2	2.8	2.0	33.3	40.5	21.2	233.3	0.06
Q_4^{dl}卵砾			5	15.4	30.6	19.7	10.8	8.1	3.3	1.9	5.2	67.78	1.97

表 4-101　引水线路岩土物理力学性质试验成果汇总表

地层岩性	天然状态			相对密度	孔隙比	自然休止角(°)	承载力(kPa)	易溶盐含量(g/kg)
	含水量(%)	湿密度(g/cm³)	干密度(g/cm³)					
西域砾岩	0.8~4.6 / 3.1	2.20~2.32 / 2.26	2.15~2.21 / 2.19	0.73~0.83 / 0.76	0.22~0.28 / 0.24	38~41 / 40	600	0.12
Q_2漂卵砾石	0.6~3.6 / 1.6	2.10~2.25 / 2.18	2.08~2.20 / 2.13	0.25~0.34 / 0.30	0.22~0.32 / 0.27	37~40 / 38	480~550	0.09
Q_{3-4}^{pl}卵砾石	1.3~3.8 / 1.8	2.05~2.15 / 2.08	1.97~2.12 / 2.04	0.45~0.52 / 0.48	0.27~0.38 / 0.32	36~38 / 36.5	320~380	3.42
Q_{3-4}^{pl}细砂层	8.5~12.2 / 9.6	1.38~1.56 / 1.47	1.28~1.48 / 1.34	0.38~0.45 / 0.41	0.78~1.10 / 0.977	30~33 / 31.5	140	1.23
Q_{3-4}^{pl}粉土层	9.3~13.1 / 10.8	1.62~1.84 / 1.73	1.52~1.68 / 1.56		0.903		120	13.23
Q_4^{dl}砂砾石	0.5~2.6 / 1.2	1.97~2.08 / 2.02	1.92~2.07 / 2.01	0.18~0.33 / 0.2	0.31~0.42 / 0.34	34~37 / 34.5	280~350	8.63

注：表中数值形式为 $\frac{最小值\sim最大值}{平均值}$，并结合了上阶段试验资料统计而成。

4. 天然建筑材料

工程所需天然建筑材料中，砂砾料和防渗土料储量较为丰富，质量基本能满足技术要求；引水线路所需混凝土骨料，各料场储量丰富，但部分料场细骨料含量偏低，且含泥量超标，需筛洗后使用。各料场开采条件一般，均需修筑运输临时便道。

通过沿线 5 个混凝土粗、细骨料场详查，拟定 C1(含 4 个分料场)、C2、C4(含 3 个分料场)、C5 和 C6

料场作为引水渠线混凝土骨料场使用。

C1料场有4个分料场均位于玛河右岸河漫滩和Ⅰ、Ⅱ级阶地上,开采运输条件均较好,总储量$47.20×10^4m^3$,主要为枢纽提供填筑料和混凝土骨料,作为粗骨料时部分含泥量偏高,其余各项指标满足要求,作为细骨料时部分含泥量、孔隙率略偏高,或细度模数、平均粒径略偏小,可筛洗掺配后使用。

C2料场位于玛河右岸大干沟处高阶地上,开采运输条件差,储量$10.5×10^4m^3$,作为粗骨料时各项指标满足要求;作为细骨料含泥量不符合要求。

C4-2料场位于玛河右岸Ⅳ～Ⅸ级阶地上,料场开采、运输条件均差;储量$59.0×10^4m^3$,作为混凝土粗骨料时各项指标满足要求;作为细骨料时含泥量不符合要求,孔隙率略偏高,平均粒径偏小;C4-3料场位于右岸Ⅶ级阶地上,料场开采、运输条件较好,储量$87.0×10^4m^3$,作为混凝土粗骨料时含泥量偏高,作为细骨料时含泥量不符合要求,孔隙率偏高;C4-4料场位于右岸Ⅶ～Ⅸ级阶地上,料场开采、运输条件较好,储量$36.3×10^4m^3$,作为混凝土粗骨料时各项指标满足规范要求;作为细骨料时含泥量、孔隙率略偏高。

C5-1、C5-2料场位于右岸Ⅶ级阶地的陡坡上,料场开采条件差,运输条件一般,储量$11.5×10^4m^3$,作为混凝土粗骨料时含微量的轻物质,作为混凝土细骨料时孔隙率略偏高,细度模数、平均粒径略偏小。

C6料场位于二级电站渠首泄洪闸下游河床内右岸Ⅶ级阶地上,料场开采、运输条件较好;储量$41.9×10^4m^3$,作为混凝土粗骨料时各项指标满足规范要求;作为细骨料时含泥量、孔隙率偏高。

(四)主要工程地质问题

(1)枢纽区右坝肩处于1#塌滑体底部,塌滑体方量$9600m^3$,据勘察分析,该滑坡体是在晚更新统以后形成,第一次塌滑后,局部存在发生二次塌滑变形可能。该滑坡体坡度为18°～25°(上陡下缓),据试验资料,内摩擦角32°～38°,现状处于相对稳定状态。但在水库蓄水后,随着含水量变化,有进一步发展的可能,对右坝肩稳定产生不利影响。建议对滑坡上部泉水进行疏导或拦截,下部坡角增加反滤层,使滑坡体处于稳定的状态。

(2)电站引水渠道经过部分砂砾石填方段,存在不同成因和不同密实度的砂砾石,易产生基础不均匀沉降变形,造成渠道出现纵向张拉裂缝问题。根据临近工程经验,建议采取预先浸水(通水)方法。

(3)西域组以砾岩泥砂质胶结为主,成岩作用较差,遇水易崩解,岩体强度在一定程度上受胶结物控制,成洞条件差。引水线路需要在西域砾岩开挖$30m^2$以上的大断面洞室,在类似软岩的胶结砂砾石中进行如此大断面洞室开挖,在国内尚属罕见。是否具备大断面隧洞成洞条件,为本工程需要解决的关键技术问题。需要进行专题研究分析,勘察人员通过对沿线地质测绘成果的分析,以及开挖勘探试验平硐,结合6条勘探平硐以及多种现场原位试验研究,观察胶结砂砾石洞室围岩的自稳条件。并进行原位大型剪切试验、原位弹性模量等试验,最终取得试验数据,为设计提供了可靠的地质依据。最终确定该西域砾岩虽然胶结成岩较差,但在无地下水工况下具备成洞条件。

(4)本工程存在较多的砂砾石或西域砾岩工程边坡,其中引水线路段河流下切深度70～130m,河岸陡立,形成数十米至百米的悬崖峭壁,引水线路前段有4km长的高陡河岸,相对高差在80m以上,而且分布多条较大的冲沟。常规做法是修建盘山明渠,必须将近乎直立的岸坡削成稳定边坡,即便是坡比取为1:0.5,也因土石方开挖量巨大而不经济,且运行中极容易发生边坡垮塌堵塞渠道,存在诸多安全隐患。因此各类成因碎石土边坡稳定性分析判定,也是工程关键技术之一。

(5)厂房基坑开挖问题。由于电站厂房处于玛纳斯现代河床中,厂房基础开挖深度较大,原勘察根据河床砂砾石透水性,对基坑开挖涌水量做出预测,并对基坑开挖边坡稳定性,提出了地质建议(施工阶段未出现基坑涌水及渗水现象)。

（五）勘察成果工程设计应用

（1）针对右岸岩体陡立，顶部形成卸荷裂隙与层面及顺层的挤压错动面形成不利组合，产生塌滑及崩塌体的问题，分析认为，右坝肩所处的1#塌滑体底部，水库蓄水后水位升高，会大幅降低底滑面强度，有诱发再次失稳滑动的可能。建议对滑坡上部的泉水进行疏导或拦截，下部坡角增加反滤层，使滑坡体可以继续处于自然稳定的状态。设计和施工采取措施后，在后期工程运行过程中，曾经在暴雨洪水期间发生小规模的崩塌和滑落，由于技施阶段设计对建筑物布置采取合理避让措施，未对建筑物产生大的影响。

（2）针对电站引水渠道砂砾石填方段，存在不均匀沉降问题，技施阶段采取挖除换填，并调整适宜的碾压参数等方法予以解决，大幅降低了后期电站运行期间渠道沉降变形的风险。

（3）针对大跨度隧洞穿越成岩差的西域砾岩，勘察进行大量现场开挖试验，证明砾岩虽然胶结成岩较差，但在无地下水工况下具备成洞条件，综合考虑工程区地质条件，提出地质建议：①隧洞全线地下水水位均低于设计洞底高程，有利于隧洞开挖掘进、临时支护以及永久衬砌施工。②沿线地层为单一的西域砾岩，根据洞室现场试验和长期观察，认为该胶结砂砾石具备成洞条件。

设计根据勘察建议采用了无压隧洞方案。在隧洞施工初期，根据沿线西域砾岩胶结密实程度的差异，进行了开挖掘进试验，根据试验参数对设计施工方法作了改进和优化，首先针对前段2.9km胶结程度较好的情况，确定采用全断面爆破开挖；后段1.1km胶结差，结较松散，确定采用免爆破开挖；根据支护断面较稳定的实际情况，适度增加每循环长度，大大加快了施工进度。在衬砌结构方面，采用临时支护与永久衬砌相结合的方式，较好解决了施工期和运行期围岩安全稳定性问题。

（4）隧洞进出口洞脸自然边坡陡立，高度60～80m，地质建议对洞脸边坡进行1∶1.0的削坡处理。但技施阶段，设计为了避免巨大削坡工程量，同时确保进洞施工安全，提出在洞口外衬砌一段明浇隧洞，并对高陡坡面存在的个别危石进行清理及防护。

对电站其他建筑物开挖的工程高边坡问题，从地质角度建议对各类砂砾石边坡应进行适当的削坡处理，上部砂砾石层开挖坡比1∶1.75；下部西域砾岩开挖坡比1∶1.0，并分层设置马道。西域砾岩浸水后易崩解，采取了排水措施，及边坡下部进行防冲刷措施。

（六）工程地质勘察总结

（1）玛纳斯河一级水电站为玛纳斯河流域规划梯级开发中的一个引水式水电站工程，该电站2007年建成发电时，是我院所承担的装机规模最大的水电站工程，也是当时兵团已建梯级中装机规模最大的水电站。

（2）该水电站压力水管静水头为107m，压力管镇墩基础设置在高达82m的砂砾石和西域砾岩边坡上，在兵团乃至全国尚属罕见，我院在该边坡上布置多条勘探平硐，并进行原位大型剪切试验、原位弹性模量等试验，最终取得试验数据，为设计提供了可靠的地质依据，保证边坡稳定的同时，最大限度减小开挖坡比，因此节省了开挖工程量。同时也开创了在该类地层岩性的高边坡上架设压力钢管的先河。

（3）水电站拦河坝为重力式闸坝+心墙坝的混合坝型，坝基岩性为新近系泥岩、砂岩、砂砾岩，中厚层状结构，坝基弱风化岩石单轴饱和抗压强度特征值小于15MPa，属极软岩，具有软化及膨胀等工程特性。由于在该软岩基础上已建工程实例少，可供坝基岩体工程地质特性评价借鉴、类比的工程经验极少。对其物理力学参数的确定是一个新的课题，通过对该地层研究，为后期进行的"肯斯瓦特水利枢纽工程"提供了部分可供借鉴的基础资料。

（4）引水线路中段河岸多陡立，受长期的风化剥蚀作用，形成沟壑相连的奇特地貌。通过比选，工程布置上以引水隧洞型式跨越，而沿线出露的西域砾岩为中国西北地区（特别是新疆）分布的较为特殊的岩土体,具有"似岩非土"或"软岩硬土"的特征,对其工程特性研究资料极为有限,缺少可供借鉴的地质资料。特别是对其作为水工引水隧洞围岩的稳定性评价,是项目成立的关键。通过大量的野外原位试验,按不同胶结程度,分别对岩体强度、岩体变形、抗剪等各项工程地质特性进行了针对性研究,获取了大量的地质基础数据,给出了定性评价,对工程设计具有一定的指导意义。隧洞成败的关键在于是否具备安全的施工条件和经济合理的施工方法,以及工期能否满足要求。本工程的施工经验也有许多值得借鉴之处。

(5)为了模拟施工期隧洞开挖西域砾岩自稳能力,根据前期勘察成果及现场开挖揭露,对其相关地质评价(自稳时间、一期支护措施)均较为可靠。根据运行期的观测及监测资料,围岩变形量在设计允许范围内,运行状况良好。

(6)玛河右岸厂区前池高阶地面与厂房所在Ⅱ级阶地面高差达110m,高阶地岸坡为近直立陡坎,压力管坡削坡工作量巨大,厂房最大挖深达28m,压力管坡和厂房基坑基础为西域砾岩和中更新统砂砾石层,边坡稳定条件较差,高边坡稳定问题突出。经过勘察和论证,对高边坡布置了合理勘探工作量,对各岩土层性质进行了详细研究,并提出了各岩土层的物理力学性质参数。

根据边坡稳定分析计算,对其天然状态下的稳定性、开挖后工程边坡稳定性,以及对洞脸临时边坡和永久边坡的开挖坡比等均提出了合理的地质建议和支护方案。工程运行至今,沿线工程边坡及自然边坡,总体稳定性较好,未出现失稳现象,边坡稳定评价合理。

(7)本项目在外业实施和资料整编过程中,可供借鉴和参考的工程经验较少,尤其对西域砾岩类软岩边坡及其大断面隧洞围岩特性的评价,均投入了大量针对性的现场勘探试验研究。特别是对高边坡的处理上,地质成果建议对电站设计施工意义重大,也使工程量得到最合理的安排。

(8)一级水电站工程于2005年2月开工建设,2007年6月完工且并网运行,至今已正常运行17年,为兵团和石河子市经济发展发挥了重要作用。

二、大吉尔格朗河库尔乌泽克水电站工程

(一)工程概况

库尔乌泽克水电站位于伊犁地区新源县境内,距新源县50km,距伊宁市158km,交通便利。该水电站是《大吉尔尕朗河水能开发利用规划报告》推荐的近期开发水电站工程。工程规模为中型Ⅲ等,采用引水式开发,装机容量66MW,设计发电流量55.42m³/s,设计发电水头138.48m;电站引水渠线长约11km,起点接五一渠首,沿大吉尔尕朗河右岸阶地自东向西延伸;厂址区位于大吉尔尕朗河右岸新源县坎苏乡库尔乌泽克村附近,电站主要建筑物有引水渠线、前池、压力管坡、泄水陡坡、厂房及尾水渠等。

该工程于2015年4月开工建设,2017年10月基本完工,并进行通水试运行。最终于2018年9月完成通水验收,同时首台机组正式发电,目前已经正常运行6年多。

(二)勘察工作概述

规划阶段工程地质勘察工作于2008年8月至10月完成,2008年12月提交了规划阶段工程地质勘察报告,并于2009年4月通过自治区水利厅规设局的审查,同意规划的"两库四级"方案,以及库尔乌泽克电站作为近期开发推荐工程;2009年8月至10月完成预可研阶段勘察工作,2009年12月提交勘察报告,2010年4月通过自治区水利厅规设局的审查;2010年7月至10月完成可研阶段勘察工作,于2014年2月通过中国国际工程咨询公司咨询。该工程于2015年初开工建设,针对施工详图设计处理大厚度湿陷性黄土的问题,于2015年9月至10月完成施工图阶段补充勘察工作,并通过相关审查。

电站厂址区工程地质平面图见图4-40,引水线路工程地质剖面图见图4-41。

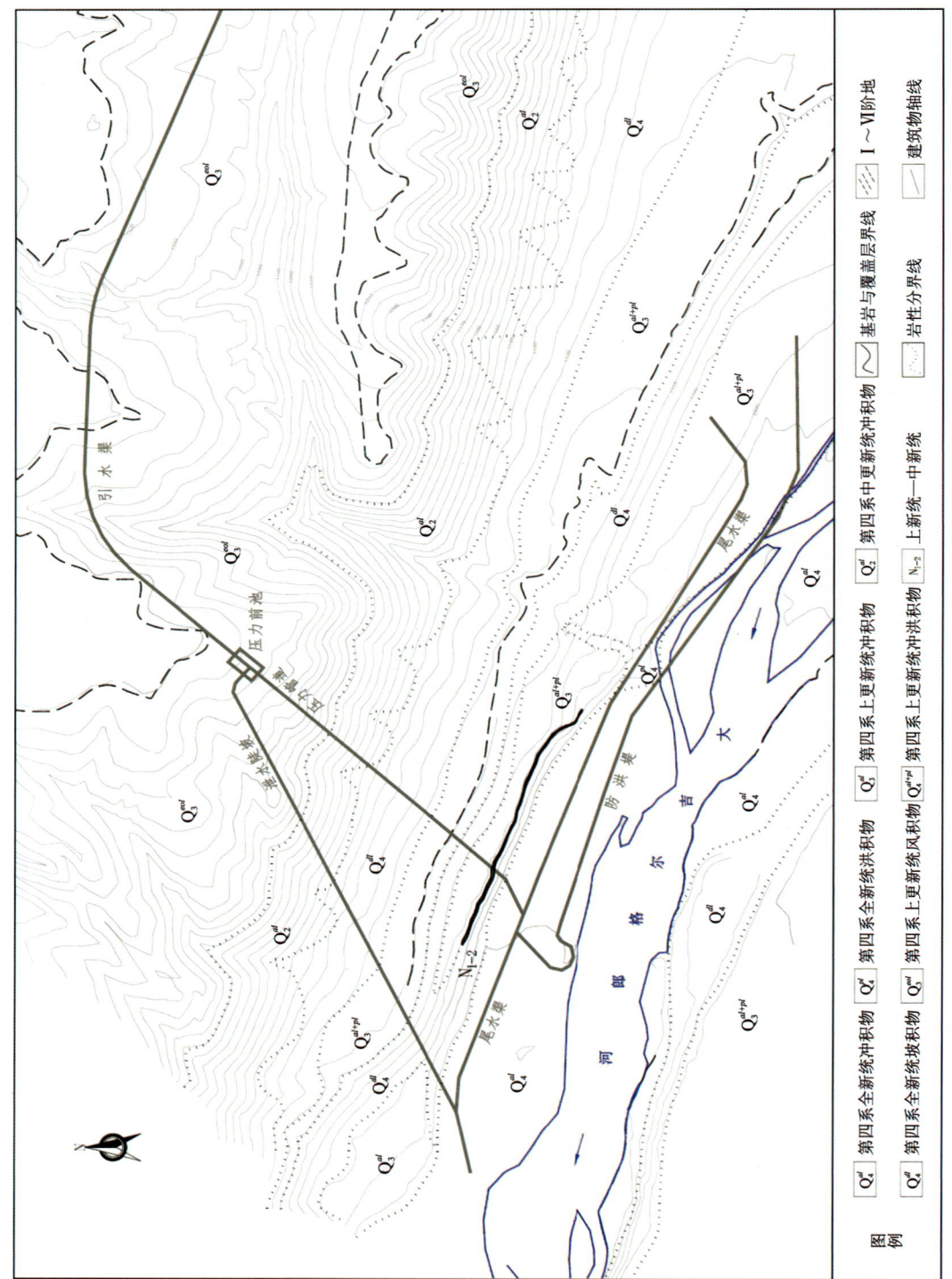

图 4-40 电站厂址区工程地质平面图

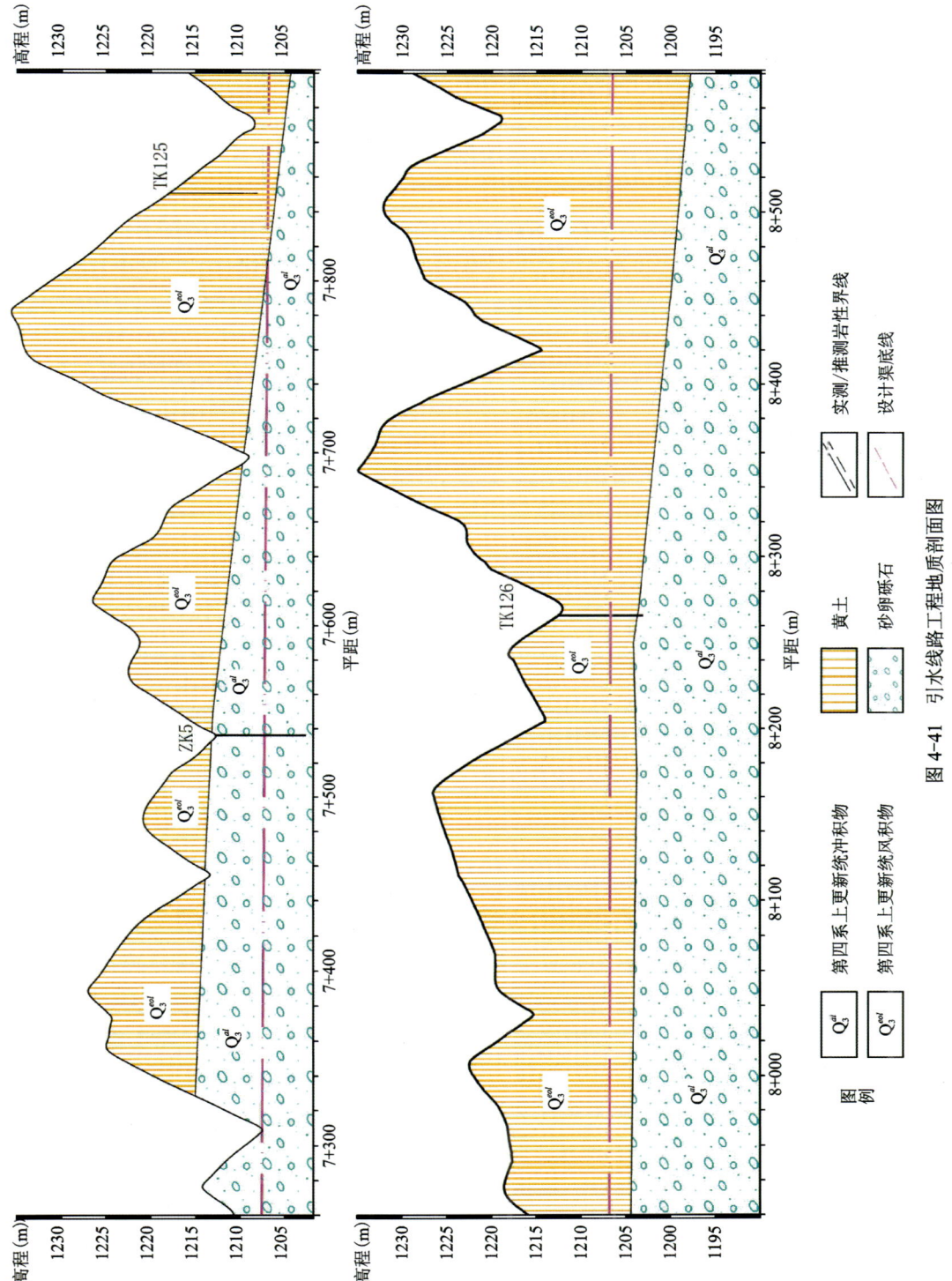

图 4-41 引水线路工程地质剖面图

(三)工程地质条件评价

1. 区域地质

工程区处于特克斯河断陷盆地以东,东南部高中山区,河流呈散流状,在中低山峡谷区内汇流,至低中山出山口后形成河谷侵蚀盆地,在焦乌尔山西汇入特克斯河。引水枢纽及引水渠线在大吉尔尕朗河莫合大桥以东段均位于低中山峡谷区,引水渠线及电站厂址区位于河谷侵蚀盆地内。盆地中广泛分布着新近系中—上新统和第四系上更新统—全新统。

工程区位于天山褶皱系(Ⅲ)北天山西部东西向复杂构造带内,构造单元属伊犁地块($Ⅲ_3$)伊犁山间坳陷($Ⅲ_3^2$)特克斯断陷盆地东部,北为乌孙山断褶隆起,南部边界为大哈拉军山,经多期构造运动,形成被褶皱和断裂分割的断褶隆起山区和断陷盆地相间的构造形态。特克斯河断裂与冷库-莫合尔断裂为南北边界断裂,控制着区域构造轮廓和地貌形态。

工程区处于天山地震带西段,属新疆地震活动较强烈的区域之一,具有地震活动频度与强度均较高的特点。工程区周边20km范围内,东西向断裂没有形成交会区域,不具备发生中强震的条件。根据《中国地震动参数区划图》(GB 18306—2015),工程区场地地震动峰值加速度0.20g,基本烈度为Ⅷ度,区域构造稳定性较差。

2. 工程区基本地质条件

工程区位于低中山峡谷区,现代河床宽100~260m,河道纵坡1.6‰~2.0‰,两岸阶地发育。Ⅰ~Ⅳ级阶地均为基座阶地,在两岸均有发育,其中以Ⅲ、Ⅳ级阶地发育较为完整。Ⅳ级阶地阶面宽1.0~2.0km,地势东高西低,阶地比高100~140m,沿右岸分布连续;Ⅲ级阶地阶面宽250~600m,阶地比高6~10m,分布连续;Ⅱ级及Ⅰ级阶地在工程区分布不连续,阶地面宽20~50m,阶面比高均为3~5m,阶面高程变化较大。

工程区发育地层自老到新为:①下石炭统大哈拉军山组,岩性为凝灰质砂岩、凝灰岩,产状250°~258°NE∠50°~53°。②新近系中—上新统,岩性为泥岩、砂岩及砾岩。③上更新统冲积及冲洪积堆积,上覆风积黄土或含砾粉土,下部岩性主要为卵砾石,中密—密实,干燥—稍湿,泥钙质弱胶结。④上更新统风积堆积,岩性为黄土,具大孔隙,含钙质结核及蜗牛壳,厚度45~50m。⑤全新统洪积及冲积堆积,岩性为砂卵砾石。⑥全新统坡积堆积,岩性以含砾低液限粉土为主,稍湿,稍密,具湿陷性。

工程区主要发育5条断裂,均为晚更新世活动断裂。巩留南断裂(F_1)距拟建水电站厂址区15.5km;焦乌尔山断裂(F_2)距电站厂址区约4.3km;特察尔断裂(F_3)距引水渠线约1.0km,距拟建电站厂址区约10.3km;冷库-莫合尔断裂(F_4)距电站厂址区约9.7km;特克斯河断裂(F_5)距电站厂址区16.8km。对工程区影响不大。

工程区地下水以砂卵砾石层孔隙潜水为主,引水渠线勘探深度20m内均未揭露地下水,渠线沿线可不考虑地下水对其影响;厂址区河漫滩地下水埋深0.5~1.0m,与地表水联系密切,尾水渠施工需考虑降排水问题;Ⅱ级阶地地下水埋深2~3m,化学类型为$HCO_3·SO_4$-$Ca·Na$型,矿化度0.6~1.4g/L。

根据现场注水试验和室内试验结果,Ⅳ级阶地上更新统风积黄土(Q_3^{eol})渗透系数$1.63×10^{-5}$~$9.55×10^{-5}$cm/s,为弱透水层;阶地砂卵砾石层渗透系数$2.5×10^{-3}$~$5.0×10^{-2}$cm/s,为中等—强透水层。

3. 岩土物理力学性质

根据室内试验结果结合本地区工程经验,各地层岩土物理力学主要指标建议值见表4-102。

表 4-102　各地层主要物理力学性质建议值表

地层岩性		密度（g/cm³）	含水率（%）	相对密度	凝聚力（kPa）	内摩擦角（°）	承载力（kPa）	分布位置
石炭系凝灰质砂岩、角砾岩（弱风化层）							1000	引水渠线 0+050～0+550 段
第三系中—上新统泥岩、砾岩		2.04	20.43	2.73			300（强风化）500（弱风化）800（微风化）	引水渠线中后段，厂址区压力管坡、泄水陡坡、厂房、尾水渠
上更新统冲积卵砾石	Ⅱ、Ⅲ级阶地上	2.25	0.9	2.72			350	引水渠线 0+550～1+350 段，泄水陡坡、压力管坡下段
	Ⅳ级阶地上	2.20	0.7	2.72			400	引水渠线 4+150～7+700 段、泄水陡坡、压力管坡中段
全新统冲积卵砾石		2.10	1.5	2.72			300	厂址区尾水渠段，引水渠 0+000～0+050 段
上更新统冲洪积低液限粉土		1.60	16.9	2.70	22.7（天然）7.7（饱和）	28.5（天然）23.5（饱和）	90	引水渠线 1+350～2+700 段，压力管坡、泄水陡坡下段
上更新统风积黄土		1.45	6.9	2.69	22.1（天然）7.7（饱和）	28.2（天然）23.5（饱和）	90	引水渠线 7+700～10+733 段，压力管坡、泄水陡坡上段
全新统坡积含砾粉土		1.69	7.5	2.70	22.1（天然）7.7（饱和）	28.2（天然）23.5（饱和）	70	引水渠线 2+700～4+150 段，压力管坡及泄水陡坡中段

4. 天然建筑材料

根据设计要求需混凝土骨料 $10.36×10^4 m^3$。选定了 3 个砂砾料场（C1、C2、C3）对其质量、储量和开采条件进行了勘察及评价。

C1 砂砾石料场：位于莫合大桥上游 200m 右岸Ⅳ级阶地上，砂、砾储量分别为 5.93 万 m^3、16.01 万 m^3。作为粗骨料满足指标要求，作为细骨料细度模数略低；该砂砾石属具有潜在碱-硅酸危害性反应的活性骨料，建议采用低碱水泥或掺粉煤灰抑制其碱活性。

C2 砂砾石料场：位于河流中上游右岸Ⅳ级阶地，砂、砾储量分别为 4.88 万 m^3、16.45 万 m^3。粗骨料满足指标要求，细骨料细度模数略低，含泥量超标，建议水洗后方可使用；该砂砾石料为具潜在碱活性骨料，建议采用低碱水泥或掺粉煤灰抑制其碱活性。

C3 砂砾石料场：处于厂房尾水渠段现代河床内，作为混凝土骨料，砂、砾储量分别为 1.09 万 m^3、4.53 万 m^3；粗骨料满足指标要求，作为细骨料细度模数略低，含泥量略高，建议水洗后方可使用。丰水期（4—11月）地下水位埋深较浅，需对水上和水下部分采用不同开采方案。据碱活性试验资料，该砂砾石料具潜在碱活性，建议采用低碱水泥或掺粉煤灰抑制其碱活性。

填筑土料：沿线土料储量丰富，岩性为黄土状粉土；除黏粒含量和天然含水量偏低外，其他指标都满足规范技术要求。建议防渗体土料主要物理力学指标按如下控制：最大干密度 $1.73g/cm^3$，最优含水量 16.0%。

砌石料：选用各混凝土料场超径弃料石，C1 料场砌石料 2 万 m^3；C2 料场砌石料 3.6 万 m^3；C3 料场砌石料储量 1.3 万 m^3。砌石料总储量 7.9 万 m^3。

施工期选择C2作为混凝土骨料料场,料场储量质量满足施工要求,通过现场施工检验,其粗、细骨料满足质量要求。

(四)主要工程地质问题

1.黄土湿陷性

根据原状土样试验结果,前池段湿陷性指标随深度变化情况为:前池地表20m以内均为自重湿陷性黄土。其中,11m以下湿陷系数多小于0.03,为轻微湿陷性黄土,湿陷起始压力多大于100kPa;11m以上湿陷系数多大于0.07,为中等—强烈湿陷,湿陷起始压力为50kPa。

根据前池段自建基面开始按勘探深度15m计算湿陷量,按相关公式对场地湿陷等级判定:Ⅲ级阶地顶部黄土属非自重湿陷性场地,湿陷等级为Ⅰ(轻微);前池黄土属自重湿陷性场地,湿陷等级为Ⅱ(中等)—Ⅲ(严重)。黄土湿陷性高程界限为1185m,自Ⅳ级阶地顶面算起总厚度可达45m,建基面以下湿陷性黄土厚度16m。

阶地斜坡黄土主要为非自重湿陷性黄土,其中,在1181~1174m高程以上部位为轻微湿陷;在1181~1174m以下不具湿陷性。湿陷性黄土的厚度具有随地面高程增大而增大的规律,与之对应的非湿陷性黄土顶面界限也随之增大。斜坡黄土湿陷起始压力多大于75kPa,且随深度逐渐增大。

引水渠线阶地斜坡段黄土湿陷性自东向西随着黄土厚度的增加,逐渐由非自重湿陷逐渐变化为自重湿陷,湿陷性也由轻微逐渐变为严重;湿陷起始压力随湿陷性变化而变化,由200kPa,逐渐减至25kPa。Ⅲ级阶地顶部0~7m属于轻微—中等湿陷性黄土;7m以下不具湿陷性。

2.边坡稳定问题

引水渠线经过Ⅳ级阶地前缘斜坡中上部,自然斜坡坡度相对较大,4+150~7+320段边坡岩性主要为冲积卵砾石层;7+320~10+733段边坡岩性主要为风积黄土层;其中,4+900~9+000段渠道右侧开挖深度较大,一般挖深8~14m,最大挖深27m,该段在渠线右侧存在边坡失稳的可能;沿线渠道渠堤以上各段边坡坡比建议值见表4-103。

表4-103 引水渠线渠堤以上各段边坡坡比建议值

渠线分段	位置及地层岩性	渠道以上						备注
		0~10m		10~20m		20~30m		
		临时	永久	临时	永久	临时	永久	
0+000~0+050	河床卵砾石	1∶1.25	1∶1.5					挖方
0+050~0+550	基岩	1∶0.5	1∶0.75	/	/	/	/	可垂直开挖
0+550~1+500	Ⅲ级阶地卵砾石	1∶1.0	1∶1.25	/	/	/	/	
1+500~2+700	Ⅲ级阶地冲洪积低液限粉土	1∶0.5	1∶0.75	1∶0.75	1∶1.00			分级开挖坡面防护及坡顶、坡面坡脚防排水
2+700~4+150	全新统坡积含砾粉土	1∶1.5	1∶1.75	/	/	/	/	
4+150~7+700	Ⅳ级阶地统卵砾石	1∶0.50	1∶0.75	1∶1.0	1∶1.25	1∶1.25	1∶1.50	分级开挖坡面防及防排水措施
7+700~10+733	Ⅳ级阶地风积黄土	1∶0.5	1∶0.75	1∶0.75	1∶1.0	1∶1.0	1∶1.25	分级开挖坡面防护及坡顶、坡面及坡脚防排水

厂址区Ⅳ级阶地上更新统砂卵砾石,根据其密实程度、成因年代类比同类工程,建议开挖边坡临时坡比1∶0.5,永久1∶0.75;Ⅱ~Ⅲ级阶地上更新统砂卵砾石建议开挖边坡临时坡比1∶0.75~1∶1.0,永久1∶1.0~1∶1.25,Ⅰ级阶地、河漫滩全新统砂卵砾石建议开挖边坡临时坡比1∶1.25,永久1∶1.5。

厂房基坑开挖深度约30m,基坑边坡岩性均为泥岩,建议开挖边坡临时坡比1∶0.5,永久1∶0.75,根据现场勘察,泥岩内部存在结构面及擦痕,考虑其内部结构面影响,放坡后应采取一定的喷锚支护措施,泥岩具崩解性和弱膨胀性,开挖后应采取坡面封闭和防水措施。

3. 膨胀岩

厂址区厂房、压力管坡、泄水陡坡、尾水渠及引水渠线3+600~3+800段地基土均分布巨厚层新近系中—上新统(N_{1-2})泥岩、砂质泥岩以及砾岩。根据厂址区所采取岩块及岩芯的试验成果,综合现场试验结果,泥岩胶粒含量11%~18%(≤30%),自由膨胀率43%~57%(40%≤δ_{ef}<65%),膨胀压力6.3~16.3kPa,干燥饱和吸水率为19%~36%(部分≥25%)。根据野外及室内试验综合判定,工程区泥岩属弱膨胀岩。

(五)勘察成果的设计应用

(1)对于工程区湿陷性黄土,从地质角度建议采取前池地基处理方案:考虑建筑物重要性及安全性,采取强夯、挤密桩、预浸水法、换填法等不同的地基处理措施。参考《湿陷性黄土地区建筑规范》(GB 50025—2004),对于消除局部湿陷量,处理深度为建基面以下湿陷性黄土层的2/3(14m),且下部未处理湿陷性黄土层的剩余湿陷量不应大于150mm。当采用整片处理时,处理深度为建基面下不小于6m,且下部未处理湿陷性黄土层的剩余湿陷量不应大于150mm。根据剩余湿陷量计算结果,当采用整片处理时处理深度14m,剩余湿陷量满足规范要求,处理深度6m时剩余湿陷量不满足规范要求。

引水渠线Ⅳ级阶地部位,地表下30m内属自重湿陷性黄土,需预浸水后压实处理,设计需考虑地基防排水措施。

压力管坡与泄水陡坡湿陷性黄土可参考前池地基处理方案,建议采用桩基穿透黄土层或采取碎石桩、灰土桩完全消除基底黄土湿陷性,对于地基承载力不足时,地基浅表层采取浸水后碎石土进行换填处理。

根据勘察成果,设计方案采用了"防治结合"的工程处理思路。渠道施工中"防"的措施主要为"一布一膜"防渗结构,治的措施为"强夯",确保在"一布一膜"防渗结构失去作用时,下部土体的湿陷变形量满足规范要求。对引水工程的黄土湿陷性进行处理时,分别采用夯击能8000kN·m和7000kN·m,夯点间距6m,呈正三角形布置,进行两遍点夯,一遍满夯。通过对夯前及夯后土体物理性质进行对比分析,采用夯击能7000~8000kN·m对土体进行夯实后,土体的压实程度随深度增加逐渐减小,从土体孔隙比来看,自起夯面6m深度内孔隙变小幅度较大,减小15%~27%,采用8000kN·m和7000kN·m基本没有差异。从湿陷系数对比,强夯后土体湿陷程度随孔隙减小而变小,土体透水性变小。整体处理满足设计要求,其中6m深度范围内处理效果明显。

(2)前池开挖基坑深度14m,东西两侧开挖边坡1∶0.5,基坑边坡岩性均为风积黄土,前池基底风积黄土孔隙发育,夹少量结核,具有湿陷性。设计采用桩基,穿透黄土层,桩端持力层选择为砂砾石层,现场采用旋挖钻施工,孔壁整体稳定性好,未出现大的塌孔现象,依据现场钻孔灌注桩施工判定,基底黄土层厚度28m,桩基持力层均选择为砂卵砾石,桩端进入持力层5m。

由于施工期未进行防护措施,在暴雨、融雪水的坡面流影响下,坡面冲刷严重,形成深5~20cm,宽

3～10cm,细小冲蚀沟,对边坡整体影响甚微,并在地表形成积水,受湿陷性影响,局部有小的塌陷坑,现场排水疏干后,进行了素土换填碾压处理。

引水渠线2+700～9+650段属傍山渠道,渠道以挖方为主,砂砾石边坡可采用表4-103推荐坡比;引水渠道右侧渠堤以上黄土边坡最高约30m,采用极限平衡法按平面滑动计算垂直最大坡高,采用简化毕肖普法计算最小稳定系数。经过计算结果,黄土最大垂直边坡可取10.1m。参考黄土地区边坡经验,建议渠堤以上边坡垂直开挖高度不超过10m,采取放坡情况下黄土边坡分级开挖,每级高度不超过10m。采用简化毕肖普法进行渠堤以上黄土边坡的稳定性计算,黄土天然重度可取14.5kN/m³,饱和重度取18.5kN/m³,天然状态凝聚力22.1kPa,天然状态内摩擦角26.6°,饱和状态凝聚力7.7kPa,饱和状态内摩擦角23.5°,其中凝聚力和内摩擦角均采用小值平均值。

依据《水电水利工程边坡设计规范》(SL 386—2017),库尔乌泽克水电站工程边坡为3级边坡,根据边坡稳定性计算,渠堤以上边坡高度小于10m时,可采取1∶0.5边坡;渠堤以上边坡高度小于20m时,可采用1∶0.75边坡;渠堤以上边坡高度小于30m时,可采用1∶1.0边坡。高度超过10m均应分级设马道,并在坡面坡顶采取防排水措施。

考虑渠道运行时,渠堤土被饱和的状态,渠道内水位低于渠堤顶0.6m,渠顶顶宽按3.0m计,渠深4.9m,渠堤边坡1∶1.75。渠堤以上高度10m以内边坡取1∶0.5,渠堤以上高度20m以内边坡取1∶0.75,渠堤以上高度30m以内边坡取1∶1.0,采用总应力条件下简化毕肖普法分别计算其整体稳定性(不考虑渠内水对土坡压力),稳定系数计算结果(表4-104)。可见,当渠堤土饱和状态下,边坡整体稳定性明显降低,对于渠堤以上高度10m以内边坡可采用1∶0.5坡比,对于渠堤以上高度20m以内边坡可采用1∶1.0坡比,对于渠堤以上高度30m以内边坡可采用1∶1.25坡比。因此渠堤边坡、马道和前池边坡采取适当防排水措施防止边坡坡脚土饱和,可增加边坡稳定性。

表 4-104　渠道边坡整体稳定性计算

渠堤以上边坡高度	渠堤以上边坡坡比(1∶m)	饱和容重(kN/m³)	饱和凝聚力(kPa)	饱和内摩擦角(°)	k_{min}	满足边坡稳定级别
10m	0.5	18.5	7.7	23.5	1.36	1级
20m	0.75	18.5	7.7	23.5	1.12	4级
20m	1.0	18.5	7.7	23.5	1.22	2级
30m	1.0	18.5	7.7	23.5	1.08	5级
30m	1.25	18.5	7.7	23.5	1.19	3级

前池基坑开挖深度约14m,按天然状态考虑,采用1∶0.75坡比。考虑坡脚饱和状态时,可采用1∶1.0坡比。

(3)厂房基底泥岩夹砾岩,为极软岩,弱膨胀岩,易风化,施工开挖后坑壁及基底均未及时采取防护措施,后期春季融雪水顺坡面汇入基坑,加之砾岩内有少量地下水渗出,导致基底局部风化泥岩表层软化,呈碎块状、软塑-可塑状,风化砾岩遇水崩解,呈碎块、松散土状,岩体条件变差,不满足地基承载力和变形要求。施工单位采用了边沟排水措施,同时浇筑底板前对软弱夹层(软化泥岩、崩解砾岩)进行了清除。基坑开挖边坡按设计边坡进行开挖,粉土层开挖边坡1∶1.75,卵砾石层开挖边坡1∶1.25;泥岩按10m一级马道开挖,永久边坡1∶0.75,临时边坡1∶0.5,泥岩临时边坡高度最大33m,永久边坡最大15m。现场开挖中对永久边坡和临时边坡未采取支护及防护措施,在基坑开挖完成后,裸露一个冬季后,未出现大的边坡失稳现象,边坡总体在施工期保持稳定。

厂房基坑北侧边坡出露F_1断层,延伸至基坑底部,宽度5～10cm,泥质充填,与边坡走向斜交(坡比

1∶0.5),据赤平投影结果分析,边坡整体稳定,与施工开挖结果相吻合。但施工期间东北角基坑边坡曾发生垮塌,高度近12m,原因是基坑开挖后未及时采取临时支护措施,且跨越冬季,受卸荷及融雪侵蚀作用加剧边坡岩体风化、软化和膨胀,表层岩体质量变差、岩体抗剪强度降低,从而导致局部边坡垮塌。后期对厂房基坑临时边坡采取及时支护措施,并加强边坡坡面与深层排水,确保了基础施工的安全。

(六)勘察与施工地质总结

(1)库尔乌泽克水电站所处环境为天山北坡典型上覆黄土的河谷阶地地貌,引水建筑物沿线傍山而建,地形条件复杂,跨越多个地貌单元,边坡稳定问题突出;引水渠道部分穿越次生黄土区及湿陷性黄土区;压力管坡与泄水陡坡跨越多种地层,不同地层工程地质条件的差异性导致不均匀沉降变形问题突出。而厂房、尾水渠及防洪工程建基面均受到不同程度的地下水影响,基坑排水问题突出。

(2)前池部位基础以下湿陷性黄土厚度超过30m,在疆内尚属首例。勘察通过布置平硐和竖井采取大量原状土样品,查明不同建筑物不同深度黄土的湿陷性特征和等级,为设计针对不同建筑物,制定湿陷性土处理措施提供了科学合理的地质依据。

(3)引水渠道采用"强夯(8m)+一布一膜防渗"处理方案;前池则采用"开挖(14m)+强夯(8m)+桩基(嵌入下部卵石土中)"处理方案较为安全合理。从目前工程运行效果看,处理完成后的基础状态良好。

(4)厂房建基面开挖中,西南角出露砾岩地基,在风化作用、融雪水浸泡崩解和机械扰动下,表层20~30cm呈松散土状;泥岩在融雪水浸泡和机械扰动下,表层20~30cm呈软塑—可塑状黏土,形成软弱层,现场浇注混凝土底板前对该层进行了彻底清除。虽然砾岩与泥岩岩性不同,但在未遭受风化作用和地下水浸泡的封闭环境条件下,承载能力基本一致,变形特征变化不大,可以满足厂房地基要求。

(5)引水渠穿越不同地貌单元,岩土特性复杂多样,如针对坡积含砾粉土、风积黄土、泥岩均采取了相应的地基处理措施,处理后满足地基承载力和变形要求,各边坡开挖总体稳定性好,未出现边坡失稳。

(6)该水电站自2017年底建成通水,至2018年9月首台机组发电,运行6年多以来,各项监测资料显示,状态良好。经济社会效益显著。在今后水利水电工程中,针对类似的特殊性岩土(湿陷性黄土)工程处理提供了值得借鉴的工程经验。

第六节　待建水利水电工程

一、云南省永德县马鞍桥水库工程

(一)工程概况

马鞍桥水库位于云南省临沧市永德县境内的玉明珠河上,为玉明珠河上唯一控制性工程,是一座以农业灌溉为主,兼顾改善部分人畜饮水的中型水库。玉明珠河发源于玉明珠乡南部的独菁山附近,河流由南西向北东流入麦坝河,为怒江二级支流。水库处于小勐统镇玉明珠村东北部,距永德县城约71km。水库工程由拦河大坝、溢洪道和导流输水隧洞等组成,水库正常蓄水位1 649.44m,总库容1140×10⁴m³,大坝为黏土心墙坝,最大坝高67.5m,属中型Ⅲ等工程。其中拦河大坝为3级建筑物,溢洪道和导流输水隧洞均为3级,次要建筑物及临时水工建筑物为4级。

工程目前处于开工前准备工作,计划2025年开工建设,2027年完工。

（二）勘察工作概述

2016年2月至7月我院完成麦坝河流域规划,推荐马鞍桥水库为近期开发工程;2016年7月至10月,完成可行性研究阶段勘察,7月中旬,进行了水库岩溶渗漏专题报告现场咨询;2016年11月,省内外专家对马鞍桥水库现场进行踏勘,并形成查勘专业意见。2016年11月至2017年1月,我院根据现场查勘意见补充了相关的勘探工作,2018年3月可研报告通过了云南省水利厅的技术审查,11月经长江委组织的规模审核,2020年9月通过云南省临沧市发改委组织的可研阶段审查及批复;2021年11月至2022年10月,完成了初步设计阶段的勘测设计工作,并于10月初提交初设阶段工程地质勘察报告,2023年通过云南省水利水电工程技术评审中心的审查。

枢纽区工程地质平面图见图4-42,坝轴线工程地质剖面图见图4-43。

（三）工程地质条件与评价

1. 区域地质

马鞍桥水库处于滇西南横断山区,属冈底斯-念青唐古拉褶皱系中的富贡-镇康褶皱带内的三级构造单元保山-永德褶皱束的中部,处于怒江断裂、柯街断裂、南汀河断裂之间褶断地块,断层、褶皱密集发育,地质构造复杂。

受南汀河断裂地震带、耿马-澜沧地震带、腾冲-龙陵地震带的影响,工程区历史地震频度高,强度大。工程场地地震动峰值加速度0.20g,地震动反应谱特征周期0.45s,相应地震基本烈度Ⅷ度,区域稳定性较差。

2. 库坝区工程地质条件

库区位于玉明珠河上游中山峡谷地貌单元内,河流深切,河床宽度20～40m,河流纵坡1.95%。坝址区位于玉明珠桥上游河段,河谷呈"V"形,现代河床宽30～40m,纵坡2%,冲沟发育。两岸坡度27°～45°,局部陡立。

库区出露岩性为下二叠统(P_1)灰岩、中三叠统河湾街组(T_2h)白云岩、上三叠统大水塘组下段(T_3d^1)玄武岩条带、大水塘组上段(T_3d^2)白云质灰岩,以及南梳坝组(T_3nn)泥岩、砂岩夹泥灰岩。坝址区岩性,由左向右分别为南梳坝组泥岩、砂岩夹泥灰岩以及中三叠统白云岩。白云岩,浅灰色—灰白色,细晶粒结构,中厚层—厚层状构造,节理裂隙不发育,岩层产状30°～50°SE∠50°～85°,属中等可溶岩,岩体溶蚀发育中等;玄武岩,细粒结构,具杏仁构造,夹灰岩捕虏体,地表宽约23.6m,向下尖灭于高程约1536m;灰岩,浅灰色—深灰色,细晶粒结构,中厚层—厚层状构造,岩层产状50°SE∠72°,属强可溶岩,岩体溶蚀发育。

库区位于玉明珠-永德北东向构造带内,由一系列北东向断裂及相平行延伸的线状褶皱组成,主要断裂有北东向玉明珠断层(F_{39}),属区域性顺河向断层,破碎带宽80m,破碎带内多为碎裂岩及断层泥,属阻水性断层,断层两侧破碎带及影响带岩体透水性较大,存在通过坝址向下游河道渗漏的可能。

坝址区构造形迹主要受玉明珠-永德北东向构造带影响,次级构造发育。主要构造为玉明珠断层(F_{39})及规模较小的f_1断层和节理裂隙。

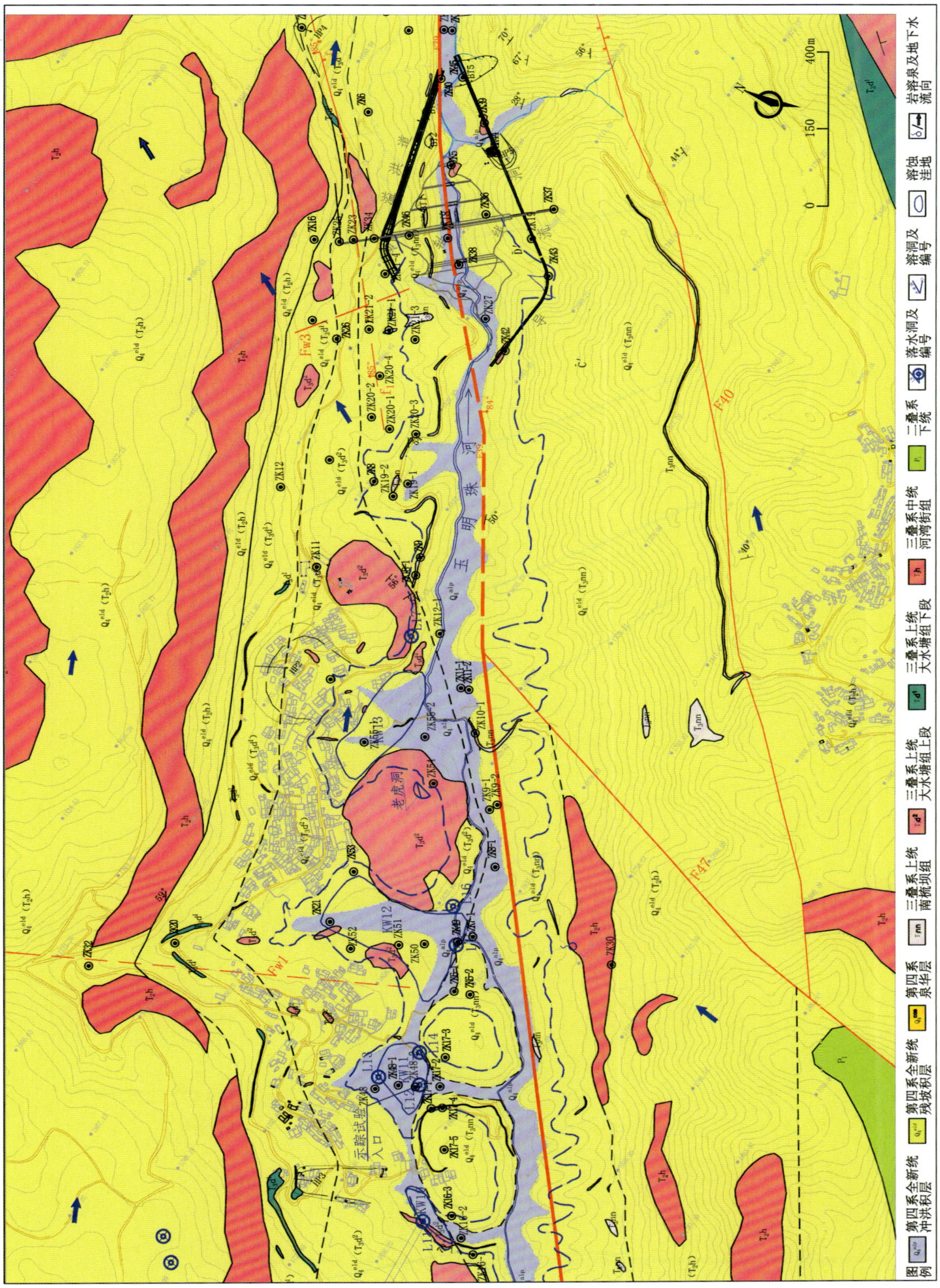

图 4-42 枢纽区工程地质平面图

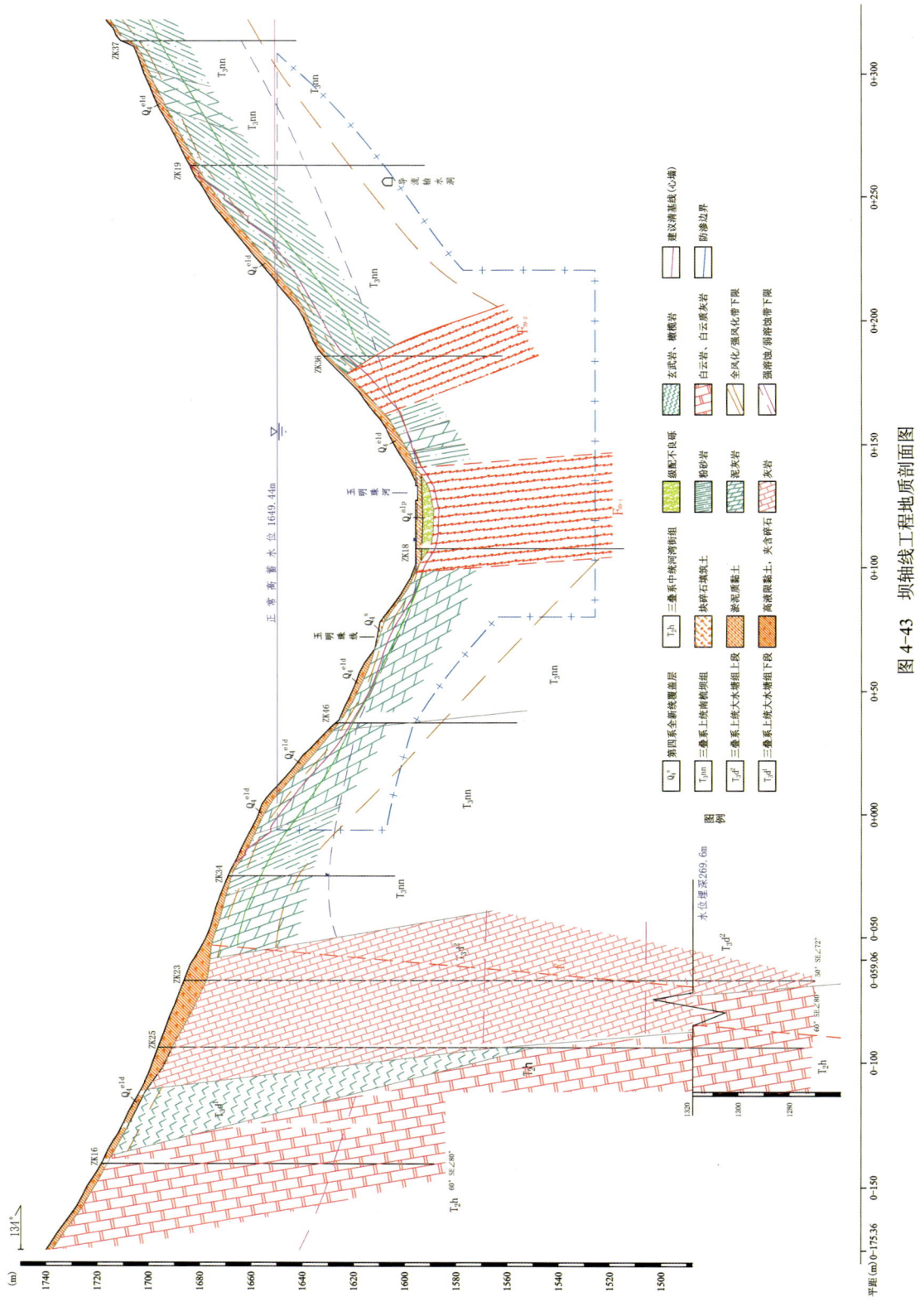

图 4-43 坝轴线工程地质剖面图

3. 岩土体工程特性

库坝区出露的地层岩性分别为全新统残坡积层、崩坡积层、冲洪积层，南梳坝组粉砂岩、泥灰岩以及断层碎裂岩和断层泥等。

1) 土体物理力学性质

全新统残坡积层，岩性为黏土，局部夹杂块石，层厚2.2～8.3m，重型动力触探试验统计见表4-105，修正后击数为1.0～40.3击，平均值17.1击，离散性大。该层土松散，颗粒组成杂乱，土质不均，工程地质条件差，需进行清除处理。

表4-105　残坡积、冲洪积层重型动力触探击数（修正后）统计表（击）

时代成因	岩性	组数	最大值	最小值	算术平均值	标准差	变异系数	中位数	大值平均值	小值平均值
Q_4^{eld}	黏土	70	40.30	1.00	17.06	10.85	0.64	13.80	27.88	8.45
Q_4^{alp}	淤泥质土	26	4.80	1.00	2.57	1.10	0.43	2.00	3.78	1.81
Q_4^{alp}	级配不良砾	47	38.60	2.00	10.43	8.50	0.82	8.30	18.53	5.83

全新统冲洪积层，为二元结构，表层淤泥质土，一般厚0.5～2.6m，局部含砾石透镜体和朽木。重型动力触探试验修正后击数为1.0～4.8击，平均值2.57击。该层土质不均匀，工程地质条件差，具触变性、流变性、高压缩性、低强度，不宜作为天然坝基。下部为级配不良砾，厚3.4～5.3m，颗粒组成成果见表4-106。重型动力触探试验修正后击数为2.0～38.6击，残坡积层密实程度松散-密实，算术平均值10.43击。

表4-106　冲洪积级配不良砾颗粒级配汇总表

试样编号	颗粒组成(%)													
	>120	120～100	100～80	80～60	60～40	40～20	20～10	10～5	5～2	2～1.0	1.0～0.5	0.5～0.25	0.25～0.075	<0.075
组数	3	3	3	3	3	3	3	3	3	3	3	3	3	3
最小值	11.30	3.80	6.30	2.30	3.50	10.20	6.80	6.90	4.40	1.60	2.80	4.20	5.20	0.90
最大值	18.20	5.50	8.70	4.90	14.70	14.00	10.20	13.10	8.80	3.90	10.40	6.70	7.20	3.80
平均值	15.10	4.80	7.50	3.80	7.90	12.00	8.70	11.00	6.20	2.90	6.40	5.30	6.10	2.30

根据各土层的分布特点、室内试验指标，采用工程地质类比法，提出坝址区各土体物理力学性质建议值，见表4-107。

表4-107　坝址区土体物理力学性质指标建议值表

时代成因	土层名称	比重 G_s \	天然重度 γ kN/m³	干重度 γ kN/m³	黏聚力 C kPa	内摩擦角 φ (°)	渗透系数 K cm/s	承载力值 f_{ak} kPa	压缩模量 E_s MPa	变形模量 E_0 MPa
残坡积	黏土	2.68	16.8	14.6	15	13	$7.5×10^{-6}$	100	8	/
冲洪积	淤泥质土	2.67	16.0	11.5	10	5	$6.3×10^{-5}$	60	2	/
冲洪积	级配不良砾	2.71	21.0	20.3	0	35	$3.98×10^{-2}$	250	/	25
崩坡积	碎石土	成分混杂，与残坡积黏土、冲洪积淤泥质土一并做清除处理								

2) 岩（石）体工程特性

坝址区构造背景复杂，受玉明珠断裂（F_{39}）影响，岩体破碎，节理发育，片理化严重，钻孔岩芯多呈碎块状。满足单轴抗压试验的样品少，通过点荷载强度、原位测试（动探、旁压）、波速测试等其他方法，综合研究其力学性质，分析岩体结构-构造发育程度、风化程度等，综合考虑试样代表性、实际工作条件与试验条件的差别等，根据工程地质类比法，对标准值进行调整，提出坝址区岩（石）体的物理力学指标地质建议值，见表4-108和表4-109。

表4-108 坝址区岩体物理力学参数建议值

岩性	风化程度	颗粒密度 G_s	天然容重 γ	饱和容重 $\gamma_{饱和}$	岩体/岩体 抗剪断强度		岩体/岩体 抗剪强度	岩体/混凝土 抗剪断强度		岩体/混凝土 抗剪强度	泊松比 μ	变形模量	承载力
					f'	C'	f	f'	C'	f			
		/	kN/m²	kN/m²	/	MPa	/	/	MPa	/	/	GPa	MPa
断层破碎带	6m上	2.76	23	23.6	0.4	0.05	0.35	0.38	0.04	0.3	0.4	0.015	0.2
	6m下											0.045	0.35
砂岩、泥灰岩（T_3nn）	全风化	2.68	21.2	21.9	/	/	$f=0.28$ $c=12$kPa	/	/	/	0.45	0.01	0.18
	强风化	2.73	23.5	24.2	0.45	0.12	0.3	0.5	0.15	0.32	0.38	0.5	0.4
	弱风化	2.75	26.5	26.7	0.6	0.35	0.45	0.7	0.38	0.45	0.3	3.0	1.5

表4-109 坝址区隧洞围岩物理力学参数建议值

岩性	风化程度	变形模量	承载力	饱和单轴抗压强度	单位弹性抗力系数 K_0		坚固系数 f_k
					有压洞	无压洞	
		GPa	MPa	MPa	MPa/cm		/
断层破碎带	6m以上	0.015	0.2	/	2.5	0.4	1.0
	6m以下	0.045	0.35	4			
砂岩、泥灰岩（T_3nn）	强风化	0.5	0.4	18	3.0	0.6	1.5
	弱风化	3.0	1.5	35	12.0	3.0	3.0

坝址区岩体分类见表4-110。

表4-110 坝基岩体工程地质分类表

风化程度	纵波波速（m/s）	岩体完整性系数（K_v）	岩体特征及工程性质评价	坝基岩体类别
玉明珠断裂带	2810～3860	0.41～0.77（加权平均0.54）	岩体强度低，抗滑、抗变形性能差。岩体破碎，不能作为高混凝土坝基	Ⅳc
砂岩、泥灰岩强风化	2540～2900	0.33～0.43（加权平均0.41）	岩体强度低，抗滑、抗变形性能差。岩体破碎，不宜作为高混凝土坝基	Ⅳc
砂岩、泥灰岩弱风化	2690～4230	0.35～0.92（加权平均0.72）	岩体完整性为较破碎—完整性差，抗滑、抗变形性能受岩石强度控制	Ⅲc

水库工程坝址区有导流洞等水工隧洞,围岩为粉砂岩、断层碎裂岩,围岩分类评分参见表4-111。

表 4-111　地下洞室(导流洞)围岩分类参考评分表

建筑物桩号	岩性及风化程度	岩石强度		岩体完整程度		结构面状态		地下水		主要结构面产状			总分	围岩类别
		类别	分数	类别	分数	类别	分数	类别	分数	夹角(°)	倾角(°)	分数		
0+036.8~0+048.5	玉明珠断裂	5>Rb>0	0	0.55>Kv>0.35	18.75	泥质	4	滴水	−12	30~60	>70	洞顶 −2	8.75	V
												边墙 −5	5.75	
0+048.5~0+186	强风化泥灰岩	30>Rb>15	7	0.55>Kv>0.35	16.4	泥质	1	滴水	−12	30~60	45~70	洞顶 −5	7.4	V
												边墙 −10	2.4	
0+186~0+280	弱风化泥灰岩	60>Rb>30	12	0.75>Kv>0.55	28.4	泥质平直光滑	9	滴水	−8	30~60	45~70	洞顶 −5	36.4	IV
												边墙 −10	31.4	
0+280~0+459	强风化泥灰岩	30>Rb>15	7	0.55>Kv>0.35	16.4	泥质	1	滴水	−12	30~60	45~70	洞顶 −5	7.4	V

4. 天然建筑材料

根据设计坝型,设计所需天然建筑材料种类及用量见表4-112。

表 4-112　天然建筑材料设计需用量表

坝型 料名	黏土心墙堆石坝 ($10^4 m^3$)	沥青混凝土心墙堆石坝 ($10^4 m^3$)	面板堆石坝 ($10^4 m^3$)
坝壳堆石料	100	130	105
防渗土料	35	/	/
沥青混凝土	/	1.2	/
过渡料	15	11	18

1)防渗土料

T1土料场运距6.0km,有用料为残坡积黏土、粉质黏土,储量为$59.9×10^4 m^3$,基本满足设计用量要求,取样试验指标存在黏粒含量偏高,旱季天然含水量多数偏低,雨季天然含水量偏高等质量缺陷,开采和碾压填筑困难。

2)堆石料、块石料、过渡料、混凝土骨料(含沥青混凝土骨料)、砂料

石马山石料场运距约3.6km,地层岩性为下二叠统灰岩、白云质灰岩,基岩表层强烈溶蚀风化带和裂隙溶蚀风化带可用于坝壳堆石料,裂隙溶蚀风化岩石可用于加工混凝土骨料、沥青混凝土骨料、过渡料和块石料,质量满足技术要求,储量$718×10^4 m^3$,也满足设计用量要求。

混凝土粗、细骨料还可由永康南桥商用料场运购,料源为天然砂砾,运距约47km。该料场可作为混凝土骨料备用料场。

(四)工程地质问题分析与评价

1. 水库岩溶渗漏分析与处理

1)岩溶渗漏分析

库盆属向斜断层纵谷,三叠系南梳坝组泥岩、砂岩和大水塘组下段玄武岩,属相对隔水层;大水塘组

上段灰岩、河湾街组白云岩、下二叠统灰岩属岩溶含、透水层。玉明珠河断裂（F_{39}）纵贯库盆，属阻水断层。

（1）右岸邻谷渗漏问题。

水库右岸与邻谷地形分水岭宽厚，碳酸盐岩出露高于水库正常蓄水位，库岸地层为南梳坝组砂质泥岩，沿岩性接触带的线状泉点和右岸 ZK30 长观水位观测结果，均反映 F_{39}、F_{47} 断层之间河湾街组地下水水位高于水库正常蓄水位，属地下水补给来源区，右岸可基本排除邻谷渗漏问题。

（2）左岸邻谷渗漏问题。

库区左岸与北西侧南喷河及其支流（干河洼）相距 2.8~4.9km，其河底高程低于水库正常蓄水位 6~11m；东北侧距河湾地块（班老洼地）1.8km，洼地地面高程低于水库正常蓄水位 249~271m。两个邻谷均低于水库正常高蓄水位。

水库河谷下游在 G219 国道班老隧洞出口附近存在裂点，其分布高程 1536~1454m，裂点附近未见大的泉水分布，但河谷左侧灰岩附近有大量厚层状钙华出露，表明该带曾有过岩溶大泉分布，随着岩溶侵蚀基准面下切、班老洼地伏流的袭夺而逐渐干枯。从地形地貌上分析，左岸存在水库渗漏的可能。

据物探、钻探、大地电磁资料，以及水文地质测绘、库区岩溶洼地示踪试验等成果综合分析，库区左岸主要存在从新寨坝—字家寨—玉明珠小学—龙竹棚—左坝肩一线沿灰岩条带北东向和河湾地块（班老洼地）的岩溶渗漏问题。水库与低邻谷位置关系示意见图 4-44。

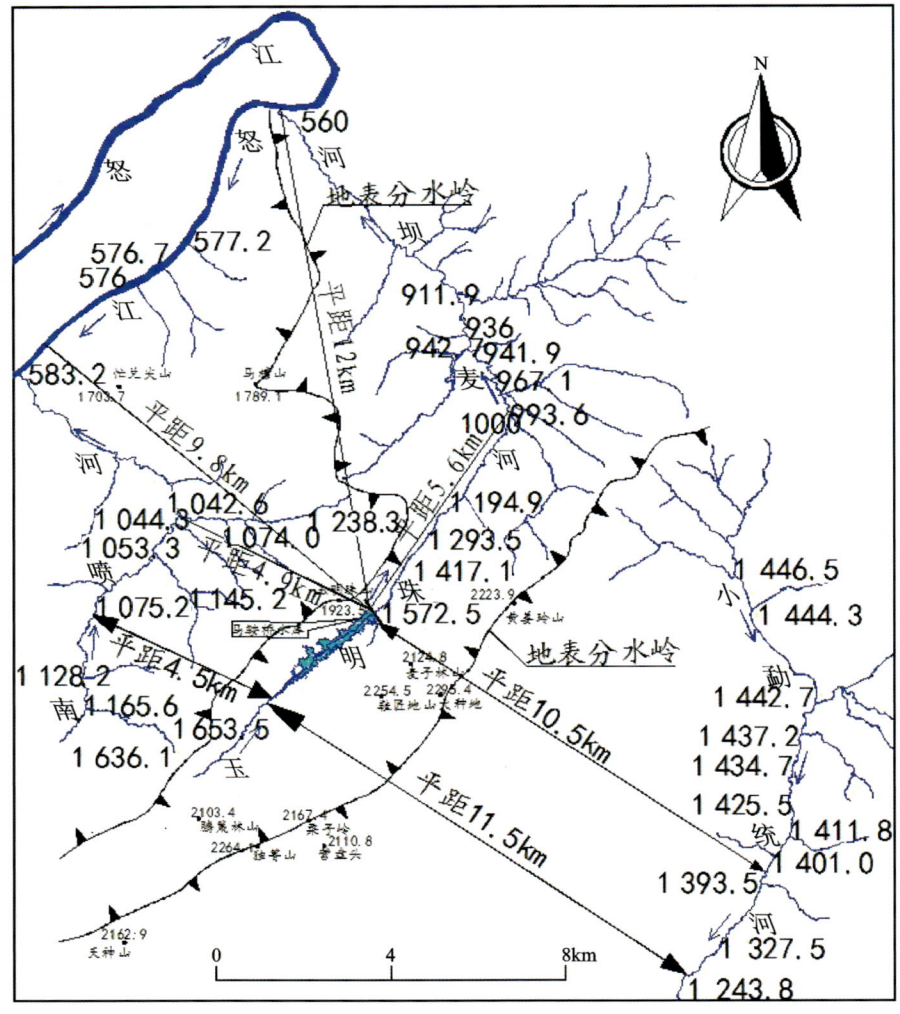

图 4-44 水库与低邻谷位置关系示意图

(3)左岸灰岩条带渗漏问题。

库区左岸大水塘组上段灰岩条带（可溶岩）夹在南梳坝组泥岩、砂岩层与大水塘下段玄武岩层（非可溶岩）之间，延伸至坝址下游河床。库内字家寨一带最大宽度约450m，上、下坝址一带宽度约100m。勘察查明灰岩条带内存在地下水水位陡降深槽，由库内字家寨至坝址一带枯季观测地下水水位，低于邻近河床107～151m，地下水大致平行明珠河向下游径流，水力坡降约5.2‰。水库存在向灰岩条带垂直下渗，然后沿灰岩条带经坝址左岸向下游渗漏。渗漏形式为溶隙型渗漏＋接触带和断层破碎带集中渗漏＋小型管道型渗漏，初估年渗漏量约$5300 \times 10^4 m^3$。建议结合坝基坝肩防渗进行处理。

2）左岸灰岩条带防渗处理

(1)垂直防渗方案。

根据设计方案，垂直帷幕防渗方案布置于坝址区左岸坝轴线延伸方向，其防渗线总长110m，防渗深度位于正常蓄水位线以下250m，此方案依托左岸非可溶岩（大水塘下段玄武岩）和中等可溶岩（河湾街组白云岩）来构成封闭防渗体系。库区左侧灰岩条带无稳定隔水层或相对隔水层存在，采取垂直防渗方案难以形成封闭的防渗体系，垂直防渗方案存在不确定因素。

(2)水平防渗方案。

水平防渗方案需对淹没范围内灰岩区域、灰岩与碎屑岩接触带进行全面铺盖＋填补混凝土塞，处理范围大，涉及移民搬迁范围超过淹没搬迁，铺盖范围内存在土层掩埋、半掩埋的溶洼、落洞和溶蚀宽缝，基础软硬不均，条件复杂，由于库盆悬托水头高度超过100m，击穿破坏风险极高，蓄水后长期运行时还存在渗透变形、沉降变形破坏和击穿破坏可能，水平防渗方案的可靠性差。建议采取排水和排气减压措施，防止铺盖发生破坏。

(3)防渗方案分析比较。

垂直帷幕防渗方案不利因素：①地下水水位低、强岩溶下限深度大，渗漏带底界达正常蓄水位以下230m（最深达280m），防渗处理深度大，需分层布置灌浆洞＋分层灌浆帷幕搭接；②存在遇岩溶空腔可能，处理难度大。有利因素：①灰岩条带厚度仅100m，宽度小，且岩层陡立，有利于集中查明渗漏边界条件以及实施防渗处理；②岩溶发育程度属中等，遇大型岩溶管道或空腔可能性小，采取合适处理措施可以加以解决。

水平防渗形式主要采用黏土铺盖和混凝土铺盖。库区内与库水接触的灰岩条带面积约$16.2 \times 10^4 m^2$，其岩溶渗漏范围和防渗边界条件清楚，虽然铺盖面积较大，但其施工工艺和处理难度较垂直防渗相对简单，后期运行一旦出现问题易于修复。水平防渗方案具有以下缺陷：成库后库盘悬托高度大，掩埋和半掩埋溶洼、溶洞发育，贯穿至地表的垂直岩溶发育，基础条件软硬不均，覆盖层下溶蚀宽缝、溶洞空腔临空，长期运行存在渗透变形、沉降变形问题，并存在击穿破坏风险。

建议设计根据本工程特殊地质情况，结合投资、工期及经济技术条件等因素，综合确定防渗处理方案。

2. 顺河断层的工程特性与评价

顺河断层（玉明珠断裂）全长达40km，规模为Ⅰ级，以小角度斜交地层走向，呈NE 45°延伸，倾向SE，倾角80°～84°，坝址区宽度80～90m，为压扭性逆断层。地表多被第四系所覆盖，局部出露地表，断裂带多以灰黑色碎裂岩、糜棱角砾岩及断层泥组成，含零星石膏。

1）压缩变形和抗滑分析

断层破碎带中构造岩均一性差、层次复杂，受构造挤压作用岩体破碎、片理化严重，多已丧失原岩结构和原岩强度，呈碎裂岩夹断层泥，其承载力低，抗变形能力差。建议破碎带6m以上承载力200kPa，变形模量15MPa，6m以下建议承载力350kPa，变形模量45MPa，不满足天然坝基要求，需进行地基处理。据饱和固结直剪试验：黏聚力13.5～75.9kPa，内摩擦角16.8°～28.6°。其黏聚力指标离散性较大，与其岩体特点有关,即存在沿软弱土体面发生剪切破坏。需采取工程处理措施,建议对断裂带影响的坝基部位,进行一定厚度和范围的混凝土塞置换后进行固结灌浆。

2)断层破碎带中石膏的透镜体

库坝区内沿玉明珠顺河断层有石膏透镜体分布,大部分保存完整,仅局部表层10cm内有微弱溶蚀,形成0.2~1.0mm的针孔状溶孔。据分析:石膏对混凝土结构、钢筋混凝土结构中钢筋以及钢结构均具强腐蚀。建议处理措施:①坝基开挖到石膏应立即清除,并在回填过程中用防腐蚀材料进行严格封闭;②在断层破碎带及其附近,应采用抗硫酸盐水泥。

3)断层破碎带的透水性

根据现场压(注)水试验成果分析,断层破碎带整体以弱—微透水性为主,部分为中等透水。透水性不均一,具有随着深度增加而减小的特点。

4)渗透变形

顺河断层破碎带中的粗、细颗粒区分粒径为0.047mm,对应细粒含量为31.5%,判定其渗透破坏形式为过渡型。断层破碎带的临界水力坡降为0.49,允许水力坡降为0.25。

5)可灌性

根据规范对可灌性进行分析计算,本工程可灌比M等于0.05,可灌性极差。建议采取综合处理措施:①置换+加固措施:即对断裂带上部进行开挖并设置混凝土塞,下部进行固结灌浆,处理深度应满足坝体沉降变形验算;②采用高压劈裂帷幕灌浆,共布置3排,排距1m,孔距1.5m,采用梅花形布置。防渗深度按照1倍坝高考虑,即防渗深度为65m;③开挖处理所用混凝土以及灌浆水泥应采用抗硫酸盐腐蚀的水泥;④施工前应进行灌浆试验。

3. 边坡稳定性分析与评价

左岸坝顶岸坡现状处于整体稳定状态,施工时爆破等因素影响,可能出现小规模的崩塌、掉块。建议覆盖层开挖临时坡比1∶1.50,永久坡比1∶1.75,坡高大于5m,需设马道;右岸岸坡现状稳定,暴雨季节,可能出现顺坡汇流,携带表层泥质及落叶等进入水库,建议做好疏排措施。

工程岩质边坡采用赤平投影方法,进行稳定性分析:左岸发育5组结构面,其中两组结构面倾向与坡面一致,心墙基础开挖,坡脚易发生顺坡向滑塌,需注意采取加强防护及喷锚支护措施;左岸心墙上下游侧开挖易发生小规模崩塌、掉块,需注意采取加强防护及喷锚支护措施。右岸边坡发育4组结构面,节理面与坡面为斜向和反向结构,其中两组结构面组合切割岩体,可能发生小规模崩塌、掉块,需注意采取加强防护及喷锚支护措施;右岸心墙上游侧开挖边坡发育一组层状同向结构面,倾角与坡面相近,施工开挖切断坡脚后,易发生顺坡向滑塌,其他节理组合易形成楔形体滑动、掉块等,需注意采取加强防护及喷锚支护措施。

导流洞进出口边坡发育多组结构面,其中一组结构面倾向与坡面同向,倾角与坡面相近,施工开挖切断坡脚后,易发生顺坡向滑塌。其他节理组合易形成楔形体滑动、掉块等,需注意采取加强防护及喷锚支护措施。

溢洪道泄槽段两侧开挖边坡,各开挖边坡坡面倾向、倾角与一组结构面相近,施工开挖切断坡脚后,易发生顺坡向滑塌,其他节理两两组合切割岩体,易形成楔形体滑动、掉块等,需注意采取加强防护及喷锚支护措施。

河床段断层开挖时,两侧边坡主要节理裂隙与开挖坡面呈顺向坡,为不利结构面,边坡稳定性差,易产生滑塌。建议边坡临时开挖坡比:坡高≤5m,坡比1∶1.0;5m<坡高≤10m,坡比1∶1.25;坡高>10m,坡比1∶1.5,应设分级马道。

坝址区土质边坡开挖坡比建议值见表4-113,岩质边坡开挖坡比建议值见表4-114。

表 4-113 坝址区土质边坡开挖建议值表

岩土层名称及代号	地质成因	开挖坡比	永久坡比	备注
淤泥质黏土层	Q_4^{alp}	1∶1.75～1∶2.00	/	坡高大于 5m，需设马道，分层开挖。河床需做好导排水措施，岸坡需防止坡面汇流，做好防护措施
砂卵砾石层	Q_4^{alp}	1∶1.50	1∶1.75	
残坡积黏土层	Q_4^{eld}	1∶1.50	1∶1.75	

表 4-114 坝址岩质边坡开挖建议值表

岩、土层名称		临时边坡	永久边坡	备注
断层破碎带		1∶1～1∶1.25	1∶1.5	坡高大于 10m 应分设马道
全风化层		1∶1～1∶1.25	1∶1.5	
砂岩和泥灰岩	强风化	不陡于 1∶0.75	1∶1.00～1∶1.25	
	弱风化	1∶0.30～1∶0.50	1∶0.50～1∶0.75	

（五）工程地质勘察总结

（1）马鞍桥水库是我院在云南省临沧市承接的第一座具有岩溶特点的中型山区水库，该工程受到省市各级水利部门高度关注，需查明库坝区工程地质与水文地质条件，以及岩溶分布和渗漏的特点等。

（2）马鞍桥水库工程从流域规划阶段的"选点"，到项目建议书/可行性研究阶段的"选址"，再到初步设计阶段的"选线"，最终进入技施阶段得以"实施"。前期勘察投入大量勘探和试验工作，通过周密的论证分析，最终坝址选择确定在玉明珠村下游 1～1.5km 河段。勘察查明了水库区和坝址区岩溶发育特点和分布规律，为水库工程设计以及岩溶问题处理提供了充分的地质依据。

（3）通过勘察，获得的主要认识有：①岩溶埋藏于岩体中，具有不可预见性，而勘探手段尚难以完全查清，因此选址时，应优先选择非岩溶段或岩溶弱发育河段，尽量避开岩溶强发育河段；②因坝址岩层为顺河向，故两岸坝肩平硐布置较重要，平硐揭露的地层较多，且能够直观看到各层岩性间的接触关系，而钻探手段有一定局限性；③岩溶地区坝址选择，需要在相对较大范围或河段内，依据区域水文地质、地层岩性及构造等条件，结合岩溶发育、分布及地下水运移规律综合分析确定；④对于植被发育、岩体风化较强的岩溶山区，布置合理的探槽手段尤为重要；⑤水库岩溶渗漏专题是保障成库的关键附件，本工程采用示踪法试验，查明水库可能存在的岩溶通道和渗漏途径；⑥岩溶地区勘察，应充分考虑岩溶勘探的难度、岩溶分布及岩溶施工处理措施效果的不确定性，以及后期运行管理中可能遇到的风险。

（4）由于岩溶发育在时空上的不均一性和岩溶水文地质条件的复杂性，以及研究内容与范围的宽广性，须利用多种勘察手段和方法进行研究，故通常情况下岩溶工程地质勘察的工作量较非岩溶地区要大得多。该水库勘察初期，对岩溶发育规律的认识存在局限。前期勘探工作多集中围绕在玄武岩条带的连续性上展开，而忽略了其深部的发育特性、成因类型分析（一般玄武岩呈喷出岩岩相），以及地质构造对其连续性的破坏。对示踪试验的前期准备略显不足，如对进口落水洞灌水量控制、出口水流速过快问题以及示踪剂（染料示踪剂品种颜色选择）浓度显示和弥散效应等方面的把握均缺少经验。

（5）在历年的勘察工作中，常规勘测技术（专门的水文地质测绘、岩溶洞穴调查、钻探、洞探和联通试验、地下水动态监测等）的运用，以及先进物探探测技术（CT、EH4 和地质雷达等）的采用，最终查明库坝区的岩溶发育规律，为后续的岩溶处理措施提供了翔实的依据。随着本工程的实施，为今后我院在西南省份类似岩溶地区水库勘察，总结探索出一套完整的技术思路、方法和经验，值得后人们在以后的工作中予以借鉴。

二、西藏自治区日喀则地区拉孜县仁多水库工程

(一) 工程概况

西藏拉孜县仁多水库工程位于日喀则地区拉孜县境内芒嘎普河的支流仁多河上,工程区南距拉孜县城25km,芒普乡东南10km,交通较为便利。仁多水库规划控制灌面积8.02万亩,为仁多灌区唯一控制性水源工程。仁多河年径流量$2180\times10^4 m^3$,由于水源不足,拟从临近的正源河向拟建水库调水,设计引水流量$7.5m^3/s$。正源河年径流量$4700\times10^4 m^3$。拟建水库初选上、下两个坝址,两坝址相距2.2km。其中上坝址库容$2426\times10^4 m^3$,最大坝高34.4m,正常蓄水位4 421.63m,坝顶长度378m。下坝址库容$2534\times10^4 m^3$,最大坝高40.7m,正常蓄水位4 416.26m,坝顶长度285m。本工程规模为中型Ⅲ等,主要建筑物级别为3级,永久性次要建筑物为4级,临时建筑物级别为5级。

(二) 勘察过程概述

我院曾经于1996年进行过西藏拉孜县仁多水库工程地质勘察并提交成果报告;之后于2009年编制了西藏拉孜县仁多水库项目建议书阶段工程地质勘察报告;2011年4月,受西藏自治区水利厅项目管理中心的委托,我院承担西藏日喀则地区拉孜县仁多水库可行性研究阶段的勘察设计工作,按照现行规范编制了工程地质勘察报告。枢纽区(下坝址)工程地质平面图见图4-45,坝轴线工程地质剖面图见图4-46。

(三) 工程地质条件评价

1. 区域地质

工程区位于青藏高原中南部,滇藏褶皱区中段,新构造活动及地震活动强烈。宏观上表现为"两山加一谷地"的地貌特征。由南至北分别为:南部喜马拉雅侵蚀构造极高山-高山区(工程区就处于该地貌单元);中部雅鲁藏布江断陷盆地;北部冈底斯山侵蚀构造高山区。

出露的地层有:古生界石炭系、二叠系,中生界三叠系、侏罗系及白垩系,新生界第三系和第四系。

工程区构造单元处于滇藏褶皱区(Ⅰ)一级构造单元,以雅鲁藏布江缝合带为界,北部为冈底斯-念青唐古拉褶皱系(I_1),南部为喜马拉雅褶皱系(I_2)。工程区位于北喜马拉雅晚始新世褶皱带(I_2^2)三级构造单元内北缘。主要断裂构造行迹有近东西向、北北东和北西向构造带,简述如下。

(1) 近东西向断裂带:①定日-错那断裂(F_2),走向近东西,长度800km。为晚更新世活动断裂带,南距坝址区38km;②雄如-勇拉断裂(F_3),走向NW300°~330°,舒缓波状,倾向北,倾角40°~60°,宽10~30m,以挤压逆冲为主,最新活动于中更新世中期,北距坝址区8km;③雅鲁藏布江断裂(F_4),控制着中生代和新生代断陷盆地,晚更新世以来未见活动迹象,该断裂北距坝址区约25km。其他还有拉堆-乃东断裂(F_1)、德来-春哲断裂(F_5)、布钦日-拨布日断裂(F_6)北距坝址区分别为80km、100km和137km。

(2) 北北东向断裂:①萨迦-定结断裂(F_7),总体走向北东20°,以挤压逆冲为主,断层最新活动时代是晚更新世,东距坝址区32.2km;②定日断裂(F_8),走向NE30°,倾向SE或NW,倾角50°~60°,以挤压逆冲为主,规模较小,破碎带宽约20m,由碎裂岩、碎块岩组成,最新活动时代是中更新世。西距坝址区21.2km。

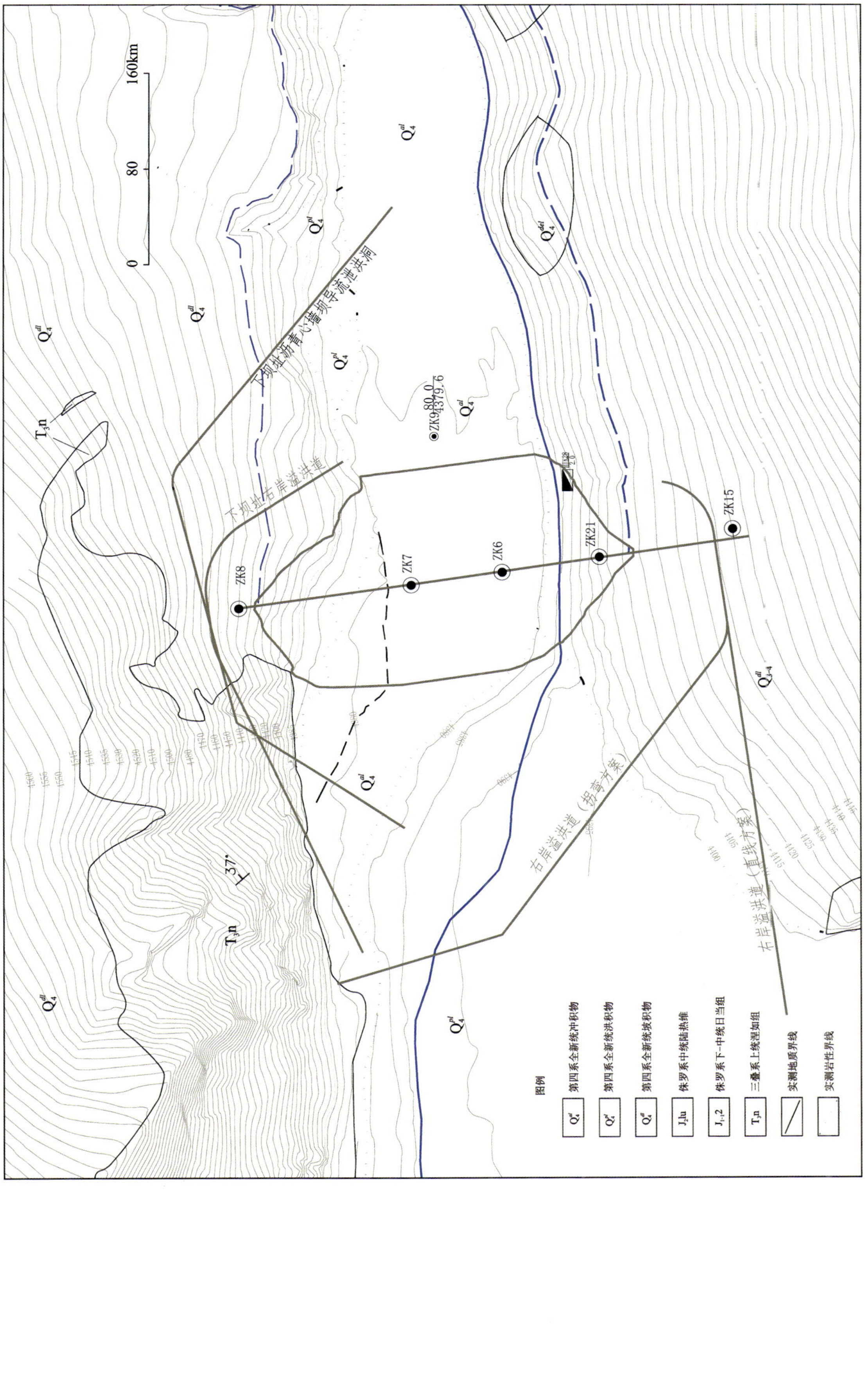

第四章 水利水电工程

图 4-45 下坝址枢纽区工程地质平面图

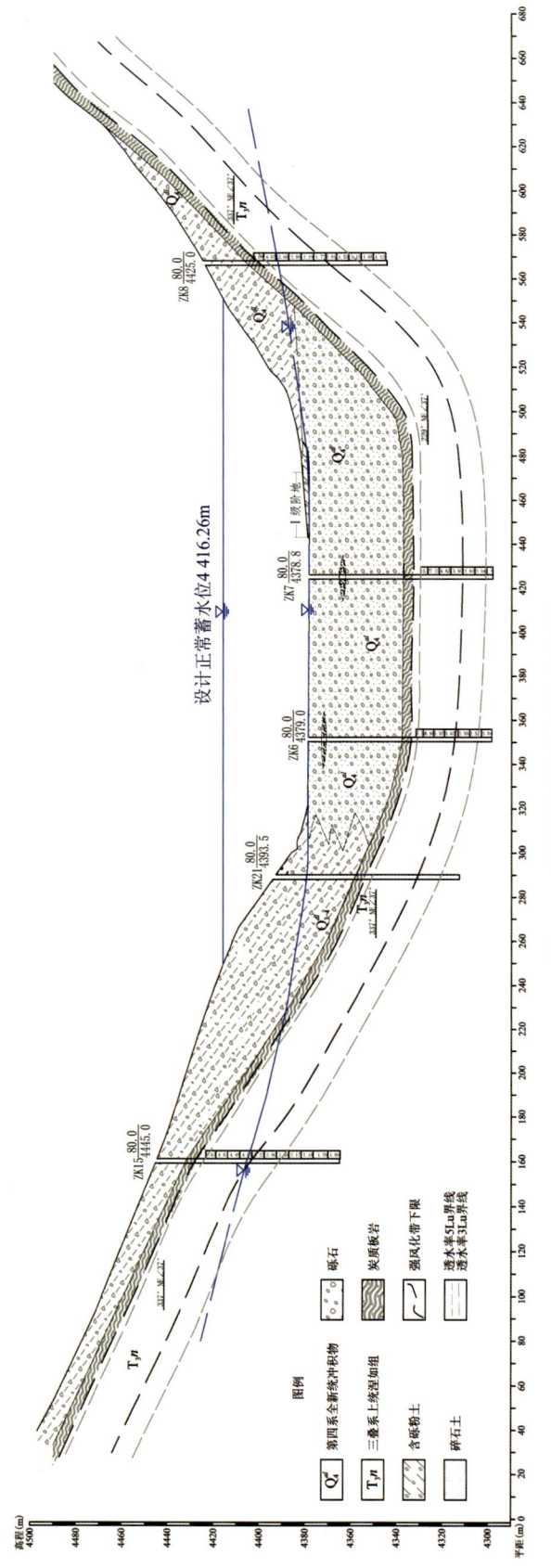

图 4-46 下坝址坝轴线区工程地质剖面图

(3)北西向断裂:当惹雍错断裂(F_9),位于坝址区北西向约118km。

从工程区150km范围内地震分布看,历史地震活动均与断裂构造有关。最大地震为1993年3月20日拉孜西北的6.6级地震,距场址71km;距场址最近地震是1279年萨迦的4.7级地震,距场址32km。目前记录到4次$M_S \geq 4.7$级地震,地震活动主要分布在工程场址东部,表明近场区地震活动水平较低。库坝区无区域性断裂和活动断裂通过,无中强以上震中分布,处于非潜在震源区内。据《中国地震动参数区划图》,工程区地震动峰值加速度为0.15g,反应谱特征周期为0.40s。根据《仁多水库工程场地地震安全性评价报告》,坝址区50年超越概率63%、10%、2%基岩地震动峰值加速度分别为0.045g、0.127g和0.245g,场地地震基本烈度Ⅶ度,属构造稳定性较好区域。

2. 库坝区工程地质条件

上下库区地形地貌相近,均位于中高山区,地势东高西低,两岸海拔4420~5000m,比高200~500m,库区左岸坡15°~27°;右岸坡25°~30°。河谷呈"U"形,宽300~800m,为横向河谷。河床高程4395~4417m,现代河床宽20~200m,纵坡6%,两岸冲沟发育,分布有规模不大的崩、坡积物。

库区主要出露三叠系、侏罗系及第四系:①上三叠统涅如组(T_3n):岩性为千枚岩,板状构造,片理发育,为上下坝址的主要地层;②下—中侏罗统日当组($J_{1-2}r$),以页岩、钙质页岩为主,分布在库区中游;③中侏罗统陆热组(J_2lu),岩性为页岩、钙质页岩,分布在库区上游;④第四系上更新统洪积堆积物由块石、碎石、砂组成;全新统滑坡堆积由块石、碎石组成;上更新统—全新统坡积岩性为碎石土;全新统洪积物由块石、碎石及砂组成;全新统冲积物由卵石、砾石、砂组成。

库区主要构造为上坝址4条低序次小规模断层及节理裂隙。断层距坝址100~400m,向北陡倾,出露长度30~150m。压扭性为主,未发现各断层活动性证据。主要发育两组裂隙:①15°NW∠80°~84°;②1°SE∠41°。

库区地下水分为基岩裂隙水和孔隙潜水。基岩裂隙水受大气降水补给,孔隙潜水主要赋存于河床冲积卵砾石层中,由上游河水沿途渗漏补给。

库区物理地质现象以滑坡及泥石流为主。滑坡集中在左岸山体,滑坡类型为岩质滑坡(2条)和土质滑坡(4条)。库区冲沟内松散堆积物分布广,在暴雨频发的6—8月,易发生泥石流灾害,经现状评估,区内6条泥石流沟均属轻度易发,对拟建工程无影响。

3. 坝址区工程地质条件

上坝址区左岸坡度20°~35°,左岸台地前缘呈陡坎与Ⅰ级堆积阶地相接,陡坎高约10m,宽100~150m,主要由风化板岩碎块组成;河床宽50~80m,覆盖层为砾石层;右岸坡度60°,基岩裸露。下坝址左岸坡积堆积台地前缘陡坎高约31m,坡度约31°,主要由碎块石组成;河床宽120m;右岸上游坡积物堆积,下游基岩裸露,山体高大陡峻,坡度为50°~70°,发育Ⅰ级堆积阶地。

上下坝址岩性主要为上三叠统涅如组千枚岩,局部夹碳质板岩,呈灰黑色,板状构造,板理、片理发育,表面风化程度强烈。第四系广泛分布:①上更新统—全新统坡积堆积分布于两岸斜坡及台地,以碎石为主,一般厚10~31m;②上更新统—全新统洪积堆积位于上游库区洪积扇处,岩性为碎石、砾石及砂,结构松散,厚度变化较大,最大厚度约33m;③全新统滑坡堆积分布在右岸滑坡体上,由块石、碎石组成;④全新统冲积层分布于现代河床、河漫滩及Ⅰ级阶地上,由卵砾石、砂组成,结构松散-密实,厚19~41m。

坝址区无区域性大断裂通过。上坝址右坝肩上游120m处冲沟中发育f_1断层,产状325°NE∠70°,长度100m,破碎带宽0.3~0.5m,主要为断层角砾岩,由于规模小,影响甚微;下坝址无断层分布,坝址区基岩呈单斜构造,产状:310°~337°NE∠37°~50°,板理、片理发育。

坝址区地下水主要为孔隙潜水和基岩裂隙水。均属HCO_3-Na型水,对混凝土结构无腐蚀性,对钢结构和钢筋混凝土中的钢筋无腐蚀性。

上、下两坝址处于同一河段内，区域地质条件相同，工程地质条件基本相近，其存在主要差异为：①上坝址库区平坦开阔，库岸再造和塌岸量较小；下坝址库区左岸坡积台地，蓄水后会产生库岸再造，坍岸量大于上坝址市。②上坝址河谷较下坝址宽，上下坝址河床均为深厚覆盖层，处理工程量上坝址大于下坝址。③上坝址左岸分布岩质滑坡，影响坝址的安全运行，需要采取工程措施进行处理，且工程风险较大；下坝址无滑坡等不良地质，两岸岩体完整，基岩岸坡较对称，整体稳定性较好。④上坝址调水线路明显长于下坝址，上坝址左岸岩质滑坡对调水洞线有一定影响，下坝址调水洞线无不良地质问题，洞室围岩条件较好。通过综合比选，下坝址的工程地质条件优于上坝址，故此推荐下坝址为下一阶段选定坝址。

4. 岩（土）体工程地质特性及评价

1）第四系岩（土）物理力学性质

坝址区上更新统—全新统洪积碎石土物理力学性质见表4-115。

表4-115 坝址区洪积碎石土层物理力学性质汇总表

统计指标	物理性质指标（天然状态下）					
	比重	含水量	天然密度	干密度	孔隙率	渗透系数
		%	g/cm³	g/cm³	%	cm/s
最大值	2.69	2.8	2.12	2.08	28.1	5.4×10^{-2}
最小值	2.69	1.2	2.04	1.98	24.7	9.25×10^{-2}
平均值	2.69	2.1	2.08	2.04	26.2	6.45×10^{-2}

坝址区河床冲积堆积砂卵砾石物理力学性质见表4-116。

表4-116 坝址区河床砂卵砾石层物理力学性质汇总表

统计指标	物理性质指标（天然状态下）						
	比重	含水量	天然密度	干密度	孔隙率	相对密度	渗透系数
		%	g/cm³	g/cm³	%		cm/s
最大值	2.66	2.9	2.04	1.99	27.0	0.46	5.8×10^{-2}
最小值	2.67	0.8	2.00	1.94	24.9	0.35	6.2×10^{-2}
平均值	2.67	2.0	2.01	1.97	25.6	0.40	5.92×10^{-2}

2）岩石（体）物理力学性质

上下坝址岩体动力学参数统计表见4-117。

表4-117 岩体动力学参数统计表

风化程度	岩体							
	纵波波速（m/s）		横波波速（m/s）		动弹模（GPa）		动泊松比	
	区间	平均	区间	平均	区间	平均	区间	平均
强风化	1800～2500	2400	1142～1768	1341	11.5～13.9	11.6	0.28～0.29	0.29
弱风化	2500～3500	2800	1513～2080	1828	15.1～25.4	21.8	0.27～0.28	0.28
微—新鲜	3500～4500	4000	1834～2217	2020	22.1～31.2	26.0	0.27	0.27

岩块物理力学性质指标见表 4-118。

表 4-118　坝址区岩块物理力学性质试验成果汇总表

岩性	统计指标	密度 干 ρ_d g/cm³	密度 湿 ρ_d g/cm³	孔隙率 n %	吸水率 ω_a %	饱和吸水率 ω_{sa} %	比重 G_s	抗压强度 干 R_d MPa	抗压强度 湿 R_w MPa	软化系数 K_R	抗拉强度 干 σ_{td} MPa	抗拉强度 湿 σ_{tw} MPa	弹性模量 E GPa	纵波速度 V_p m/s	泊松比 μ
千枚岩（弱风）	最大值	2.81	2.82	2.46	0.85	0.90	2.84	30.60	20.00	0.64	8.40	4.95	19.50	4512	0.29
	最小值	2.76	2.76	1.07	0.32	0.34	2.81	9.10	4.45	0.59	2.17	0.98	7.55	2800	0.27
	平均值	2.78	2.80	1.84	0.63	0.68	2.83	17.91	11.21	0.62	4.02	2.47	13.68	3606	0.28
千枚岩（微-新）	最大值	2.82	2.84	2.47	0.75	0.81	2.84	31.00	18.60	0.65	8.10	5.52	19.00	4491	0.29
	最小值	2.75	2.77	1.04	0.30	0.34	2.81	13.00	7.09	0.60	1.75	1.60	9.00	2762	0.27
	平均值	2.79	2.81	1.47	0.51	0.56	2.83	21.25	13.21	0.62	5.52	3.45	13.00	3314	0.28
碳质板岩（弱风化）	最大值	2.85	2.86	1.78	0.60	0.67		48.70	37.70		11.60	6.17	25.00	4692	
	最小值	2.76	2.78	0.52	0.15	0.18		37.10	24.20		6.90	4.10	18.50	3809	
	平均值	2.81	2.82	1.04	0.31	0.37	2.85	40.78	31.70	0.78	8.51	5.46	21.42	4249	0.26
碳质板岩（微-新）	最大值	2.84	2.84	2.53	0.88	0.95		61.10	42.00	0.76	12.70	10.70	28.50	4605	0.26
	最小值	2.74	2.76	0.35	0.16	0.19	2.79	30.00	22.20	0.64	4.59	2.66	18.50	3883	0.24
	平均值	2.79	2.80	1.07	0.33	0.38	2.82	44.45	31.47	0.71	8.98	5.83	22.96	4364	0.25

直剪试验成果见表 4-119。

表 4-119　岩块直剪试验成果汇总表

岩性	风化程度	最大法向应力 MPa	抗剪断强度 f'	抗剪断强度 c' MPa	抗剪强度 f	抗剪强度 c MPa	备注
碳质板岩	微—新	2.5	0.78～0.81	0.60～0.65	0.60～0.62	0.16～0.18	岩石剪断为主
碳质板岩	弱风化	2.5	0.55～0.71	0.3～0.48	0.45～0.51	0.05～0.08	岩石与层理面组合剪断
千枚岩	弱风化	2.5	0.78	0.51	0.55	0.11	岩石剪断为主
千枚岩	微—新	2.5	0.81	0.63	0.64	0.17	岩石剪断为主
			0.56～0.65	0.31～0.40	0.42～0.53	0.05～0.09	岩石与层理面组合剪断

岩体的完整性通过钻孔波速测试的岩体完整性系数（K_v）综合评价得出，统计评价结果见表 4-120。

表 4-120　岩体波速测试完整性统计评价表

风化程度	厚度（m）	岩体完整性系数 K_v	完整性评价
强风化岩体	3～5	0.28～0.47	较破碎—完整性差
弱风化岩体	18～20	0.62～0.87	较完整—完整
微风化—新鲜岩体	弱风化以下	0.72～1.00	较完整—完整

坝址区岩体风化程度在不同部位有所不同，左、右岸强风化层厚3.0～5.0m，弱风化层厚14.0～18.0m；河床坝基强风化层厚2.0～4.0m，弱风化层厚12.0～14.0m。强风化岩体风化系数为0.40～0.60；弱风化岩体风化系数为0.68～0.80；微风化至新鲜岩体风化系数为0.82～0.98。

3）岩体的渗透性

坝址区基岩透水率见表4-121。

表4-121　坝址区岩体透水率统计表

坝址	透水率	基岩面以下深度（m）		
		左岸	河床	右岸
上坝址	$q \leqslant 10Lu$	10	8.0	8
	$q \leqslant 3Lu$	36	32	34
下坝址	$q \leqslant 10Lu$	8	7	8
	$q \leqslant 3Lu$	34	32	34

4）岩石（体）物理力学参数建议值

坝址区岩块、岩体的物理力学地质建议值见表4-122、表4-123。

表4-122　坝址区岩块物理力学性质指标建议值

岩性	风化程度	密度		抗压强度	软化系数 K_R	弹模
		干	饱和	饱和		
		g/cm³		MPa		GPa
千枚岩	弱风化	2.78	2.80	21	0.69	17.9
	微风化—新鲜	2.79	2.81	28	0.67	23.9
碳质板岩	弱风化	2.81	2.82	32	0.72	20.5
	微风化—新鲜	2.79	2.80	37	0.75	25.0

表4-123　坝址区岩体物理力学性质指标建议值

岩性	风化程度	弹性模量	泊松比	岩体/岩体		岩体/岩体		岩体/混凝土		岩体/混凝土	承载力
				抗剪断强度（岩体）		抗剪强度（岩体）		抗剪断强度（岩体）		抗剪强度（岩体）	饱和
				C'	f'	f		C'	f'	f	
		GPa		MPa	/	/		MPa	/	/	MPa
千枚岩	弱风化	8.9	0.28	0.58	0.70	0.56		0.65	0.68	0.55	2.3
	微风化—新鲜	11.9	0.27	0.62	0.75	0.60		0.70	0.73	0.60	2.9
碳质板岩	弱风化	10.2	0.28	0.60	0.75	0.58		0.68	0.70	0.56	3.0
	微风化—新鲜	12.8	0.27	0.63	0.80	0.62		0.72	0.75	0.60	3.2

5）坝基岩体工程地质分类

上下坝址坝基岩体分类见表4-124。

表 4-124　坝基岩体工程地质分类表

风化程度	饱和抗压强度(MPa)	纵波波速(%)	RQD(%)	岩体完整性系数 K_v	坝基岩体类别
弱风化	23	2500~3500	0~40	0.50~0.87	C_{III}
微风化	30	3500~4500	8~50	0.72~1.0	B_{IV1}

5. 天然建筑材料

通过对坝址区 20km 范围各类天然建筑材料调查,选定了 3 个砂砾石料场和 1 个防渗土料场进行勘察。

T1 土料场:位于坝址上游右岸河床内,距上坝址 5.5km,距下坝址 7.7km。以低液限黏土为主,天然密度 1.49~1.70g/cm³,含水量 20.1%~24.3%,黏粒占 19.0%~27.8%,最大干密度 1.52~1.73g/cm³,最优含水量 17.0%~23.2%。击实后压缩模量 6.0~9.9MPa,凝聚力 20.2~38.7kPa,内摩擦角 21.0°~27.5°。除有机质含量及天然含水量偏高外,其余指标满足防渗土料的质量技术要求。该料场地下水埋深 0.5m,易受洪水影响,开采条件较差。

C1 料场:位于右岸洪积扇,距上坝址 790m,距下坝址 3.0km。可开采储量 27.8×10⁴m³。地下水埋深大于 3.0m。岩性为碎石混合土,其中碎石占 19.4%,砾石占 57.1%,砂占 15.5%,含泥量 9.3%。天然密度 2.09g/cm³,含水量 3.5%。料场储量丰富,便于大规模开采,但因含泥量及击实后的渗透系数不合格,不宜作为坝壳填筑料或进行专门论证后再使用。

C2 料场:位于正源河现代河床,距上坝址 0.5km,距下坝址 2.7km。岩性为混合土漂石,总储量 240×10⁴m³。据颗粒分析,漂石占 27.4%,卵石占 26.2%,砾石占 28.3%,砂占 16.6%,粉黏粒占 1.6%,天然密度 2.22g/cm³,含水率 1.0%。料场各项物理力学指标符合坝壳填筑用砂砾料质量技术要求。作为混凝土用粗骨料,除轻物质含量超标外,其他各项指标符合质量要求。作为混凝土用细骨料,除堆积密度及细度模数偏低,孔隙率及含泥量偏高外,其他各项指标符合质量要求。该料场储量丰富,存在水下开采,需采取导流分区开采。料场超粒径漂石多,需进行剔除或做解爆处理。

C3 料场:位于上下坝址间的现代河床,距上坝址 0.5km,距下坝址 2.2km。岩性为级配不良砾,储量 103.2×10⁴m³。根据颗分试验,卵石占 11.42%,砾石占 61.58%,砂占 24.01%,粉黏粒占 2.99%。天然密度 2.01g/cm³,含水量 2%。作为混凝土用粗骨料,除轻物质含量偏高外,其他各项指标符合质量要求。作为混凝土用细骨料,除孔隙率及含泥量偏高外,其他各项指标符合质量要求。该料场储量丰富,但开采易受地下水的影响。

(四)主要工程地质问题分析与评价

1. 覆盖层形态特征

上、下坝址间洪积台地碎石土最大厚度 48m,渗透系数 $5.40×10^{-2}$~$9.25×10^{-2}$cm/s,为强透水层,防渗处理工程量大,河床覆盖层厚度由河中心向右岸逐渐变薄,向左岸逐渐变厚,至台地处 30m,右岸最薄 24.0m。

下坝址区深厚覆盖层,最大厚度 41m,总体厚度由河中心向两岸逐渐变薄。

上下坝址覆盖层其他特征指标:7m 以上呈松散—稍密状态,7m 以下属中密—密实状态。密实程度随深度增加而逐渐增大;剪切波速(V_s)0~3m 深度为 220~241m/s;3~27m 为 274~465m/s;27m 以下为 512~574m/s;渗透系数 $5.8×10^{-2}$~$6.2×10^{-2}$cm/s,具强透水性。

河床坝基岩性以粗粒土为主,为强透水层,且厚度较大,作为坝基时,应做防渗处理。0~3m 范围为松散—稍密状态,作为坝壳地基时,建议清除上部 3.0m;作为心墙及趾板地基,需对 7m 以上地层采取强夯等处理措施。采用防渗墙等形式进行防渗处理至相对隔水层。

2. 库岸边坡稳定性

在上下坝址之间,左岸广泛分布有坡积台地及局部滑坡碎块石土堆积物,坡度 25°～45°;右岸为洪积碎石土台地,坡度 40°～60°。坡角均大于碎块石的水下休止角,蓄水后边坡将产生坍塌。通过计算,预测最终塌岸总长度 2.2km(左岸 2.3km,右岸 0.68km)。左岸塌岸宽 16.0～30.0m,右岸为 13.7～16.0m。经计算,水库蓄水后,将发生库岸再造,库水位以上塌岸方量 $64.1 \times 10^4 m^3$。

3. 滑坡体影响

上坝址左坝肩岩质滑坡体,后缘呈马鞍型,坡度 25°,滑坡体上可见滑动所形成的浅沟。平面上呈"长条形",宽度 185m,纵向长 570m,主滑面深度 22.0～78.0m,夹有 10～20cm 厚的泥质岩屑,总体积 $316 \times 10^4 m^3$。前缘呈陡壁,与河床高差约 31m,可见二次滑动形成的陡坎。采用不平衡推力法计算,自然条件下,该滑坡稳定系数为 1.16,大于抗滑稳定系数 1.15,处于稳定状态;施工开挖条件下,稳定系数为 0.98,小于抗滑稳定系数 1.10,为不稳定状态;在暴雨条件下,稳定系数为 1.10,等于抗滑稳定系数 1.10,处于临界状态;在地震条件下,稳定系数为 1.13,大于抗滑稳定系数 1.05,为稳定状态。可见该滑坡体在施工开挖和暴雨条件下,可能沿滑动面再次滑动。建议上坝址采取合理的避让措施,以消除该滑坡对坝体及其他建筑物的影响。

下坝址左岸山体被第四系覆盖,在靠近河道的台地陡坎上分布有 5 处土质滑坡堆积物,其中规模较大的 HP4 滑坡堆积体,陡坎碎石土坡度 25°～45°,滑坡堆积物由板状碎块石土组成,天然坡度 17°,平面上呈扇形,后缘圈椅状地形明显,其上分布 3 处二次滑坡堆积体。该滑坡前缘坎高约 30m。平均宽度 300m,纵向长 500m,平均厚度 16m,总体积约 $240 \times 10^4 m^3$。采用瑞典圆弧法分析计算,在水库蓄水条件下、暴雨条件下、蓄水及地震条件下不稳定。蓄水位以上滑动体方量约 $60 \times 10^4 m^3$,对水库有一定影响。

(五)勘察工作总结

(1)西藏拉孜县仁多水库是我院最早于 1996 年首次介入西藏地区进行工程勘察的项目,之后于 2011 年再次入藏,通过前期资料分析,对于以往工作存在的不足,有针对性补充了勘探试验工作。勘察人员克服青藏高原地区高寒、缺氧等各种艰苦不利条件,勇敢面对各项勘探试验工作带来的诸多挑战。先后两次进藏开展外业工作,获得大量勘探试验成果,编制了内容丰富翔实的工程地质勘察报告,基本查明工程区主要工程地质问题,为水库工程设计提供重要的地质依据。

(2)为了充分论证上坝址左坝肩岩质滑坡对工程产生的不良影响,采用不平衡推力法,按自然条件、施工开挖工况、暴雨工况以及蓄水+地震等不同工况下的稳定性进行分析。表明在水库蓄水和暴雨工况下不稳定,建议上坝址采取合理的避让。下坝址左岸土质滑坡采用费伦纽斯法和瑞典圆弧法分析计算,结果为在水库蓄水工况、暴雨工况、蓄水+地震工况下不稳定。该滑坡大部分在蓄水位以下,对水库影响较小。

(3)勘察基本查明库区无邻谷渗漏以及大的岸坡稳定问题,主要存在深厚覆盖层和坝肩稳定性问题。上坝址存在左坝肩岩质滑坡问题,下坝址左岸坡积台地蓄水后可能会发生塌岸、库岸再造。通过综合分析论证,确定下坝址作为推荐坝址。

(4)从勘察成果评价内容看,通过大量勘探试验成果,全面统筹考虑了各类不良地质问题带来的风险和隐患,并提出了相应的工程处理措施,满足本阶段的勘察精度要求。从工程地质角度,认为该水库基本具备建坝条件,对于附属水工建筑物等,下阶段需要结合水工设计布置情况做进一步勘探,并根据确定的坝型对天然建筑材料做进一步详查。

第五章 交通运输类（含公路、桥梁、机场等）

一、第十二师西山-乌鲁木齐国家级开发区公路隧道工程

（一）项目概况

兵团第十二师经济开发区隧道工程位于乌鲁木齐市西山，起点接乌鲁木齐经济开发区经十七路和纬十八路的交点，向南以桥梁和隧道形式穿越西山后，与省道S105相接。本工程为双向分离式四车道，由引道、桥梁和隧道部分组成，其中桥梁段长695.06m，为简支梁加连续梁组合形式的大桥；隧道左、右洞线分离，长度分别为920m和900m。本项目于2014年5月建成通车，2015年6月项目法人组织各方对本工程完成了交工验收。

（二）勘察过程概述

2010年8月—2010年9月，我院完成了该项目可行性研究阶段的勘察工作；2011年8月—2012年1月，完成了初步设计阶段的工程地质勘察（初步勘察）工作；2012年3月—2013年4月，完成施工图设计阶段的工程地质勘察（详细勘察）工作。各阶段勘察成果均通过了兵团交通局组织的技术审查。隧道工程地质平面图见图5-1，隧道工程地质剖面图见图5-2。

（三）项目工程地质条件

1. 工程区地质条件

工程区位于天山山系的依连哈比尔尕山及博格达山和准噶尔盆地不同地貌单元的交会处，南部为依连哈比尔尕山（南山），东侧为博格达山（东山），中部为博格达山延伸的丘陵。拟建工程位于博格达山西端延伸的丘陵区和乌鲁木齐山前倾斜平原区。乌鲁木齐山前倾斜平原区，地形较平坦、开阔，地势南高北低，相对高差约29m，沿线第四系以人工填土及卵砾石地层为主。

隧址区主要出露侏罗系和第四系。侏罗系主要为侏罗系下统八道湾组（J_1b）、中统三工河组（J_2s）、西山窑组（J_2x）和上统头屯河组（J_3t），为一套沼泽-湖泊相沉积，岩性为黄色、灰色砂岩、泥岩不均匀互层，夹砂质泥岩、碳质页岩及粗砂岩、砂砾岩，并夹煤层。隧址区第四系相对较薄，主要为上更新统至全新统洪坡积层（Q_{3-4}^{pl+dl}）、全新统残坡积层（Q_4^{d+dl}），以及人工填土（Q_4^{ml}），桥梁段处于山前冲洪积平原地带，第四系相对较厚，主要为上更新统至全新统冲洪积和全新统残坡积地层，厚度大于30m。

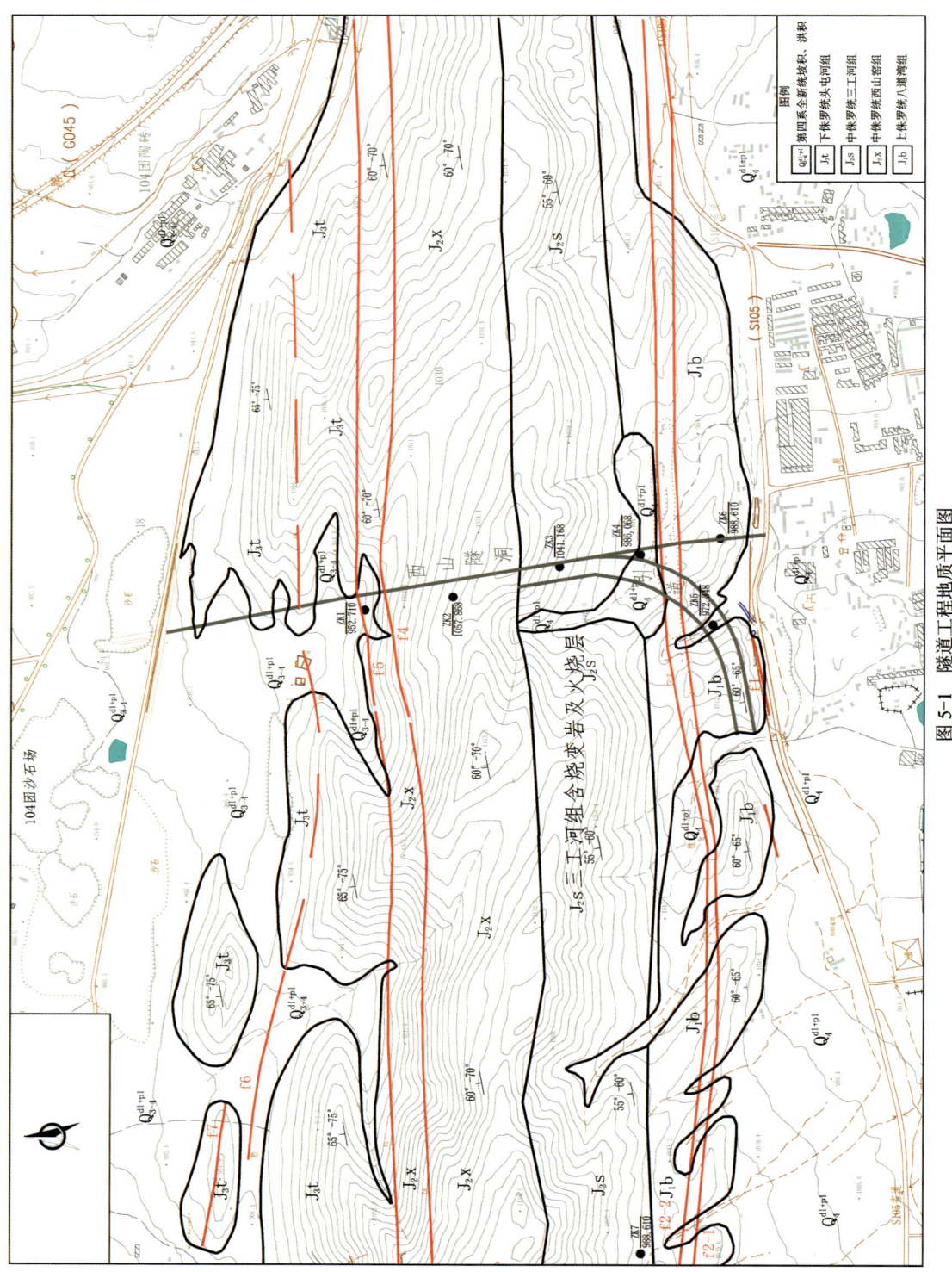

图 5-1 隧道工程地质平面图

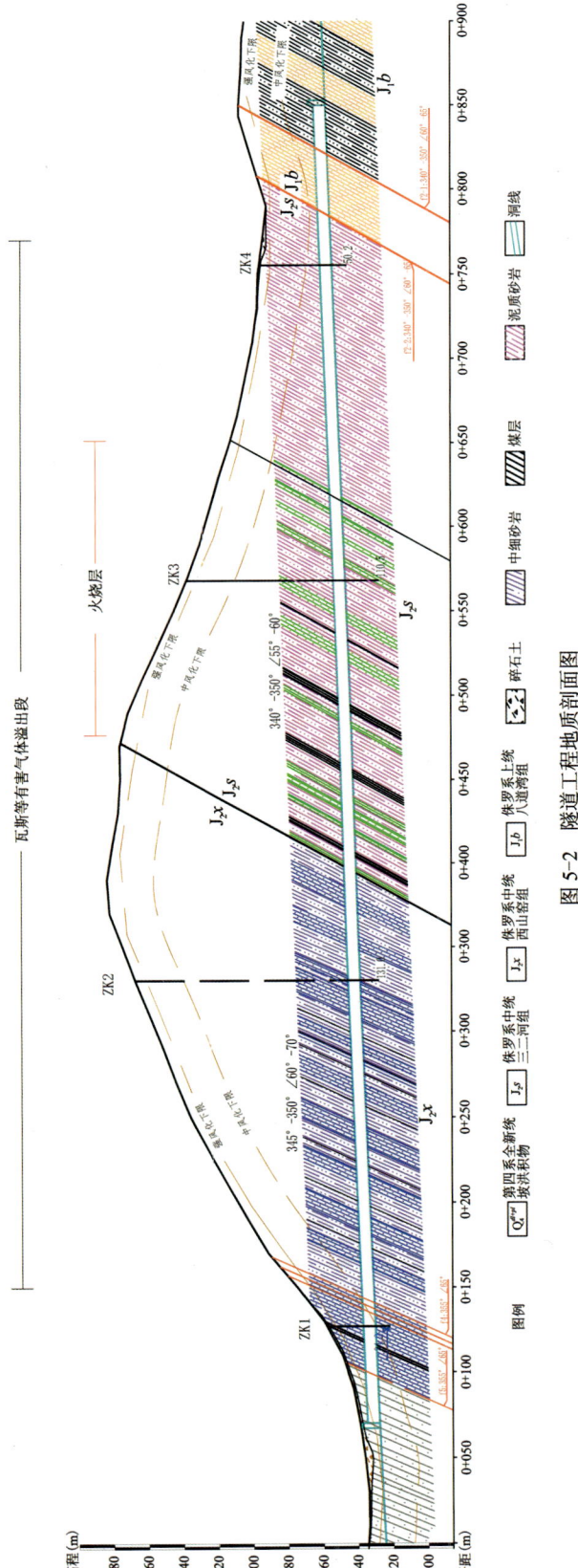

图 5-2 隧道工程地质剖面图

工程区处于北天山地震构造带中段,地质构造单元上处于乌鲁木齐山前坳陷(II_3^6)东端,与博格达复背斜(II_3^2)相邻,与这两个三级构造单元的交会部位相距较近,地质构造活动较频繁。隧址处于一单斜构造内,为一套中生代湖相沉积岩地层,区域构造稳定性较差。据《中国地震动参数区划图》,地震动峰值加速度为0.20g,地震动反应谱特征周期为0.40s,对应地震基本烈度为Ⅷ度。

工程区的地下水类型主要分为基岩裂隙水和松散岩类孔隙水。松散岩类孔隙水主要分布于洪坡积碎石土层中,补给来源为大气降水和地表水入渗。受地形影响,该层富水性较弱,多汇集于冲沟,向山前冲洪积平原排泄。

2. 岩土体物理力学性质

1)土体物理力学性质

根据引道段路基土和桥基土物理力学性质指标统计结果,结合地基土的野外特征,参照当地经验综合确定桥基土岩土工程参数(表5-1)。

表5-1 地基土工程地质参数一览表

层号	岩性	变形模量 E_0(MPa)	内摩擦角 φ(°)	黏聚力 C(kPa)	极限侧阻力标准值 q_{sik}(kPa)		极限端阻力标准值 q_{pk}(kPa)		承载力建议值 f_{ak}(kPa)
					泥浆护壁钻孔桩	干挖作业	泥浆护壁钻孔桩	干挖作业	
①-2	人工填筑(级配砾石)	35	30	0	140	140			300
①-3	素填土	20	25	0	120	120			180~300
②	5m以上卵砾石	35	30	0	145	140			400
	5m以下卵砾石	45	33	0	160	200	2500	5000	500
③	低液限粉土		19.0	14.6	28	28			130
④	弱风化砂岩								1200

2)岩体物理力学性质

隧址区洞身段基岩主要为侏罗系下统八道湾组(J_1b)、侏罗系中统三工河组(J_2s)和西山窑组(J_3x)共3套碎屑沉积岩地层,地层近东西向带状分布,呈北西倾斜的单斜构造,倾角55°~70°,层序较稳定。岩性为砂岩、泥质砂岩不均匀互层为主,夹砂质泥岩、炭质页岩及粗砂岩、砂砾岩,并夹煤层。根据试验资料和收集到的相同地层岩性相关岩石(体)参数数据,结合工程类比法确定工程区岩石(体)地质建议值(表5-2)。

3)隧道围岩分级

根据《公路工程地质勘察规范》,按岩石的坚硬程度、岩体的完整程度两个基本因素的定性特征和岩体基本质量BQ值定量指标综合进行分级。在围岩基本质量分级的基础上,考虑修正因素影响再修正岩体基本质量指标值(表5-3)。对修正后的岩体基本质量指标结合岩体定性特征围岩详细分级(表5-4)。

表 5-2　岩石(体)物理力学性质设计参数建议值表

岩性	岩组	风化程度	密度 g/cm³	吸水率 %	抗压强度 干燥 MPa	抗压强度 饱和 MPa	软化系数	抗拉强度 天然 MPa	容许承载力 σ_0 kPa	土石工程等级
砂岩	头屯河组	强风化	2.48			18			500	V
		中风化	2.50			30			1200	
砂岩	西山窑组	中风化	2.52	1.32	45	22	0.38	2.98	1200	
		微风化	2.49	1.8	60	35	0.52	1.23	2000	
泥质砂岩		微风化	2.48	3.24	50	25	0.48	1.07	1200	
泥质砂岩	三工河组	中风化	2.64	3.72	32	18	0.5	0.12	1000	IV
		微风化	2.58	3.21	55	25	0.38	0.84	1200	
泥质砂岩	八道湾组	中风化	2.44	4.74	35	15	0.52	1.49	1000	
砂岩		中风化	2.51	2.25	48	20	0.42	3.15	1000	
		微风化	2.56	2.58	53	32	0.52	1.18	2000	V

表 5-3　围岩基本质量指标 BQ 值计算及围岩分级

位置	地层代号	岩性	风化程度	BQ	地下水影响修正系数(K_1)	主要软弱结构面影响修正系数(K_2)	初始应力状态修正系数(K_3)	[BQ]	围岩分级
进口段	J_2x	砂岩	强—中风化	222～245	0.7	0.2	0	130～150	V
洞身段	J_2x	泥质砂岩	微风化	295～330	0.2	0.2	0	255～290	IV
	J_2s	泥质砂岩	微风化	222～300	0.2	0.2	0	182～260	V～IV
出口段	J_1b	泥质砂岩	强—中风化	210～250	0.7	0.2	0	120～160	V

表 5-4　隧道左、右洞围岩分级统计表

推荐方案 起讫桩号	推荐方案 分段长度	围岩岩性	围岩分级	影响因素状态或关系说明
进洞口 K1+410～K1+465	55m	强—中风化砂岩发育断层	V（浅埋）	进口段围岩稳定性较差,洞顶易坍塌,处理不当会出现大坍塌,侧壁易坍塌,无地下水量影响。建议衬砌支护进洞
K1+465～K1+500	35m	中风化—微风化砂岩为主	IV	稳定性较好洞顶无支护时易坍塌,侧壁有时失稳。开挖时易形成滴水或线状水流,应注意排水,加强支护
K1+500～K1+515	15m	微风化砂岩为主,发育有断层	V	受断层影响,稳定性较差,隧道开挖洞顶易坍塌,处理不当会出现大坍塌,侧壁易坍塌。施工时应特别注意加强超前支护
K1+515～K1+655	140m	微风化砂岩为主	IV	稳定性较差,洞顶无支护时易坍塌,侧壁有时失稳。开挖时易形成滴水或线状水流,应注意排水.

续表 5-4

推荐方案		围岩岩性	围岩分级	影响因素状态或关系说明
起讫桩号	分段长度			
K1+655～K1+675	20m	微风化砂岩为主,有厚达1.2m煤层	Ⅴ	受煤层的影响,岩体较破碎,稳定性较差,洞顶无支护时易坍塌,侧壁偶失稳。滴水或线状水流,施工时应加强超前支护
K1+675～K1+775	100m	微风化砂岩为主	Ⅳ	稳定性较好,洞顶无支护时易坍塌,侧壁有时失稳。开挖时易形成滴水或线状水流,应注意排水
K1+775～K2+045	270m	微风化泥质砂岩为主,含煤线火烧层	Ⅴ	此段为火烧层段,含多层煤层和煤线,岩体较破碎,稳定性较差,洞顶无支护时易坍塌,侧壁有时失稳。开挖时易形成滴水或线状水流。施工时应注意加强超前支护
K2+045～K2+190	145m	微风化泥质砂岩为主	Ⅳ	稳定性较好,洞顶无支护时易坍塌,侧壁有时失稳。开挖时易形成滴水或线状水流,应注意排水
ZK2+190～ZK2+270	80m	微风化砂岩发育有断层	Ⅴ	受断层影响,稳定性较差,洞顶易坍塌,处理不当会出现大坍塌,侧壁经常发生小坍塌。施工时应加强超前支护
出洞口 ZK2+270～ZK2+330 YK2+190～YK2+310	60m (120m)	中风化泥质砂岩为主	Ⅴ (浅埋)	出口段上覆岩体较薄,稳定性较差,洞顶无支护时易坍塌,侧壁有时失稳。开挖时易形成滴水,应注意排水,加强超前支护

3. 天然建筑材料

1)砂砾石料场

勘察时选取砂砾石料场两处,分别为 SL1 和 SL2。料场 SL1 位于西山农场蔬菜站对面,料场储量丰富,上路桩号为线路终点,运距 18km,为专业料场,岩性为级配良好砾,属非盐渍土,交通较便利。料场 SL2 位于乌拉泊新光砂场,料场储量丰富,上路桩号为线路终点,运距 19km,此料场为专业料场,岩性为级配良好砾,属非盐渍土,交通便利。据室内试验资料,根据各料场物理指标成果和其典型颗粒级配含量,料场天然砂砾料作为基层、底基层级配料使用时,颗粒级配含量多不符合要求,需进行掺配处理。

2)施工用水

线路施工用水可到幸福一号水库拉运,水质分析成果:SO_4^{2-} 含量为 234.6mg/L,pH 值为 8.02,Cl^- 含量为 46.4mg/L,判定该库水对混凝土不具腐蚀性。

3)块石料

块石料选在红岩水库坝后王家沟右岸商品块石料场,岩性为侏罗系上统喀拉扎组(J_3k)砂岩,呈块状结构,层理不发育,岩体完整性较好,饱和抗压强度 33MPa,属中硬岩,冻融损失率小于 1%,干密度 2.5g/cm³。料场有柏油路相通,距拟建隧址进口 7.0km。

(四)主要工程地质问题

1. 隧址区边坡稳定性

隧址区现状的自然边坡稳定,未发现对隧道稳定性有重大影响的滑坡、崩塌等不良地质现象发育,场地稳定性相对较好。隧道进、出口处自然斜坡稳定。

隧道进口为顺向坡，岩性以西山窑组（J_2x）砂岩为主，岩层产状：75°～80°NW∠60°～70°，岸坡自然坡度18°～23°，主要发育4组节理：①70°～85°NW∠65°～75°；②10°SE∠35°；③345°NE∠80°；④5°NW∠30°。根据开挖边坡性质及结构面产状，采用赤平投影对开挖洞室左、右侧和洞脸边坡稳定性进行分析，其整体稳定性较差，可能产生顺层滑动或局部存在小型楔形体滑塌。

隧道出口为反向坡，岩性以八道湾组砂岩、泥质砂岩为主，岩层产状80°～85°NW∠60°～65°，岸坡自然坡度12°～18°，主要发育3组节理：①80°NW∠40°～45°；②20°SE∠40°；③340°SW∠80°。根据开挖边坡性质及结构面产状，采用赤平投影对开挖洞室左、右侧和洞脸边坡稳定性进行分析，其整体稳定性较差，可能产生顺层滑动或局部存在小型楔形体滑塌。建议开挖后及时采取挂网喷锚支护措施。仰坡上部的第四系全部清除后，应做好截、排水设施。

2. 引道段稳定性

根据线路设计方案，引道段挖方与填方相结合，填方为主。挖方段主要是接近进、出口段，边坡最高10.6m，岩性以砂岩为主，岩体裂隙发育，呈层状碎裂结构，岩层倾角较陡，局部地表分布厚0.5～5.3m的第四系松散堆积物。建议坡高小于15m的岩质边坡，开挖坡比采用1∶0.5～1∶0.75，松散堆积物开挖坡比1∶1.25。人工形成的岩质边坡，经赤平投影稳定分析，其整体稳定性较差，可能产生顺层滑塌破坏，开挖后应及时采取挂网喷锚支护措施。

3. 隧道洞室涌水预测

隧址区内无地表流水，地下水主要接受大气降雨的垂直补给，总体水量较贫乏，涌水影响十分轻微。通过工程水文地质测绘，结合钻孔揭露，对洞室地下水的补给来源、含水层分布、富水性进行分析，估算涌水量见表5-5。

表5-5　隧洞涌水量估算成果表

洞线	起止桩号	计算选用参数			计算涌水量	备注
		k	B	L	Q	
		m/d	m	m	m³/d	
左洞	ZK1+410～ZK0+780	0.043	38	370	604.58	砂岩，基岩裂隙水
	ZK0+780～ZK2+330	0.026	38	550	543.40	泥质砂岩，基岩裂隙水
	小计			920	1 147.98	单位涌水量为0.012L/(s·m)
右洞	YK1+410～YK0+780	0.043	38	370	604.58	砂岩，基岩裂隙水
	YK0+780～YK2+310	0.026	38	530	523.64	泥质砂岩，基岩裂隙水
	小计			900	1 128.22	单位涌水量为0.012L/(s·m)

4. 高地温、瓦斯等有害气体影响评价

隧址区含煤层所在的地段存在带状烧变岩区，岩性以粉砂质泥岩及砂岩互层为主，存在主含煤段，厚度大于0.3m的煤层达5层，平均总厚达24.2m。烧变岩区和含煤岩层可能存在高地温、瓦斯等有害气体。

（1）高地温：在K1+860～K2+040段地表有焦炭、煤渣等燃烧痕迹，未发现地表燃烧点出露及温度异常，目前处于熄灭状态。从钻孔揭露情况分析：该层以砖红色、赭红色为主，为烧变岩（火烧岩），岩性为粉砂质泥岩、砂岩与碳质页岩及煤层不均匀互层。预判施工期间可能存在高地温影响。

（2）瓦斯等有害气体：根据附近西山煤矿矿井瓦斯等级和二氧化碳测定资料，瓦斯最大绝对涌出量 $1.08m^3/min$，二氧化碳最大绝对涌出量 $0.16m^3/min$，且各煤层的煤尘均具有爆炸性危险。施工时应采取相应的通风等安全保证措施。

（五）工程地质勘察总结

（1）本项目为兵团的第一座市政公路隧洞，也是目前兵团交通系统已建的长度最大、开挖断面最大、埋深最大的公路隧道工程，包括桥梁工程和隧道工程，桥段长695.06m，隧道长900～920m，属大桥＋长隧道工程，其中，隧道断面跨度11m，净高5m，为宽、高较大的隧道工程。

（2）勘察充分收集附近开采煤矿的相关资料，通过工程地质和水文地质测绘，针对性布置钻孔、物探（面波和波速测试），并结合坑、槽探和室内试验工作，查明洞身段穿越侏罗系多组地层，岩性以砂岩和泥质砂岩为主，局部分布的碳质页岩和煤层地层，具有软硬相间、不均匀的特点。洞线段穿越煤层及火烧岩的特殊性岩土，其对工程设计与施工具有一定影响。设计和施工根据地质勘察建议意见，采取了相应的预防和处理措施，保证了工程的安全和顺利实施。

（3）隧址区洞线埋深较大，洞线最大设计埋深226m，因此现场勘探孔的位置和深度直接影响了勘察精度和查清的地质问题，前期做好地质调绘工作是指导勘探工作开展的关键环节之一。通过综合勘探手段，对隧道洞室段围岩进行工程地质分类、对洞室段涌水量进行了估算、对洞口及洞身段稳定性分别进行了分析评价。在工程施工过程中也起到关键性指导作用。

（4）在洞线的选择上，设计存在多方案比选论证，对东线、中线和西线3个方案，根据线路长度、成洞条件、主要工程地质问题（隧道涌水、火烧岩及有害气体），以及特殊性岩土体的分布情况等因素综合考虑，最终建议东线作为推荐方案，可最大限度节省处理所需投入的工程量。对于起控制作用的特殊性岩土的类别、范围、性质，以及其对工程的危害和影响，勘察成果为设计所提供的避绕或治理对策等方面的地质建议，在最终评审中得到了专家认可。

（5）本工程的勘察工作，结合工程实际情况以及地质条件，对施工可能引发的环境影响进行了评价。隧道施工无有毒有害气体长期排放，在隧道掘进时，含煤地层少量瓦斯气体释放，但储量有限，且将其很快做封闭处理，对环境的影响小。

（6）工程于2013年开工建设，2015年6月正式通车运行，至今已通行9年，使用状况良好，该工程的建成，成为乌鲁木齐工业园区和乌鲁木齐经济技术开发区（头屯河区）新增了一条便捷的运输通道，为兵团公路桥梁史增添了浓墨重彩的一笔，也成为乌鲁木齐市城市建设的一道靓丽的名片。对促进兵地融合发展具有重要意义，其勘察设计经验积累也为今后类似隧道工程勘察提供了参考。

二、塔里木河三桥工程

（一）项目简介

第一师塔里木河三桥工程位于新疆阿拉尔市境内，距阿拉尔市约25km，是兵团第一师10团～15团公路主线上跨越塔里木河的一座大桥，大桥起点接10团～15团公路K65＋750处，终点接K68＋800处，全长3050m，其中大桥长1680m，引道长1370m。拟建桥梁按二级公路特大桥设计，桥型推荐方案为桥墩56个、桥跨30m的先简支后连续组合箱梁形式，拟选桥墩基础形式为桩基础。设计速度80km/h，路基宽12.0m，车道宽2×3.75m，道路等级为二级。

(二)勘察工作概述

勘察工作采用了工程地质调绘、钻探、坑探、野外原位测试、室内试验及工程类比等综合地质分析方法,勘探布置在收集已有资料的基础上,按详细勘察阶段要求布置,勘探工作量主要有:①引道及桥墩钻孔47孔,总进尺2350m,标准贯入试验486点,静力触探试验62.9m/5孔;②物探面波点9个;③采取各类水土试验样品132件,并进行室内土工试验。勘察外业工作于2013年12月30日开始,至2014年4月15日编制完成了详勘报告。塔河三桥工程地质平面图见图5-3,塔河三桥工程地质剖面图见图5-4。

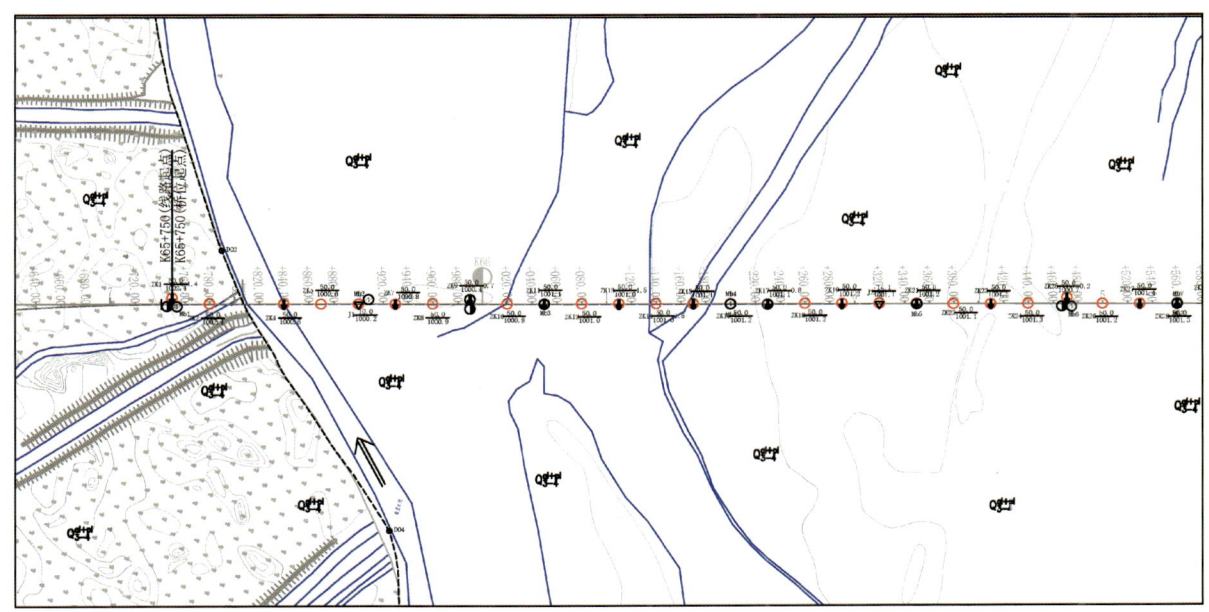

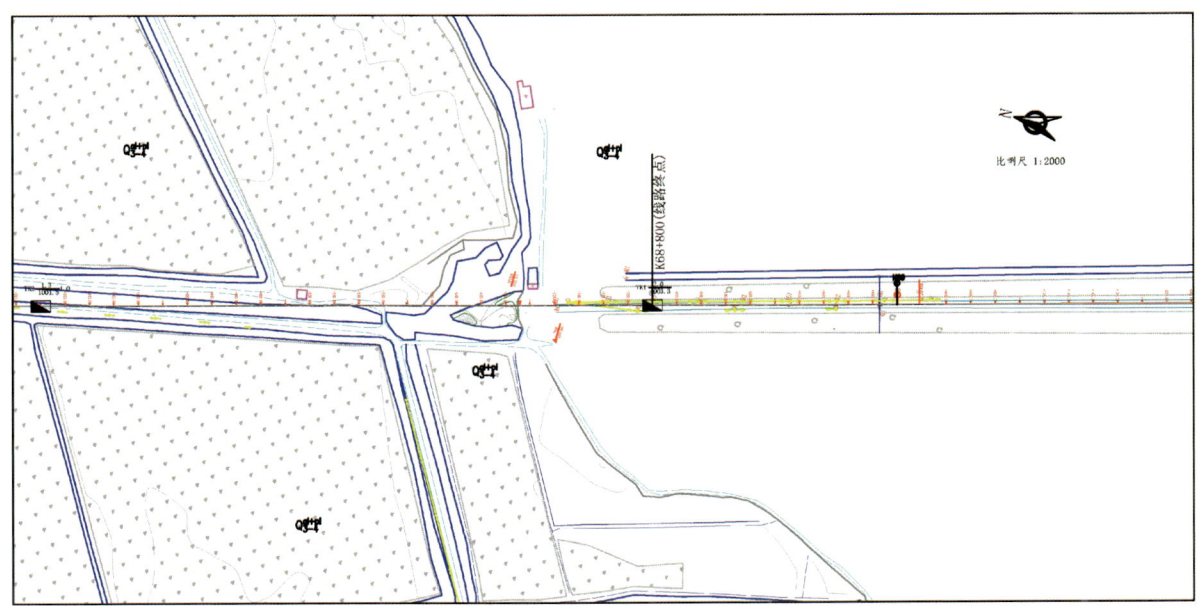

图5-3 塔河三桥工程地质平面图

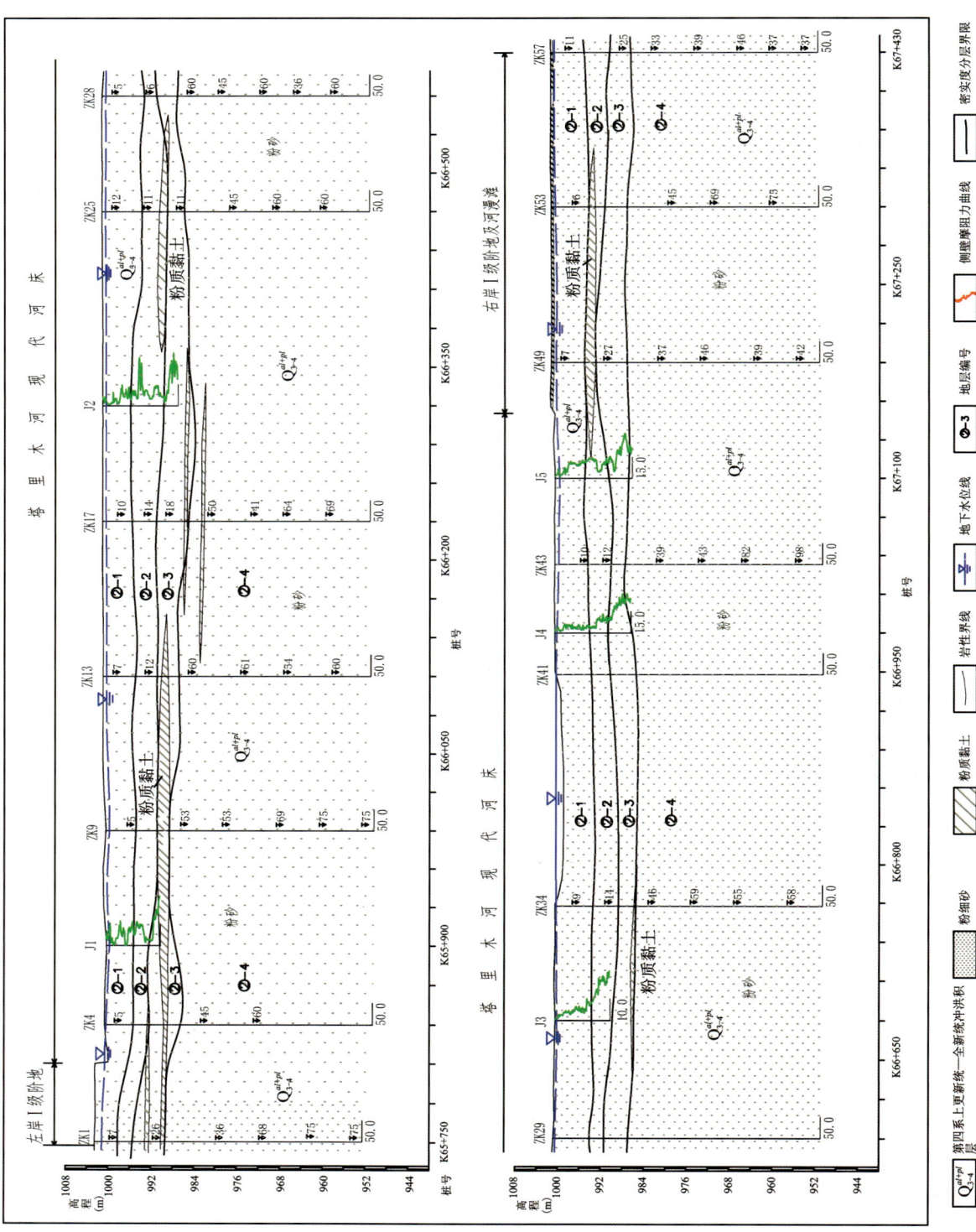

图 5-4 塔河三桥工程地质剖面图

(三)工程区基本地质条件

1. 区域地质

工程区位于塔里木盆地西北部的塔里木河上游冲洪积平原,海拔1020～1041m,地形平坦开阔,地势由北向南缓倾,坡降0.5‰～1.25‰。可分为两个地貌单元,即塔里木河河床及河漫滩单元和冲积平原单元。塔里木河河床由冲洪积物组成,河床宽缓,坡降小。根据《公路自然区划标准》,工作区属$Ⅵ_2$绿洲—荒漠区。

工程区均为第四系,主要由上更新统至全新统冲洪积(Q_{3-4}^{al+pl})堆积物组成,其岩性以低液限粉土、低液限黏土,粉砂、细砂交互沉积。南部为塔克拉玛干沙漠,主要为第四系全新统(Q_4^{eol})的风积地层,岩性为粉砂、细砂。

工程区位于一级构造单元塔里木地台($Ⅸ$)内二级构造单元塔里木台坳($Ⅸ_5$)中的三级构造单元北部坳陷($Ⅸ_5^1$)。该坳陷为华力西晚期以来长期下降的中、新生代沉积坳陷。新生界分布广泛,地表被第四系覆盖,未有明显的构造行迹,区域构造稳定性好。根据《中国地震动参数区划图》(GB 18306—2015),本区地震动峰值加速度0.05g,地震基本烈度为Ⅵ度。

2. 建筑物区工程地质条件

大桥位于塔里木河冲洪积平原上,地形平坦开阔。桥址处现代河床宽度1550m左右,河床纵坡0.17‰。两岸仅发育Ⅰ级堆积阶地,相对高差0.5～2.5m,阶地平坦开阔,左岸以荒地为主,地表主要生长红柳、梭梭等矮小植物,右岸阶地前缘多为荒地,主要生长芦苇,阶地后缘多为耕地。

桥址处地层岩性较为单一,主要由第四系上更新统至全新统冲洪积组成,地层岩性自上而下分为:第①层,黏土,可塑,稍湿—湿,局部夹薄层粉土,厚度不大,该层主要分布在两岸的引道段。第②层,粉细砂,稍密—密实,饱和状态,分布较连续,为巨厚层,砂质较纯净,矿物组成主要为长石、石英,含少量云母。分布少量黏土透镜体或夹层,局部黏土透镜体厚度达2.0m。

桥址处地下水为潜水,勘察期间处于低水位期,地下水位埋深0.6～1.5m,地下水主要依靠河水和农灌水补给,年变幅0.5m左右。由于工作区地形平缓,含水层岩性以粉砂、细砂为主,地下水以水平径流为主,径流强度弱。地下水的排泄方式主要为蒸发排泄,其次是向塔里木河下游以及邻近地区排泄。地下水矿化度1.2～4.7g/L,属弱碱性微咸水。地表河水汛期及丰水期为淡水,枯水期受两岸潜水及上游排碱渠补给影响,矿化度达6.3g/L,属弱碱性咸水。

3. 岩土体工程地质特性

根据钻孔标贯测试、静力触探、物探测试及室内土工试验成果,获取各岩土层物理力学性质等指标。

1) 土工试验成果

根据室内及野外试验统计,土的颗粒级配成果见表5-6,土的物理力学性质试验成果统计见表5-7。

表5-6 土的颗粒级配汇总表

地层编号	颗粒级配(%)															不均匀系数 C_u	曲率系数 C_c
	>0.5			0.5～0.25			0.25～0.075			0.075～0.002			<0.002				
	最大	最小	平均	最大	最小	平均	最大	最小	平均	最大	最小	平均	最大	最小	平均		
①	—	—	—	—	—	—	9.0	0.5	4.3	90.6	75.0	84.7	16.0	8.2	11.0	11.9	1.28
②	7.0	0.1	1.1	46.8	0.3	11.2	90.6	40.0	67.6	49.5	5.4	21.7	—	—	—	6.1	2.9

表 5-7 土的物理力学性质试验成果统计表

层号	埋深(m)	土名	天然密度(g/cm³)	天然含水量(%)	比重	液限(%)	塑限(%)	塑性指数
①	0	黏土	1.55～1.80	12.5～20.5	2.70～2.71	28.0～31.5	20.3～20.8	7.7～10.7
②-1	0-0.6	粉细砂	1.70～1.76	13.5～25.6	2.69～2.70	—	—	—
②-2	5.5—7.5	粉细砂	1.75～1.80	20.2～24.5		—	—	—
②-3	8.15—12.3	粉细砂	1.82～1.85	19.5～25.5		—	—	—
②-4	11.7—15.8	粉细砂	1.80～1.86	20.0～26.3		—	—	—

（1）黏土层，土灰色、灰黑色，稍湿，厚度 0.4～0.6m。天然密度 1.55～1.80g/cm³，天然含水量 12.5%～20.5%，比重 2.70，液限 28.0%～31.5%，塑限 20.3%～20.8%，塑性指数 7.7～10.7。

（2）粉细砂层，土黄色、青灰色，厚度大于 50m，天然密度 1.55～1.86g/cm³，天然含水量 12.5%～26.3%。根据颗分资料，粒径＞0.5mm 的颗粒含量占 0.1%～7.0%，粒径 0.25～0.5mm 的颗粒含量占 0.3%～46.8%，粒径 0.075～0.25mm 的颗粒含量占 40.0%～90.6%，粒径＜0.075mm 的颗粒含量占 5.4%～49.5%。

2）标准贯入试验统计分析

场地各岩土层标准贯入试验统计分析成果见表 5-8。

表 5-8 标准贯入试验成果汇总统计表

层号	密实程度	统计次数 n	范围值(击数/30cm)		平均值(击数)	计算承载力特征值 f_{ak}(kPa)			压缩模量 E_s(MPa)			抗剪强度 φ(°)		
			最大	最小		最大	最小	平均	最大	最小	平均	最大	最小	平均
②-1	松散	51	10	5	7.7	80	40	61.6	9.6	7.9	8.8	20.0	17.5	18.9
②-2	稍密	43	15	11	13.2	120	88	105.6	11.4	10.0	10.7	22.5	20.5	21.6
②-3	中密	42	30	15	24	240	120	192	12.4	7.2	10.3	30.0	22.5	27.0
②-4	密实	272	99	32	59	792	256	472	36.6	13.1	22.6	64.5	31.0	44.5

3）静探测试成果统计分析

本次使用双桥静力触探仪（JC-X3 多功能静力触探测量仪），进行了 5 个孔的静力触探试验。试验结束标准为探头贯入密实地层，反力锚杆被拔起为终止，试验贯入深度 10.0～14.4m，试验成果汇总统计见表 5-9。

表 5-9 静力触探试验成果汇总统计表

层号与指标		最大值	最小值	平均值	摩阻值 R_f(%)	标准差	变异系数	修正系数	标准值	承载力特征值 f_{ak}(kPa)
②-1	q_c(MPa)	0.85	0.34	0.57	4.81	0.20	0.35	0.673	0.38	70
	f_s(kPa)	38.78	19.74	27.20		7.40	0.27	0.74	20.18	
②-2	q_c(MPa)	2.38	1.59	1.97	3.67	0.29	0.15	0.86	1.70	221
	f_s(kPa)	91.6	57.11	72.46		12.82	0.18	0.83	60.29	

续表 5-9

层号与指标		最大值	最小值	平均值	摩阻值 R_f(%)	标准差	变异系数	修正系数	标准值	承载力特征值 f_{ak}(kPa)
②-3	q_c(MPa)	0.61	0.59	0.60	5.62	/	/	/	/	96
	f_s(kPa)	39.9	27.44	33.65		/	/	/	/	
②-3	q_c(MPa)	2.61	1.76	2.18	3.67	/	/	/	/	276
	f_s(kPa)	102.4	57.70	80.04		/	/	/	/	
②-4	q_c(MPa)	11.4	3.65	5.51	2.69	3.35	0.61	0.42	2.33	293
	f_s(kPa)	190.9	116.38	148.24		33.48	0.22	0.78	116.5	

4）波速测试成果统计分析

在测试深度 20m 以内，场地土按深度可划分为 3 层：第一层深度 1.05～5.36m，剪切波速平均为 124.9m/s，小于 150m/s，属软土层；第二层深度 10.5～14.01m，剪切波速平均为 181.7m/s，在 150～250m/s 之间，属中软土层；第三层深度 17.19～20.0m，剪切波速平均为 299.4m/s，大于 250m/s，属中硬土层。通过测得的波速成果，说明场地土的密实程度从上到下随土层深度的增加而逐渐增大。

5）土的主要参数指标建议

根据各岩土层的工程地质特征、野外原位测试成果及室内试验成果，结合本地区工程经验，综合确定不同埋深条件下，地基土（粉细砂）承载力特征值和桩基极限侧阻力等相关参数，见表 5-10。

表 5-10 地基土（粉细砂）主要参数指标一览表

埋深(m)	土石工程分级	密实状态	承载力特征值			压缩模量 E_s(MPa)	变形模量 E_s(MPa)	桩参数			
								静力触探成果		建议钻孔桩参数	
			标贯法 f_{ak}(kPa)	静探法 f_{ak}(kPa)	综合取值(f_{a0})(kPa)			极限端阻力 q_c(kPa)	极限侧阻力 f_s(kPa)	极限侧阻力标准值(q_{ik})kPa	极限端阻力标准值(q_{rk})kPa
0～0.6	Ⅱ	松散	61.6	70	70	8.8	15	380	20.2	20	380
5.5～7.5	Ⅱ	稍密	105.6	221	110	10.7	20	1700	60.3	36	1020
8.15～12.3	Ⅱ	中密	192	276	150	10.3	30	2180	80.4	48	1308
11.7～15.8	Ⅱ	密实	472	293	250	22.6	40	2330	116.5	70	1398

4. 天然建筑材料

勘察选取了一处填筑土料场和一处砂砾石成品料场，工程区附近多为耕地，不宜作为填筑土料场，填筑料场位于拟建桥址南岸的沙漠边缘地带，料场至 10 团～15 团公路主线桩号 K68+800 处约 20.0km，交通较便利。此料场储量充足，料场为半固定垄状沙丘，储量和质量均满足要求，可作路堤填筑料。

工程所需的砂砾石料位于阿克苏市水利砂石料场，属商品料场，储量丰富，该料场至桥址南岸运距 198km，可作为混凝土粗细骨料及路面垫层、基层料使用。

塔里木河河水对混凝土结构具中等腐蚀性，对钢筋混凝土结构中的钢筋具微腐蚀性，不能直接作为施工及生活用水。本次取样时间为枯水期，含盐量较高，建议采用丰水期河水或其他可靠水源作为施工用水。

(四)工程地质问题分析与评价

1. 桥址区场地地震效应及稳定性评价

根据《中国地震动参数区划图》,桥址区地震动峰值加速度 $0.05g$,地震基本烈度为Ⅵ度。根据《建筑物抗震设计规范》的规定,本场地可不考虑地震液化问题。

桥址处地形平坦开阔,无不良地质现象发育。桥基处地层岩性较为单一,分布较连续,因此桥址区场地稳定性较好。

参考《建筑抗震设计规范》划分标准,桥址处 $0\sim20m$ 厚度覆盖层等效剪切波速 $181\sim202m/s$,介于 $150\sim250m/s$ 之间,工程场地土类型应属于中软场地土,场地类别属于Ⅱ类。

2. 桥台边坡稳定性分析

桥址处岸坡地层为第四系上更新统—全新统冲洪积堆积(Q_{3-4}^{al+pl})粉细砂层,岸坡易受河水(洪水)冲蚀,遭到破坏或再造。河道北岸岸坡高度 $1.5\sim2.0m$,现状无护岸措施,受河水冲刷较严重,2012年至2014年近两年时间,岸坡受河水冲刷和淘蚀,岸坡后退了近95m,见图5-5。河道南岸岸坡略缓,岸坡高度 $0.5\sim0.8m$,有小规模塌岸现象。按稳定系数法,经计算岸坡稳定系数 $K=0.87$,小于 1.0,天然岸坡不稳定。建议采取两岸边坡削坡压脚等护岸防冲处理措施。

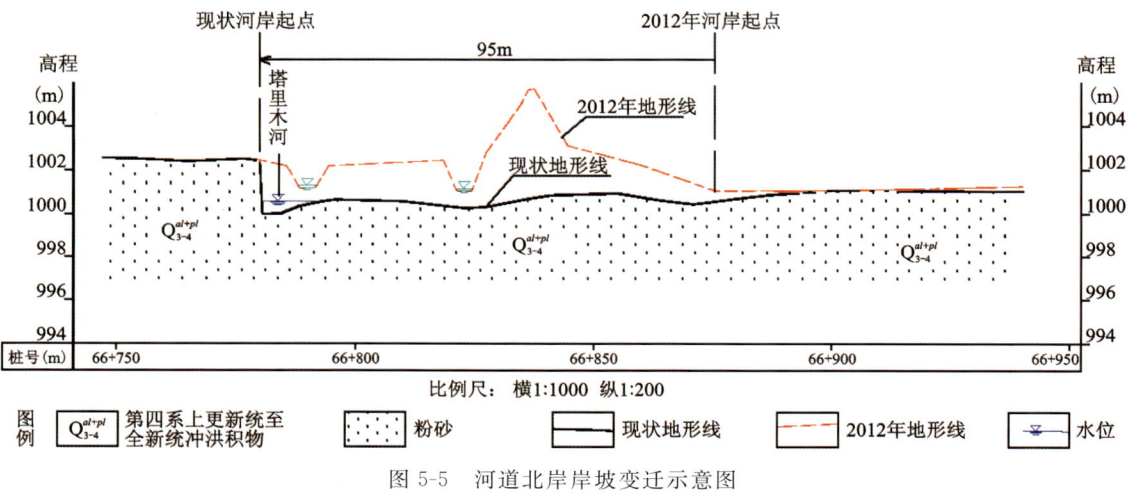

图5-5 河道北岸岸坡变迁示意图

3. 桥梁墩台冲刷深度计算

塔里木河为宽浅型河流,河床及两岸岩性均由第四系粉细砂组成,河道枯水期岔道交织,水流散乱,洪水期汪洋漫滩,主流摆动频繁,根据前人实测,在现塔里木河大桥位置最大实测冲刷深度为 $10.2m$。

根据《公路工程水文勘测设计规范》对河床墩台处局部冲刷深度进行估算,桥下一般冲刷后的最大水深 $h_p=4.35m$;桥墩局部冲刷深度 $h_b=3.54m$,所以河床总的计算冲刷深度为 $4.35+3.54=7.89m$。

4. 路基土的冻胀性

工程区属季节性冻土,最大冻土深度为81cm,依据《公路桥涵地基与基础设计规范》附录H,路基沿线地下水位埋深 $0.6\sim1.5m$,路基土的天然含水率为 $12.5\%\sim20.5\%$,判定路基土的冻胀类别为弱冻胀—冻胀。

5. 水、土的腐蚀性

塔里木河河水对混凝土结构具中等腐蚀性，对钢筋混凝土结构中的钢筋具微腐蚀性。桥址处地下水对混凝土结构具强腐蚀性，对钢筋混凝土结构中的钢筋具微腐蚀性。

桥基土对混凝土结构具中等腐蚀性，对钢筋混凝土结构中的钢筋具中等腐蚀性，对钢结构具微腐蚀性。

（五）勘察成果工程设计应用

根据桥址的工程地质条件和地基土的工程地质特征，结合施工条件建议拟建大桥的基础采用水下钻（冲）孔桩。

桥基土②-1层，粉细砂，松散，为第四系新近沉积，不宜作拟建建筑物的基础持力层；桥基土②-2层，含细粒土砂，稍密，工程性能一般，可作一般轻低型、沉降不敏感建（构）筑物的基础持力层；桥基土②-3层，粉细砂，中密，其厚度较小，分布不均，不宜作为桩端持力层；桥基土②-4层，粉细砂，密实，其厚度较大，层位较稳定，分布连续，承载力较高，为较好的桩端持力层。

建议将桥基土中第②-4层作为基础持力层，设计时根据荷载对基础的要求调整桩径和桩长。桩基施工时，易产生塌孔，成孔时应注意水头或泥浆护壁；局部黏土透镜体厚度达2.0m以上，成孔后易发生缩径现象，在进行下一道施工工序前要进行检查，控制桩底沉渣厚度并保证灌注质量。对桩基的成桩质量、单桩承载力应进行检测，确保桩身质量完整，单桩承载力达到设计要求。

（六）工程地质勘察总结

（1）塔里木河三桥总跨度长达1680m，引道全长1370m，总长度达3050m。为横跨塔里木河的第三座二级公路特大型桥梁，桥型为先简支后连续组合箱梁形式，基础形式为桩基础。

（2）勘察采用了标贯、静力触探、波速测试及室内试验等多种勘探手段，查明了桥基地基土工程地质条件，为设计提供了可靠的岩土力学参数。

（3）桥址区地层岩性以深厚的粉细砂地层为主，岸坡易受河水（洪水）冲蚀，遭到破不或再造，天然岸坡不稳定，需采取两岸边坡削坡压脚等护岸防冲措施。

（4）地质建议桥墩灌注桩成孔时应注意泥浆护壁；局部黏土透镜体厚度达2.0m以上，成孔后易发生缩径现象。建议在桩基施工过程中，采取必要措施，避免产生塌孔事故发生。

（5）大桥于2016年10月建成通车至2024年已8年，运行状态良好。已成为阿拉尔市连接塔里木河两岸又一便捷通道，极大地方便了塔里木河南北两岸团场连通，成为阿拉尔市重要的交通枢纽之一，为促进当地经济发展起到了重要作用。

三、京新高速（G7）巴里坤至木垒公路建设项目BMSJ-4合同段建设项目工程

（一）工程概况

京新高速公路（G7）巴里坤至木垒公路建设项目位于新疆维吾尔自治区昌吉回族自治州木垒县和哈密地区巴里坤哈萨克自治县境内，是国家高速公路网G7北京至乌鲁木齐国家高速公路的重要组成部分，同时是新疆干线公路网的重要组成路段，是天山北坡区域公路网中最高层次的公路主通道。

主路线均为新辟公路通道,基本为东西走向。推荐线全长178.824km,比较线长21.536km,采用分离式断面,设计车速120km/h,路基宽度13.75m,行车道宽度2×3.75m,硬路肩3.5m,土路肩0.75m。起点在木垒县下涝坝乡南侧与BMSJ-3合同段终点衔接,沿山间"U"形河谷布设,跨越S238和S303后向西沿S303走廊布线,经色皮口、大石头乡,终点接奇台至木垒高速公路大浪沙互通立交。本次勘察总长度74.38km,其中推荐线长60.40km,共设置18座大桥,5座分离式立交,隧道1条,服务区、收费站4处;比较线设置6座大桥,1座分离式立交。

(二)勘察工作概述

勘察工作于2016年7月开展,按初步设计阶段精度要求,采用工程地质调绘、试验、工程物探、钻探、挖探、岩土原位测试和室内岩土水样试验等综合勘察手段和方法。勘察点布设在1∶2000调绘基础上进行:①一般路基勘探点间距不大于500m;②小桥、涵洞、通道勘探点满足不少于1孔的要求;③立交桥勘探点不少于2孔,中桥勘探点不少于2孔,大桥勘探点3~5孔,勘探深度为15~35m;④深路堑布置横剖面,勘探点不少于2孔,孔深至设计标高以下3.0~5.0m;⑤隧道进出口及深埋段各布置1孔,孔深至设计标高以下3.0~5.0m;⑥高边坡布置横剖面,勘探点不小于2孔,孔深至坡脚;⑦每处料场布置5个探井,四角各1个,中间1个,深度5.0m。总计完成地质调绘29.74km²;路基及桥梁钻孔2375.5m/125孔,隧道钻孔95m/3孔,服务区及收费站钻孔270m/36孔;探井661m/149个;标准贯入试验105点,重型动力触探试验810点;物探面波点19点;采取各类岩土及水样294件,并进行室内土工试验。最终于2016年11月底提交成果报告。

(三)工程区基本地质条件

1. 区域地质条件

工程区属天山山地地貌,海拔在1374~1754m之间,沿线地貌包括山麓斜坡堆积区、山间沟谷区、山间洼地、剥蚀低中山区。工程区属大陆性冷凉干旱气候区。根据《公路自然区划标准》,工作区属Ⅵ$_2$绿洲—荒漠区。

区域内出露地层有泥盆系中统大南湖组(C_2d),以及石炭系中统居里得能组(C_2j)安山玢岩、凝灰质砂岩夹玄武岩;石炭系上统沙雷塞尔克组(C_3s)硅质、钙质粉砂岩;石炭系上统杨布拉克组(C_3y)火山灰凝灰岩、凝灰砂岩;石炭系上统缪林托凯陶山组(C_3m)凝灰岩;新近系中新统桃园树组(N_1t)泥岩和砂质泥岩及第四系(Q)卵石、角砾和粉土等。工程区岩性主要是低中山区、山麓斜坡和山间洼地中冲洪积的粉土、砾石。

区域地质活动以剧烈的褶皱运动为主,受地壳断裂下陷作用的影响,形成巴里坤地堑式盆地。巴里坤断裂带是东天山活动构造的重要组成部分,其断裂带西起西盐池,东到巴里坤,由多条断层组成。走向主要为东西向,大致与山脉走向一致。因受多次造山运动的影响,岩石节理发育,形成近垂直相交的两组节理。工程区主要断裂为巴里坤断裂活动带的分支断裂(F_2),延伸近百千米,走向整体以东西、东偏北为主,倾向南、东南,倾角约65°,属于逆冲推覆构造,破碎带宽度一般10~15m,主要为碎裂岩夹角砾岩,沿线冲沟地段有断层泉水出露,水量约0.5L/min。断层为非全新世活动断层。该断层与路线K198+700~K203+200段平行,间距很小,一般距离小于50m,并有3处交会。

工程区地震活动较弱,较大的地震为1935年6月23日在木垒地区发生的5.2级地震,造成局部裂缝和滑坡。近年连续发生多次5级以上地震,表明北天山地震带活动开始加强。依据《中国地震动参数区划图》,线路地震动峰值加速度0.15g,地震基本烈度Ⅶ度,特征周期为0.40s,区域构造稳定性较差。

工程建设条件为中等适宜。

区内地表水系分布较少,水量受季节和天气影响明显,地表水的类型主要为沟谷内的溪流。第四系孔隙潜水水位埋深大于10m,富水性差,主要接受大气降水、冰雪融水及地下水上游侧向径流补给,由于补给、径流和排泄条件的差异,地下水的水位和动水压力变幅很大。基岩裂隙水分布于线路K198+700～K232+500低中山区,凝灰质砂岩、砂岩的断层及裂隙中,其富水性受断裂构造控制,地下水沿断裂带由高势面向低势面运移,最后在沟谷部位呈泉水出露,出水量基本上小于1.5L/min。

2. 岩土体工程地质特性

根据不同地貌单元路段,工程地质特性如下。

(1) 山麓斜坡堆积区:①山前冲洪积倾斜砾质平原,主要分布于线路终点的天山山前洪积扇前缘的斜坡地带,地形坡度5°～10°。岩性以卵砾石为主,上部的粉土层厚度0.2～0.5m。②山前冲洪积倾斜细土平原,分布于山前倾斜平原的下游,地形较为平缓,主要为种植区和居住区,上部粉土厚度一般为1.0m左右,其下为角砾,地下水埋深较浅。

(2) 山间沟谷区:①山间长期流水沟谷区,主要分布于线路中间段的山区,地形呈"U"形,上部主要是粉质黏土,局部有淤泥质土,厚度1.0～3.0m,其下为卵砾石层。②山间暂时性流水沟谷区,主要分布于线路中间段的山区,地形开阔,岩性由角砾、碎石组成,地下水位埋深较大。

(3) 剥蚀低中山区:主要分布于大石头乡和下涝坝镇之间,岩性以碎屑岩为主,局部有少量的喷出岩和侵入岩。岩体以碎裂、碎裂镶嵌结构为主。

(4) 山前丘陵区:主要分布于张葫芦口附近,岩性以砂岩、凝灰砂岩为主,岩体呈碎裂结构。

各工程地质分区的主要地层岩性及力学参数见表5-11。

表5-11 各工程地质分区的主要地层岩性及力学参数表

工程地质分区	桩号	主要地层岩性及力学参数
剥蚀低中山区	K198+700～K203+100	表层①为角砾,主要分布于沟谷内,一般厚度1.50～5.0m,地基土承载力基本容许值450kPa,桩的极限侧阻力标准值$q_{ik}=120$kPa。桩的极限端阻力标准值$q_{pk}=120$kPa。下部为基岩,岩性为凝灰质砂岩、砂岩,中等风化岩石地基土承载力基本容许值1800kPa,桩的极限侧阻力标准值$q_{ik}=220$kPa。桩的极限端阻力标准值$q_{pk}=2400$kPa。中等风化岩体下部饱和抗压强度标准值为27MPa
山间沟谷区	K203+100～K208+600	表层①为粉土,一般厚度0.20～4.0m,主要在局部地段较厚,地基土承载力基本容许值100kPa,②为角砾,主要分布于沟谷内,一般厚度1.00～5.0m,地基土承载力基本容许值450kPa,桩的极限侧阻力标准值$q_{ik}=120$kPa。桩的极限端阻力标准值$q_{pk}=120$kPa。下部为基岩,岩性为凝灰质砂岩、砂岩,中等风化岩石地基土承载力基本容许值1800kPa,桩的极限侧阻力标准值$q_{ik}=220$kPa。桩的极限端阻力标准值$q_{pk}=2400$kPa。中等风化岩体下部饱和抗压强度标准值为27MPa
剥蚀低中山区	K208+600～K239+000	表层①为粉土,一般厚度0.20～4.0m,主要在沟谷内较厚,地基土承载力基本容许值100kPa,②为角砾,主要分布于沟谷内,一般厚度1.00～5.0m,地基土承载力基本容许值450kPa,桩的极限侧阻力标准值$q_{ik}=120$kPa。桩的极限端阻力标准值$q_{pk}=120$kPa。下部为基岩,岩性为凝灰质砂岩、砂岩,中等风化岩石地基土承载力基本容许值1800kPa,桩的极限侧阻力标准值$q_{ik}=220$kPa。桩的极限端阻力标准值$q_{pk}=2400$kPa。中等风化岩体下部饱和抗压强度标准值为27MPa

续表 5-11

工程地质分区	桩号	主要地层岩性及力学参数
山麓斜坡堆积区	K239+000～K240+400	表层①为粉土，一般厚度 0.20～1.30m，地基土承载力基本容许值 100kPa，②为角砾、圆砾，一般厚度 4.00～11.40m，地基土承载力基本容许值 450kPa，桩的极限侧阻力标准值 $q_{ik}=120$kPa。桩的极限端阻力标准值 $q_{pk}=120$kPa。下部为基岩，岩性为凝灰质砂岩、砂岩，中等风化岩石地基土承载力基本容许值 1800kPa，桩的极限侧阻力标准值 $q_{ik}=220$kPa。桩的极限端阻力标准值 $q_{pk}=2400$kPa。中等风化岩体下部饱和抗压强度标准值为 27MPa
山前丘陵区	K240+400～K241+200	表层①为粉土，一般厚度 0.20～1.50m，主要分布于沟谷处，地基土承载力基本容许值 100kPa，②为角砾，一般厚度 4.00～11.40m，地基土承载力基本容许值 450kPa。下部为基岩，岩性为凝灰质砂岩、砂岩，中等风化岩石地基土承载力基本容许值 1800kPa
山麓斜坡堆积区	K241+200～K246+800	表层①为粉土，一般厚度 0.20～1.30m，地基土承载力基本容许值 100kPa，②为角砾、圆砾，一般厚度 4.00～11.40m，地基土承载力基本容许值 450kPa，桩的极限侧阻力标准值 $q_{ik}=120$kPa。桩的极限端阻力标准值 $q_{pk}=120$kPa。下部为基岩，岩性为凝灰质砂岩、砂岩，中等风化岩石地基土承载力基本容许值 1800kPa，桩的极限侧阻力标准值 $q_{ik}=220$kPa。桩的极限端阻力标准值 $q_{pk}=2400$kPa。中等风化岩体下部饱和抗压强度标准值为 27MPa
山前丘陵区	K246+800～K248+900	表层①为粉土，一般厚度 0.30～1.60m，主要分布于沟谷内，厚度较大，地基土承载力基本容许值 100kPa，下部为基岩，岩性为凝灰质砂岩、砂岩，中等风化岩石地基土承载力基本容许值 1800kPa，桩的极限侧阻力标准值 $q_{ik}=220$kPa。桩的极限端阻力标准值 $q_{pk}=2400$kPa。中等风化岩体下部饱和抗压强度标准值为 27MPa
山麓斜坡堆积区	K248+900～K259+289	表层①为粉土，一般厚度 0.10～0.30m，地基土承载力基本容许值 100kPa，②为角砾，厚度大于 4.00m，地基土承载力基本容许值 450kPa，桩的极限侧阻力标准值 $q_{ik}=120$kPa。桩的极限端阻力标准值 $q_{pk}=120$kPa。下部为基岩，岩性为凝灰质砂岩、砂岩，中等风化岩石地基土承载力基本容许值 1800kPa，桩的极限侧阻力标准值 $q_{ik}=220$kPa。桩的极限端阻力标准值 $q_{pk}=2400$kPa。中等风化岩体下部饱和抗压强度标准值为 27MPa

3. 不良地质

拟建线路不良地质现象主要为崩塌、碎落，风吹雪，融雪性洪水，涎流冰等。

1）崩塌、碎落

线路 K215+200～K215+650 段：右侧山体高度约 80m，岩性为石炭系厚层状灰岩，岩体产状倾向坡外，节理裂隙发育，现状坡脚有大面积的崩塌碎落体，一般碎落体块径 60cm×80cm。

线路 K219+500～K220+010 段：位于色皮口沟谷内，左侧山体陡峻，高度约 80m，坡度约 70°，岩性为凝灰质砂岩，线路在沟谷两侧摆动，沟谷宽约 50m，现状边坡稳定，但边坡开挖后可能存在崩塌、落石问题。

2）风吹雪

巴里坤县最大积雪厚度 38cm，全年盛行西风，年极大风速 27.8m/s，风向 SSW，大风天气主要出现在每年的 3—5 月；木垒县最大积雪厚度 44cm，常年多偏西风，冬季风速最小 3.3m/s 以上。受当地主导风向西风或偏西风的影响，线路 K198+700～K241+500 段地形变化较大，易产生风吹雪，或形成雪覆冰,对公路通行造成不利影响。

3)融雪性洪水

线路基本上远离沟口,山区沟谷流水流至路基处基本呈散流状,属于冲刷型水毁,需在靠近山侧的路基下边坡设置截排水沟,并设置排水涵洞。

局部路段位于山间暂时流水沟谷,这些冲沟平时干涸,暴雨或积雪融化时,沟内会有短时较大的水量通过,属于沟谷型水毁。对于这些路段应设置横断面较大的泄水涵洞或小桥涵,并在桥、涵靠山体侧的两头路基外侧设置挡水措施,使得水流从桥、涵流走,防止冲刷桥、涵附近的路基。融雪性洪水影响路段见表 5-12。

表 5-12 融雪性洪水影响路段

序号	路段	长度(m)	影响类型	危害程度
1	K223+150～K223+350	200	沟谷型水毁	轻微
2	K219+500～K220+010	510	沟谷型水毁	轻微
3	K239+050～239+300	250	冲刷型水毁	轻微
4	K244+550～K244+880	330	冲刷型水毁	轻微

4)涎流冰

涎流冰主要分布于低中山区的 K199～K202 段,详见表 5-13。该段有区域断裂 F_2 通过,基岩裂隙水发育,开挖可能会导致裂隙水出露,在冬季可形成坡面涎流冰。

表 5-13 涎流冰分布路段一览表

序号	起止桩号	长度(m)	地质说明
1	K199+016～K199+046	30	线路自东向西穿越数条沟谷,沟谷水流自北向南,北侧汇水面积大,受 F2 断层影响,沟谷内多有断层泉出露,水量大小不一,一般小于 1L/s,在冬季水向路基渗流并结冰,形成涎流冰
2	K199+785～K199+805	20	线路自东向西穿越数条沟谷,沟谷水流自北向南,北侧汇水面积大,受 F2 断层影响,沟谷内多有断层泉出露,水量大小不一,一般小于 1L/s,在冬季水向路基渗流并结冰,形成涎流冰
3	K200+620～K200+640	20	线路自东向西穿越数条沟谷,沟谷水流自北向南,北侧汇水面积大,受 F2 断层影响,沟谷内多有断层泉出露,水量大小不一,一般小于 1L/s,在冬季水向路基渗流并结冰,形成涎流冰
4	K200+790～K200+810	20	线路自东向西穿越数条沟谷,沟谷水流自北向南,北侧汇水面积大,受 F2 断层影响,沟谷内多有断层泉出露,水量大小不一,一般小于 1L/s,在冬季水向路基渗流并结冰,形成涎流冰
5	K201+010～K201+030	20	线路自东向西穿越数条沟谷,沟谷水流自北向南,北测汇水面积大,受 F2 断层影响,沟谷内多有断层泉出露,水量大小不一,一般小于 1L/s,在冬季水向路基渗流并结冰,形成涎流冰
6	K201+750～K201+880	130	线路自东向西穿越该段沟谷,沟谷水流自北向南,受 F2 断层影响,沟谷内有断层泉出露,水量大小不一,一般小于 2L/s,在冬季水向路基渗流并结冰,形成涎流冰

4. 线路典型工点地质条件

1) 大石头隧道

隧址区属剥蚀中低山区,最大高差 120 余米,地形起伏较大,洞身最大埋深约 110m。隧道进口有少量第四系覆盖,植被不发育,进口自然边坡较平缓,坡角 20°~25°,隧道轴线在进口端与地形等高线呈近 90°正交,出口端与地形等高线呈 60°~70°斜交,隧道进口洞门位于山腰近坡角冲沟部位,出口洞门位于山沟上游冲沟处,见图 5-6。

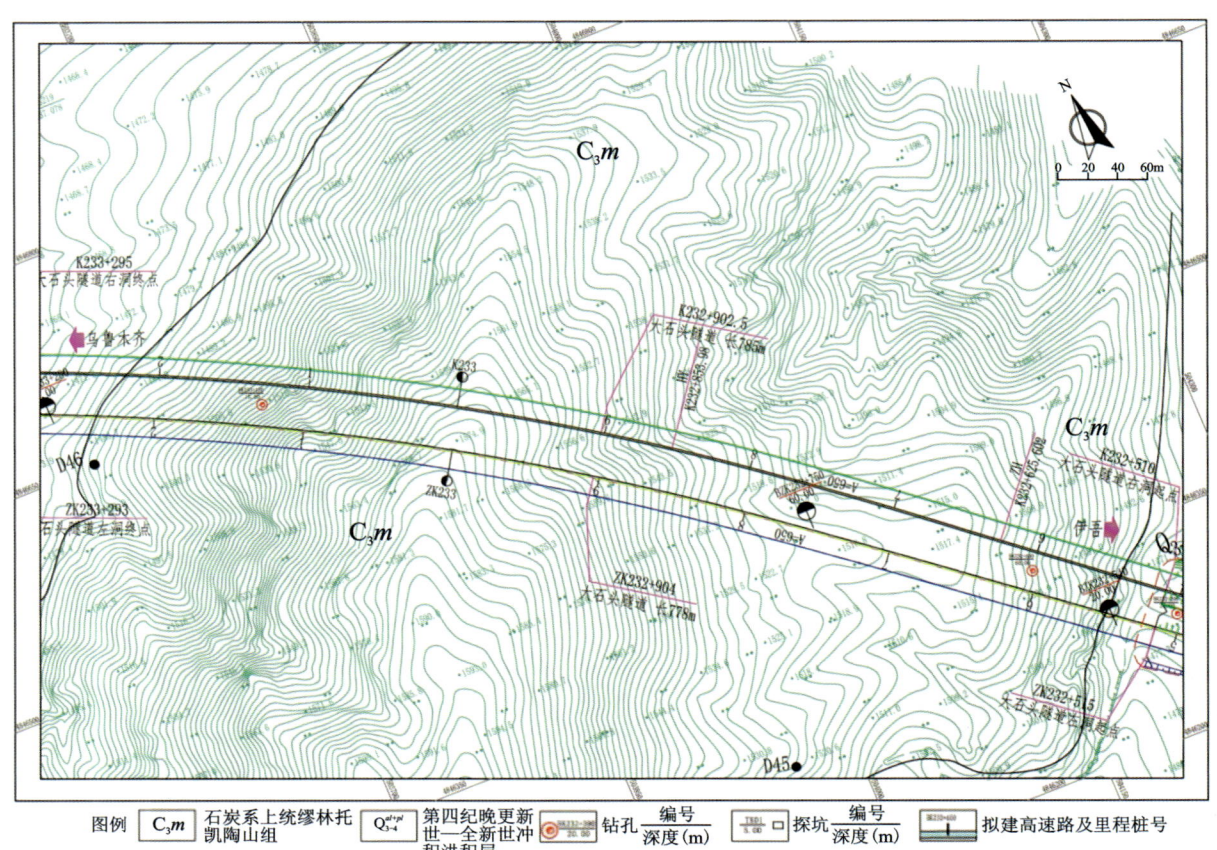

图 5-6 隧道平面布置图

隧址区进出口表层分布上更新统—全新统洪坡积物(Q_{3-4}^{dl+al}),岩性以碎石土为主;其他地段大部分基岩裸露,岩性为石炭系凝灰质砂岩,岩石物理力学参数见表 5-14,岩(土)体承载力及锚固体黏结强度见表 5-15。

表 5-14 岩石物理力学参数统计表

数据统计	颗粒密度	块体密度		单轴抗压强度		抗剪强度				变形				泊松比
						烘干		饱和		变形模量		弹性模量		
		烘干	饱和	烘干	饱和	c	φ	c	φ	烘干	饱和	烘干	饱和	
	g/cm³			MPa		MPa	(°)	MPa	(°)	10³ MPa				/
最大值	2.91	2.85	2.86	97.5	74	3	53.5	2.5	49.5	100.8	99.6	105	95.5	0.2
最小值	2.89	2.84	2.85	95.5	73.5	2.9	51.5	2.3	48.5	85.6	67.8	80.5	65.5	0.18
平均值	2.90	2.85	2.86	96.57	73.83	2.93	52.33	2.43	49.17	95.30	88.73	96.83	85.33	0.19

表5-15 隧址区岩(土)体承载力及锚固体黏结强度表

层号	岩土层名称	f_{ao}(kPa)	f_{rbk}(kPa)
1	碎石土	200	60
2	强风化凝灰质砂岩	1800	550
3	中风化凝灰质砂岩	2400	800

注：f_{rb}值适用于注浆强度等级为M30；表中数据仅适用于初步设计，施工时应通过试验检验。

依据《公路工程地质勘察规范》，结合岩体的风化程度、受构造影响程度、结构特征、节理发育程度等，对隧道围岩级别进行划分：进口K232+540～K232+555段为Ⅴ级围岩，K232+555～K232+572段为Ⅳ级围岩，K232+572～K233+204段为Ⅲ级围岩，K233+204～K233+230段为Ⅳ级围岩；出口K233+230～K233+278段为Ⅴ级围岩。岩土层土、石等级划分详见表5-16。

表5-16 土石等级一览表

层号	名称	土石等级	土石类别
1	粉土夹碎石	Ⅲ	硬土
2	强风化凝灰质砂岩	Ⅳ	软石
3	中风化凝灰质砂岩	Ⅴ	次坚石

进洞口洞脸边坡：坡面倾向121°，自然边坡坡度约55°。表层为2～3m的碎石土层，土体松散。自然边坡稳定性一般，岩体边坡类型为Ⅲ类。建议碎石土开挖坡比1:1.5，强风化凝灰质砂岩1:1.0，坡高8m分阶设碎落台，台阶宽设为2m。在边坡顶部设置截、排水沟，防止地表水浸入坡体。

隧道洞身段埋深13～100m，右洞全长约785m，左洞全长约778m，穿越地层岩性为中风化凝灰质砂岩，岩体较完整，围岩稳定性一般—较好，基岩裂隙水不发育，施工时易发生掉块。土石等级为Ⅳ～Ⅴ级，围岩等级为Ⅲ～Ⅳ级。

隧道出洞洞脸边坡：地形坡度10°～40°，地表覆盖层较厚，主要为碎石土。自然边坡稳定性一般，建议碎石土开挖坡比1:1.5，强风化凝灰质砂岩1:1.0，坡高8m分阶设碎落台，台阶宽设为2m。在边坡顶部设置截、排水沟，防止地表水浸入坡体。

2）深路堑高边坡

沿线大部分路段位于剥蚀低中山区，地形起伏较大。推荐线共计有5处深挖路堑，最大边坡高度41m。比较线有2处深挖路堑，最大挖方边坡高度约40.3m。深路堑段地表基岩直接出露，主要岩性为强—中风化凝灰质砂岩。桩号K198+700～K198+920、K199+860～K200+060、K201+316～K201+444段为深路堑，分类见表5-17。断裂F_2与线路伴行局部相交，岩体破碎，裂隙发育。采用赤平投影方法，根据各段岩质边坡的断层裂隙结构面组合与坡面交线相互切割关系分析，路堑边坡岩体稳定性为不稳定，可能沿交线方向滑动。建议采取锚杆框架、SNS柔性防护网等措施进行防护。

表5-17 深路堑边坡分类表

序号	起止里程桩号	边坡岩性	边坡岩体类型	建议处理措施
1	K198+700～K198+920	岩质边坡	Ⅳ～Ⅴ	按1:0.5～1:0.75放坡，按照8m分阶放坡为宜，台阶宽设为2m。在边坡顶部设置截、排水沟，防止地表水浸入坡体

续表 5-17

序号	起止里程桩号	边坡岩性	边坡岩体类型	建议处理措施
2	K199＋860～K200＋060	岩质边坡	Ⅳ～Ⅴ	按 1∶0.5～1∶0.75 放坡，按照 8m 分阶放坡为宜，台阶宽设为 2m。在边坡顶部设置截、排水沟，防止地表水浸入坡体
3	K201＋316～K201＋444	岩质边坡	Ⅳ～Ⅴ	按 1∶0.5～1∶0.75 放坡，按照 8m 分阶放坡为宜，台阶宽设为 2m。在边坡顶部设置截、排水沟，防止地表水浸入坡体

5. 天然建筑材料

勘察选择了 9 个填筑土料场，2 个砂砾石料场，2 个路面碎石料，5 个施工取水点。各料场距线路较近，储量、质量均满足本工程建设的需要。沿线天然建筑材料料场见表 5-18。

表 5-18　沿线天然筑路材料料场一览表

序号	类型	料场编号	位置	无用层厚度(m)	有用层厚度(m)	储量(万 m³)	运距(km)	上路桩号
1	填筑土料	DST3	线路 K239＋600 右侧约 1.0km	0.5	4.5	12.0	1.0	K239＋600
2	填筑土料	DST4	线路 K243＋000 右侧约 0.9km	0.5	4.5	56.0	0.9	K243＋000
3	填筑土料	DST6	线路 K248＋600 左侧约 0.7km	0.5	4.5	47.0	0.7	K248＋600
4	填筑土料	DST7	线路 K253＋000 右侧约 1.3km	0.5	4.5	53.0	1.3	K243＋000
5	填筑土料	DST8	线路 K257＋300 右侧约 1.5km	0.5	4.5	60.0	1.5	K257＋300
6	填筑土料	DST9	线路 K246＋300 右侧约 1.3km	0.5	4.5	56.0	1.3	K246＋300
7	填筑土料	XLB-1	线路 K203＋500 左侧约 1.1km	1.0	4.0	20.0	1.1	K203＋500
8	填筑土料	XLB-2	线路 K207＋200 左侧约 1.6km	1.0	4.0	160.0	1.6	K207＋200
9	填筑土料	XLB-X	线路 K209＋100 右侧约 1.3km	1.0	4.0	65.0	1.3	K209＋100
10	砂砾石料	砂石 1	线路 K243＋000 右侧约 2.8km	0.5	4.5	66.0	2.8	K243＋00
11	砂砾石料	砂石 3	S238 路桩 15km 处东侧	0	5.0	100.0	15	K205＋000
12	片、块石料 1	商业	S303 桩号北约 200m 处	\	\	丰富	0.6	K230＋500
13	片、块石料 2	自采	线路 K214＋500 左侧约 6.0km	\	\	丰富	8.0	K214＋500
14	施工用水	水料 1	下涝坝水库	\	\	100	16	K204＋100
15	施工用水	水料 2	S303K285 桩号北侧 500m	\	\	3.0	0.4	K213＋450
16	施工用水	水料 3	大石头水库	\	\	100	0.5	K232＋300
17	施工用水	水料 4	大石头村西侧的小河	\	\	3.0	0.1	K243＋000
18	施工用水	水料 5	大浪沙水库	\	\	100	12.0	K259＋100

(四)工程地质问题分析与评价

1. 土的盐胀性及腐蚀性

不同地貌单元盐渍化程度由重到轻排列顺序为:山间洼地区＞山间长期流水区＞山间短时流水区＞山前冲洪积倾斜平原区＞山前洪积扇区。

推荐线路桩号 K198＋700～K234＋500、K234＋700～K238＋900、K238＋900～K241＋800、K242＋400～K259＋101 段和比较线路基土属非盐渍土,路基土对混凝土结构具有中等—强腐蚀性,对钢筋混凝土结构中的钢筋具有中等—强腐蚀性;桩号 K234＋500～K234＋700、K241＋800～K242＋400 段属硫酸强盐渍土,其他线路段为亚硫酸、硫酸盐弱—中盐渍土,具有弱盐胀性,路基土对混凝土结构具有强腐蚀性,对钢筋混凝土结构中的钢筋具有中等—强腐蚀性。

建议对于表层的盐渍土,结合清表措施一并处理;对于弱盐渍土和中盐渍土,建议采取换填处理,换填厚度应满足设计要求,并在路床底面设置复合土工布隔断的处理措施。

2. 湿陷性土

湿陷性土主要分布于低山丘陵区的坡地及季节性沟谷内,湿陷等级分段情况详见表 5-19。建议设计采取换填、冲击碾压或强夯的措施。

表 5-19 湿陷性土及湿陷等级分段统计表

序号	湿陷性土桩号	长度	最大厚度(m)	湿陷性	湿陷系数	β取值	总湿陷量(mm)	湿陷等级	建议
1	K203＋800～K204＋400	600	1.60	中等	0.045	1.50	108	Ⅰ级(轻微)	换填、冲击碾压,或强夯处理
2	K205＋500～K205＋600	100	4.00		0.025	1.50	150		
3	K220＋280～K220＋500	220	1.80	轻微	0.018	1.50	48.6		
4	K221＋800～K222＋350	550	3.00	中等	0.050	1.50	225		
5	K222＋720～K222＋900	180	4.00	轻微	0.018	1.50	108		
6	K224＋000～K225＋250	1250	3.00		0.018	1.50	81		
7	K227＋500～K227＋950	450	2.00	强烈	0.116	1.50	348	Ⅱ级(中等)	
8	K228＋500～K229＋400	900	2.50		0.116	1.50	435		
9	K229＋900～K230＋300	400	2.50		0.116	1.50	435		
10	K230＋650～K231＋700	1050	3.00		0.116	1.50	522		
11	K234＋950～K235＋700	750	2.50	中等	0.058	1.50	217.5	Ⅰ级(轻微)	
12	K238＋400～K238＋550	150	4.00		0.058	1.50	348	Ⅱ级(中等)	
13	K247＋060～K247＋150	80	1.60		0.058	1.50	139.2	Ⅰ级(轻微)	
14	K248＋000～K249＋700	1700	1.80		0.058	1.50	156.6		

3. 软弱土

据勘察,常年积水的沟谷、湖泊中的黏土含水量大部分呈饱和状,软塑—流塑状态,含有机质,属软弱土。该类土承载力低,压缩性高,抗剪强度低,地基不稳定。软弱土分布见表 5-20。

表 5-20　软弱土分布及工程性质一览表

软土段	长度	地质特征
K218+910～K219+010	100	河床内常年积水,含有有机质的草甸土
K219+500～K219+740	240	河床内常年积水,含有有机质的草甸土
K220+050～K220+400	350	河床内常年积水,含有有机质的草甸土
K222+050～K222+210	160	河床内常年积水,含有有机质的草甸土
AK221+030～AK221+400	370	河床内常年积水,含有有机质的草甸土

4. 季节性冻土

工程区属季节性冻土,线路 K198+700～K219+000 段标准冻深为 1.60m;线路 K219+000～K259+101 段标准冻深为 1.50m。线路岩性主要为粉土、角砾、局部段基岩直接出露,大部分属不冻胀土。仅在山间流水沟谷、湿地处为冻胀性土,在推荐线 K218+900～K219+760、K222+000～K222+200、K239+000～K239+500 段、比较线 AK221+050～K221+400 段冻胀类别属冻胀—强冻胀。

(五)工程地质勘察总结

(1)京新高速是中国国家高速公路网首都放射线中的第七条(编号 G7),也是国家西部大开发战略的重要交通要道。本项目为其中一段,勘察工作在工程可行性研究的基础上,采用工程地质调绘、工程物探、钻探、挖探、原位测试、室内试验等综合勘察手段,技术方法较全面,查明了区域地质以及路基、桥涵、隧道等工程建设场地的地质条件,并进行评价。

(2)本工程路段地质条件较复杂,穿越地貌单元多,不同的地貌单元,其不良地质现象及特殊性岩土分布也不尽相同。而不良地质现象及特殊岩土种类较多,不良地质现象包括崩塌碎落、涎流冰、风吹雪、融雪性洪水等。特殊岩土则有盐渍土、湿陷性土、季节性冻土等;公路沿线建筑类型有深挖路堑、路基挡墙,填方路基、大中桥、隧道、涵洞等。各种典型不良地质、特殊性岩土,以及公路工程各种建筑物在该工程均有出现。该公路勘察所涉及内容丰富,涵盖范围广,具有较高的参考价值。

(3)断层带 F_2 与线路部分段相伴行,且多次相交,岩体较破碎,勘察建议通过该段时,应注意边坡的设置高度,避免深挖,与断层交会部位要做好基岩裂隙水的引排措施,防止冬季形成涎流冰。对涎流冰问题,查明形成涎流冰的地下水露头、流量及随季节变化情况,针对涎流冰的分布类型、范围、厚度、发育规律等对公路工程产生的影响,提出相应措施建议。

(4)勘察过程中,及时与设计人员沟通,就崩塌、积雪、水毁、涎流冰等不良地质问题,以及沿线盐渍土、湿陷性土、季节性冻土等特殊路基土,配合设计提供单项工点勘察资料。

(5)勘察期间咨询单位进行外业现场全程监理,并取样复检,按进度计划进行外业工作,工作调整及时报总监,保证了第一手资料的完整性和可靠性。内业成果资料整理过程中,通过咨询专家的方式进行逐项审查,使项目尽快通过了高速公路管理局的现场检查验收。

(6)该高速公路已于 2021 年全线建成并通车运营,截至 2024 年,运行状况良好。

四、石河子飞机场岩土工程

(一)工程概况

第八师石河子市是天山北坡重要的城市之一,无论是经济总量还是人口规模,在兵团乃至自治区中均占据举足轻重的地位。随着石河子市社会经济的高速发展,原机场(山丹湖机场)已无法满足新时代民用航空运输服务的条件。此外,原机场地处石河子国家经济技术开发区内,机场净空环境和电磁环境受到破坏,不适宜在原址扩建。新建机场可彻底解决现有机场规模小、飞行安全威胁大等一系列问题,同时,可满足石河子市及周边县市的社会经济发展及民用航空业发展的需要。

新机场场址位于143团石南农场西南侧,有市区道路和县道X904相连,交通便利。场址为一个斜倒"L"形,东西长约740m,南北宽约250m。拟建场址自南向北分飞行区和工作区。飞行区拟建停机坪、跑道、巡场路以及控制塔台等建筑物;工作区建筑物包括房建工程以及供油工程等。房建工程中的安检楼、机场办公楼、航站楼、航管楼和机库工程重要性等级为二级,其他均为三级;供油工程建(构)筑物均为二级;控制塔台中西远台、西近台机房、西航向台、东下滑台和DVOR台机房工程重要性等级为二级,宿舍为三级;场地等级为二级,地基复杂程度为二级,岩土工程勘察等级判定为乙级。

石河子机场经过2013年、2014年两年建设,于2015年正式投入使用。目前已相继开通了包括北京、上海、广州、深圳、郑州、西安、成都、喀什、库尔勒、阿克苏、阿拉尔、伊宁、图木舒克等近20条国内航线,成为新疆天山北坡一座重要的民航枢纽。

(二)勘察工作概述

我院分别于2007年、2009年和2010年完成了石河子飞机场的规划选址阶段、可行性研究阶段和初步设计阶段的岩土工程勘察工作。2012年5月受石河子支线机场建设管理处委托,我院最终于2012年11月底完成并提交了详细勘察阶段的成果报告。详细勘察阶段主要工作如下。

房建工程:机场办公楼、安检楼、培训楼、航站楼等设施,完成钻孔98孔,总进尺1069m;探井55个,总进尺387m;原位测试(标准贯入、重型动力触探)共234点次;采取各类土样共计136件,并进行室内土工试验。

道路工程:钻孔210孔,总进尺3510m;探井39个,总进尺342m;原位测试(标准贯入、重型动力触探)共575点次;载荷试验11组(其中浸水载荷试验3组);现场天然密度、含水率试验155组;采取各类土样329件组,并进行室内相关试验。

(三)场地基本地质条件

场地处于准噶尔盆地南缘,山前冲洪积扇前缘,海拔500～525m,坡降10‰～15‰,由南向北变缓,地势相对较平坦。县道X904从场地南部穿过。飞行区中南部分布有水粉浆池和排水坑。场地内由西向东发育有3条季节性冲沟,宽8～10m,最宽处25m。飞行区中北部共有4个大小不等的砖厂取土坑。飞行区东南角零星分布墓地。

在勘察深度(最大勘察深度20m)范围内未揭露地下水。据场地附近资料,第四系孔隙潜水埋深大于50m,年内水位变幅在1m左右,主要受地下水侧向补给,以径流方式由南向北排泄。近年来地下水位呈持续下降趋势,地下水对本工程无影响。

工程区位于乌鲁木齐山前坳陷带中玛纳斯背斜以北。玛纳斯断裂距离工程区最近,该断裂位于工程场址南约3.5km处,近东西向穿过,为压性断裂,断层面倾向南,该断层为全新世活动断裂。工作区位于北天山地震构造带中段,属于新疆地震活动较强烈的区域之一。距场地较近的强烈地震为1907年5月13日玛纳斯东南10km发生的6级地震和1906年12月23日石河子西南50km石场镇发生的7.7级地震。据《中国地震动参数区划图》,该区地震动峰值加速度0.20g,地震动反应谱特征周期0.40s,相应地震基本烈度为Ⅷ度。区域构造稳定性较差。根据场地地震危险性分析,场地50年超越概率10%内的地震动峰值加速度为0.263g,地震动反应谱特征周期0.5s。

根据《中国地磁图》,场址区地磁总强度56 426.2nT,磁偏角3°40′。

(四)建筑物场地工程地质条件

1. 地层岩性

场地按照图5-7,可分为A区和B区。

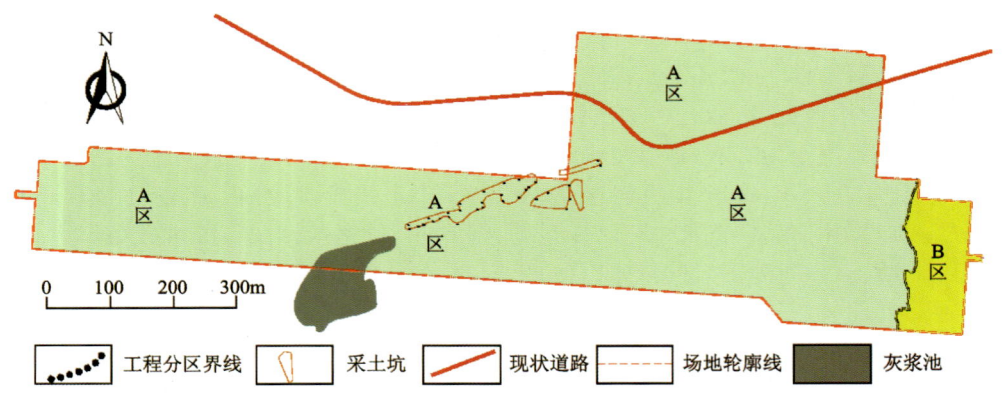

图5-7 场地A、B分区图

A区:上部为全新统人工堆积层(Q_4^{ml})或洪积层(Q_4^{pl}),下部为晚更新世—全新世冲洪积层(Q_{3-4}^{al+pl}),工作区、飞行区的停机坪、跑道及大部分巡场路均位于该区。自上而下分为5层:①杂填土,厚0.5~3.8m,以粉煤灰和建筑垃圾为主;②粉土,在场地内广泛分布,层厚0.1~8.0m,厚度分布不均,偶夹砾砂透镜体;③圆砾,分布在A区西部,埋深0.6~13.1m,层厚1.5~11.1m,厚薄极不均匀,分布不连续,局部夹砾砂或粉土透镜体;④粉土,分布在飞行区西部、中部,厚度不均匀,埋深3.4~15.0m;⑤圆砾,分布不连续,仅局部地段揭露该层,埋深12.6~13.0m,揭露2.0~2.4m,未揭穿。

B区,上部为全新统人工堆积层(Q_4^{ml}),下部为晚更新世风积层(Q_3^{eol}),仅分布于场地东南角。自上而下分为两层:①耕植土,层厚0.30~0.50m,含植物根系;②粉土,埋深0.30~0.50m,最大揭露19.50m,未揭穿。

2. 场地土工程性质评价

1)原位测试

静力载荷试验:布置在基础主要持力层上,其中非浸水8组,浸水3组。非浸水状态下拐点压力为100~150kPa,变形模量8.9~17.6MPa;浸水饱和状态下拐点压力为60~75kPa,变形模量7.7~10MPa。

标准贯入试验:杆长校正后击数值,A区第②粉土层7~22.3击,平均值13.1击;第④粉土层16~23击,平均值18.8击。重型动力触探试验:杆长校正后击数值,第③圆砾层10~25击;第⑤圆砾层13~16击。

2)土工试验

通过对②粉土层、③圆砾层和④粉土层取样进行室内物理力学性质试验,采用三倍标准差法,对异常值予以剔除。室内土工试验所取得的物理力学参数及统计指标见表5-21、表5-22和表5-23。

3)场地土的承载力

第②层粉土,根据标准贯入锤击数初判承载力值175kPa;根据现场载荷试验承载力特征值130kPa。综合确定天然状态下承载力特征值130kPa,压缩模量12MPa。第③层圆砾,根据重型动力触探试验锤击数,确定承载力特征值300kPa,变形模量20MPa。第④层粉土,根据标准贯入试验锤击数,确定天然状态下承载力特征值130kPa,压缩模量14.5MPa。第⑤层圆砾,根据重型动力触探试验锤击数,确定承载力建议值300kPa,变形模量20MPa。

第五章 交通运输类（含公路、桥梁、机场等）

表 5-21 第②层粉土物理力学性质试验指标统计表

试验指标	天然含水率 ω %	天然密度 ρ g/cm³	塑限 ω_p %	液限 ω_L %	塑性指数 I_p	快剪 q		固结快剪 C_q		三轴不固结不排水剪 U_U		三轴固结不排水剪 C_U		压缩模量 MPa	灵敏度 St	标准贯入试验击数 N
						黏聚力 kPa	内摩擦角 (°)	黏聚力 kPa	内摩擦角 (°)	黏聚力 kPa	内摩擦角 (°)	黏聚力 kPa	内摩擦角 (°)			
统计个数	124	127	127	127	127	26	28	27	27	6	6	6	6	111	6	180
最大值	21.7	1.95	20.7	44.2	19.5	27.5	21.5	11.3	22.5	0.2	1.3	8.8	15.2	34.7	2.19	26
最小值	3.9	1.41	11.0	20.0	4.7	16.6	15.5	4.1	16.5	0.1	0.4	0.8	10.9	5.36	1.13	8
平均值	11.8	1.66	15.8	26.6	10.7	20.1	18.0	7.0	19.2	0.1	0.9	4.6	12.2	14.0	1.49	15
标准差	4.58	0.12	1.97	4.0	2.68	2.73	1.49	2.21	1.51	0.04	0.33	2.67	1.42	5.57	0.38	4.64
变异系数	0.39	0.07	0.12	0.15	0.25	0.14	0.08	0.32	0.08	0.32	0.39	0.58	0.12	0.4	0.25	0.30
建议值	/	1.66	15.8	26.6	10.7	19.1	17.5	6.2	18.6	0.1	0.61	2.4	11.0	13.2	1.49	14

表 5-22 第③层和第⑤层圆砾物理力学性质试验指标统计表

试验指标	天然含水率 ω %	天然密度 ρ g/cm³	颗粒组成				不均匀系数 C_u	曲率系数 C_c	重型动力触探试验击数 N63.5
			卵石 200~20	砾石 20~2	砂 2~0.075	粉粒 0.075~0.005			
统计个数	12	12	19	19	19	19	19	19	237
最大值	4.8	2.10	50.2	45.1	39.5	9.3	439	13.2	25
最小值	1.5	1.99	13.0	31.1	15.8	2.9	8.6	0.17	10
平均值	2.8	2.03	23.3	39.6	31.1	6.1	26.3	2.8	16
标准差	0.6	0.07	6.73	5.15	4.18	2.06	114.88	3.63	4.08
变异系数	0.33	0.03	0.29	0.13	0.13	0.34	0.91	1.28	0.25
建议值	/	2.03	/	/	/	/	/	/	15.5

表 5-23 第④层粉土物理力学性质试验指标统计表

试验指标	天然含水率 ω (%)	天然密度 ρ g/cm³	塑限 ω_p (%)	液限 ω_L (%)	塑性指数 I_p	快剪 q		固结快剪 C_q		压缩模量 MPa	标准贯入试验击数 N
						黏聚力 (kPa)	内摩擦角 (°)	黏聚力 (kPa)	内摩擦角 (°)		
统计个数	15	15	15	15	15	15	15	15	7	9	74
最大值	8.0	1.60	18.2	26.0	10.6	27.7	21.5	36.9	26.5	30.8	25.0
最小值	4.6	1.41	11.6	20.7	7.8	20.6	15.5	29.2	18.5	6.3	8.0

续表 5-23

试验指标	天然含水率 ω (%)	天然密度 ρ g/cm³	塑限 ω_p (%)	液限 ω_L (%)	塑性指数 I_p	快剪 q		固结快剪 C_q		压缩模量 MPa	标准贯入试验击数 N
						黏聚力 (kPa)	内摩擦角 (°)	黏聚力 (kPa)	内摩擦角 (°)		
平均值	5.4	1.45	13.5	23.2	9.0	23.1	17.0	32.6	22.2	18.1	15.1
标准差	1.02	0.06	2.08	1.86	1.05	2.55	1.67	2.90	2.62	6.46	4.72
变异系数	0.19	0.04	0.15	0.08	0.12	0.11	0.10	0.09	0.12	0.36	0.31
建议值	/	1.45	13.5	23.2	9.0	22.0	16.2	30.4	20.6	14.5	14.0

3. 场地土类型及场地类别

地基土由晚更新世—全新世冲洪积粉土、圆砾，晚更新世风积粉土组成。场地土等效剪切波速267～331m/s，覆盖层厚度大于5m，场地类别为Ⅱ类。属可建设的一般地段。

场地地形南高北低，南北向冲沟发育，具备发生泥石流、暂时性洪水危害的潜在条件，须做好场区防洪工作，场地适宜性较好。

（五）场地工程地质问题分析与评价

1. 场地特殊性岩土

（1）冻胀性：场地内岩性为粉土和级配不良砾。粉土层天然含水率3.9%～21.7%，平均值11.8%；级配不良砾天然含水率1.5%～4.8%，平均值2.8%。场地土均不具冻胀性，冻胀等级为Ⅰ级。

（2）盐渍土及盐胀性：场地土易溶盐含量0.031%～1.598%，飞行区中部场地土属非盐渍土，飞行区东部、西部和北部停机坪及工作区属硫酸、亚硫酸型弱—中盐渍土。场地土 Na_2SO_4 含量0.182%～0.723%，小于1%，不具盐胀性。

（3）场地土湿陷性：湿陷系数在垂直方向和平面上均不具规律性。自重湿陷系数 δ_{zs} 为0.016～0.085，经计算，自重湿陷量 Δ_{zs} 为73.3～208.0mm，场地湿陷类型为自重湿陷场地。湿陷系数 δ_s 为0.015～0.131，经计算总湿陷量 Δ_s 为158.4～877.5mm，飞行区西部、东端以及工作区停机区的东南角场地地基的湿陷等级为Ⅲ级（严重），飞行区及工作区大部场地地基的湿陷等级为Ⅱ级（中等），具体见图5-8。

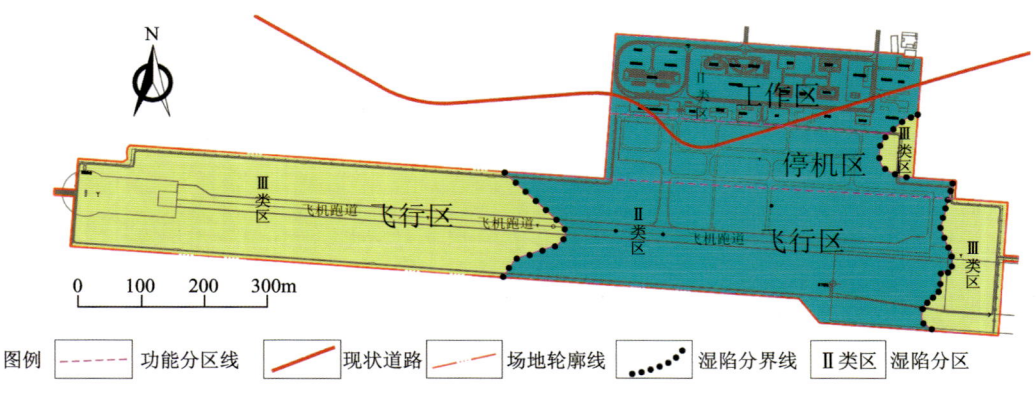

图 5-8　场地湿陷类型分区示意图

2. 场地土腐蚀性评价

场地环境类别为Ⅱ类,经判定,飞行区东部、西部和北部停机坪及工作区场地土对混凝土结构具中等—强腐蚀性,对钢筋混凝土结构中的钢筋具弱—中等腐蚀性;飞行区中部场地土对混凝土结构及钢筋混凝土结构中的钢筋均具微腐蚀性。

3. 场址环境条件调查

1)周边环境条件

场址处于准噶尔盆地南缘,地势南高北低,平均海拔小于500m。场地基准点东侧约15km处为新疆天富热电的南热电厂,烟囱高度为180m。场地内及东西两侧15km范围内有14个正在生产或报废的制砖厂烟囱,高度为50~60m;水塔7座,高度为15~20m;通信铁塔2个,高度约30m。场地西北角有一条110kV输变线路,塔高25m,距场地基准点最近距离900m以上。场地基准点南侧1.8km和3.0km有两条近东西向的110kV输变线路,线杆高18~20m。

2)不良地质现象

场地内存在的不良地质现象主要为季节性洪水。场地内洪沟有11条,主要分布在场地东南部的黄土梁间洼地,为季节性洪水冲沟,宽2~5m,最宽处12m,切割深度1~2m,最深3.5m。对场址影响较大有6条,根据当地经验估算,各冲洪沟洪水量2~3m³/s。

(六)场地挖方区填筑料可挖性、压实性分析

根据设计要求,借土挖方区主要位于飞行区跑道中心线以南大部,以及跑道中心线以北部分区域;填方区主要位于跑道中心线以北部分区域、停机坪东部和工作区部分区域;半挖半填区主要位于停机坪西部以及中部大部分区域。

挖方区开挖深度0.4~2.6m,最大挖深7m,在开挖深度内岩性为粉土层和圆砾,主要为粉土层。开挖类别为Ⅱ~Ⅲ类,属普通土—硬土。粉土天然含水率3.9%~17.0%,最大干密度1.96g/cm³,最优含水率10.8%,承载比16.3%。不同压实度重塑土力学参数指标见表5-24。

表5-24 不同压实度重塑土力学参数指标

压实度	重塑土压缩				重塑土剪切			
	天然状态		饱和状态		天然状态		饱和状态	
	压缩系数 (MPa^{-1})	压缩模量 (MPa)	压缩系数 (MPa^{-1})	压缩模量 (MPa)	黏聚力 (kPa)	内摩擦角 (°)	黏聚力 (kPa)	内摩擦角 (°)
88%	0.090	16.40	0.160	9.10	70.00	18.3	10.85	16.3
90%	0.080	19.65	0.150	10.73	76.10	19.3	11.90	17.3
93%	0.070	20.80	0.150	11.10	90.10	20.3	14.90	19.0
96%	0.063	22.90	0.140	11.73	108.2	22.5	18.6	21.3
98%	0.060	25.30	0.110	14.24	120.20	23.9	21.20	22.7

(七)岩土工程勘察总结

1. 工程特点分析

(1)石河子飞机场涉及的勘察阶段较多,有选址、初勘以及详勘等阶段,涉及的专业也较多,有道路、

房建等专业。

（2）场地处于地震基本烈度为Ⅷ度区，属高烈度区。场地类别为Ⅱ类，属可建设的一般地段。地下水埋深大于50m，对建筑物基础无影响，场地土无地震液化问题；场地属季节性冻土，标准冻深1.40m，不具冻胀性，但水环境变化（如绿化、灌溉等）导致含水率增大时，可能存在冻胀性问题。

（3）场地湿陷类型为自重湿陷场地，地基的湿陷等级为Ⅱ（中等）～Ⅲ级（严重）。针对场地土的湿陷特征，建议采取不同的处理措施：①工作生活区大部分为丙类建筑，按照自重湿陷性场地的Ⅱ类（中等）、Ⅲ类（严重）处理厚度分别不小于2.5m和3.0m。②跑道以及停机坪，场地存在深挖方、高填方和半挖半填方地段。根据场地的挖填情况，可采用换土垫层法或强夯法等不同的地基处理措施消除湿陷性。

（4）由于场地为自重湿陷性场地，建议在机场运行管理时应采取严格的防排水措施，以防止对场内道路以及建筑物基础造成湿陷变形破坏。

2. 经验总结与启示

（1）该场地属中等复杂场地，岩土工程勘察等级为乙级。勘察采用较多的勘探、测试技术手段（钻探、井探、标准贯入、重型动力触探、静力载荷试验、浸水静力载荷试验、波速测试等与室内试验），获取大量的岩土物理力学参数，为设计施工提供了可靠的依据。

（2）在合理布置勘探工作的基础上，采用静力载荷试验和浸水载荷试验对其他原位测试和室内试验成果进行验证，可极大提高参数的可靠程度。

（3）场地的主要工程地质问题为土的湿陷性。机场建设时，消除土的湿陷性是地基处理的首选。建筑物地基施工严格按照地质建议进行湿陷性处理的地段，后期运行均未发生湿陷性问题，如飞行区的跑道部位；而工作生活区、机库等区域施工未完全采纳地质建议消除湿陷性，运行后因绿化用水及管道开裂跑水，渗入部分建筑物地基，产生不均匀沉降，导致建筑物开裂和倾斜。

（4）勘察应与设计密切沟通，使施工方案及工艺流程与场地实际地质情况相适应，对于场地湿陷性土的填方区，应先完成强夯后，再进行填筑施工；而对于挖方区，则先完成开挖后，再进行强夯施工。

（5）鉴于场地具有湿陷性特征，运行单位在机场运营使用期间，应密切关注场地环境水的影响问题，加强防、排水设施的检查，严格管理生活、生产用水，避免因各类环境水渗入建筑物区域内，使地基土体产生湿陷性破坏。

第六章 岩土工程勘察

一、克拉玛依石化厂 100 万 t/a 稠油悬浮床加氢和制氢装置岩土工程

(一) 工程概况

中国石油新疆油田分公司克拉玛依石油化工厂（以下简称"克石化厂"），是国家西部特大型石油化工企业，自 20 世纪 90 年代中期至 21 世纪初，随着西部大开发建设的深入，以及国家能源战略的需要，克石化厂生产区进入了大规模的扩建期，陆续新建和改扩建了大量的化工生产装置。克石化 100 万 t/a 稠油悬浮床加氢和制氢装置（投资达 20 亿元）场地勘察为克石化厂诸多岩土工程勘察代表项目之一。勘察工作外业始于 2001 年 3 月底，4 月 20 日完成，内业资料于 4 月底提交。勘察报告提交两年后，拟建装置已于 2002 年竣工投产，取得良好的社会效益和经济效益。

(二) 勘察工作概述

工程安全等级为一级，场地等级为二级，地基等级为一级，综合确定该场地的岩土工程勘察等级为甲级。勘察工作重点为厂房和设备装置场地，完成的主要勘察工作有：控制孔（350m/14 个），一般性孔（630m/42 个）；载荷试验（5 组）、标准贯入（250 点次/35 孔）、静力触探（143m/13 孔）、动力触探（43 点次/19 孔）、波速测试（980m/14 孔）等原位测试以及大量的土工试验（67 组）和水、土化学分析（276 组）。

(三) 场地基本地质条件

工程区处于准噶尔盆地西北边缘玛纳斯河冲洪积平原下游的沙漠边缘地带，属典型的干旱内陆性气候。场地属季节性冻土，标准冻深为 1.60m，最大冻土深度为 1.97m。

场地东西长 200m，南北宽 170m，规划面积 34 000m²，周围已建有多个大型炼油及化工生产厂房。场地原为渣油池，后期堆填大量建筑垃圾及工业废料稍加平整，在东半部形成较厚的杂填土，最大厚度可达 5.5m，西偏中部地形较低洼，地表芦苇生长较茂密。

据《中国地震烈度区划图》和《新疆石油管理局克拉玛依等场地地震安全性评价报告》，该区地震基本烈度为Ⅶ度，属远震区。

场地地下水为孔隙潜水，由北向南径流缓慢，排泄形式主要是向场地南部侧向流出，其次是蒸腾、蒸发。埋深一般 3.0m 左右，西侧仅 1.0m，变幅为 1.0m。水化学类型为 $Cl \cdot SO_4\text{-}Na \cdot Mg$ 型，矿化度 17.39g/L，pH 值 7.1，SO_4^{2-} 含量 2 873.2mg/L，Cl^- 含量 6 586.2mg/L，侵蚀性 CO_2 含量 76.6mg/L，矿化度较高，水质极差。

(四)场地岩土工程条件

1. 地层岩性特征

整个场地地形是东北部高而中西部低,前者地形相对平缓而后者低洼,杂草茂密。场地总体地势平坦、开阔。为第四系上更新统—全新统冲洪积堆积物,覆盖层厚度自西北向东南逐渐增大,其下伏地层为中生界白垩系泥岩、砂岩互层。

根据勘探成果,可将场地地基土划分为如下7层。

第①层:杂填土,成分混杂,结构疏松,干燥或稍湿,由粉土、废砖、碎块及沥青等组成,分布厚度不稳定,一般厚度0.30～3.50m,主要分布在场地东半部分,厚度变化大。

第②层:粉土,稍湿—湿,局部夹薄层粉质黏土透镜体,稍密状态,孔隙较多,埋深0.00～3.50m,厚度为0.80～4.50m,最厚处达6.20m。

第③层:粉质黏土,可塑状态,局部夹有粉砂、粉土透镜体。厚度为1.00～4.50m,埋深1.00～6.20m,分布较连续,厚度不稳定。

第④层:粉砂,砂质纯净,该层局部夹有粉土透镜体,饱和,中密状态,具一定层理,厚度0.80～6.30m,埋深3.50～8.10m,该层土在场地分布较连续,厚度不稳定。

第⑤层:粉质黏土,具一定层理,呈硬塑状态,在场地内连续分布,埋深5.00～12.50m,厚度0.70～5.90m。

第⑥层:含粗砂砾石,由于局部夹有粉质黏土,可细分3个亚层。

⑥-1层:含粗砂砾石,中密状态,砾石含量55%左右,一般粒径3～5mm,最大粒径50mm,呈棱角状,分选性一般,成分以火成岩为主,埋深9.20～14.50m,厚度1.80～6.30m,在场地内分布连续稳定。

⑥-2层:粉质黏土,可塑—硬塑状态,呈透镜体状产出,厚度欠稳定,分布不连续,一般厚度0.90～3.30m,埋深11.70～17.40m。

⑥-3层:含粗砂砾石层,中密状态,成分与⑥-1层相同,部分孔位缺失⑥-2层粉质黏土亚层,使其与⑥-1层合二为一,埋深13.70～19.60m,厚度2.40～7.60m。

第⑦层:泥岩与泥质砂岩互层,强—中等风化,裂隙发育,属软弱岩石,其中泥质砂岩成岩较差,完整性差。岩芯较完整。埋深19.30～22.80m,揭露厚度1.80～5.60m。

2. 场地土工程性质评价

根据现场原位测试成果和室内试验成果,对场地土的工程性质综合分析评价如下。

1)原位测试

静力载荷试验:水位以下1点次,其余4点次在水位线以上或接近水位。比例界限(P_0)范围值在87.5～187.5kPa之间,变形模量(E_0)在2.76～20.9MPa之间,水位线以下比例界限(P_0)在87.5～95.0kPa之间。

静力触探试验:锥尖阻力(q_c)随深度的变化为第②层1.3～3.2MPa,第③层1.20～2.5MPa,第④层5.3～12MPa,第⑤层2.30～3.6MPa。侧壁摩阻力(f_s)随深度的变化为第②层26.0～52.7MPa,第③层38.2～84.4MPa,第④层41.6～78.8MPa,第⑤层76.3～130.4MPa。

标准贯入试验:杆长校正后击数值:为第②层4～8击,平均值6.1击,标准值5.6击;第③层6～11击,平均值8.1击,标准值7.3击;第④层7～15击,平均值10.6击,标准值10.0击;第⑤层12～23击,平均值16.3击,标准值15.4击。

动力触探试验:在场地第⑥-1和⑥-3层砾石中进行,实测值$N_{63.5}$在8～43击之间,经杆长修正后击数6～25击。通过原位测试数据的统计分析,场地各土层的工程性质和物理力学性质指标见表6-1。

表 6-1 原位测试成果标准值统计表

土层编号	统计结果	标贯击数 N（击）	动探击数 $N_{63.5}$（击）	锥尖阻力 q_c（MPa）	侧壁摩阻力 f_s（kPa）	载荷试验比例界限 P_0（kPa）	变形模量 E_0（MPa）	压缩模量 E_s（MPa）
②	n	40		13	6	3	3	
②	f_m	6.1		2.27	40.62	110	18.9	
②	$f_k(+)$	6.63		2.64	48.7	140.6	22.8	
②	$f_k(-)$	5.59		1.89	32.6	75.65	15.8	7.4
②	σ_f	1.57		0.604	3.74	28.39		
②	δ	0.258		0.267	0.24	0.263		
③	n	38		13	6			
③	f_m	8.1		1.589	63.4			
③	$f_k(+)$	8.8		1.851	77.9			
③	$f_k(-)$	7.3		1.326	48.9		17.0	5.7
③	σ_f	1.46		0.42	11.56			
③	δ	0.18		0.264	0.277			
④	n	48		13	6			
④	f_m	10.64		10.45	62.7			
④	$f_k(+)$	11.23		12.17	73.8			
④	$f_k(-)$	10.04		8.74	51.5		14.8	18.5
④	σ_f	1.75		2.74	13.5			
④	δ	0.164		0.263	0.216			
⑤	n	37		13	6			
⑤	f_m	16.3		3.11	104.4			
⑤	$f_k(+)$	17.3		3.39	122.1			
⑤	$f_k(-)$	15.4		2.83	86.7		20	6.6
⑤	σ_f	2.2		0.44	21.5			
⑤	δ	0.124		0.144	0.205			

注 n.样品数；f_m.平均值；f_k.标准值；括号中正负号，据修正系数按不利组合考虑；δ.变异系数；σ_f.标准差；标贯及动探均为样品修正后值。

2）土工试验

通过对第③层、⑤层、⑥-2层粉质黏土层中取的37组原状样进行室内物理力学性质试验，其试验值采用3倍标准差方法，剔除异常值。室内土工试验物理力学参数统计指标见表6-2。

3）地基土的承载力及抗压刚度系数

根据野外原位测试成果和室内土工试验成果，提出的各层土的承载力建议值：①杂填土，应予以清除；②层粉土，变形模量15.8MPa，承载力标准值110kPa；③层粉质黏土，压缩模量5.7MPa，承载力标准值160kPa；④层粉砂夹粉土，压缩模量18.5MPa，承载力标准值(f_k)为140kPa；⑤层粉质黏土，压缩模量(E_s)为6.6MPa，承载力标准值(f_k)为160kPa；⑥层粗砂砾石，承载力标准值320kPa。

表 6-2 岩土物理力学参数统计一览表

	岩土指标	③粉质黏土 样本数量 n	③粉质黏土 平均值 f_m	③粉质黏土 标准差 σ_f	③粉质黏土 标准值 $f_k(+)$	③粉质黏土 标准值 $f_k(-)$	③粉质黏土 变异系数 σ	③粉质黏土 变异性	⑤粉质黏土 样本数量 n	⑤粉质黏土 平均值 f_m	⑤粉质黏土 标准差 σ_f	⑤粉质黏土 标准值 $f_k(+)$	⑤粉质黏土 标准值 $f_k(-)$	⑤粉质黏土 变异系数 σ	⑤粉质黏土 变异性	⑥含砾黏土 样本数量 n	⑥含砾黏土 平均值 f_m	⑥含砾黏土 范围值
天然状态下	含水量 ω(%)	15	26.71	3.42	28.3	25.1	0.128	低	19	22.36	1.845	23.10	21.61	0.083	很低	3	22.3	19.3~25.6
	密度 ρ_d(g/cm³)	15	1.982	0.063	2.011	1.953	0.032	很低	19	2.046	0.033	2.059	2.032	0.016	很低	3	2.034	1.976~2.103
	干密度 ρ(g/cm³)	15	1.566	0.088	1.607	1.526	0.056	很低	19	1.672	0.046	1.691	1.654	0.027	很低	3	1.665	1.573~1.763
	孔隙比	15	0.741	0.106	0.789	0.692	0.143	很低	19	0.627	0.044	0.645	0.609	0.07	很低	3	0.627	0.537~0.716
	土粒比重 G_s	15	2.711	0.014	2.72	2.71	0.005	很低	19	2.719	0.01	2.72	2.715	0.004	很低	3	2.703	2.70~2.71
	液限 W_L(%)	15	38.49	3.258	39.99	36.99	0.085	很低	19	35.24	1.614	35.59	34.59	0.046	很低	3	32.73	31.3~32.0
	塑限 W_P(%)	15	22.41	1.749	23.21	21.60	0.078	很低	19	19.84	1.003	20.25	19.44	0.05	很低	3	18.37	18.7~18.5
	塑性指数 I_P	15	16.1	1.889	16.95	15.21	0.117	低	19	15.39	1.121	15.85	14.94	0.07	很低	3	14.16	13.0~14.1
	液性指数 I_L	12	0.34	0.12	0.40	0.27	0.361	高	17	0.22	0.087	0.27	0.18	0.39	高	3	0.29	0.1~0.48
	压缩模量 E_s(MPa)	15	6.24	1.243	6.8	5.7	0.199	低	18	7.37	1.73	8.09	6.65	0.235	中等	3	6.6	5.8~13.7
	压缩系数 a_{1-2}(MPa⁻¹)	14	0.275	0.05	0.298	0.252	0.175	低	18	0.24	0.064	0.27	0.21	0.26	中等	3	0.22	0.11~0.29
颗粒组成	砂粒含量(%)	12	5.98	2.16	7.33	4.63	0.361	高	15	9.58	2.75	10.95	8.20	0.288	中等	3	6.8	5.8~11.0
	粉粒含量(%)	15	41.31	9.64	45.75	36.87	0.233	中等	19	43.66	4.68	45.6	41.8	0.107	低	3	49.87	44.9~54.7
	黏粒含量(%)	15	50.86	8.12	54.75	46.97	0.16	低	19	43.84	6.07	46.29	41.39	0.138	低	3	43.67	39.5~46.4
直剪	凝聚力 C(kPa)	11	34.23	8.374	38.85	29.60	0.245	中等	17	48.19	14.38	54.82	41.57	0.297	中等	3	35.7	29.8~44.0
	摩擦角 φ(°)	12	14.83	2.58	16.34	13.32	0.174	低	16	18.92	4.98	21.13	16.71	0.263	中等	3	10.7	7.6~2.5
	自由膨胀率 δef(%)	15	21.47	13.26	27.57	15.36	0.617	很高	19	23.95	10.0	28.0	19.91	0.418	很高			
三轴剪	C_c(kPa)	3	42.5		范围值 33.0~93.0				2	68		范围值 47.0~89.0						
	φU(°)	3	16.8		8.0~19.6				2	11.5		8.0~15.5						

按天然地基承载力求得场地各层土的抗压刚度系数(C_z):第②层粉土,C_z = 20 000 kN/m³;第③层黏土,C_z = 28 000 kN/m³;第④层粉土,C_z = 22 000 kN/m³;第⑤层黏土,C_z = 53 000 kN/m³。

3. 场地土类型及场地类别

场地土剪切波速及动参数:按厚度加权平均后,平均剪切波速为152~271m/s,动弹性模量135~423MPa;动剪切模量46~154MPa;动泊松比0.463~0.479;卓越周期在0.34~0.43s之间。

根据《建筑抗震设计规范》相关规定,判定场地土类型为中软场地土,场地类别为Ⅱ类。

(五)场地工程地质问题分析与评价

场地地震基本烈度为Ⅶ度,属远震区;场地内无断裂、塌陷、采空区等不良地质现象,地形地貌简单,场地稳定性较好。由于场地内存在饱和粉土、盐渍土、膨胀性土等特殊性岩土,现对其影响进行评价。

震陷性评价:场地地震基本烈度为Ⅶ度,承载力标准值在110kPa以上,各层土的平均剪切波速在150m/s以上,均大于临界承载力标准值80kPa和临界平均剪切波速90m/s,因此可不考虑震陷问题。

场地存在饱和粉土和砂土地震液化问题,依据《建筑抗震设计规范》进行液化初判,经计算判别,大部分饱和砂土有液化可能。

复判采用标准贯入法和静力触探两种判别方法。

(1)标准贯入判别法:根据钻孔中进行标准贯入试验,排除无液化可能的粉土所在钻孔及层位,仅部分孔位具有液化可能。

(2)静力触探判别法:第②层粉土实测锥尖阻力平均值为2.27MPa,小于临界值平均值2.43MPa,存在液化可能;第④层粉砂实测锥尖阻力平均值为10.46MPa,大于临界值平均值2.20MPa,可判该层为不液化土。

液化指数计算与液化范围:经过计算,部分孔位液化指数达到轻微液化。结合勘探点平面布置图,编制场地液化范围示意图(图6-1)。可见场地液化范围呈局部连片状分布,场地西南角及东南角个别孔位呈孤岛状分布,所占比例较小(不足1/3)。

1. 场地特殊性岩土分析与评价

场地黏性土膨胀性分析:自由膨胀率试验34组,取样主要分布在第③层和第⑤层,第③层自由膨胀率范围值5%~42%,平均值为24.4%,仅有两组具有弱膨胀潜势,其余均不具有膨胀性。

盐胀性评价:硫酸钠含量大于1%的样品6组,仅占2.4%,因此,本场地土盐胀性对工程影响很小,可不予考虑。

易溶盐与盐渍土:场地土1m深度以上易溶盐含量大于0.3%的占100%;1.00~5.0m易溶盐含量大于0.3%的占47.3%;5m以下易溶盐含量大于0.3%的仅有3组,占8.6%。可见,盐渍土主要分布在0~5.0m深度,其中0~1.0m为亚氯盐渍土,1~5.0m为亚硫酸盐渍土。

2. 场地水、土腐蚀性评价

该区为干旱气候区,且为严重冻土区,有干湿交替,地基土为湿润的弱透水层,环境类别定为Ⅱ类。

地基土对混凝土结构具强腐蚀,对钢筋混凝土结构中的钢筋具中等腐蚀,对钢结构具强腐蚀。地下水对混凝土结构具强腐蚀性,对钢筋混凝土结构中的钢筋具中等腐蚀,对钢结构具中等腐蚀。场地的地基土及地下水的腐蚀性,综合评价为强腐蚀,对混凝土结构应采取三级防护,也可采用其他有地区经验的防护措施。

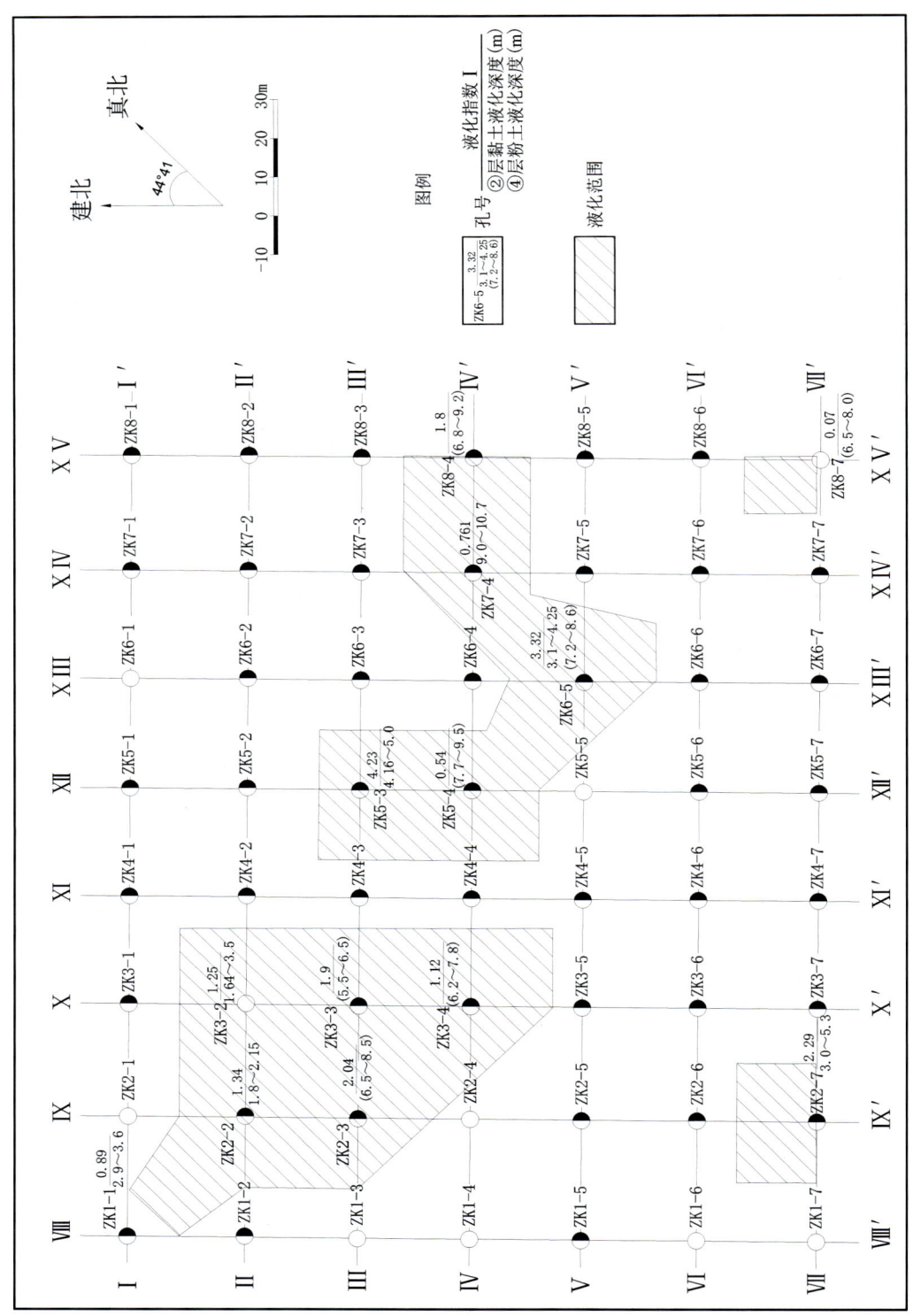

图 6-1 场地判定液化区范围示意图

(六) 场地岩土工程环境影响评价

从场地地下水补径排看,主要是周围环境水补给,靠第④层粉土作为相对透水层向外排泄,预计随着将来生产、生活等用水量增加,可能引起地下水水位上升,对场地土工程性质产生下列影响:

(1)使场地土层中地下水蒸发排泄作用加强,盐分聚集地表,使土壤盐渍化程度加重。

(2)削弱持力层及主要受力层的强度。

地下水水位上升将会造成场地工程地质环境恶化,因此,在将来的生产、施工等过程中,应避免和控制地下水水位的上升。

此外,局部堆积较大厚度的杂填土,最大厚度5.5m,未经压实、密实度差,堆积时间短。且原地层经开挖破坏,对均匀程度产生不利影响,此外土层被长期开挖卸荷作用,其下部土层物理力学指标有所降低。建议设计时采取必要措施,加强上部结构的整体性和刚度,避免地基产生不均匀沉降。

(七) 岩土工程勘察总结

1. 工程特点分析

(1)克石化厂是国家西部特大型石油化工企业,自20世纪随着西部大开发建设的深入,陆续新建和改扩建大量的生产装置,各个装置投资大,有易燃、易爆、高压和管道等重要设施,属破坏后果很严重的重要工程。工程重要性等级和勘察等级均为最高级,对勘察精度要求高。

(2)场地处于地震基本烈度为Ⅷ度区,属中软场地土,场地类别为Ⅱ类,建设条件一般;地下水埋深1.5~3.90m,地基土为强腐蚀性的盐渍土;作为季节性冻土,具强冻胀性;场地局部存在轻微饱和液化土;此外场地局部第②层粉土强度较低,局部黏土具弱膨胀潜势。

(3)场地岩土种类较多,结构复杂,各层土分布不均匀,连续性差,加之地下水埋深浅,场地环境人为破坏较严重,局部范围存在特殊性岩土。增加了地基土持力层的选择和评价难度。由此建议基础形式采用抗不均匀沉降性能好,整体刚度大的基础形式(如筏形基础或其他有成熟经验的基础形式)。

2. 经验总结与启示

(1)场地岩土工程条件较复杂,工程等级高,选择合理可靠的岩土参数尤其重要。本次勘察采用静力载荷试验、钻探、静探、标贯、动探、波速测试等原位测试等多种技术手段,与一般工业民用建筑相比,是采用勘探测试方法最多的岩土工程勘察项目。对每一层岩土均获取大量的试验参数,为岩土参数数理统计提供了有利条件。数理统计时剔除离散性较大的异常值,最终提出承载力等地质建议值。这些参数经过相关设计人员使用,反馈效果良好。

(2)勘察工作重点为厂房和设备装置场地,勘探、测试点沿厂房周边及角点和重要设备处布置。注重原位测试和室内试验相结合,并采用静力载荷试验进行验证,大大提高成果可靠程度。大量的岩土参数可以满足各层岩土的数理统计需要,从而使参数更具有科学性和合理性。

(3)本次勘察率先提出场地岩土工程环境影响问题。随着工程区周围的建设发展,地下水水位呈明显上升趋势,致使地基土盐渍化和腐蚀性增强,饱和后的粉土和黏性土物理力学性质也随之发生改变。因此不宜照搬以往经验,必须根据工程实际,对以往的勘察成果参数做合理的调整,以适应环境变化的需要。

(4)可靠的岩土参数可避免盲目进行地基处理,从而降低工程风险和浪费。例如附近某装置场地,因液化问题,采用碎石桩基础处理后,液化影响虽然消除,但复合地基承载力并未提高,黏性土反而呈橡皮状,且强度略有下降。本工程对液化做出客观评价,避免了基础处理的弊端,采用天然地基通过改变上部结构等措施加以弥补,效果良好。

(5)勘察建议合理准确,如本场地建议清除表层①层和②层结构遭受扰动的土层,并换用砂砾石料回填夯实措施;针对场地地震液化评价,根据液化等级圈定地震液化的范围(属于成果创新亮点);对于水土腐蚀性,建议对混凝土结构采取三级防护措施,对水、土中钢结构亦采取相应防护;此外,建议基槽开挖后,及时进行基础施工,严禁施工用水渗入等。各项地质建议均得到设计与施工单位的采纳,确保了工程质量,实施效果良好。

(6)需要说明的是,本报告所完成时期为21世纪初的2001年,采用的规范规程均为原标准(如《岩土工程勘察规范》为94年版),目前均被新的规范标准所替代。但其勘察和成果分析评价方法,技术思路仍然值得借鉴。

二、HY 项目初步可行性研究阶段岩土工程

(一)工程概况

HY项目是新疆首座拟建百万千瓦级核电机组工程,厂址位于塔克拉玛干沙漠西北侧边缘。本次工作为初步可行性研究阶段岩土工程勘察。项目规模为6台百万千瓦机组,技术线路采用华龙一号方案,拟采用筏板基础,设计基础埋置深度12m(从厂坪标高1100m算起)。

(二)勘察工作概述

厂址类别为Ⅰ类厂址,整体工程等级为一级,场地复杂程度为中等复杂场地,综合确定该场地的岩土工程勘察等级为甲级。本次工程地质测绘比绘尺1∶10 000,包括厂址及其周边,面积达$4km^2$;厂址区布置勘探孔7孔(图6-2),其中控制孔4孔,分别布置于厂址四角,孔深75m;一般性孔3孔,布置于场地中部,孔深55m,深度均达到预计设计地坪标高以下30~60m;钻孔内进行了标准贯入、压水试验、井下电视、波速测试等原位测试以及水、土和岩石试验等室内测试。可研工作于2021年3月初开展工作,5月底通过专家外业验收,7月提交成果资料,并通过相关部门验收。

(三)场地基本地质条件

厂址区为剥蚀准平原地貌,整体地形低缓平坦,地势向北东倾斜,高程1120~1093m,地形坡度约3‰,局部地形起伏较大。在厂址区北部分布近东西向斜坡,斜坡宽20~30m,高程1102~1111m,坡度20°~30°,延伸长度约2.3km;西南侧分布近东西向斜坡,斜坡宽30~40m,高程1109~1114m,坡度10°~20°,延伸长度约1.8km,植被不发育。

该区属暖温带大陆性干旱气候。历年平均气温为10.9~12.5℃,多年累计平均气温11.7℃。

场地规划面积$2.45km^2$,周围现状无其他建筑物。地表为0.3~0.6m厚的残积碎石土覆盖,局部基岩出露,零星部位被薄层风积砂覆盖。下伏二叠系阿恰群陆相沉积玄武岩和粉砂岩。

厂址区50年超越概率10%的中硬场地(Ⅱ类)地震动峰值加速度135gal,综合评定厂址地震基本烈度为Ⅶ度。

厂址区地下水类型为基岩裂隙水,主要受上游第四系孔隙水侧向径流补给,赋存于微风化岩体节理裂隙内,富水性微弱,矿化度4.62~58.05g/L,水化学类型Cl^--Na型,属咸水-卤水,水质极差。勘察期间水位埋深24.5~34.3m,位于基础底标高以下7.3~13.7m,地下水水位年内变幅小于2m。

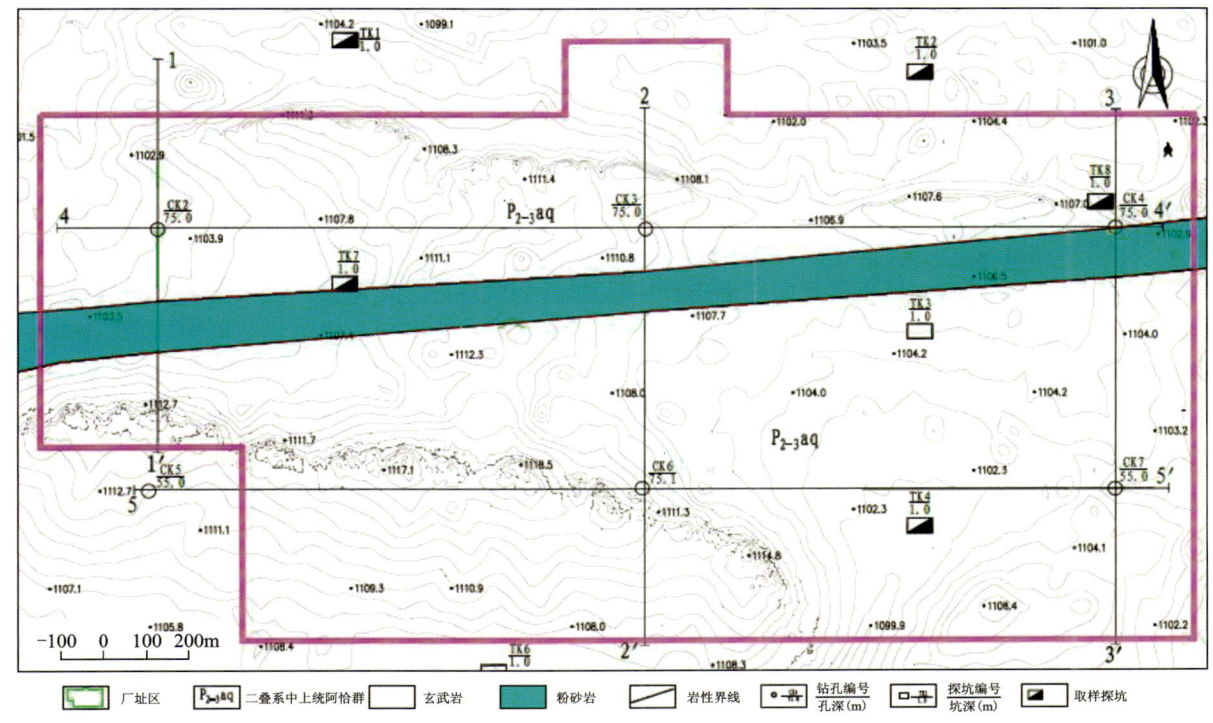

图 6-2 勘探工作布置图

(四)建筑物场地工程地质条件

1. 地层岩性特征

厂址区出露地层为风积粉细砂层(Q_4^{eol})、残积碎石土层(Q_4^{d})和二叠系中上统阿恰群($P_{2-3}aq$)玄武岩及粉砂岩。玄武岩与粉砂岩为侵入-沉积接触,接触带无明显蚀变、破碎等特征(图6-3)。

(1)二叠系阿恰群($P_{2-3}aq$)玄武岩,为一套基性喷出岩,可分为块状构造和杏仁状构造。前者呈粗粒间粒结构,饱和单轴抗压强度48.3~82.4MPa,属较硬岩;后者呈间粒间隐结构,饱和单轴抗压强度26.8~28.1MPa,为较软岩。二者呈互层状分布,为厂址区主要地层。强风化(③-1)厚2.6~5.5m,风化裂隙极发育,岩芯呈短柱状、碎块状,岩体破碎;中等风化(③-2)厚0.6~12.0m,裂隙较发育—发育,岩芯呈柱状、块状,岩体较破碎;微风化(③-3)揭露厚度31.0~60.0m,岩芯以柱状为主,节理裂隙不发育—较发育,岩体较完整,局部受构造影响,岩体破碎。

(2)二叠系阿恰群($P_{2-3}aq$)粉砂岩,产状84°NW∠5°~10°,呈极薄层状构造(单层小于2cm),夹在玄武岩之中,分布连续。主要揭露两层,总厚度10~11m。强风化(④-1)厚5.0m,呈壳状风化形式,岩芯呈短柱状,节理裂隙极发育,岩体破碎;中等风化(④-2)厚0.8~8.9m,呈壳状风化形式,岩芯呈柱状、短柱状,节理裂隙稍发育,岩体较完整;微风化(④-3)揭露厚度7.8~11.0m,裂隙不发育,岩芯呈柱状,局部呈碎块状,岩体完整,局部破碎。

(3)第四系:全新统风积(Q_4^{eol})层(①),岩性为粉细砂,松散干燥,分布于厂址区西北侧地表层,厚0.1~0.3m,连续性差,受季节性风向控制,具有流动性,分布不连续。全新统残积(Q_4^{d})层(②),岩性为碎石土,干燥、稍密—中密,多分布于厂址区表层。揭露厚度0.3~0.6m。粒径以1~3cm为主,多呈棱角状,局部呈次棱角状。局部含盐量偏高,可见白色结晶体。

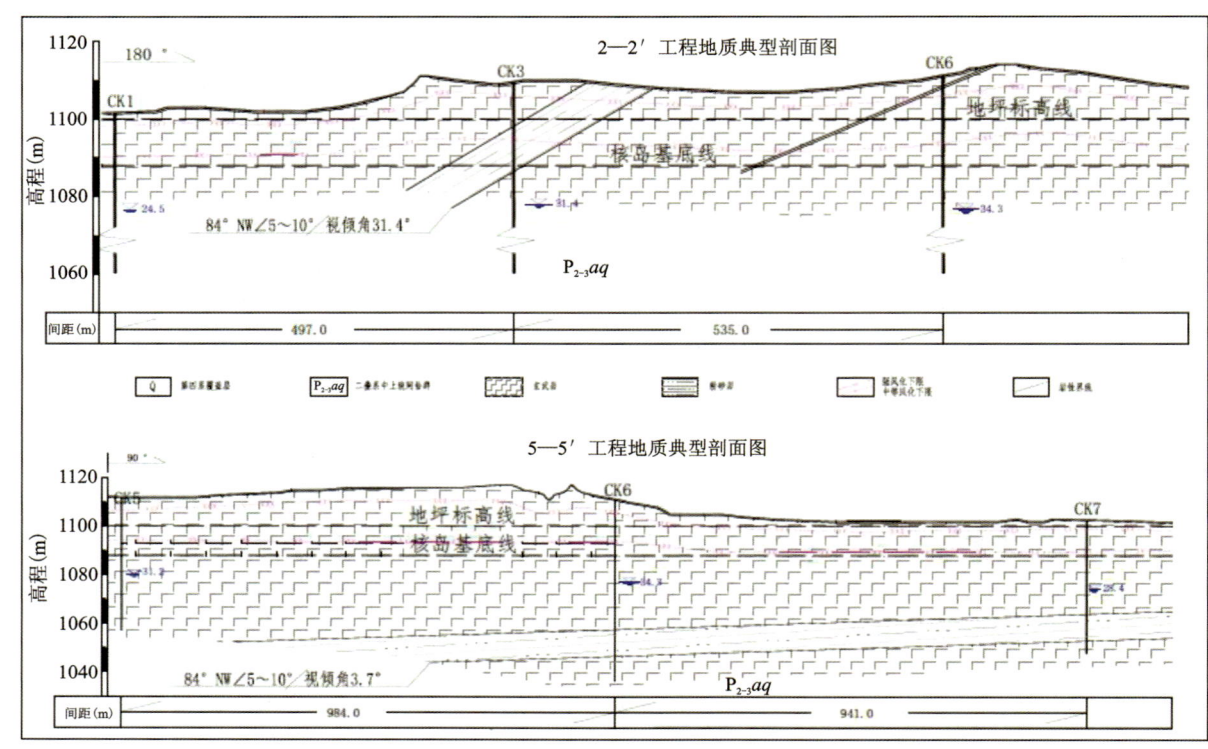

图 6-3 工程地质剖面图

2. 场地岩体工程性质评价

场地岩体主要为玄武岩及粉砂岩，工程性质分析评价如下。

(1)岩体风化：根据岩体声波测试结果，对岩体风化程度定量评价(表 6-3)。新鲜岩块波速取岩块测试的最大值，玄武岩纵波波速取 5160m/s，粉砂岩纵波波速取 3829m/s。

表 6-3 岩体风化等级定量划分表

风化程度	岩性	声波速度 V_p(m/s)	波速比
强风化	玄武岩	2689	0.52
	粉砂岩	2250	0.59
中等风化	玄武岩	3796	0.74
	粉砂岩	3050	0.80
微风化	玄武岩	4595	0.89
	粉砂岩	3626	0.95

依据钻孔岩芯、波速测孔、井下电视及高密度电法综合分析，岩体强风化层厚度 2.6~5.5m；中等风化层厚度 8.0~12.0m；微风化揭露厚度 37.5~60.6m，未揭穿。

(2)岩体结构特征。按岩体结构面发育程度、结构体性状及岩体工程特征等，对不同风化程度岩体结构类型进行划分，见表 6-4。

表6-4 岩体结构类型评价表

风化程度	岩体结构类型	结构体性状	结构面发育情况	岩体工程特征
强风化	散体状	散体状	节理裂隙极发育,裂隙间距小于0.2m,结构面错综复杂,形成无序小块和碎屑	整体强度很低,受软弱结构面控制,呈弹塑性体,稳定性很差
中等风化	杏仁状、块状	层状、块状	节理裂隙发育—较发育。裂隙间距0.5m~1.0m	变形和强度受层面控制,可视为各向异性弹塑性体
微风化	层状、杏仁状、块状	层状、块状	有少量贯穿性节理裂隙,结构面间距0.8m~2.0m,一般为2组	结构面互相牵制,岩体基本稳定

(3) 岩体坚硬程度划分：厂址区强风化玄武岩强度介于5~15MPa之间,强风化粉砂岩强度介于5~10MPa之间,均为软岩；厂址区中等风化和微风化粉砂岩和玄武岩均属于较硬岩。岩体坚硬程度划分见表6-5。

表6-5 岩石坚硬程度划分表

风化程度	岩性	野外鉴别	单轴饱和压强度(MPa)	判别标准	坚硬程度
中等风化	玄武岩	岩体完整性较好,节理裂隙稍发育—发育,岩芯呈短柱状、块状,锤击声音微闷响	42.4	$60 \geqslant f_r > 30$	较硬岩
	粉砂岩		33.4	$60 \geqslant f_r > 30$	较硬岩
微风化	玄武岩	岩体完整性较好,节理裂隙不发育—发育,岩芯呈短柱状、块状,锤击声音清脆	50.4	$60 \geqslant f_r > 30$	较硬岩
	粉砂岩		49.1	$60 \geqslant f_r > 30$	较硬岩

(4) 岩石质量评价：根据钻孔岩芯RQD计算,强风化玄武岩RQD=0~52%,加权平均值为6.1%,岩石质量极差；强风化粉砂岩RQD=0~42%,加权平均值为18.4%,岩石质量极差；中等风化玄武岩RQD=0~85%,加权平均值为34.2%,岩石质量差；中等风化粉砂岩RQD=32%~90%,加权平均值为47.4%,岩石质量差；微风化玄武岩RQD=0~100%,加权平均值为52.9%,岩石质量较差；微风化粉砂岩RQD=40%~99%,加权平均值为77.2%,岩石质量较好。

(5) 岩体的完整程度划分,见表6-6。

表6-6 厂址区岩体完整程度定量划分成果表

风化状态	岩性	钻孔声波速度(m/s)	完整岩块波速(m/s)	完整性指数	完整程度
强风化	玄武岩	1750~2200	2689	0.42~0.67	较破碎—较完整
	粉砂岩	1815~1850	2250	0.65~0.67	较完整
中等风化	玄武岩	2450~3060	3796	0.42~0.65	较破碎—较完整
	粉砂岩	2590~2935	3050	0.65~1.00	较完整—完整
微风化	玄武岩	3055~5200	5160	0.44~1.00	较破碎—完整
	粉砂岩	2825~3350	3829	0.61~1.00	较完整—完整

厂址区强风化岩体较破碎—较完整;中等风化玄武岩较破碎—较完整,中等风化粉砂岩较完整—完整;微风化玄武岩破碎—完整,以较完整—完整为主,局部破碎,微风化粉砂岩较完整—完整。

(6)岩体基本质量分级:厂址区地基岩体基本质量等级划分,见表6-7。

表6-7 岩体基本质量等级划分成果表

基底岩性风化状态	岩性	岩体基本质量等级		
		定性划分	定量划分	综合评定
中等风化	玄武岩	Ⅳ～Ⅲ	Ⅲ～Ⅳ	Ⅲ～Ⅳ
	粉砂岩	Ⅲ～Ⅱ	Ⅲ	Ⅲ～Ⅱ(以Ⅲ类为主)
微风化	玄武岩	Ⅳ～Ⅱ	Ⅱ～Ⅲ	Ⅱ～Ⅳ(以Ⅲ类为主)
	粉砂岩	Ⅲ～Ⅱ	Ⅱ～Ⅲ	Ⅱ～Ⅲ(以Ⅲ类为主)

厂址区中等风化玄武岩基本质量等级为Ⅲ～Ⅳ(以Ⅳ类为主),中等风化粉砂岩基本质量等级为Ⅱ～Ⅲ(以Ⅲ类为主);微风化玄武岩基本质量等级为Ⅱ～Ⅳ(以Ⅲ类为主),微风化粉砂岩基本质量等级为Ⅱ～Ⅲ(以Ⅲ类为主)。

(7)压水试验:据钻孔压水试验,中等风化岩体透水率4.6～13.04Lu,属弱透水—中等透水,微风化岩体透水率0.13～7.42Lu,属微透水—弱透水。

(8)场地地基岩体设计参数建议值:强风化玄武岩及粉砂岩剪切波速V_s＝700～717m/s,地基承载力为500kPa;中等风化玄武岩较破碎—较完整,完整性系数0.42～0.65;中等风化粉砂岩较完整—完整,完整性系数0.65～0.99,按不利因素考虑,折减系数取0.1;微风化玄武岩较破碎—完整,局部受构造影响,岩体较破碎;微风化粉砂岩较完整—完整,局部受构造影响,岩体较破碎,按不利因素考虑,折减系数取0.2。地基承载力特征值计算见表6-8。

表6-8 岩体地基承载力计算表

风化状态	岩性	饱和单轴抗压强度(MPa)	完整性	系数	地基承载力特征值(MPa)
强风化	玄武岩	/	较破碎—较完整	/	0.5
	粉砂岩	/	较完整	/	0.5
中等风化	玄武岩	40	较破碎—较完整	0.1	4.0
	粉砂岩	32	较完整—完整	0.1	3.2
微风化	玄武岩	50	较破碎—完整	0.2	10.0
	粉砂岩	45	较破碎—完整	0.2	9.0

(9)根据室内岩块试验:①中等风化玄武岩岩块弹性模量17.3～37.2GPa,平均值27.3GPa;②微风化玄武岩岩块弹性模量10.0～88.8GPa,平均值32.1GPa;③中等风化粉砂岩岩块弹性模量13.3GPa;④微风化粉砂岩弹性模量11.4～19.3GPa,平均值15.0GPa。厂址区不同风化程度基岩静态设计参数及承载力建议值见表6-9。

表6-9 厂址区地基静态设计参数及承载力建议值

风化程度	岩性	重度（kN/m³）	饱和单轴抗压强度（MPa）	软化系数	黏聚力（MPa）	内摩擦角（°）	泊松比	弹性模量（GPa）	地基承载力特征值（MPa）
强风化	玄武岩	/	/	/	0.5	38	/	/	0.5
	粉砂岩	/	/	/	0.3	35	/	/	0.5
中等风化	玄武岩	26.7	40	0.67	1.0	40	0.29	8.6	4.0
	粉砂岩	24.8	32	0.50	0.8	38	0.32	6.5	3.2
微风化	玄武岩	27.1	50	0.72	2.0	42	0.22	23.5	8.0
	粉砂岩	25.2	45	0.71	1.5	40	0.23	12.5	6.0

（10）地基岩体动参数：厂址区不同风化程度基岩动态设计参数见表6-10。

表6-10 厂址区地基岩体动态参数建议值

风化程度	岩性	动态参数				
		剪切波速 Vs(m/s)	压缩波速 Vp(m/s)	动态弹性模量（GPa）	动态剪切模量（GPa）	动态泊松比
强风化	玄武岩	717	2050	3.90	1.36	0.43
	粉砂岩	700	2008	3.44	1.20	0.43
中等风化	玄武岩	1357	2853	13.31	4.92	0.35
	粉砂岩	1216	2824	10.17	3.67	0.39
微风化	玄武岩	2270	4305	36.38	13.91	0.31
	粉砂岩	1708	3363	19.50	7.35	0.33

（五）场地工程地质问题分析与评价

1. 场地稳定性

根据地震地质专题成果，厂址区及附近范围无能动断层，地质构造简单。厂址区无影响场地稳定的不良地质作用，场地稳定。

2. 地基稳定性

根据厂址区切面图，厂坪标高1100m处岩性以强风化—中等风化玄武岩、粉砂岩为主，零星分布第四系粉细砂及碎石土。强风化岩体破碎，中等风化岩体较破碎—较完整；据基底标高1088m切面图，基础处于玄武岩及粉砂岩的中等风化—微风化层中，为较硬岩，岩体较破碎—完整，以较完整为主，局部破碎，地基承载力均大于1MPa，且剪切波速均大于1100m/s，为Ⅰ类厂址。

厂址区无断层分布，构造主要为节理裂隙和层理，节理裂隙多数由钙质充填，胶结较好，未形成连续的大型结构面。基底以微风化层状粉砂岩、块状玄武岩、杏仁状玄武岩为主,局部中等风化,风化界线及岩性界限以渐变关系出现,没有突变现象,岩体周边不存在临空面和其他可能产生滑移的缓倾角连续软弱结构面,地基不会产生滑动。

厂址区标高以下及基础底面以下未发现软弱夹层及地下空洞,无采矿和其他地下采空区,不存在地基倾覆问题,地基岩体无塌陷等其他不稳定的不良地质作用,综合评价地基稳定。

3. 地基均匀性

场地基底岩性为玄武岩与粉砂岩,风化程度以微风化为主,仅在6号机组东北小范围分布薄层中等风化玄武岩。依据本次勘察取得的单孔波速测试结果,中等风化岩体剪切波速1216～1357m/s,微风化岩体剪切波速1708～2270m/s,地基承载力均大于1MPa,中等风化及微风化岩体的强度、剪切波速均较高,从重要建筑物对地基条件的要求分析,可视为均匀地基,不会产生差异变形。

4. 场地和地基地震效应

场地土类型为岩石,建筑场地类别为"I_0"。根据地震地质专题成果,厂址区50年超越概率10%的中硬场地(Ⅱ类)地震动峰值加速度135gal,对应地震基本烈度Ⅶ度。根据场地的勘察结果显示,厂坪标高以下岩性为玄武岩及粉砂岩,为岩石地基,不存在地震液化问题。

5. 边坡稳定性

1)自然边坡

厂址区保持原有地形,整体地势平缓,局部相对高差8～11m,坡度20°～30°,边坡主要为薄层第四系及强风化组成,自然边坡稳定。

2)人工边坡

根据目前厂址平面布置图,场平以挖方为主,局部需要少量填方。场地开挖平整后,厂坪标高以上最大人工开挖边坡高度约12m,表层分布薄层残积碎石土,边坡下部为强风化—中等风化粉砂岩、玄武岩,强风化厚2.6～7.0m,可采用放坡或其他恰当的工程措施确保其稳定。局部填方最大高度约2.0m,主要分布于厂址区西北角,并在其他部位有零星分布。

6. 厂址适宜性评价

厂址区无断层通过,地基岩体强度及剪切波速均较高,不良地质作用不发育,不存在地震液化问题,水文地质条件简单,地基岩体条件均匀稳定,适宜本工程建设。

场地地震基本烈度为Ⅶ度,承载力标准值在110kPa以上,各层土的平均剪切波速在150m/s以上,均大于临界承载力标准值80kPa和临界平均剪切波速90m/s,因此可不考虑震陷问题。

7. 场地水、土腐蚀性评价

该区为干旱气候区,且为严重冻土区,有干湿交替,地基土为湿润的弱透水层,环境类别定为Ⅱ类。

场地土对混凝土结构的腐蚀性评价为强腐蚀,对钢筋混凝土结构中的钢筋腐蚀性评价为中等腐蚀,对钢结构的腐蚀性评价为强腐蚀;地下水对混凝土结构的腐蚀性评价为强腐蚀,对钢筋混凝土结构中的钢筋腐蚀性评价为中等腐蚀,对钢结构的腐蚀性评价为中等腐蚀。场地的地基土及地下水的腐蚀性评价为强腐蚀,对混凝土结构应采取三级防护,也可采用本地区成熟经验措施防护。

(六)岩土工程特点及经验总结

1. 工程特点分析

(1)该拟选厂址附近范围无能动断层,地质构造简单,无影响场地稳定的不良地质作用,场地稳定。地基岩体强度及剪切波速均较高,不存在地震液化问题,水文地质条件简单,地基岩体条件均匀稳定,适宜工程建设。

(2)厂址区处于地震基本烈度为Ⅶ度区,属中软场地土,场地类别为"I_0"类,建设条件较好;场地无地表水,地下水类型为基岩裂隙水,埋深24.5～34.3m,地下水对混凝土结构具弱腐蚀,对钢筋混凝土中钢筋具有强腐蚀性,对受地下水影响的基础部分需采取相应的防腐措施。地下水埋深较大,水质差,不宜作为建筑及生活用水。

(3)经勘察,厂址基础以下主要为微风化玄武岩、粉砂岩。微风化玄武岩破碎—完整,基本质量等级以Ⅲ级为主。岩体分布连续稳定,不存在滑动与倾覆问题;地基岩体强度及剪切波速均较高,满足工程建设要求,可视为均匀地基,不存在影响地基稳定的不良地质作用,地基稳定。

(4)厂址区整体地势平缓,边坡主要为薄层第四系及强风化基岩组成,自然边坡稳定。厂坪标高以上最大人工开挖边坡高度约12m,主要为强风化—中等风化的粉砂岩、玄武岩,可采用放坡或其他合适的工程措施确保其稳定。

(5)厂址主要位于岩体中,零星部位位于第四系松散地层中。基岩为杏仁状玄武岩、块状构造玄武岩、粉砂岩。根据力学特性、风化分布以及对建筑物的影响,将杏仁状玄武岩,块状构造玄武岩可概化为一层,统称为玄武岩。在基础部位岩体多处于基岩微风化层中,仅在6号机组东北小范围分布薄层中等风化玄武岩,根据建筑物对基础要求分析,可视为均一地基,不会产生差异变形。

2. 经验总结与启示

(1)该项目为我院首次承担的核电站工程勘察项目。核电站是利用一座或若干座动力反应堆所产生的热能来发电,或发电兼供热的动力设施。与核安全有关的建筑是核反应堆,也是核电站的关键设备,链式裂变反应就在其中进行。具有不会造成空气污染、不会加重地球温室效应、核能发电的成本低且不易受到国际经济形势的影响,且发电成本较为稳定等优点。但使用过的核燃料具有放射性,对环境的热污染较严重,反应器内有大量的放射性物质,一旦在事故中释放到外界环境,会对生态及民众造成伤害。因此,不同于一般工业与民用建筑项目,该类工程重要性等级和勘察等级均为最高级,对勘察精度及准确性要求高。

(2)核电站对区域、厂址和基底的稳定性均有严格要求,地质构造对工程的影响至关重要,尤其需要查明厂址区是否存在断层影响问题,并应对厂址稳定性、基底的稳定性和厂址适宜性作出评价。而一般工业与民用建筑只需对场地和地基的稳定性,以及工程建设的适宜性作出评价。

(3)核电站勘察工作重点是核岛及其他核安全相关建(构)筑物,场地均应布置勘察工作量,通过必要的勘探和测试,提出厂址的主要工程地质分层,提供岩土初步的物理力学性质指标,了解预选核岛区附近的岩土分布特征。初步可行性研究阶段每个厂址勘探孔不应少于5个,勘探孔宜按十字交叉形布置,间距不宜大于500m,孔深度应为预计设计厂坪标高以下30～60m;可行性研究阶段勘探孔采用网格状布置,孔间距宜为100～150m,核岛区控制性勘探孔应进入基础底面以下1.5～2.0倍反应堆厂房直径;初步设计和施工图设计阶段反应堆厂房的钻孔数量不应少于5个,布置在反应堆厂房周边和中部,勘探点间距宜为10～30m,每个核岛钻孔总数不应少于10个,控制性钻孔深度应达到基础底面以下1.5～2.0倍反应堆厂房直径。

（4）核电厂岩土工程勘察中对岩土工程的分析贯穿于岩土工程勘察的全过程。本次勘察采用多种测试技术手段，获取了大量主要岩土层的原始数据，为岩土参数数理统计提供了有利条件。数理统计的同时分析了异常值产生的原因，剔除了离散性较大的异常值，最终提出厂址区各岩土层合理可靠的岩土参数建议值。

（5）本次勘察中采用钻探、标贯、压水试验、波速测试、钻孔电视和室内试验等多种手段相结合，提高了成果的可靠程度。

第三篇

70载

环境地质

第七章 地质灾害调查及评价

一、兵团辖区地质灾害调查(数据库建设)及防治规划

(一)项目概况

新疆生产建设兵团辖区地质灾害调查、数据库建设及防治规划编制项目组在充分收集已有资料的基础上,以遥感解译、地面调查、测绘和工程勘查为主要手段,对兵团辖区内崩塌、滑坡、泥石流等地质灾害及其隐患发育特征、分布规律以及形成的地质环境条件进行了初步调查,对地质灾害隐患的危害性进行评估,初步圈定了地质灾害易发区和危险区,建立了地质灾害信息系统,建立健全了群测群防的监测网络,为减灾防灾和制定防灾规划提供了基础地质依据。

(二)兵团地质灾害分布及危害程度

1. 地质灾害类型

兵团辖区地质灾害以小型崩塌和滑坡为主,其次为泥石流和地面塌陷。区内已发生的地质灾害508处,未发生过灾害的隐患点为319处。区内共发育地质灾害点(隐患点)827处,其中崩塌地质灾害最为发育,共384处,占比46.4%;其次滑坡灾害点258处,占比31.2%;再次是泥石流灾害点148处,占比17.9%;最后是地面塌陷灾害点37处,占比4.5%。

所有调查到的地质灾害点都是地质灾害隐患点,包括已发生的地质灾害点。辖区内地裂缝、地面沉降等地质灾害不发育。

2. 地质灾害分布

1)行政区域上的分布特征

兵团下辖13个师(第十一师除外),受全区地貌单元、人口分布以及人类工程活动强度等多种因素制约,地质灾害分布很不均匀。地质灾害主要集中分布在伊犁谷地第四师、天山南北麓第十二师和昆仑山北麓第十四师,其次是第九师、第五师、第三师等。各师地质灾害统计见表7-1。

表7-1 各师地质灾害统计表

序号	辖区	地质灾害类型(处)				灾害数量	百分比(%)
		崩塌	滑坡	泥石流	地面塌陷		
1	第一师	5	4	7	0	16	1.9
2	第二师	22	3	8	0	33	4.0
3	第三师	28	20	14	0	62	7.5

续表 7-1

序号	辖区	地质灾害类型（处）				灾害数量	百分比（%）
		崩塌	滑坡	泥石流	地面塌陷		
4	第四师	26	132	30	14	202	24.4
5	第五师	38	6	24	0	68	8.2
6	第六师	34	7	2	3	46	5.6
7	第七师	36	4	15	0	55	6.7
8	第八师	8	3	12	1	24	2.9
9	第九师	54	14	8	0	76	9.2
10	第十师	7	3	1	10	21	2.5
11	第十二师	75	5	2	2	84	10.2
12	第十三师	28	0	0	7	35	4.2
13	第十四师	23	57	25	0	105	12.7
	合计	384	258	148	37	827	100

2）地形地貌上的分布特征

受不同区域地形地貌、水文气象、植被、地质条件的控制，以及人类活动强度、方式的差异作用，兵团辖区形成了独有的地质灾害分布规律，不同灾种的分布区域也不相同。地质灾害分布的总体格局表现为：崩塌主要发育在各师的中山区，其次是低山丘陵区；滑坡和泥石流主要发育在低山丘陵区，其次是中山区；而在山间盆地、山前倾斜平原，由于土体松散，发育少量崩塌和泥石流地质灾害。

3）时间分布特征

在时间分布上，辖区内崩塌、滑坡、泥石流地质灾害的发生与大气降水、融雪关系密切，具有年际和年内两方面的规律性。年际规律主要受控于丰水年周期性旋回变化。各类地质灾害的高发年度正是降水量多的年份，特别是泥石流地质灾害。根据统计，1988年、1989年、1996年、1998年、2011年等年份降水增多，泥石流灾害的发生频率也较往年有所增高。

根据调查及多年地质灾害发生时间统计，区内的滑坡和泥石流受降水和融雪影响最大，滑坡集中发生在4—6月，泥石流集中发生在5—8月，每年4—5月高温融雪、6—8月降雨易引发各类地质灾害，每年4—8月发生的地质灾害占全年的90%以上。

3. 地质灾害危害程度

根据现场调查访问，经统计截至2019年，兵团辖区内已发生508起地质灾害事件，造成人员死亡6人，直接经济损失合计总额为40 676.15万元。兵团辖区内地质灾害经济损失主要为泥石流灾害所造成的，直接经济损失达25 803.87万元，占总数的63.4%，人员死亡1人，占总数的16.7%；其次为崩塌灾害所造成的直接经济损失达13 625.1万元，占总数的33.5%，人员死亡5人，占总数的83.3%；再次为滑坡灾害所造成的直接经济损失达753.10万元，占总数的1.9%；最后为地面塌陷灾害所造成的直接经济损失为494.08万元，占总数的1.2%。

受地质灾害威胁人数指地质灾害危险区内的常住人口总数，辖区内受地质灾害威胁人口总数为3063人，其中崩塌威胁人口187人，占比6.1%；滑坡威胁人口570人，占比14.6%；泥石流威胁人口565人，占比18.4%；地面塌陷威胁人口1741人，占比56.8%。辖区内受威胁财产总数为103 314.67万元，其中崩塌威胁财产9 635.52万元，占比9.3%；滑坡威胁财产15 050.57万元，占比14.6%；泥石流威胁财产 26 248.1 万元,占比 25.4%;地面塌陷威胁财产 52 380.48 万元,占比 50.7%。

(三)地质灾害调查工作总结

1. 地质灾害调查

在兵团约 7 万 km² 的辖区范围内开展地质灾害调查工作,其中重点调查区面积 7329km²,一般调查区面积 62 671km²。调查路线全长 9 821.78km,共完成调查点 2667 个,其中崩塌 384 处,滑坡 258 处,泥石流 148 处,地面塌陷 37 处,地质灾害点共计 827 个,地质环境调查点 1774 个。

2. 典型地质灾害点初步勘查

通过对兵团辖区的地质灾害特征和危害的初步分析,并结合当地师团的迫切需求,选定了第一师五团工业园区泥石流沟、第四师某水库库坝区东岸滑坡、石河子十户窑村大沟 2# 泥石流、第十四师一牧场四连连部东侧崩塌泥石流等 4 处地质灾害点,作为典型重大单体地质灾害点进行初步勘查。分析研究典型单体地质灾害点发育特征与成灾机理,对研究兵团其他滑坡、泥石流沟特征与成灾机理具有一定的指导意义。

3. 地质灾害群测群防体系建设

根据兵团各师、团地质灾害实际情况,对危险区、危险点、重大灾害点建立地质灾害预警监测网。威胁固定人数 1 人以上、固定财产 10 万元以上的地质灾害隐患点(满足其中之一即可)均纳入兵团群测群防预警体系,结合调查情况,827 个地质灾害点中,纳入监测网体系的点有 229 处。工作过程中编制了 229 份重要地质灾害点防灾预案表,协助各师国土资源部门填写、发放防灾工作明白卡 230 份、防灾避险明白卡 636 份,并对监测人员进行了必要的培训。

群测群防预警体系构成由师(市)级监测网(一级网),团(镇)级监测网(二级网)和连级监测网(群测群防三级网)三级构成。按照危害程度大型(含)以上的划分为师(市)级监测网(一级网),危害程度中等的划分为团(镇)级监测网(二级网),危害程度轻的划分为连级监测网(群测群防三级网)的原则,纳入监测网体系的 229 点中,其中 14 处划分至师(市)级监测网(一级网),23 处划分至团(镇)级监测网(二级网),其余 192 个灾害点均为连级监测点。

4. 地质灾害易发区划分及分区评价

地质灾害易发区是指容易产生地质灾害的区域。通过对兵团辖区地层岩性、地形地貌、人类工程活动(包括居民点分布、道路分布、工矿分布)、植被类型、降雨等值线、坡度、坡型(剖面曲率)、坡高、地震动峰值加速度等因素进行权重赋值,加权综合计算后,得到兵团辖区地质灾害易发程度分区图;将计算结果与定性分析结果相结合后,兵团辖区地质灾害易发程度可划分为高易发区、中易发区、低易发区和不易发区 4 个区域。

(1)地质灾害高易发区总面积 1 275.98km²,占辖区总面积的 1.82%。主要分布于第二师北部 29 团草场,东北部 25 团草场;第三师叶城二牧场;第四师 61 团、65 团,铁厂沟社区,西南部 76 团,中部 72 团、73 团、78 团,东部 71 团、79 团;第六师北塔山牧场,红旗农场南部;第七师奎屯河上游的 G217 沿线、奎屯河沿线;第八师南部石河子镇十户窑村、143 团紫泥泉;第九师北部 165~168 团;第十二师 104 团牧一场 G216 沿线和三牧场沟底或深沟两侧;第十四师一牧场。共分布地质灾害点 386 处,其中崩塌 109 处、滑坡 172 处、泥石流 103 处、地面塌陷 2 处。该区地质灾害造成直接经济损失约 27 810.14 万元,造成人员死亡 5 人;受地质灾害威胁的人口约 1090 人,受威胁的财产约 34 216.06 万元。

(2)地质灾害中易发区总面积9 180.39km²,占辖区总面积的13.12%。主要分布于第一师北部四团草场、五团山区草场小台兰河沿岸、五团玉儿滚山前一带;第二师西北部巴音布鲁克草场、北部223团、25团草场、东南部36团草场;第三师托云牧场;第四师西北部61团、62团、64团、65团、66团、70团、西南部64团、68团、74团、77团,中部69团、72团、73团、78团,东部71团、79团;第五师84团北部、88团西部草场、84团赛里木湖海西场西部、87团草场、85团草场;第六师北塔山牧场;第七师137团阿吾斯奇牧场,124团草场西部、131团草场(除G217沿线两侧高易发区)、古尔图河中上游、奎屯河下游沿线区域;第八师142团草场和143中心团场的151团场(含南山矿区)、142团草场;第九师161团、165~168团、170团;第十师西南部煤矿矿区、181团、185团山区草场、北屯市废弃砖瓦厂和乌伦古湖北岸,西南部184团代管的屯南煤业和什托洛盖矿区和砂吉海矿区;第十二师104团牧场;第十三师红山农场、红星二牧场、黄田农场、火箭农场。共分布地质灾害点331处,其中崩塌196处、滑坡73处、泥石流36处、地面塌陷26处。该区地质灾害造成直接经济损失约623.86万元,造成人员死亡1人;受地质灾害威胁的人口约1862人,受威胁的财产约66 174.83万元。

(3)地质灾害低易发区总面积20 651.51km²,占辖区总面积的29.50%。主要分布于第一师4团和5团草场、4团团部;第二师西北部巴音布鲁克草场;第三师托云牧场、44团平原区及叶城二牧场、51团;第四师西北61团、66团,西南部67团、74团、76团,东部72团、73团、78团、79团;第五师84团草场、87团草场、88团、91团托托河电站、赛里木湖海西草场东部;第六师北塔山牧场、红旗农场草场、奇台农场;第七师124团草场东南部;第八师143中心团场南部草场、石河子南部山区、巴管处、143团中部;第九师161团西、164团中部、165~168团;第十二师西山农场硫磺沟牧二场东北部;第十三师红山农场、黄田农场、柳树泉农场、红星一牧场。共分布地质灾害点98处,其中崩塌68处、滑坡12处、泥石流9处、地面塌陷9处。该区地质灾害造成直接经济损失约12 077.65万元,未造成人员伤亡;受地质灾害威胁的人口约91人,受威胁的财产约2 741.78万元。

(4)地质灾害不易发区总面积38 892.13km²,占辖区总面积的55.56%。主要分布于各师大部分平原区、沙漠区。共分布地质灾害点12处,其中崩塌11处、滑坡1处。该区地质灾害造成直接经济损失约30.00万元,未造成人员伤亡;未有受地质灾害威胁人员,受威胁的财产约182.00万元。

5.地质灾害危险性分区及评价

地质灾害危险性是指地质灾害体对受灾体的破坏威胁强度,其危险性评价实际上是在地质灾害稳定性、易发程度评价和地质灾害危害程度评价的基础上,综合分析其规模大小、危害波及范围及受灾体的重要性等因素,采用定性为主、定量为辅的分析方法,对兵团辖区内现场调查的827个地质灾害(隐患)点进行稳定性、危险程度初步评价。根据危险程度就高不就低的原则,结合野外实地调查对地质灾害危险程度定性认识,勾绘出地质灾害危险性分区图,将辖区划分为地质灾害高危险区、中危险区、低危险区3个区域。

(1)地质灾害高危险区总面积865.37km²,占辖区总面积的1.24%。主要分布于第一师5团玉儿滚山一带;第四师西北61团、65团,铁厂沟社区,中部73团、78团;第五师83团阿恰尔沟渠首上游-出山口沿线;第七师奎屯河上游的G217沿线、奎屯河沿线的中山区;第八师143中心团场西部的紫泥泉,石河子南部十户窑村;第九师北部166团、167团、168团;第十师西南部184团代管的屯南煤业和什托洛盖矿区和砂吉海矿区;第十二师104团西城西社区和西城北社区;第十四师一牧场。该区共分布地质灾害点287处,其中崩塌72处、滑坡110处、泥石流92处、地面塌陷13处。未造成人员伤亡,造成直接经济损失33 966.19万元,目前威胁人口2249人,威胁财产26 044.99万元。

(2)地质灾害中危险区总面积10 144.46km²,占辖区总面积的14.49%。主要分布于第一师4团、5团山区草场;第二师西北部巴音布鲁克草场,北部霍拉山29团、30团草场,北部223团、25团草场,东南部36团草场;第三师托云牧场,叶城二牧场南部;第四师西北部61团、62团、64团、65团、66团、70团、西南部 64 团、68 团、74 团、77 团，中部 69 团、72 团、73 团、78 团，东部 71 团、79 团；第五师 84 团北部山区、85 团草场、87 团草场、88 团西部草场、赛里木湖海西草场西部、87 团草场；第六师北塔山牧场；第七师 137 团阿吾斯奇牧场，124 团草场及古尔图河中、上游流域一带，奎屯河下游流域；第八师 142 团草场一带、143 中心团场中部一带（除紫泥泉片区）、石河子南部山区一带（除十户窑片区）；第九师 161 团、165～168 团、170 团草场；第十师北部 185 团、181 团；第十二师 104 团牧场；第十三师红山农场、红星一牧场、红星二牧场、黄田农场、柳树泉农场、火箭农场；第十四师一牧场。该区共分布地质灾害点 418 处，其中崩塌 225 处、滑坡 127 处、泥石流 51 处、地面塌陷 15 处。造成人员伤亡 4 人，造成直接经济损失 12 332.42 万元，目前威胁人口 396 人，威胁财产 6 305.14 万元。

（3）地质灾害低危险区总面积 58 990.18 km^2，占辖区总面的 84.27%。主要分布于兵团各师的平原区及沙漠地区。该区共分布地质灾害点 122 处，其中崩塌 87 处、滑坡 21 处、泥石流 5 处、地面塌陷 9 处。未造成人员伤亡，造成直接经济损失 33 966.19 万元，目前威胁人口 2249 人，威胁财产 26 044.99 万元。

6. 地质灾害空间数据库与信息系统建立

信息系统建设根据《1∶50 000 地质灾害调查信息化成果技术要求》（2010 年 2 月），结合新疆生产建设兵团实际情况进行。以 MapGIS 软件作为工作平台，利用"县（市）地质灾害调查与区划信息系统"软件对兵团辖区地质灾害调查成果数据进行采集、存储、管理、分析，为兵团地质灾害防治规划工作提供依据。

（四）地质灾害防治工作总结

1. 地质灾害防治分区

根据兵团辖区地质环境条件、人口及工程设施分布、地质灾害发育分布现状及危险性、地质灾害易发程度分区结果等进行地质灾害防治分区，分区突出以人为本、轻重缓急的指导思想，尽可能地减少地质灾害造成人员伤亡和财产损失，并结合各师经济发展现状及规划进行。

在地质灾害易发程度分区和危害程度分区的基础上，结合地质环境条件和兵团经济发展规划，编制了兵团辖区地质灾害防治规划（2020—2030 年）建议稿，将调查区划分为重点防治区、次重点防治区、一般防治区 3 个区域。把受地质灾害发育密集、威胁较严重的人口集中区、主要交通干线、工矿企业等地质灾害危险性大的地区，地质灾害高易发区，综合分析最终划分为地质灾害重点防治区；把受地质灾害较为发育的乡道、牧道、矿山道路沿线等地质灾害危险程度中等地区，地质灾害中易发区或低易发区，综合分析划分为地质灾害次重点防治区；把海拔高的地质灾害发育少、危险性较小、人口稀少区或无人区、工程活动少的地质灾害低易发区、地质灾害危险性小的地区以及无地质灾害发育条件的平原区，划分为一般防治区，见表 7-2。

重点防治区面积 1 086.85 km^2，主要包括地质灾害危险性高、中区，主要分布于第四师伊犁谷地低山丘陵区；第一师、第二师、第五师、第七师、第八师、第十二师、第六师天山南北麓低山丘陵区；第七师、第九师、第十师准噶尔盆地西部低山丘陵区；第十四师昆仑山北麓中山及低山丘陵区；第十三师哈密盆地北部低山丘陵区，第六师北塔山低山区。发育地质灾害点 343 处，受威胁人口 2882 人，受威胁财产 92 373.38 万元。

次重点防治区面积 10 053.77 km^2，主要包括地质灾害危险性中区，主要分布于第四师伊犁谷地中山，第一师、第二师、第五师、第七师、第八师、第十二师、第六师天山南北麓中山、低山区，第五师、第九师、第十师准噶尔盆地西部中山、低山区，第三师、第十四师昆仑山北麓中山区，第十三师哈密盆地北部低山区,阿尔泰山低山丘陵区。发育地质灾害点 375 处,受威胁人口 56 人,受威胁财产 10 034.08 万元。

一般防治区面积 58 859.39 km²。主要为地质灾害危险性低区,分布于南疆第一师、第二师、第三师、第十四师塔里木盆地平原区,第六师、第七师、第八师、第十二师、准噶尔盆地平原区,天山、昆仑山、准噶尔西部山地的山间盆地,主要包括伊犁谷地(第四师)、昭苏盆地(第四师)、焉耆盆地(第二师)、塔城盆地(第九师)、柴窝堡盆地(第十二师)、吐哈盆地(第十三师)、巴里坤-伊吾盆地(第十三师)等山间盆地的平原区,以及天山、昆仑山的中、高山区(山区草场)。发育地质灾害点 109 处,受威胁人口 105 人,受威胁财产 704.88 万元。

2. 地质灾害防治措施及建议

地质灾害防治工作应突出"以防为主,防治结合"的防治方针,依靠人民群众,在兵团的统一领导指引下,提高群众防灾救灾意识,合理控制和规范人类生产活动,采取综合措施防止地质环境恶化和破坏,最大限度地减少和避免各类地质灾害的发生。对一般地质灾害危险点,应落实监测责任人,并由专业人员向当地群众传授地质灾害监测预报知识,对重大地质灾害点,编制地质灾害防灾预案,形成一个相对完善的群测群防网络。总体而言,地质灾害的防治重点工作为群测群防体系建设。

1)地质灾害防灾预案

动员组织全社会力量,积极开展地质灾害防治,保护人民生命财产安全是各级政府的重要责任。编制地质灾害防灾预案,是推进地质灾害以预防为主的指导方针,是减轻灾害损失、确保兵团社会稳定、经济建设顺利进行的重要保证措施。

依据威胁固定人数 1 人以上、固定财产 10 万元以上的地质灾害隐患点(满足其中之一即可)均应编制地质灾害隐患点防灾预案的要求,本次工作结合现场调查情况确定 229 处重要隐患点,共计编制了 229 份重要地质灾害隐患点防灾预案。预案结合地质灾害类型、主要诱发因素及其危害程度,进行地质灾害发展趋势预测,危险区、临时安全避难规划点;确定地质灾害监测预防重点、威胁对象、范围;落实监测责任人;地质灾害危险区范围设立明显标识,明确预警信号、人员和财产转移路线。同时修编了 229 份地质灾害防灾避险明白卡,229 份地质灾害防灾工作明白卡。将其余 598 处规模小、威胁小的地质灾害点纳入连级群测群防网,由连队负责监测预警。

建议各师市政府及团、连干部在汛前或灾前及时组织牧民职工进行防灾避灾演习,使牧民职工了解预案实施程序,熟悉报警信号、撤离路线,特别是夜间撤离时能够做到临灾不乱,有组织有秩序地撤离。

2)地质灾害隐患点防治建议

兵团辖区地质灾害隐患为 827 处,其中具有防治意义并具备一定进行防治工程条件的地质灾害隐患点 149 处。对以上灾害点的危害程度和危害性进行了评价,提出了防治措施建议;对其他 678 处隐患点建议采取融雪、汛期巡视检查的方法进行防治。而对于具有防治意义的 149 处地质灾害隐患点,基于本次调查结果,建议进行下一阶段重要地质灾害隐患点的勘查治理工作,建议根据地质灾害规模、灾情险情等级、防治措施经济技术比选等因素综合选择相应的勘查和防治措施,规划治理近期 76 处,远期 73 处。

另外对 104 团西城西社区地面塌陷地质灾害开展移民搬迁新址评估,建设场地适宜性评价结论为基本适宜。

(五)项目总结

本项目于 2016 年由原兵团国土局(现兵团自然资源局)部署,2018 年正式启动该项目的实施工作,我院作为主要承担单位,组织了大量的专业技术人员对兵团辖区十三个师(市)进行地质灾害调查研究,于2020年5月通过了由兵团地勘中心组织的专家审查,2020年12月数据库正式交付。

本项目是兵团第一次开展系统性的地质灾害调查研究工作,采用遥感调查、野外调查和勘查等手段及综合研究,查清了兵团辖区历史地质灾害造成的损失和各类地质灾害827处现状的底数,对区内不同地质灾害点的类型、发育特征进行了较全面的阐述和分析;研究了地质灾害风险规律,客观总结了兵团辖区各类地质灾害的特征以及地质灾害的形成机制和机理,采用定性和定量评价相结合的方法对地质灾害点进行综合评价,划分了辖区地质灾害易发区和危险区,提出了有针对性的地质灾害防治工作建议;初步构建了地质灾害防治的技术支撑体系,为兵团防范化解重大地质灾害提供重要科学决策依据,更好地保障人民群众生命财产安全。

在工作过程中开展各类培训、宣传活动20余次,编制了229份重要地质灾害点防灾预案,发放防灾工作明白卡230份、避险明白卡636份,有效地提高了干部群众的防灾意识,为后期建立健全防灾减灾队伍奠定了基础。

二、新疆奎屯河引水工程地质灾害危险性评估报告

(一)项目简介

新疆奎屯河引水工程是流域控制性工程,具有灌溉、防洪并结合引水发电,兼有防治地质灾害影响和拦砂减淤等多项综合利用功能。该工程由将军庙水利枢纽、山区引水系统、出山口引水系统(已建成)和团结干渠改建及沿线建筑物4部分组成。其中,将军庙水利枢纽库容8078万 m^3,最大坝高135m;山区引水系统包括水库坝后11.74km引水隧洞和新龙口水电站两部分,设计流量50.5m^3/s,新龙口水电站位于出山口右岸,主要建筑物有前池、压力管、泄水陡坡和厂房等,电站总装机140MW;出山口引水系统为长约11km的砂砾石隧洞;团结干渠改建段8.836km,包括引水暗渠、防洪堤、6座陡坡、4座输水槽和6座排洪涵洞。工程规模按灌溉面积确定为大(1)型,工程等别为Ⅰ等,主要建筑物为2级。目前工程正处于施工建设期。

根据《地质灾害防治条例》(国务院令第394号)及国土资源部《关于加强地质灾害危险性评估工作的通知》(国土资发〔2004〕69号)等有关文件的规定,奎屯河引水工程需进行地质灾害危险性评估工作。

(二)评估工作概述

1. 工作目的与任务

1)工作目的

通过资料收集与野外地质调查相结合的方法,查明项目工程建设场地地质环境条件、地质灾害类型及分布。对工程可能遭受的地质灾害及工程建设可能诱发或加剧的地质灾害进行危险性现状评估、预测评估和综合评估,并对工程建设场地进行适宜性评估,提出地质灾害防治措施和建议,为新疆奎屯河引水工程建设用地的审查、报批和地质灾害防治提供科学依据。

2)工作任务

①查明评估区是否存在崩塌、滑坡、泥石流、地面塌陷、地面沉降和地裂缝等灾害及其形成的地质环境条件、分布、类型、变形活动特征,主要诱发因素及形成机制,对其稳定性进行评价,在此基础上对其危险性和对工程危害的范围与程度做出现状评估。②分析区域地质环境条件和地质灾害特征,对项目区及可能危及项目区安全的邻近地区可能引发或加剧地质灾害的危险性做出预测评估,对项目本身可能

遭受地质灾害的危险性做出预测评估。依据项目类型、规模,预测工程项目在建设过程中和建设后,对地质环境的改变及影响,评价是否会诱发或加剧地质灾害。③在现状评估和预测评估的基础上,采取定性、半定量的方法评估地质灾害的危险程度,确定地质灾害危险性级别,并对评估区进行地质灾害危险性等级分区。④做出场地适宜性评价结论,并提出防治地质灾害的措施与建议。

2. 评估范围与级别

崩塌、滑坡其评估范围以第一斜坡带为限,泥石流则以完整的沟道流域面积进行确定。本项目评估范围西侧按工程安全保护距离 300m 为界;东侧以泥石流对工程影响范围为界,延伸约 500~1000m;上下游则沿主河道向外扩 500m 的范围,评估区面积为 54.6km²(其中将军庙水库 26.97km²,山区引水系统 18.55km²,团结干渠 9.08km²)。

奎屯河引水工程规模属大(1)型,工程等别为Ⅰ等,项目重要性等级为重要建设项目,依据地质环境条件复杂程度分类,结合评估区实际情况,判定工程建设场地质环境复杂程度为复杂,综合判断本次地质灾害危险性评估级别为一级。

(三)地质灾害危险性现状评估

地质灾害危险性的现状评估是指对已有地质灾害进行危险性评估,即对已发生地质灾害的类型、规模、分布、稳定状态、危害对象等,进行危险性评估,对稳定性和危险性起决定作用的地质灾害形成条件作较深入的分析,判定其性质、变化及其对拟建工程可能造成的危害。

1. 地质灾害类型及发育特征

评估区现状主要地质灾害类型为崩塌、滑坡、泥石流等。

1)崩塌

(1)将军庙水库区:库区发育崩塌 12 处,多为修建 G217 国道时人工切坡开凿山体边坡,形成的近直立岩质悬崖或陡坡,均为小型。

(2)山区引水系统(隧洞)段:碎石土崩塌发育 2 处,均为中型;基岩崩塌发育 13 处,其中 1 处为大型,3 处为中型,9 处为小型。

(3)团结干渠改建段:改建段末端的西域砾岩边坡处发育 2 处崩塌,沿坡脚形成崩塌堆体,崩塌隐患体和崩塌堆体在河谷右侧岸坡零星分布。

评估区部分崩塌发育特征见表 7-3。

2)滑坡

(1)将军庙水库区:发育 5 处碎石土型滑坡。库尾左岸 1 处、水文站上游两岸各 1 处、水文站下游左岸 2 处,为基本稳定的中小型浅层滑坡,对工程区影响不大。

(2)山区引水系统(隧洞)段发育有 3 类滑坡:HP1、HP2 为碎石土型滑坡,HP3、HP4 为辉橄岩全风化物型滑坡,HP5 为基岩类滑坡,均位于奎屯河右岸。

HP1 位于引水渠首北侧约 300m 处,HP2 位于 HP1 北侧约 350m。国道 217 位于这两处滑坡体前缘和中部,现状公路出现拉裂缝、局部隆起、排水沟被错断,道路形成错台和拉裂陡坎,现状仍处于蠕滑状态。

HP3 位于沙大王河沟上游,底滑床为风化辉橄岩,滑坡体为坡积物,呈饱和且有渗水流出,滑舌有鼓胀现象,说明仍处于蠕滑状态。

HP4 位于新龙口渠首南侧约 300m,滑床为风化辉橄岩,顺沟谷发育,分 3 个梯级滑动,两侧为清水河子断裂的次一级断层破碎带,在饱水情况下抗剪强度锐减,加剧滑动,形成拉裂陡坎,表明仍处于蠕滑状态。

表7-3 评估区部分崩塌发育特征一览表

统一编号	工程区及位置		类型	岩土名称	危岩体特征					现今变形破坏迹象	规模			
					坡高(m)	长度(m)	坡度(°)	坡向(°)	裂隙发育程度		宽度(m)	分布面积(m²)	方量(万m³)	等级
B01	山区引水隧洞	河谷右岸	倾倒、滑移式	基岩	15	30	40	263	中等	高陡山坡,风化基岩块石脱离母岩崩落于坡脚	3	762	0.07	小型
B15		河谷右岸	倾倒式	基岩	20	162	50	281	中等	高陡山坡,风化基岩块石脱离母岩崩落于坡脚	2	3992	0.65	小型
B41	团结干渠改建	河谷右岸	倾倒式	胶结砾石	25	280	43	245	中等	高陡山坡,风化基岩块石脱离母岩崩落于坡脚	3	1350	0.21	小型
B42		河谷右岸	倾倒式	胶结砾石	35	90	38	240	中等	高陡山坡,风化基岩块石脱离母岩崩落于坡脚	5	880	0.15	小型
B16	水库区	库尾左岸	倾倒式	基岩	30	320	65	336	一般	河边陡崖,低矮小块山体有明显脱离原高大母岩高大山体迹象	3	120	0.036	小型
B22		河谷右岸坝址轴线附近	倾倒式	基岩	30	95	68	62	中等	高陡山坡,风化基岩块石脱离母岩崩落于坡脚	5	450	0.23	小型
B05		坝址右岸冲沟	倾倒式	基岩	5	8	80	241	一般	高陡山坡,风化基岩块石脱离母岩崩落于坡脚	3	127	0.01	小型
B06		坝址右岸轴线下游	倾倒式	基岩	50	270	75	53	中等	高陡山坡,风化基岩块石脱离母岩崩落于坡脚	5	2500	1.25	中型

HP5位于新龙口渠首北侧200m,呈纺锤体形,顺沟谷发育,与HP4类似,仍处于蠕滑状态。该滑坡曾于1975年发生滑动,并造成引水渠被毁。

根据滑坡规模及滑坡体厚度的划分标准可知,HP1为推移式特大型碎石土深层滑坡,HP2为推移式大型碎石土超深层滑坡,HP3为推移式小型全风化基岩浅层滑坡,HP4为推移式中型全风化基岩浅层滑坡,HP5为推移式大型全风化基岩超深层滑坡。

评估区部分滑坡的发育特征见表7-4。

表7-4 评估区部分滑坡发育特征一览表

编号	位置	岩土名称	外形特征					平面形态	规模等级	类型		坡度(°)	坡向(°)
			长度(m)	宽度(m)	厚度(m)	面积(万m²)	体积(万m³)			运移形式	滑体厚度		
HP1	奎屯河右岸	碎石土	1606	514	40	82.07	1100	舌形	特大型	推移式	中层	22	284
HP10	水文站右岸	坡积碎石土	260	90	15	2.36	14.0	不规则	中型	推移式	浅层	28	0

3)泥石流

评估区河段地形起伏较大,沟谷发育,降水量456.7mm,易发中小型泥石流。

(1)将军庙水库区:发育泥石流(潜在泥石流)共 10 处,曾经发生泥石流冲沟多处,分布在河谷两岸。冲沟内地表汇流携带坡面及沟床内的碎石、块石等松散碎屑物质形成泥石流,泥石流堆积体大部分被河水冲蚀搬运至下游。调查区内冲沟多在沟口存在少量堆积体。

将军庙水库评估区泥石流的发育特征详见表 7-5,由表中可知,泥石流规模以小型为主,仅部分冲沟可能诱发中型泥石流。

表 7-5 将军庙水库评估区部分泥石流发育特征一览表

统一编号	位置	类型	地貌部位	沟谷坡度(°)	汇水面积(km^2)	表面形态	堆积特征	冲淤变幅(m)	发展阶段	现状规模		
										分布面积(m^2)	方量(万 m^3)	等级
N21	坝线附近沟	沟谷型泥石流	板房附近沟	9~20	0.79	沟谷扇形	扇形	0.20	发展期	58000	1.16	中型
N29	老虎口下左岸	沟谷型泥石流	老虎口下左岸	16~45	0.18	沟谷扇形	扇形	0.30	发展期	9500	0.29	小型

(2)山区引水系统(隧洞)段:低中山区冲沟较发育,基岩裸露,地表滞水能力差,遇强降水短期汇流量大,在冲沟内携带坡面碎块石及泥沙等松散碎屑物质启动形成泥石流,冲蚀切割阶地冲洪积砂砾石层,堆积于奎屯河。现场调查时,评估区内已发生泥石流共 17 处,均分布在河谷右岸,泥石流堆积体大部分被河水冲蚀搬运至下游,仅有少量堆积体,区内因物质来源较少,估算固体物一次冲出量小于 10 000 m^3,淤埋现象较少,规模多以小型为主。

山区引水系统(隧洞)评估区泥石流的发育特征详见表 7-6,由表中可知,泥石流规模均为小型,对于深埋山体下部的水工隧洞影响小,但对于隧洞的各个施工支洞,需采取必要的工程防治和治理措施。

表 7-6 山区引水系统(隧洞)评估区部分泥石流发育特征一览表

统一编号	位置	类型	地貌部位	沟谷坡度(°)	汇水面积(km^2)	表面形态	堆积特征	冲淤变幅(m)	发展阶段	现状规模		
										分布面积(m^2)	方量(万 m^3)	等级
N1	奎屯河右岸	沟谷型泥石流	中山区深切沟谷及沟口	19~31	0.77	沟谷扇形	扇形	0.20	发展期	1094	0.11	小型
N8	奎屯河右岸	沟谷型泥石流	中山区深切沟谷及沟口	9~14	2.72	沟谷扇形	扇形	0.30	发展期	2138	0.21	小型
N17	奎屯河右岸	沟谷型泥石流	中山区深切沟谷及沟口	7	3.75	沟谷扇形	扇形	0.80	发展期	2600	0.26	小型

(3)团结干渠改建段:河谷形态呈宽"U"形,植被不发育,两岸多为西域砾岩形成的高陡悬崖,高阶地顶部汇水面积大,雨季洪水冲刷岸坡弱胶结的砂砾石坡面和冲沟,携带大量砂石顺沟而下,易引发泥石流灾害。团结干渠自运行以来 40 多年曾遭遇很多次泥石流灾害的影响,并受到严重破坏。因此,该评估区主要地质灾害为泥石流。据调查,改建段有泥石流沟 5 处,其中 2 处规模中等,3 处为小型。团结干渠改建段评估区部分泥石流的发育特征详见表 7-7。

表 7-7 团结干渠改建段评估区部分泥石流发育特征一览表

统一编号	位置	类型	地貌部位	沟谷坡度(°)	汇水面积(km²)	表面形态	堆积特征	冲淤变幅(m)	发展阶段	现状规模		
										分布面积(m²)	方量(万 m³)	等级
N41	右岸改4+200	沟谷型泥石流	右岸冲沟	4～29	0.66	沟谷扇形	扇形	0.25	发展期	12 836	0.32	小型
N45	右岸改7+800	沟谷型泥石流	右岸冲沟	6～26	0.11	沟谷扇形	扇形	0.25	发展期	7620	0.19	小型

2. 地质灾害危险性现状评估

地质灾害危险性等级指标划分标准是在野外实地调查基础上,依据《地质灾害危险性评估技术要求(试行)》相关规定,结合地质灾害对工程的危害程度综合确定的。

(1)泥石流:根据《〈县(市)地质灾害调查与区划基本要求〉实施细则》中相关标准,对评估区冲沟按影响泥石流易发的15项因子逐项打分,累加得总分,具体结果见表7-8。

表 7-8 奎屯河引水工程评估区泥石流沟严重程度数量化评分表(摘要)

影响因素	N1	N6	N17	N21	N25	N30	N41	N43	N45
	山区引水系统(隧洞)段			将军庙水库区			团结干渠改建段		
崩塌滑坡及水土流失(自然和人为的)的严重程度	1	1	16	12	12	12	12	12	12
泥沙沿程补给长度比(%)	12	12	12	12	8	9	8	8	8
沟口泥石流堆积活动	1	1	1	7	1	1	1	1	1
河沟纵坡(%)	12	12	9	9	12	12	9	9	9
区域构造影响程度	7	7	7	7	7	7	7	7	7
流域植被覆盖率(%)	5	5	5	7	9	9	9	9	9
河沟近期一次变幅(m)	4	4	4	4	4	4	4	4	4
岩性影响	4	4	6	6	4	4	4	4	4
沿沟松散物储量(10⁴m³/km²)	1	1	4	3	4	4	4	4	4
沟岸山坡坡度(‰)	5	5	5	1	6	5	5	5	5
产沙区沟槽横断面	5	5	5	5	4	5	5	5	5
产沙区松散物平均厚度(m)	3	3	3	3	1	3	3	3	3
流域面积(km²)	5	5	5	5	5	5	5	5	5
流域相对高差(m)	3	3	3	4	4	3	3	3	3
河沟堵塞程度	1	1	1	2	2	1	1	1	1
总分(N)	69	69	90	84	83	83	80	80	80

根据泥石流易发程度分类表(表7-9)进行易发程度判别,在此基础上,进行现状评估,评估结果见表7-10、表7-11和表7-12。

表 7-9　泥石流易发程度判别表

易发程度	总分
高易发（严重）	>114
中易发（中等）	84～114
低易发	40～84
不易发	≤40

表 7-10　将军庙水库评估区部分泥石流现状评估表

编号	位置	主要诱发因素	一次性最大淤积量（$10^4 m^3$）	量化指标（N）	易发程度	危害对象	危害程度	危险性
N21	坝线附近沟	暴雨	1.16	84	中易发	河道、G217及过往车辆	中等	中等
N26	坝址下左岸	暴雨	<1	82	低易发	河道	小	小
N30	老虎口上左岸	暴雨	<1	83	低易发	河道	小	小

表 7-11　山区引水系统（隧洞）评估区部分泥石流现状评估表

编号	位置	主要诱发因素	一次性最大淤积量（$10^4 m^3$）	量化指标（N）	易发程度	危害对象	危害程度	危险性
N1	奎屯河右岸	暴雨	<1	69	低易发	河道、G217及过往车辆	小	小
N8	奎屯河右岸	暴雨	<1	66	低易发	河道、G217及过往车辆	小	小
N16	奎屯河右岸	暴雨	<1	69	低易发	河道	小	小
N17	奎屯河右岸	暴雨	<1	90	中易发	河道、团结干渠和拟建的压力管道及电站厂房	中等	中等

表 7-12　团结干渠改建段评估区部分泥石流现状评估表

编号	位置	主要诱发因素	一次性最大淤积量（$10^4 m^3$）	量化指标（N）	易发程度	危害对象	危害程度	危险性
N41	右岸改4+200	暴雨	<1	80	低易发	河道、团结干渠、道路	小	小
N45	右岸改7+800	暴雨	<1	80	低易发	河道、团结干渠、道路	小	小

评估区除个别冲沟为中等易发泥石流沟，其余大部分冲沟为低易发泥石流沟，各项影响因素均比较稳定，一定时期内不会活动成灾，现状评估总体为泥石流危害程度中等，泥石流灾害危险性中等。

（2）滑坡：库区存在中小型潜在滑坡（主要为碎石土浅层滑坡）地质灾害，但现状评估区滑坡地质灾害危险性小，危害程度小。山区引水系统（隧洞）虽然存在大型和特大型滑坡，但由于隧洞埋深大大低于滑动面（深埋于山体基岩中），因此综合判断：现状评估区滑坡地质灾害的危险性中等，危害程度中等。

（3）崩塌：现状调查综合判断，仅在将军庙库区附近的G217国道沿线发现少量崩塌，且崩塌方量不大，其余大部分为少量块石掉落，崩塌地质灾害影响较小。现状评估区崩塌地质灾害的危险性中等，危害程度中等。

评估区内地面塌陷、地面沉降及地裂缝等地质灾害的危险性小，危害程度小。

(四)地质灾害危险性预测评估

1. 工程建设诱发或加剧地质灾害危险性的预测

工程建设中或运行期可能引发或加剧地质灾害危险性的预测评估如下。

(1)将军庙水库工程施工过程中,开挖形成高陡边坡,构成不稳定因素,可能产生滑坡、崩塌。工程设计和施工过程中,应按地质报告要求分级开挖并采用安全可靠的坡比值,并采取喷锚支护等加固措施。工程建设诱发或加剧地质灾害的危险性小—中等,危害程度小—中等。

对引水隧洞洞室开挖(属中小断面洞径)按照围岩分类,采取相应的喷锚支护及格栅拱架临时支护和混凝土永久衬砌等措施。故引水工程建设诱发或加剧地质灾害的危险性小,危害程度小。

工程建设需改建G217国道约2.6km,主要在河流右岸,高出原线路5～15m,沿线地貌单元为河谷岩质岸坡及碎石土混合边坡。施工过程中一般不会形成高陡边坡,不会诱发或加剧地质灾害发生的可能性和危险性。

砂砾石料场由于地形高陡,开挖不当后可能会产生不稳定因素,如开挖坡比过陡,可能产生滑坡、崩塌,但由于规模较小,对水库工程建设影响不大,但施工中应按设计要求开挖,合理设置弃渣料堆放场。预测料场施工开挖诱发或加剧地质灾害发生的危险性小,危害程度小。

(2)山区引水系统(隧洞为5m左右中小断面洞径)大部分深埋于山体基岩中,除了进出口和施工支洞洞口开挖时,应加强洞脸边坡的防护,并按照围岩分类采取相应的喷锚支护及刚性拱架临时支护和混凝土永久衬砌措施等。故引水工程建设诱发或加剧地质灾害的危险性小,危害程度小。

(3)团结干渠改建段,临近右岸高阶地,冲沟发育,暴雨形成泥石流,严重威胁开敞渠道运行。改建后采用重力墙加拱盖板形式,有效地避免了泥石流灾害影响,工程建设诱发或加剧地质灾害的危险性小,危害程度小。

2. 工程建设自身可能遭受地质灾害危险性预测

(1)泥石流:评估区内共发育的32处泥石流,将军庙水库10处,山区引水系统(隧洞)段17处,团结干渠改建段5处。均位于奎屯河两岸,泥石流规模以小型为主,部分为中型,易发程度主要为低易发,部分为中易发。因此,综合考虑预测评估工程建设可能遭受泥石流灾害危险性中等,危害程度中等。

(2)滑坡:中上游河段滑坡较发育,共有滑坡体10处,上游将军庙水库5处(潜在碎石土浅层滑坡体),规模为小—中型滑坡体;山区引水隧洞5处,大部分为小型,其中两座大滑坡均位于引水隧洞上部,预测不会因工程建设加剧滑坡危害,在工程建设过程中以及建成后运行期间,也不易遭受滑坡地质灾害的危害,引水隧洞洞顶高程位于滑坡体下滑面50m以下的新鲜基岩中,预测评估为可能遭受滑坡地质灾害危险性中等,危害程度中等。

(3)崩塌:评估区内崩塌地质灾害较发育,而中上游的将军庙水库和山区引水系统段比下游团结干渠改建段更为发育,其中将军庙水库崩塌危岩体(潜在崩塌)共有12处,山区引水系统崩塌危岩体(潜在崩塌)共有13处,团结干渠改建段有潜在崩塌体2处。大部分为小型崩塌(占74%),部分为中型崩塌(26%),预测工程建设过程中,较大的边坡开挖项目可能会引发或加剧崩塌危害的产生,且在施工过程和运行期间,局部两岸山体零星小危岩体,可能遭受崩塌地质灾害的危害,预测评估为可能遭受崩塌地质灾害危险性中等,危害程度中等。

(4)地面沉降:评估区内主要为山体基岩和少量第四系碎石土,预测评估工程建设及运行后,可能遭受地面沉降地质灾害危险性小,危害程度小。

(5)地面塌陷:评估区内不具备地面塌陷地质灾害的发育条件,预测评估工程建设及运行后,可能遭受地面塌陷地质灾害危险性小,危害程度小。

(6)地裂缝:虽然工程区部分滑坡体周边及前缘因蠕滑形成张拉裂缝,但评估区内不具备地裂缝地质灾害的环境地质条件,预测评估工程建设及运行后,可能遭受地裂缝地质灾害危险性小,危害程度小。

(五)地质灾害危险性综合分区评估及防治措施

1. 地质灾害危险性综合分区评估原则

地质灾害危险性综合分区评估原则:①依据地质灾害危险性现状评估和预测评估结果,当两者不一致时采取就高不就低进行综合评估的原则。②充分考虑评估区的地质环境条件的差异并结合拟建工程特点进行危害程度评估的原则。③根据"区内相似,区际相异"原则进行综合评估和地质灾害危险性等级分区的原则。④采用定量评估为主,定性评估为辅的原则。根据地质灾害发育程度及危害程度,结合现状评估和预测评估结果,本着就高不就低的原则,进行评估区地质灾害危险性综合评估,危险性划分为大、中等、小3级。

2. 地质灾害危险性综合分区评估

依据综合分区评估原则和方法,将拟建评估区划分为地质灾害危险性中等区(Ⅱ)和地质灾害危险性小区(Ⅰ)(表7-13)。

表7-13 地质灾害危险性综合分区说明表

综合分区	位置	工程地质条件	现状地质灾害类型及评估	预测评估说明	防治措施
危险性小区(Ⅰ)	位于奎屯河中下游山区引水系统(隧洞)和团结干渠改建段	基岩为凝灰岩,第四系为冲洪积和坡积物碎石土。区域稳定性相对较好	仅有小型崩塌、滑坡和泥石流等,影响范围小。现状条件下危害对象为奎屯河,危险性小,危害程度小	工程建设引发或遭受地质灾害的危险性小,危害程度小	加强对地质灾害体的地质灾害环境监测
危险性中等区(Ⅱ)	主要位于中高山峡谷区的将军庙水库和山区引水隧洞沿线	岩性为凝灰岩,构造复杂,断层发育,地震动峰值加速度较高(353gal)	发育有中型崩塌、滑坡和泥石流等,现状条件下危害对象为奎屯河,危险性中等,危害程度中等	工程建设引发或遭受地质灾害的危险性中等,危害程度中等	采取主动和被动相结合的综合防治措施,加强地质灾害环境监测

通过对评估区地质灾害危险性的现状评估和预测评估,本着就高不就低的原则,对每个地质灾害点的危险性进行综合评估,并按评估结果圈定出地质灾害危险性分区。本次评估区面积54.6km²,依据以上原则和方法将评估区圈出地质灾害危险性小区(Ⅰ)和地质灾害危险性中等区(Ⅱ)两个区。

1)地质灾害危险性中等区(Ⅱ区)

地质灾害危险性中等区(Ⅱ区)可划分为4个区。

Ⅱ$_1$区:将军庙水库评估区主要有老虎口至清水河段以及坝址上游左岸部分地段,主要包括有库区上游峡谷区的崩塌体(B16、B18、B21-2等9处)、泥石流沟(N24、N25、N30等5处),以及碎石土潜在滑坡体(HP6、HP8、HP10等5处)。该区域面积12.9km²,占将军庙水库评估区面积的49.6%。

Ⅱ$_2$区:处于山区引水隧洞前段,该小区有HP1特大型滑坡和HP2大型滑坡;有B01、B03、B06、B15等9处中小型崩塌体;有N1~N4等小型泥石流,该区域面积为3.17km²,占山区引水系统评估区面积的16.2%。

II_3区：处于山区引水隧洞后段的原奎屯河引水渠首，该区有 HP4 和 HP5 两处大型滑坡；有 N15、N16 和 N17 等小型泥石流；有 B12、B13 两处中型崩塌体，该区面积为 $5.16km^2$，占山区引水系统评估区面积的 26.4%。

II_4区：处于山间河谷洼地的团结干渠改建段，主要发育有泥石流和崩塌，崩塌有 B41、B42 两处小型崩塌体，泥石流主要有 N42、N43、N44 和 N45 等中小型泥石流，该区面积为 $3.83km^2$，占团结干渠改建段评估区面积的 42.2%。

区内共发育崩塌带地质灾害 22 处、滑坡地质灾害点 9 处、泥石流地质灾害点 16 处。HP1、HP2、HP4 和 B09、B13、B18、N17 现状评估为危害程度中等，危险性中等，其余为危害程度小，危险性小；预测评估拟建工程引发或加剧和遭受地质灾害的危害程度小，危险性小；区内的地质灾害对 G217 和过往车辆以及河道构成威胁，综合评估该区为地质灾害危险性中等区。

2）地质灾害危险性小区（Ⅰ区）

危险性中等区以外的其他大部分区域，面积为 $25.25km^2$，占总面积的 46.25%。区内发育崩塌带地质灾害 5 处、滑坡地质灾害点 1 处、泥石流地质灾害点 16 处。现状评估结果：本区内崩塌、滑坡和泥石流 3 类地质灾害危害程度小，危险性小；预测评估拟建工程引发或加剧和遭受泥石流灾害的可能性小，危险性小；综合评估该区为地质灾害危险性小区。

3. 建设场地适宜性分区评估

评估区共计发育崩塌体 27 处，泥石流 32 处，滑坡体 10 处。现状评估将军庙水库区危险性中等，危害程度中等，其余山区引水系统和团结干渠改建段大部分区域危险性小，危害程度小，少部分危险性中等，危害程度中等；预测评估区总体危险性中等，危害程度中等，在设计施工中采取相应工程措施可以加以处理。综合评估该区为地质灾害危险性中等区（Ⅱ），场地适宜性为基本适宜。

本次评估区内不良地质现象较发育，地质构造较复杂，地层岩性变化不大，工程建设遭受地质灾害危害的可能性中等，诱发或加剧受地质灾害的可能性中等，危险性中等，综合考虑确定，建设场地适宜性评估为基本适宜区。

4. 防治措施

针对地质灾害类型及其发育特征，结合工程建设特点，从预防为主的原则出发，在工程设计、施工以及建成后运营阶段建议采取以下相应措施：

（1）吸收国内较成熟的工程经验，高陡悬崖危岩体（潜在崩塌体）采取主动（支撑、锚固、灌浆、削坡、排水、防护网等）和被动防护（落石槽、拦石墙、遮挡网等）相结合的综合治理措施，最大限度地消除工程施工和运行的隐患。

（2）施工阶段临时堆放土体应合理堆放，远离沟谷河流，并保持合理高度、坡角等符合技术规范要求。在爆破施工过程中，随时进行隧洞上部崩塌体和滑坡体的监测工作，防止崩塌体和滑坡体对施工人员造成威胁。

（3）运营阶段应建立健全地质环境监测机制，极端事件加强监测频次。

（六）地灾评估工作总结

拟建的奎屯河引水工程，为兵团迄今为止投资规模最大的水利水电工程，项目类型属重要建设项目；评估区地质环境条件复杂程度为复杂；本次地质灾害危险性评估工作级别为一级评估。工程区占用土地类型为其他用地中的裸地，占用土地为国有，土地属永久占地。

第七章 地质灾害调查及评价

预测评估水库工程建设易引发或加剧、遭受地质灾害的危险性中等。评估区内危险性中等区域，面积 25.25km²，占总面积的 46.25%，其余为危险性小区。综合考虑分析，确定地质灾害危险性综合分区属于危险性中等区。评估区的建设场地适宜性为基本适宜。

纵观奎屯河引水工程，崩塌、滑坡和泥石流灾害中等发育，在设计和施工中，应采取有效措施消除泥石流对拟建工程的危害和影响。水库大坝及各类水工建筑物边坡施工开挖和料场取土应设计合理的放坡，临时堆放土体应合理布置，尽量远离沟谷河流，防止引发新的地质灾害。

采用新技术新方法对山体中等及以上崩塌危岩体（或潜在崩塌）进行主动防护和被动防护相结合的措施，并加强高陡边坡及冲沟发育部位的地质灾害综合治理措施，并建立健全地质环境监测机制，特别是极端天气时，应加强监测密度。应采用先进爆破工艺施工，加强对隧洞上部崩塌体和滑坡体的监测工作，防止崩塌体和滑坡体对施工造成威胁。

截至 2024 年 6 月，本工程建设项目投资完成过半，临时道路以及各永久建筑物边坡开挖已超过九成，施工防护措施按照本评估报告和勘察报告的地质建议进行设计施工，未引发明显地质灾害现象的发生。说明本评估报告能客观全面反映本区地质灾害类型和分布情况，地质灾害预防的措施建议科学合理，为后期勘察设计和施工提供了有力的支持。

第八章 综合地质调查

一、阿-图-昆综合地质调查(图木舒克麻扎湖江幅)

(一)项目概况

"麻扎湖江幅(J44E001006)综合地质调查"是中国地质调查局计划项目"新疆阿拉尔-图木舒克-昆玉综合地质调查"的子项目之一。图幅位于塔里木盆地西北部的图木舒克市辖区东部,工作区为1∶50 000标准图幅。图幅东西长约21.35km,南北宽约18.51km,面积约为400km²。包括兵团第三师44团、50团、51团、52团、53团部分辖区的5个行政区划。图幅内交通便利,309省道、604县道以及团场内部的通连公路组成交通网,团场之间柏油公路网均已建成,交通便利。

(二)调查过程与成果

2018年5月,我院开始组织踏勘及资料收集工作,编写项目设计书。2018年7月—2018年9月,进行综合地质调查、工程地质钻探与波速测试、水文地质钻探和孔内水文测井与抽水试验等工作。2018年9月13日,我院对本项目进行了质量检查。2018年9月27—30日,由中国地质调查局西北地区地质调查项目管理办公室组织专家对该项目野外工作进行了全面检查验收,评定野外资料等级为优秀。2018年10月—2019年2月,编制成果报告。2019年3月初院内外专家对成果进行初步评审。2019年5月,中国地质调查局西安地质调查中心进行了报告审查,同年5月底提交成果报告。

成果包括6个方面:①综合地质调查成果报告;②1∶5万水文地质图系及重要图件说明书;③1∶5万工程地质图系及重要图件说明书;④1∶5万环境地质图系及重要图件说明书;⑤专题研究成果报告及相关图件;⑥图幅综合地质调查数据库。

(三)地质概况与地质环境问题

1. 自然地理

图幅区地处欧亚大陆腹地,属典型的暖温带大陆性干旱荒漠气候。多年平均气温12.7℃,多年平均降水量72.5mm。

图幅所在的图木舒克市地处叶尔羌河(以下简称叶河)流域下游,市域用水范围即为叶河流域农业灌区划分的小海子灌区。小海子灌区与上游前进灌区并称前海灌区,是兵团第三师主要的农业灌区。图幅区地处叶河水系下游,主要由叶河水注入的小海子水库、永安坝南北库库水,通过中干渠输送至图幅区,满足生产及生活用水。

图幅内主要河流有西北角的突来买提河(以下简称突河)以及南部的克列根河(以下简称克河),均为叶河下游的支流,因永安坝水库的建设,成为季节性、下泄生态水的通道。突河向东北方向依次流经图木舒克市、50团、53团,最终消失于53团东北的荒漠中,河流全长约58.8km,图幅内出露长度5.8km。克河源头位于永安坝北库北干渠取水口处,为下泄生态水的通道。该河向东蜿蜒曲折流经44团、巴楚林场,最终汇入叶河现代河道。该河全长52.6km,图幅内长度约23.6km。

根据小海子灌区资料,永安坝水库多年平均下泄生态水量22 222万 m^3/a,其中通过突来买提河下泄生态水量6 349.1万 m^3/a,占总下泄水量的28.6%;通过克列根河下泄生态水量15 872.9万 m^3/a,占总下泄水量的71.4%。

2. 地质概况

1)地质构造

图幅区位于塔里木地台西北缘,大地构造分区属于塔里木地台的次级构造带-巴楚隆起区的西北。在平面上具有"东西分区,南北分带"的构造格局。本区新构造运动强烈,整体间歇性、差异性下降,沉积了巨厚的第四纪松散层。受新近纪新构造运动影响,形成了中央隆起区(巴楚隆起)并加剧了西南坳陷(莎车强烈坳陷)柯坪断隆的活动性,北部柯坪山系进一步抬升,造就了区内第四系厚度东北薄而西南厚的变化特征。图木舒克市辖区内如麻扎塔克、图木舒克等山,呈北北西或南北走向,突起在平原上。区内由于第四系覆盖广厚,地面各种构造形迹不明显。

图幅区周围曾经发生了1902年阿图什 $8\frac{1}{4}$ 级地震和1955年乌恰西北的两次7级以上大地震。主要发生在柯坪断块周边地区的东西向逆冲断裂带和NE—NEE向逆走滑断裂带上。图幅区内为叶河冲积平原,沉积了巨厚的第四纪松散堆积物,构造活动较弱。未发生过6级以上地震,受地震影响较弱。据《中国地震动参数区划图》(GB 18306—2015),图幅区地震动峰值加速度值为0.10g,反应谱特征周期值 T 为0.45s。图木舒克市抗震设防烈度为7度。区域地壳稳定性为基本稳定区。

2)地层岩性

图幅内均为第四纪地层,300m勘探深度内,地层时代主要为中更新统—全新统,地表出露地层均为全新统。

(1)中更新统(Q_2^{al}):主要为冲积层,岩性以粉细砂为主,颗粒较均匀,夹有中砂、粉土薄透镜体,揭露厚度大于200m。

(2)上更新统(Q_3^{al}):主要为冲积层,分布在河床漫滩、冲积平原,岩性以粉细砂为主,夹有中砂、粉土薄透镜体,揭露厚度约70m。

(3)全新统(Q_4):按成因分为冲积层、湖沼堆积层、风积层、人工堆积层等。

①早期冲积层(Q_4^{1al}):主要分布于叶河冲积平原区,具二元结构,地表0~6m地层岩性为粉土、粉砂、粉质黏土互层,其下以细砂、粉砂为主,层厚30~40m,局部夹厚1~2m的粉土透镜体。②晚期冲积层(Q_4^{2al}):主要分布于突河河床及漫滩,沿河道呈条带状展布,岩性以粉细砂、中砂为主,层厚10~15m,夹薄层粉土透镜体。③湖沼堆积层(Q_4^{fl}):零星分布于冲积平原低洼地带,为深灰黑色腐泥或泥质砂黏土,厚1~2m;冲积平原上为粉土及粉细砂,局部分布淤泥质泥炭层。④晚期风积层(Q_4^{2eol}):主要分布于图幅区南部,岩性为黄色粉砂、细砂,呈垄状沙丘、灌丛沙丘,呈流动—半流动沙丘,厚度3~8m。在沙丘之间洼地上有薄层黏性土层。⑤人工堆积层(Q_4^{2ml}):主要零星分布于各团部、连队周边,厚度一般1~3m,多为杂填土,以建筑垃圾为主,局部为生活垃圾,均匀性差。

3)地形地貌

图幅地处塔里木盆地西北部,叶河下游的冲积细土平原区,区内地形平坦开阔,整体地势西南高、东北低;西北角突河呈WS-EN向穿出图幅;克河蜿蜒曲折近东西向展布于图幅南部。区内大部分地区海拔在1078~1098m之间,地形最高点位于图幅西南部克河两岸地带,海拔1 098.0m,最低点位于图幅东北部53团7连东部一带,海拔1 078.0m,相对高差仅20m,地面坡降在1.3‰~2.4‰之间。

图幅区次级地貌单元划分为突河河床及漫滩、克河河床及漫滩、叶河冲积平原、风积沙丘等4类。突河河床及漫滩(Ⅰ₁)分布于图幅西北角,呈北东-南西向展布。叶河冲积平原(阶地)(Ⅰ₂)广泛分布于图幅区,占总面积的80.83%。地势平坦开阔,向东北缓倾,坡降1.3‰～2.4‰,现多为绿洲,分布有部分天然林地、风积沙丘。克河河床及漫滩(I_3)分布于图幅南部,呈近东西向展布,河床及漫滩平坦开阔,沿河谷北岸断续分布沙垄。风积沙丘(I_4)主要分布于图幅南部克河北岸及图幅中部,也零星分布于耕地之间,占图幅总面积的3.20%。形态多为灌丛沙丘、新月形沙丘、沙垄,为固定与半固定的沙丘。地形高低起伏,相对高差一般为3～5m。

3. 人类工程活动对地质环境的影响

随着20世纪60年代第三师进驻垦荒,耕种地面积逐年迅增,极大地改变了原有自然生态地貌,表现为自然绿洲面积减小,人工绿洲面积迅猛增大。人类工程活动主要表现为基础设施建设以及沙漠区农业开发。

图幅内现有耕地约23.47万亩(果园10.78万亩)。渠系多年平均引水量为1.18亿 m^3/a,渠系水有效利用率为72%。农业灌溉方式以大水漫灌为主,由于重灌轻排,灌溉水增多而排水不畅,地下水位逐渐升高,土壤盐渍化程度较垦前明显严重,影响农作物生长。近年由于新垦面积急剧扩大,农灌地下水开采强度较高,水位逐年下降,早期排渠因无水可排而废弃。现状脱盐-积盐基本达到动态平衡。

图幅区地下水较丰富,易于开采,但水质较差,多为微咸水—咸水,与地表水混灌后,方能满足农业用水需求。从20世纪70年代开始,逐渐加大地下水的开采强度。地下水开采量逐年加大,局部出现地下水位降幅过大等现象。虽土壤盐渍化得到控制与改善,但因缺乏科学规划,机井布局不合理,局部区域机井分布过密,地下水水位较周边明显下降,继而引起咸水入侵、水质恶化等环境地质问题。

4. 地质环境问题

图幅位于叶河冲积平原,地形平缓,地质灾害不发育,但分布有面积不小的沙丘区,图幅最主要的地质环境问题是土壤盐渍化与土地沙漠化等问题。

图幅区土壤含盐类型主要为硫酸、亚硫酸盐型。浅表层(0～0.2m)土壤大多为重盐化土、盐土;中部(0.6～0.8m)土壤多为轻盐化土、中盐化土以及非盐化土;深部(1.3～1.5m)土壤多为非盐化土、轻盐化土。土壤垂向盐化程度多表现为"表聚盐型"。

图幅内土地沙漠化问题主要在南部沿克河北岸一带,分布着众多绵亘高大的沙丘,沙丘高度3～8m不等;另外图幅中部农耕地之间,零星分布小面积低矮的半固定—流动沙丘。沙丘总面积12.65km^2,占总面积的3.2%。克河河谷区为天然的胡杨林区,而河谷北部多为荒漠区,由于水位埋藏较深,植被稀少,地表裸露,表层松散的砂土,受克河北岸高大胡杨林的阻挡,逐渐堆积成高大的沙垄。中部灌区内的半固定沙丘周围,多分布着新开垦的耕地,由于灌溉水源不足等原因未能及时耕种或撂荒,破坏了地表原有植被,加之耕地周围缺少防风挡沙措施,导致土地沙化的程度加重,引起土地沙漠化。图幅内大部分土地为耕地、果林、天然胡杨林区,植被相对较茂盛,风积沙分布面积小,土地沙漠化问题较轻。

(四)水文地质

1. 图幅基本水文地质特征

图幅基本处于叶河冲积细土平原农业灌溉区,地下水类型为第四系松散岩类孔隙潜水,特点如下:
(1)地下水的流向由西南向东北径流,总体与地形坡向基本一致。
(2)在突河、克河河床及漫滩地区,地下水水位与河道来水量密切相关。潜水位随河水的升降而升降,动态变化基本吻合。潜水位的升降幅度小于河水的升降幅度,且随距河水边线的距离增大而减小。
(3)图幅内人工种植耕地区,农业生产主要依靠地表水、地下水供给(井渠混灌),每年3月开始,由于水库调蓄的地表水量有限(大河尚未来水),区内的机井大量开采,以满足农业春灌需水,地下水水位开始下降。至河流汛期的到来(6—7月),农业灌区用水几乎全部为地表水,机井大部分关停,因灌溉水的入渗,地下水水位略有抬升。而到灌溉高峰期(7—8月),由于机井的大量开采,地下水水位降到最低;至每年11月随着冬灌结束,地下水水位逐渐回升。

(4)图幅内地下水水质复杂,矿化度较高,地下水微咸水可利用资源有限,开采潜力不大。

2. 地下水系统划分

依据地下水流场,按《地下水系统划分导则》地下水系统划分方案,图幅地下水流动系统属于塔里木河上游二级地下水系统(C04C),为塔里木河流域地下水系统排泄区。根据含水层结构和地下水开采现状,将图幅300m深度内地下水划分为单一的孔隙潜水。根据《地下水系统划分导则》,图幅地下水系统按系统、亚系统二级划分。

对于图幅地下水含水层富水性的划分,主要依据水文钻孔及机(民)井抽水试验资料进行划定。钻孔统一按 φ325mm 口径、降深10m换算单井涌水量进行分级。划分结果及水文地质特征见表8-1。

表8-1 麻扎湖江幅地下水系统划分一览表

序号	地下水系统				分布位置	水文地质特征
	系统		亚系统			
	名称	代号	名称	代号		
1	叶河冲积平原孔隙潜水含水系统	I	突来买提河床、漫滩孔隙潜水亚系统	I_1	图幅西北角突来买提河床、河漫滩	含水层由第四系中更新统—全新统的粉砂、细砂夹薄层中砂组成,地下水类型为潜水。地下水补给来源为突来买提河水入渗补给、侧向流入补给,排泄方式为蒸发蒸腾排泄、侧向流出排泄、人工开采。统径同降深单井涌水量 3000~5000m³/d,富水性丰富区。水质略差,多为微咸水
2			克列根河床、漫滩孔隙潜水亚系统	I_2	图幅南部克列根河床、河漫滩	含水层由第四系中更新统—全新统的粉砂、细砂夹薄层中砂组成,地下水类型为潜水。地下水补给来源为克列根河水入渗补给、侧向流入补给,排泄方式为蒸发蒸腾排泄、侧向流出排泄、人工开采。统径同降深单井涌水量 1000~3000m³/d,富水性中等。水质略差,多为微咸水、半咸水
3			叶尔羌河冲积平原(阶地)孔隙潜水亚系统	I_3	图幅大部分地区	含水层由第四系中更新统—全新统的粉砂、细砂夹薄层中砂组成,地下水类型为潜水(192m以下,存在薄层黏性土透镜体,使下部潜水具微承压水特性)。地下水补给来源为渠系水入渗补给和侧向流入补给;排泄方式为蒸发蒸腾排泄、侧向流出排泄、人工开采为主。统径同降深单井出水量 1000~3000m³/d,富水性中等。水质差,为半咸水、咸水、微咸水

3. 地下水补径排条件

图幅内地下水补给方式主要有地下水侧向流入、河道入渗、渠系水入渗、田灌水入渗。地下水侧向流入断面处含水层岩性主要为粉砂、细砂,渗透性中等,地下水的侧向补给是区内地下水补给方式之一。突河、克河多年平均下泄生态水量丰富,流经本区时,潜水埋藏较深,并且饱气带透水性强,河道入渗是地下水重要的补给方式。图幅内渠系水利用系数(干、支、斗三级)为0.72,渠基土岩性大部分为粉土、粉砂,渗透性较强,渠系水的入渗是本区地下水主要的补给源。此外,图幅内虽然耕地面积大,但潜水埋深大部分在4~6m之间,田间灌溉水入渗补给量相对较小。

地下水的径流条件受地形地貌条件和含水介质所控制。图幅区地下水的流向与地形走向基本一致,总体由西南向东北径流;图幅西部受上游区地下水侧向补给,地下水流向近乎由西向东,水力坡度1.8‰~2.4‰;受图幅内渠系、田灌水入渗以及突河、克河河道入渗补给,地下水流向逐渐转向东北,在东部流出边界处,水力坡度渐变为1.5‰~1.8‰左右。地下水含水介质以细砂、粉砂为主,渗透系数5.0~9.0m/d,地下水径流缓慢。

地下水的排泄方式有地下水的侧向流出、潜水蒸发及蒸腾以及人工开采。地下水流出断面处渗透性中等,地下水侧向流出为区内地下水排泄方式之一。图幅内大多潜水埋深3~6m,但浅埋区植被发育,蒸发强烈;同时图幅西北部的突河河道、南部的克河河道地区,多为天然胡杨林林区,胡杨林每年的消耗(蒸发蒸腾)水量亦相当可观。此外,图幅内现有机电井约389眼,2018年地下水开采量为2 140.0万m^3/a,人工开采也是区内地下水排泄重要方式之一。

4. 地下水水化学特征

图幅内潜水矿化度在0.67~15.54g/L之间,其中大部分地区为微咸水(1~3g/L)、半咸水(3~5g/L),咸水(5~10g/L)与盐水(>10g/L)呈零散条带或星点状分布于图幅中(图8-1)。

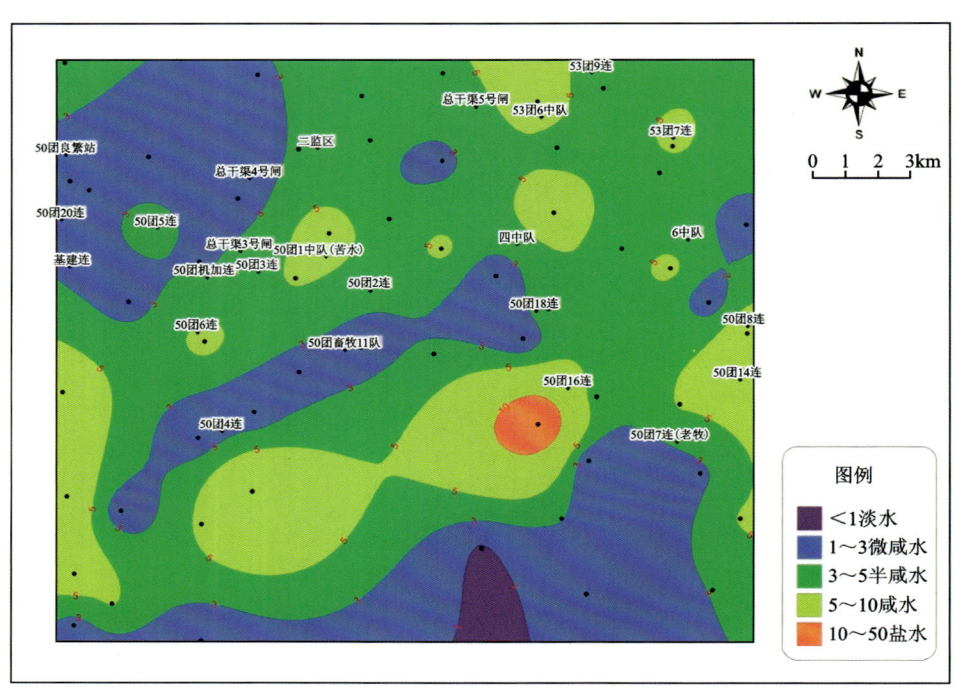

图8-1 工作区咸淡水分布图

图幅内潜水水化学类型以$SO_4 \cdot Cl-Na \cdot Ca(Mg)$型为主,占总面积的68.3%;$SO_4 \cdot Cl-Ca \cdot Na(Mg)$型,主要在图幅西北角、中部的50团4连、畜牧11队、18连呈东北走向条带状分布,占总面积的20.3%;小部分地区为$Cl \cdot SO_4-Na \cdot Ca$型、$Cl \cdot SO_4-Na \cdot Mg$型、$Cl-Na$型、$HCO_3 \cdot SO_4 \cdot Cl-Na \cdot Ca$型呈星点状分布于图幅内,占总面积的11.4%。

图幅内地下水氟化物含量0.3~2.1mg/L,高氟水(>1mg/L)主要分布于图幅西部、中上部、东南部,面积约占20%,其他地方氟含量一般低于1mg/L。

5. 地下水资源评价

1)地下水资源量计算

采用"地下水均衡法"进行图幅内地下水资源量的计算评价,本次计算区地下水资源量为总补给量扣除地下水回归量后的微咸水（溶解性总固体小于 3g/L）资源量。计算范围为整个图幅，评价深度为 100m，评价基准年为 2018 年。根据地形地貌类型及地下水系统，水资源计算划分为 3 个区，即突河河谷漫滩、克河河谷漫滩、叶河冲积平原（阶地）。

计算区地下水均衡计算结果见表 8-2。

表 8-2　地下水各均衡要素计算结果表

补给项	数量(万 m³/a)	比例(%)	排泄项	数量(万 m³/a)	比例(%)
地下水侧向流入量	1 755.4	25%	地下水侧向流出	1 204.1	15%
河道入渗补给量	1 918.2	27%	潜水蒸发蒸腾量	2 407.5	30%
渠系水入渗量	2 411.6	34%	天然胡杨林腾发量	2 239.7	28%
田间水入渗量	757.1	11%	人工开采量	2 140.0	27%
地下水回归入渗量	235.4	3%			
合计	7 077.7	100%		7 991.2	100%
补排均衡差	−914				
均衡系数	12.91				

从地下水均衡结果表可以看出：计算区地下水总补给量 7 077.7 万 m³/a，地下水总排泄量为 7 991.2 万 m³/a，均衡差为−914 万 m³/a，图幅区地下水呈负均衡状态。地下水补给模数为 17.89 万 m³/(a·km²)。

根据编制的"地下水水化学图"，分别量算出图幅区咸淡水的分布位置、面积及百分比（表 8-3），然后依据淡水、微咸水所占的百分比，得到本区地下水资源（TDS<3g/L）量。计算结果见表 8-4。

表 8-3　图幅区咸淡水分布面积统计表

水类型	面积(km²)	比例(%)
淡水	7.4	1.90%
微咸水	153.2	38.70%
半咸水	124.3	31.40%
咸水及盐水	110.8	28.00%
合计	395.7	100.00%

表 8-4　图幅区地下水资源量分析计算表

总补给量(万 m³/a)	地下水回归量(万 m³/a)	淡、微咸水面积(km²)	地下水资源量(万 m³/a)
7 077.7	235.4	40.6	2 778.0

即图幅地下水资源量为 2 778.0 万 m³/a。

根据淡水、微咸水在突河河床及漫滩、克河河床及漫滩、叶河冲积平原（阶地）3 个潜水含水系统亚区的分布面积，将工作区水资源量分配到各个亚系统单元内（表 8-5）。

表 8-5　各孔隙潜水亚系统地下水资源量计算表

孔隙潜水亚系统	亚系统面积(km²)	淡、微咸水分布面积(km²)	地下水资源量(万 m³/a)
突河河床、河漫滩	20.6	20.6	356.3
克河河床、河漫滩	45.5	45.5	787.0
叶河冲积平原（阶地）	332.5	94.5	1 634.6
合计	395.7	160.6	2 778.0

本次地下水允许开采量概算采用开采系数比拟法进行分析计算,经综合分析确定允许开采系数 ρ 值为 0.60,计算区地下水允许开采量为 1 666.8 万 m^3/a。

2)地下水水质评价

生活饮用水水质评价依据《生活饮用水卫生标准》（GB 5749—2006）进行,本次图幅内地下水共采集了 35 组全分析水样,选取 22 项水质常规指标分析,图幅内地下水中主要有肉眼可见物、浑浊度、总硬度、铁、锰、硫酸盐、氯化物、溶解性总固体、氟化物、耗氧量、镉、铅等指标超过标准限值,不能作为生活饮用水水源。

农田灌溉水水质评价,以水质全分析结果为依据,采用《农田灌溉水质标准》选取 12 项指标进行评价,图幅内地下水中 pH 值、挥发酚（以苯酚计）、砷、铬（六价）、氰化物、铜、汞和铅等 8 项均符合标准要求。29 组全盐量和氯化物含量超标,21 组镉含量超标,1 组氟化物含量超标。图幅内大部分地区地下水氯化物、全盐量严重超标,不适宜直接灌溉。如需开采微咸水用于灌溉,需与渠系地表淡水混合后再用于农业灌溉,且需采取排水措施,防止盐分聚积。

工业锅炉用水水质评价是按照一般锅炉用水指标进行评价,本次锅炉用水水质评价,以水质全分析成果为依据,分别按成垢作用、起泡作用和腐蚀作用 3 项指标进行评价,经评价,图幅内地下水作为一般锅炉用水大部分为锅垢多—很多、具有硬沉淀物、起泡的半腐蚀性—腐蚀性水,不能作为一般锅炉用水。此外,图幅内地下水中钙硬度、Cl^- 普遍超标,部分 $SO_4^{2-}+Cl^-$ 超标,不适宜作为工业循环冷却水。

3)地下水资源开采潜力分析

图幅区地下水资源基本处于局部超采状态,各分区地下水开采潜力评价见图 8-2、表 8-6。突河、克河河床漫滩地带地下水为淡水、微咸水,现状地下水开采量小,有开采潜力,可作为"应急状态下备用水源地",在合理规划的情况下,开采部分地下微咸水资源;叶河冲积平原（阶地）区大多为半咸水—咸水分布区,仅局部存在微咸水,大量的农灌井主要分布在此区,采用与渠水混灌、轮灌方式大量开采地下水,局部已出现超采情况。就本次分析计算的该区地下水资源量（TDS＜3g/L）而言,本区地下水开采量已远大于该区的允许开采量,开采系数达到 2.14,已无开采潜力,并已超采,应该限制减小开采量。

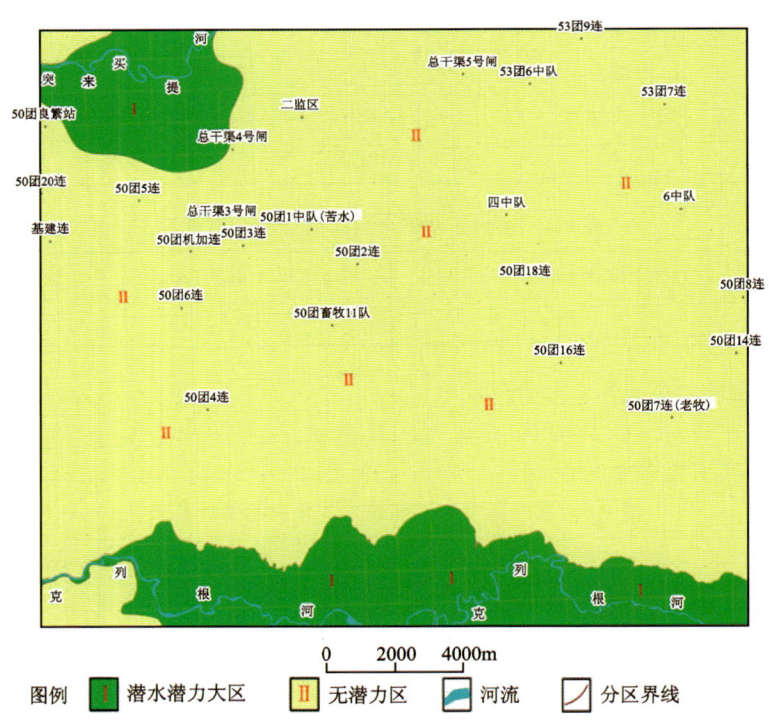

图 8-2 地下水开采潜力分区图

表 8-6　图幅区潜水开采潜力情况一览表

分区	分布面积(km²)	实际开采量(万 m³/a)	允许开采资源量(万 m³/a)	剩余资源量(万 m³/a)	开采系数(K_c)	潜力模数(M)(万 m³/a·km²)	开采潜力
突河河床及漫滩	20.6	20.80	213.80	193.00	0.10	9.37	有开采潜力,可扩大开采,开采潜力大区
克河河床及漫滩	45.5	18.60	472.2	453.6	0.04	9.97	有开采潜力,可扩大开采,开采潜力大区
叶河冲积平原(阶地)	329.6	2 100.60	980.8	−1 119.8	2.14	−3.40	无开采潜力,已超采,应适当限制开采
合计	395.73	2 140.00	1 666.78	−473.22	1.28	−1.20	

6. 主要水文地质问题

图幅内水文地质问题主要为高矿化度水,潜水矿化度 0.67～10.19g/L,淡水面积 7.4km²,占总面积的 1.9%;微咸水面积 153.2km²,占总面积的 38.7%,主要分布在图幅西北角和东南角;咸水面积约为 235.1km²,占总面积的 59.4%;矿化度大于 1g/L 的地下水面积约占 98%,即图幅内潜水基本上均为高矿化度水,地下水矿化度具体分布情况见图 8-3。

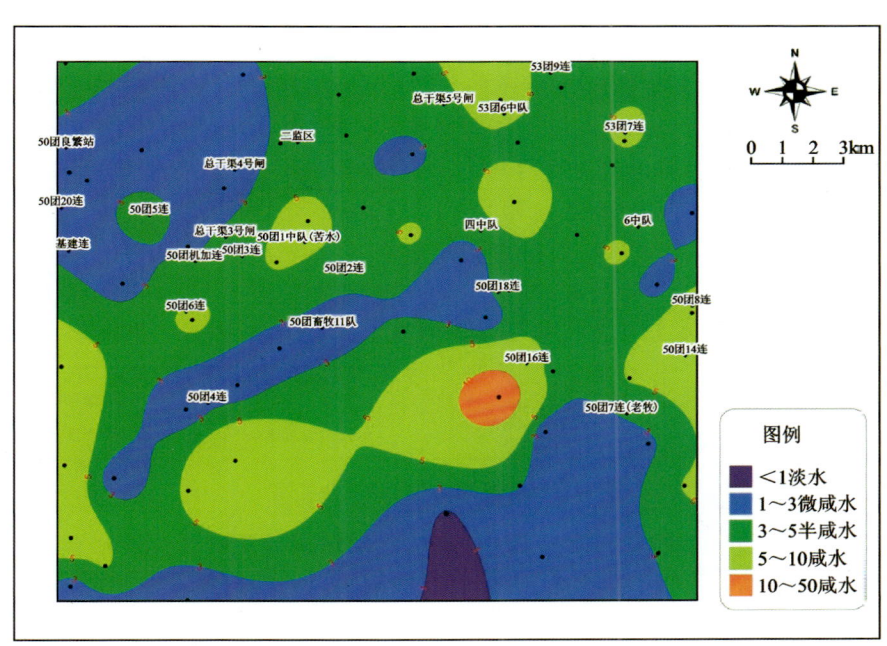

图 8-3　地下水矿化度平面分布图

区内潜水高矿化度水,既不能饮用,大部分也不能直接用于农田灌溉,属典型的水质性缺水区。溶解性总固体高,除对人体有不良影响外,还可损坏配水管道或使锅炉产生水垢等。图幅内地下水作为农田灌溉水,氯化物一般均超标,全盐量普遍超标,部分氟化物超标,不适宜直接灌溉,需与渠系地表淡水混合后再用于农业灌溉,且需采取排水措施防止盐分聚积。

防治措施主要是咸水淡化,就是利用电渗析脱盐淡化咸水技术及配套设备,把含盐量 1～5g/L 的咸水,通过淡化工艺脱盐、降氟、净化、变成小于 1g/L 的淡水,达到国家规定的饮用水示准。较适合图幅内居住分散、偏远的连队使用,咸水淡化是解决当地偏远连队人畜饮水的一条投资少、见效快、成本低的新路子。

（五）工程地质

1. 岩土体类型及其特征

图幅内未揭露到岩体。土体可分为一般土和特殊土两大类型。一般土包括细砂、粉砂、粉土及黏性土，特殊土包括风积砂和人工填土等，零星分布湖沼相沉积淤泥质土等。

1）土体工程地质类型及其特征

（1）粉土：广泛出露在叶河冲积平原，厚度0～2m。土黄色为主，稍密、稍湿。标准贯入试验锤击数7～33击，平均14击，承载力特征值（f_{ak}）130kPa。粉土分为1个工程地质层：a.Ⅱ3-014-2-1-100，为叶河下游冲积平原全新世冲积粉土。粉土物理力学性质指标见表8-7。

（2）粉质黏土：可塑—硬塑状，中密—密实，承载力特征值（f_{ak}）110～140kPa。粉质黏土可分为2个工程地质层：a.Ⅱ3-014-2-2-201，为叶河下游全新世冲积粉质黏土；b.Ⅱ3-013-2-2-201，为叶河下游上更新世冲积粉质黏土。

表8-7　叶河 Qh^{lal} 冲积粉土物理力学性质指标统计表

统计值	含水率	比重	重度	干重度	孔隙比	液限	塑限	塑性指数	渗透系数	黏聚力	内摩擦角	压缩系数	压缩模量
	w	G_s	γ	γ_d	E_0	w_L	w_P	I_p	k_{v20}	c	Φ	a_{1-2}	E_s
	%	—	kN/m³	kN/m³	—	%	%	—	cm/s	kPa	(°)	MPa⁻¹	MPa
最大值	12.1	2.70	15.6	14.8	1.003	26.8	20.2	8.5	1.87×10⁻³	21.9	26.7	0.29	11.45
最小值	4.2	2.69	14.8	13.5	0.827	22.8	15.0	6.1	1.12×10⁻⁴	15.1	24.6	0.16	6.60
平均值	5.2	2.69	15.3	14.1	0.920	25.4	18.1	7.3	6.80×10⁻⁴	18.7	25.6	0.22	9.02

（3）粉细砂：主要出露于克河及突河河床、漫滩和叶河下游冲积平原下部，单层厚度大于50m，岩性主要为细砂，粉砂次之（表8-8），局部夹薄层粉土和粉质黏土透镜体。其中克河河床、漫滩区砂层稳定，可见水平或交错层理，厚度大，级配良好，砂质纯净，上部10m松散—稍密，中部10～20m中密，下部密实。粉砂承载力特征值（f_{ak}）100～120kPa；细砂承载力特征值（f_{ak}）150～180kPa。砂土分为3个工程地质层，粉砂、中砂一般为夹层，不再分出，即：a.Ⅱ1-014-2-3-302，为突河河床漫滩区全新统冲积细砂；b.Ⅱ2-014-2-3-302，为克河河床漫滩区全新统冲积细砂；c.Ⅱ3-014-2-3-302，为叶河下游冲积平原区全新统冲积细砂。

表8-8　冲积平原 Qh^{lal} 粉细砂颗分成果统计表

统计	颗粒组成						
	>2.0 (mm)	2.0～1.0 (mm)	1.0～0.50 (mm)	0.50～0.25 (mm)	0.25～0.075 (mm)	0.075～0.005 (mm)	<0.005 (mm)
最大值	/	2.1	5.6	36.7	97.1	38.6	22.4
最小值	/	0.4	0.1	0.2	40.6	2.9	0.5
数据个数	/	185	185	185	185	185	185
平均值	/	1.0	0.9	4.0	69.0	20.0	7.5
标准差	/	0.91	1.0	4.7	8.31	5.91	4.16
变异系数	/	0.89	1.09	1.19	0.12	0.29	0.56

(4)风积砂土:零星分布于整个图幅中,局部大面积呈片状分布于图幅南侧,组成物质为风积砂土,岩性以粉细砂为主,沙丘比高1~5.5m。土质颜色为灰黄或灰褐色,干燥—稍湿,松散—稍密,承载力特征值(f_{ak})100~150kPa。风积砂分为1个工程地质层:a.Ⅱ3-014-1-4-400,为叶河下游冲积平原区全新统风积粉细砂。

(5)人工填土:以耕植土为主,厚度0.4~0.6m,普遍分布于冲积平原区,岩性以粉土、粉细砂为主,多呈松散状;局部零星存在以建筑垃圾为主的杂填土堆积,部分为素填土与杂填土的混合物,一般色杂,堆积物大多结构疏松,土质不均,厚度不一。人工填土分为2个工程地质层:a.Ⅱ3-014-11-5-501;为叶河下游冲积平原区全新统耕植土;b.Ⅱ3-014-11-5-502,为叶河下游冲积平原区全新统杂填土。

2)土体结构类型及特征

本次勘察工程地质钻孔控制深度50m,呈网格状布置。根据图幅区工程建设深度和影响深度,土体结构类型划分按50m深度考虑,参与划分的土体主要包括上述的砂土、粉土、黏性土、人工填土等6个土体工程地质单元进行土体结构类型划分。按区内土体的结构特征分为两种类型:①单一结构类型:土体在研究深度范围内由一种土层构成;②双层结构类型:土体由上、下两种土层组成,即二元结构。按以上原则和方法,全区可划分为4种土体结构单元,其中单层结构2种,双层结构2种。土体结构类型及其工程地质特征见表8-9。

表8-9 土体结构类型划分表

土体工程地质类型				土体主要工程地质特征			
结构类型	土质组合类型	编号	分布	岩性	潜水埋深(m)	湿陷类型与等级	地震液化
单层结构（Ⅰ）	风积砂	Ⅰ-1	五十团十六连西南-东南风积砂	Q_4砂土	5~10	非湿陷	非液化
	风积砂	Ⅰ-2	五十团十六连南风积砂	Q_4砂土	5~10	非湿陷	非液化
	风积砂	Ⅰ-3	五十团十六连东风积砂	Q_4砂土	5~10	非湿陷	非液化
	风积砂	Ⅰ-4	五十三团七连东南风积砂	Q_4砂土	5~10	非湿陷	非液化
	风积砂	Ⅰ-5	五十团四中队西北风积砂	Q_4砂土	5~10	非湿陷	非液化
	风积砂	Ⅰ-6	五十团一中队北风积砂	Q_4砂土	5~10	非湿陷	非液化
	风积砂	Ⅰ-7	五十团基建连东风积砂	Q_4砂土	5~10	非湿陷	非液化
	砂土	Ⅱ-1	突来买提河河床漫滩	Q_4砂土,夹薄层粉土	<6	非湿陷	轻微液化
	砂土	Ⅱ-2	克列根河河床漫滩	Q_4砂土,夹薄层粉土	<6	非湿陷	轻微液化
双层结构（Ⅱ）	粉土-砂土	Ⅱ-3	叶尔羌河下游北岸冲积平原	上部Q_4粉土下部粉细砂,夹薄层粉土,夹薄层Q_3粉质黏土	6~10	轻微湿陷	非液化
	人工填土-砂土	Ⅱ-3	叶尔羌河下游北岸冲积平原	上部Q_4人工填土,下部粉细砂,夹薄层粉土,夹薄层Q_3粉质黏土	6~10	轻微湿陷	非液化

3)土体波速参数分析

本次勘察在图幅内工程地质钻孔中均进行了波速测试,50m剪切波速(V_s)155.45~202.87m/s,平均值174.78m/s。根据《建筑抗震设计规范》相关条文确定图幅区场地土为中软土场地土,场地类别基本为Ⅲ类。按Ⅲ类场地修正后,场地动峰值加速度0.17g,对应基本地震烈度Ⅶ度,特征周期为0.55s。

2. 主要工程地质问题

图幅内存在非饱和的粉土地层,湿陷系数为0.003~0.020,见表8-10。

表8-10　场地土湿陷性统计表

钻孔编号	G081	G082	G091	G092	G093	G102	G103	G111	G113	最大值	最小值	平均值
取样深度(m)	1.3~1.5	1.6~1.8	1.2~1.4	1.6~1.8	1.3~1.5	1.5~1.7	1.3~1.5	1.4~1.6	1.4~1.6			
湿陷系数	0.019	0.007	0.011	0.02	0.008	0.016	0.003	0.019	0.006	0.02	0.003	0.012

经计算在勘探深度范围内粉土层湿陷量在9~60mm,图幅区湿陷类型为非自重湿陷,湿陷等级为Ⅰ(轻微)。主要分布于冲积平原具有双层结构的土体上,影响深度约2.0m。

盐胀性:场地内Na_2SO_4含量在0.01%~0.5%之间,均小于1%,不具盐胀性。

盐渍土分类:场地土层中易溶盐含量在0.075%~1.353%之间,局部为非盐渍土。按含盐化学成分分类多为亚硫酸盐渍土和亚氯、氯盐渍土,为弱—中盐渍土。

土腐蚀性评价:本场地环境类别为Ⅰ类。综合判定场地土对混凝土结构多具强腐蚀性;图幅内盐渍土类型多为亚硫酸盐渍土和亚氯、氯盐渍土;对钢筋混凝土结构中钢筋多具中等腐蚀性,对钢结构具轻微腐蚀性。

水的腐蚀性评价:本场地环境类别为Ⅰ类。综合判定图幅内地表水对混凝土结构多具微腐蚀性,局部为弱腐蚀性;对钢筋混凝土结构中钢筋多具微腐蚀性。图幅内地下水对混凝土结构多具中等腐蚀性,局部为强腐蚀性;对钢筋混凝土结构中钢筋具中等腐蚀性,对钢结构具微腐蚀性。

土的冻胀性评价:图幅区季节性冻土标准冻深为0.61m。据判定:场地粉细砂冻胀类别多为弱冻胀,冻胀等级Ⅱ级;河床、漫滩地区为胀冻,冻胀等级Ⅲ级。粉土冻胀类别多为弱冻胀,冻胀等级Ⅱ级。粉质黏土冻胀类别多为弱冻胀-冻胀,冻胀等级Ⅱ级~Ⅲ级。局部地下水位埋藏较深区为不冻胀,冻胀等级Ⅰ级。

砂土液化:图幅区潜水水位埋藏较浅,大部分小于10m。据分析评价,在现状水位条件下,砂土多为非液化土,局部地区距地表10~20m粉细砂层具地震液化的可能性,主要分布于突河、克河的河床及漫滩,多为轻微液化,冲积平原区多为不液化,局部轻微液化。砂土液化的主要土层为粉砂和细砂(夹细砂透镜体及薄层粉土、粉质黏土)等。粉土分布在地表,由于黏粒含量较高不易液化,液化土层的深度一般为10~20m。

砂土液化易引起建筑物、构筑物及其他工程设施地基失效,产生地裂缝和地面震陷。造成道路路面破坏、水利工程开裂及农田漏水。其破坏性大,致灾极为严重。

预防措施:合理规划工程布局,工程建设抗震设防烈度为7度。

治理措施:结构措施采用箱基和筏基、设置沉降缝、加设基础圈梁、减少基础偏心等。

地基处理措施:采取振冲、柔性桩等处理措施。

3. 工程地质分区评价

1)分区原则

以控制区域工程地质特征大的地貌差异为工程地质区的划分依据,以主要工程地质问题、次级地貌和岩土体类型的不同为亚区的二级划分原则。全区可划分为 2 个工程地质区，10 个工程地质亚区（表 8-11）。

表 8-11　工程地质分区表

工程地质区			工程地质亚区		
分区名称	代号	面积(km²)	名称	代号	面积(km²)
风成地貌工程地质区	Ⅰ	12.6	五十团 16 连西南-东南风积砂工程地质亚区	Ⅰ₁	8.1
			五十团 16 连南风积砂工程地质亚区	Ⅰ₂	1.4
			五十团 16 连东风积砂工程地质亚区	Ⅰ₃	1.0
			五十三团 7 连南风积砂工程地质亚区	Ⅰ₄	1.0
			五十团四中队西北风积砂工程地质亚区	Ⅰ₅	0.6
			五十团一中队北风积砂工程地质亚区	Ⅰ₆	0.4
			五十团基建连东风积砂工程地质亚区	Ⅰ₇	0.1
流水地貌工程地质区	Ⅱ	387.4	突河河床河漫滩区砂类土单层土体工程地质亚区	Ⅱ₁	11.2
			克河河床河漫滩砂类土单层土体工程地质亚区	Ⅱ₂	41.6
			叶河下游冲积平原粉土-砂类土双层土体工程地质亚区	Ⅱ₃	334.6

2）工程地质分区

（1）风成地貌工程地质区（Ⅰ）：五十团 16 连西南-东南风积砂工程地质亚区（Ⅰ₁）呈串珠状断续分布于克河北岸，五十团 16 连南风积砂工程地质亚区（Ⅰ₂）呈片状分布于图幅南侧，五十团 16 连东风积砂工程地质亚区（Ⅰ₃）呈片状分布于图幅东侧，五十三团 7 连南风积砂工程地质亚区（Ⅰ₄）呈片状分布于图幅东北角，五十团四中队西北风积砂工程地质亚区（Ⅰ₅）呈片状分布于图幅西北侧，五十团一中队北风积砂工程地质亚区（Ⅰ₆）呈片状分布于图幅北侧，五十团基建连东风积砂工程地质亚区（Ⅰ₇）呈片状分布于图幅西北角。各区组成物质为风积砂土，岩性以粉细砂为主，地形起伏稍大，沙丘比高 1～5.5m。土质颜色为灰黄或灰褐色，干燥—稍湿，松散—稍密，承载力特征值为 80～100kPa。

（2）流水地貌工程地质区（Ⅱ）：突河河床河漫滩砂类土单层土体工程地质亚区（Ⅱ₁）位于图幅西北角，地形平坦。地层岩性主要为粉细砂，呈稍密—中密状，级配较好，潜水埋深约 3～6m，地下水质对混凝土具中等腐蚀性。承载力特征值一般小于 120kPa，为轻微液化区，工程地质条件较差；克河砂类土单层土体工程地质亚区（Ⅱ₂）呈条带状分布于图幅南侧，地形较平缓，以粉细砂为主的单层结构。稍密—中密状，级配较好，潜水最大埋深约 1～6m，地下水质对混凝土具中等腐蚀性。承载力特征值一般小于 120kPa，为轻微液化区，工程地质条件较差；叶河下游冲积平原粉土—砂类土双层土体工程地质亚区（Ⅱ₃）图幅区内分布广泛，地形平缓，主要由上更新统—全新统粉土、粉细砂组成。粉土厚 0.5～2m，稍密—中密状，具轻微湿陷性，承载力特征值 120～150kPa。粉细砂稍密—中密状，级配较好，局部夹中砂或粉质黏土透镜体，土质均匀性较好，上部 10m 松散—稍密，承载力特征值 100～120kPa；中部 10～30m 中密，承载力特征值 120～150kPa；下部密实，承载力特征值 150～200kPa。

4. 场地工程建设适宜性评价

场地工程建设适宜性可划分为适宜性差区、基本适宜区、适宜区共 3 大区 12 个亚区（表 8-12）。其面积分别为 68.1km²、12.5km²、351.1km²，分别占图幅总面积的 17.2%、3.2%、79.6%。

表 8-12　场地工程建设适宜性分区说明表

分区	面积（km²）	亚区	主要工程地质特征	工程措施
适宜区Ⅰ	315.1	叶河下游冲积平原区Ⅰ₁	地形平坦，水位埋深5~10m，主要由上更新统—全新统粉土、粉细砂组成。粉土厚约0.5~2m，稍密—中密状，具轻微湿陷性，承载力特征值100~120kPa。粉细砂稍密—中密状，级配较好，承载力特征值120~160kPa	工程建设适宜，必要时需针对地基承载力不足采取人工地基处理，深基坑宜采取降水措施
基本适宜区Ⅱ	12.5	五十团16连西南-东南风积砂区Ⅱ₁	地形起伏大，水位埋深5~10m，砂丘比高1~5.5m。土质颜色为灰黄色或灰褐色，干燥—稍湿，松散—稍密，承载力特征值为60~100kPa	工程建设基本适宜，必要时需针对地基承载力不足采取人工地基处理，深基坑宜采取降水措施
		五十团16连南风积砂区Ⅱ₂		
		五十团16连东风积砂区Ⅱ₃		
		五十三团7连东南风积砂区Ⅱ₄	地形起伏稍大，水位埋深5~10m，受农耕影响，岩性局部为粉土、粉砂，大部以粉细砂为主，地形起伏稍大，土质颜色为灰黄色或灰褐色，干燥—稍湿，松散—稍密，承载力特征值为80~100kPa	工程建设基本适宜，必要时需针对地基承载力不足采取人工地基处理，深基坑宜采取降水措施
		五十团四中队西北风积砂区Ⅱ₅		
		五十团一中队北风积砂区Ⅱ₆		
		五十团基建连东风积砂区Ⅱ₇		
适宜性差区Ⅲ	68.1	突河河床河漫滩地区Ⅲ₁	两岸与漫滩基本齐平，河床漫滩段为以粉细砂为主的单层结构，潜水埋深约3~6m，地下水质对砼具中等腐蚀性。砂土土质松散，承载力特征值一般小于100kPa，为中等—严重液化区，工程地质条件较差	工程建设适宜性差，宜进行绿化、生态环境建设等。若进行工程建设，应对地基进行处理或防护
		克河河床河漫滩地区Ⅲ₂	两岸与漫滩基本齐平，河床漫滩段为以粉细砂为主的单层结构，潜水埋深约1~6m，地下水质对砼具中等腐蚀性。砂土土质松散，承载力特征值一般小于100kPa，为中等液化区，工程地质条件较差	
		五十团畜牧11队南液化区Ⅲ₃	地形平坦，水位埋深5~10m，主要由上更新统—全新统粉土、粉细砂组成。粉土厚约0.5~2m，稍密—中密状，具轻微湿陷，承载力特征值小于100kPa。粉细砂稍密—中密状，级配较好，具有轻微液化承载力特征值小于100kPa	
		五十团十四连西液化区Ⅲ₄		

(六)环境地质

1. 地下水环境质量评价

依据《地下水质量标准》,采用"综合质量指数法",对地下水进行综合环境质量评价。首先计算单指标质量指数,再计算综合环境质量指数,最后进行综合环境质量评价。对样品的20个环境质量化学指标,逐一进行单指标评价,评价结果见地下水综合环境质量分区图(图8-4)。图幅内地下水环境质量存在Ⅲ类水、Ⅳ类水和Ⅴ类水,主要以差(Ⅴ类)为主。其中Ⅲ类水呈片状分布于图幅南偏东,Ⅳ类水呈片状分布于图幅西偏北部和南部。从指标来看,达到Ⅴ类水、环境质量差的指标主要为总硬度、溶解性总固体、硫酸盐、氯化物、钠、镉等6种指标。

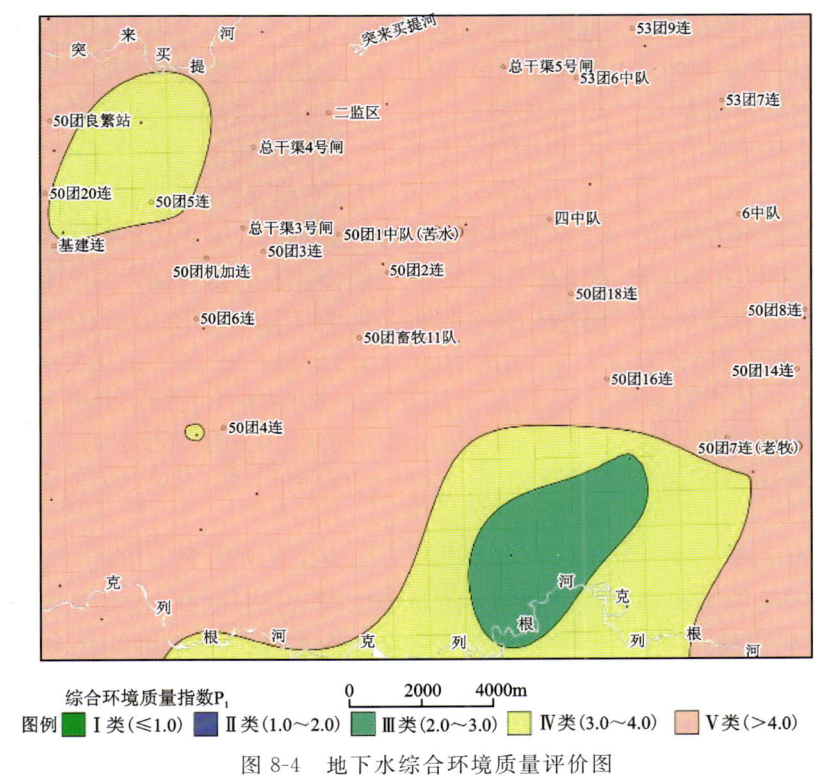

图 8-4 地下水综合环境质量评价图

2. 地表水环境质量评价

选择17项主要环境质量指标,依据《地表水环境质量标准》基本项目标准限值,采用"综合质量指数法"进行评价。

对采集的地表水全分析样的17个环境质量化学指标,逐一进行单指标评价以及综合评价,结果为:总干渠总氮为0.69~1.27mg/L,综合评价为Ⅲ类水、环境质量中等;坑塘水氨氮为1.91mg/L(以N计)、总氮(6.08mg/L)、氟化物(1.70~1.90mg/L)、镉(0.007 4mg/L)等均达到Ⅴ类水,综合评价为Ⅴ类水、环境质量差。

3. 土壤盐渍化评价

根据本次采集的土壤易溶盐分析成果(单点采样深度为0~0.2m、0.6~0.8m、1.3~1.5m),对本图幅土壤盐渍化程度进行分级,并对土壤盐份环境质量进行评价。

非盐化土，环境质量好；轻盐化土，环境质量较好；中盐化土，环境质量中等；重盐化土，环境质量差；盐土，环境质量极差。

从土壤垂向盐化程度分布情况来看：表层（0～0.2m）土壤含盐量相对较高，大部分样点为盐土、重盐土；中层（0.6～0.8m）土壤含盐量相对较低，大部分样点为非盐化土、轻盐化土；深层（1.3～1.5m）土壤含盐量低，大部分样点为非盐化土、轻盐化土。

从土壤含盐量平面分布情况来看：表层（0～0.2m）土壤主要为盐土、重盐土。盐土面积207.39km²，占总面积的52.41%；重盐土面积约76.48km²，占总面积的19.33%；中盐化土面积59.65km²，占总面积的15.07%；轻盐化土面积37.00km²，占总面积的9.35%；非盐化土面积15.22km²，占总面积的3.85%，见图8-5。

中层（0.6～0.8m）土壤主要为非盐化土、轻盐化土。非盐化土面积104.24km²，占总面积的26.32%；轻盐化土面积161.68km²，占总面积的40.83%；中盐化土面积

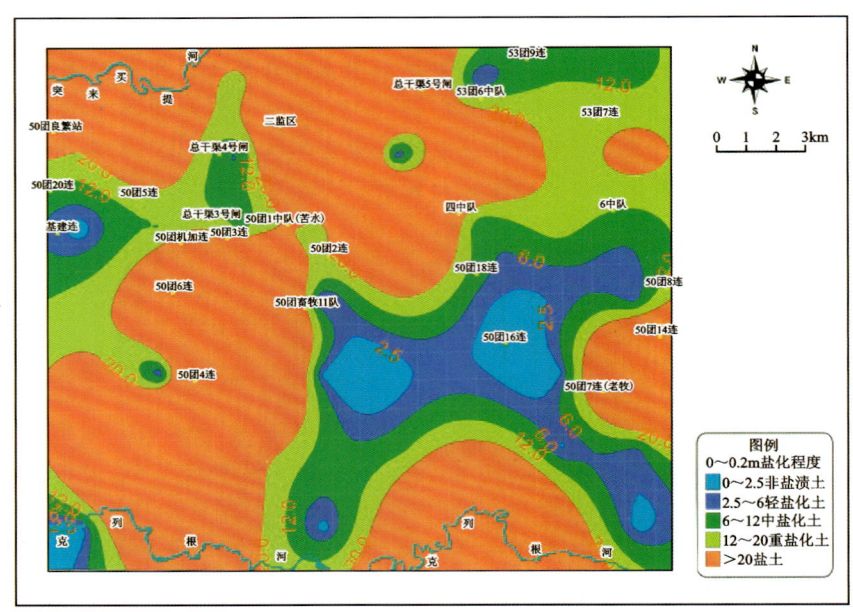

图8-5 表层土壤盐化程度评价图

81.76km²，占总面积的20.65%；重盐土面积35.79km²，占总面积的9.04%；盐土面积12.51km²，占总面积的3.16%。

深层（1.3～1.5m）土壤主要为非盐化土、轻盐化土。非盐化土面积121.39km²，占总面积的30.67%；轻盐化土面积202.25km²，占总面积的51.11%；中盐化土面积64.79km²，占总面积的16.37%；重盐土面积9.30km²，占总面积的2.35%。图幅在该深度内没有盐土分布。

从土壤盐化类型平面分布情况来看：表层（0～0.2m）土壤盐化类型主要为亚硫酸盐渍土。图幅内亚硫酸盐渍土面积230.59km²，占总面积的58.27%；非盐渍土面积15.23km²，占总面积的3.85%；硫酸盐渍土面积21.04km²，占总面积的5.32%；亚氯盐渍土面积114.54km²，占总面积的28.94%；氯盐渍土面积14.34km²，占总面积的3.62%。表层土壤盐化类型见图8-6。

中层（0.6～0.8m）土壤盐化类型主要为亚硫酸盐渍土。图幅内亚硫酸盐渍土面积199.42km²，占总面积的50.36%；非盐渍土面积104.25km²，占总面积的26.33%；硫酸盐渍土面积28.83km²，占总面积的7.28%；亚氯盐渍土面积63.05km²，占总面积的15.92%；氯盐渍土面积0.45km²，占总面积的0.11%，见图8-7。

深层（1.3～1.5m）土壤盐化类型主要为亚硫酸盐渍土，面积212.22km²，占总面积的53.63%；非盐渍土面积121.10km²，占总面积的30.60%；硫酸盐渍土面积26.70km²，占总面积的6.75%；亚氯盐渍土面积35.72km²，占总面积的9.03%；该深度内没有氯盐渍土分布。

土壤盐渍化对工程建设、农作物生长均有危害。主要在农作物苗期，土壤中盐碱上升，表层形成盐碱壳，造成出苗困难。雨水将土壤表层盐碱淋滤到作物根部，造成农作物的死亡。图幅内各团场每年约有3%～5%的播种面积因盐碱害歉收，对农作物危害较为严重。

造成土壤次生盐渍化的原因：①图幅所处平原区地下水径流缓慢、排泄不畅，蒸发强烈，地下水不断

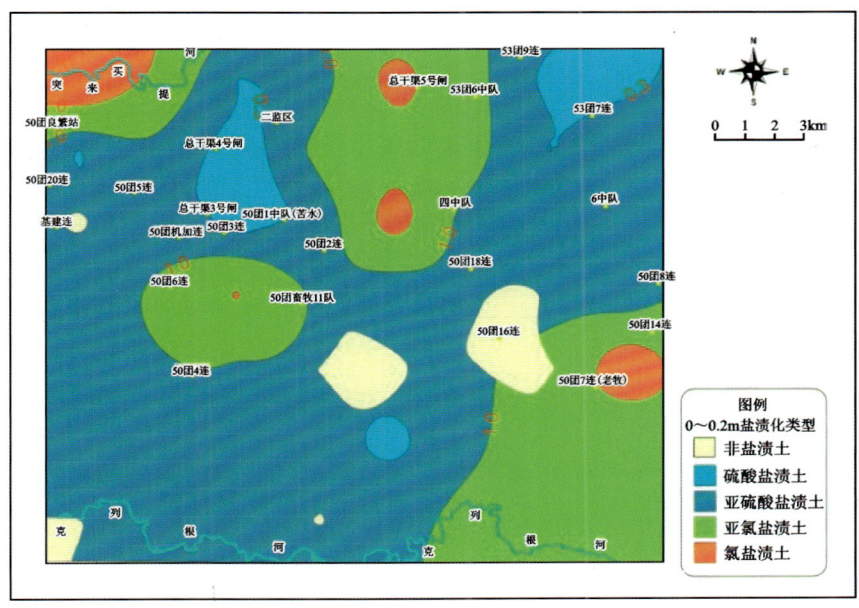

图 8-6 表层土壤盐化类型分布图

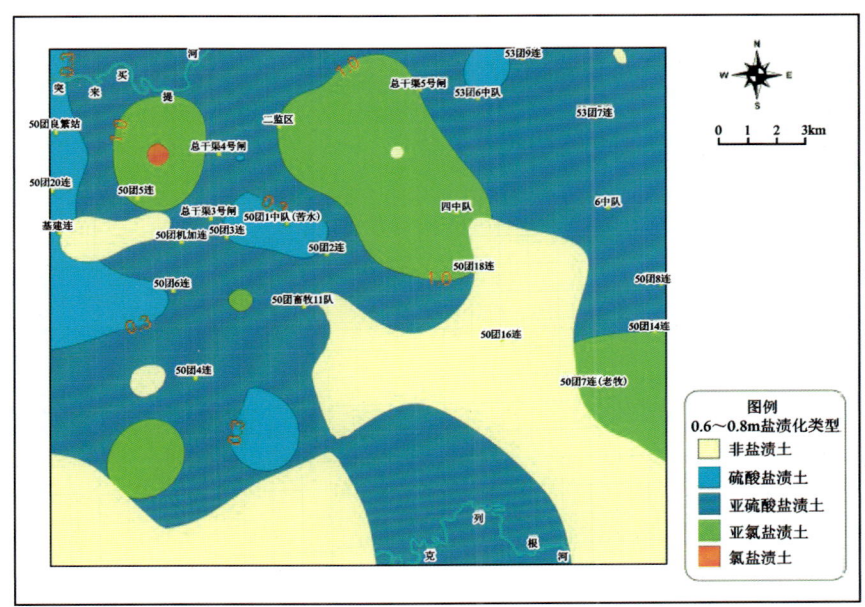

图 8-7 中层土壤盐化类型分布图

浓缩,矿化度升高,以及长期化肥农药残留积累地表;②成土母质土壤普遍含盐;土壤多为粉土黏土互层,透水透气性差,盐分难以淋洗排出,毛细管作用强,盐分极易回升聚积于地表;③灌溉制度不合理,农业存在过度灌溉现象,农灌用水量过大导致地下水位迅速上升产生次生盐渍化。

土壤盐渍化的发展趋势:20 世纪 50 年代,除叶河冲积平原局部地带为非盐渍化土外,其他区域皆属于不同程度的盐渍土,盐渍土面积较大。随着区内人类活动的增强,水土开发面积不断扩大,人工绿洲区的面积不断增大,盐渍土范围逐年在减小。预计今后随着当地政府一系列节水灌溉措施、渠道防渗措施、管理措施等的实施,盐渍土范围会逐年减小。

预防措施:①合理确定地下水临界深度;②修建完善的排水系统:合理确定其间距和深度。后期运行期做好维修养护及管理,防止坍塌淤积,保持排水畅通;③加强灌溉管理、实行节约用水、合理用水;④实行竖井排灌、降低地下水位,在宜井区,应实行井灌井排,起到既可抗旱,又能降低地下水位作用;促进地下水淡化,加速土壤脱盐,抑制土壤返盐;⑤实行生物排水:在灌区内大搞植树造林,用林木吸收水分以降低地下水位。

改良措施:①冲洗改良,采用低矿化的淡水,对盐渍化土壤进行过饱和灌溉,将土壤中盐分从土壤表层排出,起到改良土壤的作用。②种稻改良:在土壤含盐量大、地势低洼、土质黏重、地下水位高的地区,实行种稻改良是切实可行的措施。由于灌溉水的长期入渗,使表层土壤脱盐,也将使地下水不断淡化;③放淤改良,放淤可以改善土壤物理性状、增加土壤养分。放淤使大量淡水下渗,一可以冲洗压盐,二可以淤高地面增加土层厚度。另外,挖通"粘板层"改善土壤的透水性、加沙改良、增施有机肥料等也是当地总结出来的较好经验。

4. 环境地质问题严重程度评价

1)评价依据及评价方法

依据土壤盐渍化、咸水盐水、高氟水、土地沙漠化、砂土液化等5类主要环境地质问题,对环境地质问题严重程度进行定性分区(表8-13)。

表8-13 环境地质问题严重程度分区标准

分区		严重区		中等区					轻微区			不易发区	备注
划分依据	土壤盐渍化	重盐化—盐土	盐土	盐土	盐土	盐土	轻—中盐化	盐土	轻—中盐化	微—轻盐化	微盐化	非盐化	从左到右划分,同时满足该列条件,即为该级别
	咸水盐水(溶解性总固体g/L)	>10	3~10	<3	3~10	<3	<3	3~10	3~10	3~10	<3	<3	
	高氟水	有	有	无	无	无	有	无	无	无	无	无	
	土地沙漠化	有	有	有	有	有	无	无	无	无	无	无	
	砂土液化	无	有	无	有	无	有	无	无	无	无	无	

2)环境地质问题严重程度分区评述

严重区、中等区、轻微区,面积分别为65.8km²、293.8km²、36.1km²,占图幅比例分别为16.6%、74.2%、9.1%,以中等区为主,全图幅无不易发区(图8-8)。

(1)严重区(A):主要分布在图幅北部、西南角和中东部。

A1:分布面积28.1km²,表层土壤主要为盐土,地下水为咸水,大部分区域为高氟水。东部有小范围砂土液化现象。A2:分布面积18.0km²,表层土壤主要为盐土,存在高氟水,地下水为咸水。中南部局部有砂土液化现象,南部有小范围土地沙漠化现象。A3:分布面积14.0km²,表层土壤主要为盐土,地下水为咸水,存在高氟水。西北部有砂土液化现象,西北角有小范围

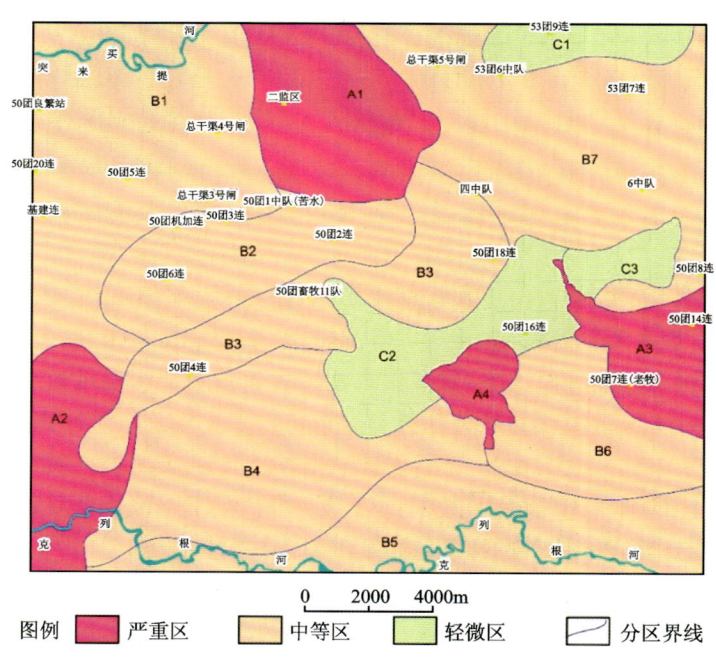

图8-8 环境地质问题严重程度分区图

土地沙漠化现象。A4：分布面积5.6km²，表层土壤主要是轻盐化—中盐化，地下水为咸水和盐水，盐水分布在北部。西部和南部存在土地沙漠化现象，东部大部分区域存在高氟水。

（2）中等区（B）：主要分布在图幅的北部、西部及南部。

B1：分布面积61.2km²，大部分TDS<3g/L，北部区域有砂土液化现象，表层土壤主要是盐土；B2：分布面积26.6km²，表层是盐土，地下水为咸水。B3：分布面积33.3km²，绝大部分TDS<3g/L，表层主要是盐土，中部存在砂土液化现象。B4：分布面积47.8km²，地下水为咸水，表层土壤是盐土，中部有土地沙漠化现象，南部有砂土液化现象。B5：分布面积42.5km²，TDS<3g/L，多有砂土液化现象，表层主要是盐土，东北部有土地沙漠化现象。B6：分布面积23.4km²，TDS<3g/L，多为高氟水，土壤主要为轻盐化—中盐化。B7：分布面积59.0km²，地下水为咸水，表层土壤呈盐土—重盐化，东部局部有土地沙漠化现象。

（3）轻微区（C）：主要分布在图幅中东部。

C1：分布面积9.0km²，地下水多为咸水，表层土壤主要是轻盐化—中盐化土。C2：分布面积21.7km²，地下水主要为咸水，表层主要为非盐化—微盐化土。C3：分布面积5.4km²，表层土壤是轻盐化土，东部区域TDS<3g/L。

（七）地质环境分区评价与保护

1. 地质环境评价与区划

评价方法：针对图幅的地质环境和主要环境地质问题，选择定性分析进行综合评价。具体做法是：在评价因子选择、评价单元划分的基础上，对评价单元进行单因子环境质量评价、综合环境质量评价，依据各个评价单元的评价结果、对图幅进行环境质量分区评价。

地质环境质量分区结果：其中较差、较好、好的评价单元个数分别为36个、28个、64个。图幅内无地质环境质量差的级别，地质环境质量划分为较差、较好、好等3个区、18个亚区，较差、较好、好等3个区的面积分别为68.1km²、298.3km²、29.3km²，占总面积的比例分别为17.2%、75.4%、7.4%。以较好为主，其次是好，这个结论与图幅实际情况也是比较相符的。见图8-9、表8-14。

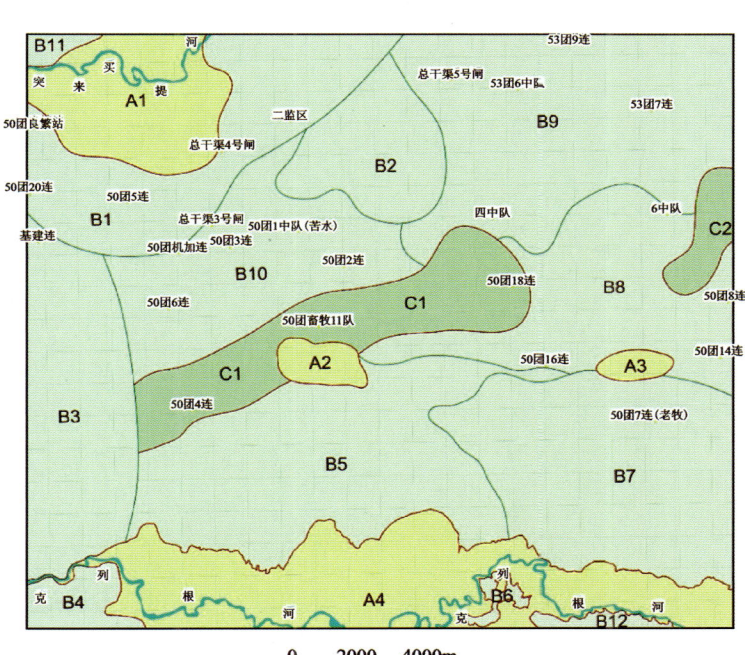

图8-9 地质环境质量分区图

2. 综合地质环境区划

（1）原则：①地质环境区划是为国土规划服务，因此地质环境是研究的基本出发点。②应满足规划中的基本要求，并且区划是为规划、建设等部门的相关工作提供参考和依据。③地质环境评价是地质环境区划的基础，地质环境区划指导地质环境评价工作。④本次地质环境区划，仅开展以地质环境问题为导向的一级区划。即根据城市已有的土地利用现状等资料，划分出禁建区、限建区、适建区和已建区。

表 8-14 地质环境质量分区说明表

序号	分区名称及代号					位置	特征
	区	面积(km²)	比例(%)	亚区	面积(km²)	比例(%)		

序号	区	面积(km²)	比例(%)	亚区	面积(km²)	比例(%)	位置	特征
1	地质环境较差(A)	68.1	17.2%	A1	20.6	5.2%	笑来买提河床河漫滩 50 团良繁站东格西里克	该区域整体存在砂土液化,地下水矿化度<3g/L,为微咸水。西部地下水埋深 3～6m,其他区域地下水埋深>6m。地下水防污性能相对较差
2				A2	3.2	0.8%	叶尔羌河冲积平原区,五十团畜牧十一队南	该区域整体存在砂土液化,地下水为咸水,西部地下水埋深>6m,其他大部分区域地下水埋深 3～6m。地下水防污性能相对较差
3				A3	1.7	0.4%	叶尔羌河下游冲积平原,50 团－夏河林场	该区域整体存在砂土液化,地下水为咸水,地下水埋深>6m,西部存在高氟水。地下水防污性能相对较差
4				A4	42.6	10.8%	克列根河河床河漫滩区	该区域整体存在砂土液化,大部分地下水矿化度<3g/L,为咸水。西北部中东部地下水埋深<3m,其他区域地下水埋深 3～6m。存在土地沙漠化现象。地下水防污性能相对较差
5	地质环境较好(B)	298.3	75.4%	B1	31.6	8.0%	叶河冲积平原 50 团 5 连良种繁育站,格西里克	该区域中部及东北角地下水为咸水,其他矿化度<3g/L,为微咸水。西北角地下水埋深>6m,防污性能相对较差。南部存在小面积土地沙漠化现象,东北部取水工程建筑适宜性相对较好;局部取水工程建筑适宜性相对较差
6				B2	16.1	4.1%	叶尔羌河下游冲积平原,五十三团八中队	该区域中东部地下水矿化度<3g/L,为微咸水,其他为咸水。绝大部分地下水埋深>6m,地下水防污性能相对较差。中部在小面积土地液化现象,整体存在高氟水,整体取水工程建筑适宜性相对较好
7				B3	31.1	7.9%	叶尔羌河下游冲积平原,五十团基建连	该区域整体存在高氟水。北部及中南部地下水矿化度<3g/L,为微咸水,其他为微咸水。大部分地下水埋深 3～6m,地下水防污性能相对较差,中部存在砂土液化现象。该区绝大部分工程建筑适宜性相对较差

续表 8-14

序号	分区名称及代号						位置	特征
	区			亚区				
	区	面积(km²)	比例(%)	亚区	面积(km²)	比例(%)		
8	地质环境较好(B)	298.3	75.4%	B4	5.0	1.3%	叶尔羌河下游冲积平原,图幅的西南角	该区域大部分地下水为咸水,存在高氟水,西南角存在土地沙漠化现象,整体地下水埋深3~6m,地下水防污性能相对较差。该区绝大部分工程建筑适宜性相对较差
9				B5	47.5	12.0%	叶尔羌河下游冲积平原,五十团四连	该区域大部分地下水为咸水,南部存在土地沙漠化现象。整体地下水埋深3~6m,地下水防污性能相对较差。该区绝大部分工程建筑适宜性相对较好;局部地段取水工程建筑适宜性相对较差
10				B6	1.2	0.3%	克列根河床河漫滩区,图幅的中南部	该区域大部分地下水矿化度<3g/L,为微咸水,局部存在淡水,地下水埋深3~6m,地下水防污性能相对较差。该区绝大部分工程建筑适宜性相对较好
11				B7	44.5	11.3%	叶尔羌河下游冲积平原,五十团七连	该区域大部分地下水为高氟水,中南部地下水矿化度<3g/L,为微咸水;西部为盐水,其他为咸水。存在土地沙漠化现象,地下水防污性能相对较差。该区绝大部分工程建筑适宜性相对较好;局部地段取水工程建筑适宜性相对较差
12				B8	32.7	8.3%	叶河冲积平原,50团8连、14连、16连	该区域整体地下水埋深>6m,地下水防污性能相对较好。绝大部分地下水为咸水。存在土地沙漠化现象,整体工程建筑适宜性相对较好;局部地段取水工程建筑适宜性相对较差
13				B9	53.4	13.5%	叶河冲积平原,53团9连、六中队、6连	该区整体地下水埋深>6m,地下水防污性能相对较好。绝大部分为咸水,中部存在砂土液化现象。该区总体工程建筑适宜性相对较好;局部地段取水工程的建筑适宜性相对较差
14				B10	31.7	8.0%	叶河冲积平原,50团3连、6连、2连、二中队	该区整体地下水埋深>6m,地下水防污性能相对较好。绝大部分地下水为咸水。该区绝大部分工程建筑适宜性相对较差

续表 8-14

序号	分区名称及代号						位置	特征
	区			亚区				
	区	面积(km²)	比例(%)	亚区	面积(km²)	比例(%)		
15	地质环境较好(B)	298.3	75.4%	B11	1.6	0.4%	叶尔羌河下游冲积平原，图幅的西北角	该区整体地下水为咸水，绝大部分工程建筑适宜性相对较好；取水工程相对较差。该区绝大部分地下水埋深>6m，地下水防污性能相对较差
16				B12	1.7	0.4%	克列根河河床漫滩区，图幅的东南角	该区域绝大部分地下水矿化度<3g/L，为微咸水。存在土地沙漠化现象，整体地下水埋深3~6m，地下水防污性能相对较好；取水工程建筑适宜性相对较差。该区绝大部分工程建筑适宜性相对较差
17	地质环境好(C)	29.3	7.4%	C1	24.7	6.2%	叶河冲积平原，50团4连、畜牧11队、18连	该区域整体地下水埋深>6m，地下水矿化度<3g/L，为微咸水。无其他环境地质问题，绝大部分工程建筑适宜性相对较好
18				C2	4.6	1.2%	叶尔羌河下游冲积平原，五十团六中队东	该区域绝大部分地下水埋深>6m，地下水矿化度<3g/L，为微咸水。无其他环境地质问题，绝大部分工程建筑的适宜性相对较差

(2) 方法：首先，充分收集图幅内当地政府的城市规划和土地利用规划相关资料。其次，结合图幅的地质环境优劣，参考《城市规划编制办法》（建设部第 146 号令），对图幅开展以地质环境问题为导向的一级区划。由于图幅内地形平缓，在区划的过程中，单从地质环境质量出发，一般要求为：① 地质环境质量"差"的区域、原则上划分为禁建区或者限建区；② 地质环境质量"较差、较好、好"的区域、原则上划分为适建区。

(3) 区划：根据前面的地质环境评价结果，结合城市规划等，对图幅地质环境进行区划（图 8-10、表 8-15）。对图幅非水域面积部分划分结果，为已建区、适建区 2 个区，面积分别为 16.27km²、363.20km²，占总面积的比例分别为 4.11%、91.78%，图幅内适合工程建设。

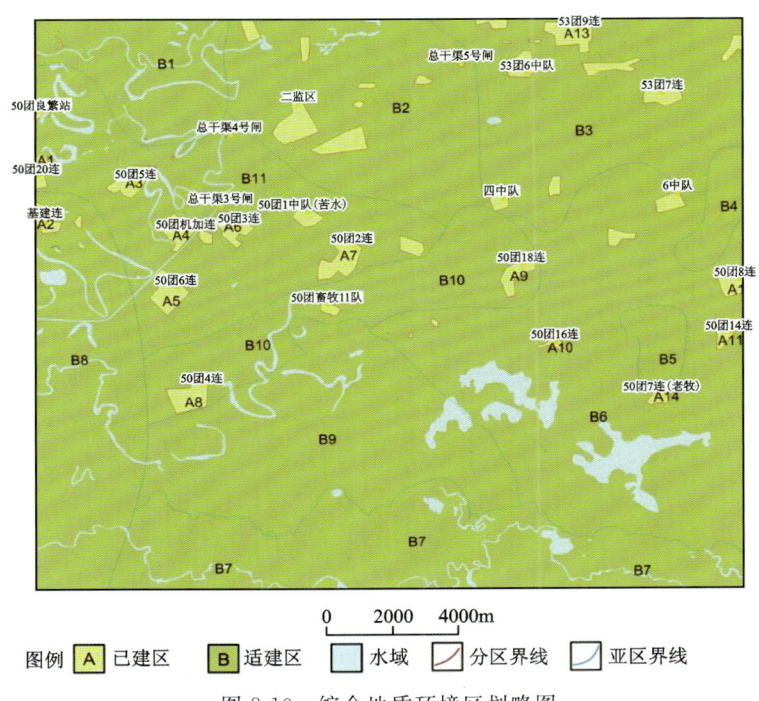

图 8-10　综合地质环境区划略图

3. 环境地质问题防治对策建议

1) 水污染防治

(1) 包括技术措施，也包括管理措施。以法律为准绳，本着"谁污染，谁治理"的原则，对于已有的污染，应限期治理，加大环保投入，增建、扩建污水处理设施。进行灌溉工艺、农药化肥使用工艺改革，提高水重复利用率及用水水平，减少污水排放量；污废水资源化：使本来已失去使用价值的废水重新具有某种使用价值。

(2) 高矿化度水防治措施主要是咸水淡化，就是利用电渗析脱盐淡化咸水技术及配套设备，可把含盐量 3～5g/L 的咸水，通过淡化工艺脱盐、降氟、净化，变成小于 1g/L 的淡水，达到国家规定的饮用水标准。

(3) 高氟水防治措施：含氟水的去除主要有吸附、混凝沉淀、离子交换、电凝聚等方法。

2) 土壤盐渍化的防治方法措施

(1) 土壤盐渍化对农业生产危害的防治方法及措施。应从预防与治理两方面着手。合理科学地疏浚排水系统，可降低地下水水位，改良盐碱地，防止土壤次生盐渍化。同时加强灌溉管理、实行节约用水、合理用水。对已发生次生盐渍化的土壤，应采取必要的改良措施，如冲洗改良、种稻改良、放淤改良、耕作施肥改良等。

表 8-15 综合地质环境区划说明表

序号	分区名称及代号					位置	特征说明
	区	面积(km²)	比例(%)	亚区	亚区面积(km²)	亚区比例(%)		
1	已建区(A)	16.27	4.11%	A1~A14	8.89	2.25%	图幅内连队所在地	呈零星，分散状态，多为单层及低层建筑物，偶尔有多层建筑物。为地质环境质量较好区、好区
2				零星已建区	7.38	1.86%	图幅内中队、村落等	呈零星，分散状态，几乎全部为低层建筑物。为地质环境质量较好区、好区
3	适建区(B)	363.20	91.78%	B1	15.41	3.89%	图幅西北角	处于突来艾提河床漫滩，地形坦。主要环境地质问题：存在中等、严重砂土液化。属于地面稳定性差，较差区。为地质环境质量较差区、适合工程建设
4				B2	37.00	9.35%	图幅中北部	处于叶尔羌河下游冲积平原区，地形平坦。主要环境地质问题：中东部地方地下水矿化度<3g/L，为微咸水，其他地方地下水为咸水。中部存在小面积土地沙漠化现象，大体存在高氟水。为地质环境质量较好区、适合工程建设
5				B3	41.40	10.46%	图幅东北角	处于叶尔羌河下游冲积平原区，地形平坦。主要环境地质问题：绝大部分地下水为咸水。土地沙漠化现象，中部存在砂土液化现象。绝大部分为地质环境质量较好区、中西方向小面积区域为较差区、适合工程建设
6				B4	4.42	1.12%	50团6中队东部	处于叶尔羌河下游冲积平原区，地形平坦。该区域绝大部分地质问题：地下水埋深>6m，地下水矿化度<3g/L，为微咸水。无其他环境地质问题。整体地质环境质量好区，为地质环境质量好区、适合工程建设
7				B5	3.69	0.93%	50团-夏河林场	处于叶尔羌河下游冲积平原区，地形平坦。主要环境地质问题：南部存在高氟水、中东部等砂土液化，属于地面稳定性较差区。为地质环境质量较差区、适合工程建设
8				B6	71.86	18.16%	图幅中东部	处于叶尔羌河下游河床漫滩区，地形平坦。主要环境地质问题：中东部存在高氟水，绝大部分地下水为咸水。存在土地沙漠化现象。为地质环境质量较好区、适合工程建设
9				B7	42.99	10.86%	图幅南部	处于克列根河床漫滩区，地形平坦。主要环境地质问题：西北部地下水矿化度较差区。存在砂土液化，属于地面稳定性较差区。存在土地沙漠化现象。为地质环境质量较差区、适合工程建设

续表 8-15

序号	分区名称及代号						位置	特征说明
	区			亚区				
	区	面积 (km²)	比例 (%)	亚区	面积 (km²)	比例 (%)		
10	适建区 (B)	363.20	91.78%	B8	34.63	8.75%	图幅中西部	处于叶尔羌河下游冲积平原区,地形平坦。主要环境地质问题:绝大部分地下水为咸水,存在高氟水,西南角存在土地沙漠化现象,中部存在砂土液化现象。为地质环境质量较好区,适合工程建设
11				B9	44.08	11.14%	图幅中南部	处于叶尔羌河下游冲积平原区,地形平坦。主要环境地质问题:绝大部分地下水为咸水,南部存在土地沙漠化现象,北部小面积区域存在砂土液化现象。为地质环境质量较好区,适合工程建设
12				B10	22.24	5.62%	图幅的中部	处于叶尔羌河下游冲积平原区,地形平坦。主要环境地质问题:该区域整体地下水埋深>6m,地下水矿化度<3g/L,为微咸水。无其他环境地质问题。为地质环境质量较好区,适合工程建设
13				B11	45.49	11.49%	图幅的中西北部	处于叶尔羌河下游冲积平原区,地形平坦。主要环境地质问题:该区域整体地下水埋深>6m,绝大部分地下水为咸水,地下水防污性能相对差。为地质环境质量较好区,适合工程建设

(2)土壤盐渍化对工程建设危害的防治方法措施。图幅内盐渍土对土体的结构和土体工程性质有较大影响。土中盐类遇水溶解后,会影响土的物理力学性质,降低土的强度,产生建筑物地基溶陷;当温度或湿度变化时,会引起盐渍土地基的膨胀,对建筑物和地面设施产生破坏作用;其盐胀性、溶陷性及强腐蚀性,也会造成建筑物地基发生膨胀破坏、溶陷破坏和腐蚀破坏。因此,图幅内盐渍土若处理不当,会严重危害工业与民用建筑的正常使用,造成重大的经济损失。建议图幅内盐渍土区建设时,应严格按照相关规范要求处理、加固地基。由于图幅内盐渍土厚度较小,地下水埋深较小,应优先采用隔断水分、去除盐分、土体加固等,其次根据工程重要性选择桩基、化学防腐等。

3)淡水、微咸水开发利用的方法措施

图幅西北角突河和南部克河两岸 1～3km 范围内存在 1～3g/L 的微咸水淡化带。可考虑充分利用微咸水来治理盐渍土。建议在微咸水区域,可凿井开采微咸水,与地表水混合,用混合水进行农田灌溉,达到洗盐、降盐的效果;单井的孔径宜 $\Phi600mm$,井深宜 50～70m,安装 $\Phi325mm$ 井壁管及滤水管,井间距宜 200～250m;单井涌水量 80～100m^3/h。

4)其他特殊土的防治对策

主要为饱和粉细砂(砂土液化)、松散风积砂(土地沙漠化)等。①实施详细工程地质勘察,建筑地基应采用相应的措施进行防治;②松散风积砂不宜作为建筑地基,选址应尽量避让,对于不能避让的地段则应采取各种地基处理措施进行处理;③饱和粉细砂作为建筑地基时,宜采取地基改良、建筑物结构改良措施等进行处理。

(八)建议

(1)针对突河、克河河床及河漫滩地区,地下微咸水相对丰富,可进一步研究论证,并适当开发利用,尤其应加强对半咸水—咸水(苦咸水)的利用研究。

(2)应进一步加强盐碱地治理的相关研究,包括工程措施类(如竖井排灌、排渠建设等)和非工程措施类(如完善灌溉制度、调整种植结构,尝试新型耐盐作物如海水稻等)。

(3)叶河在区内尚留存有较多古河道或冲沟。人工填沟、填坑较为普遍,填土结构松散,容易引起沉陷。在工程建设前应查明其分布,采取相应处理措施。

(4)加强水土环境监测、环境保护工作,以及相应制度与监督能力的建设。

(5)地下水是重要战略储备资源。图木舒克市现状生活、工业全依托地表水资源,应寻找可利用地下水源以提高城市应对极端干旱、水污染突发事件的能力。

(6)加强对公众开展珍惜、保护水土环境的宣传教育工作,提高对水土环境重要性的认识,从而积极主动地支持、参与到政府管理工作及相关建设事业中来。

二、第九师 170 团莫合台富锶水土环境调查评价

(一)项目概况

新疆生产建设兵团第九师 170 团莫合台垦区位于准噶尔盆地西部,所辖地域呈不连片分布在托里、额敏两县境内。团部驻地莫合台镇位于布尔阔台河与白杨河两河形成的冲洪积扇交汇区,近年来团场为改善生态环境,在莫合台镇所在的冲洪积扇上大力种植沙棘。沙棘树被人们称为改善环境的"生态树"、职工致富的"摇钱树"、企业争抢的"增效树"。2018 年已种植形成连片的人工滴灌沙棘林约 5 万亩,拟打造为北疆地区最大的人工灌溉沙棘示范基地。

2015年兵团农垦科学院与中国科学院寒区旱区环境与工程研究所有关专家,在调研170团沙棘林时,分析认为第九师170团莫合台镇所在的冲洪积扇地下水及土壤中具有富集有益元素锶的极大可能性。由此,兵团自然资源局部署了"第九师170团莫合台富锶水土环境调查评价项目",以进一步查明170团疑似富锶水土资源的时空分布情况。

通过对第九师170团莫合台区域内富锶地质环境条件和由自然作用及人类活动引起环境地质问题的调查研究、分析、评价,进一步确认第九师170团莫合台垦区富锶水土资源的分布规律、可利用性,初步探明富锶水资源的空间分布、水质与水量特征及成因、机理,为后续勘探、开发及保护提供基础数据和理论支撑。

项目区位于额敏县境内,依据工作目的和地下水形成的一般规律及补、径、排条件,把工作区分为重点调查区和一般调查区。一般调查区范围东到白杨河,西至玛依塔斯,北以乌日克下亦山分水岭的布腊特沟为界,南至170团界和喇嘛照乡沿线。主要包括乌日可下亦山区及周边地区,其东西长约76km,南北宽约28km,面积约2000km²。重点调查区在一般调查区东南角,处于布尔阔台河与白杨河两河冲洪积扇的交汇洼地区,面积约100km²,隶属第九师170团莫合台镇。

(二)地质及水文地质概况

1. 区域地质概况

1)构造运动

华力西中晚期构造运动,使区域地块褶皱隆起,缺失二叠纪的沉积。随后经长期风化剥蚀后,地表逐渐夷平。在印支运动影响下,活动性断裂的差异性升降运动,形成了区域性东西向的断陷盆地镶嵌于褶皱断块山体之间的地貌景观。

随后的燕山运动,使侏罗系发生褶皱,古近纪及新近纪以来的喜马拉雅运动,使区域受到南北向的挤压应力作用,一方面使山区继续上升,低地相对下降,同时伴生产生了两组呈X栉交状的隐伏断裂,这两组断裂直接控制了莫合台洼地的东西边界,另一方面,喜马拉雅运动,使古近系与新近系普遍发生褶皱隆起,造成了断陷盆地边缘东西向的褶皱隆起。这些构造带以南北向挤压形成的东西向和北东-南西向构造形迹为主,对调查区内主要的构造形态、沉积建造、岩浆活动、成矿作用及水文地质条件具有明显的控制作用。复杂的断裂、断层、节理裂隙系统,使该区各类岩石普遍具有较好的储水和导水性能。

2)地层分布

调查区所在区域属天山-兴安岭地层区西准噶尔地层分区,大致以铁厂沟-白杨河凹地为界,北部属沙尔布尔提地层小区,南部属玛依力山地层小区。本次一般调查区位于北部,发育的主要地层有古生界的泥盆系、石炭系,缺失二叠系;中生界可见侏罗系,零星见三叠系,缺失白垩系;新生界缺失古近系,零星可见新近系,广泛发育第四系。

调查区自古生代末,受历次构造运动的影响,乌日可下亦山区广泛发育了大面积的侵入岩,约占调查区整个山地面积的1/4,主要以华力西期第三侵入次钾质花岗岩类(γ_4^{2c})为主(图8-11)。从侵入岩相互穿插关系以及穿透地层情况分析,区内侵入岩为华力西中晚期产物。主要由库鲁六苏和赛力克两大花岗岩体及其多火山沉积的上古生界围岩组成。两大花岗岩体呈岩基状产出,总面积约560km²,主要由高碱度的肉红色钾长花岗岩组成。两大岩基决定了区域地下水来源大多具有花岗岩裂隙水特征。围岩主要由马拉苏组(D_1ml)碎屑岩与中基性火山碎屑岩、孟布拉克组(D_1mb)凝灰质岩、萨吾尔组(D_2s)碎屑岩与火山岩和火山碎屑岩、巴塔玛依内山组(C_1b)中基性火山岩和火山碎屑岩等组成。这些围岩的特征决定了该两大岩体周边地下水还会受到相应火山沉积的影响。

图 8-11　红色钾质花岗岩与灰绿色、灰紫色中基性火山岩实景照

从岩石化学成分看,赛力克和库鲁木苏岩体富含钾、钠、硅、锂、锶,重金属元素含量较少;其围岩含有较多的中酸性火山碎屑岩,其中也富含有利于健康的锶元素。

2. 区域水文地质条件

纵观整个调查区,由于新构造运动的影响,地下水的分布和埋藏条件受地质地貌及沉积环境的严格控制。对照区域水文地质普查资料,结合遥感解译,调查区地下水类型主要以松散岩类孔隙水、碎屑岩类裂隙孔隙水与基岩裂隙水 3 种类型赋存。松散岩类孔隙水主要分布于铁厂沟-白杨河凹陷(铁门鲁塔木谷地)的山前倾斜平原区的第四系冲积层、冲洪积层、沼泽沉积层以及风积层之中,以潜水、潜水及承压水、承压水和承压自流水等形式存在;碎屑岩类裂隙孔隙水主要分布于侏罗系、古近系与新近系的砂岩、泥岩、砾岩之中,以裸露型和覆盖型的潜水或有隔水层的承压水或溢出泉的形式存在;基岩裂隙水主要分布于石炭系、泥盆系以及侵入岩体之中,呈构造裂隙水和断层脉状水以及风化带网状裂隙水等泉水形式存在。

山体西部气候湿润,降水较多,水系发育,山顶发育三级古夷平面,大部被风化残积物质覆盖,形成了具有自由水面的裂隙潜水层,因此在山谷顶部或山顶低洼处可见到泉水出露,花岗岩构造风化裂隙水单泉流量一般在 1~3L/s,其化学类型基本是 HCO_3-Ca 型,碎屑岩风化裂隙水一般在 0.1~1L/s,其化学类型基本是 HCO_3-Ca·Na 或 HCO_3-Ca·Mg(Mg·Na)型,这些泉水顺地势形成溪流,汇入断裂带发育的深大沟谷河流中。

乌日可下亦山体东部白杨河中下游一带,地貌上处于剥蚀、侵蚀构造的中低山地形,山体裸露,北部沟谷深切,低洼谷地风化残积物覆盖相对较厚,气候干燥,降水极少,因补给来源贫乏,泉水出露点很少,一般泉流量小于 0.1L/s,其化学类型基本是 $HCO_3·SO_4$-Na·Ca 或 $SO_4·HCO_3$-Na·Mg 型。地下水径流模数小于 $1L/s·km^2$。

3. 重点区水文地质概况

1) 重点区第四系基底构造特征

受新构造运动的影响,莫合台重点工作区内第四纪松散堆积物的基底(新近系泥岩、砂岩)起伏变化较大,物探电测深数据分析,第四系基底顶面呈现为南高北低,东边相对高于西边,中部南西-北东条带状洼地延伸到 S318 时又折转向东,呈现出洼地出口在东部的总体趋势。利用 SKUA-GOCAD 构建的重点区基底构造三维模型示意见图 8-12。

可以看出,重点区内基底地形起伏变化较大,西北部边界零星出露的 2~3km² (约占重点区面积的 3%)的中生界侏罗系基岩山体,海拔为 850~970m;其余 97% 地表均为第四系松散沉积物覆盖,海拔为 630~850m。其基底面有大小不同相对高差在 50m 左右的几个洼坑分布,其西南角洼坑与区内连通并从侏罗系基岩山体南部绕过与西部贯通。中部较深几个洼坑大致沿北东-南西向呈两排展布,最终在北

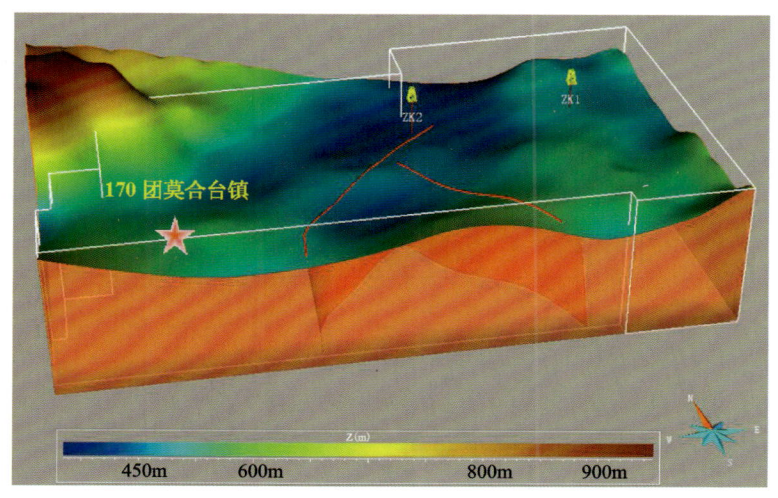

图 8-12　重点区基底构造三维模型示意图

部合二为一，其分布基本与区内隐伏的 F_1（北东-南西向）断裂构造走向一致。总体基底地形存在南高北低、西高东低的半封闭凹槽构造特征，从地下水补、径、排水文地质条件分析，半封闭的凹槽构造相当于地下水储水构造盆体，有利于地下水的缓流，促使沉积作用的加强和水化学元素的富集。

2）含水层结构及富水性

受基底构造影响，重点调查区第四纪覆盖层厚度变化较大，根据前人和本次勘探，结合物探电测深分析结果，洼地区西部覆盖层厚度一般大于 150m；北部地势较高的洪积坡地，覆盖层厚度可达 200 余米；洼地中心的地势低洼处，覆盖层厚度推断在 150m 左右；东南部覆盖层厚度推断小于 150m；南部覆盖层厚度推断小于 100m。洼地区下伏新近系基岩面呈现为南高北低的总体变化趋势。

在东部的白杨河冲洪积扇以及西部的蒙戈尔姜（现称为库古伦河）冲洪积扇（裙）区，沿地形坡降，地层岩性逐渐变细。在冲洪积扇中上部，含水层岩性皆为卵砾石含少量土层，一般粒径 20～60mm，偶可见达到 200mm 的漂石，卵砾石磨圆度较好，分选性中等，岩性成分为火山碎屑岩、花岗岩。沿地形坡向至冲洪积扇扇缘地带，含水层岩性为砂砾石，一般粒径 5～12mm，磨圆度及分选性均一般，砾石成分以火山碎屑岩为主。

洪积扇中上部均为第四系单一结构的孔隙潜水含水层组，仅中部的冲洪积细土平原（扇间洼地区）为上部潜水下部承压水的多层结构（图 8-13）。

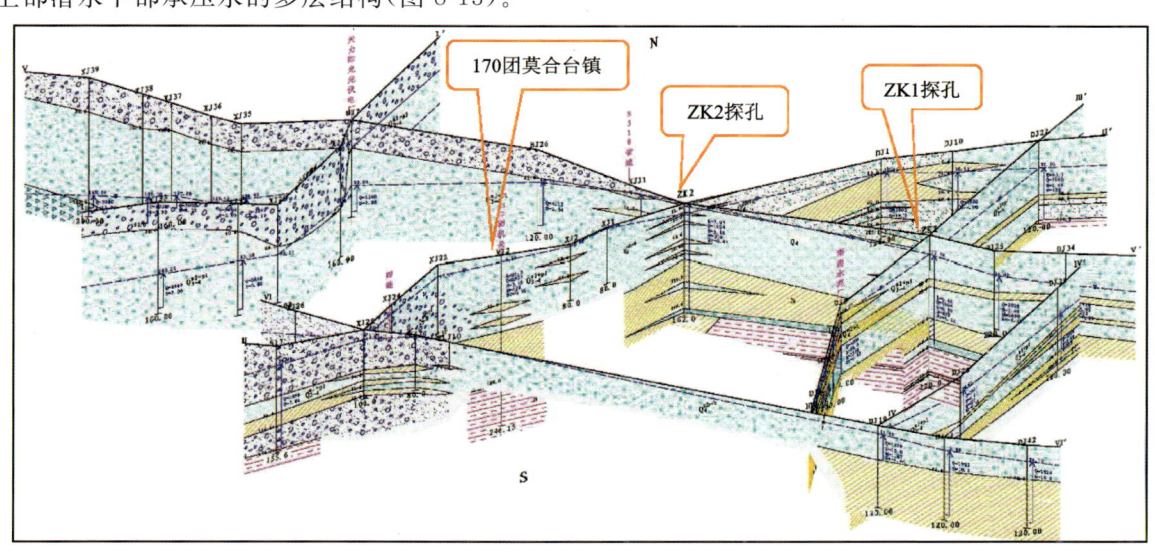

图 8-13　重点调查区水文地质剖面及地质结构三维透视图

在中部的扇缘洼地区,含水层岩性以砂砾石夹黏性土为主,一般粒径 3~10mm,含少量卵石,磨圆度及分选性均一般,砾石成分以火山碎屑岩为主。下部的承压水分布于 40m 以下,推测为新近纪的砂岩、砾岩。

根据抽水井试验分析成果,把重点区含水层(组)富水性进行综合划分,重点区可分为潜水极丰富区、潜水丰富承压水中等—贫乏区、潜水中等承压水中等—贫乏区,其等级分区说明见表 8-16。

表 8-16　含水层(组)富水性等级分区说明表

分区		含水层(组)富水性等级	单井涌水量 (m^3/d)	含水层水文地质特征及富水性
Ⅰ		潜水极丰富	≥5000	主要分布在东、西冲洪积扇中部,水位埋深基本大于 30m。勘探深度内含水层岩性以第四纪卵砾石及砂砾石为主,渗透系数 15~42m/d,单位涌水量 $q>10m^3/(h·m)$,单井涌水量大于 5000m^3/d,水量及水质西扇优于东扇,深部优于浅部
Ⅱ	Ⅱ₁	潜水丰富承压水中等—贫乏	潜水:1000≤Q<5000 承压水:<1000	分布于西冲洪积扇扇缘地区,新近系顶板埋深大于 160m。水位埋深小于 15m。含水层岩性以砂砾石及卵砾石含土为主,渗透系数 8~25m/d,潜水单井涌水量 1000~5000m^3/d。承压含水层顶板埋深小于 50m,下部有 2~3 个承压(部分自流)含水层,浅层承压含水层单井涌水量在 100~1000m^3/d,深部承压含水层单井涌水量在 100m^3/d 左右
	Ⅱ₂	潜水丰富承压水中等—贫乏	潜水:1000≤Q<5000 承压水:<1000	分布于东冲洪积扇扇缘地区,新近系顶板埋深小于 150m。水位埋深 10~40m。含水层岩性以砂砾石及卵砾石含土为主,渗透系数 6~20m/d,潜水单井涌水量 1000~5000m^3/d,承压含水层顶板埋深大于 50m,浅层承压含水层单井涌水量在 100~1000m^3/d,深部承压含水层单井涌水量在 100m^3/d 左右
Ⅲ		潜水中等承压水中等—贫乏	潜水:100≤Q<1000 承压水:<1000	分布于扇缘交汇处的洼地区,潜水埋深小于 10m,潜水底板埋深在 40~60m,含水层岩性以含土砂砾石为主,并夹有多层黏性土夹层。渗透系数 6~10m/d,单位涌水量 1≤q<5$m^3/(h·m)$,潜水单井涌水量 100~1000m^3/d。承压含水层顶板埋深小于 50m,其下部有 2~3 个承压(部分自流)含水层,岩性以中细砂及砂砾为主,渗透系数小于 2m/d,浅层承压含水层单井涌水量在 100~1000m^3/d,深部承压含水层单井涌水量在 100m^3/d 左右

3)地下水补、径、排条件

(1)补给条件。

调查区以北中山区分水岭以南的地区,大气降水和冰雪融水为本区河流及地下水提供了充沛的补给源。地下水由山区向平原运动时主要以河床潜流和基岩裂隙水形式侧向流入补给山前平原区含水层。区内上游含水层岩性以卵砾石、砂砾石等为主,为地下水的补给和径流提供了良好的空间,使地下水侧向流入成为本区地下水的主要补给项。

根据区域资料和本次重点区地下水等水位线图分析,地下水流向大致由西和西北向东和东南径流。重点区北部和东北部主要接收北部中山区基岩裂隙水的侧向补给和山前戈壁砾质带暴雨洪流向洼地区的汇流渗入补给。

在垂直方向上,根据区域水文地质资料,中部洼地区以及东部白杨河冲洪积扇扇缘地区,承压水的水头高出潜水水位约6~8m。因此,下伏承压水可通过弱隔水层(粉质黏土、粉土层等)顶托越流补给上部的潜水含水层。

重点区农业灌溉均为高新节水灌溉,多为滴灌,其次为喷灌,其一个轮灌期大致为5~7d。这种持续的灌溉,也可对地下水产生一定量的补给,即农灌用水也会对地下水产生少量的补给。

(2)径流条件。

区内含水层介质如前所述以卵砾石、砂砾石为主,由此,地下水径流通畅。地下水运动方向与地势变化基本一致,由高向低运动。在调查区西北部的库古伦河冲洪积扇上游一带,地下水自北西向东南径流,水力坡度4‰~8‰,含水层渗透系数在12~42m/d之间,径流条件极好。但在冲洪积扇中下游,即团部XJ26号井以西地段,地下水自西向东,水力坡度变缓,在2‰~3‰之间,两向来水汇流后基本是由西向东,沿地下水径流方向到达扇间洼地区,含水介质颗粒渐变细,渗透系数在5~10m/d之间,水力坡度在洼地区渐变为6‰~10‰,地下水呈现向东部白杨河冲洪积扇区缓慢径流态势;至东部白杨河冲洪积扇区后,受到东扇地下水开发利用的影响,地下水水力坡度变缓,特别是工业园区东北,水力坡度渐变为2‰~3‰;在工业园区东南部白杨河洪积扇扇缘,水力坡度变化不大,基本在4‰~6‰之间,地下水总体向东南缓慢径流。

(3)排泄条件。

地下水排泄主要有地下水的侧向流出、人工开采和潜水蒸发蒸腾。

调查区向东南地形逐渐变缓,含水层颗粒变细,水力坡陡然变缓为2‰~3‰,向东南缓慢径流,补给扇间洼地区以及东侧白杨河冲洪积扇的下部区,构成本区地下水的径流排泄区。部分地区地下水溢出地表,形成潜水溢出带,地势低洼地区,则形成沼泽湿地。同时,由于地下水埋深变浅,陆面蒸发、植物蒸腾等垂向排泄成为潜水的主要排泄方式。此外,调查区地下水开发利用程度较大,在西部库古伦河冲洪积扇及东部白杨河冲洪积扇地带分布大量机井,主要用于生态沙棘林的种植灌溉和居民生活供水。

4)地下水化学特征及富锶性

在调查区西北部靠近山前带的大片区域,地下水化学类型大多为HCO_3-Ca型和$HCO_3·SO_4$-Ca·Na型,水质矿化度小于0.3g/L,其锶含量大多在0.12~0.2mg/L之间,且存在北高南低的迹象。调查区中部的莫合台扇间洼地区,潜水水化学类型以$SO_4·HCO_3$-Ca·Na型与SO_4-Ca型为主,矿化度多在0.2~0.8g/L之间,锶含量大多在0.2~0.4mg/L之间,个别还存在大于1mg/L的高富锶水区。调查区东部潜水水化学类型以$HCO_3·SO_4$-Ca·Na型为主,矿化度一般小于1g/L,但南岗水泥厂一带矿化度大于1g/L。地下水中锶含量一般在0.4~1mg/L之间,但东部边界一带小于0.4mg/L。南岗水泥厂一带水质矿化度较高的区域,还分布有锶含量大于1mg/L的高富锶水区(图8-14)。

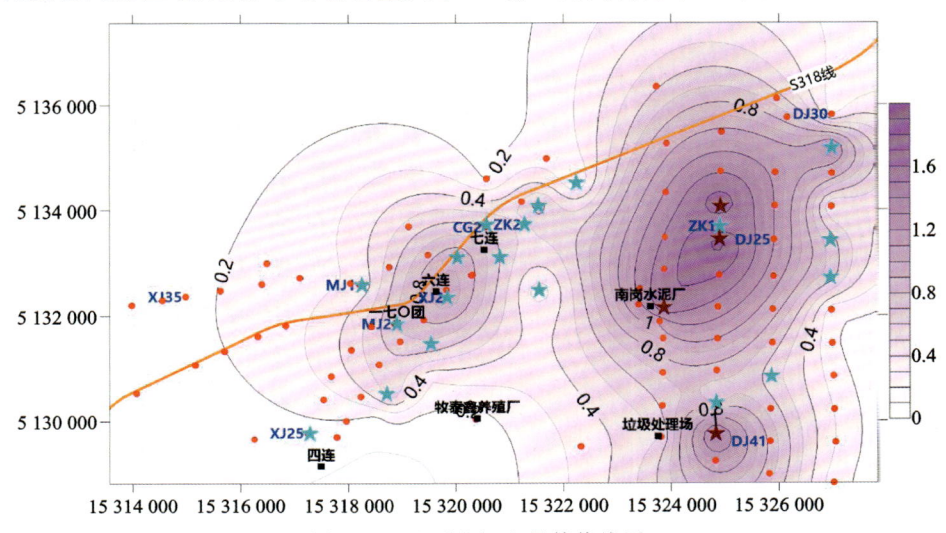

图8-14 地下水锶含量等值线图

总体来看，重点调查区地下水中锶含量在平面上的分布东部高于西部，这与本区地下水侧向径流补给因素有关。调查区地下水流向总体为自西北向东南，西部的布尔阔台河水锶含量本身较低，河水渗漏后对区内的侧向径流补给，对西部地下水的锶含量总体有一定的淡化作用，从地下水流场流向分析，其影响面积约占重点调查区面积的40%以上。

5）地下水动态变化

调查区地下水开发利用尚处于开发中期阶段，莫合台区开采量相对不大，并且地下水的补给主要依靠山区大气降水转化入渗后的侧向补给，因此，地下水动态属于气象水文型。

每年的4—5月，随着气温的升高，山区及平原区的积雪融水大量入渗补给地下水，使地下水水位达到一年中最高的峰值；在随后的6—8月，随着农业灌溉提水的影响，地下水水位不断下降，达到一年中最低的谷值；9—10月，农灌用水逐渐减小，此时秋季的降雨相对丰沛，地下水水位开始逐渐抬升。

据本次调查，本区地下水水位年变幅在0.5～3m之间，地下水水位总体呈缓慢下降趋势。今后，随着地下水开采量的增大，地下水水位下降趋势的幅度会有所增加。

（三）富锶地下水资源评价

据本次调查，地下埋藏型富锶水分布范围主要在重点区西扇扇缘以东的洼地及东扇区，根据地下水的补、径、排特征分析，其富锶来源主要由重点区北部中山区基岩裂隙水的侧向补给、山前戈壁砾质带暴雨洪流向洼地区的汇流渗漏形成的侧向补给以及深部承压水的越流补给。考虑到深部承压水更新性较差，上部潜水区更新性相对较好，在进行富锶地下水资源量估算时将评价深度确定为100m，即只考虑对中上部富锶水的开发利用。

富锶水区补给量计算，主要包括重点区北部中山区基岩裂隙水的侧向补给和山前戈壁砾质带暴雨洪流向洼地区的汇流渗漏形成的侧向补给。主要包括西部和北部来水，从本区富锶水水文地球化学特征及重点区储水构造对其分布范围的控制影响综合分析，西部来水主要是锶含量小于0.2mg/L的非富锶水，因受北部和东部富锶水的扩散作用，使西扇扇缘地下水锶含量有所升高，因此，侧向补给断面仅取北部断面通过的地下侧向径流补给。

通过计算，北部中山区基岩裂隙水的侧向补给和山前戈壁砾质带暴雨洪流向洼地区的汇流渗漏补给形成的侧向补给量约971.86万m^3/a，即重点区富锶地下水的总补给量为971.86万m^3/a。富锶地下水的允许开采量采用开采系数法，开采系数取值0.55，经计算重点调查区富锶水区地下水允许开采量为534.52万m^3/a。

重点调查区内地下水类型以潜水为主，但部分地区下部仍赋存有承压水。依据地下水锶含量等值线图，分区对非积极循环带内含水层的容积储存量中潜水含水层的静储量和承压含水层的弹性储量分别进行计算。计算深度根据基底起伏情况，对西部潜水区确定为200m深度以内，对中东部上部潜水下部承压水区确定为160m以内。计算过程中还结合富锶水开发需求，对含水层中锶含量大于0.2mg/L和大于0.4mg/L的富锶地下水进行了分区储量计算。经计算重点调查区内锶含量大于0.2mg/L的富锶地下水储量约为16 225万m^3，大于0.4mg/L的高富锶地下水储量约为7649万m^3。

（四）土壤质量评价

1. 土壤环境元素地球化学评价

依据土壤中砷、镉、汞、铅、铬、镍、铜、锌、钴、钒等有毒有害元素的指标含量水平及其土壤环境质量标准而划分出的环境地球化学等级，分单指标划分出的土壤环境地球化学等级和多指标划分出的土壤环境地球化学综合等级。

调查区内各环境指标的富集系数多为0.8~1.2,仅Cd(1.45)元素值相对富集系数大于1.2,说明Cd元素在调查区中呈富集状态。调查区表层土壤中Hg、Pb、Cd、Cu、Zn与北疆沙湾-呼图壁区平均水平相当,富集系数集中在0.8~1.2,呈背景状态。As元素含量比北疆片区沙湾-呼图壁区高,富集系数1.51,呈强富集状态。Cr、Ni元素比北疆沙湾-呼图壁区水平低,富集系数0.61,呈贫化状态;区内深层土壤重金属Hg、Pb、Cd、Zn含量与北疆沙湾-呼图壁区深层土壤含量相似,富集系数0.8~1.2,呈背景状态;As、Cu含量偏高,Cr、Ni含量偏低。

对调查区8种重金属进行单指标评价,除As元素超出农用地土壤污染风险筛选值外,其余元素均小于筛选值。按规范要求,使用叠加法进行环境质量综合等级评价,调查区表层土壤主要以一等土壤为主,面积占84.3%;二等土壤面积占11.8%;三等土壤面积占3.9%,二、三等土壤地块位于调查区西部(图8-15)。

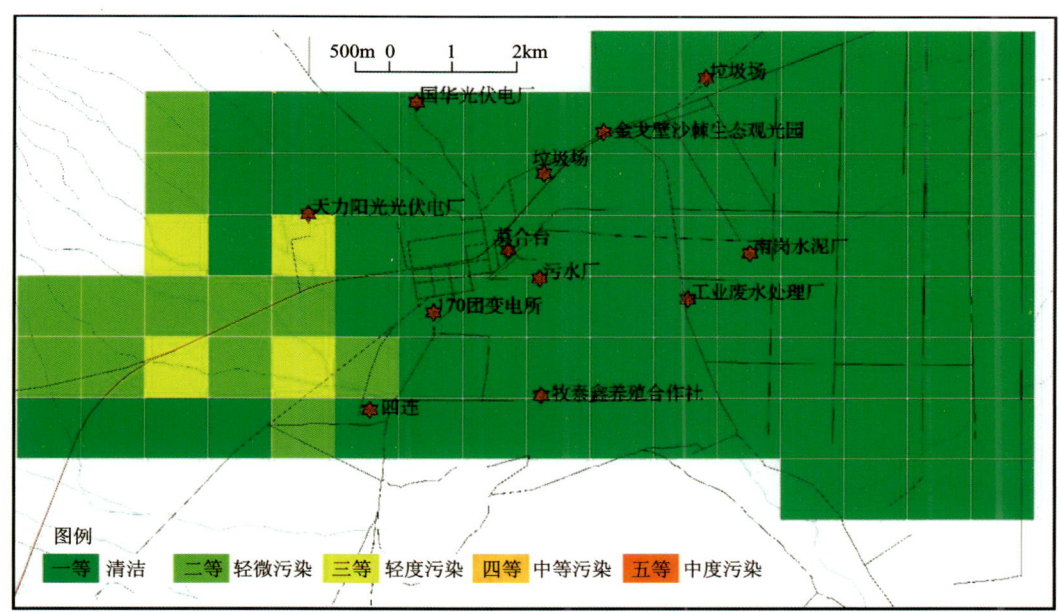

图8-15 土壤环境质量综合评价图

2. 土壤营养元素地球化学特征

植物营养元素包括N、P、K、Corg、Ca、Mg、S等元素,是植物生长必需的营养元素。调查区内大部分土壤Ca、Mg元素含量很高,分别是全国表层土壤背景值的2.27倍和2.56倍。同时,受盐渍化作用的影响,S含量显著高于全国土壤,均值是全国表层土壤背景值的18.56倍。

调查区内土壤养分富集系数0.8~1.2,呈背景状,明显富集(富集系数>1.5)的元素有N(1.72)、S(3.11)。表层土壤有益元素P、K_2O、CaO、MgO等含量与北疆沙湾-呼图壁区含量水平相当,富集系数0.8~1.2,N元素相对贫化,S元素呈强富集状;区内深层土壤有益元素P、K_2O、MgO等含量与北疆沙湾-呼图壁区深层土壤水平相当,富集系数0.8~1.2,呈背景状,硫元素含量较高,呈强富集状,而CaO、N含量均不足,呈贫化状态。

整个调查区N元素含量总体缺乏,N元素含量多为五等(缺乏),占整个调查区的89%,N元素含量较高区域位于南部洼地周边;P元素含量总体以较丰富为主,含量多为二等(较丰富),占整个调查区的73.53%,主要分布于调查区东部,其次为三等(中等),占整个调查区的17.65%,分布于调查区西侧;K元素含量多为二等(较丰富)和一等(丰富),占整个调查区的77%,分布于调查区东部、中北部,其次为三等(中等),占整个调查区的19%,分布于调查区西侧;调查区内CaO含量相当丰富,丰富等级占调查区面积63%,其余为较丰富,全区不缺钙元素;MgO含量丰富,多为一级(丰富),占调查区面积的64%,其次为二级(较丰富),占调查区面积的25%,其余为三等(中等),全区不缺镁元素;有机碳含量以五等(缺乏)为主,面积达到86.27%,四等(较缺乏),面积为5.88%,中等—丰富区域分布于南部洼地内,中等以上土壤面积占调查区总面积的7.84%,调查区土壤整体缺乏有机质;调查区内S含量丰富,但是S元素过量会对植物造成危害,因此统计S元素超标面积。S元素含量超标面积占调查区面积的61.76%,主要分布于调查区东侧。丰富等级面积也比较大,占调查区面积的33.33%,主要分布于调查区中、西部地区。

按照相关规范,调查区土壤养分综合等级较为丰富区只占5.88%,中等级别占83.33%,较缺乏土壤养分等级占10.78%,养分较为丰富区主要分布于调查区中部,可看出较缺乏区分布较为零散,呈不连片分布于调查区西侧,见图8-16。

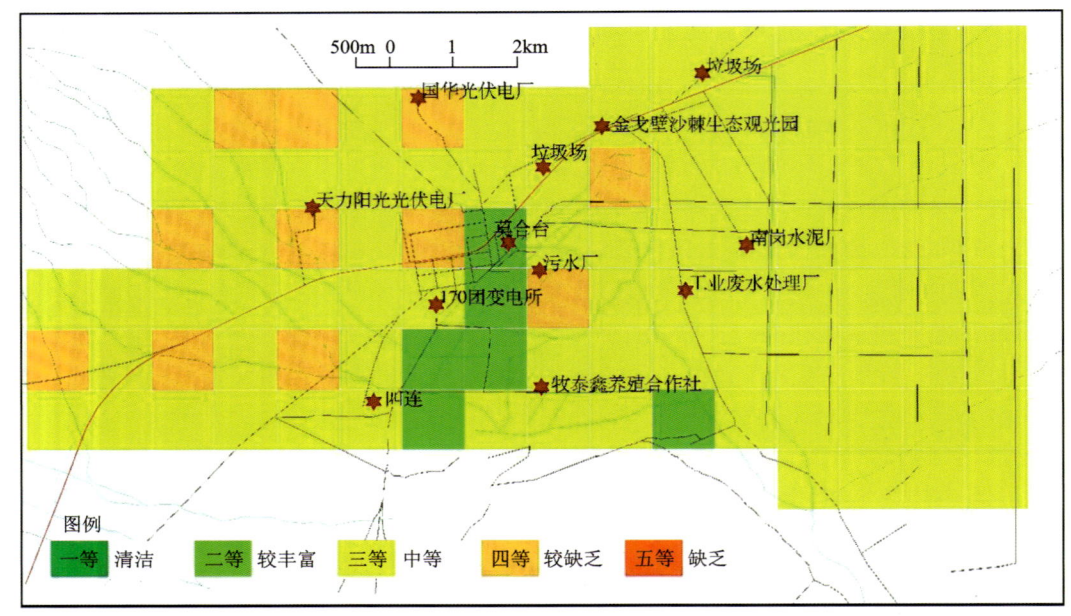

图8-16 土壤养分综合评价图

3. 土壤盐渍化评定

调查区土壤盐渍化现象较为严重,对土壤质量的影响很大。本次以易溶盐含量水平反映土壤盐渍化现象,推断土壤的盐渍化程度。

调查区表层盐土面积占36.4%,位于调查区东部,强度盐化土面积占14.6%,中度盐化土面积占7.9%,轻度盐化土面积占7.9%,非盐化土面积占29.8%,见图8-17。

4. 土壤质量评价

土壤质量地球化学综合等级由评价单元的土壤养分地球化学综合等级与土壤环境地球化学综合等级按照一定规则叠加产生,它综合反映了土壤环境质量和土壤养分丰缺程度。

在土壤盐渍化严重地区,每个评价单元内盐渍化划分等级为"强度盐化土"和"盐土"时,该评价单元的土壤质量地球化学综合等级分别调整为四等和五等。

调查区土壤质量以二等(轻微污染)为主,主要分布于调查区中部,面积为37km^2,占调查区的36.27%;其次为五等(重度污染),主要分布于调查区中东部种植区,面积34km^2,占调查区的33.33%;四等区

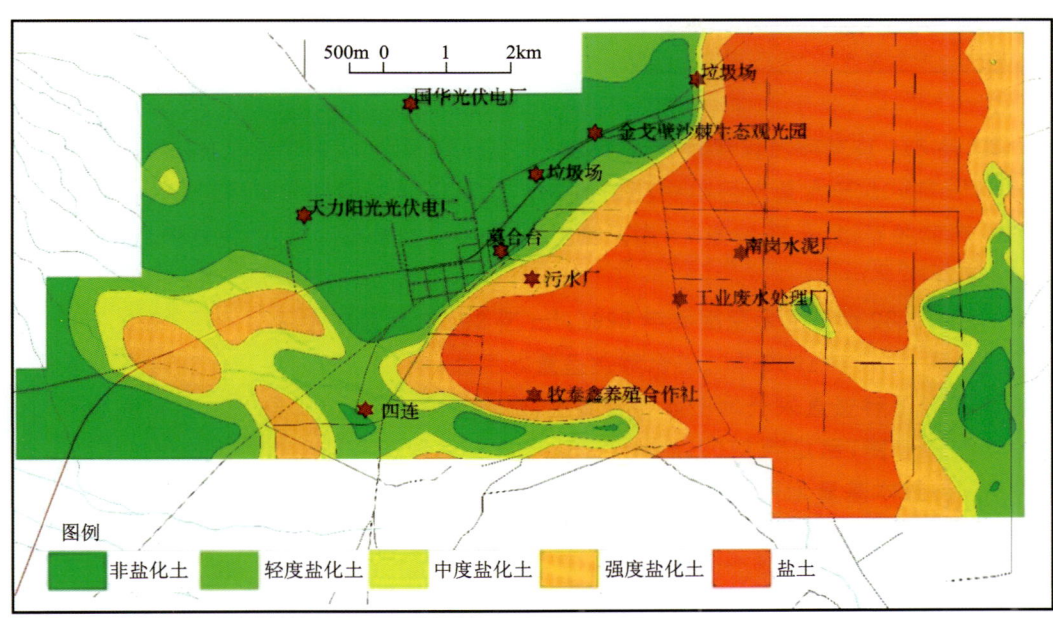

图 8-17　调查区土壤盐渍化评价图

（中等污染）在调查区零散分布，面积 14km²，占调查区的 13.73%；一等区（清洁）主要在调查区中西部零散性分布，面积 9km²，占调查区的 8.82%；三等区（轻度污染）主要分布于调查区西侧，面积 8km²，占调查区的 7.84%（图 8-18）。

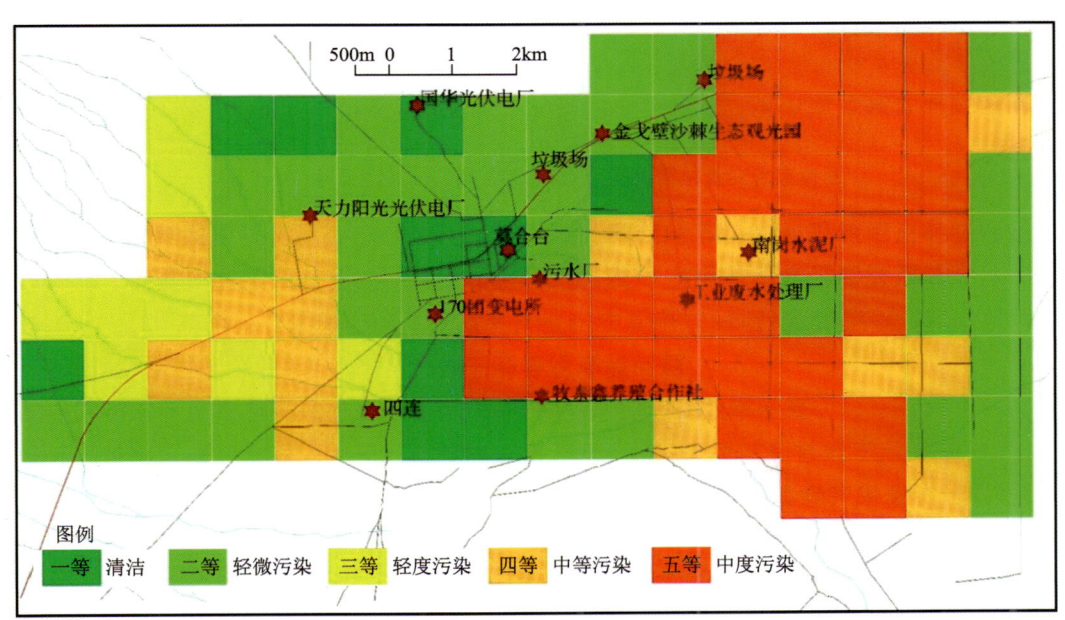

图 8-18　表层土壤质量环境地球化学综合等级图

5. 富硒土地资源评价

富硒土壤是一个相对性的概念，目前并无权威性的规范或者标准给出明确的定义。本次工作将调查区表层土壤硒含量≥0.3μg/g 的地区圈定为富硒土壤，高于 0.4μg/g 为重点富硒区。

通过本次调查工作区共圈定富硒土壤面积 30.09km²（Se≥0.3μg/g），重点富硒区 8.51km²（Se≥0.4μg/g），富硒土壤主要位于工作区东部（图 8-19），硒含量均值 0.26μg/g，最高 0.58μg/g。

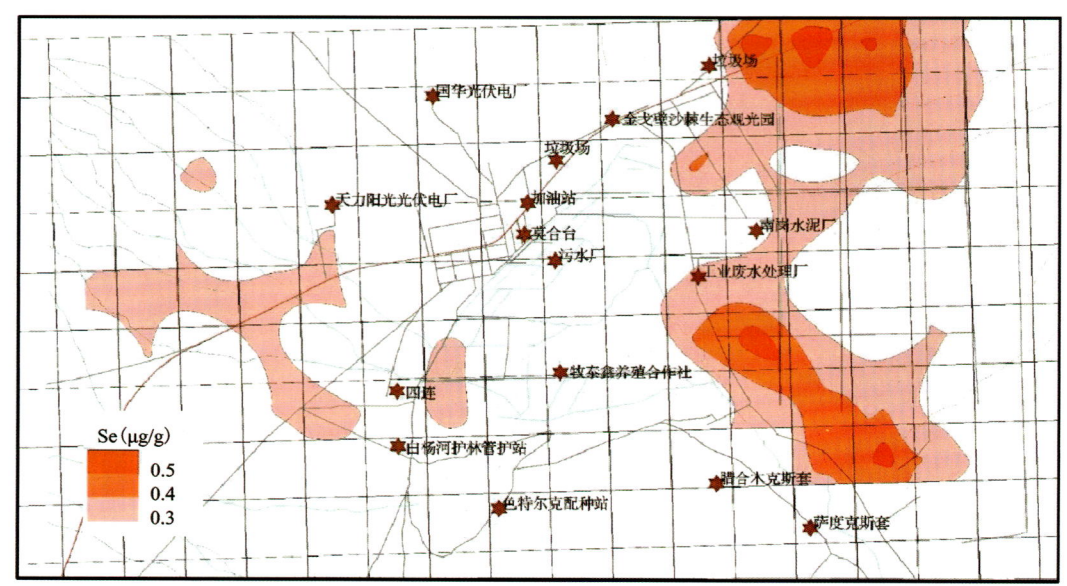

图 8-19　表层土壤富硒土分布图

（五）项目总结

（1）项目区北部的乌日可下亦山区，主要由库鲁木苏和赛力克两大花岗岩体及其多火山沉积的上古生界围岩组成。两大花岗岩体岩石矿物质的化学成分中高度富含钾、钠、硅、锂、锶等化学元素，其中区内广泛分布的泥盆系凝灰质火山碎屑岩中锶的含量达 474.7μg/g，为当地锶元素迁移的天然水提供了物质来源。

（2）调查重点区位于乌日可下亦山山前冲洪积倾斜平原，区内 200m 深度内，东扇和洼地中南部在 100m 左右的深度内可见到新近系，其余大部分区域主要为第四系，其厚度受下伏新近系基岩面控制；第四纪松散堆积层含水层类型为孔隙潜水，水位埋深变化大。潜水含水层富水性西扇优于东扇、北部强于南部。水质矿化度西扇地带含量低，一般小于 0.5g/L；东扇中部和洼地带一般大于 0.5g/L，潜水下部的承压水或承压自流水水质矿化度含量低，一般小于 0.3g/L；常规化学成分可以满足各业用水要求，该地带潜水与承压水的混合水质较优，大部分满足日常生活饮用或天然饮用矿泉水（锶）水质标准。

（3）在对区域水文地质条件初步认识的基础上，结合物探基本查明了重点区基底储水构造的分布特征，特别是对本区地下水水化学成分及微量元素锶的富集和空间分布影响控制范围有了进一步的认识。初步确定在山前倾斜平原区莫合台镇东北存在一个较大规模的埋藏型富锶"矿水田"。"矿水田"分布范围，≥0.2mg/L 含量的富锶水，西以 170 团部 1 号生活供水井为界，北以 170 团金戈壁沙棘生态观光园—凤阳额敏光伏电站沿线，南到牧泰鑫养殖合作社—170 团莫合台镇镇区垃圾填埋场沿线，东到 170 团东戈壁边界沿线。基本覆盖 170 团境内的莫合台洼地和东戈壁，面积约 63.2km²。其中，0.4mg/L≤锶含量≤1.0mg/L 的富锶水区面积约 32.46km²，主要分布在洼地区和东戈壁沙棘林南区及北区，其地下水质量主要为Ⅲ类和Ⅳ类；锶含量≥1.0mg/L 的富锶水区面积约 9.72km²，主要分布在东戈壁沙棘林中部地区，其地下水质量主要为Ⅳ类和Ⅴ类，影响其水质质量的主要因子是无机常规化学指标中的氯离子、硫酸根离子、总硬度等。其中锶含量大于 0.2mg/L 的富锶水剩余允许开采量 273.27 万 m³/a；锶含量大于 0.4mg/L 的富锶水剩余允许开采量 143.2 万 m³/a。初步评价部分富锶水可满足"饮用矿泉水",部分可作为富锶农业灌溉水进行开发利用。

(4)调查区土地质量以二等为主,主要分布于重点区中部,面积为37km²,占调查区的36.27%;其次为五等,主要分布于调查区中东部种植区,面积34km²,占调查区的33.33%;四等区在调查区零散分布,面积14km²,占调查区的13.73%;一等区主要在调查区中部零散性分布,面积9km²,占调查区的8.82%;三等区主要分布于调查区西侧,面积8km²,占调查区的7.84%。

(5)根据对调查区主要经济作物沙棘硒含量测定,其硒含量在0.02~0.05μg/g之间,平均为0.04μg/g,最高为0.05μg/g。与同类沙棘微量元素对比结果,本次采集两组第十师182团沙棘样,其含量均小于0.01μg/g,通过对比可知调查区沙棘中硒含量远高于182团。同样,调查区沙棘锶含量在1.4~2.7μg/g之间,平均为1.9μg/g,最高为2.7μg/g。第十师182团沙棘锶含量平均为0.605μg/g,调查区沙棘锶含量是182团的3.14倍。因此建议在调查区建设富锶和富硒特色农作物种植园,发展无公害富锶农业。

(6)重点区内土壤中存在一定的富硒土。共圈定富硒土壤面积30.09km²(Se≥0.3μg/g),重点富硒区8.51km²(Se≥0.4μg/g),富硒土壤主要位于调查区东部,硒含量均值0.26μg/g,最高0.58μg/g。其主要分布于170团工业园区东北及东偏南侧,西侧亦有少量分布。

(7)根据重点区富锶水的分布情况,以水质特性大致把重点区分为一般农业用水开发区、饮用矿泉水开发区和特色农业种植用水开发区,分别对其提出调蓄开采、调控开采和限制开采的保护措施建议。

(8)经与1991年土壤盐渍化调查对比结果,本次重点区东部沙棘林区土壤盐渍化现象近年明显加重,分布着大量的盐土,经分析与调查区气候及滴灌方式有直接关系,调查区蒸降比达10倍以上,由于东部水质本身含盐量普遍偏高,在滴灌灌溉过程中,灌水量有限,水分对土壤中的盐分淋溶作用微弱,盐分无法进一步转移,受强烈蒸发影响,灌溉水中盐分在地表不断积累,导致表层土壤含盐量逐年增加。因此,应注意加强后期土壤的检测与改良。

第九章　环境综合整治

一、兵团矿山地质环境及采煤沉陷区调查及数据库建设

（一）工程概况

兵团矿山地质环境及采煤沉陷区工作区范围为兵团所属矿山企业，含国资企业持有的新疆维吾尔自治区（以下简称"自治区"）境内矿山。项目在收集前人资料的基础上，开展兵团矿山地质环境及采煤沉陷区调查，详细查明了兵团主要矿山地质环境问题类型、分布、规模和危害程度；分析了矿山地质环境问题的诱发因素、形成机理，评价采矿活动对矿山地质环境的影响，摸清了矿山地质环境现状及其发展趋势；掌握了兵团采煤沉陷区分布、范围、规模、基本特征等基础数据；建立了兵团矿山地质环境及采煤沉陷区调查数据库及信息系统；为合理开发矿产资源、保护地质环境、矿山环境整治、矿山生态系统恢复与重建、实施矿山地质环境监督提供基础资料和决策支持，促进矿产资源开发与矿山地质环境保护协调发展。

工作手段包括开展野外地面调查、样品采集与测试、遥感验证、剖面测量、资料整理及综合研究等工作。项目对兵团14个师的257座矿山和2008年以前的已知的563座废弃矿山及未知的废弃矿山均进行了调查，遥感解译区面积417km^2，选择矿山地质环境问题突出及具有地层露头的矿山进行1∶1000地质剖面测量工作，同时进行了水、土样的采取，并形成矿山地质环境调查数据库1个，采煤沉陷区调查数据库1个。

项目主要成果：

(1)兵团矿山地质环境及采煤沉陷区调查及数据库建设项目成果报告。

(2)附图：①兵团矿山地质环境调查实际材料图（1∶150万）；②兵团矿山地质环境问题图（1∶150万）；③兵团矿山地质环境影响评价图（1∶150万）；④兵团矿山地质环境保护与治理区划图（1∶150万）；

(3)附件：①兵团废弃矿山调查报告；②兵团废弃矿山治理规划报告；③兵团矿山重要地质灾害隐患点调查报告；④兵团矿山地质环境保护与治理恢复方案落实情况报告；⑤兵团矿山地质环境调查数据库及数据库建设报告；⑥兵团采煤沉陷区调查报告；⑦兵团典型矿山地质环境问题照片集。

（二）区域成矿地质条件

兵团矿产主要分布在阿尔泰山、天山及昆仑-阿尔金等三大山系中；主要外生矿产特别是煤、石油、盐类等沉积矿产则分布于塔里木、准噶尔两大盆地和吐-哈等山间盆地中。矿产具有成带分布、分段集中的特点。主要分为7个成矿省。

(1)阿尔泰成矿省：对应兵团第十师。北部及中部主要是与晚古生代、中生代岩浆岩有关的稀有金属、贵重金属、有色金属及云母、宝玉石等矿产；南部主要是与晚古生代火山活动有关的黑色、有色、贵重金属等矿产。

(2)准噶尔成矿省:对应兵团北疆第五、第六、第七、第十二师。北部主要为晚古生代岩浆侵入作用有关的斑岩型、热液型、矽卡岩型黑色金属、有色金属、贵重金属矿产;准噶尔盆地及周缘形成与中生代、新生代沉积作用有关的油气、煤、膨润土、盐类等矿产;南缘博格达、觉罗塔格一带主要形成与晚古生代岩浆作用有关的铜、铜镍、铁、金、银、铅锌等矿产;吐哈盆地主要形成与中生代、新生代沉积作用有关的油气、煤、铀、膨润土、盐类等矿产。

(3)伊犁成矿省:对应兵团第四师。阿拉套、博罗霍洛一带主要形成与古生代岩浆侵入作用有关的铜、钼、金、铅锌、钨、锡等矿产;阿吾拉勒—伊什基里克一带主要形成与晚古生代火山作用有关的铁、铜、铅锌、金等矿产;伊犁盆地内部形成与中新生代沉积作用有关的煤、铀等矿产。

(4)塔里木成矿省:对应为兵团第一、二、三师部分。那拉提—卡瓦布拉克一带形成与新元古代变质作用有关的铅锌、铁,与古生代岩浆活动有关的铜、镍、铅锌、金等矿产;南天山一带形成古生代及中新生代沉积的铁、金、铜、铅锌、铀、铝等,与古生代岩浆作用有关的铁、钒钛、汞锑、金等矿产;塔里木北缘主要形成古生代沉积的铜、铅锌、磷、硫、钒,与中新生代沉积的钾盐,与古生代岩浆作用有关的铜、镍、铁、钒、钛、金等矿产;北山一带主要形成与古生代岩浆作用有关的铜、镍、铁、金,与古生代沉积的铁、锰、磷、钒等矿产;塔里木中央盆地形成古生代—中新生代沉积的石油、天然气、煤、钾盐等矿产;塔里木南缘主要形成与前寒武纪火山-沉积作用有关的铅锌、铁、铜、金,与岩浆作用的金、铜、镍、银、铅锌、石棉、铬,与中新生代沉积作用有关的铜、金、钾盐、煤等矿产。

(5)昆仑成矿省:对应第二师南部、三师部分、十四师等。西昆仑形成与前寒武纪、古生代沉积作用有关的铁、铜、铅锌等矿产,与古生代岩浆作用有关的铜、镍、铁、硫、金等矿产;东昆仑主要形成与前寒武纪沉积作用有关的铅锌、银、铁等矿产,与古生代岩浆作用有关的铁、钨、锡、铅锌、钴、铜、钼、金等矿产。

(6)巴颜喀拉-松潘成矿省:主要形成与古生代岩浆作用有关的铜、铅锌、锑、铁、汞、金、稀有金属等矿产。

(7)喀喇昆仑-三江成矿省:形成与中生代岩浆作用有关的铜、铅锌、金等矿产。

兵团重要煤产地:第十三师(哈密地区),天山北坡的第六、七、八师(准南地区),第四师(伊犁地区),第十师(和什托洛盖煤田),第一、二师(库车县)等煤产地。为中低山区及低山丘陵区,含煤地层为粉砂岩、砂岩、泥岩等,属软弱—较坚硬碎屑岩岩组,井下采煤易发生突水事故及冒顶、地面塌陷等地质灾害。

铜矿、金矿为主的矿山分布在第十三师(哈密地区)、第四师(伊犁地区)。

以石灰岩矿为主的非金属矿山主要分布在天山南北的高山-中山区,矿区的岩土体类型以坚硬—较坚硬岩组为主,抗压和抗拉强度较高。但矿体或矿床多位于山体陡峭地段,矿山开发不当易引发崩塌、滑坡和泥石流地质灾害。

建筑用砂矿、砖瓦黏土矿主要分布在低山丘陵区、山前-山间冲洪积倾斜平原,以砾类土、砂类土、黏性土、黄土为主。松散岩类孔隙水埋深较大。

(三)矿产资源开发利用现状

1. 矿产资源概况

兵团辖区内及管理的矿产资源主要是固体矿产包括能源、金属、化工、建材及其他非金属矿产30多种,其中优势矿产有煤、膨润土、蛭石、石灰岩、芒硝、石棉、石英岩、云母、石膏、盐等,饰面用花岗岩、大理石、玉石、石墨、砂金等也有一定的资源储量。除建工师外,其余各师团均有矿产分布。煤炭集中在准噶尔盆地南缘、塔里木盆地北部和天山山系的伊犁谷地、吐鲁番-哈密山间盆地内,占总资源量的98%以上。兵团矿产资源分布见表9-1。

表 9-1　新疆生产建设兵团矿产资源分布简表

矿产种类	勘查/开发分布地	资源储量单位	查明资源储量
煤	第一师库车煤产地,第二师库尔勒塔什店煤产地,第四师伊犁煤产地,第六师大黄山、北塔山牧场、呼图壁煤产地,第七师新疆准南煤矿、和什托洛盖煤产地、努肯尼沃特格煤矿,第八师准东铁列克、玛纳斯及呼图壁煤产地、南山煤产地,第十师屯南、富蕴煤产地,第十二师吐鲁番煤产地和乌鲁木齐煤产地,第十三师红山煤产地,兵团国资公司乌鲁木齐煤产地	亿 t	20.77
铁	第一师、第三师、第十二师和第十三师哈密地区	金属量万 t	526.61
铜	第一师、第三师、第十二师和第十三师	金属量万 t	2.86
镍	第十三师哈密地区	金属量万 t	4.84
钼	第十三师哈密地区	金属量万 t	0.538 8
锡	第十师富蕴县	金属量万 t	0.007 8
金	第二师	金属量万 t	0.638 1
钴	第十三师	金属量万 t	0.012 8
银	第二师	金属量万 t	3.57
天然沥青	第七师	万 t	16.879
石灰石	第一师、第四师、第五师、第八师和第十三师	万 t	34 917
钾盐	第二师罗北洼地、乌尊	KCL 万 t	34.59
湖盐	第八师	万 t	20
页岩	第一师、第十师	万 t	1 109.24
磷	第一师	万 t	0.003 5
石棉	第二师巴州地区	万 t	846.572
硅灰石	第十三师	万 t	77.57
硫铁矿	第二师	硫万 t	12.398
蛭石	第二师巴州尉犁县	万 t	38.32
玉石	第二师	万 t	8.552
膨润土	第十师	万 t	745.24
云母矿	第十师	万 t	0.433 4
砂石黏土	除建工师、第十二、十三和十四师外,其余各师团都有分布和开采		

2. 矿产资源开发利用现状

1) 总体情况

兵团共有矿山和历史遗留料坑 934 座,经各师自然资源局确认后有 758 座隶属兵团管理。其中,位于辖区内的矿山共 686 座,位于辖区外的矿山 72 座;按矿山规模统计,大型矿山 6 座,中型矿山 37 座,小型 715 座。按经济类型统计,国有 54 座,合资 1 座、集体 7 座、私营独资企业 5 座、个体 586 座,其他 105 座。按开采状态统计,生产矿山 107 座,停产矿山 31 座,关闭废弃矿山 617 座,在建矿山 3 座,其中关闭废弃矿山占比最大。按矿种大类统计,建材及其他非金属矿山 679 座,能源矿山 66 座,有色金属矿山6座,贵重金属矿山2座,黑色金属矿山2座,化工原料非金属矿山3座。按开采方式统计露天开采687座,地下开采64座,联合开采7座。按各师辖区统计,第四师矿山119座,数量最多,各师的矿山数量统计见图9-1。按矿种大类统计,兵团建材及其他非金属矿山最多,能源矿山次之,见图9-2。

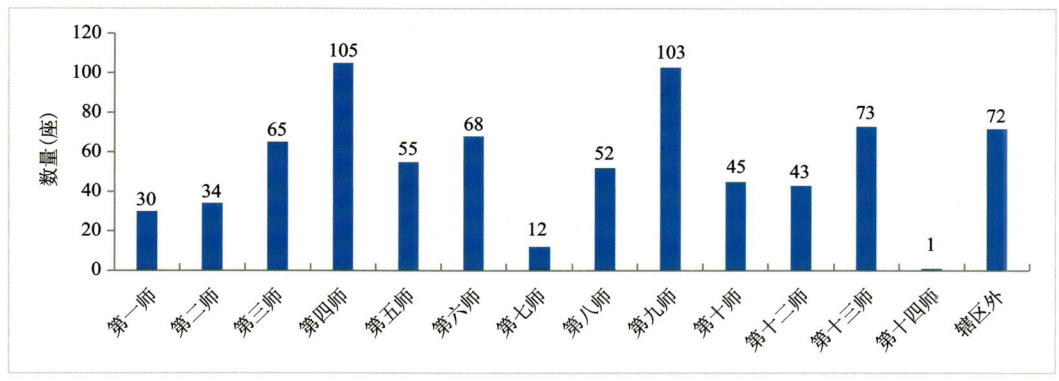

图9-1 新疆兵团各师所属矿山统计柱状图

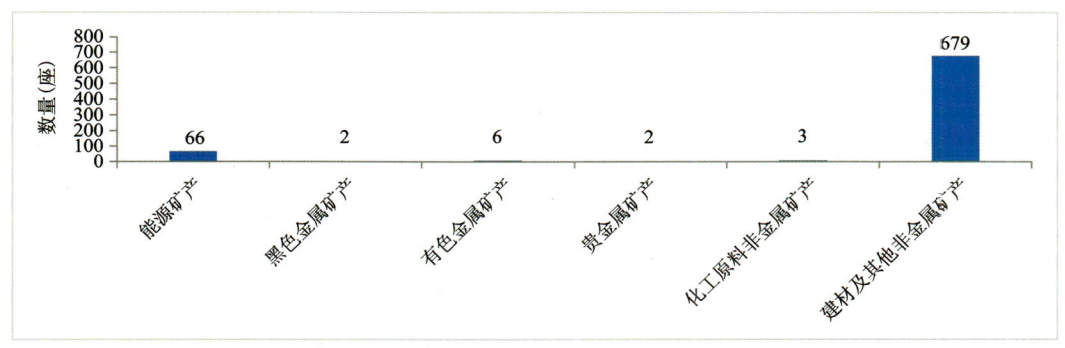

图9-2 新疆兵团矿类统计柱状图

2)矿产类型分布情况

(1)能源矿产:兵团所属能源矿山66座,其中1座为天然沥青矿,其余65座为煤矿;位于辖区内32座,其余为辖区外地方矿区。天然沥青矿为第七师兵团企业持有,位于克拉玛依市乌尔禾区。煤矿的规模多为6万～9万t/a,以小型矿山居多,在第四、六、十、十二师有部分60万t矿井。兵团的煤矿在乌鲁木齐和伊犁地区分布较为集中,第四师数量最多,共24座,占总数的36.36%;其次为第十二师,共9座,占比13.64%;其余第一、二、六、七、八、九、十、十三师分别为5座、2座、6座、6座、5座、2座、4座和3座;第三、五、十四师无分布(图9-3)。

按生产状态统计,关闭废弃煤矿最多,占总数的56.06%;生产煤矿15座,占比22.73%;停产煤矿12座,占比18.18%;在建矿山仅2座(图9-4)。

(2)黑色金属矿产:兵团黑色金属矿产全部为铁矿,共2座,开采规模均为小型,其中1座处于暂停状态,另1座已关闭。

(3)有色金属矿产:共6座,其中铜矿4座,钼矿和镍矿各1处,均为在籍矿山。

(4)化工原料非金属矿产:共3座(辖区外),其中第二师2座,1座为暂停生产状态,1座为生产状态;第七师1座,为暂停生产状态。

(5)建材及其他非金属矿产:兵团建材类矿山在3个片区较为密集,其中第三师最为集中,其次为乌鲁木齐周边第七师、第八师,再次为第四师伊宁周边。兵团建材及其他非金属矿山共679座,位于辖区以外30座,涉及矿种25种,建筑用砂和砖瓦用黏土是数量最多的两类矿产,数量分别为394座和214座,占非金属矿产总量的87.75%,其余矿种数量较少(图9-5)。

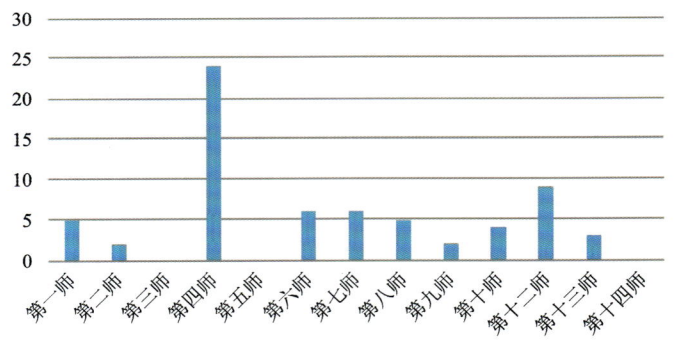

图9-3 兵团各师煤矿企业分别统计图

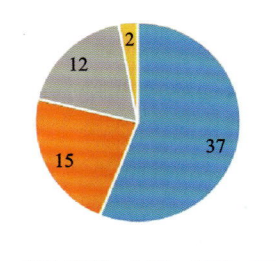

图9-4 兵团煤矿生产状态统计

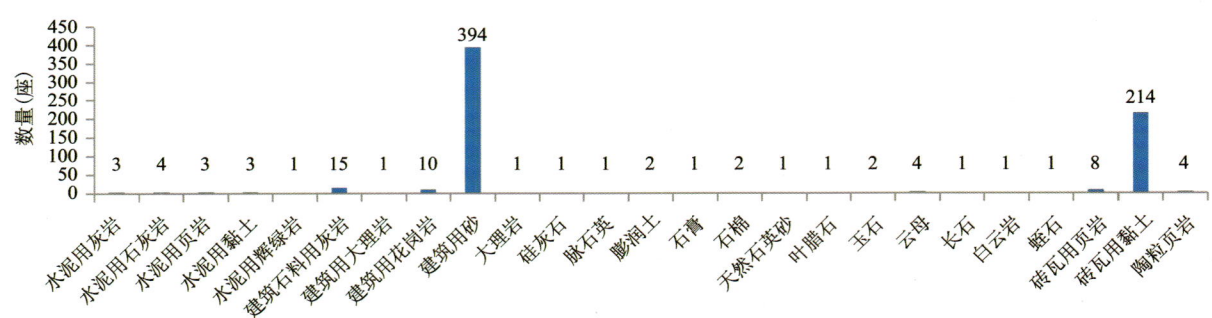

图9-5 兵团建材及其他非金属矿山按矿种统计柱状图

建材类矿山数量为第九师最多,共101座,占总量的14.87%,之后依次为第四、三、六、十三师,数量分别为93座、68座、68座、73座,占比为13.70%、10.1%、10.1%、10.75%,第十四师数量最少,其余各师数量较为平均(图9-6)。

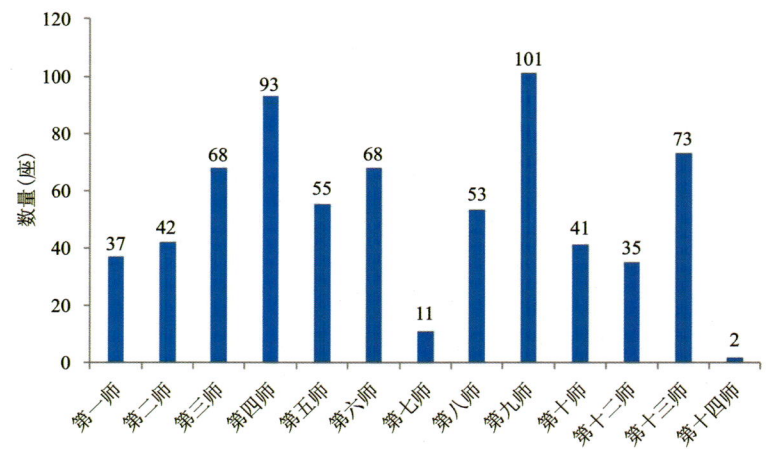

图9-6 兵团建材类矿山各师统计柱状图

3) 责任主体

兵团所辖矿山中,责任主体隶属矿山企业的472座,隶属团场的280座,正在进行土地确权的6座。隶属团场的矿山中正在生产的10座,已废弃的260座,已完成恢复治理的10座;隶属企业的矿山中,正在生产的97座,关闭或废弃的331座,已完成恢复治理的10座,暂停生产的31座,在建的3座。

3. 辖区内无矿业权设置生产矿山

调查辖区内无矿业权设置生产矿山8个,均为建筑用砂矿。其中第九师7个,第十师1个。

(四)矿山地质环境问题

1. 矿山地质环境问题类型及分布特征

兵团矿产资源由于长期粗放式开采,带来了一系列的地质环境问题,如矿山地质灾害、矿山开发对土地资源和地形地貌景观的影响破坏、矿山开发对水资源的影响与破坏、矿山环境污染问题(包括固体废弃物堆放和废水排放对土壤和水体的污染和生态环境的污染)。开采引起的地质环境问题主要为建筑用砂、砖瓦用黏土等露天开采矿山形成的高陡边坡,存在崩塌隐患;地下开采矿山形成的地面塌陷;露天开采挖损地表,对土地资源和地形地貌景观造成破坏;采矿活动产生的废土(石)、废水对周边环境造成一定的污染问题。

矿山地质环境问题分布特征:煤炭资源的开发引起的地质环境问题最为广泛,其他矿种主要是对土地资源、地形地貌景观的影响破坏和环境污染(废渣排放);建筑用砂的开采后洗砂时大量抽取地下水将会引起地下水位的下降;煤炭开采则会对地下水位和水质造成影响;废水、废渣排放量较大的为煤矿、建筑用砂矿、砖瓦黏土矿、石灰岩等矿种的矿山。

1)矿山地质灾害分布特征

兵团矿山地质灾害及隐患有160处,按灾害类型崩塌隐患数量最多,共108处,占地质灾害总量的67.50%,其次为采煤沉陷,共47处,占地质灾害总量的29.38%,滑坡1处,泥石流4处,分别占0.62%和2.50%(图9-7)。

其空间分布上,辖区外矿山地质灾害数量最多,发育39处,占地质灾害总数的24.38%;其次第八师发育33处,占20.63%,主要为崩塌隐患,第五、十二、一师位列三至五位,分别发育27处、22处和13处,其余各师数量较少。

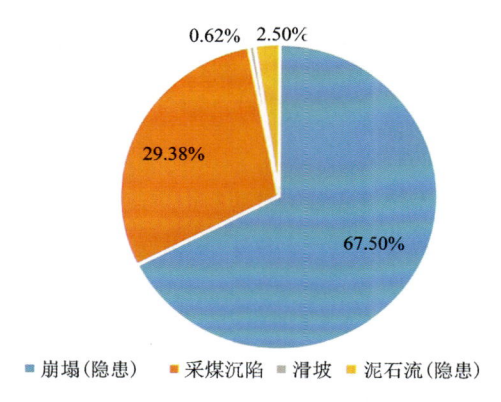

图9-7 兵团矿山地质灾害及隐患类型统计饼形图

地质灾害的类型与采矿方式紧密相关,露天开采的矿山容易形成高陡边坡,其地质灾害及隐患为崩塌;地下开采矿山形成采空区,其地质灾害主要表现为塌陷坑和地裂缝;联合开采的矿山则两者兼有。

2)矿山开发占用及破坏土地资源分布特征

矿山开发占用破坏土地与矿山开采方式、矿种相关,露天开采的矿山破坏以挖损为主,地下开采以塌损土地为主。按各师统计,矿山开发占用和损毁土地面积共计11 262.83hm²,其中辖区外为5 385.03hm²,辖区内5 877.80hm²。按地类划分(以2009年土地变更调查数据为基础),其中,占有和破坏耕地154.78hm²、草地1 071.40hm²、林地66.73hm²、其他土地9 969.92hm²。

辖区内占损土地面积居前三位的分别是第十三、十师和第四师;第十三师占地最多,导致占地面积较大,第四师矿产资源数量多,故占地面积较大,第十四师矿山数量较少,占损土地面积最少。砖瓦用黏土矿山主要破坏耕地,煤矿主要破坏草地,建筑用砂主要破坏其他未利用土地(图9-8~图9-10)。占损土地情况如下。

占用破坏土地资源特征:①土地破坏面积与不同矿种紧密相连。砖瓦用黏土和建筑用砂矿对土地

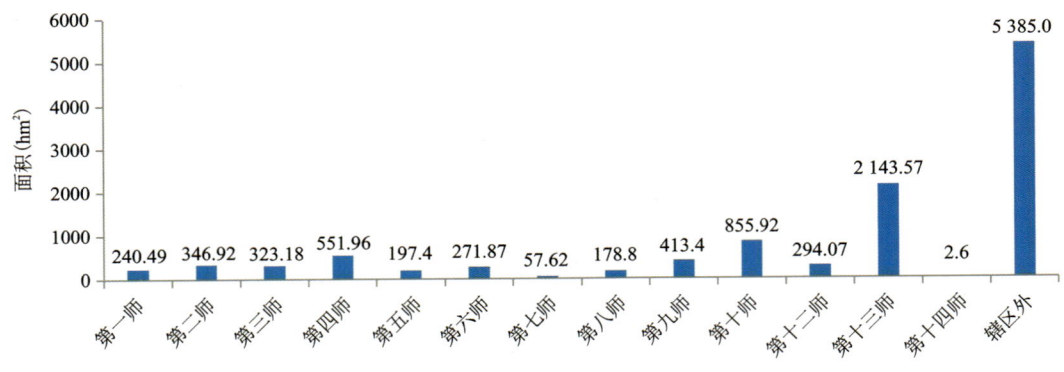

图 9-8　各师矿山占地统计柱状图

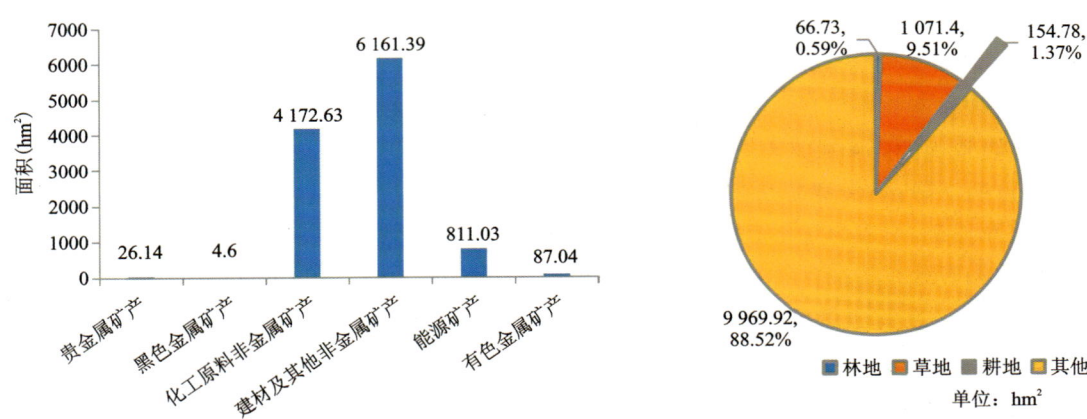

图 9-9　兵团矿山占用土地按矿类统计图　　　图 9-10　兵团矿山占用土地按地类统计

的破坏最为严重,煤矿次之,由于地下开采形成地面塌陷,导致煤矿损毁土地面积较大,其他矿种最少。②土地破坏方式与矿产资源开采方式紧密相连。砖瓦用黏土矿、建筑用砂矿开采以挖损和压损为主;煤矿等地下开采矿山以压损和塌损土地为主。

3)矿山开发对地下含水层影响的分布特征

矿山开发对地下水含水层的影响主要分布在煤矿区,由于煤炭开采后煤层顶板发生垮落,形成垮落带和裂缝带,从而使含水层遭到破坏,导致地下水漏失,水位下降,并间接对与破坏含水层有水力联系的其他含水层产生影响。主要集中在乌鲁木齐周边、焉耆盆地、库拜盆地、伊犁谷地、吐哈盆地和天山北麓,造成地下水位有所下降。据调查有矿坑水排放的12家,其中第十二师数量最多,共6家,第四师共4家,其他煤矿多处于关闭状态,故无矿坑水。建材及其他非金属矿山主要进行地表开采,大多远离含水层,除极少数河道内开挖深度大的建筑用砂外,非金属矿产资源的开采一般不会对地下水系统产生影响与破坏。

4)矿山废水废渣分布特征

兵团矿山废渣主要包括煤矸石、废石土、生活垃圾等,大多处于关闭状态,年产出量140.63万t,其中废土石年产出115.06万t,粉煤灰0.52万t,煤矸石20.21万t,尾矿4.00万t,其他废弃物0.84万t。

固体废弃物累计存量642.49万t,其中废土石渣590.89万t,粉煤灰0.1万t,煤矸石21.22万t,尾矿30.00万t,其他废弃物0.28万t。从空间上看,固体废弃物集中分布于第十二师和兵团辖区外,两者占总固废存量的79.18%,其次分布在第八、十三、十、三、一师和第四师,共占总固废存量的17.95%,第二、六、九、十四师有零星分布,第五、七师无固体废弃物分布。

废水排放以生活废水、堆浸废水、选矿废水、洗煤废水为主。

2. 矿山地质环境问题危害

1) 矿山地质灾害危害

兵团采矿活动引发的地质灾害及隐患共160处,其中以地面塌陷和崩塌(隐患)最为发育。据调查,兵团采矿地质灾害均未造成人员伤亡,主要危害包括牲畜死亡、毁坏房屋、道路、草场等。按照地质灾害灾情、危害程度统计,地面塌陷威胁人数1794人,造成直接经济损失400万元;崩塌造成直接经济损失6900万元;滑坡造成直接经济损失20万元;泥石流对采矿安全形成威胁,尚未造成明显经济损失。

2) 矿山开发对地形地貌景观的破坏

根据调查,兵团矿山开发活动占用土地资源面积共11 262.83hm²,其中矿山露天采场挖损土地面积8 461.01hm²,为占损土地总面积的75.12%,工业广场压占土地面积2 009.99hm²,为占损土地总面积的17.85%,固体废弃物压占土地面积791.83hm²,为占损土地总面积的7.03%。参照《矿山地质环境调查评价规范》,结合各矿山破坏现状,对各矿山地形地貌景观影响程度进行分级。经确认矿山中315座为有证矿山(含已注销),按占损面积与矿权面积比值计算地形地貌景观破坏率,经统计,破坏程度较轻矿山119座,严重159座,较严重37座,其余无证矿山无法计算其矿权面积,对其不进行统计。

3) 矿山开发对土地植被资源的破坏

矿山开发占用和损毁土地面积共计11 262.83hm²,其中辖区外为5 385.03hm²,辖区内5 877.80hm²。按地类划分(2009年调查数据),其中,占有和破坏耕地154.78hm²、草地1 071.40hm²、林地66.73hm²、其他土地9 969.92hm²。参照《矿山地质环境调查评价规范》,结合矿山破坏现状,对矿山土地压占与破坏影响程度进行分级。据其占用耕地草地面积评价其影响程度,统计影响较轻矿山361座,较严重矿山136座,严重矿山261座。

4) 矿山开发对含水层影响和破坏

兵团矿山分布于新疆各地,不同地区、不同矿类矿山的开采对地下水系统的影响破坏程度不同。参照《矿山地质环境调查评价规范》附表D.3采矿活动对含水层破坏影响程度,结合对各矿山环境调查结果,露天矿山开采层位大多距含水层较远,矿山开采未造成含水层的破坏,未造成矿区及周边含水层水位下降,未影响到矿区及周围生产生活供水。地下开采矿山大多关闭,仅少数矿山处于生产状态,对含水层造成一定影响。

根据各矿山抽排水量统计,共20座矿山有矿坑水抽排,仅5座矿山日排水量大于3000m³/d,其对含水层破坏影响程度为较严重,其余15座矿山排水量均小于3000m³/d,对地下含水层破坏影响程度轻微。

显然,对地下含水层有影响的主要为煤矿。建筑用砂、砖瓦用黏土均为露天开采,其开采深度小,开采对地下含水层无影响。

5) 矿山废水废渣对环境影响

(1) 矿山废水对环境的影响。

兵团矿山废水主要来源于矿井开采而产生的地表渗透水、岩石孔隙水、矿坑水、地下含水层的疏放水,以及井下生产防尘、灌浆、充填污水,选矿厂和洗煤厂污水等。在重点调查矿山,煤矿、金矿、铁矿生产水及其矿渣、矸石附近河流的上、中、下游采取水样103组,并进行分析,主要项目包括:阳离子(K^+、Na^+、Ca^{2+}、Mg^{2+}、Fe^{2+}、Fe^{3+})、阴离子(Cl^-、SO_4^{2-}、HCO_3^-、CO_3^{2-})、硬度(总硬度、非碳酸盐硬度、碳酸盐硬度、负硬度)、pH值、其他(氨氮、游离CO_2、溶解固形物、全固形物、悬浮物、TOC)。将103个水样的检测结果与《地表水环境质量标准》(GB 3838—2002)进行对比,以Ⅴ类水为标准限值进行统计分析,103个水样中化学需氧量(COD)超标的有8个,其中最大值为632mg/L,单项污染指数高达16;氨氮(NH_3-N)超标的有6个;氟化物(以F^-计)超标的有3个,共涉及14个样品(表9-2)。

表 9-2 地表水超标情况一览表

序号	实验编号	化学需氧量(COD)	氨氮(NH_3-N)	氟化物(以 F^- 计)	综合污染指数(PZ)
1	H1639	75	0.04	0.4	1.33
2	H1661	221	0.06	1.7	3.93
3	H1662	632	1.90	2.8	11.22
4	H1664	28	20.06	0.8	7.11
5	H1673	22	26.09	0.5	9.23
6	H1936	20	5.23	0.5	1.87
7	H1939	49	0.03	0.8	0.89
8	H1942	61	0.14	0.7	1.09
9	H1943	74	0.34	0.4	1.32
10	H1945	45	0.15	0.2	0.8
11	H1962	18	34.87	0.5	12.33
12	H1963	29	31.33	0.5	11.08
13	H1994	50	5.02	0.6	1.87
14	H1995	25	2.10	4.1	2.02

根据《矿山地质环境调查规范》的计算标准,14个样品中12个水样的综合污染指数(PZ)大于1,属于水质重度污染。虽然采矿活动产生的生产废水,污染较为严重,但经过处理后,大部分进行了利用,少量排放,个别矿山水质处理不达标或未处理排放,对周边的水土环境产生一定的影响。

(2)矿山废渣排放对环境的影响。

矿山废渣包括矿山开采过程中产生的剥离物和废石(包括煤矸石),以及在选矿过程所排弃的尾矿。矿山废渣大量堆存,污染土地,或造成滑坡、泥石流等灾害。废石风化形成的碎屑和尾矿,或被水冲刷进入水体,或溶解后渗入地下水。这些废物中,有的含有砷、镉等剧毒元素,有的含有放射性元素,都有害于人类健康。

在重点调查矿山中的煤矿、金属矿的工业广场、废渣周边的河道、耕地、草地采取土样106个,分析废渣石、煤矸石、尾矿库等对当地土壤的污染情况。建设用地以第二类土地为标准,农用地以其他为标准(表9-3、表9-4)。

表 9-3 建设用地土壤污染风险筛选值和管制值(部分)　　　　单位:mg/kg

污染物项目	筛选值		管制值	
	第一类用地	第二类用地	第一类用地	第二类用地
砷	20	60	120	140
铬	3.0	5.7	30	78
铅	400	800	800	2500
汞	8	38	33	82

表 9-4　农用地土壤污染风险筛选值(部分)　　　　　　　　　　　　　　　单位:mg/kg

污染物项目		筛选值			
		pH≤5.5	5.5<pH≤6.5	6.5<pH≤7.5	pH>7.5
砷	水田	30	30	25	20
	其他	40	40	30	25
铬	水田	250	250	300	350
	其他	150	150	200	250
铅	水田	80	100	140	240
	其他	70	90	120	170
汞	水田	0.5	0.5	0.6	1.0
	其他	1.3	1.8	2.4	3.4

106个土壤样品中,汞含量的最大值为0.149mg/kg,铅含量的最大值为39.10mg/kg,远小于建设用地和农用地土壤风险筛选值;在耕地中,检测出砷含量的最大值为11.60mg/kg,低于农用地砷的最小风险筛选值,其他样品中检测出砷含量的最大值为46.76mg/kg,低于建设用地的第二类用地风险筛选值。6个样品中的铬含量大于建设用地第二类土地风险管控值,分别来自塔吾尔别克金矿等4座矿山。根据《矿山地质环境调查规范》的计算标准,6个土壤样品的综合污染指数(PZ)分别为0.758 2、0.998 0、0.728 1、0.711 7、0.726 2和0.727 9,均小于1,即兵团矿山废渣对周边环境影响较小。

(五)采煤沉陷区

兵团地下开采煤矿66座,位于辖区范围内的煤矿共30座,对该30座煤矿的采煤沉陷区进行了相应调查(表9-5)。

表 9-5　兵团辖区内部分地下开采煤矿统计表

序号	所属师	矿山名称	所属团	矿权面积/(km²)	生产现状
12	第四师	新疆三新煤业有限责任公司二矿	71团焦化厂	1.627 6	生产
17	第七师	和布克赛尔县和什托洛盖一三七团煤矿	七师137团煤矿	2.802 5	生产
18	第十师	新疆屯南煤业有限责任公司二分公司和布克赛尔203井	第十师184团	2.335 2	关闭/废弃
19	第十师	新疆屯南煤业有限责任公司三分公司一号井	第十师184团	1.958 7	生产
20	第十师	新疆屯南煤业有限责任公司四分公司和布克赛尔一号井	第十师184团	2.493 6	关闭/废弃
21	第十师	新疆屯南煤业有限责任公司一分公司光明井	第十师184团	4.642 8	生产

1. 采煤沉陷区确定方法

采煤沉陷区范围的划定通过两种方法确定,针对已有矿山资料,利用矿山企业的矿山地质环境保护与土地复垦方案、开发利用方案等资料,对矿山开采造成的塌陷区进行实地核查,确定采煤沉陷区范围;针对未收集到相关资料的矿山,通过实地调查为主,遥感佐证为辅的方式确定采煤沉陷区范围。

1)已有资料矿山

利用各矿山企业井上下对照图、采掘工程平面图、采空区勘查报告等资料,结合地面工程地质调绘,圈定煤矿开采形成的地下采空区,根据实地调查和访问了解塌陷坑、地裂缝等佐证信息,并结合收集的物探、钻探资料进行佐证,结合地面变形特征,最终圈定出该煤矿采空区,判断采煤沉陷区已发生区域的范围,根据各矿山的基础地质、工程地质和水文地质条件,以及煤层倾角等资料,判断煤矿开采造成的地面塌陷预测区域。

通过资料收集划定的采煤沉陷区涉及的矿山包括9座矿山,其余矿山由于各类因素未收集到相关地面塌陷资料。

2)无资料矿山

由于部分矿山企业关闭时间较长,实地调查已无采矿痕迹。部分矿山已完成矿山环境恢复治理工作,地面塌陷已完全治理。根据统计,兵团辖区未收集到资料的煤矿中,18个煤矿未发现明显的地面塌陷。

2. 采煤沉陷区分布特征

兵团辖区内沉陷区47处,分属34座矿山。其中辖区内采煤沉陷区15处,涉及矿山13座,塌陷面积250.63hm²;辖区外采煤沉陷区32处,涉及矿山21座,塌陷面积858.77hm²。按塌陷规模统计,大型4座、中型13座、小型17座;按破坏土地类型统计,损毁草地矿山9座,损毁其他土地矿山25座。对沉陷区塌陷情况以新疆屯南煤业有限责任公司二分公司和布克赛尔203井为例,简述如下。

(1)公司现状:采矿证号(略)。开采矿种:煤。开采方式:地下开采。设计生产规模:9.00万t/a,设计服务年限为44年,矿区面积2.335 2km²。为永久性封闭矿井,封闭时间为2016年8月18日。

(2)历史沿革及责任主体:矿区内煤矿开采始于1955年至1978年,多年始终是小煤窑土法生产,开采深度均未超过百米,产量较低,1978年后区内的小煤窑经整改,到2005年矿区建有201、203号井,经过数十年的开采,浅部煤层已基本采空。原煤矿主要开采A3、A4、A7煤层,井深153m。由于煤矿改扩建为9万t/a,201、203井合二为一,2005年整改后隶属现公司二分公司,2016年被永久性关闭。

(3)采煤沉陷区基本情况及引发的灾害:矿区面积为2.32km²,第四系覆盖物厚度20m,煤矿采用井下开采,巷道掘进,回采方式为后退式。现煤矿界外围西北部形成了一些面积大小不等的塌陷区(总面积约0.024km²)。矿区内发现两处塌陷坑,最大一处直径5m,目前未发现由于塌陷引发的其他地质灾害。

(4)面临的突出问题:203井设计年产量9万t/a,属于小型矿山,井下开采对地质环境破坏的人类工程活动一般。所处地形地貌类型单一,岩土体工程地质条件较差,水文地质条件较差,地质环境复杂程度为中等。目前面临的突出问题为采空地面塌陷,未发现其他类型灾害,调查时发现的两处塌陷坑,随后矿山企业进行了填埋,矿方并未从根本上对采空区进行治理,后期仍存在塌陷可能,地面塌陷不仅破坏了原生地形地貌,同时也威胁进入矿区的人员和车辆。

(5)采煤沉陷区调查及治理方案。①调查情况:根据遥感解译与现场调查,矿山发现塌陷坑2处,坑深3~5m,塌陷坑内基岩出露,部分坑内可见煤层露头,破坏土地类型为草地。②恢复治理建议:针对已经形成塌陷坑及地面塌陷影响区域,设置醒目的警示牌,并实施围栏封闭。

为了防止降雨和融化雪水聚集在塌陷坑内灌入井下,应及时回填塌陷坑,在有汇水区域上方修筑截水沟引流地表雨水,防止雨水汇入塌陷坑。在采空区不进行任何建筑活动,不设置道路、管道、输电线路等,避免对生产系统、生活区带来不必要破坏。对目前的地下采空区及时检测记录,及时在地面标出采空区位置,对发生的塌陷,充分利用现有废渣石和矸石进行适当的回填处理,同时进行基本的矿山环境恢复治理工作,恢复原生地貌景观,自然恢复地表植被。

地面塌陷实时监测:①对地下开拓采矿巷道及采矿工程的进展情况进行监测,包括采空区范围、开采深度、地下位置,采空区顶底板状况等。②对可能形成地面塌陷区进行巡视监测,若发生地面塌陷,还需对塌陷变化情况进行监测。

3. 地面塌陷主要危害

（1）采空区地表沉陷若发生在城市等居民区域，地面下沉会使建筑物发生裂缝甚至坍塌，道路等其他基础设施也会受到破坏，制约了矿区城市的可持续发展。

（2）采空区沉陷使得地表高度降低，地下水位会上升到地表以上或接近地表，形成低洼积水坑、沼泽地，使得地表盐碱化，地下水污染，破坏土地使用价值。

（3）煤矿的开采极易在土质结构疏松的地方形成裂缝，若开采程度严重，会使裂缝间的连通破坏。位于坡体中的裂缝会导致大面积的滑坡、坍塌，破坏地表植被覆盖，在雨水的冲刷侵蚀作用下，会造成严重水土流失，加剧土地破坏。

对地面塌陷主要危害以屯南煤业二分公司和布克赛尔203井为例，简述如下。

屯南煤业二分公司和布克赛尔203井和屯南煤业三分公司一号井所处矿区地形平坦（图9-11），中部基岩出露区呈低矮山丘相间的丘陵地貌，北部、南部为戈壁平原，海拔860～925m，相对高差65m，总体地势为中间高、南北低，地形坡度3°～5°，地形切割不明显，沟谷不发育，仅在个别地段存在夏季暂时性暴雨冲刷形成的冲沟，由地势高处向低处延伸。经实地调查和访问，矿区及其附近区域无常年性河流、水库、湖泊等地表水体，只有暴雨冲刷所形成的一些近南北走向的冲沟，在春季雪水融化和夏季暴雨期出现暂时性洪水。煤矿占用和破坏土地类型均为草地。

图9-11 新疆屯南煤业有限责任公司三分公司一号井地面塌陷遥感影像图

目前屯南煤业二分公司和布克赛尔203井已关闭，屯南煤业三分公司一号井处于生产状态，由于多年的矿业开发，两个矿山均引发地面塌陷，形成塌陷区面积127.07hm²，其中屯南煤业三分公司一号井引发地面塌陷面积125.89hm²，为大型地面塌陷灾害，两个矿山破坏土地类型为草地。屯南煤业三分公司一号井由于以往和未来的地下采煤活动，将形成更大范围的采空区，未来受放炮震动、自然重力等因素的影响，采空区顶板岩石可能发生崩落和侧向位移，在地表形成更为广泛的塌陷坑，从而导致土地丧失基本的使用功能，对地表环境影响较大且不易恢复，需在矿山开发的过程中同时对矿山地面塌陷进行治理。

4. 基于 INSAR 的采煤沉陷区定量研究

利用 INSAR 技术对第八师天富电力（集团）有限责任公司南山煤矿小沟煤矿采煤沉陷的地面形变情况进行监测，通过收集矿山 2017—2019 年各期次数据，对煤矿近年开采引发地面沉陷速率、时空演化进行系统分析和统计。

数据处理过程中生成 20 对差分干涉图，剔除明显存在大气延迟相位以及与地形相关误差的解缠图，最终挑选出 20 幅去除所有误差后效果较好的解缠图，然后对矿区地表年平均沉降量和地表时序形变量进行相关分析研究。

通过对比各时间序列，对塌陷时序进行分析。该矿区于 2018 年 2 月 1 日出现地表微形变，位于矿区的中部，2018 年 4 月 26 日，矿区西部出现形变区域，至 2018 年 9 月 9 日，中部区域的形变加剧，而西部变形速率较低，至 2018 年 12 月 10 日，西部变形区变形速度加剧，中部区域变形速度有所延缓，至 2019 年 3 月 16 日，西部和中部区域地表变形持续加剧，至 2019 年 4 月 21 日，中部区域地表变形向北略有扩张，西部区域继续向西略有扩张，但两个区域扩张幅度均较小，范围约 5m 之内，至 2019 年 9 月 24 日，中部和西部地表变形持续加剧。分析得出该矿区自 2017 年 11 月 9 日起，至 2019 年 9 月 24 日，中部区域地表形变范围约 40hm²，西部区域地表形变范围约 18hm²（图 9-12、图 9-13）。

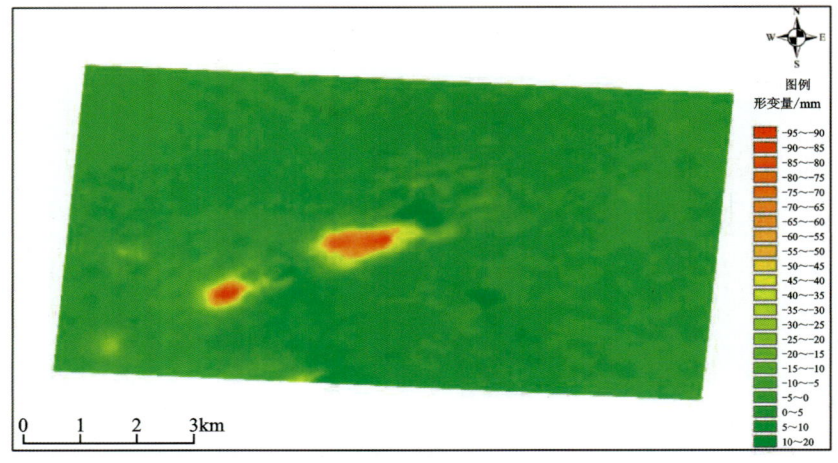

图 9-12　煤矿区累积形变图

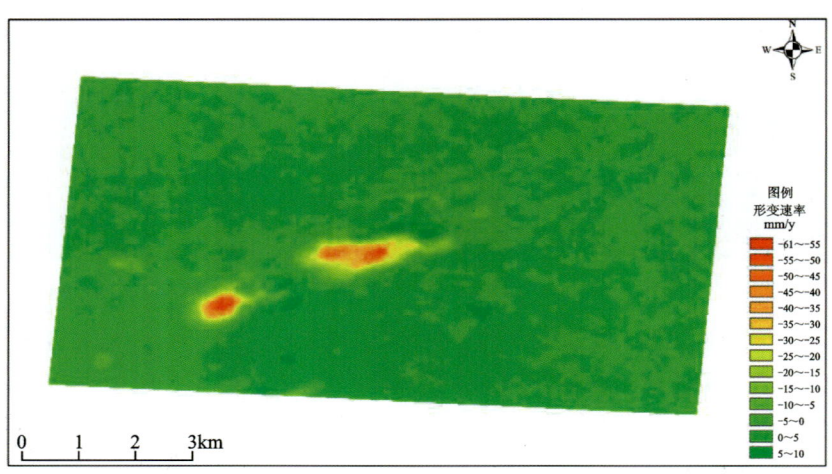

图 9-13　煤矿区累积形变速率图

5. 地面塌陷的预防及防治措施

制订并落实合理科学的开采方案,如充填开采、部分开采、覆岩离层带注浆充填等措施,都是减轻地表塌陷的主要技术途径。部分开采主要有房式开采和矩形条带开采,在开采时采取保护措施,利用煤柱支撑,控制地表沉陷;利用覆岩层带注浆充填技术来预防地陷,是通过地面钻孔向地层空间注入粉煤灰浆液等作为充填材料,可以抑制覆岩破坏,达到控制地表沉陷的出现。为防止地陷的出现,应注意雨季疏通地表的排水沟渠,加强对雨水的防范意识,还应加强地下输水管线的管理。如果一旦发现问题,及时解决,否则会形成更大的破坏。

(六)矿山地质环境治理措施与成效

截至2019年,兵团实施了矿山地质环境治理工程的矿山共131座。恢复治理总投入2 380.47万元。主要以恢复地形地貌和治理矿山地质灾害为主,其中地形地貌破坏恢复治理投入673.00万元,恢复治理面积649.35hm^2;地质灾害投入1 644.47万元,恢复治理面积35.54hm^2,全部为煤矿开采形成的地面塌陷治理。各矿山的恢复治理措施主要包括露天采坑的回填、采面削坡剥离消除安全隐患、工业场地建筑拆除、弃渣清理、煤矿塌陷坑地裂缝填埋等,已完成治理或治理效果较好的矿山达到90%。

1. 地质灾害防治措施及成效

1) 矿山地质灾害防治措施

滑坡崩塌的防治措施:应按规定在露天采面清理破碎的渣石,剥离不稳定危岩,高边坡削坡处理,在采坑周边设置警告标示牌,拦设铁丝网等。

泥石流的防治措施:对采矿弃渣的排放地进行设计,严禁堆放于河道及松散堆积物周边,并对弃渣定期进行清理,减少泥石流可能发生的物源。

地面塌陷:开展了地面塌陷防治措施,对地面塌陷及时监测记录。各矿山地面塌陷地质灾害防治方法如下:①塌陷危险区设立警示标志,严禁人员、车辆靠近塌陷危险区;②对老采空区的塌陷坑进行回填,监测新采空区,随着矿山的开采所形成新的地面塌陷坑、地裂缝,要及时进行回填;③禁止在采空区地面(含未来采空区)修建各类工程设施(含道路)。

2) 地质灾害防治效果

兵团存在地质灾害的矿山数140个,占总数的18.47%。其中对地质灾害采取治理措施的矿山有53个,占地质灾害矿山数量的17.70%,其中治理效果较好35个,治理效果一般的矿山18个。兵团矿山地质灾害治理主要为煤矿开采形成的地面塌陷治理,总治理率仅18.16%,治理的主要矿种为煤,主要治理类型为采煤地面塌陷治理。

由于兵团废弃矿山、老旧矿山较多,对地质灾害的治理历史欠账较多,近年来,在政府主管部门的努力推动下,以矿山企业自筹资金、地方政府补贴的方式,相继开展了地质灾害治理工程,取得了明显的社会效益与生态效益。其中新疆三新煤业有限责任公司二矿阿吾拉勒山北坡双新社区特大型地质灾害防治项目治理效果显著,且其治理的工程措施和技术方法也值得其他矿山企业借鉴。

新疆三新煤业有限责任公司二矿地下采煤,形成采空地面塌陷,引发多处崩塌和滑坡,给三新煤业矿区建筑物和公路等造成了较严重的影响,形成较大的威胁。加之区域内降水相对较为丰富,年降水量最大可达350mm,又位于地震多发区周边,是未来地震发生的潜在震源区,滑坡、不稳定斜坡及崩塌危岩体发生潜在变形破坏的可能性较大。据调查,治理区共发育地质灾害20处,其中崩塌6处、滑坡10处、不稳定斜坡4处。企业对该处地质灾害完成了治理工作,控制了灾害的进一步发生,治理效果明显。

2. 地形地貌景观修复和土地复垦措施及成效

兵团辖区内对矿山生态环境的修复措施主要为废渣清运、整平、植树绿化等工程措施。矿山在土地复垦、生态地质环境保护建设等方面取得一定成果,也在解决历史遗留矿山地质环境问题的同时,获得了一定经验。据统计,兵团矿山开采破坏土地面积共 11 262.83hm²,目前已完成恢复治理矿山面积 648.18hm²,恢复治理率为 5.76%;存在矿山环境恢复治理的矿山共 131 座,约占兵团矿山总数的 17%。恢复为草地面积 327.97hm²,恢复耕地面积 143.52hm²,恢复为其他土地类型 176.69hm²。

3. 矿山废水废渣综合治理措施及成效

1)矿山废水综合治理利用与效果

兵团产出废水的矿山共 118 座(部分矿山由于资料缺失,未统计),占矿山总数的 15.30%;兵团废水废液每年的产出量 1 773.941 万 m³,利用量 1 296.901 万 m³,排放量 477.04 万 m³,综合利用率 73.11%(表 9-6、图 9-14)。

表 9-6 矿山废水废液综合利用统计表　　　　　　　　　　　　　　　单位:万 m³

类型	年产出量	年利用量	年排放量	利用率(%)
矿坑水	1 086.77	795.97	290.80	73.24
选矿废水	194.66	116.50	78.16	59.85
堆浸废水	129.60	104.40	25.20	80.56
洗煤水	254.7	254.7	0	100.00
生活废水	108.211	25.331	82.88	23.41
总计	1 773.941	1 296.901	477.04	73.11

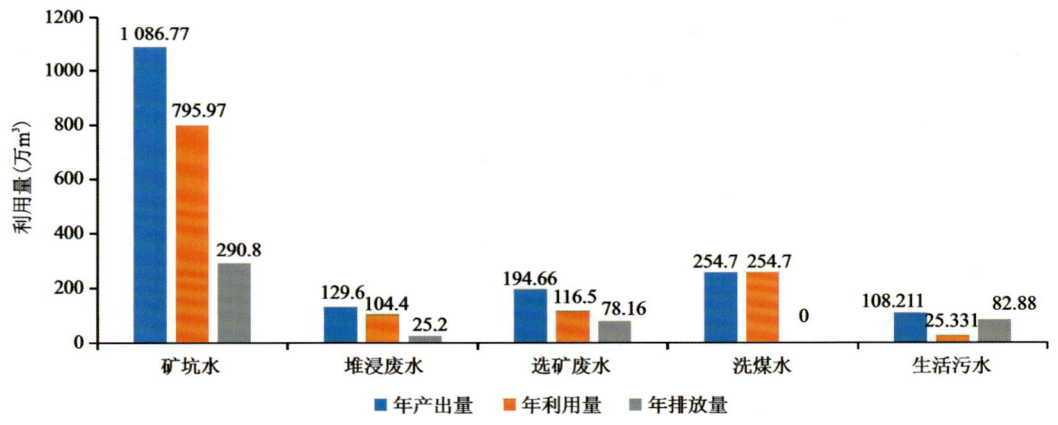

图 9-14 矿山废水废液综合利用统计图

统计结果表明,矿山废水(废液)综合利用率最高的是洗煤水,为 100%;其次是堆浸废水,为 80.56%,再次是矿坑水和选矿废水,最低的是生活废水,仅为 23.41%。其原因是矿坑水量较大,尤其是深层承压水位含水层水量丰富,矿山无法全部利用,致使水资源流失;而堆浸废水、洗煤水的特点是污染性强而水量较小,产出后需进行污水处理,治理达标后即可二次利用,其综合利用率相对较高,而生活污水大多未进行再利用,导致综合利用率低。

中大型矿山的废水废液,一般均经过处理,用于矿山的生产、生活。例如用于井下的消防、除尘和黄泥灌浆等和厂区的洒扫、绿化等,无法利用的部分接入市政管道,部分水排入矿区周边的沟道中。部分条件简陋的小型矿山,生活废水就地排放,容易造成水土环境污染。

2)矿山废渣综合治理利用与效果

兵团产出废渣的矿山共251座,占矿山总数的30%;固体废弃物累积存量642.49万t,占用土地面积790hm²(表9-7)。

表9-7 矿山固体废弃物综合利用统计表   单位:万t

弃渣类型		贵重金属	黑色金属	化工原料非金属	建材及其他非金属	能源	有色金属
废石(土)渣	累计积存量	0.20	0.3	0.5	550.55	28.36	10.98
	年产出量	0	0	0.13	100.71	5.72	8.5
	年利用量	0	0	0.08	44.98	4.96	2
	年利用率			61.54%	44.66%	86.71%	23.53%
粉煤灰	累计积存量					0.1	
	年产出量					0.52	
	年利用量					0.42	
	年利用率					80.77%	
煤矸石	累计积存量					21.22	
	年产出量					20.21	
	年利用量					19.80	
	年利用率					93.31%	
尾矿	累计积存量						30
	年产出量						4
	年利用量						0
	年利用率						
其他	累计积存量				0.25	0.03	
	年产出量				0.37	0.47	
	年利用量				0.10	0	
	年利用率				27.03%		

兵团矿山废渣综合开发利用、矿物原料深加工和资源的二次利用水平低。废石土的排放量最大,一般用于回填采坑,铺垫矿山道路和工业广场。煤矸石部分回填塌陷坑,部分用于电厂发电,一些砖厂利用煤矸石制空心砖,水泥企业利用煤矸石生产水泥熟料等。

(七)矿山地质环境评价

按照定性评价与定量评价相结合的方法,综合考虑调查区矿山规模、分布特点、不同矿种对地质环境的影响程度等诸因素,结合调查区特殊的自然地理环境条件及成矿条件,确定矿区地质环境影响程度分级,将采矿活动对矿山地质环境的影响程度分为严重区、较严重区和轻微区三级,共圈定矿山地质环境影响区122个,面积212 576.781hm²;其中,严重区28个,占兵团辖区面积的0.73%,较严重区30个,占兵团辖区面积的0.67%,轻微区64个,占兵团辖区面积的3.02%(表9-8)。

表 9-8 矿山地质环境影响区统计表

所属师	矿山地质环境影响严重区		矿山地质环境影响较严重区		矿山地质环境影响轻微区	
	个数	面积(hm²)	个数	面积(hm²)	个数	面积(hm²)
1 师	2	264	3	1683	3	587
2 师			4	7 731.2	2	15 221.31
3 师			1	2 634.8	5	5 860.27
4 师	12	6 328.09	1	307.41	13	43 862.9
5 师	2	170.9	3	183.5	6	158.2
6 师	1	245.31	2	7 102.56	6	101 714.02
7 师	2	2 829.592 5	1	10 163.086 5	4	467.071
8 师	3	703.3	2	142.65	2	249.3
9 师			6	3 761.81	14	17 526.92
10 师	1	30 876.79	1	7 633.14	3	21 763.57
12 师	3	216.85	2	59.7	2	16.28
13 师	2	9 962.6	3	5 822.46	4	5 149.94
14 师			1	132.67		
合计	28	51 597.432 5	30	47 357.986 5	64	212 576.781

1. 矿山地质环境影响严重区（Ⅰ）

如红旗农场煤矿，该矿山属地质环境影响严重区。煤矿位于天山北麓中高山区，年降水量大、地形起伏大、构造复杂、风化剥蚀强烈，地质灾害发育，长期井下开采和人工切坡造成的大量地下采空区及崩塌、地面塌陷等地质灾害，同时对地表和地下造成了严重的破坏，对地面人员、设施及环境构成严重威胁；煤矿工业广场、办公生活区占地面积大，废渣石、废水排放量较大，且破坏原始地表形态，对地质环境的破坏严重，成为第六师矿山环境影响严重区。

2. 矿山地质环境影响较严重区（Ⅱ）

如奇台总场建筑用砂矿、采砂坑，该矿山属地质环境影响较严重区。根据调查，奇台总场周边，尤其是 G312 国道两侧平原区多分布建筑用砂矿和大量的无主采砂坑，规模以小型为主，由于距离团部近、分布数量多且均为露天开采，对地形地貌造成了较严重的破坏，废渣石排放量较大，对地质环境的破坏较严重，成为第六师矿山环境影响较严重区。

3. 矿山地质环境影响轻微区（Ⅲ）

如图木舒克镇-齐干却勒镇黏土矿，属矿山地质环境影响轻微区。该区段内共圈定 3 座小型黏土矿山，均已废弃，对原生的地形地貌景观影响和破坏程度较轻，对土地资源破坏较小。

（八）矿山地质环境保护与治理

1. 矿山地质环境保护

矿山地质环境保护与治理分区以兵团辖区界线为准，坚持与新疆矿产资源总体规划相衔接的原则。

辖区界线外和未确权的区域不参与分区。坚持"区内相似、区间相异"的原则,划分出兵团保护区(B)、矿山地质环境重点治理区(H)、矿山地质环境一般治理区(Y)、矿山地质环境预防区(J)4个区域。

按照各类矿山地质环境问题的严重程度、危害程度、恢复难度及综合治理后社会、环境、经济效益等因素,共划分出矿山地质环境保护区(B)19个、矿山地质环境重点治理区(H)28个、矿山地质环境一般治理区(Y)41个、矿山地质环境预防区(J)5个。其中,部分较严重区和一般区的矿山在开采过程中对原始地形、地层造成破坏超出较严重区、一般区的划定范围,将其列入重点治理区内容中。

在对矿山环境进行保护与恢复治理过程中,应坚持矿产资源开发与生态环境保护并重及预防为主、防治结合的方针,坚持"谁开发、谁保护,谁破坏、谁治理,谁受益、谁补偿"的原则;最大限度避免和减轻矿山生态环境问题及矿山地质灾害的发生,促进资源开发与环境保护协调发展。特提出以下建议:

(1)进一步完善矿山地质环境监督管理法律法规并加强监督落实;
(2)建立和健全矿山生态环境保护的管理体系;
(3)加快实施矿山生态地质环境调查评价及矿山生态地质环境恢复与治理项目;
(4)建立和完善矿山地质环境保护的管理机构和监测体系;
(5)加强矿山生态地质环境监测,逐步建立和完善动态监测体系。

2. 矿山地质环境问题对策建议

1)土地损毁情况

兵团治理区内矿山开采损毁土地面积5 263.70hm^2。对于挖损土地,以恢复原土地类型为原则,结合采坑深度、位置、周边土源等情况,因地制宜地开展恢复治理。对于占损土地,恢复为原土地类型,拆除工业广场设施、设备,清运固体废弃物。对于塌损土地,进行回填复垦,恢复原地貌。治理区内可恢复耕地面积685.32hm^2,草地面积1 356.38hm^2,林地面积2hm^2,水域面积66.95hm^2,未利用地3 153.05hm^2。

2)矿坑排水

兵团辖区内地下开采矿山数量较少,且多处于废弃状态,矿坑水排放量较少,但由于缺乏水处理设备,对排放的矿坑水多数未加以处理利用。

3)固体废弃物

兵团辖区内未利用固体废弃物包括煤矸石和废(土)石堆。对于煤矸石利用分为两个方面:第一,充填塌陷区。在充分利用矿区固体废物的同时,解决塌陷地的复垦问题,因而具有一举多得的效果。第二,发电。采煤过程中排出的废弃物大多含有一定量有机质,可以利用煤矸石在沸腾炉中燃烧供暖或发电,燃烧后的灰渣可用来生产水泥等建筑材料。在煤矸石的堆放存储过程中,要预防矸石自燃现象。对于废(土)石堆,主要用于采坑回填,并对固废堆放场地进行平整,使其与周边边坡相协调,禁止形成局部凸起或凹陷;无法利用的固体废弃物,要进行恢复治理,分层压实,绿化,设置拦、排水工程,预防滑坡灾害。

4)地质灾害防治

对于矿区崩塌、滑坡的治理措施要因地制宜。例如对于戈壁、丘陵的崩、滑灾害,进行削方减载、地面防护、反压坡脚、坡改梯、加强排水等工程措施是行之有效的;对于山区岩质崩塌、滑坡,采取裂缝填埋、支挡、锚固、灌浆等工程措施比较有效。视灾害规模及危害程度的大小,还可采取一些非工程的防治措施,威胁较大的崩滑灾害,应积极组织群众搬迁避让,平时应加强灾害的监测,并做好灾体周边植被的保护和水土保持。

对于矿区泥石流必须先加强矿区固体废弃物的排放治理。例如对处于河道或沟谷中雨水易冲刷地区的矸石、废石(土)、尾矿要做好周边的防护工作,修筑拦渣坝或铁丝网、水泥护壁等,避免固体废弃物随着雨水的冲刷而崩溃致灾。泥石流拦渣工程,需注意泥石流流通区排水的畅通,保证没有废渣挤占河道,对于堆放在沟道中暂时无法运走的废渣,在做好护壁防护的同时,可以将河水改道,使废渣远离雨季的洪水,河道中的堆浸废渣防护处置,在采取工程措施的同时,又改善了废渣周边的生态环境。因此加快废渣的防护与综合利用,加大植被恢复的资金与工作量投入,才能减少泥石流的发生。

矿区改扩建后,随着开拓采矿巷道及采矿等工程的进行,地下采空区将会不断扩大,具有形成地面塌陷破坏地表原生环境的可能,若发生地面塌陷要及时对形成的塌陷坑进行回填至平整状态,恢复原始地形地貌状态。待闭坑时对已有的矿建设施、生活设施予以拆除,将拆除的地表建筑垃圾全部用于回填塌陷区。对其占用土地进行清理、平整,并用土覆盖后推平、压实,对用于煤炭储存与转运的煤场清扫干净后用土覆盖后推平、压实,恢复原始地形地貌状态。

地面塌陷治理措施有灌浆堵洞、塌陷坑与裂缝回填等,煤矿可以利用废弃矸石,金属矿山可以利用废石(土)等,在采取工程措施同时,要做好塌陷区的排水工作,外水入渗塌陷坑,会导致塌陷继续。可采取将河水改道或是修建拦水坝,避免河水灌入井巷;另外,根据地面塌陷的危害程度和矿山的经济条件等,可将塌陷区房屋地基加固或居民搬迁,避免引起房屋倒塌等事故而造成人员伤亡。

3. 矿山环境恢复治理规划建议

根据本次调查成果,针对兵团矿山地质环境问题建议采用先易后难的治理方式,计划10年完成重点和一般治理区矿山的生态修复工作。首先治理矿山环境问题突出,对人居环境造成严重威胁的区域,其次治理主要交通干线,以及对耕地、草地、林地破坏的区域,最后完成重点区全部矿山的恢复治理工作。治理工作各师需根据实际情况针对不同类型的矿山进行分别治理。

经调查,所属兵团矿山地质环境急需治理的片区有黄田农场砂石料集中采区、火箭农场砖瓦用黏土集中采区、第二师30团深大采坑、第十师膨润土废弃采坑、石河子深大砂石料坑、第四师三新二矿和72团煤矿区、采煤地面塌陷等。兵团辖区废弃露天开采矿山近600个,均需要进行矿山环境恢复治理工作。

例如石河子深大砂石料坑,面积达 $254.86hm^2$,部分采深达40m,地下水含水层遭到了不同程度的破坏,开采形成的高陡边坡,存在崩塌隐患,大多采坑周边未设安全防护,对人畜安全造成一定威胁。开采区堆积大量废弃渣石,紧邻石河子机场和城市生活区,部分采坑堆积建筑和生活垃圾,造成严重的土地损毁和景观破坏,堆积的细粒物质作为物源,在强风力作用下,极易形成沙尘和扬尘。该区域存在较严重的矿山环境问题,应尽快开展环境恢复治理工作,消除深大采坑的安全隐患。

根据划分的矿山保护与恢复治理分区,结合各师具体问题,按10年的周期完成废弃矿山的治理工作,据估算,兵团辖区内矿山恢复治理总费用约7.7亿元,每年的治理费用7500万元左右,前五年主要治理对人居环境威胁较为严重的区域,矿山环境重点治理区,以及兵团向南发展战略重点的第三师,后五年主要为矿山环境一般治理区;少数废弃矿山数量多、占地面积大,治理经费高的区域可分阶段完成。

(九)项目总结

通过对兵团辖区内及兵团企业持有的不同经济类型矿山分布、开发规模、开采方式、选矿方法、生产现状等矿山基本情况的调查,基本查明了矿山开采对地质环境的影响及矿山开采过程中产生的环境地质问题,调查厘清了兵团各矿山隶属关系、矿山规模、经济类型、开采状态、矿种大类以及开采方式等具体数目。

因矿山开发引发的矿山地质灾害及隐患有160处,其中崩塌隐患数量最多,共108处,其次为采煤沉陷,共47处,滑坡1处,泥石流4处。采矿活动占损土地 $11\ 262.83hm^2$,其中耕地 $154.78hm^2$、草地 $1\ 071.40hm^2$、林地 $66.73hm^2$、其他土地 $9\ 969.92hm^2$。评价影响轻微矿山361座,影响较严重矿山136座,影响严重矿山261座。

根据各矿山抽排水量统计,仅 5 座矿山日排水量大于 3000m³/d,其对含水层破坏影响程度为较严重,其余矿山排水量均小于 3000m³/d,对含水层破坏影响程度轻微。建筑用砂及砖瓦用黏土为露天开采,矿区地下水水位较深,开采深度远小于地下水埋深,开采基本对地下含水层无影响;矿山废渣主要包括煤矸石、废土石、尾矿等,年产出量 140.63 万 t,年利用量 72.76 万 t,废渣累计积存量达到 642.49 万 t。矿山废水主要包括矿井水、选矿水、洗煤水、堆浸废水、生活废水等,年产出量 1 773.941 万 m³,年利用量 1 296.901 万 m³,年排放量 477.04 万 m³。

兵团辖区引发采煤沉陷的矿山共 13 座,3 座正在生产,5 座暂停生产,其余 5 座已关闭。造成塌陷的煤矿分布于 4 个师,煤矿开采形成的塌陷区 15 处,辖区内采煤沉陷区面积 250.63hm²。

矿山地质环境分区为:矿山地质环境影响严重区(Ⅰ)28 个,矿山地质环境影响较严重区(Ⅱ)30 个,矿山地质环境影响轻微区(Ⅲ)64 个。矿山地质环境整治划分为保护区(B)19 个、重点治理区(H)28 个、一般恢复治理区(Y)41 个和地质环境预防区(J)5 个。

本次调查建立了数据库、图形库、多媒体连接的地理信息系统,可进行数据查询、数据统计、数据分析、数据报表、图形数据组织、显示与管理、多媒体连接等,为矿山企业管理部门提供了现代化的管理系统。

建议:①规范现有矿山生产,抑制新的矿山地质环境问题;②合理利用资源,保证矿产资源可持续发展;③建立废弃无主矿山资料库,为恢复治理奠定数据基础;④完善采煤沉陷区资料库,为恢复治理提供数据支持;⑤开展亟待治理的矿山地质环境问题区的相关工作;⑥绿色矿山建设;⑦进一步加强新技术在矿山监管中的应用;⑧申请国家专项资金开展历史废弃矿山治理;⑨建立合理有效的砂石料管控措施;⑩加强矿山地质环境保护法规建设;⑪固体废弃物综合研究;⑫确立环境产权和复垦土地使用权;⑬加强地质灾害监测预报、实施矿山地质灾害治理工程。

二、云南省通海县杞麓湖湿地公园建设项目环境综合整治

(一)项目概况

杞麓湖是云南省九大高原湖泊之一,具有提供工农业生产用水、调蓄、防洪、旅游、调节气候等多种功能,被通海县称作"母亲湖"。自 20 世纪 90 年代以来,杞麓湖水质总体呈现出持续恶化趋势,水质长期保持在劣 Ⅴ 类,属云南省九大高原湖泊中污染严重的 4 个湖泊之一(图 9-15)。

为达到"河畅、水清、岸绿、湖美"的流域生态水系目标,规划在 337km² 流域范围内利用已有的骨干河湖渠塘作为空间构架,构建"一环一心、三区多河"的水生态景观系统,形成杞麓湖水生态保护的基本框架和格局,实现通海绿色空间的生态重构,近期目标杞麓湖水质达 Ⅴ 类,远期目标 Ⅲ 类。

"一环一心、三区多河"为主线的主要建设内容,分述如下。

一环:环湖污染防治及生态工程,包括环湖湖滨带修复工程(四退三还)、环湖截污治污工程、生态维护通道建设工程、环湖国家级湿地公园生态建设项目。

一心:湖泊抢救性补水工程和内源污染物清理工程。

三区:环湖高效农业节水及农田减肥增效工程示范区、流域镇村点面污染防控治理区和生态公益林建设区。

多河:入湖 14 条主要河流进行综合整治及生态修复工程。

重点工程项目布局详见图 9-16,建设项目相关内容见表 9-9。

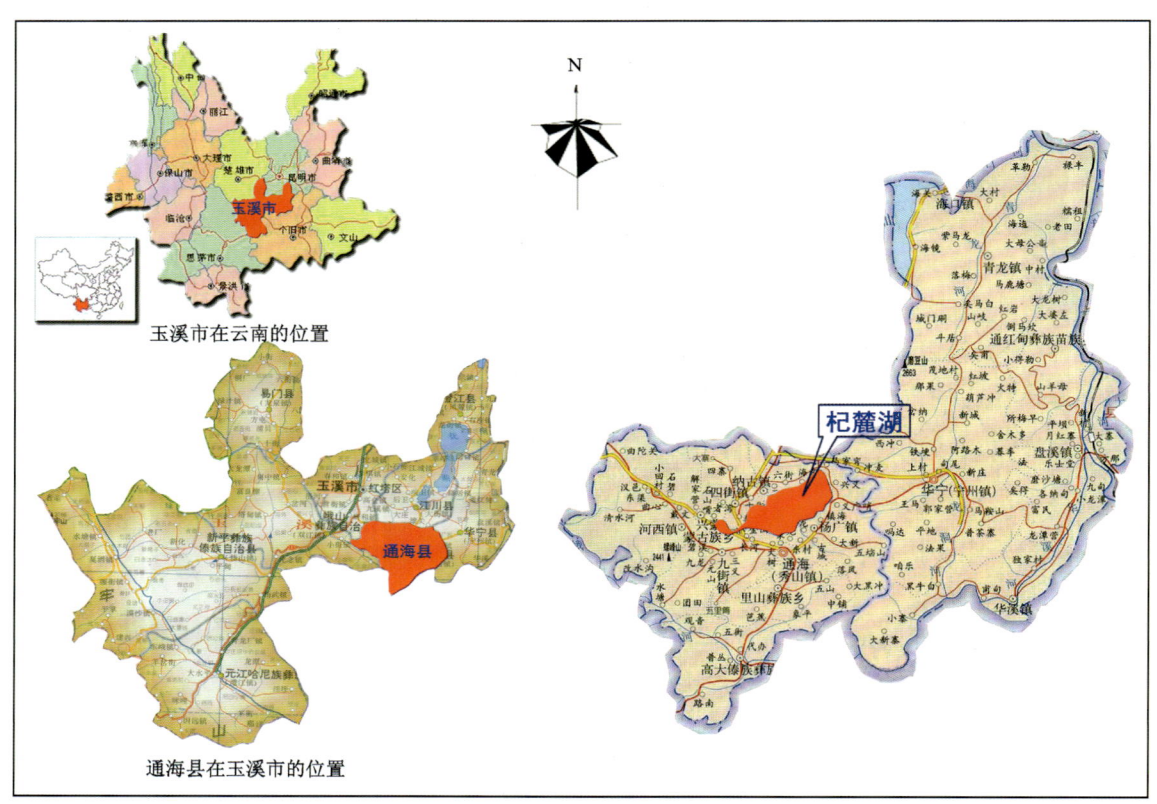

图 9-15　杞麓湖项目区域位置图

图 9-16　杞麓湖流域水环境保护治理重点工程项目布局示意图

表 9-9　杞麓湖湿地公园建设项目开展的相关内容表

序号	项目名称	规模概况
1	杞麓湖农业高效节水灌溉工程	杞麓湖周边 18 万亩高效节水灌溉工程规划勘察
2	通海县杞麓湖沿湖截污治污工程	31.569km 截污渠勘察
3	杞麓湖生态维护通道建设工程	34.814km 环湖路勘察
4	入湖河道中间段生态修复治理工程	14 条河道,总计 64.68km 入湖河道勘察
5	杞麓湖南部底泥疏挖工程	6.0km² 南部底泥疏挖勘察

(二) 地质环境条件

1. 地形地貌

项目区位于云南高原中部偏南,海拔 1795～2350m,中部为盆地,四面环山,呈中等—浅切割中山或山间谷地相间的地貌,整体地势四周高、中间低,大体可分为中山与盆地两大地貌。分述如下。

中山:海拔 1830～2350m,地形波状起伏,崎岖不平,山脉间冲沟发育,两侧山峦大多呈鱼骨状排列伸向主切河谷。小区域内地形变化复杂,微地貌多为山原、台原、高丘和山间小盆地。

盆地:区域内分布多个冲积、湖积盆地,形成湖泊,盆区边缘有少量的洪积扇、洪积堆,盆区内地形平坦,海拔 1795～1830m。通海盆地为区域内盆地之一,项目区即位于通海盆地内,盆地内最低基准面为杞麓湖,盆区长约 20km,宽 2～9km。

2. 地层岩性

区内出露地层主要有:元古宇震旦系(Z),古生界泥盆系(D)、石炭系(C)及二叠系(P),中生界三叠系(T)、侏罗系(J),新生界第四系(Q)。

新生界为本工程主要地层,对工程建设及环境影响最大。

主要为第四系,广泛分布于通海盆地内,其总体厚度大于 100m,根据成因分述如下。

1) 第四系上更新统—全新统残坡积层(Q_{3-4}^{edl})

该层多分布于基岩山体前缘缓坡上及区域范围内较大河流形成的宽谷(俗称坝子)内。岩性主要为高液限黏土、含砂高液限黏土、粉土质砂、碎石土等。

2) 第四系上更新统—全新统湖积层(Q_{3-4}^{l})

该层在区域内分布较广,主要分布在湖区,沉积在全新统湖积层软土以下,岩性主要为高液限黏土或高液限粉土。

3) 第四系全新统湖积层(Q_4^l)

湖积层在区域内分布较广,主要分布在湖区,为新近沉积层,其上部多被人工堆积层覆盖。岩性多为淤泥或淤泥质土,局部夹薄层粉细砂,多呈流塑—软塑状,属软土,有机质含量较高。该层可见大量螺壳。

4) 第四系全新统人工堆积层(Q_4^{ml})

人工堆积层在区域内分布较广,主要为近代围湖造田堆积而成,现状多为耕地。岩性为含细粒土砾、粉土质砂或含砾高液限黏土,局部含螺壳。

3. 地质构造

区域构造单元处于扬子准地台(Ⅰ)滇东台褶带(Ⅰ₃)中的昆明台褶束($Ⅰ_3^1$),该断褶束为小江断裂(东支)、红河断裂、普渡河断裂所围限的条带形区域,构造形变的主要时期为印支期及喜马拉雅期,基本构造格局受边界断裂的控制,区内发育活动性断裂主要为小江断裂、普渡河断裂、红河断裂、楚雄-建水断裂,其中小江断裂、普渡河断裂为北北东向,红河断裂、楚雄-建水断裂为北西向,构成本区构造的主体,沿小江断裂带形成了一系列断陷湖泊。区域内断裂及褶皱构造发育,褶皱构造多呈北西向,山字型次级断裂发育。

4. 地震

根据云南省地震带划分,区域位于小江地震带与通海-石屏地震带交汇地带,小江断裂、普渡河断裂、曲江断裂、石屏-建水断裂等4条主要断裂新构造运动均较强烈,受该4条断裂影响,区域内地震多发,震中集中,成群分布。根据现有地震资料,区域内地震多属浅源地震,深度多在10~20km。在工程区25km范围内,大于7.0级的地震发生次数4次,大于6.0级的地震发生次数7次,大于5.0级的地震发生次数12次,地震最大等级为7.8级的通海地震。工程区(5km范围)大于6.0级地震发生次数1次,大于5.0级地震发生次数4次。

工程区土的类型为软弱土,岩性为淤泥、淤泥质土和新近沉积的黏性土、粉土。根据附近已有工程资料,场地覆盖土层厚度多超过80m,场地类别为Ⅳ类。据《中国地震动参数区划图》(GB 18306—2015),场地地震动峰值加速度0.30g,调整系数0.95,修正后0.285g;基本地震烈度Ⅷ度,场地地震动加速度反应谱特征周期0.45s,修正后0.405s;相应设计地震分组第三组。

5. 区域构造稳定性评价

区域构造背景复杂,致使新构造运动及主要构造的现代活动、地震等频繁出现。

区域所处位置地震多发,区域内小江断裂、红河断裂、曲江断裂、石屏-建水断裂上均有大于7级的地震发生,历史上地震最大级别为7.8级,新构造运动强烈,区域构造稳定性分级为稳定性差。

6. 水文地质条件

根据地形地貌、地层岩性、地质构造等条件的差异,将区域内水文地质条件分述如下。

1)中山区

中山区山体基岩大范围出露,地下水主要为基岩裂隙水及碳酸盐岩溶水,基岩裂隙水主要分布于三叠系、侏罗系的碎屑岩构造裂隙内。受地形地貌、地层岩性及地质构造的影响,透水条件各不相同,富水级别也随之变化,多数流量较小。碳酸盐岩在通海县城至义广哨一带及四街以北地区大面积出露,主要为二叠系、石炭系及震旦系灰岩、白云岩,岩溶发育强烈,含丰富的裂隙岩溶水。

中山区地下水以泉水的方式排泄向盆地补给,由四周向盆地中心汇集,同时地下水又受大气降水补给,形成地下水径流。

2)盆地

盆地区地下水类型主要为第四系松散岩类孔隙潜水,地层岩性主要为黏土、含砂黏土及砂层透镜体,多具微透水性,富水性差。潜水埋深一般较浅,多为0.2~0.5m,局部0.5~1.5m,向区内最低基准面杞麓湖缓慢径流,主要受中山区碳酸盐岩溶水及大气降水补给,孔隙潜水多属HCO_3-Ca型水,矿化度一般小于1g/L。孔隙潜水在向下游补给的同时,受人工灌溉影响,通过地表渠系回流向高处,并经由耕地灌溉回灌地下,在回灌过程中,水体吸收了耕地内的农药、氮磷元素等污染物,造成水质污染,故孔隙潜水水质一般较差。

(三)取得的主要成果

(1)通过现场地质测绘及勘探,确认杞麓湖及周边区域第四系的划分界线,确认了原始湖区范围和人工造田区域,基本查明周边地层岩性,为掌握杞麓湖淤积物来源和组成提供了基础。

(2)通过灌区水文地质调查,基本掌握了杞麓湖周边19万亩灌区地下水的分布和地下水化学特征,对整个灌区地下水的流向、补排条件以及对灌区地表水的进出有了系统掌握,为湖水污染分析提供了水文地质基础。

(3)通过勘探查明了湖积深厚软土的分布及物理力学指标,为环湖道路路基处理、入湖河道的清淤、环湖截污渠及建筑物的开挖及支护提供了详细的地质依据。通过现场调查,对软土层进行了分层,并查明了沿线的螺蛳壳层、砂层的分布。在后期补充勘察中查明了胶结层的分布。

(4)通过现场对14条入湖河道污染源调查,基本查明了入湖河道污染源的分布,通过现状对入湖河道底泥的污染分析,河道底泥对入湖河水可能存在污染。

(5)通过对杞麓湖南部底泥的勘察和试验分析,对湖水水质污染分布做了详细调查,对底泥内重金属污染程度及分区有了清晰的认识,为后期底泥疏浚及底泥处置提供了详尽的依据。

杞麓湖盆区地形平坦,影响湖水运动和沉积物分异的主要作用是湖浪。湖浪引起的拍岸浪、波浪回流和沿岸流可以搬运较粗的质点再沉积,波浪的回流把细碎屑物带到湖盆深处。大风浪时,也可以把周围较浅处的湖底搅动,冲刷底部,发生搬运和再沉积,使疏浚工程范围内底泥污染程度不同。根据杞麓湖南部疏浚工程区底泥污染物特征分析,将杞麓湖南部疏浚工程区域分为3个疏浚工程区:疏浚Ⅰ区污染程度较轻,平均污染厚度0.2~0.4m;疏浚Ⅱ区和疏浚Ⅲ区污染程度较重,其中疏浚Ⅲ区重金属Cd潜在生态风险程度为中风险。杞麓湖南部疏浚工程底泥疏浚分区见图9-17。

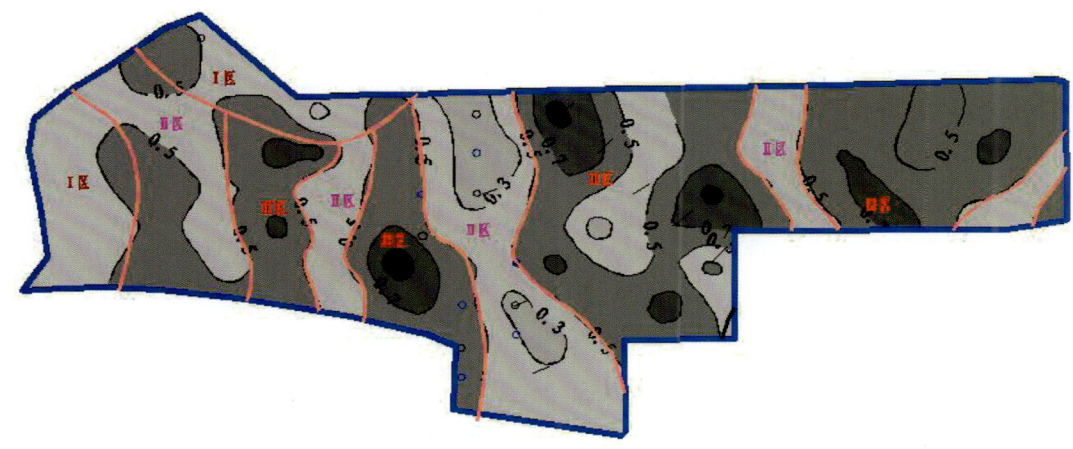

图9-17　杞麓湖南部疏浚工程污染厚度及疏浚分区图

(6)根据小湾的地质条件,结合清淤土的使用,采取合理岩土工程设计、规划设计,实施完成了小湾鸟类栖息地的建设。详见图9-18、图9-19。

(四)项目总结

(1)根据勘察资料和各地基处理方式的适用条件进行筛选后,本项目针对环湖道路、截污渠深厚软土,建议采用以下几种地基处理方式进行方案对比。

①堆载预压法。工艺流程:施工前准备→清淤清表→整平场地→设置沉降观测装置→铺设土工布层→分层填筑预压荷载→沉降观测。

适用于深度大于5m的软土,但灵敏度大于5的软土不宜采用,处理深度可达30m。沿线全段均可使用该处理方法,但预压期不宜少于8个月,建议可与其他处理方式分时分段进行。

图 9-18 小湾鸟类栖息地规划图

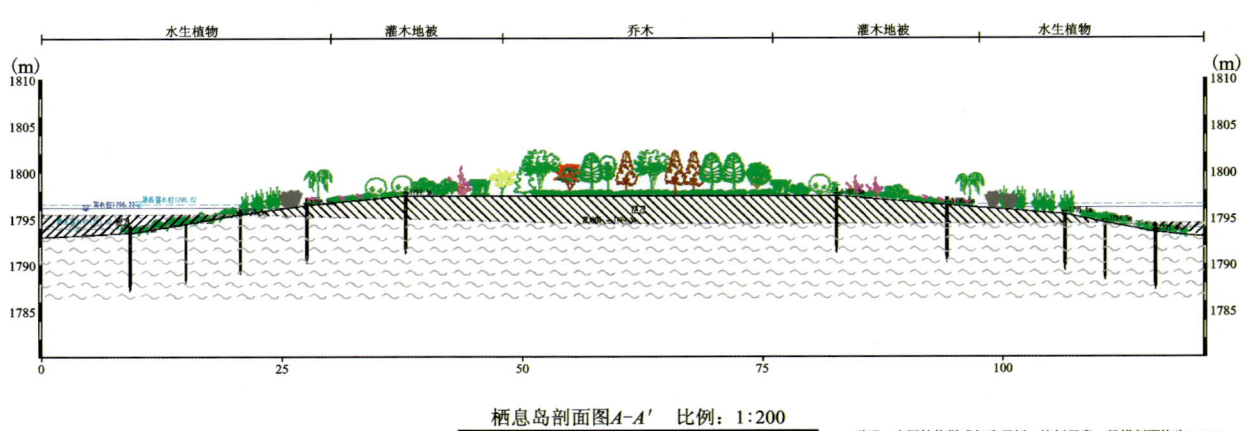

图 9-19 小湾鸟类栖息地剖面图

②石灰桩。石灰桩适用于淤泥、淤泥质土，桩端宜选在承载力较高的土层中，在深厚的软弱地基中，当石灰桩桩端未落在承载力较高的土层中时，应减少上部结构重心相对于基础形心的偏心，并应加强上部结构及基础的刚度。且竖向承载的石灰桩复合地基承载力特征值取值可达 160kPa，基底压力为 60kPa，满足该项目要求，结合项目对控制成本预算的要求，建议对软土一般埋深在 15m 以下的 K4+800～K18+870 路段使用，可作为处理措施之一。

③深层搅拌、高压旋喷水泥桩复合地基。高压旋喷水泥桩适用于淤泥及淤泥质土，处理深度宜小于 25m，基本满足本项目的地质条件。本项目地基土有机质含量大于 5%，须经过试验确定其可用性，可作为全路段处理措施之一。

④抛石挤淤。抛石挤淤适用于处理深度较浅的软土地基，建议仅可使用在软土埋深较浅、层厚较薄的 K11+395～K11+860 段。

⑤木桩法。根据当地经验,可采用木桩(柔性桩)作为道路和建筑物地基处理的方法之一。布桩形式采用等边三角形布置;松木桩桩径根据实际材料确定,一般为100～150mm,本次设计可采用桩径130mm;桩距应根据设计要求的复合地基承载力、土性、施工工艺等确定,宜采取3～5倍桩径;桩距取0.5m。松木桩长应根据实际材料的长度及需挤密加固的深度而定,且应选择承载力相对较高的土层作为桩端持力层。因此,选桩长为7m;在桩顶和基础之间应设置褥垫层,褥垫层厚度宜采取250～300mm,褥垫层材料宜用中砂、粗砂、级配砂石或碎石等,最大粒径不宜超过30mm,本次设计砂垫层厚度300mm。建议划分试验段验证通过后使用。

(2)通过现场调查,现将各入湖河道的淤积物以及层厚情况调查汇总见表9-10。

表9-10 河道淤积层厚度统计表

序号	河道名称	河道总长(km)	河道宽度(m)	未防护衬砌段长度(km)	淤积物层厚(m)	已防护衬砌段长度(km)	淤积物层厚(m)
1	红旗河	15.36	10～50	/	/	15.36	0.1～0.5
2	大新河	8.89	5～7	/	/	8.89	0.2～0.3
3	者湾河	6.08	5～15	/	/	6.08	0.05～0.1
4	中河	5.76	3～20	0.8	0.5～0.8	5.15	0.1～0.2
5	白渔河	3.97	3～20	0.93	1.0～1.1	3.57	0.2～0.3
6	窑沟	4.74	3～5	/	/	4.74	0.1～0.2
7	大树赵家沟	1.49	5～20	0.97	1.1～1.3	0.49	0.3～0.6
8	万家大沟	1.89	5～20	0.7	0.5～0.8	1.29	0.3～0.4
9	长河大沟	1.66	5～10	1.36	1.1～1.2	0.35	0.3～0.5
10	金山大沟	3.5	5～10	3.05	0.5～0.6	0.35	0.2～0.3
11	西干沟	7.07	3～8	/	/	7.07	0.2～0.3
12	十纳小河	2.25	2～4	/	/	2.25	0.1～0.2
13	六一龙潭大沟	1.65	5～20	1.65	1.0～1.1	/	/
14	六一界沟	0.37	5～10	0.37	0.5～0.7	/	/
淤积物层厚最大值					1.1～1.3		0.3～0.6
淤积物层厚最小值					0.5～0.6		0.05～0.1

红旗河、者湾河、大新河、窑沟、西干沟、十纳小河为已衬砌河道,河道淤泥物层厚0.05～0.5m不等,淤积物主要为农田残水回流及所携带的泥沙、城镇污水排放、乡村生活垃圾、腐坏蔬菜倾倒入河后沉积形成的淤积层,局部河段淤积物含少量泥沙,有异味,严重污染水质。

中河、白渔沟、大树赵家沟、万家大沟、长河大沟、金山大沟、六一龙潭大沟、六一界沟部分河段无衬砌,淤积物厚度最大为1.3m,最小为0.5m,淤积物岩性为淤泥质粉质黏土,黑色至深黑色,流塑—软塑,表层为稀糊状,韧性较差,颗粒均匀,手感细腻,含有机质、螺贝壳,强度低,具有高压缩性,不宜作为河道底部基础持力层,应予以清除或换填处理。已衬砌段淤积物以农田废水排放携带的泥沙和生活垃圾、废水排放自然沉积形成的淤积物为主,层厚一般为0.2～0.6m。由于已防渗河道淤积层较薄,且每年均在清淤,本次针对未防渗段淤积层取样并进行室内试验,评价其污染程度。试验指标见表9-11、表9-12。

表 9-11 淤积层氮、磷检测指标

序号	取样位置	同土壤层次氮、磷的实测值(mg/kg)						
		全氮	铵态氮	硝态氮	氟化物	总磷	有效磷	pH 值
1	金山大沟	5502	369	31.6	782	3208	162	7.24
2	六一界沟	1842	16.3	23.6	630	1458	70.2	7.48
3	大树赵家沟	5497	309	24.1	668	2579	130	7.56
4	六一龙潭	2939	321	22.4	677	1138	83.5	7.63
5	长河大沟	3182	247	22.1	780	1207	66.8	7.56
6	万家大沟	2925	193	19.5	667	1959	83.4	7.51
7	中河	2758	228	4.33	492	798	47.3	7.76
8	白渔河	4792	279	11.7	676	1162	60.4	7.59

表 9-12 淤积层重金属检测指标

序号	取样位置	同土壤层次重金属的实测值(mg/kg)							
		铜	铅	锌	铬	镉	砷	汞	镍
1	金山大沟	69.8	74.5	358	74	2.35	19.3	0.38	33.9
2	六一界沟	30.9	37	128	75.3	1.17	14.8	0.1	34.7
3	大树赵家沟	46.3	48.1	167	84.9	2.43	12.8	0.25	36.5
4	六一龙潭	35.4	35.4	112	96.3	0.84	5.76	0.19	39.7
5	长河大沟	38.5	35.8	115	106	0.87	7.07	0.093	44.7
6	万家大沟	43	38.2	150	83.5	1.43	14.6	0.13	37.5
7	中河	21.4	21.6	61.4	60.6	0.32	8.34	0.057	28.1
8	白渔河	33.6	29.4	101	84.9	0.89	8.75	0.076	36.8

根据淤积层的检测指标对其氮、磷及重金属的污染程度评价如下：

①总磷、总氮特征分析。

参照《湖泊河流环保技术指南》相关规定，TN、TP 参考控制值分别为 1627mg/kg、625mg/kg。本次室内试验实测值 TN、TP 含量均大于参考控制值，说明河道内均存在总磷、总氮污染，其污染程度严重。

②重金属特征分析。

河道淤积层中的重金属主要来自生活污水的流入。此次采用瑞典科学家 Hakanson 的潜在生态风险指数法（The Potential Ecological Risk Index），对杞麓湖底泥中重金属的潜在生态风险危害进行评价，计算潜在生态风险指数 RI 时，一般选择全球工业化以前的沉积物重金属最高值或当地沉积物的背景值为参考值。污染物背景值的地区性强，以当地重金属背景值为参比值可以相对定性地反映出底泥的污染程度。本次研究采用南部湖底重金属背景值对杞麓湖底泥重金属潜在生态风险进行评价，云南省土壤重金属参比值 C_n^i、毒性响应系数 T_r^i 与潜在生态风险指数等级划分标准见表 9-13、表 9-14。

表 9-13 重金属参比值与毒素影响系数取值表

项目	As	Cr	Cd	Cu	Hg	Pb	Zn
云南省土壤参比值 C_n^i/(mg/kg)	10.9	58.6	0.28	35.1	0.076	26.2	88.4
毒性响应系数 T_r^i	10	2	30	3	40	5	1

表 9-14 污染指标和潜在生态风险指标等级划分

单一污染物污染系数 C_f^i		单一污染物潜在生态风险系数 E_r^i		潜在生态风险指数 RI	
阈值区间	程度等级	阈值区间	程度等级	阈值区间	程度等级
$C_f^i<1$	低污染	$E_r^i<40$	低风险	$RI<150$	低风险
$1\leqslant C_f^i<3$	中等污染	$40\leqslant E_r^i<80$	中风险	$150\leqslant RI<300$	中风险
$3\leqslant C_f^i<6$	较高污染	$80\leqslant E_r^i<160$	较高风险	$300\leqslant RI<600$	高风险
$C_f^i\geqslant 6$	很高污染	$160\leqslant E_r^i<320$	高污染	$600\leqslant RI<1200$	很高风险
		$E_r^i\geqslant 320$	很高污染	$RI\geqslant 1200$	极高风险

根据室内试验数据进行计算,得出重金属污染系数,详见表 9-15,计算其潜在生态风险系数并评价污染风险程度详见表 9-16。

表 9-15 重金属污染系数

取样位置	重金属的污染系数							
	铜	铅	锌	铬	镉	砷	汞	镍
金山大沟	1.99	2.84	4.05	1.26	8.39	1.77	5.00	0.80
六一界沟	0.88	1.41	1.45	1.28	4.18	1.36	1.32	0.82
大树赵家沟	1.32	1.84	1.89	1.45	8.68	1.17	3.29	0.86
六一龙潭	1.01	1.35	1.27	1.64	3.00	0.53	2.50	0.93
长河大沟	1.10	1.37	1.30	1.81	3.11	0.65	1.22	1.05
万家大沟	1.23	1.46	1.70	1.42	5.11	1.34	1.71	0.88
中河	0.61	0.82	0.69	1.03	1.14	0.77	0.75	0.66
白渔河	0.96	1.12	1.14	1.45	3.18	0.80	1.00	0.87

表 9-16 重金属潜在生态风险评价结果

取样位置	单个重金属潜在生态风险系数 E_r^i								潜在生态风险指数 RI	评价结果
	铜	铅	锌	铬	镉	砷	汞	镍		
金山大沟	9.94	14.22	4.05	2.53	251.79	17.71	200.00	3.99	504.22	高风险
六一界沟	4.40	7.06	1.45	2.57	125.36	13.58	52.63	4.08	211.13	中风险
大树赵家沟	6.60	9.18	1.89	2.90	260.36	11.74	131.58	4.29	428.53	高风险
六一龙潭	5.04	6.76	1.27	3.29	90.00	5.28	100.00	4.67	216.31	中风险
长河大沟	5.48	6.83	1.30	3.62	93.21	6.49	48.95	5.26	171.14	中风险
万家大沟	6.13	7.29	1.70	2.85	153.21	13.39	68.42	4.41	257.40	中风险
中河	3.05	4.12	0.69	2.07	34.29	7.65	30.00	3.31	85.18	低风险
白渔河	4.79	5.61	1.14	2.90	95.36	8.03	40.00	4.33	162.15	中风险

根据环保部制定的《湖泊河流环保疏浚工程技术指南》，工程区重金属污染底泥的疏浚控制值为重金属潜在生态风险指数＞300，由表9-16中重金属潜在生态风险评价结果可知，金山大沟及大树赵家沟重金属潜在生态风险指数超过了控制值，其余河道重金属潜在生态风险指数未超过控制值。经分析，金山大沟及大树赵家沟上游村镇生活垃圾及污水入河量较大，造成淤积层局部重金属超标，从所采取样品综合分析，重金属主要为低—中风险。

根据总磷、总氮及重金属特征分析，建议将未衬砌段河道内淤积层进行全部清除，对未衬砌段河道进行工程防渗处理，对金山大沟、大树赵家沟淤积层清理出的淤泥进行处理后，拉运至别处进行防渗掩埋或净化处置；对其他未衬砌各条河道的淤积层进行生活垃圾的筛拣后，可就地进行处置或利用，并将筛拣的生活垃圾进行妥善处置，防止对附近环境造成破坏。已衬砌段河道淤积层挖除后拉运至别处进行防渗掩埋或妥善处置。

（3）经勘察揭露，杞麓湖底泥0.0～5.0m深度范围内自上而下按岩性可分为流泥①层和淤泥②1层、淤泥②2层和淤泥②3层。工作区0.0～2.0m深度底泥TN、TP污染严重，且污染深度较深。0.0～2.0m深度的底泥TP、TN含量随深度变化趋势差异性较大，但大部分钻孔TN、TP含量在深度0.4～0.7m处出现拐点，说明拐点上方底泥为近期污染沉积。项目区重金属污染底泥潜在生态风险指数97%都小于环保部制定的疏浚控制值，因此本次疏浚不考虑重金属污染。杞麓湖南部底泥污染层（A层）深度为0.6m，过渡层（B层）为0.4m，稳定层（C层）为1.0m以下底泥。杞麓湖南部疏浚工程区分为两个疏浚工程区，分别为疏浚Ⅰ区和疏浚Ⅱ区。其中疏浚Ⅰ区面积为1.91km^2，疏挖深度为0.7m，疏挖方量为133 700m^3；疏浚Ⅱ区面积为4.13km^2，疏挖深度为0.5m，疏挖方量为2 065 000m^3。杞麓湖疏浚工程区的主要的污染源为周边农田和杞麓湖的部分支流。

（4）由于杞麓湖污染底泥具有分布广、数量多的特点，建议杞麓湖污染内源的清除分阶段、分期进行。疏挖时建议采用防扩散和防泄漏措施的环保疏浚设备、工艺进行疏挖，以保证污染底泥的有效清除。疏浚或吹填工程中，建议对疏浚区、输泥区、泥土处置区及其可能影响区域的水质，特别是水体化学成分中的有害物质的含量进行监测。疏挖后，建议采取适当的环境保护措施，促进原有生态环境的自我修复。

第十章 土壤调查及修复

新疆兵团第十四师拟建 225 团土壤调查

(一)基本概况

1. 地理位置

拟建 225 团地处于田县西 30km，G315 国道南北两侧，包括拉依苏良种场、国营昆仑种羊场、喀孜纳克开发区(简称"两场一区")及托格日尕孜乡、喀拉克尔乡部分区域，占地面积 127.1km²，现有耕地面积约 3 万亩，主要以发展农业和畜牧业为主，土壤盐碱化问题较为严重。为更好地了解拟建 225 团现状土壤情况及其盐碱化程度，将对拟建 225 团的全域土地进行土壤调查工作，调查面积 19.01 万亩。

2. 调查任务

本次土壤调查的主要任务：
(1)调查项目区内土壤质地类型、土壤渗透性等。
(2)探明项目区内土壤盐分、pH 值、土壤养分等基本情况及空间分异特征。

3. 工作完成情况

本次盐碱地改良土壤调查以常规土壤调查为主，结合 2016 年卫星影像图进行。野外剖面定位、调绘、部分土壤界线勾绘采用手持 GPS 进行，定位误差小于 5m，满足精度要求。调查工作始于 2017 年 9 月 17 日，11 月 20 日结束，外业工作共实施主剖面 109 个，质地检查剖面 79 个。剖面深度 3~10m，采用田间钻孔法，采集盐分土壤 458 袋，土壤机械组成、容重样 177 组。

土壤样品分析于 11 月 15 日开始，12 月 24 日提供最终成果。共分析总盐 458 个，pH 值 458 个，盐分 3664 个；土壤颗粒机械组成 177 个；土壤容重 88 个；土壤水分 167 个；收集土壤有机质、全氮、全磷、全钾、碱解氮、速磷、速钾各 116 个。总计分析 5366 项次。

(二)土壤形成及分布

1. 形成条件

1) 地形地貌

土壤调查区处于冲洪积细土平原地貌单元，沿 G315 国道南北两侧分布，呈东西向带状展布，宽 10~20km，海拔 1200~1350m，总体地势南高北低，地形坡降 2‰~2.6‰。调查区及周边分布有拉依苏泉水沟、喀拉克尔泉水沟和巴什昆泉水沟，3 条泉水沟大致呈南北走向分布在调查区中南部，泉水沟宽 100~200m，沟深 5~10m。

项目区东、西部及G315国道以北部分低洼区域因地下水溢出形成沼泽与湿地,植被发育良好,主要为芦苇等喜水植物;南部冲洪积细土平原区植被较差,主要为红柳、胡杨,仅在低洼处生长大量的芦苇,生长状态一般,荒漠区植被覆盖率可达10%～30%。在G315国道以南,其中项目区西南部,多为垄岗状半固定沙丘,高3～5m;调查区中部多为现有灌区所在地,地势相对平缓。

2)气候

项目区位于欧亚大陆腹地,属暖温带大陆性干旱区域,主要气候特点:四季分明,温差大,光照充足,降水稀少,蒸发量大,夏季多风沙和浮尘等灾害天气。多年平均气温11.6℃,极端最高气温41.2℃,极端最低气温-24.3℃。多年平均降水量为48.3mm,降水量主要集中在4—9月,占全年降水量的87.3%。多年平均蒸发量2379mm,蒸发量主要集中在4—9月。多年平均风速1.5m/s,最大风速15.0m/s,多为西风。多年平均湿度45.2%。历年最大冻土深度87cm,最大积雪深度17cm。

3)水文地质

项目区基本处于细土平原区,地下水类型为孔隙潜水,厚60～150m,国道G315南地下水水位埋深3～6m,北侧小于2m。项目区北部及东西两侧泉水沟附近地下水水位埋深一般1～3m,中部及南部地区3～5m。浅表层地下水水质较差,$Cl·SO_4-Na·(Mg)$型地下水集中于项目区四周荒漠区域,水质矿化度较高;$Cl·HCO_3-Na·(Mg)$型地下水集中于老耕作区和中部区域,水质矿化度较低。

4)成土母质

项目区成土母质为第四系冲洪积、风积,主要来源是昆仑山的母岩风化物和塔里木盆地的沙漠物质。冲洪积母质在项目区普遍分布,沉积厚度较大,土壤质地以砂土、砂质壤土为主;局部低洼地土壤中夹有少量厚度不同的黏质壤土,厚度小于10cm。风积母质分布于项目区中南部,为半固定型沙丘。风积母质砂粒磨圆度高,直径大于0.02mm砂粒占80%以上,黏粒含量小于5%,母质透水性好,肥力较低,含有一定盐分。

5)人为因素

项目区除中部G315国道两侧经过人类开垦耕作外,其他周边区域均呈荒漠状态,人为因素对土壤的形成影响较小。项目区中部拉依苏良种场、国营昆仑种羊场及喀孜纳克开发区经过人类开垦利用,较长时期的灌溉、耕作、熟化,土壤理化性状和肥力水平得到一定的提高,已逐渐演变成耕作土壤—灌淤土。但G315沿线及其北部地区,地下水位较高,加之排水系统不完善,土壤盐化仍然严重,影响了土壤的肥力和生产性能。

2. 形成过程

项目区地处极端干旱的暖温带荒漠境内,土壤形成总的特点是物理风化强烈,而淋溶微弱,土壤有机质积累弱,矿质化作用强烈。项目区在自然条件和人为活动的影响下,主要有灌淤和耕作熟化、荒漠化过程、有机质积累过程(生草过程)、沼泽化过程、氧化—还原过程、盐化过程、风积沙聚过程等基本成土过程。项目区主要形成了灌淤土、棕漠土、草甸土和风沙土等4个土壤类型。

1)灌淤和耕作熟化过程

灌淤土是灌水落淤与人为耕作施肥交叠作用下形成的。项目区农田灌溉的克里雅河河水所携带泥沙大部分淤积于农田内,人为耕作消除了淤积层次,并把灌水淤积物、土肥、作物残渣及根系等均匀地搅拌混合。在长期灌淤耕作作用下,逐渐形成厚约数10cm的灌淤层。灌淤土在人类干预下,由死土变活土、生土变熟土,土壤的肥力和生产力逐步提高。

2)荒漠化过程

项目区南部分布有棕漠土,棕漠土形成过程主要为荒漠化过程,荒漠化过程包括弱的有机质积累过程、黏化和铁质化过程、石灰和石膏的积累过程。

由于地下水埋深较大,植被稀疏,覆盖度5%～10%。土壤的有机质积累过程微弱,土体表层看不出明显的有机质层。极端干旱炎热气候条件下,母质风化出来的黏土物质和铁的氧化物,没有向下移动而淀积于上层,形成红棕色或褐棕色的紧实层。

石灰和石膏的积累过程:由于气候干旱,降水稀少,淋溶微弱,石灰和石膏在土体中很少移动,石灰和石膏的积累较为普遍。冲洪积细土平原上部多为棕漠土,石膏淀积部位较深,数量少,不成层,呈斑点状、粉末状、小结晶状或晶簇状。

3)有机质积累过程

项目区的土壤有机质的积累方式:以荒漠植被为主的群落根茎腐烂为主;柽柳群落、胡杨群落以枝叶腐解、矿化为主。

4)沼泽化过程

北部低洼地及泉水沟处地下水埋深小于1m,有大量喜水植被,其根系和枝叶枯死后残留在土壤表层,形成有机质积累。土壤处于还原状态,土体中的铁、锰化合物等还原为低价的亚铁、亚锰物质,呈现青灰色或黑灰色。

5)氧化—还原过程

北部地下水埋深1~3m,地下水随季节升降,土体发生干湿交替,进行氧化还原过程。因土壤中缺少铁、锰元素,锈纹、锈斑并不明显。有机质积累过程和氧化—还原过程合称草甸化过程。

6)盐化过程

项目区地下水位多在2~5m,地下水矿化度多大于3g/L,最高达20g/L。水去盐留,形成盐分表聚现象,土壤逐渐盐渍化。

7)风积沙聚过程

项目区主导风向为西风,多年平均风速1.5m/s,最大风速15.0m/s。风吹沙扬,遇障碍或风速减弱时,风积沙逐渐形成沙丘,丘间植被稀疏,土壤有机质积累低。随植被覆盖度加大,土壤逐渐向半固定或固定型阶段演化。

3. 土壤分布

项目区分布的土壤类型有灌淤土、棕漠土、草甸土、风沙土等4个土类,普通灌淤土、盐化棕漠土、淡草甸土、盐化草甸土、荒漠风沙土等5个亚类(表10-1、图10-1)。

表10-1 项目区土壤分类及面积统计表

土类	亚类	土属	土种	代号	面积(亩)	比例(%)
灌淤土	普通灌淤土	氯化物	砂土	I_{14}^{1}	35 983.5	18.9
	小计				35 983.5	18.9
棕漠土	盐化棕漠土	氯化物	砂土	II_{14}^{1}	69 202.7	36.4
		硫酸盐	砂土	II_{24}^{1}	658.3	0.3
	小计				69 861	36.7
草甸土	淡草甸土	氯化物	砂土	III_{14}^{1}	4 075.5	2.1
	小计				4 075.5	2.1
	盐化草甸土	氯化物	砂土	III_{14}^{2}	47 098.7	24.8
		硫酸盐	砂土	III_{24}^{2}	16 933.4	8.9
	小计				64 032.1	33.7
	合计				68 107.6	35.8

续表 10-1

土类	亚类	土属	土种	代号	面积（亩）	比例（%）
风沙土	荒漠风沙土	氯化物	砂土	$Ⅳ_{14}^{1}$	10 404.4	5.5
		硫酸盐	砂土	$Ⅳ_{24}^{1}$	5 743.2	3.0
	小计				16 147.6	8.5
总计					190 099.7	100.0

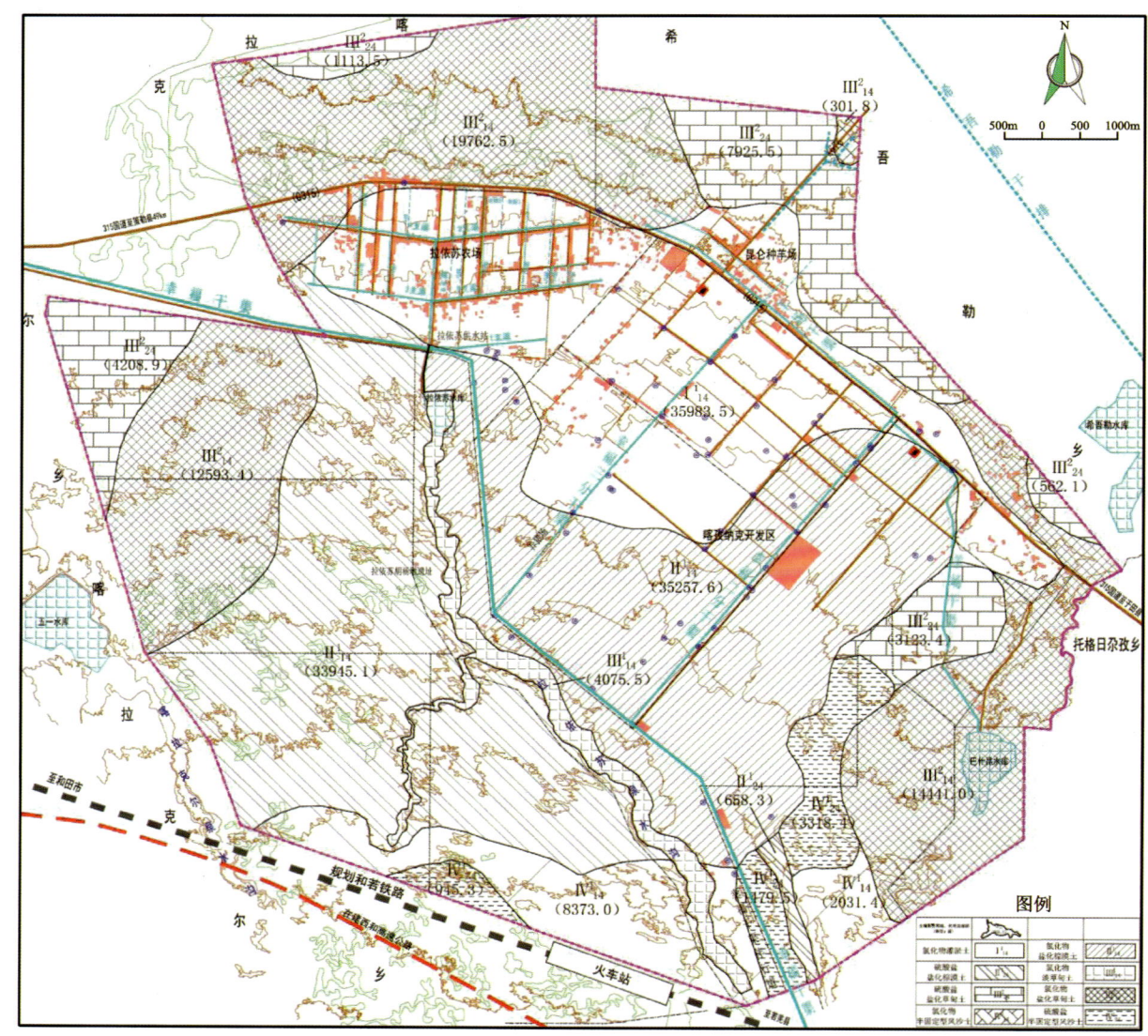

图 10-1　土壤分布图

1）灌淤土

灌淤土分布在项目区现状耕地区域，如拉依苏农场、喀孜纳克开发区的中北部以及国营昆仑种羊场沿 G315 国道一线的耕作区，土属为氯化物灌淤土，面积 35 983.5 亩，占比 18.9%。

2）棕漠土

区内棕漠土分为氯化物盐化棕漠土和硫酸盐盐化棕漠土，其中氯化物盐化棕漠土分布在项目区中部，面积 69 202.7 亩，占比 36.4%。硫酸盐盐化棕漠土在区内零星分布，可忽略不计。

3) 草甸土

区内草甸土分为淡草甸土和盐化草甸土,其中淡草甸土的土属为氯化物淡草甸土,主要分布在拉依苏泉水沟两侧;盐化草甸土中的氯化物盐化草甸土,主要分布在拉依苏农场北部湿地、五一水库东北部和巴什昆水库一带,面积47 098.7亩,占比24.8%;硫酸盐盐化草甸土,主要分布在国营昆仑种羊场及G315国道以北低洼地带,面积16 933.4亩,占比8.9%。

4) 风沙土

区内为荒漠风沙土,土属分为氯化物荒漠风沙土和硫酸盐荒漠风沙土,其中氯化物荒漠风沙土,分布在区内南部边界一带,面积10 404.4亩,占比5.5%;硫酸盐荒漠风沙土也在南边界有零星分布。

(三) 土壤各论

1. 灌淤土

主要性状:灌溉后表层常见薄薄的灌淤层,耕作层厚20~25cm;其下为心土层(由相对较老的灌溉淤积物组成),厚度30cm。灌淤层厚约50cm,土壤有机质含量较其埋藏的自然土壤明显增高。土壤质地以砂土为主,含少量壤土夹层。灌淤土含少量盐分,局部边缘地带土壤含盐量较高。0~30cm总盐0.19~14.32g/kg,平均含盐量2.45g/kg;0~100cm总盐0.17~5.75g/kg,平均含盐量1.38g/kg。

亚类、土属:区内灌淤土划分出普通灌淤土1个亚类,按土层盐分划分为氯化物普通灌淤土1个土属。氯化物普通灌淤土只分布在项目区现有耕作区,面积35 983.5亩。

利用与改良:保持和提高灌淤土生产能力的中心环节是不断增加土壤有机质含量,提高土壤养分供给容量和强度。①建立良好的生态环境。②坚持以有机肥料为主,有机肥和化肥结合的肥料方针。③做好土壤盐渍化的防治工作。

2. 棕漠土

主要性状:棕漠土表层有结皮层,厚0.3~0.5cm。冲洪积平原中部细土物质的棕漠土,石膏淀积部位深,数量少,不成层分布。土壤质地以砂质土为主,其次为砂质壤土,局部地区还有少量的黏质壤土夹层。棕漠土含大量盐分,0~30cm土壤总盐含量0.27~38.78g/kg,平均含盐量9.28g/kg;0~100cm土壤总盐含量0.26~39.47g/kg,平均含盐量6.86g/kg。

亚类、土属:区内棕漠土划分出盐化棕漠土1个亚类,按土层盐分划分为氯化物盐化棕漠土、硫酸盐盐化棕漠土2个土属。氯化物盐化棕漠土广泛分布在区内南部,面积69 202.7亩,占亚类的99.06%。硫酸盐盐化棕漠土仅分布在区内东南部,沿自然沟呈北西-南东走向分布,面积658.3亩,占亚类的0.94%。

3. 草甸土

主要性状:区内草甸土地表有盐结皮,厚0.2~1.0cm;其下为有机质层,含量大于10g/kg,厚度大。土壤质地以砂土、砂质壤土为主。0~30cm土壤总盐含量0.38~56.94g/kg,平均含盐量18.79g/kg;0~100cm土壤总盐含量0.52~24.09g/kg,平均含盐量11.29g/kg。

亚类、土属:区内草甸土划分为淡草甸土和盐化草甸土2个亚类。按盐分划分,淡草甸土仅分为氯化物淡草甸土;盐化草甸土划分为氯化物盐化草甸土和硫酸盐盐化草甸土土属。氯化物淡草甸土分布在项目区中部泉水沟一带,面积4 075.5亩,占亚类的5.98%。氯化物盐化草甸土土属位于项目区北部及东、西部泉水沟及水库下游地带,地下水2~3m,冲洪积母质,面积47 098.7亩,占亚类的69.15%。硫酸盐盐化草甸土土属仅分布在项目区北部及东、西部泉水沟及水库下游,面积16 933.4亩,占亚类的24.86%。表层可见0.2cm盐结皮。

利用与改良:区内草甸土为天然草地、湿地及国家公益林分布区,建议予以保护,不得随意破坏。

4. 风沙土

主要性状：区内风沙土地表有厚 0.5～1cm 的弱结皮层和稍为变紧的表土层，其下为松散的母质。风沙土含一定盐分，但无盐聚层。土壤母质以砂土为主。0～30cm 土壤总盐含量 0.89～18.59g/kg，平均含盐量 8.46g/kg；0～100cm 土壤总盐含量 1.09～10.55g/kg，平均含盐量 5.44g/kg。

亚类、土属：区内风沙土划分为半固定型风沙土亚类，按土层盐分划分为氯化物半固定型风沙土和硫酸盐半固定型风沙土 2 个土属。氯化物半固定型风沙土分布在项目区南部及东南部，面积 10 404.4 亩，占亚类的 64.43%。硫酸盐半固定型风沙土仅分布在项目区南部及东南部低洼地周边地带，面积 5 743.2 亩，占亚类的 35.57%。

利用与改良：区内风沙土地形起伏，比高 2～6m，需平整土地，先粗平再精平；建排水系统，洗盐、压盐，重点是控制地下水埋深，防止土壤次生盐渍化；采用秸秆还田等方式熟化土壤。

（四）包气带土壤理化性状

1. 包气带土壤质地特征

1）土壤质地状况

区内冲洪积层广泛分布，土壤质地为砂土；湖积、沼泽沉积分布在水库和泉水沟附近以及北部的沼泽区，土壤质地为砂土和砂质壤土；风积层分布在中部和南部荒漠区的浅表层，土壤质地为砂土。

（1）砂土广泛分布且连续，层厚大于 5m，灰黄色，松—稍紧状，天然含水量小于 10%，容重 1.40g/cm³，土壤结构以块状、粒状、碎屑状为主，质地较均匀，土体疏松，具有一定保水能力，适宜作物生长。

（2）砂质壤土分布在低洼地或冲沟地带，为冲洪积层，湖积层以及沼泽沉积层。灰黑色，呈稍密状，天然含水率 10%～20%，容重 1.21g/cm³，土壤结构多为碎屑状、片状，偶有胶结，质地较均匀，土体疏松—稍紧，有机质含量丰富，保水保肥效果好，适宜作物生长。

2）土壤分布规律

平面分布规律：区内土壤质地单一，主要以砂土为主。由南到北，由中部向两侧，土壤颗粒逐渐变细；由南部的荒漠区和中部的耕作区，向四周地势低洼的沼泽、湿地区，土壤颗粒逐渐变细。

垂向分布规律：在 10m 深度内土壤质地主要为砂土，仅工作区北部和东部以及泉水沟附近零星分布砂质壤土夹层，区内包气带土壤结构单一，无连续分布的黏性土隔水层，均为单一结构的孔隙潜水含水层，见图 10-2。

2. 包气带土壤盐碱特征

本次对项目区内 0～200cm 内不同深度土层进行土壤酸碱度，土壤盐化和土壤碱化等数值测定，并进行统计分析，依据相关规范进行分类和评价。

1）土壤的酸碱度

区内土壤 pH 值 8.64～10.14，平均值 9.15。区内土壤总体呈现强碱性和极强碱性，中部荒漠区和喀孜纳克开发区域碱性稍弱，四周边界区域碱性较强，局部区域土壤 pH 值已达到极强碱性。

2）土壤的盐化状况

区内土壤中 Cl^-/SO_4^{2-} 平均比值大于 2，土壤盐化类型主要为氯化物盐渍土。

（1）埋深在 0～30cm 之间土壤盐化特征：含盐量 0.19～56.94g/kg，平均值 9.85g/kg。项目区中部土壤含盐量较低，四周边界区域土壤含盐量较高。区内土壤主要为中盐化土、重盐化土和盐土，占地面积 87.19km²，所占比例为 68.81%，主要集中在西部和南部荒漠区、拉依苏农场北部和国营昆仑种羊场一带、东南部巴什昆水库附近；非盐化土和轻盐化土占地面积 39.51km²，所占比例为 31.19%，主要集

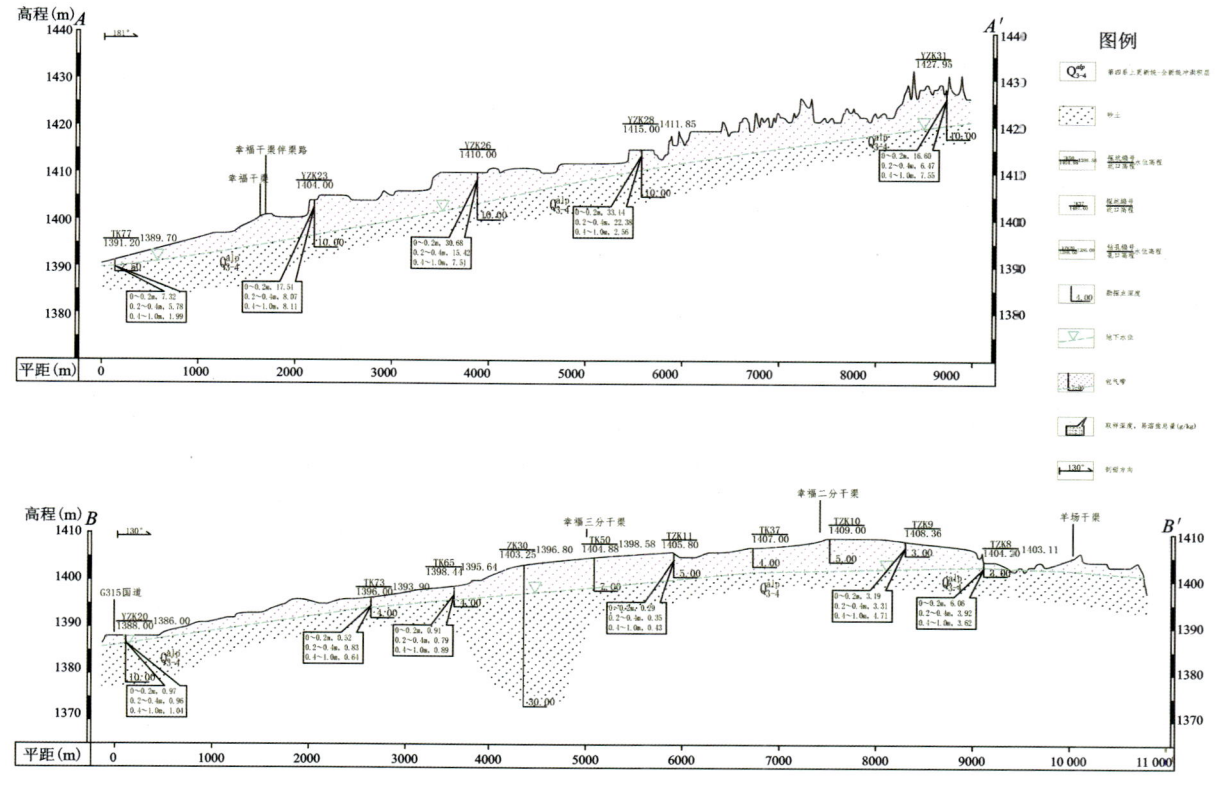

图10-2 土壤包气带岩性剖面图

中在拉依苏农场和喀孜纳克开发区。区内四周的盐化程度已严重影响了作物正常生长和发育,亟须进行改良。

(2)埋深在0~100cm之间土壤盐化特征:含盐量0.17~39.47g/kg,平均值6.14g/kg。项目区西部及北部土壤含盐量高,中部和东部土壤含盐量较低。垂向规律:表层土壤盐分含量低,深部盐分高,表现为脱盐型;表层土壤盐分含量高,深部盐分低,表现为表聚盐型。表聚盐型分布在区内南部,东西两侧及北部区域,以荒漠地貌为主,土壤阴离子含量以Cl^-和SO_4^{2-}为主,盐分类型为氯化物型或硫酸盐氯化物型;脱盐型分布在区内中部现有灌区,土壤阴离子含量以HCO_3^-为主,盐分类型为氯化物型。

3)土壤的碱化状况

盐碱土的交换性盐基中部分钙、镁被交换性钠所取代,致使土壤发生不同程度的碱化现象。土壤碱化度一般用交换性钠离子占阳离子交换量的百分数表示。一般盐碱土的碱化度超过20%时,则就开始有碱化现象。

区内土壤的碱化度值均大于45%,但土壤pH值多数分布在8.5~9.5之间,不满足碱土成立条件。碱化度值偏高这与土壤中钠离子含量偏高有关。区内土壤碱化度14.58%~96.54%,平均65.92%,多属于碱土,分布西部边界和西部荒漠区。其中中部老耕作区土壤碱化度值较小,其余区域土壤碱化度较大。

3. 包气带土壤盐分运移

项目区土壤盐份在垂向上分布特征明显,主要为表聚型和脱盐型(图10-3,图10-4)。

表聚型土壤主要分布在项目区南部、东西两侧及北部区域,以荒漠地貌为主,基本没有受到人为活动影响,土壤和地下水中盐分随水分发生运行,在强烈的蒸发作用下盐分以上行为主,土壤剖面特征是盐分强烈表聚,其表聚程度与气候或地下水埋深关系密切,部分区域表层形成盐霜、盐晶等新生体,土壤不同深度阴离子含量以Cl^-和SO_4^{2-}为主,盐分类型多为氯化物型,其次为硫酸盐氯化物型。

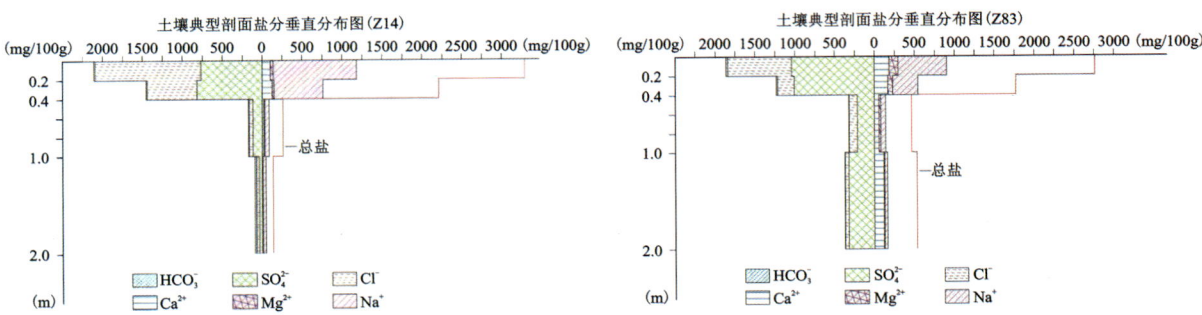

图 10-3　土壤典型剖面盐分垂直分布图（表聚型）

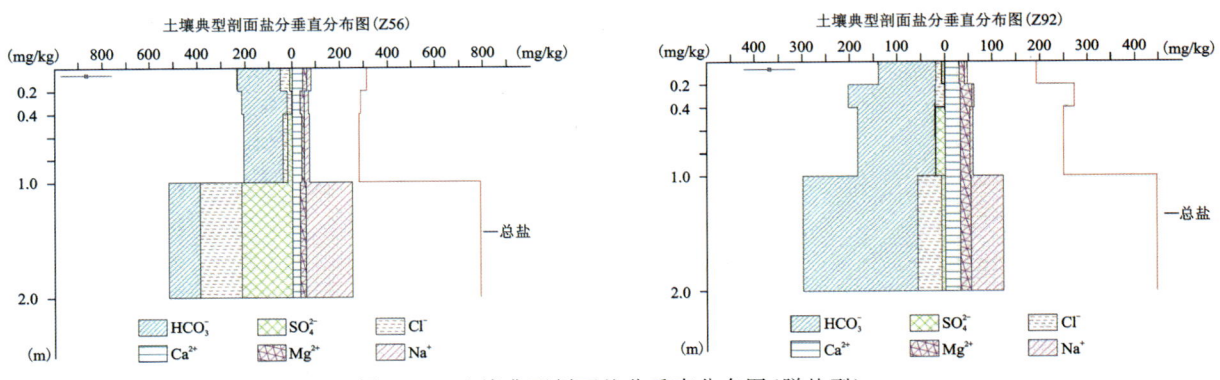

图 10-4　土壤典型剖面盐分垂直分布图（脱盐型）

脱盐型土壤主要分布在项目区中部现有灌区，受人为耕作灌溉影响，土壤中盐分以下行为主，表层土壤盐分含量明显低于下部，且土壤剖面中阴离子含量以 HCO_3^- 为主，盐分类型多为氯化物型，其含盐类型与项目区地表灌溉用水含盐类型较一致，充分反映出土壤含盐程度与地下水的密切关系。因该区域土壤处于脱盐状态，土壤表层基本无盐碱化迹象。

综上所述，项目区内 0～30cm 土层土壤含盐量高于 0～100cm 的含盐量，且现有耕地区域内的土壤含盐量低于荒漠未利用地。因现有耕地在作物种植时需不断进行灌溉，地表盐分会随灌溉水渗入地下，而荒漠地区常年不进行灌溉，且该区域降雨量极少，蒸发强烈，盐分不断积累于表层，导致表层土壤含盐量高于深层土壤含盐量。若不能将项目区表层土壤盐分排出，土壤中的盐分会因强烈的蒸发作用不断上升积聚，造成次生盐渍化，从而严重影响农作物正常生长和发育。

（五）土壤资源开发利用

1. 土壤资源开发利用条件分析

1）有利条件

优越的气候条件；土地资源充足，可满足开发利用需要；土壤深厚，开发区地形平坦，开阔；土壤盐分类型以氯化物型为主，便于洗盐、排盐；符合国家政策，有利于生态环境的改善；有丰富的规划设计与开发利用经验。

2）不利条件

土壤含盐较重；局部区域地下水水位较浅，微地形起伏大，土地平整工程量大；养分贫乏；综上所述，项目区土壤氮、磷及有机质含量极度缺乏，钾含量为正常状况。土壤沙性重，结构差，质地疏松，较瘠薄，保水保肥能力差，但通透性、可耕性和供肥性较好，易于耕作和培肥改良。

2. 土壤资源开发利用建议

项目区土地资源充足,完全可以满足开发利用的需要。因此,在保证水土平衡的前提下,可以选择质量较好的土壤资源开发利用。

1) 土地利用结构

农业结构应以种植业为主,种植业与果蔬园艺、牧渔业相结合。种植小麦、玉米、蔬菜、瓜类、黑枸杞、药材(大芸)和玫瑰花等。南部地下水埋深大,土壤盐分相对较轻,以发展林果业用地为主。项目区生态系统脆弱,应保护区内胡杨林地、国家公益林和湿地等。

2) 土地的重复利用

项目区以特色养殖和特色种植为纽带,规划果园时,可观光,可种植,并建小型保鲜库;名优产品的深加工,延长产业服务链,升级末端产品市场。

农业灌溉应全部采用节水型灌溉方式,可控地下水。

3) 根据土壤质地及盐分含量不同洗盐排盐

项目区土壤质地以砂土、砂质壤土为主,黏质壤土以薄层形式出现。土壤盐分含量较重,但以氯化物型为主,利于土壤洗盐排盐。

4) 关于生态保护区的利用

项目区内的胡杨林、国家公益林及湿地保护区,应予以保护,严禁破坏。水库周边、泉水沟两侧及湿地应予以保护,不宜开发。

(六)土壤改良治理建议

项目区位于克里雅河冲洪积细土平原区的中下游,土壤质地以砂土为主,地下水埋深普遍较大,地下水矿化度高,土壤盐分含量高,土地利用率低,农业生产效率和经济效益低。依据本次现场勘察,从地下水水位埋深图、潜水矿化度区间分布图以及包气带土壤盐渍化程度分布图的对比分析,并结合新老灌区现状情况,将本次项目区分为:易改良治理区、较易改良治理区、较难改良治理区、难改良治理区和不宜改良治理区。

1. 易改良治理区

分布在喀孜纳克开发区中部幸福三分干和二分干之间,面积 12 093.92 亩,占比 6.36%,为新建灌区。地下水埋深大于 5m,潜水矿化度 1~3g/L,土壤盐化等级为非盐化土。包气带土壤质地为砂土,厚度大于 5m,包气带地层渗透性较好。但"保水保肥"能力差,防护林网不全,局部出现土地沙化现象。建议通过秸秆翻压还田和合理有效施肥,改善土壤的理化性状,提高土壤保水保肥能力。加强植树造林,完善农田防护林网,防风固土,改善农田小气候。

2. 较易改良治理区

分布在拉依苏良种场和喀孜纳克开发区中、北部的部分区域,面积 42 992.93 亩,占比 22.62%。北部拉依苏良种场一带,地下水埋深 2~4m,潜水矿化度 1~3g/L,土壤盐化等级为非盐化土、轻盐化土。包气带土壤质地为砂土,厚度大于 5m,包气带地层渗透性较好。中、南部喀孜纳克开发区一带,地下水埋深 3~7m,潜水矿化度 1~5g/L,土壤盐化等级为非盐化土、轻盐化土。包气带土壤质地为砂土,厚度大于 5m,包气带地层渗透性较好。拉依苏良种场一带土壤质地主要为砂土,地下水埋深浅,存在一定次生盐渍化;中、南部喀孜纳克开发区一带土壤质地主要为砂土,"保水保肥"能力差,南部出现有土地沙化现象。北部拉依苏良种场一带,建议通过秸秆翻压还田和合理有效施肥,有效控制地下水位,防止次生盐渍化。建立有效的排水系统,压盐洗盐,排水排盐,降低包气带土壤含盐量。中、南部喀孜纳克开发区一带,通过秸秆翻压还田和合理有效施肥,加强植树造林,完善农田防护林网,防风固土,改善农田小气候。

3. 较难改良治理区

分布于中、西部荒漠区域,面积71 117.35亩,占比37.41%。该区分布有半固定沙丘,丘高2～8m,两侧发育有3条泉水沟,均为南北走向,沟宽100～200m,丘间地下水埋深2～5m,潜水矿化度3～10g/L,泉水沟附近矿化度1～3g/L,土壤盐化等级为中盐化土、重盐化土。包气带土壤质地主要为砂土,局部分布薄层砂质壤土,含有机质较高。土地沙化严重,"保水保肥"能力差,有次生盐渍化现象。建议平整土地后有效控制地下水位,防止次生盐渍化。建立有效的排水系统,压盐洗盐,排水排盐,降低包气带土壤含盐量。利用脱硫石膏施加法或采用加酸性物质等化学改良方法来降低土壤碱化度,以达到盐碱地综合治理的目的。

4. 难改良治理区

分布于南部荒漠区和东部老灌区,面积26 459.14亩,占比13.92%,喀孜纳克开发区南部荒漠地带,为未开发区;东部(G315国道沿线)为老灌区。南部荒漠区,分布固定—半固定沙丘(丘高2～6m),丘间低洼,地下水埋深2～4m,潜水矿化度3～10g/L,土壤盐化等级为中盐化土、重盐化土。包气带土壤质地主要为砂土,地势低洼有薄层砂质壤土或黏土,含有机质较高。东部老灌区,地下水埋深1～3m,潜水矿化度3～10g/L,土壤盐化等级为中盐化土、重盐化土。包气带土壤质地为砂土,厚度大于5m,包气带地层渗透性较好。

该区土壤质地为砂土,总体"保水保肥"能力差,土壤水溶盐含量和碱化度偏高,并有次生盐渍化现象。南部荒漠区在农业开发后应配套高效节水灌溉系统,制定严格灌溉制度,鼓励井渠混灌,有效控制地下水水位,以防止次生盐渍化。并考虑利用脱硫石膏施加法或采用加酸性物质等化学改良方法来降低土壤碱化度,以达到盐碱地综合治理的目的。对于东部老灌区,宜通过秸秆翻压还田和合理有效施肥,提高土壤保水保肥能力。有效控制地下水,防止次生盐渍化。

5. 不宜改良治理区

分布于北部湿地和水库及泉水沟一带,面积37 436.51亩,占比16.19%。该区地势低洼,地下水出露,形成湿地、沼泽发育,地下水多出露于地表,其中泉水沟一带为本区主要地下水排泄通道,潜水矿化度3～10g/L,北部湿地27g/L,土壤盐化等级为重盐化土、盐土。包气带土壤质地主要为砂土和壤质砂土,含有机质较高。该区属国家公益林和湿地保护区,严禁进行水土开发。

(七)项目总结

(1)本次土壤调查面积19.01万亩,对调查区内土壤质地类型、土壤渗透性、土壤盐分、pH值、土壤养分等基本情况及空间分布特征进行阐述,基本查明了拟建225团现状土壤质地、盐碱化程度及其分布规律,为拟建225团水土开发提供了技术依据。

(2)本次土壤调查完成土壤质地分布图、盐分分布图及土壤改良利用分区图等相关图件及土壤调查报告,对调查区土壤的质地类型、酸碱度、含盐量及盐分运移特征进行了分析阐述,结合调查区地下水埋藏深度、地下水水化学特征及土壤质地、盐渍化类型、盐渍化程度划分了土壤改良利用分区,提出了相应的土壤改良治理建议。

第四篇

岩土工程设计与施工

第十一章 岩土设计

一、新疆天富能源股份有限公司天河热电联产项目配套废水零排放工程施工临时降水工程

（一）工程概况

新疆天富能源股份有限公司天河热电联产项目配套废水零排放工程位于石河子北工业园新材料产业园区，是石河子市重点环保工程。零排放工程包含：①40t/h脱硫废水零排放；②220t/h化学浓水回收（含化学RO浓盐水、中和再生废水，并考虑含油废水、悬浮物较高的废水）。

废水零排放工程建设场地位于新疆天富能源股份有限公司2×660MW热电厂与天富天河（2×330MW）热电厂之间的空地上。场地地下水埋深1.0m，地下水埋深高于基坑开挖深度（2～5m），严重影响到了建筑物基坑开挖及基础施工。为使该工程按期顺利实施，需对天河热电联产项目配套废水零排放工程基坑开挖范围内进行施工临时降水工作。

本次基坑降水工程，主要针对基础埋置深度大于1.5m的建筑物场地开展降水工作，其中污水处理厂设计基础埋深2.0m、净化水池设计基础埋深5.0m，基坑降水总面积为5 918.50m²。详见建筑物明细见表11-1。

表11-1 建筑物明细表

位置	东西宽(m)	南北长(m)	面积(m²)	基坑开挖深度(m)
污水处理厂	32	66	2112	2.0
净化水池	10	36	360	5.0

（二）基坑降水方案设计

1. 勘察工作

据《新疆天富天河热电厂2×660MW＋2×300MW机组全厂废水零排放项目岩土工程勘察报告》（2018年5月），厂区地处玛纳斯河山前冲洪积扇的扇缘潜水溢出带，地层在200m深度内含水层均属于第四系孔隙含水系统，地下水类型为上部潜水、下部多层承压（自流）水。潜水底板埋深为10～50m，底板岩性为粉土、粉质黏土等，分布不稳定，含水层岩性主要为砂砾石，夹有少量的粉细砂层。承压（自流）含水层位于潜水含水层之下，单层厚度5～10m，隔水层顶板埋深10～50m。承压（自流）水含水层岩性以砂砾石为主。

勘察深度内主要地层以圆砾、细砂、粉土为主。第①层杂填土，厚度0.5～1.0m，杂色，稍湿，松散。第②层粉土，埋深0.5～1.0m，厚度3.4～4.7m，黄色、灰色，稍湿—饱和，稍密。第③层圆砾，埋深4.5～

7.3m,厚度 3.3~6.4m,青灰色,松散—中密,饱和。第④层粉土,埋深 8.6~11.0m,厚度 3.8~8.8m,灰黄色、灰黑色,饱和,稍密—中密状。第⑤-1 层细砂,埋深 14.2~14.4m,厚度 3.2~3.4m,土黄色,饱和,中密状态。第⑤层圆砾,埋深 17.4~17.8m,青灰色,密实,饱和,勘探深度 20m 内未揭穿(图 11-1)。

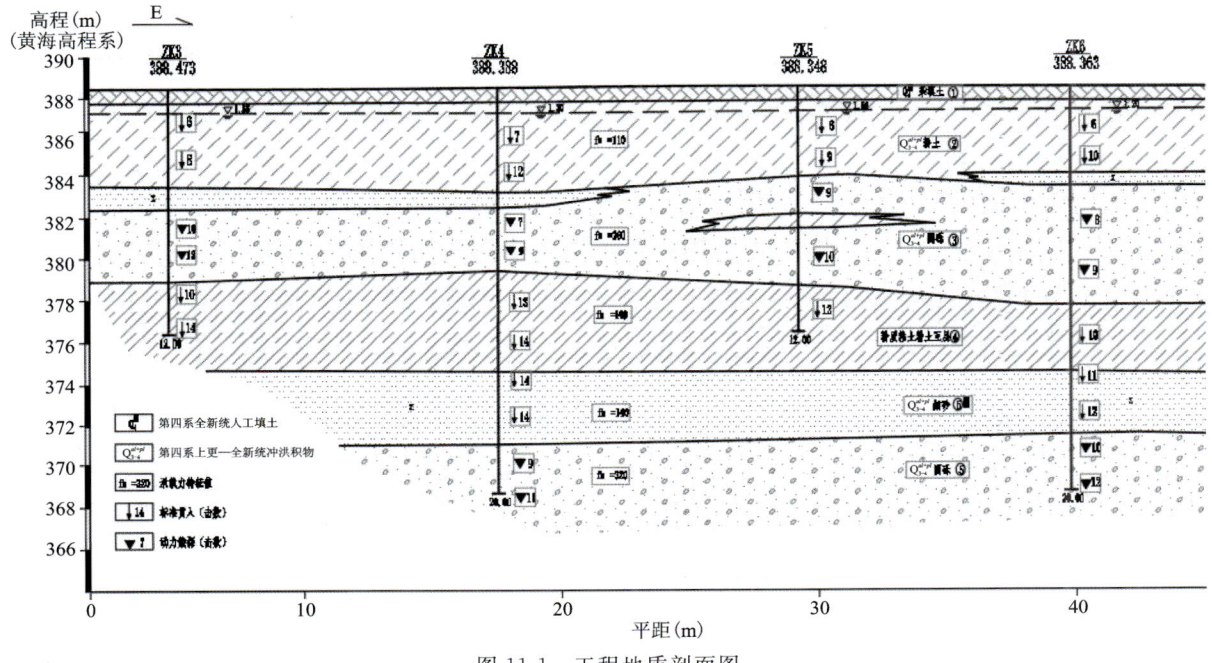

图 11-1 工程地质剖面图

2. 降水试验工作

2010 年 5 月,在天富天河(2×330MW)热电厂工程建设时,为使该工程基础基坑降水顺利完成,我院专门对该场地进行了降水抽水试验专题研究工作,编制完成《新疆天富热电股份有限公司新建 2×330MW 热电厂工程降水试验井计算分析专题报告》,该项成果对场地 0~30m 深度进行了详细的水文地质勘察,并通过单孔、多孔、干扰抽水试验,取得了较为翔实的水文地质参数,并对场地典型降水井进行了设计。新疆天富天河(2×330MW)热电厂工程及 2012 年建设天富能源股份有限公司 2×660MW 热电厂工程场地基坑降水设计中均采用该成果中的水文地质参数及典型降水井的设计,在工程实施过程中降水效果良好。

本次试验工作搜集并利用场地岩土工程勘察报告中的地层分布与《新疆天富热电股份有限公司新建 2×330MW 热电厂工程降水试验井计算分析专题报告》中的地层分布情况进行了对比复核,并在场地内进行了一组简易抽水试验,其地层分布情况及计算的参数与《新疆天富热电股份有限公司新建 2×330MW 热电厂工程降水试验井计算分析专题报告》基本一致。

通过上述成果分析,场地潜水含水层(0~13m)渗透系数为 24.66m/d,影响半径为 27.92m,单位涌水量 0.42m^3/(h·m);承压水含水层(0~30m)降水渗透系数 12.51~39.28m/d,影响半径 56.64~149.59m,单位涌水量 8.62~6.67m^3/(h·m)。

3. 方案设计

1)降水井结构设计

根据场地地层结构,污水处理厂、净化水池场地设计降水井井深为 20m。孔径 800mm,管径 300mm,滤水管长度 15m,实管长度 5m,其中沉淀管 2m,井管高出地面 0.5m。滤水管开孔率不小于

25%,缠丝间距1.5mm,填料粒径3~6mm,水泵选用175QJ32-24潜水电泵,泵头下至沉淀管中。

2)降水井布局合理性分析

本次设计中,临时降水井位置选择在基坑开挖线四周1~3m范围,沿基坑外围间隔布置,尽量靠近降水目标,以保证降水效果,降水井布局合理有效。降水井布置情况见图11-2。

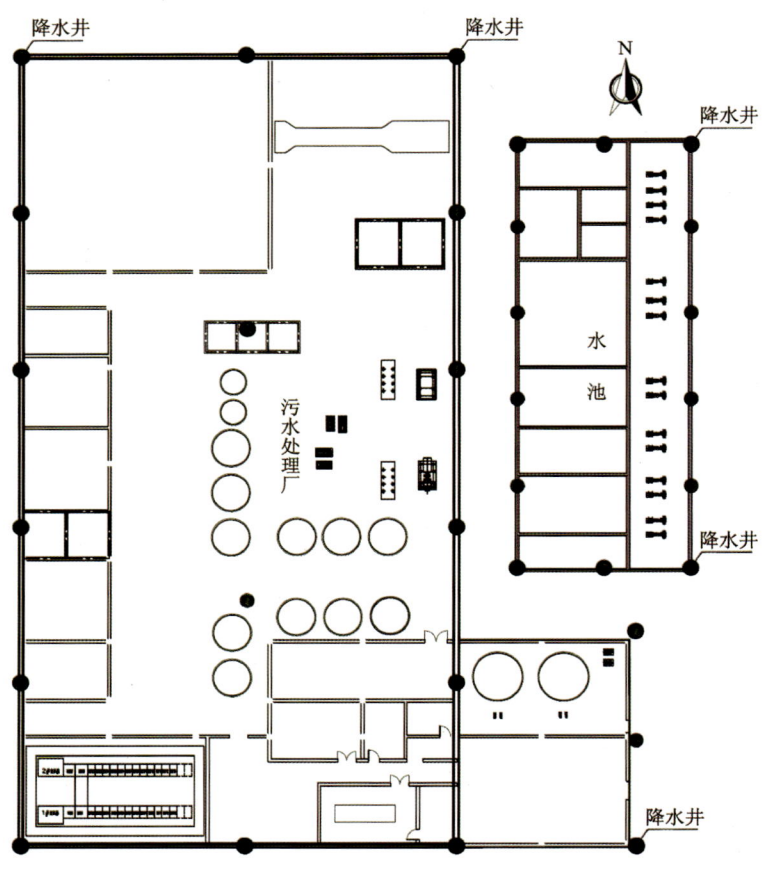

图11-2 降水井平面布置图

3)基坑涌水量计算

有效非完整井计算基坑涌水量公式

$$Q = 1.366k \frac{H^2 - h_m^2}{\lg\left(1 + \frac{R}{r_0}\right) + \frac{h_m - l}{l}\lg\left(1 + 0.2\frac{h_m}{r_0}\right)}$$

式中:Q——基坑涌水量(m^3/d);

k——渗透系数(m/d);

H——含水层的厚度(m);

R——降水影响半径(m);

h_m——基坑底部到地板的深度(m);

l——动水位至孔底的深度(m);

r_0——基坑等效半径(m)。

$$R = 2S\sqrt{kH}$$
$$r_0 = 0.29(a+b)$$

式中:S——基坑水位降深(m);

a、b——分别为基坑的长和宽(m)。

计算结果见表11-2。

表 11-2 各建筑物基坑降水涌水量计算表

位置	k(m/d)	H(m)	S(m)	R(m)	A(m²)	r_o(m)	Q(m³/d)
污水处理厂	20	28.8	5.8	278.4	2112	28.42	7 943.866
净化水池	20	28.8	2.8	134.4	360	13.34	7 859.572

4) 设计井深最大抽水量计算

计算公式

$$q = 120\pi r_s l \sqrt[3]{k}$$

式中: q——设计井深抽水量(m³/d);

k——含水层渗透系数(m/d);

r_s——过滤器的半径(m);

l——过滤器进水部分长度(m)。

计算结果见表11-3。

表 11-3 各建筑物基坑设计井深 20m 时降水抽水量计算表

位置	r_s(m)	l(m)	k(m/d)	Q (m³/d)	Q (m³/h)
污水处理厂	0.162 5	15	20	2 494.321	103.930 1
净化水池	0.162 5	15	20	2 494.321	103.930 1

5) 降水井设计单井流量、井数及井间距的确定

根据以上计算,设计井深度各建筑物基坑需抽取 103.93m³/h 的水量。场地南北最长为 66m,东西最宽为 32m,为有效的疏干基坑地下水,达到设计降深,本次设计采用流量 32m³/h,扬程 24m 潜水泵,以此计算降水井的井数及井距。

计算公式

$$n = 1.1 \frac{Q}{q}$$

式中: Q——基坑涌水量(m³/d);

q——设计降深抽水量(m³/d)。

计算结果见表11-4。

表 11-4 降水井的井数及井距计算表

位置	Q (m³/h)	Q (m³/d)	井数 n(眼)	周长(m)	平均井距(m)
污水处理厂	30	720	13	196	15
净化水池	30	720	12	92	8

根据上述计算,污水处理厂场地降水井需13眼,井距15m,净化水池场地需12眼,井距8m。因考虑到降水运行期从5月至10月底,约180d,水泵检修轮换等因素,因此本次设计污水处理厂场地降水井17眼,井距12m,净化水池场地需16眼,井距6m。

6) 数值模型降水预测分析

本次主要运用 MODFLOW 水流模拟模块,将含水层平面上的网格剖分和垂向上的分层。平面上

采用等间距矩形网格进行剖分,每个网格面积1m×1m,共剖分单元网格150×150个。根据钻孔资料将计算区概化为单一潜水含水层。剖分后共有单元格22 500个,均为有效单元建立模型。水文地质边界条件概化为东侧、南侧、西侧边界可视为流量边界,北侧边界可视为河流边界。模型参数概化详见表11-5。

表 11-5　模型参数的概化

分层	含水层	渗透系数(m/d)	释水系数	给水度
Ⅰ	上部含水层	20	/	0.1

依据本次降水设计运行方案,单井日开采量为720m³,总计29眼井,单日开采量为20 880m³,连续开采92d。其预测运行结果为:开始降水抽水3d后,水位降深基本达到稳定,拟建厂区范围内,地下水埋深均大于6m,绝大部分地下水埋深大于7m,中心处最大地下水埋深可达13m左右。设计方案可以满足施工降水要求,详见水位降深等埋深图(图11-3)。

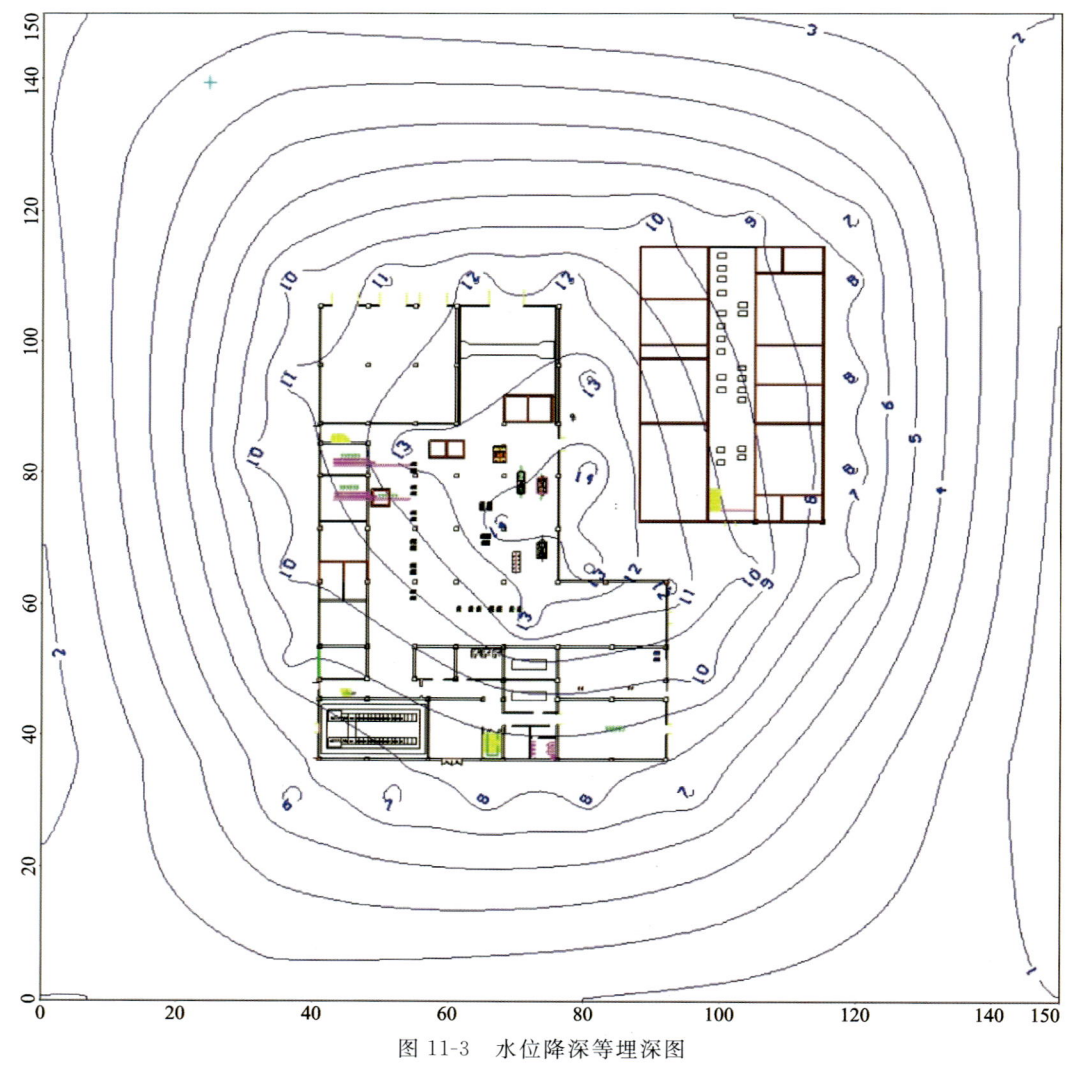

图 11-3　水位降深等埋深图

7)排水设计

经现场勘察及地面高程测量,选择向东排水。排水方案为厂内由降水井引入集水池,再由集水池铺设主排水管长约500m至厂区外,厂区外明渠排水至西岸大渠,长约2000m。集水池设置于场地东侧约

30m 处,东西长 30m,南北宽 100m,深 3.0m,高出地面 2.0m,池内铺设塑料膜简易防水;主排水管采用管径 400mm 的波纹管;水泵抽水管设计为管径 φ100mm 的水带。

(三)施工组织设计

1. 材料规格

管材:降水井管管径 300mm 波纹管、排水管管径 400mm 波纹管。
滤料:3~6mm 的砂砾石。
配电箱:二级配电箱(1 个)、三级配电箱(9 个)及相应的电缆线。
水泵:选用 175QJ32-24 潜水电泵。

2. 工艺流程

(1)井点测量定位:依据建筑物设计图纸布置降水井位,井位布置于建筑物外围,基坑开挖线外 1~3m,采用 RTK 进行放样,并做好标识及井号。

(2)凿孔:采用冲击钻机或旋挖钻机成孔,孔径一般不小于 600mm,用泥浆护壁,并在一侧设排泥沟、泥浆坑。

(3)吊放井管:成孔后立即清孔,并安装井管(采用吊车,吊装井管进行安装,保证井管居中及垂直)。

(4)回填井管与孔壁间的砾石过滤层:井管下入后,井管的滤管部分应放置在含水层的适当范围内,并在井管与孔壁间填充砾石滤料。

(5)洗井:安装水泵前,采用活塞洗井,直到井管内排出的水由浑变清,捞净沉淀管中的沉淀。

(6)井管内下设水泵、安装抽水控制电路:确定现场用电功率,配备相应的一级、二级主配电箱(接主电源)及三级配电箱(连接主电源与工作泵),水泵安装后,对水泵本身和控制系统作一次全面细致的检查,合格后进行试抽水,满足要求后转入正常工作。

(7)试抽水降水井正常工作:观测井中地下水水位变化,做好详细记录。

(8)降水完毕:平整场地,卸掉抽水泵及相应设备及机械。

(9)填埋降水井:水井抽水→起泵→投入砂石混合料→浇筑 C10 混凝土→振捣密实→回填 2% 水泥土。

(四)降水工程实施

2018 年 5 月 12 日组织人员、机械、设备进行场内管道铺设、场外管沟开挖工作;5 月 13 日旋挖钻机进场进行造孔工作(图 11-4);5 月 20 日完成厂区外主排水管沟开挖;5 月 22 日业主提供最终建筑物布置图,并重新布置井位进行造孔工作;截至 5 月 26 日完成厂区内跨路管沟开挖、排水主管道铺设至集水池(图 11-5),并完成了 16 眼降水井,开始进行降水工作;截至 5 月 30 日场地内所有降水井施工工作完成,共完成 33 眼降水井,井深 20m,至此降水运行工作全面开展。在基坑开挖过程中由于西侧污水处理厂设计基础为柱基、基坑开挖深度为 2.0m,因地质条件等原因污水处理厂基础进行了设计图纸变更,由原来的柱基,基坑开挖深度为 2.0m,变更为筏板基础,基坑开挖深度为 6.0m。项目组及时调整降水井运行方案,保证了降水工作的正常运行,于 2018 年 10 月 31 日,场地基础施工完成,基坑回填,停止降水工作。

图 11-4　旋挖钻成孔

图 11-5　集水池

（五）降水效果

2018年5月26日完成了16眼降水井,开始降水工作。5月30日场地地下水位埋深降至3.0～4.5m;5月30日33眼降水井施工完成,5月31日降水工作全面开展,满负荷运行28眼降水井,现场水位观测,第1天整个场地水位降深约1.0m,第3天水位降深约2.0m,第5天水位降深约3.0m,场地地下水位埋深为6.0～7.0m,满足基础开挖要求(完成降水后的基坑效果,图11-6);6月30日后地下水位稳定,水位埋深控制在7m,降水效果十分显著。7月5日污水处理厂基础施工完成,10月31日净化水池基础施工完成。至此,本次降水工作按时圆满结束。

图 11-6　完成降水后的基坑效果

（六）降水井点设计与施工总结

（1）本次降水工作在对勘察资料、水资源论证等资料认真研究、分析的基础上制订降排水方案,经专家进行方案设计优化、讨论,选择MODFLOW软件预测地下水位降深情况,最终选择方法合理有效、施工操作简便、经济节能环保的最优方案开展工作;在降水工程实施后,地下水位降至设计深度以下,满足基础开挖施工要求,实施效果显著,为后续工程建设提供了可靠的保障。

(2)该降水工程得到的经验启示有:①在细砂、圆砾地层中采用井管降水施工是可行的,降水井井管管径300mm,井间距6.0~15.0m,井间距根据地层渗透性及降水深度进行相应的计算调整;②通过对现场降水效果的长期观测,降水实施效果与运用MODFLOW水流模拟模块建立的降水模型预测结果基本一致;③该类地层降水井采用旋挖钻机施工,钻进速度快、工作效率高、成本低,经济可行。

(3)本次降水工程处于玛纳斯河山前冲洪积扇的扇缘潜水溢出带部位,地下水坦藏浅,地层结构较复杂,需要降水的基坑面积大,存在地形坡度缓,排水困难,以及周围已有构筑物较多等不利因素。通过反复论证比选和管井方案设计,最终达到预期效果,可谓降水工程的经典之作。

(4)从最终排水效果看,管井布置数量、间距、孔径及深度总体合理,所布设的井点基本满负荷工作,可以达到基坑降水的目的。

二、广东东莞市黎贝岭山体公园景观提升护坡安全工程

(一)工程概况

黎贝岭村位于东莞市大朗镇西南面,东与巷头村、巷尾村接壤,南与松柏朗村相连,西北连接松山湖科技产业园,该项目位于东莞市大朗镇黎贝岭村中部,贝丽路与兴市二路交接处,临近黎贝岭广场,东经113°54′14.76″,北纬22°56′59.28″。

大朗镇属于丘陵地区,场地内部分山体由于人工开挖裸露,局部山体边坡存在安全隐患,现状坡顶呈缓丘状,分布茂密灌木丛。坡体分三级开挖,并设置宽约2.0m马道,坡体基本裸露。坡脚处分布连片菜地,菜地以北为贝丽路。边坡东西长约133.9m,坡顶与坡脚水平距离15~20m,影响范围约60m,高度10~15m,坡比1:0.5~1:0.8。整体规划为公园,坡脚规划为商铺用地,经访问当地群众及政府部门,边坡未造成直接经济损失,但存在造成人员伤亡或财产损失的潜在安全隐患。

2019年8月,为了提升黎贝岭山体公园景观效果及保证行人安全,需对山体边坡采取护坡措施,我院受东莞市大朗镇黎贝岭股份经济联合社的委托,开展黎贝岭山体公园景观提升护坡安全工程岩土工程边坡施工图设计工作。

(二)设计方案

工程区受治理环境条件限制,坡体顶部植被茂盛,坡脚规划有商铺,治理工程应尽量避免破坏当地生态,减少对房屋的搬迁,减少边坡前缘及后缘占地面积,经方案对比后选择格构式锚杆挡墙方案。方案实施如下:

(1)边坡削坡坡率1:0.8,边坡中部设置宽1.6m的平台。

(2)锚杆高程依次为32m,34m,36m,38m,40m,42m,采用1φ28~1φ32螺纹钢筋,杆长为9~12m,间距2m,锚杆成孔直径不小于110mm,入射角15°,水灰比为0.45~0.5的纯水泥浆全长注浆,强度等级不低于30MPa;

(3)锚杆节点间采用砼格构梁连接,格构梁截面为400mm×400mm的矩形,采用C30混凝土浇筑,格构梁嵌入坡面300mm,配置8根φ12纵向钢筋,箍筋为Φ8@200,保护层厚度35mm。

(4)地表水冲刷是引发山体地质灾害的主要因素,加强治理区排水是增加边坡稳定性的重要措施,分别在中间平台、坡顶、坡脚设置排水沟。边坡治理典型剖面见图11-7。

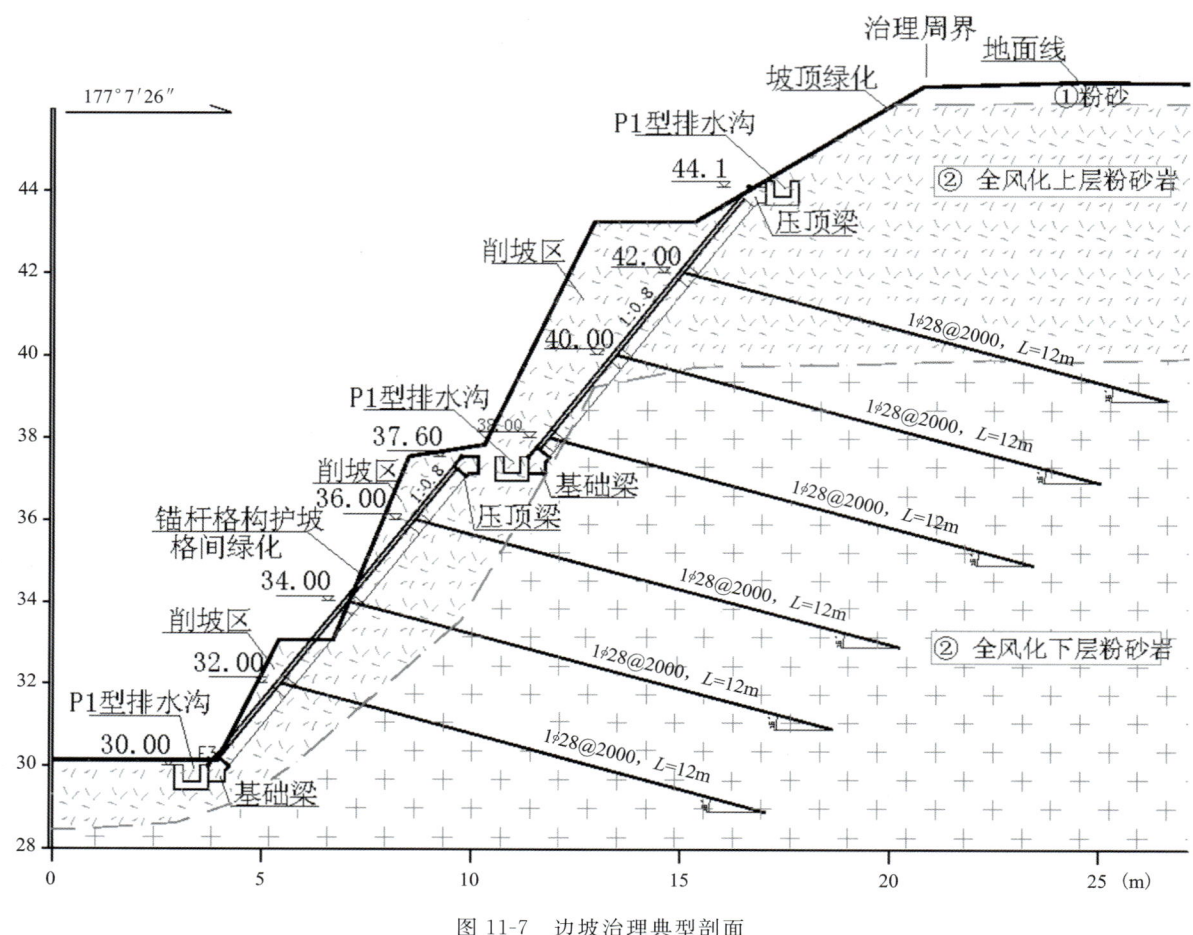

图 11-7　边坡治理典型剖面

（三）施工工艺

1. 土石方开挖

（1）各项工程开挖轮廓位置和开挖断面应符合施工图的规定，施工详图中所示的开挖线或坡度应视为最小开挖线（临时开挖坡线施工单位可根据实际施工条件变化，但必须确保安全施工，不应欠挖），临时开挖坡比不大于1∶0.5。

（2）本项目处于东莞市黎贝岭村内，交通较便利，项目北侧为贝丽路，可供小中型货运车进入拖运土方。

（3）土方的开挖顺序为从上至下进行，分层高度不宜超过3m，随时将坡面做成一定坡度，当边坡高度大于8m时，应对开挖边坡进行支护，禁止一次开挖到底。开挖弃渣应及时运走，不得随地堆放而诱发次生灾害。

（4）施工时根据本设计，结合实际地形进行测量放线，在坡度变化处设控制点。土方开挖前，应对坡顶及坡脚控制点坐标及高程进行复核，如与设计不符，应及时通知设计单位进行调整。

（5）边坡及基槽开挖前、后，应按图纸要求进行测量放样，边坡开挖后应准确地进行修坡平整。

（6）开挖中如发现土层性质有变化，应修改施工方案及挖方边坡，并及时报请业主会同设计、监理、地勘研究。

(7)边坡及基槽应开挖到设计要求高程。完成后的边坡面应予整修,使其表面平整,以适应垫层摊铺作业、砼浇筑的需要。基槽回填压实系数不小于0.94。超挖部分须用监理批准的材料回填并压实。

(8)禁止在不利于边坡稳定的区域内临时堆弃土,停放设备等加载活动,禁止在暴雨和饱水状态下施工作业。

(9)开挖完成后,应及时组织单元验收基槽和坡面,合格后方能进入下道工序。

2. 土方排弃回填

(1)本项目坡降第一个陡坎(高程33m上下),需人工回填和夯实,该段工程量小且随地形变化,施工时根据具体情况进行施工方式选择。格构梁、压顶梁、基础梁、镶边梁、集水井侧壁回填。土方回填的填料采用开挖的全风化土料,回填时应分层回填和分层夯实,分层厚度一般30cm,压实系数不小于0.94。

(2)本工程开挖土方可采用挖掘机装自卸车外运排弃,弃土场需另行寻找和确定,本设计暂按外运20km考虑,场内运输距离按50m考虑。

3. 钢筋混凝土工程施工技术要求

(1)本项目的钢筋混凝土工程主要为格构梁、压顶梁、基础梁及排水系统中的钢筋制安。

(2)混凝土结构所采用钢筋应符合现行国家标准的规定。

(3)钢筋进场时,应按国家现行相关标准的规定抽取试件作屈服强度、抗拉强度、伸长率、弯曲性能和重量偏差检验,检验结果必须符合相关标准的规定。检验结果应及时报送监理单位,监理确认合格后方可使用。钢筋在加工过程中,如发现脆断、焊接性能不良或力学性能显著不正常等现象,尚应根据现行国家标准对该批钢筋进行化学成分检验或其他专项检验。

(4)钢筋在运输和储存时,不得损坏标志,并应按批分别堆放整齐,避免锈蚀和沾染油污。

(5)钢筋加工的形式、尺寸必须符合设计要求。钢筋的表面应洁净、无损伤,油渍、漆污和铁锈等应在使用前清除干净。带颗粒状或片状老锈的钢筋不得使用。

(6)钢筋宜采用无延伸功能的机械设备进行调直,也可采用冷拉方法调直。当采用冷拉方法调直时,HPB300光圆钢筋的冷拉率不宜大于4%;HRB335、HRB400带肋钢筋的冷拉率不宜大于1%。钢筋调直过程中不应损伤带肋钢筋的横肋。调直后的钢筋应平直,不应有局部弯折。

(7)钢筋弯折的弯弧内直径应符合下列规定:光圆钢筋,不应小于钢筋直径的2.5倍;335MPa级、400MPa级带肋钢筋,不应小于钢筋直径的4倍;当直径为28mm以下时不应小于钢筋直径的6倍;当直径为28mm及以上时不应小于钢筋直径的7倍;箍筋弯折处尚不应小于纵向受力钢筋直径。

(8)箍筋的末端应作弯钩,弯钩形式应符合设计要求,当设计无具体要求时,箍筋弯钩的弯折角度不应小于90°,弯折后平直段长度不应小于箍筋直径的5倍。

4. 锚杆、格构梁施工技术要求

(1)锚杆须采用专用锚杆钻机成孔,成孔孔径不小于Φ110mm。

(2)锚杆方形布置,锚杆(φ32)采用HRB400热轧螺纹钢筋,锚杆安装前应进行防锈处理。

(3)锚杆根数及长度以施工图设计为准。

(4)锚固注浆体采用灰砂比0.8~1.5,水灰比为0.45~0.5的水泥砂浆,水泥砂浆强度等级M30,必要时加入一定量早强剂或缓凝剂。

(5)边坡转折处设置一纵向通长伸缩缝,宽不小于30mm,内填沥青麻筋。

(6)钢筋接头的位置、搭接长度、锚固长度、钢筋直径、保护层厚度等要严格按照设计图和有关规范施工。

(7)坡顶应用压顶梁予以封闭,同时要做好排水系统。

(8)锚杆格构采用C30混凝土,格构梁浇混凝土前,应进行坡面、基槽及模板修正,使其平度达到规范及混凝土浇筑的要求。

(9)格构梁混凝土应进行抗压强度试验,试块数量为每$50m^3$一组;灌注浆体试块每30根锚杆一组。

5. 排水工程施工技术要求

(1)本工程排水沟位置及出口位置可根据现场情况作适量调整。

(2)沟槽开挖前,测量人员须根据设计图纸对沟槽、跌水及集水井进行准确的放线定位;遇异常情况应及时与业主、监理及设计单位沟通,沟槽开挖的沟槽边坡坡度根据现场的实际情况决定,确保施工期间边坡不坍塌。

(3)开挖前应摸清地下障碍物和地面上架设高压线缆位置高度等情况,并采取严格的防护措施。开挖沟槽土方应置于距沟边0.8m以外处,高度不宜超过1.5m,须按要求放坡堆放,不得随意堆放,而影响到其他工程。

(4)为使沟底的原土不被扰动,应保证留出比沟底设计标高高出300mm的原土层,采用人工清挖。在开沟时测量人员应密切配合,严禁出现超挖现象。

(5)沟底垫层的摊铺、沟体混凝土的浇筑及钢筋制安等按钢筋混凝土施工有关要求执行。

(四)工程特点及效果评估

(1)工程区地层上部为第四系残坡积层,下部为全风化粉砂岩,属于土质边坡,采用圆弧形滑面分析计算稳定性,用理正岩土计算软件自动搜索最危险滑动面,验算锚杆配置是否满足稳定性要求。

(2)本工程从勘察到施工设计,涉及专业多,工作量大。在边坡岩土工程勘察、现场调查的基础上,对崩塌、滑坡地质灾害的现状及施工技术条件等因素进行综合分析,本着安全可靠、保护环境、经济合理、技术适用、施工可行的原则,编制边坡岩土工程施工图设计报告,以达到提升黎贝岭山体公园景观效果及保证行人安全的目的。

(3)优化边坡支护结构形式。根据黎贝岭山体公园边坡的环境条件、边坡高度、边坡工程安全等级等特点,充分分析前期勘察工作成果,滑坡体顶部植被茂盛,坡脚规划有商铺,治理工程应尽量避免破坏当地生态,减少对房屋的搬迁,减少边坡前缘及后缘占地面积。经方案对比后选择削坡锚杆格构+地表排水+绿化方案。

(4)根据地表水汇流量,优化排水路径,选取排水沟截面尺寸。

(5)本工程边坡较高、坡度较陡,处理前边坡处于不稳定—欠稳定状态,易发生滑坡和崩塌。采用格构式锚杆挡墙处理后,边坡处于稳定状态,既能保证深层加固又可兼顾浅层护坡,有效地控制和消除地质灾害隐患,达到了预期效果,该工程竣工后效果照片详见图11-8。目前已运行多年,未出现质量及安全问题,运行良好。

图 11-8　竣工后工程效果照片

第十二章 岩土施工

额尔齐斯河(第十师)防洪工程(城市段桩号 0+100~2+600)混凝土重力防冲墙施工

(一)工程概况

额尔齐斯河(第十师)防洪工程(城市段桩号 0+100~2+600)位于额尔齐斯河左岸,用于保护北屯市区。北屯市是阿勒泰地区的交通枢纽、兵团第十师师部所在地,是该地区经济、政治、文化的中心。该防洪工程保护北屯市人口 25 万、耕地 0.7 万亩、沿河生态林地 2.0 万亩。

主要建设内容为:北屯城市防洪桩号 0+100~2+600 段堤防进行加固设置混凝土护坡,堤防基础设置混凝土重力防冲墙,堤防长度 2500m,配套两座生态放水涵闸。

(二)工程地质条件

工程区处于额尔齐斯河冲积平原,沿线地下水主要集中分布于额尔齐斯河盆地,地表径流和地下径流自盆地两侧的山区流向盆地中央,形成近东西走向的承压水带。地下水补给来源主要为上游河流和洪水渗漏转化成的地下侧向径流补给。含水层岩性以粉砂、砂砾石为主。城市防洪段的工程地质条件简述如下。

左岸防洪堤沿线地层主要由第四系全新统冲洪积层(Q_4^{al+pl})、古近系始—渐新统乌伦古河组($E_{2-3}w$)组成。自上而下分述如下。

第①层:岩性为低液限粉土,土黄色,稍湿—湿,稍密状态,厚度 0.50~2.1m,局部夹砂透镜体;承载力值 110kPa,压缩模量 3.2MPa,分布不连续。

第②层:粉土质砂,青灰色,稍湿—湿,稍密,埋深 0.50~2.10m,厚度 1.40~3.10m;承载力 120kPa,分布不连续。

第③层:砾石,青灰色、灰白色,稍湿,稍密—中密,埋深 1.30~3.80m,厚度 3.80~7.40m,渗透系数 $3.1×10^{-2}$cm/s,属强透水层,承载力值 350kPa,变形模量 28MPa。

第④层:泥岩、砂质泥岩互层,埋深 6.00~9.00m,未揭穿,灰绿色、灰白色、砖红色,泥钙质弱胶结,遇水易软化、崩解;强风化层,较完整,泥岩干抗压强度 2.9MPa,饱和抗压强度 0.6MPa,泥岩强风化层承载力值 250kPa。

(三)混凝土重力防冲墙设计方案

额尔齐斯河(第十师)防洪工程(城市段桩号 0+100~2+600)段防冲基础有两种设计型式,临河段 0+100~1+300 及 2+300~2+600 部位防洪堤防冲基础采用液压抓斗防冲墙基础,河滩地段 1+300~

2+300防洪堤基础形式为斜坡混凝土板加齿墙基础。0+100～1+300段及2+300～2+600段液压抓斗防冲墙基础设置情况为：0+100～0+800段防冲墙厚2m，基础深入泥岩1m；0+800～1+300段防冲墙厚1.5m，基础深入泥岩1m；2+300～2+600段防冲墙厚1.5m，基础接触至泥岩（至泥岩下30cm部位）。河滩地上1+300～2+300段基础形式为斜坡混凝土板伸至下设混凝土齿墙部位，混凝土齿墙高×宽为1m×1m（图12-1）。

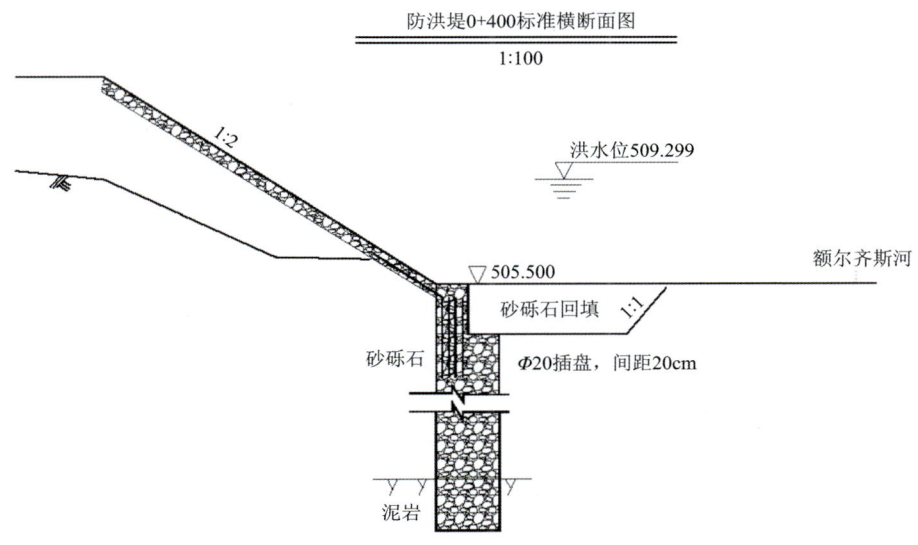

图12-1 防洪堤横断面图

基础混凝土防冲墙施工要求：防冲墙基础宽度分别为1.5m及2m，防冲墙基础施工首先进行一段试验段施工，主要试验1.5m及2m宽的槽孔一次成槽及浇筑试验，如果一次成槽试验成功，不同宽度的槽孔就全部按一次成槽一次浇筑的方法进行；如果一次成槽不理想（出现塌孔严重）的现象，就先进行1m宽成槽后浇筑一期混凝土，待一期混凝土强度达到70%后再紧接一期混凝土进行二期混凝土的后续成槽及浇筑，要求二期槽孔成槽时对一期混凝土抓毛，抓毛深度不小于5cm，一、二期混凝土按设计高程浇筑，二期混凝土浇筑完成后再进行混凝土护坡板下的阻滑墙施工，要求阻滑墙与一期混凝土的接触面进行凿毛处理。

（四）混凝土防冲墙施工工艺

混凝土防冲墙施工工艺采用液压抓斗机成槽法。液压抓斗机（简称抓斗）成槽适用的地层比较广泛，除大块的漂卵石、基岩以外，一般的覆盖层均可使用。抓斗结构比较简单，易于操作维修，运转费用较低，在较软弱的冲积层中造墙被广泛应用，各种抓斗可挖掘宽度为30～150cm，最大深度可达150m。抓斗挖槽也用泥浆护壁，但泥浆不再有悬浮钻渣的功能，用量较少。在地质条件复杂的深厚覆盖层中，常有大面积的砂卵石层等岩性较为软弱的岩层出现，因此经常在钻抓法中配合钻机使用，钻进效率较为理想。

液压抓斗机成槽混凝土防冲墙施工工序见图12-2。

1.防冲墙成槽工艺

1）槽段划分

根据防冲墙工程地质情况，结合成槽机械设备特点及混凝土次浇筑量等，综合确定施工Ⅰ序槽长6.0m，Ⅱ序槽长6.0m。

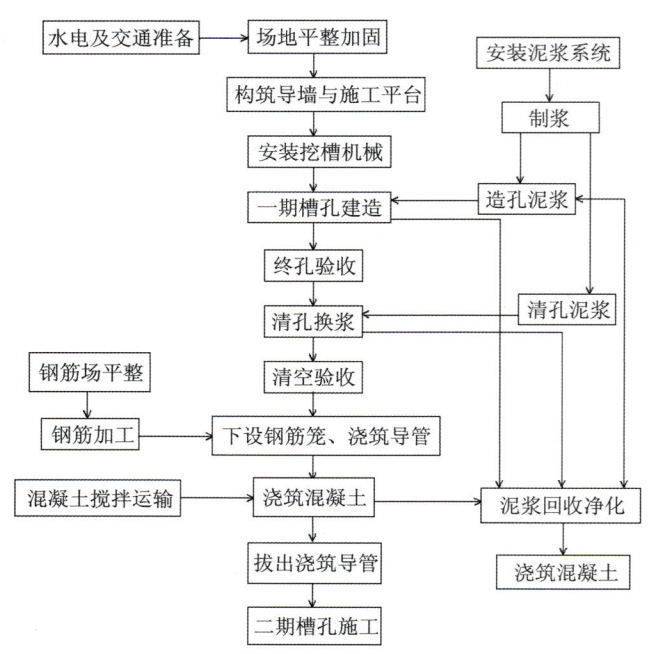

图12-2 液压抓斗机成槽混凝土防冲墙施工工序图

2）成槽工序

成槽分Ⅰ、Ⅱ序进行，在一施工段内，先施工Ⅰ序槽，Ⅰ序槽浇注完成待混凝土达到足够强度后再施工Ⅱ序槽孔。

为保证槽壁稳定，抓槽施工必须采用泥浆护壁，泥浆面高度必须比地下水位高1m以上，一般与孔口平齐即可。

3）固壁泥浆

泥浆在防冲墙施工中的作用主要是护壁堵漏，其次是悬浮槽孔内泥渣。

(1)原材料选用说明。

根据工程实际情况，本工程拟采用膨润土泥浆进行护壁，分散剂为工业碳酸钠（$NaCO_3$），降失水增黏剂为中黏类羧甲基纤维素钠（CMC），配制泥浆用水从额尔齐斯河河道抽取，水质满足施工用水标准。

(2)制浆设备选用。

泥浆搅拌设备选用1.0m^3快速泥浆搅拌机搅拌。

(3)配比根据本地类似工程施工经验和相应的技术标准拟定的新制膨润土泥浆初步配合比如表12-1所示。

表12-1 膨润土泥浆初步配合比表

水(L)	膨润土(kg)	碳酸钠(kg)
1000	80～100	3～4

(4)制备、使用与检验。

泥浆制备、检验。①泥浆拌制选用高效、低噪声的高速回转搅拌机。②每槽膨润土浆的搅拌时间为3～5min，实际搅拌时间通过试验确定后适当调整。③按规定的配合比配制泥浆，各种材料的添加量误差不大于5%。④新制膨润土泥浆应满足表12-2所列的项目检测，并达到该表中规定的标准。

表 12-2　新制膨润土泥浆性能指标

项目	单位	性能指标	试验仪器	备注
密度	g/m³	≤1.25	泥浆比重秤	
漏斗黏度	S	30～25	500/700mL 漏斗	
含砂量	%	≤5	含砂量测定仪	

(5)泥浆使用。

①新制膨润土浆需存放 12h,经充分水化溶胀后使用。

②储浆池内泥浆应经常搅动,保持指标均一,避免沉淀或离析。

③在钻进过程中,槽孔内的泥浆由于岩屑混入和其他处理剂的消耗,泥浆性能将逐渐恶化,就必须进行处理。处理方法是:被使用过的泥浆通过泥浆净化系统,将土颗粒和碎石块除云,然后把干净的泥浆重新送回到槽中。

④在槽孔和储浆池周围应设置排水沟,防止地表污水或雨水大量流入后污染泥浆。

4)孔形控制与检查

孔形控制项目主要有深度、厚度和孔斜。两端孔孔斜率指标为不大于 0.3%,中间孔不大于 0.4%,遇有含孤石、漂石的地层及基岩面倾斜度较大等特殊情况时,孔斜率按 0.5% 控制,整个槽孔孔壁平整。Ⅰ、Ⅱ期槽孔套接孔的两次孔位中心线在任一深度的偏差值满足保证搭接墙厚度。

5)槽孔的位置和厚度

开工前,在槽孔两端设置测量标桩,根据标桩确定槽孔中心线并且始终用该中心线校核、检验所成墙体中心线的误差。施工控制允许偏差不大于 3cm,在不同方向都满足此要求。抓斗宽度不小于墙的设计厚度,在槽孔内任一部位均可顺利下放抓斗。

6)孔深验收和基岩鉴定

孔深验收在现场监理的监督下使用专用的孔深测绳进行测量,且使用前对测绳进行检查校准。测量前将抓斗抓出的地层岩样进行妥善保存并做好相应记录,然后交监理人员鉴定检查以使孔深的确定有充分的依据。

7)清孔

槽段终槽后及时对槽位、槽深、槽段长度、宽度等施工质量进行自检,自检合格后报监理单位验收,验收合格后进行清孔,用抓斗自槽底部采用定位抓取槽底淤积物及沉淀物。

清孔结束及时进行混凝土浇筑,清孔与混凝土浇筑时间间隔内,槽孔内淤积厚度不大于 10cm;泥浆密度小于 1.20g/cm³;泥浆比重小于 30s;含砂量小于 10%。

2. 混凝土浇筑

1)混凝土墙体材料物理力学性能施工控制指标

(1)入槽坍落度 18～22cm。

(2)扩散度 34～40cm。

(3)坍落度保持在 15cm 以上的时间不小于 1h。

(4)初凝时间不小于 6h。

(5)终凝时间不大于 24h。

(6)墙体材料抗压强度 C25,要求使用 525#(42.5 级)高抗水泥。

(7)抗冻标号为 F200。

2）混凝土运输

本次施工用混凝土为商品混凝土，用混凝土搅拌车运至施工现场。

3）混凝土浇筑导管和下设

混凝土槽孔连续浇筑采用直升导管法在泥浆下浇筑，首先应保证运至浇筑点的混凝土具有良好的和易性、坍落度、扩散度。混凝土各种材料配合比事先通过实验确定。施工中计量准确，混凝土标号及抗渗性能达到设计要求，浇筑中遵循先深后浅，连续浇筑、均匀上升的原则，混凝土上升速度不小于 2m/h，混凝土的平均供应强度不小于 $4.0m^3/h$。

导管下设前需进行配管和作配管图。配管应符合规范要求。

导管按照配管图依次下设，每个槽段布设 3 根导管，导管安装满足如下要求：一期槽端距离导管不大于 1.5m，二期槽不大于 1.0m，导管之间间距不大于 3.5m，当孔底高差大于 25cm 时，导管中心置放在该导管控制范围内的最深处。

4）混凝土开浇及入仓

（1）混凝罐车运送到槽口，从槽口进入导管。

（2）混凝土开浇时采用压球法开浇，每个导管均下入隔离塞球（采用皮球）。开始浇筑混凝土前，先在导管内注入适量的水泥砂浆，并准备好足够数量的混凝土，以使隔离的球塞被挤出后，能将导管底端埋入混凝土内。

（3）混凝土连续浇筑，槽孔内混凝土上升速度为 3～10m/h（不能小于 2m/h），并连续上升至墙顶有效高程。

（4）浇筑过程的控制。

①导管埋入混凝土内的深度保持在 1～6m 之间，以免泥浆进入导管内。

②施工过程控制槽孔内混凝土面均匀上升，其高差控制在 0.5m 以内。每 30min 测量一次混凝土面，每 2h 测定一次导管内混凝土面，在开浇和结尾时适当增加测量次数，根据每次测得的混凝土表面上升情况，填写浇筑记录和绘制浇筑指标图，核对浇筑方量，指导导管拆卸。

③严禁不合格的混凝土进入槽孔内。出现不合格的混凝土料要运到指定的废弃池中，禁止进入槽孔内。

④施工中不可避免异常情况的发生，如机械故障、人为因素、天气等。现场负责人员应根据具体情况及时采取应急措施进行处理。

⑤浇筑混凝土时，孔口设置盖板，防止混凝土散落槽孔内。槽口技术人员通过对讲机通知拌和人员混凝土用量情况。槽孔底部高低不平时，应从低处浇起。混凝土浇筑完毕后的顶面高于设计要求的顶高程 50cm。

⑥混凝土浇筑时，在机口或槽孔口入口处随机取样，检验混凝土的物理力学性能指标。

⑦浇筑混凝土时，如发生质量事故，立即停止施工，并及时将事故发生的时间、位置和原因分析报告监理人，除按规定进行处理外，将处理措施和补救方案报送监理人批准，按监理人批准的处理意见执行。

⑧在每个槽孔混凝土浇筑量的 1/6、3/6、5/6 时应分别做现场坍落度试验，并取混凝土试块，每组试块应按规范要求制作、养护、确认达到 28 天、90 天龄期后做室内检测试验。取样数量应满足抗压、抗渗的试验要求。

3. 工序质量检查

依据设计文件和规范，对基础防冲墙质量检查项目进行逐项检查，检查结果如下。

（1）槽孔孔位偏差：基础防冲墙检查 188 点，孔位偏差在 0～50mm，均符合设计及规范要求。

（2）槽孔孔深偏差：防冲墙的孔深均大于地质工程师所确定的基岩面以下 1m。

（3）孔斜率：基础防冲墙单孔每 3m 检查一点，均满足设计要求。

(4)槽孔宽度:终孔验收时,用测绳测完孔深后,测量槽孔宽度,每孔测量两点,均大于1.5m,表明槽孔宽度均大于设计墙厚。

(5)孔底淤积:清孔后孔底淤积厚度,基础防冲墙孔底最大淤积厚度为6cm,基础防冲墙最小淤积厚度1cm,符合设计要求小于10cm的标准。

(6)槽孔内泥浆密度、黏度及含砂量:清孔后槽孔内泥浆密度、黏度和含砂量均符合施工规范要求。

(7)导管间距与埋深:每期槽下设2套浇筑导管,两导管的间距为3m,分别距接头为1.5m,符合设计及规范要求。浇筑过程中,控制导管埋深,在浇筑过程中导管埋深均大于2m,符合施工规范要求。

(8)混凝土上升速度:防冲墙上升速度均大于2m/h,符合施工规范要求。

(9)混凝土终浇高度均高出设计0.5m,符合设计及施工规范要求。

(10)施工记录:全面、准确、完整。

4. 防冲墙施工特殊情况处理

1)漏浆、塌孔处理

(1)造孔过程中,遇少量漏浆,则采用加大泥浆比重,投堵漏剂等处理,如遇大量漏浆,单孔采用回填黏土钻进处理,槽孔采用投锯末、水泥、高水速凝材料等进行堵漏处理,确保孔壁、槽壁安全。

(2)根据工程施工经验:危险性管涌土,会加剧地层渗漏通道的渗漏,钻进时,加强了泥浆损失测估,改变钻进工艺,准备好足够的堵漏材料,及时处理好渗漏,尤其是槽孔的副孔抓取时。

(3)塌孔处理:发现有塌孔迹象,首先提起施工机具,根据塌孔程度采取回填黏土砂砾混合料压实,重新开挖处理;如孔口塌孔,采取布置插筋、拉筋和架设钢木梁等措施,保证槽口的稳定。

(4)如槽内塌孔严重,必要时可浇筑固化灰浆后重新造孔。

2)孔斜的处理

造成槽孔孔斜的原因有很多,其中地层原因是最主要的。当槽孔施工发生孔斜时,将使墙体的有效厚度减少以及影响墙体的连续性,因此,孔斜的控制尤为重要,抓槽过程中加强监控,防止发生孔斜。本工程在发生孔斜时,首先查明偏斜的方向,然后启动液压抓斗纠偏油缸进行纠偏;成槽偏斜严重的采用回填孔后重新成槽,回填料选用砂卵石或砂石。

3)混凝土浇筑堵管的处理

混凝土的浇筑质量是防冲墙施工成败的关键环节,防冲墙的浇筑严格按照规范的规定执行。有效地控制混凝土的搅拌质量及按规定掌握导管的埋深,保证防冲墙混凝土浇筑质量。

施工过程中发生堵管,利用吊车、反复上下提升导管进行抖动、轻击,使管内砼形成较大的压力,从而达到疏通管道的作用。

4)墙体质量事故处理

混凝土防冲墙在浇筑过程中因机械故障、人为因素、天气等发生中断时,根据情况采取补救措施:本工程采用凿除(用抓斗抓出)已浇筑的混凝土,重新清孔换浆进行浇筑。

(五)工效分析与评价

额尔齐斯河(第十师)防洪工程(城市段桩号0+100～2+600)施工2标一共分5个分部:①防冲墙0+100～0+400段,②防冲墙0+400～0+700段,③防冲墙0+700～1+000段,④防冲墙1+000～1+300段,⑤防冲墙2+300～2+600段。通过完善的质量保证体系及措施,在整个工程施工中严格按照单位、分部、单元工程项目划分进行验收,工程质量全部合格。

评定依据:《水工混凝土施工规范》、《混凝土强度检验与评定标准》、《水利水电工程施工质量检验与评定规程》(SL 176—2007)验收混凝土强度平均值和最小值应同时满足下列要求。

抗压强度平均值 $m_{fcu} \geq f_{cu,k} + 0.7\sigma_0$

抗压强度最小值 $f_{cu,min} \geq 0.9 \times f_{cu,k}$（混凝土等级高于C20时）

或 $f_{cu,min} \geq 0.85 \times f_{cu,k}$（混凝土等级不高于C20时）

式中：m_{fcu}——同一验收批混凝土立方体抗压强度平均值（N/mm³）；

$f_{cu,k}$——混凝土立方体抗压强度标准值（N/mm³）；

σ_0——验收批混凝土立方体抗压强度标准差（N/mm³）；

$f_{cu,min}$——同一验收批混凝土立方体抗压强度最小值（N/mm³）。

额尔齐斯河（第十师）防洪工程（城市段桩号0+100～2+600）施工2标混凝土抗压强度满足规范要求。评定合格。

根据《水利水电工程施工质量检验与评定规程》（SL 176—2007）的规定，该分部所有混凝土试块均大于设计试块强度，该分部试块合格。

由新疆生产建设兵团第十师水利工程建设管理处主持，按照水利工程验收规程，召开单位工程验收会议，查阅分部工程相关资料，并进行了认真的讨论和审议后，依照验收规程对额尔齐斯河（第十师）防洪工程（城市段桩号0+100～2+600）施工2标单位工程评定为合格，并通过该单位工程验收。

70载

第五篇

岩土试验检测与监测

第十三章 岩土试验

一、奎屯河引水工程岩土试验

(一)工程概况

奎屯河引水工程位于天山北坡中部、准噶尔盆地西南缘,奎屯市、乌苏市和克拉玛依市独山子区境内,处于奎屯河将军庙水文站至下游老龙口之间的河段,属奎屯河中、上游地段,工程区地理位置为北纬44°00′—44°20′,东经84°30′—85°00′。

工程由将军庙水利枢纽、山区引水系统、340m水头出山口引水系统(在建)和团结干渠改建及沿线建筑物4部分组成,在全疆范围内属最高利用水头发电的水利水电工程,工程场区延绵30余千米,跨越多种地貌单元,其中第四系胶结岩(层)—西域砾岩广泛分布在山前区域,属胶结半成岩,性质特殊,在疆内外对其特性研究较少。该引水工程厂址区主要的地层就为西域砾岩,在地质评价和设计方案中缺少岩性特征参数及理论判定依据,现有的岩石试验规范适用范围为已成岩的岩石、岩体,对于西域砾岩这样一个定名为卵石混合土的特殊岩体样品,至今还没有可行的分类评价标准,目前参照软岩进行土体(散体)工程地质评价,与实际的工程特性不符。

西域砾岩具有物质成分复杂、胶结差、强度较低、易风化、遇水泥化的物理力学特性,使得相关工程的开发建设面临地基不均匀沉降、围岩变形、边坡失稳等一系列工程建设问题与地质灾害问题。如何正确地揭示西域砾岩结构及力学特性,并将其应用于工程设计与计算之中,是工程建设成败的关键,目前对其工程特性研究的方法、技术也不成熟,开展西域砾岩物质组成及结构特性、变形强度特性岩土试验研究,不仅可以深化对西域组砾岩特性的认识,还可以对其研究方法、技术进行总结和提升,提出一套适用于西域砾岩等弱胶结半成岩的质量分级分类方法,对于提高西域砾岩工程利用的理论性和科学性,具有重要的理论意义和应用价值。

为揭示西域砾岩结构及力学特性,更好地将其应用于工程设计与计算,我院协同国内一流的试验科研机构——长江科学院,对奎屯河西域砾岩开展了细致深入的研究工作。2015年我院申报了"第四系胶结岩(层)在水利工程中的主要工程地质问题研究"科研课题,2016年在此科研课题研究的基础上,又申报了"特殊岩土体在复杂应力状态下抗剪强度的研究"科研课题,为配合课题的开展,通过对奎屯河引水工程厂址区已开挖平洞的单位弹性抗力系数试验、原位真三轴剪切试验、变形试验、岩体直剪试验、颗粒级配试验、天然含水率、天然密度、渗水试验、相对密度试验等各类岩土体室内外试验,取得了大量的基础数据,通过对试验结果计算、分析、整理、总结,分析研究胶结岩(层)的物理力学特性,为胶结岩(层)水工隧洞围岩的设计提供了可供参考的物理力学参数,也为西域砾岩质量分级分类方法标准的制定提供了基础数据。

(二)试验工作内容

2015年4月,为配合我院"第四系胶结岩(层)在水利工程中的主要工程地质问题研究"科研课题的开展,测试中心于5月中旬组织专业技术人员现场踏勘后,编制了《奎屯河引水工程西域砾岩抗力系数专题试验实施方案》,并于2015年8—11月完成野外现场试验。该专题试验通过长江科学院隧洞径向液压枕法弹性抗力系数直接法试验和测试中心通过原位变形试验-间接法测定,获得了该项目区分布广泛的西域砾岩围岩的弹性抗力系数;通过对厂址区3条不同高程PD11、PD12、PD13的平硐于纵深39m、79m处,完成的6个试验点的水平方向岩体变形试验,和分别在PD11、PD12、PD13平硐各开展的1组岩体原位直剪试验,获得了西域砾岩的变形和强度特性;通过对岩体变形强度特性的影响规律分析,并结合变形试验及直剪试验面下砾岩的颗粒级配、天然含水率、天然密度、渗水试验及相对密度等原位试验结果,对变形、强度特性分析,掌握奎屯河厂址区西域砾岩的物理、力学、变形等特性,为项目工程设计、施工提供重要的理论和基础数据支撑。

2017年8—11月,我院与长江科学院技术人员在PD11开展了复杂应力状态下的大尺寸真三轴剪切试验,深入研究了西域砾岩在不同应力路径下的各向异性变形参数、三向应力状态下的强度参数及其破坏模式。

(三)岩土试验点的布置及试验依据

1. 试验点的布置

奎屯河引水工程厂房平硐在河谷右岸陡坡西域砾岩山体上的不同高程开挖了3个平硐(由山体底部至上部),编号分别为PD11(高程1 006.5m,长度83m)、PD12(高程1085m,长度30m)、PD13(高程1116m,长度82m),隧洞液压枕径向加压法测定弹性抗力系数的试验在PD11平硐内距洞口60~70m的洞段内完成,大尺寸真三轴试验也在此平硐完成;在PD11、PD12、PD13平硐内的39m和79m处采用刚性承压板法做了水平向岩体原位变形试验;在PD11平硐内的24m~33m处、PD12和PD13平硐位于65m~75m处各布置了一组结构面直剪试验,并在变形试验点及直剪试验点相应位置做了颗粒分析、天然密度、天然含水率、渗水、相对密度等试验。

2. 试验依据

奎屯河引水工程西域砾岩专题试验的试验依据为:
(1)《水利水电工程岩石试验规程》(SL 264—2001)。
(2)《水电水利工程岩石试验规程》(DL/T 5368—2007)。
(3)《土工试验规程》(SL 237—1999)。

(四)单位弹性抗力系数试验方法及结果

目前用于确定围岩弹性抗力系数的方法有试验法、计算法、经验数据法。奎屯河引水工程采用了试验法和计算法。

1. 试验方法——隧洞液压枕径向加压法

隧洞液压枕径向加压法测定弹性抗力系数的试验,是委托水利部岩土力学与工程重点实验室长江科学院岩基研究所在 PD11 平硐内完成的。本次试验采用隧洞液压枕径向加压法,试验段选在离洞口 60~70m 处,试验段长 2.2m,由 2 个 1m 长加压段和 20cm 间隔组成,采用整体式正 12 边形承力框架作为反力系统,间隔正中布置主测断面(B 测面),外加压段靠洞外 10cm 布置辅测断面(A 测面),内加压段靠洞内 10cm 布置辅测(C 测面)。

由 24 个加压枕对 2 个加压段(每个加压段采用 12 个加压枕)的围岩施加均匀径向压力,通过测量隧洞围岩在相应径向压力作用下表面岩石的变形值,计算岩体的变形模量 E_0 和单位抗力系数 K_0 等参数,并研究岩体受力后的变形特性。

1)试验过程

试验严格按《水利水电工程岩石试验规程》(SL 264—2001)进行,试验段距临空面和约束端均大于 2 倍洞径,布置"一主二辅"3 个测量断面测量径向变形,测量支架支点布置在距试验段 1.5 倍洞径以外;试验采用逐级一次大循环,最大压力大于 1.2 倍的工程压力,分 5 级施加;试验时温度为 12.6℃;变形稳定标准采用时间控制,加压到预定值后,每隔 10min 读数一次,如稳压测读值变化小于加压时变化的 5%,即施加下一级荷载;整个试验历时不间断连续进行。

试验结果通过从各断面测点的测表读数、光栅传感器自动采集数据、分布式光纤 3 种方式获取,并相互验证,试验为期近 3 个月。

2)变形模量和抗力系数试验结果

通过径向液压枕法试验获得的岩体变形模量随着径向压力的变化而变化,变化范围在 1.61~1.72GPa 之间;岩体单位弹性抗力系数也随着径向压力的变化而变化,变化范围在 12.62~13.43MPa/cm 之间。

从图 13-1 和图 13-2 可以看出,在 0~1.8MPa 围压时,围岩的变形模量和单位抗力系数均呈递增的趋势,之后则递减。

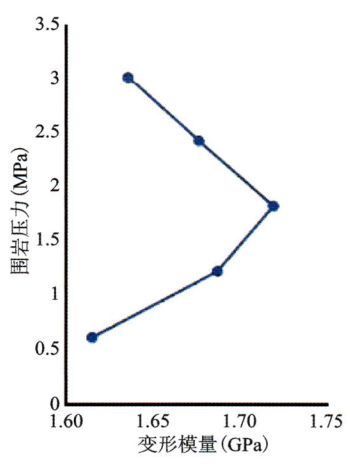
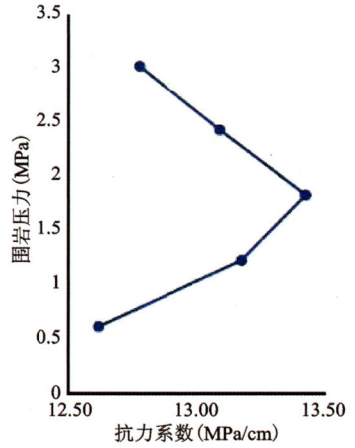

图 13-1 压力与变形模量关系　　图 13-2 压力与单位抗力系数关系

3)结论

下层西域砾岩(Q_1x)具有较好的均匀性,在围压的作用下,岩体的径向变形在 12 个方向表现大致呈圆形,岩体呈现较明显的各向同性特性。试验成果揭示了其在各级径向压力作用下的变形和抗力的基本规律。

岩体变形模量随着围压的变化而变化,岩体变形模量在 1.61~1.72GPa 之间;岩体单位弹性抗力系数在 12.62~13.43MPa/cm 之间,两者均在围压 1.8MPa 时有最大值。

2. 计算方法

通过刚性承压板变形试验获取变形参数,再通过计算得到单位弹性抗力系数。一般采用刚性承压板法测定垂直方向变形参数,由于可研阶段已做过垂直方向的变形试验,所以尝试用刚性承压板法测定水平向变形试验,以了解该项目区西域砾岩在水平方向和垂直方向的变形结果的差异。

1)试验设计

按规范要求试验最大压力不宜小于工程设计压力的 1.2 倍,等分 5 级施加,但结合工程实际,试验最大压力值按 4.5MPa 进行(工程设计压力 3MPa 的 1.5 倍),等分为 9 级施加,加压方式采用逐级一次循环法。试验方法及计算按《水利水电工程岩石试验规程》(SL 264—2001)进行。

2)试验结果

通过水平向刚性承压板法测定的 3 条不同高程平硐变形试验距洞口 39m 处变形模量均小于 79m 处变形模量,39m 处单位弹性抗力系数均小于 79m 处单位弹性抗力系数;水平向原位变形试验获取的 PD11 试验点 79m 处(与径向液压枕加压法试验点位置接近),压力值在 0.5~4.5MPa 时,变形模量在 0.64~1.10GPa 之间;单位弹性抗力系数在 6.78~11.57MPa/cm 之间。

通过试验方法和计算方法对 PD11 平硐相同位置的单位弹性抗力系数试验结果对比,液压枕径向加压法测得的单位弹性抗力系数大于刚性承压板法所得试验结果。

3. 弹性抗力系数试验结果对照分析

液压枕径向加压法在有围压情况下,在圆形隧洞空间的各个面整体各向受力,能更客观、全面地获得岩体的变形、弹性特征,而刚性承压板法仅水平试验点单点受力,试验点下试样的颗粒组成、密度、含水率等对试验结果会产生影响,难免以点概面。两种方法所得试验结果虽有差异,但得到的单位弹性抗力系数在一个量级,为评价洞室围岩级别、确定围岩岩体的基本质量提供了参考依据。

(五)西域砾岩现场真三轴试验

西域砾岩现场大尺寸真三轴试验布置于新疆奎屯河引水工程新龙口水电站厂房平硐 PD11。试验依据为《水电水利工程岩石试验规程》(DL/T 5368—2007)。

1. 试验制备及安装

试验设备采用长江科学院与长春朝阳试验仪器有限公司联合研制的 YXSW-12 现场岩体真三轴试验系统。轴向加载子系统由垫板、传力柱、千斤顶、压板组成。其中,千斤顶为出力构件,垫板、传力柱及压板为传力构件。轴压反力由试验部位洞室顶板提供。径向加载子系统由垫板、护板和千斤顶组成。其中,千斤顶为出力构件,垫板、护板为传力构件。围压反力由洞室边墙提供。测量子系统包括支架、测杆等,其功能为提供一套独立、不受试验干扰的稳定结构,用于安装测表。

YXSW-12 现场岩体真三轴试验系统安装程序如下:首先安装 4 个侧面千斤顶及传立柱,引出油管,再逐层安装轴向反力叠板、千斤顶、传力柱及顶板,以及埋设测量支架,养护 3d 后,接通和梳理各向油路确认无误后安装测量系统。

2. 试验方案

1)方向及符号规定

西域砾岩现场岩体真三轴试验中,试样为长方体,一般规定水平面为 XOY 平面,水平面上试样尺寸 50cm×50cm,$x(\sigma_3)$ 为洞径向、砾石颗粒短轴方向,$y(\sigma_2)$ 方向为洞轴向、砾石颗粒长轴方向,$z(\sigma_1)$ 为铅直向。对变形方向的规定如下：试点压缩变形为"＋"，膨胀变形为"－"。

2）变形试验

每个试样在开展强度试验之前，都先开展变形试验。为了与前期试验成果具有可比性，同时考虑到现场实际地应力水平，三轴变形试验最高应力取 4.5MPa。

不同应力水平下岩体变形试验：为了获得不同应力水平下岩体的变形参数，1♯、2♯、3♯、6♯试样三轴变形试验分 0～1.5MPa、1.5～3MPa、3～4.5MPa 3 个荷载段完成。同时为了明确加载次序对西域砾岩变形模量的影响，1♯试样加载的次序依次为 σ_3、σ_2、σ_1，2♯试样加载的次序依次为 σ_2、σ_3、σ_1，3♯试样加载的次序依次为 σ_1、σ_2、σ_3，6♯试样加载的次序依次为 σ_2、σ_1、σ_3。以 1♯试样为例单个试样的变形试验应力路径如表 13-1 所示。

表 13-1　1♯试样的变形试验应力路径

荷载次序	σ_3（MPa）	σ_2（MPa）	σ_1（MPa）	目的
1	0.3	0.3	0.3	3 个方向同步施加至具备接触压力
2	0.3→1.5→0.3	0.3	0.3	得到 x 方向在 0～1.5MPa 应力水平下的变形模量及泊松比
3	0.3	0.3→1.5→0.3	0.3	得到 y 方向在 0～1.5MPa 应力水平下的变形模量及泊松比
4	0.3	0.3	0.3→1.5→0.3	得到 z 方向在 0～1.5MPa 应力水平下的变形模量及泊松比
5	0.3→1.5	0.3→1.5	0.3→1.5	将 3 个方向的初始应力同步缓慢加载至 1.5MPa
6	1.5→3→1.5	1.5	1.5	得到 x 方向在 1.5～3MPa 应力水平下的变形模量及泊松比
7	1.5	1.5→3→1.5	1.5	得到 y 方向在 1.5～3MPa 应力水平下的变形模量及泊松比
8	1.5	1.5	1.5→3→1.5	得到 z 方向在 1.5～3MPa 应力水平下的变形模量及泊松比
9	1.5→3	1.5→3	1.5→3	将 3 个方向的初始应力同步缓慢加载至 3MPa
10	3→4.5→3	3	3	得到 x 方向在 3～4.5MPa 应力水平下的变形模量及泊松比
11	3	3→4.5→3	3	得到 y 方向在 3～4.5MPa 应力水平下的变形模量及泊松比
12	3	3	3→4.5→3	得到 z 方向在 3～4.5MPa 应力水平下的变形模量及泊松比

此外，在开展不同方向变形试验时，保持其他两个方向应力不变，逐级增大一个方向应力，至预定应力后再逐级卸载至初始应力。每一次加载和卸载的级数都不少于 5 级，每一级加压后立即读数，以后每隔 10min 读数一次，相邻两次读数差与同级压力下第一次变形读数和前一级压力下最后一次变形读数之差小于 5% 时，可认为变形稳定，进行下一级加载或卸载。

循环加载变形试验：为了研究循环加卸载应力路径下，西域砾岩的变形特性，针对 4♯、5♯试样开展了 3.0MPa、1.5MPa 围压应力水平下的重复加卸载试验。具体应力路径为，对岩体试样逐步施加静水压力至预定水平(1.5MPa或3.0MPa),待试样3个方向变形稳定后,保持围压不变,分5级施加轴压至预定值(3.0MPa或4.5MPa),后再逐级卸载至初始应力,试样变形读数方法及稳定标准同上。试样重复加卸载次数不少于5次。

3）强度试验方法

现有规程规范《水电水利工程岩石试验规程》（DL/T 5368—2007）中,给出的三轴试验应力路径为等围压加载破坏应力路径。针对某一试样,首先施加一定大小围压（$\sigma_2=\sigma_3$）,再逐级增加轴压σ_1,直至试样破坏。由一个试样可以得到一对破坏时的σ_1、σ_3,反映在坐标系中为一个强度点。西域砾岩现场三轴试验为加载破坏试验,其应力路径如图13-3所示。

加载破坏试验保持试样中间主应力（σ_2）和最小主应力（σ_3）不变,逐级增加最大主应力（σ_1）至试样破坏。试验时,最大主应力（σ_1）按预估的最大值分8～10级施加,当轴向位移增量为前级位移增量的1.5倍时,将级差减半施加。轴向载荷施加采用时间控制,每5min加载一级,施加前后对各方向位移测表各测读一次。接近破坏时,应加密测读载荷和位移,峰值前不应少于10组读数。试样破坏时,测读轴向载荷峰值。根据需要可继续施加轴向载荷,直到轴向载荷值趋于稳定。当轴向载荷无法稳定或轴向位移明显增大时,测读轴向载荷峰值。在轴向载荷缓慢退压的过程中,另外两个方向应力应保持常数,测读试样的回弹位移读数。

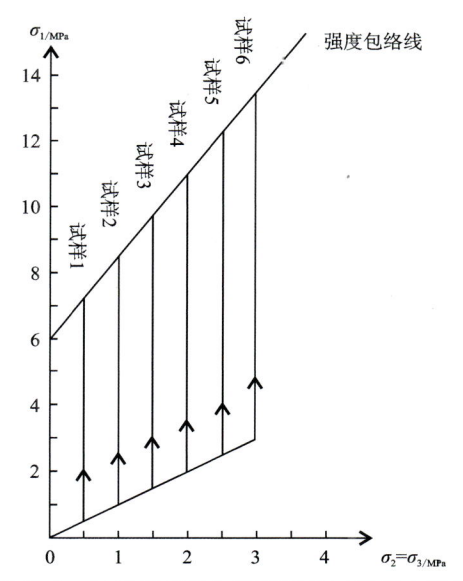

图13-3 初步拟定的加载破坏各试样应力路径

上述试验完成之后,针对破坏后的试样,可在调整压力和测表之后,继续开展单点多次加载试验、卸载试验以及不同中间主应力下的加卸载试验等,得到试样在不同应力路径下的残余强度值。

3. 试验结论

考虑西域砾岩弹塑性材料属性,对不同加卸载应力路径下的现场三轴试验结果所获得的15组抗剪强度参数分为常规三轴加载试验、真三轴加载试验、常规三轴卸载试验和真三轴卸载试验4种类型进行统计分析,见表13-2。获得西域砾岩三轴应力作用下的破坏强度特征如下：

（1）西域砾岩表现出典型的弹塑性材料特性,三轴应力状态下西域砾岩达到峰值强度后,无应变软化或硬化现象,表现为塑性流动。

（2）综合西域砾岩常规三轴加载试验结果,1♯～6♯试样初次加载破坏、二次加载破坏、单点加载破坏获得的抗剪强度参数离散性不大,φ值平均值为34.7°,c值平均值为0.94MPa。

（3）西域砾岩真三轴加载条件下,受中间主应力影响,其抗剪强度参数c值明显大于常规三轴加载c值,而φ值则较低。

（4）西域砾岩常规三轴卸载条件下,抗剪强度参数φ值为43.7°,低于其加载条件下的抗剪强度参数φ值；c值为0.46MPa,高于加载条件下的c值。

（5）西域砾岩真三轴卸载条件下,受中间主应力影响,抗剪强度参数φ值比常规三轴卸载强度参数φ值低,而c值则明显高于常规三轴卸载破坏c值。

（6）西域砾岩强度明显增强且存在非线性；总体上,应力水平越高,相对低应力水平下的三轴强度参数中内摩擦角要小,而黏聚力相对增加。西域砾岩现场三轴试验成果综合统计表见表13-3。

表 13-2　西域现场三轴试验成果汇总表

试点编号	荷载方式	强度参数			
		F	R(MPa)	$f(\varphi/°)$	c/MPa
1#～6#	初次加载	3.49	3.89	0.67(33.7)	1.04
	二次加载	3.49	3.89	0.67(33.7)	1.04
1#	单点加载($\sigma_2=\sigma_3$)	3.78	2.82	0.72(35.6)	0.73
	真三轴加载($\sigma_2=2.0$MPa)	2.98	4.70	0.57(29.8)	1.36
	真三轴加载($\sigma_2=3.0$MPa)	2.93	5.62	0.56(29.4)	1.64
2#	单点加载($\sigma_2=\sigma_3$)	3.59	3.69	0.68(34.4)	0.97
	真三轴加载($\sigma_2=2.0$MPa)	2.87	5.41	0.55(28.9)	1.60
	真三轴加载($\sigma_2=3.0$MPa)	2.83	6.16	0.54(28.6)	1.83
	真三轴加载($\sigma_2=4.0$MPa)	2.70	7.25	0.52(27.4)	2.21
3#	单点加载($\sigma_2=\sigma_3$)	3.69	3.90	0.70(35.0)	1.02
4#～5#	常规三轴卸载	5.47	2.17	0.96(43.7)	0.46
6#	真三轴卸载(卸载砾石颗粒短轴方向,$\sigma_2=3.0$MPa)	3.64	4.66	0.69(34.7)	1.22
	真三轴卸载(卸载砾石颗粒短轴方向,$\sigma_2=3.0$MPa)	3.82	5.35	0.72(35.8)	1.37
	真三轴卸载(卸载砾石颗粒长轴方向,$\sigma_2=4.0$MPa)	3.88	4.98	0.73(36.2)	1.26
	真三轴卸载(卸载砾石颗粒长轴方向,$\sigma_2=4.0$MPa)	4.00	5.45	0.75(36.9)	1.36

表 13-3　西域砾岩现场三轴试验成果综合统计表

试验类型	抗剪强度参数			备注
	f	$\varphi/°$	c/MPa	
常规三轴加载	$\dfrac{0.67～0.72}{0.69}$	$\dfrac{33.7～35.6}{34.7}$	$\dfrac{0.73～1.04}{0.94}$	
真三轴加载	$\dfrac{0.54～0.56}{0.55}$	$\dfrac{28.6～29.4}{29.0}$	$\dfrac{1.64～1.83}{1.74}$	$\sigma_2=3.0$MPa
常规三轴卸载	0.96	43.7	0.46	
真三轴卸载	$\dfrac{0.69～0.73}{0.71}$	$\dfrac{34.7～36.2}{35.5}$	$\dfrac{1.22～1.26}{1.24}$	$\sigma_2=3.0$MPa

（六）结　论

根据以上室内外试验结果,可获得弱胶结西域砾岩物理力学性能具有以下规律性：

(1)西域组砾岩由粒径不同的粗碎粒屑组成,定名为卵石混合土 SICb,级配良好,胶结程度影响岩体质量。

(2)天然密度为 2.30～2.46g/cm³,相对密度为 1.02～1.37,处于密实状态,孔隙率平均值约为 15%,含水率 2‰～5‰。

(3)西域砾岩变形模量在试验压力范围内(0.0～4.5MPa)为 0.08～2.88GPa,并且呈现一定的各向异性特征:铅直方向最大,颗粒长轴方向最小,短轴方向居中,但是随着应力水平提高,逐渐趋向于各向同性。

(4)西域砾岩直剪强度参数 φ 值 39°~44°,c 值 0.08~0.126MPa,三轴状态下抗剪强度参数 φ 值 31°~45.2°,c 值 0.35~1.36MPa。

(5)西域砾岩强度参数具有非线性特征,应力水平越高,内摩擦角越小,而黏聚力则越大。

(6)用直接法——隧洞径向液压枕法对新龙口水电站西域砾岩进行弹性抗力系数试验,得出西域砾岩隧洞围岩的单位弹性抗力系数为:围压在 0~3MPa 内,岩体变形模量为 1.60~1.67GPa,单位弹性抗力系数为 12.51~13.06MPa/cm;间接计算得出西域砾岩隧洞围岩的单位弹性抗力系数,通过水平向刚性承压板法测定的 3 条不同高程平硐变形试验距洞口 39m 处变形模量均小于 79m 处变形模量,39m 处单位弹性抗力系数均小于 79m 处单位弹性抗力系数;水平向原位变形试验获取的 PD11 试验点 79m 处(与径向液压枕加压法试验点位置接近),压力值在 0.5~4.5MPa 时,变形模量在 0.64~1.10GPa 之间;单位弹性抗力系数在 6.78~11.57MPa/cm 之间,通过直接法和间接法的比较,直接法——隧洞液压枕径向加压法测得的单位弹性抗力系数大于刚性承压板法所得试验结果。

(7)中间主应力对西域砾岩抗剪强度参数 c 值具有明显影响。

(七)工程特点

(1)本工程是国内首例在西域砾岩中进行原位液压枕法弹性抗力系数及大尺寸真三轴试验,填补了对西域砾岩该类现场试验的空白,获得了西域砾岩的重要物理力学参数。

(2)通过试验得到了奎屯河厂址区围岩洞室西域砾岩的物理、力学性质指标,并对这些试验指标进行相关性分析总结,为项目工程的设计、勘察、施工提供了重要的理论基础数据。

(3)西域砾岩物质成分复杂,具有非常独特的物理、水理及力学性质,目前尚缺乏对其力学及工程特性的科学认识。本项目围绕西域砾岩物理、力学、强度、变形等特性,借助工程资料统计、野外调查、室内外试验、理论分析等多种手段,开展西域砾岩的物理组构特征与强度、变形的相关性分析,探研砾岩的组构特征与胶结性状对岩体变形强度特性的影响机制,为形成适用于西域砾岩的岩体质量综合评价方法提供了基础数据和参考经验。

二、兵团地下水调查评价——水化学分析

(一)项目概况

2017 年 3 月,水利部、国家发展和改革委员会下发了《关于开展第三次全国水资源调查评价工作的通知》(水规计〔2017〕139 号),2017 年 7 月 15 日,水利部水利水电规划设计总院在北京举办第三次全国水资源调查评价(以下简称"三调")培训班,提出了具体工作部署,要求各流域机构、各省、直辖市水利部门按照部署尽快开展相关工作。

兵团领导对"三调"工作高度重视并作出重要指示,要求各相关单位以"三调"工作为契机,切实做好兵团落实最严格水资源管理制度和全面推进兵团河长制工作,进一步梳理兵团水资源短缺、地下水超采状况、水环境污染等新老问题。2018 年 1 月,受兵团水利局委托,我院作为项目技术支持单位,全面负责兵团辖区"三调"工作,承担"三调"工作的技术培训、指导和项目外业的具体实施及样品检测分析工作,并负责与地方对接和向黄委及水规总院上报成果。

兵团辖区面积约 70 534km²,评价范围为新疆除古尔班通古特沙漠区、塔克拉玛干沙漠区、库木塔

格沙漠区外的兵团团场平原区,面积约 44 257.69km²,并对兵团 9 个已经列入全国县级行政管理名录的城市辖区单独评价其地下水资源。地下水资源量以平原区 200m 深度内浅层地下水为计算和评价目标。

我院水文地质专业和测试中心项目组收到委托后立即组织技术人员制订了样品采集、运输及试验检测实施方案。方案中确定了 26 项检测指标,明确了样品采集及运输要求,确认了检测指标及所需资源。

本次"三调"共进行兵团 13 个师地下水水质分析检测数据 1481 组,土壤含盐量 293 组,检测成果精度满足任务书要求。

(二)检测依据及装备

1. 检测工作的依据

根据水文地质专业下达的检测任务及试验要求,检测指标中 pH 值、碳酸根、重碳酸根、钙离子、镁离子、钾离子、钠离子、总碱度(以 $CaCO_3$ 计)、硫酸盐、氯化物、溶解性总固体采用《地下水质检验方法》(DZ/T 0064—93)检测,总硬度(以 $CaCO_3$ 计)、铁、挥发酚(以苯酚计)、锰、氟化物、铬(六价)、硝酸盐(以 N 计)、氨氮(以 N 计)、电导率、耗氧量、亚硝酸盐氮、镉、铅采用《生活饮用水标准检验方法》(GB/T 5750—2006)检测,砷、汞采用《水质汞、砷、硒、铋和锑的测定 原子荧光法》(HJ 694—2014)检测。

2. 检测装备

检测设备主要有:电感耦合等离子体发射光谱仪、电感耦合等离子体质谱仪、北京普析 A3AFG 原子吸收分光光度计、北京吉天 AFS-921 原子荧光光度仪、火焰光度计、萃取仪、北京普析 T6 紫外可见分光光度计、电子天平、电导率仪等,所有检测设备均经过质量监督部门的计量标定,满足试验要求。

3. 样品的保存和送检

《地下水质量标准》(GB/T 14848—2017)中对地下水样品部分指标的保存和送检有具体要求,详见表 13-4。

表 13-4 地下水样品的保存和送检要求

序号	检测项目	采样容器和体积	保存方法	保存时间	备注
1	pH 值	G 或 P,1L	原样	10d	
2	总硬度	G 或 P,1L	原样	10d	
3	溶解性总固体	G 或 P,1L	原样	10d	
4	硫酸盐	G 或 P,1L	原样	10d	
5	氯化物	G 或 P,1L	原样	10d	
6	铁	G 或 P,1L	原样	10d	
7	锰	G,0.5L	硝酸,pH≤2	30d	
8	挥发性酚类	G,1L	氢氧化钠,pH≥12,4℃冷藏	24h	
9	氨氮	G 或 P,1L	原样	10d	
			或硫酸,pH≤2,4℃冷藏	24h	
10	钠	G 或 P,1L	原样	10d	

续表 13-4

序号	检测项目	采样容器和体积	保存方法	保存时间	备注
11	亚硝酸盐	G 或 P,1L	原样	10d	
			或硫酸,pH≤2,4℃冷藏	24h	
12	硝酸盐	G 或 P,1L	原样	10d	
			或硫酸,pH≤2,4℃冷藏	24h	
13	氰化物	G,1L	氢氧化钠,pH≥12,4℃冷藏	24h	
14	氟化物	G 或 P,1L	原样	10d	
15	汞	G,0.5L	硝酸,pH≤2	30d	
16	砷	G 或 P,1L	原样	10d	
17	镉	G,0.5L	硝酸,pH≤2	30d	
18	铬(六价)	G 或 P,1L	原样	10d	
19	铅	G,0.5L	硝酸,pH≤2	30d	

注1：G.硬质玻璃瓶；P.聚乙烯瓶。

2：对于无机检测指标，当采样容器、采样体积、保存方法和保存时间一致时，可采集一份样品供检测用。

4. 检测过程的质量控制

质量控制是采用合理有效的质量控制手段监控检测过程，预见可能出现的问题或及时发现存在的问题，从而有针对性地采取纠正措施，预防或减少检验检测活动中的不利影响和潜在的失败，实现管理体系改进。本项目主要采用的质量控制措施有空白实验、平行双样、标准曲线单点对照分析、留样复测、方法比对、人员比对、加标回收、有证标准物质等方式，对提高检测效率和成果精度，起到重要保障。

本项目共计带入有证标准样品 pH、氯化物、总硬度、氟化物、六价铬、铁、锰、硝酸盐共计 8 个指标，测定结果均在不确定度范围内，详见表 13-5。

表 13-5 有证标准物质开展质量控制结果汇总表

序号	标物名称	标物编号及批号	标准值/纯度	实验结果	结果判定
1	水质 pH	GSB 07-3159—2014(202160)	9.04±0.05	8.99	合格
2	水质氟化物	GSB 07-1194—2000(201739)	0.803mg/L±0.04	0.798 mg/L	合格
3	水质总硬度	GSBZ 50007—88(200736)	3.10mmol/L±0.07	3.11 mg/L	合格
4	水质氯化物	GSB 07-1195—2000(201839)	95.5mg/L±3.1	95.5 mg/L	合格
5	水质六价铬	GSBZ 50027—94(203346)	44.9ug/L±2.8	44.8 ug/L	合格
6	水质铁	GSB07-1188—2000(202424)	0.349mg/L±0.021	0.33 mg/L	合格
7	水质锰	GSB 07-1189—2000(202523)	1.41mg/L±0.06	1.41 mg/L	合格
8	水质硝酸盐氮	GSBZ 50008—88(200838)	3.47mg/L±0.17	3.46 mg/L	合格

实验室质量监督员加强检测过程质量监督，发现不符合工作程序按本实验室工作程序进行纠正，并形成质量监督记录及报告。

校审人员对成果校审过程中发现的问题及时反馈，相关检测人员对反馈意见通过留样复测、实验数据查验、检测结果分析等方式进行成果复核。

(三)分析与评价

1. 地下水水质分类

按"三调"要求评价的矿化度小于 2g/L 的地下水资源量为 $41.09\times10^8 m^3$。以采取的水样检测、评价兵团地下水水质,评价结果显示兵团辖区大部分地域地下水水质较好。1288 组水质检测成果,按舒卡列夫法分类后,有 1008 组属于 A 类水,即矿化度小于 1.5g/L,占水样总数的 78.26%。

地下水水质评价标准按照国家标准《地下水质量标准》(GB 14848—2017),采用单项组分评价和综合评价相结合的方法。单项组分评价是将地下水水质指标分为一般化学指标、细菌学指标等类别,按照地下水质量标准,分为Ⅰ类、Ⅱ类、Ⅲ类、Ⅳ类、Ⅴ类及劣Ⅴ类评价类别。以Ⅲ类标准值为限值,列出是否达标、不达标指标、超标倍数等。地下水质量Ⅲ类水是以人体健康基准为依据,主要适用于集中式生活饮用水水源及工、农业用水。

地下水水质监测的指标包括:pH、氨氮、硝酸盐、挥发性酚类、氰化物、砷、汞、铬(六价)、总硬度(以 $CaCO_3$ 计)、铅、氟、镉、铁、锰、溶解性总固体、高锰酸盐指数、硫酸盐、氯化物、大肠杆菌群,以及反映本地区主要水质问题的其他项目。

1) 第一师

第一师沙井子灌区地下水普遍为Ⅳ~Ⅴ类,四团灌区地下水普遍为Ⅲ~Ⅴ类,五团灌区地下水普遍为Ⅳ~Ⅴ类,六团灌区地下水普遍为Ⅴ类,塔北灌区地下水普遍为Ⅴ类,塔南灌区地下水普遍为Ⅳ~Ⅴ类。最差类别指标多为总硬度、溶解性总固体、硫酸盐、氯化物、氟、镉、铅,部分团场超标指标有所差异。除适用于农业和部分工业用水外,适当处理后可作生活饮用水,其他用水可根据使用目的选用。

2) 第二师

第二师地下水普遍为Ⅲ~Ⅳ类,局部为Ⅴ类,主要分布在塔里木灌区、29 团、30 团灌区及博斯腾灌区的 21 团、24 团、223 团。最差类别指标多为总硬度、溶解性总固体、硫酸盐、氯化物。

(1) 博斯腾灌区(包括 21 团、22 团、24 团、25 团、27 团、223 团):地下水普遍为Ⅲ~Ⅳ类,局部为Ⅴ类,主要分布在 21 团、24 团、223 团。除适用于农业和部分工业用水外,适当处理后可作生活饮用水。

(2) 29 团、30 团灌区:地下水普遍为Ⅳ~Ⅴ类,局部为Ⅲ类水,除适用于农业和部分工业用水外,其他用水可根据使用目的选用。

(3) 塔里木灌区(包括 31 团、33 团、34 团):地下水普遍为Ⅴ类水,不宜直接饮用,其他用水可根据使用目的选用。

(4) 米兰灌区(36 团):地下水普遍为Ⅳ~Ⅴ类水,除适用于农业和部分工业用水外,不宜直接饮用,其他用水可根据使用目的选用。

(5) 且末灌区(37 团):地下水普遍为Ⅳ类水,除适用于农业和部分工业用水外,适当处理后可作生活饮用水。

(6) 苏塘灌区(38 团):地下水普遍为Ⅲ类水,主要适用于集中式生活饮用水水源及工、农业用水。

3) 第三师

叶城牧场地下水质量分类为Ⅲ类;托云牧场地下水质量分类为Ⅳ类;东风农场地下水质量分类为Ⅳ类;其余团场地下水质量分类为Ⅴ类;最差类别指标多为总硬度、溶解性总固体、硫酸盐、氯化物、钠、镉、铅,部分团场超标指标有所差异,如 41 团、48 团仅为硫酸盐,54 团为硫酸盐和铁。除叶城牧场适用于集中式生活饮用水水源及工、农业用水外,其他团场地下水适用于农业和部分工业用水,适当处理后可作生活饮用水。

4) 第四师

第四师地下水普遍达到地下水质量Ⅲ类标准;水质适用于集中式生活饮用水水源及工农业灌溉用

水。零星团场连队地下水为Ⅳ～Ⅴ类，最差类别指标多为总硬度、溶解性总固体、硫酸盐、镉、铅及氟化物。用于农业和部分工业用水，不宜作为生活饮用水水源。

5）第五师

第五师地下水普遍达到地下水质量Ⅲ类标准。水质适用于集中式生活饮用水水源及工农业灌溉用水。

6）第六师

第六师地下水普遍为Ⅲ～Ⅳ类。水质适用于集中式生活饮用水水源及工农业灌溉用水。最差类别指标多为总硬度、溶解性总固体、挥发酚、硫酸盐、亚硝酸盐、氨氮、镉、砷、铅、铁、锰及氟化物，各团场超标类别有所差异。

(1)五家渠市、101团、102团、103团。

五家渠市、101团及103团地下水质达到地下水质量Ⅲ类标准。主要适用于集中式生活饮用水水源及工、农业用水。

102团地下水水质为Ⅳ类，铁、锰和耗氧量超标。除适用于农业和部分工业用水外，适当处理后可作生活饮用水。

(2)新湖农场。

新湖农场地下水普遍达到地下水质量Ⅲ类标准。主要适用于集中式生活饮用水水源及工、农业用水。新东社区、新旺社区地下水水质为Ⅳ类，铅超标。除适用于农业和部分工业用水外，适当处理后可作生活饮用水。

(3)芳草湖农场。

芳草湖农场南区(六分场)地下水质达到地下水质量Ⅲ类标准。主要适用于集中式生活饮用水水源及工、农业用水。

芳草湖农场北区(一、二、三、四、五分场)地下水水质为Ⅳ类，pH、氨氮、砷超标。除适用于农业和部分工业用水外，适当处理后可作生活饮用水。

(4)106团。

106团地下水水质为Ⅴ类，pH超标。不宜饮用，其他用水可根据使用目的选用。

(5)105团。

105团中心团场地下水水质为Ⅴ类，硫酸盐、氯化物超标。不宜直接饮用，其他用水可根据使用目的选用。

111社区地下水水质达到地下水质量Ⅲ类标准。主要适用于集中式生活饮用水水源及工、农业用水。

(6)共青团农场。

共青团农场地下水水质为Ⅳ类，硫酸盐超标。除适用于农业和部分工业用水外，适当处理后可作生活饮用水。

共青团富强分场地下水水质达到地下水质量Ⅲ类标准。主要适用于集中式生活饮用水水源及工、农业用水。

(7)军户农场。

军户农场西区地下水水质为Ⅳ类，总硬度超标。除适用于农业和部分工业用水外，适当处理后可作生活饮用水。

军户农场东区地下水水质达到地下水质量Ⅲ类标准。主要适用于集中式生活饮用水水源及工、农业用水。

(8)六运湖农场。

六运湖农场地下水水质为Ⅴ类，总硬度、硫酸盐、氯化物、溶解性总固体超标。不宜饮用，其他用水可根据使用目的选用。

(9)土墩子农场。

土墩子农场地下水水质达到地下水质量Ⅲ类标准。主要适用于集中式生活饮用水水源及工、农业用水。

土墩子农场西泉分场地下水水质为Ⅳ类,铁、锰、硫酸盐超标。除适用于农业和部分工业用水外,适当处理后可作生活饮用水。

(10)红旗农场。

红旗农场地下水水质为Ⅳ类,硫酸盐超标。除适用于农业和部分工业用水外,适当处理后可作生活饮用水。

(11)奇台农场。

奇台中心团场、109社区、110社区地下水水质达到地下水质量Ⅲ类标准。主要适用于集中式生活饮用水水源及工、农业用水。

108社区地下水水质为Ⅴ类,硫酸盐、溶解性总固体超标。不宜饮用,其他用水可根据使用目的选用。

(12)北塔山牧场。

北塔山牧场地下水水质达到地下水质量Ⅲ类标准。主要适用于集中式生活饮用水水源及工、农业用水。

7)第七师

第七师地下水水质普遍达到地下水水质量Ⅲ类标准,主要适用于集中式生活饮用水水源及工、农业用水。

127团、128团、130团部分区域为Ⅳ类,最差类别指标为氨氮、汞。除适用于农业和部分工业用水外,适当处理后可作生活饮用水。

8)第八师

第八师石河子灌区的地下水水质大部分达到地下水质量Ⅲ类标准,其余灌区普遍为Ⅳ~Ⅴ类,最差类别指标为pH、矿化度、总硬度、硫酸盐、氯化物、氟化物、镉、铅、钠、砷。

总体来说,石河子灌区浅层地下水水质普遍较好,适用于集中式生活饮用水水源及工、农业用水。金安灌区南部的143团和142团、144团南部地下水水质较好,北部水质较差。下野地灌区和莫索湾灌区的浅层地下水水质普遍较差,仅136团和147团水质稍好,适用于集中式生活饮用水水源及工、农业用水。其他各团地下水均不可作为长期生活饮用水,只可作为其他行业用水或处理后使用。

9)第九师

第九师地下水普遍达到地下水质量Ⅲ类标准,局部为Ⅳ~Ⅴ类,最差类别指标为硫酸盐、总硬度、溶解性总固体、铁、氟化物。主要适用于集中式生活饮用水水源及工、农业用水。

10)第十师

第十师地下水水质量普遍为Ⅳ~Ⅴ类,最差类别指标为硫酸盐、总硬度、硝酸盐、氟化物、溶解性总固体、镉。不宜直接饮用,其他用水可根据使用目的选用。181团、183团、184团、187团部分区域达到地下水质量Ⅲ类标准,主要适用于集中式生活饮用水水源及工、农业用水。

11)第十二师

104团柴窝堡九连地下水水质为Ⅳ类,耗氧量超标。除适用于农业和部分工业用水外,适当处理后可作生活饮用水。

104团南区地下水水质为Ⅳ类,硫酸盐含量超标。除适用于农业和部分工业用水外,适当处理后可作生活饮用水。

西山农场水源地地下水水质为Ⅳ类,硫酸盐含量超标。除适用于农业和部分工业用水外,适当处理后可作生活饮用水。

头屯河、三坪农场地下水水质达到地下水质量Ⅲ类标准。主要适用于集中式生活饮用水水源及工、农业用水。

五一农场地下水水质为Ⅳ类,耗氧量超标。除适用于农业和部分工业用水外,适当处理后可作生活饮用水。

221团山北地区地下水水质为Ⅴ类,氟化物超标。不宜直接饮用,其他用水可根据使用目的选用。

221团山南地区地下水水质为Ⅳ类,铁元素超标。除适用于农业和部分工业用水外,适当处理后可作生活饮用水。

221团团部地下水水质为Ⅲ类。主要适用于集中式生活饮用水水源及工、农业用水。

222团渔儿沟水源地地下水水质为Ⅲ类。主要适用于集中式生活饮用水水源及工、农业用水。

12)第十三师

第十三师地下水质量普遍为Ⅲ~Ⅳ类,零星为Ⅴ类,最差类别指标为溶解性总固体、硫酸盐、总硬度、氟化物、铁、铅、锰。主要适用于农业及部分工业用水,适当处理后可作生活饮用水。

13)第十四师

第十四师地下水质量普遍为Ⅴ类,零星为Ⅳ类,最差类别指标为总硬度、铁、氯化物、氟化物、硫酸盐、钠、溶解性总固体、铁、锰镉、铅。不宜直接饮用,其他用水可根据使用目的选用。

2. 生活饮用水水质评价

以《地下水质量标准》(GB 14848—2017)评价,南疆师团大部分地下水不符合饮用水水质,超标项目主要为总硬度、硫酸盐、氯化物、矿化度、氟化物超标。北疆大部分师团水质可以达到饮用水水质,不符合标准的团场水质超标项目主要为硫酸盐、氯化物、矿化度、pH值、氟化物超标,见表13-6。

表13-6　兵团地下水生活饮用水水质标准评价结果

师	水质评价结果	超标项目
一师	不能饮用	总硬度、硫酸盐、氯化物、矿化度、氟化物超标
二师	可以饮用的水样仅占27%主要分布在21团、22团、24团	镉、硫酸盐、总硬度、矿化度、氯化物,铅、铬(六价)及氟化物超标
三师	叶城牧场地下水质量达标类别Ⅲ类,其他团场为Ⅳ类以上	总硬度、矿化度、硫酸盐、氯化物、钠超标
四师	61团~63团、65团、68团、70团、71团、74团~77团、79团水质达标,其他团部分超标	锰、总硬度、矿化度、硫酸盐超标
五师	全部达标	
六师	106团、芳草湖二分场、103团团部、六运湖超标,其他团达标	硫酸盐、氯化物、矿化度、pH值、氟化物超标
七师	127团、128团、130团部分超标	矿化度、铅、砷、硫酸盐、氯化物
八师	141团、144团、下野地灌区除136团、莫索湾灌区除147团外均超标	钠、硫酸盐、氯化物、矿化度、氟化物、镉、铅超标
九师	162团、167团、168团、170团部分井超标	硫酸盐、总硬度、亚硝酸盐氮、铁超标
十师	大部分水样水质超标	矿化度、硫酸盐、微生物、铁、铝超标
十二师	221团水质超标	221团氟化物、铁超标
十三师	红星四场超标	红星四场总硬度、硫酸盐、氯化物、矿化度、铅超标
十四师	10组水质检测结果均不符合生活饮用水卫生标准	总硬度、铁、氯化物、硫酸盐、钠、矿化度、镉、铅、氟化物超标

各师生活饮用水质量详细评价如下。

1)第一师

沙井子灌区三团总硬度、硫酸盐、氯化物、溶解总固体超标,四团灌区氯化物、硫酸盐超标,五团灌区总硬度、硫酸盐、氯化物、溶解总固体、氟化物超标,六团灌区硫酸盐、氟化物超标,塔北灌区总硬度、硫酸盐、氯化物、溶解总固体、氟化物超标,塔南灌区总硬度、硫酸盐、氯化物、溶解总固体、氟化物超标。以上均不符合生活用水标准,不能作为生活用水。

2)第二师

第二师地下水普遍不满足生活饮用水卫生标准,在33组水样中,仅有9组水样可直接饮用,合格率仅27%。第二师各灌区地下水生活饮用水评价结果如下。

(1)博斯腾灌区(包括21团、22团、24团、25团、27团、223团)。

在18组水样中,仅有7组水样可直接饮用,分别为:21团4连饮水井、223团园四连抗旱1号井、22团12连4#井、22团6连人饮井、24团26片区4支渠2号井、24团园二连5号井及24团园一连供水井,合格率39%。其余11组水样超标项主要为铅、硫酸盐、总硬度、溶解性总固体及氯化物,铬(六价)零星超标,分布22团及25团。

(2)29团、30团灌区。

在6组水样中,仅有1组水样可直接饮用,为30团园5连1号井,合格率16%。其余5组水样超标项主要为镉、硫酸盐、总硬度、溶解性总固体及氯化物,铅、铬(六价)及氟化物零星超标。

(3)塔里木灌区(包括31团、33团、34团)。

3组水样均不满足人饮,超标项主要为镉、铅、硫酸盐、总硬度、溶解性总固体及氯化物,耗氧量及铁零星超标。

(4)米兰灌区(36团)。

不满足人饮,超标项主要为硫酸盐,总硬度、溶解性总固体及铁超标。

(5)且末灌区(37团):

不满足人饮,超标项主要为铅、氟化物及硫酸盐。

(6)苏塘灌区(38团)。

满足生活饮用水卫生标准。

3)第三师

参照地下水质量分类综合评价结果,仅有叶城牧场地下水质量综合评价为Ⅲ类,可适用于集中生活饮用水水源用水;托云牧场、东风农场地下水质量综合评价为Ⅳ类,总硬度、溶解性总固体、硫酸盐、镉、铁等指标较高;其余各团场地下水质量综合评价为Ⅴ类,总硬度、溶解性总固体、硫酸盐、氯化物、钠均存在不同程度超标,不宜作为生活饮用水水源。

4)第四师

61团、62团、63团、65团、68团、70团、71团、74团、75团、76团、77团、79团检测结果均满足生活饮用水卫生标准。

64团14连2号井地下水水样水质检测结果锰超标4.3倍;不满足生活饮用水卫生标准。

66团17连(团直)人饮井地下水水样水质检测结果总硬度超标3倍;硫酸盐超标4.4倍;氯化物超标1.1倍;矿化度超标2.4倍,铅超标3倍;不满足生活饮用水卫生标准。

67团6—49机电井地下水水样水质检测结果总硬度超标1.2倍;硫酸盐超标1.6倍;不满足生活饮用水卫生标准。

69团12连1号人饮井地下水水样水质检测结果总硬度超标1.2倍;不满足生活饮用水卫生标准。

72团13连人饮井地下水水样水质检测结果硫酸盐超标1.3倍;不满足生活饮用水卫生标准。

73团牧一队人饮井地下水水样水质检测结果硫酸盐超标1.7倍;不满足生活饮用水卫生标准。氯化物超标1.3倍,矿化度超标1.5倍,镉超标1.5倍,铅超标2.4倍。不满足生活饮用水卫生标准。

78团供水站1号人饮井地下水水样水质检测结果硫酸盐超标1.3倍。不满足生活饮用水卫生标准。

拜什墩社区人饮井地下水水样水质检测结果总硬度超标1.1倍,硫酸盐超标1.7倍,矿化度超标1.1倍。不满足生活饮用水卫生标准。

5)第五师

虽然第五师生活饮用水水质监测各项指标均符合《地下水质量标准》(GB/T 14848—2017)Ⅲ类标准限值,但各团场仍有某些指标高出平均值较多或接近限值的现象。

86团(含85团)水源地及89团水源地目前水质虽能达到标准,但相对水质较差,与本次调查中附近居民讲述一致,故应加强对86团(含85团)水源地及89团水源地加强保护,防止水质进一步恶化。

6)第六师

第六师106团、芳草湖二分场、新湖农场新野社区、新原社区、新东社区、103团团部地下水水样水质检测结果pH值超标,不满足生活饮用水卫生标准;芳草湖农场二分场地下水水样水质检测结果除pH值超标外,亚硝酸盐超生活饮用水卫生标准;芳草湖四分场地下水水样水质检测结果氨氮超出规范值,不满足生活饮用水卫生标准;军户农场地下水水样水质检测结果总硬度、铁和硫酸盐超出规范值,不满足生活饮用水卫生标准;六运湖农场地下水水样水质检测结果总硬度、硫酸盐、氯化物、溶解性总固体超出规范限值2～3倍,不满足生活饮用水卫生标准;新湖农场新东社区除pH值超标外,氟化物超生活饮用水卫生标准。其余团场检测结果均满足生活饮用水卫生标准。

7)第七师

第七师地下水基本符合生活饮用水卫生标准,仅127团、128团、130团部分连队检测出矿化度、铅、砷、硫酸盐、氯化物超标。

8)第八师

第八师石河子灌区地下水基本符合生活饮用水卫生标准,仅152团10连井检测出硫酸盐含量略有超标。

金安灌区地下水水质总体较好,上游143团、142团地下水基本符合生活饮用水卫生标准,个别水样中检测出pH值略有超标。141团、144团部分水样中检测出氟化物、pH值超标,141团12连氟化物超标0.6倍,144团1连超标3.6倍。

下野地灌区除136团外,其余各团地下水水质均不符合生活饮用水卫生标准。其中,121团、134团、133团地下水均出现pH值、氟化物含量超标,其中氟化物普遍超标0.1～5.3倍。在134团14连地下水,钠、硫酸盐、氯化物、矿化度、氟化物、镉、铅超标;134团27连地下水pH值、铁、氟化物含量超标。在121团34连采集的地下水样品中,硫酸盐、氯化物、矿化度、氟化物、镉超标。因此,121团、134团、133团的浅层地下水均不宜作为生活饮用水。136团地下水大部分符合标准,仅有一组水样检测出pH值略有超标。

莫索湾灌区除147团外,浅层地下水水质普遍较差,普遍不符合生活饮用水卫生标准。147团地下水水质相对较好,但147团1连地下水中检测出砷含量超标;148团pH值、氟化物、砷普遍超标,个别水样钠超标;149团地下水中检测出pH值、氟化物普遍超标,149团15连地下水pH值、钠、硫酸盐、氯化物、矿化度、氟化物、镉、铅超标;150团地下水pH值、硫酸盐、矿化度、铅普遍超标,个别连队砷、钠超标。综上,莫索湾灌区的148团、149团、150团的浅层地下水均不宜作为生活饮用水。147团浅层地下水大部分水质较好,适宜人饮。

9)第九师

29组水质检测结果中,有20组水样的水质完全符合生活饮用水卫生标准。不合格的9组水样中,

162团水塔8号井、167团七连生活供水井、168团五连生活供水井、168团生活供水2号井、170团二连生活供水井和团结农场5连9斗3号井井水硫酸盐含量分别超标0.19倍、0.24倍、0.40倍、0.79倍、0.16倍和1.78倍;168团五连生活供水井、168团生活供水2号井和团结农场5连9斗3号井井水总硬度超标0.07倍、0.35倍和0.79倍;168团生活供水2号井和团结农场5连9斗3号井井水溶解性总固体含量超标0.17倍和0.71倍;163团1-24井和团结农场5连9斗3号井井水亚硝酸盐、氮含量超标2.1倍和4.15倍;170团二连生活供水井和170团部2号供水井井水汞含量超标0.43倍和0.30倍;168团生活供水2号井井水氟化物含量超标0.1倍;168团五连生活供水井井水硝酸盐含量超标0.02倍;170团五连生活供水井井水铁超标1.13倍。

10)第十师

地下水水质简分析结果来看,潜水矿化度及硫酸盐含量普遍偏高,虽部分连队靠近坑塘、引水渠道的大口浅井或压井水质矿化度及硫酸盐含量较低,但季节性变化较大,感官性状和微生物指标超标,因此灌区内潜水不符合生活饮用。水质全分析结果中183团8连和187团16连机井水均为深层承压水,一般化学指标铁、铝均超标,且183团8连机井水毒理指标氟化物超标;183团6连大口浅井水感官性状和一般化学指标总硬度超标;188团畜牧小区大口浅井水质较差,一般化学指标中矿化度、硫酸盐、总硬度和锰等均超标;南关水库管理站大口井水样,总硬度、铁、锰、硫酸盐、氯化物、溶解性固体、氟化物、硝酸盐等多项指标超标,因此调查区地下水水质(除181团、183团、184团、187团部分区域外)普遍不符合生活饮用水卫生标准。

11)第十二师

221团山北地下水水样水质检测结果氟化物超出规范限值3倍,不满足生活饮用水卫生标准;221团山南地下水水样水质检测结果铁元素超出规范限值3.3倍,不满足生活饮用水卫生标准。其余6个团场检测结果均满足生活饮用水卫生标准。

12)第十三师

红星一场地下水有1处溶解性总固体超标,其余指标均正常,可用于生活饮用水。

红星二场地下水有1处溶解性总固体超标,其余指标均正常,可用于生活饮用水。

红星四场有两处水样存在总硬度、硫酸盐、氯化物、溶解性总固体、铅超标,作为生活饮用水时需慎重。

黄田农场地下水样品各项指标均满足生活饮用水标准,适合于生活饮用水。

火箭农场地下水有2处溶解性总固体超标,有1处氯化物超标,其余指标均正常,可用于生活饮用水。

柳树泉农场地下水水样的各项指标均满足生活饮用水标准,适合作为生活饮用水。

红山农场地下水样品各项指标均满足生活饮用水标准,适合于生活饮用水。

淖毛湖农场地下水有1处锰超标,其余指标均正常,可用于生活饮用水。

13)第十四师

第十四师地下水均不符合生活饮用水卫生标准。①皮山农场监测水样中总硬度、铁、氯化物、硫酸盐、钠、溶解性总固体、镉、铅指标超标;②224团总硬度、铁、硫酸盐、氯化物、钠、溶解性总固体、镉、铅含量超标;③47团总硬度、硫酸盐、氯化物、钠、溶解性总固体、铅含量超标;④225团总硬度、铁、锰、硫酸盐、氯化物、钠、溶解性总固体、氟化物、铅含量超标。

(四)项目总结

(1)本次"三调"兵团辖区地下水水质分析,时间紧,任务重。我院检测中心在项目运行初期进行了精心策划和准备,充分保证了设备正常运行及操作人员有条不紊的工作状态,实施过程通过有效的质量控制,使得检测结果的准确性得到了保证。

（2）在大批量样品试验过程中,也存在一些不足之处和需要改进的方面：

①硝酸盐氮的检测过程中发现空白测试结果异常,对纯水、试剂、仪器设备、玻璃器皿、检测人员、检测过程、样品均匀性分别进行控制发现,更换硫酸银试剂后空白值正常,带入标准样品检测结果均在不确定范围内,硫酸银试剂是造成该次空白测试结果异常的主要原因。

②氨氮的检测过程中发现检测结果异常,通过多次实验后发现酒石酸钾钠试剂是导致本次检测结果异常的主要原因,更换试剂后实验正常。

③水质铁检测过程中发现其再现性不理想,通过查阅大量的标准规范及文献,进行实验室内部验证发现总铁包括水体中悬浮性铁和微生物体中的铁,取样时应剧烈振摇均匀,以防止重复测定结果之间出现较大差别。

希望在今后工作中,汲取经验教训,避免走类似的弯路。

（3）本次"三调"水质检测结果显示,兵团辖区大部分地域地下水水质较好。1288组水质检测成果,有1008组属于A类水,占水样总数的78.26%。达到了摸清兵团地下水水质"家底"的目的,为全国第三次地下水资源调查评价工作作出了重要贡献。

第十四章 建设项目施工质量检测

图市机场改扩建项目跑道砂石桩地基处理施工工艺及质量检测控制

（一）工程概况

图木舒克唐王城机场建成于2018年，位于市区东侧，场址距离图木舒克市直线距离约14.5km，公路里程约16km。跑道真方位22.5°～202.5°（磁差3°55′E）；机场占地面积约142hm²。随着运输需求增大，该机场进行了改扩建工程，对其部分新增加跑道区域基础采取砂石桩处理后，由我院开展施工质量检测。

（二）工程布置及设计

（1）跑道：跑道长2600m、宽45m，两侧各设1.5m宽道肩。为便于飞机在跑道上进行180°转弯，本次在跑道两端头及距离跑道南端头1800m处（西侧）设掉头坪，共计3处。

（2）联络道：在跑道和站坪之间设1条垂直联络道，长183m、宽18m，两侧各设3.5m宽道肩。

（3）站坪：本期站坪机位数4个，机型组合为2C＋2B。站坪平面尺寸确定设计机型：C类为B737-800（控制尺寸36m×40m），B类为EMB-145（控制尺寸24m×30m），综合确定站坪平面尺寸为182m×135m，飞机自滑进出。站坪东侧及北侧设置3.5m宽道肩。

（4）防吹坪：跑道两端设防吹坪，长60m、宽48m。

（5）通航停机坪：根据初步设计批复，本次按照满足2架固定翼飞机（最大机型运12F）、2架直升机（最大机型AC313，Ⅰ级性能运行）自滑进出机位设计。结合《民用直升机场飞行场地技术标准》（MH 5013—2014）相关规定，通航停机坪平面尺寸为95m×127m。

（6）工作道路：站坪与航站楼、通航停机坪与机库之间设总长436.5m、宽30m的工作道路。同时在通航停机坪南侧建设95m长、8m宽工作道路，在站坪北侧建设164m长、8m宽工作道路。

（三）地基处理技术要求

根据《民用机场勘测规范》（MH/T 5025—2011），场地复杂程度为二级场地（一般场地），地基等级为一级地基；根据《民用机场岩土工程设计规范》（MH/T 5027—2013），岩土工程设计等级为甲级，应采用动态设计法。对现场施工、监测、检测过程中发现的新问题，应及时向设计单位汇报，以进行动态设计。

根据机场建设项目的特点和总平面规划图，本次建设工程按照用地功能不同将场地分为飞行区道面影响区、土面区、边坡稳定影响区等3个分区，场地按用地功能分区详见表14-1。

表 14-1 场地按用地功能分区

序号	分区	范围
①	飞行区道面影响区	按道肩（道面）边线两侧外扩 6m 的范围
②	填方边坡稳定影响区	平整边界以内 3m 到坡脚以外 2m（或红线）的范围
③	飞行区土面区	①、②区以外工程部分的土面区

（四）地基处理方案设计

考虑到改扩建的跑道的Ⅲ-3区域如果采用强夯处理，可能会对现状道面及其他建构筑物造成较大影响，因此采用挤密砂石桩（振动沉管法）进行处理。

据前期地质勘察资料，拟处理的区域原始地势起伏较大，多处于自然洼地目前存在厚度不等的填土，地层岩性及力学性质复杂。由于场地第②层原为表层耕植土，该区域已被清理，因此目前主要地层岩性自上而下为：第①层素填土，厚度 0.3~4.5m，以粉土为主，局部夹碎石土，总体为中等压缩性土，具有轻微—中等湿陷性，湿陷起始压力 60~142kPa。下部主要为第③层粉土，厚约 0.70~4.60m，黄色—褐黄色，砂性重，摇振反应中等，稍湿—湿，稍密—中密，局部密实。局部夹粉质黏土、粉（细）砂薄层或透镜体，为中等压缩性土，具有轻微—中等湿陷性，湿陷起始压力 60~170kPa。据标准贯入试验，平均击数 18 击，承载力特征值 $f_{ak}=170$kPa。第④层粉（细）砂为场地主要地层，可见层厚 4.60~16.50m。青灰色为主，稍湿—饱和；中密—密实，随深度增加而粗颗粒增多的趋势，局部见中、粗砂或砾砂薄层或透镜体。高程 1 079.0m 以上，$f_{ak}=175$kPa；高程 1 079.0m~1 076.0m，$f_{ak}=200$kPa；高程 1 076.0m 以下，$f_{ak}=250$kPa。

各土层主要物理指标和工程特性指标的建议值见表 14-2。

表 14-2 各主要土层物理力学性质指标

层序	地层	高程(m)	天然重度(kN/m³)	黏粒含量 ρ_c (%)	承载力特征值 f_{ak}(kPa)	压缩模量 E_s（变形模量 E_0）(MPa)
第③层	粉土	/	16.0	≥10	120	6
第④层	粉（细）砂	1079.0 以上	18.0	3	175	(18)
		1079~1076	18.0		200	(20)
		1076 以下	19.0		250	(25)

场地地下水稳定水位埋深约为 3.20~7.70m，对应的高程 1 082.87~1 084.27m，地下水主要赋存于第④层粉（细）砂中；地下水类型为孔隙潜水，局部具有微承压性质；场地土对钢筋混凝土结构中钢筋在现状自然地面下 1.0m 范围内具强腐蚀性，1.0~2.0m 范围内为中等腐蚀性，2.0m 以下具为弱腐蚀性。

本场区的主要岩土工程问题为表土问题、盐渍土问题、湿陷性土问题。本场区盐渍土类型以亚硫酸盐中盐渍土为主，其次为氯盐中盐渍土，可不考虑盐胀性、溶陷性。盐渍土的毛细水上升能引起地基土的浸湿软化和造成次生盐渍土，使地基土强度降低。随着地表土中"水走盐留"的持续进行，地表次生盐渍土的含盐量将不断提高，表土的盐胀性、溶陷性也将持续增强。综上可知，素填土、湿陷性土厚度差异导致的不均匀沉降问题为：第①层素填土为机场一期面区填筑土方，虽经过碾压，但仍然具有一定湿陷性；第③层为湿陷性粉土；第①层素填土、第③层粉土在各个钻孔处的厚度分布不均匀，湿陷导致的沉降极易引起道面不均匀沉降而发生破坏。因此设计考虑采取挤密砂石桩的处理措施。

Ⅲ-3区试验段靠近站坪的区域，为减少重复开挖回填、节省造价，清表后再开挖至隔断层底+0.35m处（即土方开挖应先进行到此）进行沉桩作业，砂石桩作业完成后再向下开挖0.5m（清除虚桩头0.5m，即土方开挖最终进行到此）至隔断层以下0.15m，最后回填0.15m厚砂砾石垫层碾压至隔断层底；从0.15m厚砂砾石垫层底算起的有效桩长应不小于4m（施桩4.5m）；土方工程中土方工作高度已含清除虚桩头0.5m（其中0.15m属超挖）。

砂石桩处理范围为道面（道肩、工作道路）及其外扩6m的范围（与上期处理范围重叠3m，不包括现状建筑物散水外轮廓以外1m的范围），并使最外侧桩孔中心距离外扩6m边线小于0.55m，否则应向外增加1根桩。

施工范围：站坪扩建区域Ⅲ-3区（填方区砂石桩）西北侧V133+19.33～V133+22.83段、H109+12～H109+16.5段的11号、12号、22号、23号、34号、35号、45号、46号、57号、58号、68号、69号、80号、81号、91号、92号等16个桩，通过对具有代表性的区域进行砂石桩试验段施工，对设计提出的相应参数进行验证。

（五）施工及质量检测工艺要求

地基处理工程的效果检测，其验收标准应满足《民用机场飞行区工程竣工验收质量检验评定标准》（MH 5007—2017）。沉管砂石桩地基处理效果要求如下：

（1）本项目沉管砂石桩设计桩径0.5m，桩间距1.1m，正三角形布桩，有效桩长不小于4m。

（2）振动沉管成桩法施工，应根据沉管和挤密情况，控制填砂石量、提升高度和速度、挤压次数和时间、电机的工作电流等。

（3）施工中应选用能顺利出料和有效挤压桩孔内砂石料的桩尖结构。当采用活瓣桩靴时，对砂土和粉土地基宜选用尖锥形；一次性桩尖可采用混凝土锥形桩尖。

（4）砂石桩桩孔内材料填料量，应通过现场试验确定，估算时，可按设计桩孔体和乘以充盈系数确定，充盈系数取1.3。

（5）砂石桩桩体所用天然级配砂砾石，最大粒径不大于53mm；小于0.075mm的颗粒含量不大于5%。

（6）砂砾石均应采用非盐渍土（易溶盐含量不大于0.3%，按《土工试验方法标准》（GB/T 50123—2019）试验）。

（7）2～53mm粒径砂砾颗粒级配要求见表14-3。

表14-3 碎石桩颗粒级配要求一览表

筛孔尺寸（mm）	53	37.5	9.5	4.75	2
通过质量百分比（%）	100	80～100	20～100	10～25	0

（8）本次砂石桩施工检测要求：①对桩体采用重型动力触探试验进行检测，修正后的重型动力触探击数≥12击；②对桩间土采用标准贯入试验进行检测，标贯击数≥25击；③处理后桩间土的湿陷系数应不大于0.015。桩间土质量的检测位置应在等边三角形的中心。每个机组每施工2000m²的一个连片面积作为一个检测单元，一个机组的连片施工面积不足2000m²时，仍按一个单元进行检测。在每个检测点，必须检测清除虚桩头后，地表以下0.5m、1.5m、2.5m、3.5m深度处的施工质量，检测点应随机、均匀分布。对桩间土，每个检测单元至少检测5点；对桩身，每个检测单元检测数量不小于该单元内总桩数的2%。

(9)挤密砂石桩复合地基工程验收时间,宜在施工14d后进行。

(六)沉管砂石桩施工方法简介

沉管砂石桩桩径0.5m,桩间距1.1m,正三角形布桩,有效桩长不小于4m。沉管砂石桩施工可采用振动成桩法、锤击成桩法等成桩方法。为满足不停航施工要求、方便移机,桩架应为履带式,并能每天停航后移机至施工作业位置,通航前移机至机场净空保护范围以外,本项目施工工法采取振动成桩法。

1. 振动成桩法

振动成桩法分为一次拔管法、逐步拔管法和重复压拔管法3种。本场区可采用重复压拔管法,具体方法应以现场试验效果确定。以下为重复压拔管法的施工工艺。
(1)桩管垂直就位,闭合桩靴。
(2)将桩管沉入地基土中达到设计深度。
(3)按设计规定的砂石料量向桩管内投入砂石料($0.255m^3/m$)。
(4)边振动边拔管,拔管高度100cm或根据试验确定。
(5)边振动边向下压管(沉管),下压30cm或由试验确定。
(6)停止拔管,继续振动,停拔时间10~20s。
(7)重复步骤(3)~(6),直至桩管拔出地面。

2. 注意事项

施工前应进行成桩工艺和成桩挤密试验。当成桩质量不能满足设计要求时,应调整施工参数后,重新进行试验或设计。

振动沉管成桩法施工,应根据沉管和挤密情况,控制填砂石量、提升高度和速度、挤压次数和时间、电机的工作电流等。

施工中应选用能顺利出料和有效挤压桩孔内砂石料的桩尖结构。当采用活瓣桩靴时,对砂土和粉土地基宜选用尖锥形;一次性桩尖可采用混凝土锥形桩尖。

锤击法挤密应根据锤击能量,控制分段的填砂石量和成桩的长度。

砂石桩桩孔内材料填料量,应通过现场试验确定,估算时,可按设计桩孔体和乘以充盈系数确定,充盈系数取1.3。

砂石桩的施工顺序:应从既有道面及其他建构筑物一侧向另外一侧进行。应控制成桩速度,必要时应采取防挤土措施。采用振动成桩法时,应控制激振力的大小,避免对既有道面及其他建构筑的不利影响。

设置套管时,套管直径应不小于0.35m。施工时桩位偏差不应大于套管外径的30%,套管垂直度允许偏差应为±1%。

砂石桩施工后,应将表层松散层挖除或夯压密实,再铺设并压实砂石垫层。

(七)质量控制要点

(1)施工前应检查砂石料的粒径及易溶盐含量等。
(2)施工中应检查每根砂石桩的桩位、填料量、标高、垂直度等。
(3)施工结束后,应进行复合地基承载力、桩体密实度等检验。
(4)砂石桩地基质量检验标准见表14-4。

表 14-4 砂石桩地基允许偏差、检验数量和方法

序号	项目	允许偏差(mm)	检验频率	检验方法
1	填料粒径	设计要求	每 5000m³ 检测 1 次	筛析法
2	易溶盐	≤0.3%	每 500m³ 检测 1 次	《土工试验方法标准》(GB/T 50123—2019)试验
3	桩间距偏差	±150	抽查 2%,不少于 6 处	钢尺量、查施工记录
4	垂直度	≤1.5%	全数	吊锤、查施工记录
5	桩径	设计要求	全数	钢尺量、查施工记录
6	粒料灌入率	设计要求	全数	查施工记录
7	桩长	−100	全数	测钻杆长度或用测绳、查施工记录
8	桩位	≤0.3×设计桩径	全数	全站仪或钢尺量
9	桩顶标高	不小于设计值	全数	水准测量,将顶部预留的松散桩体挖除后测量
10	留振时间	设计要求	全数	用表计时、查施工记录
11	桩体密实度	修正后的重型动力触探击数≥12 击	总桩数的 2%/2000m²	重型动力触探
12	桩间土密实度	标准贯入击数≥25 击	检测 5 点/2000m²	标准贯入试验
13	桩间土湿陷系数	≤0.015	检测 5 点/2000m²	湿陷系数试验

施工过程中应检查成孔深度、每次填砂石用量、砂石总用量、留振时间、拔管速度和密实电流强度等。

(八)试验检测结果

本次采用振动成桩法,此次质量控制重点为桩间土承载力。

第一阶段试验段:对碎石桩桩身进行重型动力触探试验,检测结果为:23 号桩 15 击,57 号桩 16 击。对桩间土采用标准贯入试验,检测结果为:11 号、23 号、34 号桩之间桩间土 25~28 击,57 号、68 号、80 号之间桩间土 26~30 击。

第二阶段(跳打施工全部完成后)试验段:对碎石桩进行重型动力触探试验,检测结果为:90 号桩 14 击,134 号桩 16 击。对桩间土采用标准贯入试验,检测结果为:19 号、20 号、42 号、43 号桩之间桩间土 25~29 击,66 号、67 号、89 号、90 号桩之间桩间土 26~32 击。

插桩施工全部完成后:对碎石桩进行重型动力触探试验,检测结果为:38 号桩 15 击,124 号桩 16 击。对桩间土采用标准贯入试验,检测结果为:88 号、100 号、111 号桩之间桩间土 25~31 击,68 号、57 号、80 号之间桩间土 26~29 击。

桩体重型动探检测结果符合设计要求,桩间土标贯击数≥25 击,经设计复核可以满足要求;桩间土湿陷系数不大于 0.015,满足设计要求;为后续施工提供技术依据。桩间土物理性质试验成果见表 14-5。

表 14-5 桩间土物理性质试验成果表

序号	取样地点	取样深度(m)	检测结果			
			含水率(%)	湿密度(%)	干密度(%)	湿陷系数
			ω	ρ g/cm³	ρ_d g/cm³	δ_s
1	1872#V133+14.5H106+15	1.5—1.9	19.5	1.76	1.47	0.011
2	1872#V133+14.5H106+15	2.2—2.6	17.6	1.78	1.51	0.009

（九）地基加固检测分析

（1）砂石桩复合地基承载力检测方法为动力触探试验法，本次动力触探试验检测6组，检测结果符合设计要求；桩间土标贯击数≥25击，经设计复核可以满足要求，桩间土湿陷系数不大于0.015，满足设计要求，可以为后续施工提供技术依据。根据试验数据可知，此法地基处理可明显提高其极限荷载。

（2）桩身密实度检测方法为动力触探试验，本次检测除顶部（0～0.5m）桩身呈不够密实状态，以下均呈密实状态。

（3）桩间土是否液化检测方法为标准贯入试验。6个监测点不同深度的标贯修正击数为25～31击，桩间土标准贯入锤击数均大于地震液化临界击数，表明本路段经处理后在检测深度范围内土层在震动作用下不会发生液化现象。

（4）检测结果分析。对比地基处理前勘察数据可知，地基加固后粉细砂层标贯击数有较大提高，平均可增加70%～90%，表明砂石桩对中密状粉细砂层加固效果较好，其复合地基承载力标准值$Q\geqslant 180$kPa，提高0～100%。在施工过程中，通过振动沉管作业，将土体挤密和排水固结，可使粉细砂土层的含水量降低、孔隙比减小、压缩模量增大。土体密实性显著增大，有效加快了土体固结速度，使得土体迅速排水固结，从而增强了粉细砂土抗液化能力。采用振动沉管并在管内灌入砂石而成桩，并按复合地基设计，这种方法不仅可提高地基土的承载力，还可改善排水固结条件，消除砂土液化的影响，另外也易于施工。

（十）工程总结

（1）图市唐王城机场是南疆及兵团重要的4C级民用支线机场，建设等级较高，对地基要求高。针对场址上部成分复杂的填土及湿陷性粉土，以及其特殊的地层岩性及水文地质条件，采用砂石桩加固填土、粉土、细砂土地基，可加强基础的整体刚度，明显改善地基抗变形能力和提高地基承载力，并且在地基中形成渗透性能良好的竖向排水降压通道，有效地消散和防止超孔隙水压力的增高，加快地基排水固结，增加砂土抗液化能力。

（2）根据经验，砂石桩法适用于挤密松散砂土、粉土、黏性土、素填土、杂填土等地基，以提高地基稳定性为主，在软弱黏性土地基中使用砂桩可以构成砂石桩复合地基，对它再进行加载预压，可以显著提高地基强度，改善地基的整体稳定性，并减小地基沉降量。其加固作用机理为：①密实作用：挤密型砂石桩的有效挤密范围可达3～4倍桩直径。②置换作用：砂桩复合地基承受外荷载时，发生压力向砂桩集中的现象，使桩周围土层承受的压力减小，沉降也相应减小。③排水作用：在软黏土中，砂桩可以像砂井一样起排水作用，从而加快地基的固结沉降速率；另外由于设置了砂石桩形成竖向良好排水通道，可加速孔隙水压力的消散，故有减少地震液化可能性的功能。

（3）砂石桩的布桩若忽略了施工顺序对场地土的动态影响，会出现桩位过于密集，造成浪费；桩间距过大，达不到要求，因此施工前需要优化设计。

（4）通过对具有代表性的区域进行砂石桩试验段施工，以掌握对该场地的施工经验和施工参数。通过成桩试验，确定填砂量、提升速度、时间等，作为控制质量的标准，验证设计参数的合理性，发现不能满足设计要求时，应及时会同设计单位予以调整设计参数，重新试验或改变设计。

（5）图市唐王城机场扩建工程于2020年正式完工并投入运营，目前已安全运行3年多，经过地基处理的新增跑道（含掉头坪等）运行状态良好。

第十五章　环境及水土保持监测

一、兵团国控点地下水监测运维项目

（一）工程概况

国家为加强地下水监测工作，掌握实时地下水动态，在新疆生产建设兵团范围建立比较完整的国家级地下水监测站网，以实现对地下水动态的有效监测及对大型平原区地下水动态的区域性监控和地下水监测站的实时监控，为各级相关领导、各部门和社会提供及时、准确、全面的地下水动态信息，满足科学研究和社会公众对地下水信息的基本需求；为优化配置、科学管理地下水资源，保护生态环境提供优质服务；为水资源可持续利用和国家重大战略决策提供基础支撑，实现经济社会的可持续发展。

国家地下水监测工程（水利部分）在新疆生产建设兵团主要建成了省级地下水监测中心1个，地市级分中心13个；建设地下水监测站70个，其中新建50个、改建20个，监测数据全部实现自动采集与传输。我院受兵团水利局委托，主要负责兵团辖区地下水国控点监测运维及指导工作。

（二）主要建设成果

1. 建成了较为完整的国家级地下水监测站网

国家地下水监测站网的建设，填补了南方大部分省份地下水监测空白，加大了北方主要平原区站网密度，使华北超采区等站网密度达到 15 站/10^3 km^2，全国自动监测站网密度达到 5.8 站/10^3 km^2，实现了对全国大型平原、盆地、岩溶山区 350 万 km^2 地下水动态的有效监测。

新疆生产建设兵团范围国家地下水监测站网的建设，填补了兵团水利局在地下水自动监测方面的空白，监测数据能够直接反映出兵团各师地下水开采情况，为兵团地下水管控提供了数据支撑。

2. 建成了统一技术标准的自动监测体系

国家地下水监测站网的布设、监测仪器安装调试、附属设施的建设均进行了统一技术标准，全部采用自动采集与传输，水位、水温数据每天采集6次，发送1次，另外还建成了100个水质自动监测站，其中，新疆生产监测兵团建成70个地下水位自动监测站和1个水质自动监测站。

3. 实现兵团范围内地下水动态实时监控

监测井遍布兵团13个师70个团场，初步形成了地下水监测网络，采用自动化、信息化手段监测地下水水位，全面、准确、及时获取全兵团范围的地下水水位动态数据，可及时响应区域地下水超采治理、偷盗采整治。

4. 系统收集、整理与分析地下水监测资料并形成了成果

系统收集、整理与分析了兵团主要平原区水文地质参数。通过对监测数据的分析，基本掌握了兵团地下水资源的变化趋势和水质状况，为地下水资源的合理管理和保护提供了科学依据。通过近年来地下水水位的变化，充分了解了兵团地下水的补给和衰退情况，为地下水开发利用及水利工程设施的建设提供了科学的数据支持。

5. 建立了完整的标准体系、管理制度，培养了地下水专业人才队伍

国家地下水监测工程形成了较为完整的工程建设、地下水监测和应用标准体系，建立了完善的建设管理和运维制度，首次建立了地下水自动监测仪器设备检测实验室和相应的标准制度，检测通过的产品广泛应用于水利和自然资源部国家地下水工程建设，培养了一大批既熟悉地下水工程设计、建设管理、运行维护等业务，又熟练掌握信息技术的复合型人才。

测站非直接观测所得图表数字的来源均来源于自动监测设备；测站编码应用国家地下水监测工程（水利部分）项目编制的地下水测站编码成果；监测站基本信息一般沿用建站时资料；水准点高程系统采用1985国家基准高程基面。

（三）主要建设效益

国家地下水监测工程入选"人民治水·百年功绩"治水工程项目，工程建成后，基本构建了国家级地下水自动监测网，实现了对我国主要平原、盆地和岩溶山区地下水水位、水质的有效监测，大幅度提高了地下水自动监测能力。

兵团国家地下水监测数据为天山南北麓及吐哈盆地重点超采区域中的第二、四、五、六、七、八、九、十二和十三师共计9个师的地下水超采动态评价工作提供了数据支撑；为《兵团地下水漏斗区动态水位评价分析报告》提供了数据支撑；为《兵团地下水取水量及监测水位》季度通报提供了数据支撑；为地下水监测二期新建监测站点规划选址、用地预审及社会稳定风险评估工作提供了技术支撑。兵团地下水监测数据有效支撑了兵团地下水水位变化通报、新一轮超采区划定、最严格水资源管理与河湖管理制度考核工作，为做好兵团地下水压采工作提供了有力抓手。

（四）国家地下水监测系统运维经验

1. 运维主要成效

在水利部水文司等部机关司局的指导下，在全国水文部门的共同努力下，圆满完成了2018—2022年的运维工作，2023年运维工作正在有序推进，为国家地下水监测工程持续发挥建设成效奠定扎实的基础。

2020年1月工程竣工验收至目前，累计收到实时地下水水位、埋深、水温等数据3.4亿条。连续3年全国地下水水位平均月到报率99.4%、信息完整率99.6%、数据交换率99.9%，信息报送绩效指标总体达到优秀。

全国完成了10 298个地下水监测站水位、水温（泉流量）监测以及委托看护工作，新疆生产建设兵团完成了70个地下水监测站水位、水温监测及委托看护。全国累计完成校测约5.4万站次；自2020年以来，累计完成70眼监测站位置复核，井深测量，比测校测300余次；每年对70个监测站井口保护装置及时进行养护维护、喷漆等。2023年以来运用水利部信息中心开发运维APP上传运维记录，保障了监测设备正常运行,确保了监测数据的精度。

2018—2022年,全国每年完成地下水监测年鉴刊印32卷67册,共335册,其中新疆生产建设兵团每年完成地下水监测年鉴刊印1卷,共5册。

国家地下水监测系统运维形成了地下水动态月/年报、中国水文年报、中国水资源公报等公共信息产品,为社会公众了解地下水动态提供了信息窗口。

2021—2023年共采购4G设备46套,截至目前已更换4G设备39套,4G设备更新率达到56%,所有设备均设置了数据双发,4G设备的更换及数据双发的设置,保证了数据的完整和安全。

2020—2021年,新疆生产建设兵团运维形成了地下水动态年报及水位变化分析报告,自2022年以来,新疆生产建设兵团运维形成了月报/季报制度,定期向兵团各师发布地下水水位变化通报。

2020年至今,及时与通信公司签订合同,保证2G设备和4G设备物联卡缴费正常。遇设备故障造成锁卡,及时与通信公司联系,办理解锁流程,保证设备通信正常。

国家地下水监测系统为全国地下水超采区水位变化通报编制和地下水水位变化会商提供重要的数据支持,大力提升了水资源管理、地下水超采治理等工作的决策支撑信息的服务能力。其中兵团水利局与13地市就地下水水位明显下降问题开展会商,兵团水利局与新疆维吾尔自治区水利厅地下水超采工作组成立,联合开展地下水水位明显下降地区的治理。

国家地下水监测系统为河湖生态补水效果评价、自然资源和生态环境质量评价,以及有关地下水超采治理方面提供了丰富的数据成果支持,发挥了显著的生态环境效益。

2. 运维存在的问题

因2G网络逐渐停止服务,部分监测站周边网络运营通信信号不稳定,导致2G监测井监测数据出现迟报现象。

兵团监测井存在监测设备老化问题,第一批设备采购没有考虑到野外设备抗氧化、高温、低温情况,设备老化问题严重,设备损坏率较高,设备更换投入较大。

监测井运维周期长、任务多,因此监测井运维需要投入的人力资源较大,设备的更换及监测井的维修费用较高,随着监测井运行年限增大相关费用投入逐年增加,出现运维经费紧张的问题。

建设用地与监测井冲突,各类工程的建设有时需要迁移站井,迁站难度大,为后期监测站的运维造成较大难度。

(五)监测系统运行与维护

定期开展监测站和各级监测中心设备设施巡检、保养、维修、更换和升级等工作内容,储备充足的备品备件,及时完成故障处置;设施损毁修复纳入固定资产管理。

定期对机房环境、服务器、路由器、交换机、防火墙等进行检查。定期进行删除服务器上不必要的软件、关闭非法进程,清理非法软件。检查应用服务器、数据库服务器的运行状态、温度。查看内存、CPU、硬盘空间情况,进行碎片整理,更新病毒库,进行病毒查杀,保证服务器最佳性能。

自2020年以来,共发生系统故障10余次,主要有接收处理系统故障;重要会议保障期断网故障;网络限制故障;防火墙拦截故障;数据交换故障;数据冗余导致数据异常和损坏故障;数据解疑执行命令故障。通过及时处理各类故障,保障了监测系统正常运行。

(六)国家地下水监测二期工程规划

主要建设内容包括:加密布设地下水监测站,对现有地下水监测站进行升级改造;改建水利部信息中心水质实验室,整合完善地下水综合管理分析评价预警系统等。

(1)站网:以华北地区地下水超采综合治理、南水北调东中线一期工程受水区地下水压采、内蒙古西辽河流域"量水而行"等区域为重点,在地下水超采区、生态补水区、生态脆弱区、水质恶化区、海水入侵区等特殊类型区,以及黄河流域、海河流域等地区加密布设地下水监测站网,对部分重点省级地下水监测站进行自动化监测升级改造,实现县级以上行政区地下水监测全覆盖。

根据随机森林、迁移学习、数学模型等方法耦合,保证在复杂的水文地质条件下,不同类别站网布设的合理性与科学性,能有效掌握地下水动态,支撑科学化管理的需要。

(2)技术装备:针对高寒、高温、高湿、高盐等恶劣环境条件下的可靠性低、稳定性较差、故障率偏高的问题,二期采用高性能压力式水位水温计,相较于一般环境设备(−10~45℃或−25~55℃)应满足井口工作环境温度−40~60℃;高湿环境防水性符合IP68要求;高盐地区探头外壳材质选用316L不锈钢;地下水水位变幅大地区:量程不低于50m;针对在未被电信公网覆盖或公网信号弱地区(通信强度低于40%)采用卫星通信;针对地下水监测设备经常受损的监测站配备井盖控制器,可以有效避免设备破坏。

(七)工作总结

(1)兵团地下水监测国家站网的建设,填补了兵团水利系统地下水自动监测方面的空白,为兵团地下水管控提供了数据支撑。

(2)自2020年1月工程建成至今,累计收到实时地下水水位、埋深、水温等数据3.4亿条。连续3年全国地下水水位平均月到报率99.4%、信息完整率99.6%、数据交换率99.9%,信息报送绩效指标总体达到优秀,社会效果显著。

(3)运行3年来,主要存在的不足之处:①新疆国土面积大,地广人稀,自然气候条件恶劣,导致技术装备存在可靠性低、稳定性较差、故障率偏高的问题。②自2020年以来,共发生系统故障10余次,主要有接收处理系统故障;重要会议保障期断网故障、网络限制故障;防火墙拦截故障;数据交换故障;数据冗余导致数据异常和损坏故障;数据解疑执行命令故障等问题。③部分故障可通过协调及时解决,但也有部分问题难以解决,如重要会议保障期断网故障,网络限制故障等无法全面保障监测系统正常运行。④建议有关部门,针对新疆特殊地理气候条件,在资金、技术、装备以及系统与软件运维等方面适当增加投入,以确保监测系统正常运行。

二、第三师图木舒克市—第十四师昆玉市公路工程环水保监测、验收项目

(一)工程概况

第三师图木舒克市—第十四师昆玉市公路(第十四师段)是拟新增国道(G3C$_{12}$、国道G314一间房—图木舒克市—昆玉市—国道G315、G30$_{12}$)的重要组成部分。公路起点接图木舒克—阿拉尔公路第三师段终点(K125+945.26处),途经红白山、塔克拉玛干沙漠,终点接第十四师昆玉市—皮山农场公路K14+700处。本工程公路中间控制点有路线起点(K125+945.26处)、红白山、终点(K14+700处)。该公路为新建道路,全长150.613km,公路等级为二级,设计速度80km/h,路基宽度12.0m,行车道宽度2×3.75m,两侧各设宽度为1.5m的硬路肩和宽度为0.75m的土路肩。

(二)水土保持工作

1.水土保持监测工作简介

水土流失防治责任范围面积2 875.42hm²,行政区划隶属于皮山县、墨玉县,其中皮山县水土流失防治责任范围面积2 264.09hm²、墨玉县水土流失防治责任范围面积611.33hm²。项目区防治责任范围见表15-1,水土流失防治目标见表15-2,监测点位布置情况见表15-3。

表15-1 项目区防治责任范围表

防治分区	永久占地(hm²)	临时占地(hm²)	防治面积(hm²)
路基工程防治区	520.13		520.13
草方格防治区		2 309.29	2 309.29
桥涵工程防治区	0.08		0.08
施工便道防治区		19.55	19.55
施工生产生活防治区		2.60	2.60
料场防治区		23.77	23.77
合计(hm²)	520.21	2 355.21	2 875.42

表15-2 水土流失防治目标

防治指标	标准规定		修正			本工程执行标准	
	施工期	设计水平年	按地形地貌修正	按降水量修正	按土壤侵蚀强度	施工期	设计水平年
水土流失治理度(%)	*	85				*	85
土壤流失控制比	*	0.8				*	0.8
渣土防护率(%)	85	87				85	87
表土保护率(%)	*	*				*	*
林草植被恢复率(%)	—	93				—	—
林草覆盖率(%)	—	20				—	—

表15-3 监测点位布置情况表

序号	监测点	经度	纬度
1	施工生活区监测点	79°14′35.51″	37°31′34.94″
2	路基监测点1	79°20′26.56″	37°44′54.87″
3	料场监测点	79°5′46.42″	37°19′27.71″
4	路基监测点2	79°30′45.57″	37°20′16.73″
5	路基监测点3	79°30′52.42″	37°20′21.86″
6	路基监测点4	79°37′17.77″	38°43′19.77″
7	路基监测点5	79°37′19.41″	38°43′20.85″

2. 水土保持验收工作简介

水土保持设施验收报告编制完成后，工程建设单位按照水土保持法律法规、标准规范、水土保持方案及其审批决定、水土保持后续设计等，组织水土保持设施验收工作，形成水土保持设施验收鉴定书，明确水土保持设施验收合格的结论，水土保持设施验收合格后，工程建设项目方可通过竣工验收和投产使用。

除按照国家规定需要保密的情形外，工程建设单位应水土保持设施验收合格后，通过其官方网站或者其他便于公众知悉的方式向社会公开水土保持设施验收鉴定书、水土保持设施验收报告和水土保持监测总结报告。对于工作反映的主要问题和意见，工程建设单位应及时给予处理或者回应。

根据水利部办公厅《关于印发工程建设项目水土保持监督管理办法的通知》（办水保〔2019〕172号）要求：工程建设单位是工程建设项目水土保持设施验收的责任主体，应在工程建设项目投产使用或者竣工验收前，自主开展水土保持设施验收，完成报备并取得报备回执。工程建设项目水土保持设施验收应当按照编制验收报告、组织竣工验收、公开验收情况、报备验收材料的程序开展。

编制水土保持方案报告书的工程建设项目，其工程建设单位应组织第三方机构编制水土保持设施验收报告。水土保持设施验收报告结论为具备验收条件的，工程建设单位组织开展水土保持设施竣工验收，形成的水土保持设施验收鉴定书应明确水土保持设施验收合格与否的结论。工程建设单位应在水土保持设施验收合格后，及时在其官方网站或者其他公众知悉的网站公示水土保持设施验收材料，公示时间不得少于20个工作日。对于公众反映的主要问题和意见，工程建设单位应及时给予处理或者回应。

编制水土保持方案报告书的工程建设项目水土保持设施验收材料包括水土保持设施验收鉴定书、水土保持设施验收报告和水土保持监测总结报告。

工程建设单位应在水土保持设施验收通过3个月内，向审批水土保持方案的水行政主管部门或者水土保持方案审批机关的同级水行政主管部门报备水土保持设施验收材料。

（三）环保监测工作

环境监测重点为沿线声环境、环境空气质量和生态恢复情况，常规监测要求定点和不定点、定时和不定时抽检相结合的方式进行。因此应根据施工时间，对不同监测点的监测时间进行适当调整。同时，还应加强对工程沿线生态环境的监督检查。拟建项目环境监测一览见表15-4。

表15-4 拟建项目环境监测一览表

要素	阶段	监测地点	监测项目	监测频次	监测历时	采样时间
生态监督检查	施工期	对路基、取弃土场的选址、占地进行监察；对施工期废水、固废的排放去向、施工迹地恢复、植被破坏情况进行督查			全线督查2次	
	营运期	督查水土流失防治措施的实施、防护工程的实施、沿线临时占地工程迹地恢复情况			全线督查1次	
噪声	运营	本项目终点	Leq(A)	1次/年	2日	昼夜各1次

（四）工作总结

（1）图-昆公路是兵团重点工程建设项目，工程建成后，成为我国穿越塔克拉玛干沙漠的第四条沙漠公路。公路沿线处于生态脆弱的沙漠腹地，局部有野生胡杨林分布，建设过程中水土环境保护工作显得尤为重要。

（2）本项目依据国家现行法律法规，较好地完成了水土保持方案及环境影响评价报告设计的任务，总体上工程质量均达到合格以上，防治目标达到和超过防治标准的要求，项目建设基本满足工程竣工验收的条件。

（3）本次环水保监测验收工作尚存在以下不足之处，需要进行补充完善，并在今后工作中引以为戒：①对已建成的水土保持设施要加强管理维护，及时制定水土保持设施管理维护相关办法，落实管理维护责任，保证水土保持设施正常运行，持续发挥水土保持功能，确保水土保持工程的连续性。②本项目水土保持方案、监测工作开展稍有滞后，建议建设单位在以后的生产建设项目中及时按照水土保持法律法规的要求，做到"三同时"。③建设单位应总结经验、增强意识，认真总结水土保持工作从管理到工程设计、施工、运行等方面的经验，梳理水土保持与主体工程、水土保持与环境保护的关系，进一步提高对水土保持工作的认识，为运行期的水土保持工作打下良好的基础。

70载

第六篇

地质信息化

第十六章　地质大数据应用

兵团设计院智慧地质信息系统

（一）项目简介

党的十八大将信息化作为我国新四化组成之一，在《国土资源信息化"十三五"规划》中明确提出了加快地质调查业务管理信息化平台建设、探索建立智能地质调查新模式、强化地质资料数据的汇交管理与应用等任务，并在2022年印发的《全国地质调查"十四五"规划》中强调加大地质信息化建设力度，加快推动地质调查管理服务数字化转型，2024年两会期间习近平总书记强调了新质生产力的重要性，指出要因地制宜加快发展新质生产力，新质生产力的核心是创新，包括传统产业的高新科技化改造、高新科技的产业化和生产治理数字化、智能化等。为适应新时期经济高质量发展、创新性发展战略的要求，推动兵团地质信息化的建设工作刻不容缓。

兵团地质专业70年历史成果存在调查数据共享及使用效率较低、地质工作技术更新缓慢、地质调查信息化应用程度落后、地质数据管理分散、数据信息缺乏分析应用、信息化协同管理能力较低等现实问题。通过"建标准—整数据—管资料—搭平台—推应用—数据生产力"系列信息化建设工作，实现从野外地质调查到内业整理以及业务管理全流程信息化，推进兵团地质行业数字化和产业化，扩大地质数据信息的服务领域，为促进兵团相关行业智慧化、便捷化、多样性、综合性提供技术支撑。

2021年兵团设计院编制了《兵团设计院智慧地质信息系统实施方案》，成立了工程勘察院创新队伍，启动了"智慧地质"建设工作，并列入兵团设计院"十四五"信息化建设模块，在工作推进中逐步明确信息化建设标准规范及总体要求。团队搜集资料、整理数据、考察调研、梳理工作思路，深入学习大数据分析、数据库、系统架构、网络环境、地质专业等各种知识，不断细化工作思路，通过分析兵团设计院地质专业生产存在的问题、行业发展新技术、数据资源二次价值挖掘等内容，制定了"智慧地质"建设方案及阶段目标，不断进行系统和数据库框架、技术路线和实施方案的优化，并同步开展历史资料、数据整理工作。

2022年系统建设工作全面启动，2023年10月整体系统投入试运行，现已全部投入正式运行。智慧地质信息系统按"一中心一平台多应用"整体架构，以数字地质大数据中心为基础，建设兵团地质大数据中心共享服务平台，构建玉简河图（外业采集）、工程地质内业处理系统等各类应用系统，各应用部署独立系统配置，搭建具有统一用户体系、统一权限管控的平台。

（二）开发历程概述

1. 建设目标

"智慧地质信息系统"建设数据采集、数据治理、数据存储、数据分析、数据应用的大数据生态链，旨在整合汇聚兵团70年海量多源异构地质数据,实现兵团地质专业"数据流信息化、作业方式数字化、成果交付多样性、拓展应用智能化",深度分析数据资源应用范围及专业特有属性,建设地质专业亟须的专业工具应用系统,提供全面、高效、便捷的共享资源服务平台窗口,增强兵团地质信息化社会化服务能力。

2. 总体框架

依托于"一中心一平台多应用"整体架构:"一中心"指数字地质大数据中心,"一平台"指兵团地质大数据共享服务平台,"多应用"指玉简河图(外业采集)、工程地质内业处理系统等各类应用系统。系统基于地质专业,以地理信息、云计算、大数据、互联网、数据库等为技术支撑,采用软硬件基础层(IaaS)、数据资源层(DaaS)、服务层(PaaS)、系统应用层(SaaS)、用户层5层架构,见图16-1。

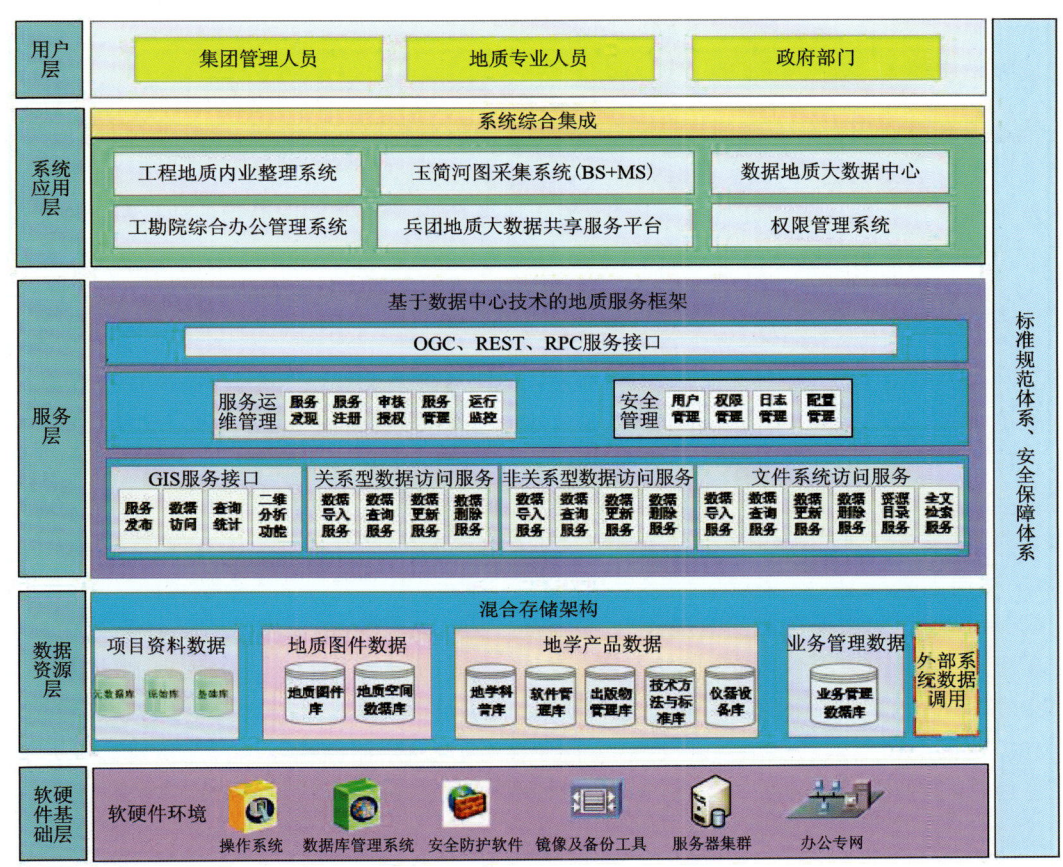

图16-1　总体架构图

(1)软硬件基础层(IaaS):基于虚拟化技术,将计算机、存储器、数据库、网络设施等软硬件设备组织起来,虚拟化成一个个逻辑资源池,提供虚拟化服务。主要包括云计算资源、云存储资源和网络资源,可以基于统一的基础设施云平台实现资源的管理和服务。

(2)数据资源层(DaaS):由平台运行所需的数据资源及信息资源库组成,汇聚了经过标准化处理的数据。逻辑上分为基础类数据、专业类数据、管理类数据、文档资料类数据等;物理上包括元数据、空间数据、属性数据、地质文档资料数据及其他集成数据等。

(3)平台支撑层(PaaS):以 GIS 服务器、大数据 GIS 服务器和智能 GIS 服务器三大服务器为支撑,实现对目录服务、地图服务、要素服务、处理服务、矢量大数据服务、影像大数据服务、实时流服务、文本挖掘服务以及智能 GIS 服务等各种服务资源的发布。在此之上构建云运维管理平台,通过高性能服务集群引擎、大数据计算引擎和应用集成引擎，三大引擎实现对GIS服务资源的高效管理、大数据服务的高效计算以及GIS应用服务的自动部署，同时通过租户管理机制与资源监控机制，实现GIS服务资源的一站式运维与管理，对外提供基础数据服务、基础功能服务、大数据服务、专题应用服务以及定制服务等服务资源，形成统一的服务资源整合与管理的支撑平台，为上层应用提供全面的服务资源支持。

（4）应用服务层（SaaS）：为"智慧地质信息系统"提供统一的信息资源共享和框架支撑，面向各类用户提供符合其权限的应用与服务。用户借助各种终端设备，获取云端服务资源，构建各种业务应用，包括共享服务平台、采集系统等。

（5）用户层：面向地质专业人员、公众用户及政府部门提供所需的地质服务。

（6）标准规范体系与安全保障体系：以国家和行业标准规范为基础，结合实际制定一套符合信息管理平台运行的规范体系，主要包括数据建模标准、接口规范、数据系统使用规范、服务器管理规范等来保证系统安全稳定的运行。

3. 建设技术路线

本系统建设考虑地质专项业务闭环，形成一套完整的地质数据集成管理、分析处理、服务共享体系，充分利用GIS云平台的云运维管理、云服务集群、云应用搭建能力，为上层多项业务应用提供有效的服务支撑。整体建设在数据层面实现数据一体化，为兵团各项业务管理工作提供地质数据基础，为地质专业领域各专业分析工作提供技术支撑，见图16-2。

4. 研究内容及解决的具体问题

（1）玉简河图（外业采集系统）面向一线地质技术人员及相关工程行业人员，实现了勘察项目外业生产全流程线上管控，通过web端与APP配合，建立项目策划、外业采集、审定核查、成果资料、工作量统计等模块，解决了外业工作看图难、采集难、整理难、汇交难、时效慢，实现了工程勘察高效率信息化外业采集、规范专业技术人员信息记录、多角色协同作业、多底图查看、现场影像实录、资料智能整理、成果一键汇交等，为地质信息化工作建设提供基础数据采集汇聚通道。

（2）数字地质大数据中心是系统建设的核心，借助hadoop等大数据技术框架，针对结构化和非结构化地质数据，通过统一的数据存储和管理标准，整合多专业、多来源、多尺度的海量地质数据，基于数据治理平台服务，实现各类地质数据的一体化汇聚、存储、管理、服务。按照统一的标准，根据电子化、缩简化、结构化、数字化、标准化的流程对工程地质勘察数据进行整理，最终形成十大类、183种数据，为后续数据分析和挖掘提供高质量的基础数据支撑，为地质数据、地质产品的构建以及地质信息服务提供便捷的数据支撑能力，为工程勘察相关业务提供统一的标准化的数据服务，构建形成地质数据的一体化服务体系和运维体系。

（3）工程地质内业整理系统。工程地质内业整理系统以提高地质技术人员生产效率为目的，将有限的人力资源从同质化、重复性的工作中解脱出来，实现协同生产、勘察成果自动化生产的工具系统。通过地层三张表、原位测试、室内试验等数据整理录入后，系统可实现工程地质问题自动化评价、在线生成工程地质图件及报告，后期以实现工程地质勘察各专业内业整理全流程覆盖为长期目标。

（4）综合办公管理系统是针对勘察企业管理人员，提供全面的业务综合管理功能，系统以项目管理、经营管理、生产管理、数字看板等七大模块组成，系统可实现与集团综合管理系统对接，完成项目全要素信息的集成管理，避免多项业务交叉，数据处理工作重复开展的情况，为管理者提供决策基础。

（5）兵团地质大数据共享服务平台是按照不同的用户权限为社会公众及设计院各类用户，提供一站式的数据访问获取、系统功能使用、资讯推送等相关服务，通过一张图、地质数据、出版物、工具软件等内容，向我院专业技术人员提供基础地质、水工环地质等多类专业数据共享服务，能够有效帮助专业人员了解区域已有地质工作开展情况并提供相关资料查阅使用，全面提升工作效率。实现我院地质行业"大

第十六章 地质大数据应用

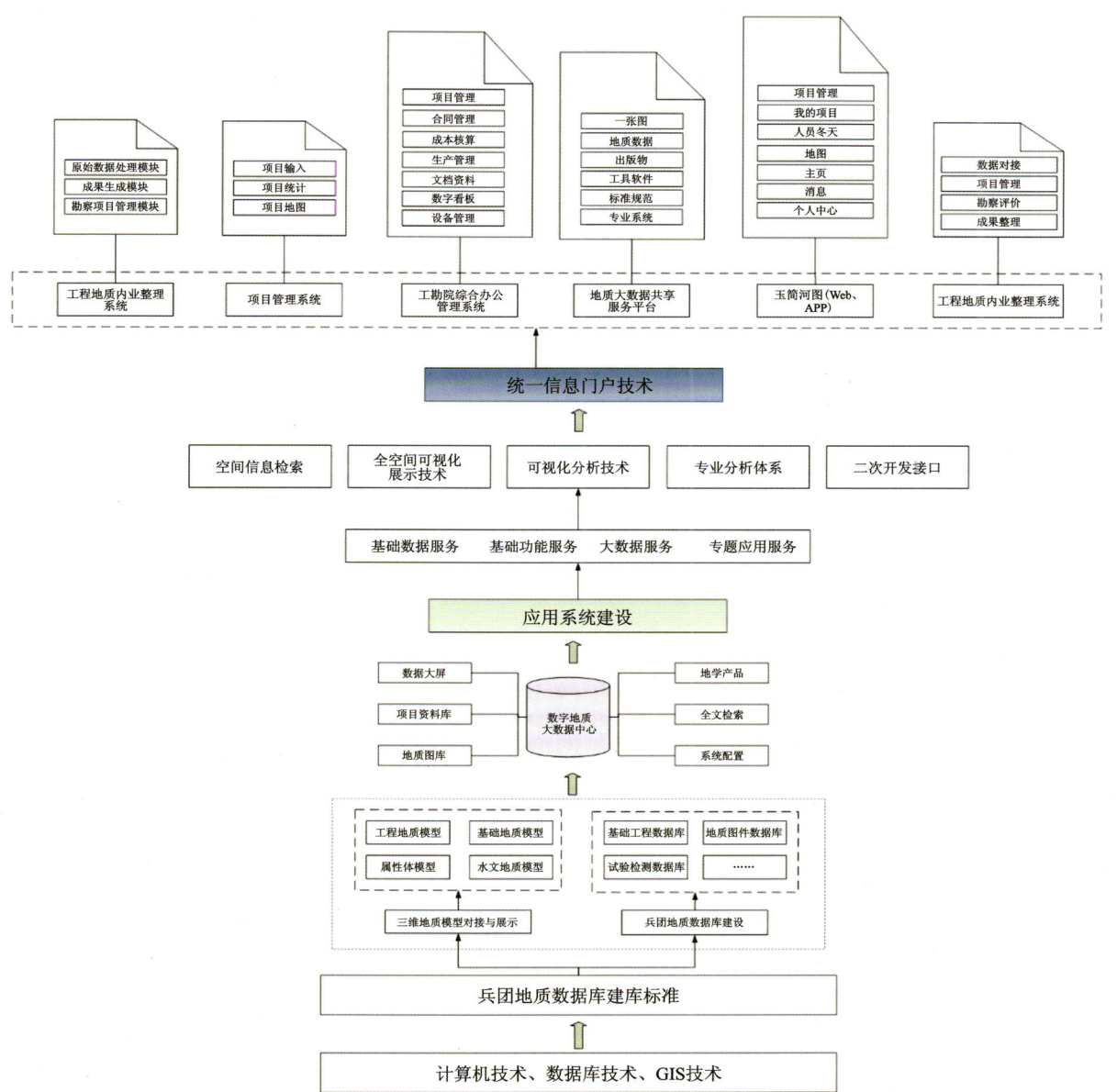

图 16-2 技术路线图

系统、大平台、大数据、大集成",集成各类地质信息服务,将数据服务化、资产化、在线化,形成规范、统一、全面的信息共享服务平台。

(三)软硬件环境

1. 硬件配置

为保障系统正常运行,配置以下 4 类服务器适应不同工作的需要。

(1)数据服务器:也称数据库服务器,用来存储数据和提供基本数据服务。本项目需要存储的数据主要包括项目资料数据、地质图件数据、地学产品及相关的模型和结果数据。计算机和数据库管理系统软件共同构成了数据库服务器,数据库服务器为客户应用提供查询、更新、事务管理、索引、高速缓存、查

501

询优化、安全及多用户存储控制等基本数据服务。

（2）应用服务器：用来部署中间件及应用系统的服务器，主要为用户提供相关业务应用服务，如兵团设计院智慧地质信息系统的安装部署。

（3）地图服务器：用来部署地图服务功能的服务器，为系统提供空间地理信息图层数据展示和分析等功能，利用GIS组件的功能，提供空间信息相关的业务处理工作。

（4）备份服务器：针对于服务器所产生的数据信息进行相应的存储备份，从而保障数据的安全运行。

2. 服务器操作系统

应用服务器、地图服务器、数据库服务器和备份服务器均采用Windows Server 2019数据中心版64位中文版。

3. 系统运行环境设计

1）服务器端硬件环境

外网：应用服务器（运行内存32G、硬盘内存系统盘200G、数据盘2T、CPU8核、宽带公网20Mbps）；备用服务器（运行内存16G、硬盘内存系统盘150G、数据盘2T、CPU8核、宽带公网10Mbps）。

内网：地图服务器（运行内存32G、硬盘内存系统盘200G、数据盘2T、CPU8核、宽带千兆内网）；数据库服务器（运行内存32G、硬盘内存系统盘200G、数据盘2T、CPU8核、宽带千兆内网）；备份服务器（运行内存32G、硬盘内存系统盘150G、数据盘2T、CPU8核、宽带千兆内网）。

2）服务器端软件环境

服务器端软件环境推荐如下。

（1）数据库软件：PostGresql-12.1-1。

（2）Web服务器软件：Tomcat8.5。

（3）操作系统：Windows Server 2019及以上版本。

3）系统客户端环境

系统客户端硬件采用主流微机办公，软件要求较新版本的谷歌浏览器7.0版本及以上版本浏览器即可。

（四）项目运行情况及特点

1. 多元数据电子化、标准化管理

按工程地质、水文地质及环境地质等五大专业21子专业进行分类，将项目全量数据（文档数据、属性数据及空间数据）梳理后进行电子化、数字化、标准化，制定数据库建库标准及资料整理规则，提高数据质量、实现数据共享。

2. 结构化、非结构化地质数据自动识别

地质大数据中心从多个维度实现多专业、海量异构数据一体化管理，支持地质调查数据结构规范及用户自定义扩展，提供数据批量检查校验、数据标准化等数据治理工具，借助数据集成管理能力，通过统一的数据结构和多源数据输入插件实现多源异构地质数据的自动识别。实现多级别、多专题、多年度以及异构空间数据、非空间数据的集成分类管理，提供统一数据访问接口，实现本地数据、局域网数据以及云端数据共享，极大地提升了数据的共享效率和数据利用率。

3. 采集表单的动态生成及业务数据智能化、自动化处理

通过对地质采集业务流程的深度梳理,运用表单动态生成技术,根据需要采集的专业,动态生成业务表单,同时自动关联相对应的字段,实现表单数据的快速生成。

4. 专业成果半自动化出图

外业采集的数据生成各种各样的成果,系统基于采集录入的数据自动进行计算分析,根据专业需要快速生成各类统计图表,系统自动整合生成勘察中间成果报告。

5. 在线、离线环境自动切换

考虑到外业采集的实际工作场景,网络信号不好的情况时有发生,系统通过外业采集在线、离线数据的自动切换的方式,有效地将采集到的数据进行存储,提高采集工作的效率。

(五)项目总结

1. 应用前景

新时代背景下,地质大数据应用在兵团的智慧农业、智慧水利、智慧城市的建设和运营管理,土地资源、水资源、矿产资源的科学利用,地下水土壤环境的污染防治,基础设施建设和地下空间开发的风险防控等多方面,可以使兵团在此科技领域的发展保持先进性和示范性,对兵团的经济社会发展会带来较大的催化作用,对兵团的科技产业带来较大的促进作用。地质大数据在兵团设计院的地质数据数字化管理与智能化建设、基础地质调查、国土资源管理、智慧城市建设、智慧水利建设、地质遥感、地质环境调查等各方面有着较为广泛的应用前景。

2. 预期及后续研发的方向

兵团设计院智慧地质信息系统以兵团70多年水工环海量地质数据资料为支撑,研究水工环等多源异构地质数据的存储模式和服务方案,开展地质档案资料的数据收集、整理、治理和标准化工作,面向兵团设计院地质业务工作现状和需求,建立完善的、智能化的管理系统,提供专业工具软插件和标准规范解决技术人员工作中的技术难题和资料不能及时获取的痛点,提高兵团设计院生产效率,盘活所有档案资源,发挥地质数据资源二次利用价值,建立地质数据治理、应用、服务、共享等信息亿数据链,为企业业务向专业化拓展打好技术和应用基础。

基于智慧地质信息系统,实现兵团内部地质数据汇集,形成兵团地质大数据资源池,逐步建立地质咨询服务系统、城市地质模型等,可以实现对地质大数据的深度挖掘和应用。例如建立地下水管控智慧化应用平台,以兵团地下水资源量为研究对象,以地下水资源量动态评价模型为支撑,基于大数据挖掘算法,研究兵团地下水取用水量与地下水位两项控制指标之间的关联性等,实现地下水管理的动态化、精细化和定量化,达到地下水管控的信息化和智慧化建设的需求;通过建立"区域地质灾害预报预警模型"实现灾害监测、预报预警及灾情评估自动化、智能化分析与服务等。

将传统地质工作模式向以需求为导向的新模式转变,提升地质调查成果的应用水平,转型升级地质信息服务,挖掘地质数据中的潜在价值,创建地质信息共享服务平台,逐步探索地质信息从内部共享服务到市场有偿服务的产业模式,实现地质信息价值"变现",促使多方降本增效,推动地质专业转型升级,助推企业高质量发展和引领行业变革。

第十七章　地质勘察软件应用

一、工程地质问题评价"易评价"系统

（一）前言

随着工程信息化建设速度的逐步加快,我院承接的工程地质勘察项目明显增多,传统方式编制勘察报告的手段已不能满足项目生产对工期的要求,加之人力资源不足,提高工程地质勘察报告编制效率显得尤为重要。

工程地质勘察作为我院主要业务之一,在编写报告环节中耗时最高的是需要整理分析原始试验数据,并进行数理统计,依据现行规范对各类工程地质问题进行评价这部分内容,尤其是对于原始试验数据成百上千条的勘察项目,采用传统的工作方式便显得效率低下,极易出错且耗时耗力,难以满足项目工期要求,也不利于生产过程控制以及产品可追溯性的要求。

（二）目标任务

通过调查分析发现主要症结在于专业技术人员采用传统方法进行数据分析,编制勘察报告的效率偏低,而工程地质勘察报告中"工程地质问题"章节的评价内容往往是一项高度同质化、重复性的工作。在此背景下,开发一个智能的工程地质问题评价系统是很迫切的。

该系统自 2020 年 10 月 7 日正式发布以来,有效地提高了工程技术人员对工程地质问题评价的准确性、高效性,用户反响良好。

（三）软硬件环境要求

1. 硬件环境

为保证软件系统总体流畅运行,考虑到与本系统的最大兼容性,建议采用 Intel Core i7 系列多核处理器、8GB 内存、显示分辨率 1920×1080、3 键光电有线鼠标、104 键键盘。

2. 软件及系统环境

适合中文 Windows10 或 Windows11 专业版,不适合 Windows NT、Windows 服务器版。要求将 Windows 系统的字体设置为小字体,否则对话框显示不完整。系统预装中文 Office2007 或以上版本。

（四）技术路线

纵观目前市面上含有同类功能的产品,针对于"工程地质问题评价"功能的分布方式,采用的是依据

行业类型将其封装在不同版本的应用程序内,这是目前"公路工程""水利工程""岩土工程"三大国家或行业规范中对某些工程地质问题评价的边界条件存在差异,导致评价内容及结果也不尽相同。

针对以上痛点,开发的系统应对上述问题进行有效整合,一个系统即可解决所有问题,还应具有系统版本迭代快,能够较好地适配新规范变化的优点,无须安装额外的软件、界面整洁、易操作、上手快这些特征,能够有效地提升专业技术人员编写勘察报告的效率和质量。

在工程地质专业方面对数据处理上,Excel 是使用最普遍的计算、统计和生成图表的工具型软件,而 Excel 所归属的 Office 办公软件能取得巨大成功的一个重要因素就是 VBA(Visual Basic for Applications),它是 Visual Basic 的一种宏语言,是在其桌面应用程序中执行通用的自动化(OLE)任务的编程语言。主要能用来扩展 Windows 的应用程序功能,特别是 Microsoft Office 软件。它也可说是一种应用程序视觉化的 Basic 脚本,掌握对 VBA 语言的使用,可以让复杂的工作简易化,减少不必要的重复性工作,大大提高我们的工作效率,但其弱点是不能开发复杂的功能,尤其是在需要编制较为复杂的功能和界面时较为困难,当需求发生变化时不够灵活,需要做大量的工作来应对。且 VBA 有个最大的缺点,就是极易作为木马和病毒程序攻击的对象,引发不必要的困扰,甚至造成损失。

XML Excel 方法是通过将 XML 元素映射到现有单元格来扩展现有 Excel 程序的功能。此种的技术手段最大的优点是面向于 XML 的处理技术,能够使软件开发过程更加具有条理性,对于 XML 遍历和处理可以实现高效的面向对象的 Excel 处理过程,具有比较好的适用性。但是由于对于 XML 文件的处理,不能实现 Excel 对象内部的一些复杂的操作过程,制约了系统对工程地质问题处理的完整性。

VSTO(Visual Studio Tools for Office)是 VBA 的替代性技术,是微软开放的产品面向于对象的处理工具,可以实现对于内容单元的对象化处理,使开发 Excel 应用程序更加简单。首先,VSTO 可以用 Visual Basic 或者 Visual C♯ 这些语言而不是 VB 语言来扩展 Excel;其次,它使用强大的 Visual Studio 开发 IDE 环境来创建定制程序,取代了使用 VisualBasic Editor(VBE),无论是创建简单的数据录入应用程序还是复杂的企业解决方案,VSTO 都使之变得容易,在强大的 Visual Studio 平台下,开发、调试、部署都变得异常容易,缩短了开发时间,提高了效率,减少时间支出和开发成本;最后,VSTO 还提供了增强的 Office 对象,可以用它们来编程,通过全局模板为 Excel 创建应用程序级别的定制程序,在 Excel 的任务窗格上使用丰富的控件集,仅用几行代码就可以定制任务窗格,窗体和功能区也易于定制,它可以直接在 Excel 上添加.NET 控件,然后把事件直接绑定到控件上。

综合各种技术现状因素和优劣势对比,并结合本系统的实际情况,在整个评价体系架构上,采用基于.NET4.0 FRAMEWORK 开发和设计,采用其下 VSTO 分支技术来设计和实现"工程地质问题评价系统"。

(五)总体框架

在正式处理工程地质问题评价前,要进行一项重要的工作,就是对原始地质信息的预处理,可以分为原始地质勘探点地层数据、原位测试数据或原始室内试验数据,这些数据通常来自外业采集和土工试验软件的批量导出,对其进行预先整理是提高工程地质问题评价的必要步骤。

由于各类工程地质问题评价在"公路工程""水利工程""岩土工程"三大国家标准或行业规范中评定界限标准不同,故该模块分为若干个子模块,分别依据《岩土工程勘察规范》(GB 50021—2001)(2009 年版)、《公路工程地质勘查规范》(JTG C20—2011)和《水利水电工程地质勘察规范》(GB 50487—2008)(2022 版)对试验数据进行分析计算评价。系统规划功能结构见图 17-1。

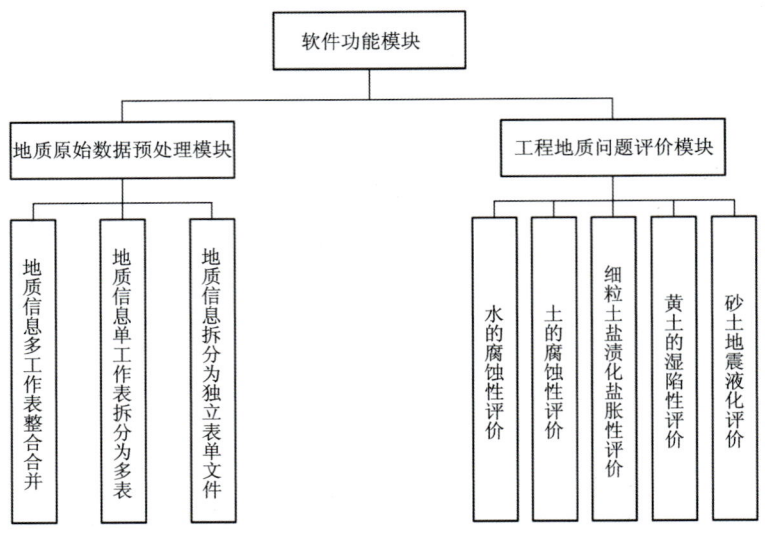

图 17-1　系统规划功能结构图

（六）技术方案流程

整个系统的核心部分是评价模块，这一部分的核心技术路线为在接收到评价指令后，会遍历整个数据表，与系统预制的数据检查规则比对，若数据类型校验不合格，则返回导入数据界面并提示用户数据类型错误，在复核修改源数据后重试。而当数据类型符合要求，但阈值超出地质行业对此类评价的常规认知时，在结论中会提醒用户慎用或复核源数据。值得说明的是，在生成结论后，可以使用其余行业标准重新生成评价结果，为用户提供参考依据，具体实现流程如图 17-2 所示。

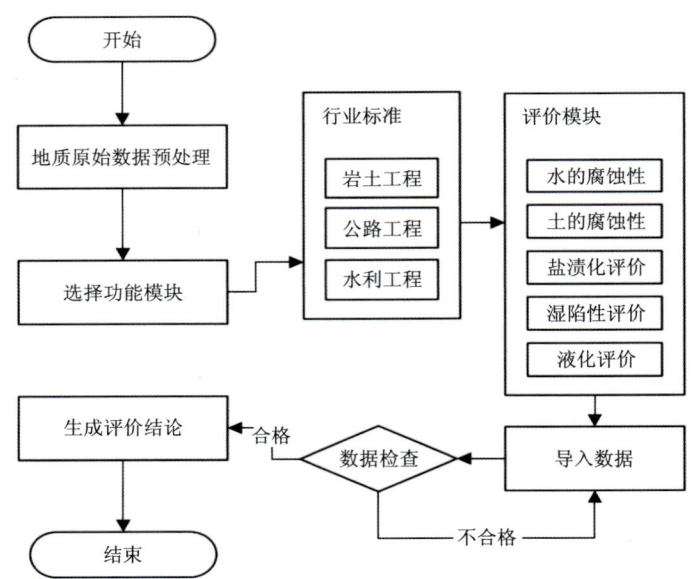

图 17-2　关键技术方案流程图

对于各类工程地质问题评价模块，相关地质边界条件及参数的选择是导致结论正确与否的关键，本系统在每一步均有引导和控制，同时支持用户随意调整参数输出对应结论。

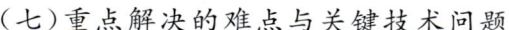

(七)重点解决的难点与关键技术问题

1. 公开的技术文档较少

在当前通过计算机软件对工程地质专业数据进行自动处理的相关领域里,由于微软和第三方开源社区在这方面处理技术的公开信息文档参考价值较低,可查阅的开发案例更是少之又少,给本系统开发造成了一定的困难。

2. 软件公司开发应用较少

由于目前地质信息数据处理及分析大部分基于的 B/S 架构下的 JavaScript 应用实现,而基于 C/S 端的程序开发应用较少,所以各大专业软件开发公司将大部分精力投入基于 B/S 的应用方向,忽略了 C/S 端的开发。又由于地质信息处理难度比较大、受众群体较少、经济效益较低,导致对于处理工程地质问题评价相关的第三方文档程序和接口屈指可数,缺乏在本领域内可参考方法,造成 VSTO 在地质行业的应用技术发展相对滞后,这在技术开发上进一步加大了难度。

(八)软件系统开发总结

本系统是以实现更高效、更便利的"工程地质问题评价"结论为目的,利用微软.NET 框架下的 VSTO 技术作为系统实现的载体,主要为广大地质行业的生产技术人员解决了以下痛点:

(1)目前"公路工程""水利工程""岩土工程"三大国家或行业规范中对某些工程地质问题评价的边界条件存在差异,导致评价内容及结果也不尽相同。本系统对其进行了有效整合,一个程序即可解决上述所有问题。

(2)程序基于 Microsoft 的 .NET 框架和公共语言运行库,使用 VB.NET 编程,依托于微软的 Office Excel 运行(后期增加对金山 WPS 的支持),作为插件无须安装额外的软件,插件界面整洁,易操作,上手快。

(3)程序版本迭代快,能够较好地适配新规范的变化。

(4)目前已集成"水土腐蚀性评价""黄土湿陷性评价""盐渍土类型及盐胀性评价"和"地震液化、震陷性评价"四大应用模块,后期可扩展更多工程地质问题评价模块。

(5)系统完全免费。用户可以在任一计算机上安装、使用、显示、运行本系统,无须像市面上同类产品一次性买断或付费订阅。

从系统发布以来,用户的使用反馈上看,能够切实解决减少人为干预,保证能够准确、独立且高效地完成"工程地质问题评价"。

但目前在提交的地质基础信息源数据时,存在单元格格式有各种各样的差异性,对此类文本格式数值的单元格,在导入本系统时,会存在不能正常识别的情况,在数据预处理方面上与理想情况还存在着一定的差距,而对于评价模块目前仅涉及常见的工程地质问题,针对这两部分内容在后续的研究中还需进一步地修改和完善。

二、青格达湖水源地地下水资源量数值模型

(一)项目概况

为适应和促进五家渠市经济发展,树立现代城市发展理念,五家渠市党委、政府遵照中央新疆工作

座谈会精神,坚持"以人为本、规划先行、环保优先、生态立区、城乡统筹、布局合理、集约高效、特色突出"的城镇化建设原则,于 2010—2013 年,先后委托中国城市规划设计研究院、山西省城乡规划设计研究院、新疆建筑设计研究院等,完成了《五家渠市城市总体规划》(2013—2030 年)、《五家渠青湖生态经济开发区商务区控制性详细规划》《五家渠青湖生态经济开发区青湖商务区基础设施建设项目可行性研究报告》《五家渠工业区总体规划 2010—2030 年》等一系列成果。

基于以上规划成果的导引,预测至 2030 年,五家渠市城镇化水平将大幅提高,城市人口将由 2013 年的 12.06 万人,增长至 2030 年的 29 万人,城市建成区面积由现状 14.5km²,增至 25km²。

根据城市规划成果,估算至 2030 年,五家渠城市综合用水需求量将达到 $3632\times10^4 m^3/a$(不含东、北工业园区,青湖商务区用水),而该市现有自来水水源地设计供水能力仅为 $1241\times10^4 m^3/a$,不能满足远期规划年城市发展需水要求,还需优化现有城市供水水源地开采井布局和新增备用水源地。由此,为保障五家渠市城市供水安全,在对现状拥有井数 72 眼、开采量 $4589\times10^4 m^3/a$ 的青格达湖城市供水水源地进行供水水文地质勘察。勘察工作历时 3.5 个月,其间完成了单孔抽水试验 9 组,多孔抽水试验 7 组,多落程抽水试验 2 组,完成探采孔 2 眼及进尺 600m,完成潜水变幅带给水度测试 1 组、渗水试验 4 组、水质简分析 10 组、水质全分析 6 组等工作,为青格达湖城市供水水源地地下水数值模拟奠定了基础。

(二)建模软件

MODFLOW(Modular Three-dimensional Finite-difference Ground-water flow model)是由美国地质调查局(U. S. Geological Survey)的 Mcdonald 和 Herbaugh 开发出的一套专门用于孔隙介质中地下水流动数值模拟的软件。自问世以来,在全世界范围内的水资源利用、科研、环保、城乡发展规划等许多行业和部门得到了广泛的应用,成为最为普及的地下水运动数值模拟的计算机程序。

Visual Modflow 由加拿大 Waterloo 水文地质公司开发研制,Visual Modflow(windows)4.1 是综合已有的 MODFLOW、MODPATH、MT3D、RT3D 和 PEST 等地下水模型而开发的可视化地下水模拟软件,可进行三维水流模拟、溶质运移模拟和反应运移模拟。本次运用 MODFLOW 水流模拟模块。

1. 建模方案概述

水源地地下水数值模拟的步骤分为水文地质条件分析,建立水文地质概念模型和数学模型,确定模拟期和预报期,地下水资源评价和水位预报等。

青格达湖水源地计算区面积为 17.5km²,在空间上的离散包括平面上的网格剖分和垂向上的分层。平面上采用等间距矩形网格进行剖分,每个网格面积 50m×50m,共剖分单元网格 94×246 个。垂向上按物探成果及钻孔资料,按不同的岩性、含水介质进行分层。在 300m 的模拟计算深度内,岩性为粉细砂和细砂、砂砾石、粉质黏土等组成,为潜水—承压水多层含水层。根据钻孔资料,计算区内下部由多层承压水组成,按照其岩性特点将其概化为上下两层承压水,第一、二层承压水埋藏范围在 30~120m 之间,第三、四层承压水埋藏范围在 120~280m 之间。

如此剖分后总单元格有 23 124 个,其中 7021 个为有效单元。

模型的水文地质边界条件是指确定模型中各单元的水头性质的条件,用以判定是定水头单元,变水头单元或是无效水头单元。对于本计算区而言,四侧边界可视为流量边界。

1)水文参数确定

模型水文地质条件及参数的选取、划分,依据本次水文地质勘察资料及前期在此地区进行的水文勘察工作成果。据此,将计算区分为弱透水层和含水层,各层参数依据勘察成果确定如表 17-1 所示。

表 17-1 模型参数的概化

分层		渗透系数(m/d)	释水系数	给水度
Ⅰ	潜水含水层	0.1	/	0.02
Ⅱ	第一承压水含水层	20~70	$(1.5\sim3)\times10^{-4}$	/
Ⅲ	隔水层	0.01	1×10^{-6}	/
Ⅳ	第二承压水含水层	25~50	$(1\sim3)\times10^{-4}$	/
Ⅴ	隔水层	0.01	1×10^{-6}	/

青格达湖水源地片区计算区地下水资源模型的运行计算方案及校验如下。

2) 模型计算方案

模拟计算分 2 个阶段 3 种方案进行，见表 17-2。

(1) 现状条件下 2004—2013 年地下水资源量模拟计算，对模型进行验证。

(2) 在区内减少上层承压水开采量至 $2000\times10^4\,\mathrm{m^3/a}$，同时增加开采下部承压水开采量 $2500\times10^4\,\mathrm{m^3/a}$，在此条件下，进行地下水水位预测，进行 20 个水文年的非稳定流精细模拟与评价。

(3) 在区内减少上层承压水开采量至 $2500\times10^4\,\mathrm{m^3/a}$，同时增加开采下部承压水开采量 $2800\times10^4\,\mathrm{m^3/a}$，在此条件下，进行地下水水位预测，进行 20 个水文年的非稳定流精细模拟与评价。

(4) 在区内减少上层承压水开采量至 $2000\times10^4\,\mathrm{m^3/a}$，同时增加开采下部承压水开采量 $500\times10^4\,\mathrm{m^3/a}$，在此条件下，进行地下水水位预测，进行 20 个水文年的非稳定流精细模拟与评价。

表 17-2 各模拟计算方案基本条件

计算分区	计算方案	地下水流态	模拟时间	应力期	时段数	特征指标	备注
Ⅰ		非稳定流	10 年	12	120	现状年	模型校验
	一	非稳定流	20 年	12	240	沿老干渠新建管井 15 眼，开采第三、四层承压水。减少上层承压水开采量至 $2000\times10^4\,\mathrm{m^3/a}$，同时增加开采下部承压水开采量 $2500\times10^4\,\mathrm{m^3/a}$	长期预测
	二	非稳定流	20 年	12	240	沿老干渠新建管井 15 眼，开采第三、四层承压水。减少上层承压水开采量至 $2500\times10^4\,\mathrm{m^3/a}$，同时增加开采下部承压水开采量 $2800\times10^4\,\mathrm{m^3/a}$	长期预测
	三	非稳定流	20 年	12	240	减少上层承压水开采量至 $2000\times10^4\,\mathrm{m^3/a}$，同时增加开采下部承压水开采量 $500\times10^4\,\mathrm{m^3/a}$ 供给青湖商务区用水	长期预测

2. 模型校验

在建立空间物理模型以后，进行初始流场及水文参数的拟合，对初始水位以及各个参数进行校正。采用非稳定流模拟计算，其结果作为非稳定流预测模拟的初始值。

为了更准确地建立数值模型，本次模型校验共校验 10 年的水文资料，即 2004—2013 年的计算区内补排数据进行模型计算，与同期的水位长观数据、地下水位变幅和资源量进行比较，对模型的含水层、隔水层渗透系数、给水度、弹性释水系数等相关参数进行调整,使所建立的模型能更准确地反映实际情况,模型建立难度和数据量都很大。

计算水位与长观水位对比图见图17-3,校准残差直方图见图17-4。从图中可以看出,在高精度水文地质勘察工作和长期水位动态监测数据的支撑下,模型计算水位与长观水位走势基本一致,拟合差保持在较小误差范围内,个别拟合段误差较大原因是早期机井开采量统计数据不完整造成,但总体上模型的水文参数调整、优化基本切合实际。

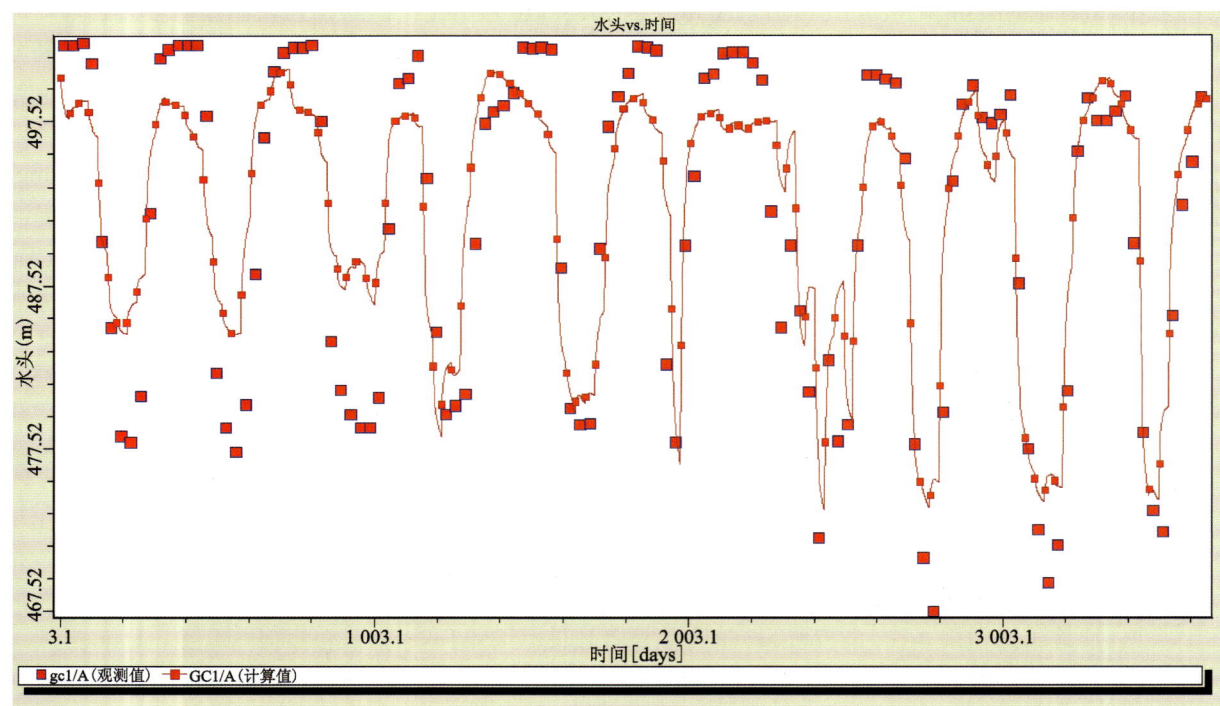

图17-3　计算水位与长观水位对比图

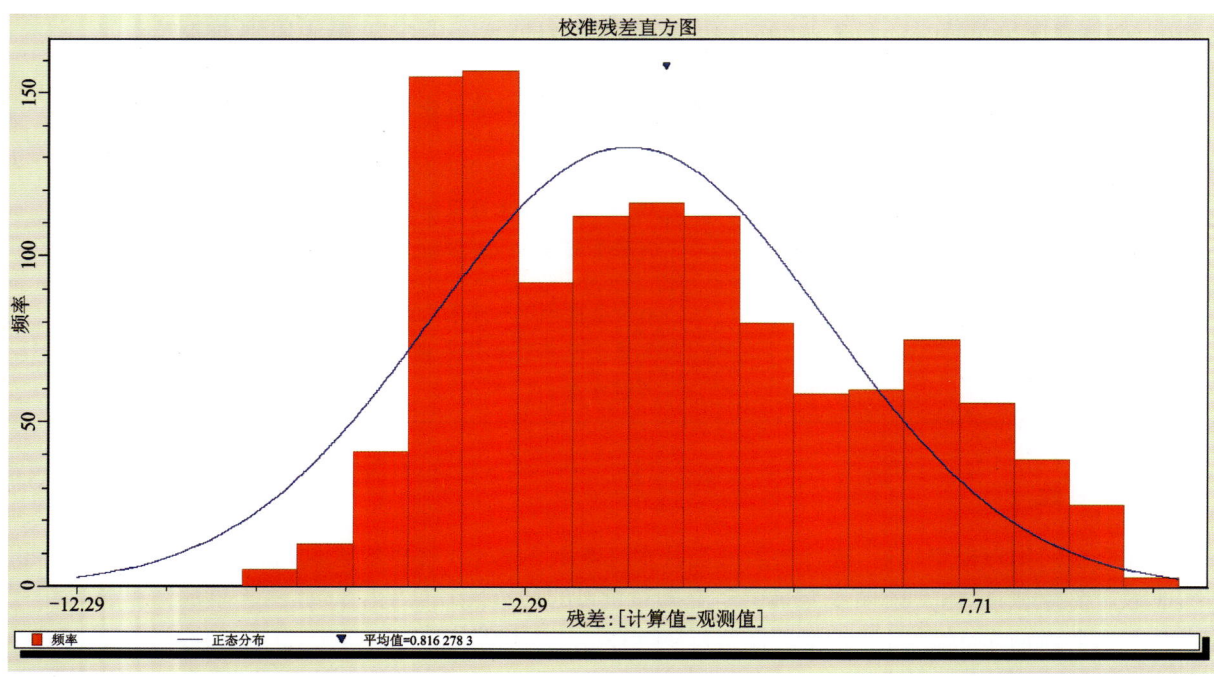

图17-4　校准残差直方图

(三)青格达湖水源地片区现状年地下水资源量的模拟结果

现状水平年模拟所得到的青格达湖水源地片区地下水资源均衡结果,见表17-3。结果显示:计算区内10年平均地下水补给量为$6119\times10^4m^3/a$。其中地下水侧向补给$5107\times10^4m^3/a$,占补给量的83.5%;渠系渗漏、田间入渗等垂向入渗量为$1012\times10^4m^3/a$,占补给量的26.5%。显然区内地下水资源主要来自地下水侧向补给。

计算区内10年平均地下水排泄量为$6630\times10^4m^3/a$。其中地下水侧向流出$1547\times10^4m^3/a$,占排泄量的15.3%;机井开采地下水量为$4796\times10^4m^3/a$,占补给量的80.5%;潜水蒸发水量为$288\times10^4m^3/a$,占排泄量的4.2%。地下水开采是主要排泄项。

青格达湖水源地片区计算区内,地下水10年储存变化量为$-69\times10^4m^3/a$,基本上处于补排平衡。地下水10年平均补排均衡模拟成果,见表17-4。

表17-3 地下水现状年(2013年)补排均衡模拟成果表　　　　　　　　单位:$10^4m^3/a$

项目	1月	2月	3月	4月	5月	6月	7月	8月	9月	10月	11月	12月	全年
侧向流入	182	157	204	253	289	842	1040	904	481	317	227	211	5107
垂向入渗	38	35	126	53	40	191	290	146	33	14	34	12	1012
补给量合计	220	193	331	306	329	1033	1330	1049	513	331	261	223	6119
侧向流出	138	133	122	105	108	87	87	89	90	98	105	115	1278
开采量	20	30	200	255	196	1235	1271	942	188	120	58	74	4589
蒸发蒸腾量	2	2	15	48	54	36	27	18	11	12	4	4	235
排泄量合计	160	165	337	409	358	1357	1386	1050	290	230	167	192	6101
储量变化	60	28	-6	-103	-29	-325	-56	0	223	100	95	31	18
均衡差	0	0	0	0	0	0	0	0	0	0	0	0	0

表17-4 地下水10年平均补排均衡模拟成果表　　　　　　　　单位:$10^4m^3/a$

项目	1月	2月	3月	4月	5月	6月	7月	8月	9月	10月	11月	12月	全年
侧向流入	223	212	284	370	525	649	678	652	486	360	278	238	4953
垂向入渗	22	38	97	84	152	244	374	313	157	69	38	19	1607
补给量合计	244	250	381	454	676	892	1053	965	643	429	317	256	6561
侧向流出	128	114	115	106	107	104	124	151	165	159	141	134	1547
开采量	117	131	292	468	601	783	809	751	382	215	149	98	4796
蒸发蒸腾量	4	5	15	45	40	38	42	40	32	18	5	5	288
排泄量合计	249	249	422	619	748	924	974	943	579	393	294	236	6630
储量变化	-5	0	-41	-165	-71	-32	78	23	64	37	22	20	-69
均衡差	0	0	0	0	0	0	0	0	0	0	0	0	0

(四)水源地开采方案优化后地下水位预测分析

分析青格达湖水源地片区现状水文地质资料,地下含水层由多层承压水含水层组成,本次模型将多层承压水概化为两层,含水层岩性为砂砾石、粗砂等,岩性颗粒由南至北部逐渐变细,上部表层为粉土、粉质黏土,隔水层大部分为粉质黏土。本书仅预测方案一。

方案一:上部承压水开采 $2000\times10^4\mathrm{m}^3/\mathrm{a}$,下部承压水开采 $2500\times10^4\mathrm{m}^3/\mathrm{a}$。

根据模拟方案的要求,以近10年的平均地下水资源量数据为基础,减少上部承压水开采量至 $2000\times10^4\mathrm{m}^3/\mathrm{a}$,同时新建15眼机井开采下部(100~150m以下含水层)承压水含水层,开采量为 $2500\times10^4\mathrm{m}^3/\mathrm{a}$,总开采量为 $4500\times10^4\mathrm{m}^3/\mathrm{a}$。新建机井主要沿老干渠分布。

以此进行数值模拟计算,分别给出预测1年、5年、10年、20年地下水资源量的变化情况,本书以第1年和第20年的2月图表为例,进行现状年地下水资源量和现状地下水位的比较,分析灌区内地下水资源量演变情况。

地下水补排均衡结果与现状年地下水资源量对比表见表17-5~表17-8。之所以选择每年的2月和7月作为预测节点,是因为这两个时间段是全年最高和最低水位及降深变化节点。

表17-5 第1年开采方案一地下水补排均衡模拟成果表　　　　　　　　　　单位:$10^4\mathrm{m}^3/\mathrm{a}$

项目	1月	2月	3月	4月	5月	6月	7月	8月	9月	10月	11月	12月	全年
侧向流入	313	290	345	370	368	521	602	554	402	361	327	337	4789
垂向入渗	15	23	55	51	91	140	196	167	85	39	25	12	899
补给量合计	328	313	399	422	460	661	798	720	487	400	352	349	5688
侧向流出	75	71	60	52	53	45	44	46	61	69	71	74	721
开采量	232	216	358	370	300	625	711	609	305	286	251	267	4528
蒸发蒸腾量	3	5	17	60	72	67	53	42	43	32	8	6	407
排泄量合计	311	292	434	482	425	737	808	696	409	387	330	347	5657
储量变化	17	21	−35	−60	35	−76	−10	24	78	13	22	2	32
均衡差	0	0	0	0	0	0	0	0	0	0	0	0	0

表17-6 第1年开采方案下地下水资源量与现状年资源量对比表　　　　　　单位:$10^4\mathrm{m}^3/\mathrm{a}$

项目	1月	2月	3月	4月	5月	6月	7月	8月	9月	10月	11月	12月	全年
侧向流入	131	132	140	117	79	−320	−439	−350	−79	44	100	126	−318
垂向入渗	−23	−12	−72	−2	52	−51	−93	21	52	25	−9	−1	−113
补给量合计	107	120	69	116	131	−371	−532	−329	−26	70	91	125	−431
侧向流出	−63	−62	−62	−53	−55	−42	−43	−43	−30	−29	−34	−41	−557
开采量	212	187	158	114	104	−610	−560	−334	116	166	193	193	−60
蒸发蒸腾量	1	2	1	12	18	32	26	23	32	20	4	2	173
排泄量合计	151	127	97	73	67	−620	−578	−354	118	157	163	154	−445
储量变化	−44	−7	−28	42	64	249	46	25	−145	−87	−72	−29	14
均衡差	0	0	0	0	0	0	0	0	0	0	0	0	0

表 17-7　第 20 年开采方案下地下水补排均衡模拟成果表　　　　　　　　　　　单位：$10^4 m^3/a$

项目	1月	2月	3月	4月	5月	6月	7月	8月	9月	10月	11月	12月	全年
侧向流入	314	284	339	367	367	521	601	554	402	361	327	337	4775
垂向入渗	15	23	55	51	91	140	196	167	85	39	25	12	899
补给量合计	329	307	394	419	458	661	798	720	487	400	352	349	5674
侧向流出	81	76	61	52	54	45	44	46	61	69	71	74	734
开采量	232	216	358	370	300	625	711	609	305	286	251	267	4528
蒸发蒸腾量	4	5	17	62	73	68	53	42	43	32	8	6	411
排泄量合计	317	297	436	484	426	738	808	696	409	387	330	347	5674
储量变化	12	10	−42	−66	32	−77	−10	24	78	13	22	2	0
均衡差	0	0	0	0	0	0	0	0	0	0	0	0	0

表 17-8　第 20 年开采方案下地下水资源量与现状年资源量对比表　　　　　　　单位：$10^4 m^3/a$

项目	1月	2月	3月	4月	5月	6月	7月	8月	9月	10月	11月	12月	全年
侧向流入	132	127	135	114	78	−321	−439	−350	−79	44	100	126	−332
垂向入渗	−23	−12	−72	−2	52	−51	−93	21	52	25	−9	−1	−113
补给量合计	109	115	63	113	130	−372	−532	−329	−27	70	91	125	−445
侧向流出	−57	−57	−61	−53	−55	−42	−43	−43	−30	−29	−34	−41	−544
开采量	212	187	158	114	104	−610	−560	−334	116	166	193	193	−60
蒸发蒸腾量	2	2	2	14	19	32	26	23	32	20	4	2	177
排泄量合计	157	132	99	75	68	−620	−578	−354	118	157	163	154	−427
储量变化	−48	−18	−35	37	62	248	46	24	−145	−88	−72	−29	−18
均衡差	0	0	0	0	0	0	0	0	0	0	0	0	0

从以上各表分析可以看出，与现状年 2013 年地下水资源量对比：地下水开采量及开采方式调整后，模型区内总补排量随时间有一定减少，这主要是因为本模型预测所用资源量是以近 10 年数据的平均值计算的，和现状年 2013 年有一定的差值，但总体上数据变化不大，补给上还是侧向入渗为主，排泄量以开采量为主。模型运行 5 年后基本上达到补排平衡。

从 20 年预测的资源量的变化上看，变化值很小，补排量也达到平衡，说明方案一虽然改变了开采方式，但开采总量没有大的变化，2013 年开采量为 $4589×10^4 m^3$，前 10 年的平均开采量为 $4796×10^4 m^3$，而本次预测开采量为 $4500×10^4 m^3$，因此从地下水补排平均上看此方案对计算区的地下水资源补排状况基本不产生影响。

计算区第 1、第 20 年的 2 月上下层承压水水位及降深预测图见图 17-5～图 17-8。

通过分析以上预测图可以看出，按照优化后的井位布局和开采方案运行 20 年，模型区内地下水水位变化较大，对上层承压水头来说，因为开采量从 2013 年的 $4000×10^4 m^3$ 减少到 $2000×10^4 m^3$，减少幅度较大，因此上层承压水头开采期降幅减少，恢复期水头则有一定的回升；下部承压水层主要是城镇生活工业用水，长年开采，因为此前没有开采此层地下水，加之地下水补给条件较好，水位降幅较小且稳定，年内水头基本保持不变。对比上下两层承压水层的水头变化还可以看出，上下两层承压水层水力联系极弱，相互基本没有影响，因此对下层承压水开采不会影响上层承压水水头变化，同时上层承压水水头得到了很好的恢复。每年 2 月水头恢复最高，预测年上层水头比现状 2013 年水头将整体上升 0.5～1.5m，每年 7 月水头最低，预测年上层水头降深为 1～14m。下层水头变化不大，全年平稳，降幅为 1.0～1.5m。

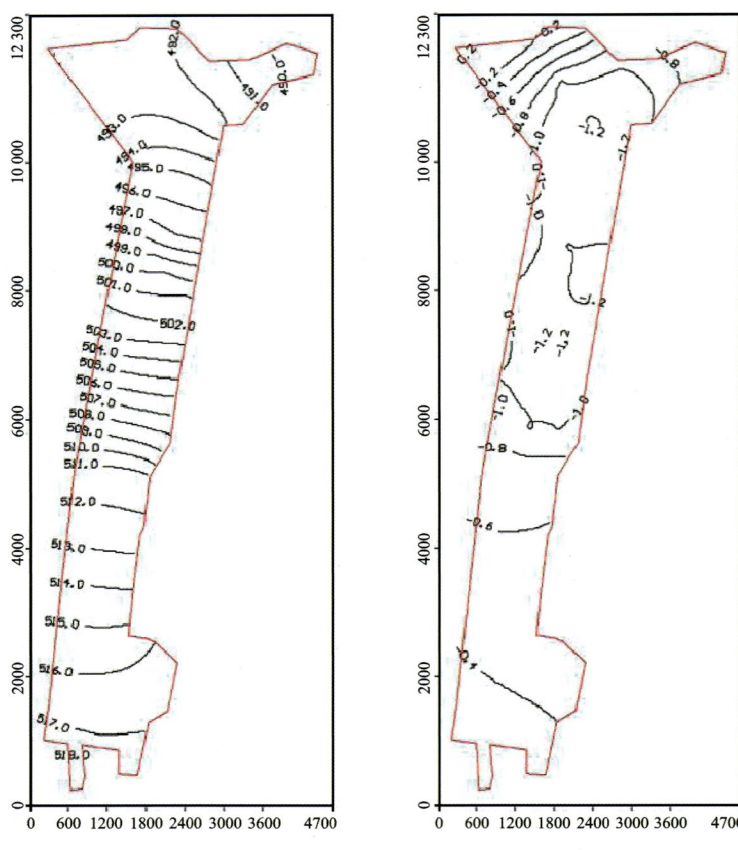

图 17-5 第 1 年 2 月上层承压水水头预测及水头降深预测图

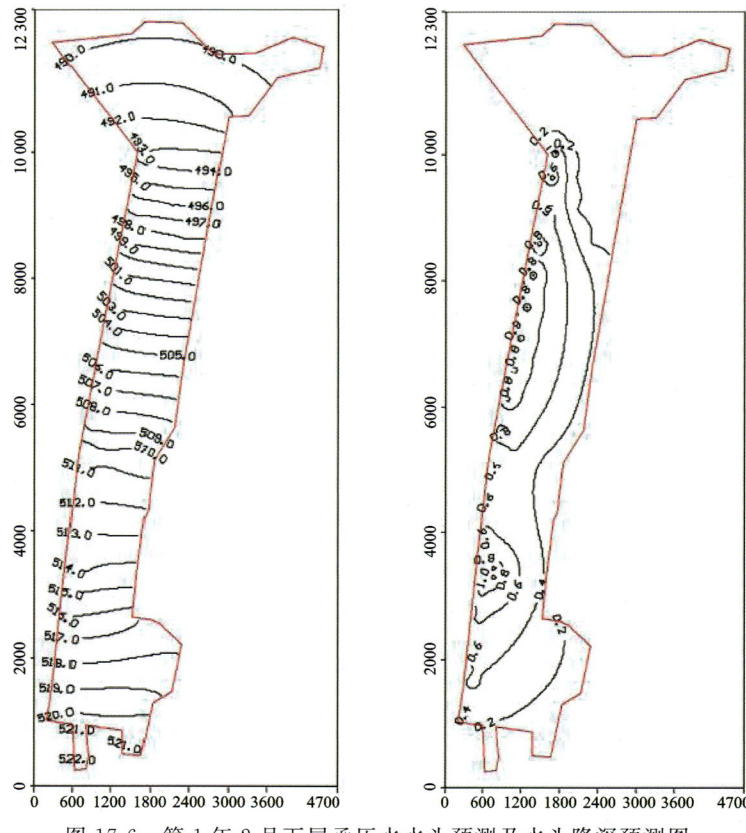

图 17-6 第 1 年 2 月下层承压水水头预测及水头降深预测图

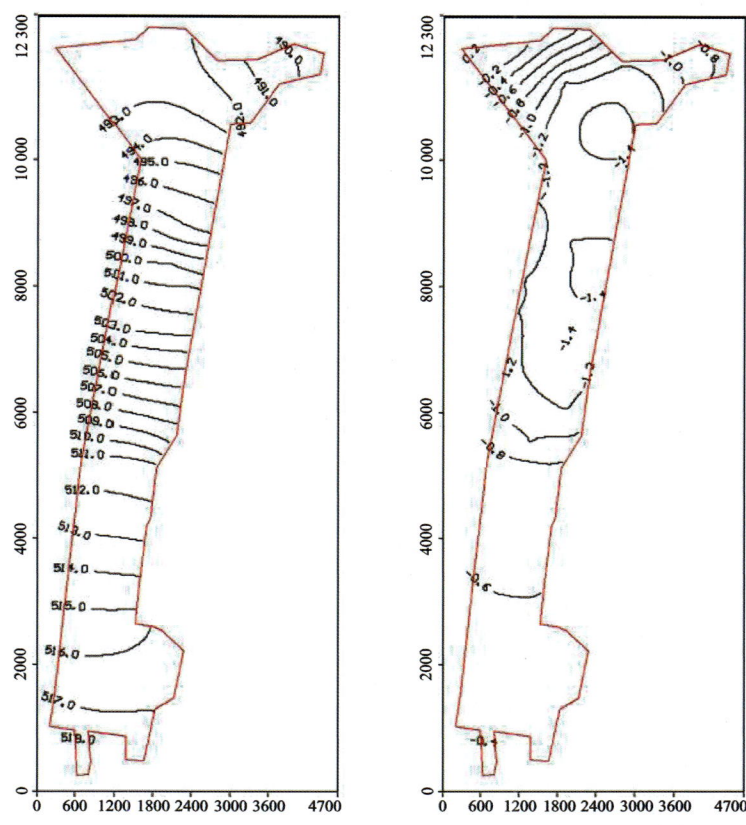

图 17-7 第 20 年 2 月上层承压水水头预测及水头降深预测图

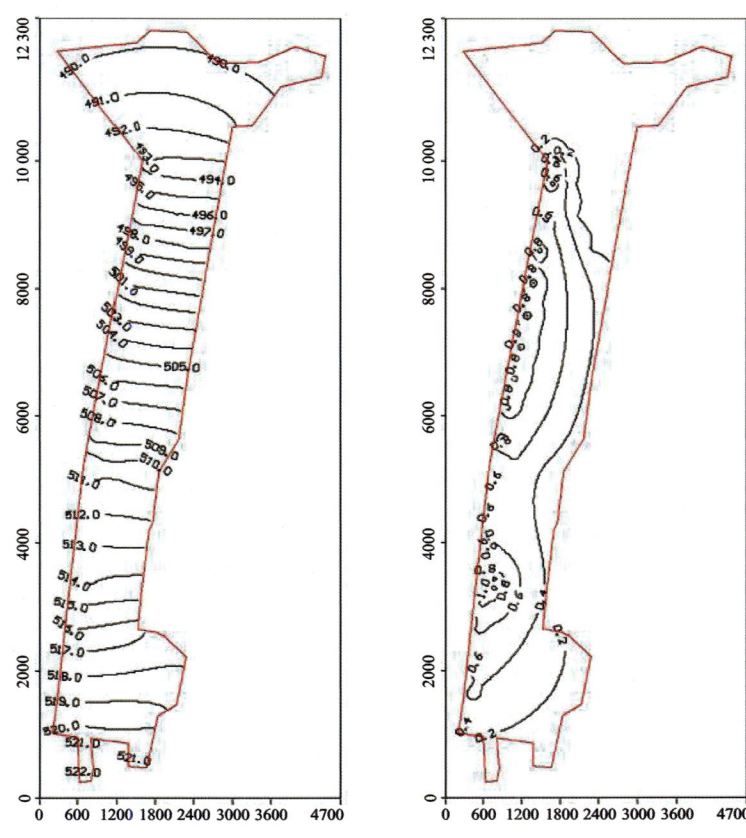

图 17-8 第 20 年 2 月下层承压水水头预测及水头降深预测图

(五)项目总结

1. 前景展望

地下水流数值模型是地下水动态过程的数学模拟,是一种有效的地下水勘察与管理工具。近年来,地下水流数值模拟的研究得到了蓬勃发展,首先,不断完善地下水流数值模拟方法,如在非均匀地下水流场中采用层级网格技术,可在使用高空间分辨率模型时计算量大幅减少。

在国内外建立的诸多模型中,往往多见的是地下水流态、地下水资源评价和管理以及地下水污染治理等方面,地下水数值模拟精度取决于水文地质勘察工作精度,而其技术的发展取决于模拟软件的发展,其中模型的建立是核心内容,提高模拟的精确度是未来发展的主要趋势。

2. 建模软件适用性评价

Visual MODFLOW 是当前国际上最流行且被各国一致认可的三维地下水流和溶质运移模拟评价的标准可视化专业软件系统,该系统软件包由 MODFLOW(水流评价)、MODPATH(平面和剖面流线示踪分析)和 MT3D(溶质运移评价)三大部分组成,并且具有强大的图形可视界面功能。设计新颖的菜单结构允许用户非常容易地在计算机上直接圈定模型区域和剖分计算单元,并可方便地为各剖分单元和边界条件直接在机上赋值,做到真正的人机对话。

MODFLOW 可以模拟潜水、承压水和隔水层中的稳定流与瞬变流的情况,许多影响因素和水文过程,如河流、溪流、排水沟、水库、作物蒸散量、降雨和灌溉入渗补给等都可以用 MODFLOW 来模拟,在求解过程中引入了应力期(stress period)概念,它将整个模拟时间分为若干个应力期,每个应力期又可再分为若干个时段(time step),在同一个应力期,各时间段既可以按等步长,也可以按一个规定的几何序列逐渐增长,在工作中再利用其他软件如 ArcGIS\AquiferTest 配合,再与传统勘察工作结合,可大幅提高水文地质勘察成果水平,提升地下水管理工作的精细操作性。

第十八章 地质三维建模（BIM应用）

一、奎屯河引水工程将军庙水库三维地质建模

（一）项目简介

1. 项目概况

奎屯河引水工程是国家 172 项重大水利工程，工程主要任务以供水、灌溉为主，兼顾防洪、发电等综合利用。工程主要由将军庙水库、山区引水系统、出山口引水系统和团结干渠改建组成。其中将军庙水库总库容为 8078 万 m^3，最大坝高 135.0m，死水位 1395m，死库容 1920 万 m^3；正常蓄水位 1443m，相应库容 7665 万 m^3，兴利库容 5745 万 m^3，工程属大（1）型Ⅰ等工程。

2. 建模背景

目前工程勘察的数据成果大部分以二维数据形式呈现，这样的表现形式专业化程度高，不便于查阅信息，无有效的三维展示效果，使得三维地质空间的开发利用停留在浅层阶段，造成地质空间规划、设计和建设的资源浪费，而地质建模三维可视化技术可以有效地展示地质空间的利用现状和发展潜力。因此，如何实现地质模型的三维可视化，并让工程勘察成果与设计、建筑、结构等多专业协同工作是一个急需解决的问题。

3. 建模过程

三维模型的建立，顾名思义是需要有三维元素的数据，如通常测量提供的地形图，其高程点就是一组三维数据，高程点的密度（即精度）反映了其模拟地表地形的精度。简单来说我们只需要拥有地质体的三维信息即可利用软件建立出相应精度的三维地质模型，即为点、线、面等带有三维数据的元素。但由于地质学是一门经验推演学科，它在工程上的意义就在于利用一定的成本解决工程的地质问题，成本上有所控制导致其三维地质模型的精度存在着不同，见图 18-1。

1）地表三维面的建立

地表三维信息由测量人员提供了相应比例的等高线图，此处作为地质专业需要将地表测绘的信息加入，也就是地质体的出露线。具体方法为将研究区域的矢量等高线 dxf 文件直接导入 GOCAD 后，由软件点、线生成面的工具生成空间中的地表曲面，见图 18-2。

2）地质三维曲面的建立

三维模型地表面是根据测绘人员提供的三维数据绘制，地表以下的三维数据要依赖勘探（钻探、物探、坑探等）提供，由于工作量的限制，地层面的数据点非常有限，如果直接利用现有的勘探点生成地层三维面，难以与实际情况相吻合，不能达到建模目的。因此，需结合钻探、物探、测绘、地层接触关系等再

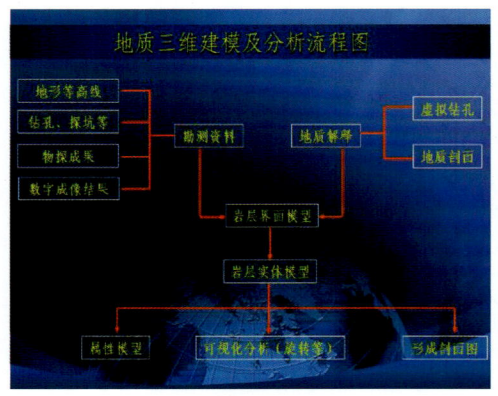
图 18-1　三维建模及分析流程图

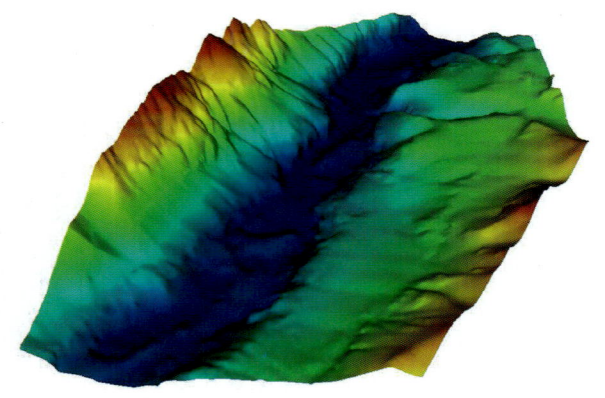
图 18-2　三维地形曲面

加以地质分析推测使研究区域的三维数据充足。此处传统做法是在二维剖面上以钻孔点代线加以地层地貌形成机理推测出二维的实际地层，现在需要以三维的角度加上必要的控制性钻探、物探、硐探，在三维空间以点、线、面推测地质体形态。在重要区域、关键性控制区域完成后，再利用本软件的核心算法（DSI）生成各个地层的曲面。生成后可根据勘察阶段不断对模型修复，工作量增加后，可加以控制点、控制线对地层曲面进行约束，使其更接近真实地层。

钻孔数据是三维地质建模的基础，在 GOCAD 中，钻孔是以测井（well）的形式表示的，well 作为 GOCAD 的基本对象之一，包含有位置信息（well path）和属性信息（well logs），GOCAD 中提供了多种国际通用的钻孔录入数据接口，但与国内流行的钻孔数据有一定差别，建模中基本采用文本文件方式录入钻孔及相关数据。数据读入 GOCAD 后，可在 well 的 marker 项修改各层的信息并加入各层的产状信息，在本项目中，总共布置了近百个钻孔。根据这些钻探及物探资料，并辅以地质测绘分析，建立了各个地层分界面的离散数据点分布图。利用这些离散数据点，按照 GOCAD 支持的格式，在 GOCAD 中利用曲面生成命令生成相应的三维地层分界面。地层完成后再结合钻孔及地质测绘对构造、断层、古河槽等地质体建模，见图 18-3。

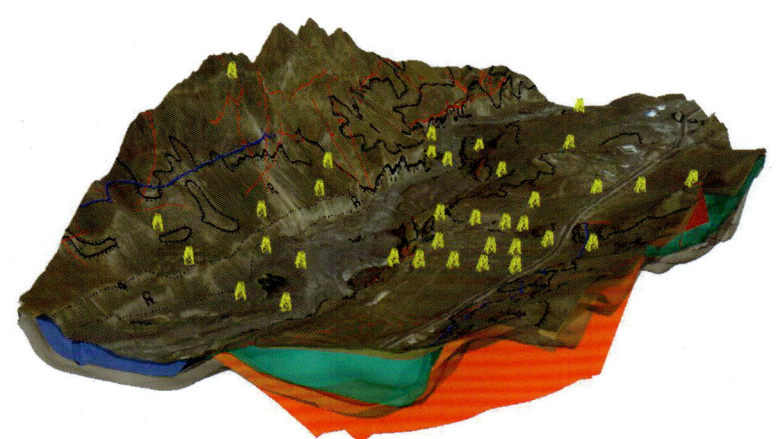
图 18-3　三维地质曲面模型

自此地质分界面主要包括地层面、风化面、地下水位面、卸荷带断层等，即已初具模型。由于地质分界面存在于地表以下，无法直接观察到，因而存在很大的未知性。三维地质建模的任务是将这些无法完整观察到的未知面进行重构，包括它们的几何形态、相互间的位置关系等。需反复对该地质分界面进行复核校对，对不符合地质逻辑、不符合实际勘探信息的位置进行处理，需对已生成的曲面进行变形约束处理。

对变形曲面添加约束(Constraints),主要有3种约束需要添加:①设置待变形曲面厚度范围约束(SetRange Thickness Constraint),控制待变形曲面与其上层已完成曲面之间的深度范围;②对待变形曲面添加出露迹线、已探明迹线、勘探点信息等控制点的硬约束(Control Nodes),确保待变形曲面100%通过已知信息点;③约束待变形曲面区域外轮廓,确保其边界(Border)只能沿Z方向进行变形。

对设置好各种约束的待变形曲面进行多次的插值积分(Interpolation),根据实际情况判断变形后的曲面,如果其展布情况与地质规律不矛盾,则可认为该曲面可以模拟该地层面。随着勘探工作的加强,不断新增勘探点数据,将新增信息添加到待变形曲面,设置为新的硬约束,确定该勘探点的影响范围,建立region,再次调整,即可完成对曲面模型的修订。

3)地质体的建立

根据修订好的三维曲面利用GOCAD生产体的工具命令,由闭合面生成各个地质体,见图18-4。

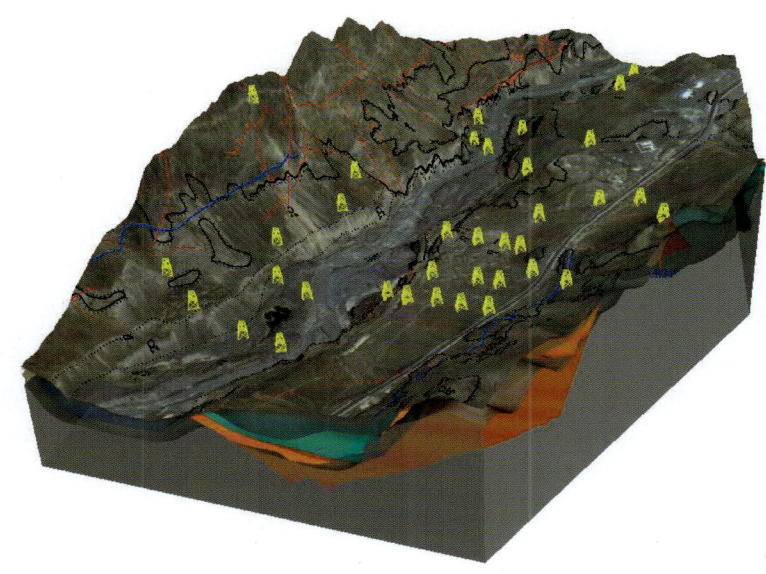

图18-4 三维地质体模型

4)模型的应用

可将建好的三维地质模型提供给设计师,设计师在此基础上对建筑物进行建模,设计师可采用目前使用较多的Civil 3D软件在此基础上进行填挖方、放坡等设计,可优化工程量的计算工作,也可利用建好的模型导入Flca 3D进行边坡抗滑稳定、地基承载变形等计算分析,可模拟施工开挖等,见图18-5。

4. 应用情况

通过建立将军庙水库三维地质模型,使不熟悉地质结构和构造复杂性的人对地质空间关系有一个十分直观的认识;由于模型具有可视化功能,可提高对难以想象的复杂地质条件的理解和判别,为勘察、设计论证等工作提供验证和解释;作为地质成果提供给设计人员,减少了繁杂的二维剖面工作。

通过三维地质建模把抽象的东西具体化,把没有想到的东西凸显出来,提高并丰富了该工程的地质研究水平和推动了分院地质专业BIM技术的发展。

(二)建模的软硬件环境

1. 软件介绍

本次工程应用到的主要软件有GOCAD、Autodesk Civil 3D、Autodesk CAD。

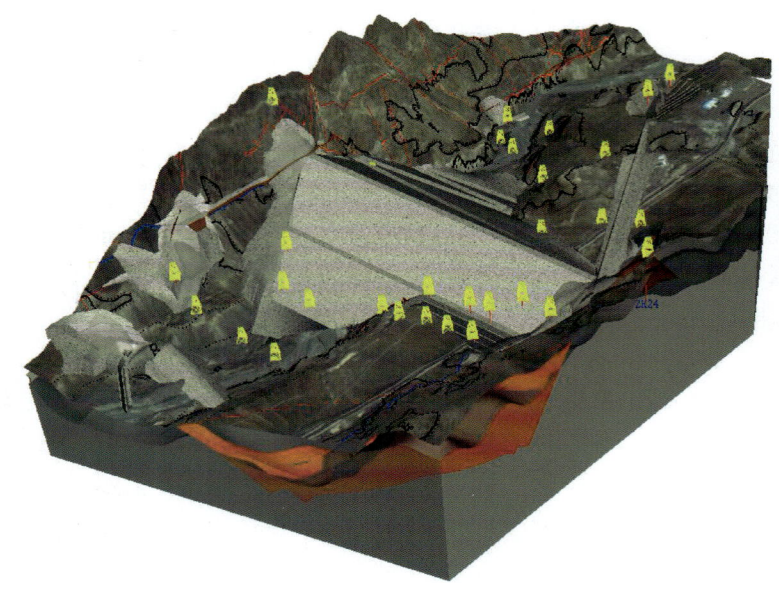

图 18-5　该工程三维模型

(1) GOCAD：是一款功能强大的三维地质建模软件。具有功能强大、界面友好、易学易用的优点，并能在几乎所有硬件平台上运行。

(2) Autodesk Civil 3D：是一款面向土木工程设计与文档编制的建筑信息模型设计软件。该软件能够帮助从事交通运输、土地开发和水利项目的土木工程专业人员保持协调一致，更轻松、更高效地探索设计方案，分析项目性能，并提供相互一致、更高质量的文档。所有曲面、横断面、纵断面、标注等均以动态方式链接，可更快、更轻松地评估多种设计方案，做出更明智的决策并生成最新的图纸。

(3) Autodesk CAD：是用于二维绘图、详细绘制、设计文档和基本三维设计。Autodesk CAD 具有广泛的适应性，可以用于土木建筑、装饰装潢、工业制图、工程制图、电子工业、服装加工等多个领域。

2. 硬件环境

安装以上 3 款软件之前，需确保计算机满足最低系统要求。如果系统不满足这些要求，则软件在操作系统级别上可能会出现问题。现将各软件电脑的配置要求整理如下，见表 18-1。

表 18-1　软件所需计算机硬件配置

软件	操作系统	CPU	显卡	内存
GOCAD(2017 版)	Windows、Linux、Unix、IOS 等	2.5～2.9GHz(基本) 3.0+GHz(建议)	4G	4G(基本)、 8G(建议)
Autodesk Civil 3D (2020 版)	Windows、Linux、Unix、IOS 等	2.5～2.9GHz(基本) 3.0+GHz(建议)	4G(基本)、 8G(建议)	8G(基本)、 16G(建议)
Autodesk CAD (2020 版)	Windows、Linux、Unix、IOS 等	2.5～2.9GHz(基本) 3.0+GHz(建议)	4G(基本)、 8G(建议)	8G(基本)、 16G(建议)

(三) 建模历程概述

1. 建模思路

三维地质建模的思路是利用工程中各种地质勘测资料，借助 GOCAD 内部的 DSI 算法，将离散数据转化为连续曲面,进而建立区域内的三维地质模型,处理地质界面与结构面的组合关系,从而反映工程区地质体的全貌,建模思路见图18-6。

在建模之前首先需要对建模项目有所了解,包括工程区基本地质条件,其次对地质勘测原始资料的复核,这是建模开始前最关键的一步,只有准确的数据和成果才能保证在后续建模中不会出现反复的调整和修改,同时要明确建模流程和步骤,尽量避免不必要的重复工作。

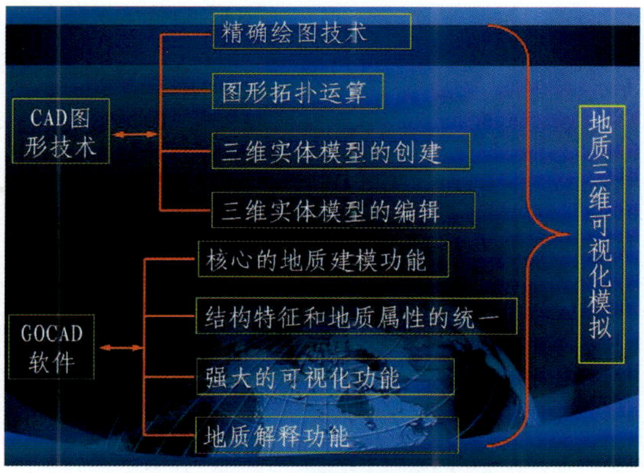

2. 技术难点

图 18-6　建模总体思路分析

在对将军庙水库三维地质模型建立过程中,主要遇到以下问题及难点:
(1)基础数据的准确性和可靠性。
(2)勘探点精度和数量不够。
(3)所做模型的细致程度不够。
(4)钻孔中的透镜体、夹层无法显示。
(5)复杂地质体模型的建立。

3. 解决方案

针对在建模过程中出现的问题,通过以下几种方法对其进行完善和补充:
(1)对原始资料进行复核,包括地形图、钻孔、探坑、物探数据,确保建模前资料的准确性。
(2)由于勘探点(钻孔、坑探)工作量有限,且勘探点揭示的地层分层参数很局限,因此在建模过程中,根据地质剖面图上地层的走向趋势和经验推测,要在勘探点分布稀少的地区和研究区域的边界虚拟出勘探点。
(3)根据钻孔的分层信息,结合地质剖面图,分析确定各岩层的走向、缺失和尖灭位置等信息,抽象出岩体构成,提取各地层的分层信息及地层的边界点,形成原始插值数据。再通过添加不同的约束条件,进行插值拟合,进而对各原始曲面进行局部编辑处理,优化存在问题处的地层。
(4)对不同地质体应采用不同建模方法,最后进行多模型融合,实现多源交互复杂地质体建模。从地质图、剖面图中提取断裂数据,生成的断层面控制着地层界线的伸展位置及范围。将复杂褶皱、透镜体、岩体等轮廓线插值填充生成体模型,嵌入在地质模型中,从而形成合理的复杂地质体模型。但该种建模方法处理数据较为复杂,建模过程需要较多的人工干预。

(四)项目总结

1. 前景展望

通过将军庙水库的三维地质建模,GOCAD的三维地质建模思路突破了复杂地下结构三维建模表达的限制,并在质量上基本达到了实际要求,提供了更为精确的地质模型。实现工程区三维地质建模,可为工程的设计、施工、地质分析以及数值模拟分析等提供模型资料,为地质人员的分析判断提供综合信息,也使设计者通过三维视图直观看到设计效果,促进专业间沟通,加快设计理念的实现。同时还发现与二维软件相比,三维地质建模软件能够给用户带来更方便、精准的三维模型处理功能。以很小的投入,显著地提高工作的质量与速度,提升工程的整体水平。

在今后的工作中,三维地质模型软件将更加成熟,应用也更为广泛,在性能上更加稳定,操作上更加简单、灵活,并且与其他专业数据结合更加紧密;同时三维地质建模技术在其发展中,将会融入大数据、云计算、物联网等 IT 主流技术,三维地质建模平台将成为地质大数据的处理平台。能处理地质大数据的三维地质建模技术也将从一个侧面丰富、拓展大数据技术的内涵与外延。

2. 建模软件适用性评价

GOCAD 作为地质建模和地质信息处理的专业软件,不论其开发意图、底层技术、程序结构,还是实际应用中均很好地针对了地质体的特性和地质工程的一般特点,就水电工程领域的应用而言,提供了很好的引擎和基本平台。

Autodesk 系列软件(CAD、Civil 3D)软件,作为全球最大的二维、三维设计和工程软件,其具有完善的图形绘制功能,有强大的图形编辑功能,可以采用多种方式进行二次开发或用户定制,可以进行多种图形格式的转换,具有较强的数据交换能力。支持多种硬件设备,支持多种操作平台,具有通用性、易用性及兼容性。

由于地质勘察中投入的工作量总是有限的,特别对山区地质工程,地质条件又是复杂多变的,在数据建模过程中需要建立大量的虚拟地质点做插值节点,这就要依赖建模人员具备丰富的地质知识和地质经验,虚拟的地质点才更接近实际情况,建立的模型才更完善、更贴近实际,具有更强实用价值。

二、第九师 170 团莫合台富锶水土环境调查评价项目三维地质建模

(一)项目简介

1. 项目概况

新疆生产建设兵团第九师 170 团为实现农牧团场经济转型升级,立足当前,以资源禀赋为基础,根据辖区区域特色积极谋划做好顶层设计,不断挖掘水土资源潜力,170 团莫合台镇所在的冲洪积扇地下水及土壤中具有富集有益元素锶的极大可能性。重点调查研究区范围为 170 团莫合台洼地北部,地处布尔阔台河与白杨河两冲洪积扇的交汇区,面积约 100 km^2,为五边形区域,项目类型为国土资源调查类项目,项目规模为中型。项目任务为调查 170 团富锶水土资源的分布规律、可利用性。初步探明富锶水资源的空间分布、水质与水量特征及成因、机理,为后续勘探、开发及保护提供基础数据和理论支撑;进行土壤质量地球化学调查,为兵团产业调整,开发特色农业、发展绿色产业等方面提供引领示范作用。

2. 建模背景

国土资源调查评价类项目为国家专项资金的基础性、公益性项目,近些年全国正在进行第三次国土资源调查,20 世纪 90 年代的二维空间,已不能够满足当今社会快速发展的需求,现如今已提高了勘查技术手段,引入了地质信息技术手段,使用计算机软件,构建出三维地质空间信息。

根据《水文地质调查规范》(DZ/T 0282—2015)要求,成果编制需有立体水文地质结构图,主要反映区域三维水文地质结构特征,应以水文地质钻孔为基础,充分利用水文地质物探资料,构建含水层空间结构,重点反映含水层、地下水位、水文地质参数等,并由此引出三维水文地质建模技术。

3. 建模过程

三维地质建模,旨在更好地反映真实地质情况,在没有三维地质建模技术之前,我们是利用了平面图、剖面图相结合的手段,相对抽象地去解释各类地质体,其在一定程度上未能够较好地诠释真实环境中的地质结构。所以本次三维水文地质模型,最大的目的及意义在于更好地反映出含水层的空间地质结构、富锶水的浓度空间情况,更好地对后期水资源利用开发提供相对准确的建议。

1)数据获取与整理

不论二维、三维都是对数据的诠释,所以我们建模的第一步是数据的获取。建模数据大致分为地表和地下两部分。

(1)地表数据:首先对建模范围划定,为此次的重点调查区 100km² 的区域,地表的数据,可从卫片、航片、DEM 以及工程实地测量得来,根据所研究的对象程度采取不同精度的数据即可。获取了地表的地形数据后,二维空间表现为等高线图,使用等高线的疏密程度来诠释地形的起伏变化,其存在一定的短板。本次将工程 1:10000 的测量图和高精度的航片数据置于 GOCAD 建模软件中,利用建模软件最大程度地模拟出真实环境的情况,有利于对地表山体、丘陵、河流、泉水、洪积扇、洼地等作出更好的划分,为后续含水层及富锶浓度的研究做好了铺垫,项目区三维地貌图见图 18-7。

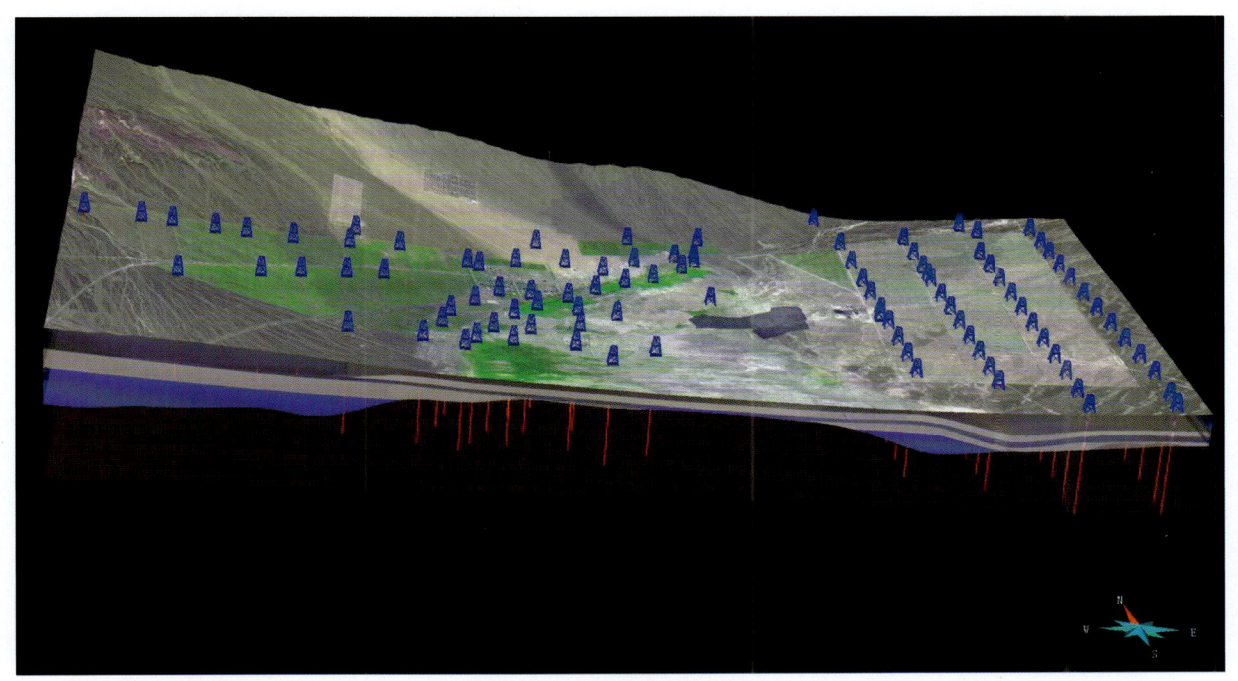

图 18-7　项目区三维地貌图

(2)地下数据:地下数据相对于地表数据获取困难较大,地质专业学科,是利用有限的、多种类的手段去无限贴近于真实的地下结构,最有效且便捷的方法为地质成因关系去推测模拟所有的地质体,采用地质测绘、勘探、物探等工作方法,对建模区地下地质体有了一定的控制,将控制转换为三维空间数据。地质测绘内容可按照地质测绘精度,将其转换为三维空间中的测绘剖面。此次项目测绘精度为 200m 间距,形成三维空间数据,其余实测钻探、物探可直接将其转换为对应的三维空间数据,所有的数据均可以点、线、面的形式赋予真实空间的坐标(x,y,z),即可完成地下数据的获取,项目区三维水文地质剖面图见图 18-8。

2)整合建模

将所有的已知数据转换为三维的形式后,下一步即可采用三维软件进行建模,本次该项目的建模是

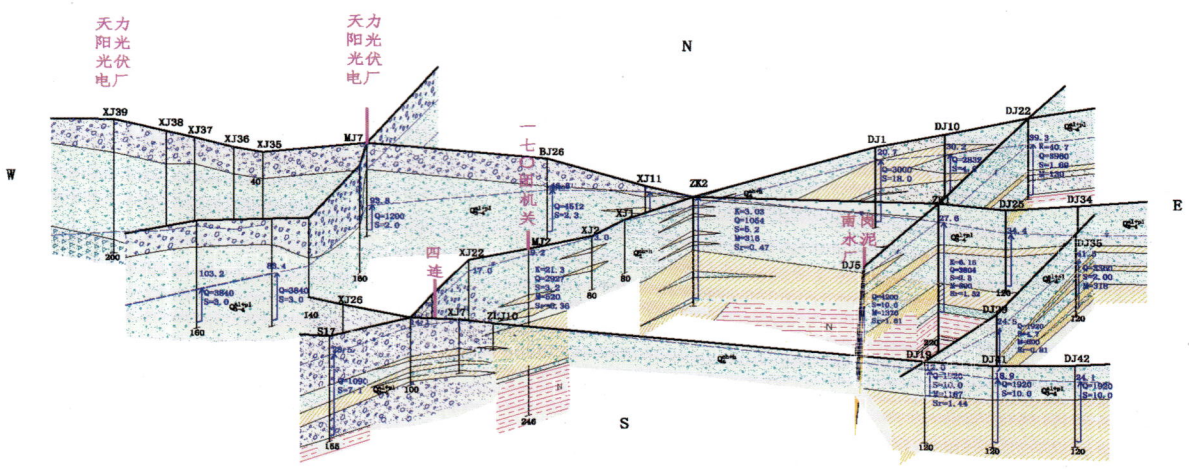

图 18-8　三维水文地质剖面图

采用了 GOCAD 的流程建模方式，该方式对于地形起伏较小的平原区有较好的优势。所有的数据形成三维空间后，需观察是否能够满足建模区的控制精度，简而言之，一个有血有肉的实体，需要其骨架，所以我们的数据需根据不同地质体达到由其边界、骨架控制，可满足研究所需即可。水文地质三维模型利用钻孔数据以及物探数据，在 GOCAD 2017 中数据输入，导入地面测量数据，录入钻孔数据、物探数据后，使用 GOCAD 的 Workflows 建模流程，进行地层的数据建模。完成地层建模后，建立潜水层的区域、承压水的区域空间分布情况，继续完善富锶水参数值的区域建模。制作出模型后反复观察，与实际地质情况不相符或误差较大处需对应修改数据或补充数据，对三维地质模型进行修改，最终完善三维地质模型，以达到工程目的。调查区三维基底构造见图 18-9，调查区含水层空间模型结构见图 18-10。

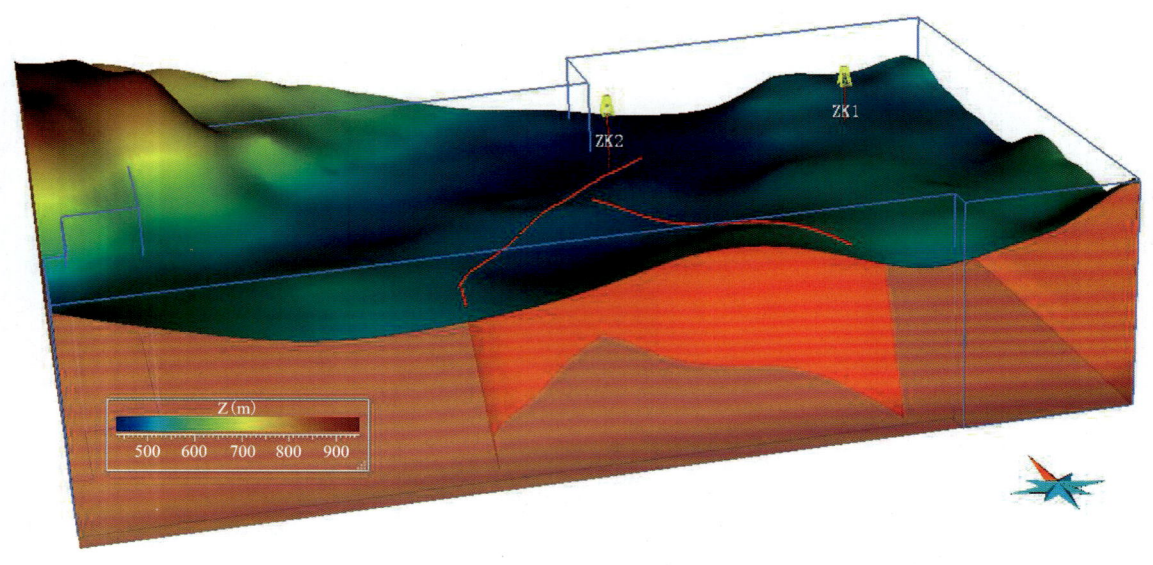

图 18-9　调查区三维基底构造

3）对模型进行属性赋值

建立好了调查区的含水层三维地质模型，还需将本次的重点，富锶的空间情况进行三维模拟，将外业调查中所取的采样点导入至模型空间内，锶浓度试验采样点导入见图 18-11。而后是所有的锶浓度指标参与数值模拟，富锶水浓度空间分布情况见图 18-12。

第十八章 地质三维建模（BIM应用）

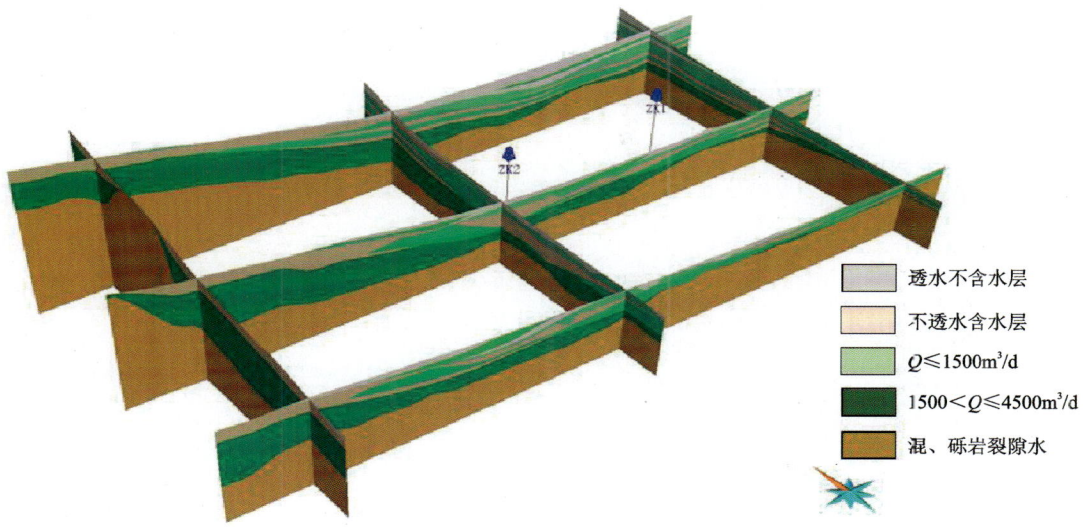

图 18-10 调查区含水层空间模型结构

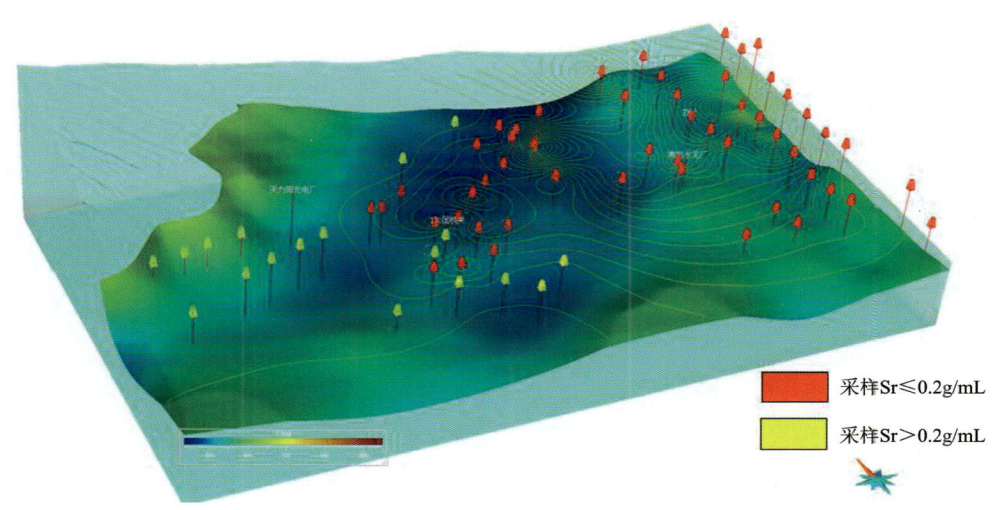

图 18-11 锶浓度试验采样点导入

至此完成了本次富锶水资源的三维地质建模工作。

4）模型应用

本次富锶水资源调查项目三维水文地质模型的建立，应用有以下几点。

（1）建模过程的应用。在建模过程中使用三维空间，对各类地貌、地质体有了更好的分析条件，在本次过程中，存在地下水流向和地表水流向不同的情况，利用物探成果建立了调查区基岩基底后，发现170团东南部洼地地下水溢出的原因为南部基岩构造的抬升形成阻水构造。使用三维模型，更能清晰地分析地质环境的成因。

（2）建模过程可将外业工作的不足情况展现。中期建模时发现局部存在勘探点数量不足，不能够控制住重点研究区的含水层空间，可对其进行补充物探、勘探等工作。

（3）对富锶水浓度的分布情况分析。富锶水浓度分布情况和地表水、地下水，以及基底构造、基岩岩性等综合因素导致其浓度的分布规律，采用综合建模手段，较易分析出其浓度分布关系。

（4）对地下水资源的计算分析以及富锶水的开采建议。通过模型可更准确地计算出地下水资源情况，更好地建议后期富锶水开采工程的规划，对业主更好地表达出此次的调查成果。

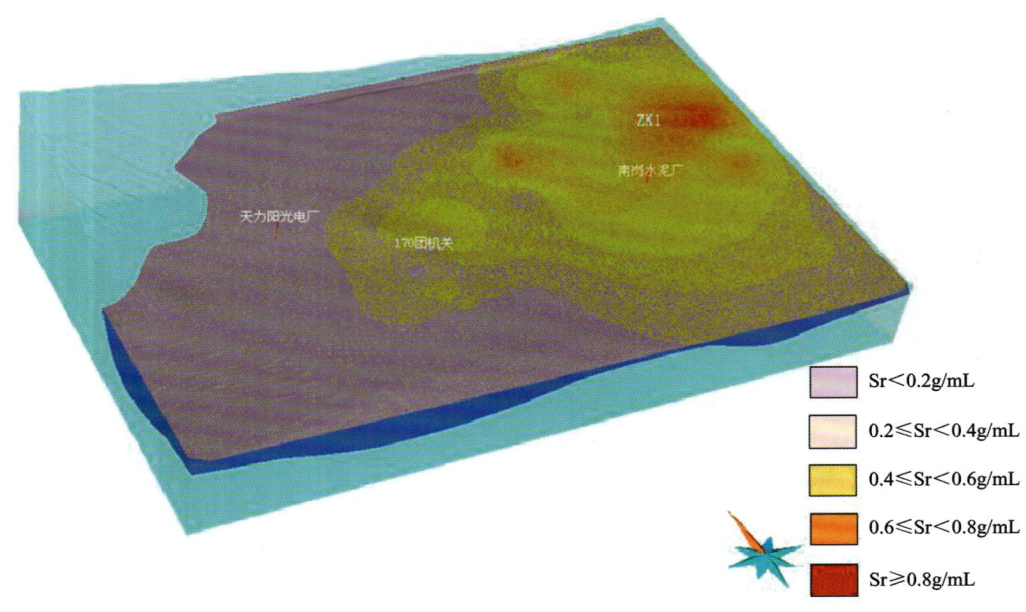

图 18-12　富锶水浓度空间分布情况

（二）建模的软硬件环境

1. 软件介绍

本次工程应用的软件主要有 GOCAD、Autodesk Civil 3D、Autodesk CAD。

（1）GOCAD：是一款功能强大的三维地质建模软件，具有功能强大、界面友好、易学易用的优点，并能在几乎所有硬件平台上运行。

（2）Autodesk Civil 3D：是一款面向土木工程设计与文档编制的建筑信息模型设计软件。该软件能够帮助从事交通运输、土地开发和水利项目的土木工程专业人员保持协调一致，更轻松、更高效地探索设计方案，分析项目性能，并提供相互一致、更高质量的文档。所有曲面、横断面、纵断面、标注等均以动态方式链接，可更快、更轻松地评估多种设计方案、做出更明智的决策并生成最新的图纸。

（3）Autodesk CAD：是用于二维绘图、详细绘制、设计文档和基本三维设计。Autodesk CAD 具有广泛的适应性，可以用于土木建筑、装饰装潢、工业制图、工程制图、电子工业、服装加工等多个领域。

2. 硬件环境

安装以上 3 款软件之前，需确保计算机满足最低系统要求。如果系统不满足这些要求，则软件在操作系统级别上可能会出现问题。现将各软件电脑的配置要求整理如下，见表 18-2。

表 18-2　软件所需计算机硬件配置

软件	操作系统	CPU	显卡	内存
GOCAD（2017 版）	Windows、Linux、Unix、IOS 等	2.5～2.9GHz（基本） 3.0+GHz（建议）	4G	4G（基本）、8G（建议）
Autodesk（CAD、Civil 3D）	Windows、Linux、Unix、IOS 等	2.5～2.9GHz（基本） 3.0+GHz（建议）	4G（基本）、8G（建议）	8G（基本）、16G（建议）

（三）建模历程概述

1. 建模技术思路

本次水文地质模型的建立，主要技术路线：获取基础数据→转换为三维空间数据→使用软件初步建立模型→发现模型问题→返回修改或补充数据→不断完善模型达到工程目的。

2. 技术重点、难点分析及解决方案

1）重点、难点分析

其中重点和难点有以下几点：

（1）基础数据如何转换为可利用的三维空间数据。

（2）数据量能否满足建模的需求。

（3）建模的准确度和应用。

2）解决方案剖析

从野外获得的第一手资料包含地质测绘、勘探、物探等，其中勘探和物探在野外实施时即为三维数据，只需简单汇总处理即可。但仅靠实际的勘探、物探等工作远远不能达到建模的数据要求，如何利用好地质测绘是关键，地质测绘分为平面地质测绘和剖面地质测绘，平面地质测绘是一个眼见为实的东西，其控制了地表地质体的边界，可采用测量仪器对其三维数据准确地获取整理即可。对于剖面地质测绘，为更好地控制三维地质体，须对测绘剖面的布置以及测绘精度划分，如河谷需垂直河床布置测绘剖面，控制其河床宽度，顺河床布置控制其坡降，两条测绘剖面即可最简单地控制了河床堆积物的空间形态，但是由于河流宽度变化较大，坡降较大必须加密地质测绘剖面来控制河床。故对拟建三维地质模型的区域，进行地质剖面测绘精度的划分和布置是重点，以最少的地质测绘剖面工作达到控制住每一个地质体。例如本次项目地质测绘采用了200m测绘间距，局部重点加密，即可将三维水文地质模型控制在一定精度。有了较为精准的剖面测绘资料，将其转换定位为真实的三维坐标即可参与到建模数据中，故地质剖面测绘控制了模型的精度和准确度。模型的精度，达到应用目的或工程目的即可，不然就本末倒置了。三维地质建模前，需编制建模大纲，可从地质测绘，必要时可布置实物工作量，才能更好地完成三维地质建模工作。

（四）项目总结

1. 前景展望

三维地质建模在国土资源调查类项目中，已逐步实施，该技术能够更好地展现不同精度的区域地质、水文地质情况，并对应地建立数据库，为国土资源管理、合理规划以及基础工程建设的使用起到了很大的作用。

在工程地质类项目中，由二维转换为三维是一种技术革新，三维空间内对地质体的认识、分析和推演远远好于二维空间，三维地质建模技术是一种技术手段的进步，在完善好对应的规范，对应审查机制，处理好与设计和施工的协同后，必将代替现有的二维图纸，最终达到模型应用交付。

2. 模型运行情况及特点

使用GOCAD建立的三维水文地质模型，可准确地计算出地下水资源量，模拟分析出地下水流场的动态情况，可较好地表达水文地质参数的空间特征，对于复杂情况下的地质问题具有较好的诠释。

3. 建模软件适用性评价

GOCAD作为地质建模和地质信息处理的专业软件,不论其开发意图、底层技术、程序结构,还是实际应用中均很好地针对了地质体的特性和地质工程的一般特点,就国土资源调查类项目领域的应用而言,提供了很好的引擎和基本平台。其和多款BIM软件可无缝对接,便于成果的协同设计,为目前地质建模软件中较为实用的软件之一。

Autodesk系列软件(CAD、Civil 3D),作为全球最大的二维、三维设计和工程软件,其具有完善的图形绘制功能,有强大的图形编辑功能,可以采用多种方式进行二次开发或用户定制,可以进行多种图形格式的转换,具有较强的数据交换能力。支持多种硬件设备,支持多种操作平台具有通用性、易用性及兼容性,其中Civil 3D软件在设计领域中,已广泛应用。

数据建模需要大量的地质点,尽量以网格状布置达到一定的精度,有了丰富的地质资料,才能建立起符合实际的地质模型,提高数据建模的精度和应用价值。

三、通古孜布隆水库三维地质建模

(一)项目简介

1. 项目概况

通古孜布隆水库位于中国新疆柯坪县的通古孜布隆河上游1.0km处,主要任务是补充阿恰灌区5.08万亩的灌溉面积。水库建成后与苏巴什水库一起联合灌溉将解决阿恰灌区的水量短缺问题,并改善灌溉水质。该水库坝型设计为混凝土重力坝,设计规格为:坝顶高程1 714.8m,最大坝高67.5m,坝顶长度80.8m,正常蓄水位1 711.0m,库容965.0万m^3。该设计包括非溢流坝段、溢流坝段、泄洪排沙孔、灌溉供水管。工程规模为Ⅳ等小(1)型,其中主要建筑物级别为4级,包括大坝、溢流坝段、泄洪排沙孔、灌溉供水管等;导流洞、围堰、管理道路等建筑物级别为5级。

2. 建模背景

三维地质建模是定量化研究地下地质信息的有力工具,其广泛应用于展示和分析地下地质结构。近年来,越来越多的地质单位采用三维地质模型进行空间分析、数值模拟、资源量计算等地质应用,更直观地加深了对地质现象的认识。

我院在2022年使用了网格天地公司的深探软件,该软件具备处理较复杂的断层、地层不整合面、嵌入体等复杂地质情况的功能,并且对三维地质模型可以无简化地进行三维网格剖分,使属性插值结果、速度建模结果以及数值模拟结果更加准确。故通古孜布隆水库工程采用深探软件进行三维地层建模。

3. 建模过程

三维地质建模的重点是断层和地层的构建。在构建断层和地层面时,可以采用三角网格剖分算法进行建模。三角网格可以精确地展示出模型的边界状态,使其在边界处没有锯齿状现象的发生。采用基于地层恢复的断层构模技术,即构造恢复法建模,将地层恢复到未发生断层时的状态,将原断层两侧的地层层面看作一个连续的整体进行统一处理,插值拟合。根据断层的断距对两侧地层层面的边缘线进行调整,最终将地层复原至有断层时的状态。

深探软件建模是应用于地球科学领域的建模软件,此软件基于数据驱动,运用的数据为包含三维空间信息的数据文件,如通过 GPS(Global Positioning Satelite)系统收集的数据。三维空间信息通常被展示为经度和纬度(Lat-Lon),通常来讲在这些数据可视化和跟其他数据合并之前,都需要将这些数据转换为笛卡尔坐标系统。由经纬度坐标系统转换为其他坐标系统的过程称为投影(Projection)。对于不同的坐标系统使用不同的投影方式,但是投影最为重要的是要保持数据的一致性。投影对于三维可视化尤其重要,因为我们需要获得统一的 x、y、z 的坐标单位。

1)建模数据处理

本次建模采用通古孜布隆水库项目工程地质坝址区钻探和剖面数据,根据勘察报告对场地地层的划分,获得为深探所需要的数据文件。

(1)钻孔文件。建模前需要将二维图件中的钻孔柱状图整理为钻孔孔位表(记录钻孔空间位置)、钻孔分层表(记录钻孔不同深度处的层位信息)、钻孔属性数据表[记录各个分层内的属性(岩性、孔隙度等)]实现软件对钻孔资料的提取。

(2)剖面文件及平面图。利用 ArcGIS 软件将实测剖面以及平面地质图处理为 .shp 文件,将处理后的 .shp 文件导入深探建模软件,提取断层、地层以及侵入体信息,存入独立坐标系下的地质信息数据库,为后期三维地质建模提供数据支撑。

2)关键技术

(1)地层尖灭处理。当地层出现尖灭情况时,可得地层尖灭处理如下:①提取二维图件上尖灭线的信息,导入到地层集;②以边界线为约束,手动解释地层产状数据,提取尖灭区域的数据点;③控制尖灭线以外的数据点在地层层面以下,定义地层的主辅关系,生成层面可以使得地层在尖灭线处自动消失;④在上下地层界面的约束下生成形态正确的地层体。

(2)小层建模。当地层控制数据较多时,地层建模较为精准;当地层控制数据较少时,精准度较低。因此需要依靠数据精确的地层,采用"小层建模"的方法构建地层模型。具体操作方法如下:①将控制数据较少层面的地层类型设置为"小层",控制数据较为精确的层面为"大层";②根据"小层"与"大层"(参考层面)距离的远近,将"小层"细分层方式设置为"与上部地层平行"或"与下部地层平行",小层层面在大层构造、断层模型、自身数据点的约束下生成;③生成"小层"后对层面数据进行等距重新采样(数据点加密),利用重采样数据进行建模,重新生成符合实际的层面模型。

3)建模流程

(1)首先进行网格大小设置,在考虑通古孜布隆水库模型精度及建模效率两因素的基础上,设置地层网格边长为 10m;根据工程平面图上的信息,构建初始地层模型;对地表进行尖灭处理以构造检验,进行拓扑重建;生成三维地质体模型;利用截断网格剖分技术对地质体模型进行网格剖分;利用钻孔数据采用克里金算法进行插值建模。

(2)剖面模型。对剖面进行数字化处理,存入地质信息数据库。在管理节点下导入构造建模模块,生成三维模型;对库坝区地形图进行数字化处理,利用 ArcGIS 软件将其转换为带有 x、y、z 坐标的点数据,生成文本文件,再构造建模模块生成"地表"层面,在此基础上将地表影像附加在层面模型上,构建数字地面模型,库坝区地表起伏较大,通古孜布隆水库模型如图 18-13 所示。

(二)建模的软硬件环境

1. 软件介绍

本次工程应用到的三维建模软件为深探,其中部分数据处理利用了 AutoCAD 和 ArcGIS。

深探是由网格天地公司开发的地质类三维建模软件,支持快速建立任意复杂断层、地层,且独立自

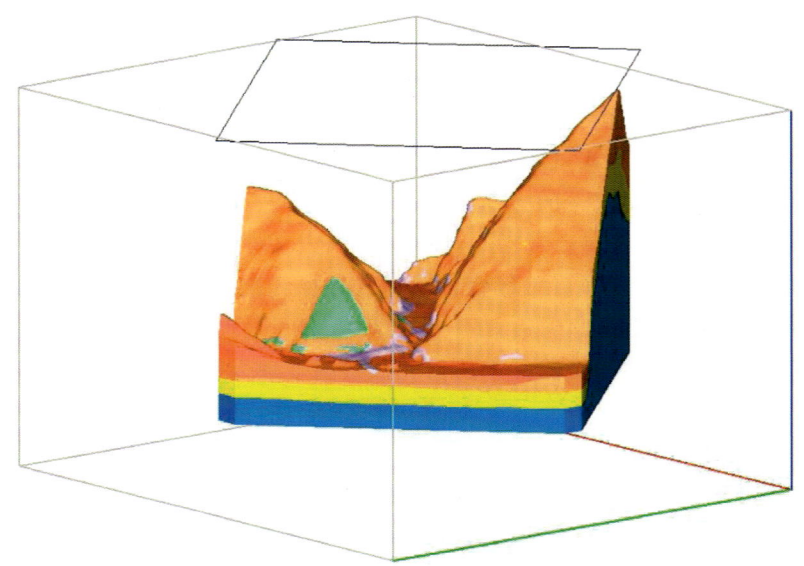

图 18-13　通古孜布隆水库三维地质展示

主研发的顺层截断网格可准确剖分地质模型并支持各类数值模拟,该网格也被纳入中国三维地质模型数据标准 Geo 3DML。

此次建模过程中,部分二维数据采用 AutoCAD 和 ArcGIS 进行处理。

AutoCAD 是自动计算机辅助设计软件,用于二维绘图、详细绘制、设计文档等工作。

ArcGIS 是一款强的大地理信息系统软件。它允许用户在 2D 和 3D 环境中创建、管理、分析和可视化地理数据。ArcGIS 提供了广泛的工具和功能,用于制图、空间分析、数据管理和协作。

2. 硬件环境

软件的正常运行需要一定配置的计算机硬件配置,现将电脑的配置要求整理如下,见表 18-3。

表 18-3　软件所需计算机硬件配置

硬件项目	最低配置	推荐配置
系统	Windows 7-64bit	Windows 10-64bit
CPU	intel Core i5-3300	intel Core i7-12700
RAM	8GB-2400Mhz	64GB-DDR4-3000MHz
显卡	NVIDIA GeForce GTX 960 2GB	NVIDIA GeForce RTX 2060 6GB
分辨率	1920 * 1080	4K

(三)建模历程概述

1. 建模思路与关注点

深探软件建模流程是多次建模流程的循环迭代,即断层建模、地层建模和生成地层体。当我们对断层数据和地层数据进行编辑之后,则需要重新更新断面、地层面,也就是说,实际的构造建模工作是多次建模流程(断面建模、地层建模和生成地层体)循环迭代的过程。

通过修改数据来改变模型,可以使用数据驱动方法来进行断层建模和地层建模。我们不直接编辑已经生成的断层面和地层面,而是通过人机交互方式来编辑上面的数据,包括离散点、控制点、边界、接触关系等。这样做的好处是我们能够得到一个可再现的模型。编辑之后,不仅获得了一个合理的模型,还得到了一套很好的数据。我们可以随时利用这套数据来再现模型,而不需要重新编辑模型。当有新的勘探数据采集工作后,只需要更新数据,模型也会相应的更新。

2. 技术难点

根据项目组专家对三维模型构建中的意见和反馈,可总结出以下技术问题与技术难点:
(1)项目外业勘探点的数量不充足,需要技术人员人为增加。
(2)项目外业勘探点的分布不够均匀,会影响软件算法的精度。
(3)目前的断层信息是地质人员根据产状投影至平面图上的,还原到空间结构中存在一定差距。

3. 关键技术问题的解决方案

根据目前的建模情况以及和专家组的讨论,针对一些关键技术问题得出部分解决方案如下:

(1)本书建模主要采用了通古孜布隆水库工程地质剖面数据,根据勘察报告和图件,推断了部分控制性区域的剖面,并经过专家组的论证,最终增加了剖面数量,并加入整体进行算法计算,提高了模型的精度。部分剖面图如图 18-14 所示。

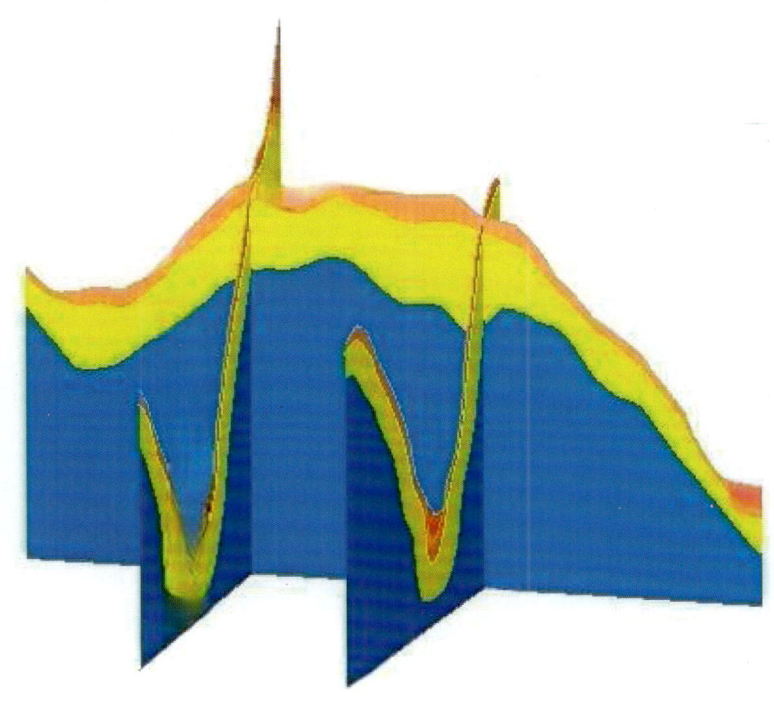

图 18-14　部分剖面图

(2)利用软件的模块化工具对所建模型在不同位置处进行剖切,结果可以反映在不同位置处地层岩性分布及工程性质的差异。对在不同位置处的地质条件进行分析,也可以和剖面进行交叉验证,从而进一步确定三维模型的进度。剖切三维展示如图 18-15 所示。

(3)软件可导出三维地质模型至我们自己的共享服务平台,利用三维可视化手段能更好地描绘和理解三维地质模型,从而给地质人员更直观的地质感受。水库模型在平台的三维展示如图 18-16 所示。

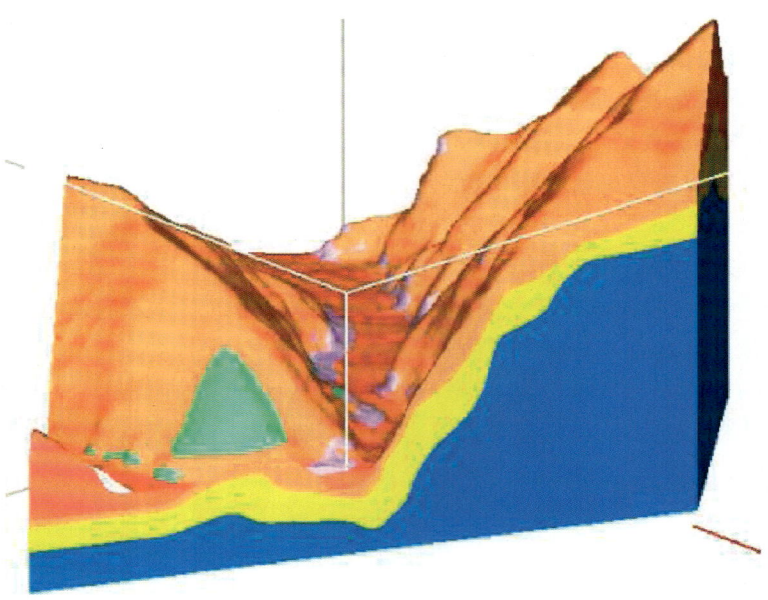

图 18-15　剖切图三维展示

图 18-16　水库三维展示

（四）项目总结

1. 前景展望

1）三维地质模型＋GIS 应用

GIS 可以存储和管理大量的空间信息和属性信息，因此可以从数据库的角度出发向三维 GIS 发展，一个新的发展方向是将三维可视化与三维空间对象管理耦合起来，形成集成系统。目前我院已利用 BIM 平台将模型与真实地形进行结合，实现了三维地质模型和 GIS 应用的第一步。

2）三维地质模型的计算与分析

深探可与 Midas、透明地球等软件进行数据交互，进而实现三维地质模型等深度开发，将三维地质模型与经典解析法和有限元数值分析法进行有效结合，能更高效地解决岩土工程问题，也可对一些地质问题进行更有效的分析和预测，这也是三维地质模型在岩土 BIM 领域迈出的重要步伐。

3）形成 BIM 正向设计，与设计进行模型交付

目前，BIM 的主流是先完成施工图，然后根据施工图再建立三维模型，而 BIM 正向设计是在项目从草图设计阶段至交付阶段的全过程都是由 BIM 三维模型完成。一旦设计采用正向设计，我们的三维地质模型尤为关键，它是建立地上、地下一体化模型的基础，实现三维地质模型对不同来源、不同维度、不同类型、不同精度的地质数据的无缝整合与同化，这也是大数据时代对地质勘探信息处理的必然要求。

2. 建模软件适用性评价

深探建模软件是一个三维地质建模的平台，结合地质数据分布特征，选用合适的空间插值方法及网格类型，根据不同地质条件选用相应的建模方法及流程进行地质建模，可真实反映地质构造形态、构造关系和地质体内部属性的变化规律，以及查看地质体模型内部地质结构及属性的分布。

数据建模需要大量的网格节点数据，在实际地质勘察工作中勘探点多为线状或零散点状布置，很难做到网格状布置，这需要建立大量的虚拟地质点做插值节点，虚拟点的精度直接影响模型的精度，因此应尽量丰富地质勘察资料的节点数据，建立符合实际的数据模型，提升模型的应用价值。

参考文献

邓铭江,于海鸣,2011.新疆坝工建设进展[M].北京:中国水利水电出版社.
彭敦复,2005.新疆水利水电工程活断层处理的工程实践[M].乌鲁木齐:新疆人民出版社.
梁杏,张人权,靳孟贵,2015.地下水流系统-理论应用调查[M].北京:地质出版社.
董新光,邓铭江,2005.新疆地下水资源[M].乌鲁木齐:新疆科学技术出版社.
蓝俊康,郭纯清,2008.水文地质勘察[M].北京:中国水利水电出版社.
薛禹群,1987.地下水动力学原理[M].北京:地质出版社.
房佩贤,维中鼎,廖资生,1987.专门水文地质学[M].北京:地质出版社.
王大纯,张人权,史毅虹,等,1995.水文地质学基础[M].北京:地质出版社.
张蔚榛,1996.地下水与土壤水动力学[M].北京:中国水利水电出版社.
周金龙,虎胆·吐马尔白,董新光,等,2002.新疆平原区大气降水、灌溉水、土壤水与地下水水量转化关系实验研究[M].乌鲁木齐:新疆科技卫生出版社.
地质矿产部水文地质工程地质技术方法研究队,1978.水文地质手册[M].北京:地质出版社.
《供水水文地质手册》编写组,1983.供水水文地质手册[M].北京:地质出版社.
中国地质调查局,2008.塔里木盆地地下水勘查[M].北京:地质出版社.
中国地质调查局,2009.准噶尔盆地地下水资源及其环境问题调查评价[M].北京:地质出版社.
许兆义,1993.包气带水文地质专论[M].北京:地震出版社.
史长春,1983.水文地质勘察[M].北京:水利电力出版社.
彭土标,袁建新,王慧明,等,2011.水力发电工程地质手册[M].北京:中国水利水电出版社.
祁庆和,1986.水工建筑物[M].3版.北京:水利电力出版社.
彭振斌,陈昌富,1997.锚固工程设计计算与施工[S].武汉:中国地质大学出版社.
张敬东,宋剑鹏,于为,等,2023.水利水电工程施工地质实用手册[M].武汉:中国地质大学出版社.
黄润秋,2012.岩石高边坡稳定性工程地质分析[M].北京:科学出版社.
陈曦,包安明,古丽加帕尔,等,2016.塔里木河流域生态系统综合监测与评估[M].北京:科学出版社.
中国水利学会勘测专业委员会,2021.复杂条件下水利工程勘察与创新[M].武汉:中国地质大学出版社.
陈崇希,董仲华,1990.地下水流动问题数值方法[M].武汉:中国地质大学出版社.
谭克龙,吴军虎,赵军,2011.塔里木河流域生态环境动态监测系统研究与开发[M].北京:地质出版社.
刘军旗,黄长青,2015.工程地质信息处理技术与方法概论[M].武汉:中国地质大学出版社.
张卓元,王仕天,王兰生,1994.工程地质分析原理[M].北京:地质出版社.
刘世煌,2018.水利水电工程风险管控[M].北京:中国水利水电出版社.
张咸恭,1988.专门工程地质学[M].北京:地质出版社.
刘特洪,邵中勇,栾约生,2009.岩土工程技术与实例[M].北京:中国水利水电出版社.
孔德坊,1992.工程岩土学[M].北京:地质出版社.

潘家铮,1980.建筑物的抗滑稳定及滑坡分析[M].北京:水利出版社.

孙福,魏道垛,1998.岩土工程勘察设计与施工[M].北京:地质出版社.

杨素春,柳建国,2017.岩土加固与处理工程技术新进展[M].北京:中国建筑工业出版社.

谷德振,1988.岩体工程地质力学基础[M].北京:科学出版社.

武汉地质学院,1980.构造地质学[M].北京:地质出版社.

张咸恭,王思敬,张卓元,等,2000.中国工程地质学[M].北京:科学出版社.

肖树芳,杨淑碧,1987.岩体力学[M].北京:地质出版社.

潘家铮,1985.工程地质计算和基础处理[M].北京:中国水利水电出版社.

关志诚,汤洪洁,杨玉生,等,2021.砂砾料筑坝技术[M].北京:中国水利水电出版社.

李江,柳莹,房晨,等,2021.深厚覆盖层坝基超深防渗墙关键技术与实践[M].北京:中国水利水电出版社.

中国水电集团十五局,中国水利学会混凝土面板堆石坝专业委员会,2018.土石坝新技术应用[M].北京:中国水利水电出版社.

杨邦柱,焦爱萍,2009.水工建筑物[M].2版.北京:中国水利水电出版社.

孔思丽,2001.工程地质学[M].重庆:重庆大学出版社.

徐承彦,赵不亿,1988.普通地质学[M].北京:地质出版社.

胡广涛,杨文元,1985.工程地质学[M].北京:中国水利水电出版社.

陈希哲,1998.土力学与地基基础[M].2版.北京:清华大学出版社.

孙广忠,1993.工程地质与地质工程[M].北京:地震出版社.

张景秀,2002.坝基防渗与灌浆技术[M].2版.北京:中国水利水电出版社.

中国水利学会地基与基础专业委员会,2019.2019水利水电地基与基础工程新技术[M].北京:中国水利水电出版社.

郭见杨,谭周地,1995.中小型水利水电工程地质[M].2版.北京:水利电力出版社.

张启岳,1999.土石坝加固技术[M].北京:中国水利水电出版社.

徐卫亚,许兵,张学年,1996.长江三峡工程工程地质力学研究[M].北京:中国三峡出版社.

潘家铮,何璟,邴凤山,等,2000.中国水力发电工程:工程地质卷[M].北京:中国电力出版社.

袁聚云,徐超,赵春风,等,2004.土工试验与原位测试[M].上海:同济大学出版社.

王立忠,2000.岩土工程现场检测技术及其应用[M].杭州:浙江大学出版社.

石林珂,孙文怀,郝小红,2003.岩土工程原位测试[M].郑州:郑州大学出版社.

党林才,方光达,2009.利用覆盖层建坝的实践与发展[M].北京:中国水利水电出版社.

水利电力部水利水电规划设计院,1985.水利水电工程地质手册[M].北京:中国水利水电出版社.

《工程地质手册》编写委员会,2018.工程地质手册[M].5版.北京:中国建筑工业出版社.

王自高,何伟,李文刚,等,2008.天生桥一级水电站枢纽工程勘察与实践[M].北京:中国电力出版社.

杨建,彭仕雄,2006.紫坪铺水利枢纽工程重大工程地质问题研究[M].北京:中国水利水电出版社.

王恩远,吴迈,2005.工程实用地基处理手册[M].北京:中国建材工业出版社.

曾国熙,卢肇钧,蒋国澄,等,1988.地基处理手册[M].北京:中国建筑工业出版社.

顾晓鲁,钱鸿缙,刘慧珊,等,2003.地基与基础[M].3版.北京:中国建筑工业出版社.

林宗元,1994.岩土工程试验监测手册[M].沈阳:辽宁科学技术出版社.

林宗元,2003.简明岩土工程勘察设计手册(上、下册)[M].北京:中国建筑工业出版社.

雷用,刘兴远,吴曙光,2018.建筑边坡工程手册[M].北京:中国建筑工业出版社.

徐志英,2007.岩石力学[M].3版.北京:中国水利水电出版社.

熊向前,于为,马仲民,2023.新疆兵团地质灾害调查与防治研究[M].五家渠:新疆生产建设兵团出版社.

陆兆溱,2001.工程地质学[M].2版.北京:中国水利水电出版社.

张忠亭,景锋,杨和礼,2009.工程实用岩石力学[M].北京:中国水利水电出版社.

方国华,朱成立,2003.新编水利水电工程概预算[M].郑州:黄河水利出版社.

钮新强,杨启贵,谭界雄,等,2008.水库大坝安全评价[M].北京:中国水利水电出版社.

史佩栋,1999.实用桩基工程手册[M].北京:中国建筑工业出版社.

张先锋,2013.隧道超前地质预报技术指南[M].北京:人民交通出版社.

程琳,宋锦焘,2023.大坝安全监测理论与方法[M].北京:中国水利水电出版社.

魏鸿汉,2017.建筑材料[M].5版.北京:中国建筑工业出版社.

曹志刚,蔡袁强,2022.交通岩土工程[M].杭州:浙江大学出版社.

龚晓南,2018.复合地基理论及工程应用[M].3版.北京:中国建筑工业出版社.

中国水利学会勘测专业委员会,2021.水利工程勘测技术传承与创新[M].武汉:长江出版社.

殷宗泽,龚晓南,2000.地基处理工程实例[M].北京:中国水利水电出版社.